Springer-Lehrbuch

Experimentalphysik

Band 1
Mechanik und Wärme
4. Auflage
ISBN 3-540-26034-X

Band 2
Elektrizität und Optik
4. Auflage
ISBN 3-540-33794-6

Band 3
Atome, Moleküle und Festkörper
3. Auflage
ISBN 3-540-21473-9

Band 4
Kern-, Teilchen- und Astrophysik
2. Auflage
ISBN 3-540-21451-8

Wolfgang Demtröder

Experimentalphysik 2

Elektrizität und Optik

Vierte, überarbeitete und erweiterte Auflage

Mit 677, meist zweifarbigen Abbildungen,
11 Farbtafeln, 19 Tabellen,
zahlreichen durchgerechneten Beispielen
und 145 Übungsaufgaben
mit ausführlichen Lösungen

Springer

Professor Dr. Wolfgang Demtröder
Universität Kaiserslautern
Fachbereich Physik
67663 Kaiserslautern, Deutschland
e-mail: demtroed@rhrk.uni-kl.de oder demtroed@physik.uni-kl.de
URL: http://www.physik.uni-kl.de/w_demtro/w_demtro.html

ISBN 3-540-33794-6 4. Auflage
Springer Berlin Heidelberg New York

ISBN 3-540-20210-2 3. Auflage
Springer-Verlag Berlin Heidelberg New York

Bibliografische Information Der Deutschen Bibliothek
Die Deutsche Bibliothek verzeichnet diese Publikation in der Deutschen Nationalbibliografie; detaillierte bibliografische Daten sind im Internet über <http://dnb.ddb.de> abrufbar.

Springer ist ein Unternehmen von Springer Science+Business Media
springer.com

Lektorat, Satz, Illustrationen und Umbruch: LE-TeX Jelonek, Schmidt & Vöckler GbR, Leipzig
Umschlaggestaltung: WMXDesign GmbH, Heidelberg
Gedruckt auf säurefreiem Papier 56/3141/YL - 5 4 3 2 1 0

Vorwort zur vierten Auflage

In der 4. Auflage der Experimentalphysik 2 wurden eine Reihe von Fehlern oder Unklarheiten beseitigt, mehrere Abbildungen verbessert und einige Abschnitte neu geschrieben, um auch neuere Entwicklungen in der Optik, wie z. B. die Realisierung von Medien mit negativem Brechungsindex oder Fortschritte bei optischen Teleskopen, zu berücksichtigen.

Ich danke allen Lesern, die mit ihren Vorschlägen und Korrekturen dazu geholfen haben, die Darstellung dieses Lehrbuches zu verbessern. Mein besonderer Dank gilt Herrn Dr. Peter Staub, TU Wien, der sich intensiv mit der 3. Auflage befaßt und viele Anregungen für Korrekturen gegeben hat. Auch meinem Kollegen, Herrn Prof. Klaas Bergmann, TU Kaiserslautern, danke ich für manche Hinweise.

Der Autor hofft, daß dieses Lehrbuch in seiner 4. Auflage auch weiterhin den Spaß an den Grundlagen der Elektrizität und Optik wecken und das Verständnis dieser wichtigen Gebiete vertiefen kann und er freut sich auf die aktive Mitarbeit seiner Leser. Er wird sich bemühen, alle Hinweise und Anregungen prompt zu beantworten.

Kaiserslautern,
im Mai 2006

Wolfgang Demtröder

Vorwort zur dritten Auflage

Die dritte Auflage der Experimentalphysik 2 hat profitiert von vielen Zuschriften der Leser mit Kommentaren, Korrekturen und Verbesserungsvorschlägen. Diese haben zu einer gründlichen Überarbeitung des Stoffes und zur Umstellung einiger Abschnitte geführt. So wurde z. B. der Abschnitt über Lichtstreuung aus Kap. 8 in das Kap. 10 integriert, wo die Behandlung der Interferenz und der kohärenten Streuung nun kombiniert werden konnte, sodass nicht wie in der 2. Auflage eine Reihe identischer Gleichungen in zwei verschiedenen Abschnitten aufgeführt und hergeleitet werden müssen. Im Kap. 9 wurden optische Erscheinungen in der Atmosphäre etwas ausführlicher dargestellt, weil sie spektakuläre physikalische Phänomene darstellen und weil ich immer wieder feststelle, das damit zusammenhängende Fragen über ihre Erklärung häufig von Laien gestellt werden. Ein angehender Physiker sollte solche Fragen kompetent beantworten können. Im letzten Kapitel über neuere Entwicklungen in der Optik wurden einige Abschnitte überarbeitet, erweitert und auf den heutigen Stand gebracht. Auch das Literaturverzeichnis wurde um einige kürzlich erschienene Titel erweitert.

Allen, die bei dieser 3. Auflage durch konstruktive Kritik geholfen haben, möchte ich sehr herzlich danken. Besonders erwähnen möchte ich hier Herrn Dr. Staub, TU Wien, der viele Korrekturvorschläge gemacht hat, und meinen Kollegen Herrn Prof. Bergmann, Kaiserslautern, der nach seiner Vorlesung, bei der dieses Buch als Grundlage diente, vor allem durch seine Verbesserungsvorschläge für eine Reihe von Abbildungen und für eine klarere Darstellung mancher Abschnitte viel zu einer Verbesserung der 3. Auflage beigetragen hat.

Mein Dank gebührt auch der Firma LE-TEX und ihren Mitarbeitern, welche die Satzgestaltung übernommen haben, und trotz der schwer leserlichen handschriftlichen Anmerkungen des Autors alle Umstellungen, Einfügungen und Korrekturen gut ausgeführt haben. Auch den Mitarbeitern des Springer-Verlages, Herrn Dr. Schneider, Frau Friedhilde Meyer und Frau Ute Heuser danke ich herzlich für die allzeit hervorragende Zusammenarbeit.

Ich hoffe, dass auch diese neue Auflage eine positive Aufnahme findet. Wieder möchte ich alle Leser um ihre Kritik und mögliche Verbesserungsvorschläge bitten, die dann in einer späteren neuen Auflage berücksichtigt werden können.

Kaiserslautern,
im Januar 2004

Wolfgang Demtröder

Vorwort zur ersten Auflage

Der hiermit vorgelegte zweite Band des vierbändigen Lehrbuchs der Experimentalphysik, der die Elektrizitätslehre und die Optik behandelt, möchte für die Studenten des zweiten Semesters eine Brücke bauen zwischen den in der Schule bereits erworbenen Kenntnissen auf diesen Gebieten und dem in späteren fortgeschrittenen Physikvorlesungen erwarteten höheren Niveau der Darstellung.

Wie im ersten Band steht auch hier das Experiment als Prüfstein jedes theoretischen Modells der Wirklichkeit im Mittelpunkt. Ausgehend von experimentellen Ergebnissen soll deutlich gemacht werden, wie diese erklärt werden können und zu einem in sich konsistenten Modell führen, das viele Einzelbeobachtungen in einen größeren Zusammenhang bringt und damit zu einer physikalischen Theorie wird. Die mathematische Beschreibung wird, so weit wie möglich, nachvollziehbar dargestellt. In Fällen, wo dies aus Platzgründen nicht realisierbar war oder den Rahmen der Darstellung sprengen würde, wird auf entsprechende Literatur verwiesen, wo der interessierte Student nähere experimentelle Details oder eine genauere mathematische Herleitung finden kann.

Das Buch beginnt, wie allgemein üblich, mit der Elektrostatik, behandelt dann den stationären elektrischen Strom und die von ihm erzeugten Magnetfelder. Dabei werden sowohl die verschiedenen Leitungsmechanismen in fester, flüssiger und gasförmiger Materie diskutiert als auch die Wirkungen des elektrischen Stromes und die darauf basierenden Messmethoden. Aufbauend auf den in Band 1 erläuterten Grundlagen der speziellen Relativitätstheorie wird gezeigt, wie in einer relativistischen, d. h. Lorentz-invarianten Darstellung elektrisches und magnetisches Feld miteinander verknüpft sind.

Zeitlich veränderliche elektrische Felder und Ströme und die daraus resultierenden Induktionserscheinungen bilden den Inhalt des vierten Kapitels, in dem auch die Zusammenfassung all dieser Phänomene durch die Maxwell-Gleichungen diskutiert wird.

Um die Bedeutung der bisher gewonnenen Kenntnisse für technische Anwendungen zu unterstreichen, befasst sich Kap. 5 mit elektrischen Generatoren und Motoren, mit Transformatoren und Gleichrichtung von Wechselstrom und Drehstrom, mit Wechselstromkreisen, elektrischen Filtern und Elektronenröhren.

Von besonderer Bedeutung für technische Anwendungen, aber auch für ein grundlegendes Verständnis schnell veränderlicher elektromagnetischer Felder und Wellen sind elektromagnetische Schwingkreise, die in Kap. 6 behandelt werden. Am Beispiel der Abstrahlung des Hertzschen Dipols wird die Entstehung elektromagnetischer Wellen ausführlich dargestellt, deren Ausbreitung im freien Raum und in begrenzten Raumgebieten (Wellenleiter und Resonatoren) den Inhalt von Kap. 7. bildet. Experimentelle Methoden zur Messung der Lichtgeschwindigkeit schließen das Kapitel ab.

Kapitel 8, das die Ausbreitung elektromagnetischer Wellen in Materie behandelt, bildet den Übergang zur Optik, weil viele der hier diskutierten Phänomene besonders für Lichtwellen von besonderer Bedeutung sind, obwohl sie im gesamten Frequenzbereich auftreten.

Da die Optik eine zunehmende Bedeutung für wissenschaftliche und technische Anwendungen erlangt, wird sie hier ausführlicher als in vielen anderen Lehrbüchern behandelt. Nach Meinung des Autors stehen wir vor einer „optischen Revolution", die wahrscheinlich eine ähnliche Bedeutung haben wird wie in den letzten Jahrzehnten die elektronische Revolution.

Für die praktische Optik hat sich für viele Anwendungen die Näherung der geometrischen Optik bewährt, die im Kap. 9 als „Lichtstrahlen-Abbildung" erklärt wird, wobei auch das Verfahren der Matrizenoptik kurz erläutert wird.

Interferenz und Beugung werden immer als wichtige Bestätigungen für das Wellenmodell des Lichtes angesehen. In Kap. 10 werden die Grundlagen dieser Erscheinungen erläutert, der Begriff der Kohärenz erklärt und experimentelle Anordnungen, nämlich die verschiedenen Typen von Interferometern vorgestellt, die auf der Interferenz von verschiedenen kohärenten Teilstrahlen basieren. Um ein etwas genaueres Verständnis der Beugungserscheinungen zu erreichen, wird nicht nur die Beugung von parallelen Lichtbündeln (Fraunhofer-Beugung) sondern auch die in der Praxis viel häufiger auftretende Fresnel-Beugung behandelt.

Kapitel 11 ist der Darstellung optischer Geräte und moderner optischer Verfahren, wie der Holographie und der adaptiven Optik gewidmet.

Im letzten Kapitel wird dann die thermische Strahlung heißer Körper behandelt und insbesondere der Begriff des schwarzen Strahlers erläutert und das Plancksche Strahlungsgesetz diskutiert, das zum Begriff des Photons führte, also den Teilchencharakter des Lichtes wieder deutlich macht, aber vor allem zu einer konsistenten Symbiose von Wellen- und Teilchenmodell führt. Dieser Aspekt der nicht widersprüchlichen, sondern komplementären Darstellung von Wellen- und Teilchenbild wird dann im dritten Band auf die Beschreibung von Materieteilchen ausgedehnt und bildet die physikalische Grundlage für die Quantentheorie.

Die Darstellung der verschiedenen Gebiete in diesem Buch wird durch viele Beispiele illustriert. Am Ende jedes Kapitels gibt es eine Reihe von Übungsaufgaben, die dem Leser die Möglichkeit geben, seine Kenntnisse selber zu testen. Er kann dann seine Lösungen mit den im Anhang angegebenen Lösungen vergleichen.

Vielen Leuten, ohne deren Hilfe das Buch nicht entstanden wäre, schulde ich Dank. Hier ist zuerst Herr G. Imsieke zu nennen, der durch sorgfältiges Korrekturlesen, Hinweise auf Fehler und viele Verbesserungsvorschläge sehr zur Optimierung der Darstellung beigetragen hat und Herr T. Schmidt, der die Texterfassung übernommen hat. Ich danke Frau A. Kübler, Frau B. S. Hellbarth-Busch und Herrn Dr. H. J. Kölsch vom Springer-Verlag für die gute Zusammenarbeit und für ihre kompetente und geduldige Unterstützung des Autors, der oft die vorgegebenen Termine nicht einhalten konnte. Frau I. Wollscheid, die einen Teil der Zeichnungen angefertigt hat sowie Frau S. Heider, die das Manuskript geschrieben hat, sei an dieser Stelle sehr herzlich gedankt. Auch meinen Mitarbeitern, Herrn Eckel und Herrn Krämer, die bei den Computerausdrucken der Abbildungen behilflich waren, gebührt mein Dank.

Besonderen Dank hat meine liebe Frau verdient, die mit großem Verständnis die Einschränkungen der für die Familie zur Verfügung stehenden Zeit hingenommen hat und die mir durch ihre Unterstützung die Zeit zum Schreiben ermöglicht hat.

Kein Lehrbuch ist vollkommen. Der Autor freut sich über jeden kritischen Kommentar, über Hinweise auf mögliche Fehler und über Verbesserungsvorschläge. Nachdem der erste Band eine überwiegend positive Aufnahme gefunden hat, hoffe ich, dass auch der vorliegende zweite Band dazu beitragen kann, die Freude an der Physik zu wecken und zu vertiefen und die fortwährenden Bemühungen aller Kollegen um eine Optimierung der Lehre zu unterstützen.

Kaiserslautern,
im März 1995 *Wolfgang Demtröder*

Inhaltsverzeichnis

2. Der elektrische Strom

3. Statische Magnetfelder

4. Zeitlich veränderliche Felder

1. Elektrostatik

Die Elektrostatik behandelt Phänomene, die durch ruhende ***elektrische Ladungen*** verursacht werden. Die ersten, allerdings noch wenig quantitativen Erfahrungen mit elektrostatischen Effekten wurden schon vor mehr als 2000 Jahren in Griechenland mit Bernstein (griechisch: „elektron") gemacht, der sich beim Reiben elektrisch auflädt. Heute gibt es neben detailliertem Grundlagenwissen eine große Zahl technischer Anwendungen der Elektrostatik, von denen eine kleine Auswahl vorgestellt wird. Trotzdem sind noch eine Reihe fundamentaler Fragen offen, von denen einige in Band 3 und 4 dieses Lehrbuchs diskutiert werden.

1.1 Elektrische Ladungen; Coulomb-Gesetz

Viele experimentelle Untersuchungen in den letzten drei Jahrhunderten (siehe z. B. [1.1]) haben folgende Erkenntnisse gebracht:

- Es gibt zwei verschiedene Arten elektrischer Ladungen: positive $\oplus$ und negative $\ominus$ Ladungen, die durch ihre Kraftwirkungen aufeinander und durch ihre Ablenkung in elektrischen und magnetischen Feldern (siehe Abschn. 1.8.2 und 3.3) unterschieden werden können.

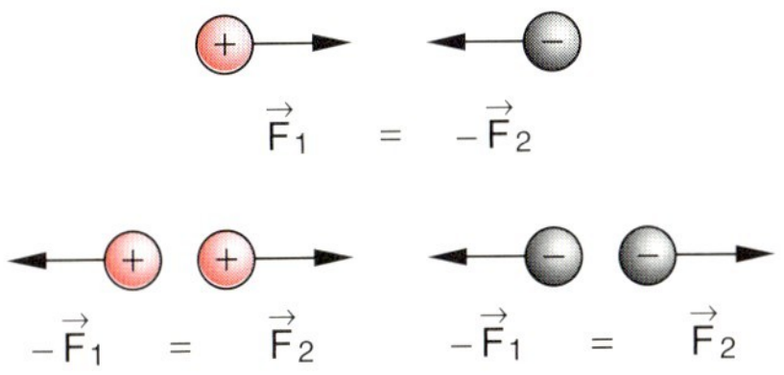

Abb. 1.1. Gleichartige Ladungen stoßen sich ab, entgegengesetzte Ladungen ziehen sich an

- Ladungen gleichen Vorzeichens stoßen sich ab, solche mit entgegengesetztem Vorzeichen ziehen sich an (Abb. 1.1). Im Gegensatz zur Gravitationskraft, die immer anziehend ist, gibt es hier also sowohl anziehende als auch abstoßende Kräfte. Diese Kräfte können zur Messung von Ladungen benutzt werden!
- Ladungen sind immer an massive Teilchen gebunden. Die wichtigsten Träger der negativen elektrischen Ladung sind *Elektronen* und *negative Ionen* (dies sind Atome oder Moleküle mit einem Überschuss an Elektronen). Atomkerne sowie *positive Ionen* (Atome oder Moleküle, denen ein oder mehrere Elektronen fehlen) sind die Hauptträger positiver Ladungen. Daneben gibt es noch geladene kurzlebige Elementarteilchen wie z. B. π-Mesonen π^+, π^-, Myonen μ^+, μ^-, Positron e^+ und Antiproton p^-.
- Die Ladungen e des Protons und $-e$ des Elektrons stellen die kleinste bisher beobachtete Ladungsmenge dar. Alle in der Natur vorkommenden Ladungen Q sind ganzzahlige Vielfache dieser ***Elementarladungen***. Ausnahme sind die als Bausteine der Hadronen (*schwere* Teilchen, siehe Bd. 1, Abschn. 1.4) angenommenen Quarks mit Ladungen $1/3\,e$ bzw. $2/3\,e$, die aber nach unserer heutigen Kenntnis nicht als freie Teilchen existieren können.

  Sehr genaue Messungen haben gezeigt, dass die Beträge von Protonen- und Elektronenladung sich um höchstens $10^{-20}\,e$ unterscheiden, und es gibt Argumente dafür, dass sie wahrscheinlich genau gleich sind (siehe Bd. 3).

> In einem abgeschlossenen System bleibt die Gesamtladung zeitlich konstant, d. h. Ladungen können weder erzeugt noch vernichtet werden.

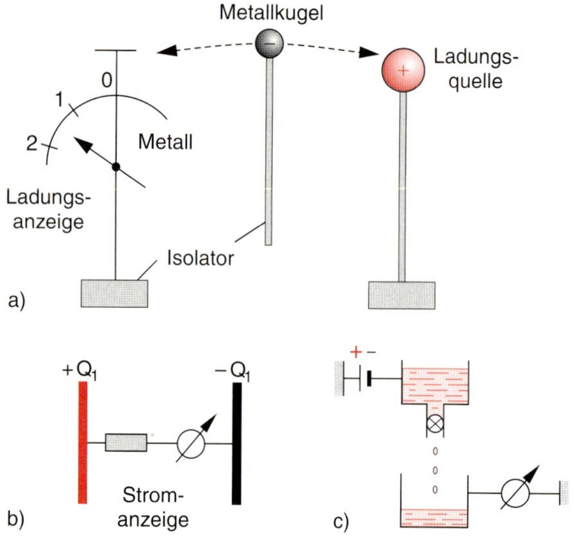

Abb. 1.2a–c. Ladungstransport: (**a**) Durch einen „Ladungslöffel"; (**b**) durch eine leitende Verbindung zwischen entgegengesetzten Ladungen; (**c**) durch geladene Wassertropfen

- *Aber*: Man kann Ladungen eines Vorzeichens isolieren durch räumliche Trennung von positiven und negativen Ladungen (siehe Abschn. 1.5). Ein Beispiel ist die Ionisation des Wasserstoffatoms, bei der Elektron und Proton getrennt werden.
- Ladungen lassen sich z. B. mit elektrisch isolierten Metallkugeln von einer Ladungsquelle zum Ladungsmessgerät (siehe Abb. 1.2a) transportieren, aber auch durch elektrisch leitende Materialien (Abb. 1.2b) oder durch geladene Wassertropfen (Abb. 1.2c).

> Ein Ladungstransport stellt einen elektrischen Strom dar. Ladungstransport ist immer mit Massentransport verbunden.

- Da die uns umgebende Materie im Allgemeinen elektrisch neutral ist, werden Ladungen eines Vorzeichens „erzeugt" durch räumliche Trennung von Ladungen.

BEISPIELE

Reibungselektrizität, Emission von Elektronen aus einer geheizten Kathode, Ionisation von Atomen.

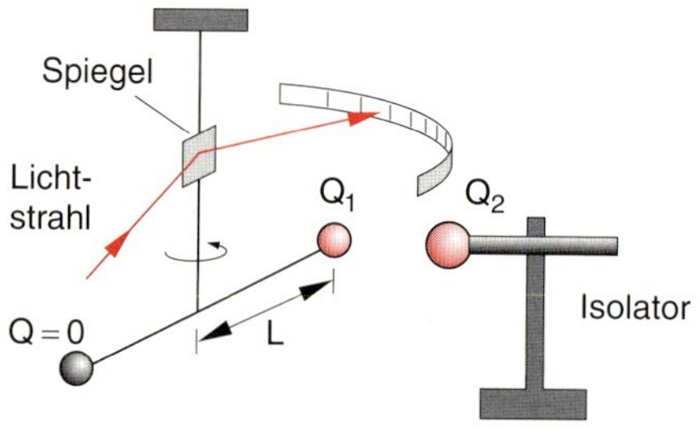

Abb. 1.3. Coulombsche Drehwaage

Die Kräfte zwischen zwei Ladungen Q_1 und Q_2 und ihre Abhängigkeit vom gegenseitigen Abstand r lassen sich quantitativ mit der ***Coulombschen Drehwaage*** (Abb. 1.3) messen, die analog zur Eötvösschen Gravitationswaage (Bd. 1, Abschn. 2.9) aufgebaut ist: An einem dünnen Faden hängt ein Stab aus isolierendem Material, an dessen einem Ende im Abstand L von der Drehachse eine geladene Metallkugel sitzt. Lädt man diese Kugel auf und nähert ihr eine zweite geladene Kugel, so bewirkt die Kraft zwischen den beiden Ladungen ein Drehmoment $\boldsymbol{D} = \boldsymbol{L} \times \boldsymbol{F}$, das den Stab so weit dreht, bis das rücktreibende Drehmoment des verdrillten Fadens gleich $-\boldsymbol{D}$ wird. Misst man den Verdrillungswinkel für verschiedene Abstände der beiden Ladungen, so findet man für die Kraft von Q_2 auf Q_1 das Gesetz

$$\boldsymbol{F} = f \cdot \frac{Q_1 \cdot Q_2}{r^2} \hat{\boldsymbol{r}} , \tag{1.1}$$

wobei $f > 0$ ein Proportionalitätsfaktor und $\hat{\boldsymbol{r}}$ der Einheitsvektor in Richtung $Q_2 \longrightarrow Q_1$ ist (Abb. 1.4). Man sieht aus (1.1), dass für gleichnamige Ladungen $\boldsymbol{F}$ parallel zu $\hat{\boldsymbol{r}}$ (Abstoßung), für ungleichnamige Ladungen antiparallel zu $\hat{\boldsymbol{r}}$ (Anziehung) ist.

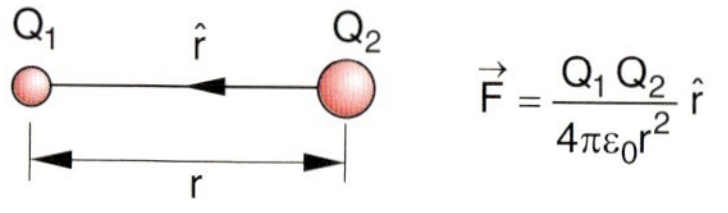

Abb. 1.4. Zum elektrostatischen Kraftgesetz

In (1.1) sind $\boldsymbol{F}$, gemessen in N, und r, gemessen in m, in ihren Maßzahlen bereits festgelegt. Man kann daher nur noch über f oder Q verfügen. In der historischen Entwicklung der Physik hat man zwei Wege verfolgt, die zu zwei verschiedenen Maßsystemen, dem SI-System und dem cgs-System, geführt haben:

a) Das SI-System

In diesem bereits im Bd. 1, Abschn. 1.7 eingeführten System wird die Ladung Q auf die Stromstärke I zurückgeführt, die definiert ist als die Ladungsmenge Q, die pro Sekunde durch die Querschnittsfläche eines Leiters in Stromrichtung transportiert wird. Die Stromstärke I selbst ist als vierte Basisgröße mit der Einheit 1 Ampere = 1 A durch die mechanischen Größen Länge und Kraft ausgedrückt (siehe Abschn. 3.3.2 und Bd. 1, Abschn. 1.6.7). Die Maßeinheit der Ladung ist deshalb im SI-System

$$[Q] = 1\,\text{Coulomb} = 1\,\text{C} = 1\,\text{A s}\,.$$

Das Experiment ergibt für die Kraft zwischen zwei Ladungen von je 10^{-4} C im Abstand von 1 m

$$F = f \cdot \frac{10^{-8}\,\text{C}^2}{1\,\text{m}^2} = 89{,}875\,\text{N}\,.$$

Die Konstante f in (1.1) wird damit $f = 8{,}9875 \cdot 10^9\,\text{Nm}^2/\text{C}^2$. Aus später ersichtlichen Zweckmäßigkeitsgründen schreibt man

$$f = \frac{1}{4\pi\varepsilon_0}$$

und erhält damit aus dem Messwert für f die ***Dielektrizitätskonstante***

$$\boxed{\varepsilon_0 = 8{,}854 \cdot 10^{-12}\,\text{A}^2\,\text{s}^4\,\text{kg}^{-1}\,\text{m}^{-3}}\,,$$

wobei die Dimension von ε_0 wegen der Relation $1\,\text{kgm}^2\text{s}^{-2} = 1\,\text{Nm} = 1\,\text{VAs}$ vereinfacht geschrieben werden kann als $[\varepsilon_0] = 1\,\text{AsV}^{-1}\text{m}^{-1}$. Zur Definition der Einheit Volt (V) siehe Abschn. 1.3.1.

Das ***Coulombsche Kraftgesetz*** heißt also in SI-Einheiten

$$\boldsymbol{F} = \frac{1}{4\pi\varepsilon_0}\,\frac{Q_1 \cdot Q_2}{r^2}\,\hat{\boldsymbol{r}}\,. \tag{1.2}$$

b) Das cgs-System

Der Vorfaktor f wird gleich der dimensionslosen Zahl 1 gesetzt. Da die Kraft in dyn, die Länge in cm angegeben wird, folgt aus $[F] = [Q^2/r^2]$ für die Dimension der Ladung

$$[Q] = [r] \cdot [F]^{1/2} = 1\,\text{cm} \cdot \text{dyn}^{1/2}.$$

Als Einheit der Ladung wird die elektrostatische Ladungseinheit ESL

$$1\,\text{ESL} = 1\,\text{cm}\,\sqrt{\text{dyn}}$$

gewählt, welche diejenige Ladungsmenge angibt, die auf eine gleich große Ladung im Abstand 1 cm die Kraft 1 dyn ausübt.

Das cgs-System wird häufig in der theoretischen Physik gebraucht, weil durch die Wahl $f = 1$ eine einfachere Schreibweise vieler Gleichungen ermöglicht wird. Es hat jedoch den entscheidenden Nachteil, dass man beim Umrechnen mechanischer Einheiten in elektrische oder magnetische Einheiten immer die entsprechenden Umrechnungsfaktoren wissen muss. Wir verwenden in diesem Buch deshalb durchweg das international vereinbarte SI-System.

Ein Coulomb ist eine sehr große Ladungseinheit und entspricht

$$1\,\text{C} = 3 \cdot 10^9\,\text{ESL}\,.$$

BEISPIELE

1. Ein Elektron hat die Ladung $-e = -1{,}6 \cdot 10^{-19}$ C.
2. Könnte man jedem Atom in einem Stück Kupfer mit der Masse $m = 1$ kg, das etwa $N = 10^{25}$ Cu-Atome enthält, ein Elektron wegnehmen, so würde das Stück Kupfer eine positive Überschussladung $\Delta Q = +N \cdot e$ haben $\Rightarrow$ $\Delta Q = 1{,}6 \cdot 10^6$ C.
   Die Kraft zwischen zwei solchen geladenen Kupferkugeln im Abstand $r = 1$ m wäre dann $|\boldsymbol{F}| = 2{,}3 \cdot 10^{22}$ N!!

Ladungen kann man mit einem Elektroskop messen (Abb. 1.5a), das z. B. aus einem drehbaren metallischen Zeiger Z besteht, der über die Drehachse D leitend mit einem feststehenden metallischen Gehäuse verbunden ist. Der Schwerpunkt S des Zeigers liegt rechts vom Drehpunkt D. Lädt man das Elektroskop auf, so wird sich infolge der Coulombabstoßung der Zeiger so weit drehen, bis das durch die Schwerkraft bewirkte Drehmoment $\boldsymbol{D}_G$ entgegengesetzt gleich dem Drehmoment $\boldsymbol{D}_C$ der elektrostatischen Coulombkraft wird.

Fadenelektroskope nutzen die elektrostatische Abstoßung zwischen zwei dünnen geladenen Metallfäden (Lamettastreifen) zur Ladungsmessung aus (Abb. 1.5b).

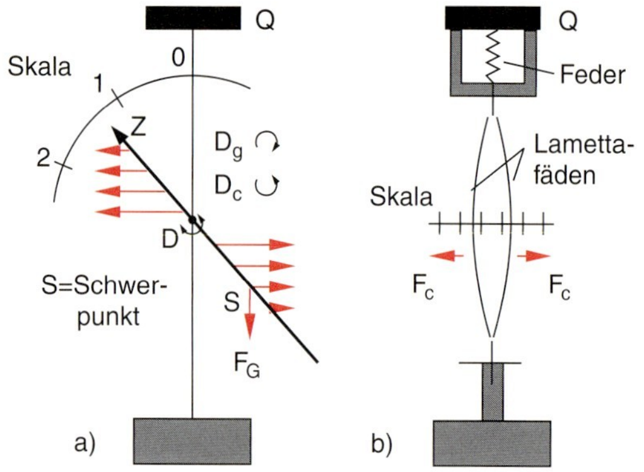

Abb. 1.5a,b. Elektrometer zur Ladungsmessung: (**a**) Drehzeigerelektrometer, (**b**) Fadenelektroskop

Man beachte:

Bei beiden Instrumenten wird nur der Betrag, nicht das Vorzeichen der Ladung gemessen.

Außer durch ihre Kraftwirkungen lassen sich Ladungen auch dadurch messen, dass man sie über Leiter mit großem Widerstand abfließen lässt und den zeitlichen Verlauf der elektrischen Stromstärke $I(t)$ misst (Abb. 1.2b). Es gilt

$$Q = \int_0^\infty I(t)\,\mathrm{d}t\,.$$

Anmerkung

Die Gleichung (1.1) ist mathematisch völlig analog zum Gravitationsgesetz. Das Verhältnis von Gravitationskraft F_G zu Coulombkraft F_C ergibt sich zu

$$\frac{F_\mathrm{G}}{F_\mathrm{C}} = \frac{G\dfrac{m_1 \cdot m_2}{r^2}}{\dfrac{Q_1 \cdot Q_2}{4\pi\varepsilon_0 r^2}} = 4\pi\varepsilon_0 \cdot G \cdot \frac{m_1 \cdot m_2}{Q_1 \cdot Q_2}\,.$$

BEISPIELE

1. Zwei Bleikugeln mit einer Masse von je 10 kg mögen durch elektrische Aufladung je eine Ladung von $Q = 10^{-6}\,\mathrm{C}$ tragen. Bei einem Abstand von 0,2 m zwischen ihren Mittelpunkten ist $F_\mathrm{C} = 0{,}22\,\mathrm{N}$, während ihre gravitative Anziehungskraft $F_\mathrm{G} = 1{,}7 \cdot 10^{-7}\,\mathrm{N}$ beträgt. Das Verhältnis $F_\mathrm{G}/F_\mathrm{C}$ ist daher $F_\mathrm{G}/F_\mathrm{C} = 7{,}7 \cdot 10^{-7}$.
2. Für zwei Elektronen ($m_\mathrm{e} = 9{,}1 \cdot 10^{-31}\,\mathrm{kg}$, $Q_\mathrm{e} = -e = -1{,}6 \cdot 10^{-19}\,\mathrm{C}$) ergibt sich
$$\frac{F_\mathrm{G}}{F_\mathrm{C}} = \frac{4\pi\varepsilon_0 G \cdot m^2}{e^2} = 2{,}4 \cdot 10^{-43}\,!$$
3. Elektron und Proton im Wasserstoffatom ziehen sich im Abstand von $0{,}5\,\mathrm{Å} = 5 \cdot 10^{-11}\,\mathrm{m}$ mit einer Coulombkraft von $F_\mathrm{C} = 9{,}2 \cdot 10^{-8}\,\mathrm{N}$ an. Die entsprechende Gravitationskraft ist $4{,}4 \cdot 10^{-40}$-mal kleiner.
4. Die elektrostatische Abstoßungskraft zwischen zwei Protonen im Atomkern bei einem mittleren Abstand von $r = 3 \cdot 10^{-15}\,\mathrm{m}$ beträgt $F_\mathrm{C} = 26\,\mathrm{N}$. Da die Atomkerne aber stabil sind, muss diese Abstoßungskraft durch entsprechend größere Anziehungskräfte (Kernkräfte) überkompensiert werden. Die Gravitationskraft zwischen den beiden Protonen beträgt nur $2{,}1 \cdot 10^{-35}\,\mathrm{N}$!

Diese Beispiele illustrieren, dass Gravitationskräfte in der Mikrophysik gegenüber den Coulombkräften völlig vernachlässigbar sind.

Die starken elektrostatischen Kräfte sorgen allerdings auch dafür, dass Ladungstrennung bei makroskopischen Körpern nur unter relativ großem Energieaufwand möglich ist. Man kann sich dies an folgendem Beispiel klar machen:

Wenn man von einer neutralen Kupferkugel mit einem Radius von 1,5 cm nur 1% der $1{,}2 \cdot 10^{24}$ Atome einfach ionisieren und die Elektronen auf eine ansonsten gleiche, neutrale Kugel im Abstand von 1 m übertragen würde, so hätte jede Kugel eine Überschussladung von $\Delta Q = \pm 1{,}9 \cdot 10^3\,\mathrm{C}$, und die beiden Kugeln würden sich mit einer Kraft von $3{,}3 \cdot 10^{16}\,\mathrm{N}$ anziehen!

Weil *makroskopische* Körper im Allgemeinen elektrisch neutral sind, heben sich die Coulombkräfte der positiven und negativen Ladungen praktisch auf, und die Gravitationskräfte werden trotz des kleinen Verhältnisses $F_\mathrm{G}/F_\mathrm{C}$ wieder dominant.

Im mikroskopischen Bereich (Anziehung oder Abstoßung zwischen zwei Atomen) überwiegen jedoch auch bei neutralen Atomen die elektrischen Kräfte, die sich wegen der unterschiedlichen räumlichen Verteilung der positiven und negativen Ladung nicht vollständig kompensieren (siehe Abschn. 1.4.3).

Anmerkung

Die chemische Bindung beruht jedoch *nicht* nur auf der Coulombwechselwirkung, welche sowohl anziehend als auch abstoßend sein kann. Hinzu kommt eine nur quantenmechanisch zu deutende *Austauschwechselwirkung* (siehe Bd. 3).

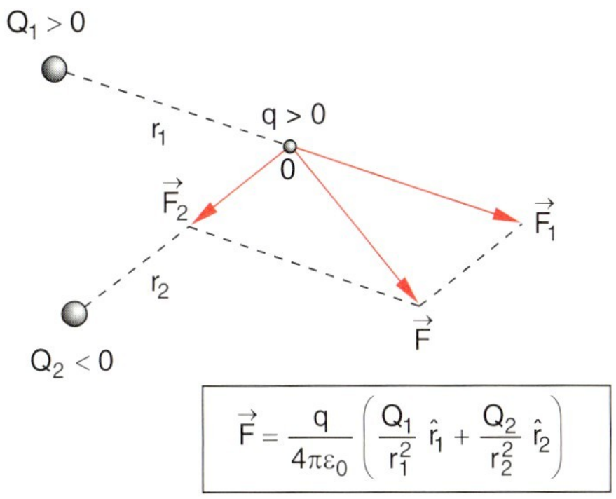

Abb. 1.6. Vektoraddition der Kräfte, die zwei verschiedene Punktladungen Q_1 und Q_2 auf eine Probeladung q bewirken

1.2 Das elektrische Feld

In Band 1, Abschn. 2.7.5 haben wir ein von der Probemasse m unabhängiges Gravitationsfeld $\mathcal{G}$ eingeführt. Viel gebräuchlicher ist ein solches Vorgehen in der Elektrizitätslehre. Hier erhält man ein elektrisches Feld, welches unabhängig von einer Probeladung q im Raum existiert.

1.2.1 Elektrische Feldstärke

Die Kraft

$$\boldsymbol{F}(\boldsymbol{r}) = \frac{Q \cdot q}{4\pi\varepsilon_0 r^2}\hat{\boldsymbol{r}}\,, \qquad (1.3)$$

die eine Ladung Q im Nullpunkt des Koordinatensystems auf eine Probeladung q ausübt, können wir für jeden Raumpunkt $\boldsymbol{r}$ messen. Wir sagen, dass die Ladung Q ein Kraftfeld $\boldsymbol{F}(\boldsymbol{r})$ nach (1.3) erzeugt, dessen Stärke noch von der Größe q der Probeladung abhängt. Der Quotient $\boldsymbol{F}(\boldsymbol{r})/q$, den man mit $\boldsymbol{E}(\boldsymbol{r})$ bezeichnet, ist unabhängig von q:

$$\boldsymbol{E}(\boldsymbol{r}) = \frac{Q}{4\pi\varepsilon_0 r^2}\hat{\boldsymbol{r}}\,. \qquad (1.4)$$

Man nennt ihn die ***elektrische Feldstärke*** der Ladung Q, und das entsprechende normierte Kraftfeld $\boldsymbol{F}(\boldsymbol{r})/q$ heißt das ***elektrische Feld***. Die Dimension der elektrischen Feldstärke ist

$$[E] = [F/q] = 1\,\mathrm{N/A\,s} = 1\,\mathrm{V/m}\,.$$

(Siehe Abschn. 1.3.1.) Die Kraft auf eine Ladung q im elektrischen Feld ist definitionsgemäß

$$\boxed{\boldsymbol{F} = q \cdot \boldsymbol{E}}\,. \qquad (1.5)$$

Die Kraft, die eine Probeladung q bei Anwesenheit mehrerer im Raum verteilter Ladungen erfährt, erhält man durch Vektoraddition der Einzelkräfte (Abb. 1.6). Wir setzen diesmal q in den Nullpunkt und die Feldladungen $Q_i(\boldsymbol{r}_i)$ an die Orte $\boldsymbol{r}_i$:

$$\boldsymbol{F} = \frac{q}{4\pi\varepsilon_0}\sum_i \frac{Q_i}{r_i^2}\hat{\boldsymbol{r}}_i\,. \qquad (1.6)$$

Die gesamte Feldstärke am Ort der Probeladung q ist dann $\boldsymbol{E} = \boldsymbol{F}/q$.

Außer Punktladungen gibt es auch quasikontinuierlich verteilte Ladungen mit der räumlichen ***Ladungsdichte*** $\varrho(\boldsymbol{r})$, definiert als Ladung pro Volumeneinheit (Abb. 1.7). Die Gesamtladung im Volumen V ist dann bei beliebiger Wahl des Nullpunktes

$$Q = \int_V \varrho(\boldsymbol{r})\,\mathrm{d}V\,.$$

Die Kraft auf eine Probeladung q im Punkte $P(\boldsymbol{R})$ außerhalb des Raumladungsgebietes V berechnet sich zu

$$\boldsymbol{F}(\boldsymbol{R}) = \frac{q}{4\pi\varepsilon_0}\int_V \frac{\boldsymbol{R}-\boldsymbol{r}}{|\boldsymbol{R}-\boldsymbol{r}|^3}\varrho(\boldsymbol{r})\,\mathrm{d}V\,. \qquad (1.6a)$$

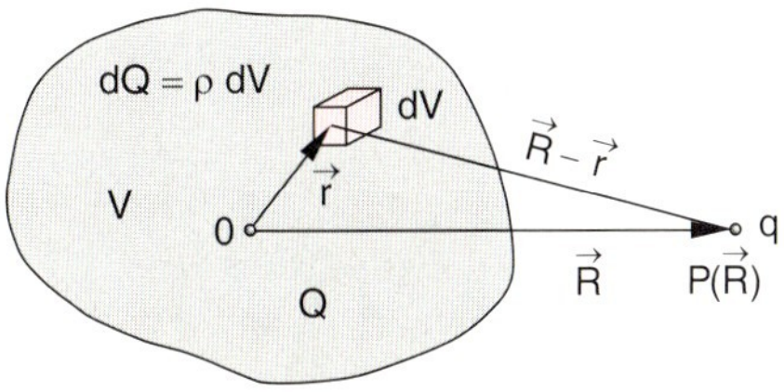

Abb. 1.7. Zur Herleitung der Kraft auf eine Probeladung q durch eine Raumladung mit der Ladungsdichte $\varrho(\boldsymbol{r})$

Entsprechend verfährt man bei elektrisch geladenen Flächen, z. B. Metalloberflächen, die eine ***Flächenladungsdichte*** σ haben, sodass die gesamte Ladung auf einer Fläche A

$$Q = \int_A \sigma \, \mathrm{d}A$$

wird. Man kann allgemein sagen:

> Durch die Anwesenheit der Ladungen Q_i oder einer Ladungsdichte $\varrho(\boldsymbol{r})$ wird der leere Raum verändert: Es entsteht ein elektrisches Vektorfeld $\boldsymbol{E}(\boldsymbol{r}) = \boldsymbol{F}(\boldsymbol{r})/q$, dessen Stärke und Richtung in jedem Raumpunkt durch die Kraft $\boldsymbol{F}(\boldsymbol{r})$ auf eine Probeladung q bestimmt wird.

Man kann dieses Feld durch ***Feldlinien*** veranschaulichen, wobei die Tangente an eine solche Feldlinie im Punkte P die Richtung der Feldstärke angibt. Die Abbildungen 1.8–10 zeigen einige Beispiele für Felder, die von Punktladungen erzeugt werden.

Um die Bestimmung des Feldes einer Flächenladung zu illustrieren, wollen wir das Feld einer unendlich ausgedehnten ebenen Platte mit der homogenen Flächenladungsdichte σ berechnen (Abb. 1.11). Die Ladung $\mathrm{d}Q = \sigma \, \mathrm{d}A$ bewirkt auf die Probeladung q im Abstand b die Kraft

$$\mathrm{d}\boldsymbol{F} = \frac{q}{4\pi\varepsilon_0} \frac{\sigma \cdot \mathrm{d}A}{b^2} \hat{\boldsymbol{b}} \,, \tag{1.7a}$$

die wir in eine Horizontalkomponente $\mathrm{d}F \cdot \sin\alpha$ und eine Vertikalkomponente $\mathrm{d}F \cdot \cos\alpha$ zerlegen. Integration über den Winkel φ ergibt mit $\mathrm{d}A = r \, \mathrm{d}\varphi \, \mathrm{d}r$ und $b = a/\cos\alpha$ die Vertikalkomponente, die durch den roten Kreisring erzeugt wird:

$$\begin{aligned} \mathrm{d}F_\mathrm{v} &= \frac{2\pi r \, \mathrm{d}r}{4\pi\varepsilon_0 b^2} q \cdot \sigma \cdot \cos\alpha \\ &= \frac{q \cdot \sigma}{2\varepsilon_0 a^2} \cos^3\alpha \cdot r \, \mathrm{d}r \,, \end{aligned} \tag{1.7b}$$

während der Betrag der Horizontalkomponente null wird. Wegen $r = a \tan\alpha$ und $\mathrm{d}r/\mathrm{d}\alpha = a/\cos^2\alpha$ wird

$$\mathrm{d}F_\mathrm{v} = \frac{q \cdot \sigma}{2\varepsilon_0} \sin\alpha \, \mathrm{d}\alpha \,.$$

Die Gesamtkraft auf q erhalten wir durch Integration über die Plattenfläche, was äquivalent einer Integration über den Winkel α von 0 bis $\pi/2$ ist:

$$F = \int_0^{\pi/2} \mathrm{d}F_\mathrm{v} = \frac{q \cdot \sigma}{2\varepsilon_0} \tag{1.7c}$$

Die Kraft $\boldsymbol{F}$, die immer senkrecht zur Platte wirkt, und damit auch das elektrische Feld $\boldsymbol{E} = \boldsymbol{F}/q$, sind also unabhängig vom Abstand a von der Platte. Ein solches Feld, dessen Vektor $\boldsymbol{E}$ räumlich konstant ist, heißt ***homogen***.

Bei endlichen Plattenabmessungen D treten Randeffekte auf, welche die Homogenität stören. Man kann sie minimieren, wenn man der ebenen Platte eine zweite

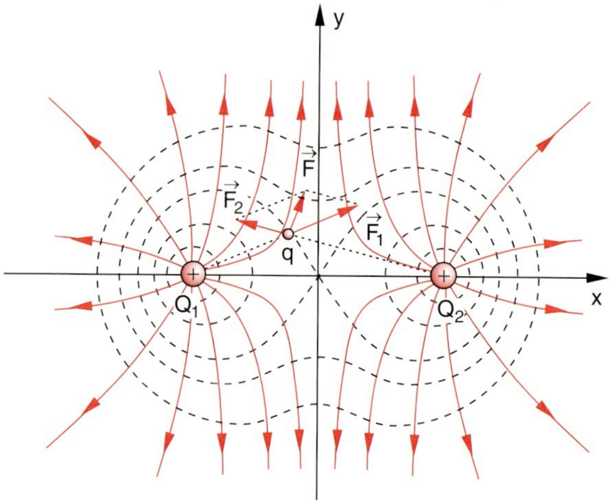

Abb. 1.9. Elektrische Feldlinien, Kraft $\boldsymbol{F}(\boldsymbol{r})$ auf eine Ladung q und Äquipotentiallinien zweier räumlich getrennter gleicher Ladungen. Die Figur ist rotationssymmetrisch um die x-Achse

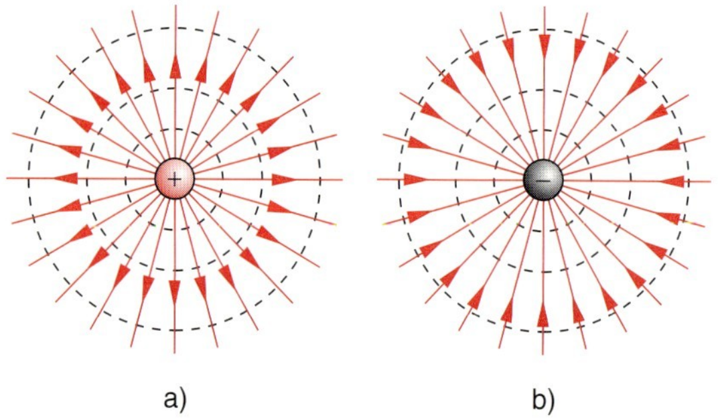

Abb. 1.8a,b. Coulombfeld und Äquipotentiallinien (**a**) einer positiven, (**b**) einer negativen Punktladung (zur Definition des Potentials und der Äquipotentiallinien siehe Abschn. 1.3)

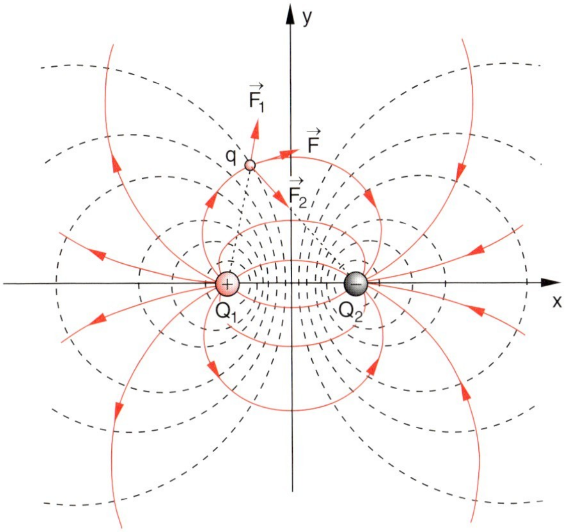

Abb. 1.10. Elektrische Feldlinien und Äquipotentiallinien zweier entgegengesetzt gleicher Ladungen Q_1 und $Q_2 = -Q_1$ (elektrischer Dipol)

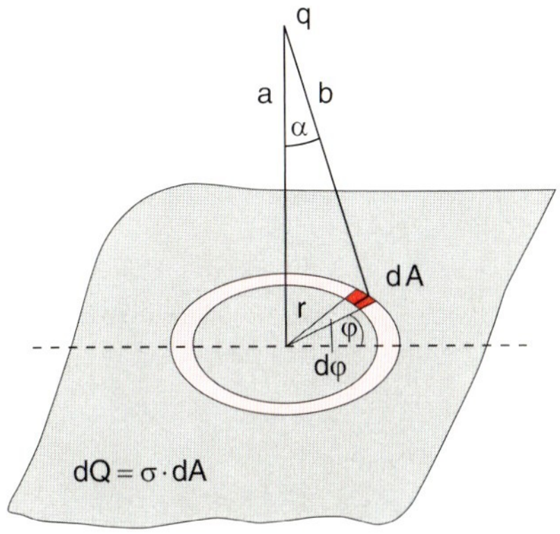

Abb. 1.11. Zur Herleitung der Kraft auf eine Ladung q im elektrischen Feld einer ebenen Metallplatte mit der Flächenladungsdichte $\sigma = Q/A$

Platte mit der Ladung $Q_2 = -Q$ im Abstand $d \ll D$ gegenüberstellt. Bei einem solchen Plattenkondensator (Abb. 1.12, siehe auch Abschn. 1.5.2) beträgt die gesamte Kraft auf eine Ladung q im Raum zwischen den Platten daher

$$F = \frac{\sigma q}{\varepsilon_0} \hat{x}\,, \quad \hat{x} = x/|x| \,. \tag{1.8a}$$

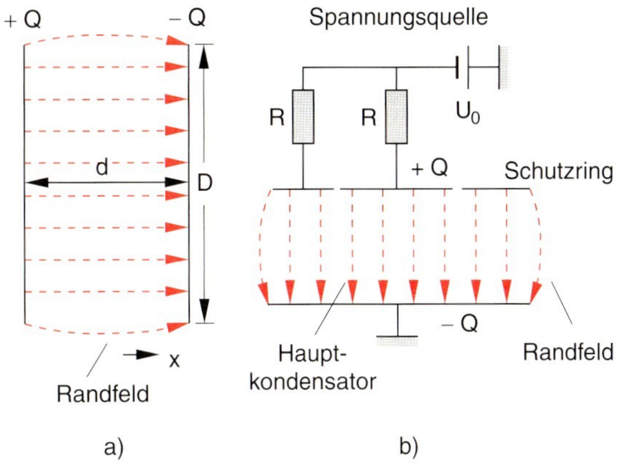

Abb. 1.12. (**a**) Elektrisches Feld eines Plattenkondensators; (**b**) Plattenkondensator mit Schutzring

Die elektrische Feldstärke $\boldsymbol{E} = \boldsymbol{F}/q$ im Plattenkondensator ist dann

$$\boldsymbol{E} = \frac{\sigma}{\varepsilon_0} \hat{\boldsymbol{x}} \,. \tag{1.8b}$$

Ihr Betrag

$$E = \frac{\sigma}{\varepsilon_0}$$

ist räumlich konstant, das Feld ist also homogen.

An den Plattenrändern wird das Feld inhomogen. Diese Inhomogenität kann man durch einen auf gleiche Spannung aufgeladenen, vom Kondensator isolierten Schutzring (Abb. 1.12b) beseitigen.

1.2.2 Elektrischer Fluss; Ladungen als Quellen des elektrischen Feldes

Wir betrachten eine Fläche, die einen Raum umschließt, in dem sich Punktladungen oder Raumladungen befinden. Die elektrischen Feldlinien dieser Ladungen durchsetzen die Fläche A. Ein Flächenelement $\mathrm{d}\boldsymbol{A}$ dieser Oberfläche charakterisieren wir durch den nach außen zeigenden ***Flächennormalenvektor*** $\mathrm{d}\boldsymbol{A}$ (Abb. 1.13a). Als ***elektrischen Fluss*** $\mathrm{d}\Phi_{\mathrm{el}}$ durch $\mathrm{d}\boldsymbol{A}$ definieren wir das Skalarprodukt

$$\mathrm{d}\Phi_{\mathrm{el}} = \boldsymbol{E} \cdot \mathrm{d}\boldsymbol{A} \tag{1.9a}$$

als ein Maß für die Zahl der elektrischen Feldlinien, die durch $\mathrm{d}\boldsymbol{A}$ gehen. Den gesamten elektrischen Kraftfluss

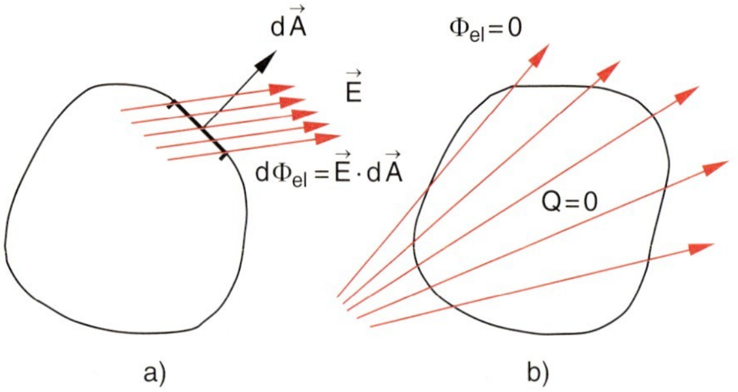

Abb. 1.13a,b. Zur Definition des elektrischen Flusses durch eine Fläche; (**a**) Illustration des Skalarproduktes $\mathrm{d}\Phi_{\mathrm{el}} = \boldsymbol{E} \cdot \mathrm{d}\boldsymbol{A}$. (**b**) Volumen ohne Ladungen

durch die Fläche A erhalten wir durch Integration

$$\Phi_{\mathrm{el}} = \int \boldsymbol{E} \cdot \mathrm{d}\boldsymbol{A} \,. \tag{1.9b}$$

Eine Punktladung im Mittelpunkt einer Kugel mit der Oberfläche A erzeugt das Coulombfeld $\boldsymbol{E} = Q/(4\pi\varepsilon_0 r^2)\,\hat{\boldsymbol{r}}$ und damit den Kraftfluss durch die Fläche A:

$$\Phi_{\mathrm{el}} = \frac{Q}{4\pi\varepsilon_0} \int \frac{\hat{\boldsymbol{r}}}{r^2}\, \mathrm{d}\boldsymbol{A} = \frac{Q}{4\pi\varepsilon_0} \int \mathrm{d}\Omega = Q/\varepsilon_0 \,,$$

weil das Integral über den Raumwinkel $\mathrm{d}\Omega$ gleich 4π ist.

Mathematisch kann man mithilfe des Gaußschen Satzes zeigen (siehe [1.2]), dass für *jede* geschlossene Oberfläche A gilt:

$$\Phi_{\mathrm{el}} = \int\limits_A \boldsymbol{E} \cdot \mathrm{d}\boldsymbol{A} = \int\limits_{V(A)} \operatorname{div} \boldsymbol{E}\, \mathrm{d}V \,.$$

Das Ergebnis für den oben dargestellten Spezialfall legt die Beziehung

$$\Phi_{\mathrm{el}} = \frac{1}{\varepsilon_0} Q = \frac{1}{\varepsilon_0} \int \varrho\, \mathrm{d}V$$

$$\Rightarrow \boxed{\operatorname{div} \boldsymbol{E} = \varrho/\varepsilon_0} \tag{1.10}$$

nahe, die in Worten heißt:

> Die im Raum verteilten Ladungen sind die Quellen (für $\varrho > 0$) bzw. Senken (für $\varrho < 0$) des elektrostatischen Feldes.

Man beachte:

> Der elektrische Fluss durch eine geschlossene Oberfläche hängt weder von der Form der Oberfläche noch von der Ladungsverteilung $\varrho(\boldsymbol{r})$ ab, sondern einzig von der Gesamtladung Q innerhalb der Fläche.

Im Feldlinienmodell starten alle Feldlinien stets von positiven Ladungen und enden an negativen Ladungen (siehe Abb. 1.10). Umschließt die Fläche A eine positive Ladung Q (bzw. Überschussladung ΔQ), so ist $\Phi_{\mathrm{el}} > 0$, d. h. es treten mehr Feldlinien aus dem umschlossenen Volumen aus, als in es eintreten. Ist die Gesamtladung im Volumen null, so wird $\Phi_{\mathrm{el}} = 0$. Es treten dann ebenso viele Feldlinien in die Fläche ein wie aus ihr heraus (Abb. 1.14c).

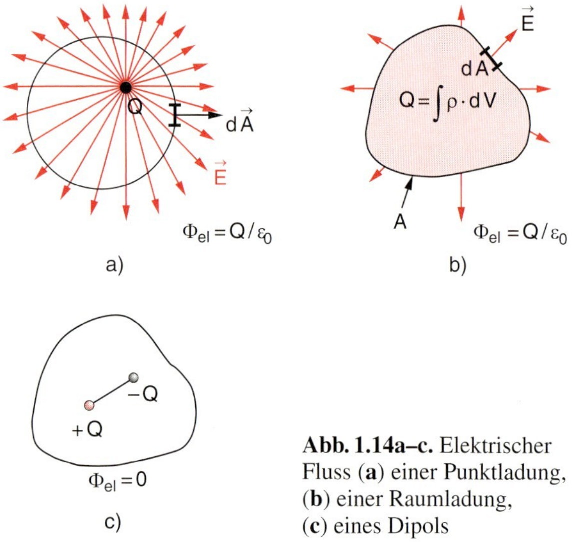

Abb. 1.14a–c. Elektrischer Fluss (**a**) einer Punktladung, (**b**) einer Raumladung, (**c**) eines Dipols

1.3 Elektrostatisches Potential

Bringt man eine Ladung q im elektrischen Feld $\boldsymbol{E}$ von einem Punkt P_1 nach P_2 (Abb. 1.15), so ist die entsprechende Arbeit (siehe Bd. 1, (2.35))

$$W = \int\limits_{P_1}^{P_2} \boldsymbol{F} \cdot \mathrm{d}\boldsymbol{s} = q \cdot \int\limits_{P_1}^{P_2} \boldsymbol{E} \cdot \mathrm{d}\boldsymbol{s} \,. \tag{1.11}$$

BEISPIEL

Eine Probeladung q wird im Feld einer Punktladung Q vom Abstand r_1 zum Abstand r_2 gebracht.

$$W = \frac{qQ}{4\pi\varepsilon_0} \int_{r_1}^{r_2} \frac{\mathrm{d}r}{r^2} = \frac{qQ}{4\pi\varepsilon_0}\left(\frac{1}{r_1} - \frac{1}{r_2}\right)$$

Entfernen sich die Ladungen voneinander ($r_2 > r_1$), so wird für gleichnamige Ladungen $W > 0$, d. h. man gewinnt Energie auf Kosten der potentiellen Energie. Nähert man die sich abstoßenden Ladungen einander, so ist $W < 0$, d. h. man muss Energie aufwenden.

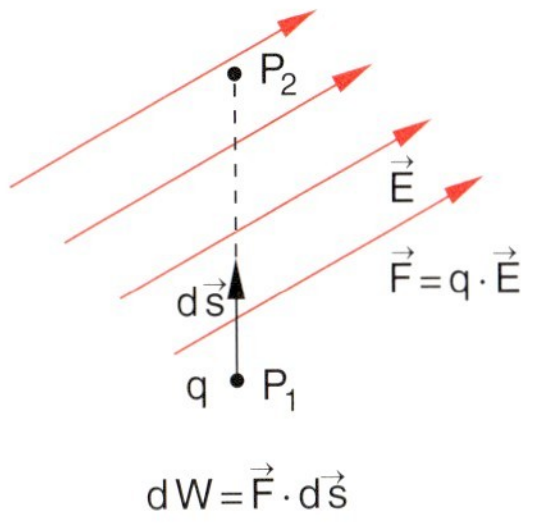

Abb. 1.15. Zur Arbeitsdefinition beim Transport einer Ladung q im elektrischen Feld $\boldsymbol{E}$

1.3.1 Potential und Spannung

Bei der Behandlung des Gravitationspotentials in Bd. 1, Abschn. 2.7 wurde gezeigt, dass in *konservativen Kraftfeldern* das Arbeitsintegral unabhängig vom Wege ist und nur von den Endpunkten P_1 und P_2 abhängt. Da das elektrische Feld genau wie das Gravitationsfeld konservativ ist, kann man deshalb jedem Raumpunkt P eine eindeutig definierte Funktion

$$\phi(P) = \int_P^\infty \boldsymbol{E} \cdot \mathrm{d}\boldsymbol{s} \tag{1.12}$$

zuordnen, die man das ***elektrostatische Potential*** im Punkte P nennt, wobei meistens zur absoluten Normierung $\phi(\infty) = 0$ gesetzt wird.

Das Produkt $q \cdot \phi(P)$ gibt die Arbeit an, die man aufwenden muss bzw. gewinnen kann, wenn die Ladung q vom Punkte P bis ins Unendliche gebracht wird.

Die Potentialdifferenz zwischen zwei Punkten P_1 und P_2

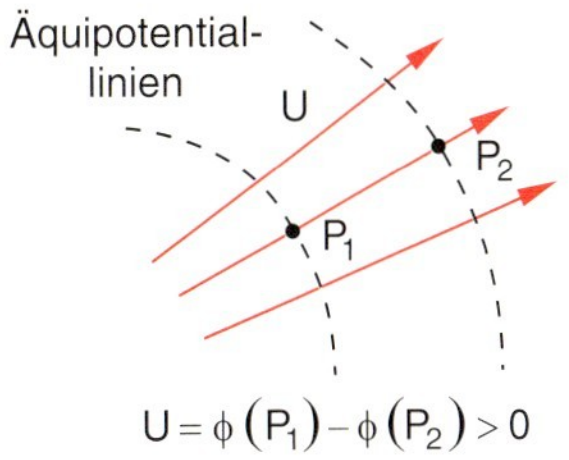

Abb. 1.16. Äquipotentiallinien und elektrische Spannung U als Potentialdifferenz $\phi(P_1) - \phi(P_2)$ zwischen zwei Punkten im elektrischen Feld

$$U = \phi(P_1) - \phi(P_2) = \int_{P_1}^{P_2} \boldsymbol{E} \cdot \mathrm{d}\boldsymbol{s} \tag{1.13}$$

nennt man die ***elektrische Spannung*** U (Abb. 1.16). Eine Ladung q, die eine Potentialdifferenz U durchläuft, erfährt eine Änderung

$$\Delta E_{\text{pot}} = -qU \tag{1.14}$$

ihrer potentiellen Energie. Da die Gesamtenergie $E = E_{\text{kin}} + E_{\text{pot}}$ konstant ist, folgt für die Änderung der kinetischen Energie

$$\Delta E_{\text{kin}} = -\Delta E_{\text{pot}} = qU\ . \tag{1.14a}$$

Die Einheit der Spannung heißt ***Volt*** (V). Es gilt

$$[U] = [E_{\text{pot}}/q] = 1\,\text{N} \cdot \text{m}/(\text{A} \cdot \text{s})$$
$$= 1\,\text{V} \cdot \text{A} \cdot \text{s}/(\text{A} \cdot \text{s}) = 1\,\text{V}\ .$$

Im atomaren Bereich ist es zweckmäßig, eine kleinere Energieeinheit, das ***Elektronenvolt***, einzuführen, das diejenige Energie angibt, die ein Elektron gewinnt, wenn es die Potentialdifferenz $U = \Delta\phi = 1\,\text{V}$ durchfällt. Nach (1.14a) gilt:

$$1\,\text{eV} = 1{,}602 \cdot 10^{-19}\,\text{C} \cdot 1\,\text{V} = 1{,}602 \cdot 10^{-19}\,\text{J}\ .$$

BEISPIELE

1. In einer evakuierten Röhre werden aus einer geheizten Kathode Elektronen emittiert, welche die Kathode mit der Anfangsgeschwindigkeit v_0 verlassen. Durch die Spannung U zwischen Kathode und Anode (Abb. 1.17) werden die Elektronen beschleunigt. Ihre Energie an der Anode ist dann

$$\frac{m}{2}v^2 = \frac{m}{2}v_0^2 + e \cdot U\ .$$

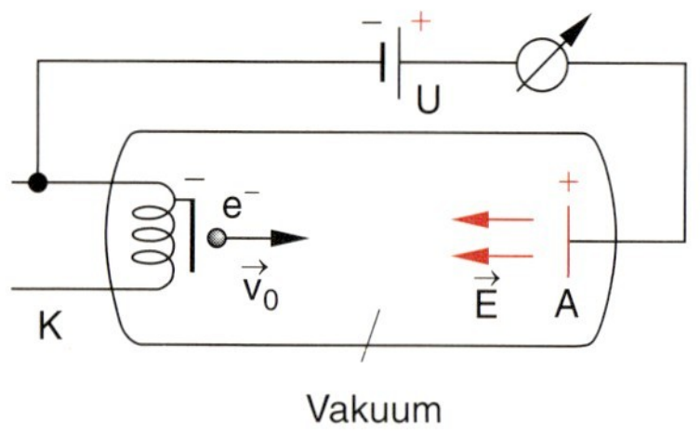

Abb. 1.17. Beschleunigung von Elektronen im elektrischen Feld $\boldsymbol{E}$ zwischen Kathode K und Anode A in einer evakuierten Röhre

Sie treffen daher mit einer Geschwindigkeit $v = \sqrt{v_0^2 + 2eU/m}$ auf die Anode auf. Im Allgemeinen ist $v_0 \ll v$, sodass $v \approx \sqrt{2eU/m}$. Für $U = 50\,\mathrm{V}$ ist z. B. $v = 4 \cdot 10^6\,\mathrm{m/s}$, d. h. etwa 1,3% der Lichtgeschwindigkeit.

2. Welche Energie muss man aufwenden, um ein Wasserstoffatom zu ionisieren, d. h. um das Elektron vom Abstand r_1 vom Proton ins Unendliche zu bringen?

$$W = \frac{-e^2}{4\pi\varepsilon_0} \int\limits_{r_1}^{\infty} \frac{\mathrm{d}r}{r^2} = \frac{e^2}{4\pi\varepsilon_0 r_1} \,.$$

Einsetzen von $e = 1{,}6 \cdot 10^{-19}\,\mathrm{C}$, $\varepsilon_0 = 8{,}85 \cdot 10^{-12}\,\mathrm{C/Vm}$, $r_1 = 5 \cdot 10^{-11}\,\mathrm{m}$ liefert den Wert $W = 27\,\mathrm{eV}$. Der experimentelle Wert beträgt $W_{\mathrm{exp}} = 13{,}5\,\mathrm{eV}$. Die Diskrepanz rührt daher, dass wir die kinetische Energie des Elektrons im Grundzustand des H-Atoms nicht berücksichtigt haben, deren Mittelwert für ein Kraftfeld $F \propto 1/r^2$ gegeben ist durch

$$\langle E_{\mathrm{kin}} \rangle = -\left\langle \frac{1}{2} E_{\mathrm{pot}} \right\rangle \qquad \text{(Virialsatz)}\,.$$

Für eine Kreisbahn mit Radius r lässt sich dies sofort verifizieren, indem man die Zentripetalkraft mv^2/r gleich der Coulombkraft setzt.

1.3.2 Potentialgleichung

Aus der Definitionsgleichung für das elektrostatische Potential

$$\phi(P) = \int\limits_{P}^{\infty} \boldsymbol{E} \cdot \mathrm{d}\boldsymbol{s}$$

folgt, genau wie beim Gravitationspotential, dass man die Feldstärke $\boldsymbol{E}$ als Gradient von $\phi(x, y, z)$ schreiben kann:

$$\boldsymbol{E} = -\mathbf{grad}\,\phi(x, y, z) = -\nabla\phi \,. \tag{1.15}$$

Man kann das elektrostatische Feld also entweder durch eine skalare Potentialfunktion $\phi(x, y, z)$ beschreiben, die jedem Raumpunkt $P(x, y, z)$ eine Zahl zuordnet, nämlich den Wert $\phi(P)$, oder durch das Vektorfeld $\boldsymbol{E}(x, y, z)$, das jedem Raumpunkt ein Zahlentripel $\{E_x, E_y, E_z\}$ zuordnet, wodurch Größe und Richtung des elektrischen Feldes in diesem Punkt definiert sind.

Aus (1.10) folgt dann mit (1.15):

$$\mathrm{div}\,\boldsymbol{E} = -\,\mathrm{div}\,\mathbf{grad}\,\phi = -\Delta\phi = \varrho/\varepsilon_0 \,, \tag{1.16}$$

wobei Δ der Laplace-Operator ist (siehe Bd. 1, Anhang).

> Die Gleichung
>
> $$\Delta\phi = -\varrho/\varepsilon_0 \tag{1.16a}$$
>
> heißt ***Poisson-Gleichung***.

Die Integration dieser Differentialgleichung erlaubt bei vorgegebener Ladungsverteilung $\varrho(x, y, z)$ die Bestimmung des Potentials $\phi(x, y, z)$ und des elektrischen Feldes $\boldsymbol{E}(x, y, z)$. Die Integrationskonstanten werden dabei durch geeignete Randbedingungen bestimmt. In denjenigen Raumgebieten, in denen keine Ladungen sind, vereinfacht sich (1.16a) zur ***Laplace-Gleichung***

$$\boxed{\mathrm{div}\ \mathbf{grad}\ \phi = \Delta\phi = 0 \text{ für } \varrho = 0} \,. \tag{1.16b}$$

Die Gleichung (1.16) spielt für die Elektrostatik eine vergleichbar wichtige Rolle wie die Newtonsche Bewegungsgleichung $\boldsymbol{F} = m\boldsymbol{a}$ für die Mechanik.

> Wenn die Ladungsverteilung bekannt ist, kann man Potential und Feldstärke immer (zumindest numerisch) berechnen.

Wir wollen in Abschn. 1.3.4 die Berechnung von Potentialen und elektrischen Feldern an einigen Beispielen erläutern.

1.3.3 Äquipotentialflächen

Flächen, auf denen das Potential $\phi(\boldsymbol{r})$ konstant ist, heißen ***Äquipotentialflächen***. In der Analysis lernt man, dass der Gradient, in diesem Falle also das elektrische Feld, in jedem Punkt P senkrecht auf der Äquipotentialfläche steht. Man stelle sich die Äquipotentialflächen ähnlich den Höhenlinien auf einer Landkarte vor: Die Höhenlinien verbinden alle Punkte P der Erdoberfläche, die eine bestimmte Höhe z über dem Meeresspiegel (x-y-Ebene) besitzen.

Mathematisch ausgedrückt ist die Höhe eine skalare Funktion auf der x-y-Ebene. Beschreibt man eine Gebirgsoberfläche als Menge aller Punkte $\{x, y, z\}$, für die $h(x, y) = z$ ist, so ist eine Höhenlinie die Menge aller Punkte $\{x, y\}$, für die $h(x, y) = \text{const}$ gilt. Befindet man sich an einem Punkt einer solchen Höhenlinie, so zeigt der Gradient (in der x-y-Ebene!) in die Richtung des steilsten Anstieges, und er steht immer senkrecht auf der Tangente an die Höhenlinie.

Man kann die Höhenlinien auch als Kurven konstanter potentieller Energie E_p ansehen. In der x-y-Projektion (Karte) rollt eine Kugel immer entgegen dem Gradienten, denn für die Kraft gilt nach Bd. 1: $\boldsymbol{F} = -\textbf{grad}\, E_\text{p}$. Die Feldlinien, die bekanntlich parallel zur Kraft verlaufen, stehen also senkrecht auf den Höhenlinien. Bei den Feldlinien des elektrischen Feldes verhält es sich vollkommen analog, nur dass hier keine Potentialfunktion $V(x, y) = g \cdot h(x, y)$ auf der Ebene, sondern die Funktion $\phi(x, y, z)$ „auf dem Raum" vorliegt.

> Man findet daher die Äquipotentialflächen als Orthogonalflächen zu den Feldlinien (Abb. 1.8–10).

Zum Verschieben von Ladungen auf Äquipotentialflächen braucht man keine Arbeit zu verrichten, da

$$W = q \cdot \int \boldsymbol{E} \cdot \mathrm{d}\boldsymbol{s} \equiv 0 \quad \text{weil } \boldsymbol{E} \perp \mathrm{d}\boldsymbol{s}\,.$$

BEISPIELE

1. Im Coulombfeld einer Punktladung sind die Äquipotentialflächen Kugelflächen um die Ladung im Zentrum (Abb. 1.8). Hat man es mit mehreren Punktladungen zu tun, wird die Sache komplizierter. Bei Anwesenheit von zwei Punktladungen ergeben sich die Äquipotentialflächen wie in Abb. 1.9 und 1.10.
2. Im homogenen Feld des ebenen Plattenkondensators (Abb. 1.12) sind die Ebenen parallel zu den Platten Äquipotentialflächen.
3. Alle Leiteroberflächen bilden in der Elektrostatik, d. h. bei ruhenden Ladungen, Äquipotentialflächen. Alle Feldlinien stehen also immer senkrecht auf Leiteroberflächen. Dies gilt nicht mehr, wenn ein elektrischer Strom durch den Leiter fließt (siehe Abschn. 2.2.2).

1.3.4 Spezielle Ladungsverteilungen

a) Geladene Hohlkugel

Eine homogen geladene Oberfläche einer leitenden Hohlkugel mit Radius R habe die Flächenladungsdichte σ und die Ladung $Q = 4\pi R^2\sigma$. Für eine konzentrische Kugelfläche mit Radius $r > R$ gilt nach (1.9b) für den elektrischen Fluss

$$\begin{aligned}\Phi_\text{el} &= \int \boldsymbol{E} \cdot \mathrm{d}\boldsymbol{A}\\ &= E \cdot 4\pi r^2 = Q/\varepsilon_0 \;\Rightarrow\; \boldsymbol{E} = \frac{Q}{4\pi\varepsilon_0 r^2}\,\hat{\boldsymbol{r}}\,,\end{aligned}$$

da aus Symmetriegründen $\boldsymbol{E}$ radial nach außen zeigen muss, d. h. $\boldsymbol{E} \parallel \mathrm{d}\boldsymbol{A} \parallel \hat{\boldsymbol{r}}$. Die geladene Kugelfläche wirkt also für $r > R$ wie eine Punktladung Q im Mittelpunkt der Kugel. Das Potential im Abstand r vom Mittelpunkt der Hohlkugel erhalten wir aus

$$\begin{aligned}\phi(r) &= \int_r^\infty E \cdot \mathrm{d}r\\ &= \frac{Q}{4\pi\varepsilon_0 r} \;\Rightarrow\; \left|\boldsymbol{E}(\boldsymbol{r})\right| = \frac{\phi(r)}{r}\,.\end{aligned}$$

Da die Leiteroberfläche Äquipotentialfläche ist, folgt, dass bei vorgegebenem Potential $\phi(R)$ der Fläche die Feldstärke mit abnehmendem Krümmungsradius R zunimmt!

Eine beliebige geschlossene Fläche, die ganz innerhalb der Kugel liegt, umschließt keine Ladung. Weil für jede dieser Flächen gilt:

$$\Phi_\text{el} = \int \boldsymbol{E} \cdot \mathrm{d}\boldsymbol{A} = 0\,,$$

folgt $\boldsymbol{E} \equiv \boldsymbol{0}$ im Kugelinneren.

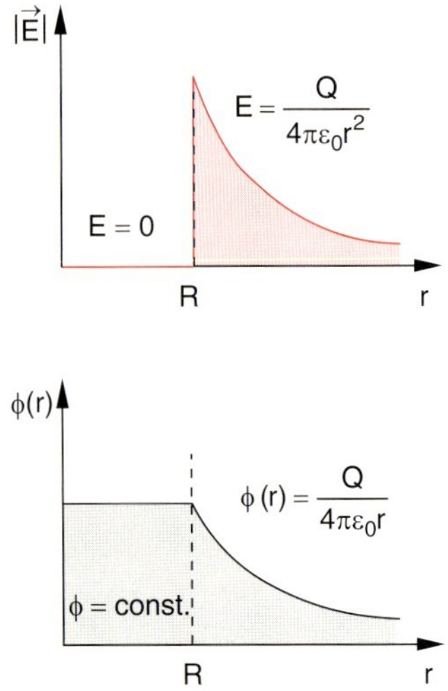

Abb. 1.18. Elektrische Feldstärke $|\boldsymbol{E}(r)|$ und Potential $\phi(r)$ einer geladenen Hohlkugel

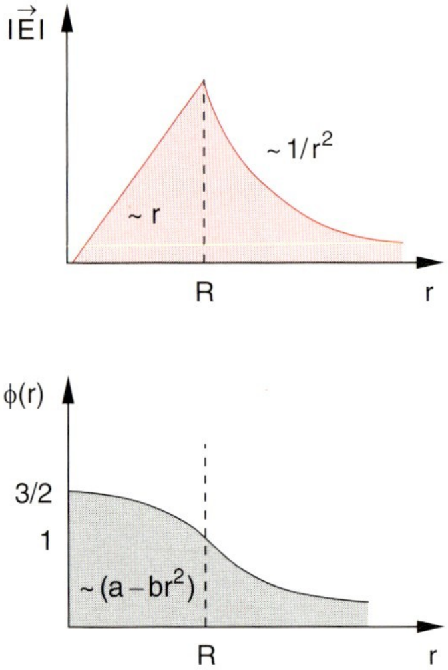

Abb. 1.19. Feld- und Potentialverlauf im Inneren und Äußeren einer Vollkugel mit Radius R und konstanter Ladungsdichte $\varrho = Q/\left(\frac{4}{3}\pi R^3\right)$, wobei $a = \varrho R^2/(2\varepsilon_0)$ und $b = \varrho/(6\varepsilon_0)$ ist

> Im Inneren der homogen geladenen Hohlkugel herrscht kein Feld. Das Potential im Inneren ist deshalb konstant (Abb. 1.18).

b) Geladene Vollkugel

Für eine homogen geladene nichtleitende Vollkugel mit der Ladung $Q = \frac{4}{3}\pi R^3 \varrho$ ergibt sich analog zu Bd. 1, Abschn. 2.9, für $r \geq R$ (Abb. 1.19 und Aufgabe 1.8):

$$\boldsymbol{E} = \frac{Q}{4\pi\varepsilon_0 r^2}\hat{\boldsymbol{r}}\,; \quad \phi = \frac{Q}{4\pi\varepsilon_0 r}\,, \tag{1.17a}$$

bzw. für $r \leq R$:

$$\boldsymbol{E} = \frac{Qr}{4\pi\varepsilon_0 R^3}\hat{\boldsymbol{r}}\,; \quad \phi = \frac{Q}{4\pi\varepsilon_0 R}\left(\frac{3}{2} - \frac{r^2}{2R^2}\right)\,. \tag{1.17b}$$

c) Geladener Stab

Als nächstes Beispiel wollen wir Feld und Potential eines unendlich langen geladenen Stabes mit dem Radius R berechnen (Abb. 1.20). Die Ladung pro Längeneinheit sei $\lambda = \pi R^2 \varrho$. Wieder ist aus Symmetriegründen die Feldstärke $\boldsymbol{E}$ in einem Punkt P im Abstand r von der Stabachse radial nach außen gerichtet. Für den elektrischen Fluss durch eine zum Stab koaxiale Zylinderoberfläche mit Radius r und Länge L erhalten wir für $r \geq R$

$$\begin{aligned}\Phi_{\text{el}} &= \int \boldsymbol{E}\cdot \mathrm{d}\boldsymbol{A} = E\cdot 2\pi r\cdot L\\ &= \frac{Q}{\varepsilon_0} = \frac{\lambda}{\varepsilon_0}\cdot L\end{aligned}$$

$$\Rightarrow \boldsymbol{E} = \frac{\lambda}{2\pi\varepsilon_0 r}\hat{\boldsymbol{r}} \tag{1.18a}$$

($\lambda = Q/L$ Ladung pro Längeneinheit), und für $r \leq R$ gilt

$$\int \boldsymbol{E}\cdot \mathrm{d}\boldsymbol{A} = E\cdot 2\pi r\cdot L = \frac{\varrho\pi r^2 L}{\varepsilon_0}$$

$$\Rightarrow \boldsymbol{E} = \frac{\varrho r}{2\varepsilon_0}\hat{\boldsymbol{r}} = \frac{\lambda \boldsymbol{r}}{2\varepsilon_0 \pi R^2}\,. \tag{1.18b}$$

Mit der Randbedingung $\phi(R) = 0$ ergibt sich für $r \geq R$ das elektrische Potential

$$\phi(r) = -\frac{\lambda}{2\pi\varepsilon_0}\ln\frac{r}{R} \tag{1.18c}$$

und für $r \leq R$

$$\phi(r) = \frac{\lambda}{4\pi\varepsilon_0}\left(1 - \frac{r^2}{R^2}\right)\,. \tag{1.18d}$$

Man überlege sich, warum hier die Randbedingung $\phi(\infty) = 0$ nicht sinnvoll wäre.

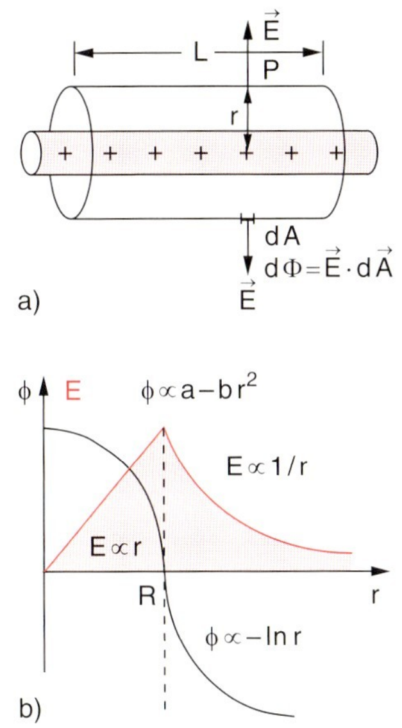

Abb. 1.20. (**a**) Zur Herleitung von (1.18); (**b**) radialer Verlauf von Potential $\phi(r)$ und Feldstärke $E(r)$ eines unendlich langen geladenen Stabes

d) Koaxialkabel

Ein Koaxialkabel entspricht einer Anordnung aus einem leitenden Draht mit Radius R_1, der koaxial von einem dünnen, leitenden Hohlzylinder mit Radius R_2 umgeben ist (Abb. 1.21). Die beiden Leiter mögen die entgegengesetzt gleichen Ladungsdichten pro Längeneinheit $\lambda_1 = -\lambda_2$ haben.

Für $r > R_2$ gilt:

$$\int \boldsymbol{E} \cdot \mathrm{d}\boldsymbol{A} = 0 \Rightarrow E = 0 \,,$$

da die Gesamtladung innerhalb des Zylinders mit Radius $r > R_2$ gleich null ist.

Für $R_1 \leq r \leq R_2$ gilt: Das Feld des äußeren Zylinders ist null, das des inneren ist, wie bereits im vorigen Beispiel berechnet wurde,

$$\boldsymbol{E} = \frac{\lambda}{2\pi\varepsilon_0 r}\hat{\boldsymbol{r}} \,.$$

1.4 Multipole

Aus der Linearität der Poissongleichung (1.16) (d. h. die Feldstärke und ihre Komponenten sowie das Potential kommen nur linear vor) folgt, dass sich die Coulombpotentiale $\phi_i(P)$, die durch im Raum verteilte Ladungen Q_i erzeugt werden, im Aufpunkt P linear überlagern (***Superpositionsprinzip***). Bei N Punktladungen $Q_i(\boldsymbol{r}_i)$ (Abb. 1.22) erhalten wir daher für das Gesamtpotential im Aufpunkt P

$$\phi(\boldsymbol{R}) = \frac{1}{4\pi\varepsilon_0}\sum_i \frac{Q_i}{|\boldsymbol{R}-\boldsymbol{r}_i|} \,, \tag{1.19}$$

wenn $\boldsymbol{R}$ der Ortsvektor des Punktes P und $\boldsymbol{r}_i$ der Ortsvektor der Ladung Q_i ist.

Liegt eine räumlich kontinuierlich verteilte Ladung mit der Ladungsdichte $\varrho(r)$ vor, so gilt wegen $Q = \int \varrho \,\mathrm{d}V$ entsprechend

$$\phi(\boldsymbol{R}) = \frac{1}{4\pi\varepsilon_0}\int\limits_V \frac{\varrho(\boldsymbol{r})\,\mathrm{d}V}{|\boldsymbol{R}-\boldsymbol{r}|} \,. \tag{1.20}$$

Bei beliebiger Ladungsverteilung ist das Integral in (1.20) oft nicht mehr analytisch lösbar. Man kann aber für die Aufpunkte $P(\boldsymbol{R})$, deren Entfernung R vom Ladungsgebiet groß genug gegen die Ausdehnung dieses Gebietes ist, das Potential $\phi(\boldsymbol{R})$ durch eine Taylorentwicklung des Integranden und gliedweise Integration

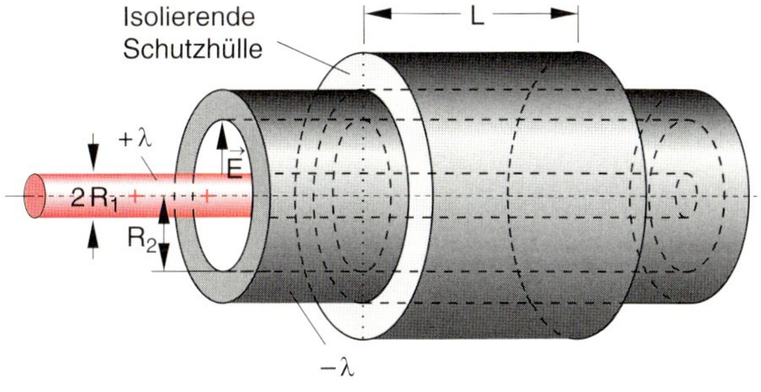

Abb. 1.21. Koaxialkabel

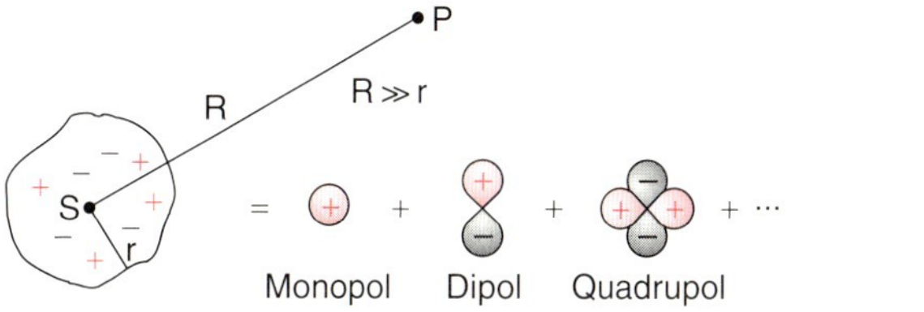

Abb. 1.22. Zur Multipolentwicklung des Potentials $\phi(P)$ einer Ladungsverteilung mit dem Ladungsschwerpunkt S der positiven Ladungen, gemessen in einem weit entfernten Punkt P mit $|R| \gg |\boldsymbol{r}_{\max}|$

Abb. 1.23. Ladungsverteilung als Überlagerung von Monopol + Dipol + Quadrupol

bestimmen, wobei man den Ursprung entweder in den Ladungsschwerpunkt S der Ladungen eines Vorzeichens, z. B. der positiven Ladungen oder in den Mittelpunkt zwischen den Schwerpunkten der positiven und negativen Ladungen, legt und nach $r/R \ll 1$ entwickelt.

Diese so genannte ***Multipolentwicklung*** zerlegt das Potential der Ladungsverteilung in Summanden $\phi_n(R)$, die von Punktladungen (Monopolen), Punktladungspaaren (Dipolen), Dipolpaaren (Quadrupolen) etc. erzeugt werden und die jeweils mit verschiedenen Potenzen R^{-n} mit wachsender Entfernung R des Aufpunktes $P(R)$ vom Ladungsschwerpunkt S abfallen (Abb. 1.23). Dieses Konzept hat sich als sehr nützlich erwiesen z. B. bei der Berechnung der Wechselwirkung zwischen Atomen und Molekülen. Es gibt eine bessere Einsicht in die Art der Ladungsverteilung.

Wir wollen nun Potential- und Feldverteilung einiger einfacher Multipole behandeln, damit die im Abschn. 1.4.3 diskutierte allgemeine Multipolentwicklung an diesen konkreten Beispielen verdeutlicht werden kann.

1.4.1 Der elektrische Dipol

Ein elektrischer Dipol besteht aus zwei entgegengesetzt gleichen Ladungen $Q_1 = Q = -Q_2$ im Abstand d (Abb. 1.24).

Er wird charakterisiert durch sein ***Dipolmoment***

$$\boldsymbol{p} = Q \cdot \boldsymbol{d} ,$$

dessen Richtung definitionsgemäß von der negativen zur positiven Ladung zeigt, wobei d der Abstand von $-Q$ bis $+Q$ ist.

Die Feldstärke $\boldsymbol{E}(\boldsymbol{R})$ und das Potential $\phi(\boldsymbol{R})$ in einem beliebigen Punkt $P(\boldsymbol{R})$ erhält man durch die Überlagerung der Felder beider Punktladungen. Am einfachsten ist es, zuerst das Potential auszurechnen, um dann das Feld durch Gradientenbildung zu erhalten. Mit $\boldsymbol{r}_1 = \boldsymbol{R} - \boldsymbol{d}/2$ und $\boldsymbol{r}_2 = \boldsymbol{R} + \boldsymbol{d}/2$ ergibt sich

$$\phi_\mathrm{D}(\boldsymbol{R}) = \frac{1}{4\pi\varepsilon_0}\left(\frac{Q}{|\boldsymbol{R}-\boldsymbol{d}/2|} - \frac{Q}{|\boldsymbol{R}+\boldsymbol{d}/2|}\right) . \quad (1.21)$$

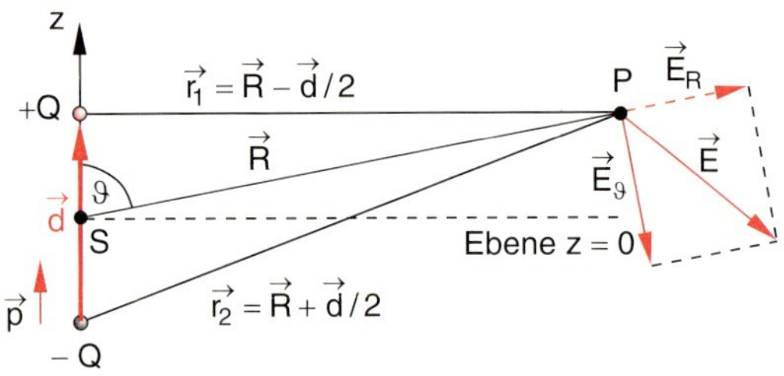

Abb. 1.24. Elektrischer Dipol

In genügend großer Entfernung vom Dipol ($R \gg d$) kann man die Taylorentwicklung

$$\begin{aligned}\frac{1}{|\boldsymbol{R} \pm \boldsymbol{d}/2|} &= \frac{1}{R} \cdot \frac{1}{\sqrt{1 \pm \dfrac{\boldsymbol{R}\cdot\boldsymbol{d}}{R^2} + \dfrac{d^2}{4R^2}}} \\ &= \frac{1}{R}\left(1 \mp \frac{1}{2}\frac{\boldsymbol{R}\cdot\boldsymbol{d}}{R^2} + \cdots\right) \qquad (1.22)\end{aligned}$$

nach dem linearen Glied abbrechen und erhält in dieser Näherung für das Potential des Dipols in großer Entfernung

$$\begin{aligned}\phi_\mathrm{D}(\boldsymbol{R}) &= \frac{Q}{4\pi\varepsilon_0} \cdot \frac{\boldsymbol{d}\cdot\boldsymbol{R}}{R^3} \\ &= \frac{\boldsymbol{p}\cdot\boldsymbol{R}}{4\pi\varepsilon_0 R^3} = \frac{p \cdot \cos\vartheta}{4\pi\varepsilon_0 R^2} \end{aligned} . \qquad (1.23)$$

Wegen $\textbf{grad}\,(1/r) = -\boldsymbol{r}/r^3$ kann man das Dipolpotential

$$\begin{aligned}\phi_\mathrm{D}(\boldsymbol{R}) &= -\frac{Q}{4\pi\varepsilon_0}\boldsymbol{d}\cdot\nabla\left(\frac{1}{R}\right) \\ &= -\boldsymbol{d}\cdot\textbf{grad}\,\phi_\mathrm{M} \qquad (1.24)\end{aligned}$$

auch als Skalarprodukt aus Ladungsabstand $\boldsymbol{d}$ im Dipol und Gradient des Monopolpotentials (Coulombpotential) schreiben.

Man sieht, dass das Potential eines Dipols wegen $\phi_\mathrm{D}(R) \propto 1/R^2$ mit wachsendem Abstand R schneller abfällt als das Potential einer Punktladung ($\phi_\mathrm{M}(R) \propto 1/R$). Der Grund dafür ist die mit wachsendem Abstand zunehmende Kompensation der entgegengesetzten Potentiale von $+Q$ und $-Q$. Auf der Symmetrieebene $z = 0$ ist $\vartheta = 90°$ und deshalb überall $\phi_\mathrm{D} \equiv 0$.

Das elektrische Feld $\boldsymbol{E} = -\mathbf{grad}\,\phi_D$ lässt sich aus (1.23) mit

$$\mathbf{grad}\,\phi_D = \frac{Q}{4\pi\varepsilon_0}\left\{(\boldsymbol{d}\cdot\boldsymbol{R})\,\mathbf{grad}\,\frac{1}{R^3} + \frac{1}{R^3}\,\mathbf{grad}\,(\boldsymbol{d}\cdot\boldsymbol{R})\right\}$$

berechnen. Man erhält wegen $\mathbf{grad}\,1/R^3 = -3\boldsymbol{R}/R^5$ sowie $Q\,\boldsymbol{d}\cdot\boldsymbol{R} = p\cdot\cos\theta$ und $Q\,\mathbf{grad}\,(\boldsymbol{d}\cdot\boldsymbol{R}) = \boldsymbol{p}$:

$$\boldsymbol{E}(\boldsymbol{R}) = \frac{1}{4\pi\varepsilon_0 R^3}\left(3p\hat{\boldsymbol{R}}\cdot\cos\vartheta - \boldsymbol{p}\right) \quad . \tag{1.25a}$$

Anschaulich lässt sich $\boldsymbol{E}$ wegen der Zylindersymmetrie des Problems am besten in Polarkoordinaten R, ϑ und φ darstellen: Aus

$$\boldsymbol{E} = -\mathbf{grad}\,\phi = -\left\{\frac{\partial\phi}{\partial R}, \frac{1}{R}\frac{\partial\phi}{\partial\vartheta}, \frac{1}{R\sin\vartheta}\frac{\partial\phi}{\partial\varphi}\right\}$$

folgt mit (1.23):

$$E_R = \frac{2p\cdot\cos\vartheta}{4\pi\varepsilon_0 R^3}\,, \quad E_\vartheta = \frac{p\cdot\sin\vartheta}{4\pi\varepsilon_0 R^3}\,, \quad E_\varphi = 0\,. \tag{1.25b}$$

Da das Feld nicht vom Azimutwinkel φ abhängt, ist es zylindersymmetrisch um die Dipolachse. In Abb. 1.10 ist das elektrische Feld in einer die Dipolachse enthaltenden Ebene dargestellt, und Abb. 1.24 zeigt die Feldstärkekomponenten E_R und E_ϑ.

a) Dipol im homogenen Feld

In einem äußeren elektrischen Feld hat ein elektrischer Dipol die potentielle Energie (Abb. 1.25)

$$W_{pot} = Q\phi_1 - Q\phi_2 = Q(\phi_1 - \phi_2)\,, \tag{1.26}$$

die null wird, wenn die beiden Ladungen $+Q$ und $-Q$ auf einer Äquipotentialfläche liegen, der Dipol also senkrecht zu $\boldsymbol{E}$ steht.

Bei beliebiger Lage des Dipols bewirkt ein homogenes elektrisches Feld die Kräfte $\boldsymbol{F}_1 = Q\cdot\boldsymbol{E}$ und $\boldsymbol{F}_2 = -Q\cdot\boldsymbol{E}$ auf die Ladungen Q und $-Q$, die wegen $\boldsymbol{r}_1 - \boldsymbol{r}_2 = \boldsymbol{d}$ wiederum ein Drehmoment

$$\boldsymbol{D} = Q(\boldsymbol{r}_1\times\boldsymbol{E}) - Q(\boldsymbol{r}_2\times\boldsymbol{E}) = (Q\cdot\boldsymbol{d})\times\boldsymbol{E} = \boldsymbol{p}\times\boldsymbol{E}$$

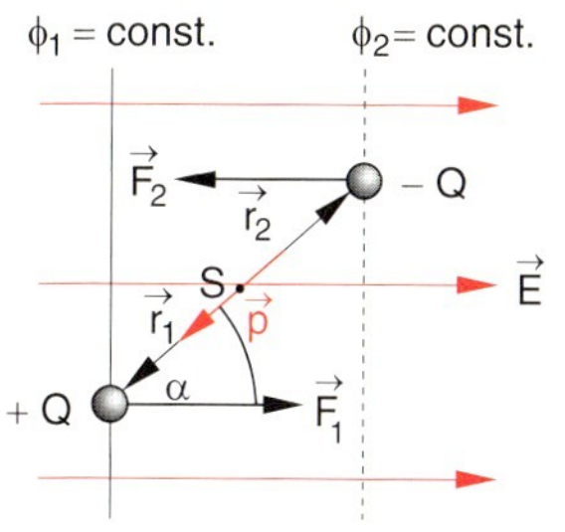

Abb. 1.25. Drehmoment auf einen Dipol im homogenen elektrischen Feld

bewirken, das senkrecht auf $\boldsymbol{d}$ und $\boldsymbol{E}$ steht und das wir deshalb vektoriell schreiben können als

$$\boldsymbol{D} = \boldsymbol{p}\times\boldsymbol{E} \quad . \tag{1.27}$$

Die potentielle Energie des Dipols im homogenen äußeren Feld ergibt sich aus (1.26) wegen $\phi_1 - \phi_2 = \mathbf{grad}\,\phi\cdot\boldsymbol{d}$ zu

$$W_{pot} = -\boldsymbol{p}\cdot\boldsymbol{E} \tag{1.28}$$

Die potentielle Energie ist also minimal, wenn $\boldsymbol{p}$ und $\boldsymbol{E}$ parallel sind. In diese Lage stellt sich der Dipol im Feld von selbst ein, wenn er nicht durch andere Kräfte daran gehindert wird.

b) Dipol im inhomogenen Feld

Im inhomogenen Feld $\boldsymbol{E}(\boldsymbol{r})$ wirkt auf den Dipol die resultierende Kraft

$$\boldsymbol{F} = Q\cdot\left[\boldsymbol{E}(\boldsymbol{r}+\boldsymbol{d}) - \boldsymbol{E}(\boldsymbol{r})\right] = Q\cdot\boldsymbol{d}\cdot\frac{\mathrm{d}\boldsymbol{E}}{\mathrm{d}\boldsymbol{r}} = \boldsymbol{p}\cdot\nabla\boldsymbol{E}\,. \tag{1.29}$$

Der Vektorgradient von $\boldsymbol{E}$ ist ein Tensor, dessen Skalarprodukt mit dem Vektor $\boldsymbol{p}$ den Vektor $\boldsymbol{F}$ ergibt. In Komponentenschreibweise heißt (1.29)

$$\begin{aligned}
F_x &= \boldsymbol{p}\cdot\mathbf{grad}\,E_x = p_x\frac{\partial E_x}{\partial x} + p_y\frac{\partial E_x}{\partial y} + p_z\frac{\partial E_x}{\partial z}\,,\\
F_y &= \boldsymbol{p}\cdot\mathbf{grad}\,E_y = p_x\frac{\partial E_y}{\partial x} + p_y\frac{\partial E_y}{\partial y} + p_z\frac{\partial E_y}{\partial z}\,,\\
F_z &= \boldsymbol{p}\cdot\mathbf{grad}\,E_z = p_x\frac{\partial E_z}{\partial x} + p_y\frac{\partial E_z}{\partial y} + p_z\frac{\partial E_z}{\partial z}\,.
\end{aligned} \tag{1.29a}$$

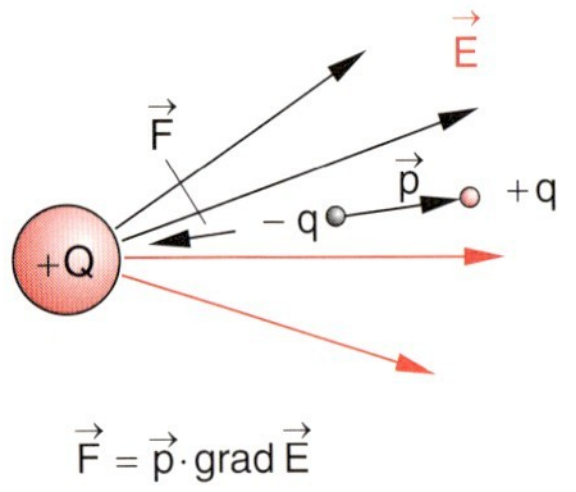

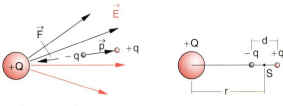

Abb. 1.26. Kraft auf einen Dipol im inhomogenen Feld

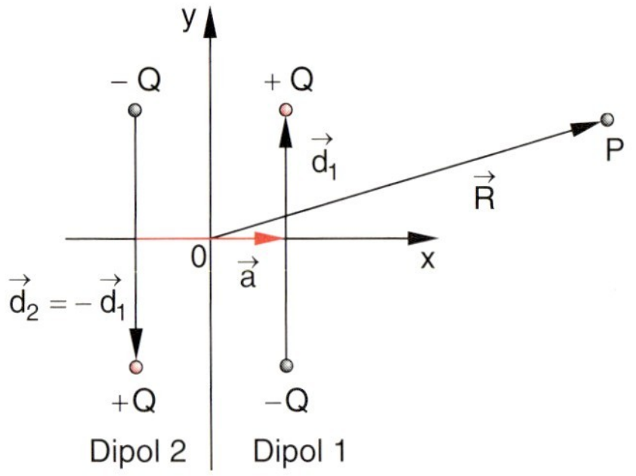

Abb. 1.27. Zum Potential eines elektrischen Quadrupols

Im homogenen Feld ist die resultierende Kraft auf einen Dipol null. Bei beliebiger Orientierung von $\boldsymbol{p}$ wirkt das Drehmoment $\boldsymbol{D} = \boldsymbol{p} \times \boldsymbol{E}$, das den Dipol in Feldrichtung dreht, wo seine Energie minimiert ist. Der Dipol wird durch die resultierende Kraft im inhomogenen Feld immer in Richtung wachsender Feldstärke gezogen (Abb. 1.26).

1.4.2 Der elektrische Quadrupol

Ordnet man zwei positive und zwei negative Ladungen so im Raum an, dass zwei benachbarte antiparallele Dipole mit dem Abstand a entstehen (Abb. 1.27), so heben sich für Raumpunkte P, deren Entfernung R groß gegen die Ladungsabstände a bzw. d ist, die Dipolfelder praktisch auf.

Man nennt eine solche Anordnung aus vier Monopolen mit der Gesamtladung null einen Quadrupol. Das Potential ergibt sich als Überlagerung zweier Dipolpotentiale

$$\begin{aligned}\phi_\mathrm{Q}(\boldsymbol{R}) &= \phi_\mathrm{D}(\boldsymbol{R}+\boldsymbol{a}/2) - \phi_\mathrm{D}(\boldsymbol{R}-\boldsymbol{a}/2)\\ &= \boldsymbol{a} \cdot \mathbf{grad}\, \phi_\mathrm{D}\,. \end{aligned} \tag{1.30}$$

Aus (1.23) ergibt sich

$$\phi_\mathrm{Q}(\boldsymbol{R}) = \frac{Q}{4\pi\varepsilon_0}\, \boldsymbol{a} \cdot \mathbf{grad} \left(\frac{\boldsymbol{d} \cdot \boldsymbol{R}}{R^3} \right)\,. \tag{1.31}$$

Man sieht hieraus, dass das Quadrupol-Potential als Skalarprodukt aus Abstandsvektor $\boldsymbol{a}$ zwischen den beiden Dipolen und dem Gradienten des Dipolpotentials ϕ_D geschrieben werden kann, analog zum Dipolpotential, das gleich dem negativen Skalarprodukt aus Ladungsabstand und Gradienten des Monopolpotentials ist (1.24). Das Vorzeichen von ϕ_Q ergibt sich aus der Festlegung der Richtung von $\boldsymbol{a}$.

1.4.3 Multipolentwicklung

Man kann das Potential einer beliebigen Verteilung von Punktladungen (1.19), Flächenladungen oder Raumladungen (1.20) für einen Punkt $P(\boldsymbol{R})$, dessen Entfernung R vom Zentrum der Ladungsverteilung groß genug ist gegen den mittleren Abstand r der Ladungen, durch eine Reihenentwicklung nach Potenzen von $(r/R)^n$ angeben, deren Genauigkeit von der Zahl der berücksichtigten Glieder und vom Verhältnis r/R abhängt.

In der Summe (1.19) bzw. dem Integral (1.20) lässt sich der Ausdruck

$$\begin{aligned}\frac{1}{|\boldsymbol{R}-\boldsymbol{r}|} &= \frac{1}{\sqrt{(\boldsymbol{R}-\boldsymbol{r})^2}}\\ &= \frac{1}{R}\,\frac{1}{\sqrt{1-(2\boldsymbol{R}\cdot\boldsymbol{r}/R^2)+r^2/R^2}}\end{aligned} \tag{1.32}$$

in eine Taylor-Reihe entwickeln (siehe z. B. [1.3]). Analog zur Entwicklung der Funktion

$$\begin{aligned}f(x) &= \frac{1}{\sqrt{1-x}}\\ &= f(0) + x \cdot f'(0) + \frac{x^2}{2} f''(0) + \cdots\\ &= 1 + \frac{1}{2}x + \frac{3}{8}x^2 + \cdots\end{aligned} \tag{1.33}$$

erhält man mit $x = 2(\boldsymbol{R}\cdot\boldsymbol{r})/R^2 - r^2/R^2$ aus (1.32)

$$\begin{aligned}\frac{1}{|\boldsymbol{R}-\boldsymbol{r}|} &= \frac{1}{R} - \boldsymbol{r}\cdot\nabla\frac{1}{R}\\ &\quad + \frac{1}{2}(\boldsymbol{r}\cdot\nabla)(\boldsymbol{r}\cdot\nabla)\frac{1}{R} + \cdots\,,\end{aligned} \tag{1.34}$$

wie man durch explizite Ausführung der Differentiation von (1.32) prüfen kann. Der Nablaoperator wirkt in

(1.34) nur auf R. Setzt man (1.34) in (1.19) ein, so ergibt sich die ***Multipolentwicklung***

$$\begin{aligned}\phi(\boldsymbol{R}) =& \frac{1}{4\pi\varepsilon_0}\Bigg[\frac{1}{R}\sum_{i=1}^{N} Q_i + \frac{1}{R^3}\sum_{i=1}^{N}(Q_i\boldsymbol{r}_i)\boldsymbol{R} \\ &+ \frac{1}{R^5}\sum_{i=1}^{N}\frac{Q_i}{2}\big[(3x_i^2 - r_i^2)X^2 \\ &+ (3y_i^2 - r_i^2)Y^2 + (3z_i^2 - r_i^2)Z^2 \\ &+ 2(3x_i y_i XY + 3x_i z_i XZ \\ &+ 3y_i z_i YZ)\big] + \ldots\Bigg]\,. \end{aligned} \tag{1.35}$$

Der erste Term in (1.35) (Monopolterm) gibt das Coulombpotential an, welches die gesamte im Ursprung vereinigte Ladung $\sum Q_i$ erzeugt. Dieser Term wird daher null für eine insgesamt neutrale Ladungsverteilung ($\sum Q_i = 0$), z. B. für ein neutrales Atom oder Molekül. Der zweite Term in (1.35) kann mit dem elektrischen Dipolmoment $\boldsymbol{p}_i = Q_i\boldsymbol{r}_i$ der i-ten Ladung geschrieben werden als $1/R^3 \cdot \sum \boldsymbol{p}_i \cdot \boldsymbol{R}$. Dieser *Dipolterm* hängt nicht nur von der Summe aller Dipolmomente ab, sondern auch von deren Orientierung gegen die Richtung $\boldsymbol{R}$ zum Aufpunkt P. Für ein neutrales Molekül mit permanentem elektrischen Dipolmoment (z. B. NaCl = Na^+Cl^-) ist der Dipolterm der führende Term in der Multipolentwicklung.

Der dritte Term in (1.35) lässt sich durch Einführung der Abkürzungen

$$\begin{aligned} QM_{xx} &= \sum_i Q_i\left(3x_i^2 - r_i^2\right)\,, \\ QM_{yy} &= \sum_i Q_i\left(3y_i^2 - r_i^2\right)\,, \\ QM_{zz} &= \sum_i Q_i\left(3z_i^2 - r_i^2\right)\,, \\ QM_{xy} &= QM_{yx} = 3\sum_i Q_i x_i y_i\,, \\ QM_{xz} &= QM_{zx} = 3\sum_i Q_i x_i z_i\,, \\ QM_{yz} &= QM_{zy} = 3\sum_i Q_i y_i z_i \end{aligned} \tag{1.36}$$

vereinfachen. Analog zum Trägheitstensor (Bd. 1, Kap. 5), der die Massenverteilung in einem ausgedehnten Körper beschreibt, lassen sich die Größen QM_{jk}, welche die räumliche Ladungsverteilung beschreiben, als Komponenten des ***Quadrupoltensors***

$$QM = \begin{pmatrix} QM_{xx} & QM_{xy} & QM_{xz} \\ QM_{yx} & QM_{yy} & QM_{yz} \\ QM_{zx} & QM_{zy} & QM_{zz} \end{pmatrix} \tag{1.37}$$

auffassen. Damit wird aus dem dritten Term in (1.35)

$$\begin{aligned}\phi_Q =& \frac{1}{8\pi\varepsilon_0 R^5}\big[QM_{xx}X^2 + QM_{yy}Y^2 \\ &+ QM_{zz}Z^2 + 2(QM_{xy}XY \\ &+ QM_{xz}XZ + QM_{yz}YZ)\big]\,. \end{aligned} \tag{1.38}$$

Aus (1.36) folgt, dass der Quadrupoltensor symmetrisch ist und dass seine Spur (die Summe der Hauptdiagonalelemente) verschwindet.

Das Quadrupolmoment QM ist ein Maß für die Abweichung der Ladungsverteilung von der Kugelsymmetrie. Für eine homogen geladene Kugel gilt $QM = 0$.

BEISPIEL

Für die Ladungsverteilung der Abb. 1.27 erhält man aus (1.36)

$$\begin{aligned} &QM_{xx} = QM_{yy} = QM_{zz} = QM_{xz} = QM_{yz} = 0\,, \\ &QM_{xy} = 3 \cdot a \cdot d \cdot Q\,. \end{aligned}$$

1.5 Leiter im elektrischen Feld

Bringt man einen Leiter in ein elektrisches Feld, so wirkt auf seine frei beweglichen Ladungen die Kraft $F = q \cdot E$. Diese verschiebt die Ladungen so lange, bis sich im Leiter aufgrund der veränderten Ladungsverteilung ein Gegenfeld aufgebaut hat, welches das äußere Feld gerade kompensiert (Abb. 1.28). Man nennt diese Ladungsverschiebung ***Influenz***. Das Innere von Leitern ist deshalb feldfrei! Die Ladungen sitzen auf der Oberfläche des Leiters.

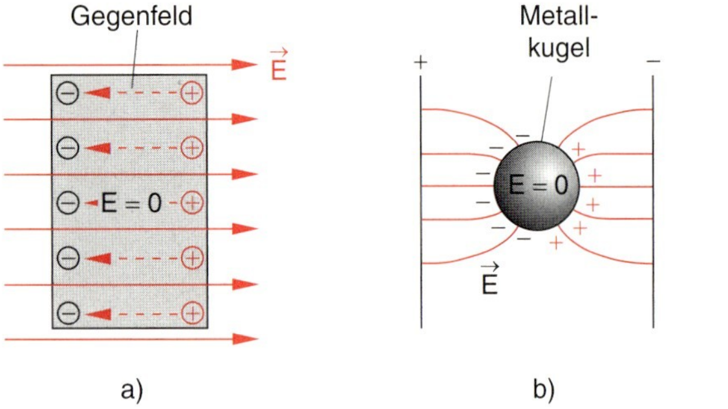

Abb. 1.28a,b. Verschiebung von Ladungen bei Leitern in einem äußeren elektrischen Feld. (**a**) Ebene Leiterplatte, (**b**) Metallkugel. Alle Feldlinien münden in beiden Fällen senkrecht auf der Leiteroberfläche

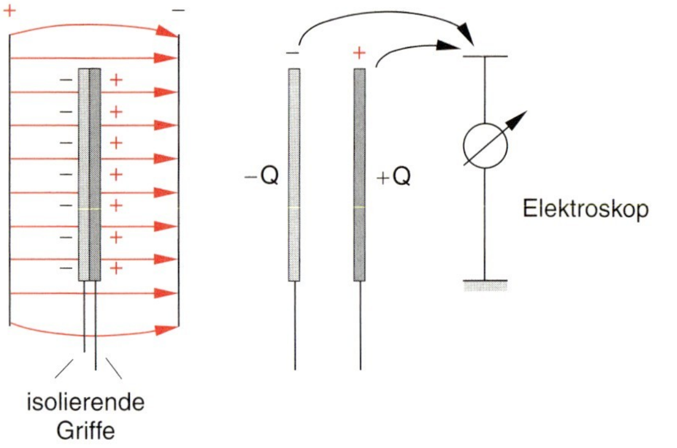

Abb. 1.29. Trennung von zwei sich berührenden Leiterplatten im elektrischen Feld und Nachweis der entgegengesetzten Ladungen beider Platten außerhalb des Feldes

1.5.1 Influenz

Man kann die Influenz durch einen einfachen Versuch demonstrieren (Abb. 1.29): Im elektrischen Feld eines Plattenkondensators werden zwei sich berührende Metallplatten mit isolierenden Griffen getrennt und einzeln aus dem Feld herausgebracht. Durch die Influenz sind während der Berührung der beiden Platten im Feld die Ladungen zu den beiden entgegengesetzten Oberflächen verschoben worden, sodass nach der Trennung der Platten die eine die Ladung $+Q$, die andere die Ladung $-Q$ trägt. Dies kann mit einem Elektroskop quantitativ nachgewiesen werden.

Die Influenz lässt sich sehr eindrucksvoll mit dem ***Becherelektroskop*** vorführen (Abb. 1.30): Bringt man eine positiv geladene Kugel in das Innere des Metallbechers, ohne die Wände zu berühren, so werden durch das elektrische Feld die Ladungen der frei beweglichen negativen Ladungen im Metallbecher nach innen verschoben, sodass das Elektroskop einen Mangel an negativen Ladungen erleidet, d. h. sich positiv auflädt und einen entsprechenden Ausschlag zeigt. Dieser Ausschlag verschwindet wieder, wenn man die geladene Kugel wieder entfernt.

Berührt man jedoch die Innenwand des Bechers, so wird die Kugel entladen, die Ladungen verschieben sich aufgrund ihrer gegenseitigen Abstoßung auf die Außenseite des Bechers, und der Innenraum des Bechers bleibt feldfrei! Man kann die Kugel an einer Ladungsquelle erneut aufladen und das Spiel wiederholen. Auf diese Weise lässt sich das Elektroskop auf

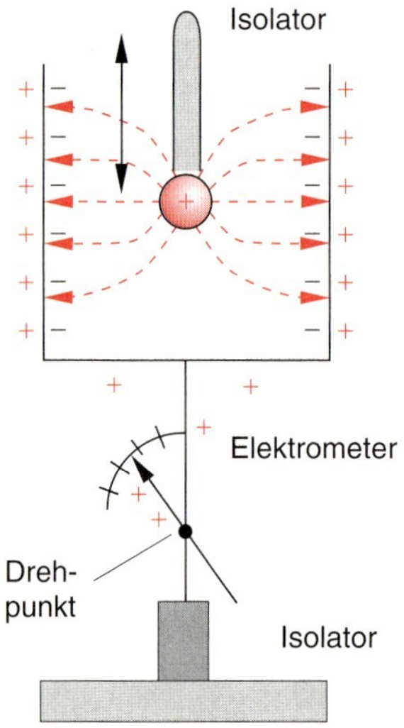

Abb. 1.30. Demonstration der Influenz mit dem Becherelektroskop

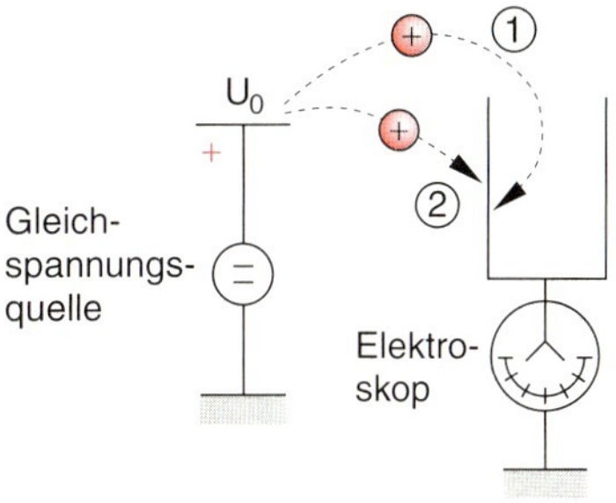

Abb. 1.31. Auf dem Wege (1) kann die Spannung am Elektroskop wesentlich größer als U_0 werden, auf dem Wege (2) erreicht sie höchstens U_0

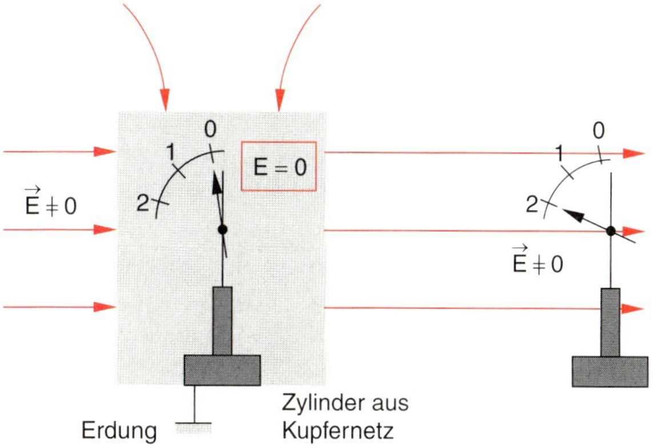

Abb. 1.33. Faradayscher Käfig

dem Wege 1 in Abb. 1.31 im Prinzip auf eine beliebig hohe Spannung aufladen, die nur begrenzt ist durch Ladungsverluste infolge ungenügender elektrischer Isolation. Auf dem Wege 2 hingegen, wo die Ladungszufuhr auf die Außenseite des Bechers geschieht, lässt sich höchstens die Spannung U_0 der Ladungsquelle erreichen.

Diese durch Ladungstransport auf die Innenwand einer leitenden Kugel gegebene Möglichkeit, sehr hohe Spannungen zu erzeugen, wird im ***Van-de-Graaff-Generator*** benutzt (Abb. 1.32). Auf ein umlaufendes Band aus isolierendem Material werden über scharfe Spitzen eines Leiters (hohe Feldstärke!) Ladungen aufgesprüht, die von dem Band in das Innere einer leitenden Kugel transportiert werden. Dort werden sie von einem Leiterkamm, der mit der Innenwand der Kugel leitend verbunden ist, wieder abgenommen. Auf Grund der Influenz werden die Ladungen sofort auf die Außenfläche der Kugel gedrängt, sodass das Innere immer feldfrei bleibt. Man erreicht schon mit einfachen Demonstrationsgeräten Spannungen von über 10^5 V, die nur durch Sprühverluste (vor allem bei feuchter Luft!) begrenzt werden. Wird das Gerät zur Vermeidung elektrischer Durchschläge in ein Gehäuse aus durchschlagfesten Gasen (siehe Abschn. 2.7.3) gebracht, so können Spannungen von über 10^6 V realisiert werden [1.4].

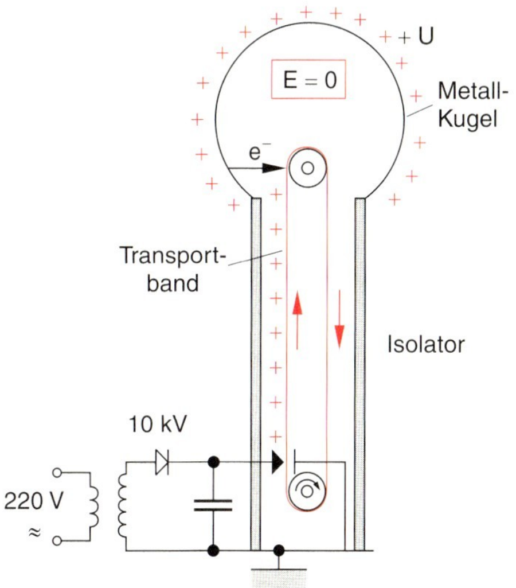

Abb. 1.32. Prinzipschema des Van-de-Graaff-Generators

Die Tatsache, dass in einem von einem Leiter umschlossenen Raum das elektrische Feld null ist, wird im ***Faradayschen Käfig*** ausgenutzt (Abb. 1.33). Möchte man z. B. empfindliche elektrische Geräte vor hohen elektrischen Feldern (Hochspannung, Gewitter) schützen, so kann man sie in einen Käfig aus einem leitenden geerdeten Metallnetz setzen.

1.5.2 Kondensatoren

Eine Anordnung aus zwei entgegengesetzt geladenen Leiterflächen nennt man einen ***Kondensator***. Bringt man auf eine der beiden Flächen die Ladung Q, so wird auf der anderen, ursprünglich ungeladenen, Leiterfläche durch Influenz eine Ladungstrennung erfolgen: Auf der der ersten Fläche zugewandten Seite wird die Ladung $-Q$ erscheinen, auf der entgegengesetzten Seite die Ladung $+Q$. Verbindet man die ursprünglich ungeladene Fläche mit dem Erdpol der zur Aufladung der ersten Fläche verwendeten Stromquelle, so fließt die äußere Ladung $+Q$ von der zweiten Fläche ab, die dadurch die Ladung $-Q$ behält (Abb. 1.34).

Da das elektrische Feld im Raum zwischen den Leiterflächen proportional zur Ladung Q auf den Leitern ist, ist die Spannung wegen $U = \int \boldsymbol{E} \cdot \mathrm{d}\boldsymbol{s}$ auch proportional zu Q, und es gilt die Beziehung

$$\boxed{Q = C \cdot U} \; . \tag{1.39}$$

Die Proportionalitätskonstante C heißt die ***Kapazität*** des Kondensators. Die Dimension von C ist

$$[C] = 1\,\frac{\text{Coulomb}}{\text{Volt}} \stackrel{\text{def}}{=} 1\,\text{Farad} = 1\,\text{F} \, . \tag{1.40}$$

Da 1 Farad eine sehr große Kapazität ist, werden Untereinheiten benutzt:

$$1\,\text{Pikofarad} = 1\,\text{pF} = 10^{-12}\,\text{F}\,,$$
$$1\,\text{Nanofarad} = 1\,\text{nF} = 10^{-9}\,\text{F}\,,$$
$$1\,\text{Mikrofarad} = 1\,\mu\text{F} = 10^{-6}\,\text{F}\,.$$

Wir wollen für die wichtigsten Kondensatortypen Kapazität und Feldverteilung im Kondensator berechnen, weil damit auch die Anwendung der Laplace-Gleichung auf praktische Probleme illustriert wird.

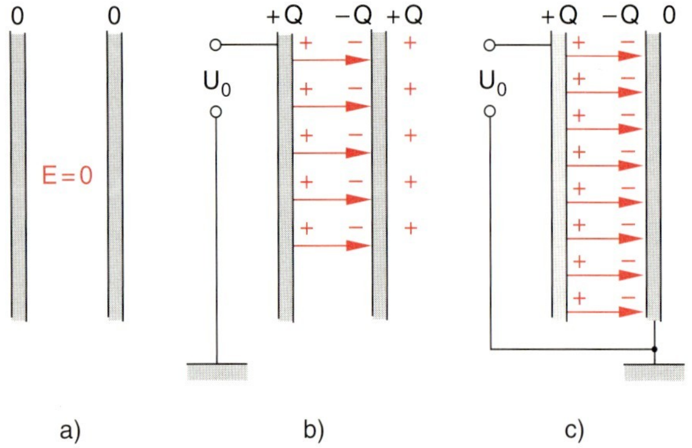

Abb. 1.34a–c. Zum Prinzip des Kondensators: (**a**) ungeladener Plattenkondensator. (**b**) Die linke Platte wird aufgeladen und erhält die Ladung $+Q$, die rechte Platte ist isoliert und erfährt durch Influenz eine Trennung der Ladungen. (**c**) Die rechte Platte wird geerdet, sodass die äußere Ladung $+Q$ abfließen kann. Auf der Innenseite bleibt dann die Ladung $-Q$ zurück, die aufgrund der Anziehung durch die positiven Ladungen auf der linken Platte „festhaften". Durch die Erdung wird die vorher insgesamt neutrale rechte Platte nun entgegengesetzt zur linken geladen

a) Plattenkondensator

Auf den Platten bei $x = 0$ und $x = d$ sitzen die Ladungen $+Q$ bzw. $-Q$. Im Raum zwischen den Platten ist keine Ladung, und die Laplace-Gleichung (1.16b) lautet daher für den hier vorliegenden eindimensionalen Fall

$$\frac{\partial^2 \phi}{\partial x^2} = 0 \Rightarrow \phi = ax + b. \tag{1.41}$$

Die linke Platte bei $x = 0$ möge das Potential ϕ_1, die rechte bei $x = d$ das Potential ϕ_2 haben, sodass die Spannung zwischen den Platten $U = \phi_1 - \phi_2$ ist. Aus (1.41) folgt dann

$$\phi_1 = b \quad \text{und} \quad \phi_2 = a \cdot d + \phi_1$$
$$\Rightarrow \; a = \frac{\phi_2 - \phi_1}{d} \, .$$

Das Potential zwischen den Platten

$$\phi(x) = -\frac{U}{d} \cdot x + \phi_1 \tag{1.41a}$$

nimmt daher linear mit der Spannung ab (Abb. 1.35).

Die Feldstärke ist

$$\boldsymbol{E} = -\textbf{grad}\, \phi = \frac{U}{d} \cdot \hat{\boldsymbol{x}} \, . \tag{1.42}$$

Schreibt man (1.42) in Beträgen, so hat man:

$$\boxed{E = \frac{U}{d}} \; . \tag{1.42a}$$

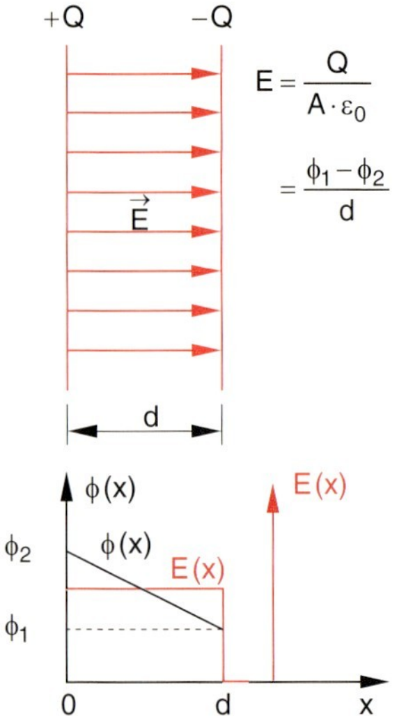

Abb. 1.35. Potential- und Feldstärkeverlauf im ebenen Plattenkondensator

Weil bei einer Plattenfläche A die Feldstärke $E = Q/(A \cdot \varepsilon_0)$ beträgt (siehe (1.8b)), folgt für die Kapazität $C = Q/U$

$$C = \varepsilon_0 \cdot \frac{A}{d} \quad . \tag{1.43}$$

BEISPIEL

$A = 100\,\mathrm{cm}^2$, $d = 1\,\mathrm{mm} \Rightarrow C = 88{,}5\,\mathrm{pF}$.

b) Kugelkondensator

Ein Kugelkondensator besteht aus zwei konzentrischen Kugelflächen mit den Radien $r_1 = a$ und $r_2 = b$, welche die Ladungen $+Q$ bzw. $-Q$ tragen.

Nach den Überlegungen im Abschn. 1.3.4 können wir Feldstärke $E(r)$ und Potential $\phi(r)$ sofort angeben:

Im Innenraum ($r < a$) herrscht kein Feld, das Potential ist konstant. Weil die Funktion $E(r)$ beschränkt ist, ist ϕ auch bei $r = a$ stetig und hat für $r \leq a$ den Wert:

$$\phi_\mathrm{i} = \frac{Q}{4\pi\varepsilon_0 a} \ . \tag{1.44a}$$

Im Zwischenraum ($a < r < b$) herrscht das Feld einer im Kugelmittelpunkt sitzenden Punktladung

$$\boldsymbol{E}_\mathrm{zw} = \frac{Q}{4\pi\varepsilon_0 r^2}\hat{\boldsymbol{r}} \tag{1.44b}$$

mit dem Potential

$$\phi_\mathrm{zw} = \frac{Q}{4\pi\varepsilon_0 r} \ . \tag{1.44c}$$

Außen haben wir wegen $Q_\mathrm{ges} = 0$ kein Feld, und es gilt:

$$\phi_\mathrm{a} = \frac{Q}{4\pi\varepsilon_0 b} \ . \tag{1.44d}$$

Die Spannung beträgt

$$U = \phi_\mathrm{i} - \phi_\mathrm{a} = \frac{Q}{4\pi\varepsilon_0}\left(\frac{1}{a} - \frac{1}{b}\right)$$

$$= \frac{Q}{4\pi\varepsilon_0}\frac{b-a}{ab} \ . \tag{1.45}$$

Abbildung 1.36 zeigt den Verlauf von $\phi(r)$ und $E(r)$ in den verschiedenen Gebieten. An den geladenen Leiterflächen macht $E(r)$ einen Sprung $\Delta E = \sigma/\varepsilon_0$.

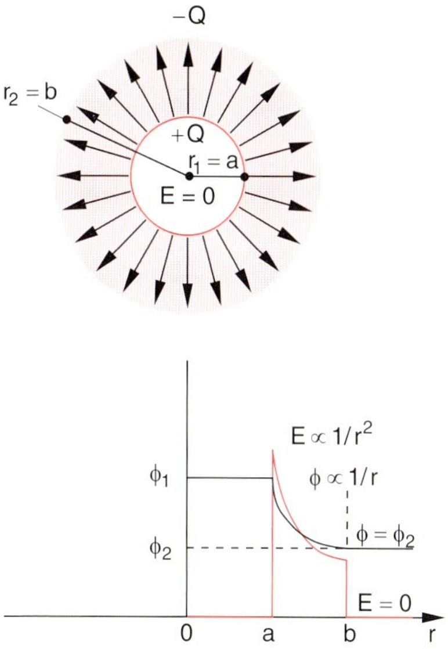

Abb. 1.36. Kugelkondensator; Potential- (schwarze Kurve) und Feldstärkeverlauf (rote Kurve)

Die Kapazität des Kugelkondensators ist nach (1.39) und (1.45)

$$C = \frac{Q}{U} = \frac{Q}{\phi_\mathrm{i} - \phi_\mathrm{a}} = \frac{4\pi\varepsilon_0 \cdot a \cdot b}{b-a} \ . \tag{1.46}$$

Ist der Abstand $d = b - a$ klein gegen a, so ergibt sich aus (1.46) mit dem geometrischen Mittel $\overline{R} = (a \cdot b)^{1/2}$

$$C = \frac{4\pi\varepsilon_0 \overline{R}^2}{d} = \frac{\varepsilon_0 \cdot A}{d} \ , \tag{1.46a}$$

eine zum ebenen Plattenkondensator analoge Formel, wobei A hier die Fläche einer fiktiven Kugel zwischen den beiden Kondensator-Leiterflächen ist. Lässt man den Radius b der äußeren Kugel gegen unendlich gehen, so erhält man aus (1.46) für die Kapazität einer Kugel mit Radius a gegen die unendlich weit entfernte Gegenelektrode mit dem Potential $\phi_\mathrm{a} = 0$

$$C = 4\pi\varepsilon_0 \cdot a \quad . \tag{1.46b}$$

Lädt man die Kugel auf die Spannung U auf, so enthält sie die Ladung

$$Q = 4\pi\varepsilon_0\, a \cdot U \ . \tag{1.46c}$$

c) Parallel- und Hintereinanderschaltung von Kondensatoren

Schaltet man mehrere Kondensatoren parallel (Abb. 1.37), so herrscht an allen Kondensatoren dieselbe Spannung (sonst würde Ladung fließen, bis die Spannungen ausgeglichen sind). Die Ladungen addieren sich, sodass nach (1.39) auch für die Kapazitäten gilt:

$$C = \sum_i C_i \,. \tag{1.47}$$

Werden Kondensatoren hintereinander geschaltet, dann werden die Ladungen getrennt, sodass auf zwei benachbarten Platten entgegengesetzt gleiche Ladungen sitzen. Die Spannung zwischen den durch Leiter verbundenen Platten ist natürlich Null, weil das elektrische Feld der entgegengesetzten Ladungen das äußere Feld genau kompensiert (Kräftegleichgewicht). Die Spannungen verhalten sich additiv (siehe Abschn. 2.4). Für die Gesamtkapazität folgt daher

$$\frac{1}{C} = \sum_i \frac{1}{C_i} \,. \tag{1.48}$$

Die Gesamtkapazität wird also beim Hintereinanderschalten kleiner, die gesamte Spannungsfestigkeit aber größer!

Man kann dies auch aus der Relation $U = \int \boldsymbol{E}\, \mathrm{d}\boldsymbol{s}$ erkennen. Bei gleicher Feldstärke $\boldsymbol{E}$ in den Kondensatoren wird beim Hintereinanderschalten die Spannung größer. Bei gleicher Gesamtladung Q muss dann gemäß $U = \sum U_i = \sum \frac{Q}{C_i} = Q/C$ gelten: $1/C = \sum \frac{1}{C_i}$.

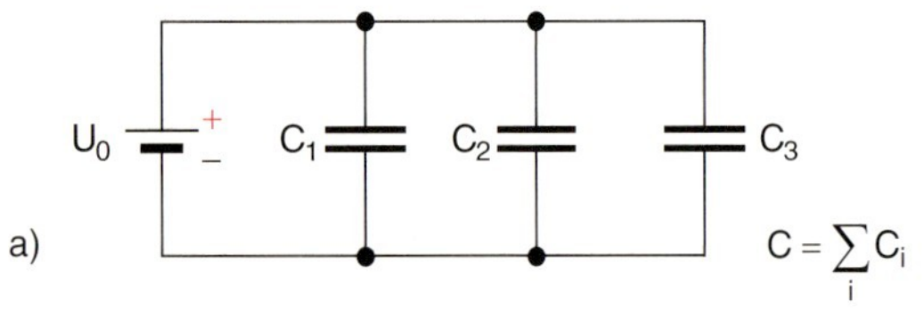

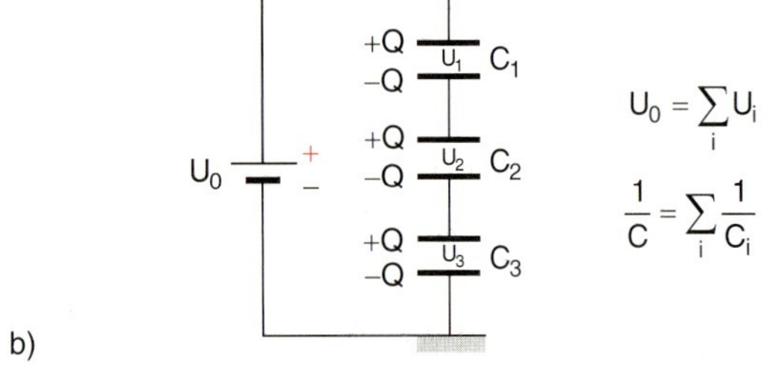

Abb. 1.37. (**a**) Parallel- und (**b**) Serienschaltung von Kondensatoren

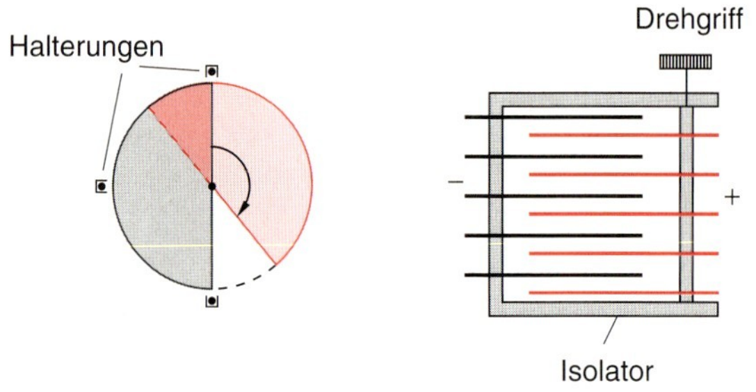

Abb. 1.38. Drehkondensator

Man kann (1.47) und (1.48) für Plattenkondensatoren auch mithilfe von (1.43) herleiten: Bei der Parallelschaltung addiert man die Flächen, bei der Reihenschaltung die Abstände.

BEISPIEL

Die Gesamtkapazität zweier Kondensatoren ist

$C = C_1 + C_2$ bei der Parallelschaltung und

$C = \dfrac{C_1 \cdot C_2}{C_1 + C_2}$ beim Hintereinanderschalten.

Zur Realisierung größerer Kapazitäten muss die Leiterfläche A möglichst groß und der Abstand zwischen den Platten möglichst klein sein. Technisch wird dies durch Wickelkondensatoren erreicht, bei denen zwei Metallfolien, die durch eine dünne isolierende Folie getrennt sind, zu einem Zylinder aufgewickelt werden. Oft braucht man Kondensatoren variabler Kapazität, die man als Drehkondensatoren verwirklichen kann (Abb. 1.38).

1.6 Die Energie des elektrischen Feldes

Lädt man eine isoliert aufgestellte leitende Kugel mit Radius a durch schrittweise Übertragung von kleinen Ladungsportionen $q \mathrel{\hat{=}} \mathrm{d}Q$ (z. B. mit *Ladungslöffeln*), so muss man beim Transport der Ladungen $\mathrm{d}Q$ die Arbeit

$$\begin{aligned} \mathrm{d}W &= \mathrm{d}Q \cdot (\phi_a - \phi_\infty) \\ &= \mathrm{d}Q \cdot \phi_a \quad \text{für} \quad \phi_\infty = 0 \end{aligned}$$

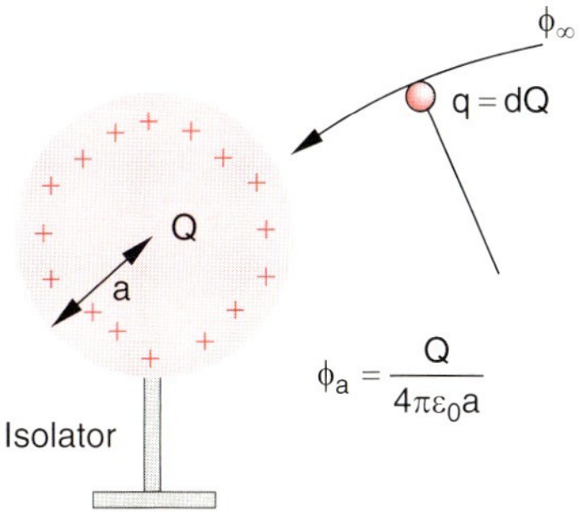

Abb. 1.39. Zur Herleitung der Energie eines Kugelkondensators

aufbringen, wobei

$$\phi_a = \frac{Q}{4\pi\varepsilon_0 \cdot a}$$

das Potential der Kugel mit der Ladung Q ist (Abb. 1.39). Für den ganzen Ladungsvorgang bis zur Ladung Q ist daher die Arbeit

$$W = \frac{1}{4\pi\varepsilon_0 \cdot a} \int Q \cdot \mathrm{d}Q = \frac{Q^2}{8\pi\varepsilon_0 \cdot a} = \frac{1}{2}\frac{Q^2}{C}$$

erforderlich, da die Kapazität der aufgeladenen Kugel nach (1.46b) $C = 4\pi\varepsilon_0 \cdot a$ ist. Der Energiegehalt der auf die Spannung U gegen ihre Umgebung aufgeladenen Kugel ist daher

$$W = \frac{1}{2}\frac{Q^2}{C} = \frac{1}{2} \cdot C \cdot U^2 , \quad \text{weil} \quad Q = C \cdot U .$$

Dieses Ergebnis, das für die geladene Kugel hergeleitet wurde, gilt ganz allgemein für beliebige Kondensatoren (siehe Aufgabe 1.12).

> Ein Kondensator mit der Kapazität C, der auf die Spannunng U aufgeladen wurde, enthält die Energie
>
> $$W = \frac{1}{2} C \cdot U^2 , \tag{1.49}$$
>
> die als Energie des elektrostatischen Feldes gespeichert ist.

Beim ebenen Plattenkondensator mit der Plattenfläche A ist $C = \varepsilon_0 \cdot A/d$ und $U = E \cdot d$, sodass die Energie

$$W_{\mathrm{el}} = \frac{1}{2}\varepsilon_0 E^2 \cdot A \cdot d = \frac{1}{2}\varepsilon_0 E^2 \cdot V$$

wird. Die ***Energiedichte*** des elektrischen Feldes im Kondensator ist dann

$$w_{\mathrm{el}} = \frac{W_{\mathrm{el}}}{V} = \frac{1}{2}\varepsilon_0 \cdot E^2 \tag{1.50}$$

Dieses Ergebnis gilt für beliebige elektrische Felder, unabhängig von der Art ihrer Erzeugung!

BEISPIELE

1. Ein Kondensator mit $C = 1\,\mu\mathrm{F}$, der auf die Spannung $1\,\mathrm{kV}$ aufgeladen ist, hat den Energiegehalt $W = \frac{1}{2}CU^2 = 0{,}5\,\mathrm{J}$.
2. In den großen Fusionsplasma-Anlagen werden Kondensatorbatterien mit $C = 0{,}1\,\mathrm{F}$ auf $50\,\mathrm{kV}$ aufgeladen. Deren Energiegehalt beträgt dann $125\,\mathrm{MJ} = 1{,}25 \cdot 10^8\,\mathrm{J}$. Entlädt man sie in $10^{-3}\,\mathrm{s}$, so erhält man eine mittlere Leistung des Entladungsstromes von $1{,}25 \cdot 10^{11}\,\mathrm{W}$!
3. Wenn wir das Elektron durch das Modell einer gleichmäßig geladenen Kugel mit Radius r_e beschreiben, wird seine elektrostatische Energie $W_{\mathrm{el}} = e^2/8\pi\varepsilon_0 r_\mathrm{e}$. Nimmt man an, dass diese Energie gleich der Ruheenergie $E = m_0 c^2$ des Elektrons ist (siehe Bd. 1, Kap. 4), so erhält man mit den bekannten Werten $e = 1{,}6 \cdot 10^{-19}\,\mathrm{C}$ für die Elektronenladung und $m_0 = 9{,}108 \cdot 10^{-31}\,\mathrm{kg}$ für die Elektronenmasse den so genannten ***klassischen Elektronenradius*** $r_\mathrm{e} = 1{,}4 \cdot 10^{-15}\,\mathrm{m}$. Experimente zeigen jedoch (siehe Bd. 3), dass der „wirkliche Radius" des Elektrons wesentlich kleiner sein muss. Das einfache Modell einer gleichmäßig geladenen Kugel mit Radius r_e kann daher für das Elektron nicht richtig sein.

1.7 Dielektrika im elektrischen Feld

Bringt man zwischen die Platten eines Kondensators mit der Ladung $Q = C \cdot U$ eine isolierende Platte (Dielektrikum), die das Volumen zwischen den Platten völlig ausfüllt, so sinkt die Spannung um einen Faktor ε. Da Q konstant war, muss also die Kapazität C ε-mal größer

Tabelle 1.1. Relative statische Dielektrizitätszahl ε_r einiger Stoffe bei 20 °C

Stoff	ε_r
Quarzglas	3,75
Pyrexglas	4,3
Porzellan	6–7
Kupferoxyd CuO_2	18
Keramiken	
TiO_2	≈ 80
$CaTiO_3$	≈ 160
$(SrBi)TiO_3$	≈1000
Flüssigkeiten	
Wasser	81
Ethylalkohol	25,8
Benzol	2,3
Nitrobenzol	37
Gase	
Luft	1,000576
H_2	1,000264
SO_2	1,0099

geworden sein. Für die Kapazität des Plattenkondensators erhält man daher statt (1.43):

$$C_{\text{Diel}} = \varepsilon \cdot C_{\text{Vak}} = \varepsilon \cdot \varepsilon_0 \frac{A}{d} \quad \text{mit} \quad \varepsilon > 1 . \qquad (1.51)$$

Die dimensionslose Zahl ε heißt ***relative Dielektrizitätskonstante*** oder ***Dielektrizitätszahl*** des Isolators. Man nennt solche isolierende Stoffe auch ***Dielektrika***. In Tabelle 1.1 sind für einige Materialien die Werte von ε angegeben.

Da die elektrische Feldstärke $|\boldsymbol{E}|$ proportional zur Spannung U ist, sinkt auch sie um den Faktor ε. So ist z. B. das Feld für eine Punktladung Q innerhalb eines homogenen Isolators:

$$\boldsymbol{E} = \frac{1}{4\pi\varepsilon\varepsilon_0} \frac{Q}{r^2} \hat{\boldsymbol{r}} . \qquad (1.52)$$

Wodurch wird diese Feldverminderung bewirkt?

1.7.1 Dielektrische Polarisation

Genau wie bei der Influenz werden im äußeren elektrischen Feld die Ladungen im Dielektrikum verschoben. Da aber in Isolatoren die Ladungsträger nicht frei beweglich sind, können die Ladungen nicht bis an den Rand des Isolators wandern wie bei Leitern im elektrischen Feld, sondern können nur innerhalb jedes Atoms bzw. Moleküls verschoben werden (Abb. 1.40).

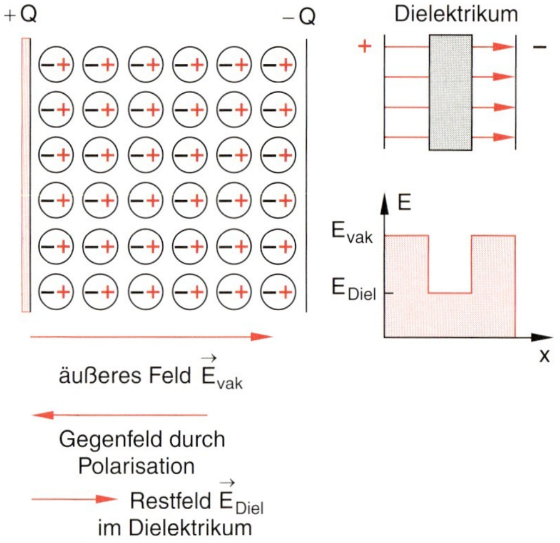

Abb. 1.40. Modell der dielektrischen Polarisation

Bei Atomen im äußeren elektrischen Feld fallen deshalb die Ladungsschwerpunkte S^- der Elektronenhüllen nicht mehr mit den positiven Ladungsschwerpunkten S^+ im Atomkern zusammen, d. h. die Atome sind zu elektrischen Dipolen geworden (Abb. 1.41). Man nennt diese durch das äußere elektrische Feld erzeugten Dipole auch *induzierte Dipole* und den Vorgang dieser Dipolbildung *Polarisierung*. Ist die Verschiebung der Ladungsschwerpunkte gegeneinander d, so ist das induzierte Dipolmoment jedes Atoms

$$\boldsymbol{p} = q \cdot \boldsymbol{d} .$$

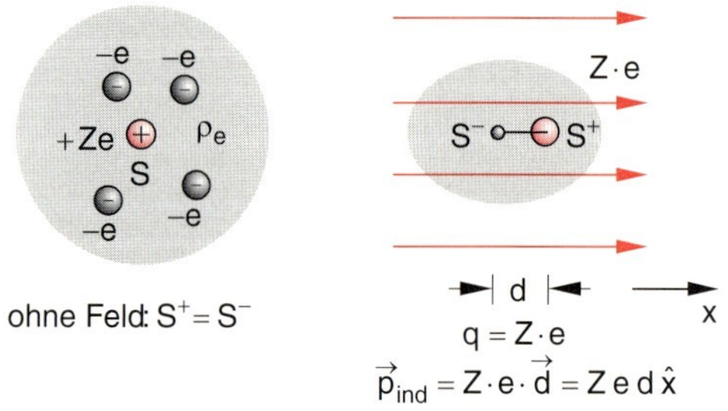

Abb. 1.41. Atomare induzierte Dipole durch entgegengesetzte Ladungsverschiebung von Elektronenhülle und Atomkern im äußeren elektrischen Feld

Die Vektorsumme der Dipolmomente aller N Atome pro Volumeneinheit nennt man die ***Polarisation***

$$\boldsymbol{P} = \frac{1}{V}\sum_i \boldsymbol{p}_i\,. \tag{1.53a}$$

Da bei Vernachlässigung anderer Wechselwirkungen (z. B. thermischer) alle Dipole parallel zur Feldrichtung stehen, wird für ein homogenes Feld $\boldsymbol{E}$ der Betrag der Polarisation

$$P = N\cdot q\cdot d = N\cdot p\,, \tag{1.53b}$$

wobei N die Zahl der Dipole pro Volumeneinheit ist. Die Verschiebung d der Ladungsschwerpunkte geht so weit, bis die rücktreibenden elektronischen Anziehungskräfte zwischen den verschobenen Ladungen gerade die äußere Kraft $\boldsymbol{F} = q\cdot\boldsymbol{E}$ kompensieren. Die Verschiebungen d sind im Allgemeinen klein gegen den Atomdurchmesser.

BEISPIEL

Für das Na-Atom ist bei einer Feldstärke $E = 10^5\,\mathrm{V/m}$ $\quad d = 0{,}1\,\text{Å} = 1{,}5\cdot 10^{-11}\,\mathrm{m}$.

Da bei kleinen Auslenkungen die rücktreibende Kraft $-\boldsymbol{F}$ proportional zur Auslenkung d ist (hookesches Gesetz), gilt $d \propto E$. Für das Dipolmoment p folgt daher für nicht zu große Feldstärken ($E \le 10^5\,\mathrm{V/cm}$)

$$\boldsymbol{p} = \alpha\boldsymbol{E}\,. \tag{1.54}$$

Die Proportionalitätskonstante α heißt ***Polarisierbarkeit***. Sie hängt von den Atomdaten ab und ist ein Maß für die Rückstellkräfte im Atom, die bei der Verschiebung der Ladung auftreten. Im Allgemeinen ist α ein Tensor, d. h. $\boldsymbol{p}$ hängt von der Raumrichtung ab.

1.7.2 Polarisationsladungen

Durch die Ladungsverschiebung im elektrischen Feld treten an den Stirnflächen des Dielektrikums Ladungen Q_{pol} auf (Abb. 1.42), die man als ***Polarisationsladungen*** bezeichnet. Ihre Flächenladungsdichte

$$\sigma_{\mathrm{pol}} = \frac{Q_{\mathrm{pol}}}{A} = \frac{N\cdot q\cdot d\cdot A}{A} = P \tag{1.55}$$

ist gleich dem Betrag der Polarisation $\boldsymbol{P}$.

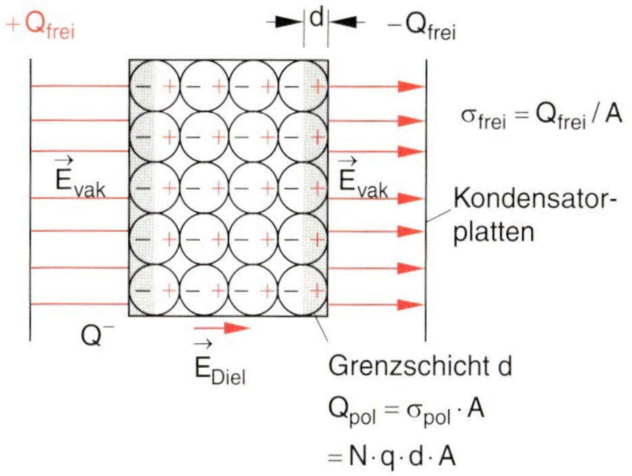

Abb. 1.42. Polarisationsladungen an den Stirnflächen eines dielektrischen Quaders

Im Innern des Dielektrikums heben sich die negativen und positiven Ladungen auf, sodass dort die Gesamtladungsdichte null ist. Diese Oberflächenladungen stehen den Ladungen auf den Kondensatorplatten gegenüber, die man auch ***freie Ladungen*** nennt, da sie auf den Leiterflächen frei beweglich sind.

Im homogenen Feld $\boldsymbol{E}$ des Plattenkondensators ohne Dielektrikum folgt aus dem elektrischen Fluss durch eine Fläche A parallel zu den Platten (siehe Abschn. 1.5)

$$\Phi_{\mathrm{el}} = \int \boldsymbol{E}\cdot\mathrm{d}\boldsymbol{A} = \frac{Q}{\varepsilon_0}$$

$$\Rightarrow\ E\cdot A = \frac{Q}{\varepsilon_0}\ \Rightarrow\ E = \frac{\sigma}{\varepsilon_0}\,. \tag{1.56}$$

Im Dielektrikum überlagern sich das äußere Feld $E = \sigma_{\mathrm{frei}}/\varepsilon_0$ und das durch die Polarisation entstandene, entgegengerichtete Feld $E = \sigma_{\mathrm{pol}}/\varepsilon_0$, sodass die resultierende Feldstärke im Dielektrikum

$$\boldsymbol{E}_{\mathrm{Diel}} = \frac{\sigma_{\mathrm{frei}} - \sigma_{\mathrm{pol}}}{\varepsilon_0}\hat{\boldsymbol{e}} = \boldsymbol{E}_{\mathrm{Vak}} - \frac{\boldsymbol{P}}{\varepsilon_0} \tag{1.57}$$

wird. Da $\boldsymbol{P} \parallel \boldsymbol{E}$ ist, folgt:

> Die Feldstärke wird im Dielektrikum kleiner.

Mit (1.53) und (1.54) lässt sich die Polarisation $\boldsymbol{P}$ schreiben als

$$\boldsymbol{P} = N\cdot\alpha\,\boldsymbol{E}_{\mathrm{Diel}} = \varepsilon_0\chi\boldsymbol{E}_{\mathrm{Diel}}\,. \tag{1.58}$$

Die Größe $\chi = (N \cdot \alpha)/\varepsilon_0$ heißt ***dielektrische Suszeptibilität***. Damit folgt aus (1.57)

$$\boldsymbol{E}_{\text{Diel}} = \frac{\boldsymbol{E}_{\text{Vak}}}{1+\chi} \quad . \tag{1.59}$$

Der Vergleich mit

$$E_{\text{Diel}} = \frac{1}{\varepsilon} E_{\text{Vak}}$$

ergibt für die relative Dielektrizitätskonstante

$$\varepsilon = 1 + \chi = 1 + (N \cdot \alpha/\varepsilon_0) \; .$$

Für die Polarisation erhält man deshalb

$$P = \varepsilon_0 \cdot \chi \cdot E_{\text{Diel}} = \varepsilon_0(\varepsilon - 1) E_{\text{Diel}}$$
$$= \varepsilon_0 (E_{\text{Vak}} - E_{\text{Diel}}) \; .$$

Man beachte:

Influenz und Polarisation sind im Prinzip die gleichen Erscheinungen, nämlich die Verschiebungen von Ladungen in Materie im äußeren elektrischen Feld.

Bei Leitern sind die Ladungen bis an die Leiteroberfläche frei verschiebbar. Das Feld im Inneren des Leiters wird vollständig *kompensiert* (Influenz).

Bei Isolatoren können die Ladungen nur innerhalb der Atome verschoben werden (Polarisation). Es entstehen Oberflächenladungen. Das Feld im Inneren wird *nur teilweise* kompensiert (1.57). Feldstärke und Spannung sinken um den Faktor ε. Die Kapazität eines Kondensators mit Dielektrikum steigt entsprechend.

Bringt man eine Leiterplatte der Dicke b in den Plattenkondensator mit Plattenabstand d, so sinkt die Spannung von $U_0 = Q \cdot d/(\varepsilon_0 A)$ auf $U = Q/(\varepsilon_0 A) \cdot (d-b)$, und die Kapazität C steigt entsprechend auf

$$C = \frac{Q}{U} = \frac{A\varepsilon_0}{d-b} \, ,$$

weil der effektive Plattenabstand nur noch $d-b$ ist.

Bei einem Dielektrikum der Dicke $b < d$ steigt C auf

$$C = \frac{A_0 \varepsilon_0}{d - b(\varepsilon - 1)/\varepsilon} \; .$$

1.7.3 Die Gleichungen des elektrostatischen Feldes in Materie

Im *homogenen* elektrischen Feld kompensieren sich die positiven und negativen Polarisationsladungen im Inneren, und nur an der Oberfläche des Dielektrikums treten nicht kompensierte Polarisationsladungen eines Vorzeichens auf. An einer Grenzfläche senkrecht zum äußeren Feld $\boldsymbol{E}$ muss deshalb die Feldstärke einen Sprung machen von E_{Vak} auf $E_{\text{Diel}} = \frac{1}{\varepsilon} \cdot E_{\text{Vak}}$.

Im *inhomogenen* Feld ist die Polarisation $\boldsymbol{P}$ nicht an jedem Ort gleich. Jetzt gibt es auch im Innern des Dielektrikums Polarisationsladungen, da sich wegen der örtlich veränderlichen Ladungsverschiebung nicht in jedem Volumenelement gleich viele entgegengesetzte Ladungen befinden, die sich kompensieren können.

Betrachten wir ein Volumen V, in dem durch die unterschiedliche Polarisation die Überschussladung ΔQ_{pol} gebildet wurde (Abb. 1.43). Wir können diese Ladungen durch eine räumliche Polarisationsladungsdichte ϱ_{pol} beschreiben

$$\Delta Q_{\text{pol}} = -\int_V \varrho_{\text{pol}} \, \mathrm{d}V \; . \tag{1.60}$$

ΔQ_{pol} ist durch Ladungsverschiebung durch die Oberfläche $\boldsymbol{A}$ des Volumens V infolge der Polarisation dem Volumen V entzogen worden. Dies heißt nach (1.55)

$$\Delta Q_{\text{pol}} = \int_A \sigma_{\text{pol}} \, \mathrm{d}\boldsymbol{A} = \int_A \boldsymbol{P} \cdot \mathrm{d}\boldsymbol{A} \; . \tag{1.60a}$$

Umwandlung des Oberflächenintegrals in ein Volumenintegral (Gaußscher Satz)

$$\int_A \boldsymbol{P} \cdot \mathrm{d}\boldsymbol{A} = \int_V \operatorname{div} \boldsymbol{P} \, \mathrm{d}V \tag{1.60b}$$

ergibt durch Vergleich mit (1.60) (siehe Abb. 1.43)

$$\operatorname{div} \boldsymbol{P} = -\varrho_{\text{pol}} \quad , \tag{1.61}$$

d. h. die durch das äußere elektrische Feld erzeugten Polarisationsladungen der Dichte ϱ_{pol} sind die Quellen der elektrischen Polarisation.

Diese Gleichung zwischen Polarisation der Materie und räumlicher Dichte der Polarisationsladungen entspricht der Gleichung

$$\operatorname{div} \boldsymbol{E} = \varrho/\varepsilon_0$$

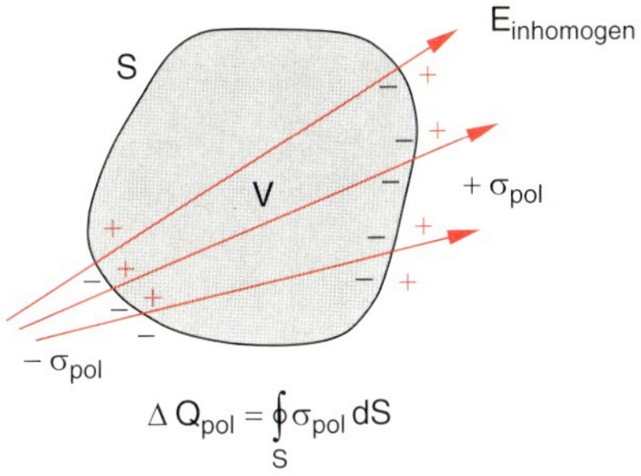

Abb. 1.43. Zur Herleitung von (1.61)

bei freien Ladungen. In Materie kommen zu den freien Ladungen noch die entgegengerichteten Polarisationsladungen ϱ_{pol} hinzu, sodass für das elektrische Feld E_{Diel} gilt

$$\operatorname{div} \boldsymbol{E}_{\text{Diel}} = \frac{1}{\varepsilon_0}(\varrho_{\text{frei}} + \varrho_{\text{pol}}) \,. \tag{1.62}$$

Weil $\boldsymbol{E}_{\text{Diel}} = \boldsymbol{E}_{\text{Vak}} - \boldsymbol{P}/\varepsilon_0$ ist, kann man (1.62) auch schreiben als

$$\operatorname{div}(\boldsymbol{E}_{\text{Vak}} - \boldsymbol{P}/\varepsilon_0) = \frac{1}{\varepsilon_0}(\varrho_{\text{frei}} + \varrho_{\text{pol}}) \,,$$

was dann mit (1.10) wieder (1.61) ergibt. Mit der ***dielektrischen Verschiebungsdichte***

$$\boxed{\boldsymbol{D} \stackrel{\text{def}}{=} \varepsilon_0 \boldsymbol{E}_{\text{Diel}} + \boldsymbol{P} = \varepsilon \cdot \varepsilon_0 \cdot \boldsymbol{E}_{\text{Diel}} = \varepsilon_0 \cdot \boldsymbol{E}_{\text{Vak}}} \tag{1.63}$$

lässt sich die Poissongleichung für das elektrische Feld in verallgemeinerter Form schreiben als

$$\boxed{\operatorname{div} \boldsymbol{D} = \varrho} \,, \tag{1.64a}$$

wobei $\varrho = \varrho_{\text{frei}}$ die ursprüngliche (d. h. freie) Ladungsdichte im betrachteten Volumen ist. Gleichung (1.64a) gilt sowohl in Materie als auch im Vakuum, wo $\varepsilon = 1$ ist und deshalb $\boldsymbol{D} = \varepsilon_0 \cdot \boldsymbol{E}$. Für einen ladungsfreien Raum ($\varrho = 0$) gilt dann

$$\operatorname{div} \boldsymbol{D} = 0 \,. \tag{1.64b}$$

Die Maßeinheit von D ist

$$[D] = [\varepsilon_0 E] = 1\,\frac{\text{As}}{\text{m}^2} = 1\,\frac{\text{C}}{\text{m}^2} \,.$$

D gibt die durch das äußere Feld „verschobene" Ladungsdichte an.

An einer Grenzfläche zwischen Dielektrikum und Vakuum bleibt wegen

$$\varepsilon_0 \varepsilon \boldsymbol{E}_{\text{Diel}} = \varepsilon_0 \boldsymbol{E}_{\text{Vak}}$$

die Normalkomponente von $\boldsymbol{D}$ stetig. Dies gilt jedoch nicht für die Tangentialkomponente von $\boldsymbol{D}$, wie wir im Folgenden aus fundamentalen Eigenschaften des elektrischen Feldes herleiten möchten.

In den Abb. 1.8–10 sieht man, dass es keine durch Ladungen erzeugte geschlossenen elektrischen Feldlinien gibt. Gäbe es geschlossene Feldlinien, so würde eine Ladung auf einer solchen Feldlinie, also stets parallel zum elektrischen Feld, umherlaufen und bei jedem Umlauf die Energie $W = q \cdot \oint \boldsymbol{E} \cdot \mathrm{d}\boldsymbol{s}$ gewinnen. Das Feld, in dem nach (1.50) die elektrostatische Energie $W = \frac{1}{2}\varepsilon_0 E^2$ pro Volumeneinheit gespeichert ist, würde durch diesen Vorgang aber nicht geschwächt, sodass die Energie des Gesamtsystems zunähme. Dies ist ein Widerspruch zum Energieerhaltungssatz. Die Gleichung

$$\oint \boldsymbol{E} \cdot \mathrm{d}\boldsymbol{s} = 0 \tag{1.65a}$$

lässt sich mithilfe des Stokesschen Satzes (siehe Bd. 1, Abschn. 8.6.1) umwandeln in

$$\int \textbf{rot}\,\boldsymbol{E} \cdot \mathrm{d}\boldsymbol{A} = 0 \,, \tag{1.65b}$$

wobei A eine beliebige Fläche ist, die von s berandet wird. Gleichung (1.65a) gilt für jeden geschlossenen Weg, und deshalb gilt (1.65b) für *jede* Fläche A. Daraus folgt

$$\boxed{\textbf{rot}\,\boldsymbol{E} \equiv \boldsymbol{0}} \,, \tag{1.65c}$$

d. h. $\boldsymbol{E}$ ist *wirbelfrei*. Dies drückt gerade die Tatsache aus, dass $\boldsymbol{E}$ energieerhaltend (konservativ) ist.

Anmerkung

Man kann (1.65c) auch aus $\boldsymbol{E} = -\textbf{grad}\,\phi$ und $\textbf{rot}\,\textbf{grad}\,\phi \equiv \boldsymbol{0}$ (Bd. 1, (A26)) herleiten. Dass $\boldsymbol{E}$ sich als Gradient eines Potentials darstellen lässt, ist gleichbedeutend mit: $\boldsymbol{E}$ ist konservativ.

Diese Erkenntnisse werden uns im Folgenden helfen, das Verhalten des elektrischen Feldes an einer Grenzfläche Vakuum/Dielektrikum zu verstehen. Dies kann natürlich auch auf eine Grenzfläche zwischen zwei Dielektrika mit den Dielektrizitätszahlen ε_1 und ε_2 übertragen werden.

Tritt das Feld senkrecht in das Dielektrikum ein, so wird es aufgrund der Polarisation nach (1.57) geschwächt. Für ein Feld, dessen Vektor einen Winkel α mit der Grenzflächennormalen bildet (Abb. 1.44a), zerlegt man den Vektor in eine Komponente $\boldsymbol{E}_\perp$ senkrecht und eine Komponente $\boldsymbol{E}_\parallel$ parallel zur Grenzfläche. Uns interessiert jetzt das Verhalten von $\boldsymbol{E}_\parallel$ an der Grenzfläche. Wir denken uns eine Integration $\oint \boldsymbol{E} \cdot \mathrm{d}\boldsymbol{s}$ entlang dem rechteckigen Weg ABCD in Abb. 1.44b durchgeführt. Die Dicke d dieses Rechtecks sei vernachlässigbar klein, sodass praktisch nur noch der „Hinweg“ im Vakuum und der „Rückweg“ im Dielektrikum übrig bleiben.

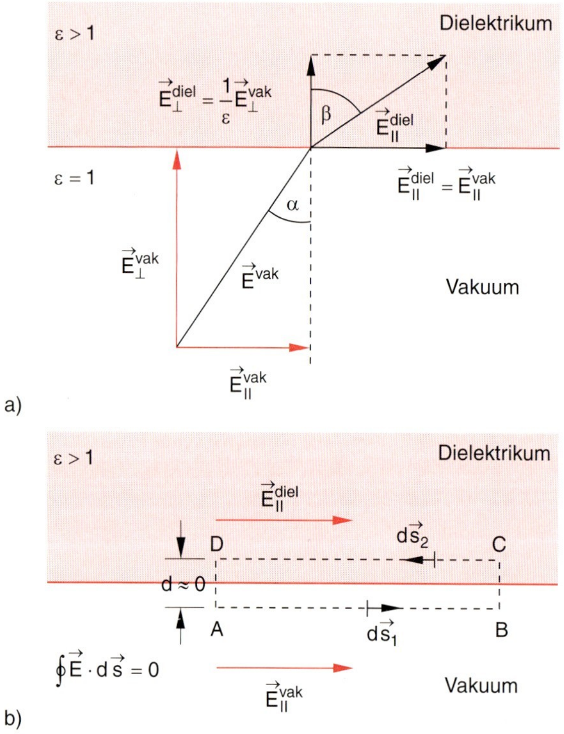

Abb. 1.44. (**a**) Brechung der elektrischen Feldstärke an einer Grenzfläche; (**b**) zur Herleitung von (1.66a)

Wegen

$$\int_A^B \boldsymbol{E}_\parallel^{\text{Vak}} \cdot \mathrm{d}\boldsymbol{s}_1 + \int_C^D \boldsymbol{E}_\parallel^{\text{Diel}} \cdot \mathrm{d}\boldsymbol{s}_2 = \oint \boldsymbol{E} \cdot \mathrm{d}\boldsymbol{s} = 0$$

und $\mathrm{d}\boldsymbol{s}_1 = -\mathrm{d}\boldsymbol{s}_2$ folgt:

$$\boxed{\boldsymbol{E}_\parallel^{\text{Vak}} = \boldsymbol{E}_\parallel^{\text{Diel}}} \tag{1.66a}$$

Man findet folgendes ***Brechungsgesetz*** für das elektrische Feld (Abb. 1.44a): Trifft der $\boldsymbol{E}$-Vektor unter dem Winkel α aus dem Vakuum auf die Grenzfläche auf, so bildet er im Dielektrikum einen Winkel β mit der Grenzflächennormalen, für den gilt:

$$\tan\beta = \frac{E_\parallel^{\text{Diel}}}{E_\perp^{\text{Diel}}} = \varepsilon \cdot \frac{E_\parallel^{\text{Vak}}}{E_\perp^{\text{Vak}}} = \varepsilon \cdot \tan\alpha\,. \tag{1.66b}$$

Daraus ergibt sich mit $\boldsymbol{D} = \varepsilon\varepsilon_0\boldsymbol{E}$:

$$\boldsymbol{D}_\parallel^{\text{Vak}} = \frac{1}{\varepsilon}\boldsymbol{D}_\parallel^{\text{Diel}}\,. \tag{1.66c}$$

Das heißt aber, dass die freie Ladungsdichte ϱ_{frei}, welche für das Feld im Dielektrikum verantwortlich ist, größer ist als die freie Ladungsdichte, die das Feld im Vakuum verursacht.

Man kann sich dies mithilfe eines Kondensators veranschaulichen, der zur Hälfte mit einem Dielektrikum gefüllt ist (Abb. 1.45). Bei einer solchen Anordnung sind die Ladungen auf den Platten nicht mehr gleichmäßig verteilt, sondern die Ladungsdichte nimmt im Bereich des Dielektrikums sprunghaft zu!

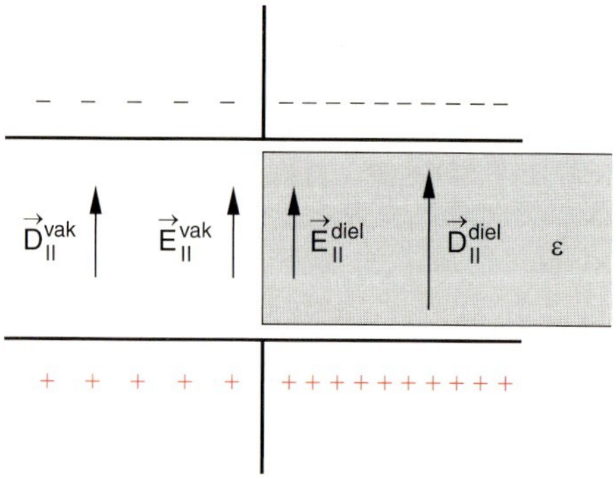

Abb. 1.45. In einem teilweise mit Dielektrikum gefüllten Kondensator ist die Feldstärke $\boldsymbol{E}$ räumlich konstant. Die freien Ladungen auf den Platten verschieben sich entsprechend, oder es werden bei fester Spannung freie Ladungen nachgeliefert

Der Kondensator aus Abb. 1.45 ist nämlich so etwas wie eine Parallelschaltung aus zwei Kondensatoren, deren einer mit Dielektrikum gefüllt ist. Dieser Kondensator trägt bei gleicher Spannung (Parallelschaltung!) seiner Dielektrizitätszahl entsprechend mehr freie Ladung auf seinen Platten.

Bei gleicher Spannung ist natürlich auch das Feld $\boldsymbol{E} = \boldsymbol{E}_\parallel$ in beiden Teilen gleich, und $\boldsymbol{D}_\parallel$ ist beim Dielektrikum um den Faktor ε höher. Schiebt man ein Dielektrikum in einen geladenen Kondensator, so verschieben sich die freien Ladungen so lange, bis (1.66a) bzw. (1.66c) erfüllt ist.

1.7.4 Die elektrische Feldenergie im Dielektrikum

Füllt man das Volumen zwischen den Platten eines Kondensators mit einem Dielektrikum, so steigt die Kapazität C um den Faktor ε an (bei gleicher Spannung wird eine höhere Ladungsdichte erzielt). Deshalb ist die Energie des elektrischen Feldes

$$\begin{aligned} W_{\text{el}} &= \frac{1}{2} C U^2 = \frac{1}{2} \varepsilon \cdot \varepsilon_0 \frac{d^2 \cdot A}{d} E^2 \\ &= \varepsilon \cdot \frac{1}{2} \varepsilon_0 E^2 \cdot A \cdot d \end{aligned}$$

und die Energiedichte $w_{\text{el}} = W_{\text{el}}/V$ mit $D = \varepsilon\varepsilon_0 E$

$$w_{\text{el}} = \varepsilon \cdot \frac{\varepsilon_0}{2} E^2 = \frac{1}{2} E \cdot D \quad . \tag{1.67}$$

Gleichung (1.67) ist die verallgemeinerte Form von (1.50), die sowohl im Vakuum ($D = \varepsilon_0 E$) als auch in Materie gilt.

Man kann sich die Erhöhung der Energiedichte folgendermaßen klar machen: Zu der Energiedichte $\frac{1}{2}\varepsilon_0 E^2$ des Feldes im Vakuum kommt noch die Energie, die für die Ladungsverschiebung x in den Atomen gegen die rücktreibenden Kräfte $\boldsymbol{F} = -k\boldsymbol{x} = Q \cdot \boldsymbol{E}$ notwendig ist. Sie ist pro induziertem Dipol

$$\begin{aligned} W_{\text{pol}} &= -\int_0^d F \, \mathrm{d}x = \frac{1}{2} k d^2 \quad \text{mit} \quad k = \frac{Q \cdot E}{d} \\ \Rightarrow W_{\text{pol}} &= \frac{1}{2} Q \cdot E \cdot d = \frac{1}{2} p \cdot E \, . \end{aligned} \tag{1.68}$$

Für N induzierte Dipole pro Volumeneinheit erhalten wir mit (1.60) die zur Polarisation notwendige Energiedichte

$$\begin{aligned} w_{\text{el}} &= \frac{1}{V} W_{\text{pol}} = \frac{1}{2} N p E = \frac{1}{2} P \cdot E \\ &= \frac{1}{2} \varepsilon_0 (\varepsilon - 1) E^2 \, , \end{aligned} \tag{1.69}$$

sodass insgesamt die Energiedichte (1.67)

$$w_{\text{el}}^{\text{diel}} = \frac{1}{2} \varepsilon\varepsilon_0 E^2 = \frac{1}{2} E D \tag{1.70}$$

herauskommt.

Wird der geladene Kondensator aus Abb. 1.45 von der Spannungsquelle entkoppelt, so bleibt die Spannung zwischen den Platten beim Einbringen des Dielektrikums nicht konstant, d. h. die im Feld gespeicherte Energie verringert sich. Ohne Dielektrikum beträgt die Energie $W = \frac{1}{2} E_0 D_0 V$, wenn V das Volumen des Kondensators ist. Bei vollständig eingedrungenem Dielektrikum ist $D_1 = D_0$ (wegen $\varrho_{\text{ges}} = \text{const}$) und $E_1 = E_0/\varepsilon$, die Energie beträgt also $W = \frac{1}{2\varepsilon} E_0 D_0 V$. Die Energiedifferenz wird in kinetische Energie umgewandelt. Ein Dielektrikum wird in einen isolierten geladenen Kondensator hineingezogen!

Beim isolierten Kondensator ist es leicht einzusehen, dass das Dielektrikum hineingezogen wird. Das System Kondensator/Dielektrikum ist abgeschlossen, und die Energie, die das Feld freisetzt, wird als kinetische Energie auf das Dielektrikum übertragen.

Etwas schwieriger zu verstehen ist jedoch der Fall, dass am Kondensator eine feste Spannung anliegt (z. B. durch Verbinden des Kondensators mit einer Batterie, Abschn. 2.8). Führt man das Dielektrikum in den Kondensator ein, so fließen Ladungen aus der Batterie auf die Platten nach. Das $\boldsymbol{D}$-Feld wird um den Faktor ε größer, und die Energie steigt (bei konstantem $\boldsymbol{E}$-Feld) ebenfalls um den Faktor ε. Das Dielektrikum wird aber trotzdem in den Kondensator hineingezogen! Dies hängt damit zusammen, dass aufgrund der aus der Batterie nachfließenden Ladung auch Energie in das nicht mehr abgeschlossene System Kondensator/Dielektrikum übertragen wird. Ist das Dielektrikum vollständig eingedrungen, so ist die Überschussladung auf jeder Platte um den Faktor ε größer geworden. Dazu musste gegen die konstante Spannnung eine Arbeit $W_{\text{Batt}} = \Delta Q \cdot U$ aufgebracht werden. Nur die Hälfte dieser Energie wird aber zur Vergrößerung der Feldenergie verwendet. Der Rest geht in kinetische Energie des Dielektrikums über.

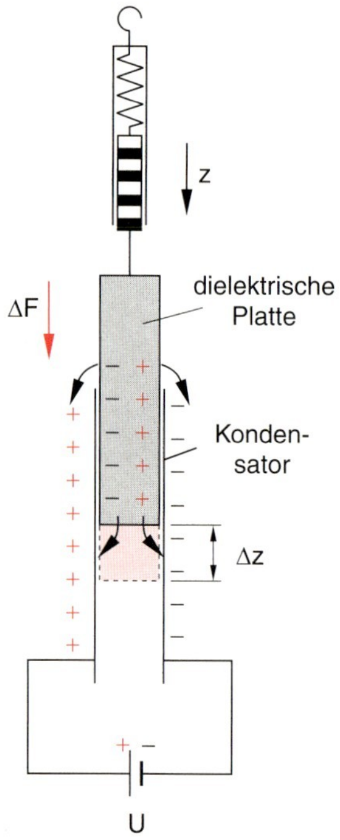

Abb. 1.46. Kraft auf eine dielektrische Platte, die in ein elektrisches Feld hineingezogen wird

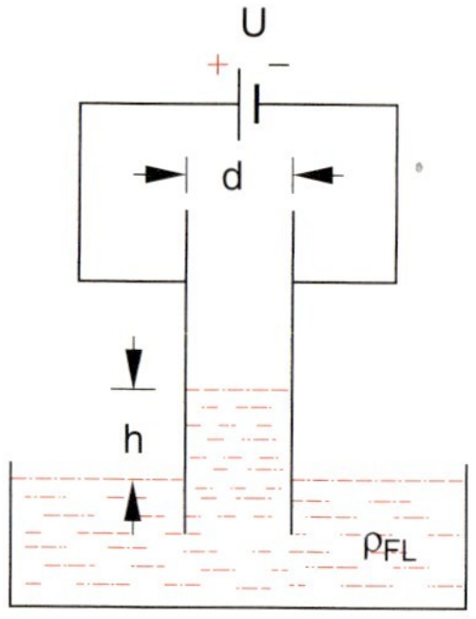

Abb. 1.47. Zur Steighöhe einer dielektrischen Flüssigkeit im elektrischen Feld eines Plattenkondensators

Man kann diesen Sachverhalt experimentell ausnutzen, um die Dielektrizitätszahl ε eines Materials zu bestimmen. Eine dielektrische Platte wird an einer Federwaage in einen ungeladenen Plattenkondensator so abgesenkt, dass sie nur einen Teil des Kondensators ausfüllt (Abb. 1.46).

Wird nun eine Spannung U an den Kondensator gelegt, so wird die Platte um die Strecke Δz weiter in den Kondensator hineingezogen, und die Federwaage zeigt eine zusätzliche Kraft $\Delta F = k \cdot \Delta z$ an, welche durch die Anziehung zwischen den freien Ladungen auf den Kondensatorplatten und den induzierten Oberflächenladungen des Dielektrikums bewirkt wird. Die Arbeit $\Delta W = \Delta F \cdot \Delta z$, die gegen die Federkraft geleistet wird und die identisch ist mit dem Feldenergiezuwachs $\Delta W_{\text{mech}} = \Delta W_{\text{Feld}} = \frac{1}{2}(C_{\text{Diel}} - C_{\text{Vak}})U^2$, beträgt:

$$\Delta W = \frac{1}{2}\varepsilon_0(\varepsilon - 1)\, b \cdot \Delta z U^2/d\,. \qquad (1.71\text{a})$$

Man erhält daher wegen $\Delta W = \Delta F \cdot \Delta z$

$$\Delta F = \frac{1}{2}\varepsilon_0(\varepsilon - 1)\, b \cdot U^2/d \qquad (1.71\text{b})$$

und kann daraus den Wert von ε bestimmen.

In einem zweiten Experiment wird ein Plattenkondensator mit Plattenabstand d und Plattenbreite b zu einem kleinen Teil in eine dielektrische Flüssigkeit (z. B. Nitrobenzol) eingetaucht. Legt man eine Spannung U an die Kondensatorplatten, so steigt die Flüssigkeit im Kondensator um die Höhe h über den Flüssigkeitsspiegel außerhalb des Kondensators (Abb. 1.47). Die Höhe h stellt sich so ein, dass die mechanische Hubarbeit

$$W_{\text{mech}} = \int\limits_0^h \Delta W = \frac{1}{2}\varrho_{\text{Fl}} \cdot g \cdot h \cdot V \qquad (1.72\text{a})$$

mit $V = d \cdot b \cdot h$, die man braucht, um den Flüssigkeitsspiegel um die Höhe h anzuheben, gleich der von der Batterie geleisteten Arbeit zur Erhöhung der Feldenergie

$$W_{\text{el}} = \frac{1}{2}\varepsilon_0(\varepsilon - 1)E^2 V \qquad (1.72\text{b})$$

ist. Gleichsetzen von (1.72a) und (1.72b) ergibt die Steighöhe

$$h = \frac{\varepsilon_0(\varepsilon - 1)}{\varrho_{\text{Fl}} \cdot g} E^2\,. \qquad (1.73)$$

1.8 Die atomaren Grundlagen von Ladungen und elektrischen Momenten

Wie schon im Abschn. 1.1 erwähnt wurde, sind die materiellen Träger von Ladungen Elektronen mit der negativen Ladung $-e$ und Protonen mit der positiven Ladung e. Die quantitative Messung dieser Elementarladungen wurde erstmals 1907 von *Robert Andrews*

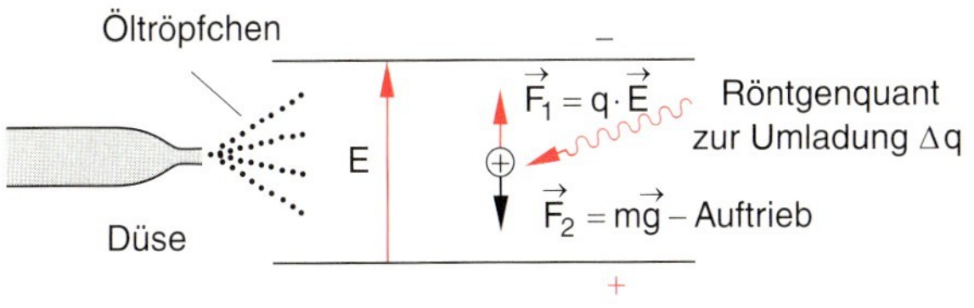

Abb. 1.48. Millikans Öltröpfchenversuch zur Messung der Elementarladung

Millikan (1868–1953) in seinem berühmten ***Öltröpfchenversuch*** durchgeführt [1.5], den wir wegen seiner grundsätzlichen Bedeutung hier kurz darstellen wollen.

1.8.1 Der Millikan-Versuch

Durch Zerstäuben von Öl werden kleine Öltröpfchen erzeugt, die zwischen die horizontalen Platten eines Kondensators diffundieren (Abb. 1.48). Durch die Reibung bei der Zerstäubung werden die Tröpfchen elektrisch aufgeladen, sodass sie die Ladungen $q = n \cdot e$ ($n = 1, 2, 3, \dots$) tragen.

Im feldfreien Kondensator sinkt ein Tröpfchen mit der Masse m und dem Radius R mit der konstanten Geschwindigkeit v nach unten, wenn die Schwerkraft $m \cdot g$ gerade kompensiert wird durch die Summe der entgegengerichteten Kräfte aus Auftriebskraft $F_A = \varrho_{\text{Luft}} \cdot \frac{4}{3}\pi R^3 \cdot g$ und Reibungskraft $F_R = 6\pi\eta R \cdot v$ (siehe Bd. 1, Abschn. 8.5.4). Aus der Messung dieser konstanten Sinkgeschwindigkeit v erhält man den Radius

$$R = \left\{ \frac{9\eta \cdot v}{2g(\varrho_{\text{Öl}} - \varrho_{\text{Luft}})} \right\}^{1/2}$$

des Tröpfchens und damit die Masse $m = \frac{4}{3}\pi R^3 \varrho_{\text{Öl}}$.

Legt man jetzt eine geeignete Spannung U an die Kondensatorplatten, so kann man das Öltröpfchen im elektrischen Feld $E = U/d$ zwischen den Platten mit Abstand d in der Schwebe halten, wenn die elektrische Kraft $F_{\text{el}} = n \cdot e \cdot E$ die um den Auftrieb verminderte Schwerkraft gerade kompensiert: Hieraus erhält man die Ladung

$$n \cdot e = (\varrho_{\text{Öl}} - \varrho_{\text{Luft}})\, g \cdot \frac{4}{3}\pi R^3 / E\,. \tag{1.74}$$

Zur Bestimmung der ganzen Zahl n wird das Tröpfchen im Kondensator umgeladen durch ionisierende Strahlung (Röntgen- bzw. α-Strahlung), sodass Ladungsänderungen $\Delta q = \Delta n \cdot e$ auftreten und die Spannung $U = E \cdot d$ geändert werden muss, um das Tröpfchen in der Schwebe zu halten. Aus (1.74) folgt für die „Schwebespannungen" U_1, U_2 vor, bzw. nach der Umladung

$$\frac{n_1 + \Delta n}{n_1} = \frac{U_1}{U_2} \;\Rightarrow\; \Delta n = -n_1 \frac{\Delta U}{U_2}\,. \tag{1.75}$$

Die kleinste Ladungsänderung ist die mit $\Delta n = 1$, sodass aus der Differenz $\Delta U = U_2 - U_1$ die diskreten Werte Δn und damit n_1 und aus (1.74) die Elementarladung e bestimmt werden können.

Der heute als Bestwert akzeptierte Zahlenwert für die Elementarladung e ist

$$e = 1{,}60217653(13) \cdot 10^{-19}\,\text{C}\,.$$

1.8.2 Ablenkung von Elektronen und Ionen in elektrischen Feldern

Beschleunigt man ein Teilchen mit der Masse m und der Ladung q durch eine Spannung U auf die Geschwindigkeit

$$v = (2q \cdot U/m)^{1/2} \tag{1.76}$$

und lässt es dann durch ein homogenes elektrisches Feld E fliegen (Abb. 1.49), so wirkt die konstante Ablenkkraft $F = q \cdot E$, und die Bahn des Teilchens wird eine Parabel (vergl. den analogen Fall des horizontalen Wurfes im Schwerefeld).

Mit $v_0 = \{v_x, 0, 0\}$ und $E = \{0, 0, E_z\}$ erhält man für die Ablenkung

$$\Delta z(x) = \frac{1}{2}at^2 = \frac{qE}{2m}\frac{x^2}{v_x^2}\,. \tag{1.77}$$

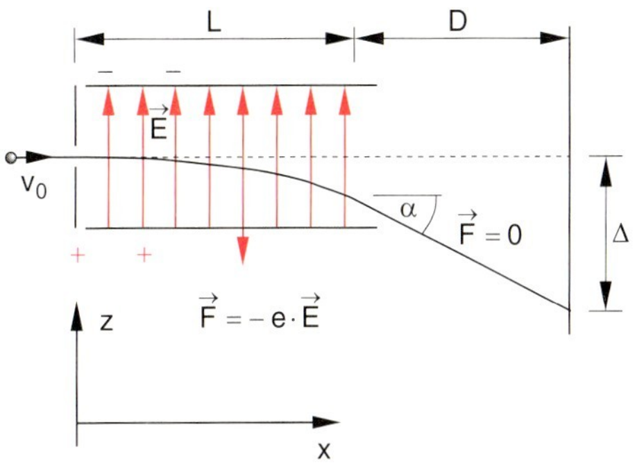

Abb. 1.49. Ablenkung eines Teilchens mit negativer Ladung q im homogenen elektrischen Feld

Am Ende des Kondensators ($x = L$) ergibt sich mit (1.76)

$$\Delta z(L) = \frac{E \cdot L^2}{4U}$$

und für die Steigung der Teilchenbahn

$$\tan\alpha = \left(\frac{\mathrm{d}z}{\mathrm{d}x}\right)_{x=L} = \frac{qE}{m}\frac{L}{v_x^2} = \frac{E \cdot L}{2U}\,.$$

Auf dem Leuchtschirm im Abstand D vom Ende des Ablenkkondensators wird die Ablenkung

$$\begin{aligned}\Delta z(L+D) &= \frac{EL^2}{4U} + D \cdot \tan\alpha \\ &= \frac{EL}{2U}\left(\frac{L}{2} + D\right)\end{aligned} \tag{1.78}$$

gemessen.

1.8.3 Molekulare Dipolmomente

Ein Molekül besteht aus K Kernen ($K = 2, 3, \dots$) mit den positiven Kernladungen $+Z_k \cdot e$ und aus

$$Z_\mathrm{e} = \sum_{k=1}^{K} Z_k$$

Elektronen. Der Ladungsschwerpunkt S^+ der positiven Ladungen wird als Nullpunkt des Koordinatensystems gewählt. Dann liegt der Ladungsschwerpunkt S^- der Elektronen, deren Koordinaten $\boldsymbol{r}_i$ sind, bei

$$\boldsymbol{d} = \frac{1}{Z_\mathrm{e}} \sum_{i=1}^{Z_\mathrm{e}} \boldsymbol{r}_i\,.$$

Das Dipolmoment des Moleküls ist dann

$$\boldsymbol{p} = Q \cdot \boldsymbol{d} \quad \text{mit} \quad Q = Z_\mathrm{e} \cdot e\,. \tag{1.79}$$

Die Größe d ist der Abstand zwischen positivem und negativem Ladungsschwerpunkt (Abb. 1.50).

Fallen nun beide Ladungsschwerpunkte zusammen ($d = 0$), wie z. B. bei Atomen oder bei zweiatomigen Molekülen aus gleichen Atomen, so wird das elektrische Dipolmoment null!

Solche „nicht polaren" Moleküle erhalten jedoch im elektrischen Feld ein induziertes Dipolmoment, weil die Ladungsschwerpunkte gegeneinander verschoben werden (Abb. 1.41). Im inhomogenen Feld erfahren alle Dipole eine Kraft $\boldsymbol{F} = \boldsymbol{p} \cdot \mathbf{grad}\,\boldsymbol{E}$.

Ein Beispiel ist die Anlagerung neutraler Moleküle an ein Ion in einem Elektrolyten (Abb. 1.51).

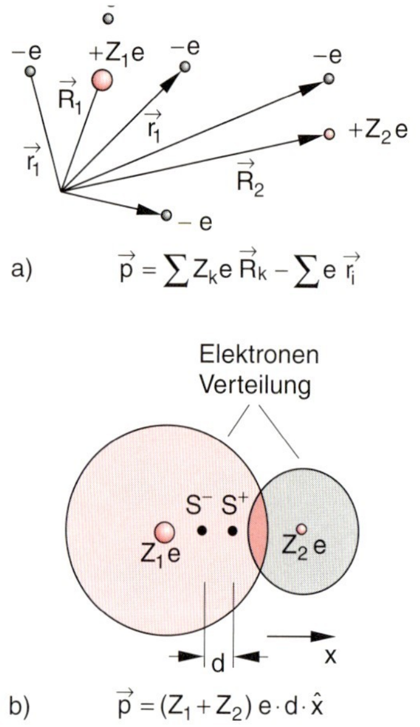

Abb. 1.50a,b. Zur Definition des molekularen Dipolmomentes: (**a**) bei beliebiger Wahl des Koordinatenursprungs, (**b**) bei Einführung der Ladungsschwerpunkte S^+ und S^-

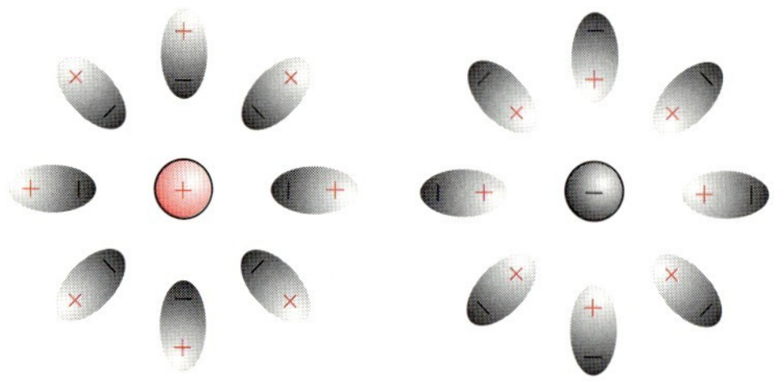

Abb. 1.51. Anlagerung neutraler Moleküle an ein Ion in einem Elektrolyten. Im Feld des Ions werden in den Molekülen Dipolmomente induziert. Die Orientierung der induzierten Dipolmomente richtet sich nach der Ionenladung

Bei den meisten Molekülen, die nicht aus gleichen Atomen bestehen, ist $d \neq 0$. Solche *polaren Moleküle* haben daher ein von null verschiedenes elektrisches Dipolmoment

$$\boldsymbol{p} = Q \cdot \boldsymbol{d}\,.$$

BEISPIEL

Das H_2O-Molekül hat ein Dipolmoment $p = 6 \cdot 10^{-30}\,\mathrm{Cm}$, da der Ladungsschwerpunkt der negativen Ladung $Q = -10\,e = -1{,}6 \cdot 10^{-18}\,\mathrm{C}$ einen Abstand von etwa 4 pm vom positiven Ladungsschwerpunkt hat (Abb. 1.52).

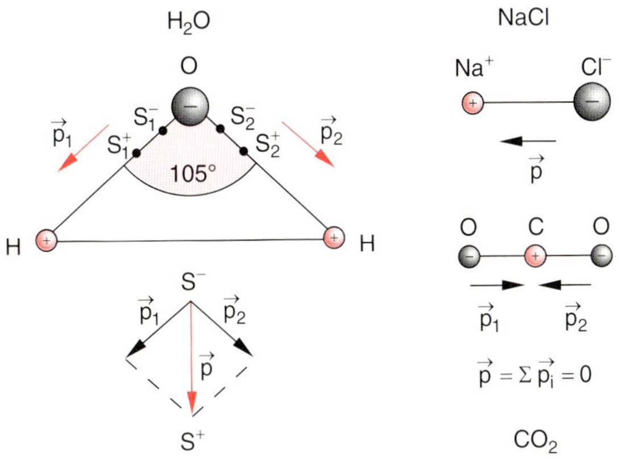

Abb. 1.52. Dipolmomente einiger Moleküle. Das symmetrische lineare CO_2-Molekül hat kein permanentes Dipolmoment

Tabelle 1.2. Elektrische Dipolmomente $|\boldsymbol{p}|$ (in Debye) einiger Moleküle

Molekül	Dipolmoment /D
NaCl	9,00
CsCl	10,42
CsF	7,88
HCl	1,08
CO	0,11
H_2O	1,85
NH_3	1,47
C_2H_5OH	1,69

Man benutzt in der Molekülphysik häufig die Einheit

$$1\,\text{Debye} = 3{,}3356 \cdot 10^{-30}\,\text{C} \cdot \text{m}$$

für molekulare Dipolmomente. Abbildung 1.52 gibt einige Beispiele für polare und nichtpolare Moleküle, und Tabelle 1.2 führt einige Zahlenwerte auf.

Für die potentielle Energie der Wechselwirkung zwischen zwei Dipolen $\boldsymbol{p}_1$ und $\boldsymbol{p}_2$ ergibt sich aus (1.28)

$$W_{\text{pot}} = -\boldsymbol{p}_1 \cdot \boldsymbol{E}_2 - \boldsymbol{p}_2 \cdot \boldsymbol{E}_1 ,$$

wobei $\boldsymbol{E}_i$ das elektrische Feld von $\boldsymbol{p}_i$ ist.

Einsetzen von (1.25a) für das elektrische Feld $\boldsymbol{E}_i$ des Dipols $\boldsymbol{p}_i$ liefert bei einem Abstand $R \gg d = p/Q$ zwischen den Mittelpunkten beider Dipole ($\hat{\boldsymbol{R}} = e_x$) für beliebige Orientierung beider Dipole

$$\begin{aligned} W_{\text{pot}} &= -\frac{1}{4\pi\varepsilon_0 R^3}\left[\boldsymbol{p}_1 \cdot \boldsymbol{p}_2 - 3(\boldsymbol{p}_1 \cdot \hat{\boldsymbol{R}})(\boldsymbol{p}_2 \cdot \hat{\boldsymbol{R}})\right] \qquad (1.80)\\ &= \frac{p_1 p_2}{4\pi\varepsilon_0 R^3}\left[\cos(\boldsymbol{p}_1, \boldsymbol{p}_2) - 3\cos(\boldsymbol{p}_1, \hat{\boldsymbol{R}})\cos(\boldsymbol{p}_2, \hat{\boldsymbol{R}})\right] , \end{aligned}$$

woraus man die Kraft zwischen den Dipolen aus $\boldsymbol{F} = -\mathbf{grad}\, W_{\text{pot}}$ berechnen kann, die sich auch ergibt aus $\boldsymbol{F} = \boldsymbol{p}_1 \cdot \nabla \boldsymbol{E}_2$ (1.29), wobei $\boldsymbol{E}_2$ aus (1.25) genommen werden kann. Man sieht aus (1.80), dass die Wechselwirkungsenergie proportional zu R^{-3} ist und von der gegenseitigen Orientierung der Dipole abhängt! Sie hat ein Minimum

$$W_{\min} = -\frac{2p_1 p_2}{4\pi\varepsilon_0 R^3}$$

für collineare Anordnung und ein Maximum

$$W_{\max} = \frac{2p_1 p_2}{4\pi\varepsilon_0 R^3}$$

für anticollineare Anordnung (Abb. 1.53). Zwei geeignet orientierte Dipole ziehen sich also an! In Abb. 1.54 sind neben dem allgemeinen Fall noch die vier Spezialfälle paralleler Dipole gezeigt.

In gasförmiger oder flüssiger Phase sind die Richtungen dieser molekularen Dipole jedoch infolge der thermischen Bewegung der Moleküle statistisch über alle Raumrichtungen verteilt, sodass makroskopisch das gesamte Dipolmoment aller N Moleküle pro Volumeneinheit null ist (Abb. 1.55).

Bei Anlegen eines äußeren Feldes $\boldsymbol{E}$ wirkt ein Drehmoment auf die einzelnen Moleküle, das proportional zu $|\boldsymbol{E}|$ ist und die Moleküle mit wachsendem E immer mehr orientiert.

Die makroskopische Polarisation $\boldsymbol{P} = \frac{1}{V}\sum \boldsymbol{p}_i$ wird also bei polaren, nicht orientierten Molekülen proportional zu E anwachsen, bis alle Moleküle völlig orientiert sind.

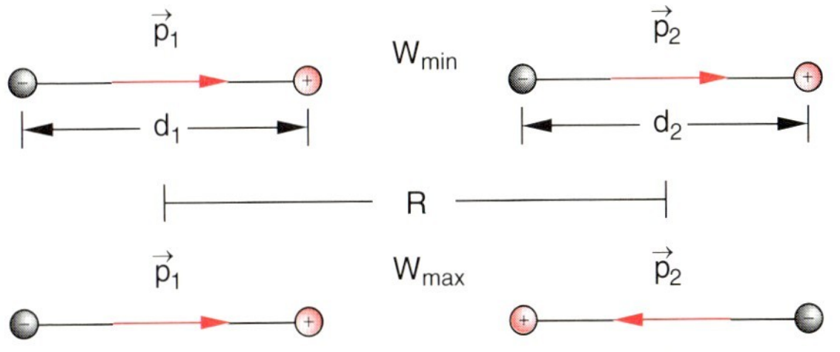

Abb. 1.53. Minimale und maximale potentielle Energie zweier Dipole

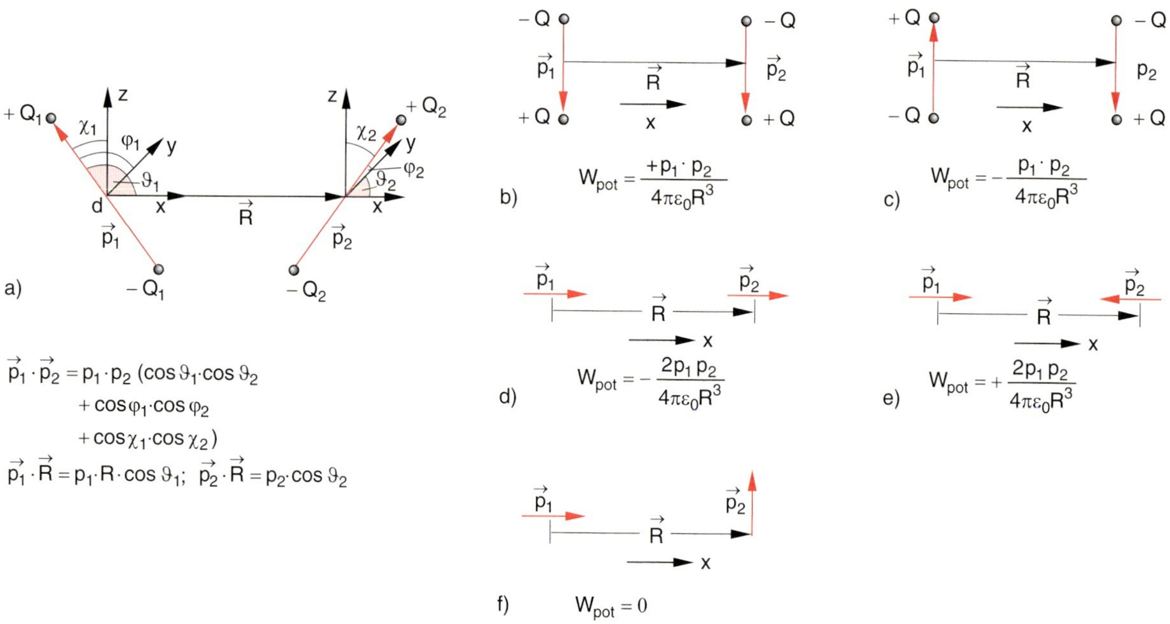

$$\vec{p}_1 \cdot \vec{p}_2 = p_1 \cdot p_2 \, (\cos\vartheta_1 \cdot \cos\vartheta_2 \\ + \cos\varphi_1 \cdot \cos\varphi_2 \\ + \cos\chi_1 \cdot \cos\chi_2 \,)$$
$$\vec{p}_1 \cdot \vec{R} = p_1 \cdot R \cdot \cos\vartheta_1; \quad \vec{p}_2 \cdot \vec{R} = p_2 \cdot \cos\vartheta_2$$

Abb. 1.54a–f. Wechselwirkung zwischen zwei Dipolen (**a**) bei beliebiger Orientierung (ϑ, φ, χ sind die Winkel zwischen Dipolmoment $\boldsymbol{p}$ und x, y, z-Achse). (**b**), (**c**) Spezialfälle zweier paralleler und antiparalleler, (**d**), (**e**) collinearer und anticollinearer, (**f**) zueinander senkrechter Dipole

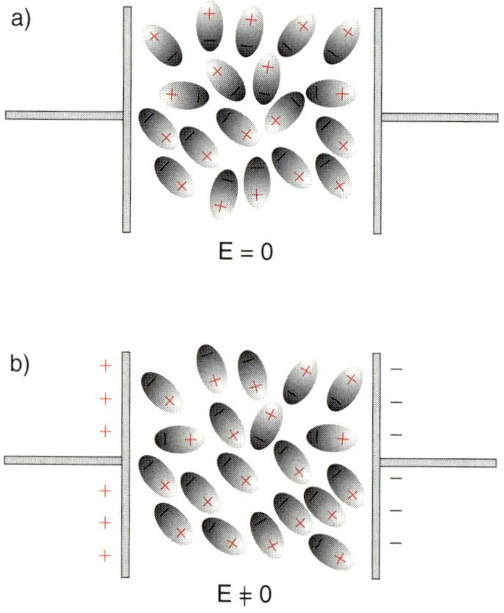

Abb. 1.55. (**a**) Statistisch verteilte Orientierung molekularer Dipole aufgrund ihrer thermischen Energie; (**b**) teilweise Orientierung im elektrischen Feld

Bei gegebenem Feld E wird die Orientierung umso größer sein, je kleiner die Temperatur ist. Ein Maß für die Orientierung ist das Verhältnis

$$\nu = \frac{pE}{3kT}$$

von orientierender elektrostatischer Energie zu statistisch desorientierender thermischer Energie $3kT$. Im statistischen Mittel ist nur der Bruchteil $\nu < 1$ aller Moleküle in Feldrichtung orientiert. Eine genauere Überlegung liefert in der Tat (siehe Bd. 3) für die makroskopische Polarisation

$$\boldsymbol{P} = \frac{Np^2}{3kT}\boldsymbol{E}\,. \tag{1.81}$$

Polare Moleküle erhalten im äußeren Feld natürlich auch ein zusätzliches induziertes Dipolmoment, das proportional zu $\boldsymbol{E}$ ist, sodass die Gesamtpolarisation

$$\boldsymbol{P} = \left(a + b \cdot |\boldsymbol{E}|\right)\boldsymbol{E} \tag{1.81a}$$

wird. Bei technisch realisierbaren Feldstärken $\boldsymbol{E}$ ist jedoch im Allgemeinen $b \cdot |\boldsymbol{E}| \ll a$.

BEISPIEL

Das elektrische Dipolmoment des Wassermoleküls H_2O ist $p = 6{,}1 \cdot 10^{-30}$ C m. Maximale anziehende Wechselwirkung zwischen zwei Wassermolekülen erhalten wir, wenn beide Dipolmomente parallel zu ihrer Verbindungslinie stehen. Aus (1.80) ergibt sich dann bei einem Abstand $R = 3 \cdot 10^{-10}$ m

$$W_{\text{pot}} = -2{,}3 \cdot 10^{-20}\,\text{J} = 140\,\text{meV}\ .$$

Durch die thermische Bewegung der Moleküle werden die Dipolrichtungen statistisch verteilt und dadurch wird der Betrag der mittleren potentiellen Energie etwa zehnmal kleiner.

Bei vielen Molekülen (z. B. H_2, CO_2) gibt es kein permanentes Dipolmoment, d. h. es ist der Faktor a in (1.81a) null. Hier wird also die Gesamtpolarisation in Gasen und Flüssigkeiten proportional zu E^2 ansteigen.

Die Wechselwirkung zwischen polaren Molekülen (Dipol-Dipol-Wechselwirkung) und zwischen nicht-polaren Molekülen (induzierte Dipol-Dipol-Wechselwirkung) spielt in der Molekülphysik eine große Rolle, weil sie für viele Moleküle einen wichtigen Beitrag zur chemischen Bindung liefert (siehe Bd. 3).

Wir können also feststellen:

> Die Ursachen der makroskopischen Polarisation der Materie im elektrischen Feld sind: a) Die Verschiebung von Ladungen in Molekülen, die durch das elektrische Feld ein induziertes Dipolmoment erhalten. b) Die räumliche Orientierung von polaren Molekülen, deren permanente Dipolmomente, die ohne Feld statistisch orientiert sind, durch das äußere Feld eine Vorzugsrichtung erhalten.

1.9 Elektrostatik in Natur und Technik

Elektrostatische Phänomene spielen in vielen Bereichen der uns umgebenden Natur sowie zur Lösung technischer Probleme eine wichtige Rolle. Dies soll hier an einigen Beispielen illustriert werden.

1.9.1 Reibungselektrizität und Kontaktpotential

Bringt man zwei ungeladene Körper aus verschiedenem Material in engen Kontakt miteinander, indem man sie z. B. aneinander reibt, so gehen Elektronen von einem Körper auf den anderen über, sodass nach der Trennung die beiden Körper eine entgegengesetzte Ladung tragen (***Reibungselektrizität***, Abb. 1.56). Die Richtung des Ladungstransports ist durch den Unterschied der effektiven Bindungsenergie der Elektronen in dem jeweiligen Material (Austrittsarbeit) festgelegt. Die Elektronen treten vom Körper mit der geringeren Austrittsarbeit in den mit der größeren Austrittsarbeit über, weil sie dabei Energie gewinnen.

Zwischen den beiden Körpern entsteht durch diese Ladungstrennung eine Potentialdifferenz $U = \Delta\phi$, die auch ***Kontaktspannung*** heißt. Man kann die verschie-

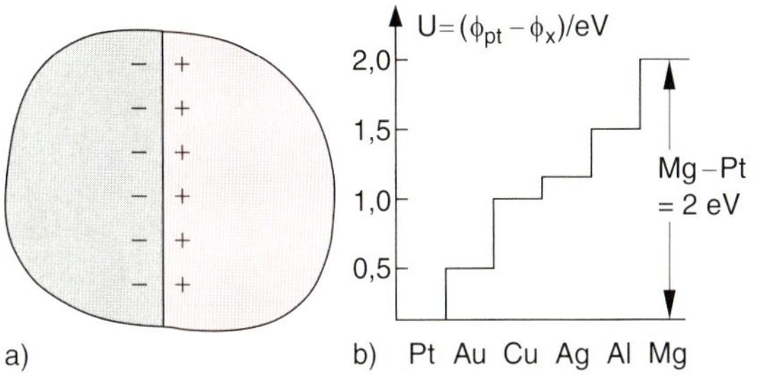

Abb. 1.56. (**a**) Zur Entstehung der Reibungselektrizität; (**b**) Differenz der Kontaktpotentiale einiger Metalle gegen ϕ_{Pt} von Platin

Tabelle 1.3. Austrittsarbeit ϕ [eV] einiger Metalle angeordnet nach steigenden Werten (Spannungsreihe) (Nach Stöcker: Taschenbuch der Physik, 2. Aufl., Harri Deutsch, Frankfurt 1994)

Metall	ϕ	Metall	ϕ
Cs	2,14	Pb	4,25
Rb	2,16	Al	4,28
K	2,30	Sn	4,31
Sr	2,59	Zn	4,33
Ba	2,70	Ag	4,52
Na	2,75	W	4,55
Ca	2,87	Mo	4,6
Li	2,90	Fe	4,63
Nd	3,30	Cu	4,65
Th	3,47	Au	5,1
Mg	3,66	Ni	5,15
Ti	3,87	Pd	5,40
Cd	4,22	Pt	5,66

denen Stoffe nach ihrem Kontaktpotential gegen ein Referenzmaterial in eine ***Spannungsreihe*** nach wachsenden Austrittsarbeiten anordnen, sodass der Stoff mit der kleineren Austrittsarbeit bei Kontakt mit einem Stoff mit größerer Austrittsarbeit nach der Trennung eine positive Ladung, der mit der größeren eine negative Ladung behält (Tabelle 1.3).

Anmerkung

Die Reibungselektrizität spielt in der Technik oft eine negative, weil gefährliche Rolle, z. B. beim Beladen von Schiffen mit Material, das einfließt (Öl) oder eingeblasen wird (Getreide). Zur Vermeidung von Explosionen müssen deshalb elektrische Aufladungen bei Vorgängen mit Reibung vermieden werden.

1.9.2 Das elektrische Feld der Erde und ihrer Atmosphäre

Unsere Erde erzeugt, auch bei schönem Wetter, ein elektrisches Feld in der Atmosphäre, das zum Erdboden hin gerichtet ist und dessen Stärke mit wachsender Höhe über dem Erdboden schnell abnimmt, wesentlich schneller als mit $1/r^2$ (Abb. 1.57).

Quantitative Messungen zeigen, dass die Feldstärke in einigen Metern Höhe über dem Erdboden um einen Mittelwert $E = 130\,\mathrm{V/m}$ zeitlich und räumlich schwankt [1.6]. Aus diesen Messungen kann man schließen:

- Die Erde trägt eine zeitlich gemittelte negative Ladung von etwa $Q = -6 \cdot 10^5\,\mathrm{C}$.
- In der Atmosphäre befinden sich sowohl positive als auch negative Ladungsträger, wobei es in den unteren Schichten einen Überschuss an positiven Ladungen gibt, die das elektrische Feld der Erde teilweise abschirmen und bewirken, dass E schnell mit der Höhe abnimmt.
- Die positiven Ladungsträger werden im elektrischen Feld der Erde auf die Erde hin beschleunigt. Dies bewirkt eine Stromdichte von etwa $2 \cdot 10^{-12}\,\mathrm{A/m^2}$ und einen Gesamtstrom von etwa $10^3\,\mathrm{A}$ auf die Erde, wodurch die negative Überschussladung der Erde verringert wird. Wenn dies der einzige Ladungstransportmechanismus wäre, würde die gesamte Überschussladung der Erde in etwa 10 min abgebaut sein.
- Da der Langzeitmittelwert des elektrischen Erdfeldes konstant ist, muss auch die Erdladung zeitlich konstant sein. Der Zufluss an positiver Ladung muss daher durch einen entsprechenden Zufluss negativer Ladung bzw. einen Abfluss positiver Ladung kompensiert werden.
  Dies kann durch vertikale Windströmungen geschehen, welche positiv geladene Staubpartikel über dem Land oder Wassertropfen über den Meeren in die höhere Atmosphäre befördern, oder auch durch Blitze, die einen Ladungsausgleich zwischen Wolken und Erde bewirken.
- Die Ionendichte (positive und negative Ionen) der Atmosphäre ist stark witterungsabhängig. Bei gutem Wetter ist ein typischer Mittelwert $10^6 – 10^8\,\mathrm{Ionenpaare/m^3}$ bei einer Dichte der neutralen Moleküle von $10^{25}\,\mathrm{m^3}$. Die Atmosphäre ist also nur sehr schwach ionisiert. Dies ändert sich in der Ionosphäre ($h > 70\,\mathrm{km}$), wo durch Photoionisation aufgrund der UV-Strahlung der Sonne und durch Partikelstrahlung ein erheblicher Teil der Gasmoleküle ionisiert ist.

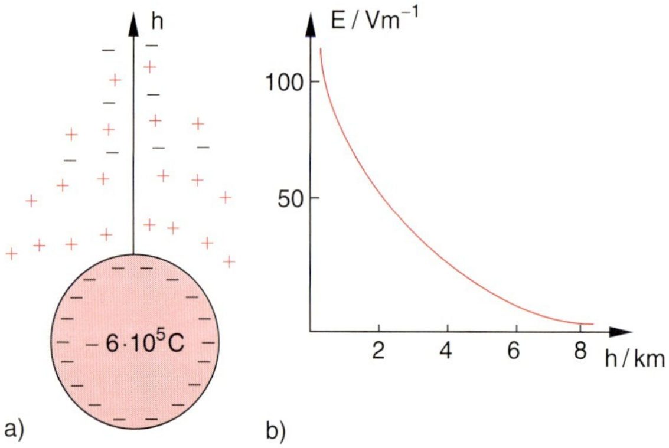

Abb. 1.57. (**a**) Schematische Ladungsverteilung an der Erdoberfläche und in der unteren Atmosphäre; (**b**) das elektrische Feld der Erde und seine Abhängigkeit von der Höhe über dem Erdboden

1.9.3 Die Entstehung von Gewittern

Gewitter entstehen, wenn durch das Zusammentreffen warmer und kalter Luftmassen starke vertikale Luftströmungen entstehen, welche elektrisch geladene Staub-

und Eispartikel und vor allem Wassertropfen transportieren und so örtliche Ladungsunterschiede aufbauen, welche zu sehr großen elektrischen Feldstärken führen. Diese vertikalen Strömungen von feuchter Luft zwischen Regionen mit großen Temperaturunterschieden führen zur Kondensation der Wassermoleküle beim Transport von wärmeren zu kälteren Gebieten bzw. zur Verdampfung von Wassertröpfchen beim Transport in wärmere Regionen. Dies wird eindrucksvoll sichtbar durch die dabei entstehenden großen Cumuluswolken. Die oberen Schichten der Wolke tragen eine positive, die unteren eine negative Überschussladung. Dies liegt daran, dass die Wassertropfen im elektrischen Feld der Erde ein induziertes Dipolmoment erhalten, dessen positive Ladung nach unten zeigt. An größere Tropfen, die aufgrund ihres Gewichtes nach unten fallen, lagern sich überwiegend negative Ionen an, weil die Wahrscheinlichkeit für Stöße der umgebenden Ionen mit der (in Fallrichtung vorderen) positiven Fläche größer ist als für die Rückfläche (Abb. 1.58). Kleinere Tröpfchen werden von der vertikalen Luftströmung nach oben befördert und laden sich (aus dem gleichen Grund) überwiegend positiv auf.

Wenn nun diese Ladungstrennung zu genügend großen elektrischen Feldstärken zwischen oberem und unterem Teil einer Wolke oder zwischen Wolke und Erdoberfläche führt, entsteht ein elektrischer Durchschlag (Blitz), der im Mittel etwa 10 C an Ladung transportiert und damit zum Ladungsausgleich führt. Bei einer Blitzdauer von 10^{-4} s würde dies einem Strom von 10^5 A entsprechen [1.7]. Zwischen dem oberen Rand einer Gewitterwolke und der Ionosphäre (Ionenschicht in 50–100 km Höhe) können sich Spannungen bis zu 40 MV aufbauen, welche dann Elektronen so stark beschleunigen, dass sie beim Stoß mit Atomkernen Röntgenstrahlung und sogar Gammastrahlung ($h \cdot \nu \approx 30$ MeV) aussenden [1.11].

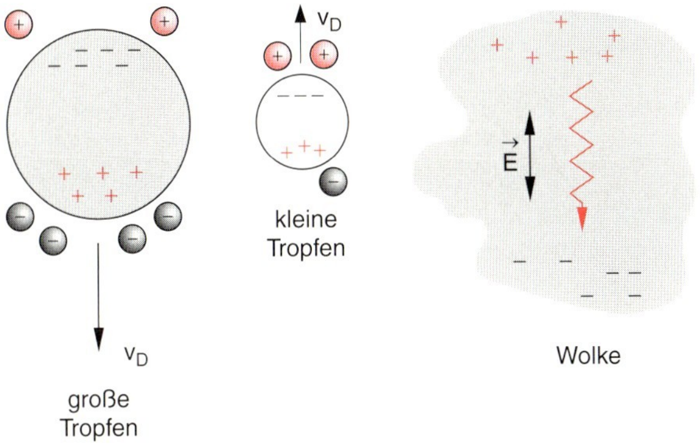

Abb. 1.58. Zur Entstehung von Gewittern. Ladungstrennung durch die absinkenden und aufsteigenden verschieden geladenen Wassertröpfchen

1.9.4 Elektrostatische Staubfilter

Man kann die Staubemission von Kraftwerken und Industrieanlagen erheblich verringern durch elektrostatische Staubabscheider. Eine mögliche Version ist in Abb. 1.59 gezeigt.

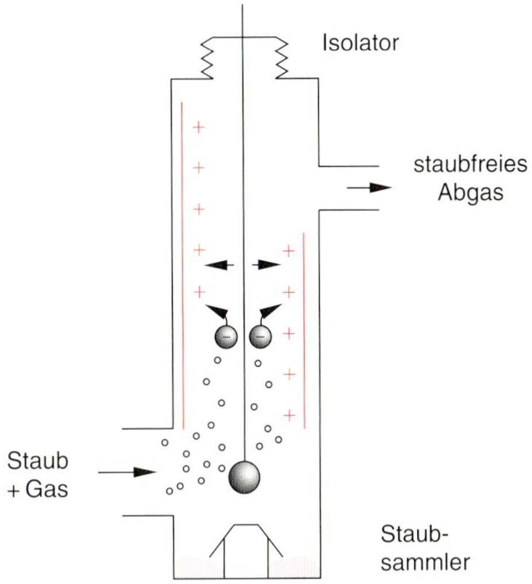

Abb. 1.59. Elektrostatisches Staubfilter

In den Abgaskamin wird zwischen einem Draht in der Mitte und Metallplatten an den Wänden ein elektrisches Feld erzeugt, das im Abgasstrom eine Gasentladung zündet. Durch Anlagerung von Ladungen an die Staubteilchen werden diese (i. Allg. negativ) aufgeladen und auf die positiv geladenen Platten abgelenkt. Hier scheidet sich der Staub ab, wird von Zeit zu Zeit durch Abklopfen wieder gelöst und fällt dann in speziell konstruierte Staubauffangbehälter am Boden des Kamins.

1.9.5 Elektrostatische Farbbeschichtung

Aus einer Düse wird eine Farblösung gesprüht. Die Flüssigkeitsfarbtröpfchen werden je nach Material ent-

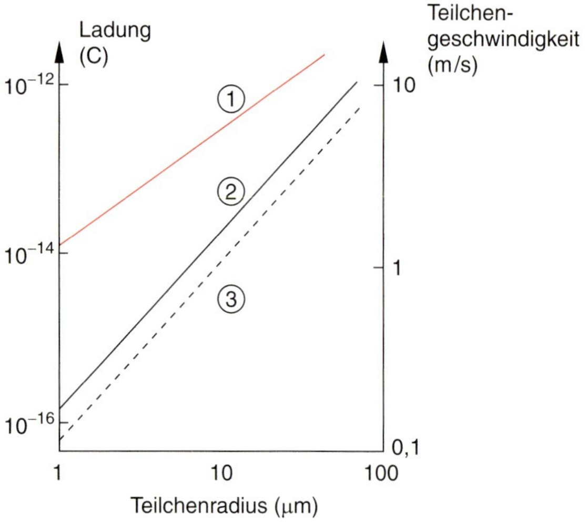

Abb. 1.60. Maximal erreichbare Ladung eines Tröpfchens in einer Koronaentladung als Funktion des Tröpfchenradius und entsprechende Tröpfchengeschwindigkeit in einem elektrischen Feld $|\boldsymbol{E}| = 5 \cdot 10^5$ V/m. (*1*) Wasser, (*2*) leitende Kugeln, (*3*) dielektrische Kugeln [1.8]

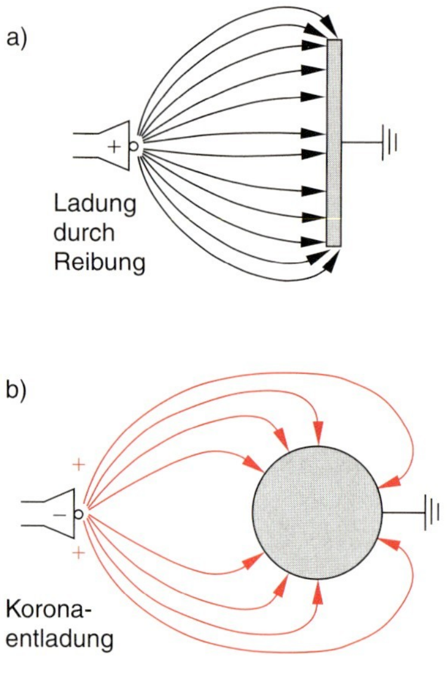

Abb. 1.61a,b. Elektrostatische Farbbeschichtung

weder von selbst durch Reibungselektrizität oder durch eine *Koronaentladung* (Durchschlagsentladung bei hoher Spannung) aufgeladen. In Abb. 1.60 ist die maximal erreichbare Ladung pro Tröpfchen als Funktion des Tröpfchenradius aufgetragen für Wasser, für leitende Kügelchen und für Isolatoren. Die geladenen Tröpfchen werden im elektrischen Feld beschleunigt, bis die beschleunigende Kraft kompensiert wird durch die Reibungskraft der Tröpfchen bei ihrer Bewegung durch Luft bei Atmosphärendruck. Aus dem Stokesschen Reibungsgesetz (Bd. 1, Kap. 8) für die Reibungskraft

$$F = 6\pi\eta r v = q \cdot E$$

findet man für die stationäre Geschwindigkeit

$$v = \frac{q}{6\pi\eta r} E .$$

Das zu beschichtende Teil wird auf Erdpotential gelegt, sodass die geladenen Farbpartikel, die entlang der Feldlinien laufen, dort deponiert werden (Abb. 1.61). Durch geeignete Formgebung der Elektroden (eventuell mit Hilfselektroden) kann die räumliche Feldverteilung variiert und damit die Verteilung der Farbpartikel auf der zu beschichtenden Oberfläche optimiert werden [1.8]. In jedem Arbeitsgang wird jeweils eine Farbe aufgebracht. In aufeinander folgenden Schritten können dann auch mehrfarbige Beschichtungen erreicht werden.

1.9.6 Elektrostatische Kopierer und Drucker

Das Prinzip des elektrostatischen Kopierers als xerographischer Prozess (Trockenkopie) wurde 1935 von *Chester Carlson* erfunden. Es basiert auf einer Kombination von photoelektrischen Eigenschaften bestimmter Stoffe (Selen, Zinkoxid u.a.) mit der elektrostatischen Abscheidung von Farbstaub auf geladenen Flächen.

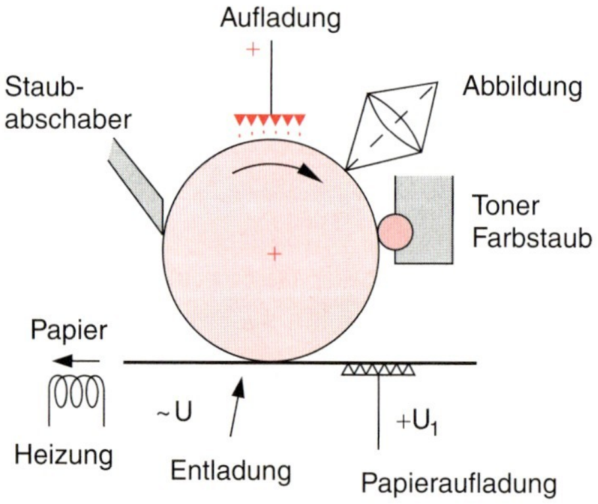

Abb. 1.62. Prinzip des Xerox-Kopierers

Der Kopierprozess funktioniert folgendermaßen (Abb. 1.62): Ein mit Selen beschichteter Zylinder wird im Dunkeln elektrisch aufgeladen. Dann wird das zu kopierende Bild über ein optisches System auf die Zylinderoberfläche abgebildet. Durch die Belichtung wird ein Teil der Ladung entfernt, wobei die Zahl der emittierten Elektronen proportional zur auftreffenden Lichtintensität ist (Photoeffekt). An den dunklen Stellen ist also die Oberflächenladung größer als an den hellen Stellen. Jetzt wird entgegengesetzt aufgeladener Farbstaub auf die Trommel beschleunigt und setzt sich an den aufgeladenen Stellen ab. Ein aufgeladenes Blatt Papier wird dann auf die sich drehende Trommel gepresst und nimmt den geladenen Farbstaub von der Trommel ab. Das Papier läuft durch eine Heizkammer, wo der Farbstaub schmilzt und in das Papier einbrennt, sodass eine dauerhafte Kopie entsteht.

Die Trommel läuft dann an einer Schneide und Bürste vorbei, die den restlichen Farbstaub wieder entfernt, sodass eine saubere Oberfläche für die nächste Kopie zur Verfügung steht [1.9]. Inzwischen werden statt Selen häufig organische Halbleiter, wie z. B. Polyvinylkarbazol, zur Beschichtung der Trommel verwendet, die durch geeignete Dotierungen leitfähig werden. Es werden zwei dünne Schichten aufgebracht: eine ladungserzeugende Schicht und eine ladungstransportierende Schicht. Der Vorteil dieser organischen Schichten ist ihre billigere Herstellung und die Tatsache, dass sie im Gegensatz zum giftigen Selen ungiftig sind. Außerdem lässt sich eine gleichmäßigere und reproduzierbare Druckqualität erreichen [1.10].

ZUSAMMENFASSUNG

- Das statische elektrische Feld wird von Ladungen erzeugt. Sind an den Orten $\boldsymbol{r}_i$ N Ladungen Q_i, so ist die elektrische Feldstärke am Ort $P(\boldsymbol{R})$

$$\boldsymbol{E}(P) = \frac{1}{4\pi\varepsilon_0} \sum_{i=1}^{N} \frac{Q_i}{|\boldsymbol{R}-\boldsymbol{r}_i|^3} (\boldsymbol{R}-\boldsymbol{r}_i) \,.$$

  Das Feld einer räumlichen Ladungsverteilung $\varrho(\boldsymbol{r})$ ist an einem Punkt $P(\boldsymbol{R})$ außerhalb des Ladungsvolumens V

$$\boldsymbol{E}(P) = \frac{1}{4\pi\varepsilon_0} \int \frac{\varrho(\boldsymbol{r})(\boldsymbol{R}-\boldsymbol{r})}{|\boldsymbol{R}-\boldsymbol{r}|^3} \, \mathrm{d}^3 r \,.$$

- Das elektrostatische Feld ist konservativ und lässt sich als Gradient

$$\boldsymbol{E} = -\mathbf{grad}\,\phi$$

  des skalaren Potentials

$$\phi(\boldsymbol{R}) = \frac{1}{4\pi\varepsilon_0} \int \frac{\varrho(\boldsymbol{r})\, \mathrm{d}^3 r}{|\boldsymbol{R}-\boldsymbol{r}|}$$

  schreiben.
- Die Ladungen sind die Quellen des elektrischen Feldes.
  Im Vakuum gilt die Poissongleichung

$$\mathrm{div}\, \boldsymbol{E} = \varrho/\varepsilon_0 \;\Rightarrow\; \Delta\phi = -\varrho/\varepsilon_0 \,,$$

  wobei Δ der Laplace-Operator ist.

  In dielektrischer Materie sinkt die elektrische Feldstärke. Es gilt für Feldstärke $\boldsymbol{E}$ und Verschiebungsdichte $\boldsymbol{D}$

$$\boldsymbol{E}_{\text{Diel}} = \frac{1}{\varepsilon} \boldsymbol{E}_{\text{Vak}} \,,$$
$$\boldsymbol{D}_{\text{Diel}} = \varepsilon_0 \boldsymbol{E}_{\text{Vak}} = \varepsilon\varepsilon_0 \boldsymbol{E}_{\text{Diel}} \,,$$
$$\mathrm{div}\, \boldsymbol{D} = \varrho \,.$$

- An einer Grenzfläche gilt:

$$\boldsymbol{E}_{\parallel}^{(1)} = \boldsymbol{E}_{\parallel}^{(2)}, \quad \boldsymbol{D}_{\perp}^{(1)} = \boldsymbol{D}_{\perp}^{(2)} \,.$$

- Der elektrische Kraftfluss durch die Fläche S

$$\Phi_{\text{el}} = \oint \boldsymbol{E} \cdot \mathrm{d}\boldsymbol{S} = Q/\varepsilon_0$$

  ist ein Maß für die Quellstärke der von der Fläche S umschlossenen Ladung Q.
- Aus $\boldsymbol{E} = -\nabla\phi$ folgt **rot** $\boldsymbol{E} = \boldsymbol{0}$.
  Das statische elektrische Feld ist wirbelfrei. Es gibt keine geschlossenen Feldlinien. Die Feldlinien starten an den positiven Ladungen und enden an den negativen.
- Geladene Leiterflächen bilden Kondensatoren. Ihre Kapazität ist $C = Q/U$.
  Für den Plattenkondensator ist

$$C = \varepsilon\varepsilon_0 \cdot \frac{A}{d} \,.$$

▶

Für eine Kugel mit Radius R gilt

$$C = 4\pi\varepsilon_0 R\,.$$

- Die Kraft $\boldsymbol{F}$ auf eine Ladung q im elektrischen Feld $\boldsymbol{E}$ ist

$$\boldsymbol{F} = q \cdot \boldsymbol{E}\,.$$

Die Arbeit W, die man leisten muss, um die Ladung q im elektrischen Feld vom Punkte P_1 nach P_2 zu bringen ist

$$W = q \int\limits_{P_1}^{P_2} \boldsymbol{E} \cdot \mathrm{d}\boldsymbol{s} = q\big(\phi(P_1) - \phi(P_2)\big) = q \cdot U\,,$$

wobei die Spannung U gleich der Potentialdifferenz $\Delta\phi = \phi_1 - \phi_2$ ist.

- Ein elektrischer Dipol besteht aus zwei entgegengesetzten Ladungen $+Q$ und $-Q$ im Abstand d. Sein Dipolmoment ist

$$\boldsymbol{p} = Q \cdot \boldsymbol{d}\,,$$

wobei $\boldsymbol{d}$ von der negativen zur positiven Ladung zeigt. Im homogenen elektrischen Feld wirkt ein Drehmoment

$$\boldsymbol{D} = (\boldsymbol{p} \times \boldsymbol{E})\,.$$

Im inhomogenen Feld wirkt zusätzlich die Kraft

$$\boldsymbol{F} = \boldsymbol{p} \cdot \mathbf{grad}\,\boldsymbol{E}\,.$$

- Potential $\phi(P)$ und Feld $\boldsymbol{E}(P)$ einer beliebigen Ladungsverteilung können für genügend große Abstände vom Ladungsvolumen durch Reihenentwicklung (Multipol-Entwicklung) dargestellt werden.
- Auch zwischen insgesamt neutralen Ladungsverteilungen wirken elektrische Kräfte, wenn keine kugelsymmetrischen Ladungsverteilungen vorliegen.
- Im elektrischen Feld werden in Materie Ladungen verschoben. Diese Verschiebung heißt bei Leitern Influenz, bei Isolatoren Polarisation. Das Innere von Leitern ist feldfrei. In Isolatoren sinkt das Feld auf $E_{\text{Diel}} = \frac{1}{\varepsilon} E_{\text{Vak}}$, weil hier induzierte Dipole entstehen, deren Polarisationsladungen ein schwächeres Gegenfeld erzeugen.
- Die dielektrische Polarisation

$$\boldsymbol{P} = N \cdot q \cdot \boldsymbol{d} = N \cdot \alpha \cdot \boldsymbol{E}_{\text{Diel}}$$

ist gleich der Summe aller induzierten Dipolmomente pro Volumeneinheit und ist proportional zur Feldstärke E_{Diel}. Der materialabhängige Faktor α heißt Polarisierbarkeit.

- Das statische elektrische Feld in Materie oder im Vakuum wird vollständig durch die Feldgleichungen

$$\mathbf{rot}\,\boldsymbol{E} = \boldsymbol{0}\,, \quad \operatorname{div} \boldsymbol{D} = \varrho\,, \quad \boldsymbol{D} = \varepsilon_0\,\boldsymbol{E} + \boldsymbol{P}$$

beschrieben.

ÜBUNGSAUFGABEN

1. Zwei kleine Kugeln aus Natrium der Masse $m_1 = m_2 = 1\,\text{g}$ haben einen Abstand von einem Meter. Angenommen, jedem zehnten Natrium-Atom fehle das Valenzelektron. Welche Oberflächenladungsdichte σ besitzt jede Kugel, und mit welcher Kraft F stoßen sie sich ab? (Dichte von Natrium $\varrho = 0{,}97\,\text{g/cm}^{-3}$, Masse eines Na-Atoms $m = 23 \cdot 1{,}67 \cdot 10^{-27}\,\text{kg}$, Elementarladung $e = 1{,}602 \cdot 10^{-19}\,\text{C}$.)
2. Zwei gleiche Kugeln der Masse m haben gleiche Ladungen Q und hängen an zwei Fäden der Länge l mit gleichem Aufhängepunkt A (Abb. 1.63).

a) Wie groß ist der Winkel φ?
Zahlenbeispiel: $m = 0{,}01\,\text{kg}$, $l = 1\,\text{m}$, $Q = 10^{-8}\,\text{C}$

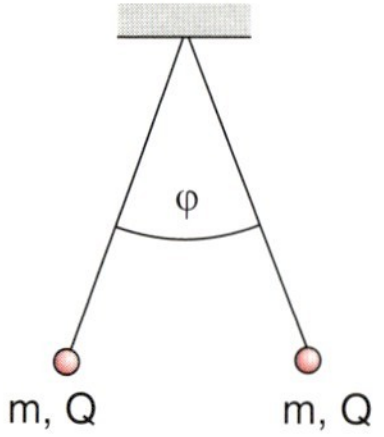

Abb. 1.63. Zu Aufgabe 1.2

b) Wie groß ist der Winkel φ, wenn in der vertikalen Symmetrieebene eine leitende Platte mit der Ladungsdichte $\sigma = 1{,}5 \cdot 10^{-5}\,\text{C/m}^2$ steht?

▶

3. Eine kreisförmige Lochscheibe mit dem inneren Radius R_i und dem äußeren Radius R_a ist mit der Flächenladungsdichte σ belegt.
a) Berechnen Sie die Kraft, die auf eine Punktladung q wirkt, die sich im Abstand x von der Scheibe auf der Mittelachse senkrecht zur Kreisscheibe befindet.
b) Wie lautet das Ergebnis für die Grenzfälle α) $R_i \to 0$, β) $R_a \to \infty$, γ) $R_i \to 0$ und $R_a \to \infty$?
4. Zwei leitende Kugeln mit Radien R_1 und R_2 sind durch einen dünnen leitenden Draht der Länge $L \gg R_1, R_2$ verbunden. Auf das System wird die Ladung Q gebracht. Wie verteilen sich die Ladungen Q_1 und Q_2 auf den beiden Kugeln und wie groß sind die Feldstärken an ihren Oberflächen?
5. Im Punkt $P_1(0, 0, z = a)$ befindet sich eine Ladung Q_1, im Punkte $P_2(0, 0, z = -a)$ eine weitere Ladung Q_2.
Berechnen Sie die Kraft $\boldsymbol{F}$ auf eine Ladung q im Punkte $P(r, \vartheta, \varphi)$ und die potentielle Energie E_{pot} für die Fälle $Q_1 = Q_2 = 10^{-9}$ C und $Q_2 = -Q_1$. Wie sehen die ersten drei Glieder der Multipolentwicklung aus?
6. Berechnen Sie die potentielle Energie der in Abb. 1.64 dargestellten Ladungsverteilungen, d. h. die Energie, die man aufbringen muß, um die Ladungen aus unendlicher Entfernung in die gezeigte Konfiguration zu bringen.

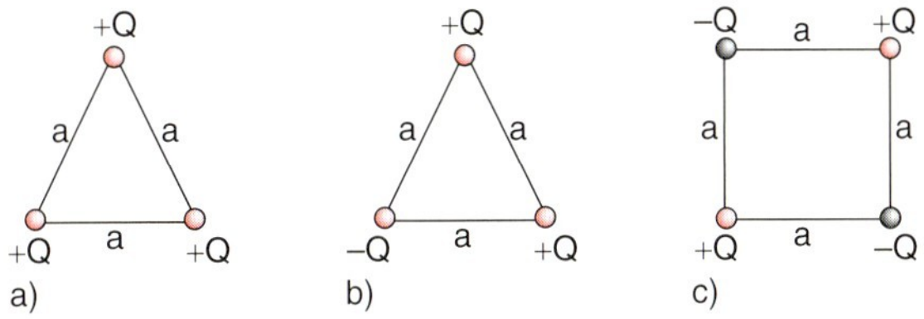

Abb. 1.64. Zu Aufgabe 1.6

7. Man berechne das Quadrupolmoment der Ladungsverteilungen in Abb. 1.65.
8. Man berechne Potential- und Feldstärkeverlauf $\phi(r)$ und $\boldsymbol{E}(r)$ für eine homogen geladene Vollkugel (Radius R, Ladung Q). Wie groß ist die Arbeit, die man aufwenden muss, um eine Ladung q a) von $r = 0$ bis $r = R$,
b) von $r = R$ bis $r = \infty$ zu bringen, wenn $\phi(r = \infty) = 0$ sein soll?

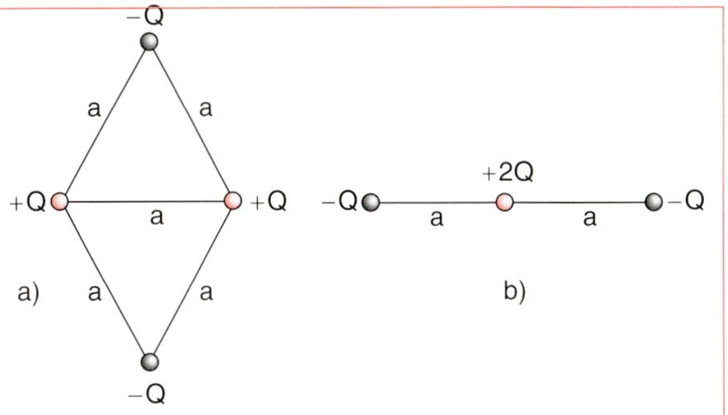

Abb. 1.65. Zu Aufgabe 1.7

9. Führen Sie die Differentiation in (1.34), die zur Multipolentwicklung (1.35) führt, explizit durch.
10. Man zeige, dass für eine homogen geladene Vollkugel mit der Gesamtladung Q alle Terme in (1.35) außer dem Monopolterm null werden.
11. Bei Hochspannungsleitungen werden 4 Drähte in z-Richtung (jeder mit Radius R) so parallel angeordnet, dass ihre Durchstoßpunkte
$P = (x = \pm a,\ y = 0)$
bzw. $P = (x = 0,\ y = \pm a)$
ein Quadrat mit der Kantenlänge $a \cdot \sqrt{2}$ bilden. Alle Drähte haben die gleiche Spannung U gegen Erde. Man berechne
a) die Feldstärke $\boldsymbol{E}$ auf der Diagonalen,
b) das elektrische Feld $\boldsymbol{E}(r, \varphi)$ auf der Oberfläche eines Drahtes.
c) Um welchen Faktor wird E vermindert gegenüber einer Leitung mit nur einem Draht auf derSpannung U?
Zahlenwerte: $R = 0{,}5$ cm, $a = 4$ cm, $U = 3 \cdot 10^5$ V.
12. Die beiden Platten eines Plattenkondensators (Plattenabstand $d = 1$ cm, Spannung $U = 5$ kV zwischen den Platten) haben die Fläche $A = 0{,}1\ \text{m}^2$.
a) Wie groß sind Kapazität, Ladung auf den Platten und elektrische Feldstärke?
b) Man leite her, dass die Feldenergie $W = \frac{1}{2}CU^2$ ist.
c) Im Feld des Plattenkondensators sei ein atomarer Dipol ($q = 1{,}6 \cdot 10^{-19}$ C, Ladungsabstand $d = 5 \cdot 10^{-11}$ m). Wie groß ist das Drehmoment, das auf den Dipol wirkt, wenn die Dipolachse parallel zu den Platten steht? Welche Energie gewinnt man bzw. muss man aufwenden, wenn die

▶

Dipolachse in bzw. antiparallel zur Feldrichtung gestellt wird?

13. Wie groß ist die Gesamtkapazität der in Abb. 1.66 gezeigten Schaltung?

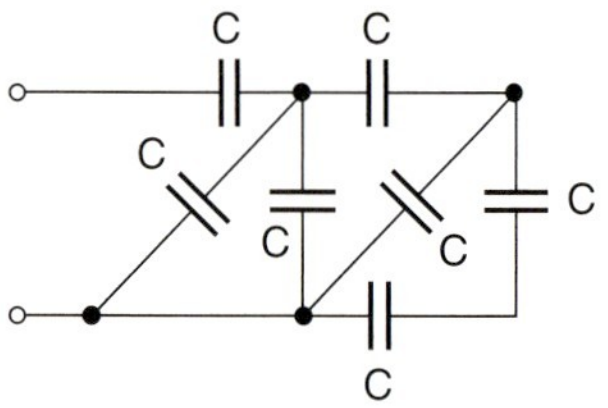

Abb. 1.66. Zu Aufgabe 1.13

14. Auf die linke Platte der Kondensator-Anordnung in Abb. 1.67 wird die Ladung $+Q$ gebracht. Wie sehen Feld- und Potentialverteilung $\boldsymbol{E}(x)$ und $\phi(x)$ aus?

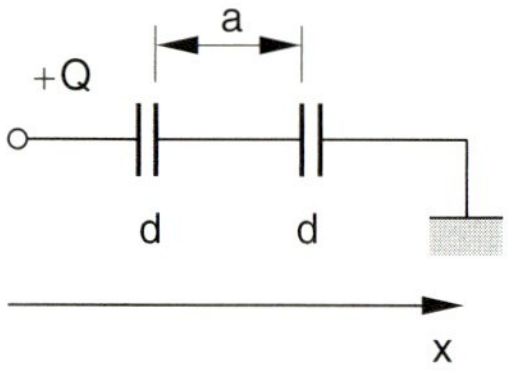

Abb. 1.67. Zu Aufgabe 1.14

15. Auf beiden Seiten eines Zylinderkondensators (R_1, R_2) mit dem Kreisbogenwinkel φ befinden sich Blenden mit einem Schlitz bei $R = (R_1 + R_2)/2$ (siehe Abb. 1.68).
a) Welche Spannung U muss angelegt werden, damit ein Elektron mit der Geschwindigkeit v_0 beide Blenden passieren kann?
b) Wie groß muss der Winkel φ sein, damit der Kondensator fokussierend wirkt, d. h. dass Teilchen mit dem kleinen Winkel α gegen die Sollbahn $R = \text{const}$ beim Eintritt ebenfalls die Austrittsblende passieren?

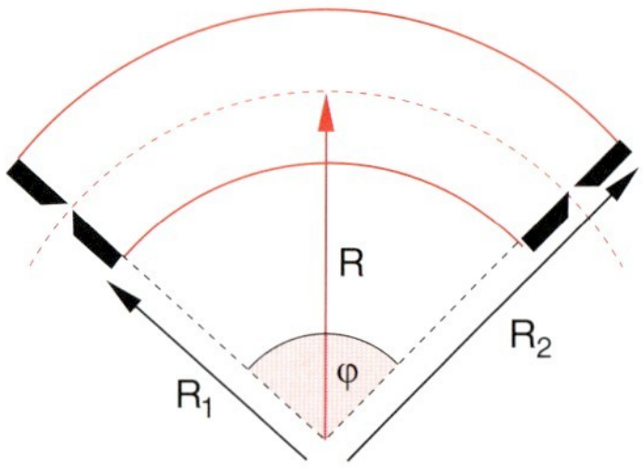

Abb. 1.68. Zu Aufgabe 1.15

16. Ein Stück dünnen Drahtes mit Länge L habe die Form eines Kreisbogens mit $R = 0{,}5\,\text{m}$ und trage die Ladung Q. Man bestimme Betrag und Richtung des elektrischen Feldes im Krümmungsmittelpunkt als Funktion des Kreisbogenwinkels L/R.

2. Der elektrische Strom

In diesem Kapitel werden die Grundlagen stationärer elektrischer Ströme und ihrer verschiedenen Wirkungen behandelt sowie die daraus resultierenden Verfahren zu ihrer Messung. Insbesondere werden die Mechanismen elektrischer Stromleitung in fester, gasförmiger und flüssiger Materie diskutiert und einige Möglichkeiten vorgestellt, elektrische Stromquellen zu realisieren.

2.1 Strom als Ladungstransport

Ein elektrischer Strom bedeutet einen Transport elektrischer Ladungen durch ein elektrisch leitendes Medium oder auch im Vakuum. Die ***Stromstärke*** I ist definiert als die Ladungsmenge Q, die pro Zeiteinheit durch einen zur Stromrichtung senkrechten Querschnitt des Strom führenden Leiters fließt:

$$I = \frac{\mathrm{d}Q}{\mathrm{d}t}\,. \tag{2.1}$$

Die Einheit der Stromstärke heißt Ampere (nach *André Marie Ampère* (1775–1836), der zuerst entdeckte, dass zwischen stromdurchflossenen Drähten Kräfte auftreten [2.1]):

$$[I] = 1\,\text{Ampere} = 1\,\text{A}\,.$$

Ihre Definition (siehe Bd. 1, Abschn. 1.6.8) ist:

> 1 A = Stärke eines zeitlich konstanten Stromes, der durch zwei im Vakuum parallel im Abstand von 1 m von einander angeordnete unendlich lange, dünne Leiter fließt und zwischen diesen Leitern eine Kraft von $2 \cdot 10^{-7}$ N je m Leitungslänge bewirkt.

Als ***Stromdichte*** $\boldsymbol{j}$ definieren wir den Strom, der durch eine Querschnittsflächeneinheit senkrecht zu $\boldsymbol{j}$ fließt. Der Gesamtstrom I durch die Fläche A ist dann:

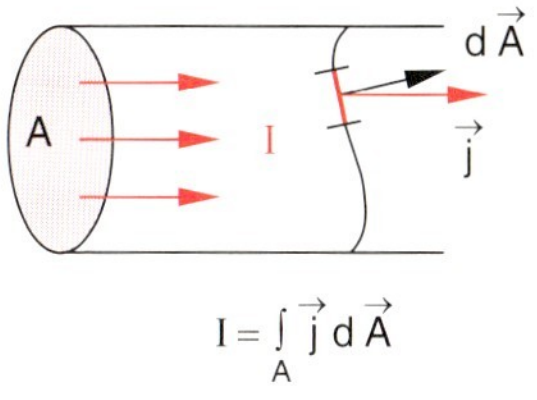

Abb. 2.1. Zur Definition der Stromdichte $\boldsymbol{j}$

$$I = \int_A \boldsymbol{j} \cdot \mathrm{d}\boldsymbol{A}\,. \tag{2.2}$$

Bei räumlich konstanter Stromdichte ist $I = \boldsymbol{j} \cdot \boldsymbol{A}$ (Abb. 2.1).

Als Ladungsträger für den Transport elektrischer Ladungen kommen hauptsächlich Elektronen sowie positive oder negative Ionen in Frage. Welche Ladungsart überwiegend den Stromtransport übernimmt, hängt vom Material des elektrischen Leiters ab. Wir unterscheiden:

- ***Elektronische Leiter***, bei denen der Strom hauptsächlich von Elektronen getragen wird.
  Beispiele: Feste und flüssige Metalle, Halbleiter.
- ***Ionen-Leiter***, in denen der Stromtransport überwiegend durch Ionen übernommen wird.
  Beispiele: Elektrolyte (Säuren, Laugen, Salzlösungen), Isolatoren mit Fehlstellen (z. B. Alkalihalogenide, Gläser bei hohen Temperaturen).
- ***Gemischte Leiter***, bei denen sowohl Elektronen als auch Ionen zum Strom beitragen.
  Beispiele: Gasentladungen und Plasmen.

Betrachten wir einen Leiter, in dem sich n Ladungen q pro Volumeneinheit befinden, die sich mit der Geschwindigkeit $\boldsymbol{v}$ in eine Richtung bewegen, so können alle Ladungen im Volumen $V = \boldsymbol{A} \cdot \boldsymbol{v}\Delta t$ im Zeitintervall Δt durch den Querschnitt $\boldsymbol{A}$ des Leiters fließen (Abb. 2.2). Die Stromstärke ist deshalb

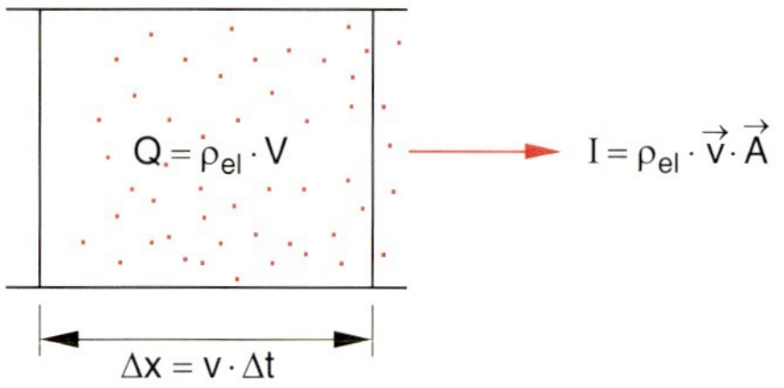

Abb. 2.2. Zusammenhang zwischen Stromstärke I und Ladungsdichte ϱ_{el}

$$I = nq\boldsymbol{A} \cdot \boldsymbol{v}$$

und die Stromdichte

$$\boldsymbol{j} = nq\boldsymbol{v}\,.$$

Mit der Ladungsdichte $\varrho_{\text{el}} = n \cdot q$ lässt sich die Stromdichte schreiben als

$$\boxed{\boldsymbol{j} = \varrho_{\text{el}}\boldsymbol{v}}\ . \tag{2.3}$$

Sind Ladungen verschiedenen Vorzeichens vorhanden (z. B. in einer Gasentladung), so ist die Nettoladungsdichte

$$\varrho_{\text{el}} = \varrho_{\text{el}}^{+} + \varrho_{\text{el}}^{-} = n^{+}q^{+} + n^{-}q^{-}\,,$$

und die gesamte Stromdichte wird (Abb. 2.3)

$$\boldsymbol{j} = n^{+}q^{+}\boldsymbol{v}^{+} + n^{-}q^{-}\boldsymbol{v}^{-}\,, \tag{2.3a}$$

wobei im Allgemeinen die Geschwindigkeiten $\boldsymbol{v}^{+}$ und $\boldsymbol{v}^{-}$ entgegengesetzt gerichtet und ihrem Betrage nach ungleich sind. So ist z. B. in einer Gasentladung oft $q^{+} = e = -q^{-}$ und $n^{+} = n^{-} = n$, sodass die gesamte Stromdichte dann

$$\boxed{\boldsymbol{j} = en(\boldsymbol{v}^{+} - \boldsymbol{v}^{-})} \tag{2.3b}$$

wird.

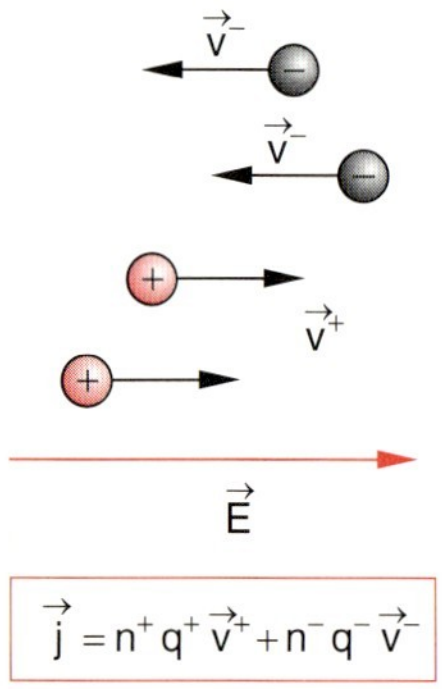

Abb. 2.3. Stromdichte bei Leitern mit Ladungsträgern beider Vorzeichen

Anmerkung

In der Elektrotechnik wird aus historischen Gründen die Richtung des elektrischen Stromes I *definiert* als die Flussrichtung positiver Ladungsträger (auch wenn, wie sich später herausstellte, in Metallen der Strom von den Elektronen, also negativen Ladungsträgern, verursacht wird). Der technische Strom fließt also immer von Plus nach Minus.

Der Strom durch eine geschlossene Oberfläche $\boldsymbol{A}$

$$\begin{aligned} I &= \oint \boldsymbol{j} \cdot \mathrm{d}\boldsymbol{A} \\ &= -\frac{\mathrm{d}Q}{\mathrm{d}t} = -\frac{\mathrm{d}}{\mathrm{d}t}\int \varrho_{\text{el}}\,\mathrm{d}V \end{aligned} \tag{2.4a}$$

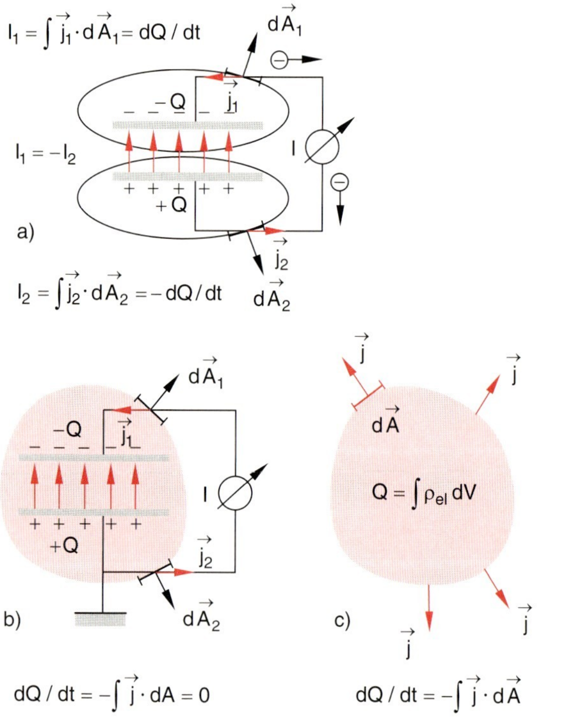

Abb. 2.4a–c. Zur Illustration der Kontinuitätsgleichung. (**a**) Entladung eines Kondensators, wobei der Strom I durch eine beliebige Fläche, die eine Kondensatorplatte umgibt, gleich der Änderung der Ladung $\mathrm{d}Q/\mathrm{d}t$ auf dieser Platte ist; (**b**) der gesamte Strom durch eine Fläche, welche den ganzen Kondensator umschließt, ist bei der Entladung oder Aufladung null. (**c**) Allgemeiner Fall, bei dem die Fläche A eine beliebige Ladung im Volumen V umschließt

muss gleich der zeitlichen Abnahme der von der Oberfläche eingeschlossenen Ladung sein. Mithilfe des Gaußschen Satzes

$$\oint \boldsymbol{j} \cdot \mathrm{d}\boldsymbol{A} = \int \operatorname{div} \boldsymbol{j} \, \mathrm{d}V$$

erhalten wir die ***Kontinuitätsgleichung*** (Abb. 2.4)

$$\operatorname{div} \boldsymbol{j}(\boldsymbol{r}, t) = -\frac{\partial}{\partial t} \varrho_{\mathrm{el}}(\boldsymbol{r}, t) \quad , \qquad (2.4\mathrm{b})$$

die besagt, dass Ladungen weder erzeugt noch vernichtet werden können.

> Die negative zeitliche Änderung der Ladung in einem Volumen ist gleich dem Gesamtstrom durch die Oberfläche dieses Volumens.

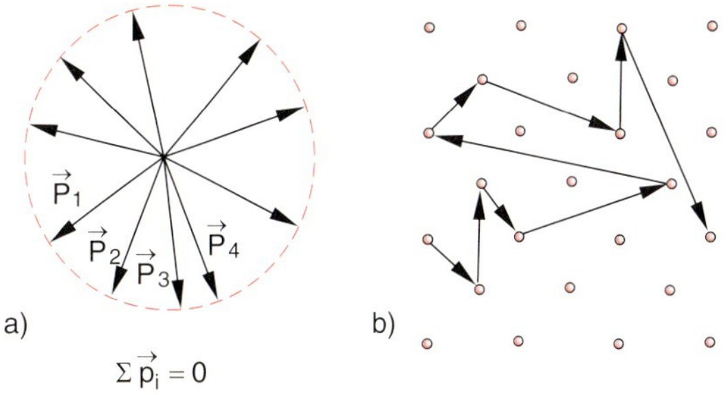

Abb. 2.5. (**a**) Der Mittelwert $\langle \boldsymbol{p} \rangle$ aller Elektronenimpulse der freien Leitungselektronen in Metallen ist ohne äußeres Feld null. Die Spitzen aller Impulsvektoren liegen für die an der Stromleitung beteiligten Elektronen statistisch verteilt auf einer Kugel (Fermikugel), deren Mittelpunkt im Impulsraum ruht; (**b**) Statistischer Weg eines Elektrons in einem Atomgitter

2.2 Elektrischer Widerstand und Ohmsches Gesetz

In diesem Abschnitt wollen wir einige grundlegende Einsichten in den Mechanismus des Ladungstransportes in Leitern gewinnen und zeigen, wie der Zusammenhang zwischen elektrischem Feld $\boldsymbol{E}$ und Stromdichte $\boldsymbol{j}$ aussieht.

2.2.1 Driftgeschwindigkeit und Stromdichte

Auch ohne äußeres elektrisches Feld $\boldsymbol{E}$ bewegen sich die frei beweglichen Ladungsträger in einem Leiter. So ist z. B. die Geschwindigkeitsverteilung der Ionen in einer leitenden Flüssigkeit durch deren thermische Bewegung bei der Temperatur T bestimmt, und die Ionen mit Masse m haben die mittlere Geschwindigkeit (siehe Bd. 1, Kap. 7)

$$\overline{v} = \langle |\boldsymbol{v}| \rangle = (8kT/\pi m)^{1/2} \, .$$

Leitungselektronen in Metallen haben aufgrund quantentheoretischer Effekte eine wesentlich höhere mittlere Geschwindigkeit, die in der Größenordnung $10^6 - 10^7$ m/s liegt (siehe Bd. 3).

Bei ihrem Weg durch den Leiter stoßen die Ladungsträger sehr oft mit den Atomen bzw. Molekülen des Leiters zusammen. Dadurch werden die Richtungen der Geschwindigkeiten statistisch in alle Richtungen verteilt, sodass der Mittelwert $\langle \boldsymbol{v} \rangle$ ohne äußeres Feld null ist (Abb. 2.5). Deshalb ist auch der Mittelwert der Stromdichte

$$\langle \boldsymbol{j} \rangle = n \cdot q \cdot \langle \boldsymbol{v} \rangle = \boldsymbol{0} \, .$$

Die mittlere Zeit zwischen zwei Stößen

$$\tau_{\mathrm{s}} = \Lambda / \overline{v}$$

ist bestimmt durch den Quotienten aus mittlerer freier Weglänge Λ (siehe Bd. 1, Kap. 7) und der mittleren Geschwindigkeit $\overline{v}$ der Ladungsträger.

BEISPIELE

1. Für Cu^{++}-Ionen in einer $CuSO_4$-Lösung bei Zimmertemperatur ist $\overline{v} = 300\,\mathrm{m/s}$, die mittlere freie Weglänge ist $\Lambda = 10^{-10}\,\mathrm{m} \Rightarrow \tau_{\mathrm{s}} = 3{,}3 \cdot 10^{-13}\,\mathrm{s}$.
2. Für die Leitungselektronen in Kupfer bei Zimmertemperatur ist $\Lambda \approx 4 \cdot 10^{-8}\,\mathrm{m}$. Die Geschwindigkeit an der Fermigrenze (siehe Bd. 3) ist $\overline{v} = 1{,}5 \cdot 10^6\,\mathrm{m/s} \Rightarrow \tau_{\mathrm{s}} \approx 2{,}5 \cdot 10^{-14}\,\mathrm{s}$.

Unter dem Einfluss des elektrischen Feldes $\boldsymbol{E}$ erfahren Ladungsträger mit der Ladung q und der Masse m eine zusätzliche Kraft

$$\boldsymbol{F} = q \cdot \boldsymbol{E} \, ,$$

welche zu einer Beschleunigung $\boldsymbol{a} = \boldsymbol{F}/m$ führt (Abb. 2.6).

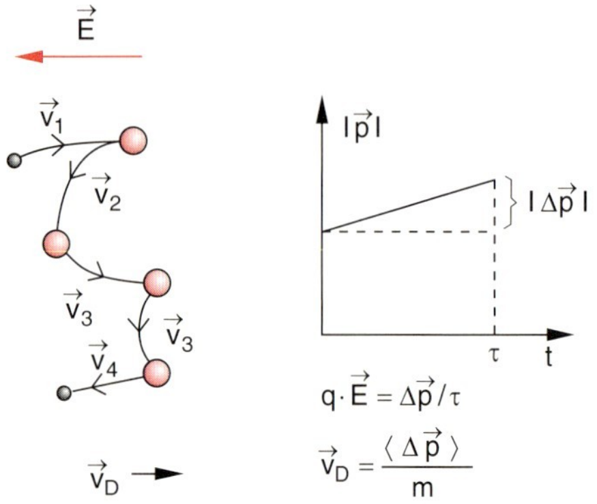

Abb. 2.6. Schematische Darstellung der Bahn eines Elektrons, die hauptsächlich durch Stöße mit den Atomen des Festkörpers bestimmt wird und welche durch ein äußeres elektrisches Feld nur geringfügig verändert wird, wodurch jedoch $\langle \Delta \boldsymbol{v} \rangle = \boldsymbol{v}_\mathrm{D} \neq \boldsymbol{0}$ wird. Die Krümmung der Bahn ist hier übertrieben gezeichnet

Während der mittleren Zeit τ_s zwischen zwei aufeinander folgenden Stößen erhalten sie daher eine mittlere Zusatzgeschwindigkeit

$$\langle \Delta \boldsymbol{v} \rangle = (\boldsymbol{F}/m) \cdot \tau_\mathrm{s} , \tag{2.5}$$

die aber im Allgemeinen sehr klein ist gegenüber ihrer Geschwindigkeit $\boldsymbol{v}$ und auch klein ist gegen die Änderung $\Delta \boldsymbol{v}_i = \boldsymbol{v}_i - \boldsymbol{v}_{i-1}$ beim i-ten Stoß. Ohne äußeres Feld ist $\langle \Delta \boldsymbol{v} \rangle = \boldsymbol{0}$.
Diese mittlere Zusatzgeschwindigkeit

$$\boldsymbol{v}_\mathrm{D} = \langle \Delta \boldsymbol{v} \rangle$$

heißt ***Driftgeschwindigkeit***. Sie führt bei positiven Ladungen zu einem Ladungstransport in Feldrichtung (bei negativen Ladungen entgegengesetzt zur Feldrichtung) mit einer Stromdichte

$$\boldsymbol{j} = n \cdot q \cdot \boldsymbol{v}_\mathrm{D} = \varrho_\mathrm{el} \cdot \boldsymbol{v}_\mathrm{D} . \tag{2.6a}$$

Aus (2.5) und (2.6a) erhält man mit $\boldsymbol{F} = q \cdot \boldsymbol{E}$

$$\boxed{\boldsymbol{j} = \frac{n \cdot q^2 \cdot \tau_\mathrm{s}}{m} \boldsymbol{E} = \sigma_\mathrm{el} \cdot \boldsymbol{E}} . \tag{2.6b}$$

Die vom Material abhängige Größe

$$\sigma_\mathrm{el} = \frac{n \cdot q^2 \cdot \tau_\mathrm{s}}{m} \quad \text{mit} \quad [\sigma] = 1\,\mathrm{A} \cdot \mathrm{V}^{-1} \mathrm{m}^{-1}$$

heißt ***elektrische Leitfähigkeit***. Sie hängt ab von der Ladungsträgerkonzentration n, der mittleren Zeit τ_s zwischen zwei Stößen und von der Masse m der Ladungsträger.

Oft schreibt man die Driftgeschwindigkeit in der Form

$$\boldsymbol{v}_\mathrm{D} = u \cdot \boldsymbol{E} \quad \text{mit} \quad u = \frac{\sigma_\mathrm{el}}{n \cdot q} . \tag{2.6c}$$

Die Größe u (manchmal findet man in der Literatur μ) mit der Dimension $1\,\mathrm{m}^2/\mathrm{V\,s}$ heißt ***Beweglichkeit***. Sie gibt die Driftgeschwindigkeit der Ladungsträger bei einer elektrischen Feldstärke $E = 1\,\mathrm{V/m}$ in m/s an.

Man beachte:

Trotz der beschleunigenden Kraft $\boldsymbol{F} = q \cdot \boldsymbol{E}$ ergibt sich eine konstante Driftgeschwindigkeit. Dies liegt daran, dass durch die Stöße die Richtung der Geschwindigkeit immer wieder geändert wird und für $v_\mathrm{D} \ll v$ alle Richtungen direkt nach einem Stoß gleich wahrscheinlich sind. Die Bevorzugung der Feldrichtung kommt erst während der Bewegung zwischen zwei Stößen, d. h. während der Zeit τ_s, zum Tragen. Beim Stoß „vergisst" ein Ladungsträger diese Vorzugsrichtung wieder.

Man kann die mittlere Wirkung der Stöße durch eine „Reibungskraft" $\boldsymbol{F}_\mathrm{R}$ beschreiben, die der Feldrichtung entgegen gerichtet ist und bei Erreichen der stationären Driftgeschwindigkeit die Feldkraft $q \cdot \boldsymbol{E}$ gerade kompensiert, d. h.

$$\boldsymbol{F}_\mathrm{R} + q \cdot \boldsymbol{E} = 0 \quad \text{für} \quad \langle \boldsymbol{v} \rangle = \boldsymbol{v}_\mathrm{D} .$$

Aus (2.6b,c) ergibt sich:

$$\boldsymbol{F}_\mathrm{R} = -\frac{nq^2}{\sigma_\mathrm{el}} \boldsymbol{v}_\mathrm{D} .$$

Je kleiner die Reibungskraft $\boldsymbol{F}_\mathrm{R}$ ist, desto größer wird die elektrische Leitfähigkeit σ_el.

Die Stromdichte $\boldsymbol{j} = \varrho_\mathrm{el} \cdot \boldsymbol{v}_\mathrm{D}$ der Ladungsträger in Materie im elektrischen Feld wird also begrenzt durch Stöße der Ladungsträger mit der Materie. Die elektrische Leitfähigkeit wird bestimmt durch drei Faktoren:

- Die Ladungsträgerkonzentration
- Die mittlere Zeit zwischen Stößen
- Die Masse der Ladungsträger

BEISPIELE

1. Bei der Elektronenleitung in Kupfer ist $\sigma_{el} = 6 \cdot 10^7$ A/V m, $n = 8{,}4 \cdot 10^{28}\,\text{m}^{-3}$ und $q = -e = -1{,}6 \cdot 10^{-19}$ C. Damit wird die Beweglichkeit $|u| = 0{,}0043\,\frac{\text{m/s}}{\text{V/m}}$. Bei einer Feldstärke von 0,1 V/m fließt durch 1 cm² eines Kupferleiters ein Strom von 600 A. Die Elektronen wandern dabei aber nur mit einer Driftgeschwindigkeit von 0,4 mm/s! Der mittlere Geschwindigkeitsbetrag der Elektronen in Kupfer ist jedoch etwa $\overline{v} = 1{,}6 \cdot 10^6$ m/s, also etwa 0,5% der Lichtgeschwindigkeit. Man sieht hieraus, dass $v_D \ll \overline{v}$ ist.
2. In einem elektrolytischen Leiter ist die mittlere thermische Geschwindigkeit der Ionen etwa 10^3 m/s. Bei einer Ionendichte von 10^{26} Ionen pro m³ und einer Stromdichte $j = 10^4$ A/m² ist die Driftgeschwindigkeit

$$v_D = j/(n \cdot e) = 6 \cdot 10^{-4}\,\text{m/s} = 0{,}6\,\text{mm/s}$$

immer noch sehr klein gegen $\langle|\boldsymbol{v}|\rangle$. Die elektrische Leitfähigkeit ist bei einer Beweglichkeit $u = 6 \cdot 10^{-8}\,\text{m}^2/\text{V s}$: $\sigma_{el} = u \cdot n \cdot q \approx 1$ A/V m, also etwa acht Größenordnungen kleiner als in Kupfer.

Es zeigt sich, dass die elektrische Leitfähigkeit von Metallen proportional zur Wärmeleitfähigkeit λ_w ist:

$$\frac{\lambda_w}{\sigma_{el}} = a \cdot T$$

(***Wiedemann-Franzsches Gesetz***), wobei die Proportionalitätskonstante $a \approx 3\,(k/e)^2$ durch Boltzmannkonstante k und Elektronenladung e bestimmt ist. Dies zeigt, dass die freien Leitungselektronen sowohl zur elektrischen als auch zur Wärmeleitung in Metallen beitragen (siehe Bd. 3).

2.2.2 Das Ohmsche Gesetz

Die Gleichung (2.6b), welche den Zusammenhang zwischen Stromdichte $\boldsymbol{j}$ und elektrischer Feldstärke $\boldsymbol{E}$ herstellt, heißt

Ohmsches Gesetz

$$\boldsymbol{j} = \sigma_{el} \cdot \boldsymbol{E}\,.$$

Bei einem homogenen Leiter mit dem Querschnitt A und der Länge L können wir aus dem Ohmschen Gesetz durch Integration wegen $U = \int E\,\mathrm{d}L = E \cdot L$ und $I = \int \boldsymbol{j} \cdot \mathrm{d}\boldsymbol{A} = j \cdot A$ das Ohmsche Gesetz in integraler Form gewinnen:

$$I = \frac{\sigma_{el} A}{L} \cdot U\,. \tag{2.6d}$$

Die von der Leitfähigkeit σ und der Geometrie des Leiters abhängige Größe

$$R = \frac{L}{\sigma_{el} \cdot A} = \varrho_s \cdot \frac{L}{A} \quad \text{mit} \quad \varrho_s = \frac{1}{\sigma_{el}} \tag{2.7}$$

heißt der ***elektrische Widerstand*** des Leiters. Die materialspezifische, von der Geometrie des Leiters unabhängige Größe $\varrho_s = 1/\sigma_{el}$ ist der ***spezifische Widerstand*** des Leitermaterials. Die Maßeinheit des elektrischen Widerstandes R ist

$$[R] = \left[\frac{U}{I}\right] = \frac{1\,\text{Volt}}{1\,\text{Ampere}} = 1\,\text{Ohm} = 1\,\Omega\,.$$

Der spezifische Widerstand $\varrho_s = R \cdot A/L$ ($[\varrho_s] = 1\,\Omega \cdot \text{m}$) gibt den Widerstand eines Würfels mit 1 m Kantenlänge an. Häufig wird jedoch ϱ_s als Widerstand eines Drahtes von 1 m Länge mit dem Querschnitt 1 mm² in der Einheit $\Omega \cdot \text{mm}^2/\text{m} = 10^{-6}\,\Omega\,\text{m}$ angegeben. Die Tabelle 2.1 gibt einige Beispiele.

Tabelle 2.1. Spezifische Widerstände ϱ_s einiger Leiter und Isolatoren bei 20 °C

Material	$\varrho_s/10^{-6}\,\Omega\,\text{m}$	Material	$\varrho_s/\Omega\,\text{m}$
Silber	0,016	Graphit	$1{,}4 \cdot 10^{-5}$
Kupfer	0,017	Wasser mit	
Gold	0,027	10% H_2SO_4	$2{,}5 \cdot 10^2$
Zink	0,059	H_2O+10%	
Eisen	$\approx 0{,}1$	NaCl	$8 \cdot 10^2$
Blei	0,21	Teflon	$1 \cdot 10^{17}$
Queck-		Silikatglas	$5 \cdot 10^{15}$
silber	0,96	Porzellan	$3 \cdot 10^{16}$
Messing	$\approx 0{,}08$	Hartgummi	$\approx 10^{20}$

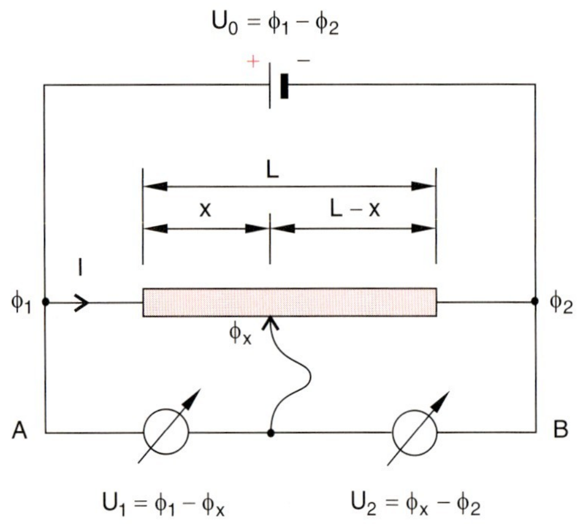

Abb. 2.7. Entlang einem stromdurchflossenen Leiter ist das Potential nicht mehr konstant. Dies wird ausgenutzt zur Realisierung von Spannungsteilern

> Bei Leitern, für die ϱ_s unabhängig von I oder U ist (Ohmsche Leiter), sind Strom I und Spannungsabfall $U = R \cdot I$ entlang des Leiters einander proportional.

Man beachte:

- Entlang einem Leiter, der vom Strom I durchflossen wird, tritt ein Potentialgefälle

$$U(x) = \phi_1 - \phi(x) = R \cdot I \cdot \frac{x}{L} \tag{2.8}$$

  auf (Abb. 2.7). Der Leiter ist nicht mehr auf konstantem Potential wie in der Elektrostatik, und seine Oberfläche ist daher auch nicht mehr Äquipotentialfläche.
- Nicht jeder Leiter gehorcht dem Ohmschen Gesetz. Es gibt eine Reihe von Leitern, bei denen die Leitfähigkeit σ vom Strom abhängt und daher die Stromstärke *nicht* proportional zur angelegten Spannung ist (siehe Abschn. 2.6).
- Der elektrische Widerstand R ist auch für Leiter mit komplizierter Geometrie definiert als das Verhältnis $R = U/I$ von Spannung U zwischen den stromzuführenden Elektroden und Gesamtstrom I. Man kann jedoch R nicht immer aus dem spezifischen Widerstand ϱ_s und der Leitergeometrie berechnen, sondern ist auf Messungen angewiesen.

2.2.3 Beispiele für die Anwendung des Ohmschen Gesetzes

a) Aufladung eines Kondensators

Ein Kondensator mit der Kapazität C werde durch eine Spannungsquelle mit der Spannung U_0 über einen Widerstand R aufgeladen (Abb. 2.8). Zur Zeit $t = 0$, wenn der Schalter S_1 geschlossen wird, sei die Spannung am Kondensator $U(0) = 0$. Für den Ladestrom $I(t)$ gilt wegen $Q(t) = C \cdot U(t)$:

$$I(t) = \frac{U_0 - U(t)}{R} = \frac{U_0}{R} - \frac{Q(t)}{R \cdot C} \,. \tag{2.9}$$

Durch Differentiation von (2.9) ergibt sich wegen $I(t) = \mathrm{d}Q/\mathrm{d}t$

$$\frac{\mathrm{d}I}{\mathrm{d}t} = -\frac{1}{R \cdot C} \cdot I(t) \,,$$

woraus durch Integration mit der Anfangsbedingung $I(0) = I_0$ folgt:

$$I(t) = I_0 \cdot \mathrm{e}^{-t/(R \cdot C)} \,. \tag{2.10}$$

Für die Spannung am Kondensator erhält man daraus mit (2.9)

$$U(t) = U_0 \cdot \left(1 - \mathrm{e}^{-t/(R \cdot C)}\right) \,. \tag{2.11}$$

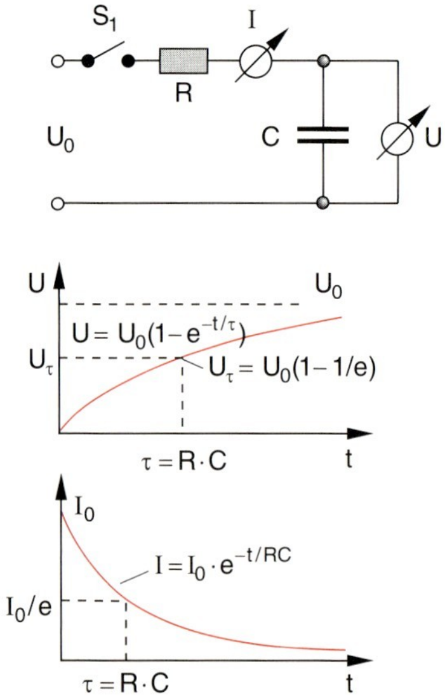

Abb. 2.8. Spannungs- und Stromverlauf bei der Aufladung eines Kondensators, wenn der Schalter S_1 zur Zeit $t = 0$ geschlossen wird

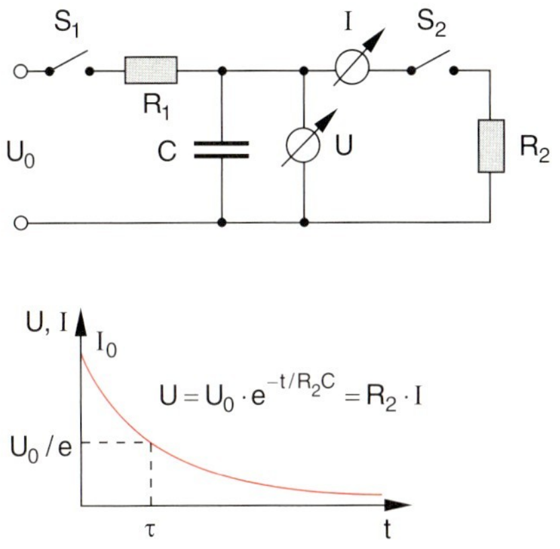

Abb. 2.9. Entladung eines Kondensators. Der Schalter S_1 wird zur Zeit $t = 0$ geöffnet, S_2 wird geschlossen. Spannungs- und Stromverlauf sind wegen $U = I \cdot R_2$ zueinander proportional

b) Kondensator-Entladung

Liegt am Kondensator zur Zeit $t = 0$ die Spannung U_0 und wird nun der Schalter S_2 bei offenem Schalter S_1 geschlossen (Abb. 2.9), so fließt durch den Entladewiderstand R_2 der Strom

$$I(t) = -\frac{\mathrm{d}Q}{\mathrm{d}t} = -C \cdot \frac{\mathrm{d}U}{\mathrm{d}t} = \frac{U(t)}{R_2}\,, \tag{2.12}$$

weil beim Entladen die Ladung abnimmt.

Integration von (2.12) liefert:

$$U(t) = U_0 \cdot \mathrm{e}^{-t/(R_2 C)} \tag{2.13a}$$

und damit

$$I(t) = I_0 \cdot \mathrm{e}^{-t/(R_2 C)}\,. \tag{2.13b}$$

c) Kontinuierlicher Spannungsteiler

Man kann den gleichmäßigen Spannungsabfall an einem stromdurchflossenen Leiter ausnutzen, um bei fester Quellenspannung U_0 eine variable Spannung $U < U_0$ zu erzeugen. Wie aus Abb. 2.7 ersichtlich, kann man an dem über einen Leiterdraht gleitenden Abgriff die Spannung

$$U_1(x) = \frac{x}{L} \cdot U_0 \tag{2.14}$$

gegen den Punkt A bzw.

$$U_2(x) = \frac{x - L}{L} U_0$$

gegen B erhalten.

In der Praxis wird bei solchen „Potentiometern" der Widerstand als dünne leitende Schicht auf einem Zylinder aufgebracht und die variable Spannung dann von einem drehbaren Schleifkontakt abgenommen.

d) Widerstand eines ebenen Kreisringes der Dicke *h*

Legt man zwischen dem Innenring (Radius r_1) und dem Außenring (Radius r_2) eine Spannung U an (Abb. 2.10), so fließt in radialer Richtung durch die gestrichelte Mantelfläche $A = 2\pi r \cdot h$ ein Strom

$$\begin{aligned} I &= \int \boldsymbol{j} \cdot \mathrm{d}\boldsymbol{A} = \sigma_{\mathrm{el}} \cdot \int \boldsymbol{E} \cdot \mathrm{d}\boldsymbol{A} \\ &= \sigma_{\mathrm{el}} \cdot E \cdot 2\pi \cdot r \cdot h\,. \end{aligned}$$

Wegen $\boldsymbol{E} = -\mathbf{grad}\ \phi = -\frac{\mathrm{d}\phi}{\mathrm{d}r}\,\hat{\boldsymbol{e}}_r$ folgt:

$$\begin{aligned} -\frac{\mathrm{d}\phi}{\mathrm{d}r} &= \frac{I}{2\pi \cdot \sigma_{\mathrm{el}} \cdot r \cdot h}\,, \\ \Rightarrow\ U = \phi_1 - \phi_2 &= \frac{I}{2\pi \cdot \sigma_{\mathrm{el}} \cdot h} \int_{r_1}^{r_2} \frac{\mathrm{d}r}{r} \\ &= \frac{I}{2\pi \cdot \sigma_{\mathrm{el}} \cdot h} \ln \frac{r_2}{r_1} \\ \Rightarrow\ R = U/I &= \frac{\ln(r_2/r_1)}{2\pi h \sigma_{\mathrm{el}}}\,. \end{aligned} \tag{2.15}$$

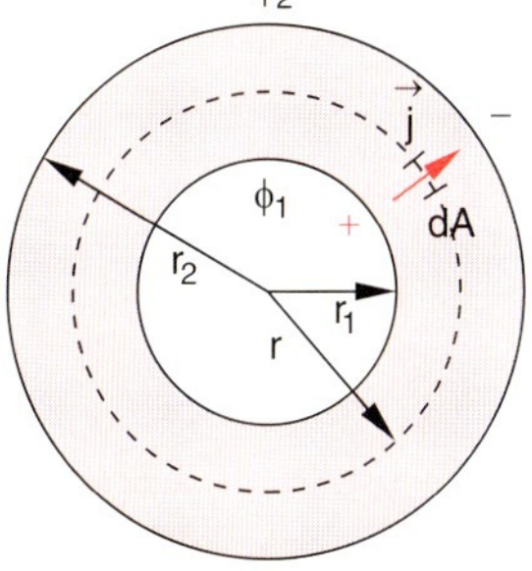

Abb. 2.10. Stromfluss zwischen zwei kreisförmigen konzentrischen Elektroden, zwischen denen sich ein homogener Leiter mit spezifischem Widerstand $\varrho_s = 1/\sigma_{\mathrm{el}}$ befindet

2.2.4 Temperaturabhängigkeit des elektrischen Widerstandes fester Körper; Supraleitung

Wenn die Elektronen mit den Gitteratomen eines regulären Kristalls zusammenstoßen, nimmt nicht ein einzelnes Atom den entsprechenden Impuls und die Stoßenergie auf, sondern das ganze Kristallgitter, weil jedes Atom durch elastische Kräfte an seine Nachbaratome gebunden ist. Die Elektronen regen daher durch Stöße Kristallschwingungen an, die stehenden Wellen im Kristall entsprechen und die ***Phononen*** genannt werden. Durch Randbedingungen (z. B. kann die Wellenlänge dieser stehenden Wellen nicht kleiner werden als der doppelte Gitterebenenabstand und nicht größer als die doppelte Kristallänge) wird eine endliche Zahl von möglichen Schwingungszuständen selektiert, zu denen diskrete Schwingungsenergien und Impulse gehören. Die Elektronen können bei Stößen mit Gitteratomen Phononen erzeugen und entsprechend Energie und Impuls abgeben.

Jeder reale Festkörper hat außer den Gitteratomen, die auf regulären Gitterplätzen sitzen, auch Fehlstellen, zum einen Gitterplätze, an denen Atome fehlen, zum anderen Fremdatome auf Zwischengitterplätzen, welche durch Verunreinigungen verursacht werden (siehe Bd. 3). Diese Fremdatome sind nicht in der gleichen Weise wie die regulären Gitteratome miteinander gekoppelt und können deshalb beim Stoß mit Elektronen Energie und Impuls aufnehmen, ohne Gitterschwingungen anzuregen. Die freie Weglänge Λ und damit die Leitfähigkeit σ_{el} in Metallen werden deshalb umso größer, je reiner das Metall ist. Man kann den spezifischen Widerstand $\varrho_{\mathrm{s}} = 1/\sigma_{\mathrm{el}}$ aus zwei Anteilen zusammensetzen:

$$\varrho_{\mathrm{s}} = \varrho_{\mathrm{Ph}} + \varrho_{\mathrm{St}} ,$$

wobei ϱ_{Ph} durch Wechselwirkung der Elektronen mit den Phononen und ϱ_{St} durch Stöße mit Störstellen und Fremdatomen verursacht wird.

BEISPIEL

Für Elektronen in Kupfer bei Zimmertemperatur ist die mittlere Stoßzeit $\tau_{\mathrm{s}} = m \cdot \sigma_{\mathrm{el}}/(n \cdot e^2) = 2{,}5 \cdot 10^{-14}\,\mathrm{s}$. Bei einer mittleren Geschwindigkeit von $1{,}5 \cdot 10^6\,\mathrm{m/s}$ beträgt die mittlere freie Weglänge $\Lambda = 4 \cdot 10^{-8}\,\mathrm{m} = 40\,\mathrm{nm}$. Dies entspricht etwa 200 Atomdurchmessern. Die Leitfähigkeit wird dann gemäß (2.6b) $\sigma_{\mathrm{el}} = 6 \cdot 10^7\,\mathrm{A/V\,m}$ und der spezifische Widerstand $\varrho_{\mathrm{s}} = 1{,}7 \cdot 10^{-8}\,\mathrm{V\,m/A}$. Das übliche technische Kupfer ist polykristallin. Deshalb ist hier der Beitrag ϱ_{St} zum spezifischen Widerstand dominant.

a) Temperaturverlauf des spezifischen Widerstands von Metallen

Mit zunehmender Temperatur wird die mittlere thermische Geschwindigkeit der Elektronen größer. Außerdem wird ihre freie Weglänge Λ kleiner, weil mehr Gitterschwingungen thermisch angeregt werden und damit die Möglichkeit für die Elektronen steigt, Energie an Phononen abzugeben. Beide Effekte führen zu einer Abnahme der elektrischen Leitfähigkeit $\sigma_{\mathrm{el}}(T)$ bzw. zu einer Zunahme des spezifischen Widerstandes $\varrho_{\mathrm{s}}(T) = 1/\sigma_{\mathrm{el}}(T)$ von Metallen. Diese Abhängigkeit lässt sich in einem weiten Temperaturbereich durch die Funktion

$$\varrho_{\mathrm{s}}(T) = \varrho_0 \cdot (1 + \alpha \cdot T + \beta \cdot T^2) \tag{2.16}$$

beschreiben, wobei $\beta \cdot T \ll \alpha$ ist. Im Allgemeinen wird für beschränkte Temperaturbereiche T_1 bis T_2 die Näherung

$$\varrho_{\mathrm{s}}(T) \approx \varrho_0 \left(1 + \alpha(T_{\mathrm{m}})\, T\right)$$

mit temperaturabhängigem Wert von α und $T_{\mathrm{m}} = (T_1 + T_2)/2$ verwendet. In Tabelle 2.2 sind ϱ_0 und α für einige Metalle aufgelistet, Abb. 2.11 gibt einige Beispiele.

Bei sehr tiefen Temperaturen wird die Zahl der thermisch angeregten Gitterschwingungen sehr klein, und der spezifische Widerstand sollte gegen einen

Tabelle 2.2. Temperaturabhängigkeit des spezifischen Widerstandes $\varrho(T_{\mathrm{C}}) = \varrho_0(1 + \alpha T_{\mathrm{C}})$ für einige Metalle mit $\varrho_0 = \varrho(T_{\mathrm{C}} = 0\,°\mathrm{C})$

Metall	$\varrho_0/10^{-6}\,\Omega\,\mathrm{m}$	α/K^{-1}
Silber	0,015	$4 \cdot 10^{-3}$
Kupfer	0,016	$4 \cdot 10^{-3}$
Aluminium	0,026	$4{,}7 \cdot 10^{-3}$
Quecksilber	0,941	$1 \cdot 10^{-3}$
Konstantan ($\mathrm{Ni_{0,4}Cu_{0,5}Zn_{0,1}}$)	0,5	$< 10^{-4}$
Wolfram	0,05	$4{,}83 \cdot 10^{-3}$

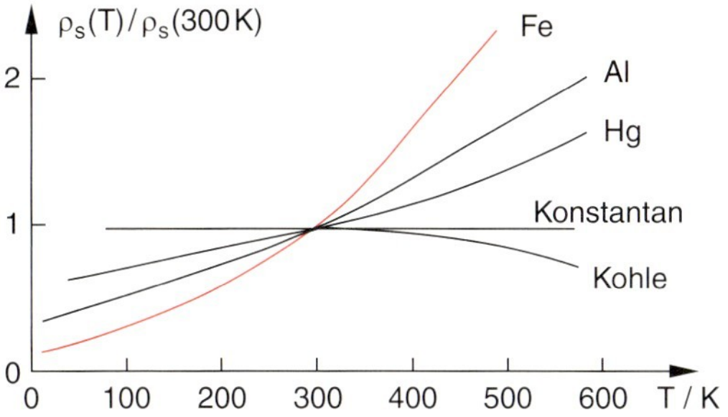

Abb. 2.11. Temperaturabhängigkeit von $\varrho_s(T)$ für einige Stoffe

konstanten Wert gehen, der durch den Einfluss der Fremdatome bestimmt ist und deshalb von der Reinheit der Probe abhängt. Wie in Abb. 2.12 am Beispiel zweier Natriumproben mit verschiedenem Verunreinigungsgrad illustriert wird, findet man ein solches Verhalten auch für viele Metalle. Bei einer Reihe von Festkörpern jedoch springt bei einer Temperatur T_c der Widerstand plötzlich auf null (Supraleitung) (Abb. 2.13).

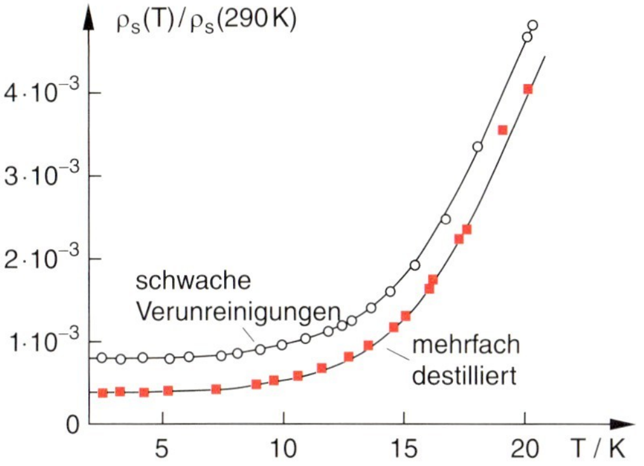

Abb. 2.12. Temperaturabhängigkeit des relativen spezifischen Widerstandes $\varrho_s(T)/\varrho_s(290\,\mathrm{K})$ von Natrium bei tiefen Temperaturen für zwei verschiedene Reinheitsgrade des Metalls

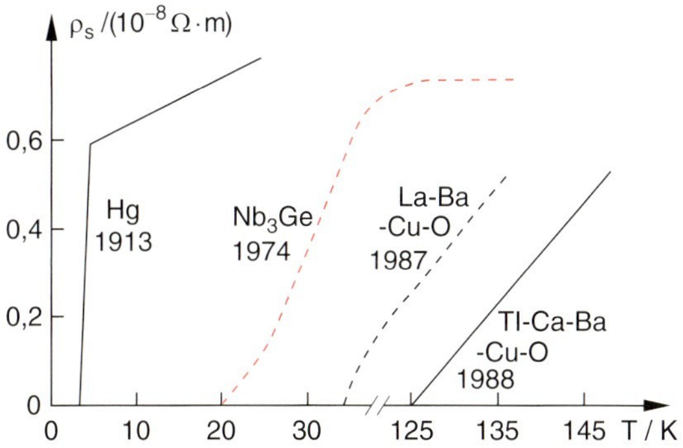

Abb. 2.13. Verlauf von $\varrho_s(T)$ für Supraleiter mit verschiedenen Sprungtemperaturen T_c

b) Supraleitung

Die Supraleitung wurde erstmals im Jahre 1911 von *H. Kamerlingh Onnes* in Leiden entdeckt, als er die Temperaturabhängigkeit des spezifischen Widerstandes und den Einfluss von Fremdatomen untersuchen wollte. Er kühlte Quecksilber, das durch wiederholte Destillation besonders gut gereinigt werden kann, auf Temperaturen um 4 K ab, die er durch Verflüssigung von Helium erreichen konnte. Zu seiner Überraschung fand er, dass der Widerstand seiner Probe bei Temperaturen unterhalb 4,2 K null wurde. Er nannte dieses Phänomen, das dann auch bei anderen Stoffen mit unterschiedlichen Sprungtemperaturen T_c gefunden wurde, ***Supraleitung*** [2.2]. Obwohl wegen der technischen Bedeutung dieser Entdeckung sehr intensiv nach Supraleitern mit höheren Sprungtemperaturen gesucht wurde, hatten alle bis vor kurzem gefundenen supraleitenden Materialien Sprungtemperaturen unterhalb 30 K und konnten deshalb nur mit flüssigem Helium realisiert werden (Tabelle 2.3).

Erst 1986 gelang es *Müller* und *Bednorz* am IBM-Forschungslabor in Rüschlikon/Schweiz, spezielle Oxidkeramiken zu entwickeln, die bereits bei Temperaturen oberhalb von 80 K, also schon mit flüssigem Stickstoff, supraleitend wurden [2.3]. Für diese Entdeckung erhielten beide 1987, wie auch *Kamerlingh Onnes* 1913, den Nobelpreis. Inzwischen wurden weitere supraleitende oxidische Materialien (Hochtemperatur-Supraleiter) mit Sprungtemperaturen oberhalb 120 K gefunden, sodass die technischen

Tabelle 2.3. Sprungtemperaturen T_c einiger Supraleiter

Element:	T_c/K	Verbindung	T_c/K
Al	1,17	Al_2CMo_3	10,0
Hg	4,15	InNbSn	18,1
La	6,0	$AlGeNb_3$	20,7
Nb	9,25	LaBaCuO	85
		Tl-Ca-Ba-CuO	125

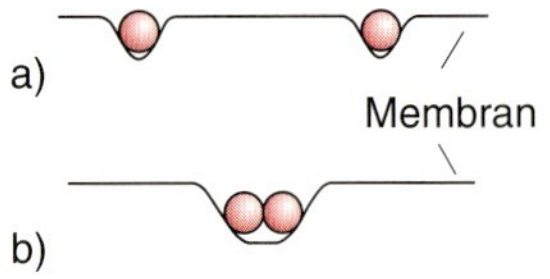

Abb. 2.14. Kugel-Membran-Modell zur Veranschaulichung der Bindung eines Cooper-Paares

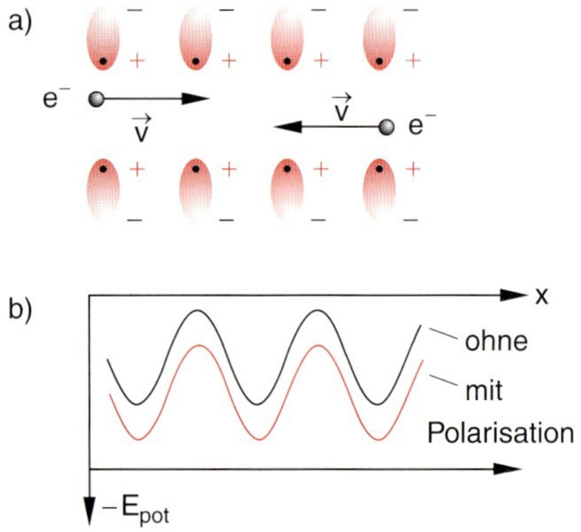

Abb. 2.15a,b. Bindung eines Cooper-Paares (e^-, $\boldsymbol{p}$; e^-, $-\boldsymbol{p}$) auf Grund der Polarisation des Gitters. (**a**) Schematisches Modell des polarisierenden Cooper-Paares; (**b**) Potential eines Elektrons im periodischen Gitter mit und ohne Polarisation durch das andere Elektron

Anwendungsmöglichkeiten wesentlich optimistischer gesehen werden können [2.4].

Die theoretische Erklärung der Supraleitung ließ lange auf sich warten. Erst etwa 40 Jahre nach ihrer Entdeckung konnten *Bardeen*, *Cooper* und *Schriefer* ein Modell aufstellen (die nach den Initialen der drei benannte BCS-Theorie), welche die meisten experimentellen Beobachtungen erklären konnte. In diesem Modell werden die Leitungselektronen durch eine Polarisationswechselwirkung mit dem Gitter zu Paaren von je zwei Elektronen, den so genannten ***Cooper-Paaren***, korreliert. Diese Cooper-Paare haben eine Bindungsenergie ΔE und können nur dann wieder in normale Leitungselektronen „aufgebrochen" werden, wenn diese Energie ΔE durch Wechselwirkung mit Gitterschwingungen, d. h. durch Stöße mit den schwingenden Atomen, aufgebracht werden kann [2.2, 5].

Man kann sich diesen Sachverhalt an einem einfachen mechanischen Modell verdeutlichen (Abb. 2.14): Auf einer Gummimembran liegen zwei Kugeln, die auf Grund ihres Gewichtes die Membran etwas einbuchten. Bringt man nun beide Kugeln zusammen, so wird wegen des doppelten Gewichtes an einer Stelle die Einbuchtung der Membran tiefer werden. Die potentielle Energie der beiden Kugeln ist daher kleiner als im getrennten Fall, d. h. die dehnbare Membran vermittelt eine Bindungsenergie zwischen den Kugeln. Man muss Energie aufwenden, um die beiden Kugeln zu trennen. Auf die Cooper-Paare übertragen, besagt das Modell Folgendes: Jedes Elektron polarisiert aufgrund seiner Coulomb-Wechselwirkung mit den Gitterionen bei seiner Bewegung durch das Gitter die Elektronenhüllen der Ionen (Abb. 2.15).

Fliegt ein zweites Elektron mit entgegengesetzt gleichem Impuls auf der gleichen Spur durch das Gitter, so erfährt es zusätzlich zu seiner Coulomb-Wechselwirkung mit den Ionenrümpfen eine weitere anziehende Wechselwirkung zwischen seiner Ladung und der durch das erste Elektron induzierten Ladungspolarisation des Gitters. Genauso erfährt natürlich das erste Elektron diese durch das zweite induzierte zusätzliche anziehende Wechselwirkung. Dadurch wird die potentielle Energie beider Elektronen abgesenkt und die des Gitters erhöht. Man sagt: Durch die Polarisation des Gitters wird eine *Korrelation* zwischen den beiden Elektronen hergestellt, die zu einem „gebundenen" Elektronenpaar (e^-, $\boldsymbol{p}$; e^-, $-\boldsymbol{p}$) mit dem Gesamtimpuls $\boldsymbol{p}_\mathrm{C} = +\boldsymbol{p} + (-\boldsymbol{p}) = \boldsymbol{0}$ führt. Da der Gesamtimpuls des Cooper-Paares ohne äußeres elektrisches Feld null ist, kann es keine kinetische Energie an das Gitter abgeben, solange die thermische Energie der Phononen, mit denen das Paar wechselwirken könnte, kleiner als die Bindungsenergie des Cooper-Paares ist. Legt man jetzt ein elektrisches Feld an, so überlagert sich der Geschwindigkeit v der beiden Paar-Elektronen die Driftgeschwindigkeit v_D, und der Impuls des Cooper-Paares wird

$$\boldsymbol{p} = 2m\boldsymbol{v}_\mathrm{D} .$$

Dies führt zu einer Stromdichte

$$\boldsymbol{j} = 2n_\mathrm{C}e\boldsymbol{v}_\mathrm{D} ,$$

wenn n_C die Dichte der Cooper-Paare ist. Da jetzt die Reibungskraft fehlt, weil das Cooper-Paar keine Energie an das Gitter abgeben kann, bleibt der Strom erhalten, auch wenn das äußere Feld abgeschaltet wird. Langzeitversuche haben gezeigt, dass der *Suprastrom* auch nach einem Jahr noch nicht messbar abgenommen

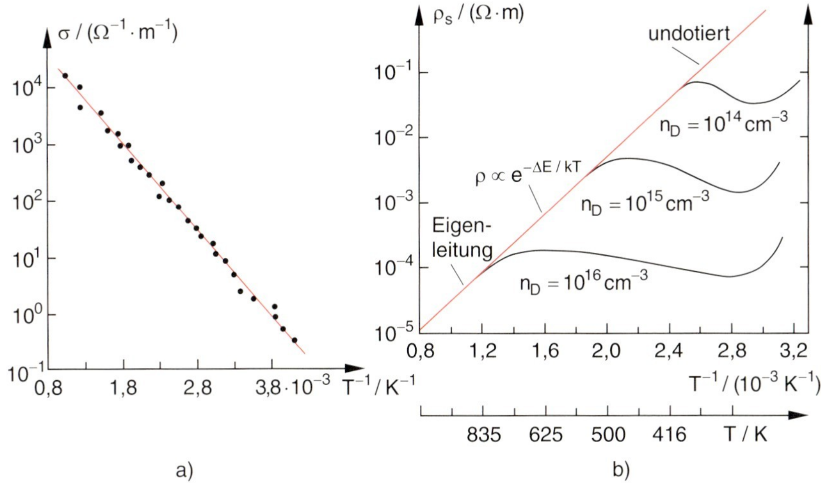

Abb. 2.16a,b. Temperaturabhängigkeit des spezifischen Widerstandes ϱ_s für das Halbleitermaterial Germanium mit verschiedenen Dotierungskonzentrationen. Links (bei hohen Temperaturen) ist der Anteil der Eigenleitung dominant

hatte. Schaltet man das äußere elektrische Feld nicht ab, so wächst die Driftgeschwindigkeit v_D und damit der elektrische Strom solange an, bis die zusätzliche kinetische Energie des Cooper-Paares

$$\begin{aligned}\Delta E_{\text{kin}} &= \frac{1}{2}(2m)(\boldsymbol{v}+\boldsymbol{v}_D)^2 - 2\cdot\frac{1}{2}mv^2\\ &= 2m\boldsymbol{v}\cdot\boldsymbol{v}_D + mv_D^2\end{aligned}$$

größer wird als die negative Bindungsenergie.

Dieses kann dann zerfallen in zwei normale Elektronen, die jetzt wieder mit dem Gitter wechselwirken und deren Driftgeschwindigkeit v_D dadurch kleiner wird als die des Cooper-Paares. Die Supraleitung geht dann wieder in die Normalleitung über. Auch ohne äußeres Feld zerfallen die Cooper-Paare oberhalb der Sprungtemperatur T_c, weil dann ihre zusätzliche thermische Energie größer wird als ihre Bindungsenergie.

Obwohl dieses hier sehr vereinfacht dargestellte Cooper-Paar-Modell der BCS-Theorie viele experimentelle Ergebnisse richtig beschreibt, gibt es doch eine Reihe von Beobachtungen, die bisher nicht zufriedenstellend erklärt werden können. Insbesondere scheinen sich die neu gefundenen *Hochtemperatur-Supraleiter* nicht ohne weiteres durch das Cooper-Paar-Modell beschreiben zu lassen. Hier haben sich neue theoretische Ansätze bewährt, welche die Schichtstruktur der Hochtemperatur-Supraleiter (Perowskite) und die daraus resultierende richtungsabhängige Leitfähigkeit berücksichtigen. (siehe [2.6] und Bd. 3).

c) Temperaturverlauf der Leitfähigkeit bei Halbleitern

Bei Halbleitern sind die Verhältnisse anders: Hier wird die Leitfähigkeit hauptsächlich durch die Dichte n der freien Leitungselektronen bestimmt. Sie ist im reinen Halbleiter bei Zimmertemperatur sehr gering, aber man kann durch geeignete *Dotierungen* von Fremdatomen die Dichte der freien Leitungselektronen n, und damit σ_{el}, um viele Größenordnungen erhöhen (siehe Bd. 3). Dies wird beim Vergleich zwischen den Kurven $\varrho_s(T, n_D)$ für verschiedene Dotierungskonzentrationen n_D in Abb. 2.16 deutlich. Man beachte den logarithmischen Ordinatenmaßstab.

Die Dichte n der freien Leitungselektronen erhöht sich exponentiell gemäß

$$n(T) = n_0 \cdot e^{-\Delta E/kT}$$

mit der Temperatur. Dabei ist ΔE die Energie, die man den Elektronen zuführen muss, damit sie aus dem gebundenen Zustand in den freien Leitungszustand übergehen können.

Bei dotierten Halbleitern werden Fremdatome in den Kristall gebracht, für welche die Energie ΔE wesentlich kleiner ist. Deshalb werden die Leitungselektronen bei tiefen Temperaturen überwiegend von den Fremdatomen (Donatoren) geliefert. Oberhalb einer Sättigungstemperatur T_S sind alle Donatoren ionisiert, und die Zahl der Ladungsträger steigt dann nicht mehr wesentlich, weil der mit T weiter ansteigende Bei-

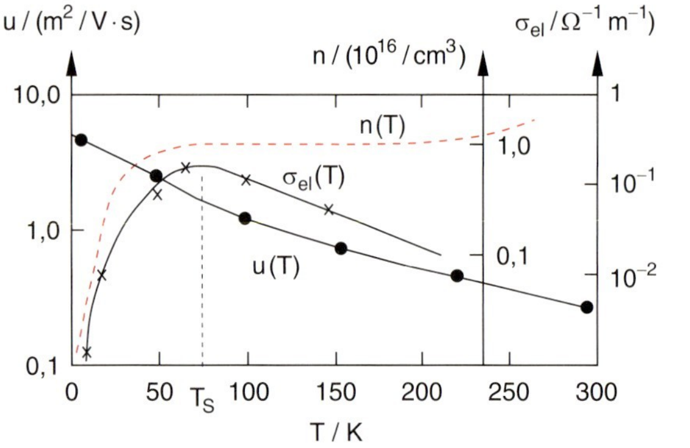

Abb. 2.17. Temperaturverlauf von $u(T)$, $n(T)$ und $\sigma_{\mathrm{el}}(T)$ für n-dotiertes Germanium bei einer Dotierung von $n_{\mathrm{D}} = 10^{16}$ /cm^3

trag von den Kristallatomen immer noch sehr klein ist. Da aber die Beweglichkeit u mit steigender Temperatur sinkt, nimmt die Leitfähigkeit σ_{el} oberhalb T_{S} wieder ab (Abb. 2.17).

Im Temperaturbereich unterhalb T_{S} wird die Abnahme von $\Lambda(T)$ und damit $u(T)$ mit wachsendem T überkompensiert durch den starken Anstieg der Dichte $n(T)$ der Leitungselektronen, sodass in diesem Bereich die Leitfähigkeit $\sigma_{\mathrm{el}}(T)$ mit steigender Temperatur steigt, d. h. der spezifische Widerstand $\varrho_{\mathrm{s}}(T)$ sinkt mit steigender Temperatur T.

Halbleiter haben daher in diesem Temperaturbereich einen negativen Temperaturkoeffizienten $\alpha = [\mathrm{d}\varrho/\mathrm{d}T]/\varrho_0$ ihres spezifischen Widerstandes. Sie werden deshalb auch als NTC-Widerstände (negative temperature coefficient) bezeichnet.

In Tabelle 2.4 sind charakteristische Zahlenwerte für Kupfer und Germanium angegeben.

Tabelle 2.4. Vergleich der Temperaturabhängigkeit des spezifischen Widerstands $\varrho_{\mathrm{s}}(T)/\varrho_{\mathrm{s}}(0\,°\mathrm{C})$ für ein Metall (Cu) und einen Halbleiter (Ge)

T/K	$\varrho_{\mathrm{s}}(T)/\varrho_{\mathrm{s}}(T = 273\,\mathrm{K})$	
	Cu	Ge
273	1	1
300	1,12	0,8
400	1,55	$1{,}2 \cdot 10^{-2}$
500	1,99	$1{,}4 \cdot 10^{-3}$
600	2,43	$3 \cdot 10^{-4}$
800	3,26	$8 \cdot 10^{-5}$
1000	4,64	–

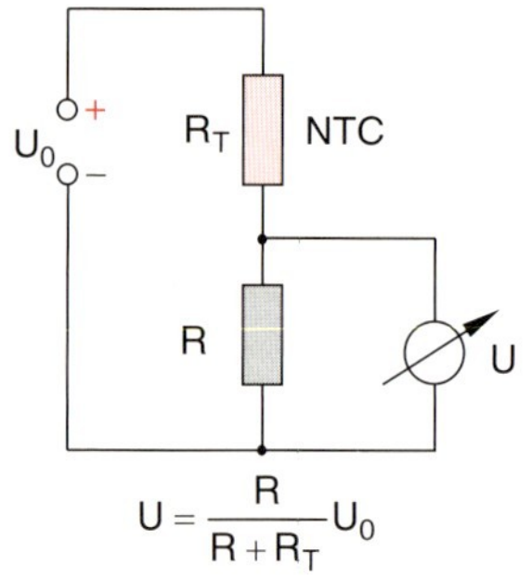

Abb. 2.18. Verwendung eines NTC-Widerstandes zur Temperaturmessung

Die starke Temperaturabhängigkeit des Widerstandes von Halbleitern wird ausgenutzt für empfindliche Temperaturfühler. Wird ein solcher Halbleiterwiderstand in einem Spannungsteiler verwendet (Abb. 2.18), so ergibt jede Temperaturänderung eine Änderung der Ausgangsspannung U, und damit ein Spannungssignal, das zur Temperaturanzeige und auch zur Temperaturstabilisierung in entsprechenden Regelkreisen verwendet werden kann.

2.3 Stromleistung und Joulesche Wärme

Um die Ladung q vom Ort mit dem Potential ϕ_1 zu einem Punkt mit dem Potential ϕ_2 zu bringen, wird die Arbeit

$$W = q \cdot (\phi_1 - \phi_2) = q \cdot U$$

aufgewandt bzw. gewonnen (siehe (1.13)). Bei zeitlich konstanter Spannung U liefert eine Ladungsmenge $\mathrm{d}Q/\mathrm{d}t$, die pro Sekunde durch einen Leiter fließt, die ***elektrische Leistung***

$$P = \frac{\mathrm{d}W}{\mathrm{d}t} = U \cdot \frac{\mathrm{d}Q}{\mathrm{d}t} = U \cdot I\,, \qquad (2.17\mathrm{a})$$

deren Maßeinheit $[P] = 1\,\mathrm{V} \cdot \mathrm{A} = 1\,\mathrm{Watt} = 1\,\mathrm{W}$ ist.

Die vom Strom während der Zeit $\Delta t = t_2 - t_1$ verrichtete Arbeit ist

$$W = \int_{t_1}^{t_2} U \cdot I\,\mathrm{d}t = U \cdot I \cdot \Delta t\,, \qquad (2.17\mathrm{b})$$

wobei das zweite Gleichheitszeichen nur gilt, falls U und I zeitlich konstant sind. Ihre Einheit ist 1 Watt · Sekunde = 1 W s = 1 Joule = 1 J = 1 N · m.

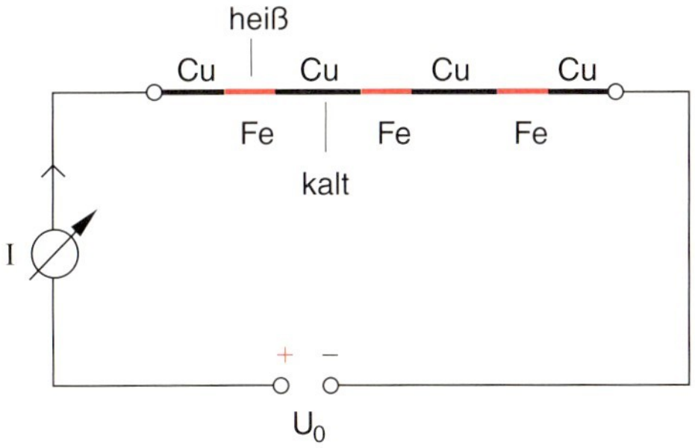

Abb. 2.19. Zur Demonstration der Wärmeleistung $P = I^2 \cdot R$ an einer Leiterkette mit abwechselnden Stücken aus Kupfer und Eisen. Die Eisendrähte glühen hell (R ist groß!), während die Kupferdrähte kalt bleiben

Diese elektrische Energie wird durch die der Kraft $q \cdot \boldsymbol{E}$ entgegengesetzt gleiche Reibungskraft $\boldsymbol{F}_R = -k_R \cdot \boldsymbol{v}_D$ in Wärmeenergie umgewandelt: Der Leiter wird heiß! (***Joulesche Wärme***).

In Ohmschen Leitern kann man wegen $U = I \cdot R$ die elektrische Leistung auch schreiben als

$$P = U \cdot I = I^2 \cdot R = \frac{U^2}{R} , \tag{2.18}$$

d. h. bei *konstantem Strom* wird an den Stellen des Leiters mit größtem Widerstand R die meiste Leistung verbraucht (Abb. 2.19), während bei *konstanter Spannung* die Leistung mit sinkendem Widerstand R ansteigt! Um z. B. eine elektrische Kochplatte heißer zu machen, muss man ihren Gesamtwiderstand (z. B. durch Parallelschaltung mehrerer Teilwiderstände) verringern.

2.4 Netzwerke; Kirchhoffsche Regeln

In elektrischen Schaltungen hat man oft ein Netzwerk von vielen Leitern, die sich verzweigen können oder in so genannten Knotenpunkten zusammenlaufen. Zur Berechnung der einzelnen Leiterströme, der Spannungen und des Gesamtwiderstandes einer Schaltung sind folgende Regeln sehr nützlich:

- Verzweigen sich mehrere Leiter in einem Punkte P (Abb. 2.20), so muss die Summe der einlaufenden Ströme gleich der Summe der auslaufenden Ströme sein:

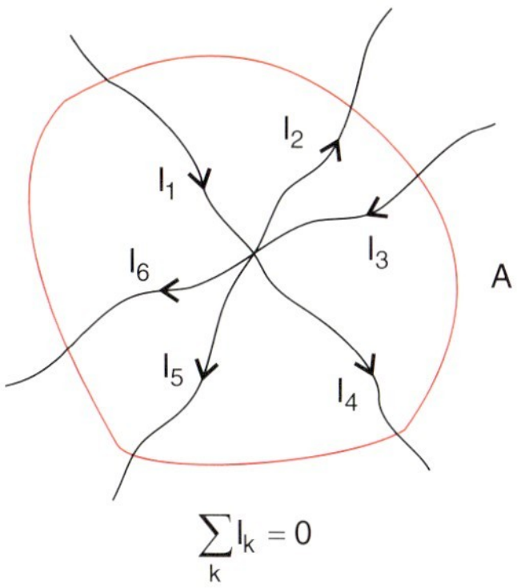

Abb. 2.20. Zur 1. Kirchhoffschen Regel

$$\sum_k I_k = 0 \tag{2.19}$$

(***1. Kirchhoffsche Regel***). Dies folgt sofort aus der Kontinuitätsgleichung, da im Punkte P weder Ladung erzeugt noch vernichtet wird und daher der gesamte Strom durch eine geschlossene Fläche $\boldsymbol{A}$ um den Punkt P null sein muss. Nach (2.4a) gilt nämlich:

$$\begin{aligned} -\frac{\mathrm{d}Q}{\mathrm{d}t} &= -\frac{\mathrm{d}}{\mathrm{d}t} \int\limits_V \varrho_{el} \cdot \mathrm{d}V \\ &= \int\limits_V \operatorname{div} \boldsymbol{j} \, \mathrm{d}V \\ &= \int\limits_A \boldsymbol{j} \cdot \mathrm{d}\boldsymbol{A} = \sum_k I_k = 0 . \end{aligned}$$

- In jedem geschlossenen Stromkreis ist die Summe aller Verbraucherspannungen gleich der Generatorspannung U_0 (Abb. 2.21)

$$U_0 = \sum_{k=1}^{N} U_k , \tag{2.20a}$$

wobei die Summation über alle im Stromkreis zusätzlichen Spannungsquellen und alle Verbraucher geht, die in Abb. 2.21 durch N Ohmsche Widerstände R_k symbolisiert sind, obwohl auch induktive oder kapazitive Verbraucher in diese Regel eingeschlossen werden können (siehe Abschn. 5.4). Schließt man die Generatorspannung U_0 in die Summation mit ein (sie erhält dann das entgegengesetzte

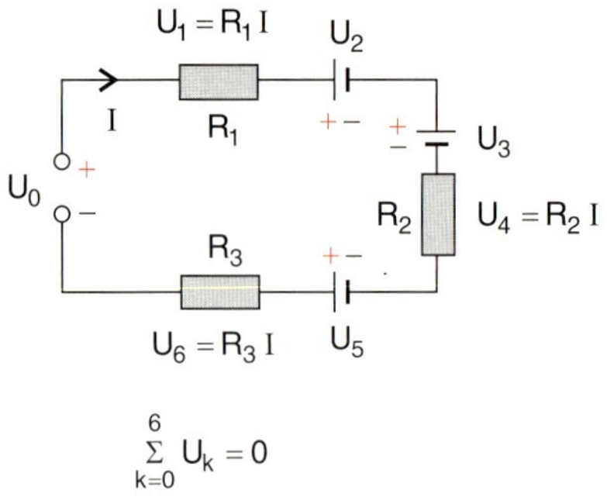

Abb. 2.21. Zur 2. kirchhoffschen Regel

Vorzeichen wie die Spannungen U_k ($k \neq 0$)), so folgt aus (2.20a):

$$\sum_{k=0}^{N} U_k = 0 \tag{2.20b}$$

(***2. Kirchhoffsche Regel***).

2.4.1 Reihenschaltung von Widerständen

Schaltet man in einem Stromkreis, durch den der Strom I fließt, mehrere Widerstände R_k hintereinander (Abb. 2.22), so ist der Spannungsabfall am Widerstand R_k

$$U_k = I \cdot R_k \, ,$$

und aus (2.20a) folgt:

$$U_0 = \sum_k U_k = I \cdot \sum_k R_k = I \cdot R \, .$$

Der Gesamtwiderstand $R = \sum R_k$ ist also gleich der Summe der Einzelwiderstände.

> Bei der Hintereinanderschaltung von Widerständen (Reihenschaltung) addieren sich die Einzelwiderstände!

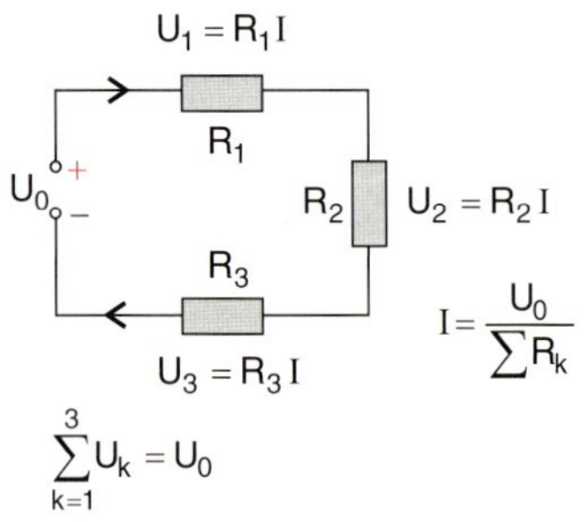

Abb. 2.22. Hintereinanderschaltung von Widerständen

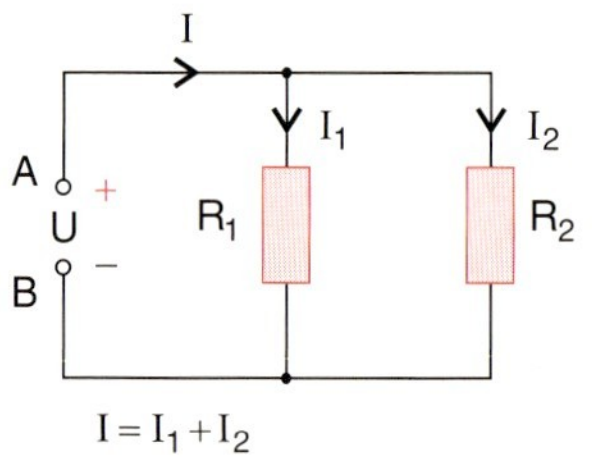

Abb. 2.23. Parallelschaltung von Widerständen

2.4.2 Parallelschaltung von Widerständen

Werden zwei Widerstände parallel geschaltet (Abb. 2.23), so gilt bei einer Spannung U zwischen den Punkten A und B:

$$\frac{U}{R} = I = I_1 + I_2 = \frac{U}{R_1} + \frac{U}{R_2} \Rightarrow$$
$$\frac{1}{R} = \frac{1}{R_1} + \frac{1}{R_2} \, . \tag{2.21}$$

> Bei der Parallelschaltung von Widerständen addieren sich die Reziprokwerte der Widerstände.

Der Gesamtwiderstand

$$R = \frac{R_1 \cdot R_2}{R_1 + R_2}$$

ist deshalb kleiner als der kleinste Wert der beiden Widerstände!

Benutzt man die Leitwerte $G = 1/R$, so wird aus (2.21)

$$G = G_1 + G_2 \, .$$

Wir erhalten dann die Regel:

> Bei der Parallelschaltung von Widerständen addieren sich die Leitwerte; bei der Hintereinanderschaltung addieren sich die reziproken Leitwerte.

2.4.3 Wheatstonesche Brückenschaltung

Zur genauen Messung von Widerständen wird die ***Wheatstone-Brücke*** in Abb. 2.24 verwendet. R_1, R_2 und R_3 sind bekannte Widerstände, R_x ist unbekannt.

Zwischen den Punkten A und B wird eine Spannung U_0 angelegt. Die Spannungen

$$U_1 = U_0 \cdot \frac{R_x}{(R_1 + R_x)} \quad \text{und} \quad U_2 = U_0 \cdot \frac{R_2}{(R_2 + R_3)}$$

an den Punkten C und D gegen B sind genau dann gleich, wenn gilt:

$$\frac{R_1}{R_x} = \frac{R_3}{R_2} \Rightarrow U_1 = U_2 \Rightarrow I = 0\,,$$

d. h. wenn der Strom durch das Messinstrument null wird. Daraus folgt für R_x:

$$R_x = \frac{R_1 \cdot R_2}{R_3}\,.$$

Üblicherweise benutzt man zum Abgleich der Brückenschaltung einen variablen Spannungsteiler (***Potentiometer***), mit dessen Hilfe sich R_2 und R_3 gleichzeitig verändern lassen (Abb. 2.24). Es gilt bei einer Länge L des Spannungsteilers und dem Abgriff an der Stelle x:

$$\frac{R_2}{R_3} = \frac{L - x}{x}\,.$$

Man erhält dann:

$$R_x = R_1 \frac{L - x}{x}\,. \tag{2.22}$$

Da der Nullabgleich sehr empfindlich ist (das Messinstrument kann noch sehr kleine Ströme I und damit kleine Spannungen $(U_1 - U_2)$ messen), stellt die Wheatstone-Brücke eine sehr präzise Möglichkeit zur Messung von Widerständen und ihrer Temperaturabhängigkeit dar.

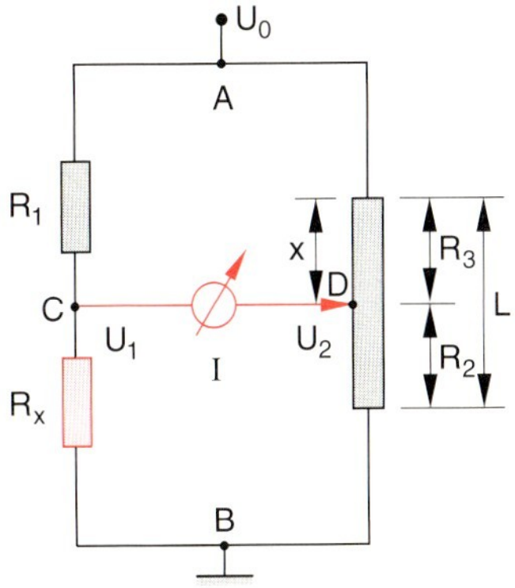

Abb. 2.24. Wheatstonesche Brückenschaltung

2.5 Messverfahren für elektrische Ströme

Zur Messung elektrischer Ströme können im Prinzip alle Effekte ausgenutzt werden, die durch elektrische Ströme erzeugt werden. Dies sind insbesondere die Joulesche Wärme, die magnetische Wirkung, die elektrolytische Zersetzung leitender Flüssigkeiten und die an einem stromdurchflossenen Leiter abfallende Spannung. Geräte zur Messung des elektrischen Stromes heißen ***Amperemeter***. Einige gebräuchliche Typen sollen kurz vorgestellt werden. Für eine detailliertere Darstellung siehe [2.7, 8].

2.5.1 Strommessgeräte

a) Hitzdraht-Amperemeter

Wenn durch einen Draht mit dem Widerstand R ein Strom I fließt, wird im Draht die elektrische Leistung $P = I \cdot U$ in Wärme umgewandelt. Dies führt zu einer Temperaturerhöhung und damit zu einer Längenausdehnung des Drahtes (siehe Bd. 1, Kap. 10), die im ***Hitzdraht-Amperemeter*** über einen geeigneten Hebelmechanismus in eine Zeigerdrehung umgesetzt wird (Abb. 2.25). Solche Instrumente sind sehr robust, aber nicht sonderlich empfindlich. Ihr Messbereich liegt bei $I \geq 0{,}1$ A.

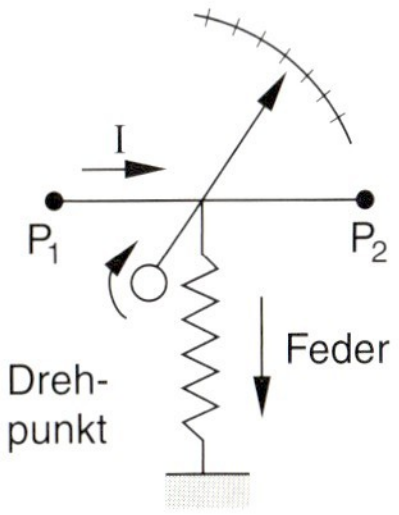

Abb. 2.25. Hitzdraht-Amperemeter

b) Strommessung durch Ausnutzung magnetischer Wirkungen

Elektrische Ströme erzeugen Magnetfelder (siehe Kap. 3), welche Kräfte oder Drehmomente auf magnetische Dipole bewirken. Dies wird zur mechanischen Bewegung von Zeigern ausgenutzt.

Im ***Drehspul-Amperemeter*** (Abb. 2.26) wird das zum Strom proportionale Drehmoment auf eine

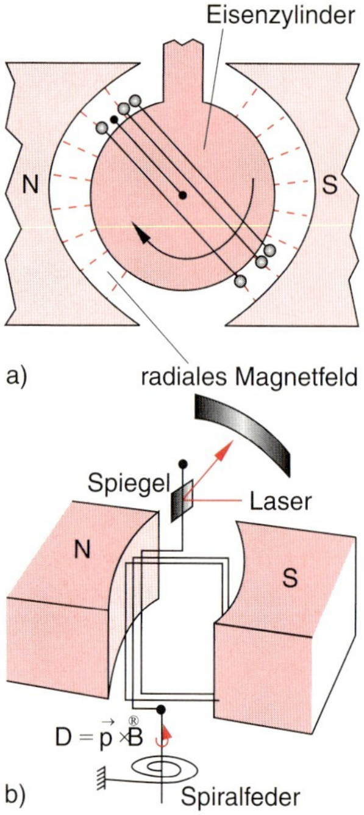

Abb. 2.26a,b. Prinzip des Drehspul-Amperemeters (**a**) Aufsicht, (**b**) Seitenansicht

vom Messstrom durchflossene Spule in einem Permanentmagneten zur Drehung eines Zeigers gegen eine rücktreibende Spiralfeder verwendet (siehe Abschn. 3.5.1). Geräte, die auf der Wechselwirkung einer stromdurchflossenen Spule mit Magnetfeldern beruhen, heißen allgemein ***Galvanometer***. Im ***Weicheiseninstrument*** (Abb. 2.27) erzeugt der Messstrom durch eine Spule ein Magnetfeld, welches zwei Weicheisenkörper im Magnetfeld gleichsinnig magnetisiert, so dass sie sich abstoßen. Da beim Umpolen des Stromes beide Weicheisenstücke magnetisch umgepolt werden,

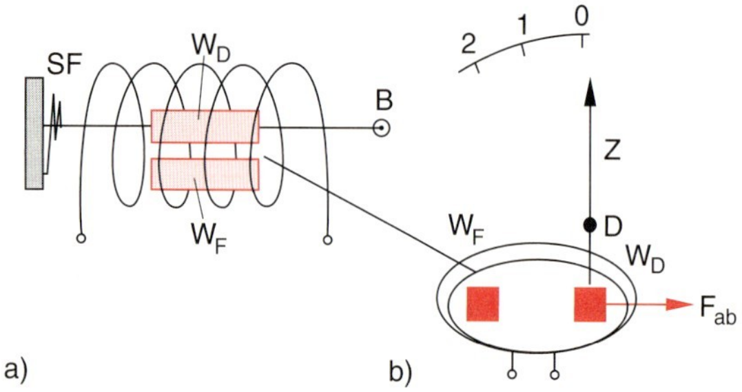

Abb. 2.27a,b. Vereinfachtes Modell des Weicheiseninstruments. (**a**) Ansicht von oben; (**b**) Frontansicht
SF Spiralfeder, W_F feststehendes Weicheisen, W_D drehbares Weicheisen, F_{ab} abstoßende Kraft zwischen W_F und W_D, B Befestigung für Haltedraht

ist die Anzeige unabhängig von der Stromrichtung, d. h. ein Weicheiseninstrument kann auch zur Messung von Wechselstrom verwendet werden.

Man nimmt so genanntes Weicheisen, weil dieses Material gut magnetisierbar ist, sich aber auch leicht umpolen lässt, d. h. seine Hystereseschleife (siehe Abschn. 3.5.5) umschließt eine kleine Fläche.

c) Strommessgeräte, die auf elektrolytischen Wirkungen basieren

Viele molekulare Stoffe werden chemisch zersetzt, wenn sie vom elektrischen Strom durchflossen werden (siehe Abschn. 2.6). Die Moleküle dissoziieren in positive und negative Ionen, die als Ladungsträger den Strom transportieren und an den Elektroden abgelagert werden. Die pro Sekunde abgeschiedene Stoffmenge ist proportional zum Strom und kann deshalb zur Strommessung benutzt werden.

d) Statische Voltmeter als Strommesser

Da der Strom I, der durch den Widerstand R fließt, dort einen Spannungsabfall $U = I \cdot R$ erzeugt, kann I im Prinzip mit einem parallel zu R geschalteten Voltmeter (dessen ***Innenwiderstand*** R_i groß sein muss gegen R) gemessen werden (Abb. 2.28).

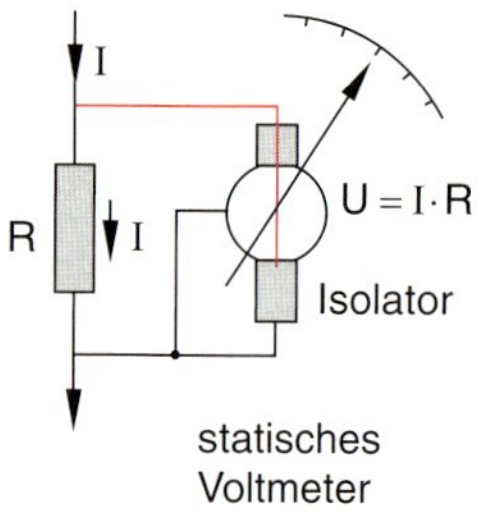

Abb. 2.28. Strommessung mithilfe eines statischen Voltmeters (siehe Abb. 5.1)

2.5.2 Schaltung von Amperemetern

Jedes Amperemeter hat einen Maximalstrom für den Vollausschlag des Zeigers über die Messskala, der von der Konstruktion des Messwerks abhängt. Möchte man größere Ströme messen, so kann man den Messbereich durch Parallelschaltung von Widerständen erweitern (Abb. 2.29). Ist der Innenwiderstand des Messwerks R_i, so fließt bei Parallelschaltung eines Widerstandes R nur der Bruchteil $I_1 = I \cdot R/(R + R_\mathrm{i})$ des gesamten Stromes $I = I_1 + I_2$ durch das Instrument.

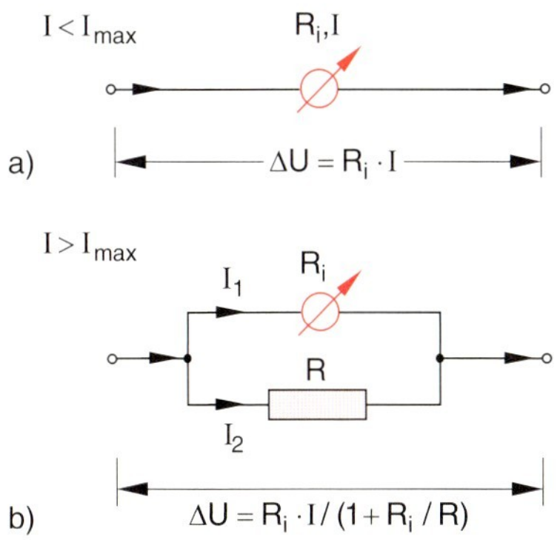

Abb. 2.29a,b. Strommessung mit einem Amperemeter mit Innenwiderstand R_i und Maximalstrom I_{max}. (**a**) Für $I < I_{max}$; (**b**) für $I > I_{max}$

Da bei der Messung eines Stromes I an einem Messinstrument mit dem Gesamtwiderstand $R_M = R \cdot R_i/(R + R_i)$ die Spannung $\Delta U = R_M \cdot I = R_i \cdot I_1$ abfällt, ändert die Strommessung die Spannung im Schaltkreis. Der Widerstand R_M eines Amperemeters sollte deshalb so klein wie möglich sein. Dies kann mit Geräten großer Empfindlichkeit (d. h. kleine Ströme I_1 können noch gemessen werden) und kleinem Innenwiderstand R_i erreicht werden.

Moderne Strommessgeräte verstärken die durch den Messstrom am Eingangswiderstand R_e eines Verstärkers erzeugte Spannung $U_e = R_e \cdot I$ um einen Faktor V (Abb. 2.30) und können auf diese Weise Ströme bis hinunter zu 10^{-16} A noch messen.

BEISPIEL

$I = 10^{-10}$ A, $R_e = 10\,\mathrm{k\Omega} \Rightarrow U_e = 1\,\mu\mathrm{V}$, $U_a = V \cdot U_e = 1$ V mit $V = 10^6$.

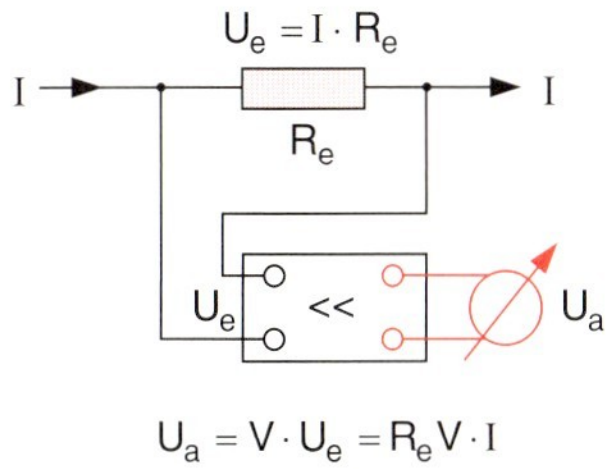

Abb. 2.30. Empfindliche Strommessung mit einem Spannungsverstärker, der die Eingangsspannung $U_e = I_e \cdot R$ bzw. den Eingangsstrom I_e verstärkt, sodass die Ausgangsleistung $P = I_a \cdot U_a$ hoch genug ist, ein mechanisches Messwerk zu bewegen. Meistens wird jedoch eine elektronische digitale Anzeige gewählt

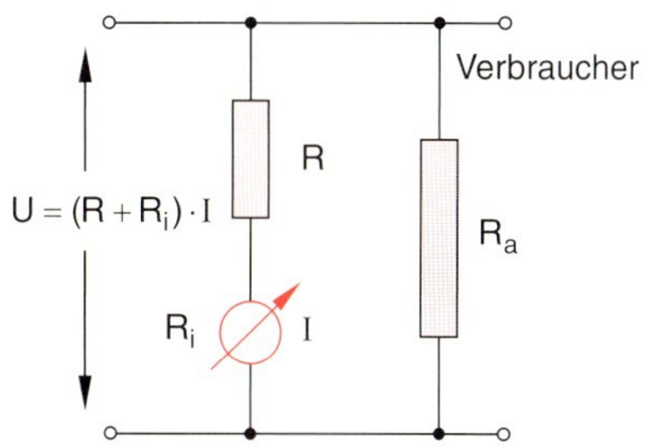

Abb. 2.31. Einsatz eines Strommessgerätes zur Spannungsmessung

2.5.3 Strommessgeräte als Voltmeter

Da eine Spannung U einen Strom $I = U/R$ durch einen Widerstand R bewirkt, können Strommessgeräte auch zur Spannungsmessung verwendet werden. Dazu wird ein Widerstand R in Reihe mit dem Messwerk geschaltet (Abb. 2.31), so dass der Strom $I = U/(R + R_i)$ im Messbereich der Anzeigeskala liegt. Als Voltmeter verwendete Strommessgeräte sollten einen möglichst *großen* Gesamtwiderstand $(R + R_i)$ haben, damit der Messstrom den Gesamtstrom im Schaltkreis möglichst wenig beeinflusst.

> Amperemeter sollen einen möglichst kleinen, Voltmeter einen möglichst großen Gesamtwiderstand haben. Es können jedoch zur Strom- und Spannungsmessung gleiche Geräte (mit entsprechendem Widerstand, Parallel- bzw. Vorschaltung) verwendet werden.

2.6 Ionenleitung in Flüssigkeiten

Taucht man zwei Metallelektroden in eine Flüssigkeit, in der Säuren, Laugen oder Salze gelöst sind (Abb. 2.32), so fließt bei Anlegen einer Spannung U ein Strom I. Man nennt solche den elektrischen Strom leitende Flüssigkeiten ***Elektrolyte***. Anders als bei der metallischen Leitung ist hier aber der Stromdurchgang mit einer chemischen Zersetzung des Elektrolyten verbunden. Sowohl an der positiven Elektrode, der ***Anode***, als auch an der negativen Elektrode, der ***Kathode***, werden Stoffe in fester oder gasförmiger Form abgeschieden.

Verwendet man z. B. eine Kupfersulfatlösung in Wasser, so spalten bereits ohne angelegte Spannung

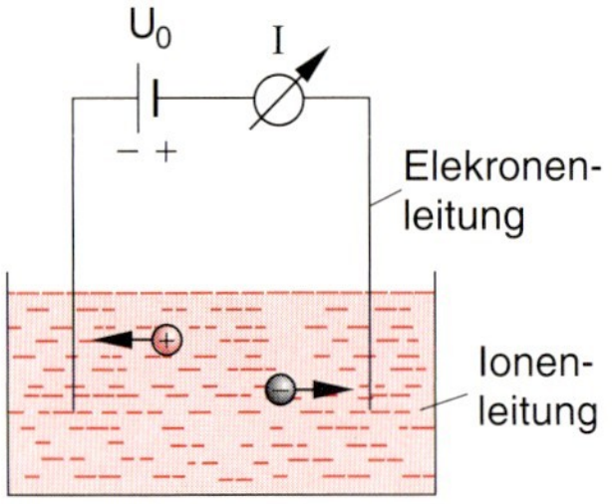

Abb. 2.32. Elektrolytische Leitung

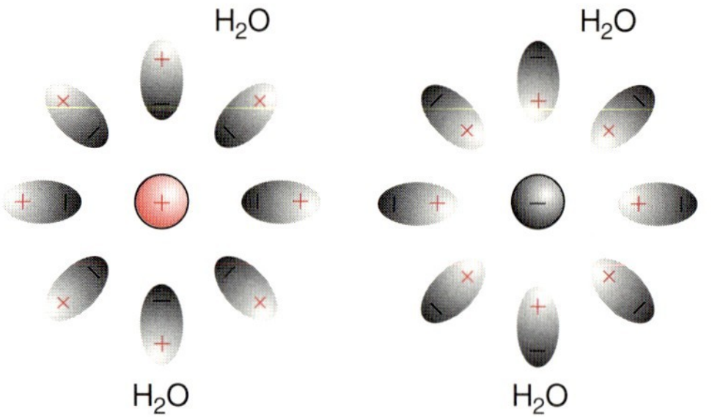

Abb. 2.33. Anlagerung von Wasser-Dipol-Molekülen an ein positives bzw. negatives Ion

die $CuSO_4$-Moleküle infolge ihrer Wechselwirkung mit den Wassermolekülen auf in positiv geladene Cu^{++}-Ionen und negativ geladene SO_4^{--}-Ionen. Der Name „Ion" kommt aus dem Griechischen und bedeutet „das Wandernde". Bei Anlegen eines elektrischen Feldes wandern die positiven Ionen (Kationen) zur Kathode, nehmen dort zwei Elektronen aus der Kathode auf und scheiden sich als metallisches Kupfer ab. Die negativen Ionen (Anionen) wandern zur Anode. Dort geben sie zwei Elektronen ab, und die neutralen SO_4-Reste reagieren mit Wasser gemäß

$$2SO_4 + 2H_2O \longrightarrow 2H_2SO_4 + O_2 \,.$$

Der Sauerstoff entweicht an der Anode als Gas.

Alle Elektrolyte bestehen aus Molekülen mit einer unsymmetrischen Elektronenverteilung, die in entgegengesetzt geladene Ionen dissoziieren. Für die Dissoziation ist die Energie ΔW_1 notwendig. Bei der Anlagerung der Ionen an die Wasserdipole wird Energie gewonnen.

$$\begin{aligned}
CuSO_4 &\xrightarrow[+\Delta W_1]{} Cu^{++} + SO_4^{--}\\
Cu^{++} + nH_2O &\xrightarrow[-\Delta W_2]{} \left(Cu \cdot nH_2O\right)^{++}\\
SO_4^{--} + nH_2O &\xrightarrow[-\Delta W_3]{} \left(SO_4 \cdot nH_2O\right)^{++} \,.
\end{aligned}$$

Die Dissoziation der Elektrolytmoleküle in Wasser in Ionenpaare geschieht immer dann spontan (d. h. auch ohne äußeres Feld), wenn der Energiegewinn $\Delta W_2 + \Delta W_3$ durch Anlagerung der Dipolmoleküle an die geladenen Ionen (Abb. 2.33) größer ist als der Energieaufwand ΔW_1 zur Dissoziation.

Erhöht man, von kleinen Werten kommend, die Konzentration n (Moleküle/m^3) des gelösten Salzes im Wasser, so steigt bei konstanter Spannung U der Strom I. Die Leitfähigkeit σ_{el} steigt anfangs linear mit n an, geht dann in Sättigung über und sinkt bei hohen Kon-

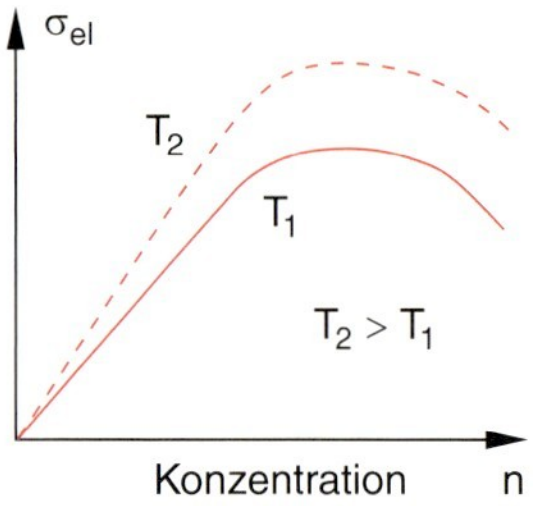

Abb. 2.34. Typischer Verlauf der elektrischen Leitfähigkeit σ_{el} eines Elektrolyten als Funktion der Konzentration für zwei verschiedene Temperaturen

zentrationen wieder ab (Abb. 2.34). Dieser Verlauf lässt sich folgendermaßen verstehen:

Die Leitfähigkeit

$$\sigma_{el} = n \cdot q \cdot u$$

kann nach (2.6c) als Produkt aus Ladungsträgerkonzentration n und Beweglichkeit u geschrieben werden. Bei kleinen Konzentrationen ist u unabhängig von n und liegt in der Größenordnung von 10^{-8}–10^{-7} m^2/V s (Tabelle 2.5). Die Leitfähigkeit σ_{el} steigt dann linear mit n an.

BEISPIEL

Für $n^+ = n^- = 10^{24}\,/\text{m}^3$ (schwache Ionenkonzentration von $1{,}5\,\text{mol/m}^3$) und $u^+ = 4{,}3 \cdot 10^{-8}\,\text{m}^2/\text{V s}$ für Na^+ und $u^- = 6{,}9 \cdot 10^{-8}\,\text{m}^2/\text{V s}$ für Cl^- wird die elektrische Leitfähigkeit einer NaCl-Lösung $\sigma_{el} = (n^+u^+ + n^-u^-)\,e = 1{,}8 \cdot 10^{-2}\,\text{A/V m}$. Bei einer Feldstärke von $E = 10^3\,\text{V/m}$ wird die Driftgeschwindigkeit $v_D^+ = 4{,}3 \cdot 10^{-5}\,\text{m/s}$, $v_D^- = 6{,}9 \cdot 10^{-5}\,\text{m/s}$ und die Stromdichte $j = \sigma_{el} \cdot E = 18\,\text{A/m}^2$.

Mit zunehmender Konzentration n nimmt der mittlere Abstand zwischen den Ionen ab, und da-

Tabelle 2.5. Ionenbeweglichkeiten in wässriger Lösung bei sehr kleinen Ionenkonzentrationen bei 20 °C

Kationen	u^+ $\mathrm{m^2/V\cdot s}$	Anionen	u^- $\mathrm{m^2/V\cdot s}$
H^+	$31{,}5\cdot10^{-8}$	OH^-	$17{,}4\cdot10^{-8}$
Li^+	$3{,}3\cdot10^{-8}$	Cl^-	$6{,}9\cdot10^{-8}$
Na^+	$4{,}3\cdot10^{-8}$	Br^-	$6{,}7\cdot10^{-8}$
Ag^+	$5{,}4\cdot10^{-8}$	I^-	$6{,}7\cdot10^{-8}$
Zn^{++}	$4{,}8\cdot10^{-8}$	SO_4^{--}	$7{,}1\cdot10^{-8}$

mit wird die Anziehung zwischen den Ionen größer. Man muss zur räumlichen Trennung der Ionen Arbeit aufwenden. Dies lässt sich auch durch die in Abschn. 2.2 diskutierte Reibungskraft ausdrücken, die mit zunehmender Ionenkonzentration wegen der langreichweitigen Coulomb-Kraft $F \propto 1/r^2$ bei Ion-Ion-Stößen größer wird. Die Beweglichkeit wird deshalb mit zunehmender Konzentration n erst langsam, dann immer schneller kleiner, sodass die Zunahme von n schließlich überkompensiert wird durch die Abnahme von u.

Die Leitfähigkeit σ_{el} von Elektrolyten nimmt mit zunehmender Temperatur zu (im Gegensatz zu Metallen, wo sie abnimmt!). Dies hat zwei Gründe:

- Die Viskosität des Lösungsmittels nimmt mit steigender Temperatur ab, deshalb steigt die Beweglichkeit u.
- Die thermische Energie der Ionen nimmt mit T zu, sodass man weniger zusätzliche Energie zur räumlichen Trennung der Ionen gegen die Coulombanziehung aufbringen muss.

Ein Mol eines Ions mit der Ladung $Z\cdot e$ transportiert die Ladung

$$Q = N_{\mathrm{A}}\cdot Z\cdot e = F\cdot Z\,,$$

wobei N_{A} die Avogadrokonstante (Loschmidtzahl) ist. Die Ladung, die von 1 Mol einwertiger Ionen transportiert wird, heißt ***Faradaykonstante***

$$F = N_{\mathrm{A}}\cdot e = 96\,485{,}309\,\mathrm{C/mol}\,.$$

Beim Transport der Ladung F wird eine Masse $m = M/Z$ transportiert, wobei M die Molmasse der Ionen ist. Die Masse der Ionen, die beim Ladungstransport von 1 C an den Elektroden abgeschieden wird, heißt ***elektrochemisches Äquivalent*** E_{C}.

BEISPIEL

$\frac{1}{2}\cdot 63{,}5\,\mathrm{g} = 31{,}75\,\mathrm{g}$ Cu^{++}-Ionen transportieren die Ladung $F = 9{,}6\cdot10^4\,\mathrm{C}$, d. h. bei einem Ladungstransport von 1 C wird die Kathode um 0,33 mg schwerer.

Man kann durch Messung von Strom I und Massenzunahme Δm der Kupferkathode während der Zeit Δt die Elementarladung $e = 1{,}6022\cdot10^{-19}\,\mathrm{C}$ bestimmen.

2.7 Stromtransport in Gasen; Gasentladungen

Teilweise oder vollständig ionisierte Gase, die als ***Plasma*** bezeichnet werden, gehören zu den gemischten Leitern. Der Ladungstransport wird sowohl durch Elektronen als auch durch positive und negative Ionen übernommen. Abgesehen von einigen Ausnahmen sind die Plasmen *quasi-neutral*, d. h. gemittelt über ein Mindestvolumen $\Delta V \approx r_{\mathrm{D}}^3$ ist die Zahl der negativen Ladungen gleich der der positiven Ladungen. Die Größe r_{D} heißt ***Debyelänge***.

2.7.1 Ladungsträgerkonzentration

Die Ladungsträgerdichte $n^+ \approx n^- = n$ eines quasineutralen Plasmas wird bestimmt durch die Erzeugungsrate $(\mathrm{d}n/\mathrm{d}t)_{\mathrm{erz}} = \alpha$ und die Vernichtungsrate der Ionenpaare. Der Hauptvernichtungsprozess ist die Rekombination, bei der ein Elektron und ein positives Ion zusammenstoßen und dabei ein neutrales Atom bzw. Molekül bilden. Die kinetische Energie ihrer Relativbewegung vor dem Stoß wird entweder durch Aussendung eines Photons abgeführt (Rekombinationsstrahlung) oder an einen dritten Stoßpartner (der auch die Wand des Gefäßes sein kann) abgegeben. Die Rekombinationsrate muss proportional zum Produkt $n^+\cdot n^-$ der Dichten von Elektronen und Ionen sein, d. h. $(\mathrm{d}n/\mathrm{d}t)_{\mathrm{rek}} = -\beta n^2$.

Insgesamt erhalten wir daher für die zeitliche Änderung der Ladungsträgerkonzentration:

$$\frac{\mathrm{d}n}{\mathrm{d}t} = \alpha - \beta n^2\,. \tag{2.23}$$

Stationäres Gleichgewicht $(\mathrm{d}n/\mathrm{d}t) = 0$ herrscht, wenn die Erzeugungs- und Vernichtungsrate gleich groß sind.

Daraus erhält man für die stationäre Ladungsträgerdichte

$$n_{\text{stat}} = \sqrt{\alpha/\beta}\,. \tag{2.24}$$

Man beachte:

Die Größe n ist die Dichte der Ionen*paare*. Man hat also insgesamt $2n$ Ladungsträger ($n^+ + n^- = 2n$) pro Volumeneinheit.

Hört die Erzeugung von Elektronen zur Zeit $t = 0$ bei einer Ladungsträgerdichte $n_0 = n(t = 0)$ plötzlich auf, so vermindert sich $n(t)$ durch Rekombination. Integration von (2.23) mit $\alpha = 0$ liefert:

$$n(t) = \frac{n_0}{1 + \beta n_0 t} = \frac{n_0}{1 + t/\tau_{1/2}}\,. \tag{2.25}$$

Die Abklingkurve $n(t)$ ist eine Hyperbel. Die Halbwertszeit $\tau_{1/2} = 1/(\beta n_0)$ gibt an, nach welcher Zeit die Konzentration auf die Hälfte ihres Anfangswertes n_0 abgesunken ist.

2.7.2 Erzeugungsmechanismen für Ladungsträger

Ionen-Elektronen-Paare können in Gasen auf verschiedene Weise erzeugt werden:

a) Thermische Ionisation

Bringt man zwischen die Platten eines geladenen Kondensators eine Kerzenflamme oder einen Bunsenbrenner, so fließt ein Strom, der wieder auf null zurückgeht, wenn die Flamme entfernt wird (Abb. 2.35).

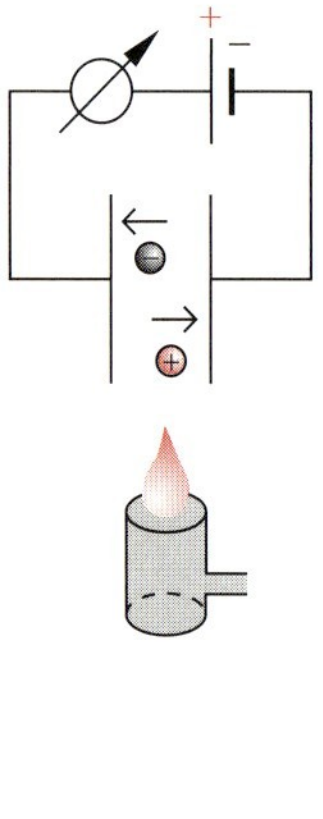

Abb. 2.35. Thermische Ionisation von Molekülen durch einen Bunsenbrenner

Offensichtlich werden durch die Flamme elektrische Ladungsträger erzeugt, die im elektrischen Feld des Kondensators zu den geladenen Platten transportiert werden. Es zeigt sich, dass diese Ladungsträger durch eine Kombination von thermischer Anregung und dadurch initiierten chemischen Prozessen in der Flamme entstehen.

Um allein durch Zufuhr thermischer Energie (d. h. Erhöhung der kinetischen Energie der Atome oder Moleküle) infolge von Stößen der Teilchen miteinander Ionisation zu erreichen, muss die Temperatur sehr hoch sein.

BEISPIEL

Bei einer Temperatur $T = 6000\,\text{K}$ (Oberflächentemperatur der Sonne) ist nur ein Bruchteil von 10^{-4} des neutralen atomaren Wasserstoffs ionisiert.

Mithilfe von speziellen Festkörperoberflächen als Katalysatoren kann der Ionisationsgrad schon bei tieferen Temperaturen stark erhöht werden.

b) Elektronenstoßionisation

Beschleunigt man Elektronen auf genügend hohe Energien ($E_{\text{kin}} \geq$ Ionisationsenergie $\approx 10\,\text{eV}$), so können sie beim Stoß mit Atomen oder Molekülen ein Elektron aus der Elektronenhülle herausschlagen und dadurch ein Elektron-Ion-Paar erzeugen:

$$\text{e}^- + \text{A} \longrightarrow \text{A}^+ + \text{e}^- + \text{e}^-\,. \tag{2.26}$$

Dies ist der Hauptmechanismus zur Erzeugung von Ladungsträgern in Gasentladungen.

c) Photoionisation

Bestrahlt man die Luft zwischen den Platten eines geladenen Kondensators mit ultraviolettem Licht genügend kurzer Wellenlänge oder mit Röntgenstrahlung, so kann man einen Strom messen, der proportional zur Intensität der Strahlung ist. Die Ionen-Elektronen-Paare entstehen durch Photoionisation der Gasmoleküle

$$\text{M} + h\nu \longrightarrow \text{M}^+ + \text{e}^-\,.$$

Trifft die Strahlung auf die Platten des Kondensators, so werden Elektronen aus der negativen Platte ausgelöst,

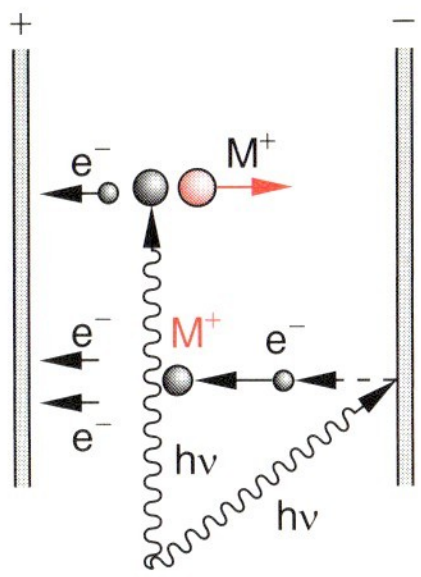

Abb. 2.36. Photoionisation in Gasen durch kurzwellige Strahlung von Photonen $h\nu$, zum einen durch den Prozess $M + h\nu \longrightarrow M^+ + e^-$ und zum anderen durch Freisetzung von Elektronen durch Photoeffekt an der negativen Platte des Kondensators, die dann infolge Elektronenstoßionisation Ionen erzeugen

die dann durch Beschleunigung im elektrischen Feld genügend Energie erhalten können, um durch Elektronenstoßionisation neue Elektronen-Ionen-Paare zu erzeugen (Abb. 2.36).

2.7.3 Strom-Spannungs-Kennlinie

Erzeugt man in einem Gefäß mit zwei Elektroden K und A, das ein Gas bei einem Druck von einigen Millibar enthält, durch einen der oben diskutierten Prozesse Ladungsträger, so beobachtet man als Funktion der zwischen K und A anliegenden Spannung U einen Strom $I(U)$, der etwa den in Abb. 2.37 gezeigten Verlauf hat. Anfangs steigt $I(U)$ proportional zur Spannung U (linearer Bereich), geht dann in einen nahezu konstanten, d. h. von U unabhängigen Wert I_S über (Sättigungsbereich), um dann oberhalb einer von Gasart, Gasdruck und Gefäßgeometrie abhängigen kritischen Spannung U_C steil anzusteigen (Stoßionisation) und dann bei der ***Zündspannung*** U_Z in eine selbstständige Entladung überzugehen, die auch ohne von außen erzeugte Ladungsträger aufrechterhalten werden kann.

Dieser Verlauf lässt sich folgendermaßen erklären: Die durch einen der Erzeugungsprozesse a)–c) im Abschn. 2.7.2 gebildeten Ladungsträger erhalten, analog zu den Elektronen im Metall, im elektrischen Feld $\boldsymbol{E}$ zwischen den Elektroden K und A eine Driftgeschwindigkeit

$$\boldsymbol{v}_D = \frac{e \cdot \tau_s}{m} \boldsymbol{E} ,$$

die sich ihrer thermischen Geschwindigkeit $\boldsymbol{v}$ überlagert und die von der Feldstärke $\boldsymbol{E}$, von der mittleren Stoßzeit $\tau_s = \Lambda/\overline{v}$ und damit über die freie Weglänge $\Lambda = kT/(p \cdot \sigma_{St})$ vom Druck p des Gases und dem Stoßquerschnitt σ_{St} abhängt. Die positiven Ladungsträger driften zur Elektrode K, die negativen zu A.

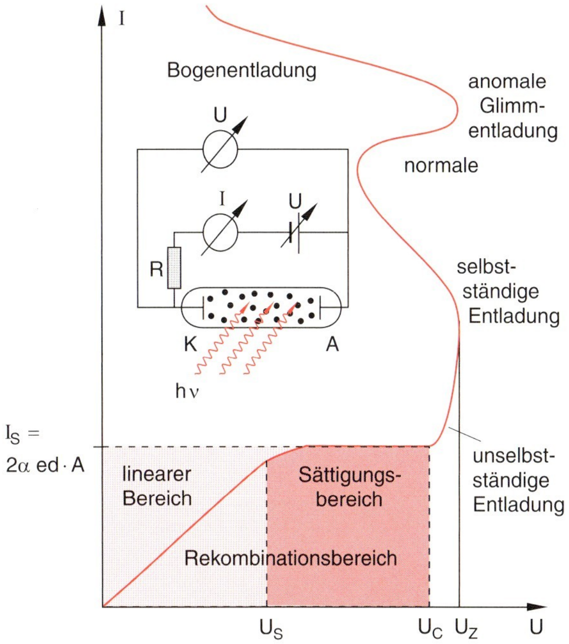

Abb. 2.37. Strom-Spannungs-Charakteristik eines ionisierten Gases

Auf dem Weg vom Entstehungsort zu den Elektroden können die Ladungsträger rekombinieren. Die Zahl der Rekombinationen hängt dabei von der Zeitspanne zwischen Entstehung und Ankunft auf den Elektroden ab, sie sinkt daher mit wachsender Feldstärke $\boldsymbol{E}$.

Solange die Zahl $Z = I/q$ der pro Zeiteinheit die Elektroden erreichenden Ladungsträger klein ist gegen die Rekombinationsrate, wird das Gleichgewicht zwischen Erzeugungs- und Rekombinationsrate nicht wesentlich gestört, und wir erhalten aus (2.24) für die Ladungsträgerkonzentration $n_{stat} = \sqrt{\alpha/\beta}$, sodass wir für die Stromdichte $\boldsymbol{j}$ auf die Elektroden gemäß (2.3) und (2.6b) mit den (Beträgen der) Beweglichkeiten $u^{\pm} = \sigma_{el}^{\pm}/(n \cdot q)$ erhalten:

$$\begin{aligned} \boldsymbol{j} &= q \cdot n_{stat}(u^+ + u^-) \cdot \boldsymbol{E} \\ &= e\sqrt{\alpha/\beta}\,(u^+ + u^-) \cdot \boldsymbol{E} , \end{aligned} \tag{2.27}$$

wenn jeder der Ladungsträger die Elementarladung $q = \pm e$ trägt.

In diesem Bereich gilt also das Ohmsche Gesetz (2.6b), und der Strom $I = j \cdot A$ auf die Elektroden mit der Fläche A und dem Abstand d steigt linear mit der Spannung $U = E \cdot d$.

Steigt die Spannung weiter an, so sinkt die Rekombinationsrate, weil die Driftgeschwindigkeit v_D zunimmt und daher die Aufenthaltsdauer der Ladungsträger im Plasma, wo Rekombination stattfinden kann, abnimmt. Sättigung des Stromes $I(U)$ wird erreicht, wenn alle gebildeten Ladungsträger die Elektroden erreichen, bevor sie rekombinieren können. Bei einem Elektrodenabstand d hat man die Bildungsrate $n = \alpha \cdot d \cdot A$ von Ladungsträgerpaaren im Volumen $V = d \cdot A$, und die Sättigungsstromdichte $j_{sat} = I/A$ ist daher

$$j_{sat} = 2\alpha \cdot e \cdot d \,. \tag{2.28}$$

BEISPIELE

1. Durch kosmische Strahlung werden in bodennahen Schichten unserer Atmosphäre etwa 10^6 Ionenpaare pro m^3 und s erzeugt. Der Rekombinationskoeffizient bei Atmosphärendruck ist etwa $\beta = 10^{-12}\,m^3\,s^{-1}$. Aus (2.24) erhält man daraus eine stationäre Ionenpaarkonzentration von $10^9\,m^{-3}$. Die Beweglichkeit u der positiven Ionen in Luft bei Atmosphärendruck ($n_{neutral} \approx 3 \cdot 10^{25}\,m^{-3}$) ist bei einem Stoßquerschnitt $\sigma_{St} \approx 10^{-18}\,m^2$

   $$u = \frac{e}{m \cdot \overline{v} \cdot n \cdot \sigma_{St}} = 3 \cdot 10^{-4}\,m^2/V\,s\,,$$

   die der negativen Ladungsträger (Elektronen und negative Ionen) ist im Mittel etwa doppelt so groß. Legt man an einen Plattenkondensator in Luft mit Plattenabstand d/m eine Spannung U/V an, so fließt auf Grund der Ionenkonzentration in Luft ein elektrischer Strom I, dessen Stromdichte gemäß (2.27)

   $$\boldsymbol{j} = e \cdot \sqrt{\alpha/\beta} \cdot (u^+ + u^-) \cdot \boldsymbol{E} \Rightarrow$$

   $$j = 1{,}5 \cdot 10^{-13} U/d\,, \quad [\,j] = A/m^2$$

   ist. Im Sättigungsfall werden alle gebildeten Ladungsträger auf die Elektroden abgezogen, d. h. die Stromdichte ist dann

   $$j_{sat} = 2 \cdot 10^6 \cdot 1{,}6 \cdot 10^{-19} \cdot d\,.$$

   Für $d = 0{,}1\,m$ wird die Sättigungsstromdichte $j_{sat} = 3{,}2 \cdot 10^{-14}\,A/m^2$. Für diesem Fall wird die Sättigung also bereits für Feldstärken von $E = 0{,}6\,V/m$ erreicht.

2. Steigert man die Erzeugungsrate (z. B. durch Röntgenstrahlung) auf $\alpha = 10^{12}$ Ionenpaare pro $m^3 s$), so steigt bei gleichem Rekombinationskoeffizienten β die Sättigungsfeldstärke um den Faktor 10^3 auf 200 V/m.

Wird die Spannung U zwischen den Elektroden über den kritischen Wert U_C vergrößert, so erhalten die Ladungsträger im elektrischen Feld eine so große Energie, dass sie beim Stoß mit den neutralen Atomen oder Molekülen des Gases diese ionisieren können (Stoßionisation). Dazu tragen vor allem die Elektronen bei, da sie auf die Elektronen der neutralen Atome wegen ihrer gleichen Masse effektiver als die Ionen Energie übertragen können (siehe Bd. 1, Kap. 4).

2.7.4 Mechanismus von Gasentladungen

Um durch Stoßionisation neue Ladungsträger zu erzeugen, müssen die Elektronen im beschleunigenden Feld $\boldsymbol{E}$ während der freien Weglänge Λ zwischen zwei Stößen mindestens eine Energie aufnehmen, die ausreicht, um das gestoßene Neutralteilchen mit der Ionisierungsenergie W_{ion} zu ionisieren. Bei einem elektrischen Feld $\boldsymbol{E}$ in x-Richtung ist ihre Energieaufnahme $e \cdot E \cdot \Lambda_x$, wobei Λ_x die Strecke in x-Richtung ist, die im Mittel zwischen zwei Stößen zurückgelegt wird. Die Bedingung für Stoßionisation auf der Strecke Λ_x ist daher

$$e \cdot E \cdot \Lambda_x \geq W_{ion}\,. \tag{2.29}$$

Ein Strom von N Elektronen pro Zeiteinheit, die im Feld $\boldsymbol{E}$ in x-Richtung beschleunigt werden, erzeugt dann entlang der Strecke dx

$$dN = \gamma N\,dx \tag{2.30}$$

neue Ladungsträgerpaare und damit dN zusätzliche Elektronen, die nach entsprechender Beschleunigung wieder stoßionisieren können (Abb. 2.38).

Der Faktor

$$\gamma = \frac{(dN/N)}{dx}$$

gibt die Anzahl der Sekundärelektronen an, die ein Primärelektron im Mittel pro Weglängeneinheit in x-Richtung erzeugt. Da die freie Weglänge $\Lambda \propto 1/p$ vom Druck p im Entladungsraum abhängt, ist auch

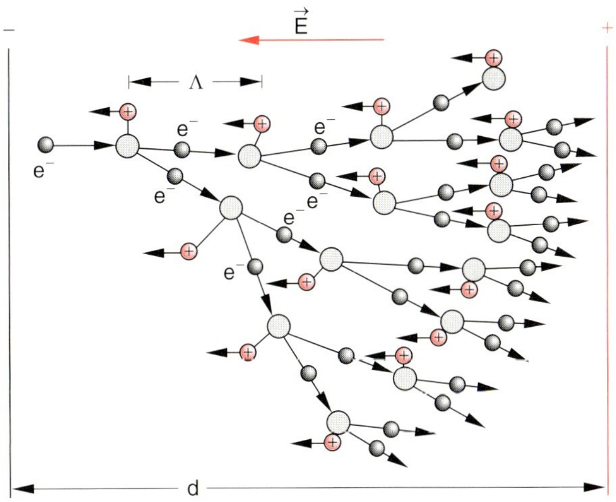

Abb. 2.38. Multiplikationseffekt bei der Erzeugung von Ladungsträgern in einer Gasentladung

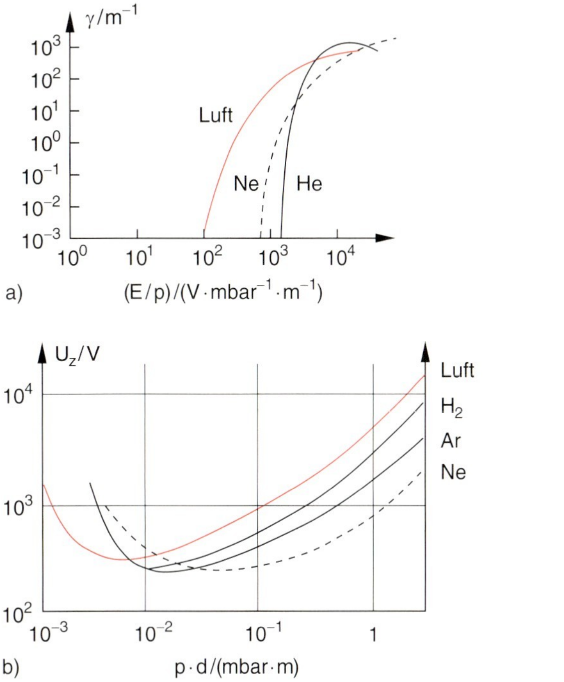

Abb. 2.39. (**a**) Ionisierungsvermögen γ als Funktion des Verhältnisses E/p für verschiedene Gase; (**b**) Zündspannung U_Z als Funktion des Produktes von Druck p und Elektrodenabstand d

das ***Ionisierungsvermögen*** γ abhängig vom Verhältnis E/p von Feldstärke E und Druck p und von der Ionisierungsenergie W_{ion}. In Abb. 2.39a ist $\gamma\,(E/p)$ für verschiedene Gase aufgetragen. Man sieht daraus z. B., dass bei gleichem Wert E/p das Ionisierungsvermögen für Ne oder He wegen deren hohen Ionisierungsenergien kleiner ist als für Luft.

Durch Integration von (2.30) ergibt sich die nach der Strecke $x = d$ angewachsene Zahl von Elektronen pro Zeiteinheit zu

$$N_1 = N_0 \mathrm{e}^{\gamma d}\,, \tag{2.31}$$

wobei $N_0 = N(x = 0)$ der bei $x = 0$ vorhandene Elektronenstrom ist (z. B. durch Glühemission aus der Kathode bei $x = 0$ erzeugt).

Die bei der Stoßionisation gebildeten $N^+ = N_0(\mathrm{e}^{\gamma d} - 1)$ positiven Ionen pro Zeiteinheit (hier fehlt das in (2.31) enthaltene primäre Elektron) werden in Feldrichtung auf die Kathode hin beschleunigt und können beim Aufprall auf die Kathode dort Sekundärelektronen herausschlagen. Wenn δ die mittlere Zahl der pro Ion erzeugten Sekundärelektronen ist (δ hängt ab vom Kathodenmaterial sowie von Ionenart und Ionenenergie), werden insgesamt $\delta \cdot N_0(\mathrm{e}^{\gamma d} - 1)$ Sekundärelektronen erzeugt. Diese werden wieder zur Anode hin beschleunigt und erzeugen auf der Strecke d

$$N_2 = \delta \cdot N_0 \cdot (\mathrm{e}^{\gamma d} - 1) \cdot \mathrm{e}^{\gamma d}$$

Ionenpaare. Der Prozess setzt sich fort, sodass insgesamt

$$N = N_0 \mathrm{e}^{\gamma d} \sum_i \delta^i (\mathrm{e}^{\gamma d} - 1)^i \tag{2.32}$$

Sekundärelektronen pro Zeiteinheit entstehen.

Für $\delta(\mathrm{e}^{\gamma d} - 1) < 1$ hat die geometrische Reihe (2.32) den Wert

$$N = N_0 \frac{\mathrm{e}^{\gamma d}}{1 - \delta\,\left(\mathrm{e}^{\gamma d} - 1\right)}\,. \tag{2.33a}$$

Der Entladungsstrom

$$I = eN = eN_0 \frac{\mathrm{e}^{\gamma d}}{1 - \delta\,\left(\mathrm{e}^{\gamma d} - 1\right)} \tag{2.33b}$$

wächst stärker als linear mit der Feldstärke E, weil γ und damit auch N steil mit E ansteigen (Abb. 2.39a). Solange jedoch $\delta\,(\mathrm{e}^{\gamma d} - 1) < 1$ bleibt, ist die Entladung *unselbstständig*. Der Strom (2.33b) wird null, wenn $N_0 = 0$ wird, d. h. wenn die Startelektronen (2.31) nicht

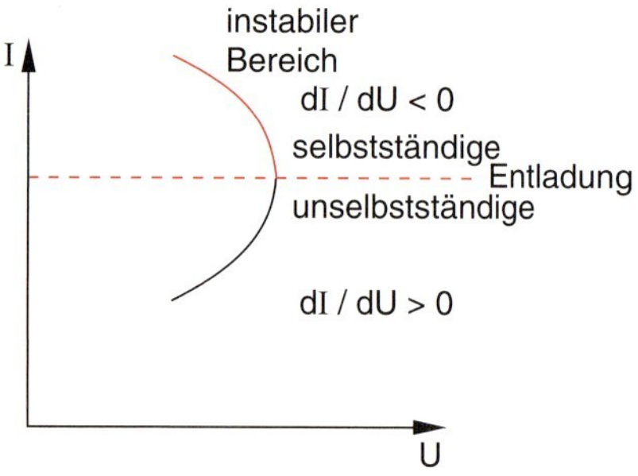

Abb. 2.40. Strom-Spannungs-Charakteristik einer Entladung mit stabilem ($\mathrm{d}I/\mathrm{d}U > 0$) und instabilem Bereich ($\mathrm{d}I/\mathrm{d}U < 0$) mit negativem differentiellen Widerstand $\mathrm{d}U/\mathrm{d}I$

von außen (z. B. durch Röntgenstrahlung oder durch Glühemission) erzeugt werden.

Dies ändert sich, wenn das Ionisierungsvermögen γ so groß wird, dass $\delta(\mathrm{e}^{\gamma d} - 1) \geq 1$ wird, d. h.

$$\gamma \geq \frac{1}{d} \ln \left(\frac{\delta + 1}{\delta} \right) , \tag{2.34}$$

weil dann in (2.32) $N \longrightarrow \infty$ geht. Aus jedem zufällig (z. B. durch die kosmische Strahlung) erzeugten Primärelektron entwickelt sich eine unendlich anwachsende Lawine von Ladungsträgern. Da das Ionisierungsvermögen γ wie gesagt steil mit der Feldstärke ansteigt, wird die Zündbedingung (2.34) für jede Entladung oberhalb einer Zündfeldstärke E_Z erfüllt. Die Entladung brennt *selbstständig*. Die Zündspannung U_Z hängt ab von Gasart und Gasdruck (Abb. 2.39b) und von der Geometrie des Entladungsgefäßes, wie Elektrodenabstand d und Elektrodenform, und auch vom Elektrodenmaterial (weil δ vom Kathodenmaterial abhängt).

Die Bedingung für eine selbstständige stationäre Entladung lautet:

Jeder Ladungsträger muss für seinen eigenen Ersatz sorgen.

Man beachte:

Da mit zunehmender Dichte n der Ladungsträger die Leitfähigkeit σ_{el} ansteigt, sinkt der Widerstand der selbstständigen Gasentladung mit zunehmendem Strom (Abb. 2.40), die Strom-Spannungs-Charakteristik $\mathrm{d}I/\mathrm{d}U$ wird negativ! Da der dadurch bei fester Spannung U beliebig ansteigende Entladungsstrom zur Zerstörung der Spannungsversorgung führen würde (bzw. zum Durchbrennen der Sicherung), muss man Gasentladungen durch Vorschalten eines Ohmschen Widerstand R stabilisieren (Abb. 2.41). Mit zunehmendem Strom wächst der Spannungsabfall $\Delta U = I \cdot R$ am Widerstand, sodass für die Entladung nur noch die mit I absinkende Spannung

$$U = U_0 - R \cdot I$$

(Widerstandsgerade in Abb. 2.41) zur Verfügung steht. Ein stabiler Betrieb stellt sich im Schnittpunkt der Widerstandsgeraden mit der Charakteristik $I(U)$ der Gasentladung ein.

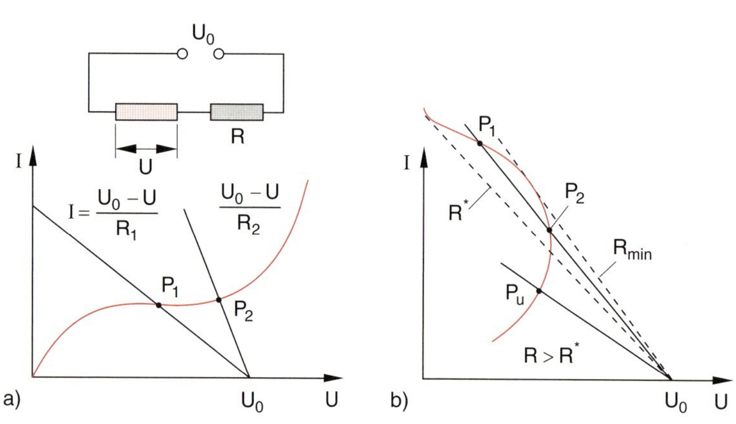

Abb. 2.41a,b. Stabilisierung einer Gasentladung durch Vorschalten eines Ohmschen Widerstandes R. (**a**) Unselbstständige Entladung ($\mathrm{d}U/\mathrm{d}I > 0$). Durch Wahl von R kann der Arbeitspunkt P beliebig gewählt werden; (**b**) selbstständige Entladung ($\mathrm{d}U/\mathrm{d}I < 0$). An den Schnittpunkten der Geraden mit der Kurve $I(U)$ ist die Summe der Spannungsabfälle am Vorwiderstand und an der Gasentladung gleich U_0. Für $R < R_{min}$ kann bei nicht zu hoher Stromstärke keine Stabilisierung erreicht werden. Für $R_{min} < R < R^*$ gibt es zwei mögliche Entladungsbedingungen in den Punkten P_1 und P_2, und für $R > R^*$ wird die Entladung unselbstständig

2.7.5 Verschiedene Typen von Gasentladungen

Die Elektronen können beim Stoß mit den Atomen diese nicht nur ionisieren, sondern auch Energien $W < W_{ion}$ übertragen, die zur Anregung von Energiezuständen des neutralen Atoms führen. Diese *angeregten Zustände* geben ihre Anregungsenergie W im Allgemeinen nach kurzer Zeit (typisch sind 10^{-8} s) wieder ab, indem sie Licht der Photonenenergie $W = h \cdot \nu$ abstrahlen: Deshalb leuchten Gasentladungen. Auch bei der Rekombination von Elektronen mit Ionen wird Licht emittiert. Die Intensität, Farbe und räumliche Verteilung der Lichtemission hängt von der Art der Gasentladung, von der Gasart und vom Gasdruck ab. Wir unterscheiden:

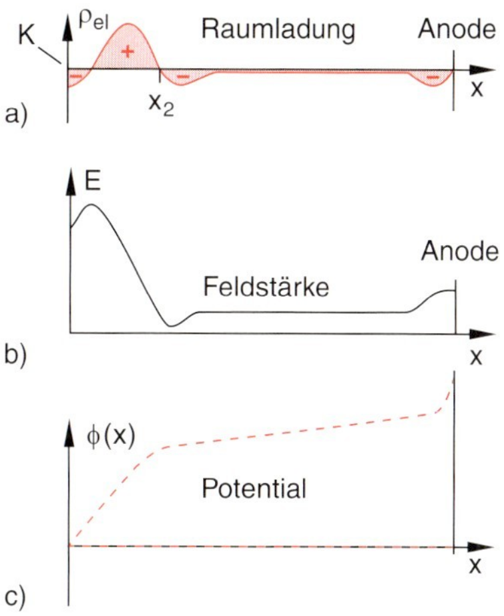

Abb. 2.43. (**a**) Raumladungsverlauf, (**b**) Feldstärke und (**c**) Potential $\phi(x)$ in einer Glimmentladung

a) Glimmentladungen

Glimmentladungen sind Niederdruckentladungen ($p = 10^{-4}$–10^{-2} bar) bei relativ geringen Stromstärken im mA-Bereich. Man sieht geschichtete Leuchterscheinungen (Abb. 2.42), deren Struktur sich mit dem Druck p und der Entladungsspannung U ändern. Die beobachtete Schichtstruktur entspricht der Feldverteilung $E(x)$, die nicht mehr räumlich konstant ist (Abb. 2.43).

Die an der Kathode durch die aufprallenden Ionen erzeugten Sekundärelektronen werden beschleunigt, bis sie nach der Strecke x_1 genug Energie zur Anregung der Gasatome haben. Deshalb entsteht dicht an der Kathode das intensive *negative Glimmlicht*. Nach der Strecke x_2 haben die Elektronen genügend Energie, um zu ionisieren. Dort bildet sich eine starke Konzentration von Elektron-Ionen-Paaren. Weil die schweren Ionen langsamer aus diesem Bereich zur Kathode driften als die Elektronen in Richtung Anode, entsteht hier ein Überschuss an positiver Ladung. Diese Raumladung führt zu einer Erhöhung der Feldstärke zwischen Kathode und x_2 (*Kathodenfall* der Spannung in Abb. 2.43c) und zu einer entsprechenden Verringerung der Feldstärke im Gebiet zwischen x_2 und Anode. Dadurch wird die Beschleunigung der Elektronen in diesem Gebiet verringert und damit auch die Ionisierungsrate. In diesem Gebiet herrscht daher eine negative Raumladung (Abb. 2.43a).

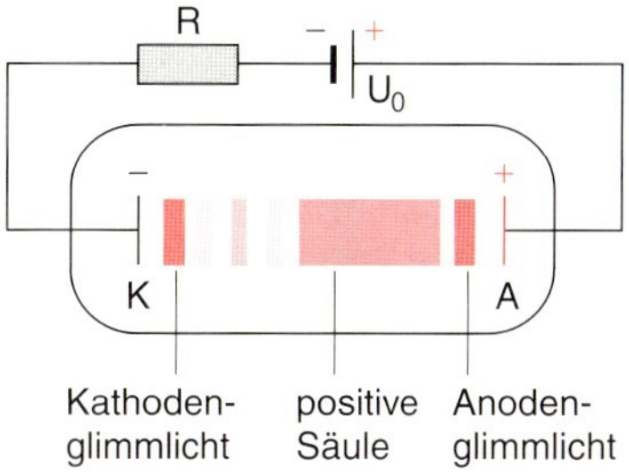

Abb. 2.42. Schematische Darstellung der Leuchterscheinungen in einer Glimmentladung

Der größte Teil des Entladungsraumes wird von der *positiven Säule* ausgefüllt, in der ein relativ konstantes elektrisches Feld existiert, das gerade stark genug ist, um die Ionisierungsrate gleich der Rekombinationsrate zu halten. Hier haben die Elektronen genügend Energie, um die Atome anzuregen, sodass die gesamte positive Säule ein diffuses Licht aussendet.

Bei kleiner werdendem Druck wird die freie Weglänge größer, sodass die positive Säule in viele leuchtende Scheiben strukturiert ist, deren Abstand Δx der mittleren freien Weglänge entspricht.

b) Bogenentladungen

Dies sind stromstarke Entladungen bei höherem Druck. Durch den großen Strom werden die Elektroden so heiß, dass sie durch Glühemission Elektronen emittieren. Der Nachschub an Elektronen braucht also nicht mehr unbedingt durch Ionenaufprall zu erfolgen. Die elektrische Leitfähigkeit der Bogenentladung ist sehr hoch, sodass nach der Zündung die Spannung über dem Bogen drastisch absinkt und der Bogen bereits

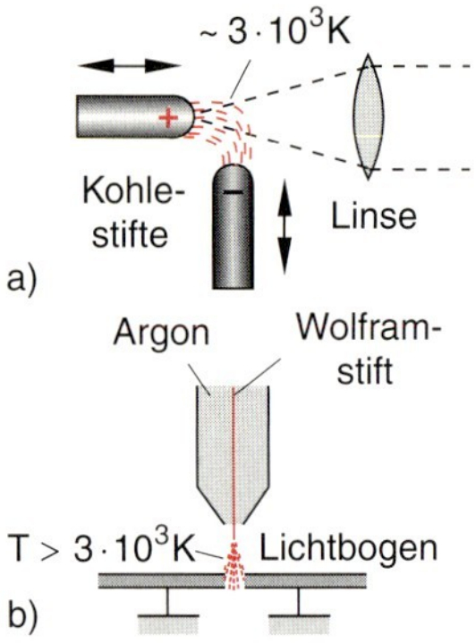

Abb. 2.44. (**a**) Kohlenbogenentladung als intensive Lichtquelle; (**b**) Bogenentladung beim Elektroschweißen

bei geringen Spannungen brennt. Ein Beispiel ist die Kohlenbogenentladung (Abb. 2.44a), die als intensive Lichtquelle zur Projektion benutzt wird. Auch zum ***Elektroschweißen*** wird ein solcher Hochstromlichtbogen zwischen dem Werkstück als einer Elektrode und einem Wolframstift als zweiter Elektrode verwendet (Abb. 2.44b). Zum Zünden werden die Elektroden kurzzeitig kurzgeschlossen und dann auseinander gezogen. Um Oxidation des Werkstücks zu vermeiden, wird ein koaxialer Argonstrom über die Schweißstelle geblasen (Schutzgas-Schweißen).

Auch Quecksilber- oder Xenonhochdrucklampen, die intensive Lichtquellen mit großer Leuchtdichte darstellen, sind Hochstrom-Hochdruck-Entladungen. Sie werden durch einen kurzen Hochspannungsimpuls gezündet und brennen dann als selbstständige Entladungen.

c) Funkenentladungen

Funkenentladungen sind kurzzeitige Bogenentladungen, die wieder erlöschen, weil die Spannung über der Entladungsstrecke zusammenbricht. Sie werden z. B. bei der Entladung eines Kondensators durch eine Gasentladungsröhre erzeugt und finden in der Photographie Verwendung zur Ausleuchtung oder Aufhellung von Objekten (Blitzlicht).

In besonders spektakulärer Form lassen sich Funkenentladungen als Blitze bei Gewittern beobachten (siehe Abschn. 1.9). Durch die kurzzeitige starke Erwärmung der Luft im Funkenkanal kommt es zu plötzlichem Druckanstieg, der sich als Knallwelle in der Luft fortpflanzt (Donner).

Ausführliche Darstellungen von Gasentladungen, die auch als Lichtquellen verwendet werden, findet man in [2.9, 10].

2.8 Stromquellen

Wir haben uns bisher mit den Eigenschaften des Leitungsmechanismus beim Stromtransport durch feste, flüssige oder gasförmige Leiter befasst, aber noch nicht diskutiert, wie man elektrischen Strom erzeugen kann.

Alle Stromquellen basieren auf einer Trennung von positiven und negativen Ladungen. Bei dieser räumlichen Trennung muss gegen die anziehenden Coulomb-Kräfte Arbeit geleistet werden, die aus mechanischer Energie, chemischer Energie, Lichtenergie oder Kernenergie kommt. Die Ladungstrennung führt zu einer Potentialdifferenz zwischen räumlich getrennten Orten in der Stromquelle, die als Spannung U zwischen den Polen der Quelle gemessen wird. Verbindet man diese Pole durch ein leitendes Material, so kann ein Strom I fließen, dessen maximale Stärke $I_{\max} < U/R$ durch Spannung U und Widerstand R des Leiters, aber auch durch den von der Quelle maximal lieferbaren Strom $I = \mathrm{d}Q/\mathrm{d}t$ bei der Ladungstrennung begrenzt wird und deshalb im Allgemeinen kleiner als U/R ist.

Die technisch bei weitem am häufigsten verwendeten Stromquellen sind elektrodynamische Generatoren, die auf der Ladungstrennung durch magnetische Induktion beruhen. Sie werden in Kap. 5 besprochen. Eine große Bedeutung für eine vom öffentlichen Netz unabhängige Stromversorgung haben chemische Stromquellen in Form von Batterien oder Akkumulatoren. Insbesondere die zur Zeit weiterentwickelten chemischen Brennstoffzellen werden für Elektroautos in der Zukunft bedeutsam werden. Wir wollen beide Formen dieser chemischen Stromquellen kurz erläutern.

Das Prinzip der Solarzellen, bei denen Sonnenenergie zur Erzeugung von elektrischem Strom ausgenutzt wird, kann erst im Bd. 3 im Rahmen der Halbleiterphysik erklärt werden.

Zum Schluss sollen noch Thermospannungen und -ströme vorgestellt werden, die auf der Temperaturabhängigkeit des Kontaktpotentials zwischen verschiedenen Metallen beruhen.

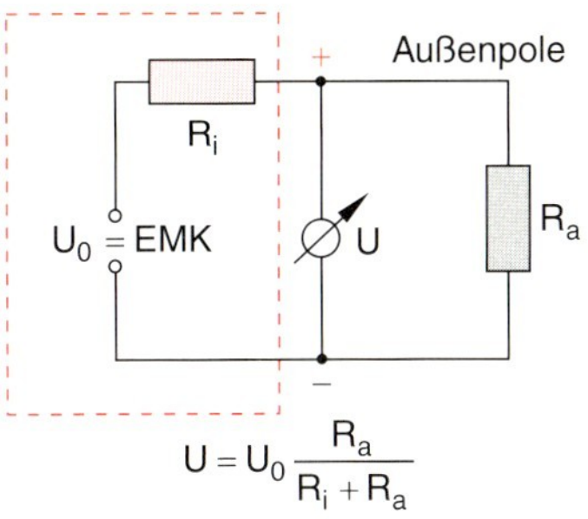

Abb. 2.45. Zum Innenwiderstand einer Stromquelle

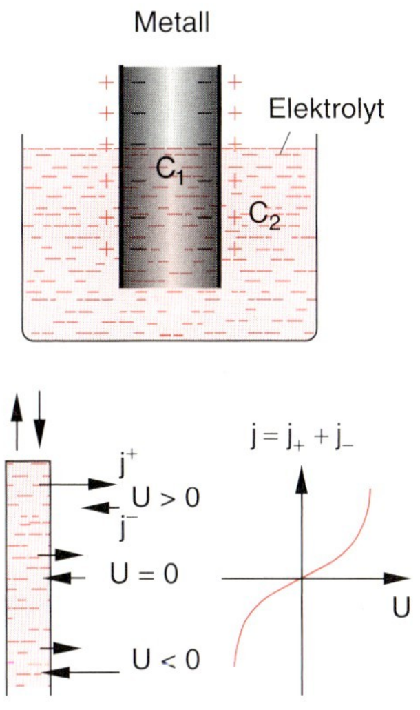

Abb. 2.46. Aufbau einer Raumladungsschicht mit entsprechender Potentialdifferenz $\Delta\phi$ zwischen Metallelektrode und Elektrolyt

2.8.1 Innenwiderstand einer Stromquelle

Jede Stromquelle hat einen Innenwiderstand R_i, der daher rührt, dass die Ladungsträger auf dem Wege vom Ort ihrer Trennung zu den Ausgangsklemmen des Gerätes Stöße mit den Atomen oder Molekülen des entsprechenden Leitermateriales erleiden. Wenn die ***Klemmenspannung*** der unbelasteten Stromquelle U_0 ist (man nennt U_0 auch die ***elektromotorische Kraft*** EMK), dann sinkt bei Belastung mit einem äußeren Widerstand R_a (Abb. 2.45) die Klemmenspannung beim Strom $I = U_0/(R_i + R_a)$ auf den Wert

$$U = U_0 - I \cdot R_i = U_0 \cdot \left(1 - \frac{R_i}{R_i + R_a}\right)$$
$$= U_0 \frac{R_a}{R_i + R_a} \,. \qquad (2.35)$$

Die Klemmenspannung wird daher abhängig vom Verbraucherwiderstand!

Man kann jedoch durch elektronische Spannungsstabilisierung den Innenwiderstand R_i sehr klein machen (siehe Kap. 5), sodass man damit eine Klemmenspannung erhält, die in vorgegebenen Grenzen praktisch unabhängig von der Belastung wird.

2.8.2 Galvanische Elemente

Taucht man zwei verschiedene Metallelektroden in eine Elektrolytflüssigkeit, so misst man zwischen beiden Elektroden eine elektrische Spannung. Die Ursache für diese Spannung kann man folgendermaßen verstehen:

Zwischen Metallelektrode und der umgebenden Elektrolytflüssigkeit besteht ein Konzentrationsgefälle von Metallionen, das sich durch *Diffusion* (d. h. durch Übergang von Metallionen in die Lösung) auszugleichen sucht. Nun ist die Bindungsenergie $|e \cdot \phi_1|$ der Ionen im Metall im Allgemeinen wesentlich größer als ihre Bindungsenergie $|e \cdot \phi_2|$ im Elektrolyten, wo sie durch Anlagerung von Wasser-Dipol-Molekülen an die positiven Ionen bestimmt wird (Abb. 2.33). Durch den Übergang positiver Ionen von der Elektrode in die Lösung entsteht eine negative Raumladung in der Elektrode und eine entsprechende positive Raumladung in einer Schicht der Elektrolytflüssigkeit um die Elektrode (Abb. 2.46).

Dadurch wird eine Potentialdifferenz $\Delta\phi = U$ aufgebaut, die zu einer Spannung U zwischen Elektrode und Elektrolyt führt. Diese Potentialdifferenz treibt die Ionen wieder zurück in die Elektrode. Gleichgewicht herrscht, wenn die Zahl der pro Sekunde in Lösung gehenden Ionen gleich der Zahl der wieder in die Elektrode zurückkehrenden Ionen ist. Dies ist der Fall, wenn sich eine Spannung $U = \phi_1 - \phi_2$ aufgebaut hat. Für die Konzentrationen c_2 (im Elektrolyten) und c_1 (im Metall) gilt dann das Boltzmann-Gleichgewicht:

$$\frac{c_1}{c_2} = \mathrm{e}^{-eU/kT} \qquad (2.36)$$

(siehe analoge Diskussion für die barometrische Höhenformel in Bd. 1, Kap. 7).

In diesem Gleichgewichtszustand fließt durch die Elektrode kein Nettostrom. Wird eine positive äußere Spannung an die Elektrode (gegen den Elektrolyten) gelegt, so gehen positive Metallionen verstärkt in Lösung. Die Elektrode löst sich auf. Wird eine negative Spannung angelegt, d. h. das Potential der Elektrode wird erniedrigt gegenüber dem des Elektrolyten, so können sich Metallionen aus der Lösung an der Elektrode abscheiden, die dadurch dicker wird.

Taucht man zwei verschiedene Elektroden mit den Potentialdifferenzen $\Delta\phi_1 = U_1$ bzw. $\Delta\phi_2 = U_2$ zwischen Elektrode und Elektrolyt in den Elektrolyten ein, so misst man die Spannungsdifferenz $\Delta U = U_1 - U_2$ zwischen den beiden Elektroden. Eine Anordnung aus zwei verschiedenen Metallelektroden in einem Elektrolyten heißt ***galvanisches Element***, nach dem italienischen Anatomen *Luigi Galvani* (1737–1798), der als erster entdeckte, dass elektrischer Strom erzeugt werden kann, wenn in tierisches Gewebe zwei verschiedene Metallelektroden eingebracht werden (Froschschenkelversuche). *Alesandro Volta* (1745–1827) erkannte 1794, dass dieses Prinzip der Stromerzeugung verallgemeinert werden kann auf beliebige Anordnungen von ungleichen Metallen in einem Elektrolyten und entwickelte die ersten in der Praxis verwendbaren Batterien. Nach *Volta* ist die Spannungseinheit 1 V benannt.

Man beachte:

Die Absolutwerte U der Potentialdifferenzen $\Delta\phi$ sind nicht messbar, nur die Differenzen ΔU zwischen verschiedenen Metallen.

Man kann nun ähnlich wie bei den Kontaktpotentialen die verschiedenen Metalle nach ihren Spannungsdifferenzen ΔU gegeneinander in eine elektrochemische (galvanische) ***Spannungsreihe*** einordnen (Tabelle 2.6).

Tabelle 2.6. Galvanische Spannungsreihe einiger Metalle, gemessen gegen die Normal-Wasserstoff-Elektrode bei einer Konzentration von 1 Mol Ionen pro Liter Elektrolytflüssigkeit bei $T = 293$ K

Elektrode	U/V	Elektrode	U/V
Li^+/Li	−3,02	Ni^{++}/Ni	−0,25
K^+/K	−2,92	Pb^{++}/Pb	−0,126
Na^+/Na	−2,71	$H_2/2H^+$	0
Zn^{++}/Zn	−0,76	Cu^+/Cu	+0,35
Fe^{++}/Fe	−0,44	Ag^+/Ag	+0,8
Cd^{++}/Cd	−0,40	Au^{3+}/Au	+1,5

Anmerkung

Diese galvanische Spannungsreihe ist nicht identisch mit der Kontaktspannungsreihe in Tabelle 1.3, in der die Austrittsarbeiten für Elektronen aufgelistet sind.

Wählt man willkürlich eine von Wasserstoffgas umspülte Platinelektrode als Referenz, deren Potentialdifferenz $\Delta\phi_R$ gegen eine 1-molare Elektrolytlösung (1 mol Ionen pro Liter Lösung) als Nullpunkt dieser Spannungsreihe definiert wird, dann können durch Differenzmessungen die in Tabelle 2.6 aufgeführten Spannungen für die verschiedenen Metalle angegeben werden. Damit ist aus Tabelle 2.6 sofort die Spannung eines galvanischen Elements ablesbar, wenn die Metalle der beiden Elektroden bekannt sind. So ergibt z. B. ein Element mit einer Zink- und einer Kupferelektrode in einer verdünnten H_2SO_4-Lösung im unbelasteten Zustand eine Spannung von 1,1 V, wobei die Zn-Elektrode den negativen, die Cu-Elektrode den positiven Pol bildet (Abb. 2.47).

Verbindet man die beiden Pole des galvanischen Elementes, das die Spannung U liefert, durch einen Lastwiderstand R_a (Abb. 2.48), so fließt gemäß (2.35) ein Strom

$$I = \frac{U}{R_a + R_i} ,$$

wobei R_i der Innenwiderstand des Elementes ist. Der Strom wird im Metall durch Elektronentransport getragen, wobei die Elektronen von der negativen Zinkelektrode zur positiven Kupferelektrode fließen. Dadurch entsteht ein Elektronenmangel in der Zn-Elektrode und ein Elektronenüberschuss in der Cu-Elektrode. Diese Ladungsänderung ruft eine entsprechende Änderung der Spannung zwischen Zn- und Cu-Elektrode hervor, die wieder ausgeglichen wird durch die Ionenwanderung im Elektrolyten. Die Zn-Atome gehen als Zn^{++}-Ionen in Lösung und lassen daher je zwei Elektronen in der Zn-Elektrode zurück, wandern zur Cu-Elektrode (weil durch den Elektronenüberschuss in der Cu-Elektrode das Potential der Kupferelektrode negativ wird gegen das Potential der Zn^{++}-Lösungsschicht um die Zn-Elektrode (Abb. 2.46)) und scheiden sich als neutrale Zn-Atome auf der Cu-Elektrode ab. Die Zn-Elektrode wird dabei immer dünner, die Cu-Elektrode überzieht sich mit einer Zinkschicht. Sobald die Cu-Elektrode vollständig mit Zink bedeckt ist, sinkt die Spannung des Elementes

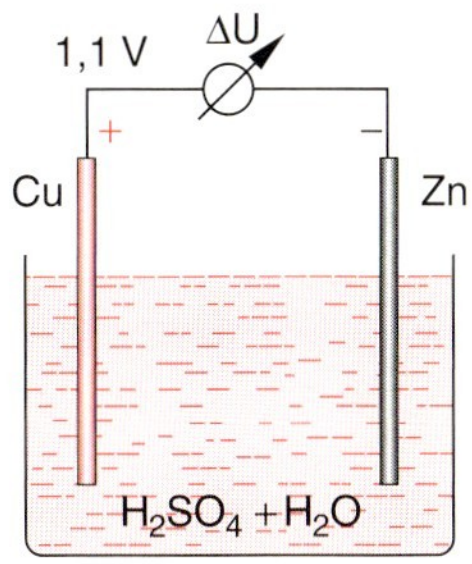

Abb. 2.47. Zwischen zwei verschiedenen Metallelektroden in einem Elektrolyten besteht die Spannungsdifferenz $\Delta U = U_1 - U_2 = \Delta\phi_1 - \Delta\phi_2$

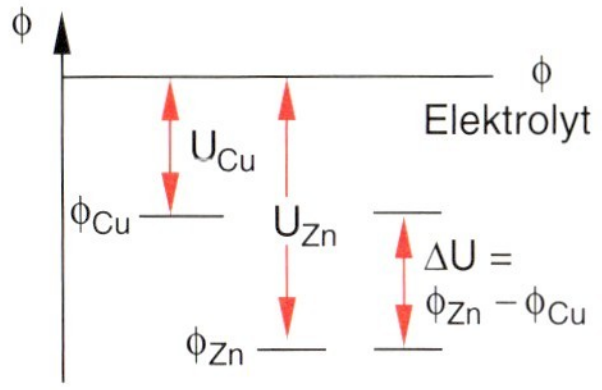

auf null, weil jetzt praktisch zwei gleiche Elektroden vorhanden sind.

Um die Lebensdauer der Cu/Zn-Batterie zu verlängern, kann man als Elektrolyt eine $CuSO_4$-Lösung verwenden. Durch die nun erfolgende Abscheidung von Cu^{++}-Ionen auf der Cu-Elektrode werden immer wieder neue Kupferschichten gebildet. Die Batterie ist erst „leer“, wenn alles Kupfer aus der $CuSO_4$-Lösung verbraucht ist.

Der Innenwiderstand R_i des galvanischen Elementes ist durch die Beweglichkeit u der Ionen und durch ihre Konzentration c bestimmt (siehe auch Abb. 2.34). Er hängt außerdem von der Geometrie der Anordnung ab. Bei homogener Stromdichte $\boldsymbol{j}$ zwischen zwei quadratischen Plattenelektroden mit Seitenlänge L, deren Abstand d klein gegen L ist, gilt gemäß (2.7):

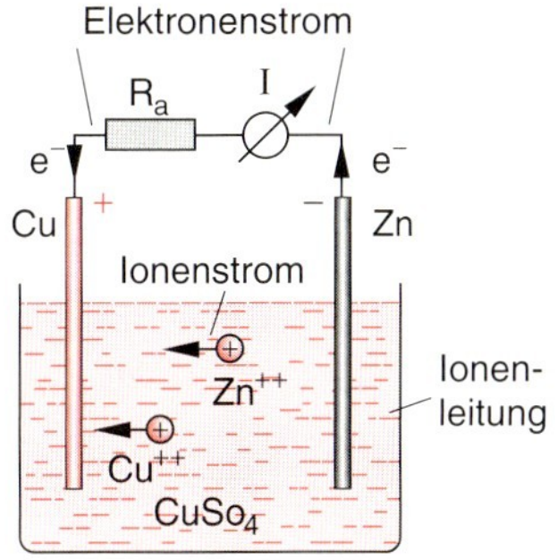

Abb. 2.48. Galvanisches Element mit $CuSO_4$-Elektrolyt

$$R_i = \frac{d}{\sigma_{el} L^2} = \frac{m \cdot d}{n q^2 \tau_s L^2} , \tag{2.37}$$

wobei $\tau_s = \Lambda/\overline{v}$ die mittlere Zeit zwischen zwei Stößen der Ionen und n die Zahl der Ionen pro Volumeneinheit ist.

2.8.3 Akkumulatoren

Taucht man zwei Bleiplatten in eine mit Wasser verdünnte Schwefelsäurelösung, so überziehen sich beide Platten bald mit einer Schicht aus Bleisulfat $PbSO_4$. Legt man jetzt an die beiden Platten eine äußere Spannung an (Abb. 2.49a), so werden die im Elektrolyten dissoziierten Ionen H^+ und OH^- (siehe Abschn. 2.6) zu den Elektroden wandern. Dort geben sie ihre Ladungen ab und reagieren dabei mit den $PbSO_4$-Schichten gemäß folgendem Schema:

$$\begin{aligned} &\text{Anode:} \quad PbSO_4 + 2OH^- \longrightarrow \\ &\qquad\qquad PbO_2 + H_2SO_4 + 2e^- \; ; \\ &\text{Kathode:} \; PbSO_4 + 2H^+ + 2e^- \longrightarrow \\ &\qquad\qquad Pb + H_2SO_4 \; . \end{aligned} \tag{2.38}$$

Bei dieser *Aufladung* des Akkumulators wird die Anode zu Bleioxid PbO_2 und die Kathode zu metallischem Blei. Man hat also durch den Aufladungsprozess ein chemisches Element mit ungleichen Elektroden geschaffen, das nun selbst wieder eine Spannung liefern kann, wobei zwischen dem Pluspol (PbO_2) und dem Minuspol (Pb) eine Spannung von 2 V auftritt.

Am Ende der Aufladung beobachtet man an der Anode das Entweichen von Sauerstoffgas (aus der Reaktion $4OH^- \longrightarrow 2H_2O + O_2 + 4e^-$) und an der Kathode von Wasserstoffgas ($2H^+ + 2e^- \longrightarrow H_2$).

Beim Entladen des Akkumulators laufen die Prozesse (2.38) in umgekehrter Richtung ab:

$$\begin{aligned} &\text{Anode:} \quad PbO_2 + HSO_4^- + 3H^+ + 2e^- \longrightarrow \\ &\qquad\qquad PbSO_4 + 2H_2O \; ; \\ &\text{Kathode:} \; Pb + SO_4^{--} \longrightarrow PbSO_4 + 2e^- \; . \end{aligned} \tag{2.39}$$

Der Wirkungsgrad η des Akkus, definiert als das Verhältnis von Entladungsenergie zu Aufladeenergie, beträgt etwa 75–80%. Der Rest geht in Wärmeenergie über.

Die Speicherkapazität ist etwa 30 Wh pro kg Blei, wobei man statt Bleiplatten Bleigitter benutzt, um eine größere Elektrodenoberfläche zu erhalten. Technische

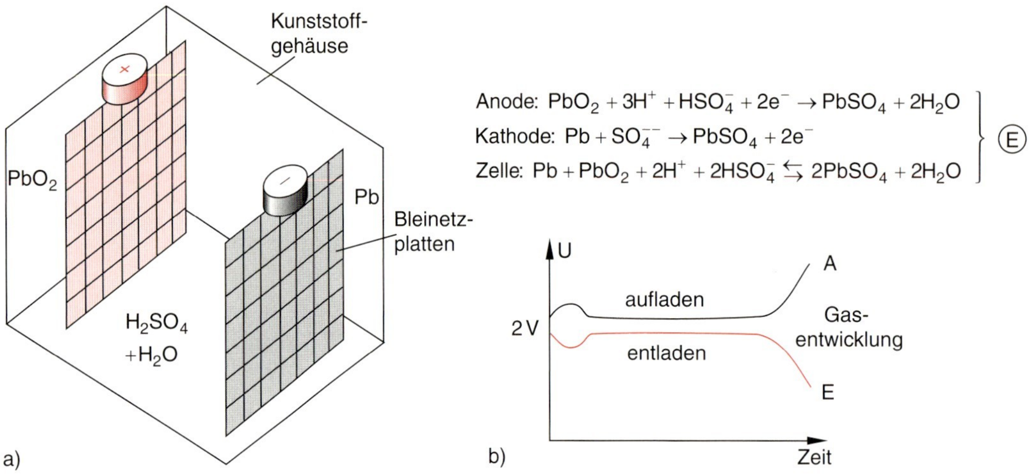

Abb. 2.49a,b. Bleiakkumulator: (**a**) Aufbau; (**b**) Spannungsverlauf und chemische Reaktion beim Aufladen (A) und Entladen (E)

Details über Bleiakkumulatoren findet man in [2.11]. In Abb. 2.49b ist der zeitliche Spannungsverlauf beim Auf- und Entladevorgang dargestellt.

2.8.4 Verschiedene Typen von Batterien

Außer dem im vorigen Abschnitt behandelten Bleiakkumulator gibt es eine Reihe anderer chemischer Elemente, die auf der Ladungstrennung durch chemische Reaktionen beruhen. Ein Beispiel ist die wiederaufladbare ***Nickel-Cadmium-Batterie*** (Abb. 2.50), deren Ni- und Cd-Elektroden in einer KOH-Lauge im ungeladenen Zustand mit einer Hydroxidschicht bedeckt sind. Beim Aufladen wird an der Kathode die Reaktion initiiert:

$$\mathrm{Cd(OH)_2 + 2e^- \longrightarrow Cd + 2OH^-}\,,$$

und an der Anode:

$$\mathrm{2Ni(OH)_2 + 2OH^- \longrightarrow 2Ni(OH)_3 + 2e^-}\,.$$

Die Aufladung ist beendet, wenn die gesamte Elektrodenoberfläche der Kathode in Cd umgewandelt ist.

Bei der Entladung laufen die Reaktionen wieder in umgekehrter Richtung, und im äußeren Stromkreis fließen die Elektronen von der Cd- zur Ni-Elektrode.

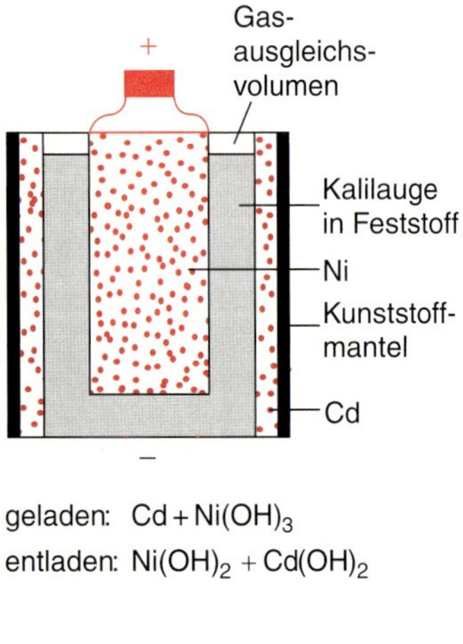

Abb. 2.50. Gasdichte, wiederaufladbare Nickel-Cadmium-Batterie mit porösen Ni- und Cd-Elektroden, die eine Spannung von 1,2 V liefert

Für viele Anwendungszwecke ist das Verhältnis von Ladungsmenge zu Gewicht beim Bleiakkumulator zu schlecht. Außerdem sind oft flüssige Elektrolyte nicht akzeptabel (Auslaufgefahr). Man hat deshalb nach festen Ersatzelektrolyten gesucht. Eine interessante Alternative zum Bleiakkumulator ist die ***Natrium-Schwefel-Batterie*** [2.12, 13], deren Elektrolyt aus fester Al_2O_3-Keramik besteht (Abb. 2.51). Auf der einen Seite des Elektrolyten befindet sich flüssiges Natrium, auf der anderen Seite flüssiger Schwefel, der in einem Graphitschwamm aufgesaugt ist, um die elektrische Leitfähigkeit zu erhöhen. An der Anode läuft bei der Entladung die Reaktion

$$\mathrm{2Na^+ + S + 2e^- \longrightarrow Na_2S}$$

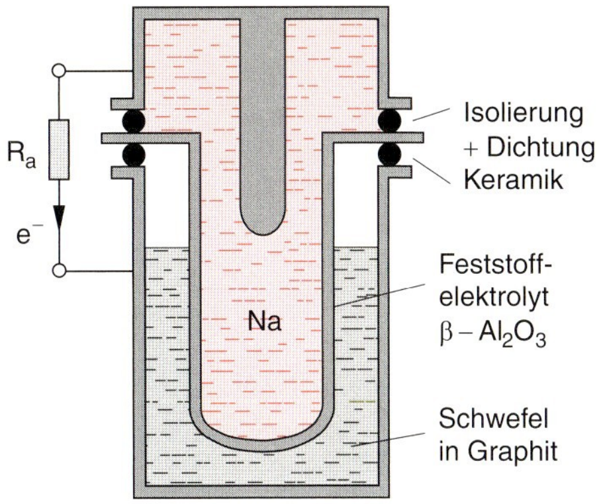

Abb. 2.51. Natrium-Schwefel-Batterie

ab, an der Kathode:

$$Na \longrightarrow Na^+ + e^- \,.$$

Die Klemmenspannung beträgt etwa 2 V, die maximale massenbezogene Energiedichte liegt mit 1 kWh/kg um den Faktor 30 höher als beim Bleiakkumulator.

Als „kleine" Trockenbatterien zum Gebrauch in tragbaren netzunabhängigen elektronischen Geräten werden heute moderne Ausführungsformen des bereits 1866 von *Leclanché* entwickelten ***Leclanché-Elementes*** verwendet (Abb. 2.52).

Ein Kohlestab, der mit Braunstein (MnO_2) vermischt ist, bildet die Mittelelektrode, der äußere Zinkzylinder die Gegenelektrode. Zwischen beiden befindet sich der feste Elektrolyt, der eine mit Füllstoffen (Stärkebrei, Cellulose) verfestigte Ammoniumchloridlösung (NH_4Cl) darstellt.

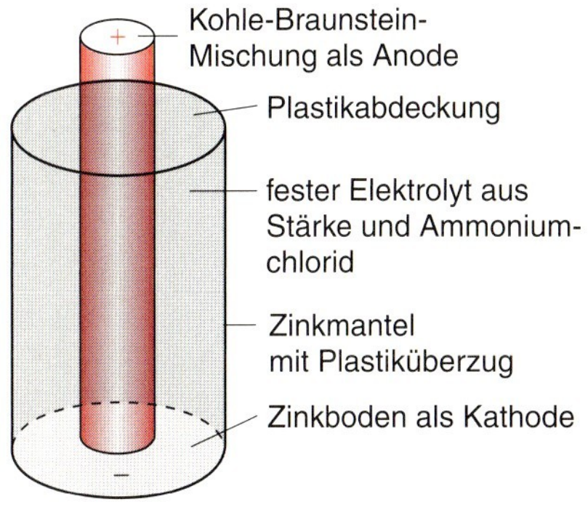

Abb. 2.52. Aufbau einer kleinen Trockenbatterie

2.8.5 Chemische Brennstoffzellen

Beim Akkumulator wird die chemische Energie von im Akkumulator vorhandenen Reaktionspartnern ($PbSO_4 + H_2O$) bzw. ($Pb + H_2SO_4$) zur Umwandlung in elektrische Energie genutzt. Die Reaktionsprodukte verbleiben innerhalb der Zellen und führen zum Abbau der Potentialdifferenz (Entladung) zwischen den Polen. Die Energiespeicherfähigkeit von Batterien und Akkus ist daher begrenzt.

Dieser Nachteil wird bei chemischen Brennstoffzellen vermieden, weil hier die Reaktionspartner von außen kontinuierlich zugeführt werden. In Abb. 2.53 ist ein vereinfachtes Schema einer mit Wasserstoff und Sauerstoff betriebenen Brennstoffzelle dargestellt. Hier wird die elektrische Energie in der stark exothermen ***Knallgasreaktion***

$$2H_2 + O_2 \longrightarrow 2H_2O \qquad (2.40)$$

gewonnen, die jedoch in der Brennstoffzelle unter kontrollierten Bedingungen abläuft, um eine explosionsartige Energiefreisetzung zu vermeiden. Der Trick der Brennstoffzellen ist die räumliche Trennung von Oxidations- und Reduktionsreaktion. Die Reaktion (2.40) wird dabei durch eine geeignete Konstruktion der Brennstoffzelle aufgespalten in die Teilreaktion

$$O_2 + 2H_2O + 4e^- \longrightarrow 4OH^- \qquad (2.40a)$$

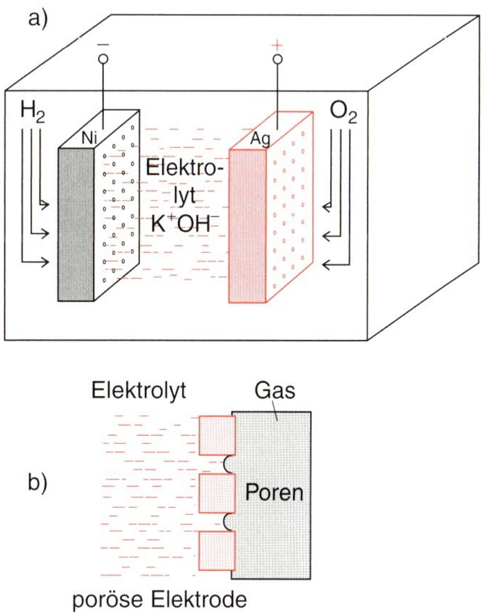

Abb. 2.53. Schematische Darstellung einer chemischen Brennstoffzelle mit Wasserstoff- und Sauerstoffzufuhr und Kalilauge als Elektrolyt

an der Kathode, welche je ein Elektron an die vier Reaktionsprodukte OH^- abgibt (Elektronenaufnahme = Reduktion) und die anodische Teilreaktion

$$2H_2 + 4OH^- \longrightarrow 4H_2O + 4e^- \,, \tag{2.40b}$$

bei der pro OH^--Radikal ein Elektron abgegeben wird (Oxidation).

Für die beiden Reaktionen sind sowohl ein Katalysator als auch eine wässrige Elektrolytlösung erforderlich. Deshalb kann die Reaktion nur an der Dreiphasengrenze von Gas, Elektrolyt und Katalysator ablaufen. Dies erfordert eine spezielle Struktur und geometrische Anordnung der Elektroden. Man verwendet z. B. poröse Elektroden, durch welche sowohl das zugeführte Gas (O_2 bzw. H_2) als auch der Elektrolyt eindringen kann. Die Dreiphasengrenze entspricht dem Meniskus des Elektrolyten (Abb. 2.53b) in den Poren der Elektrode, der sich beim Gleichgewicht zwischen Gasdruck und Flüssigkeitskapillardruck (Bd. 1, Kap. 6) einstellt.

Dazu müssen die Poren den richtigen Durchmesser haben. Als Katalysator können z. B. Nickel für die Kathode (H_2-Elektrode) und Silber für die Anode (O_2-Elektrode) verwendet werden.

Bei der Reaktion (2.40a,b) werden also insgesamt 2 H_2O-Moleküle gebildet aus 2 H_2 Molekülen und 1 O_2 Molekül. Dabei wird die Energie $E \approx 5\,\mathrm{eV}$ gewonnen, weil die Bindungsenergie der zwei Wassermoleküle $2 \cdot 9{,}5 = 19\,\mathrm{eV}$ beträgt, die von 2 H_2 $2 \cdot 4{,}5\,\mathrm{eV} = 9\,\mathrm{eV}$, die des O_2-Moleküls 5,1 eV. Typische Leistungen solcher Brennstoffzellen sind 0,5 W pro cm^2 Elektrodenfläche bei einer Spannung von etwa 0,8 V. Man muss deshalb für den Einsatz zum Autoantrieb mehrere Zellen hintereinander schalten, um eine für den Antriebselektromotor günstige Spannung zu erreichen. In Abb. 2.54 sind Batteriespannung und Leistung einer Anordnung von 33 in Serie geschalteter Brennstoffzellen als Funktion des entnommenen Batteriestroms dargestellt. Man erreicht heute Leistungsdichten von 0,2 kW pro 1 kg Zellengewicht, also etwa eine Größenordnung mehr als bei Blei-Akkus.

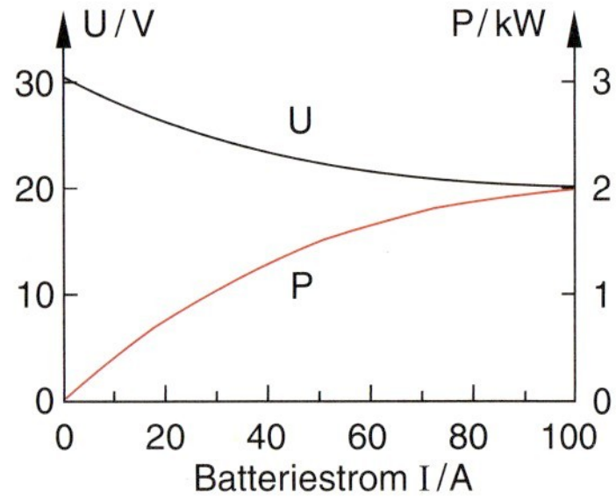

Abb. 2.54. Spannung U und Leistung P einer 33-zelligen 2 kW-Brennstoffzellenbatterie bei 82 °C als Funktion des Elektrodenstromes I (Mit freundlicher Genehmigung der Siemens AG)

Der Vorteil solcher Brennstoffzellen ist die direkte Umwandlung von chemischer in elektrische Energie ohne den Umweg über Wärmeenergie (der bei fossilen Kraftwerken notwendig ist). Deshalb entfällt hier die Begrenzung durch den Carnot-Wirkungsgrad (siehe Bd. 1, Kap. 10). Der Hauptvorteil gegenüber Verbrennungsmotoren ist die Vermeidung umweltschädlicher Abgase. Es wird lediglich Wasserdampf abgegeben.

Das bisherige Hauptproblem ist die langsame *Vergiftung* des Katalysators durch geringe Verunreinigungen in den zugeführten Gasen. Inzwischen ist es jedoch gelungen, sehr langlebige und leistungsstarke Brennstoffzellen zu entwickeln, die, in Verbindung mit einem Elektromotor, interessante Alternativen zum Benzin- oder Dieselmotor darstellen, weil sie als Abfallprodukte lediglich Wasser abgeben [2.14, 15], während die konventionellen Motoren außer CO_2 auch die giftigen Gase CO, NO und unverbrannte Kohlenwasserstoffe als Abgase emittieren. Inzwischen werden bereits Brennstoffzellen im Kleinformat angeboten als Energiequellen für Taschenlampen, Fahrradbeleuchtung etc. In mehreren Großstädten laufen städtische Busse mit Brennstoffzellen.

2.9 Thermische Stromquellen

Zur Erzeugung von elektrischem Strom durch Erwärmung von Stoffen lässt sich die Temperaturabhängigkeit von Kontaktspannungen zwischen zwei verschiedenen Metallen und die Thermodiffusion der Leitungselektronen ausnutzen.

2.9.1 Kontaktpotential

Um die in einem Metall frei beweglichen Leitungselektronen aus dem Metall herauszubringen, muss man Arbeit leisten gegen die anziehenden Kräfte zwischen Elektronen und positiven Ionen des Metallgitters. Diese ***Austrittsarbeit*** W_a ist analog zu der in Bd. 1, Abschn. 10.4.2 behandelten Austrittsarbeit eines Atoms aus einer Flüssigkeit (Verdampfungswärme). Wählt man das Vakuumpotential $\phi_\mathrm{Vak} = 0$, so wird für ein Metall mit der Energie E_C für den höchsten besetzten Energiezustand der Elektronen (auch chemisches

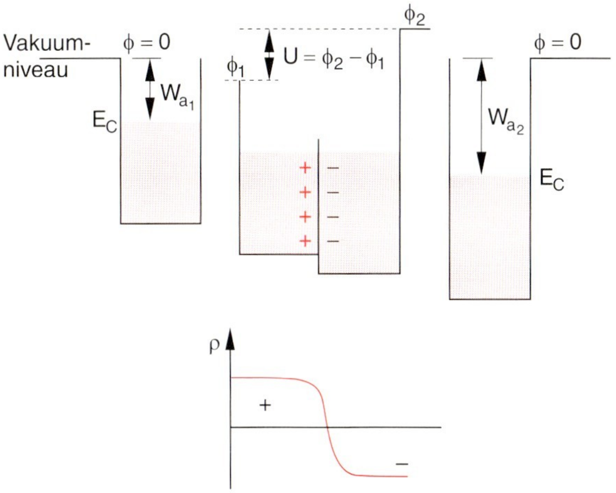

Abb. 2.55. Kontaktspannung und Raumladungsverteilung beim Kontakt zwischen Metallen mit verschiedenen Austrittsarbeiten W_{a_1} und W_{a_2} bzw. Potentialen ϕ_1 und ϕ_2

Potential genannt) (siehe Bd. 1, Kap. 10) die Austrittsarbeit $W_a = -E_C$. Die Austrittsarbeit ist negativ, weil man Energie aufwenden muß (siehe Bd. 1, Abschn. 2.7.3).

Bringt man nun zwei verschiedene Metalle mit unterschiedlichen Austrittsarbeiten W_{a_1} und W_{a_2} in Kontakt miteinander, so fließen Elektronen vom Metall mit der kleineren Austrittsarbeit $|W_{a_1}|$ in das Metall mit $|W_{a_2}| > |W_{a_1}|$. Dadurch entsteht eine Raumladung (Abb. 2.55), die zu einem elektrischen Gegenfeld führt, das die Elektronen wieder zurücktreibt. Gleichgewicht herrscht, wenn die Ströme in beiden Richtungen gleich groß sind. Durch die Raumladungen werden die Potentiale ϕ in beiden Metallen verschoben zu ϕ_1 bzw. ϕ_2 (Abb. 2.55), und es entsteht eine ***Kontaktspannung*** $U = \phi_2 - \phi_1$ zwischen den beiden Metallen.

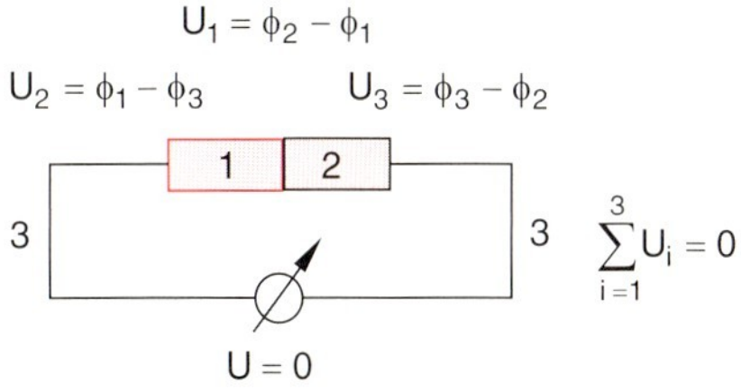

Abb. 2.56. In einem geschlossenen Stromkreis ist bei gleicher Temperatur aller Kontakte die Summe aller Kontaktspannungen null

Diese Kontaktspannung ist jedoch nicht ohne weiteres messbar, weil für die Messung ein geschlossener Stromkreis realisiert werden muss (Abb. 2.56), in dem die Summe aller Kontaktspannungen null ist.

2.9.2 Der Seebeck-Effekt

Verbindet man zwei verschiedene elektrische Leiter A und B zu einem Schaltkreis gemäß Abb. 2.57, so zeigt das Voltmeter bei gleichen Temperaturen $T_1 = T_2$ der Kontaktstellen 1 und 2 die Spannung null an (siehe vorigen Abschnitt). Haben die Kontaktstellen jedoch unterschiedliche Temperaturen, so misst man die Thermospannung

$$U = (S_A - S_B)(T_1 - T_2)\,. \tag{2.41a}$$

Die materialabhängigen Koeffizienten S_A und S_B heißen Seebeck-Koeffizienten. Sie haben die Maßeinheit [V/K]. Typische Werte für Metalle sind 10^{-5}–10^{-6} V/K, für Halbleiter 10^{-3} V/K. Die Seebeck-Koeffizienten sind temperaturabhängig (Abb. 2.58a) und bei Halbleitern sind sie stark von der

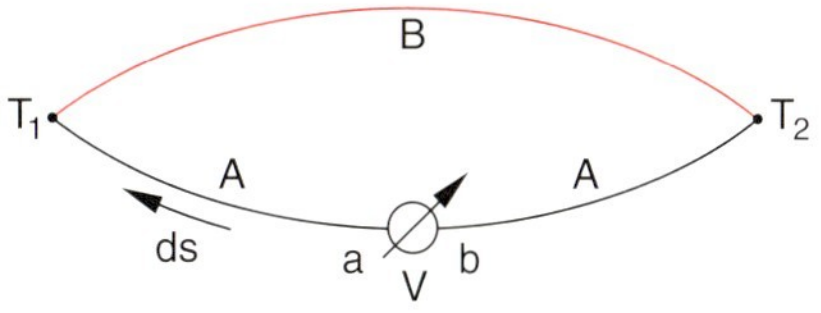

Abb. 2.57. Thermoelement

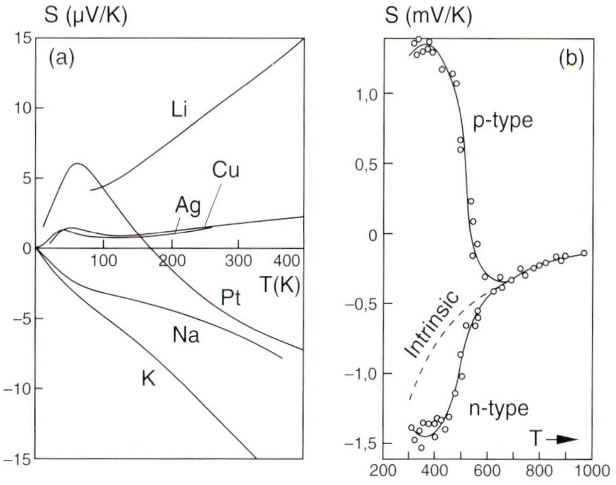

Abb. 2.58. Temperaturabhängigkeit der Seebeck-Koeffizienten (**a**) für einige Metalle, (**b**) für verschieden dotiertes Silizium. Man beachte die unterschiedlichen Ordinatenskalen

Dotierung mit Fremdatomen abhängig (Abb. 2.58b). Ersetzt man das Voltmeter in Abb. 2.57 durch ein Amperemeter, so fließt ein Strom $I = U/R$ durch den geschlossenen Kreis, der von der Thermospannung U und vom Gesamtwiderstand R des Kreises abhängt. Die Frage ist nun: Was ist die Ursache dieser Thermospannung [2.16]?

2.9.3 Thermoelektrische Spannung

Die Kontaktspannung hängt von der Temperatur des Kontaktes ab. Dies kann man sich folgendermaßen klar machen:

In Bd. 1, Abschn. 7.3.5 wird gezeigt, dass im thermischen Gleichgewicht die Konzentrationen n_1, n_2 von Teilchen bei unterschiedlichen Energien E_1, E_2 einer Boltzmann-Verteilung

$$\frac{n_2}{n_1} = \mathrm{e}^{-\Delta E/kT} \tag{2.41}$$

mit $\Delta E = E_2 - E_1$ folgen. Obwohl die frei beweglichen Leitungselektronen im Metall nicht einer Boltzmann-, sondern einer Fermiverteilung folgen (siehe Bd. 3), gilt auch für sie für $\Delta E \gg kT$ in guter Näherung die Verteilung (2.41), wobei im Beispiel der beiden im Kontakt stehenden Metalle die Differenz der Elektronen-Austrittsarbeiten $\Delta E = -e(\phi_2 - \phi_1) = eU$ durch die Kontaktspannung U gegeben ist. Auflösen nach U gibt:

$$U = \frac{k \cdot T}{e} \ln \frac{n_1}{n_2} \,. \tag{2.42}$$

Haben zwei Kontakte in diesem geschlossenen Kreis unterschiedliche Temperaturen, so sind die Beträge der temperaturabhängigen Kontaktspannungen

$$U_1 = \frac{kT_1}{e} \ln \frac{n_1}{n_2} \,, \qquad U_2 = -\frac{kT_2}{e} \ln \frac{n_1}{n_2}$$

verschieden, da das Verhältnis n_1/n_2 der Elektronendichten im Wesentlichen durch die unterschiedlichen Austrittsarbeiten der Metalle und nur in zweiter Linie durch die Temperatur bestimmt ist (siehe Bd. 3).

Das Voltmeter in Abb. 2.59 misst jedoch nicht die Differenz der Kontaktspannungen $\Delta U = U_2 - U_1$ zwischen den Punkten 2 und 1, sondern die Gesamtspannung zwischen den Punkten a und b. Diese setzt sich zusammen aus den Potentialdifferenzen

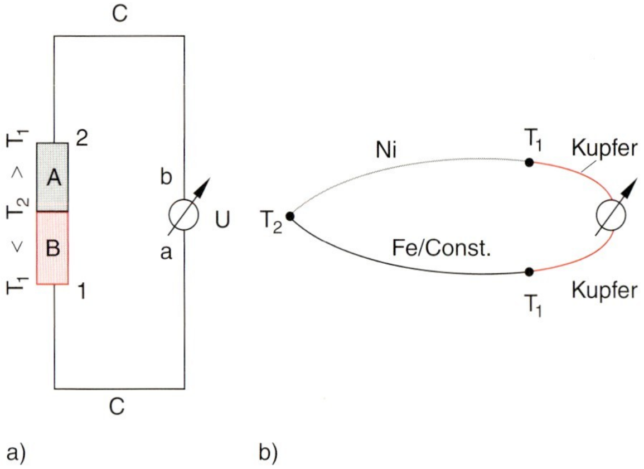

Abb. 2.59a,b. Zur Thermospannung. (**a**) Schematische Darstellung des Schaltkreises (**b**) Beispiel für ein Thermoelement

$$\begin{aligned} U = {} & [\phi_\mathrm{C}(T_1) - \phi_\mathrm{B}(T_1)] + [\phi_\mathrm{B}(T_1) - \phi_\mathrm{B}(T_2)] \\ & + [\phi_\mathrm{B}(T_2) - \phi_\mathrm{A}(T_2)] + [\phi_\mathrm{A}(T_2) - \phi_\mathrm{A}(T_1)] \\ & + [\phi_\mathrm{A}(T_1) - \phi_\mathrm{C}(T_1)] = 0 \,. \end{aligned} \tag{2.42a}$$

Wenn die Thermospannung nur durch die unterschiedlichen Kontaktpotentiale bewirkt würde, müsste das Voltmeter daher die Spannung null anzeigen. Der wirkliche Grund für die Thermospannung ist die Thermodiffusion der Elektronen, die von der Temperatur abhängt und eine Diffusions-Stromdichte

$$\boldsymbol{j}_\mathrm{ThD}(\boldsymbol{r}) = n \cdot \boldsymbol{u}(\boldsymbol{r}) \tag{2.42b}$$

erzeugt, wobei die Thermodiffusionsgeschwindigkeit $\boldsymbol{u}(\boldsymbol{r})$ folgendermaßen berechnet werden kann:

Die Leitungselektronen im Festkörper stoßen mit den Gitteratomen zusammen (siehe Abschn. 2.2.1). Wenn λ die freie Weglänge der Elektronen ist, dann wird die Geschwindigkeit eines Elektrons am Ort $\boldsymbol{r}$ durch die Temperatur $T(\boldsymbol{r} - \lambda \boldsymbol{v})$ am Ort des letzten Stoßes bestimmt. Die mittlere Geschwindigkeit $\langle \boldsymbol{v} \rangle = \boldsymbol{u}(\boldsymbol{r})$ ist die Driftgeschwindigkeit. Man erhält sie durch Mittelung über alle Richtungen der Geschwindigkeiten als

$$\boldsymbol{u}(\boldsymbol{r}) = \langle \boldsymbol{v} \rangle_r = \frac{1}{4\pi} \int \bar{v} \cdot \hat{v} \cdot T(\boldsymbol{r} - \lambda \hat{v})\, \mathrm{d}\lambda \tag{2.42c}$$

wobei $\hat{v} = \boldsymbol{v}/|\boldsymbol{v}|$ ist. Entwicklung des Integranden

$$T(\boldsymbol{r} - \lambda \hat{v}) \approx T(\boldsymbol{r}) - \lambda \hat{v} \cdot \nabla T(\boldsymbol{r})$$

$$\bar{v}\left(T(\boldsymbol{r} - \lambda \hat{v})\right) \approx \bar{v}\left(T(\boldsymbol{r})\right) - \lambda \hat{v} \nabla T(\boldsymbol{r}) \cdot \frac{\mathrm{d}\bar{v}}{\mathrm{d}T}$$

ergibt (siehe Aufgabe 2.14):

$$\boldsymbol{u}(\boldsymbol{r}) = -\frac{\lambda}{3}\frac{\partial \bar{v}}{\partial T} \cdot \nabla T(\boldsymbol{r}) . \tag{2.42d}$$

Außer dieser Thermodiffusion gibt es auch noch die normale Diffusion, die vom Konzentrationsgradienten abhängt und auch bei räumlich konstanter Temperatur auftritt. Sie erzeugt eine Teilchenstromdichte

$$\boldsymbol{j}(\boldsymbol{r})_{\text{Diff}} = -D \cdot \nabla n(\boldsymbol{r}) . \tag{2.42e}$$

Da die Elektronen geladen sind, erzeugt ihre Diffusion von Orten höherer Temperatur zu solchen tieferer Temperatur eine Raumladung, die ein elektrisches Feld der Stärke $\boldsymbol{E}(\boldsymbol{r})$ zur Folge hat. Dieses Feld erzeugt wiederum eine Drift der Ladungsträger mit der Stromdichte

$$\boldsymbol{j}(\boldsymbol{r})_{\text{Drift}} = -\frac{\sigma}{\text{e}}\boldsymbol{E}(\boldsymbol{r}) . \tag{2.42f}$$

Die gesamte Stromdichte ist dann

$$\boldsymbol{j}_{\text{total}} = \boldsymbol{j}_{\text{Diff}} + \boldsymbol{j}_{\text{ThD}} + \boldsymbol{j}_{\text{Drift}} . \tag{2.42g}$$

Schließt man den Schaltkreis in Abb. 2.59 kurz, so fließt ein Strom mit der Stromdichte j_{total}, der mit einem Amperemeter im Kreis gemessen werden kann. Bei offenem Stromkreis baut sich die Raumladung und damit auch die Feldstärke so weit auf, dass der Driftstrom die beiden anderen Anteile gerade kompensiert und $\boldsymbol{j}_{\text{total}} = \boldsymbol{0}$ wird. Dann erhält man die Thermospannung (2.41a). Die Relation zwischen den Seebeck-Koeffizienten S und der Thermostromdichte wird durch

$$S = -\frac{1}{3}\frac{\text{e} \cdot \Lambda \cdot n}{\sigma_{\text{el}}}\frac{\text{d}\bar{v}}{\text{d}T} = \frac{\text{e} \cdot \Lambda j_{\text{ThD}}}{\sigma_{\text{el}} \cdot \nabla T} \tag{2.42h}$$

gegeben, wobei n die Elektronendichte, $\bar{v}$ die mittlere Geschwindigkeit der Elektronen, Λ ihre mittlere freie Weglänge und σ_{el} die elektrische Leitfähigkeit sind (siehe Aufgabe 2.15).

Man kann diese Thermospannung zur Temperaturmessung verwenden (Thermoelement, Abb. 2.57 und Bd. 1, Abschn. 10.1.1), aber auch als Spannungsquelle für *Thermoströme*. Dies lässt sich demonstrieren an dem in Abb. 2.60 gezeigten Experiment. Das eine Ende eines dicken Kupferbügels wird in Eiswasser gehalten, das andere mit einem Brenner erhitzt. Zwischen dem heißen und dem kalten Ende ist ein Steg aus einem anderen Metall gelötet, so dass zwischen den beiden Kontaktflächen K_1 und K_2 eine Thermospannung U_{th}

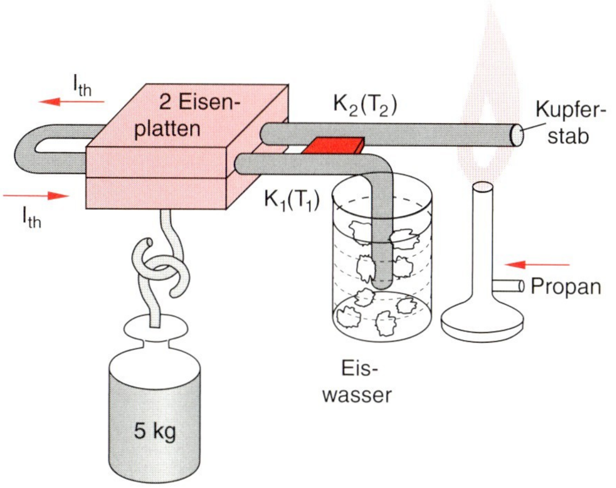

Abb. 2.60. Demonstration großer Thermoströme, die durch ihr Magnetfeld ein 5-kg-Gewicht halten können

auftritt, die im Kupferbügel einen Strom $I_{\text{th}} = U_{\text{th}}/R$ erzeugt.

Bei genügend kleinem Widerstand R kann I_{th} mehrere hundert Ampere betragen. Man kann den Thermostrom durch das von ihm in zwei lose aneinander liegenden Weicheisenplatten erzeugte Magnetfeld nachweisen. Dieses Magnetfeld ist stark genug, um die mit einem 5-kg-Gewicht beschwerte untere Platte zu halten. Die Platte fällt herunter, kurz nachdem der Brenner weggenommen wurde.

2.9.4 Peltier-Effekt

Schickt man durch einen Stab, der aus aneinandergelöteten verschiedenen Metallen in der Reihenfolge ABA besteht, einen Strom (Abb. 2.61), so kühlt sich ein Kontakt ab, der andere erwärmt sich. Polt man den Strom um, so kehren sich auch die Vorzeichen der Temperaturänderungen ΔT_1 bzw. ΔT_2 an den beiden Kontakten 1 und 2 um.

Dieser so genannte ***Peltier-Effekt*** stellt also eine Umkehrung der Erzeugung eines Thermostromes dar.

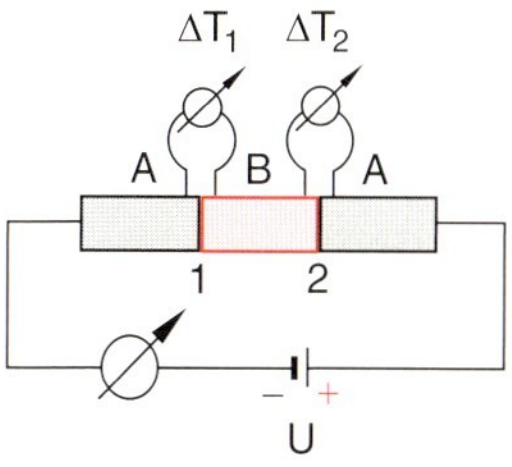

Abb. 2.61. Zum Nachweis des Peltier-Effektes

Die Erwärmung findet jeweils an derjenigen Kontaktstelle statt, welche bei gleicher Richtung des Thermostromes die kältere ist.

Die an der Kontaktstelle 1 erzeugte Wärmeleistung ist proportional zum Strom I.

$$\mathrm{d}W/\mathrm{d}t = (\Pi_\mathrm{A} - \Pi_\mathrm{B}) \cdot I \tag{2.43}$$

wobei Π_A, Π_B die Peltier-Koeffizienten der Materialien A bzw. B sind. Das Vorzeichen von $\mathrm{d}W/\mathrm{d}t$ hängt von der Stromrichtung ab. Für $\mathrm{d}W/\mathrm{d}t > 0$ wird Wärme erzeugt, für $\mathrm{d}W/\mathrm{d}t < 0$ wird dem Kontakt Wärme entzogen, er kühlt ab. Typische Werte liegen in der Größenordnung von $\Pi \approx 10^2\,\mathrm{J/C}$. Zwischen Thermospannung U_th und dem Peltier-Koeffizienten Π besteht die empirische Beziehung

$$U_\mathrm{th} = \frac{\Pi_\mathrm{e}}{T} \cdot \Delta T\,. \tag{2.44}$$

ZUSAMMENFASSUNG

- Ein elektrischer Strom ist ein Transport elektrischer Ladungen. Er ist immer mit Massetransport verbunden. Die Stromdichte

$$\boldsymbol{j} = n^+ q^+ \boldsymbol{v}_\mathrm{D}^+ + n^- q^- \boldsymbol{v}_\mathrm{D}^-$$

  hängt ab von den Dichten $n^\pm$ der Ladungsträger mit der Ladung $q^\pm$ und von ihren Driftgeschwindigkeiten $\boldsymbol{v}_\mathrm{D}^\pm$.
- Der Zusammenhang zwischen Stromdichte $\boldsymbol{j}$ und elektrischer Feldstärke $\boldsymbol{E}$ wird bei Ohmschen Leitern durch das Ohmsche Gesetz gegeben:

$$\boldsymbol{j} = \sigma_\mathrm{el} \cdot \boldsymbol{E}\,.$$

  Die elektrische Leitfähigkeit σ_el ist eine Materialkonstante, die im Allgemeinen von der Temperatur abhängt.
- Der spezifische elektrische Widerstand $\varrho_\mathrm{s} = 1/\sigma_\mathrm{el}$ eines Leiters wird durch Stöße der Ladungsträger mit den Atomen des Leitermaterials bewirkt. Der Gesamtwiderstand R eines Leiters hängt außerdem von seiner Geometrie ab.
- Die Berechnung auch komplizierter Netzwerke ist mithilfe der Kirchhoffschen Regeln möglich, die besagen:

  a) In einem Knotenpunkt mehrerer elektrischer Leiter gilt

$$\sum_k I_k = 0\,.$$

  b) In einem geschlossenen Leiterkreis aus mehreren Widerständen oder Spannungsquellen gilt

$$\sum_k U_k = 0\,.$$

- Bei Gasentladungen tragen sowohl Elektronen als auch Ionen zum Strom bei. Unselbstständige Entladungen erlöschen, wenn die Erzeugung von Ladungsträgern durch äußere Einflüsse aufhört. Bei selbstständigen Entladungen muss jeder Ladungsträger innerhalb der Entladung für seinen Ersatz sorgen.
- Alle Stromquellen benutzen die durch Energieaufwand erfolgte Trennung von positiven und negativen Ladungen und die dadurch erzeugte Potentialdifferenz zwischen zwei räumlich getrennten Orten (Polen) der Stromquelle als Energiespeicher. Bei der Verbindung der Pole durch einen Leiter mit Widerstand R_a führt dies zu einem elektrischen Strom $I = U/(R_\mathrm{a} + R_\mathrm{i})$. Der Innenwiderstand R_i der Stromquelle ist durch Stöße der Ladungsträger innerhalb der Stromquelle bedingt und hängt von der Weglänge zwischen dem Ort der Ladungstrennung und den Polen ab.
- Die elektrische Spannung chemischer Stromquellen ist durch die Differenz der Kontaktspannungen der Elektroden bestimmt.

ÜBUNGSAUFGABEN

1. Eine Glühlampe ist über zwei 10 m lange Kupferdrähte ($\varnothing = 0{,}7$ mm) und einen Schalter mit einer Gleichspannungsquelle verbunden, sodass ein Strom von 1 A fließt. Die Dichte von Kupfer beträgt $\varrho = 8{,}92\,\mathrm{g/cm^3}$ und die der Ladungsträger $n = 5 \cdot 10^{28}\,\mathrm{m^{-3}}$.
   a) Auf wie viel Kupferatome kommt im Mittel ein Ladungsträger?
   b) Zum Zeitpunkt $t = 0$ wird der vorher offene Schalter geschlossen. Nach welcher Zeit t_1 fängt die Lampe an zu leuchten? Wie sieht qualitativ der Stromverlauf aus? c) Berechnen Sie die Zeit t_2, nach der das erste Elektron aus der Spannungsquelle durch den Glühfaden der Lampe fließt.
   d) Wie lange muss der Strom fließen, bis 1 g Elektronen durch den Querschnitt des Drahtes gewandert ist?
2. Ein 1 m langer Eisendraht hat auf der einen Seite einen Durchmesser $d_1 = 1$ mm und verjüngt sich gleichmäßig auf einen Durchmesser $d_2 = 0{,}25$ mm am anderen Ende. Berechnen Sie
   a) den Gesamtwiderstand des Drahtes ($\varrho_{\mathrm{Eisen}} = 8{,}71 \cdot 10^{-8}\,\Omega\mathrm{m}$),
   b) die pro Längeneinheit abfallende Leistung für den Fall, dass an den Draht eine Spannungsquelle mit $U = 1$ V angeschlossen wird.
3. Berechnen Sie den Ersatzwiderstand der Schaltung zwischen A und B in Abb. 2.62.

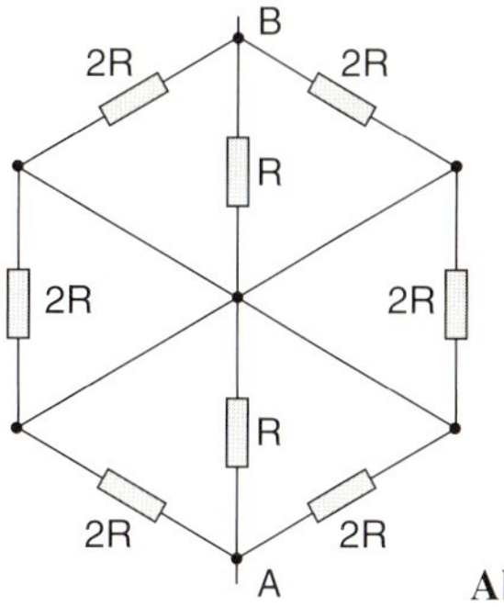

Abb. 2.62. Zu Aufgabe 2.3

4. Wie groß sind in der gezeichneten Schaltung (Abb. 2.63) die Ströme I_1, I_2 und I_3? Welche Potentialdifferenz hat der Punkt A gegenüber der Masse?

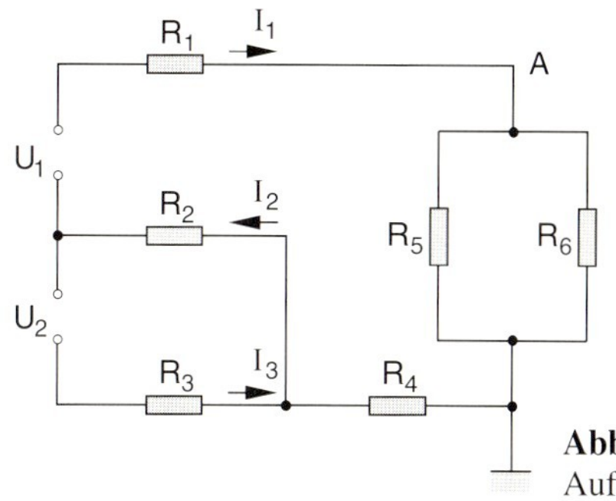

Abb. 2.63. Zu Aufgabe 2.4

   Zahlenbeispiel: $U_1 = 10$ V, $R_i(U_1) = 1\,\Omega$, $U_2 = 4$ V, $R_i(U_2) = 1\,\Omega$, $R_1 = 3\,\Omega$, $R_2 = 4\,\Omega$, $R_3 = 4\,\Omega$, $R_4 = 8\,\Omega$, $R_5 = 12\,\Omega$, $R_6 = 24\,\Omega$.
5. Eine Autobatterie hat im unbelasteten Zustand die Spannung $U_0 = 12$ V. Beim Anlassen des Motors sinkt die Spannung auf den Wert $U_1 = 10$ V, wobei der Strom $I = 150$ A fließt.
   a) Wie groß sind Innenwiderstand R_i der Batterie und Widerstand R_a des Anlassers?
   b) Bei tiefen Temperaturen erhöht sich R_i auf den Wert $R_i = R_a$. Wie groß wird dann U_1?
   c) Wie groß ist in a), b) die im Anlasser und in der Batterie verbrauchte Leistung?
6. Die Punkte A und B bilden die Enden eines Netzwerkes (Abb. 2.64) aus acht Elementen (durch Kreise gekennzeichnet).
   a) Wie groß ist die Gesamtkapazität, wenn es sich um gleich große Kondensatoren der Kapazität C handelt?
   b) Wie groß ist der Gesamtwiderstand, wenn es sich um gleich große Widerstände R handelt?

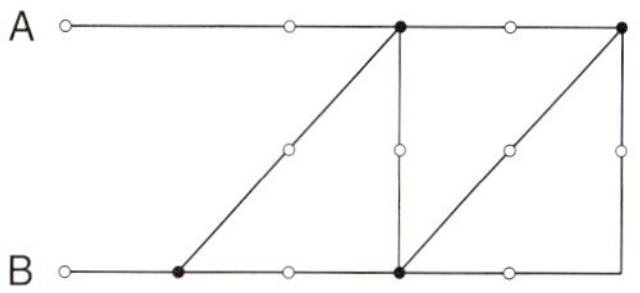

Abb. 2.64. Zu Aufgabe 2.6

7. Ein Zylinder von 12 cm Durchmesser und 60 cm Länge soll in einem Nickelsalzbad galvanisch mit einer 0,1 mm starken Nickelschicht überzogen werden. Die Stromdichte soll $25\,\mathrm{A/m^2}$ nicht übersteigen.
   a) Welcher Maximalstrom I_m ist möglich?

▶

b) Wie groß ist das elektrochemische Äquivalent E_C?
(Hinweis: Nickelionen sind zweifach geladen, $m_{Ni} = 58{,}71 \cdot 1{,}67 \cdot 10^{-27}$ kg, Avogadro-Konstante: $6{,}023 \cdot 10^{23}\ \text{mol}^{-1}$, Elementarladung: $1{,}6 \cdot 10^{-19}$ C)
c) Wie lange muss der Zylinder im Bad bleiben, wenn der Strom I_m fließt ($\varrho_{Ni} = 8{,}7\ \text{g/cm}^3$)?

8. Eine Spannungsquelle mit der elektromotorischen Kraft $EMK = 4{,}5$ V und einem inneren Widerstand $R_i = 1{,}2\ \Omega$ wird über einen Außenwiderstand R_a geschlossen. Wie groß muss R_a gewählt werden, damit an ihm die maximale Leistung abgegeben wird, und wie groß ist diese Leistung?
9. Ein Kondensator ($C_1 = 20\ \mu$F) ist auf 1000 V aufgeladen. Nun wird er durch Leitungen mit dem Widerstand R mit einem zweiten, ungeladenen Kondensator ($C_2 = 10\ \mu$F) verbunden.
a) Wie groß waren Ladung und Energie von C_1 vor der Verbindung mit C_2, wie groß sind sie nachher?
b) Wie groß sind Spannung, Gesamtladung und Gesamtenergie von $C_1 + C_2$ nach der Verbindung? Wo ist die Energiedifferenz geblieben?
10. Die Strom-Spannungs-Charakteristik einer Gasentladung sei wie in Abb. 2.65 gegeben.
a) Berechnen Sie R_{min} und R_{max} für den Vorschaltwiderstand, damit die Gasentladung stabil brennt, wenn eine Spannung $U = 1000$ V angelegt wird.
b) Angenommen, der Vorschaltwiderstand sei $R = 5\ \text{k}\Omega$. Was verändert sich, wenn die Spannung auf 500 V bzw. 1250 V verändert wird?

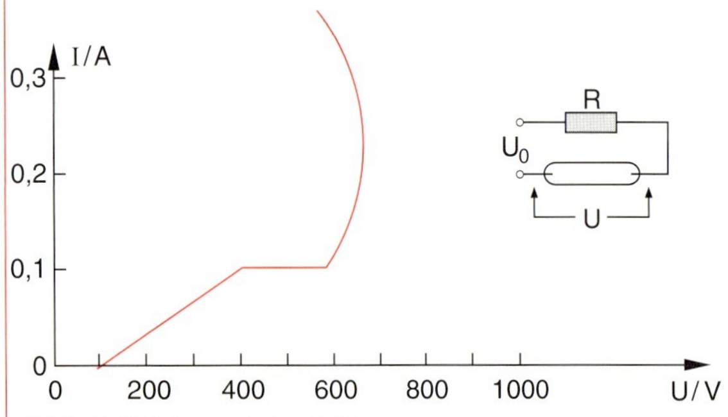

Abb. 2.65. Zu Aufgabe 2.10

11. Eine KCl-Lösung habe die spezifische Leitfähigkeit $\sigma_{el} = 1{,}1\ (\Omega \cdot \text{m})^{-1}$. Wie groß sind bei einer Ionendichte von $n^+ = n^- = 10^{20}\ /\text{cm}^3$ die Amplituden der Ionenbewegungen in einem elektrischen Wechselfeld mit $E = 30$ V/cm und $f = 50$ Hz, wenn die Beweglichkeit der beiden Ionenarten als gleich angenommen wird?
12. Ein abgeschirmtes Kabel, das aus einem Innenleiter ($r_1 = 1$ mm) und einer konzentrischen Metallhülle ($r_2 = 8$ mm Innenradius) besteht, ist mit Isoliermaterial ($\varrho_s = 10^{12}\ \Omega$m) gefüllt. Wie groß ist der Leckstrom, der durch die Isolierschicht zwischen Innenleiter und Außenhülle bei 100 m Kabellänge fließt, wenn der Innenleiter auf 3 kV liegt?
13. Das in 12. beschriebene Kabel kann durch das Schaltbild in Abb. 2.66 beschrieben werden, wobei R_1 der Widerstand pro m und R_2 der Leckwiderstand pro m ist.
a) Wie groß ist der Widerstand R_n zwischen a und b für n Meter Kabellänge?
b) Wie groß ist für $R_1 = R_2$ der Grenzwert $\lim\limits_{n \to \infty} R_n$?

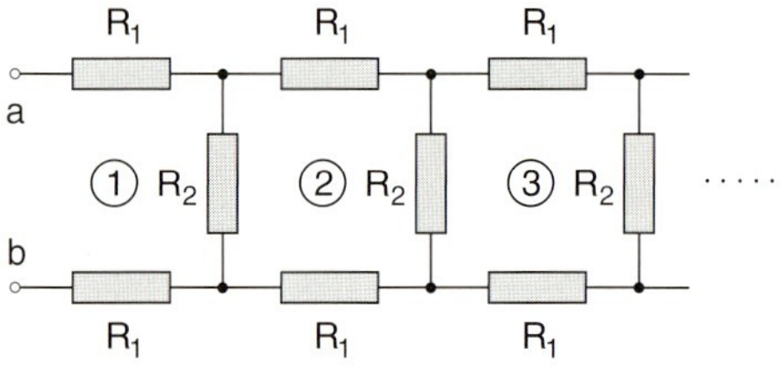

Abb. 2.66. Zu Aufgabe 2.13

14. Leiten Sie die Relation (2.42d) her.
15. Wieso zeigt (2.42h), dass die Thermospannung nicht von den Kontaktpotentialen bewirkt wird? Leiten Sie (2.42h) her. Hilfe finden Sie in [2.16].

3. Statische Magnetfelder

Schon im Altertum wurde beobachtet, dass bestimmte Mineralien, die in der Nähe der Stadt Magnesia in Kleinasien gefunden wurden, Eisen anzogen. Man nannte sie ***Magnete*** und nutzte sie in Form von Kompassnadeln zur Navigation, da man festgestellt hatte, dass solche Magnetnadeln immer nach Norden zeigten. Die Chinesen kannten Magnete bereits früher. Die genauere Erklärung der physikalischen Grundlagen dieser *Permanentmagnete* gelang allerdings erst im 20. Jahrhundert nach der Entwicklung der Quantentheorie und der modernen Festkörperphysik, und auch heute sind noch nicht alle Fragen der magnetischen Erscheinungen in Materie restlos geklärt.

Wir haben im Abschn. 2.5 erfahren, dass auch elektrische Ströme magnetische Wirkungen haben können. In diesem Kapitel sollen nun die von Permanentmagneten und von elektrischen Strömen erzeugten Magnetfelder genauer diskutiert und die Eigenschaften verschiedener magnetischer Materialien phänomenologisch behandelt werden. In Bd. 3 wird dann gezeigt, dass auch die Magnetfelder permanenter Magnete im atomaren Bereich auf bewegte Ladungen und atomare magnetische Momente zurückzuführen sind.

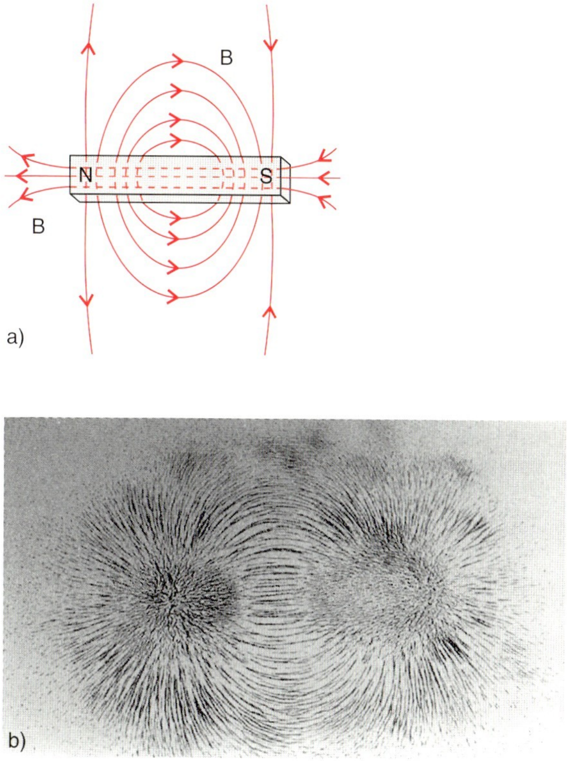

Abb. 3.1a,b. Feldlinienbild eines Stabmagneten. (**a**) Schematisch; (**b**) experimentelle Demonstration mit Eisenfeilspänen. Man beachte, dass die Feldlinien geschlossene Kurven sind, d. h. sie hören nicht an den Polen auf

3.1 Permanentmagnete; Polstärke

Wir beginnen mit einigen grundlegenden Experimenten:

Bestreut man eine Glasplatte, unter der ein stabförmiger Permanentmagnet liegt, mit Eisenpulver, so stellt man fest, dass sich die Eisenfeilspäne in Form von Linien anordnen, die sich über zwei Punkten des Permanentmagneten häufen (Abb. 3.1). Wir nennen diese beiden Häufungsstellen die ***magnetischen Pole***.

Hängt man einen stabförmigen Permanentmagneten in seinem Massenschwerpunkt an einem Faden drehbar auf, so zeigt einer der beiden Pole nach Norden (wir nennen ihn deshalb den ***magnetischen Nordpol***), der andere nach Süden (***magnetischer Südpol***). Nähert man dem drehbar aufgehängten Stabmagneten einen zweiten Stabmagneten (Abb. 3.2), so beobachtet man, dass der Nordpol des ersten Magneten vom Südpol des zweiten angezogen, vom Nordpol dagegen abgestoßen wird.

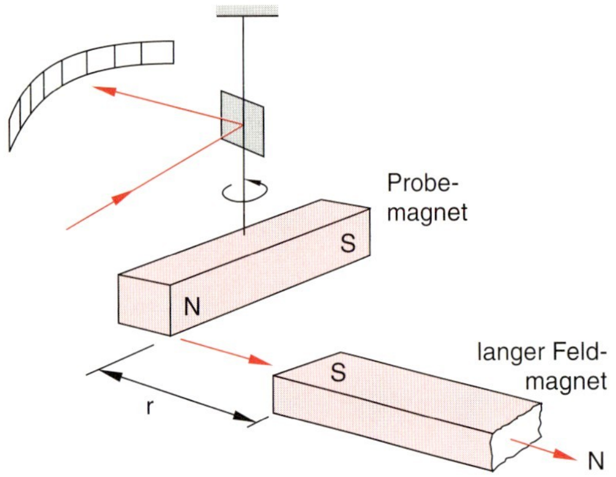

Abb. 3.2. Magnetische Drehwaage zur Messung der Kraft zwischen den Magnetpolen. Der Feldmagnet muss sehr lang sein, sodass die Entfernung zwischen seinen Polen groß ist gegen den Abstand der Magnete

> Gleichnamige Pole stoßen sich also ab und ungleichnamige ziehen sich an, völlig analog zur Wechselwirkung zwischen elektrischen Ladungen in der Elektrostatik. Der elektrischen Ladung Q entspricht in der Magnetostatik die ***magnetische Polstärke*** p.

Experimentell findet man mit einer Anordnung, die analog zur Coulombschen Drehwaage aufgebaut ist, für die Kraft zwischen zwei Magnetpolen p_1 und p_2 im Abstand r voneinander

$$\boldsymbol{F} = f \cdot \frac{p_1 \cdot p_2}{r^2} \hat{\boldsymbol{r}} \,. \tag{3.1}$$

Die Proportionalitätskonstante f hängt von der Definition der magnetischen Polstärke p ab. Im SI-System erhält die Polstärke p die Maßeinheit $[1\,\mathrm{V} \cdot \mathrm{s}]$. Ihr Zahlenwert und damit auch der der Konstanten f wird durch einen Vergleich mit den magnetischen Kräften zwischen stromdurchflossenen Drähten definiert (siehe Abschn. 3.3.2). Man schreibt f aus später ersichtlichen Zweckmäßigkeitsgründen, analog zur Elektrostatik, als

$$f = \frac{1}{4\pi\mu_0}, \quad \text{wobei} \quad \mu_0 = 4\pi \cdot 10^{-7} \frac{\mathrm{V \cdot s}}{\mathrm{A \cdot m}}$$

magnetische Permeabilitätskonstante (oft auch ***Induktionskonstante***) heißt.

Gleichung (3.1) ist formal völlig analog zum Coulomb-Gesetz (1.1). Es gibt jedoch einen wesentlichen Unterschied zur Elektrostatik: Bricht man einen

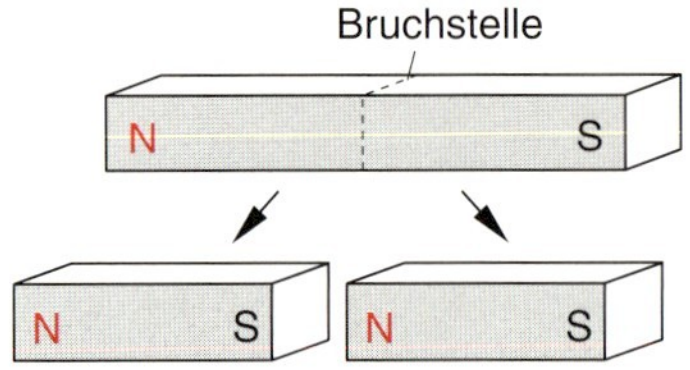

Abb. 3.3. Beim Durchbrechen eines Stabmagneten erhält man keine getrennten Magnetpole, sondern wieder zwei Dipole

Stabmagneten in der Mitte durch, so stellt man fest, dass man nicht etwa zwei getrennte magnetische Pole erhält, sondern dass jede der beiden Hälften wieder einen magnetischen Dipol mit Nord- und Südpol bildet (Abb. 3.3). Diese Teilung kann man fortsetzen und erhält immer das gleiche Resultat, sodass wir zu dem Schluss kommen:

> Es gibt keine isolierten magnetischen Pole. In der Natur kommen Nord- und Südpol immer gemeinsam vor, nie einzeln.

Man kann jedoch durch einen langen dünnen Stabmagneten beide Pole räumlich weit trennen und damit in der näheren Umgebung eines Poles näherungsweise einen magnetischen Monopol realisieren, mit dem man dann (3.1) experimentell prüfen kann.

Ein weiterer, damit zusammenhängender Unterschied zwischen elektrischen und magnetischen Feldern soll noch besonders betont werden: Die elektrischen Feldlinien starten an den positiven und enden an den negativen Ladungen, während die magnetischen Feldlinien immer *geschlossen* sind! Sie laufen innerhalb des Magneten weiter vom Südpol zum Nordpol, wo sie dann austreten und zum Südpol zurückkehren (vergleiche die Abb. 3.1 und 1.4).

Analog zum elektrischen Feld (siehe (1.4)) kann man die ***magnetische Feldstärke H*** der Polstärke p_1 eines permanenten Magneten mithilfe eines Probemagneten mit der Polstärke p_2 definieren als den Grenzwert

$$\boldsymbol{H} = \lim_{p_2 \to 0} \left(\frac{\boldsymbol{F}}{p_2} \right) \,, \tag{3.2}$$

den wir erhalten, wenn bei der experimentellen Prüfung von (3.1) die Polstärke p_2 des „Probemagneten“ sehr klein gegenüber der Polstärke p_1 des „Feldmagneten“

gemacht wird. Die Maßeinheit von $\boldsymbol{H}$ ergibt sich aus (3.1) zu:

$$[H] = 1\,\mathrm{A/m}\,.$$

Wegen dieser formalen Analogie zum Coulomb-Gesetz hat man die Größe $\boldsymbol{H}(\boldsymbol{r})$ früher als magnetische Feldstärke bezeichnet, obwohl sich später herausstellen wird, dass die zur Beschreibung von Magnetfeldern wichtigere Größe das Produkt

$$\boldsymbol{B} = \mu_0 \cdot \boldsymbol{H} \tag{3.3}$$

von Magnetfeldstärke $\boldsymbol{H}$ und Permeabilitätskonstante μ_0 ist. Diese historisch bedingte Einführung der Polstärke zeigt zwar eine gewisse Analogie zwischen elektrischem und magnetischem Feld, macht aber den Unterschied zwischen beiden Feldern und ihre Verknüpfung nicht deutlich: Wir werden sehen, dass statische elektrische Felder durch ruhende Ladungen, statische Magnetfelder durch bewegte Ladungen erzeugt werden.

Die Größe $\boldsymbol{B}$, die traditionell ***magnetische Induktion*** oder auch ***magnetische Flussdichte*** (siehe Abschn. 3.2.1) genannt wird, stellt für die von Strömen erzeugten Magnetfelder das eigentliche Analogon zur elektrischen Feldstärke $\boldsymbol{E}$ dar, und die Gleichungen der Magnetostatik gehen bei der Verwendung von $\boldsymbol{B}$ in analoge Gleichungen der Elektrostatik über, wenn man Stromdichten durch Ladungsdichten ersetzt.

Wir wollen deshalb, in Übereinstimmung mit der modernen Lehrbuchliteratur, $\boldsymbol{B}$ und nicht $\boldsymbol{H}$ als ***magnetische Feldstärke*** bezeichnen.

Die Größe $\boldsymbol{H}$ heißt dann (aus später ersichtlichen Gründen) die ***magnetische Erregung***.

Aus den Dimensionen von μ_0 und $\boldsymbol{H}$ ergibt sich die Maßeinheit von $\boldsymbol{B}$ zu

$$[B] = 1\,\mathrm{V\,s\,m^{-2}} \stackrel{\text{def}}{=} 1\,\text{Tesla} = 1\,\mathrm{T}\,.$$

Da 1 T eine für praktische Zwecke sehr große Einheit ist, werden die Untereinheiten $1\,\mathrm{mT} = 10^{-3}\,\mathrm{T}$ oder $1\,\mu\mathrm{T} = 10^{-6}\,\mathrm{T}$ verwendet. Oft benutzt man auch die im cgs-System übliche Einheit

$$1\,\text{Gauß} = 1\,\mathrm{G} = 10^{-4}\,\mathrm{T}\,.$$

BEISPIEL

Die mittlere Stärke des Erdmagnetfeldes beträgt etwa $20\,\mu\mathrm{T} = 0{,}2\,\mathrm{G}$. Mit großen supraleitenden Magneten erreicht man Werte bis zu 20 T. Mit so genannten Hybridmagneten, bei denen dem Magnetfeld des supraleitenden Magneten noch zusätzlich ein durch normale Ströme erzeugtes Magnetfeld überlagert wird, kommt man bis auf 35 T [3.1].

3.2 Magnetfelder stationärer Ströme

Schickt man durch einen langen geraden Draht einen Strom I, so stellt man fest, dass eine Kompassnadel in der Nähe des Drahtes so abgelenkt wird, dass sie immer tangential zu konzentrischen Kreisen um den Draht ausgerichtet ist (Abb. 3.4). Der elektrische Strom muss also ein Magnetfeld erzeugen. Man kann es mithilfe von Eisenfeilspänen sichtbar machen und findet dabei, dass die Magnetfeldlinien in einer Ebene senkrecht zum Draht konzentrische Kreise um den Durchstoßpunkt des Drahtes sind (Abb. 3.5). Schaut man in Richtung von I, so entspricht die Richtung von $\boldsymbol{B}$ einer Rechtsschraube. Die Richtung des Magnetfeldes kehrt sich bei Umkehrung der Stromrichtung ebenfalls um.

Eine stromdurchflossene zylindrische Spule aus vielen Windungen (Abb. 3.6) erzeugt ein Magnetfeld, das dem eines Stabmagneten ähnlich ist (Dipolfeld). Hängt man, wie in Abb. 3.2, statt des Stabmagneten eine solche stromdurchflossene Spule an die Drehwaage, so findet man ein zum Stabmagneten völlig äquivalentes Verhalten: An den Enden der Spule gibt es einen „Nordpol" bzw. einen „Südpol", die sich bei Umkehrung der Stromrichtung vertauschen. Man sieht aus Abb. 3.6 deutlich, dass die magnetischen Feldlinien nicht an den Magnetpolen enden, sondern geschlossene Kurven darstellen.

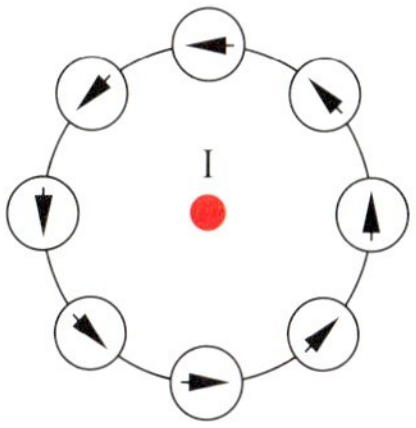

Abb. 3.4. Messung des Magnetfeldes eines geraden stromdurchflossenen Drahtes mit einer Kompassnadel, die um den Draht herumgeführt wird

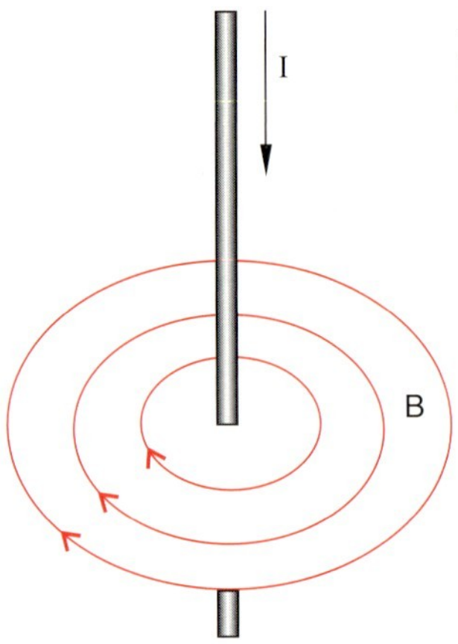

Abb. 3.5. Magnetfeldlinien um einen geraden stromdurchflossenen Draht

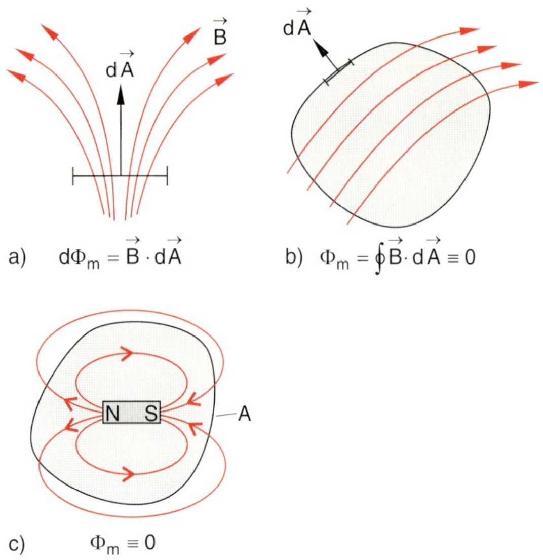

Abb. 3.7a–c. Der magnetische Fluss Φ_m durch eine geschlossene Oberfläche A ist null

Wir wollen in diesem Kapitel Methoden angeben, wie man die Magnetfelder beliebiger Anordnung von Strom führenden Leitern berechnen kann. Dazu müssen wir zuerst einige neue Begriffe einführen.

3.2.1 Magnetischer Kraftfluss und magnetische Spannung

Analog zum elektrischen Kraftfluss $\Phi_\mathrm{el} = \int \boldsymbol{E} \cdot \mathrm{d}\boldsymbol{A}$ definieren wir den ***magnetischen Kraftfluss***

$$\Phi_\mathrm{m} = \int_A \boldsymbol{B} \cdot \mathrm{d}\boldsymbol{A}\,, \tag{3.4}$$

der ein Maß für die Zahl der magnetischen Kraftlinien durch die Fläche A ist.

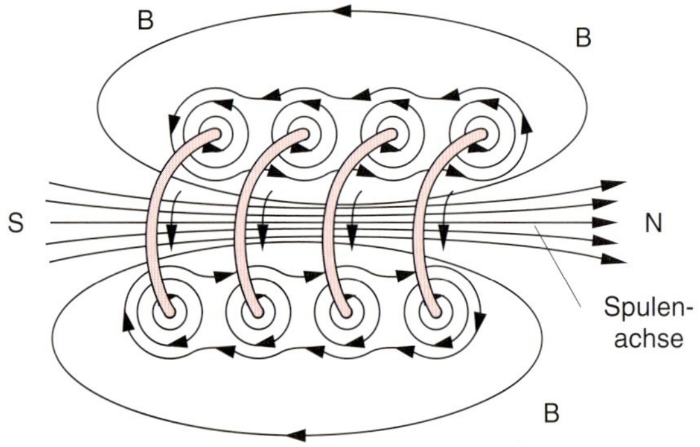

Abb. 3.6. Magnetfeld einer stromdurchflossenen langen Zylinderspule

Da alle Magnetlinien geschlossen sind, folgt sofort (Abb. 3.7), dass der gesamte magnetische Fluss durch die geschlossene Oberfläche A eines Volumens V null sein muss, da durch sie genauso viele Feldlinien ein- wie austreten. Es gilt deshalb

$$\oint \boldsymbol{B} \cdot \mathrm{d}\boldsymbol{A} \equiv 0\,.$$

Die Umwandlung dieses Oberflächenintegrals in ein Integral über das von der Oberfläche A eingeschlossene Volumen V ergibt nach dem Gaußschen Satz:

$$\oint \boldsymbol{B} \cdot \mathrm{d}\boldsymbol{A} = \int \operatorname{div} \boldsymbol{B}\, \mathrm{d}V \equiv 0\,,$$

woraus folgt:

$$\boxed{\operatorname{div} \boldsymbol{B} = 0} \tag{3.5}$$

Dies ist die mathematische Formulierung der physikalischen Tatsache, dass es keine magnetischen Monopole gibt; Quellen und Senken des magnetischen Feldes (Nord- und Südpole) kommen immer zusammen vor, im Gegensatz zum elektrostatischen Feld, wo bei Anwesenheit von Ladungen mit der Ladungsdichte ϱ gilt:

$$\operatorname{div} \boldsymbol{E} = \varrho/\varepsilon_0 \neq 0\,.$$

Im elektrostatischen Feld ergab das Linienintegral

$$\int_{P_1}^{P_2} \boldsymbol{E} \cdot \mathrm{d}\boldsymbol{s} = U$$

die elektrische Spannung $U = \phi_1 - \phi_2$ zwischen den beiden Punkten P_1 und P_2. Auf einem geschlossenen Wege war $\oint \boldsymbol{E} \cdot \mathrm{d}\boldsymbol{s} \equiv 0$. Für das magnetische Feld ergibt ein Integral entlang einem geschlossenen Weg jedoch nicht null.

> Man findet experimentell für das Integral $\oint \boldsymbol{H} \cdot \mathrm{d}\boldsymbol{s}$ das ***Ampèresche Gesetz***:
>
> $$\oint \boldsymbol{H} \cdot \mathrm{d}\boldsymbol{s} = I \Rightarrow \oint \boldsymbol{B} \cdot \mathrm{d}\boldsymbol{s} = \mu_0 \cdot I \,, \qquad (3.6)$$
>
> wenn der Integrationsweg eine Fläche umschließt, die von einem Strom I durchflossen wird.

Wegen

$$I = \int \boldsymbol{j} \cdot \mathrm{d}\boldsymbol{A}$$

lässt sich (3.6) mithilfe des Stokesschen Satzes umformen in

$$\mu_0 \cdot \int \boldsymbol{j} \cdot \mathrm{d}\boldsymbol{A} = \oint \boldsymbol{B} \cdot \mathrm{d}\boldsymbol{s} = \int \mathbf{rot}\,\boldsymbol{B} \cdot \mathrm{d}\boldsymbol{A} \,.$$

Weil dies für beliebige Integrationswege gilt, folgt für die Integranden:

$$\boxed{\mathbf{rot}\,\boldsymbol{B} = \mu_0 \cdot \boldsymbol{j}, \quad \mathbf{rot}\,\boldsymbol{H} = \boldsymbol{j}} \,, \qquad (3.7)$$

während für das elektrostatische Feld $\mathbf{rot}\,\boldsymbol{E} = \mathbf{0}$ gilt (siehe (1.65c)).

Man kann das Integral $\oint \boldsymbol{H} \cdot \mathrm{d}\boldsymbol{s}$ auf verschiedene Weise messen:

- Man führt einen Pol eines langen Stabmagneten mit der Polstärke p auf einem Halbkreis um einen stromdurchflossenen Leiter herum (Abb. 3.8) und misst die dabei je nach Umlaufsinn gewonnene bzw. aufzuwendende Arbeit [3.2]

$$W = \frac{1}{2} p \cdot \oint \boldsymbol{H} \cdot \mathrm{d}\boldsymbol{s} = \frac{1}{2} p \cdot I \,.$$

- Windet man einen elektrisch leitenden Draht n-mal um einen Leiter, in dem ein Strom I eingeschaltet wird (Abb. 3.9), so misst man an den Enden der Spule eine elektrische Spannung U (siehe Abschn. 4.1), die proportional ist zu $\oint \boldsymbol{H} \cdot \mathrm{d}\boldsymbol{s} = n \cdot I$. Man nennt deshalb, auch in Analogie zum elektrischen Linienintegral $\int \boldsymbol{E} \cdot \mathrm{d}\boldsymbol{s} = U_{\mathrm{el}}$, das Integral $\oint \boldsymbol{H} \cdot \mathrm{d}\boldsymbol{s}$ die ***magnetische Spannung*** U_{m}, obwohl ihre Dimension 1 A und nicht 1 V ist.

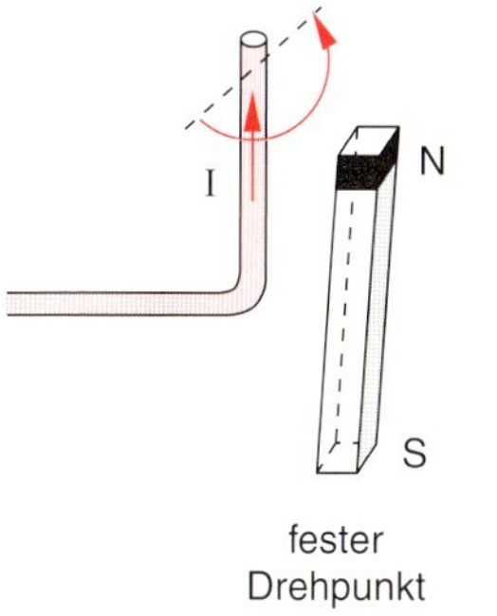

Abb. 3.8. Messung der magnetischen Spannung U_{m} mithilfe eines langen Stabmagneten, der auf einem Kegelmantel halb um den Strom führenden Draht geführt wird

Mithilfe des Ampèreschen Gesetzes und des magnetischen Kraftflusses lassen sich die Magnetfelder spezieller Stromverteilungen leicht berechnen, wie im Folgenden an einigen Beispielen gezeigt werden soll.

3.2.2 Das Magnetfeld eines geraden Stromleiters

Wie man aus Experimenten, deren Ergebnisse in Abb. 3.5 und 3.6 dargestellt sind, folgern kann, sind die Magnetfeldlinien um einen vom Strom I durchflossenen Draht konzentrische Kreise, auf denen jeweils $|\boldsymbol{H}(\boldsymbol{r})| = \text{const}$ gilt. Wählt man als Integrationsweg einen solchen Kreis mit dem Radius $r > r_0$ um den zylindrischen Draht mit Radius r_0 (Abb. 3.10a), so erhält man unter Verwendung ebener Polarkoordinaten

$$\oint \boldsymbol{H} \cdot \mathrm{d}\boldsymbol{s} = \int_0^{2\pi} r \cdot H \cdot \mathrm{d}\varphi = 2\pi \cdot r \cdot H(r) = I \,.$$

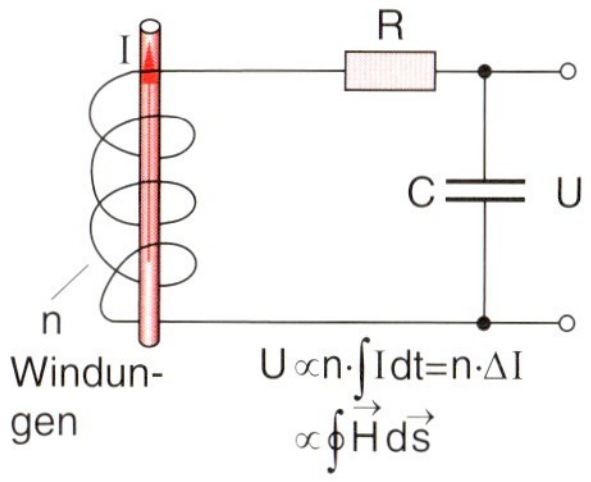

Abb. 3.9. Magnetischer Spannungsmesser. Beim Einschalten des Stromes I entsteht in der Spule eine Induktionsspannung, die am Kondensator C eine zur Stromänderung ΔI proportionale Spannung erzeugt

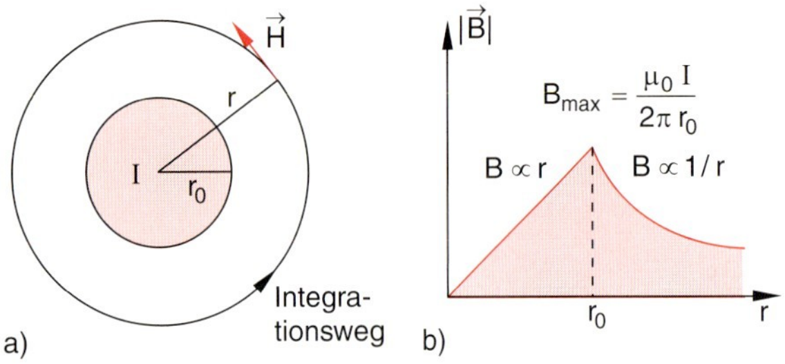

Abb. 3.10. (**a**) Integrationsweg entlang der kreisförmigen Magnetfeldlinien um einen geraden Stromleiter. (**b**) Feldstärke $|\boldsymbol{B}(\boldsymbol{r})|$ als Funktion des Abstandes r von der Drahtmitte

Für den Betrag von H bzw. B erhält man dann:

$$H(r) = \frac{I}{2\pi r} \quad \Rightarrow \quad B(r) = \frac{\mu_0 I}{2\pi r} . \tag{3.8}$$

Für $r < r_0$ wird nur der Teil $\pi \cdot r^2 \cdot j$ des Stromes vom Integrationsweg umschlossen. Wir erhalten jetzt:

$$2\pi r \cdot B(r) = \mu_0 \pi r^2 j$$

$$\Rightarrow \; B(r) = \frac{1}{2}\mu_0 j \cdot r = \frac{\mu_0 I}{2\pi r_0^2} r . \tag{3.9}$$

$B(r)$ hat also den größten Wert auf der Oberfläche $r = r_0$ des Strom führenden Drahtes (Abb. 3.10b).

3.2.3 Magnetfeld im Inneren einer lang gestreckten Spule

Aus dem experimentellen Feldlinienbild mit Eisenfeilspänen sieht man, dass das Magnetfeld im Inneren der vom Strom I durchflossenen Spule (Abb. 3.6) mit N Windungen praktisch homogen ist und im Außenraum demgegenüber vernachlässigbar klein ist, wenn der Durchmesser der Spule mit n Windungen pro m klein gegenüber ihrer Länge L ist. Wir integrieren auf dem in Abb. 3.11 gestrichelt eingezeichneten Wege. Da nur die Strecke im Inneren einen merklichen Beitrag liefert (auf den Strecken $\overline{AC}$ und $\overline{DB}$ ist $\boldsymbol{B} \perp \mathrm{d}\boldsymbol{s}$, und außen kann der Integrationsweg beliebig weit von der Spule entfernt gewählt werden, wo H sehr klein wird), erhalten wir:

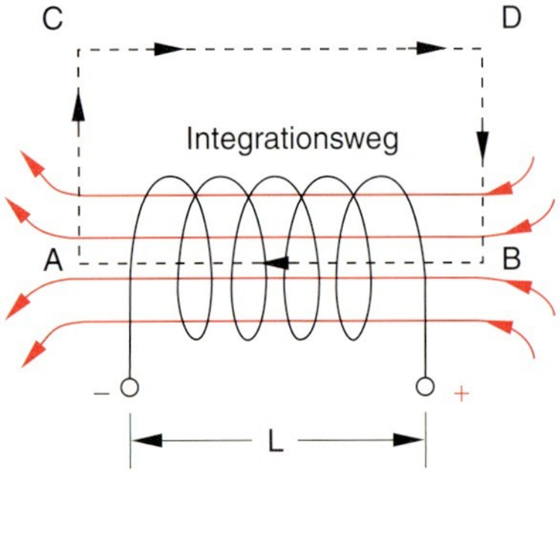

Abb. 3.11. Integrationsweg zur Bestimmung des Magnetfeldes einer langen Zylinderspule

$$\oint \boldsymbol{H} \cdot \mathrm{d}\boldsymbol{s} \approx \int_B^A H \,\mathrm{d}s = H \cdot L = N \cdot I$$

$$\Rightarrow \; H = n \cdot I \; \Rightarrow \; B = \mu_0 n \cdot I \tag{3.10}$$

mit $n = N/L$. Das magnetische Feld im Spuleninneren ist bei dieser vereinfachten Betrachtung homogen, d. h. unabhängig vom Ort!

BEISPIEL

$n = 10^3$, $I = 10\,\mathrm{A}$, $\mu_0 = 1{,}26 \cdot 10^{-6}\,\mathrm{V \cdot s/(A \cdot m)} \Rightarrow$ $H = 10^4\,\mathrm{A/m} \Rightarrow B = 0{,}0126\,\mathrm{T} = 126\,\mathrm{G}$.

3.2.4 Das Vektorpotential

In den Abschnitten 1.3 und 1.4 wurde gezeigt, dass es einen allgemeinen Weg gibt, um das elektrostatische Potential $\phi(\boldsymbol{r})$ mithilfe von (1.20) und das elektrische Feld $\boldsymbol{E}(\boldsymbol{r}) = -\mathbf{grad}\,\phi(\boldsymbol{r})$ zumindest numerisch zu berechnen, wenn die Ladungsverteilung $\varrho(\boldsymbol{r})$ bekannt ist. Die Frage ist nun, ob in analoger Weise das Magnetfeld $\boldsymbol{B}(\boldsymbol{r})$ bzw. ein noch zu definierendes „magnetisches Potential“ bestimmt werden kann, wenn man die Stromverteilung kennt.

Aus (3.6) folgt, dass $\oint \boldsymbol{B} \cdot \mathrm{d}\boldsymbol{s} \neq 0$ ist, wenn der Integrationsweg stromdurchflossene Flächen umschließt. In solchen Fällen ist dann das Integral $\oint \boldsymbol{B} \cdot \mathrm{d}\boldsymbol{s}$ nicht mehr unbedingt unabhängig vom Integrationsweg, und man kann deshalb *nicht* mehr, wie im elektrostatischen Fall (siehe Abschn. 1.3), ein magnetisches Potential ϕ_m durch die Definition $\boldsymbol{B} = -\mu_0 \cdot \mathbf{grad}\,\phi_\mathrm{m}$ eindeutig bestimmen, weil dann ja, $\mathbf{rot}\,\boldsymbol{B} = -\mu_0 \cdot \nabla \times \nabla\phi_\mathrm{m} \equiv \mathbf{0}$, im Widerspruch zu (3.7) gelten müsste (siehe Bd. 1, Abschn. A.1.6).

Da $\operatorname{div} \boldsymbol{B} = 0$ gilt, kann man jedoch ohne Widerspruch eine vektorielle Feldgröße $\boldsymbol{A}(\boldsymbol{r})$ durch die Relation

$$\boldsymbol{B} = \mathbf{rot}\,\boldsymbol{A} \tag{3.11}$$

definieren, die das ***Vektorpotential*** des Magnetfeldes $\boldsymbol{B}(\boldsymbol{r})$ heißt. Dadurch wird automatisch die Bedingung (3.5) erfüllt, weil immer gilt:

$$\operatorname{div} \boldsymbol{B} = \nabla \cdot (\nabla \times A) \equiv 0 \,.$$

Durch die Definitionsgleichung $\boldsymbol{B} = \textbf{rot}\, \boldsymbol{A}$ ist das Vektorpotential $\boldsymbol{A}(\boldsymbol{r})$ noch nicht völlig festgelegt, weil z. B. auch ein anderes Vektorpotential

$$\boldsymbol{A}' = \boldsymbol{A} + \textbf{grad}\ f$$

mit einer beliebigen skalaren Ortsfunktion $f(\boldsymbol{r})$ wegen $\textbf{rot}\,\textbf{grad}\ f \equiv \boldsymbol{0}$ genau wie $\boldsymbol{A}$ (3.11) genügt, d. h. das gleiche Magnetfeld $\boldsymbol{B}$ ergibt. Man muss daher noch eine Zusatzbedingung (***Eichbedingung***) an $\boldsymbol{A}$ stellen, für die man im Falle stationärer, d. h. zeitunabhängiger Felder,

$$\operatorname{div} \boldsymbol{A} = 0 \quad (\textbf{\textit{Coulomb-Eichung}}) \tag{3.12}$$

wählt, was sich weiter unten als zweckmäßig erweisen wird. Durch diese Zusatzbedingung ist $\boldsymbol{A}(\boldsymbol{r})$ eindeutig bestimmt bis auf eine additive Funktion f, die die Laplacegleichung $\Delta f = 0$ erfüllt. Wir können sie – genau wie beim elektrostatischen Potential – so wählen, dass $\boldsymbol{A}(\boldsymbol{r})$ im Unendlichen null wird. Die beiden Definitionsgleichungen für das Vektorpotential lauten dann

$$\textbf{rot}\, \boldsymbol{A} = \boldsymbol{B} \qquad \operatorname{div} \boldsymbol{A} = 0 \,.$$

3.2.5 Das magnetische Feld einer beliebigen Stromverteilung; Biot-Savart-Gesetz

In diesem Abschnitt wollen wir zeigen, dass das Vektorpotential $\boldsymbol{A}(\boldsymbol{r})$ aus einer gegebenen Stromverteilung $\boldsymbol{j}(\boldsymbol{r})$ in völlig analoger Weise bestimmt werden kann wie das skalare Potential ϕ_{el} aus der Ladungsverteilung $\varrho(\boldsymbol{r})$.

Aus (3.7) und Bd. 1, Abschn. A.1.6 folgt mit $\boldsymbol{B} = \textbf{rot}\, \boldsymbol{A}$

$$\begin{aligned}\nabla \times \nabla \times \boldsymbol{A} &= \textbf{grad}\ \operatorname{div} \boldsymbol{A} - \textbf{div}\,\textbf{grad}\ \boldsymbol{A}\\ &= \mu_0 \cdot \boldsymbol{j} \,.\end{aligned}$$

Wegen $\operatorname{div} \boldsymbol{A} = 0$ erhalten wir mit $\textbf{div}\,\textbf{grad}\ \boldsymbol{A} = \Delta \boldsymbol{A}$

$$\Delta \boldsymbol{A} = -\mu_0 \cdot \boldsymbol{j} \,. \tag{3.13}$$

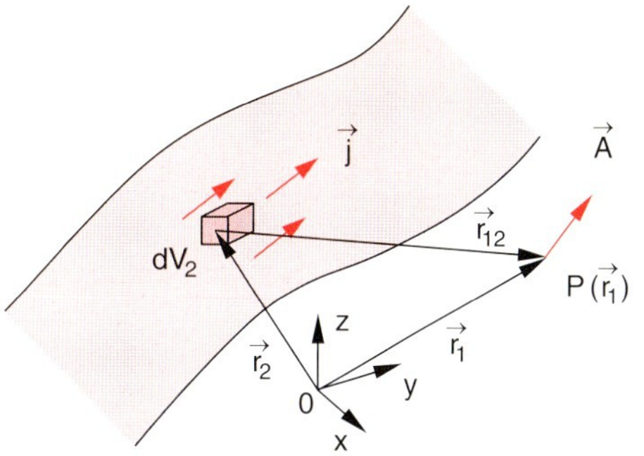

Abb. 3.12. Zum Vektorpotential $\boldsymbol{A}(\boldsymbol{r}_1)$ einer Stromverteilung $\boldsymbol{j}(\boldsymbol{r}_2)$

In Komponentenschreibweise wird dies:

$$\Delta A_i = -\mu_0 \cdot j_i \,, \qquad i = x, y, z \,. \tag{3.13a}$$

Man beachte, dass diese drei Komponentengleichungen mathematisch völlig äquivalent zur Poisson-Gleichung $\Delta\phi_{\text{el}} = -\varrho/\varepsilon_0$ sind, wenn man die Stromdichtekomponente j_i durch die Ladungsdichte ϱ und μ_0 durch $1/\varepsilon_0$ ersetzt. Deshalb müssen auch ihre Lösungen äquivalent sein, und wir erhalten für das Vektorpotential $\boldsymbol{A}(\boldsymbol{r}_1)$ im Punkte $P(\boldsymbol{r}_1)$ analog zu (1.20) die Vektorgleichung

$$\boldsymbol{A}(\boldsymbol{r}_1) = \frac{\mu_0}{4\pi} \int \frac{\boldsymbol{j}(\boldsymbol{r}_2)\,\mathrm{d}V_2}{r_{12}} \tag{3.14}$$

mit $r_{12} = |\boldsymbol{r}_1 - \boldsymbol{r}_2|$, wobei die Integration über das gesamte Strom führende Volumen V_2 erfolgt (Abb. 3.12).

Wenn man das Vektorpotential einer Stromverteilung berechnet hat, kann man aus $\boldsymbol{B} = \textbf{rot}\, \boldsymbol{A}$ das Magnetfeld $\boldsymbol{B}(\boldsymbol{r}_1)$ im Punkte $P(\boldsymbol{r}_1)$ durch Differentiation gewinnen. Dabei muss man beachten, dass die Differentiation nach den Koordinaten $\boldsymbol{r}_1$ des Aufpunktes P, die Integration jedoch über das Volumen $\mathrm{d}V_2$ der Strom führenden Gebiete erfolgt. Die Reihenfolge von Differentiation und Integration kann vertauscht werden. Man erhält dann:

$$\boldsymbol{B}(\boldsymbol{r}_1) = \frac{\mu_0}{4\pi} \int \nabla \times \frac{\boldsymbol{j}(\boldsymbol{r}_2) \cdot \mathrm{d}V_2}{r_{12}} \,. \tag{3.15}$$

Mit $r_{12} = \sqrt{(x_1 - x_2)^2 + (y_1 - y_2)^2 + (z_1 - z_2)^2}$ ergibt die Ausführung der Differentiation (siehe Aufgabe 3.8):

$$\boldsymbol{B}(\boldsymbol{r}_1) = \frac{\mu_0}{4\pi} \int \frac{\boldsymbol{j}(\boldsymbol{r}_2) \times \hat{\boldsymbol{e}}_{12}}{r_{12}^2}\,\mathrm{d}V_2 \tag{3.16}$$

mit dem Einheitsvektor $\hat{\boldsymbol{e}}_{12} = \boldsymbol{r}_{12}/r_{12}$.

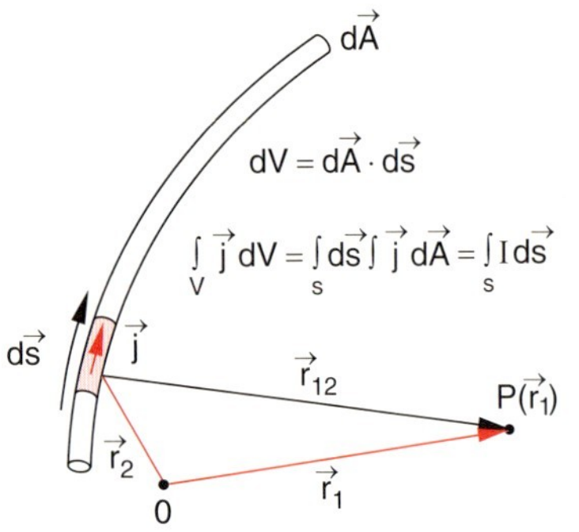

Abb. 3.13. Zum Biot-Savart-Gesetz

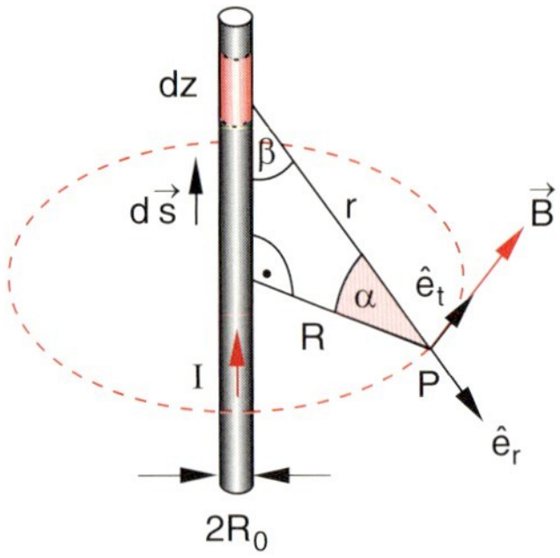

Abb. 3.14. Zur Berechnung von Magnetfeld und Vektorpotential eines langen geraden Leiters

Fließt der Strom nur in dünnen Drähten (Abb. 3.13), so kann man $\boldsymbol{j} \cdot \mathrm{d}V = \boldsymbol{j} \cdot \mathrm{d}\boldsymbol{A} \cdot \mathrm{d}\boldsymbol{s} = I \cdot \mathrm{d}\boldsymbol{s}$ setzen, weil der Integrand $\boldsymbol{j}$ auf der Querschnittsfläche annähernd konstant ist, sodass wir die Integration über $\mathrm{d}\boldsymbol{A}$ sofort ausführen können. Dadurch lässt sich das dreidimensionale Volumenintegral auf ein Linienintegral

$$\boldsymbol{B}(\boldsymbol{r}_1) = -\frac{\mu_0}{4\pi} \cdot I \cdot \int \frac{\hat{\boldsymbol{e}}_{12} \times \mathrm{d}\boldsymbol{s}}{r_{12}^2} \tag{3.16a}$$

zurückführen. Diese Relation heißt ***Biot-Savart-Gesetz***.

Wir wollen seine Anwendung durch einige Beispiele illustrieren.

Anmerkung

Die Benennung von Vektorpotential $\boldsymbol{A}$ und Fläche $\boldsymbol{A}$ mit dem gleichen Buchstaben sollte nicht zu Verwechslungen führen. Im Zweifelsfall wird der Buchstabe $\boldsymbol{A}$ dann ausdrücklich benannt.

3.2.6 Beispiele zur Berechnung von magnetischen Feldern spezieller Stromanordnungen

a) Das Magnetfeld eines geraden Leiters

Wir betrachten in Abb. 3.14 einen langen Strom führenden Draht in z-Richtung. Der Einheitsvektor $\hat{\boldsymbol{e}}_{12} = \hat{\boldsymbol{e}}_r$ zeigt vom Linienelement $\mathrm{d}z$ zum Punkt P. Das Magnetfeld $\boldsymbol{B}(\boldsymbol{R})$, das im Punkte $P(\boldsymbol{R})$ erzeugt wird, kann aus (3.16a) berechnet werden. Das Vektorprodukt $\hat{\boldsymbol{e}}_{12} \times \mathrm{d}\boldsymbol{s}$ hat den Betrag

$$|\hat{\boldsymbol{e}}_{12} \times \mathrm{d}\boldsymbol{s}| = \sin\beta \cdot \mathrm{d}z = \cos\alpha \cdot \mathrm{d}z$$

und die Richtung von $-\hat{\boldsymbol{e}}_t$, wobei der Einheitsvektor $\hat{\boldsymbol{e}}_t$ in der x-y-Ebene Tangente an den Kreis mit dem Radius R ist. Wir erhalten damit:

$$\boldsymbol{B}(\boldsymbol{R}) = \frac{\mu_0 I}{4\pi} \hat{\boldsymbol{e}}_t \cdot \int \frac{\cos\alpha}{r^2} \,\mathrm{d}z\,. \tag{3.16b}$$

Wegen $r = R/\cos\alpha$, $z = R \cdot \tan\alpha \Rightarrow \mathrm{d}z = R\,\mathrm{d}\alpha/\cos^2\alpha$ folgt für den Betrag $B = |\boldsymbol{B}|$

$$B = \frac{\mu_0 I}{4\pi R} \int_{-\pi/2}^{+\pi/2} \cos\alpha \,\mathrm{d}\alpha = \frac{\mu_0 I}{2\pi R}\,, \tag{3.17}$$

das bereits im Abschn. 3.2.2 hergeleitete Ergebnis.

Da die Stromdichte $\boldsymbol{j}$ nur eine z-Komponente hat, muss das Vektorpotential gemäß (3.14) in z-Richtung zeigen, d. h.

$$\boldsymbol{A} = \{0, 0, A_z\}\,.$$

Aus $\boldsymbol{B} = \mathbf{rot}\,\boldsymbol{A}$ folgt dann

$$B_x = \frac{\partial A_z}{\partial y}, \quad B_y = -\frac{\partial A_z}{\partial x} \quad \text{und} \quad B_z = 0\,.$$

Geht man zu Zylinderkoordinaten (r, φ, z) über, so erhält man

$$B_r = \frac{1}{r}\frac{\partial A_z}{\partial \varphi} \quad \text{und} \quad B_\varphi = -\frac{\partial A_z}{\partial r}\,.$$

Weil A_z wegen der Zylindersymmetrie nicht von φ abhängt, ist $\partial A_z/\partial\varphi = 0 \Rightarrow B_r = 0$. Damit wird für $r = R$

$$B = B_\varphi = -\left(\frac{\partial A_z}{\partial r}\right)_R = \frac{\mu_0 I}{2\pi R}\,. \tag{3.18a}$$

Durch Integration folgt dann für $R > R_0$:

$$A_z = -\int_{R_0}^{R} B \,\mathrm{d}R = -\frac{\mu_0 \cdot I}{2\pi} \ln\frac{R}{R_0}\,. \tag{3.18b}$$

Auch hier kommt die Randbedingung $A(\infty) = 0$ wie schon im Falle des Potentials des geladenen Stabes in (1.18c) nicht in Frage, vielmehr wird der Nullpunkt für $R = R_0$ gewählt.

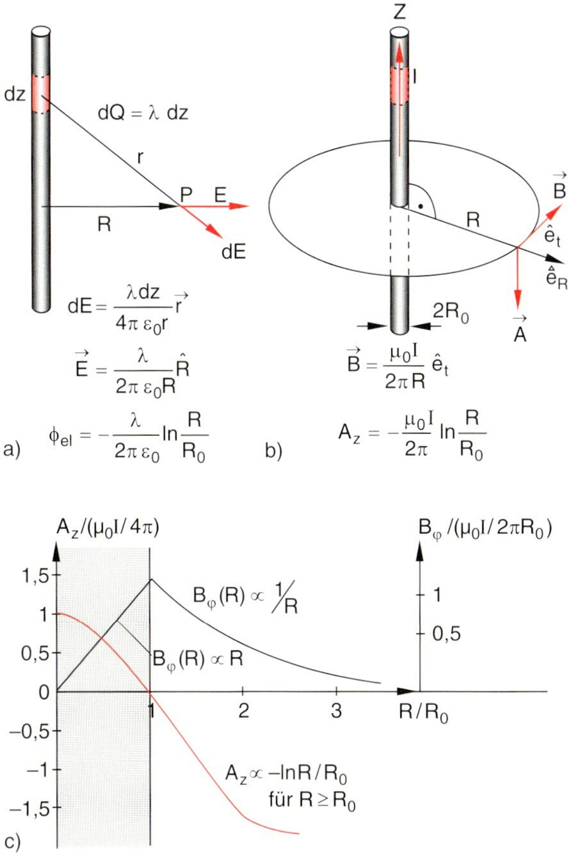

Abb. 3.15. Vergleich zwischen dem elektrischen Potential $\phi(R)$ eines geladenen Drahtes mit Radius R_0 und Linienladungsdichte $\mathrm{d}Q/\mathrm{d}z = \lambda$ (**a**) und dem Vektorpotential $A_z(R)$ eines Drahtes, durch den der Strom I fließt (**b**). (**c**) Radialer Verlauf von $B_\varphi(R)$ und $A_z(R)$

Im Inneren des Drahtes ($R \le R_0$) wird B nur durch den vom Kreis mit Radius R umschlossenen Strom bewirkt. Deshalb gilt nach (3.18a)

$$I = j\pi R^2 \;\Rightarrow\; B_\varphi = -\frac{\partial A_z}{\partial R} = -\frac{1}{2}\mu_0 jR$$
$$\Rightarrow\; A_z = -\frac{1}{4}\mu_0 jR^2 + \text{const}\,.$$

Aus der Bedingung $A_z(R_0) = 0$ folgt:

$$\text{const} = \frac{1}{4}\mu_0 jR^2$$
$$A_z(R \le R_0) = \frac{1}{4}\mu_0 j(R_0^2 - R^2)\,.$$

Wenn $I = j\pi R_0^2$ der gesamte Strom durch den Draht ist, erhalten wir:

$$A_z(R \le R_0) = +\frac{1}{4\pi}\mu_0 I\left(1 - (R/R_0)^2\right)\,.$$

In Abb. 3.15c sind $|B(R)|$ und $|A_z(R)|$ als Funktion von R verdeutlicht. In Abb. 3.15a,b ist der Vergleich zwischen dem elektrischen Potential $\phi(R)$ des mit der Ladungsdichte $\mathrm{d}Q/\mathrm{d}z = \lambda$ belegten Stabes (siehe Abschn. 1.3.4c) und dem Vektorpotential $A_z(R)$ eines Strom führenden Drahtes verdeutlicht, um die enge Analogie zwischen den beiden Fällen zu zeigen.

b) Das Magnetfeld einer kreisförmigen Stromschleife

Liegt die Stromschleife in der x-y-Ebene (Abb. 3.16a), so hat nach (3.16) das Magnetfeld $\boldsymbol{B}$ in der Schleifenebene nur eine z-Komponente, deren Betrag im Aufpunkt $P_1(x, y, 0)$ nach (3.16a) wegen $|\hat{\boldsymbol{e}}_{12} \times \mathrm{d}\boldsymbol{s}| = \sin\varphi\, \mathrm{d}s$ den Wert

$$B_z = \frac{\mu_0 \cdot I}{4\pi} \cdot \oint \frac{\sin\varphi}{r_{12}^2}\,\mathrm{d}s \qquad (3.19)$$

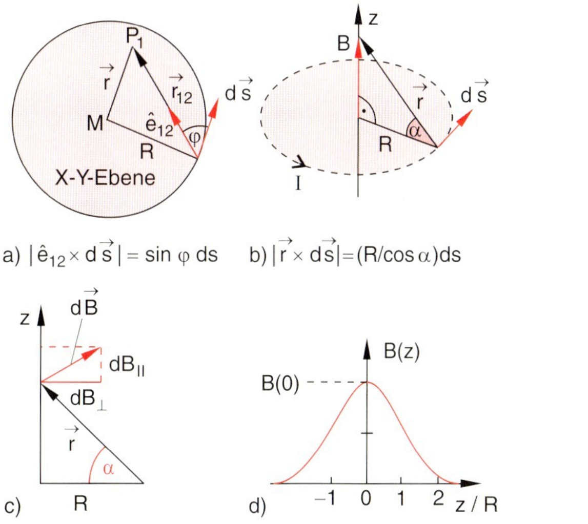

Abb. 3.16a–d. Zur Berechnung des Magnetfeldes einer Stromschleife (**a**) in der Schleifenebene, (**b**) auf der Symmetrieachse. (**c**) Zur Definition von $\mathrm{d}\boldsymbol{B}_\perp$ und $\mathrm{d}\boldsymbol{B}_\parallel$, (**d**) Verlauf von $B(z)$ auf der Achse

hat. Im Mittelpunkt des Kreises ist $r_{12} = R$ und $\varphi = \pi/2$, sodass man dort erhält:

$$B_z = \frac{\mu_0 \cdot I}{2 \cdot R} . \tag{3.19a}$$

Auf der Symmetrieachse (z-Achse durch den Mittelpunkt, Abb. 3.16b) erhalten wir aus (3.16a) den Beitrag d$\boldsymbol{B}$ des Wegelements d$\boldsymbol{s}$ zum Magnetfeld $\boldsymbol{B}$:

$$\mathrm{d}\boldsymbol{B} = -\frac{\mu_0 \cdot I}{4\pi} \cdot \frac{\boldsymbol{r} \times \mathrm{d}\boldsymbol{s}}{r^3} . \tag{3.19b}$$

Bei der Integration über alle Wegelemente des Kreises mitteln sich die Komponenten $\mathrm{d}B_\perp = \mathrm{d}B \cdot \sin\alpha$ senkrecht zur Symmetrieachse zu null. Es bleibt nur die Parallelkomponente $\mathrm{d}B_\parallel = \mathrm{d}B \cdot \cos\alpha$, die bei der Integration wegen $|\boldsymbol{r} \times \mathrm{d}\boldsymbol{s}| = (R/\cos\alpha)\,\mathrm{d}s$ ergibt:

$$B_\parallel = B_z = \int |\mathrm{d}B_\parallel| = \int |\mathrm{d}B| \cdot \cos\alpha .$$

Einsetzen von (3.19b) liefert:

$$B_z = \frac{\mu_0 \cdot I}{4\pi \cdot r^3} \cdot \oint R \cdot \mathrm{d}s = \frac{\mu_0 \cdot I \cdot R}{4\pi \cdot r^3} \cdot 2\pi \cdot R .$$

Wegen $r^2 = R^2 + z^2$ folgt daraus

$$B_z = \frac{\mu_0 \cdot I \cdot \pi \cdot R^2}{2\pi(z^2 + R^2)^{3/2}} . \tag{3.19c}$$

Der Feldverlauf $B_z(z)$ auf der Schleifenachse ist in Abb. 3.16d dargestellt.

Für Punkte außerhalb der Symmetrieachse ist die Berechnung von $B(r)$ schwieriger. Man erhält für Punkte auf der Schleifenebene elliptische Integrale, deren Lösung nur numerisch möglich ist (siehe z. B. [3.3]). Die Feldstärke B_z in der Schleifenebene ist in Abb. 3.17 als Funktion des Abstands r vom Schleifenmittelpunkt aufgetragen. Die Magnetfeldlinien des Strom führenden Ringes sind im oberen Teil von Abb. 3.17 dargestellt. Das Feldlinienbild gleicht dem eines kurzen Stabmagneten (siehe Abb. 3.1).

Die Stromschleife stellt daher einen magnetischen Dipol dar. Mit dem Flächennormalenvektor $\boldsymbol{A} = \pi R^2 \cdot \hat{\boldsymbol{e}}_z$ lässt sich das Magnetfeld (3.19c) schreiben als

$$\boldsymbol{B} = \frac{\mu_0}{2\pi} \frac{I \cdot \boldsymbol{A}}{r^3} . \tag{3.20}$$

wobei r der Abstand des Aufpunktes von der Schleifenmitte (= Nullpunkt) ist.

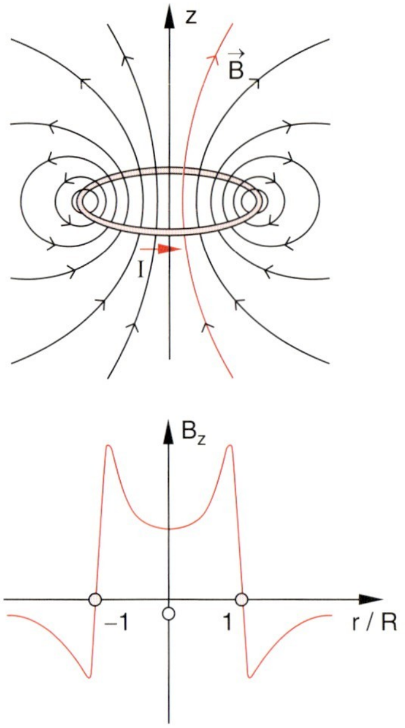

Abb. 3.17. Magnetfeldlinien einer Stromschleife und der Verlauf $B(z)$ in der Schleifenebene

Man nennt das Produkt

$$\boldsymbol{p}_\mathrm{m} = I \cdot \boldsymbol{A} \tag{3.21}$$

von Kreisstrom I und der vom Strom umschlossenen Fläche $\boldsymbol{A}$ das ***magnetische Dipolmoment*** der Stromschleife.

Für große Entfernungen ($z \gg R$) gilt dann:

$$\boldsymbol{B} = \frac{\mu_0}{2\pi} \frac{\boldsymbol{p}_\mathrm{m}}{r^3} . \tag{3.20a}$$

Man vergleiche (3.20a) mit dem entsprechenden Ausdruck (1.25) für das elektrische Feld des elektrischen Dipols $\boldsymbol{p}_\mathrm{e}$.

c) Das Magnetfeld eines Helmholtz-Spulenpaares

Ein Helmholtz-Spulenpaar besteht aus zwei parallelen Ringspulen mit Radius R im Abstand $d = R$, die in gleicher Richtung von einem Strom I durchflossen werden (Abb. 3.18).

Wir betrachten zunächst eine Anordnung mit beliebigem Spulenabstand d. Der Nullpunkt des Koordinatensystems liege im Mittelpunkt des Spulenpaares. Auf der Symmetrieachse der Spulen (z-Achse) ist der Betrag $B(z)$ des Magnetfeldes im Abstand z vom

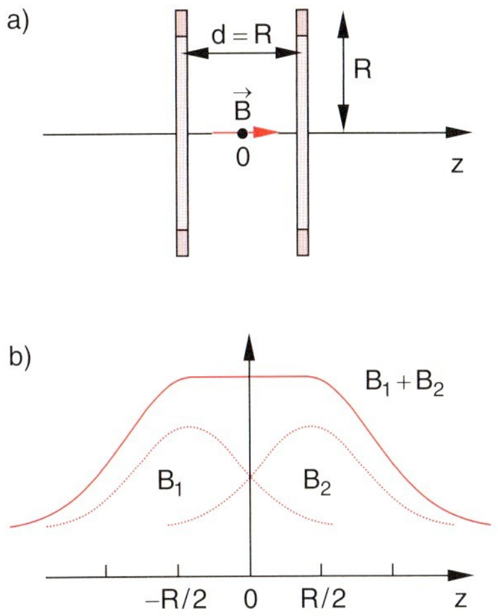

Abb. 3.18a,b. Magnetfeld eines Helmholtz-Spulenpaars. (**a**) Anordnung; (**b**) Magnetfeldstärke $B(z)$ entlang der Achse

Nullpunkt nach (3.19c):

$$B(z) = B_1\left(z+\frac{d}{2}\right) + B_2\left(z-\frac{d}{2}\right) \qquad (3.22a)$$

$$= \frac{\mu_0 \cdot I \cdot R^2}{2} \cdot \left\{ \frac{1}{\left[(z+d/2)^2+R^2\right]^{3/2}} + \frac{1}{\left[(z-d/2)^2+R^2\right]^{3/2}} \right\}.$$

Entwickelt man diesen Ausdruck in eine Taylor- Reihe um $z = 0$, so fallen alle Terme mit ungeradzahligen Potenzen von z heraus. Dies ist schon deshalb klar, weil der Betrag von B symmetrisch um $z = 0$ ist. Wir erhalten nach einer etwas mühseligen Rechnung:

$$B(z) = \frac{\mu_0 I R^2}{\left[(d/2)^2+R^2\right]^{3/2}} \cdot \left[1 + \frac{3}{2}\frac{d^2-R^2}{(d^2/4+R^2)^2} z^2 + \frac{15}{8}\frac{(d^4/2)-3d^2R^2+R^4}{(d^2/4+R^2)^4} z^4 + \dots \right]. \qquad (3.22b)$$

Wählt man nun $d = R$ (*Helmholtz-Bedingung*), so verschwindet der Term mit z^2, und das Feld ist um $z = 0$ in sehr guter Näherung konstant:

$$B(z) \approx \frac{\mu_0 I}{(5/4)^{3/2} R}\left[1 - \frac{144}{125}\frac{z^4}{R^4}\right]. \qquad (3.22c)$$

Bei einem Verhältnis $z/R = 0{,}3$ beträgt die relative Abweichung der Feldstärke $B(z)$ vom Wert $B(0)$ weniger als 1%!

Drei zueinander senkrechte Helmholtz-Spulenpaare werden benutzt, um äußere Magnetfelder, z. B. das Erdmagnetfeld, zu kompensieren und damit im Experimentiervolumen magnetfeldfreie Bedingungen zu erreichen.

Werden die beiden Spulen von entgegengesetzt gerichteten gleichen Strömen durchflossen, so erzeugt dieses „Anti"-Helmholtz-Spulenpaar ein um $z = 0$ linear mit z ansteigendes (bzw. fallendes) Magnetfeld, das für $z = 0$ durch null geht. Man erhält statt (3.22a)

$$B(z) = B_1\left(\frac{d}{2}+z\right) - B_2\left(-\frac{d}{2}+z\right) \qquad (3.22d)$$

$$= \frac{96}{125 \cdot \sqrt{5}} \frac{\mu_0 I}{R^2} z + \dots \qquad (3.22e)$$

Ein solches Magnetfeld wird in Kombination mit drei stehenden Lichtwellen zur Speicherung ultrakalter Atome verwendet.

d) Das Feld einer Zylinderspule

In Abschn. 3.2.3 wurde gezeigt, dass im Inneren einer unendlich langen Spule mit n Windungen pro m ein homogenes Magnetfeld

$$B = \mu_0 \cdot n \cdot I$$

vorliegt. Wir wollen jetzt den Einfluss der Randeffekte bei endlicher Spulenlänge L untersuchen. Der Nullpunkt des Koordinatensystems soll in der Mitte der Spule liegen, deren Symmetrieachse als z-Achse gewählt wird (Abb. 3.19).

Der Anteil des Magnetfeldes im Punkte $P(z)$, der von den $n \cdot \mathrm{d}\zeta$ Windungen mit dem Querschnitt $A = \pi \cdot R^2$ im Längenintervall $\mathrm{d}\zeta$ erzeugt wird, ist nach (3.19c)

$$\mathrm{d}B = \frac{\mu_0 \cdot I \cdot A \cdot n \cdot \mathrm{d}\zeta}{2\pi\left[R^2+(z-\zeta)^2\right]^{3/2}}. \qquad (3.23)$$

Das Gesamtfeld am Ort $P(z)$ erhält man durch Integration über alle Windungen von $\zeta = -L/2$ bis $\zeta = +L/2$. Das Integral lässt sich durch Substitution

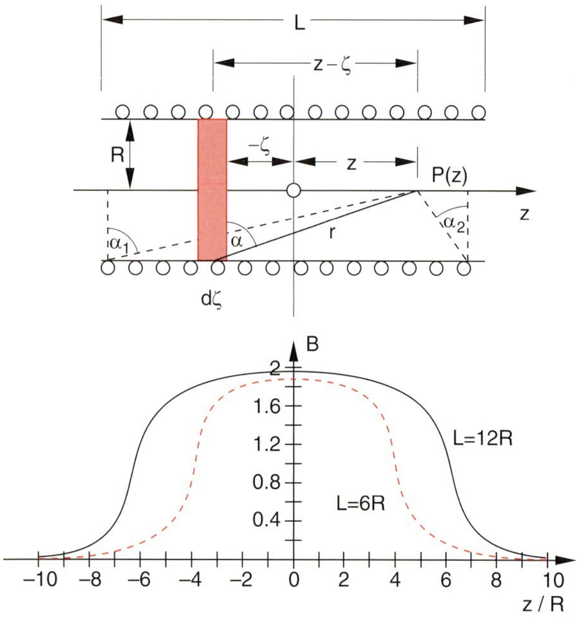

Abb. 3.19. Zur Berechnung der Randeffekte des Magnetfeldes einer Zylinderspule

$z-\zeta = R\cdot\tan\alpha$ lösen und ergibt:

$$B(z) = \int_{-L/2}^{+L/2} \mathrm{d}B = -\frac{\mu_0 I\cdot n}{2}\int_{\alpha_1}^{\alpha_2}\cos\alpha\cdot \mathrm{d}\alpha$$

$$= \frac{\mu_0\cdot n\cdot I}{2}\cdot\left\{\frac{z+L/2}{\sqrt{R^2+(z+L/2)^2}} - \frac{z-L/2}{\sqrt{R^2+(z-L/2)^2}}\right\}. \qquad (3.24)$$

Im Mittelpunkt der Spule ($z=0$) wird

$$B(z=0) = \frac{\mu_0\cdot n\cdot I}{2}\cdot\frac{L}{\sqrt{R^2+L^2/4}}$$

$$\approx \mu_0\cdot n\cdot I \quad \text{für} \quad L\gg R\,. \qquad (3.25)$$

An den Enden der Spule ($z=\pm L/2$) ist das Feld auf der Spulenachse:

$$B(z=\pm L/2) = \frac{\mu_0\cdot n\cdot I}{2}\cdot\frac{L}{\sqrt{R^2+L^2}} \qquad (3.26)$$

$$\approx \mu_0\cdot\frac{n\cdot I}{2} \quad \text{für} \quad L\gg R$$

auf den halben Maximalwert $B(0)$ gesunken.

Für Aufpunkte weit außerhalb der Spule ($z\gg L\gg R$) können wir die Wurzeln in (3.24) nach Potenzen von $R/(z\pm L/2)$ entwickeln und erhalten

$$B(z)\approx\frac{\mu_0\cdot n\cdot I\cdot\pi\cdot R^2}{4\pi} \qquad (3.27)$$

$$\cdot\left\{\frac{1}{(z-L/2)^2}-\frac{1}{(z+L/2)^2}\right\}.$$

Die lange Spule mit der Querschnittsfläche $A=\pi\cdot R^2$ wirkt also auf weit entfernte Punkte P wie ein Stabmagnet (siehe Abschn. 3.1) mit der Polstärke

$$p = \pm\mu_0\cdot n\cdot I\cdot A = B(z=0)\cdot A\,. \qquad (3.28)$$

3.3 Kräfte auf bewegte Ladungen im Magnetfeld

Wenn sich Ladungen in Magnetfeldern bewegen, tritt außer der schon früher behandelten Coulombkraft zwischen den Ladungen eine weitere Kraft auf, deren Größe und Richtung wir durch einige grundlegende Experimente bestimmen wollen:

- Durch einen geraden Draht, der beweglich im Magnetfeld eines Hufeisenmagnetes aufgehängt ist, lassen wir einen Strom I fließen (Abb. 3.20). Man beobachtet, dass der Draht senkrecht zur Stromrichtung und senkrecht zum Magnetfeld $\boldsymbol{B}$ abgelenkt wird. Umkehr der Stromrichtung oder Umpolung von $\boldsymbol{B}$ bewirkt eine Richtungsumkehr der Kraft $\boldsymbol{F}$.

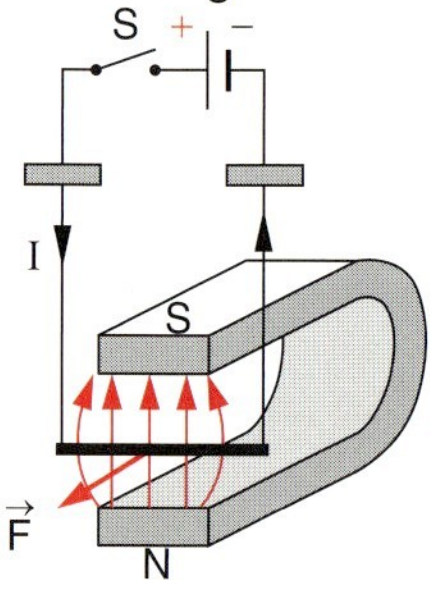

Abb. 3.20. Auf einen stromdurchflossenen Leiter im Magnetfeld $\boldsymbol{B}$ wirkt die Kraft $\boldsymbol{F}$ senkrecht zu $\boldsymbol{B}$ und senkrecht zur Stromrichtung

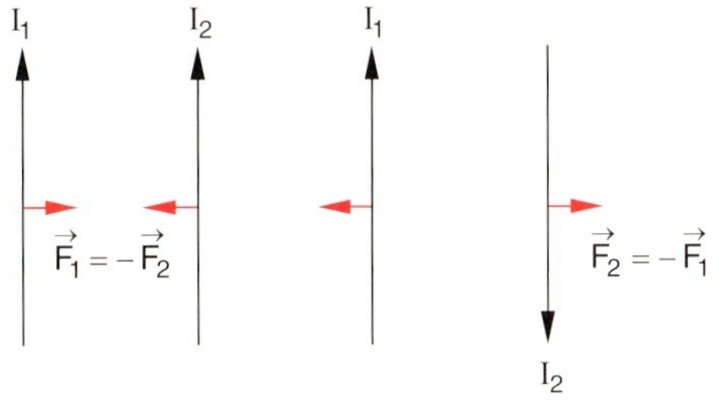

Abb. 3.21. Zwischen zwei stromdurchflossenen parallel angeordneten Drähten wirkt eine anziehende Kraft, wenn I_1 und I_2 parallel sind und eine abstoßende Kraft bei entgegengerichteten Strömen

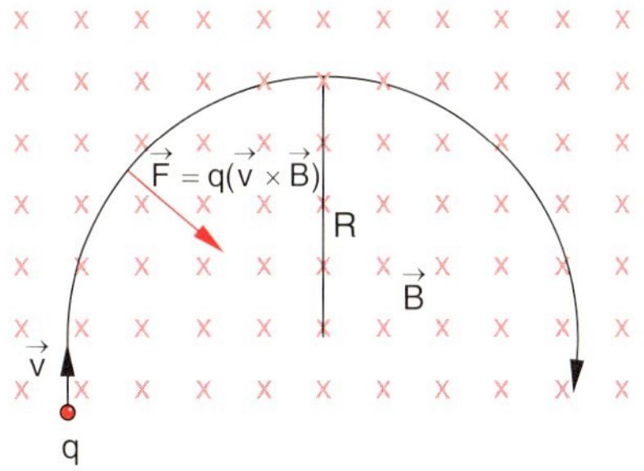

Abb. 3.22. Ablenkung eines Elektronenstrahls durch ein äußeres Magnetfeld bei senkrechtem Einschuss in das homogene Magnetfeld $\boldsymbol{B}$ senkrecht zur Zeichenebene

- Lässt man durch zwei parallele Drähte elektrische Ströme I_1 bzw. I_2 fließen (Abb. 3.21), so stellt man fest, dass sich die beiden Drähte anziehen, wenn I_1 parallel zu I_2 ist, während sie sich abstoßen, wenn die Ströme entgegengesetzt gerichtet sind. Die Anziehungs- bzw. Abstoßungskraft ist proportional zum Produkt der beiden Stromstärken $I_1 \cdot I_2$. Da ein stromdurchflossener Draht ein Magnetfeld erzeugt (Abschn. 3.2), andererseits ein elektrischer Strom bewegte Ladungen darstellt, schließen wir, dass auf bewegte Ladungen in einem Magnetfeld eine Kraft wirkt.
- Wir lassen den Elektronenstrahl in einer Kathodenstrahlröhre durch ein Magnetfeld fliegen, das durch einen Permanentmagneten von außen erzeugt wird (Abb. 3.22). Experimente bei verschiedenen Richtungen des Magnetfeldes haben ergeben, dass der Elektronenstrahl durch eine Kraft abgelenkt wird, die immer senkrecht zum Magnetfeld $\boldsymbol{B}$ und senkrecht zur Geschwindigkeit $\boldsymbol{v}$ der Elektronen gerichtet sein muss. Wird das Magnetfeld z. B. durch ein Helmholtz-Spulenpaar (Abschn. 3.2.6) erzeugt, so lassen sich die Größe und die Richtung des Magnetfeldes durch Drehen des Spulenpaares beliebig verändern. Durch Variation der Beschleunigungsspannung für die Elektronen können wir auch die Geschwindigkeit $\boldsymbol{v}$ der Elektronen ändern. Das experimentelle Ergebnis dieser und vieler weiterer Experimente ist: Die ablenkende Kraft auf die mit der Geschwindigkeit $\boldsymbol{v}$ fliegenden Elektronen ist proportional zum Vektorprodukt von $\boldsymbol{B}$ und $\boldsymbol{v}$.

Diese experimentellen Fakten führen uns zu dem allgemeinen Ausdruck für die Kraft $\boldsymbol{F}$ auf eine Ladung q, die sich mit der Geschwindigkeit $\boldsymbol{v}$ im Magnetfeld $\boldsymbol{B}$ bewegt:

$$\boldsymbol{F} = k \cdot q \cdot (\boldsymbol{v} \times \boldsymbol{B}) ,$$

wobei k eine Proportionalitätskonstante ist. Im SI-System wird die elektrische Stromstärke $I = q \cdot \boldsymbol{v}$ (über die Kraft $\boldsymbol{F}$ zwischen zwei stromdurchflossenen Drähten (siehe Abschn. 3.3.1)) so definiert, dass die Proportionalitätskonstante k gleich der dimensionslosen Zahl 1 wird, wenn die Kraft $\boldsymbol{F}$ in N, die Ladung q in As und die Geschwindigkeit $\boldsymbol{v}$ in m/s gemessen werden. Die magnetische Feldstärke (Induktion) $\boldsymbol{B}$ wird dadurch direkt durch die Kraft $\boldsymbol{F}$ auf die bewegte Ladung bestimmt. Ihre Maßeinheit ist, wie bereits im Abschn. 3.1 auf andere Weise gezeigt wurde:

$$[B] = 1 \frac{\mathrm{N}}{\mathrm{A\,s} \cdot \mathrm{m/s}} = 1 \frac{\mathrm{N}}{\mathrm{A} \cdot \mathrm{m}} = 1 \frac{\mathrm{V\,s}}{\mathrm{m}^2} = 1\,\mathrm{T} .$$

Wir erhalten dann die ***Lorentzkraft***:

$$\boxed{\boldsymbol{F} = q \cdot (\boldsymbol{v} \times \boldsymbol{B})} \quad . \tag{3.29a}$$

Liegt zusätzlich noch ein elektrisches Feld $\boldsymbol{E}$ vor, so beträgt die Kraft auf eine Ladung q:

$$\boxed{\boldsymbol{F} = q \cdot (\boldsymbol{E} + \boldsymbol{v} \times \boldsymbol{B})} \quad . \tag{3.29b}$$

Dieser allgemeine Ausdruck und nicht (3.29a) wurde, historisch gesehen, von *Hendrik Antoon Lorentz* (1853–1928) aufgestellt und wird deshalb als allgemeine Lorentzkraft bezeichnet. Wir werden in Abschn. 3.4 den tieferen Zusammenhang zwischen elektrischem und magnetischem Feld behandeln.

3.3.1 Kräfte auf stromdurchflossene Leiter im Magnetfeld

Die Stromstärke I in einem Leiter mit der Ladungsdichte $\varrho = n \cdot q$ und dem Querschnitt A ist nach (2.6a):

$$I = n \cdot q \cdot v_D \cdot A\,,$$

wenn sich die Ladungen q mit der Driftgeschwindigkeit v_D bewegen. Die Lorentzkraft auf ein Leiterstück der Länge dL, in dem sich $n \cdot A \cdot dL$ Ladungen q befinden, ist daher

$$\begin{aligned} d\boldsymbol{F} &= n \cdot A \cdot dL \cdot q \cdot (\boldsymbol{v}_D \times \boldsymbol{B}) \\ &= (\boldsymbol{j} \times \boldsymbol{B}) \cdot dV\,, \end{aligned} \tag{3.30}$$

wenn $dV = A \cdot dL$ das betrachtete Volumenelement des Leiters ist. Die Gesamtkraft auf einen Leiter der Länge L mit Querschnitt A und der Stromdichte $\boldsymbol{j}$ im Magnetfeld $\boldsymbol{B}$ ist

$$\boldsymbol{F} = \int (\boldsymbol{j} \times \boldsymbol{B})\, dV\,.$$

Man beachte:

Wird der Strom durch Elektronen bewirkt (wie dies bei allen metallischen Leitern der Fall ist), so ist $q = -e$ und $\boldsymbol{j}$ zeigt in die entgegengesetzte Richtung zu $\boldsymbol{v}_D$, d. h. $\boldsymbol{j} \times \boldsymbol{B}$ bildet dann eine Linksschraube!

Für den Fall eines geraden Drahtes im homogenen Magnetfeld (Abb. 3.23) sind $\boldsymbol{j}$ und $\boldsymbol{B}$ räumlich konstant, und man erhält mit $I = \boldsymbol{j} \cdot \boldsymbol{A}$ die Kraft pro Längenelement $d\boldsymbol{L}$

$$\boxed{d\boldsymbol{F} = I \cdot (d\boldsymbol{L} \times \boldsymbol{B})}\,. \tag{3.31}$$

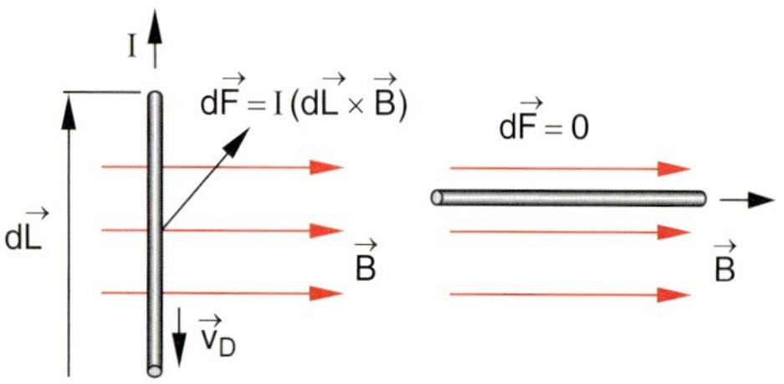

Abb. 3.23. Kraft auf einen stromdurchflossenen Leiter senkrecht bzw. parallel zum Magnetfeld $\boldsymbol{B}$ (die Elektronendriftgeschwindigkeit $\boldsymbol{v}_D$ ist entgegengesetzt zur technischen Stromrichtung I)

3.3.2 Kräfte zwischen zwei parallelen Stromleitern

Wir wollen noch auf die Definition der Stromstärkeeinheit 1 A über die Kraft zwischen zwei parallelen stromdurchflossenen Drähten eingehen (Abb. 3.24). Die Kraft auf eine Ladung $dq = \varrho \cdot A \cdot dL$, die mit der Driftgeschwindigkeit v_D durch den Leiter 1 mit Querschnitt A und Länge dL im Magnetfeld $\boldsymbol{B}$ des Leiters 2 fließt, ist die Lorentzkraft

$$d\boldsymbol{F} = dq \cdot (\boldsymbol{v}_D \times \boldsymbol{B}) = I_1 \cdot (d\boldsymbol{L} \times \boldsymbol{B})\,.$$

Das Magnetfeld des Drahtes 2 ist nach (3.8)

$$\boldsymbol{B} = \frac{\mu_0}{2\pi r} \cdot I_2 \cdot \hat{\boldsymbol{e}}_\varphi\,,$$

wobei $\hat{\boldsymbol{e}}_\varphi$ der Einheitsvektor in φ-Richtung (Tangente an einen Kreis um den Draht) ist. Bei parallelen Drähten in z-Richtung gilt: $\boldsymbol{B} \perp \boldsymbol{v}_D$. Der Betrag der Kraft pro Meter Drahtlänge ($L = 1$ m) ist dann bei einem Abstand $r = R$ zwischen den Drähten nach (3.31):

$$\frac{F}{L} = I_1 \cdot \frac{\mu_0}{2\pi} \cdot \frac{I_2}{R} = \frac{\mu_0 \cdot I^2}{2\pi R}\,, \tag{3.32}$$

wenn durch beide Drähte der gleiche Strom I fließt (Abb. 3.24).

Bei einem Strom $I = 1$ A ergibt sich bei einem Abstand der Drähte von $R = 1$ m die Kraft pro m Drahtlänge

$$F/L = \mu_0/2\pi = 2 \cdot 10^{-7}\ \text{N/m}\,. \tag{3.33}$$

Dies wird zur Definition der SI-Einheit 1 Ampere verwendet:

> 1 A ist diejenige Stromstärke, die zwischen zwei unendlich langen, geraden, im Abstand von 1 m voneinander angeordneten Leitern im Vakuum eine Kraft von $2 \cdot 10^{-7}$ N pro m Leiterlänge verursacht.

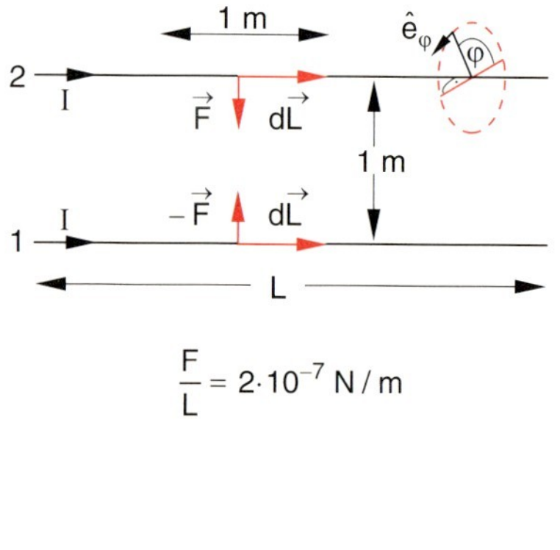

Abb. 3.24. Zur Definition der Stromstärkeeinheit 1 Ampere

Damit wird die Permeabilitätskonstante μ_0 auf den exakten Wert $\mu_0 = 4\pi \cdot 10^{-7}\,\text{V s}/(\text{A} \cdot \text{m})$ festgelegt.

3.3.3 Experimentelle Demonstration der Lorentzkraft

Die Lorentzkraft kann quantitativ mit dem ***Fadenstrahlrohr*** demonstriert werden (Abb. 3.25), welches aus einem kugelförmigen Glaskolben mit einer Elektronenquelle besteht, in dem ein geringer Druck eines Gases (z. B. Neon oder Hg-Dampf) eingestellt ist. Der Kolben befindet sich in einem homogenen Magnetfeld $\boldsymbol{B}$, das durch ein Helmholtz-Spulenpaar (Abschn. 3.2.6c) erzeugt wird.

Die von der Glühkathode emittierten Elektronen werden durch die Spannung U beschleunigt auf die kinetische Energie $(m/2)v^2 = e \cdot U$ und erhalten deshalb die Geschwindigkeit

$$v = \sqrt{\frac{2e \cdot U}{m}}\,, \tag{3.34}$$

deren Anfangsrichtung $\boldsymbol{v}_0 = \{v_x, 0, 0\}$ senkrecht zum Magnetfeld $\boldsymbol{B} = \{0, 0, B_z\}$ gewählt wird. Da die Lorentzkraft nach (3.29) in der x-y-Ebene liegt und immer senkrecht auf $\boldsymbol{v}$ steht, wird die Bahn der Elektronen ein Kreis in der x-y-Ebene. Die Lorentzkraft wirkt als Zentripetalkraft, und wir erhalten aus

$$e \cdot v \cdot B = \frac{m \cdot v^2}{R}$$

und (3.34) den Radius R des Kreises:

$$R = \frac{1}{B} \cdot \sqrt{2m \cdot U/e}\,. \tag{3.35}$$

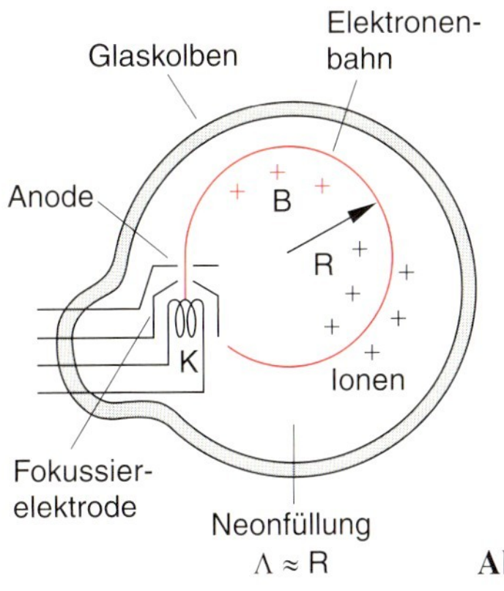

Abb. 3.25. Fadenstrahlrohr

Man kann den kreisförmigen Elektronenstrahl sehen, weil die Elektronen beim Stoß mit den Atomen im Gaskolben diese zum Leuchten anregen. Die Stöße führen aus folgenden Gründen nicht zu einer völligen Verschmierung der Kreisbahn:

- Die Dichte n der Atome wird so niedrig gewählt, dass die freie Weglänge $\Lambda = 1/(n \cdot \sigma)$ (σ = Streuquerschnitt der Elektronen) größer als der Umfang $2\pi R$ der Kreisbahn ist.
- Außer der Anregung ionisieren die Elektronen auch die Restgasatome. Die schweren Ionen können nicht so schnell wegdiffundieren und bilden einen positiv geladenen „Ionenschlauch" um die Bahn der Elektronen, der die Elektronen immer wieder fokussiert.

Aus den gemessenen Werten von R, U und B in (3.35) kann das Verhältnis e/m von Elektronenladung $-e$ und Elektronenmasse m bestimmt werden.

Schießt man ein Elektron schräg mit der Geschwindigkeit $\boldsymbol{v} = \{v_x, v_y, v_z\}$ in das Magnetfeld $\boldsymbol{B} = \{0, 0, B_z\}$ ein (Abb. 3.26), so lautet die Bewegungsgleichung

$$m \cdot \boldsymbol{a} = q \cdot (\boldsymbol{v} \times \boldsymbol{B}) \tag{3.36}$$

in Komponentenschreibweise mit $q = -e$

$$m \cdot \dot{v}_x = -e \cdot v_y \cdot B_z\,;$$
$$m \cdot \dot{v}_y = +e \cdot v_x \cdot B_z\,;$$
$$m \cdot \dot{v}_z = 0\,.$$

Ihre Lösung ergibt als Bahnkurve eine Spirale mit dem Radius des einhüllenden Zylinders

$$R = \frac{1}{B} \cdot \sqrt{2m \cdot U/e}$$

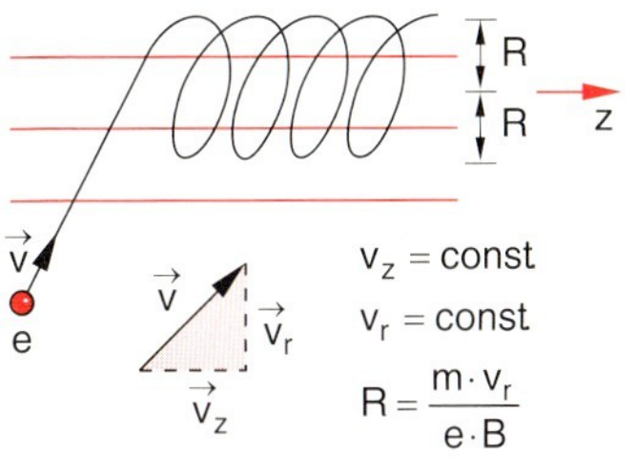

Abb. 3.26. Spiralbahn von Elektronen, die schräg in ein homogenes Feld eingeschossen werden

und der Steighöhe, d. h. der Strecke Δz, welche während der Umlaufzeit

$$\Delta t = \frac{2\pi \cdot R}{\sqrt{v_x^2 + v_y^2}} = \frac{2\pi \cdot m}{e \cdot B} \tag{3.37a}$$

in z-Richtung zurückgelegt wird,

$$\Delta z = v_z \cdot \Delta t = \frac{2\pi \cdot m}{e \cdot B} \cdot v_z \,. \tag{3.37b}$$

Man kann solche Spiralen mit verschiedenen Ganghöhen im Fadenstrahlrohr sehr schön sichtbar machen, wenn man das Rohr entsprechend dreht, sodass die Einschussrichtung unter verschiedenen Winkeln gegen die Magnetfeldrichtung liegt.

3.3.4 Elektronen- und Ionenoptik mit Magnetfeldern

Die Lorentzkraft ermöglicht die Abbildung von Elektronen- und Ionenstrahlen durch Magnetfelder, wie im Folgenden an einigen Beispielen gezeigt werden soll [3.4].

a) Fokussierung im magnetischen Längsfeld

Die von einer Glühkathode emittierten Elektronen werden durch eine Spannung U beschleunigt und mithilfe eines entsprechend gewählten elektrischen Feldes (hier ist dies ein elektrisch geladener Hohlzylinder) auf eine Lochblende am Ort B ($x = 0$, $y = 0$, $z = 0$) fokussiert, aus der sie dann divergent mit der Geschwindigkeit $\boldsymbol{v} = \{v_x, v_y, v_z\}$ austreten (Abb. 3.27). Im magnetischen Längsfeld $\boldsymbol{B} = \{0, 0, B_z\}$ fliegen sie auf Schraubenbahnen und werden gemäß (3.37a) nach der Zeit

$$\Delta t = \frac{2\pi \cdot m}{e \cdot B}$$

auf der z-Achse bei $z_f = v_z \cdot \Delta t$ wieder fokussiert, unabhängig von den Werten der Querkomponenten v_x, v_y der Geschwindigkeit! Wenn $v_z \gg \sqrt{v_x^2 + v_y^2}$ erfüllt ist, gilt näherungsweise:

$$v_z \approx v = \sqrt{2e \cdot U/m}\,.$$

Für die „Brennweite" $f = z_f/4$ dieser ***magnetischen Elektronenlinse*** erhält man daher

$$f = \frac{\pi}{B}\sqrt{\frac{m \cdot U}{2e}}\,, \tag{3.38}$$

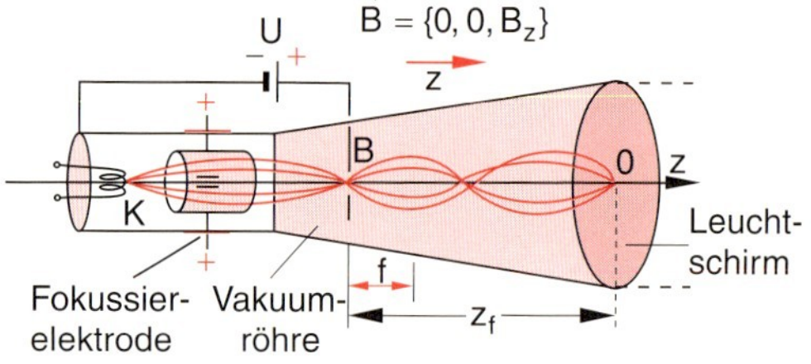

Abb. 3.27. Fokussierung von Elektronen im homogenen magnetischen Längsfeld, das wie eine Linse mit der Brennweite $f = z_f/4$ wirkt

weil ein Punkt (die Eintrittsblende) im Abstand $2f$ von der Symmetrieebene bei $z = z_f/2 = 2f$ wieder in einen Punkt (den Brennpunkt) bei $z = z_f$ abgebildet wird.

b) Wienfilter

Schickt man einen Elektronen- oder Ionenstrahl in z-Richtung durch ein homogenes Magnetfeld $\{0, B_y, 0\}$, das senkrecht zu einem homogenen elektrischen Feld $\{E_x, 0, 0\}$ steht (Abb. 3.28), so wird die Lorentz-Kraft

$$\boldsymbol{F} = q \cdot (\boldsymbol{E} + \boldsymbol{v} \times \boldsymbol{B}) = \boldsymbol{0} \quad \text{für} \quad v = \frac{E}{B}\,, \tag{3.39}$$

d. h. nur Teilchen in einem engen Geschwindigkeitsintervall Δv um $v = E/B$ werden nicht oder nur so wenig abgelenkt, dass sie den Spalt S passieren können. Hinter dem Spalt erhält man also Teilchen einer gewünschten Geschwindigkeit v, die man durch Wahl von E oder B einstellen kann. Die Breite Δv des durchgelassenen Geschwindigkeitsintervalls hängt von der Spaltbreite Δb, der Weglänge $\Delta z = L$ durch die Feldregion und der Geschwindigkeit v ab. Die Rechnung

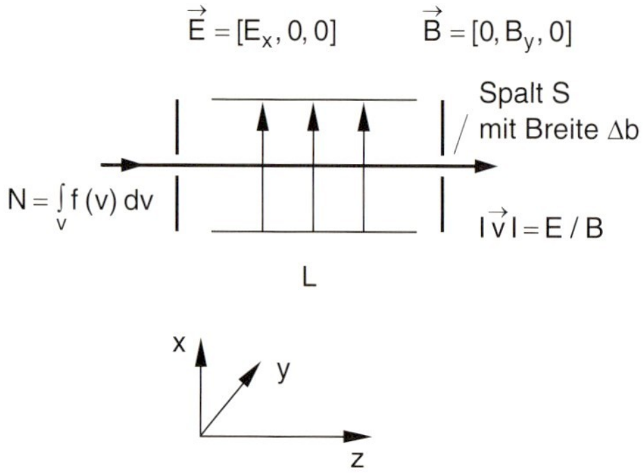

Abb. 3.28. Wienfilter

ergibt (siehe Aufgabe 3.9)

$$\Delta v = \frac{2E_{\text{kin}}}{q \cdot L^2 \cdot B} \cdot \Delta b\,. \tag{3.40}$$

Die Anordnung, welche nach ihrem Entdecker *Max C. W. Wien* (1866–1938) ***Wienfilter*** heißt, wirkt also als Geschwindigkeitsselektor für Ionen oder Elektronen.

c) Fokussierung durch ein homogenes magnetisches Querfeld

Ionen mit der Masse m und der Ladung q mögen divergent aus einer spaltförmigen Quelle S in ein Magnetfeld senkrecht zur Zeichenebene in Abb. 3.29 eintreten. Im Magnetfeld sind die Teilchenbahnen Kreise mit dem Radius

$$R = \frac{m \cdot v}{q \cdot B}\,.$$

Ein Ion, dessen Anfangsgeschwindigkeit $\boldsymbol{v}_0$ in der Zeichenebene senkrecht zur Geraden $\overline{\text{SA}}$ liegt, wird nach Durchlaufen eines Halbkreises den Punkt A erreichen. Die Bahnkurve eines anderen Ions, dessen Anfangsgeschwindigkeit den Winkel α gegen $\boldsymbol{v}_0$ hat, schneidet die Bahnkurve des ersten Ions im Punkte C und erreicht die Gerade $\overline{\text{SA}}$ in B. Die Strecke $\overline{\text{AB}}$ ist für kleine Winkel α

$$\overline{\text{AB}} \approx 2R \cdot (1 - \cos\alpha) \approx R \cdot \alpha^2\,. \tag{3.41}$$

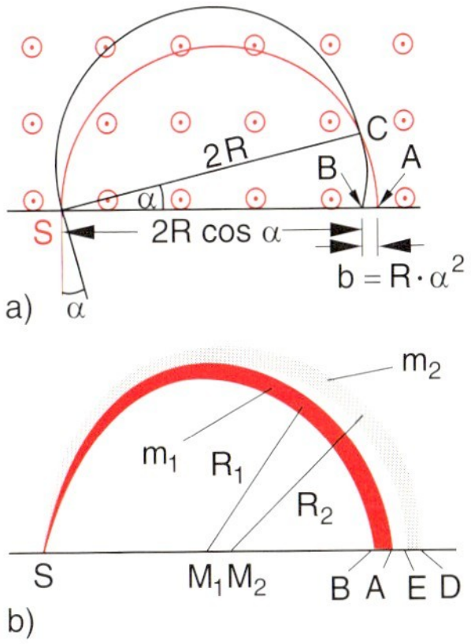

Abb. 3.29a,b. Magnetisches Sektorfeld als Massenfilter. (**a**) Winkelfokussierung; (**b**) Massenselektion

Alle Teilchen, die innerhalb des Winkelbereiches $(90° \pm \alpha/2)$ gegen die Gerade $\overline{\text{SA}}$ aus der Quelle S austreten, werden also durch einen Austrittsspalt der Breite $b \approx R \cdot \alpha^2$ durchgelassen, d. h. das 180°-Magnetfeld bildet die Ionenquelle S auf den Spalt $\overline{\text{AB}}$ ab.

Emittiert die Quelle Ionen mit verschiedenen Massen m_i innerhalb des Winkelbereichs $90° \pm \alpha/2$ gegen die Linie $\overline{\text{AS}}$, so durchlaufen diese Kreisbahnen mit verschiedenen Radien

$$R_i = m_i \cdot v_i/(e \cdot B) \tag{3.41a}$$

und treffen daher an verschiedenen Orten auf die Gerade $\overline{\text{SA}}$. Zwei Massen m_1 und m_2 können noch voneinander getrennt werden, wenn das Auftreffintervall $\overline{\text{AB}}$ für m_1 nicht mit dem Intervall $\overline{\text{DE}}$ der Masse m_2 überlappt, d. h. wenn gilt:

$$R_1 - R_2 \geq \frac{1}{4} \cdot R \cdot \alpha^2\,, \tag{3.41b}$$

wobei $R = (R_1 + R_2)/2$ der mittlere Radius ist.

Werden Ionen der Masse m_i vor dem Eintritt in das Magnetfeld durch eine Spannung U auf die Geschwindigkeit

$$v_i = \sqrt{2e \cdot U/m_i}$$

beschleunigt, so werden ihre Bahnradien

$$R_i = \frac{1}{B} \cdot \sqrt{2m_i \cdot U/e}\,. \tag{3.41c}$$

Für die relative Massenauflösung $\Delta m/m$ ergibt sich mit (3.37b und c)

$$\begin{aligned} \frac{\Delta m}{m} &= \frac{R_1^2 - R_2^2}{R^2} \\ &= \frac{(R_1 - R_2) \cdot 2R}{R^2} \geq \alpha^2/2\,. \end{aligned} \tag{3.42}$$

Man sieht hieraus, dass das Massenauflösungsvermögen nicht vom Radius R, aber stark vom Divergenzwinkel α der Anfangsgeschwindigkeiten $\boldsymbol{v}_0$ abhängt [3.5].

BEISPIEL

$$\alpha = 2° \mathrel{\hat{=}} 0{,}035\,\text{rad} \Rightarrow \frac{\Delta m}{m} \geq 6{,}1 \cdot 10^{-4}$$

d. h. die Massen $m_1 = 1500$ und $m_2 = 1501$ können noch getrennt werden.

3.3.5 Hall-Effekt

Die Lorentzkraft (3.29a) bewirkt eine Ablenkung der Ladungsträger eines Leiters senkrecht zum Magnetfeld und zur Stromrichtung (Abb. 3.30). Das Magnetfeld soll hier so schwach sein, dass es die Ladungsträger nur wenig ablenkt. Diese Ablenkung führt zu einer Ladungstrennung, die wiederum ein elektrisches Feld $\boldsymbol{E}_{\mathrm{H}}$ erzeugt. Die Ladungstrennung schreitet so lange fort, bis das sich aufbauende elektrische Feld eine der Lorentzkraft $\boldsymbol{F}_{\mathrm{L}} = n \cdot q \cdot (\boldsymbol{v}_{\mathrm{D}} \times \boldsymbol{B})$ entgegengerichtete gleich große elektrische Kraft $\boldsymbol{F}_{\mathrm{C}} = n \cdot q \cdot \boldsymbol{E}_{\mathrm{H}}$ bewirkt.

Bei einem Leiter mit rechteckigem Querschnitt $A = b \cdot d$ führt dieses elektrische Feld zu einer *Hall-Spannung*

$$U_{\mathrm{H}} = \int \boldsymbol{E}_{\mathrm{H}} \cdot \mathrm{d}\boldsymbol{s} = \boldsymbol{b} \cdot \boldsymbol{E}_{\mathrm{H}}$$

zwischen den gegenüberliegenden Seitenflächen im Abstand b. U_{H} soll hier die Spannung zwischen oberer und unterer Seitenfläche sein. Der Vektor $\boldsymbol{b}$ zeigt also von oben nach unten. Aus der Relation

$$q \cdot \boldsymbol{E}_{\mathrm{H}} = -q \cdot (\boldsymbol{v} \times \boldsymbol{B})$$

folgt mit $\boldsymbol{j} = n \cdot q \cdot \boldsymbol{v}$ für die Hall-Spannung

$$U_{\mathrm{H}} = -\frac{(\boldsymbol{j} \times \boldsymbol{B}) \cdot \boldsymbol{b}}{n \cdot q} \,. \tag{3.43a}$$

Das Vektorprodukt $\boldsymbol{j} \times \boldsymbol{B}$ zeigt in Abb. 3.30 nach unten (in Richtung von $\boldsymbol{b}$), unabhängig davon, ob positiv oder negativ geladene Teilchen den Strom $I = j \cdot b \cdot d$ transportieren. Man kann daher schreiben:

$$U_{\mathrm{H}} = -\frac{j \cdot B \cdot b}{n \cdot q} = -\frac{I \cdot B}{n \cdot q \cdot d} \,. \tag{3.43b}$$

In Metallen und in den meisten Halbleitern sind die Ladungsträger Elektronen mit der Ladung $q = -e$, sodass

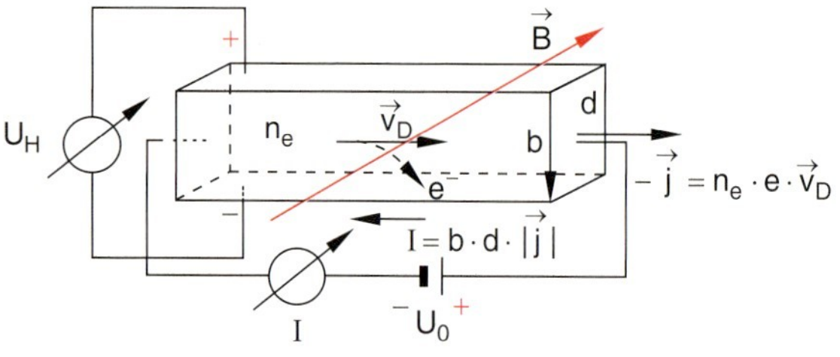

Abb. 3.30. Zum Hall-Effekt

man eine positive Hallspannung

$$U_{\mathrm{H}} = \frac{I \cdot B}{n \cdot e \cdot d} \tag{3.43c}$$

misst. Manche Halbleiter zeigen jedoch eine *negative* Hallspannung! Dies lässt sich folgendermaßen verstehen: Bei diesen Halbleitern tragen überwiegend Elektronen-Defektstellen (so genannte *Löcher*, siehe Bd. 3) zur Leitung bei. Ein Elektron besetzt bei seiner Bewegung im elektrischen Feld ein Loch neben seinem bisherigen Platz. Das Loch, welches dieses Elektron hinterlässt, wird von einem anderen Elektron besetzt usw. Das Loch wirkt wie ein positives Teilchen, welches sich mit einer Driftgeschwindigkeit $\boldsymbol{v}_{\mathrm{D}}^{+}$ bewegt, die entgegengesetzt zur Driftgeschwindigkeit $\boldsymbol{v}_{\mathrm{D}}^{-}$ der Elektronen ist und deren Betrag sich von $|\boldsymbol{v}_{\mathrm{D}}^{-}|$ unterscheidet.

Die Messung der Hall-Spannung ist eine empfindliche Methode, Magnetfeldstärken zu bestimmen. Dazu benutzt man geeichte *Hall-Sonden* mit bekannter Sondenempfindlichkeit $S = U_{\mathrm{H}}/B$.

Bei vorgegebener Stromdichte j wird die Hall-Spannung umso größer, je *kleiner* die Ladungsträgerdichte n ist! Dann ist nämlich die Driftgeschwindigkeit $\boldsymbol{v}_{\mathrm{D}}$ und damit die Lorentzkraft größer. Halbleiter haben etwa 10^6-mal kleinere Werte für n als Metalle. Als Hallsonden werden deshalb durchweg Halbleiter verwendet [3.6].

BEISPIEL

Mit einer Halbleiter-Hallsonde mit $b = 1\,\mathrm{cm}$, $d = 0{,}1\,\mathrm{cm}$, $n = 10^{15}\,\mathrm{cm}^{-3}$ erhält man bei einem Strom $I = 0{,}1\,\mathrm{A}$ eine Stromdichte von $1\,\mathrm{A/cm^2}$ und daher mit $e = 1{,}6 \cdot 10^{-19}\,\mathrm{C}$ eine Empfindlichkeit S der Sonde von $S = U_{\mathrm{H}}/B \approx 0{,}6\,\mathrm{V/T}$.

Bei sehr kleinen Magnetfeldern braucht man einen Spannungsverstärker, um auch Spannungen im Nanovoltbereich und damit Feldstärken im Bereich $B < 10^{-6}\,\mathrm{T}$ noch messen zu können.

3.3.6 Das Barlowsche Rad zur Demonstration der „Elektronenreibung“ in Metallen

Eine um eine Achse drehbare kreisförmige Aluminiumscheibe taucht man mit dem unteren Rand in flüssiges Quecksilber (Abb. 3.31). Legt man zwischen Achse

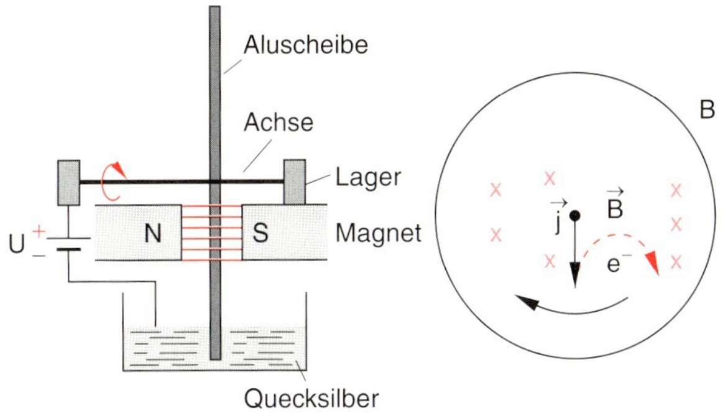

Abb. 3.31. Barlowsches Rad

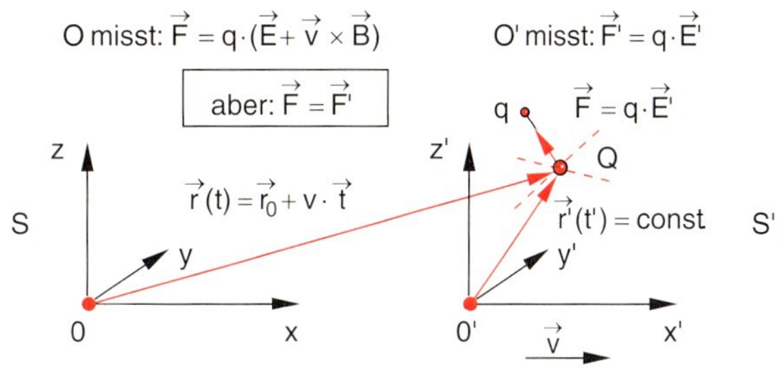

Abb. 3.32. Äquivalenz der Beschreibung der Kraft $\boldsymbol{F}$ auf eine Probeladung in zwei verschiedenen, aber gleichwertigen Inertialsystemen

und Quecksilberwanne eine Spannung an, so fließt ein Strom in radialer Richtung durch die Scheibe. Wird jetzt ein Magnetfeld in axialer Richtung eingeschaltet, so werden die Elektronen in der Scheibe senkrecht zu ihrer Flussrichtung, also in tangentialer Richtung, abgelenkt. Infolge der „Reibungskraft" zwischen Elektronen und Metallatomen wird das ganze Rad durch diese tangentiale Elektronenbewegung mitbewegt: Es beginnt sich zu drehen. Umpolen des Magnetfeldes oder der Stromrichtung kehrt die Drehrichtung der Scheibe um. Dieses Experiment ist eine schöne Demonstration für das im Abschn. 2.2 vorgestellte Modell der elektrischen Leitung in Metallen, bei dem der elektrische Widerstand durch die „Reibungskraft" zwischen Elektronen und Gitteratomen beschrieben wird.

3.4 Elektromagnetisches Feld und Relativitätsprinzip

In Abschnitt 3.3 hatten wir die Lorentzkraft als Kraft auf eine im Magnetfeld bewegte Ladung eingeführt, die zusätzlich zur Coulombkraft wirkt. Wir wollen nun zeigen, dass es sich hier keineswegs um eine grundlegend neue Kraft handelt, denn sie kann mithilfe der Relativitätstheorie direkt mit der Coulombkraft verknüpft werden. Es wird sich zeigen, dass die relativistische Behandlung des Coulomb-Gesetzes, angewandt auf bewegte Ladungen, automatisch die Lorentzkraft ergibt. Dies kann man anschaulich folgendermaßen einsehen:

Eine in einem Inertialsystem S' ruhende Ladung Q (Abb. 3.32) erzeugt dort ein Coulomb-Feld $\boldsymbol{E}'$. In einem anderen Inertialsystem S, gegen das sich S' mit der Geschwindigkeit $\boldsymbol{v}$ bewegt, hat Q die Geschwindigkeit $\boldsymbol{v}$ und entspricht daher einem Strom $I = Q \cdot \boldsymbol{v}$, der ein Magnetfeld $\boldsymbol{B}$ erzeugt, zusätzlich zu dem vom Beobachter O gemessenen elektrischen Feld $\boldsymbol{E}$. Andererseits sind alle Inertialsysteme äquivalent, d. h. die Beschreibung physikalischer Gesetze muss unabhängig von dem speziell gewählten Inertialsystem sein (siehe Bd. 1, Abschn. 3.6). Insbesondere müssen die Kräfte auf eine Probeladung q von beiden Beobachtern als gleich gemessen werden, damit sie zu den gleichen Bewegungsgesetzen kommen. Das heißt: Wenn der Beobachter O' seine Ergebnisse in den Koordinaten des Systems S beschreibt, indem er eine Lorentz-Transformation anwendet, muss er zu den gleichen Ergebnissen kommen wie der Beobachter O in seinem System S. Deshalb muss ein Zusammenhang zwischen $\boldsymbol{E}'$, $\boldsymbol{E}$ und $\boldsymbol{B}$ dergestalt bestehen, dass die Äquivalenz aller Inertialsysteme bei der Beschreibung physikalischer Vorgänge gewahrt bleibt, d. h. dass die Wirkung von $\boldsymbol{E}$ und $\boldsymbol{B}$ auf die Probeladung q, beschrieben im System S, zu den gleichen Gesetzen führt wie die Wirkung von $\boldsymbol{E}'$ in S'. Dies wollen wir im Folgenden genauer untersuchen, wobei die Grundlagen der speziellen Relativitätstheorie, die in Bd. 1, Kap. 3 und 4 behandelt wurden, vorausgesetzt werden [3.7].

3.4.1 Das elektrische Feld einer bewegten Ladung

Eine Probeladung q möge in einem System S im Punkte $\{x, y, z\}$ ruhen, während eine Feldladung Q im Nullpunkt des Systems S' ruht, das sich mit der Geschwindigkeit $\boldsymbol{v} = \{v_x, 0, 0\}$ relativ zu S bewegt. Zum Zeitpunkt $t = 0$ sollen die Koordinatenursprünge beider Systeme zusammenfallen (Abb. 3.33). Wir wollen die Kraft $\boldsymbol{F} = q \cdot \boldsymbol{E}$ zur Zeit $t = 0$ und damit die Feldstärke $\boldsymbol{E}$ der für den Beobachter O bewegten Ladung Q

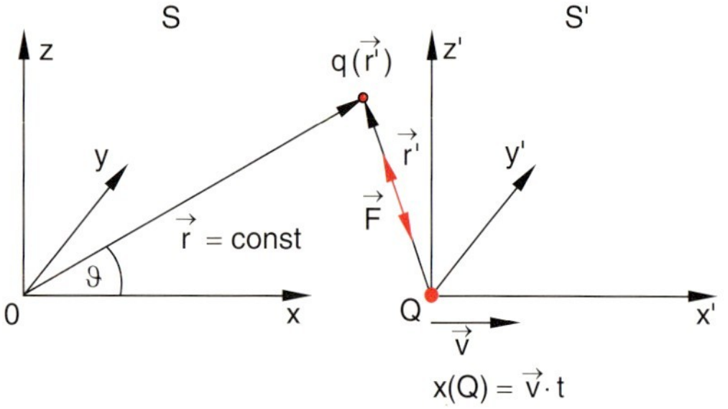

Abb. 3.33. Zur Herleitung von (3.45)

berechnen. Dazu gehen wir von folgender Überlegung aus:

Die Größe der Ladungen Q bzw. q wird durch ihre Bewegungen nicht geändert. In S haben die Ladungen Q und q zur Zeit $t = 0$ die Raum-Zeit-Koordinaten $\{0, 0, 0, 0\}$ und $\{x, y, z, 0\}$. In einem System S', das sich mit der Feldladung Q bewegt und dessen Ursprung zur Zeit $t = 0$ mit dem von S zusammenfällt, bleibt Q für alle Zeiten im Ursprung $O' = \{0, 0, 0, t'\}$, während die Raum-Zeit-Koordinaten von q durch $\{x', y', z', t'\}$ gegeben sind. Die Lorentz-Transformation für Länge, Zeiten, Geschwindigkeiten und Kräfte bei der Beschreibung des gleichen physikalischen Sachverhaltes im Laborsystem S bzw. im bewegten System S' sind in Tabelle 3.1 zur besseren Übersicht noch einmal zu-

Tabelle 3.1. Lorentz-Transformationen für Längen, Zeit, Geschwindigkeiten und Kräfte

Längen und Zeit	Geschwindigkeiten
$x' = \gamma\,(x - v\cdot t)$ $y' = y\,;\quad z' = z$ $t' = \gamma\left(t - \frac{v\cdot x}{c^2}\right)$	$u'_x = \delta\,(u_x - v)$ $u'_y = \frac{\delta}{\gamma}\,u_y$ $u'_z = \frac{\delta}{\gamma}\,u_z$
Dabei sind $\gamma = \left(1 - \frac{v^2}{c^2}\right)^{-1/2}$ $\delta' = \left(1 + \frac{vu'_x}{c^2}\right)^{-1}$	$\delta = \left(1 - \frac{v\cdot u_x}{c^2}\right)^{-1}$
Kräfte: $\boldsymbol{F} = \boldsymbol{F}'$ $F'_x = \delta\cdot\left(F_x - \frac{v}{c^2}\,\boldsymbol{F}\cdot\boldsymbol{u}\right)$ $F'_y = \frac{\delta}{\gamma}\,F_y\,;\quad F'_z = \frac{\delta}{\gamma}\,F_z$	$F_x = \delta'\left(F'_x + \frac{v}{c^2}\,\boldsymbol{F}\cdot\boldsymbol{u}'\right)$ $F_y = \frac{\gamma}{\delta'}\,F'_y\,;\quad F_z = \frac{\gamma}{\delta'}\,F'_z$

sammengestellt. Für unseren Fall lauten sie für die Koordinaten:

$$x' = \gamma(x - v\cdot t)\,;\quad y' = y\,;\quad z' = z\,;$$
$$t' = \gamma\left(t - \frac{v\cdot x}{c^2}\right)\,.$$

Man beachte, dass die in S *gleichzeitigen* Punkt-Ereignisse $\{0, 0, 0, 0\}$ für Q und $\{x, y, z, 0\}$ für q zur Zeit $t = 0$ im System S' zu $\{0, 0, 0, 0\}$ für Q und $\{x', y', z', t' = -\gamma\cdot v\cdot x/c^2\}$ für q werden und damit für einen Beobachter O' in S' nicht mehr gleichzeitig stattfinden! Um die Kraft zwischen q und Q in S' zu bestimmen, brauchen wir den Abstand zwischen q und Q, d. h. wir müssen die Koordinaten beider Ladungen gleichzeitig messen. Da jedoch die Feldladung Q in S' ruht, bleiben ihre Raumkoordinaten zeitlich konstant und sind daher dieselben zur Zeit $t' = 0$ und $t' = -\gamma\cdot v\cdot x/c^2$. Wir können deshalb den Abstand $r' = (x'^2 + y'^2 + z'^2)^{1/2}$ zwischen Q und q eindeutig bestimmen.

Wie das Experiment zeigt, hängt bei ruhender Feldladung Q die elektrische Kraft $\boldsymbol{F}' = q\cdot\boldsymbol{E}'$ für genügend kleine Werte von q nicht von der Geschwindigkeit der Probeladung q ab. In S' gilt daher das Coulomb-Gesetz

$$\boldsymbol{F}' = \frac{q\cdot Q}{4\pi\cdot\varepsilon_0}\cdot\frac{\hat{\boldsymbol{r}}'}{r'^2}\,. \tag{3.44}$$

Transformieren wir jetzt diese Kräfte gemäß der Lorentz-Transformation in Tabelle 3.1 zurück in das System S, so ergeben sich für $\boldsymbol{u} = \boldsymbol{0}$ (Feldladung ruht in S') die Komponenten:

$$F_x = F'_x = \frac{q\cdot Q\cdot x'}{4\pi\cdot\varepsilon_0\cdot r'^3}\,;$$
$$F_y = \gamma\cdot F'_y = \frac{\gamma\cdot q\cdot Q\cdot y'}{4\pi\cdot\varepsilon_0\cdot r'^3}\,; \tag{3.45a}$$
$$F_z = \gamma\cdot F'_z = \frac{\gamma\cdot q\cdot Q\cdot z'}{4\pi\cdot\varepsilon_0\cdot r'^3}\,.$$

Da aber für $t = 0$ gilt

$$x' = \gamma\cdot x\,;\quad y' = y\,;\quad z' = z$$
$$\Rightarrow\ r' = (\gamma^2\cdot x^2 + y^2 + z^2)^{1/2}\,,$$

erhalten wir für die Vektorgleichung

$$\boldsymbol{F}(\gamma, \boldsymbol{r}) = \frac{q\cdot Q}{4\pi\cdot\varepsilon_0}\cdot\frac{\gamma\cdot\boldsymbol{r}}{(\gamma^2x^2 + y^2 + z^2)^{3/2}}$$
$$= q\cdot\boldsymbol{E}(\gamma\cdot\boldsymbol{r})\,. \tag{3.45b}$$

Man sieht aus (3.45b), dass auch für den Beobachter O die Kraft zwar immer längs der Verbindungslinie $\boldsymbol{r}$ von Q nach q weist, dass sie aber nicht mehr kugelsymmetrisch ist. Liegt q auf der x-Achse, d. h. in Bewegungsrichtung von Q, so ist $y = z = 0$, und $\boldsymbol{F}$ wird um den Faktor $1/\gamma^2$ kleiner als bei ruhender Feldladung. In der Richtung senkrecht zur Geschwindigkeit $\boldsymbol{v}$ von Q ist $x = 0$, und $\boldsymbol{F}$ wird um den Faktor γ größer.

Die Feldlinien des elektrischen Feldes

$$\boldsymbol{E} = \frac{Q}{4\pi \cdot \varepsilon_0} \frac{\gamma \cdot \boldsymbol{r}}{(\gamma^2 x^2 + y^2 + z^2)^{3/2}} \tag{3.46}$$

sind in Abb. 3.34 für zwei verschiedene Geschwindigkeiten $v = 0{,}5 \cdot c$ und $v = 0{,}99 \cdot c$ illustriert und mit dem kugelsymmetrischen Feld der ruhenden Ladung $v = 0$ verglichen. Mithilfe des Winkels ϑ zwischen der Richtung von $\boldsymbol{v}$ und der Richtung von $\boldsymbol{r}$ lässt sich (3.46) umformen in:

$$\boldsymbol{E} = \frac{Q}{4\pi \cdot \varepsilon_0 \cdot r^3} \frac{(1 - v^2/c^2) \cdot \boldsymbol{r}}{\left[1 - (v^2/c^2) \sin^2 \vartheta\right]^{3/2}} . \tag{3.46a}$$

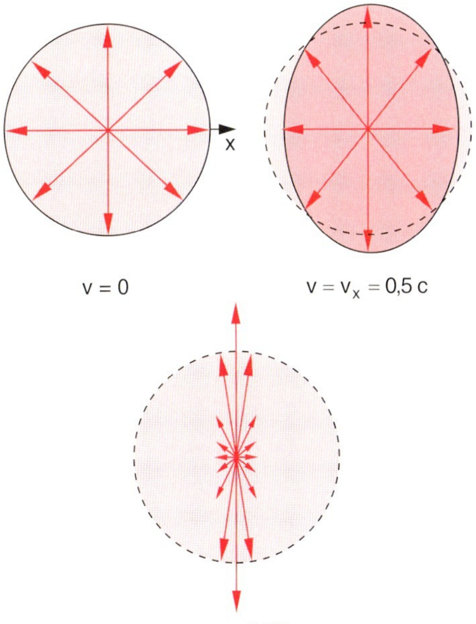

Abb. 3.34. Elektrisches Feld einer bewegten Ladung Q für $v = 0$, $v = 0{,}5\,c$ und $v = 0{,}99\,c$

Wir halten also fest:

> Das elektrische Feld einer bewegten Ladung ist nicht mehr kugelsymmetrisch, sondern die Feldstärke hängt vom Winkel ϑ gegen die Bewegungsrichtung ab.

3.4.2 Zusammenhang zwischen elektrischem und magnetischem Feld

Wir betrachten nun den Fall, dass sich beide Ladungen $q(0, y, z, t = 0)$ und $Q(0, 0, 0, t = 0)$ im System S mit der Geschwindigkeit $\boldsymbol{v} = \{v_x, 0, 0\}$ parallel zueinander im konstanten Abstand $r = (y^2 + z^2)^{1/2}$ bewegen (Abb. 3.35).

Im System S', das sich mit der Geschwindigkeit $\boldsymbol{v}$ gegen S bewegt, ruhen beide Ladungen. Sie haben immer die Koordinaten $x' = 0$ und den Abstand $r' = (y'^2 + z'^2)^{1/2} = r$. Ein Beobachter O' in S' misst deshalb die Coulombkraft

$$F_{x'} = 0 ;$$
$$F_{y'} = \frac{q \cdot Q \cdot y'}{4\pi \cdot \varepsilon_0 \cdot r'^3} ; \tag{3.47}$$
$$F_{z'} = \frac{q \cdot Q \cdot z'}{4\pi \cdot \varepsilon_0 \cdot r'^3} .$$

Wir transformieren jetzt diese Kraftkomponenten ins System S. Da sich q in S' nicht bewegt, ist in der Lorentz-Transformation in Tabelle 3.1 $u' = 0$, und wir erhalten im System S:

$$F_x = F'_x = 0 ;$$
$$F_y = \frac{F'_y}{\gamma} = \frac{q \cdot Q \cdot y}{4\pi \cdot \varepsilon_0 \cdot \gamma \cdot r'^3} ; \tag{3.48}$$
$$F_z = \frac{F'_z}{\gamma} = \frac{q \cdot Q \cdot z}{4\pi \cdot \varepsilon_0 \cdot \gamma \cdot r'^3} .$$

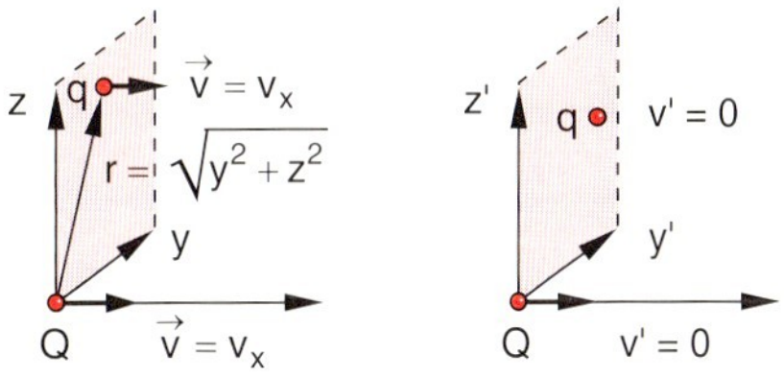

Abb. 3.35. Die beiden Ladungen q, Q ruhen im System S' und haben daher im System S die gleiche Geschwindigkeit $v = v_x$

Wenn q in S ruhen würde, hätten wir nach (3.45) zur Zeit $t = 0$, d. h. $x = 0$, die Kraft

$$F_x = 0\,;$$
$$F_y = \frac{\gamma \cdot q \cdot Q \cdot y}{4\pi \cdot \varepsilon_0 \cdot r'^3}\,; \qquad (3.45c)$$
$$F_z = \frac{\gamma \cdot q \cdot Q \cdot z}{4\pi \cdot \varepsilon_0 \cdot r'^3}\,;$$
$$\Rightarrow \boldsymbol{F} = \frac{\gamma \cdot q \cdot Q}{4\pi \cdot \varepsilon_0 \cdot r'^3}\{0, y, z\}\,.$$

Wenn die Beschreibung in beiden Inertialsystemen zu gleichen Ergebnissen führen soll, dann muss der Unterschied zwischen (3.48) und (3.45c)

$$\Delta \boldsymbol{F} = \frac{q \cdot Q}{4\pi \cdot \varepsilon_0 \cdot r'^3}\left(\frac{1}{\gamma} - \gamma\right)\{0, y, z\}$$
$$= \boldsymbol{F}_{\mathrm{magn}} \qquad (3.49)$$

der magnetischen Kraft $\boldsymbol{F}_{\mathrm{magn}} = q \cdot (\boldsymbol{v} \times \boldsymbol{B})$ entsprechen, die der Beobachter O gemäß (3.29a) annimmt. Einsetzen in (3.49) liefert

$$q(\boldsymbol{v} \times \boldsymbol{B}) = -\frac{q \cdot Q}{4\pi \cdot \varepsilon_0 \cdot r'^3} \cdot \gamma \cdot (v^2/c^2) \cdot \{0, y, z\}\,. \qquad (3.50)$$

Ein Vergleich von (3.49) mit (3.45c) zeigt ferner, dass zwischen dieser magnetischen Kraft, die für O bei der mit der Geschwindigkeit v bewegten Feldladung Q auftritt, und der elektrischen Kraft $\boldsymbol{F}_{\mathrm{el}}$, die O bei ruhender Feldladung messen würde, die Beziehung besteht:

$$\boxed{\boldsymbol{F}_{\mathrm{magn}} = -\frac{v^2}{c^2} \cdot \boldsymbol{F}_{\mathrm{el}}}\,. \qquad (3.51)$$

Die zusätzliche magnetische Kraft kommt also zustande durch die Bewegung von Q. Würden sich beide Ladungen Q und q mit Lichtgeschwindigkeit $v = c$ gegen das System des Beobachters bewegen, so würde $\boldsymbol{F}_{\mathrm{magn}} = -\boldsymbol{F}_{\mathrm{el}}$ werden, d. h. die Gesamtkraft zwischen beiden Ladungen würde null werden, unabhängig vom Vorzeichen beider Ladungen (Abb. 3.36). Diese Situation lässt sich in der Tat experimentell in Teilchenbeschleunigern annähern (siehe Bd. 4), in denen Elektronen und Protonen Geschwindigkeiten $v \geq 0{,}99999\,c$ erreichen können.

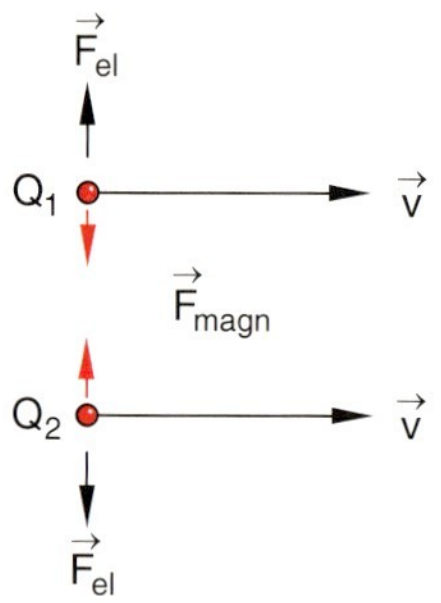

Abb. 3.36. Elektrische und magnetische Kräfte zwischen zwei Ladungen Q_1 und Q_2 gleichen Vorzeichens, die sich beide mit der gleichen Geschwindigkeit bewegen

Für den Zusammenhang zwischen elektrischem und magnetischem Feld der bewegten Ladung Q, gemessen im Laborsystem S, erhalten wir aus

$$\boldsymbol{F}_{\mathrm{magn}} = q \cdot (\boldsymbol{v} \times \boldsymbol{B}) \quad \text{und} \quad \boldsymbol{F}_{\mathrm{el}} = q \cdot \boldsymbol{E}$$

durch Einsetzen in (3.51):

$$\boxed{\boldsymbol{E} = -\frac{c^2}{v^2} \cdot (\boldsymbol{v} \times \boldsymbol{B})}\,;$$
$$\boxed{\boldsymbol{B} = \frac{1}{c^2} \cdot (\boldsymbol{v} \times \boldsymbol{E})}\,. \qquad (3.52)$$

Da $\boldsymbol{B} \perp \boldsymbol{v}$ gilt, folgt für die Beträge von $\boldsymbol{E}$ und $\boldsymbol{B}$ für eine Ladung, die sich mit der Geschwindigkeit v bewegt, die Relation

$$\boxed{|\boldsymbol{B}| = \frac{v}{c^2} \cdot |\boldsymbol{E}|}\,. \qquad (3.53)$$

Wenn die Geschwindigkeit $v \to c$ geht, wird

$$B = \frac{1}{c} \cdot E\,.$$

Das Magnetfeld $\boldsymbol{B}$ einer bewegten Ladung Q kann relativistisch erklärt werden als eine Änderung des elektrischen Feldes. Diese Änderung $\Delta \boldsymbol{F}$ der Coulombkraft $\boldsymbol{F}$ auf eine Probeladung q ergibt die Lorentzkraft $q \cdot (\boldsymbol{v} \times \boldsymbol{B})$.

3.4.3 Relativistische Transformation von Ladungsdichte und Strom

Wir wollen uns die Ursache für das Magnetfeld eines elektrischen Stromes nochmals an einem weiteren, sehr instruktiven Beispiel klar machen:

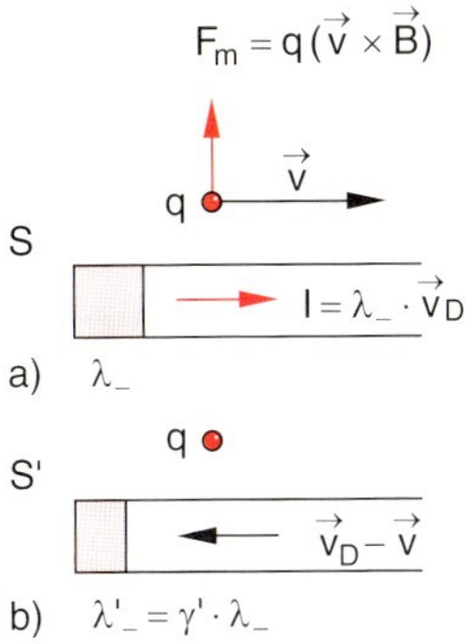

Abb. 3.37a,b. Wechselwirkung zwischen einem geraden Leiter mit der Stromstärke I und einer Ladung q, die sich parallel zum Draht mit der Geschwindigkeit $v = v_x$ bewegt: (**a**) Im System S, in dem der Leiter ruht; (**b**) im System S', in dem die Ladung q ruht und sich die Ladungsträger im Draht mit der Geschwindigkeit $\boldsymbol{v}_\mathrm{D} - \boldsymbol{v}$ bewegen

Eine Probeladung q möge sich mit der Geschwindigkeit $\boldsymbol{v}$ parallel zu einem langen geraden Leiter bewegen, durch den der Strom I fließt (Abb. 3.37). Nach den im Abschn. 3.4.2 beschriebenen Experimenten wird von einem Beobachter O im Laborsystem S, in dem der Leiter ruht, die Lorentzkraft

$$\boldsymbol{F} = q \cdot (\boldsymbol{v} \times \boldsymbol{B})$$

gemessen. Für ihn hat der elektrisch neutrale Leiter die linearen Ladungsdichten (Ladung pro m Leiterlänge) λ_+ für die positiven Ionen bzw. $\lambda_- = -\lambda_+$ für die Elektronen, die sich mit der Driftgeschwindigkeit $\boldsymbol{v}_\mathrm{D}$ gegen die im Leiter ruhenden Ionen bewegen, sodass der Strom $I = \lambda_- \cdot v_\mathrm{D}$ entsteht.

Für einen Beobachter O' hingegen, der sich mit der Probeladung q, also mit der Geschwindigkeit $\boldsymbol{v}$ parallel zum Leiter bewegt, ist die Leiterlänge infolge der Lorentz-Kontraktion verkürzt, und er misst deshalb die größere Ladungsdichte

$$\lambda'_+ = \frac{\lambda_+}{\sqrt{1 - v^2/c^2}} = \gamma \cdot \lambda_+ \tag{3.54a}$$

für die im Leiter ruhenden Ionen bzw.

$$\lambda'_- = \frac{\lambda_0}{\sqrt{1 - v'^2/c^2}} = \gamma' \cdot \lambda_0 \tag{3.54b}$$

für die Elektronen, die sich nach der Lorentztransformation für Geschwindigkeiten aus Tabelle 3.1 mit der Geschwindigkeit

$$\boldsymbol{v}' = \frac{\boldsymbol{v}_\mathrm{D} - \boldsymbol{v}}{1 - \boldsymbol{v}_\mathrm{D}\boldsymbol{v}/c^2}$$

relativ zu O' bewegen. Ihre Ladungsdichte wäre λ_0 für einen Beobachter, der sich mit den Elektronen bewegt, für den also die Elektronen ruhen würden. Es gilt daher analog zu (3.54a)

$$\lambda_- = \frac{\lambda_0}{\sqrt{1 - v_\mathrm{D}^2/c^2}} . \tag{3.54c}$$

Einsetzen in (3.54b) liefert mit den Abkürzungen $\beta' = v'/c$; $\beta_\mathrm{D} = v_\mathrm{D}/c$:

$$\lambda'_- = \frac{\sqrt{1 - \beta_\mathrm{D}^2}}{\sqrt{1 - \beta'^2}} \cdot \lambda_- .$$

Mithilfe des relativistischen Additionstheorems für Geschwindigkeiten (siehe Tabelle 3.1):

$$\beta' = \frac{\beta_\mathrm{D} - \beta}{1 - \beta \cdot \beta_\mathrm{D}}$$

können wir β' eliminieren und erhalten schließlich:

$$\begin{aligned} \lambda'_- &= \frac{1 - \beta \cdot \beta_\mathrm{D}}{\sqrt{1 - \beta^2}} \cdot \lambda_- \\ &= \gamma \cdot (1 - \beta \cdot \beta_\mathrm{D}) \cdot \lambda_- . \end{aligned} \tag{3.54d}$$

Während für den ruhenden Beobachter O der Leiter elektrisch neutral ist, d. h. $\lambda_+ = -\lambda_-$ gilt (sonst würde ja auf eine in S *ruhende* Ladung eine Kraft ausgeübt), erscheint für den mit der Ladung q bewegten Beobachter O' eine von null verschiedene Ladungsdichte $\lambda' = \lambda'_+ + \lambda'_-$:

$$\begin{aligned} \lambda' &= \frac{1}{\sqrt{1 - \beta^2}} \cdot \lambda_+ + \frac{1 - \beta \cdot \beta_\mathrm{D}}{\sqrt{1 - \beta^2}} \cdot \lambda_- \\ &= \gamma \cdot (v/c^2) \cdot v_\mathrm{D} \cdot \lambda_+ , \end{aligned} \tag{3.55}$$

wobei hier $\lambda_+ = -\lambda_-$ verwendet wurde.

Die Stromstärke ist für den ruhenden Beobachter O:

$$I = \lambda_- \cdot v_\mathrm{D}$$

für den bewegten Beobachter O' hingegen

$$I' = \lambda'_+ \cdot (-v) + \lambda'_- \cdot v' .$$

Setzt man für λ'_+, λ'_- und v' die obigen Ausdrücke ein und berücksichtigt $\lambda_+ = -\lambda_-$, so erhält man das Ergebnis

$$I' = \frac{1}{\sqrt{1 - \beta^2}} \cdot I = \gamma \cdot I . \tag{3.56}$$

Der bewegte Beobachter O' misst also einen um den Faktor $\gamma > 1$ größeren Strom als der ruhende Beobachter O.

Auf die Ladung q, die sich mit der Geschwindigkeit v parallel zum Leiter in x-Richtung bewegt, wirkt deshalb für den mitbewegten Beobachter O' nach (1.18a) und (3.54b) die Kraft

$$\begin{aligned} \boldsymbol{F}' = q \cdot \boldsymbol{E}' &= \frac{q \cdot \lambda' \cdot \hat{\boldsymbol{r}}}{2\pi \cdot \varepsilon_0 \cdot r} \\ &= \gamma \cdot q \cdot (v/c^2) \cdot \frac{I}{2\pi \cdot \varepsilon_0} \cdot \frac{\hat{\boldsymbol{r}}}{r} . \end{aligned} \quad (3.57)$$

Der ruhende Beobachter misst dann gemäß der Lorentztransformation (Tabelle 3.1) die Kraft:

$$\boldsymbol{F} = \boldsymbol{F}'/\gamma = q \cdot v/c^2 \cdot \frac{I \cdot \hat{\boldsymbol{r}}}{2\pi \cdot \varepsilon_0 \cdot r} . \quad (3.58)$$

Da das Magnetfeld eines Strom führenden Leiters nach (3.17) den Betrag

$$B = \mu_0 \cdot I/(2\pi r)$$

hat und senkrecht zu $\boldsymbol{v}$ und $\hat{\boldsymbol{r}}$ gerichtet ist, lässt sich (3.58) auch schreiben als

$$\boldsymbol{F} = q \cdot \frac{1}{c^2 \cdot \varepsilon_0 \cdot \mu_0} \cdot (\boldsymbol{v} \times \boldsymbol{B}) . \quad (3.59)$$

Dies ist identisch mit der Lorentzkraft (3.29a), wenn die Beziehung

$$\boxed{\varepsilon_0 \cdot \mu_0 = 1/c^2} \quad (3.60)$$

zwischen den Feldkonstanten ε_0, μ_0 und der Lichtgeschwindigkeit c gilt, die wir später noch auf eine andere Weise herleiten können (siehe Abschn. 7.1).

Man beachte, dass die unterschiedliche Lorentz-Kontraktion für die im Draht ruhenden Ionen und die sich bewegenden Elektronen nur durch eine kleine Driftgeschwindigkeit $\boldsymbol{v}_\mathrm{D}$ entsteht. (Die größere thermische Geschwindigkeit der Elektronen hat den Mittelwert null und spielt deshalb keine Rolle.) Da typische Driftgeschwindigkeiten von der Größenordnung mm/s sind (siehe Abschn. 2.7), machen sich relativistische Effekte also hier auch schon bei sehr kleinen Geschwindigkeiten bemerkbar. Allerdings muss man sich folgende Relationen klar machen:

Würde der Draht nur aus positiven Ionen (d. h. keine Elektronen) bestehen, so wäre die elektrische Kraft

$$\boldsymbol{F}_\mathrm{el} = \frac{c^2}{v \cdot v_\mathrm{D}} \cdot \boldsymbol{F}_\mathrm{magn}$$

für eine Driftgeschwindigkeit $v_\mathrm{D} = 1\,\mathrm{mm/s}$ und eine Geschwindigkeit von 100 m/s der Probeladung q etwa 10^{18}-mal so groß wie die magnetische. Bei einem neutralen Leiter kompensieren die Elektronen diese elektrische Kraft auf eine Probeladung q vollständig, wenn q relativ zum Leiter ruht. Wenn q sich bewegt, ist die Kompensation nicht mehr vollständig. Es bleibt gemäß (3.55) wegen der unterschiedlichen Lorentz-Kontraktion ein Rest

$$\Delta Q = \gamma \cdot (v \cdot v_\mathrm{D}/c^2) \cdot Q \quad (3.61)$$

der gesamten Ionenladung Q übrig, dessen elektrische Kraft gleich der als magnetische Kraft $\boldsymbol{F} = q \cdot (\boldsymbol{v} \times \boldsymbol{B})$ bezeichneten Lorentzkraft ist.

Zusammenfassend können wir also sagen:

> Das Magnetfeld eines Stromes und die Lorentzkraft auf eine bewegte Probeladung q im Magnetfeld lassen sich mithilfe der Relativitätstheorie allein aus dem Coulomb-Gesetz und den Lorentztransformationen herleiten. Das Magnetfeld ist also keine prinzipiell vom elektrischen Feld unabhängige Eigenschaft geladener Materie, sondern ist im Sinne der Relativitätstheorie eigentlich eine Änderung des elektrischen Feldes bewegter Ladungen infolge der Lorentz-Kontraktion. Man spricht daher vom ***elektromagnetischen Feld*** einer bewegten Ladung.

3.4.4 Transformationsgleichungen für das elektromagnetische Feld

Wir wollen jetzt die Transformationsgleichungen für das elektromagnetische Feld $(\boldsymbol{E}, \boldsymbol{B})$ beim Übergang von einem ruhenden auf ein bewegtes Inertialsystem herleiten. Dazu betrachten wir den im vorigen Abschnitt behandelten Fall, dass im Laborsystem S sich beide Ladungen $Q(x(t), 0, 0)$ und $q(x(t), y, z)$ parallel zueinander mit der Geschwindigkeit $\boldsymbol{v} = \{v_x, 0, 0\}$ bewegen und daher im mitbewegten System S' ruhen. Der im Laborsystem ruhende Beobachter O misst die Kraftkomponenten

$$\begin{aligned} F_x &= q \cdot E_x ; \\ F_y &= q \cdot (E_y - v_x \cdot B_z) ; \\ F_z &= q \cdot (E_z + v_x \cdot B_y) \end{aligned} \quad (3.62)$$

auf die Probeladung q und schließt daraus auf das Vorhandensein eines elektrischen und magnetischen Feldes.

Der mit beiden Ladungen mitbewegte Beobachter O' misst nur ein elektrisches Feld (allerdings ein anderes als der ruhende Beobachter!) und erhält die Kraftkomponenten

$$\begin{aligned} F'_x &= q \cdot E'_x \; ; \\ F'_y &= q \cdot E'_y \; ; \\ F'_z &= q \cdot E'_z \; . \end{aligned} \tag{3.63}$$

Zwischen den Kraftkomponenten in beiden Systemen müssen gemäß Tabelle 3.1 für $\boldsymbol{u} = \boldsymbol{0}$ (Man beachte, dass hier S' das System ist, in dem die Ladungen ruhen). Die Lorentztransformationen gelten:

$$F'_x = F_x \; ; \qquad F'_y = \gamma \cdot F_y \; ; \qquad F'_z = \gamma \cdot F_z \; ,$$

woraus für den Zusammenhang zwischen $\boldsymbol{E}$, $\boldsymbol{B}$ und $\boldsymbol{E}'$ folgt:

$$\begin{aligned} E'_x &= E_x \; ; \\ E'_y &= \gamma \cdot (E_y - v_x \cdot B_z) \; ; \\ E'_z &= \gamma \cdot (E_z + v_x \cdot B_y) \; . \end{aligned} \tag{3.64a}$$

Für die Rücktransformation, welche den Fall beschreibt, dass Q im System S ruht, sodass jetzt O' ein elektrisches und ein magnetisches Feld beobachtet, gilt dann wegen $v'_x = -v_x$:

$$\begin{aligned} E_x &= E'_x \; ; \\ E_y &= \gamma \cdot (E'_y + v_x \cdot B'_z) \; ; \\ E_z &= \gamma \cdot (E'_z - v_x \cdot B'_y) \; . \end{aligned} \tag{3.64b}$$

Für den allgemeinen Fall, dass sich Q sowohl gegen O als auch gegen O' bewegt, messen beide Beobachter sowohl elektrische als auch magnetische Felder, aber von unterschiedlicher Größe. Die entsprechenden Transformationsgleichungen erhält man aus (3.64) und den Lorentztransformationen für Geschwindigkeiten (Bd. 1, (3.28)). Das Ergebnis ist:

$$\begin{aligned} B'_x &= B_x \; ; \\ B'_y &= \gamma \cdot \left(B_y + \frac{v}{c^2} \cdot E_z \right) \; ; \\ B'_z &= \gamma \cdot \left(B_z - \frac{v}{c^2} \cdot E_y \right) \; , \end{aligned} \tag{3.65a}$$

mit den entsprechenden Rücktransformationen:

$$\begin{aligned} B_x &= B'_x \; ; \\ B_y &= \gamma \cdot \left(B'_y - \frac{v}{c^2} \cdot E'_z \right) \; ; \\ B_z &= \gamma \cdot \left(B'_z + \frac{v}{c^2} \cdot E'_y \right) \; . \end{aligned} \tag{3.65b}$$

Die Gleichungen (3.64) und (3.65), in denen die Felder $\boldsymbol{E}$ und $\boldsymbol{B}$ miteinander gekoppelt auftreten, zeigen, dass elektrische und magnetische Felder eng miteinander verknüpft sind. Man nennt dieses gekoppelte Feld ***elektromagnetisches Feld***. Die Trennung in eine rein elektrische oder rein magnetische Komponente hängt vom Bezugssystem ab, in dem der Vorgang beschrieben wird. Man beachte jedoch, dass alle Beobachter in beliebigen Inertialsystemen immer zu widerspruchsfreien, konsistenten Aussagen über die Bewegungsgleichungen kommen!

3.5 Materie im Magnetfeld

In diesem Abschnitt sollen auf phänomenologischer Basis die wichtigsten magnetischen Erscheinungen behandelt werden, die man beobachtet, wenn Materie in ein äußeres Magnetfeld gebracht wird. Ein mikroskopisches, d. h. atomares Modell dieser Phänomene kann erst in Bd. 3 nach der Behandlung der Atomphysik verstanden werden. Die hier diskutierten magnetischen Phänomene sind völlig analog zu der im Abschn. 1.7 behandelten dielektrischen Polarisation. Wir beginnen mit dem wichtigen Begriff des magnetischen Dipols.

3.5.1 Magnetische Dipole

Wir hatten im Abschn. 3.2.6 gesehen, dass das Magnetfeld einer ebenen Stromschleife dem eines kurzen permanenten Dipolmagneten gleicht. Als ***magnetisches Dipolmoment*** definierten wir das Produkt

$$\boldsymbol{p}_{\mathrm{m}} = I \cdot \boldsymbol{A} \tag{3.66}$$

aus Stromstärke I und Flächennormalenvektor $\boldsymbol{A}$, dessen Richtung so bestimmt ist, dass er mit der Umlaufrichtung des Stromes I eine Rechtsschraube bildet (Abb. 3.38).

Bringt man eine solche stromdurchflossene Leiterschleife in ein äußeres Magnetfeld, so bewirken die

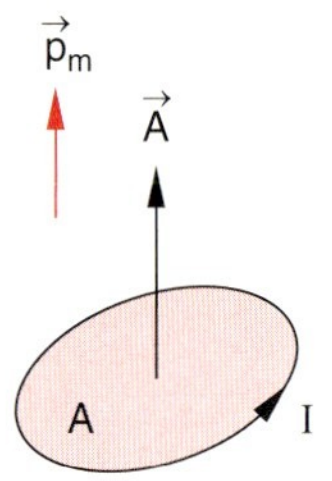

Abb. 3.38. Magnetisches Dipolmoment $\boldsymbol{p}_m$ einer vom Strom I umflossenen Fläche $\boldsymbol{A}$

auftretenden Lorentz-Kräfte ein Drehmoment auf den Dipol, das wir am Beispiel einer rechteckigen Spule berechnen wollen, die in einem homogenen Magnetfeld $\boldsymbol{B}$ um die Achse C drehbar aufgehängt ist (Abb. 3.39):

Auf die beiden gegenüberliegenden Leiterstücke a der Rechteckschleife mit der Fläche $A = a \cdot b$ wirkt nach (3.31) die Lorentz-Kraft

$$\boldsymbol{F} = a \cdot I \cdot (\hat{\boldsymbol{e}}_a \times \boldsymbol{B}) ,$$

wobei $\hat{\boldsymbol{e}}_a$ ein Einheitsvektor in Richtung von a ist und $I\hat{e}_a$ die technische Stromrichtung (entgegengesetzt zur Driftgeschwindigkeit der Elektronen) angibt. Die Kraft auf die Leiterstücke b wird durch die Aufhängung aufgefangen. Die Kraft $\boldsymbol{F}$ bewirkt ein Drehmoment

$$\begin{aligned}\boldsymbol{D} &= 2 \cdot \frac{b}{2} \cdot (\hat{\boldsymbol{e}}_b \times \boldsymbol{F}) \\ &= a \cdot b \cdot I \cdot (\hat{\boldsymbol{e}}_b \times \hat{\boldsymbol{e}}_a) \times \boldsymbol{B} = I \cdot \boldsymbol{A} \times \boldsymbol{B} .\end{aligned}$$

Mit dem magnetischen Dipolmoment $\boldsymbol{p}_m = I \cdot \boldsymbol{A}$ erhalten wir:

$$\boxed{\boldsymbol{D} = \boldsymbol{p}_m \times \boldsymbol{B}} \quad . \tag{3.67}$$

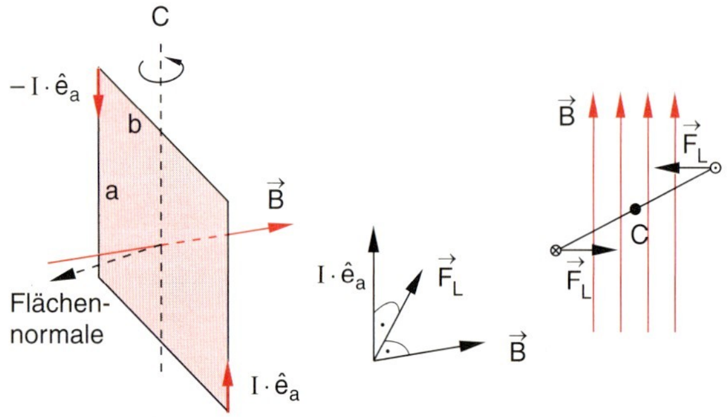

Abb. 3.39. Drehmoment auf eine stromdurchflossene Rechteckschleife aufgrund der Lorentzkräfte

Man beachte die Analogie zum elektrostatischen Fall, wo das Drehmoment auf einen elektrischen Dipol $\boldsymbol{p}_{el}$ im elektrischen Feld $\boldsymbol{D} = \boldsymbol{p}_{el} \times \boldsymbol{E}$ war.

Auch die potentielle Energie des magnetischen Dipols im Magnetfeld kann man analog zum elektrischen Fall herleiten (siehe Abschn. 1.4.1) und erhält

$$W = -\boldsymbol{p}_m \cdot \boldsymbol{B} . \tag{3.68}$$

Auch hier ist die resultierende Kraft auf den magnetischen Dipol im homogenen Magnetfeld null, im inhomogenen Feld beträgt sie

$$\boldsymbol{F} = \boldsymbol{p}_m \cdot \textbf{grad}\ \boldsymbol{B} . \tag{3.69}$$

Die Gleichungen (3.67) bis (3.69) enthalten nicht die spezielle geometrische Form der Leiterschleife. Sie sind deshalb für beliebige magnetische Dipole gültig (z. B. auch für Permanentmagnete).

Im Folgenden sind einige Beispiele für magnetische Dipole aufgeführt.

a) Drehspulmessgeräte

Das Drehmoment stromdurchflossener Spulen im Magnetfeld wird im Drehspulinstrument zur Strommessung ausgenutzt. Eine dünne Rechteckspule mit N Windungen wird in einem radialen Magnetfeld drehbar um einen gespannten Draht aufgehängt (Abb. 2.26). Das Drehmoment

$$\boldsymbol{D} = \boldsymbol{M}_m \times \boldsymbol{B} = N \cdot I \cdot \boldsymbol{A} \times \boldsymbol{B}$$

hat im radialen Feld des entsprechend geformten Permanentmagneten den Betrag $D = I \cdot N \cdot A \cdot B \cdot \sin\alpha = I \cdot N \cdot A \cdot B$, weil im Drehbereich der Spule der Flächennormalenvektor $\boldsymbol{A}$ immer senkrecht zur Feldrichtung zeigt. Die Spule stellt sich so ein, dass das rücktreibende Drehmoment des tordierten Aufhängedrahtes gleich D ist. Über einen Spiegel kann man die Torsion mithilfe eines Lichtzeigers auf einer Skala anzeigen (Spiegel-Galvanometer). Robustere Instrumente benutzen eine drehbar gelagerte feste Achse. Durch eine Schneckenfeder, die auch als Stromzufuhr dient, wird das rücktreibende Drehmoment erzeugt. Die Messempfindlichkeit wird durch die Stärke der Feder und die Lagerreibung bestimmt.

b) Atomare magnetische Momente

Ein Teilchen mit der Masse m und der Ladung q, das mit der Geschwindigkeit v einen Kreis mit dem Radius R umläuft, stellt einen Kreisstrom

$$I = q \cdot \nu = q \cdot v/(2\pi R)$$

dar. Das magnetische Moment dieses Kreisstromes ist

$$\boldsymbol{p}_\mathrm{m} = q \cdot \nu \cdot \boldsymbol{A} = \frac{1}{2} \cdot q \cdot R^2 \cdot \boldsymbol{\omega}\,. \tag{3.70}$$

Der Drehimpuls der umlaufenden Masse m ist

$$\boldsymbol{L} = m \cdot (\boldsymbol{R} \times \boldsymbol{v}) = m \cdot R^2 \cdot \boldsymbol{\omega}\,. \tag{3.71}$$

Wir erhalten daher den Zusammenhang zwischen Drehimpuls und magnetischem Moment des umlaufenden geladenen Teilchens (Abb. 3.40):

$$\boxed{\boldsymbol{p}_\mathrm{m} = \frac{q}{2m} \cdot \boldsymbol{L}}\,. \tag{3.72}$$

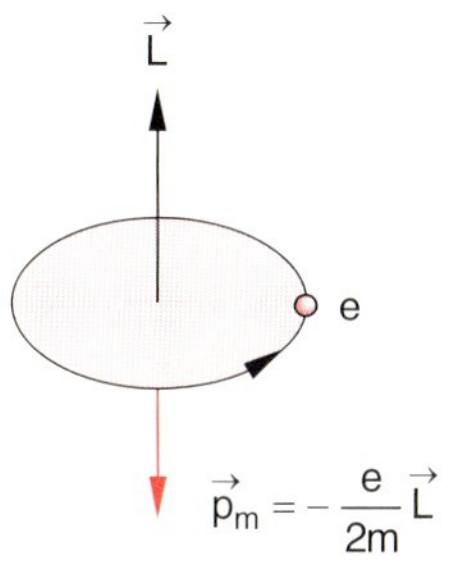

Abb. 3.40. Zusammenhang zwischen Bahndrehimpuls $\boldsymbol{L}$ und magnetischem Moment $\boldsymbol{p}_\mathrm{m}$ eines auf einem Kreis umlaufenden Teilchens mit Masse m und Ladung $q = -e$

BEISPIEL

Im Bohrschen Atommodell des Wasserstoffatoms läuft ein Elektron der Masse m_e und der Ladung $q = -e$ auf einer Kreisbahn um das Proton (siehe Bd. 3). Misst man seinen Bahndrehimpuls $L = l \cdot \hbar$ (l ganzzahlig) in Einheiten des Planckschen Wirkungsquantums $\hbar$, so wird sein magnetisches Bahnmoment

$$\boldsymbol{p}_\mathrm{m} = -\frac{e}{2m_\mathrm{e}} \cdot \boldsymbol{L} \quad \Rightarrow \quad |\boldsymbol{p}_\mathrm{m}| = -l \cdot \frac{e \cdot \hbar}{2 \cdot m_\mathrm{e}}\,.$$

Das magnetische Bahnmoment des Elektrons für $l = 1$

$$\boxed{\mu_\mathrm{B} = \frac{e \cdot \hbar}{2m_\mathrm{e}}} \tag{3.73}$$

bei einem Bahndrehimpuls $L = \hbar$ nennt man das ***Bohrsche Magneton***.

3.5.2 Magnetisierung und magnetische Suszeptibilität

Im Inneren einer Spule der Länge L mit N Windungen, die vom Strom I durchflossen wird, existiert bei der Windungsdichte $n = N/L$ im Vakuum ein Magnetfeld (siehe Abschn. 3.2.3)

$$H_0 = n \cdot I \;\Rightarrow\; B_0 = \mu_0 \cdot n \cdot I\,.$$

Füllt man den Innenraum der Spule mit Materie, z. B. Eisen, so stellt man fest, dass der magnetische Kraftfluss

$$\Phi_\mathrm{m} = \int \boldsymbol{B} \cdot \mathrm{d}\boldsymbol{A}$$

sich um einen Faktor μ verändert hat. Da die Fläche A konstant geblieben ist, muss für die magnetische Kraftflussdichte B gelten:

$$B_\text{Materie} = \mu B_\text{Vakuum} = \mu\mu_0 H_\text{Vakuum}\,. \tag{3.74}$$

Die dimensionslose Materialkonstante μ heißt die ***relative Permeabilität***.

Diese Änderung des magnetischen Kraftflusses lässt sich erklären durch die Einwirkung des Magnetfeldes auf die Atome oder Moleküle des entsprechenden Stoffes. Analog zum elektrischen Feld, das durch Ladungsverschiebung induzierte elektrische Dipole erzeugt oder bereits vorhandene Dipole ausrichtet und damit eine dielektrische Polarisation der Materie bewirkt (siehe Abschn. 1.7), beobachtet man auch im Magnetfeld eine *magnetische Polarisierung* der Materie. Sie entsteht durch atomare magnetische Momente $\boldsymbol{p}_\mathrm{m}$, die entweder durch das äußere Magnetfeld $\boldsymbol{B}_\mathrm{a}$ erzeugt werden oder die bereits vorhanden sind, aber durch $\boldsymbol{B}_\mathrm{a}$ ausgerichtet werden. Man beschreibt sie makroskopisch durch die ***Magnetisierung $\boldsymbol{M}$***, die das magnetische Moment pro Volumeneinheit angibt, also die Vektorsumme

$$\boldsymbol{M} = \frac{1}{V} \sum_V \boldsymbol{p}_\mathrm{m} \tag{3.75}$$

der atomaren magnetischen Dipolmomente $\boldsymbol{p}_m$ pro m^3. Die Maßeinheit der Magnetisierung

$$[M] = 1\,\frac{\mathrm{A}\cdot\mathrm{m}^2}{\mathrm{m}^3} = 1\,\frac{\mathrm{A}}{\mathrm{m}}$$

ist dieselbe wie die der magnetischen Erregung (früher: Feldstärke) H. Für die magnetische Feldstärke (Induktion) der mit Materie ausgefüllten Spule erhalten wir dann:

$$\boldsymbol{B} = \mu_0 \cdot (\boldsymbol{H}_0 + \boldsymbol{M}) = \mu_0 \cdot \mu \cdot \boldsymbol{H}_0\,. \tag{3.76}$$

wobei $\boldsymbol{H}_0 = \boldsymbol{H}_{\text{Vakuum}}$ ist. Man stellt experimentell fest, dass bei nicht zu großen Feldstärken (siehe unten) die Magnetisierung $\boldsymbol{M}$ proportional zur magnetischen Erregung $\boldsymbol{H}$ ist (Abb. 3.41):

$$\boldsymbol{M} = \chi \cdot \boldsymbol{H}_0\,. \tag{3.77}$$

Der Proportionalitätsfaktor χ heißt ***magnetische Suszeptibilität***. Sein Wert nimmt im Allgemeinen mit wachsender Temperatur ab.

Ein Vergleich von (3.76) und (3.77) zeigt, dass zwischen χ und μ der folgende Zusammenhang besteht:

$$\boldsymbol{B} = \mu_0 \cdot \mu \cdot \boldsymbol{H}_0 = \mu_0 \cdot (1+\chi) \cdot \boldsymbol{H}_0$$

$$\Rightarrow \boxed{\mu = 1 + \chi}\,. \tag{3.78}$$

Nach dem Wert und dem Vorzeichen der magnetischen Suszeptibilität χ werden die verschiedenen Stoffe hinsichtlich ihres magnetischen Verhaltens in verschiedene Klassen eingeteilt (Abb. 3.42):

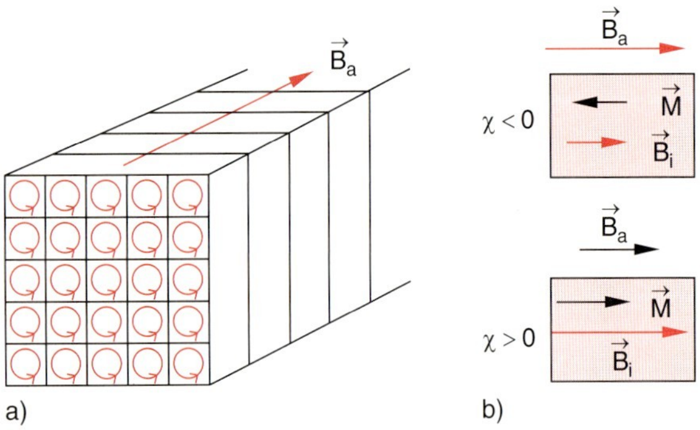

Abb. 3.41. (**a**) Magnetisierung $\boldsymbol{M}$, erzeugt durch induzierte ($\chi < 0$) oder permanente ($\chi > 0$) atomare Kreisströme in den Atomen des magnetischen Materials. Jeder dieser Kreisströme erzeugt ein magnetisches Dipolmoment $\boldsymbol{p}_{\mathrm{m}}$. (**b**) Die Orientierung der Dipole führt zu einer Magnetisierung $\boldsymbol{M} = (1/V)\sum \boldsymbol{p}_{\mathrm{m}}$, die entweder die magnetische Erregung verstärken (Paramagnete, $\chi > 0$) oder schwächen (Diamagnete, $\chi < 0$) kann

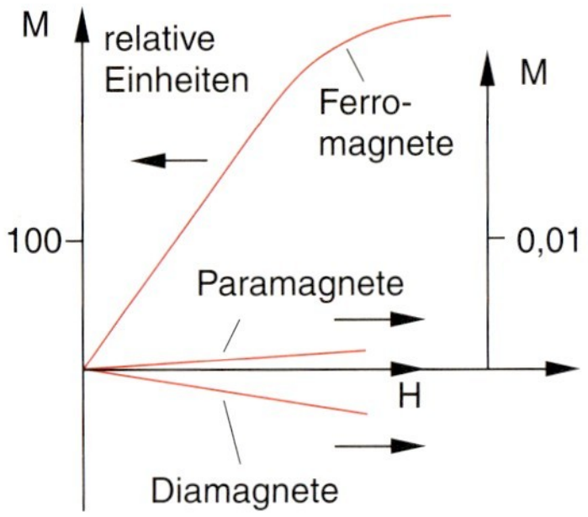

Abb. 3.42. Magnetisierung $M(H)$ als Funktion der magnetischen Erregung H für dia- und paramagnetische Stoffe (rechte Skala) und für Ferromagnete (linke Skala)

$$\left.\begin{array}{ll}\text{Diamagnetische Stoffe:} & \chi < 0\\ \text{Paramagnetische Stoffe:} & \chi > 0\end{array}\right\}\ |\chi| \ll 1$$

$$\left.\begin{array}{ll}\text{Ferromagnete:} & \chi > 0\\ \text{Antiferromagnete:} & \chi < 0\end{array}\right\}\ |\chi| \gg 1$$

Tabelle 3.2. Molare magnetische Suszeptibilität χ_{mol} einiger dia- und paramagnetischer Stoffe und relative Permeabilitäten μ einiger Ferromagnete unter Normalbedingungen ($p = 10^5$ Pa, $T = 0\,°\mathrm{C}$) [3.8]

a) Diamagnetische Stoffe

Gase	$\chi_{\text{mol}} \cdot 10^9$/Mol	Stoff	$\chi_{\text{mol}} \cdot 10^9$/Mol
He	− 1,9	Cu	− 5,46
Ne	− 7,2	Ag	− 19,5
Ar	−19,5	Au	− 28
Kr	−28,8	Pb	− 23
Xe	−43,9	Te	− 39,5
H_2	− 4,0	Bi	−280
N_2	−12,0	H_2O	− 13

b) Paramagnetische Stoffe

Stoff	$\chi_{\text{mol}} \cdot 10^9$/Mol	Stoff	$\chi_{\text{mol}} \cdot 10^9$/Mol
Al	+16,5	O_2	+3450
Na	+16,0	$FeCO_3$	+11 300
Mn(α)	+529	$CoBN_2$	13 000
Ho	72 900	Gd_2O_3	53 200

c) Ferromagnetische Stoffe

Stoff	μ
Eisen je nach Vorbehandlung	500–10 000
Kobalt	80–200
Permalloy 78% Ni. 3% Mo	10^4–10^5
Mumetall 76% Ni. 5% Cu. 2% Co	10^5
Supermalloy	10^5–10^6

Tabelle 3.2 gibt Beispiele für die Suszeptibilität einiger Stoffe bei Zimmertemperatur [3.8]. Häufig wird die molare Suszeptibilität χ_{mol} angegeben. Sie ist analog zu (3.77) definiert durch:

$$\boldsymbol{M}_{\mathrm{mol}} = \chi_{\mathrm{mol}} \cdot \boldsymbol{H} ,$$

wobei $\boldsymbol{M}_{\mathrm{mol}}$ die Magnetiesierung pro Mol des Stoffes ist. Der Zusammenhang zwischen χ_{mol} und der in (3.77) definierten Suszeptibilität ist:

$$\chi_{\mathrm{mol}} = \chi \cdot V_{\mathrm{mol}} ,$$

wobei V_{mol} das Volumen ist, das von 1 mol des Stoffes eingenommen wird.

3.5.3 Diamagnetismus

Diamagnetische Stoffe bestehen aus Atomen oder Molekülen, die *kein* permanentes magnetisches Dipolmoment besitzen. Bringt man solche Stoffe jedoch in ein Magnetfeld, so entstehen *induzierte* Dipole $\boldsymbol{p}_{\mathrm{m}}$, die so gerichtet sind, dass ihr Magnetfeld dem induzierenden äußeren Feld $\boldsymbol{B}_{\mathrm{a}}$ entgegengerichtet ist, sodass das Feld $\boldsymbol{B}_{\mathrm{i}}$ im Inneren der Probe kleiner als das äußere Feld wird (siehe Abschn. 4.2). Die Magnetisierung

$$\boldsymbol{M} = \chi \cdot \boldsymbol{H}$$

ist daher ebenfalls dem äußeren Feld entgegengesetzt, d. h. die Suszeptibilität χ ist negativ! Die Proportionalität gilt bis zu solchen Werten des äußeren Feldes, die immer noch klein sind gegen die *inneratomaren* Felder, welche durch die Bewegung der Elektronen in den Atomhüllen erzeugt werden und von der Größenordnung 10^2 T sind (siehe Aufg. 3.3).

Da die Kraft auf einen magnetischen Dipol $\boldsymbol{p}_{\mathrm{m}}$ im inhomogenen Magnetfeld $\boldsymbol{B}$ durch $\boldsymbol{F} = \boldsymbol{p}_{\mathrm{m}} \cdot \mathbf{grad}\ \boldsymbol{B}$ gegeben ist (vgl. (1.29)) und $\boldsymbol{M} = (\sum \boldsymbol{p}_{\mathrm{m}})/V$ antiparallel zu $\boldsymbol{B}$ ist, wird ein diamagnetischer Körper aus dem Bereich großer Feldstärke herausgedrängt (Abb. 3.43a). Bei einer Feldstärke $\boldsymbol{B}$ wird die Kraft auf eine Probe mit dem Volumen V bei einer Magnetisierung $\boldsymbol{M} = \chi \cdot \boldsymbol{H} = (\chi/\mu_0) \cdot \boldsymbol{B}$:

$$\begin{aligned} \boldsymbol{F} &= \boldsymbol{M} \cdot V \cdot \mathbf{grad}\ \boldsymbol{B} \\ &= (\chi/\mu_0) \cdot V \cdot \boldsymbol{B} \cdot \mathbf{grad}\ \boldsymbol{B} . \end{aligned} \tag{3.79}$$

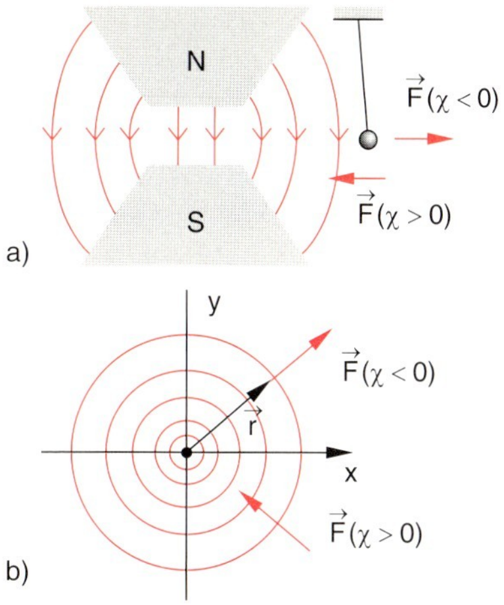

Abb. 3.43a,b. Ein diamagnetischer Körper wird im inhomogenen Feld aus dem Bereich großer Feldstärke herausgedrängt. (**a**) Inhomogenes Magnetfeld eines Elektromagneten; (**b**) Beispiel für das Magnetfeld eines geraden Drahtes

BEISPIEL

Zur Illustration dieses Phänomens betrachten wir das Magnetfeld eines Strom führenden Drahtes. Es ist in radialer Richtung inhomogen, da es nach (3.17) mit $1/r$ abfällt. Es gilt:

$$\begin{aligned} \boldsymbol{B} &= \frac{\mu_0 I}{2\pi r^2} \cdot \{-y, x, 0\} ; \\ \Rightarrow \mathbf{grad}\ B_x &= \frac{\mu_0 I}{2\pi r^4} \cdot \{2xy, y^2 - x^2, 0\} ; \\ \mathbf{grad}\ B_y &= \frac{\mu_0 I}{2\pi r^4} \cdot \{y^2 - x^2, -2xy, 0\} . \end{aligned}$$

Mit $\boldsymbol{M} = (\chi/\mu_0) \cdot \boldsymbol{B}$ folgt für die Kraft auf einen Körper mit dem Volumen V

$$\begin{aligned} \boldsymbol{F} &= \boldsymbol{M} \cdot V \cdot \mathbf{grad}\ \boldsymbol{B} \\ &= (\chi/\mu_0)\, V \cdot \boldsymbol{B} \cdot \mathbf{grad}\ \boldsymbol{B} \\ &= -\frac{\mu_0 \chi I^2 \cdot V}{4\pi^2 r^4} \cdot \{x, y, 0\} . \end{aligned}$$

Diamagnetische Körper ($\chi < 0$) erfahren also eine Kraft radial nach außen, wo das Feld schwächer ist, während paramagnetische Körper und besonders Ferromagnete zum Draht hingezogen werden (Abb. 3.43b). Oft wird das inhomogene Magnetfeld durch eine konische Form der Polschuhe eines Elektromagneten erzeugt.

Die Kraft $\boldsymbol{F}$ kann man ausnutzen, um die Suszeptibilität mithilfe einer Wägemethode zu messen. Bei der ***Faraday-Methode*** (Abb. 3.44a) realisiert man durch geeignete Formung der Polschuhe eines Elektromagneten einen möglichst konstanten Feldgradienten am Ort der Probe.

Bei der Messmethode von *Gouy* taucht die zylindrische Probe mit dem Querschnitt A halb in das möglichst homogene Feld ein, während die andere Hälfte im praktisch feldfreien Raum ist (Abb. 3.44b). Die Arbeit $F \cdot \Delta z$, die man bei einer Verschiebung Δz gegen die Kraft $\boldsymbol{F}$ aufbringen muss, ist gleich der Änderung $\Delta W = M \cdot A \cdot B \cdot \Delta z$ der magnetischen Energie. Daraus erhält man die Kraft

$$|\boldsymbol{F}| = (\chi/\mu_0) \cdot A \cdot B^2 \,. \tag{3.80}$$

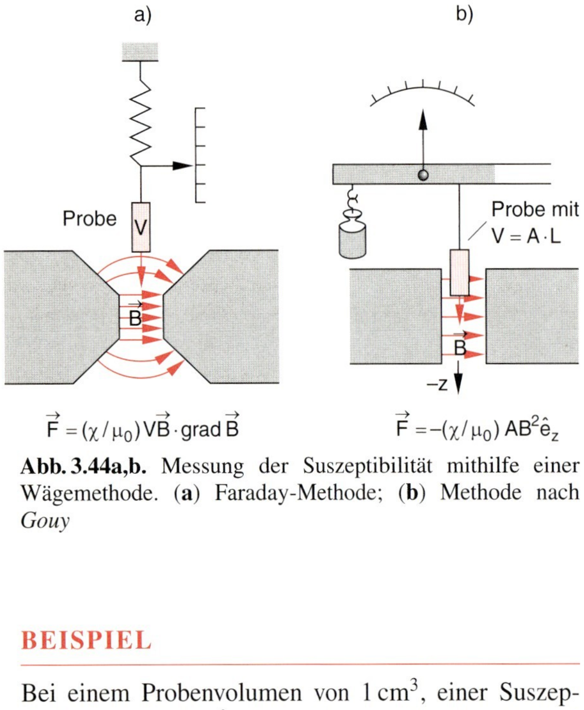

Abb. 3.44a,b. Messung der Suszeptibilität mithilfe einer Wägemethode. (**a**) Faraday-Methode; (**b**) Methode nach *Gouy*

BEISPIEL

Bei einem Probenvolumen von $1\,\text{cm}^3$, einer Suszeptibilität $\chi = -10^{-6}$, einer Magnetfeldstärke $B = 1\,\text{T}$ und einem Feldgradienten von $100\,\text{T/m}$ wird die Kraft bei der Faraday-Methode $F = 8 \cdot 10^{-5}\,\text{N}$, während sie für $A = 10^{-4}\,\text{m}^2$ und $B = 1\,\text{T}$ bei der Gouy-Methode den gleichen Wert erreicht. Man braucht also eine empfindliche Waage!

3.5.4 Paramagnetismus

Die Atome paramagnetischer Stoffe besitzen *permanente* magnetische Dipole $\boldsymbol{p}_\text{m}$, deren Orientierung aber ohne äußeres Magnetfeld infolge der thermischen Bewegung über alle Raumrichtungen verteilt sind, sodass für den Mittelwert der Vektorsumme gilt:

$$\boldsymbol{M} = \frac{1}{V} \sum \boldsymbol{p}_\text{m} = \boldsymbol{0} \,.$$

Im äußeren Magnetfeld werden die Dipole teilweise ausgerichtet (Abb. 3.45). Der Grad der Ausrichtung wird durch den Quotienten $(\boldsymbol{p}_\text{m} \cdot \boldsymbol{B})/(kT)$ aus potentieller Energie des Dipols $\boldsymbol{p}_\text{m}$ im Magnetfeld zu thermischer Energie bestimmt. Man erhält für $\boldsymbol{p}_\text{m} \cdot \boldsymbol{B} \ll k \cdot T$ bei N Dipolen pro m^3 wegen der Mittelung über die 3 Raumrichtungen für die Magnetisierung

$$\boldsymbol{M} = N \cdot |\boldsymbol{p}_\text{m}| \cdot \frac{\boldsymbol{p}_\text{m} \cdot \boldsymbol{B}}{3kT} \cdot \hat{\boldsymbol{e}}_B$$

in Feldrichtung mit dem Einheitsvektor $\hat{\boldsymbol{e}}_B$ und daher für die Suszeptibilität

$$\chi = \mu_0 \cdot M/B = \frac{\mu_0 \cdot N \cdot p_\text{m}^2}{3kT} \,, \tag{3.81}$$

wobei $\boldsymbol{p}_\text{m}$ das atomare bzw. molekulare magnetische Dipolmoment ist. Man sieht, dass die Suszeptibilität bei steigender Temperatur T proportional zu $1/T$ abnimmt!

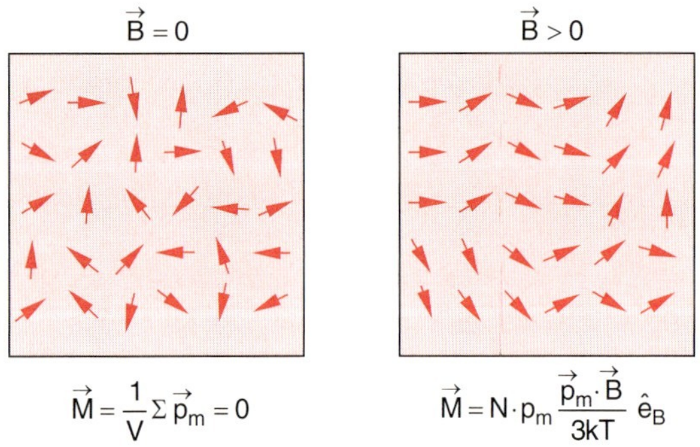

Abb. 3.45. Ausrichtung von für $B = 0$ statistisch orientierten magnetischen Dipolen durch ein äußeres Magnetfeld $\boldsymbol{B}$

3.5.5 Ferromagnetismus

Bei ferromagnetischen Materialien ist χ sehr groß, und die Magnetisierung kann um viele Größenordnungen höher sein als bei paramagnetischen Stoffen. Bringt

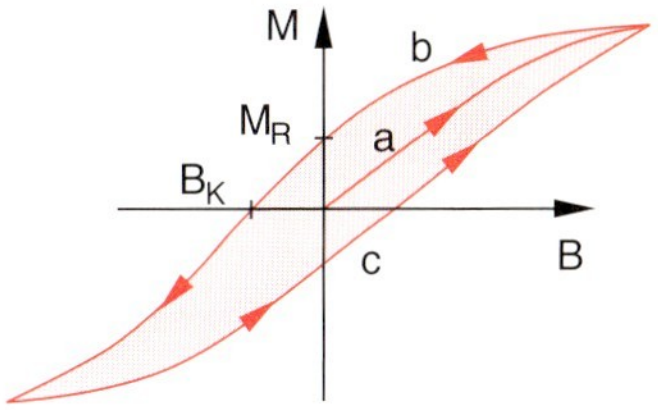

Abb. 3.46. Hysteresekurve der Magnetisierung M in Abhängigkeit vom äußeren Feld B

man eine ferromagnetische Probe in ein äußeres Magnetfeld $\boldsymbol{B}_a$ und misst die Magnetisierung $M(B_a)$, so findet man, dass $M(B_a)$ keine eindeutige Funktion ist, sondern von der Vorbehandlung der Probe abhängt. Startet man die Messung mit einer völlig entmagnetisierten Probe beim äußeren Feld $B_a = 0$, so erhält man die Kurve a in Abb. 3.46, bei der M zuerst linear mit B zunimmt und dann in Sättigung übergeht. Sättigung ist erreicht, wenn alle mikroskopischen magnetischen Dipole in Feldrichtung ausgerichtet sind.

Fährt man jetzt das Feld B_a wieder zurück, so folgt die Magnetisierung $M(B_a)$ einer anderen Kurve b, bis bei entsprechend großem entgegengesetztem Feld $-B$ wieder Sättigung eintritt. Erneute Änderung des äußeren Feldes ergibt die Kurve c, die sich im Sättigungsfall wieder den Kurven a und b nähert. Die Kurve a nennt man auch *jungfräuliche* Kurve, die geschlossene Kurve b + c heißt ***Hystereseschleife***. Die Restmagnetisierung $M(B_a = 0) = M_R$ beim Durchlaufen der Kurve b heißt ***Remanenz***, die zur Beseitigung der Restmagnetisierung notwendige entgegengerichtete Feldstärke B_K wird ***Koerzitivkraft*** genannt.

Beim Durchlaufen der Hystereseschleife braucht man Energie zum Ausrichten der magnetischen Dipole im Ferromagneten. In Abschn. 4.4 wird gezeigt, dass die magnetische Energie im Volumen V gegeben ist durch

$$W_{\text{magn}} = \frac{1}{2} \cdot B \cdot H \cdot V \, . \tag{3.82}$$

Das Integral

$$\begin{aligned}\int M(B) \cdot \, \mathrm{d}B &= \chi \cdot \mu \cdot \mu_0 \cdot \int H \cdot \, \mathrm{d}H \qquad (3.83)\\ &= \frac{1}{2} \cdot \chi \cdot \mu \cdot \mu_0 \cdot H^2 \\ &= \frac{1}{2} (\mu - 1) \cdot H \cdot B\end{aligned}$$

gibt die Fläche unter der Magnetisierungskurve $M(B)$ an und entspricht nach (3.82) gerade der zur Magnetisierung notwendigen zusätzlichen magnetischen Energie pro Volumeneinheit der magnetisierten Probe. Die Fläche, die von der Hystereseschleife umrandet wird, gibt also gerade die bei einem Magnetisierungszyklus aufzuwendende Energie an, die in Wärmeenergie der Probe umgewandelt wird.

Die meisten ferromagnetischen Materialien bestehen aus *Übergangselementen*, d. h. aus Atomen mit nicht aufgefüllten inneren Elektronenschalen, wie z. B. Eisen, Nickel oder Kobalt. Folgende Experimente zeigen jedoch, dass der Ferromagnetismus nicht nur durch die Atomstruktur bedingt ist, sondern ein *kollektives Phänomen* im Festkörper ist, das durch das Zusammenwirken vieler Atome zustande kommt, und deshalb bei freien Atomen in der Gasphase nicht auftritt:

Erhitzt man einen Ferromagneten über eine bestimmte Temperatur T_C (***Curie-Temperatur***), so verschwindet der Ferromagnetismus. Der Festkörper bleibt aber paramagnetisch für alle $T > T_C$. Die drastische Verringerung von χ lässt sich leicht demonstrieren durch einen an einem Faden aufgehängten kleinen Eisenzylinder, der für Temperaturen $T < T_C$ von einem Magneten angezogen wird, so dass er schräg hängt (Abb. 3.47a). Erhitzt man den Zylinder über die Curie-Temperatur T_C, so fällt er zurück in die senkrechte Lage.

Ein weiteres Experiment benutzt einen drehbar aufgehängten Ring aus ferromagnetischem Material, der an einer Stelle zwischen den Polschuhen eines Permanentmagneten läuft (Abb. 3.47b). Erhitzt man den Ring dicht neben dem Magneten mit einem Bunsenbrenner über die Curie-Temperatur, so beginnt der Ring sich zu

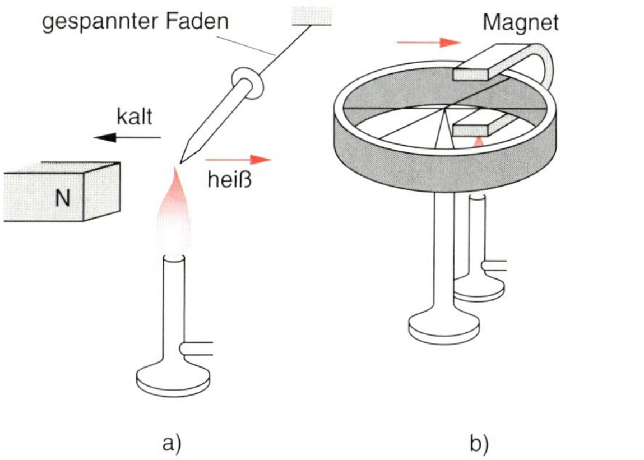

Abb. 3.47a,b. Nachweis des bei der Curie-Temperatur verschwindenden Ferromagnetismus

Tabelle 3.3. Curie-Temperatur T_C, Curie-Konstante C und Schmelztemperatur T_{Schm} für einige ferromagnetische Substanzen

Substanz	T_C/K	C/K	T_{Schm}/K
Co	1395	2,24	1767
Fe	1033	2,22	1807
Ni	627	0,59	1727
EuO	70	4,7	1145

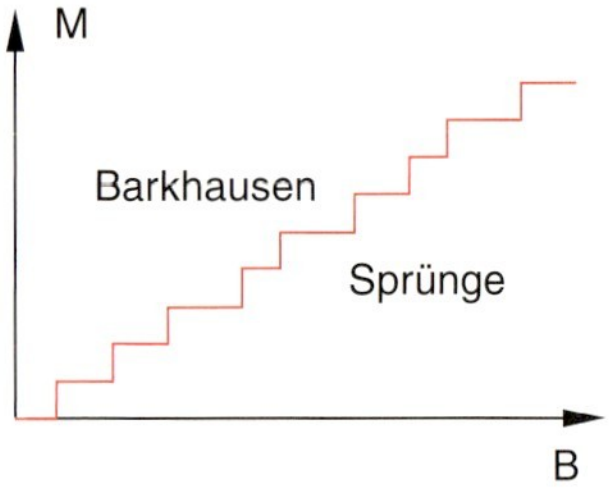

Abb. 3.48. Vergrößerter Ausschnitt der Magnetisierungskurve a in Abb. 3.46, welche Stufen zeigt, die durch das Umklappen magnetischer Bezirke verursacht werden

drehen, weil der noch kältere ferromagnetische Teil in den Magneten hineingezogen wird, wodurch Energie gewonnen wird, die zum Teil in die kinetische Energie der Rotation des Rings umgewandelt wird.

Der beobachtete Temperaturverlauf der magnetischen Suszeptibilität χ kann für $T > T_C$ oberhalb der Curie-Temperatur T_C durch

$$\chi(T) = \frac{C}{(T - T_C)^\gamma} \tag{3.84}$$

beschrieben werden, wobei der Exponent $\gamma \approx 1-1,5$ vom Material abhängt. Die Materialkonstante C heißt *Curie-Konstante*. In Tabelle 3.3 sind die Curie-Temperatur T_C, die Curie-Konstante C und die Schmelztemperatur T_{Schm} für einige Ferromagnete angegeben. Man sieht, dass die Phasenumwandlung vom ferro- zum paramagnetischen Festkörper bereits bei einer wesentlich tieferen Temperatur T_C eintritt als die Phasenumwandlung vom festen in den flüssigen Zustand bei T_{Schm}.

> Verdampft man einen ferromagnetischen Festkörper, so sind die Atome bzw. Moleküle in der Gasphase paramagnetisch. Ein ferromagnetischer Festkörper besteht also aus paramagnetischen Atomen oder Molekülen. Der Ferromagnetismus muß deshalb durch eine spezielle Ordnung der atomaren magnetischen Momente im Festkörper entstehen.

Misst man die Magnetisierungskurve eines Ferromagneten sehr genau, dann stellt man fest, dass sie nicht glatt verläuft, sondern aus lauter kleinen Treppenstufen besteht (Abb. 3.48), d. h. die Ausrichtung der atomaren Dipolmomente geschieht nicht kontinuierlich, sondern sprungweise. Diese so genannten ***Barkhausen-Sprünge*** lassen sich erklären, wenn man annimmt, dass der ferromagnetische Festkörper aus mikroskopischen Bereichen besteht, in denen jeweils alle atomaren Momente durch eine starke Wechselwirkung zwischen den atomaren Momenten parallel ausgerichtet sind (spontane Magnetisierung). Ohne äußeres Feld sind die resultierenden magnetischen Momente

$$\boldsymbol{M}_W = N_W \cdot \boldsymbol{p}_m$$

mit

$$N_W = 10^8 - 10^{12}$$

dieser so genannten ***Weißschen Bezirke*** mit N_W Atomen pro Volumeneinheit in ihrer Richtung statistisch verteilt, sodass nur ein geringes Gesamtmoment des Festkörpers übrig bleibt (Remanenz). Legt man ein äußeres Feld an, so klappen die Momente aller N_W Atome eines Weißschen Bezirkes gleichzeitig in die Feldrichtung um, sobald das Feld eine bestimmte Mindeststärke erreicht hat, bei der die Erniedrigung der magnetischen Energie

$$W_{magn} = -V_W \cdot \boldsymbol{M}_W \cdot \boldsymbol{B} \tag{3.85}$$

die zum Umklappen notwendige Energie übersteigt (V_W sei das Volumen eines Weißschen Bezirks). Diese Mindestenergie ist durch die Struktur der Weißschen Bezirke und ihre Ankopplung an ihre Umgebung bestimmt, die für die einzelnen Bezirke ganz verschieden sein kann. Deshalb klappen auch die verschiedenen Bezirke bei unterschiedlichen Feldstärken um.

Die Sprünge in der Magnetisierungskurve $M(B)$ und das sie verursachende Umklappen der Weißschen Bezirke lassen sich akustisch einfach demonstrieren, wenn man einen kleinen Eisenstab in einer Induktionsspule, die mit einem Verstärker und einem Lautsprecher verbunden ist, in ein veränderliches Magnetfeld bringt (Abb. 3.49). Beim Anstieg des Magnetfeldes verursachen die sprunghaften Änderungen der Magnetisierung Induktionsspannungsspitzen (siehe Kap. 4), welche im Lautsprecher Knackgeräusche verursachen.

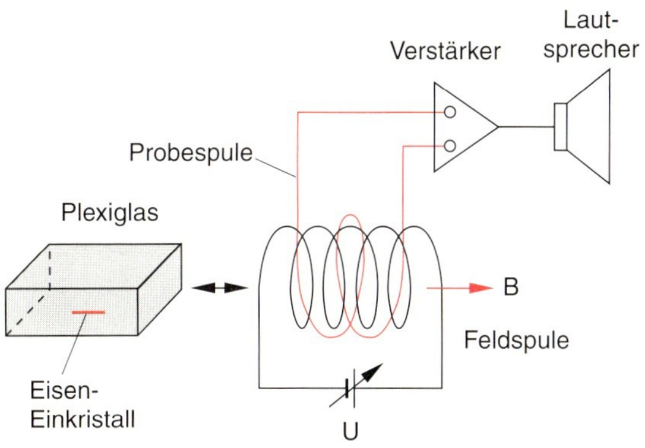

Abb. 3.49. Akustischer Nachweis der Barkhausen-Sprünge durch die Spannungsspitzen, die durch Induktion in einer Spule um das magnetische Eisen erzeugt werden und nach Verstärkung im Lautsprecher Knackgeräusche hervorrufen

Man kann die Weißschen Bezirke und ihr Verhalten beim Anlegen eines äußeren Feldes auch direkt sichtbar machen (Abb. 3.50). Dazu legt man einen kleinen dünnen Eisenkristall in eine Glasschale, die mit einer flachen Schicht einer Eisen-Thiosulfat-Lösung gefüllt ist und sich in einem äußeren Magnetfeld befindet. Mit einem Mikroskop beobachtet man durch ein Polarisationsfilter das von der Probe reflektierte Licht, dessen Polarisierungsrichtung durch die Magnetisierungsrichtung der Probe beeinflusst wird. Man sieht daher im Mikroskop die Weißschen Bezirke als verschieden helle Bereiche und kann ihr Umklappen bzw. die Verschiebung ihrer Grenzen beim Überschreiten einer bestimmten Grenzfeldstärke des angelegten Fel-

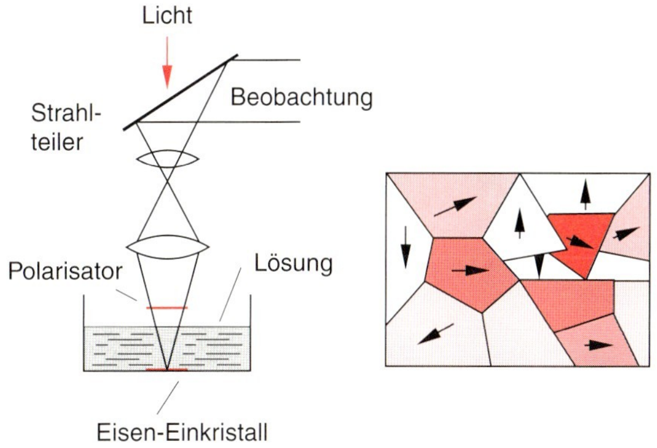

Abb. 3.50. Sichtbarmachung der Weißschen Bezirke durch ihre Beeinflussung der Polarisationseigenschaften von reflektiertem polarisierten Licht

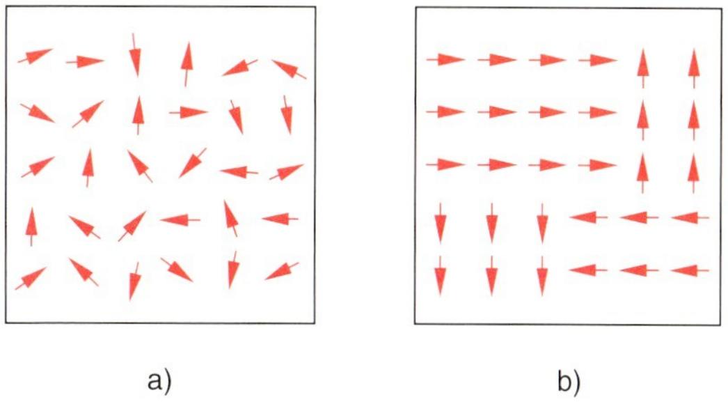

Abb. 3.51a,b. Mechanisches Demonstrationsmodell der Weißschen Bezirke: (**a**) Ohne äußeres Magnetfeld; (**b**) mit äußerem Magnetfeld unterhalb der Sättigung

des optisch sehr eindrucksvoll demonstrieren (siehe den Lehrfilm: „Ferromagnetic Domain Motion" von *Ealing* [3.9]).

Das kollektive Verhalten der atomaren Magnete innerhalb eines Weißschen Bezirkes lässt sich sehr schön an einem Projektionsmodell vieler kleiner Permanentmagnetnadeln illustrieren, die auf Stiften drehbar angebracht sind (Abb. 3.51). Die Stifte sind in einer zweidimensionalen Symmetriestruktur (z. B. in einem quadratischen oder sechseckigen Muster) angeordnet. Bewegt man einen stärkeren Permanentmagneten über das Modell, so kann man die Richtung der kleinen Magnetnadeln statistisch verteilen und damit den Einfluss der Temperaturbewegung simulieren (Abb. 3.51a). Entfernt man den Magneten, so ordnen sich die Magnetnadeln innerhalb bestimmter Bereiche parallel zueinander an, wobei die Richtungen für die verschiedenen Bereiche unterschiedlich sind (Abb. 3.51b). Mit steigendem äußeren Magnetfeld klappen dann nacheinander alle Magnete innerhalb eines dieser Bezirke jeweils gleichzeitig in Feldrichtung um. Die kritische Feldstärke hängt von der Lage des Bezirkes relativ zum Rand des Modells und von der geometrischen Anordnung der Stifte ab.

In realen Ferromagneten beruht die Kopplung der atomaren magnetischen Momente, die zur Ausbildung der Weißschen Bezirke führt, in komplizierter Weise auf der Wechselwirkung zwischen den metallischen Leitungselektronen und den magnetischen Spin-Momenten der Elektronen in den nicht aufgefüllten Schalen (siehe Bd. 3). Beschreibt man diese Wechselwirkung durch das Austauschfeld

$$\boldsymbol{B}_A = \mu_0 \gamma \boldsymbol{M} , \tag{3.86}$$

wobei $\boldsymbol{M}$ die Magnetisierung ist, so ergibt sich die Relation

$$T_C = C\gamma \tag{3.87}$$

zwischen Curietemperatur T_C, Curie-Konstante C und der Stärke der Wechselwirkung.

> Ferromagnetische Festkörper mit starker Austauschwechselwirkung haben eine hohe Curie-Temperatur.

Bei der Curie-Temperatur wird die thermische Energie $k \cdot T$ größer als diese Wechselwirkung, und die geordnete Richtung aller magnetischen Momente innerhalb eines Weißschen Bezirkes wird zerstört: Der Festkörper wird paramagnetisch.

Detaillierte Modelle des Ferromagnetismus, die fast alle Beobachtungen richtig beschreiben, sind erst in den letzten Jahren entwickelt worden [3.10].

3.5.6 Antiferro-, Ferrimagnete und Ferrite

Bei antiferromagnetischen Substanzen kann man die Struktur des Kristallgitters beschreiben durch zwei ineinander gestellte Untergitter (Abb. 3.52a), wobei ohne äußeres Magnetfeld die magnetischen Momente der Atome A des einen Gitters alle antiparallel zu denen der Atome B des anderen Gitters stehen, aber gleichen Betrag haben, sodass die Magnetisierung $\boldsymbol{M}$ insgesamt null ist.

Beispiele für solche Substanzen sind Metalle mit eingebauten paramagnetischen Ionen (wie z. B. MnO, MnF_2, Urannitrid UN).

Bei ferrimagnetischen Stoffen (z. B. Magnetit Fe_3O_4) sind die Beträge der magnetischen Momente der beiden Untergitter verschieden groß, so dass insgesamt eine spontane Magnetisierung auch ohne äußeres Feld übrigbleibt. Durch Einbau von Fremdatomen (z. B. Mg, Al) anstelle von Fe entstehen in der Elektrotechnik wichtige Ferrite.

Die Magnetisierungskurve der ferrimagnetischen Stoffe ist ähnlich zu der von Ferromagneten in Abb. 3.46, jedoch ist ihre Sättigungsmagnetisierung viel kleiner als bei Ferromagneten.

Ähnlich wie die Ferromagnete gehen die Antiferromagnete oberhalb einer kritischen Temperatur, der ***antiferromagnetischen Néel-Temperatur*** T_N, in den paramagnetischen Zustand über.

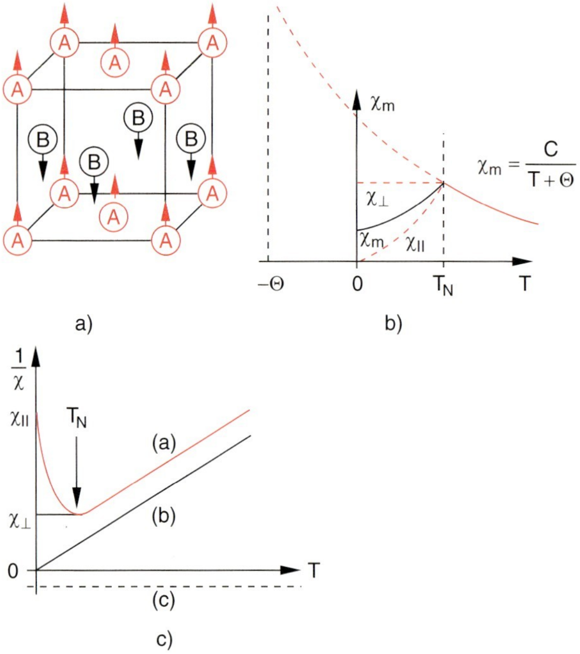

Abb. 3.52a–c. Antiferromagnet. (**a**) Kristallmodell; (**b**) Suszeptibilität; (**c**) reziproke Suszeptibilität $1/\chi$ für Antiferromagnete (Kurve *a*), Paramagnete (*b*) und Diamagnete (*c*). (Nach Dr. John Bland)

Ihre Suszeptibilität χ hat für $T > T_N$ nach Modellrechnungen den Temperaturverlauf (Abb. 3.52b)

$$\chi = \frac{C}{T + \theta_N} \,. \tag{3.88}$$

Dabei ist C die Curie-Konstante und θ_N heißt *paramagnetische Néel-Temperatur*.

Bei Antiferromagneten kann man die Austauschwechselwirkung durch den Ansatz

$$\boldsymbol{B}_{AA} = \mu_0(\gamma_{AB} - \gamma_{AA})\boldsymbol{M}_A \tag{3.89a}$$

$$\boldsymbol{B}_{AB} = \mu_0(\gamma_{AB} - \gamma_{AA})\boldsymbol{M}_B \tag{3.89b}$$

beschreiben, wobei M_A, M_B die Magnetisierungen der Untergitter A und B sind, und $\boldsymbol{B}_{AA}$ das Austauschfeld, das auf die Atome A wirkt, während $\boldsymbol{B}_{AB}$ auf B wirkt.

Für die beiden Néel-Temperaturen T_N und θ_N erhält man die Relationen

$$T_N = (C/2)(\gamma_{AB} - \gamma_{AA}) \tag{3.90a}$$

$$\theta_N = (C/2)(\gamma_{AB} + \gamma_{AA}) \,. \tag{3.90b}$$

Tabelle 3.4. Magnetische Suszeptibilität χ, Néel-Temperatur T_N und paramagnetische Néel-Temperatur θ_N für einige antiferromagnetische Substanzen

Substanz	$\chi(T_N)\cdot 10^{-9}$	T_N/K	θ_N/K
$FeCl_2$	2,5	23	+ 48
MnF_2	0,27	72	− 113
FeO_2	0,1	195	− 190
MnO	0,08	120	− 610
CoO	0,07	291	− 280
Ti_2O_3	0,002	248	−2000

In Tabelle 3.4 sind als Beispiele Werte von T_N und θ_N für einige antiferromagnetische Substanzen angegeben. Man sieht durch den Vergleich mit Tabelle 3.3, dass die Néel-Temperaturen T_N im Allgemeinen deutlich unter den Curie-Temperaturen T_C der Ferromagnete liegen. Dies zeigt, dass die Kopplungsenergie, welche die Ausrichtung der magnetischen Momente bewirkt, bei Antiferromagneten kleiner ist als bei Ferromagneten.

Bei tieferen Temperaturen ($T < T_N$) kommt es in Antiferromagneten infolge der Domänenstruktur der Untergitter (analog zu den Weißschen Bezirken der Abb. 3.50) zu kollektiven Orientierungen der atomaren magnetischen Momente $\boldsymbol{p}_m$, die sich in den verschiedenen Domänen, je nach Kristallorientierung, in Feldrichtung oder senkrecht zur Feldrichtung einstellen können. Es gibt daher zwei Kurven $\chi_\parallel(T)$ und $\chi_\perp(T)$, wobei $\chi_\perp(T)$ nahezu unabhängig von T ist. Der Mittelwert $\chi_m(T)$ zeigt dann die in Abb. 3.52b dargestellte Abhängigkeit.

In Abb. 3.53 werden die temperaturabhängigen Suszeptibilitäten von paramagnetischen, ferromagnetischen und antiferromagnetischen Substanzen miteinander verglichen.

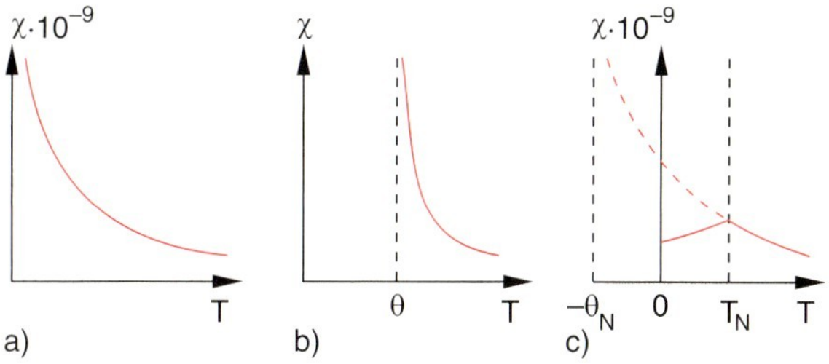

Abb. 3.53a–c. Vergleich des Temperaturverlaufs der Suszeptibilität χ für (**a**) para-, (**b**) ferro-, (**c**) antiferro-magnetische Substanzen

3.5.7 Feldgleichungen in Materie

Wir hatten im Abschn. 3.5.2 gesehen, dass im Vakuum zwischen magnetischer Feldstärke $\boldsymbol{B}$ und magnetischer Erregung $\boldsymbol{H}$ die Relation

$$\boldsymbol{B} = \mu_0 \cdot \boldsymbol{H}$$

besteht, während in Materie mit der relativen Permeabilität μ gilt:

$$\begin{aligned}\boldsymbol{B} &= \mu \cdot \mu_0 \cdot \boldsymbol{H} = \mu_0 \cdot (\boldsymbol{H} + \boldsymbol{M}) \\ &= \mu_0 \cdot \boldsymbol{H} \cdot (1 + \chi)\end{aligned}$$

mit der Magnetisierung $\boldsymbol{M} = \chi \cdot \boldsymbol{H}$.

Da es auch in Materie keine magnetischen Monopole gibt, gilt in Materie wie im Vakuum

$$\operatorname{div} \boldsymbol{B} = 0\,. \tag{3.91}$$

Das Ampèresche Gesetz (3.6) gilt auch für Materie, sodass für die magnetische Erregung folgt:

$$\mathbf{rot}\, \boldsymbol{H} = \boldsymbol{j}\,, \tag{3.92}$$

wobei j die Stromdichte der äußeren Ströme darstellt, welche das äußere Magnetfeld $\boldsymbol{B}_a = \mu_0 \cdot \boldsymbol{H}$ erzeugen.

In homogener Materie folgt aus (3.91)

$$\begin{aligned}\operatorname{div} \boldsymbol{B} &= \operatorname{div}(\mu\mu_0 \boldsymbol{H}) \\ &= \mu\mu_0 \operatorname{div} \boldsymbol{H} + \mu_0 \boldsymbol{H} \cdot \mathbf{grad}\, \mu = 0\,.\end{aligned}$$

Für inhomogene Materialien ist $\mathbf{grad}\, \mu \neq 0$ und daher auch im Allgemeinen $\operatorname{div} \boldsymbol{H} \neq 0$.

Im Kap. 1 wurde das Verhalten der elektrischen Feldgrößen $\boldsymbol{E}$ und $\boldsymbol{D}$ an der Grenzfläche zweier Medien mit unterschiedlicher Dielektrizitätskonstante behandelt. Es zeigte sich, dass beim Übergang vom Medium 1 in das Medium 2 die Tangentialkomponente von $\boldsymbol{E}$ stetig ist ($E_\parallel^{(1)} = E_\parallel^{(2)}$), aber die Normalkomponente einen Sprung macht ($E_\perp^{(1)} = (\varepsilon_2/\varepsilon_1) \cdot E_\perp^{(2)}$), wohingegen das Verhalten von $\boldsymbol{D}$ gerade umgekehrt war.

Ähnlich verhält es sich bei den magnetischen Feldgrößen. Aus einer zum Abschn. 1.7 völlig analogen Argumentation kann man schließen, dass aus $\mathbf{rot}\, \boldsymbol{H} = \boldsymbol{j}$ im Medium, in welchem kein Strom fließt ($\boldsymbol{j} = \boldsymbol{0}$), die

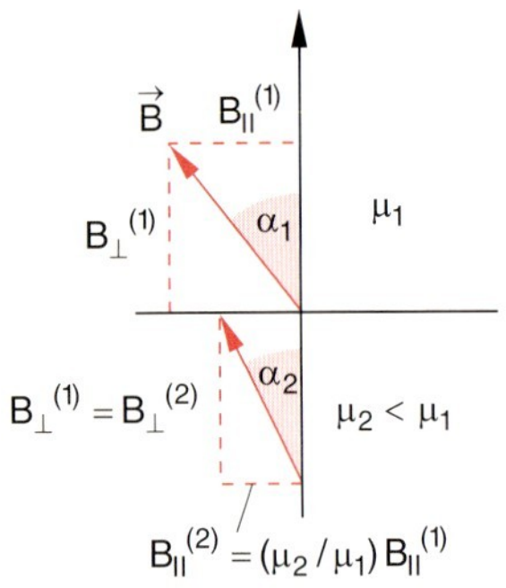

Abb. 3.54. Verhalten der Normal- und Tangentialkomponenten von $\boldsymbol{B}$ an einer Grenzfläche zwischen zwei Materialien mit relativen Permeabilitäten μ_1 und μ_2

Bedingung $\mathbf{rot}\, \boldsymbol{H} = \mathbf{0}$ gilt, woraus (analog zu $\mathbf{rot}\, \boldsymbol{E} = \mathbf{0}$) folgt, dass die Tangentialkomponente von $\boldsymbol{H}$ stetig bleibt beim Übergang von einem Medium mit $\mu = \mu_1$ in ein Medium mit $\mu = \mu_2$:

$$H_{\parallel}^{(1)} = H_{\parallel}^{(2)} \Rightarrow \frac{B_{\parallel}^{(1)}}{\mu_1} = \frac{B_{\parallel}^{(2)}}{\mu_2} . \tag{3.93a}$$

Für die Normalkomponenten folgt aus div $\boldsymbol{B} = 0$ (siehe Aufgabe 3.10):

$$B_{\perp}^{(1)} = B_{\perp}^{(2)} \Rightarrow \mu_1 H_{\perp}^{(1)} = \mu_2 H_{\perp}^{(2)} . \tag{3.93b}$$

Man kann aus (3.93a,b) ein *Brechungsgesetz* für die Richtungsänderung von $\boldsymbol{H}$ und $\boldsymbol{B}$ bei schräger Orientierung herleiten (Abb. 3.54), aus dem sich die Richtungsänderung wegen

$$\tan\alpha_1 = B_{\parallel}^{(1)} \Big/ B_{\perp}^{(1)} \quad \text{und} \quad \tan\alpha_2 = B_{\parallel}^{(2)} \Big/ B_{\perp}^{(2)}$$

ergibt als

$$\frac{\tan\alpha_1}{\tan\alpha_2} = \frac{\mu_1}{\mu_2} . \tag{3.94}$$

3.5.8 Elektromagnete

Die Vergrößerung der magnetischen Induktion B durch Stoffe mit großer relativer Permeabilität μ wird technisch ausgenutzt in Elektromagneten. Ihr Prinzip kann man sich folgendermaßen klar machen:

Eine Ringspule mit N Windungen, durch die ein Strom I fließt, sei mit einem Eisenkern gefüllt. Für einen geschlossenen Integrationsweg im Eisen gilt nach (3.6) und (3.93a)

$$\oint \boldsymbol{H} \cdot \mathrm{d}\boldsymbol{s} = 2\pi \cdot R \cdot H = N \cdot I .$$

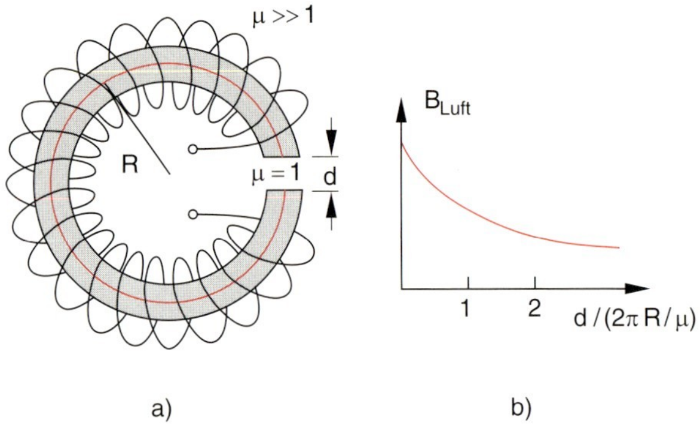

Abb. 3.55a,b. Ringspule mit Eisenkern und Luftspalt der Dicke d (Elektromagnet)

Hieraus ergibt sich:

$$H = \frac{N \cdot I}{2\pi \cdot R} \Rightarrow B = \mu \cdot \mu_0 \cdot \frac{N \cdot I}{2\pi \cdot R} . \tag{3.95}$$

Jetzt betrachten wir ein Eisenjoch mit einem Luftspalt der Dicke d (Abb. 3.55a). Da die Normalkomponente von $\boldsymbol{B}$ beim Übergang Eisen-Luft stetig ist, gilt:

$$B_{\text{Fe}} = B_{\text{Luft}} \Rightarrow \mu \cdot H_{\text{Fe}} = H_{\text{Luft}} . \tag{3.96}$$

Für das Linienintegral über die magnetische Erregung H erhalten wir bei einem Umlauf durch die Spule:

$$\begin{aligned} N \cdot I &= \oint \boldsymbol{H} \cdot \mathrm{d}\boldsymbol{s} = (2\pi \cdot R - d) \cdot H_{\text{Fe}} + d \cdot H_{\text{Luft}} \\ &= \left(\frac{2\pi \cdot R - d}{\mu} + d \right) \cdot H_{\text{Luft}} . \end{aligned} \tag{3.97}$$

Wegen (3.6) ergibt sich dann für die magnetische Erregung im Luftspalt

$$\begin{aligned} H_{\text{Luft}} &= \frac{N \cdot I \cdot \mu}{(\mu - 1)d + 2\pi R} \\ &\approx \frac{N \cdot I \cdot \mu}{\mu \cdot d + 2\pi R} \quad \text{für} \quad \mu \gg 1 \end{aligned} \tag{3.98}$$

und die magnetische Feldstärke

$$B_{\text{Luft}} = \frac{\mu \cdot \mu_0 \cdot N \cdot I}{\mu \cdot d + 2\pi R} . \tag{3.99}$$

Für $d = 2\pi R/\mu$ ist die Feldstärke auf die Hälfte des Wertes in Eisen gesunken. Da für Eisen $\mu \approx 2000$ ist, sinken H und B bei Vergrößern des Luftspaltes rasch ab (Abb. 3.55b).

BEISPIEL

Mit einer Eisenkernspule ($\mu = 2000$) mit $N = 5000$ Windungen und einem Radius $R = 20\,\text{cm}$ lässt sich bei einer Spaltbreite von $d = 1\,\text{cm}$ ein Magnetfeld $B = 0{,}6\,\text{T}$ erzeugen, wenn ein Strom $I = 1\,\text{A}$ durch die Spule fließt.

3.6 Das Magnetfeld der Erde

Das Magnetfeld der Erde wird seit über 2000 Jahren zur Navigation mithilfe von Kompassnadeln ausgenutzt. Seine genauere Form wurde im vorigen Jahrhundert vermessen, aber erst seit wenigen Jahren gibt es Modelle über seine Entstehung und seine zeitliche Änderung, obwohl auch heute noch viele Details ungeklärt sind.

Das Erdmagnetfeld ist näherungsweise gleich dem Feld eines magnetischen Dipols im Erdmittelpunkt, dessen Dipolachse zur Zeit um $11{,}4°$ gegen die Erdrotationsachse geneigt ist (Abb. 3.56), und dessen Dipolmoment $p_{m_E} \approx 8 \cdot 10^{22}\,\text{A} \cdot \text{m}^2$ beträgt [3.11].

Genaue Messungen haben gezeigt, dass das wirkliche Erdmagnetfeld B_r von einem idealen Dipolfeld B_D etwas abweicht. Die Differenz

$$\Delta B(\theta, \varphi) = B_r(\theta, \varphi) - B_D(\theta, \varphi)$$

auf der Erdoberfläche als Funktion der geographischen Länge θ und Breite φ ist in Abb. 3.57 in Form von Kurven gleicher Werte ΔB (in $10^{-6}\,\text{T}$) angegeben [3.11].

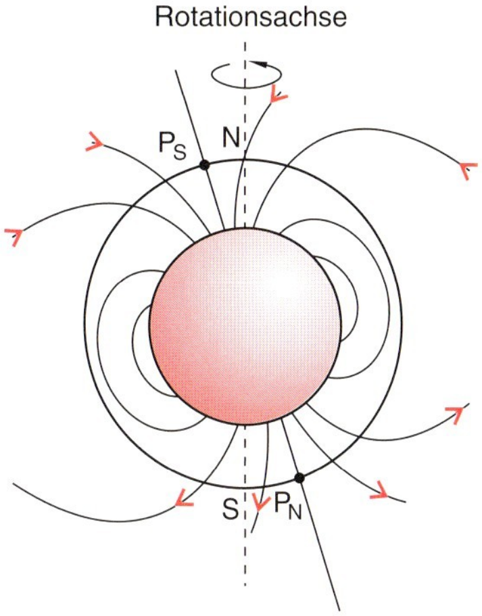

Abb. 3.56. Erdmagnetfeld. Die Quellen des Feldes liegen im inneren Teil der Erde, die äußeren Schichten tragen kaum dazu bei. Die Durchstoßpunkte P_N, P_S der Dipolachse durch die Erdoberfläche heißen geomagnetische Pole

Diese lokalen Schwankungen des Erdmagnetfeldes werden unter anderem durch eine ungleichmäßige Verteilung magnetischer Mineralien in der Erdkruste bewirkt. Während die Feldstärke des Dipolfeldes mit wachsender Entfernung r vom Erdmittelpunkt für $r > R$ mit $1/r^3$ abfällt, nimmt ΔB stärker ab (etwa $1/r^4$), sodass in großer Entfernung von der Erde ihr Magnetfeld sich immer mehr dem eines idealen Dipols annähert.

Weit entfernt von der Erde im interplanetaren Raum wird das Dipolfeld der Erde stark verändert durch Ströme geladener Teilchen (Protonen, Elektronen), die von der Sonne emittiert werden (Sonnenwind, [3.12]) (siehe Bd. 4).

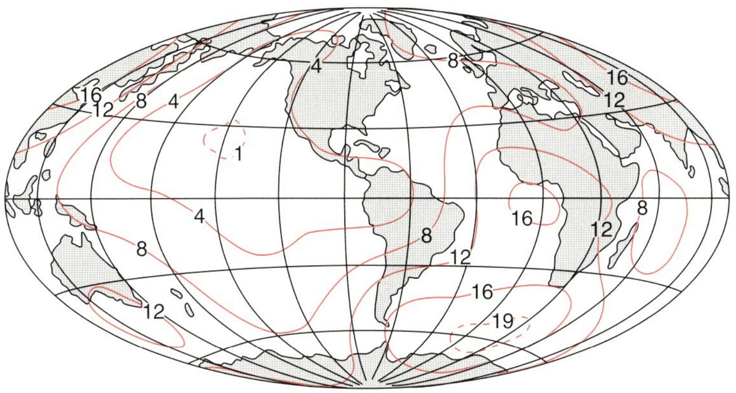

Abb. 3.57. Abweichungen des gemessenen Erdmagnetfeldes vom reinen Dipolfeld. Die Kurven verbinden Orte gleicher Abweichung, angegeben in Vielfachen von 10^{-6} T. Nach J. Untiedt; Physik in unserer Zeit **4**, 147 (1973)

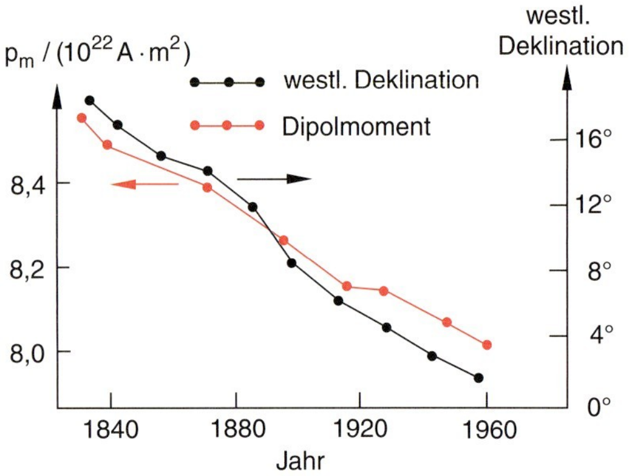

Abb. 3.58. Zeitliche Änderung von Stärke und Richtung des Erdmagnetfeldes in Frankfurt

Ein wichtiger experimenteller Befund ist die zeitliche Variation des Erdmagnetfeldes. Es zeigt sich, dass sich sowohl seine Richtung als auch seine Stärke im Laufe der Zeit ändern (Abb. 3.58). Aus Untersuchungen der Magnetisierung von ferromagnetischem Vulkangestein und von Sedimenten am Meeresboden des ozeanischen Rückens, wo dauernd Magma aus dem Inneren der Erde nachgeliefert wird, kann man Schlüsse ziehen über die Variation des Erdmagnetfeldes während geologischer Zeiträume. Dabei nimmt man an, dass das Gestein während des Lavaausbruches, bei dem es noch flüssig war, eine Magnetisierung parallel zum Erdmagnetfeld angenommen hat. Beim Erkalten wurde diese Magnetisierung „eingefroren“ und ist durch spätere Änderung des Erdfeldes nicht mehr geändert worden. Hat man nun den Zeitpunkt der Gesteinserstarrung (z. B. durch geologische Schichtenfolgen-Untersuchungen oder radioaktive Datierungsverfahren) bestimmt [3.13], kennt man die Richtung und (unter vernünftigen Zusatzannahmen) auch die Stärke des Erdfeldes zu diesem Zeitpunkt.

Es zeigte sich, dass die „Umpolung“ des Erdfeldes ziemlich statistisch in unregelmäßigen Abständen erfolgt, wobei der Mittelwert für eine Periode gleicher Orientierung etwa $2 \cdot 10^5$ Jahre beträgt. Der Umklapp-Prozess verläuft demgegenüber sehr schnell. Das Magnetfeld bricht in etwa 10^4 Jahren zusammen und baut sich dann in umgekehrter Richtung wieder auf. Die magnetischen Pole des Dipolfeldes wandern statistisch um die geographischen Pole der Erde.

Die Frage ist nun, wodurch das Magnetfeld erzeugt wird.

Da alle ferromagnetischen Gesteine im Erdinnern eine Temperatur T oberhalb der Curie-Temperatur haben, kann das Erdmagnetfeld nicht von Permanentmagneten erzeugt werden. Es muss deshalb von Ringströmen, die symmetrisch zur Dipolachse fließen, stammen.

Auch seine statistischen zeitlichen Schwankungen schließen aus, dass es von Permanentmagneten, also festen magnetischen Gesteinen erzeugt wird. Diese Gesteine im äußeren festen Erdmantel sind nur für kleine geographische Variationen des Feldes verantwortlich. Die Hauptquellen des Feldes müssen deshalb elektrische Ströme im flüssigen Teil des Erdinneren sein. Dafür kommen Magmaströme aus ionisierten Teilchen im flüssigen Erdkern in Frage. Wie können solche Ströme entstehen? Dafür gibt es verschiedene mögliche Ursachen.

- Durch den radialen Temperaturgradienten entstehen Konvektionsströme. Es steigt flüssige Materie mit der Geschwindigkeit $\boldsymbol{v}$ nach oben, kühlt sich ab, wird fest und sinkt wegen ihrer größeren Dichte wieder ab. Infolge der Erddrehung mit der Winkelgeschwindigkeit $\boldsymbol{\omega}$ treten Coriolis-Kräfte $F_C = 2m \cdot (\boldsymbol{v} \times \boldsymbol{\omega})$ auf, die zu einer Ablenkung der Konvektionsströme in tangentialer Richtung führen.
- Wegen der fehlenden Rückstellkräfte bei Flüssigkeiten zeigt der flüssige Kern der rotierenden Erde eine größere Zentrifugalaufweitung bzw. Polabplattung als der feste äußere Teil der Erde. Deshalb durchläuft die Hauptträgheitsachse des flüssigen Erdinneren nicht genau den gleichen Präzessionskegel wie die Erdachse. Die Drehmomente, welche für die Präzession verantwortlich sind (siehe Bd. 1, Kap. 5), sind daher etwas verschieden für den flüssigen Erdkern und den festen Erdmantel.
  Dies führt zu einer Relativbewegung der Flüssigkeit gegen den festen Teil der Erde und damit zu Magmaströmen. Bei solchen Strömen aus teilweise ionisierter Materie hängt die Gesamtstromdichte

  $$\boldsymbol{j} = \varrho^+ \boldsymbol{v}^+ + \varrho^- \boldsymbol{v}^-$$

  von der unterschiedlichen Strömungsgeschwindigkeit der positiven und negativen Ladungsträger ab. Durch das magnetische Feld $\boldsymbol{B}$, welches durch den elektrischen Nettostrom erzeugt wird, tritt als zusätzliche Kraft die Lorentzkraft $\boldsymbol{F}_L = q \cdot (\boldsymbol{v} \times \boldsymbol{B})$ auf

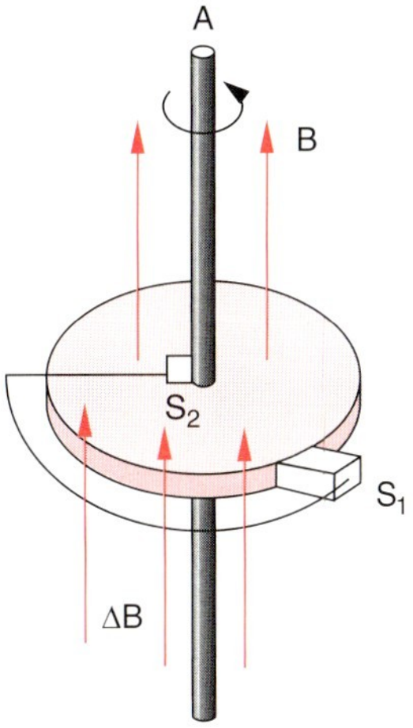

Abb. 3.59. Dynamo-Prinzip der Verstärkung des Magnetfeldes durch Ströme, die durch die Lorentzkraft angetrieben werden

die Ladungsträger auf, welche zu einer räumlichen Trennung von positiven und negativen Ladungen führt. Dies kann Unterschiede in den Driftgeschwindigkeiten verstärken und damit zu einer Verstärkung des Magnetfeldes führen.

Die Bewegung der Ladungsträger im Magnetfeld erzeugt ein Zusatzfeld, welches das ursprüngliche Feld verstärkt. Dies ist in Abb. 3.59 verdeutlicht. Eine elektrisch leitende Scheibe rotiert um die Achse $\boldsymbol{A}$ in einem Magnetfeld $\boldsymbol{B} \parallel \boldsymbol{A}$. Verbindet man zwei Schleifkontakte an $\boldsymbol{A}$ und an dem Rand der Scheibe durch eine Leiterschleife, so fließt ein Strom durch die Schleife, der ein zum ursprünglichen Magnetfeld paralleles Magnetfeld erzeugt und dieses daher verstärkt (***Dynamo-Prinzip***).

Infolge von Reibungsverlusten und durch auftretende Turbulenzen bei der Bewegung des flüssigen Magmas im Erdinneren können die Ströme sich im Laufe der Zeit ändern. Sie können auch zeitweilig eine räumliche Stromdichteverteilung haben, deren Nettomagnetfeld praktisch null ist.

Viele Details dieses Modells des Erdmagnetfeldes sind noch ungeklärt und bedürfen weiterer Untersuchungen [3.14, 15, 16].

ZUSAMMENFASSUNG

- Magnetfelder können von Permanentmagneten oder durch elektrische Ströme erzeugt werden. Zwischen magnetischer Feldstärke $\boldsymbol{B}$ (magnetische Induktion) und magnetischer Erregung $\boldsymbol{H}$ besteht im Vakuum die Relation $\boldsymbol{B} = \mu_0 \boldsymbol{H}$ (μ_0 = Permeabilitätskonstante).
- Stationäre Magnetfelder sind quellenfrei; es gibt keine magnetischen Monopole $\Rightarrow \operatorname{div} \boldsymbol{B} = 0$.
- Bei einem geschlossenen Weg um einen Leiter, in dem der elektrische Strom $I = \int_A \boldsymbol{j} \cdot \mathrm{d}\boldsymbol{A}$ durch den Leiterquerschnitt $\boldsymbol{A}$ fließt, gilt:
$$\oint \boldsymbol{B} \cdot \mathrm{d}\boldsymbol{s} = \mu_0 \cdot I \;\Rightarrow\; \mathbf{rot}\,\boldsymbol{B} = \mu_0\,\boldsymbol{j}\,.$$
- Das Magnetfeld um einen geraden Draht, durch den der Strom I fließt, ist zylindersymmetrisch und hat den Radialverlauf
$$B(r) = \frac{\mu_0 I}{2\pi r}\,.$$
- Das Magnetfeld einer langen Zylinderspule mit n Windungen per m Spulenlänge ist im Inneren homogen und hat den Wert
$$B = \mu_0 \cdot n \cdot I\,.$$
- Das Vektorpotential $\boldsymbol{A}$ eines Magnetfeldes $\boldsymbol{B}$ ist definiert durch
$$\boldsymbol{B} = \mathbf{rot}\,\boldsymbol{A}\,.$$
Man kann $\boldsymbol{A}$ eindeutig machen durch die Coulombsche Eichbedingung:
$$\operatorname{div}\,\boldsymbol{A} = 0\,.$$
- Das Vektorpotential $\boldsymbol{A}(\boldsymbol{r}_1)$ im Punkte $\boldsymbol{r}_1$ außerhalb einer beliebigen Stromverteilung im Volumen V_2 mit der Stromdichte $\boldsymbol{j}(\boldsymbol{r}_2)$ ist:
$$\boldsymbol{A}(\boldsymbol{r}_1) = \frac{\mu_0}{4\pi} \int \frac{\boldsymbol{j}(\boldsymbol{r}_2) \cdot \mathrm{d}V_2}{|\boldsymbol{r}_1 - \boldsymbol{r}_2|}\,.$$
- Auf eine mit der Geschwindigkeit $\boldsymbol{v}$ in einem elektrischen Feld $\boldsymbol{E}$ und einem magnetischen Feld $\boldsymbol{B}$ bewegte Probeladung q wirkt die Lorentzkraft:
$$\boldsymbol{F} = q\,(\boldsymbol{E} + \boldsymbol{v} \times \boldsymbol{B})\,.$$
- Die Kraft auf einen vom Strom I durchflossenen Leiter ist pro Leiterlänge $\mathrm{d}L$:
$$\boldsymbol{F} = I\,(\mathrm{d}\boldsymbol{L} \times \boldsymbol{B})\,.$$

▶

- Magnetische Längsfelder können als Linsen zur Fokussierung eines Strahls von geladenen Teilchen benutzt werden. Homogene magnetische Sektorfelder können zur Massentrennung geladener Teilchen in Massenspektrometern verwendet werden.
- Ein stromdurchflossener Leiter im Magnetfeld zeigt eine Hallspannung U_H, die zur Magnetfeldmessung ausgenutzt werden kann.
- Das Magnetfeld eines Stromes und die Lorentz-Kraft auf eine bewegte Ladung im Magnetfeld lassen sich mithilfe der Relativitätstheorie allein aus dem Coulomb-Gesetz und den Lorentztransformationen herleiten.
- Der magnetische Teil der Lorentzkraft $q \cdot \boldsymbol{v} \times \boldsymbol{B}$ kann durch Transformation auf ein mit $\boldsymbol{v}$ bewegtes Bezugssystem auf elektrische Kräfte zurückgeführt werden, d. h. man kann immer ein Bezugssystem finden, in dem das Magnetfeld verschwindet.
- Sowohl elektrisches als auch magnetisches Feld ändern sich im Allgemeinen beim Übergang zwischen verschiedenen Inertialsystemen. Die Gesamtkraft und damit die Bewegungsgleichungen bleiben jedoch invariant.
- Die magnetischen Eigenschaften von Materie werden durch die magnetische Suszeptibilität χ beschrieben. Wir unterscheiden:

Diamagnete:	$\lvert\chi\rvert \ll 1,\ \chi < 0$
Paramagnete:	$\lvert\chi\rvert \ll 1,\ \chi > 0$
Ferromagnete:	$\lvert\chi\rvert \gg 1,\ \chi > 0$
Antiferromagnete:	$\lvert\chi\rvert \ll 1,\ \chi > 0$
$\lvert\chi\rvert$ ist kleiner als bei Paramagneten	
Antiferrimagnete:	$\lvert\chi\rvert \gg 1,\ \chi > 0\,.$

In Materie gilt:

$$\boldsymbol{B} = \mu_0\,(1+\chi)\,\boldsymbol{H} = \mu \cdot \mu_0 \boldsymbol{H}\,.$$

Die dimensionslose Konstante μ heißt relative Permeabilitätszahl.
- Das magnetische Dipolmoment einer vom Strom I umflossenen Fläche $\boldsymbol{A}$ ist definiert als $\boldsymbol{p}_\mathrm{m} = I \cdot \boldsymbol{A}$
- Die Magnetisierung

$$\boldsymbol{M} = x \cdot \boldsymbol{H} = \frac{1}{V}\sum \boldsymbol{p}_\mathrm{m}$$

gibt die Vektorsumme aller atomaren magnetischen Dipole pro Volumeneinheit an.
- Ferromagnetismus ist eine Eigenschaft des makroskopischen Aufbaus bestimmter ferromagnetischer Stoffe. Er verschwindet oberhalb der Curie-Temperatur T_C.
- Das Magnetfeld der Erde wird hauptsächlich durch Magmaströme im Erdinneren erzeugt. Magnetische Materialien in der Erdkruste bewirken nur kleine lokale Variationen des Erdmagnetfeldes.

ÜBUNGSAUFGABEN

1. Zwei lange gerade Drähte sind im Abstand von 2 cm parallel zueinander in z-Richtung ausgespannt und werden jeweils von dem Strom $I = 10\,\mathrm{A}$ durchflossen, und zwar einmal in gleicher Stromrichtung, im anderen Fall in entgegengesetzter Richtung.
   a) Man veranschauliche sich das resultierende Magnetfeld in der x-y-Ebene senkrecht zu den Drähten durch graphische Überlagerung.
   b) Man berechne das Magnetfeld für Punkte auf der x- und y-Achse (Abb. 3.60a).

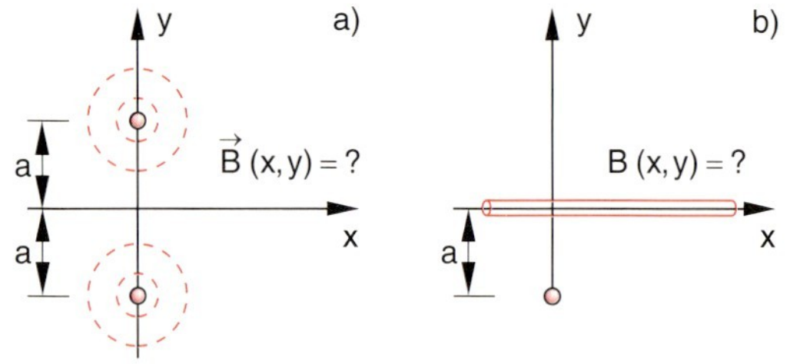

Abb. 3.60a,b. Zu Aufgabe 3.1

c) Man bestimme die Kräfte pro Längeneinheit, die die Drähte aufeinander ausüben.
d) Wie groß ist die Kraft, wenn die Drähte senkrecht zueinander stehen, d. h. auf den Geraden $z = y = 0$ und $x = 0$, $y = -2\,\text{cm}$ (Abb. 3.60b)?

2. Zwei konzentrisch angeordnete Rohre werden in entgegengesetzter Richtung von einem Strom I durchflossen (Abb. 3.61). Bestimmen Sie das Magnetfeld $\boldsymbol{B}$, in Abhängigkeit vom Abstand r von der Achse ($0 \leq r < \infty$)! Die Stromdichte sei konstant.

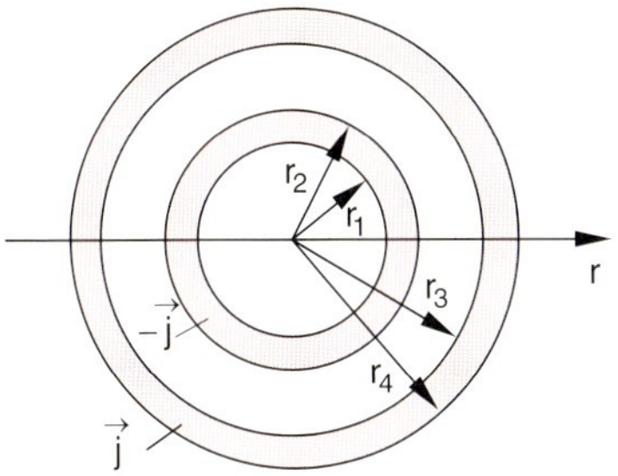

Abb. 3.61. Zu Aufgabe 3.2

3. Bei Wasserstoffatomen bewegt sich das Elektron (Ladung $e = 1{,}602 \cdot 10^{-19}\,\text{C}$, $m = 9{,}109 \cdot 10^{-31}\,\text{kg}$) mit einem Radius $r = 0{,}529 \cdot 10^{-10}\,\text{m}$ um den Kern. Welcher mittleren Stromstärke entspricht diese Ladungsbewegung und welche Magnetfeldstärke erzeugt sie am Ort des Kernes?

4. In einer von einem homogenen Magnetfeld senkrecht durchsetzten Ebene liegt ein stromdurchflossener, halbkreisförmiger Draht (Abb. 3.62). Zeigen Sie, dass auf den Draht dieselbe Kraft wirkt, die ein gerader Draht längs des Durchmessers $\overline{AC}$ zwischen den Enden des Halbkreises erfahren würde.

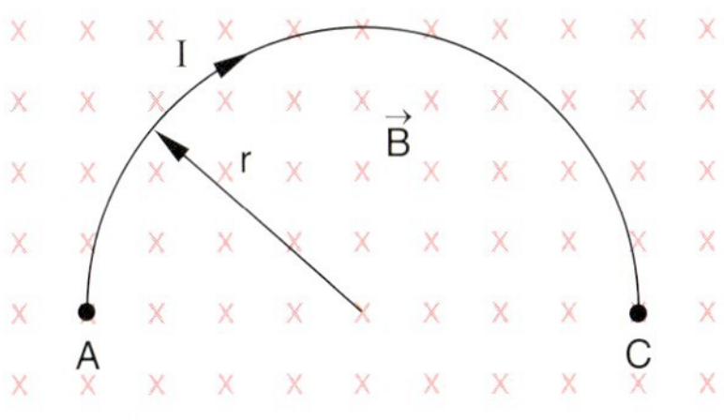

Abb. 3.62. Zu Aufgabe 3.4

5. Gegeben sind zwei Helmholtz-Spulen mit je 100 Windungen und einem Radius von 40 cm. Der Strom $I = 1\,\text{A}$ in beiden Spulen fließt in die gleiche Richtung.
a) Wie groß ist das Magnetfeld im Mittelpunkt $z = 0$ bei einem Spulenabstand d?
b) Wie groß muss die Stromstärke I sein, wenn man das Erdmagnetfeld von $0{,}5\,\text{Gauß} = 5 \cdot 10^{-5}\,\text{T}$ kompensieren möchte? Wie muss die Spulenachse dann gerichtet sein?
c) Wie fällt das Feld $B(z)$ auf den Spulenachsen außerhalb der Spulenebenen ab?

6. Ein Elektron befindet sich im Punkt $\{0, 0, 0\}$ mit der Geschwindigkeit $(v_0/\sqrt{3})\{1, 1, 1\}$ in einem homogenen Magnetfeld $\boldsymbol{H} = H_0 \cdot \{0, 0, 1\}$.
a) Beschreiben Sie die Bahn des Elektrons.
b) Wie ändert sich die Bahn des Elektrons, wenn zusätzlich ein E-Feld mit

$$\boldsymbol{E}_1 = E_0 \cdot \{0, 0, 1\} \quad \text{bzw.} \quad \boldsymbol{E}_2 = E_0 \cdot \{1, 0, 0\}$$

angelegt wird? c) Welche der folgenden Größen des Elektrons bleiben im Fall a) und im Fall b) erhalten:

$$v_x,\ v_y,\ v_z,\ v_r,\ |\boldsymbol{v}|,\ \boldsymbol{p},\ |\boldsymbol{p}|,\ E_{\text{kin}}\ ?$$

7. Ein dünner Kupferstab (Dicke $\Delta x = 0{,}1\,\text{mm}$, Breite $\Delta y = 1\,\text{cm}$) wird senkrecht zu einem Magnetfeld $\boldsymbol{B} = \{B_x, 0, 0\}$ von 2 T in z-Richtung ausgespannt und von einem Strom von 10 A durchflossen. Berechnen Sie unter der Annahme, dass jedes Cu-Atom ein freies Leitungselektron liefert ($n_e = 8 \cdot 10^{22}\,\text{cm}^{-3}$),
a) die Driftgeschwindigkeit der Elektronen,
b) die Hall-Spannung,
c) die Kraft pro m des Streifens.

8. Ein Konstantanstück (Länge $L = 20\,\text{cm}$, Querschnitt $A = 5\,\text{mm}^2$, spezifischer Widerstand $\varrho = 0{,}5 \cdot 10^{-6}\,\Omega \cdot \text{m}$) und ein Eisenbügel ($L = 60\,\text{cm}$, $A = 5\,\text{mm}^2$, $\varrho = 8{,}71 \cdot 10^{-8}\,\Omega \cdot \text{m}$) sind an ihren beiden Enden miteinander verlötet. Die Thermospannungskonstante a aus (2.42a) zwischen den beiden Materialien beträgt $53\,\mu\text{V/K}$.
a) Berechnen Sie die Stromstärke, wenn sich die eine Lötstelle in Wasser bei 15 °C befindet, während die andere mit einer Flamme auf 75 °C erwärmt wird.

▶

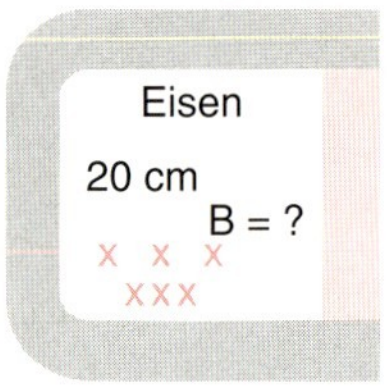

Abb. 3.63. Zu Aufgabe 3.8

b) Berechnen Sie die Stärke des Magnetfeldes im Zentrum der quadratischen Schleife.

9. Man berechne das vom Wienfilter durch eine Blende der Breite Δb durchgelassene Geschwindigkeitsintervall Δv für einen einfallenden parallelen Teilchenstrahl bei einer Eintrittsgeschwindigkeit v_0 der geladenen Teilchen (Abb. 3.28).
10. Man zeige, dass aus div $\boldsymbol{B} = 0$ (3.93b) folgt.

4. Zeitlich veränderliche Felder

Bisher haben wir nur zeitlich konstante elektrische und magnetische Felder behandelt. Alle Eigenschaften dieser statischen Felder, die durch ruhende Ladungen bzw. stationäre Ströme erzeugt werden, lassen sich aus wenigen Grundgleichungen herleiten (siehe Kap. 1–3). Diese Gleichungen selbst basieren auf experimentellen Beobachtungen und lauten:

$$\begin{array}{ll} \textbf{rot}\,\boldsymbol{E} = \mathbf{0} & \textbf{rot}\,\boldsymbol{B} = \mu_0 \cdot \boldsymbol{j} \\ \mathrm{div}\boldsymbol{E} = \varrho/\varepsilon_0 & \mathrm{div}\boldsymbol{B} = 0 \\ \boldsymbol{E} = -\textbf{grad}\ \phi & \boldsymbol{B} = \textbf{rot}\,\boldsymbol{A} \\ \multicolumn{2}{c}{\boldsymbol{j} = \sigma \cdot \boldsymbol{E}} \end{array} \quad . \tag{4.1}$$

Aus der räumlichen Ladungsverteilung $\varrho(x, y, z)$ können elektrische Feldstärke $\boldsymbol{E}(x, y, z)$ und elektrisches Potential $\phi(x, y, z)$ berechnet werden, aus der Stromverteilung $\boldsymbol{j}(x, y, z)$ magnetische Feldstärke $\boldsymbol{B}(x, y, z)$ und Vektorpotential $\boldsymbol{A}(x, y, z)$. Der Zusammenhang zwischen $\boldsymbol{j}$ und $\boldsymbol{E}$ ist durch die elektrische Leitfähigkeit σ als Materialkonstante des jeweiligen Stromleiters gegeben. Die Naturkonstanten ε_0 und μ_0 sind, wie bereits in Gl. (3.60) gezeigt wurde, über die Lichtgeschwindigkeit c im Vakuum durch

$$\varepsilon_0 \cdot \mu_0 = 1/c^2$$

miteinander verknüpft. Die Frage ist nun, wie diese Gleichungen erweitert werden müssen, wenn sich die Ladungsdichten ϱ und Stromdichten $\boldsymbol{j}$ und damit auch elektrische und magnetische Felder zeitlich ändern.

Wir wollen in diesem Kapitel „langsame“ zeitliche Veränderungen betrachten, bei denen die Laufzeit Δt des Lichtes über den Durchmesser der Ladungs- bzw. Stromverteilung sehr klein ist gegen die Zeitspanne T der zeitlichen Änderung von ϱ bzw. j, sodass wir diese Laufzeit vernachlässigen können. Im Kap. 6 wird diese Einschränkung fallen gelassen.

4.1 Faradaysches Induktionsgesetz

Michael Faraday (Abb. 4.1) erkannte als erster, dass entlang eines Leiters in einem zeitlich veränderlichen Magnetfeld eine elektrische Spannung entsteht, die er ***Induktionsspannung*** nannte. Wir wollen zuerst einige grundlegende Experimente diskutieren, die uns den quantitativen Zusammenhang zwischen dieser Induktionsspannung und dem zeitlich veränderlichen magnetischen Kraftfluss Φ_m verdeutlichen.

1. Der Nordpol eines Stabmagneten wird durch eine Leiterspule mit N Windungen geschoben, deren Enden mit einem Oszillographen zur Messung des zeitlichen Spannungsverlaufs verbunden sind (Abb. 4.2). Man beobachtet während der Bewegung des Magneten eine Spannung $U(t)$, deren Größe und zeitlicher Verlauf von mehreren Faktoren abhängt. $U(t)$ ist proportional:
   1) zur Geschwindigkeit $v(t)$, mit welcher der Magnet durch die Spule bewegt wird,
   2) zum Produkt $N \cdot A$ aus der Zahl N der Spulenwindungen und Fläche A der Spule,
   3) zum Kosinus des Winkels α zwischen Flächennormale $\boldsymbol{A}_\mathrm{N}$ der Spule und Magnetfeldrichtung $\boldsymbol{B}$.
   Wird das Experiment mit dem Südpol des Magneten wiederholt, so werden dieselben Beobachtungen gemacht, aber die Spannung $U(t)$ hat das umgekehrte Vorzeichen.
2. Im homogenen Feld eines Helmholtz-Spulenpaares wird die Spulenfläche A einer flachen flexiblen Probespule mit N Windungen durch Zusammendrücken der Spule um ΔA verkleinert. Wieder beobachtet man eine Induktionsspannung, deren Größe von der Geschwindigkeit der Flächenänderung $\Delta A/\Delta t$ abhängt.
3. Statt des Stabmagneten im ersten Experiment wird eine stromdurchflossene zylindrische Spule

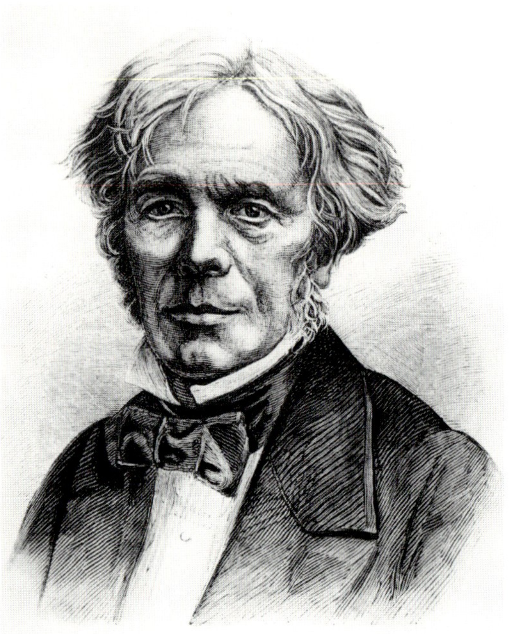

Abb. 4.1. *Michael Faraday* (1791–1867) fand 1831 das nach ihm benannte Induktionsgesetz. Mit freundlicher Genehmigung des Deutschen Museums, München

mit n Windungen pro m Spulenlänge verwendet (siehe Abschn. 3.2.6), deren Magnetfeld mit dem Spulenstrom I verändert werden kann. Zum Nachweis der Induktionsspannung dient eine kleine, um eine vertikale Achse drehbare Probespule im Inneren der Feldspule. Sowohl die Induktionsspannung $U(t)$ als auch der Feldspulenstrom $I(t)$ und damit das Magnetfeld $B(t) = \mu_0 \cdot n \cdot I(t)$ werden

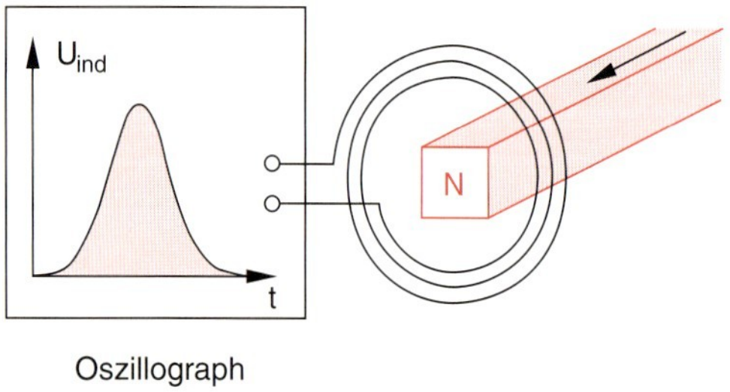

Abb. 4.2. Wenn ein Stabmagnet durch eine Leiterschleife (Spule mit N Windungen) geschoben wird, misst man zwischen den Enden der Schleife eine elektrische Spannung $U_{\text{ind}}(t)$, die proportional zur zeitlichen Änderung $\mathrm{d}\Phi_{\text{m}}/\mathrm{d}t$ des magnetischen Flusses durch die Spule ist

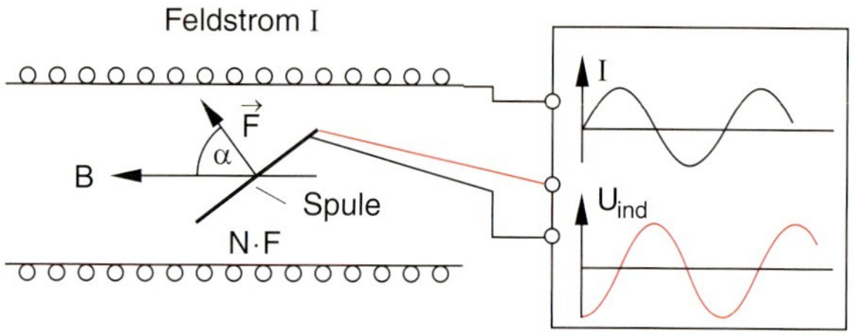

Abb. 4.3. Induktionsspannung zwischen den Enden einer feststehenden Probespule in einem zeitlich veränderlichen Magnetfeld

von einem Zweistrahl-Oszillographen angezeigt (Abb. 4.3). Schickt man bei feststehender Induktionsspule mit der Gesamtfläche $N \cdot A$ durch die Feldspule den Strom $I(t) = I_0 \cdot \sin \omega t$ und variiert die Kreisfrequenz ω, so findet man für die Induktionsspannung:

$$U_{\text{ind}}(t) = U_0 \cdot \sin(\omega t + 90°)$$

mit

$$U_0 = -\omega \cdot B \cdot N \cdot A \cdot \cos \alpha\ ,$$

wenn N die Windungszahl der Probenspule mit Querschnittsfläche A und α der Winkel zwischen Flächennormale $\boldsymbol{A}_N$ und Feldrichtung $\boldsymbol{B}$ ist.

Die Ergebnisse dieser drei Experimente zeigen uns, dass die gemessene Induktionsspannung gleich der negativen zeitlichen Änderung des magnetischen Kraftflusses durch die Probespule ist. Dies ist das ***Faradaysche Induktionsgesetz***:

$$U_{\text{ind}} = -\frac{\mathrm{d}}{\mathrm{d}t} \int \boldsymbol{B} \cdot \mathrm{d}\boldsymbol{A} = -\frac{\mathrm{d}\Phi_{\text{m}}}{\mathrm{d}t}\ . \tag{4.2}$$

BEISPIELE

1. Eine Rechteckspule mit N Windungen der Fläche A wird in einem konstanten homogenen Magnetfeld $\boldsymbol{B}_0$ gedreht (Abb. 4.4). Wir erhalten für den magnetischen Fluss Φ_{m} durch die Spule

   $$\Phi_{\text{m}} = \int \boldsymbol{B} \cdot \mathrm{d}\boldsymbol{A} = B \cdot N \cdot A \cdot \cos \varphi(t)$$

   mit $\varphi(t) = \omega \cdot t$, wenn $\varphi(t)$ der zeitabhängige Winkel zwischen Magnetfeld und Spulennormale ist. Die

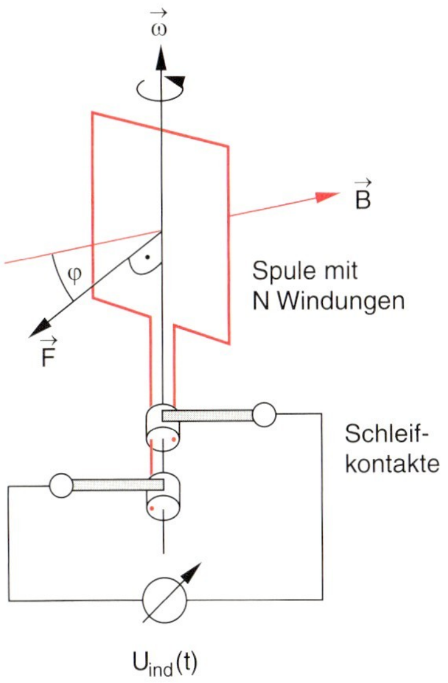

Abb. 4.4. Erzeugung einer Induktionswechselspannung durch Drehen einer Leiterschleife in einem konstanten Magnetfeld

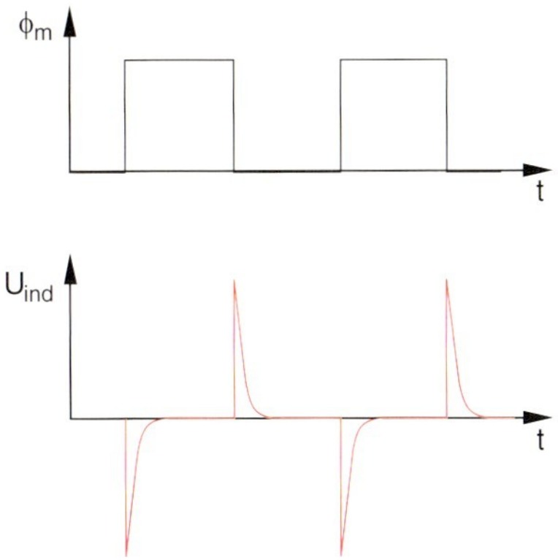

Abb. 4.6. Bei rechteckförmiger Modulation des Magnetfeldes entstehen in einer Messspule Spannungsspitzen $U_{\text{ind}} = -\,\mathrm{d}\Phi_{\text{m}}/\,\mathrm{d}t$

induzierte Spannung ist dann gemäß (4.2):

$$U_{\text{ind}} = -\frac{\mathrm{d}}{\mathrm{d}t}\Phi_{\text{m}} = B \cdot N \cdot A \cdot \omega \cdot \sin \omega t\,. \tag{4.2a}$$

Diese Gleichung bildet die Grundlage des technischen Wechselspannungsgenerators.
Sein Grundprinzip lässt sich an einem einfachen handbetriebenen Modell (Abb. 4.5) demonstrieren. Einige technische Ausführungen werden im Kap. 5 behandelt.

2. Gibt man auf eine ein Magnetfeld erzeugende Feldspule eine Rechteckspannung, so wird der Spulenstrom und damit auch der magnetische Fluss Φ_{m} durch die Probenspule fast rechteckförmig moduliert (Abb. 4.6). Der zeitliche Verlauf der Induktionsspannung zeigt dann steile Spitzen mit umgekehrtem Vorzeichen beim Ansteigen bzw. Abfallen der Strompulse durch die Feldspule.
Aus (4.2) folgt durch zeitliche Integration:

$$\Delta\Phi_{\text{m}} = \int_{\Phi_1}^{\Phi_2} \mathrm{d}\Phi_{\text{m}} = -\int_{t_1}^{t_2} U_{\text{ind}}\,\mathrm{d}t\,. \tag{4.2b}$$

Das Integral $\int U_{\text{ind}}\,\mathrm{d}t$ gibt die Fläche unter der Kurve $U_{\text{ind}}(t)$ an und ist ein Maß für die Änderung $\Delta\Phi$ des magnetischen Flusses innerhalb der Zeitspanne $\Delta t = t_2 - t_1$.

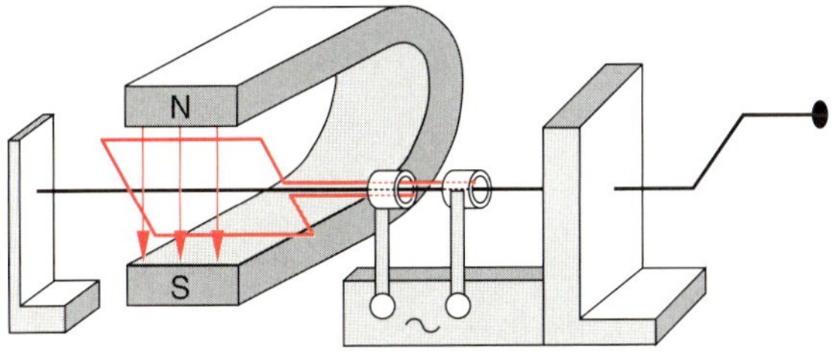

Abb. 4.5. Modell eines handgetriebenen Wechselspannungsgenerators. Die beiden Zylinderschleifkontakte sind innen isoliert und außen leitend

Wir betrachten nun den Fall einer Spule mit nur einer Windung, welche die Fläche A umschließt. Wenn sich bei konstanter Spulenfläche und Orientierung das Magnetfeld $\boldsymbol{B}$ ändert, entsteht zwischen den Enden der Spule die Spannung:

$$U_{\text{ind}} = -\int \dot{\boldsymbol{B}} \cdot \mathrm{d}\boldsymbol{A}\,. \tag{4.2c}$$

Diese Spannung kann auf ein elektrisches Feld $\boldsymbol{E}$ zurückgeführt werden. Nach (1.13) gilt:

$$U = \int \boldsymbol{E} \cdot \mathrm{d}\boldsymbol{s}\,,$$

wobei die Integration über den Umfang der Leiterschleife erfolgt. Nach dem Stokesschen Satz gilt:

$$\oint \boldsymbol{E} \cdot \mathrm{d}\boldsymbol{s} = \int \mathbf{rot}\,\boldsymbol{E} \cdot \mathrm{d}\boldsymbol{A}\,. \tag{4.3}$$

Da dies für beliebige Flächen gelten muss, folgt aus dem Vergleich von (4.2c) mit (4.3)

$$\boxed{\mathbf{rot}\,\boldsymbol{E} = -\frac{\mathrm{d}\boldsymbol{B}}{\mathrm{d}t}} \quad . \tag{4.4}$$

In Worten:

> Ein magnetisches Feld, welches sich zeitlich ändert, erzeugt ein elektrisches Wirbelfeld.

Man beachte:

Das durch Ladungen erzeugte elektrische Feld (Abb. 4.7a) ist *konservativ*. Es gilt $\mathbf{rot}\,\boldsymbol{E} = \mathbf{0}$, und $\boldsymbol{E}$ kann daher als Gradient eines elektrischen Potentials geschrieben werden: $\boldsymbol{E} = -\mathbf{grad}\,\phi$. Die elektrischen Feldlinien starten an den positiven Ladungen und enden an den negativen Ladungen. Sie sind *nicht* geschlossen. Im Gegensatz dazu gilt $\mathbf{rot}\,\boldsymbol{E} \neq \mathbf{0}$ für den Anteil des elektrischen Feldes, der durch ein sich änderndes Magnetfeld erzeugt wird (Abb. 4.7b). Die elektrischen Feldlinien sind geschlossen (Abb. 4.7b), und man kann diesen Anteil des elektrischen Feldes *nicht* als Gradient eines skalaren Potentials darstellen.

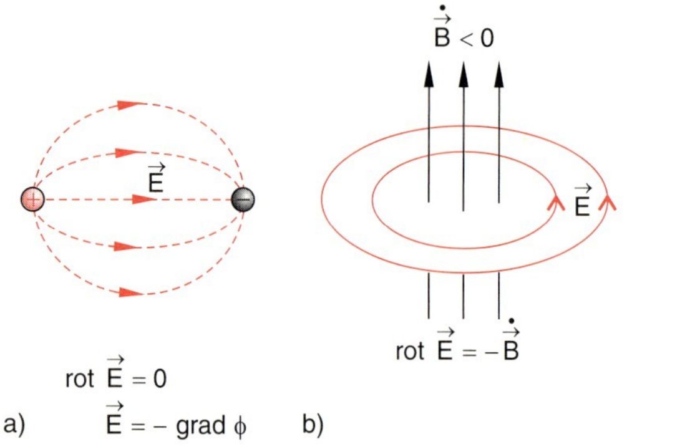

Abb. 4.7a,b. Die beiden Quellen des elektrischen Feldes: (**a**) stationäre Ladungen, die ein rotationsfreies Feld erzeugen; (**b**) ein sich änderndes Magnetfeld, das ein elektrisches Feld mit geschlossenen Feldlinien erzeugt. Für $\dot{\boldsymbol{B}} > 0$ kehrt sich die Richtung von $\boldsymbol{E}$ um

4.2 Lenzsche Regel

Aus dem negativen Vorzeichen im Induktionsgesetz (4.2) kann man folgenden Sachverhalt entnehmen, der als ***Lenzsche Regel*** bekannt ist:

- Die Änderung der Induktionsspannung U_{ind} ist der Änderung des magnetischen Flusses entgegengerichtet. Die durch diese Spannung in einem Stromkreis erzeugten Ströme erzeugen ein Magnetfeld, $\boldsymbol{B}_{\text{ind}}$, dessen Richtung vom Vorzeichen von $\dot{\Phi}$ abhängt: Es zeigt *in Richtung* des ursprünglichen $\boldsymbol{B}_0$-Feldes, wenn $\dot{\boldsymbol{B}}_0 < 0$, und ist dem Feld entgegengerichtet für $\dot{\boldsymbol{B}}_0 > 0$. Die Änderung von $\dot{\boldsymbol{B}}_0$ wird also durch das induzierte Magnetfeld verringert.
- Die bei der Bewegung eines Leiters im Magnetfeld induzierten Ströme sind immer so gerichtet, dass sie die Bewegung, durch die sie erzeugt werden, zu hemmen versuchen.

Man kann dies verallgemeinert so ausdrücken:

> Die durch Induktion entstehenden Ströme, Felder und Kräfte behindern stets den die Induktion einleitenden Vorgang (Lenzsche Regel).

Dies wird durch Abb. 4.8 illustriert.

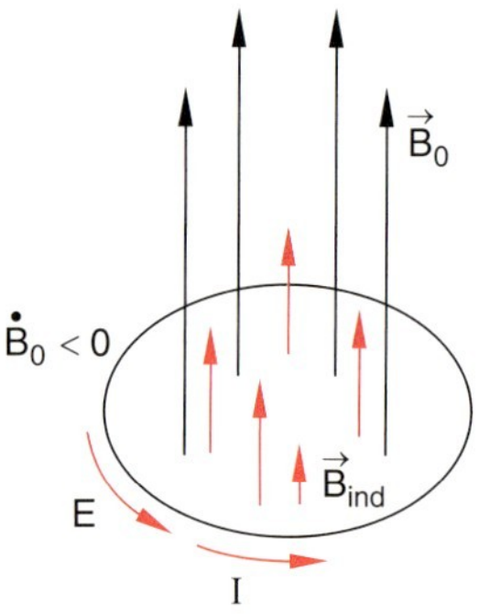

Abb. 4.8. Richtung von Strom I, elektrischer Feldstärke $\boldsymbol{E}$ und induziertem Magnetfeld $\boldsymbol{B}_{\text{ind}}$ bei Verringerung des ursprünglichen Magnetfeldes $\boldsymbol{B}_0$. Bei Vergrößerung von $\boldsymbol{B}_0$ ($\dot{\boldsymbol{B}}_0 > 0$) kehren sich alle roten Pfeile um

Dies soll durch einige experimentelle Beispiele illustriert werden.

4.2.1 Durch Induktion angefachte Bewegung

Bewegt man den Nordpol eines Stabmagneten gegen einen als Pendel aufgehängten Aluminiumring

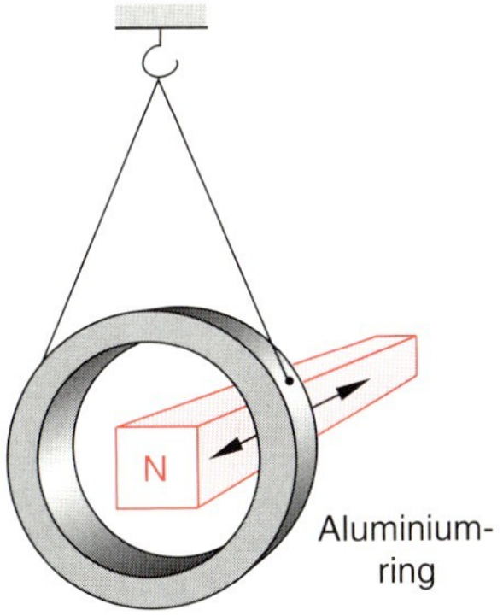

Abb. 4.9. Experimentelle Demonstration der Lenzschen Regel. Der Aluminiumring wird bei Annäherung des Stabmagneten immer abgestoßen, bei Entfernung des Magneten angezogen, unabhängig davon, ob man den Nordpol oder den Südpol des Magneten benutzt

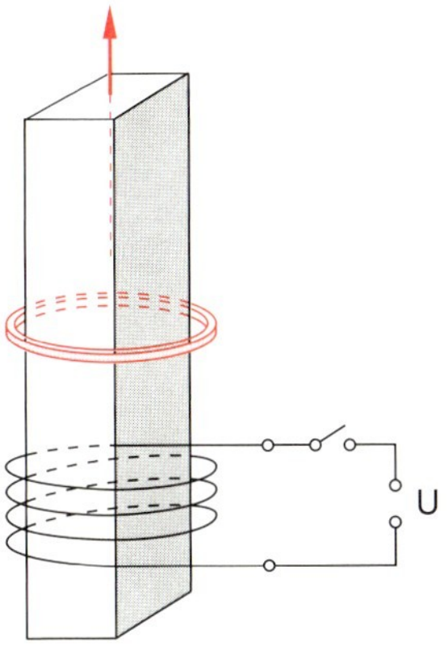

Abb. 4.10. Elektromagnetische Induktionsschleuder

(Abb. 4.9), so ist die Richtung des im Ring induzierten Stromes derart, dass der Nordpol des induzierten magnetischen Dipols gegen den Nordpol des Permanentmagneten zeigt und deshalb der Ring vom Magneten abgestoßen wird. Das heißt natürlich auch, dass der Magnet vom Ring abgestoßen wird, sodass die Bewegung des Magneten in Richtung des Rings behindert wird. Zieht man jetzt den Permanentmagneten wieder weg, so kehrt sich die Richtung des induzierten Stromes und damit die des Dipols um, d. h. der Ring wird jetzt angezogen, und damit wird das Wegziehen behindert. Man kann daher durch periodische Bewegung des Magneten den Aluminiumring zum Schwingen bringen. Man kann dies auch durch eine Energiebetrachtung untermauern: Beim Annähern des Stabmagneten muss Arbeit aufgewandt werden, die in den Aufbau des magnetischen Feldes des nun stromdurchflossenen Ringes gesteckt wird und in mechanische potentielle Energie des aus seiner Ruhelage entfernten Ringes.

Benutzt man einen aufgeschlitzten, sonst aber identischen Aluminiumring, so stellt man bei der Bewegung des Magneten keinen messbaren Effekt auf den Ring fest, weil sich in ihm keine Induktionsströme ausbilden können.

4.2.2 Elektromagnetische Schleuder

Auf einem langen Eisenjoch liegt über einer Feldspule ein Aluminiumring (Abb. 4.10). Schaltet man die Feldspule ein, so wird in diesem Ring ein Induktionsstrom erzeugt, dessen magnetisches Moment so gerichtet ist, dass der Ring hochgeschleudert wird. Man kann im Demonstrationsversuch leicht Schusshöhen von mehr als 10 m erreichen. Dieses Prinzip der ***elektromagnetischen Schleuder*** wird technisch angewandt, um kleinere Projektile auf große Geschwindigkeiten zu beschleunigen. Bisher wurden damit z. B. Massen von bis zu 0,1 kg auf Geschwindigkeiten bis zu 8 km/s gebracht [4.1].

4.2.3 Magnetische Levitation

Beim magnetischen Schwebeversuch wird eine massive Aluminiumplatte über einem zeitlich veränderlichen Magnetfeld, das durch einen Wechselstromelektromagneten erzeugt wird, schwebend in einer Höhe von einigen cm gehalten (Abb. 4.11). Auch hier werden durch den zeitlich veränderlichen magnetischen Fluss in der Aluminiumplatte Induktionsströme erzeugt, deren magnetisches Moment so gerichtet ist, dass eine abstoßende Kraft auftritt, die der Gravitationskraft die Waage hält. Um ein seitliches Abgleiten der Aluminiumplatte zu verhindern, wird eine zusätzliche Ringspule um den Hauptmagneten gelegt, welche das stabilisierende Magnetfeld erzeugt. Je dicker die Platte ist, desto stärker sind die Wirbelströme und damit die abstoßende Kraft.

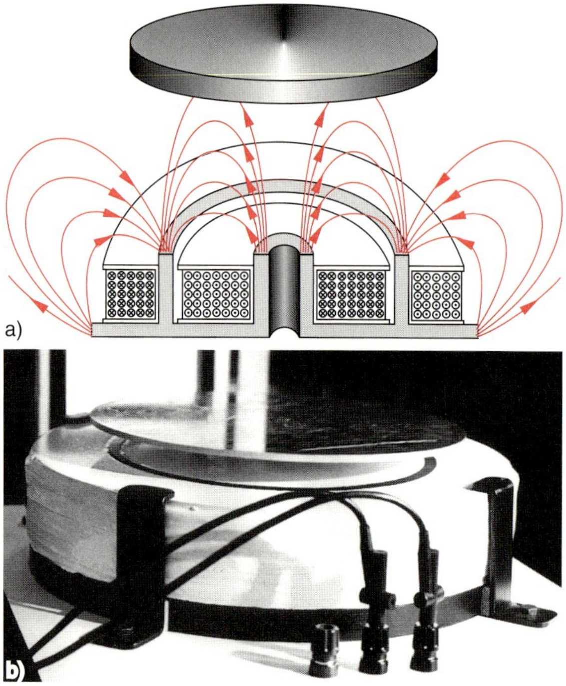

Abb. 4.11a,b. Wirbelstromlevitometer (**a**) Prinzipzeichnung; (**b**) Photo der Anordnung (Mit freundl. Genehmigung von Prof. Grupen, Siegen)

4.2.4 Wirbelströme

Induktionsströme, die in ausgedehnten Leitern erzeugt werden, nennt man ***Wirbelströme***. Ihre Richtung und Stärke hängen von der zeitlichen Änderung $\mathrm{d}\boldsymbol{B}/\mathrm{d}t$ des Magnetfeldes und von der räumlichen Abhängigkeit des elektrischen Widerstandes $R(x, y, z)$ ab. Sie können eindrucksvoll mit dem ***Waltenhofenschen Pendel*** demonstriert werden (Abb. 4.12).

Eine massive Aluminiumscheibe ist an einem langen Stab drehbar aufgehängt und pendelt zwischen den Polschuhen eines stromlosen Elektromagneten. Schaltet man den Magnetstrom ein, so wird die Pendelbewegung stark gedämpft. Bei genügend starkem Magnetfeld kann man das Pendel innerhalb einer Schwingungsperiode zum Stehen bringen. Der Grund sind die starken Wirbelströme, deren Joulesche Verluste die mechanische Energie des Pendels in Wärmeenergie umwandeln.

Sägt man in das Aluminiumblech viele Schlitze senkrecht zur Bewegungsrichtung des Pendels, so können sich nur schwache Wirbelströme ausbilden, und die Dämpfung des Pendels ist entsprechend gering (Abb. 4.12b).

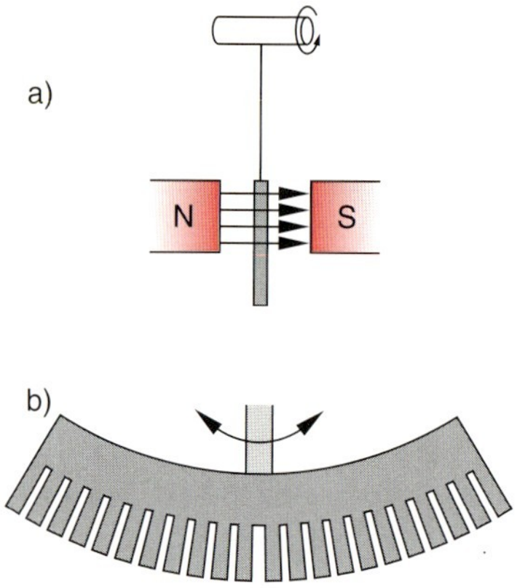

Abb. 4.12a,b. Waltenhofensches Pendel (**a**) Seitenansicht (**b**) Draufsicht

Die *Wirbelstrombremsung* wird in vielen elektrisch angetriebenen Fahrzeugen zur Schnellbremsung verwendet [4.2].

4.3 Selbstinduktion und gegenseitige Induktion

Für die technische Anwendung von Spulen oder anderen Leiteranordnungen wäre es lästig, jedes Mal das Integral (4.2) auszurechnen. Man kann nun jeder Anordnung eine skalare Größe, die *Induktivität*, zuordnen, welche viele Rechnungen vereinfacht. Die Berechnung der Induktivität kann jedoch unter Umständen kompliziert sein.

4.3.1 Selbstinduktion

In einer stromdurchflossenen Spule wird bei einer zeitlichen Änderung des Stromes der magnetische Fluss durch die Spule geändert. Nach dem Faradayschen Induktionsgesetz entsteht deshalb auch in der Spule selbst eine Induktionsspannung, die nach der Lenzschen Regel der Änderung der von außen angelegten „stromtreibenden" Spannung entgegengerichtet ist. Da das von der Spule erzeugte Magnetfeld proportional zum Strom I durch die Spule ist, folgt für den magnetischen Fluss

$$\Phi_\mathrm{m} = \int \boldsymbol{B} \cdot \mathrm{d}\boldsymbol{F} = L \cdot I \,,$$

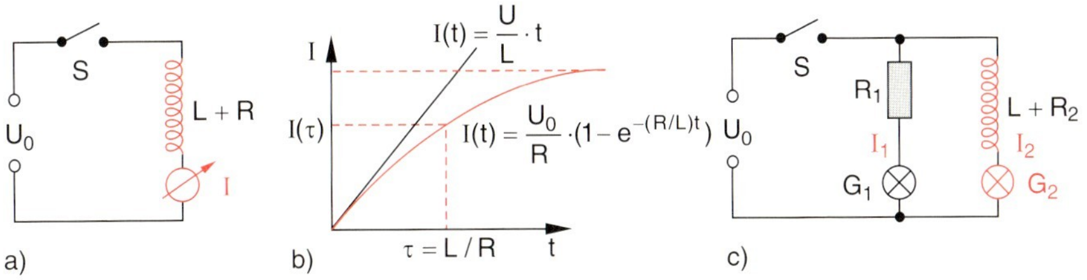

Abb. 4.13a–c. Demonstration der Selbstinduktion einer Spule. (**a**) Experimenteller Aufbau; (**b**) Stromverlauf $I(t)$ nach dem Schließen des Schalters S; (**c**) Illustration der zeitlichen Verzögerung des Stromes durch zwei Glühlampen

wobei die Proportionalitätskonstante L mit der Maßeinheit

$$[L] = 1\,\mathrm{V \cdot s/A} = 1\,\mathrm{Henry} = 1\,\mathrm{H}$$

Selbstinduktionskoeffizient oder (Selbst-) ***Induktivität*** genannt wird. Für die Induktionsspannung erhalten wir aus (4.2):

$$U_{\text{ind}} = -L \cdot \frac{\mathrm{d}I}{\mathrm{d}t} \,. \tag{4.5}$$

Wir betrachten einige Beispiele für Selbstinduktion.

a) Einschaltvorgang

Zur Zeit $t = 0$ wird an den Schaltkreis in Abb. 4.13a durch Schließen des Schalters S die konstante Spannung U_0 angelegt. Nach der Kirchhoffschen Regel erhalten wir:

$$U_0 = I \cdot R - U_{\text{ind}} = I \cdot R + L \cdot \frac{\mathrm{d}I}{\mathrm{d}t} \,, \tag{4.6}$$

wobei R der Ohmsche Widerstand der Spule ist. Mit dem Ansatz

$$I(t) = K \cdot \mathrm{e}^{-(R/L)\cdot t} + I_0$$

erhält man die Lösung der inhomogenen Differentialgleichung (4.6) für die Anfangsbedingung $I(0) = 0$:

$$I(t) = \frac{U_0}{R} \cdot \left(1 - \mathrm{e}^{-(R/L)\cdot t}\right) \,. \tag{4.7}$$

Der Strom steigt also beim Einschalten nicht plötzlich auf den nach dem Ohmschen Gesetz zu erwartenden Wert U_0/R an, sondern mit einer Zeitverzögerung, die von der Induktivität L der Spule abhängt (Abb. 4.13b). Man bezeichnet $\tau = L/R$ auch als *Zeitkonstante*. Nach der Zeit $t = \tau$ hat $I(t)$ etwa 63% seines Endwertes $I(\infty) = U_0/R$ erreicht.

Man kann dieses Zeitverhalten direkt auf dem Oszillographen sichtbar machen. Rein qualitativ, aber auch als Demonstration eindrucksvoll, lässt sich diese Zeitverzögerung mit den beiden Glühlampen G_1 und G_2 in Abb. 4.13c vorführen. Beim Schließen des Schalters leuchtet zuerst die Lampe G_1 und erst nach der Zeit $\tau = L/R$ die Lampe G_2 auf. Bei genügend großen Werten von L kann diese Verzögerungszeit τ viele Sekunden betragen. Im stationären Zustand ($t \to \infty$) fließt dann durch beide Zweige der gleiche Strom, wenn die Ohmschen Widerstände $R_1 = R_2$ gleich sind.

b) Abschalten der Stromquelle

In Abb. 4.14 sei der Schalter S geschlossen. Dann fließt durch den Widerstand R_1 der Strom $I_1(t < 0) = U_0/R_1$, durch die Spule der Strom $I_2(t < 0) = U_0/R_2$. Für $R_1 > R_2$ ist $I_1 < I_2$. Wird nun zur Zeit $t = 0$ der vorher geschlossene Schalter S geöffnet, so ergibt sich mit den

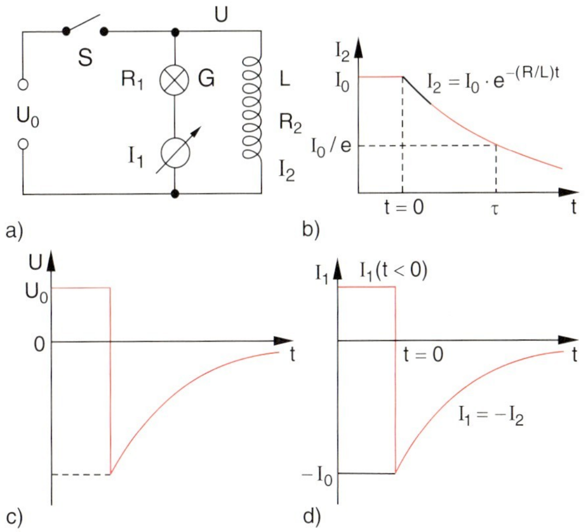

Abb. 4.14a–d. Induktionsspannung beim Abschalten der Stromquelle durch Öffnen des Schalters S. (**a**) Schaltung; (**b**) Strom $I_2(t)$; (**c**) Spannung $U(t)$; (**d**) Strom $I_1(t)$

Anfangsbedingungen $U_0(t=0)=0$ und $I_2(0)=I_0$ die Gleichung

$$0 = I_2 \cdot R - U_{\text{ind}} = I_2 \cdot R + L \cdot \frac{\mathrm{d}I_2}{\mathrm{d}t}$$

mit der Lösung

$$I_2(t) = I_0 \cdot \mathrm{e}^{-(R/L)\cdot t} \tag{4.8}$$

mit $R = R_1 + R_2$. Hierbei ist der Widerstand R_1 ein Lastwiderstand, während R_2 der Ohmsche Widerstand der Spule ist. Beim Öffnen des Schalters sinkt der Strom I_2 nicht plötzlich auf null, sondern exponentiell mit der Zeitkonstanten $\tau = L/R$. Über der Spule entsteht eine Induktionsspannung

$$U_{\text{ind}} = -I_2(R_1+R_2) = -L\frac{\mathrm{d}I_2}{\mathrm{d}t}$$

(Abb. 4.14c) und durch das Messinstrument in Abb. 4.14a fließt ein größerer Strom $I_1 = -I_2$ in umgekehrter Richtung als vor dem Öffnen des Schalters S. Wegen $U_0 = I_0 \cdot R_2$ ergibt sich

$$U_{\text{ind}} = -U_0\frac{R_1+R_2}{R_2}\mathrm{e}^{-(R/L)t}\,,$$

sodass für $R_1 \gg R_2$ die induzierte Spannung $U_{\text{ind}}(t=0) \approx (R_1/R_2)U_0$ wesentlich größer wird als U_0. Deshalb wird auch der Strom $I = U_{\text{ind}}/R_0$ durch R_1 viel größer als vor dem Öffnen des Schalters. Wird R_1 z. B. durch eine Glühbirne G realisiert, so blitzt diese beim Öffnen des Schalters sehr hell auf und kann bei sehr großer Induktionsspannung sogar durchbrennen.

c) Zünden von Leuchtstofflampen

Der Schalter S in Abb. 4.15 besteht aus einer Glimmlampe und einem Bimetallschalter. Beim Einschalten der Netzspannung (230 V Wechselspannung) ist der Schalter S in Abb. 4.15 geschlossen und die Glimmlampe zündet und wird dadurch leitend. Dann fließt der gesamte Strom über die Spule mit der Induktivität L, den Schalter S und die beiden Heizwendeln der Leuchtstofflampe. Diese erwärmen sich und verdampfen dabei etwas Quecksilber, das sich auf ihnen abgesetzt hat. Dadurch steigt der Quecksilber-Dampfdruck in der Röhre. Auch der Bimetall-Schalter S erwärmt sich und öffnet. Die dadurch bewirkte schnelle Abschaltung des Stromes erzeugt in der Spule eine Induktionsspannung $U_{\text{ind}} = -L \cdot \mathrm{d}I/\mathrm{d}t$, die zur Zündung der Gasentladung in der Leuchtstofflampe ausreicht. Die Heizwendeln

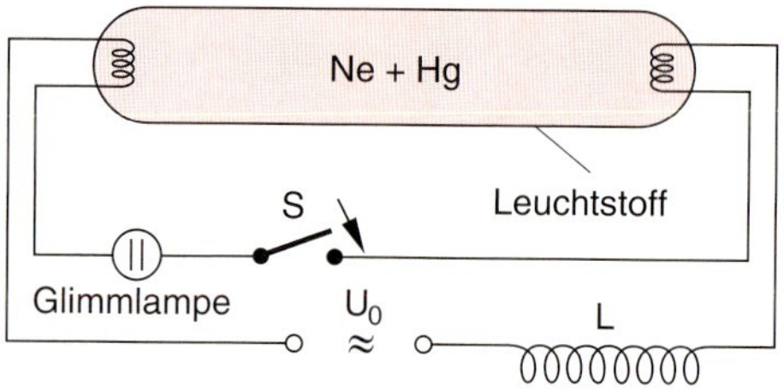

Abb. 4.15. Zündschaltung von Leuchtstoffröhren. Die beim Öffnen des Bimetallschalters S an der Spule L entstehende Induktionsspannung wird zum Zünden der Gasentladung benutzt

glühen noch über die kurze Zeitspanne zwischen Abschalten des Stromes und Brennen der Gasentladung, so daß sie immer noch Elektronen emittieren und dadurch die Zündung erleichtert wird. Beim Brennen der Gasentladung werden sie durch den Gasentladungsstrom erhitzt, der jetzt vollständig durch die Lampe fließt. Die Brennspannung liegt etwa bei 100 V. Die Differenz 230 − 100 V fällt an der Drossel ab. Sie ist nicht mehr hoch genug, um die Glimmlampe zu zünden, selbst wenn der Bimetallschalter nach der Abkühlung wieder schließt. Anstelle von Bimetall-Schaltern werden heutzutage überwiegend elektronische Schalter verwendet, die den zusätzlichen Vorteil haben, daß die Leuchtstofflampe genau im Maximum der 50 Hz Wechselspannung gezündet wird, was den Zündvorgang zuverlässiger macht. Die Lampe erreicht ihre maximale Helligkeit erst nach einigen Minuten, wenn sich der stationäre Endwert des Quecksilber-Dampfdrucks eingestellt hat. Die Innenseite der Glasumwandung ist mit einem Leuchtstoff beschichtet, der das UV-Licht der Entladung in sichtbares Licht umwandelt, so daß das Lampenspektrum dem des Tageslichtes nahe kommt. Statt Hg kann man auch Natrium verwenden, wobei die Lichtausbeute (im gelben Spektralbereich) besonders groß ist, weshalb die Lampe gelb leuchtet.

d) Selbstinduktionskoeffizient einer Zylinderspule

Das Magnetfeld im Innern einer Spule der Länge l mit n Windungen pro Meter, die vom Strom I durchflossen werden (Abb. 4.16), ist gemäß (3.10)

$$B = \mu_0 \cdot n \cdot I\,.$$

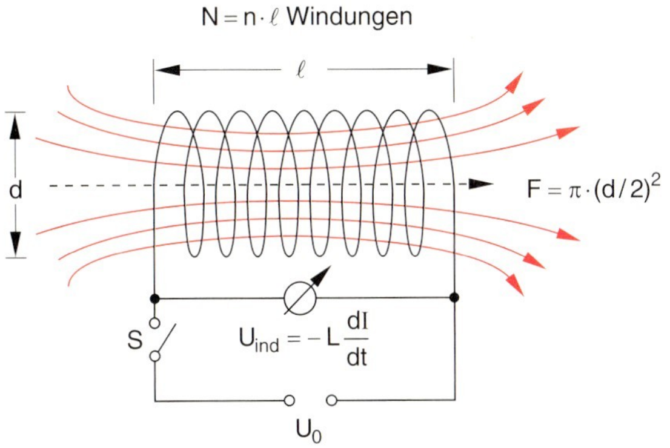

Abb. 4.16. Selbstinduktion einer Zylinderspule

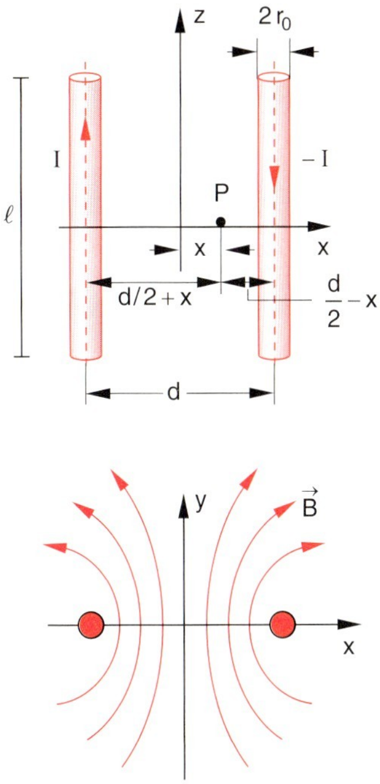

Abb. 4.17a,b. Parallele Doppelleitung. (*Oben*) Anordnung, (*unten*) Magnetfeld in der x-y-Ebene

Der magnetische Fluss durch eine Windung der Spule ist dann bei einer Querschnittsfläche A

$$\Phi_\mathrm{m} = B \cdot A = \mu_0 \cdot n \cdot A \cdot I\,.$$

Bei einer Änderung $\mathrm{d}I/\mathrm{d}t$ des Spulenstromes wird die Flussänderung

$$\frac{\mathrm{d}\Phi_\mathrm{m}}{\mathrm{d}t} = \mu_0 \cdot n \cdot A \cdot \frac{\mathrm{d}I}{\mathrm{d}t}\,.$$

Dabei wird zwischen den Enden der Spule mit $N = n \cdot l$ Windungen eine Spannung

$$\begin{aligned} U_\mathrm{ind} &= -N \cdot \dot{\Phi}_m \\ &= -\mu_0 n^2 l A \cdot \frac{\mathrm{d}I}{\mathrm{d}t} = -L \cdot \frac{\mathrm{d}I}{\mathrm{d}t} \end{aligned} \tag{4.9}$$

induziert. Der Selbstinduktionskoeffizient L der Spule ist daher

$$L = \mu_0 \cdot n^2 \cdot V\,, \tag{4.10}$$

wobei $V = l \cdot A$ das von der Spule eingeschlossene Volumen ist.

e) Selbstinduktion einer parallelen Doppelleitung

Zwei lange, parallele Drähte mit Radius r_0 und Abstand d, durch welche der Strom I in entgegengesetzter Richtung fließt, bilden eine elektrische Doppelleitung (Abb. 4.17). Sie stellt ein sehr wichtiges Element für die Übertragung elektrischer Leistung dar.

Wenn die Drähte in z-Richtung laufen, liegt das magnetische Feld in der x-y-Ebene. Auf der Verbindungslinie zwischen den beiden Drähten, die wir als x-Achse wählen, gilt gemäß (3.8) für den Betrag von $\boldsymbol{B}$ außerhalb der Drähte:

$$B^{(\mathrm{a})} = \frac{\mu_0 I}{2\pi}\left(\frac{1}{\frac{d}{2}+x} + \frac{1}{\frac{d}{2}-x}\right)\,. \tag{4.11}$$

Im Inneren der Drähte ist $B^{(\mathrm{i})}$ nach (3.9) für den linken Draht ($I > 0$; $x < 0$)

$$B_\mathrm{l}^{(\mathrm{i})} = \frac{\mu_0 I}{2\pi r_0^2}\left(\frac{d}{2}+x\right) \tag{4.12a}$$

und für den rechten Draht ($I < 0$; $x > 0$)

$$B_\mathrm{r}^{(\mathrm{i})} = \frac{\mu_0 I}{2\pi r_0^2}\left(\frac{d}{2}-x\right)\,. \tag{4.12b}$$

Der magnetische Fluss durch ein Stück der Doppelleitung mit der Länge l durch die Fläche $A = d \cdot l$ in der x-z-Ebene ist dann

$$\begin{aligned} \Phi_\mathrm{m} &= l \cdot \left[\int\limits_{-d/2+r_0}^{d/2-r_0} B^{(\mathrm{a})}\,\mathrm{d}x + \int\limits_{-d/2}^{-d/2+r_0} B_\mathrm{l}^{(\mathrm{i})}\,\mathrm{d}x + \int\limits_{d/2-r_0}^{d/2} B_\mathrm{r}^{(\mathrm{i})}\,\mathrm{d}x\right] \\ &= \frac{\mu_0 \cdot I \cdot l}{\pi} \cdot \left[\frac{1}{2} + \ln\frac{d-r_0}{r_0}\right]. \end{aligned}$$

Damit wird der Selbstinduktionskoeffizient

$$L = \frac{\Phi_m}{I} = \frac{\mu_0 \cdot l}{\pi} \cdot \left[\frac{1}{2} + \ln \frac{d - r_0}{r_0} \right] . \tag{4.13}$$

Man sieht aus (4.13), dass die Selbstinduktion einer Doppelleitung mit zunehmendem Abstand d logarithmisch anwächst. Man beachte, dass L mit abnehmendem Drahtradius r_0 zunimmt! Deshalb verwendet man für induktionsarme Doppelleitungen flache Bänder, die sich (nur durch eine dünne Isolationsschicht getrennt) fast berühren. Für $d = 2r_0$ erhält man aus (4.13) die minimale Induktion:

$$L(d = 2r_0) = \frac{\mu_0 \cdot l}{2\pi} . \tag{4.13a}$$

4.3.2 Gegenseitige Induktion

Wir betrachten einen vom Strom I_1 durchflossenen Stromkreis 1 (Abb. 4.18). Nach dem Biot-Savart-Gesetz (siehe Abschn. 3.2.5) erzeugt er im Punkte $P(\boldsymbol{r}_2)$ ein Magnetfeld $\boldsymbol{B}$ mit dem Vektorpotential

$$\boldsymbol{A}(\boldsymbol{r}_2) = \frac{\mu_0 I_1}{4\pi} \int_{s_1} \frac{\mathrm{d}\boldsymbol{s}_1}{r_{12}} , \tag{4.14}$$

wobei $\mathrm{d}\boldsymbol{s}_1$ ein Linienelement des Strom führenden Kreises 1 ist. Dieses Magnetfeld bewirkt einen magnetischen Fluss

$$\begin{aligned} \Phi_m &= \int_F \boldsymbol{B} \cdot \mathrm{d}\boldsymbol{A} \\ &= \int_F \mathbf{rot}\, \boldsymbol{A} \cdot \mathrm{d}\boldsymbol{A} = \int_{s_2} \boldsymbol{A} \cdot \mathrm{d}\boldsymbol{s}_2 \end{aligned} \tag{4.15}$$

durch eine Fläche A, die von einer zweiten Leiterschleife mit Linienelement $\mathrm{d}\boldsymbol{s}_2$ umrandet wird. *Das erste $\boldsymbol{A}$ ist das Vektorpotential, während $\mathrm{d}\boldsymbol{A}$ das Flächenelement ist.* Das letzte Gleichheitszeichen in (4.15) folgt aus dem Stokesschen Satz. Setzt man (4.14) in (4.15) ein, so erhält man für den magnetischen Fluss durch die zweite Leiterschleife, den der Strom I_1 bewirkt:

$$\Phi_m = \frac{\mu_0 I_1}{4\pi} \int_{s_1} \int_{s_2} \frac{\mathrm{d}\boldsymbol{s}_1 \cdot \mathrm{d}\boldsymbol{s}_2}{r_{12}} = L_{12} \cdot I_1 . \tag{4.16}$$

Der Proportionalitätsfaktor

$$L_{12} = L_{21} = \frac{\mu_0}{4\pi} \int_{s_1} \int_{s_2} \frac{\mathrm{d}\boldsymbol{s}_1 \cdot \mathrm{d}\boldsymbol{s}_2}{r_{12}} \tag{4.17}$$

heißt Koeffizient der gegenseitigen Induktion oder auch ***gegenseitige Induktivität***. Er hängt ab von der geometrischen Gestalt der beiden Leiteranordnungen, von ihrer gegenseitigen Orientierung und von ihrem Abstand.

Für allgemeine Anordnungen ist (4.17) häufig nur numerisch lösbar. Wir wollen uns deshalb L_{12} für einige einfache Beispiele klar machen.

a) Rechteckige Leiterschleife im homogenen Magnetfeld

Eine rechteckige Schleife mit der Fläche A befinde sich im Inneren einer vom Strom I durchflossenen Zylinderspule mit n Windungen pro Meter (Abb. 4.3). Der Fluss durch die Rechteckspule ist gemäß (3.10)

$$\Phi_m = \int \boldsymbol{B} \cdot \mathrm{d}\boldsymbol{A} = \mu_0 \cdot n \cdot I \cdot A \cdot \cos\alpha ,$$

wobei α der Winkel zwischen Zylinderachse und Flächennormale ist. Der Koeffizient der gegenseitigen Induktion ist daher

$$L_{12} = \mu_0 \cdot n \cdot A \cdot \cos\alpha .$$

Er wird null für $\alpha = 90°$.

b) Zwei kreisförmige Leiterschleifen mit verschiedener relativer Orientierung

In Abb. 4.19a sind zwei kreisförmige Leiterschleifen mit verschiedenen relativen Orientierungen gezeigt. Die größte Induktivität erhält man, wenn beide Leiterebenen parallel sind und die gleiche Symmetrieachse haben (Abb. 4.19b). Der kleinste Wert $L_{12} = 0$ ergibt sich für

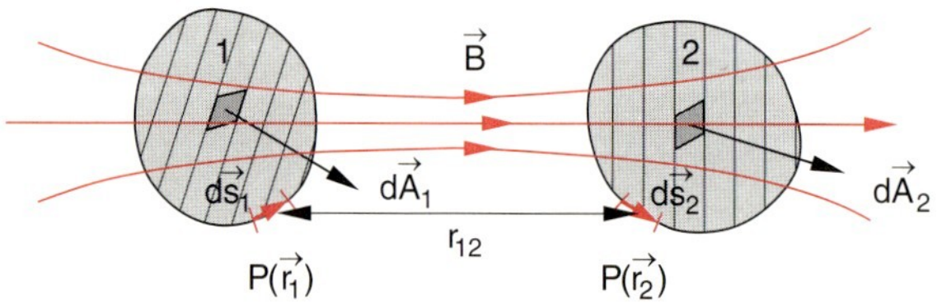

Abb. 4.18. Zur Definition des Koeffizienten L_{12} der gegenseitigen Induktion

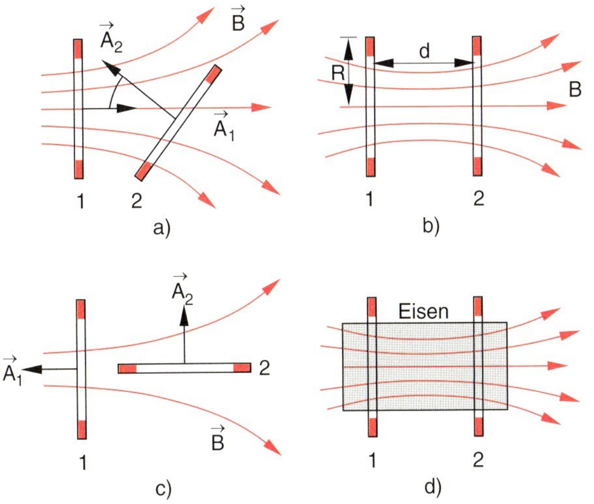

Abb. 4.19a–d. Gegenseitiger Induktionskoeffizient L_{12} für zwei kreisförmige Leiterschleifen gleicher Fläche bei verschiedener relativer Orientierung

die senkrechte Anordnung in Abb. 4.19c, weil das Magnetfeld der ersten Spule in der Ebene der zweiten Spule verläuft und deshalb der Fluss Φ_m durch die zweite Spule null wird.

Für die parallele Anordnung in Abb. 4.19b geht für kleine Abstände d zwischen beiden Spulen ($d \ll R$) praktisch der gesamte vom ersten Kreis erzeugte Fluss durch die zweite Spule, sodass nach (3.19) der Koeffizient

$$L_{12} = \frac{\pi}{2}\mu_0 R \tag{4.18a}$$

für $d \ll R$ unabhängig vom Abstand d wird. Für große Entfernungen $d \gg R$ ist nach (3.20)

$$B \approx \frac{\mu_0}{2\pi} \cdot \frac{I \cdot A}{d^3} ,$$

sodass der Koeffizient der gegenseitigen Induktion

$$L_{12} \approx \frac{\pi}{2}\mu_0 \cdot \frac{R^4}{d^3} \tag{4.18b}$$

wird. Während für diese beiden Grenzfälle die Bestimmung von L_{12} einfach ist, muss für den allgemeinen Fall das Integral (4.17) berechnet werden. Dies führt auf elliptische Integrale [4.4], deren Lösung nur näherungsweise oder numerisch möglich ist.

Schiebt man einen Eisenstab durch beide Spulen, so wird der Fluss Φ_m durch die Spule 2 größer, weil das Magnetfeld, das durch die Spule 1 erzeugt wird, im Eisenstab verstärkt und fast vollständig zur Spule 2 „geführt“ wird (Abb. 4.19d).

Durch Verwendung ferromagnetischer Materialien mit großen Werten der relativen Permeabilität μ kann daher die Kopplung zwischen zwei Leiterspulen und damit der Koeffizient der gegenseitigen Induktion stark vergrößert werden. Dies wird z. B. bei Transformatoren ausgenutzt (siehe Abschn. 5.6).

4.4 Die Energie des magnetischen Feldes

Die beim Abschalten der äußeren Spannungsquelle in Abb. 4.14 im Widerstand R verbrauchte Energie muss im Magnetfeld der Spule gesteckt haben. Die Energie des Magnetfeldes ist damit:

$$W_{\text{magn}} = \int\limits_0^\infty I \cdot U \cdot \mathrm{d}t = \int\limits_0^\infty I^2 \cdot R \cdot \mathrm{d}t .$$

Mit (4.8) ergibt dies:

$$\begin{aligned} W_{\text{magn}} &= \int\limits_0^\infty I_0^2 \cdot \mathrm{e}^{-(2R/L)\cdot t} \cdot R \cdot \mathrm{d}t \\ &= \frac{1}{2} I_0^2 \cdot L , \end{aligned}$$

wobei $I_0 = I(t < 0)$ der vor dem Abschalten durch die Spule fließende stationäre Strom ist.

Magnetfelder können also als Energiespeicher genutzt werden. Werden sie durch Ströme in supraleitenden Spulen erzeugt, so braucht man zur Aufrechterhaltung des Magnetfeldes keine Energie (abgesehen von der zur Kühlung auf Temperaturen unter die Sprungtemperatur nötigen Leistung).

Mit $L = \mu_0 n^2 \cdot V$ (siehe (4.10)) ergibt sich die Energiedichte des magnetischen Feldes:

$$w_{\text{magn}} = \frac{W_{\text{magn}}}{V} = \frac{1}{2}\mu_0 \cdot n^2 \cdot I_0^2 = \frac{1}{2}\frac{B^2}{\mu_0} .$$

Man vergleiche die entsprechenden Ausdrücke für Energie W und Energiedichte w des elektrischen und magnetischen Feldes:

$$\boxed{\begin{aligned} W_{\text{el}} &= \frac{1}{2}CU^2 \\ W_{\text{magn}} &= \frac{1}{2}LI^2 \\ w_{\text{el}} &= \frac{1}{2}\varepsilon_0 E^2 \\ w_{\text{magn}} &= \frac{1}{2}\mu_0 H^2 = \frac{1}{2\mu_0}B^2 \end{aligned}} \quad . \tag{4.19}$$

Benutzt man die Beziehung $\varepsilon_0 \cdot \mu_0 = 1/c^2$, so folgt für die Energiedichte des elektromagnetischen Feldes:

$$\boxed{w_{\text{em}} = \frac{1}{2}\varepsilon_0(E^2 + c^2 B^2)} \quad . \tag{4.20a}$$

In Materie mit der relativen Dielektrizitätskonstante ε und der Permeabilität μ wird (4.20a) zu

$$w_{\text{em}} = \frac{1}{2}\varepsilon_0 \left(\varepsilon E^2 + \frac{c^2}{\mu} B^2 \right)$$

oder mit $D = \varepsilon\varepsilon_0 E$ und $H = B/(\mu\mu_0)$

$$\boxed{w_{\text{em}} = \frac{1}{2}(E \cdot D + B \cdot H)} \quad . \tag{4.20b}$$

4.5 Der Verschiebungsstrom

In vielen Fällen ist die bisherige Formulierung des Ampèreschen Gesetzes (3.6)

$$\oint \boldsymbol{B} \cdot \mathrm{d}\boldsymbol{s} = \mu_0 I = \mu_0 \int_F \boldsymbol{j} \cdot \mathrm{d}\boldsymbol{A}$$

nicht eindeutig. Wenn man aus (3.6) die differentielle Form (3.7)

$$\textbf{rot}\, \boldsymbol{B} = \mu_0 \cdot \boldsymbol{j}$$

gewinnen will, muss (3.6) für beliebige Wege um den Strom führenden Leiter gelten sowie für beliebige Flächen A, die von diesen Wegen umrandet werden.

In Abb. 4.20 ist ein Stromkreis mit Kondensator C gezeigt, durch den ein zeitlich veränderlicher Strom fließt. Wählt man als Integrationsweg in (3.6) die

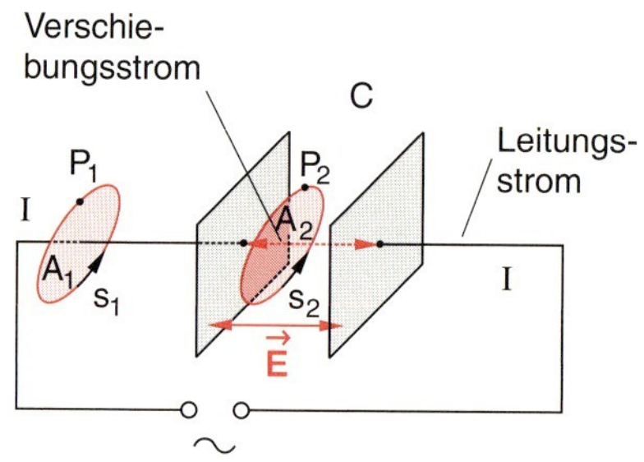

Abb. 4.20. Zur Erläuterung des Verschiebungsstroms

kreisförmige Kurve s_1, so kann man als Fläche die Kreisfläche A_1 annehmen, aber auch jede andere geschlossene Fläche, die s_1 als Berandung hat. Wählt man die in Abb. 4.20 gezeichnete Fläche A_2, die von der Kurve s_2 begrenzt wird, so ist die von s_2 umschlossene im üblichen Sinne definierte Stromdichte j Null. Das im Punkt P_1 gemessene Magnetfeld wird bei der Wahl der ersten Fläche A_1 durch (3.6) gegeben, bei der Wahl der zweiten Fläche wäre es jedoch in P_2 null.

Um diesen Widerspruch aufzulösen, wurde von *James Clerk Maxwell* (1831–1879) der Begriff des ***Verschiebungsstromes*** eingeführt. Wenn in den Leitungen in Abb. 4.20 ein Strom I fließt, ändert sich die Ladung Q auf den Kondensatorplatten. Diese Ladungsänderung führt zu einer Änderung des elektrischen Feldes zwischen den Platten. Mit der Relation

$$I = \frac{\mathrm{d}Q}{\mathrm{d}t} = \frac{\mathrm{d}}{\mathrm{d}t}(\varepsilon_0\, \boldsymbol{A} \cdot \boldsymbol{E}) = \varepsilon_0\, \boldsymbol{A} \cdot \frac{\partial \boldsymbol{E}}{\partial t} \tag{4.21}$$

zwischen der Ladung $Q = \varepsilon_0 \cdot A \cdot E$ auf den Platten mit der Fläche A und dem elektrischen Feld E lässt sich auch zwischen den Platten des Kondensators ein Verschiebungsstrom $I_{\text{V}} = \varepsilon_0 \cdot A \cdot \partial E/\partial t$ und damit eine Stromdichte

$$\boldsymbol{j}_{\text{V}} = \varepsilon_0 \cdot \frac{\partial \boldsymbol{E}}{\partial t} \tag{4.22}$$

definieren, die Verschiebungsstromdichte heißt und direkt mit der zeitlichen Änderung $\partial E/\partial t$ der elektrischen Feldstärke im Kondensator verknüpft ist. Hier sind die partiellen Ableitungen gewählt, weil (4.22) auch für inhomogene Felder gilt, bei denen $\boldsymbol{E}(\boldsymbol{r}, t)$ auch von den Ortskoordinaten abhängt. Addiert man (4.22) zur gesamten Stromdichte $\boldsymbol{j} + \boldsymbol{j}_{\text{V}}$ und setzt diese in (3.6) ein, so ergibt sich:

$$\oint \boldsymbol{B} \cdot \mathrm{d}\boldsymbol{s} = \mu_0 I = \mu_0 \int (\boldsymbol{j} + \boldsymbol{j}_{\text{V}}) \cdot \mathrm{d}\boldsymbol{A} \tag{4.23a}$$

oder in der differentiellen Form (3.7)

$$\mathbf{rot}\,\boldsymbol{B} = \mu_0(\boldsymbol{j} + \boldsymbol{j}_\mathrm{V})$$
$$= \mu_0\,\boldsymbol{j} + \mu_0\varepsilon_0 \frac{\partial \boldsymbol{E}}{\partial t} . \tag{4.23b}$$

Wegen $\mu_0\varepsilon_0 = 1/c^2$ lässt sich (4.23b) auch schreiben als

$$\mathbf{rot}\,\boldsymbol{B} = \mu_0\,\boldsymbol{j} + \frac{1}{c^2}\frac{\partial \boldsymbol{E}}{\partial t} . \tag{4.23c}$$

Dieses wichtige Ergebnis besagt:

> Magnetfelder werden nicht nur von Strömen erzeugt, sondern auch von zeitlich veränderlichen elektrischen Feldern.

Ohne diese Tatsache gäbe es keine elektromagnetischen Wellen (siehe Kap. 7).

Anmerkung

Durch die Einführung des Verschiebungsstroms wird die ***Kontinuitätsgleichung*** durch (4.23) erfüllt, also die Erhaltung der Ladung gerettet, was ohne den Term $\partial E/\partial t$ in (4.23c) nicht der Fall wäre. Aus (4.23c) erhält man nämlich:

$$0 = \mathrm{div}\;\mathbf{rot}\,B = \mu_0\,\mathrm{div}\;\boldsymbol{j} + \varepsilon_0\mu_0 \frac{\partial}{\partial t}\,\mathrm{div}\,\boldsymbol{E} ,$$

was mit $\mathrm{div}\,\boldsymbol{E} = \varrho/\varepsilon_0$ die Kontinuitätsgleichung

$$\mathrm{div}\,\boldsymbol{j} + \frac{\partial}{\partial t}\varrho = 0$$

ergibt.

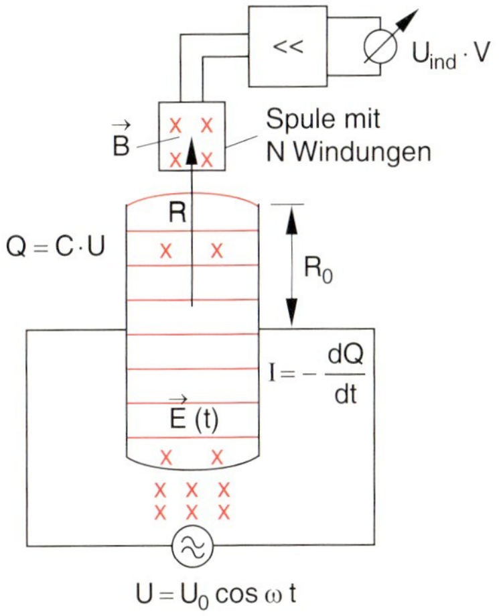

Abb. 4.21. Experimentelle Prüfung von (4.23)

Man kann (4.23) experimentell prüfen, indem man an einen Plattenkondensator mit runden Platten mit Radius R_0 eine hochfrequente Wechselspannung

$$U_\mathrm{C} = U_0 \cdot \cos\omega t$$

anlegt. Der Verschiebungsstrom ist dann

$$I_\mathrm{V} = \frac{\mathrm{d}Q}{\mathrm{d}t} = C \cdot \frac{\mathrm{d}U_\mathrm{C}}{\mathrm{d}t} = -C \cdot U_0 \cdot \omega \cdot \sin\omega t .$$

Die Magnetfeldlinien zwischen den Platten sind Kreise um die Symmetrieachse des Kondensators in den Ebenen $x = \mathrm{const}$ (Abb. 4.21). Nach (3.8) ist die Magnetfeldstärke B am Rande des Kondensators im Abstand R_0 von der Achse

$$B = \frac{\mu_0 I_\mathrm{V}}{2\pi R_0} .$$

Durch eine kleine Induktionsspule mit N Windungen und dem Flächennormalenvektor $\boldsymbol{A}$ parallel zum Magnetfeld ist der magnetische Fluss

$$\Phi_\mathrm{m} = N \cdot A \cdot B$$

und die induzierte Wechselspannung

$$U_\mathrm{ind} = -N \cdot A \cdot \frac{\mathrm{d}B}{\mathrm{d}t} = -\frac{\mu_0}{2\pi R_0} N \cdot A \cdot C \cdot \frac{\mathrm{d}^2 U_\mathrm{C}}{\mathrm{d}t^2}$$

mit der Amplitude

$$U_\mathrm{ind}^\mathrm{max} = \frac{\mu_0}{2\pi R_0} N \cdot A \cdot C \cdot U_0 \cdot \omega^2 .$$

BEISPIEL

$A = 10^{-4}\,\mathrm{m}^2$, $N = 10^3$, $R_0 = 0{,}2\,\mathrm{m}$, $U_0 = 100\,\mathrm{V}$, $\omega = 2\pi \cdot 10^6\,\mathrm{s}^{-1}$, $d = 0{,}1\,\mathrm{m} \Rightarrow C = \varepsilon_0 \cdot \pi R_0^2/d = 11 \cdot 10^{-12}\,\mathrm{F} \Rightarrow U_\mathrm{ind}^\mathrm{max} = (4\pi \cdot 10^{-7})/(2\pi \cdot 0{,}2) \cdot 11 \cdot 10^{-12} \cdot 10^2 \cdot (2\pi \cdot 10^6)^2\,\mathrm{V} = 4{,}8\,\mathrm{mV}$.
Diese Spannung lässt sich direkt auf dem Oszillographen sichtbar machen.

Bei Anwesenheit von Materie mit der relativen Dielektrizitätskonstanten ε und der Permeabilität μ muss man (4.23c) modifizieren. Weil wir in (4.21) die Änderung der *freien* Ladung auf den Platten betrachten, andererseits aber das $\boldsymbol{E}$-Feld durch das Dielektrikum geschwächt wird, müssen wir das vom Dielektrikum *unabhängige* Feld $\boldsymbol{D}$ verwenden (siehe Abschn. 1.7.3). Ähnlich verhält es sich mit dem $\boldsymbol{B}$-Feld, dessen Stärke von der Permeabilität des Mediums abhängt. Um (4.23) unabhängig vom Medium zu formulieren, verwendet man das $\boldsymbol{H}$-Feld (siehe Abschn. 3.1). Die dielektrische Verschiebung $\boldsymbol{D}$ und die magnetische Erregung $\boldsymbol{H}$ sind zwar direkter (Kraft-) Messung nicht zugänglich, „verschönern" aber (4.23) in dem Sinne, dass man die Gleichung invariant formulieren kann:

$$\boxed{\mathbf{rot}\,\boldsymbol{H} = \boldsymbol{j} + \frac{\partial \boldsymbol{D}}{\partial t}} \quad . \tag{4.24}$$

4.6 Maxwell-Gleichungen und elektrodynamische Potentiale

Durch die Einführung des Verschiebungsstromes und mithilfe des Faradayschen Induktionsgesetzes können wir die Feldgleichungen (4.1) für stationäre Ladungen und Ströme auf zeitlich veränderliche Bedingungen erweitern. Unter Hinzunahme von (4.4) und (4.23c) erhalten wir die ***Maxwell-Gleichungen***:

$$\mathbf{rot}\,\boldsymbol{E} = -\frac{\partial \boldsymbol{B}}{\partial t}\,, \tag{4.25a}$$

$$\mathbf{rot}\,\boldsymbol{B} = \mu_0\,\boldsymbol{j} + \frac{1}{c^2}\frac{\partial \boldsymbol{E}}{\partial t}\,, \tag{4.25b}$$

$$\mathrm{div}\,\boldsymbol{E} = \frac{\varrho}{\varepsilon_0}\,, \tag{4.25c}$$

$$\mathrm{div}\,\boldsymbol{B} = 0\,. \tag{4.25d}$$

Mithilfe von (1.65) und (4.24) kann man die Maxwell-Gleichungen folgendermaßen verallgemeinern:

$$\mathbf{rot}\,\boldsymbol{E} = -\frac{\partial \boldsymbol{B}}{\partial t}\,, \tag{4.26a}$$

$$\mathbf{rot}\,\boldsymbol{H} = \boldsymbol{j} + \frac{\partial \boldsymbol{D}}{\partial t}\,, \tag{4.26b}$$

$$\mathrm{div}\,\boldsymbol{D} = \varrho\,, \tag{4.26c}$$

$$\mathrm{div}\,\boldsymbol{B} = 0\,. \tag{4.26d}$$

Zusammen mit der Lorentzkraft

$$\boldsymbol{F} = q(\boldsymbol{E} + \boldsymbol{v} \times \boldsymbol{B})$$

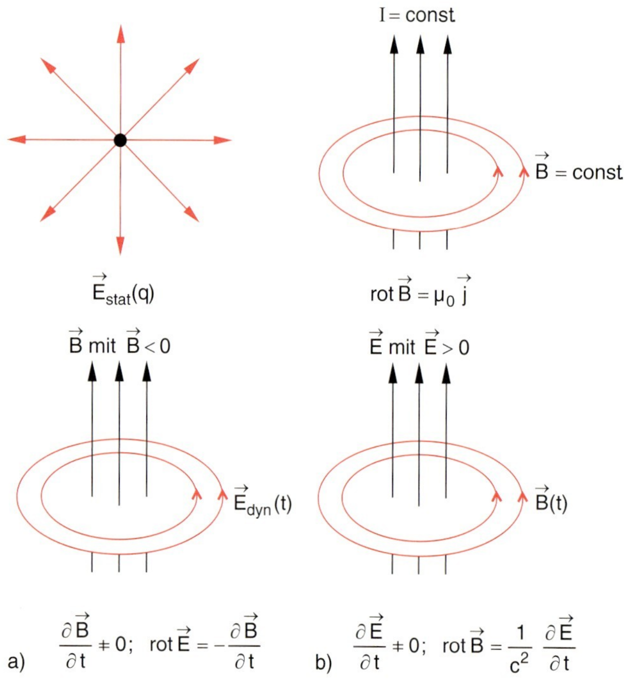

Abb. 4.22a,b. Anschauliche Darstellung der Maxwell-Gleichungen für die Erzeugung eines elektrischen Feldes durch zeitliche Änderung eines Magnetfeldes (Faradaysches Induktionsgesetz) und die Erzeugung eines Magnetfeldes durch zeitliche Änderung eines elektrischen Feldes im Vergleich zu den statischen Feldern

und der Newtonschen Bewegungsgleichung $\boldsymbol{F} = \dot{\boldsymbol{p}}$ beschreiben diese Gleichungen alle elektromagnetischen Phänomene.

> Elektrische Felder werden sowohl von Ladungen als auch von zeitlich sich ändernden Magnetfeldern erzeugt. Magnetische Felder werden von Strömen oder von zeitlich sich ändernden elektrischen Feldern erzeugt (Abb. 4.22).

Für zeitlich konstante Felder geht (4.25) wieder in (4.1) über.

Die Maxwell-Gleichungen, welche die Basis der gesamten Elektrodynamik bilden, lassen sich aus ganz allgemeinen Prinzipien herleiten, nämlich:

- der Erhaltung der elektrischen Ladung (Kontinuitätsgleichung)
- der Erhaltung des magnetischen Flusses (es gibt keine magnetischen Monopole)
- der Lorenzkraft auf bewegte Ladungen im elektromagnetischen Feld.

Der Beweis hierfür würde den Rahmen dieser Einführung sprengen.

Die Maxwell-Gleichungen (4.25) stellen ein System gekoppelter Differentialgleichungen für die Felder $\boldsymbol{E}$ und $\boldsymbol{B}$ dar, wobei $\boldsymbol{E}$ und $\boldsymbol{B}$ durch (4.25a) und (4.25b) miteinander gekoppelt sind. Zur Lösung dieser Gleichungen ist es oft zweckmäßig, die Gleichungen in einer entkoppelten Form zu schreiben. Dazu verwenden wir das skalare elektrische Potential ϕ_{el} und das magnetische Vektorpotential $\boldsymbol{A}$ mit $\textbf{rot}\,\boldsymbol{A} = \boldsymbol{B}$.

Da $\textbf{rot}\,\boldsymbol{E} \neq \boldsymbol{0}$ ist, kann $\boldsymbol{E}$ *nicht* mehr als $\textbf{grad}\,\phi_{\text{el}}$ geschrieben werden. Aus (4.25) folgt jedoch:

$$\textbf{rot}\,\boldsymbol{E} + \dot{\boldsymbol{B}} = \textbf{rot}\,(\boldsymbol{E} + \dot{\boldsymbol{A}}) = \boldsymbol{0}\,, \tag{4.27}$$

wobei räumliche und zeitliche Differentiation vertauscht wurden ($\dot{\boldsymbol{B}} = \partial/\partial t\,(\textbf{rot}\,\boldsymbol{A}) = \textbf{rot}\,\dot{\boldsymbol{A}}$).

Wir können wegen (4.27) die Summe $\boldsymbol{E} + \dot{\boldsymbol{A}}$ als Gradient eines skalaren Potentials schreiben:

$$\begin{aligned} \boldsymbol{E} + \frac{\partial \boldsymbol{A}}{\partial t} &= -\textbf{grad}\,\phi_{\text{el}} \\ \Rightarrow \boldsymbol{E} &= -\textbf{grad}\,\phi_{\text{el}} - \frac{\partial \boldsymbol{A}}{\partial t}\,, \end{aligned} \tag{4.28}$$

was für stationäre Felder ($\partial \boldsymbol{A}/\partial t = \boldsymbol{0}$) wieder in die übliche Form der Elektrostatik übergeht.

Das Vektorpotential $\boldsymbol{A}$ ist durch $\boldsymbol{B} = \textbf{rot}\,\boldsymbol{A}$ nicht eindeutig bestimmt (siehe Abschn. 3.2.4), da jede Funktion $\boldsymbol{A} + \boldsymbol{u}$ mit $\textbf{rot}\,\boldsymbol{u} = \boldsymbol{0}$ das gleiche $\boldsymbol{B}$-Feld ergibt. Fordert man zusätzlich die ***Lorentzsche Eichbedingung***

$$\text{div}\,\boldsymbol{A} = -\frac{1}{c^2}\frac{\partial \phi_{\text{el}}}{\partial t}\,, \tag{4.29}$$

die für zeitlich konstante Felder wieder in die Bedingung (3.12) übergeht, so sieht man durch Einsetzen in die Maxwell-Gleichungen (4.25a–d), dass diese automatisch erfüllt werden. Es folgt nämlich aus (4.28):

- $\textbf{rot}\,\boldsymbol{E} = -\textbf{rot}\,\textbf{grad}\,\phi_{\text{el}} - \textbf{rot}\,\dot{\boldsymbol{A}} = -\dot{\boldsymbol{B}}$, weil $\nabla \times \nabla\phi \equiv \boldsymbol{0}$ gilt.
- $\text{div}\,\boldsymbol{B} = \text{div}\,\textbf{rot}\,\boldsymbol{A} \equiv 0\,.$

Aus (4.25c) folgt mit (4.29)

$$\begin{aligned} \text{div}\,\boldsymbol{E} &= \text{div}\left(-\textbf{grad}\,\phi_{\text{el}} - \frac{\partial \boldsymbol{A}}{\partial t}\right) = \frac{\varrho}{\varepsilon_0} \\ &\Rightarrow \Delta\phi_{\text{el}} - \frac{1}{c^2}\frac{\partial^2 \phi_{\text{el}}}{\partial t^2} \equiv -\frac{\varrho}{\varepsilon_0}\,. \end{aligned} \tag{4.30}$$

Dies ist die Erweiterung der Poisson-Gleichung $\Delta\phi_{\text{el}} = -\varrho/\varepsilon_0$ der Elektrostatik (1.16) auf zeitlich veränderliche Felder.

Für das Vektorpotential $\boldsymbol{A}$ ergibt sich aus (4.25b)

$$\textbf{rot}\,\textbf{rot}\,\boldsymbol{A} = \mu_0\,\boldsymbol{j} + \frac{1}{c^2}\frac{\partial \boldsymbol{E}}{\partial t}\,.$$

Wegen $\nabla \times (\nabla \times \boldsymbol{A}) = \textbf{grad}\,\text{div}\,\boldsymbol{A} - \Delta\boldsymbol{A}$ und $\text{div}\,\boldsymbol{A} = -(1/c^2)\cdot(\partial\phi_{\text{el}}/\partial t)$ folgt durch Einsetzen:

$$\Delta\boldsymbol{A} - \frac{1}{c^2}\frac{\partial^2 \boldsymbol{A}}{\partial t^2} = -\mu_0\,\boldsymbol{j}\,, \tag{4.31}$$

was die Erweiterung des Biot-Savart-Gesetzes darstellt und für stationäre Felder wieder in (3.13) übergeht.

Durch die Einführung der elektrodynamischen Potentiale ϕ_{el} und $\boldsymbol{A}$ mit der Lorentz-Eichung gehen die gekoppelten Differentialgleichungen erster Ordnung für die Felder $\boldsymbol{E}$ und $\boldsymbol{B}$ (Maxwell-Gleichung (4.25)) über in die entkoppelten Differentialgleichungen

$$\begin{aligned} \Delta\phi_{\text{el}} - \frac{1}{c^2}\frac{\partial^2 \phi_{\text{el}}}{\partial t^2} &= -\frac{\rho}{\varepsilon_0} \\ \Delta\boldsymbol{A} - \frac{1}{c^2}\frac{\partial^2 \boldsymbol{A}}{\partial t^2} &= -\mu_0\,\boldsymbol{j} \end{aligned}$$

zweiter Ordnung für die Potentiale, wobei (4.31) als Vektorgleichung drei skalaren Gleichungen für die Komponenten von $\boldsymbol{A}$ entspricht.

Im ladungs- und stromfreien Vakuum ($\varrho \equiv 0, \boldsymbol{j} \equiv \boldsymbol{0}$) gehen (4.30) und (4.31) über in

$$\Delta\phi_{\mathrm{el}} = \frac{1}{c^2}\frac{\partial^2\phi_{\mathrm{el}}}{\partial t^2}\,; \qquad \Delta\boldsymbol{A} = \frac{1}{c^2}\frac{\partial^2\boldsymbol{A}}{\partial t^2}\,. \tag{4.32}$$

Durch Vergleich mit Bd. 1, (10.69) sieht man, dass diese Gleichungen Wellen von ϕ_{el} und $\boldsymbol{A}$ und damit auch von $\boldsymbol{E}$ und $\boldsymbol{B}$ beschreiben, die sich als elektromagnetische Wellen im Raum mit der Phasengeschwindigkeit $v_{\mathrm{Ph}} = c$ ausbreiten (siehe auch Kap. 7).

ZUSAMMENFASSUNG

- Ändert sich der magnetische Fluss $\Phi_{\mathrm{m}} = \int \boldsymbol{B} \cdot \mathrm{d}\boldsymbol{A}$ durch eine Leiterspule, so tritt zwischen den Enden der Leiterspule eine elektrische Spannung

  $$U_{\mathrm{ind}} = -\frac{\mathrm{d}\Phi_{\mathrm{m}}}{\mathrm{d}t}$$

  auf.
- Die durch Induktion entstehenden Ströme, Felder und Kräfte sind so gerichtet, dass sie dem die Induktion verursachenden Vorgang entgegenwirken (Lenzsche Regel).
- Die Selbstinduktion einer elektrischen Anordnung bewirkt eine Induktionsspannung

  $$U_{\mathrm{ind}} = -L \cdot \frac{\mathrm{d}I}{\mathrm{d}t}\,,$$

  welche der von außen angelegten Spannung entgegengerichtet ist. Der Selbstinduktionskoeffizient L hängt von der Geometrie des Schaltkreises ab.
- Die wechselseitige Induktion L_{12} zwischen zwei elektrischen Leiteranordnungen hängt sowohl von deren Geometrie als auch von ihrer relativen Orientierung ab.
- Die räumliche Energiedichte des magnetischen Feldes im Vakuum ist

  $$w_{\mathrm{magn}} = \frac{1}{2\mu_0}B^2 = \frac{1}{2}B \cdot H\,.$$

  Die Energiedichte des elektromagnetischen Feldes im Vakuum ist

  $$w_{\mathrm{em}} = \frac{1}{2}\,\varepsilon_0\,(E^2 + c^2B^2)\,.$$

  Sowohl im Vakuum als auch in Materie kann sie ganz allgemein geschrieben werden als

  $$w_{\mathrm{em}} = \frac{1}{2}(ED + BH)\,.$$
- Ein sich änderndes elektrisches Feld erzeugt ein magnetisches Feld $\boldsymbol{B}$ mit

  $$\mathbf{rot}\,\boldsymbol{B} = \frac{1}{c^2}\frac{\partial\boldsymbol{E}}{\partial t}\,.$$
- Alle Phänomäne der Elektrodynamik können durch die vier Maxwell-Gleichungen (4.25) bzw. (4.26) und die Lorentz-Kraft (3.29b) beschrieben werden. Die Maxwell-Gleichungen erfüllen die Kontinuitätsgleichung

  $$\mathrm{div}\,\boldsymbol{j} + \frac{\partial\varrho}{\partial t} = 0\,.$$
- Die Maxwell-Gleichungen lassen sich aus der Ladungserhaltung, der Erhaltung des magnetischen Flusses und der Lorentzkraft auf bewegte Ladungen herleiten, und können damit auf experimentell beobachtbare Größen zurückgeführt werden.

ÜBUNGSAUFGABEN

1. Ein rechteckiger Drahtbügel in der x-y-Ebene mit der Breite $\Delta y = b$ liegt senkrecht zu einem homogenen Magnetfeld in z-Richtung. Zieht man einen reibungsfrei gleitenden Stab mit konstanter Geschwindigkeit v in x-Richtung (Abb. 4.21), so muss man Arbeit gegen die Lorentz-Kraft leisten.

   a) Zeigen Sie, dass dabei eine Spannung $U_{\mathrm{ind}} = -\dot{\Phi}_{\mathrm{m}}$ auftritt, die gleich der „Hall-Spannung" zwischen den Enden des Bügels ist.

▶

b) Zeigen Sie ferner, dass die mechanische Leistung gleich der elektrischen Leistung $U \cdot I$ ist, wenn Masse und elektrischer Widerstand des gleitenden Stabes vernachlässigt werden.

c) Die vom Bügel eingeschlossene Fläche werde durchsetzt von einem inhomogenen Magnetfeld $\boldsymbol{B} = \{0, 0, B_z\}$ mit $B_z = a \cdot x$. Wie sieht der zeitliche Verlauf des induzierten Stromes $I(t)$ aus, wenn der Widerstand des Bügels $R = b \cdot L$ proportional zur Gesamtlänge des Leiters ist?

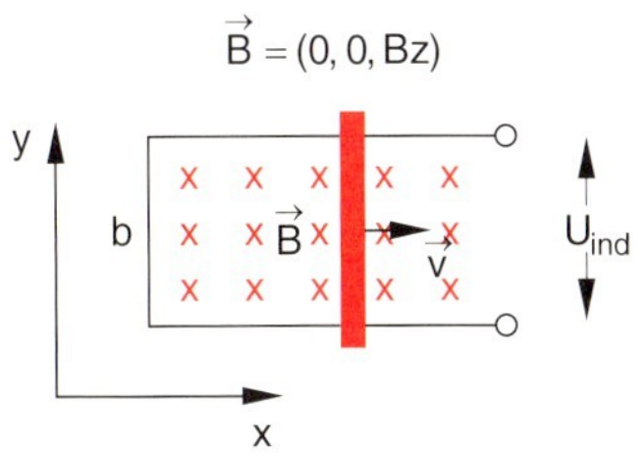

Abb. 4.23. Zu Aufgabe 4.1

2. Berechnen Sie die Selbstinduktion pro Meter eines Kabels aus zwei konzentrischen Leiterrohren für Hin- und Rückfluss des Stromes, wenn die Rohrradien R_1 und R_2 sind. Wie groß ist die magnetische Energiedichte zwischen den Rohren, wenn der Strom I fließt?
Zahlenbeispiel: $R_1 = 1\,\text{mm}$, $R_2 = 5\,\text{mm}$, $I = 10\,\text{A}$.
3. Zwei konzentrische Kreisringe, die in einer Ebene liegen, haben die Radien R_1 und R_2.
a) Wie groß ist die Gegeninduktivität?
b) Wie groß ist der Induktionsfluss Φ_m, wenn durch einen der beiden Ringe der Strom I geschickt wird?
Zeigen Sie, dass Φ_m unabhängig davon ist, durch welchen der beiden Ringe der Strom geschickt wird.
4. Eine Doppelleitung bestehe aus zwei dünnen leitenden Streifen der Breite $b = 10\,\text{cm}$ und der Dicke $d = 0{,}1\,\text{cm}$ im Abstand von 2 mm, durch die ein Strom in entgegengesetzter Richtung fließt. Man berechne die Induktivität L und die Kapazität C pro m Leitungslänge, wenn sich zwischen den Streifen Isoliermaterial mit $\varepsilon = 5$ befindet. Hängt das Produkt $L \cdot C$ von den Abmessungen der Leitung ab?
5. Zeigen Sie, dass für das Waltenhofensche Pendel in Abb. 4.12 das dämpfende Drehmoment
a) $D_D \propto \dot{\varphi}$ ist, wenn φ der Winkel der Pendelstange gegen die Vertikale ist,
b) $D_D \propto I^2$ ist, wenn I der Strom durch die felderzeugenden Spulen ist.
6. Über einen Schalter S wird eine Gleichspannungsquelle mit $U_0 = 20\,\text{V}$ zur Zeit $t = 0$ mit einer Spule ($L = 0{,}2\,\text{H}$, $R_L = 100\,\Omega$) verbunden. Berechnen Sie den Strom $I(t)$.
7. Zeigen Sie mithilfe des Gaußschen Satzes, dass die zeitliche Änderung $\mathrm{d}Q/\mathrm{d}t$ der Ladung $Q = \int \varrho \cdot \mathrm{d}V$ in einem Volumen V und der Strom $I = \int \boldsymbol{j} \cdot \mathrm{d}\boldsymbol{S}$ durch die Oberfläche S durch die ***Kontinuitätsgleichung***
$$\dot{\varrho} + \operatorname{div} \boldsymbol{j} = 0$$
beschrieben werden.
8. Ein Zug fährt mit einer Geschwindigkeit von 200 km/h nach Süden über eine gerade Eisenbahnstrecke, deren beide Schienen den Abstand 1,5 m haben. Welche Spannung wird aufgrund des Erdmagnetfeldes $\boldsymbol{B}$ zwischen den Schienen gemessen, wenn $\boldsymbol{B}$ den Wert $B = 4 \cdot 10^{-5}\,\text{T}$ hat und seine Richtung 65° gegen die Senkrechte geneigt ist?
9. Eine Spule mit N Windungen umschließt einen geraden Draht, durch den ein Wechselstrom $I = I_0 \cdot \sin \omega t$ fließt. Wie groß ist die zwischen den Enden der Spule induzierte Spannung?
a) wenn die N Windungen konzentrische Kreise um den Strom führenden Draht bilden?
b) wenn die Spulenwindungen mit Radius R_1 einen Torus bilden, dessen Mittellinie einen Kreis mit Radius R_2 um den Draht bildet?
c) wenn eine rechteckige flache Spule mit N Windungen mit Seitenlänge a in radialer Richtung und den Seitenlängen b parallel zum Draht im Abstand d bzw. $d + a$ vom Draht angeordnet ist?
10. Ein Elektromagnet wird durch einen Strom von 1 A erregt, der durch 10^3 Windungen der Feldspule mit $F = 100\,\text{cm}^2$ einer Länge $l = 0{,}4\,\text{m}$ und einem Widerstand $R = 5\,\Omega$ fließt. Das Magnetfeld B im Eisenkern ist $B = 1\,\text{T}$. Wie groß ist die an den Enden der Spule auftretende Induktionsspannung, wenn der Strom in einer Zeit $\Delta t = 1\,\text{ms}$ abgeschaltet wird?

5. Elektrotechnische Anwendungen

Die Grundlagenforschung über elektrische und magnetische Felder und ihre zeitlichen Änderungen hat bereits im vorigen Jahrhundert zu vielen Anwendungen geführt, welche entscheidend zur *technischen Revolution* beigetragen haben. Beispiele sind die Erzeugung und der Transport von elektrischer Energie und ihr Einsatz in Industrie, Verkehr und in Haushalten. Wir wollen hier nur die wichtigsten Anwendungen behandeln, die auch heute noch von großer Bedeutung sind.

5.1 Elektrische Generatoren und Motoren

Das Faradaysche Induktionsgesetz (4.2) bildet die Grundlage für die technische Realisierung von elektrischen Generatoren.

Das einfachste Modell eines Wechselstromgenerators bildet eine rechteckige Spule mit der Windungsfläche F, welche im homogenen Magnetfeld B mit der Winkelgeschwindigkeit ω gedreht wird (Abb. 4.3). Sie liefert eine induzierte Spannung

$$U = B \cdot F \cdot \omega \cdot \sin \omega t\ ,$$

die durch Schleifkontakte K_1 und K_2 auf zwei feststehende Klemmen übertragen wird. Ein Generator wandelt also mechanische Energie (die zum Antrieb der Spule gebraucht wird) in elektrische Energie um. Gibt man andererseits auf die Klemmen eine externe Wechselspannung U_e, so dreht sich die Spule (eventuell erst nach Anstoßen) mit der Frequenz der externen Wechselspannung. Der Generator ist zum Motor geworden (***Synchronmotor***, Abb. 5.1).

Schickt man durch die Spule einen Gleichstrom, so kann sie höchstens eine halbe Umdrehung vollführen. Polt man jedoch die Richtung des Stromes jeweils im richtigen Moment um, so dreht sich die Spule kontinuierlich im zeitlich konstanten äußeren Magnetfeld B. Diese Umpolung geschieht durch einen geschlitzten Schleifkontakt, den ***Kommutator***, der für den Fall *einer* Spule aus zwei voneinander isolierten Hälften besteht, die mit den beiden Enden der Spule leitend verbunden sind (Abb. 5.2a). Durch den Kommutator ist unser Generator als ***Gleichstromgenerator*** oder ***-motor*** verwendbar.

Dreht man die Spule mit Kommutator, so liefert der mit mechanischer Energie angetriebene Generator an den Ausgangsklemmen eine pulsierende Gleichspannung (Abb. 5.2b). Man kann sie glätten, indem man statt nur einer Spule N Spulen verwendet, deren Ebenen um den Winkel π/N gegeneinander verdreht sind. Mit N zweiteiligen Kommutatoren können die Wechselspannungen der Spulen gleichgerichtet und dann überlagert werden. Man kommt auch mit nur einem Kommutator aus, wenn dieser $2N$ Segmente und N Abnehmer hat. Dazu muss man das Ende einer Spule jeweils mit dem Anfang der nächsten Spule und mit einem Segment des Kommutators verbinden.

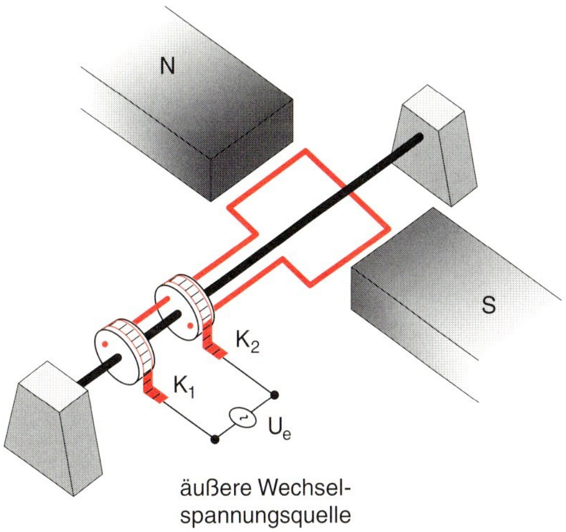

Abb. 5.1. Einfaches Modell eines Wechselstromsynchronmotors mit einer drehbaren Spule

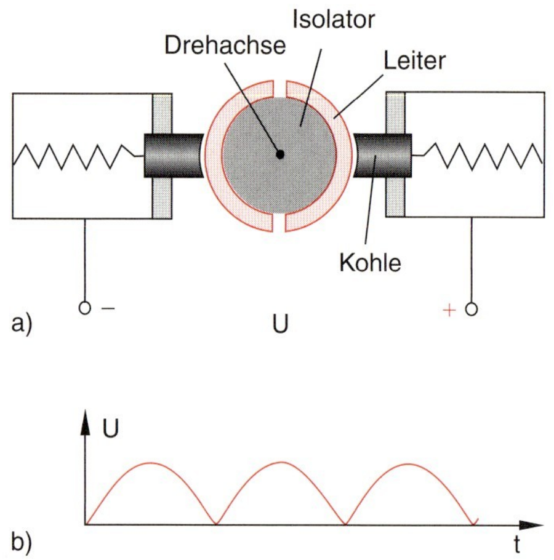

Abb. 5.2. (**a**) Zweiteiliger Kommutator mit Schleifkontakten eines Gleichstromgenerators bzw. Motors mit nur einer Spule; (**b**) pulsierende Gleichspannung bei nur einer sich drehenden Spule

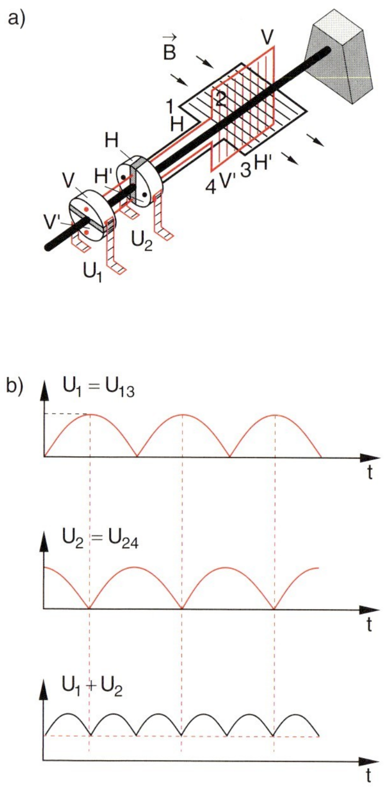

Abb. 5.3. (**a**) Generator mit zwei um 90° gegeneinander versetzten Spulen. (**b**) Pulsierende Gleichspannung der beiden Spulen und ihre Überlagerung

Zur Illustration ist in Abb. 5.3 ein Generator mit zwei Spulen gezeigt, die um den Winkel $\pi/2$ gegeneinander verdreht sind. Die an den beiden Spulen abgenommenen Induktionsspannungen sind um 90° gegeneinander phasenverschoben (Abb. 5.3b). Die Überlagerung der gleichgerichteten Spannungen führt zur geglätteten unteren Kurve. Dazu verbindet man z. B. die Enden 1 und 2 sowie 3 und 4 miteinander und nimmt, wie in Abb. 5.2a, die Spannung zwischen gegenüberliegenden Segmenten mit zwei Schleifkontakten ab.

Die drei wichtigsten Bestandteile eines Generators (bzw. eines Elektromotors) sind:

- der feststehende Feldmagnet (Stator),
- die rotierenden Spulen (Rotor),
- der Kommutator oder auch Kollektor, mit den auf ihm schleifenden Kontakten, die meistens durch Kohlestifte realisiert werden, welche durch Federn auf den rotierenden Kollektor gedrückt werden.

Die Optimierung des Rotors wurde durch die Erfindung des ***Trommelankers*** erreicht, dessen Prinzip in Abb. 5.4 illustriert wird. Statt der Luftspulen benutzt man einen Zylinder aus magnetischem Material, auf den in Längsnuten die Spulen aufgewickelt sind (Abb. 5.4a). Dadurch wird der magnetische Kraftfluss Φ_{m} vergrößert. Bei geeigneter Schaltung der N Spulen braucht der Kollektor, dessen Umfang in Abb. 5.4b in einer Ebene abgewickelt gezeichnet ist, nur N und nicht $2N$ voneinander isolierte Segmente (Lamellen), an denen beim Generator die Ausgangsspannung als geglättete Gleichspannung an zwei Kohlestiften (Bürsten) abgenommen wird. Dazu muss man die Spannungen der sich jeweils im Magnetfeld befindlichen Spulen phasenrichtig addieren. Dies erreicht man, indem jeweils das Ende einer Spule mit dem Anfang der nächsten und mit einem Segment auf dem Kommutator verbunden wird. Bei der in Abb. 5.4b gezeigten Stellung wird die Spannung zwischen den Segmenten 2 und 5 abgenommen, zwischen denen die Spannung zwischen den hintereinander geschalteten Stücken 11-4-9-2-7-12 und der dazu parallelen Reihenschaltung 5-10-3-8-1-6 liegt. Beim Gleichstrommotor wird auf die Lamellen des Kollektors über die Kohlestifte von außen die Gleichspannung gegeben.

Da die induzierte Spannung U nach (4.2a) proportional zur Magnetfeldstärke B ist, sollte B möglichst groß sein, um große elektrische Leistungen

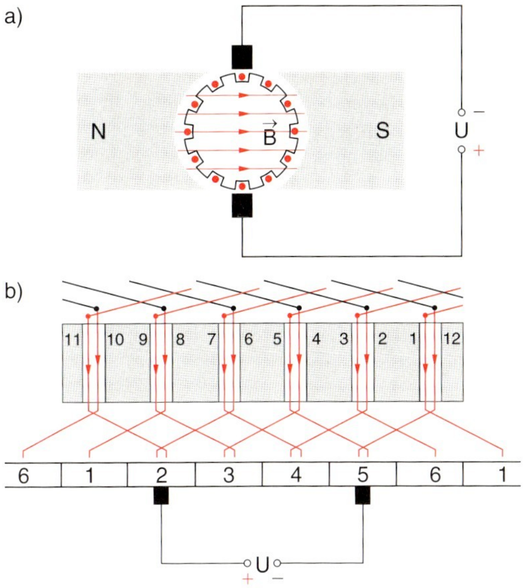

Abb. 5.4. (**a**) Trommelanker mit magnetisierbarem Eisenkern, in dessen Nuten sechs Induktionsspulen gewickelt sind. (**b**) In eine Ebene abgewickelte Darstellung der Verbindung der Spulen mit den entsprechenden Segmenten des Kollektors. Die in (**a**) gezeigten Kohlestifte schleifen am Kollektor in einer Ebene hinter dem Trommelanker

zu erzeugen. Dies erreicht man am besten mit Elektromagneten. Damit man keine eigene Stromversorgung für den Feldstrom braucht, sind alle elektrischen Maschinen so geschaltet, dass sie ihren eigenen Feldstrom erzeugen. Dabei wird ausgenutzt, dass Elektromagnete auch ohne Feldstrom aufgrund der remanenten Magnetisierung im Eisen (siehe Abb. 3.46) ein schwaches Restmagnetfeld aufweisen, welches genügt, um beim Drehen der Spule eine Induktionsspannung zu erzeugen, die dann dazu benutzt wird, den Feldstrom zu erzeugen und damit das Magnetfeld zu verstärken (***Dynamoelektrisches Prinzip***).

5.1.1 Gleichstrommaschinen

Man benutzt, je nach Verwendungszweck, drei verschiedene Schaltungen für Gleichstromgeneratoren bzw. -motoren:

a) Die Hauptschlussmaschine

Bei der Hauptschlussmaschine (Abb. 5.5) wird nach der Gleichrichtung durch den Kommutator der gesamte aus den Rotorspulen kommende Strom durch die Wicklungen des Feldmagneten und durch den Verbraucherkreis geschickt, d. h. Rotor, Feldwicklung und Verbraucher sind hintereinander geschaltet (Serienschaltung). Es

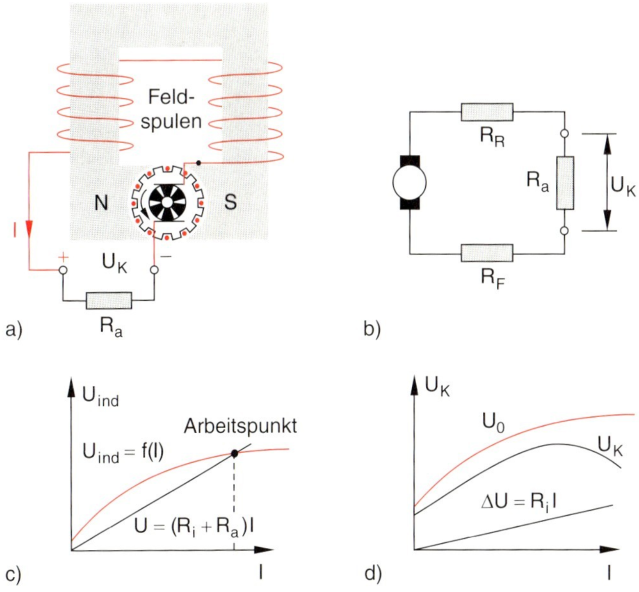

Abb. 5.5a–d. Hauptschlussmaschine.
(**a**) Schematische Darstellung; (**b**) Ersatzschaltbild; (**c**) Erregungskurve mit Arbeitspunkt; (**d**) Strom-Spannungs-Kennlinie

fließt also nur dann ein Feldstrom I, wenn der Verbraucherkreis geschlossen ist. Der Magnetfeldstrom ist gleich dem Verbraucherstrom.

Mit zunehmendem Strom I steigt die induzierte Spannung, wodurch der Strom weiter ansteigt. Wegen der Sättigung im Eisen ist die Kurve $U = f(I)$ gekrümmt (Abb. 5.5c). Stationärer Betrieb stellt sich ein am Schnittpunkt der Geraden $U = (R_i + R_a)\, I$ mit $U = f(I)$.

Ist $R_i = R_F + R_R$ der gesamte innere Widerstand der Maschine (Feldspule plus Rotor) so ist die Klemmenspannung

$$U_K = U_0 - I \cdot R_i\,, \tag{5.1}$$

wobei $U_0(I)$ die elektromotorische Kraft, d. h. die Induktionsspannung für $R_i = 0$, ist. Ist der Widerstand R_R klein gegen R_F, so ist U_0 praktisch gleich der induzierten Spannung U_{ind}, die proportional zur Feldstärke B und damit zum Strom I ist. In Abb. 5.5d sind Klemmenspannung U_K und elektromotorische Kraft U_0 als Funktion von I aufgetragen. Wegen der Sättigung des Magnetfeldes bei hohen Strömen (siehe Abb. 3.46) geht U_0 für große I gegen einen konstanten Wert, und U_K sinkt gemäß (5.1).

Bei einem Verbraucherwiderstand R_a gilt für die gesamte elektrische Leistung der Maschine:

$$P = U_0 \cdot I = I^2 \cdot (R_i + R_a)\,.$$

Davon wird der Anteil $P_i = I^2 R_i$ in der Maschine verbraucht und der Anteil $P_a = I^2 R_a$ nach außen abgegeben.

Der ***elektrische Wirkungsgrad*** der Hauptschlussmaschine ist daher

$$\eta = \frac{P_a}{P} = \frac{R_a}{R_i + R_a}\,. \tag{5.2}$$

Um einen möglichst großen Wirkungsgrad zu erreichen, muss der Innenwiderstand R_i der Maschine also klein sein, d. h. man muss dicke Drähte für die Wicklungen verwenden.

Der Vorteil der Hauptschlussmaschine ist ihre an den Verbraucher angepasste Leistung. Wird viel Leistung verbraucht, so steigt I und damit die Leistung der Maschine. Ihr Nachteil ist, dass die erzeugte Spannung nicht konstant ist.

b) Die Nebenschlussmaschine

Bei der Nebenschlussmaschine (Abb. 5.6) sind der Verbraucherkreis und die Magnetwicklung parallel geschaltet, sodass auch ohne Verbraucherleistung immer der Magnetfeldstrom I_F durch die Wicklung mit Widerstand R_F fließt. Der vom Kommutator abgenommene Strom

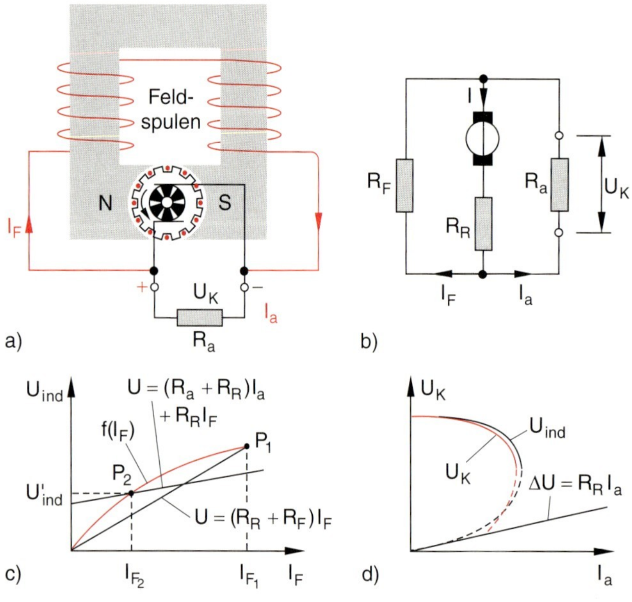

Abb. 5.6. (**a**) Nebenschlussmaschine. (**b**) Ersatzschaltbild; (**c**) Erregungskurve mit lastabhängigem Arbeitspunkt; (**d**) Strom-Spannungs-Kennlinie

$$I = I_F + I_a = \frac{U_{ind}}{R_F} + \frac{U_{ind}}{R_a}$$
$$\Rightarrow I_F/I_a = R_a/R_F \tag{5.3a}$$

teilt sich auf in den Feldstrom I_F und den nach außen abgegebenen Strom I_a, welcher durch den Verbraucherwiderstand R_a im Außenkreis fließt. Wegen $I = I_F + I_a$ folgt dann:

$$I_a = I \cdot \frac{R_F}{R_a + R_F}; \quad I_F = I \cdot \frac{R_a}{R_a + R_F} \tag{5.3b}$$

Die an den Verbraucher abgegebene Leistung ist $P_a = I_a^2 R_a$, und die in der Maschine verbrauchte Leistung ist im Feldmagneten $P_F = I_F^2 R_F$ und im Rotor $P_R = I^2 R_R$.

Der elektrische Wirkungsgrad ist daher

$$\eta = \frac{P_a}{P_a + P_F + P_R} = \frac{I_a^2 R_a}{I_a^2 R_a + I_F^2 R_F + I^2 R_R} . \tag{5.4}$$

Mit (5.3) ergibt dies

$$\eta = \frac{1}{1 + \frac{R_R}{R_a} + \frac{R_a + 2R_R}{R_F} + \frac{R_a R_R}{R_F^2}} , \tag{5.5}$$

woraus man sieht, dass zur Maximierung von η der Feldspulenwiderstand R_F, im Gegensatz zur Hauptschlussmaschine, möglichst groß sein sollte.

Die Strom-Spannungs-Kennlinie einer Nebenschlussmaschine ist in Abb. 5.6d dargestellt. Bei abgeschaltetem Verbraucher ($I_a = 0$) ist $I = I_F$, d. h. der gesamte vom Rotor abgegebene Strom fließt durch die Feldspulen. Damit wird die induzierte Spannung $U_{ind} = U_1$ maximal. Sie stellt sich auf den in Abb. 5.6c gezeigten Schnittpunkt P_1 zwischen der Geraden

$$U = (R_R + R_F)\, I_{F_1}$$

und der Kurve $U = f(I_F)$ ein, die durch das Magnetisierungsverhalten des Magneten bestimmt wird. Wird jetzt ein Verbraucher R_a parallel geschaltet, so steigt $I = I_F + I_a$ an. Dadurch sinkt die vom Kommutator abgenommene Klemmenspannung auf

$$U_K = U'_{ind} - R_R\,(I_F + I_a) . \tag{5.6}$$

Mit sinkender Spannung U_K sinken aber auch Feldspulenstrom $I_F = U_K/R_F$ und Magnetfeldstärke B, und damit fällt auch die induzierte Spannung auf den Wert

$$U'_{ind} = f(I_{F_2}) = U_2 = (R_a + R_R) I_a + R_R I_{F_2}$$
$$= (R_a + R_R) I - R_a I_{F_2} \tag{5.7}$$

welcher dem Punkt P_2 in Abb. 5.6c entspricht.

Mit zunehmendem Verbraucherstrom I_a schiebt sich die Gerade U_2 immer höher und der Schnittpunkt P_2 zu immer tieferen Spannungen U'_{ind} und damit auch gemäß (5.6) zu tieferen Klemmenspannungen U_K. Oberhalb eines maximalen Stromes I_a^{max} gibt es keinen Schnittpunkt mehr, d. h. ein stabiler Betrieb ist dann nicht mehr möglich.

Die Nebenschlussmaschine wird im Allgemeinen im oberen Teil der $U(I_2)$-Kennlinie in Abb. 5.6d betrieben. Werden die Ausgangsklemmen kurzgeschlossen ($R_a = 0$), so gehen die Spannung U und deren Steigung $\mathrm{d}U/\mathrm{d}I_2$ gegen null, d. h. ein Kurzschluss schadet nicht!

> Der Vorteil der Nebenschlussmaschine ist eine relativ gute Spannungskonstanz im oberen Teil ihrer Kennlinie. Ihr Nachteil ist ihre geringe Resistenz gegen starke Belastungsschwankungen. Wird die Belastung zu groß, so bleibt ein Elektromotor, der als Nebenschlussmaschine geschaltet ist, stehen.

c) Die Verbundmaschine

Man kann die Vorteile von Haupt- und Nebenschlussmaschine kombinieren, indem man zwei getrennte

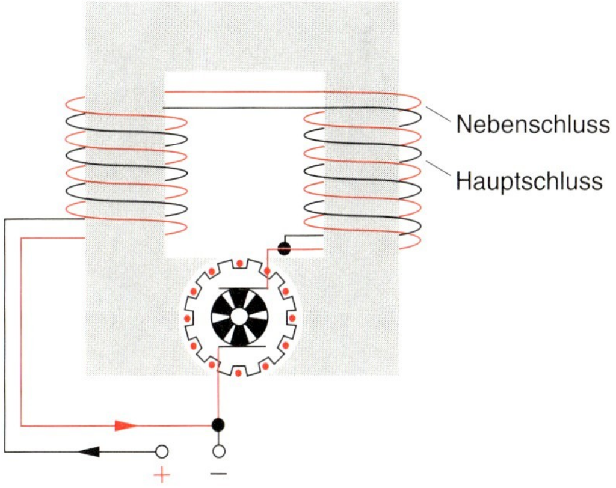

Abb. 5.7. Verbundmaschine

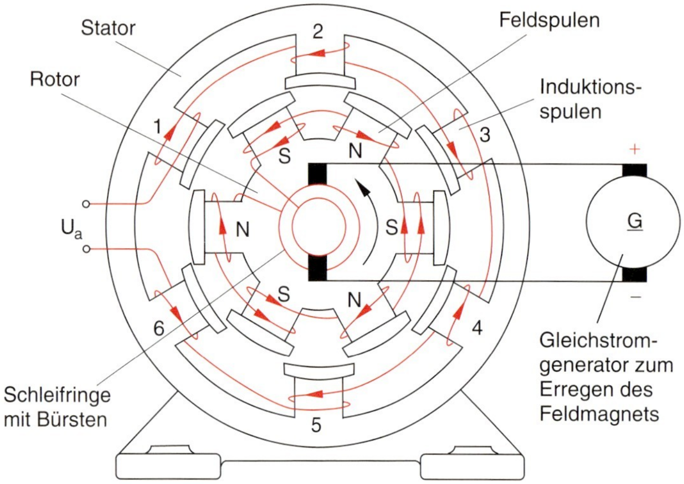

Abb. 5.8. Wechselstromgenerator mit einem rotierenden Feldmagneten und feststehenden Induktionsspulen

Magnetfeldwicklungen anbringt: Eine aus dickem Draht mit geringem Widerstand R_{F_1}, die in Serie mit dem Verbraucherkreis geschaltet ist, und eine mit großem Widerstand R_{F_2}, die parallel geschaltet ist (Abb. 5.7). Dadurch erreicht man eine bessere Konstanz der Spannung $U(I_a)$ und gleichzeitig eine bessere Anpassung an sich stark ändernde Belastungen.

5.1.2 Wechselstromgeneratoren

Die Wechselstrommaschinen können auf den Kommutator verzichten. Das einfache Modell der Abb. 4.5 ist jedoch zur Optimierung des Wirkungsgrades in der technischen Praxis wesentlich modifiziert worden.

Bei den heute üblichen *Innenpolmaschinen* lässt man das Magnetfeld rotieren, und die Induktionsspulen sind räumlich fest. Dadurch braucht man zur Übertragung großer Ströme zum Verbraucher keine Schleifkontakte mehr, die leicht verschmoren können. In Abb. 5.8 ist als Beispiel ein sechspoliger Wechselstromgenerator gezeigt. Der rotierende Feldmagnet ist ein Elektromagnet, der drei Nord- und drei Südpole besitzt. Am feststehenden Gehäuse sind sechs Induktionsspulen mit Eisenkern angebracht, die hintereinander geschaltet und abwechselnd mit umgekehrtem Windungssinn gewickelt sind. Die an den Ausgangsklemmen anliegende Wechselspannung wird so gleich der Summe aller Induktionsspannungen.

Der Rotormagnet erhält den Feldstrom, der kleiner ist als der Verbraucherstrom, über Schleifkontakte. Die Versorgungsspannung wird entweder im Nebenschluss von den Ausgangsklemmen abgenommen und gleichgerichtet oder von einem eigenen Gleichstromgenerator erzeugt.

Um einen Wechselstrom von 50 Hz zu erzeugen, muss die Umdrehungszahl Z eines Generators mit drei Spulen und drei Magnetpolpaaren $Z = 50 \cdot 60/3$ Umdrehungen/Minute $= 1000$ U/min betragen.

Mehr Informationen über elektrische Generatoren und Motoren findet man z. B. in [5.1, 2].

5.2 Wechselstrom

Eine Wechselspannung

$$U = U_0 \cdot \cos \omega t \, ,$$

die an einem Widerstand R anliegt, erzeugt einen Wechselstrom

$$I = I_0 \cdot \cos \omega t$$

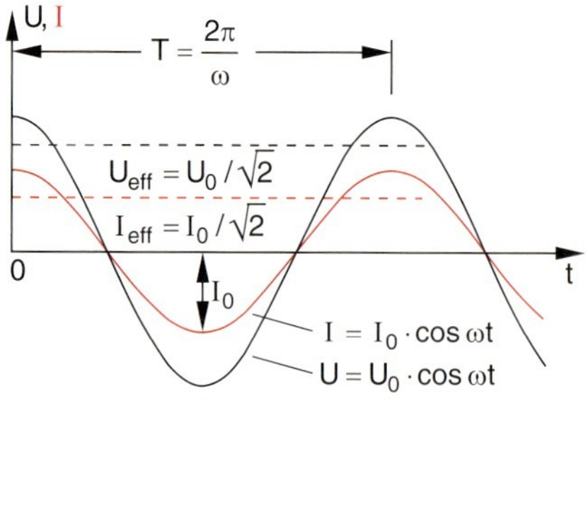

Abb. 5.9. Zur Definition der charakteristischen Größen einer Wechselspannung

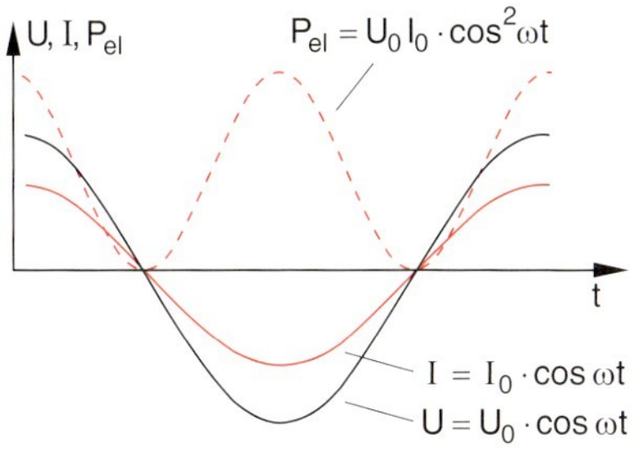

Abb. 5.10. Leistungskurve des Wechselstroms, wenn Strom und Spannung in Phase sind

mit $I_0 = U_0/R$. Die Zeit $T = 2\pi/\omega$ zwischen zwei Maxima heißt die *Periode* (Abb. 5.9). Sie beträgt im mitteleuropäischen Verbundnetz mit $\omega = 2\pi \cdot 50\,\text{Hz} \Rightarrow T = 20\,\text{ms}$. Die elektrische Leistung dieses Wechselstromes

$$P_{el} = U \cdot I = U_0 I_0 \cos^2 \omega t \tag{5.8}$$

ist ebenfalls eine periodische Funktion der Zeit (Abb. 5.10). Ihr zeitlicher Mittelwert ist

$$\overline{P}_{el} = \frac{1}{T} \int_0^T U_0 I_0 \cos^2 \omega t \,\mathrm{d}t \quad \text{mit} \quad T = 2\pi/\omega$$
$$= \frac{1}{2} U_0 I_0 \,.$$

Ein von einer Gleichspannung $U = U_0/\sqrt{2}$ erzeugter Gleichstrom $I = I_0/\sqrt{2}$ würde die gleiche mittlere Leistung haben wie der Wechselstrom mit den Amplituden U_0, I_0 (Abb. 5.11). Man nennt deshalb

$$U_{eff} = \frac{U_0}{\sqrt{2}}, \qquad I_{eff} = \frac{I_0}{\sqrt{2}} \tag{5.9}$$

die ***Effektivwerte*** von Spannung und Strom des Wechselstroms.

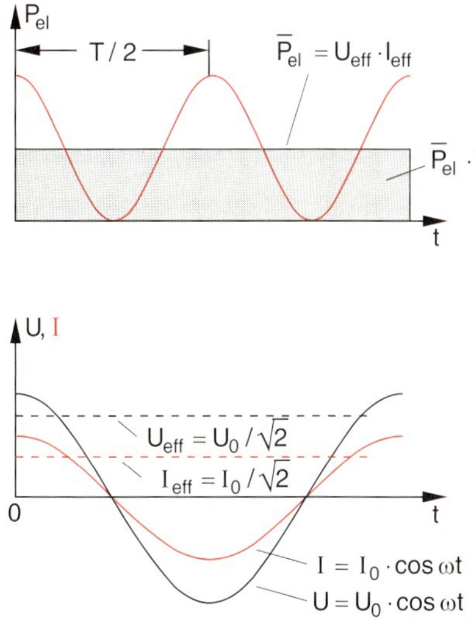

Abb. 5.11. Mittlere Leistung des Wechselstroms; Effektivwerte von Strom und Spannung

BEISPIEL

Bei unserem einphasigen Wechselstromnetz liegt zwischen den Polen der Steckdose eine Effektivspannung $U_{eff} = 230\,\text{V} \Rightarrow U_0 = \sqrt{2} \cdot 230\,\text{V} \approx 325\,\text{V}$. Mit $\nu = 50\,\text{Hz} \Rightarrow \omega \approx 300\,\text{s}^{-1}$ lässt sich die Wechselspannung daher schreiben als

$$U(t) = 325 \cdot \cos(2\pi \cdot 50 \cdot t/\text{s})\text{V} \,.$$

Enthält der Stromkreis Induktivitäten L oder Kapazitäten C, so sind im allgemeinen Strom und Spannung nicht mehr in Phase (siehe Abschn. 5.4).

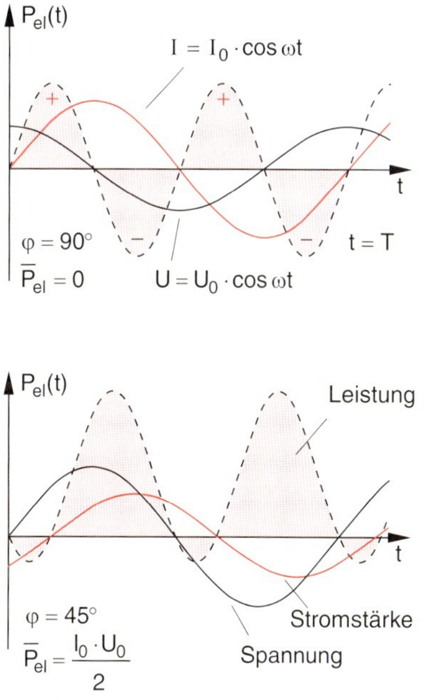

Abb. 5.12. Zeitlicher Verlauf der elektrischen Leistung $P = I \cdot U$ bei verschiedenen Werten der Phasenverschiebung φ zwischen Strom I und Spannung U. Die Wirkleistung ist die Differenz zwischen den Flächen oberhalb und unterhalb der t-Achse für die im oberen Bild $\overline{P}_{el} = 0$, im unteren jedoch $\neq 0$ ist

Es gilt dann für eine Wechselspannung

$$U = U_0 \cdot \cos \omega t \,, \quad I = I_0 \cdot \cos(\omega t + \varphi) \,.$$

Die mittlere Leistung ist nun

$$\begin{aligned} \overline{P}_{\text{el}} &= \frac{U_0 I_0}{T} \int\limits_0^T \cos \omega t \cdot \cos(\omega t + \varphi) \, \mathrm{d}t \\ &= \frac{U_0 I_0}{2} \cdot \cos \varphi \,. \end{aligned} \tag{5.10}$$

Für $\varphi = 90°$ wird $\overline{P}_{\text{el}} = 0$ (Abb. 5.12).

BEISPIEL

Eine Spule im Wechselstromkreis, deren Ohmscher Widerstand R vernachlässigbar ist, verbraucht im zeitlichen Mittel keine Energie. Die zum Aufbau des Magnetfeldes notwendige Energie wird beim Abbau wieder frei. Entsprechendes gilt für einen verlustfreien Kondensator, dessen elektrisches Feld auf- und abgebaut wird.

Man nennt die in Spulen und Kondensatoren aufgenommene Leistung des Wechselstroms deshalb auch ***Blindleistung***, während die echt verbrauchte Leistung in Ohmschen Widerständen die ***Wirkleistung*** heißt.

Zur Messung der Wirkleistung kann man ein Messinstrument verwenden, dessen Anzeige S proportional zu $\overline{P}_{\text{el}}$ ist. Ein Beispiel ist die in Abb. 5.13 gezeigte Schaltung eines Drehspulinstrumentes, bei dem der Permanentmagnet der Abb. 2.26 ersetzt ist durch eine feststehende Feldspule. Durch diese Spule fließt der Verbraucherstrom I, (oder mithilfe des Parallelwiderstandes R_1 ein berechenbarer Bruchteil von I) während die Spannung $U = I_2 \cdot (R_2 + R_M)$ mithilfe des Stromes I_2 gemessen wird, der durch die drehbare Messspule mit einem großen Vorwiderstand R_2 fließt, sodass $I_2 \ll I$ wird. Das magnetische Moment der Messspule ist dann proportional zu U und das Magnetfeld der Feldspule proportional zu I, sodass das wirkende Drehmoment, und damit die Anzeige, proportional zu $U \cdot I$ ist. Die mechanische Trägheit des Zeigers bewirkt eine zeitliche Mittelung über die schnellen Perioden des Wechselstroms.

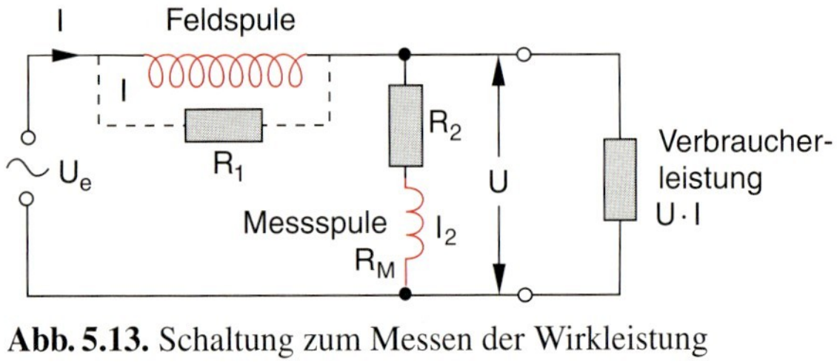

Abb. 5.13. Schaltung zum Messen der Wirkleistung

Zur Erweiterung des Messbereiches können verschiedene *Shuntwiderstände* R_1 bzw. Vorwiderstände R_2 zugeschaltet werden.

5.3 Mehrphasenstrom; Drehstrom

Lässt man statt der einen Spule in Abb. 5.1 N um jeweils den Winkel $2\pi/N$ gegeneinander versetzte Spulen im Magnetfeld rotieren, so sind die zwischen den Enden jeder Spule induzierten Wechselspannungen:

$$U_n^{\text{ind}} = U_0 \cos\left(\omega t - \frac{n-1}{N} \cdot 2\pi\right) \tag{5.11}$$

jeweils um den Winkel $\Delta\varphi = 2\pi/N$ gegeneinander phasenverschoben. Man kann das eine Ende aller Spulen auf denselben Schleifkontakt geben und die anderen auf jeweils getrennte Kontakte, sodass man insgesamt $N+1$ Ausgangsklemmen hat.

Eine häufiger verwendete Methode benutzt einen Magneten, der sich um die Achse A dreht (Abb. 5.14) und in drei feststehenden Spulen, die um 120° gegeneinander versetzt sind, Wechselspannungen erzeugt.

In der Technik hat vor allem der Dreiphasenstrom Bedeutung erlangt, weil sich mit ihm bei vertretbarem Aufwand eine wesentlich höhere elektrische Leistung

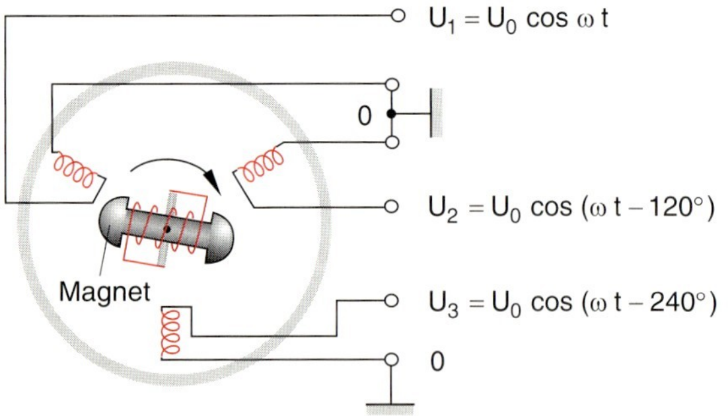

Abb. 5.14. Erzeugung von drei gegeneinander um 120° phasenverschobenen Wechselspannungen mit gemeinsamen Bezugspol 0

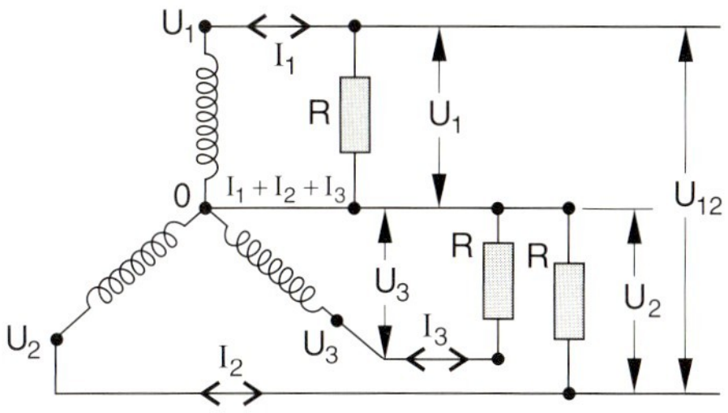

Abb. 5.15. Sternschaltung des Drehstroms

übertragen lässt, und weil er als *Drehstrom* die Realisierung neuer Typen von Elektromotoren erlaubt (siehe unten).

Verbindet man jeweils ein Ende der drei Spulen mit einem Ohmschen Verbraucherwiderstand R und benutzt eine gemeinsame Rückleitung zu den miteinander verbundenen anderen Enden der Induktionsspulen (***Sternschaltung***, Abb. 5.15), so sind die in den drei Leitungen 1, 2, 3 fließenden Ströme $I = U_{\text{ind}}/R$ mit $I_0 = U_0/R$

$$\begin{aligned} I_1 &= I_0 \cos \omega t \;, \\ I_2 &= I_0 \cos(\omega t - 120°) \;, \\ I_3 &= I_0 \cos(\omega t - 240°) \;. \end{aligned} \tag{5.12}$$

Durch Anwenden des Additionstheorems für Winkelfunktionen lässt sich aus (5.12) berechnen, dass

$$\sum_{k=1}^{3} I_k \equiv 0 \;, \tag{5.12a}$$

d. h. durch die gemeinsame Rückleitung fließt kein Strom (Abb. 5.16). Deshalb wird sie oft ***Nullleiter*** genannt. Man könnte den Nullleiter deshalb im Prinzip einsparen. Die Gleichung (5.12a) gilt jedoch nur für gleiche Ohmsche Verbraucher R, aber nicht mehr, wenn in den verschiedenen Verbraucherkreisen phasenverdrehende Verbraucher (Induktivitäten, Kapazitäten) oder ungleiche Widerstände R angeschlossen wurden.

Liefert jede Induktionsspule in Abb. 5.15 die Spannungsamplitude U_0, so liegt z. B. zwischen den Ausgangsklemmen 1 und 2 die Spannung

$$\begin{aligned} \Delta U_{1,2} &= U_1 - U_2 \\ &= U_0 \left[\cos \omega t - \cos(\omega t - 120°) \right] \\ &= -U_0 \cdot \sqrt{3} \sin(\omega t - 60°) \\ &= +U_0 \cdot \sqrt{3} \cos(\omega t + 30°) \;. \end{aligned} \tag{5.13}$$

Statt $-30°$ beträgt die Phasenverschiebung für $\Delta U_{2,3}$ $-90°$ und für $\Delta U_{3,1}$ $-150°$. Man erhält also zwischen zwei Phasen des Dreiphasenstroms ebenfalls eine Wechselspannung, deren Amplitude aber um den Faktor $\sqrt{3}$ größer ist.

BEISPIEL

$U_1^{\text{eff}} = U_2^{\text{eff}} = 230\,\text{V} \;\Rightarrow\; U_0 = \sqrt{2} \cdot U^{\text{eff}} = 325\,\text{V} \Rightarrow$ $\Delta U_0 = \sqrt{3} \cdot U_0 = 563\,\text{V}$.
Die Maximalamplitude $\Delta U(t)$ der Wechselspannung zwischen zwei Phasen im Dreiphasennetz unserer Stromversorgung ist also 563 V, ΔU_{eff} beträgt 398 V.

Neben der Sternschaltung in Abb. 5.15 wird häufig die ***Dreieckschaltung*** der Abb. 5.17 für Drehstromanwendungen verwendet, bei der ausgenutzt wird, dass die Summe aller drei Spannungen null ist.

$$U_{\text{tot}} = \sum_{n=0}^{2} U_0 \cos\left(\omega t - n\frac{2}{3}\pi\right) = 0 \;. \tag{5.14}$$

Bei der Dreieckschaltung sind die Spannungen zwischen den Punkten 1, 2, 3 immer gleich der Spannung

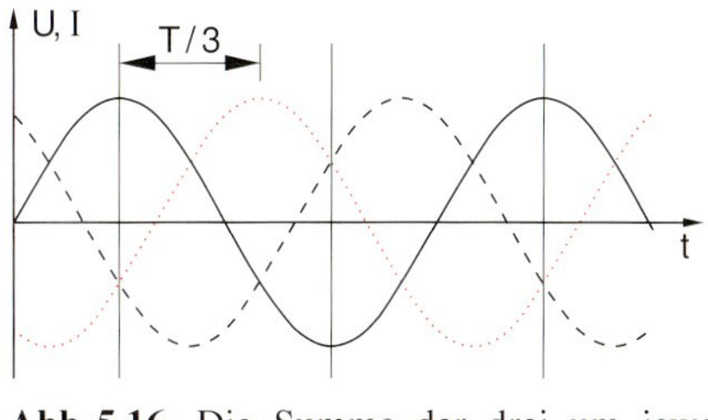

Abb. 5.16. Die Summe der drei um jeweils 120° gegeneinander verschobenen Einphasen-Wechselströme ist bei gleichen Verbrauchern null

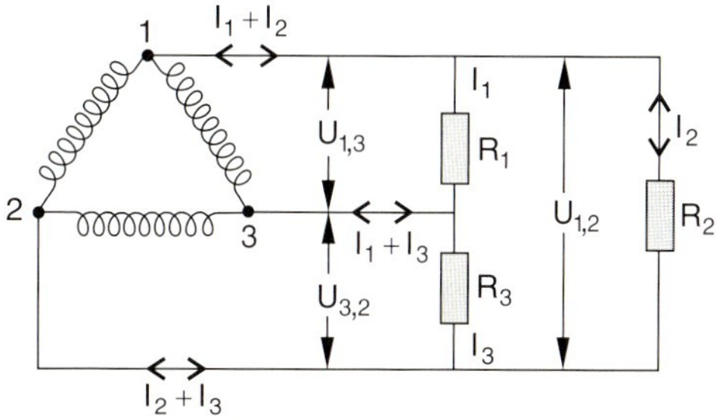

Abb. 5.17. Dreieckschaltung für Drehstrom

einer Phase. Der Vorteil gegenüber dem Einphasenstrom ist die geringere Belastung pro Phase, wenn man die Wechselstromleistung mehrerer Verbraucher auf die einzelnen Leitungen gleichmäßig verteilt. Der Strom durch jede der drei Leitungen ist jedoch immer gleich der Summe zweier im Allgemeinen phasenverschobener Verbraucherströme. So fließt z. B. in Abb. 5.17 von der Anschlussklemme 1 der Strom

$$I = I_1 + I_2 = U_{1,3}/R_1 + U_{1,2}/R_2 \, .$$

> Bei der Dreieckschaltung gilt unabhängig von den Verbraucherwiderständen R_i immer $\sum U_i = 0$, aber nicht mehr wie bei der Sternschaltung $\sum I_i = 0$.

Gibt man die Spannungen

$$U_n = U_0 \cos\left(\omega t - n\frac{2}{3}\pi\right) \, ,$$

die in Abb. 5.15 von den drei Ausgangsklemmen abgenommen werden, auf drei Magnetfeldspulen, deren Achsen um 120° gegeneinander verdreht sind (Abb. 5.18), so entsteht ein Magnetfeld, das sich mit der Frequenz ω um die Symmetrieachse senkrecht zur Ebene der Anordnung in Abb. 5.18 dreht. Dies lässt sich durch eine auf der Symmetrieachse unterstützte drehbare Magnetnadel demonstrieren, wenn man ω so niedrig wählt, dass man die Rotation optisch verfolgen kann.

Die Rotation des Magnetfeldes lässt sich anhand eines vereinfachten Vektormodells erläutern (Abb. 5.19). Die drei Magnetfelder $\boldsymbol{B}$ zeigen in die Richtung der jeweiligen Spulenachsen (siehe Abschn. 3.2.6d und Abb. 3.6), liegen also in einer Ebene und bilden jeweils einen Winkel von 120° miteinander. Zum Zeitpunkt $t = 0$ sei in Spule 1 der Feldstrom maximal, und das

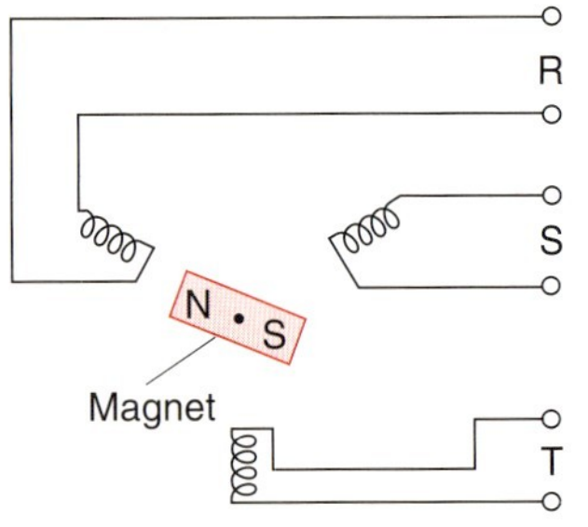

Abb. 5.18. Demonstration des magnetischen Drehfeldes des Drehstroms

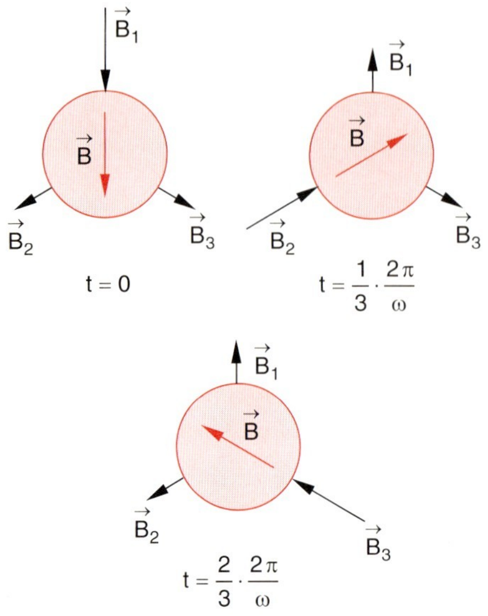

Abb. 5.19. Vektoraddition der Magnetfelder in den drei Spulen des Magnetfeldes

Feld zeige radial zur Mitte der Anordnung. Dann sind die Ströme in den Spulen 2 und 3 um ±120° phasenverschoben, d. h. die Felder $\boldsymbol{B}_2$, $\boldsymbol{B}_3$ sind um den Faktor $\cos 120° = -1/2$ schwächer und radial nach *außen* gerichtet. Die Überlagerung der drei Felder ergibt ein radiales Feld in Richtung der Spulenachse 1. Nach einer drittel Periode, d. h. nach $t = 2/3 \cdot \pi/\omega$,

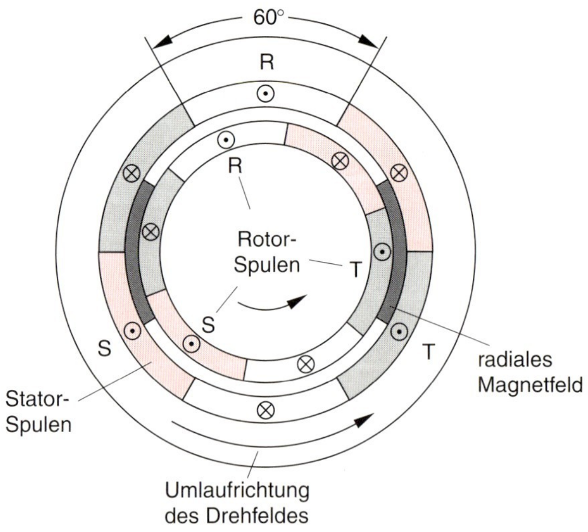

Abb. 5.20. Modell eines Drehstrommotors

hat sich das periodische $\boldsymbol{B}$-Feld um den Phasenwinkel 120° geändert. Es hat jetzt für Spule 2 den Maximalwert und zeigt nach innen, während die beiden anderen Spulenfelder um den Faktor $-1/2$ schwächer und nach außen gerichtet sind. Die Vektorsumme zeigt jetzt in Richtung der Spulenachse 2 radial nach innen.

Wegen dieser Drehung des Magnetfeldes heißt der Dreiphasenstrom auch ***Drehstrom***.

Man nutzt das magnetische Drehfeld zum Bau von Drehstrommotoren aus [5.3]. Ihr Prinzip wird bereits durch den sich drehenden Magneten deutlich. Eine technische Realisierungsmöglichkeit ist in Abb. 5.20 gezeigt. Statt der Magnetnadel wird ein drehbarer Eisenring verwendet, der von einer Spule umwickelt ist (*Kurzschlussläufer*).

5.4 Wechselstromkreise mit komplexen Widerständen; Zeigerdiagramme

Die an Induktivitäten L und Kapazitäten C auftretenden Phasenverschiebungen zwischen Strom und Spannung lassen sich am übersichtlichsten in einer komplexen Schreibweise darstellen [5.4]. Um die reale Bedeutung komplexer Widerstände klar zu machen, wollen wir uns zunächst zwei einfache Beispiele ansehen.

5.4.1 Wechselstromkreis mit Induktivität

Die von außen angelegte Eingangsspannung $U_e = U_0 \cos \omega t$ muss im geschlossenen Stromkreis der Abb. 5.21 entgegengesetzt gleich der induzierten Spannung $U_{ind} = -L \cdot dI/dt$ sein, wenn vom Ohmschen Widerstand einmal abgesehen werden kann:

$$U_e + U_{ind} = 0$$

$$\Rightarrow U_0 \cos \omega t = L \cdot \frac{dI}{dt} \,, \tag{5.15}$$

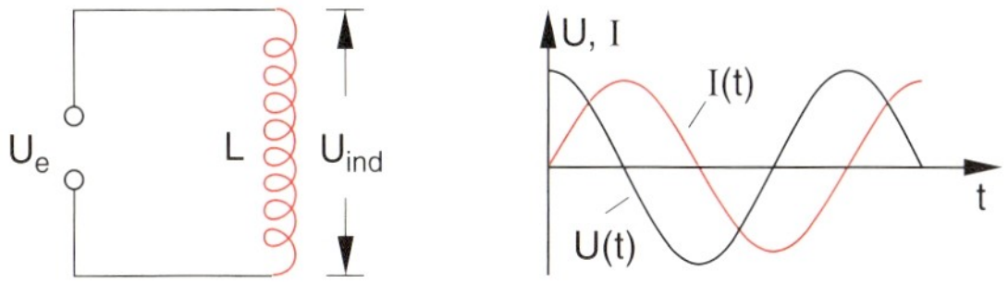

Abb. 5.21. Wechselstromkreis mit Induktivität

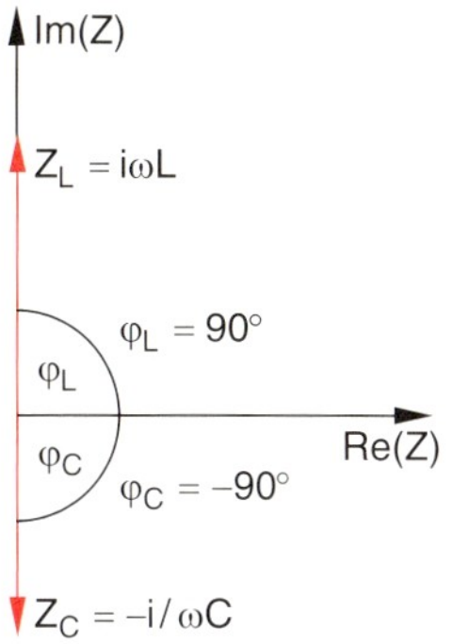

Abb. 5.22. Komplexe Darstellung des induktiven und des kapazitiven Widerstandes

$$\Rightarrow I = \frac{U_0}{L} \int \cos \omega t \; dt = \frac{U_0}{\omega L} \sin \omega t$$
$$= I_0 \sin \omega t \quad \text{mit} \quad I_0 = \frac{U_0}{\omega L} \,. \tag{5.16}$$

> Strom und Spannung sind nicht mehr in Phase. Der Wechselstrom wird durch eine Spule um 90° gegenüber der Wechselspannung verzögert.

Man definiert als Betrag $|R_L|$ des ***induktiven Widerstandes*** den Quotienten

$$|R_L| = \frac{U_0}{I_0} = \omega \cdot L \,. \tag{5.17}$$

Will man auch die Phasenverschiebung berücksichtigen, so lässt sich der phasenschiebende Widerstand R_L durch eine komplexe Zahl Z ausdrücken, deren Betrag gleich $|R_L|$ ist und deren Winkel φ gegen die reelle Achse die Phasenverschiebung zwischen Strom und Spannung angibt (Abb. 5.22). Da $\tan \varphi = \text{Im}\{Z\}/\text{Re}\{Z\}$ gilt (siehe Bd. 1, Abschn. A.3.2), muss für $\varphi = 90°$ der Realteil von Z null sein.

5.4.2 Wechselstromkreis mit Kapazität

Aus der Gleichung

$$U = Q/C$$

folgt durch zeitliche Differentiation

$$\frac{dU}{dt} = \frac{1}{C} \frac{dQ}{dt} = \frac{1}{C} \cdot I \,. \tag{5.18}$$

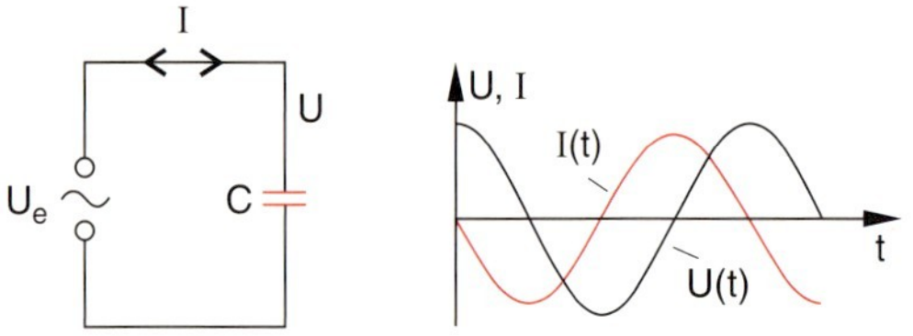

Abb. 5.23. Wechselstromkreis mit Kapazität C

Mit $U_e = U_0 \cdot \cos \omega t$ wird

$$I = -\omega C \cdot U_0 \cdot \sin \omega t$$
$$= \omega C \cdot U_0 \cdot \cos(\omega t + 90°) \,.$$

Der Strom eilt der Spannung um 90° voraus. Der komplexe Widerstand der Kapazität C ergibt sich daher mit $I_0 = \omega C U_0$ zu

$$Z = \frac{U}{I} = \mathrm{e}^{-\mathrm{i}\,\pi/2}\frac{U_0}{I_0} = -\mathrm{i}\frac{1}{\omega C} = \frac{1}{\mathrm{i}\omega C} \,. \tag{5.19}$$

5.4.3 Allgemeiner Fall

An einen Wechselstromkreis, in dem ein Ohmscher Widerstand R, eine Induktivität L und eine Kapazität C in Serie geschaltet sind, wird eine äußere Wechselspannung $U_e(t)$ angelegt (Abb. 5.24). Nach dem Kirchhoffschen Gesetz (Abschn. 2.4) muss die Summe aus äußerer Spannung $U_e(t)$ und Induktionsspannung $U_{ind} = -L \cdot \mathrm{d}I/\mathrm{d}t$ gleich dem Spannungsabfall $U_1 + U_2 = I \cdot R + Q/C$ an Widerstand R und

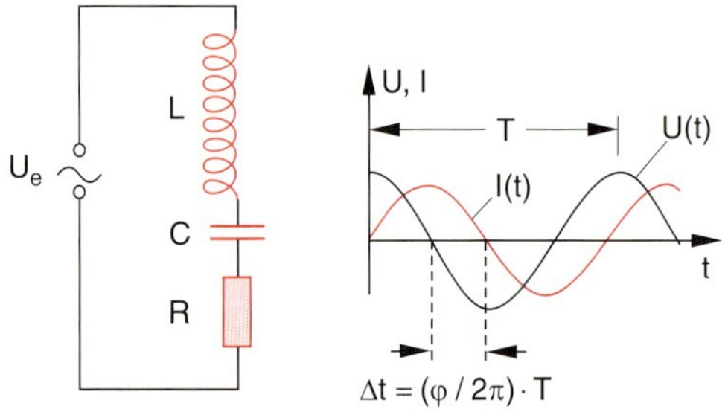

Abb. 5.24. Allgemeiner Fall eines Wechselstromkreises mit Induktivität L, Kapazität C und Ohmschem Widerstand R in Serie

Kapazität C sein. Es gilt daher

$$U_e = L \cdot \frac{\mathrm{d}I}{\mathrm{d}t} + \frac{Q}{C} + I \cdot R \,. \tag{5.20}$$

Differentiation nach der Zeit ergibt mit $\mathrm{d}Q/\mathrm{d}t = I$

$$\frac{\mathrm{d}U_e}{\mathrm{d}t} = L \cdot \frac{\mathrm{d}^2 I}{\mathrm{d}t^2} + \frac{1}{C} I + R \cdot \frac{\mathrm{d}I}{\mathrm{d}t} \,. \tag{5.21}$$

Wir wählen den komplexen Lösungsansatz

$$U_e = U_0 \cdot \mathrm{e}^{\mathrm{i}\omega t} , \quad I = I_0 \cdot \mathrm{e}^{\mathrm{i}(\omega t - \varphi)} \,. \tag{5.22}$$

Jede physikalisch sinnvolle Lösung muss natürlich reell sein. Wir nutzen jedoch hier die folgende Eigenschaft linearer Differentialgleichungen aus:

Sind die Funktionen $f(t)$ und $g(t)$ Lösungen von (5.21), so ist auch jede Linearkombination $af(t) + bg(t)$ eine Lösung, insbesondere auch die komplexe Funktion $f(t) + \mathrm{i}g(t) = U(t)$. Das bedeutet: Wenn wir eine komplexe Lösung gefunden haben, so sind Real- und Imaginärteil dieser Lösung auch Lösungen. Welche der Lösungen in Frage kommt, wird durch die Anfangsbedingungen festgelegt (siehe auch Bd. 1, Kap. 11).

Der komplexe Ansatz erlaubt eine einfachere Schreibweise und einen eleganteren Lösungsweg. Einsetzen von (5.22) in (5.21) liefert für den Zusammenhang zwischen Spannung U und Strom I:

$$\mathrm{i}\omega U = (-L\omega^2 + \mathrm{i}\,\omega R + 1/C)\, I \,. \tag{5.23}$$

Definieren wir, analog zum reellen Ohmschen Widerstand R, den ***komplexen Widerstand*** Z durch $Z = U/I$, so erhalten wir aus (5.23)

$$Z = \frac{U}{I} = R + \mathrm{i}\left(\omega L - \frac{1}{\omega C}\right) . \tag{5.24}$$

Ein komplexer Widerstand kann als Vektor in der komplexen Zahlenebene dargestellt werden (Abb. 5.25). Sein Betrag

$$|Z| = \sqrt{R^2 + \left(\omega L - \frac{1}{\omega C}\right)^2} \tag{5.25}$$

wird ***Impedanz*** genannt.

Die vom komplexen Widerstand bewirkte Phasenverschiebung φ zwischen Strom und Spannung wird durch den Quotienten

$$\tan \varphi = \frac{\mathrm{Im}\{Z\}}{\mathrm{Re}\{Z\}} = \frac{\omega L - \frac{1}{\omega C}}{R} \tag{5.26}$$

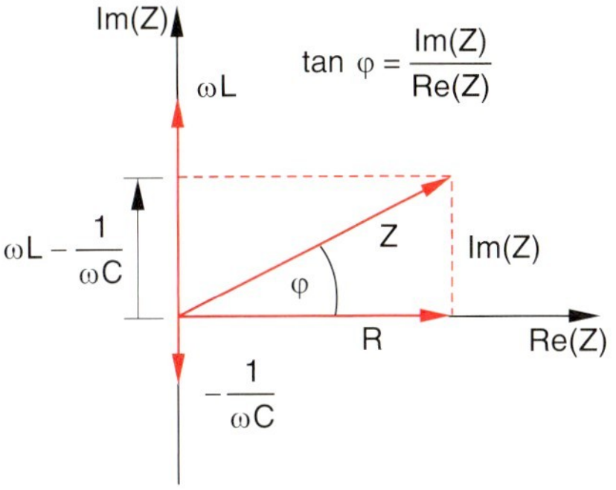

Abb. 5.25. Komplexe Darstellung des Gesamtwiderstandes Z in der komplexen Ebene

von Imaginär- und Realteil beschrieben. In der Polardarstellung (siehe Bd. 1, Abschn. A.3.2)

$$Z = |Z| \cdot \mathrm{e}^{\mathrm{i}\varphi}$$

entspricht $|Z|$ der Länge des Vektors und φ dem Phasenwinkel.

Die Darstellung von komplexen Widerständen als Vektoren in der komplexen Ebene heißt in der Elektrotechnik ***Zeigerdiagramm***. Wir werden seine Nützlichkeit für die übersichtliche Darstellung phasenschiebender Elemente im nächsten Abschnitt an einigen Beispielen erläutern.

Man sieht aus dem Zeigerdiagramm Abb. 5.25 oder aus (5.24), dass für

$$\omega L = \frac{1}{\omega C}$$

der Imaginärteil von Z null ist. Das bedeutet, dass die Phasenverschiebung zwischen Strom und Spannung null wird. Man kann trotz vorhandener Induktivitäten bzw. Kapazitäten durch geeignete Wahl von L und C im Verbraucherkreis die Blindleistung auf null bringen.

Der Strom I durch den Wechselstromkreis in Abb. 5.24 kann nun bei einer von außen angelegten Wechselspannung

$$U = U_0 \cos \omega t$$

geschrieben werden als

$$I = I_0 \cos(\omega t - \varphi)$$

mit

$$I_0 = \frac{U_0}{\sqrt{R^2 + \left(\omega L - \frac{1}{\omega C}\right)^2}} \; ;$$

$$\tan \varphi = \frac{\omega L - \frac{1}{\omega C}}{R} \,. \tag{5.27}$$

Der Tangens der Phasenverschiebung φ zwischen Strom und Spannung ist gleich dem Verhältnis von Imaginärteil zu Realteil des komplexen Widerstandes Z einer Schaltung.

5.5 Lineare Netzwerke; Hoch- und Tiefpässe; Frequenzfilter

Lineare Netzwerke sind dadurch gekennzeichnet, dass zwischen Strom I und Spannung U immer eine lineare Beziehung

$$U = Z \cdot I \tag{5.28}$$

besteht, die die komplexe Schreibweise des Ohmschen Gesetzes (2.6d) darstellt. Fließen in einem Stromkreis gleichzeitig Wechselströme mit verschiedenen Frequenzen ω, so kann man die Ströme $I(\omega_i)$ bei einer beliebig ausgesuchten Frequenz ω_i aus den Spannungen $U(\omega_i)$ ausrechnen und dann die Anteile aller beteiligten Frequenzen addieren.

Dieses Superpositionsprinzip, das aus der Linearität von (5.28) folgt, besagt also bei einer komplexen Schreibweise:

$$U(t) = \sum_k U_k(\omega_k) = \sum_k U_{0k}\, \mathrm{e}^{\mathrm{i}(\omega_k t - \varphi_k)} \,, \tag{5.29a}$$

$$I(t) = \sum_k I_{0k}\, \mathrm{e}^{\mathrm{i}(\omega_k t - \psi_k)} \,, \tag{5.29b}$$

$$\Rightarrow \; Z_k(\omega_k) = \frac{U_{0k}}{I_{0k}} \cdot \mathrm{e}^{\mathrm{i}(\psi_k - \varphi_k)} \,. \tag{5.29c}$$

Das Superpositionsprinzip ist für die Hochfrequenztechnik von großer Bedeutung, da es gestattet, die Veränderung komplizierter Spannungspulse $U(t)$ bzw. Strompulse $I(t)$ beim Durchgang durch lineare Netzwerke zu bestimmen, indem man die Eingangspulse in ihre Fourierkomponenten $U_e(\omega)$ bzw. $I_e(\omega)$ zerlegt, aus dem bekannten Wechselstromwiderstand $Z(\omega)$ die Anteile $U_a(\omega)$ bzw. $I_a(\omega)$ des Ausgangssignals bestimmt und anschließend diese Anteile addiert (Fourier-Synthese). Dies soll an einigen Beispielen erläutert werden.

5.5.1 Hochpass

Ein elektrischer Hochpass ist eine Schaltung, die hohe Frequenzen ω praktisch ungedämpft durchlässt, tiefe Frequenzen aber unterdrückt. In Abb. 5.26 ist eine von mehreren Realisierungsmöglichkeiten gezeigt. Für eine Wechselspannung $U_e(t) = U_0 \cos \omega t$ am Eingang wirkt die Schaltung wie ein frequenzabhängiger Spannungsteiler (siehe Abschn. 2.4). Es gilt, wie man sich mithilfe der Kirchhoffschen Regeln klar machen kann:

$$U_a = \frac{R}{R + \frac{1}{\mathrm{i}\omega C}} \cdot U_e \,. \tag{5.30}$$

Durch Erweitern mit dem konjugiert Komplexen des Nenners erhalten wir:

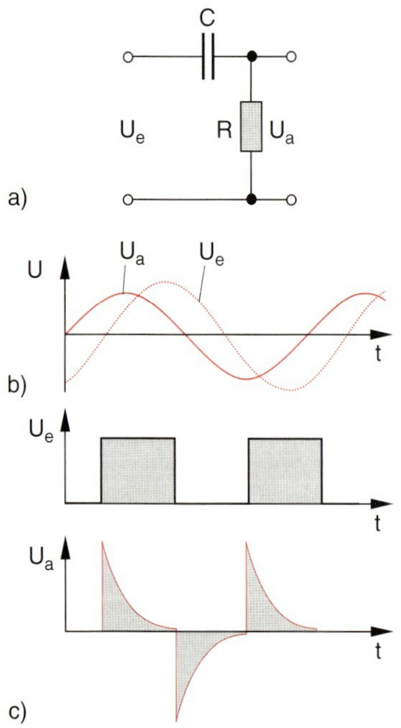

Abb. 5.26a–c. Hochpass: (**a**) Schaltung; (**b**) Eingangs- und Ausgangsspannung für eine Kosinusspannung, (**c**) für einen rechteckigen Spannungsimpuls

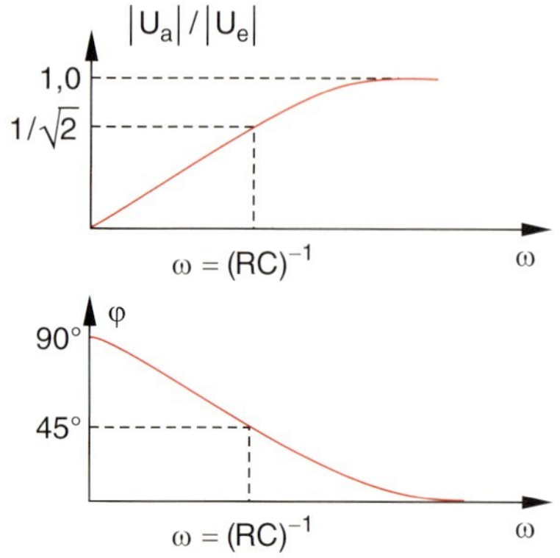

Abb. 5.27. Amplitudenverhältnis $|U_a|/|U_e|$ und Phasenverschiebung zwischen Ausgangs- und Eingangsspannung beim Hochpass aus Abb. 5.26 als Funktion der Frequenz ω

$$\begin{aligned} U_a &= \frac{R^2\omega^2C^2 + \mathrm{i}R\omega C}{1 + \omega^2R^2C^2} \cdot U_e \,, \\ \Rightarrow |U_a| &= \frac{\omega \cdot R \cdot C}{\sqrt{1 + \omega^2R^2C^2}} \cdot |U_e| \,. \end{aligned} \tag{5.31}$$

Für die Phasenverschiebung zwischen Ausgangs- und Eingangsspannung ergibt sich:

$$\tan \varphi = \frac{1}{\omega RC} \,. \tag{5.32}$$

Man sieht anhand von (5.31), dass das Verhältnis $|U_a|/|U_e|$ für $\omega = 0$ null ist, mit wachsendem ω zunimmt, für $\omega = 1/RC$ den Wert $1/\sqrt{2}$ hat und für $\omega \to \infty$ den Wert 1 erreicht (Abb. 5.27). Die Phasenverschiebung φ sinkt von 90° bei $\omega = 0$ bis auf null für $\omega \to \infty$.

Es ist interessant, das Verhalten des Hochpasses zu studieren, wenn ein rechteckiger Eingangspuls durch den Hochpass läuft. Die Fourier-Zerlegung einer periodischen Rechteck-Pulsfolge (siehe Bd. 1, Abb. 10.13) zeigt, dass die steilen Kanten der Rechteckpulse durch die hohen Frequenzen, das flache Dach durch die tiefen Frequenzen der Fourier-Zerlegung beschrieben werden. Da der Hochpass die hohen Frequenzen weniger schwächt als die tiefen, werden Anstiegs- und Abfallflanken fast ungeschwächt durchgelassen.

Man kann dies auch so einsehen: Der plötzliche Spannungssprung an der linken Kondensatorplatte wird vom Kondensator (durch Influenz) auf die rechte Platte übertragen. Diese entlädt sich jedoch über den Widerstand R mit der Zeitkonstanten $\tau = R \cdot C$.

Da die Spannung U am Kondensator $U = Q/C$, die Ausgangsspannung aber $U_a = I \cdot R$ ist und $I = \mathrm{d}Q/\mathrm{d}t$ gilt, folgt:

$$U_a = \frac{\mathrm{d}Q}{\mathrm{d}t} \cdot R = R \cdot C \cdot \frac{\mathrm{d}U_e}{\mathrm{d}t}\,. \tag{5.33}$$

Die Ausgangsspannung ist also proportional zur zeitlichen Ableitung der Eingangsspannung.

Deshalb wird der Hochpass in Abb. 5.26 auch als ***Differenzierglied*** bezeichnet und als solches in Analogrechnern verwendet.

5.5.2 Tiefpass

Bei dem in Abb. 5.28 gezeigten Beispiel eines Tiefpasses sind R und C gegenüber dem Hochpass in Abb. 5.26 gerade vertauscht. Man entnimmt Abb. 5.28 unmittelbar die Spannungsteiler-Relation:

$$\begin{aligned} U_a &= \frac{1/(\mathrm{i}\omega C)}{R + 1/(\mathrm{i}\omega C)} \cdot U_e \\ &= \frac{1}{1 + \mathrm{i}\omega RC} \cdot U_e\,, \end{aligned} \tag{5.34}$$

woraus sofort folgt:

$$|U_a| = \frac{1}{\sqrt{1 + \omega^2 R^2 C^2}} \cdot |U_e|\,, \tag{5.35a}$$

$$\tan\varphi = -\omega RC\,. \tag{5.35b}$$

> Im Falle des Tiefpassfilters sinkt das Verhältnis $|U_a|/|U_e|$ von 1 bei $\omega = 0$ auf null für $\omega \to \infty$.

Da die Ausgangsspannung

$$\begin{aligned} U_a &= \frac{Q}{C} = \frac{1}{C} \int I\,\mathrm{d}t \\ &= \frac{1}{RC} \int (U_e - U_a)\,\mathrm{d}t \end{aligned} \tag{5.36}$$

proportional zum Integral über die Differenz $U_e - U_a$ ist, heißt die Schaltung auch ***Integrierglied***.

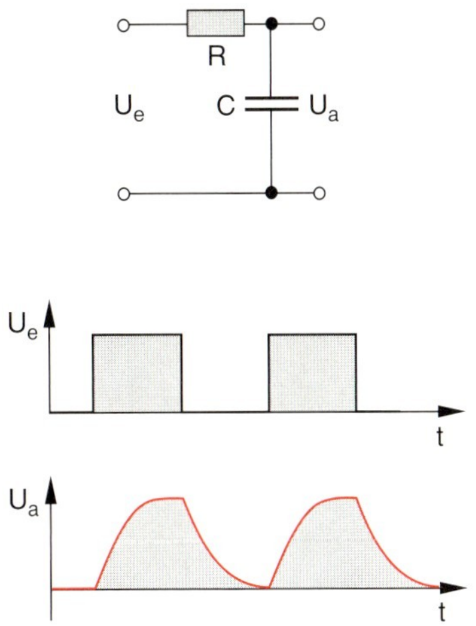

Abb. 5.28. Tiefpass (Integrierglied)

5.5.3 Frequenzfilter

Man kann den Serienkreis in Abb. 5.24 als schmalbandiges Frequenzfilter einsetzen. Um dies einzusehen, bestimmen wir die Ausgangsspannung $U_a(\omega)$ für die Schaltung in Abb. 5.29. Es gilt:

$$U_a = \frac{R}{R + \mathrm{i}\left(\omega L - \frac{1}{\omega C}\right)} \cdot U_e \tag{5.37}$$

$$\Rightarrow |U_a| = \frac{R}{\sqrt{R^2 + \left(\omega L - \frac{1}{\omega C}\right)^2}} \cdot |U_e|\,. \tag{5.38}$$

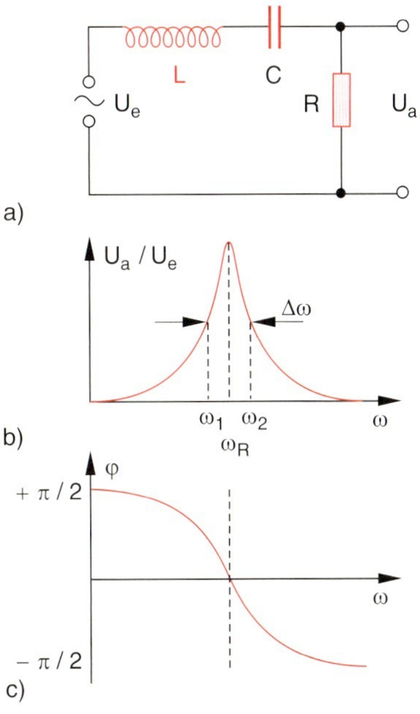

Abb. 5.29a–c. Frequenz-Durchlassfilter. (**a**) Schaltung; (**b**) Durchlasskurve $U_a(\omega)/U_e(\omega)$; (**c**) Phasenverschiebung $\varphi(\omega)$ zwischen U_a und U_e

Für die „Resonanzfrequenz"

$$\omega = \omega_R = \frac{1}{\sqrt{L \cdot C}} \tag{5.39}$$

wird $|U_a| = |U_e|$. Eine Wechselspannung $U_e(\omega_R)$ wird also bei der Resonanzfrequenz ω_R vollständig, d. h. ohne Abschwächung, durchgelassen (falls der Ohmsche Widerstand der Spule L vernachlässigbar ist).

Für $\omega L - 1/(\omega C) = \pm R$ sinkt die Ausgangsspannung auf $U_e/\sqrt{2}$. Dies ergibt die Bedingung

$$\omega_{1,2} = \pm\frac{R}{2L} + \sqrt{\frac{R^2}{4L^2} + \omega_R^2}\,, \tag{5.40}$$

woraus man die Frequenzbreite $\Delta\omega$ zwischen den Frequenzen ω_1 und ω_2, bei denen $|U_a|$ auf $|U_e|/\sqrt{2}$ abgesunken ist, erhält.

$$\Delta\omega = \frac{R}{L} \tag{5.41}$$

Die Ausgangsspannung ist gegenüber der Eingangsspannung verzögert. Die Phasenverschiebung φ zwischen beiden ist für die Schaltung in Abb. 5.29a

$$\tan\varphi = \frac{1/\omega C - \omega L}{R}\,. \tag{5.42}$$

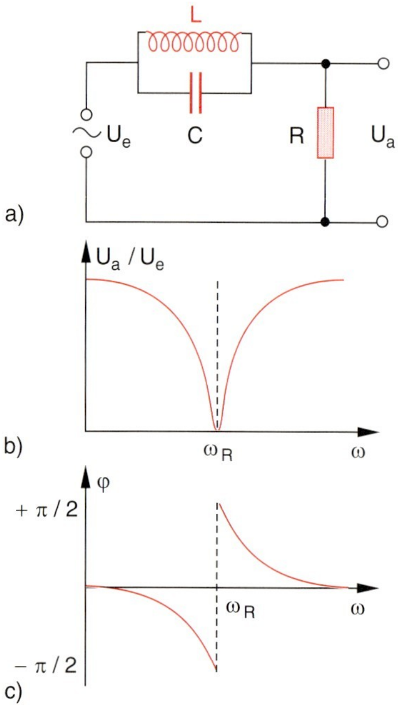

Abb. 5.30a–c. Frequenz-Sperrfilter. (**a**) Schaltung; (**b**) Durchlasskurve; (**c**) Phasenverschiebung φ zwischen U_a und U_e

Sie wird $\varphi(0) = +90°$ für $\omega = 0$, geht durch null für $\omega = \omega_R$ und wird $\varphi(\infty) = -90°$ für $\omega = \infty$.

Die Schaltung in Abb. 5.30a wirkt als Sperrfilter. Hier wird $|U_a| = 0$ für $\omega = \omega_R$.

Die Durchlasskurven $|U_a|/|U_e|$ und die Phasenverschiebungen φ zwischen U_a und U_e sind in Abb. 5.29 und Abb. 5.30 für das Durchlassfilter und für das Sperrfilter als Funktionen von ω aufgetragen.

Man vergleiche Abb. 5.29 mit dem völlig analogen Bild in Bd. 1, Abb. 11.22 für erzwungene Schwingungen!

5.6 Transformatoren

Für den Transport elektrischer Energie über weite Entfernungen ist es günstig, möglichst hohe Spannungen U zu wählen, da dann bei vorgegebener zu übertragender Leistung der Leitungsverlust durch Joulesche Wärme infolge des Leitungswiderstandes R möglichst klein wird. Will man eine elektrische Leistung $P_{el} = U \cdot I$ übertragen, so verliert man in der Leitung die Leistung $\Delta P_{el} = I^2 \cdot R$, sodass der relative Leistungsverlust

$$\frac{\Delta P_{el}}{P_{el}} = \frac{I^2 \cdot R}{U \cdot I} = \frac{I \cdot R}{U} = \frac{R}{U^2} P_{el} \tag{5.43}$$

bei vorgegebener Leistung P_{el} mit steigender Spannung proportional zu $1/U^2$ absinkt!

Der Leitungswiderstand R bewirkt einen Spannungsabfall $\Delta U = I \cdot R$, sodass aus (5.43) folgt:

$$\frac{\Delta P_{el}}{P_{el}} = \frac{\Delta U}{U}\,. \tag{5.43a}$$

BEISPIEL

Eine Kupferleitung von 2,5 km Länge mit einem Querschnitt von 0,2 cm² hat nach Tabelle 2.2 bei 20 °C einen

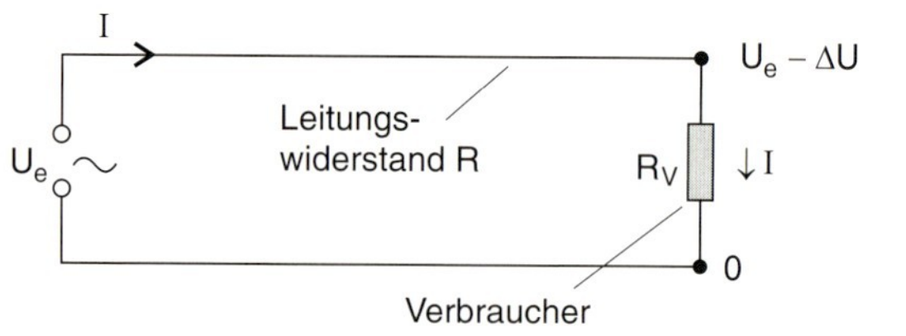

Abb. 5.31. Zum Leistungsverlust an Überlandleitungen

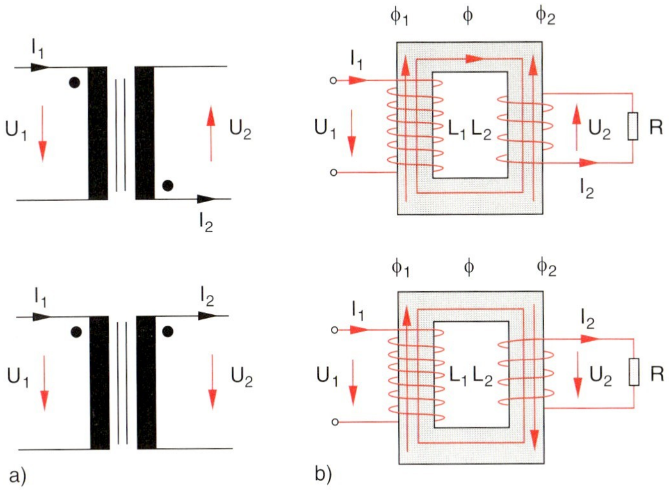

Abb. 5.32a,b. Transformator. (**a**) Schaltzeichnung; (**b**) technische Ausführung. Im oberen Teil haben Primär- und Sekundärspule gleichen, im unteren Teil umgekehrten Windungssinn. Dadurch ist die Ausgangsspannung oben um 180° gegenüber der Eingangsspannung verschoben, und unten sind die Spannungen gleichphasig. Dies wird durch die Punkte im Schaltschema (**a**) symbolisiert

spezifischen Widerstand $\varrho_{el} = 1{,}7 \cdot 10^{-8}\,\Omega \cdot$ m und daher einen Gesamtwiderstand von $R = 2{,}1\,\Omega$. Will man bei $U = 230$ V eine Leistung von 20 kW übertragen, so braucht man dazu einen Strom von 87 A. Der Spannungsabfall an der Leitung ist jedoch bereits $\Delta U = I \cdot R = 185$ V, sodass beim Verbraucher nur noch 45 V anliegen. Der relative Leistungsverlust beträgt nach (5.43) $\Delta P_{el}/P_{el} = 0{,}80$. Das heißt, nur 20% der vom Erzeuger abgeschickten Leistung erreichen den Verbraucher. Transformiert man jedoch die Spannung auf 20 kV, so braucht man nur noch 1 A für die gleiche Leistung, der Spannungsabfall ist jetzt $\Delta U = 2{,}1$ V und der relative Leistungsverlust in der Leitung $\Delta P_{el}/P_{el} = 10^{-4}$!

Dieses Beispiel zeigt, dass bei genügend hoher Spannung die Übertragungsverluste, entgegen der häufig geäußerten Meinung, vernachlässigbar werden. So verliert man z. B. bei der Übertragung von 10 MW von Bayern nach Rheinland-Pfalz ($L \approx 300$ km) bei $U = 380$ kV ($\Rightarrow I = 26$ A) bei einem spezifischen Widerstand $\varrho = 0{,}3\,\Omega/\text{km} \Rightarrow \Delta U = 0{,}3 \cdot 300 \cdot 26\,\text{V} = 2{,}4$ kV die relative Leistung $\Delta P_{el}/P_{el} = 2{,}5/380 \approx 0{,}62\%$.

Die Umformung von Spannungen geschieht mit ***Transformatoren***, die auf dem Faradayschen Induktionsgesetz basieren:

Zwei Spulen L_1 und L_2 mit den Windungszahlen N_1 und N_2 werden durch ein Eisenjoch so miteinander gekoppelt, dass der magnetische Fluss der vom Primärstrom I_1 durchflossenen Primärspule L_1 vollständig die Sekundärspule L_2 durchsetzt (Abb. 5.32). Wegen der großen relativen magnetischen Permeabilität μ des Eisens laufen praktisch alle Magnetfeldlinien, welche innerhalb der stromdurchflossenen Primärspule erzeugt werden, durch das Eisenjoch in Abb. 5.32b und durchsetzen daher die Sekundärspule L_2. Um Wirbelströme zu vermeiden, die zur Aufwärmung des Joches und damit zu Verlusten führen würden, besteht das Eisenjoch aus vielen dünnen, voneinander isolierten Eisenblechen, die durch isolierte Schrauben zusammengepresst werden, damit durch die mit der Frequenz ω des Wechselstroms modulierten magnetischen Kräfte keine Vibrationen der Bleche entstehen (Trafo-Brummen).

5.6.1 Unbelasteter Transformator

Wir wollen zuerst den unbelasteten Transformator betrachten, bei dem im Sekundärkreis kein Strom fließt ($I_2 = 0$).

Wird an der Primärspule L_1 des unbelasteten Transformators die Eingangsspannung

$$U_1 = U_0 \cos \omega t$$

angelegt, so wird in L_1 ein Strom I_1 fließen, der einen magnetischen Fluss Φ_m erzeugt. Dieser bewirkt eine Induktionsspannung

$$U_{ind} = -L_1 \frac{dI_1}{dt} = -N_1 \frac{d\Phi_m}{dt}\,, \qquad (5.44a)$$

welche der von außen angelegten Spannung U_1 entgegengesetzt gleich ist, da nach dem Kirchhoffschen

Gesetz im geschlossenen Stromkreis 1 gelten muss:

$$U_1 + U_{\text{ind}} = 0\,. \tag{5.44b}$$

Man kann hier den Ohmschen Widerstand der Spule gegenüber ihrem induktiven Widerstand $\omega \cdot L_1$ vernachlässigen. Wenn der gesamte in L_1 erzeugte Fluss Φ_m auch durch die Sekundärspule L_2 geht, wird dort eine Spannung

$$U_2 = -N_2 \frac{\text{d}\Phi_\text{m}}{\text{d}t} \tag{5.45}$$

erzeugt. Wegen $\text{d}\Phi_\text{m}/\,\text{d}t = U_1/N_1$ folgt aus (5.45) und (5.44a,b):

$$\boxed{\frac{U_2}{U_1} = -\frac{N_2}{N_1}}\,. \tag{5.46}$$

Das Minuszeichen zeigt an, dass bei gleichsinniger Wicklung von Primär- und Sekundärspule (Abb. 5.32 oben) die Sekundärspannung U_2 im unbelasteten Transformator gegenüber der Eingangsspannung U_1 um 180° phasenverschoben ist. Bei entgegengesetztem Wicklungssinn der Sekundärspule sind U_1 und U_2 in Phase (Abb. 5.32 unten).

Die vom idealen unbelasteten Transformator (verlustfreie Spulen, am Sekundärkreis ist kein Verbraucher angeschlossen) aufgenommene mittlere Leistung ist

$$\overline{P}_\text{el} = \frac{1}{2} U_{01} I_{01} \cos\varphi \equiv 0\,, \tag{5.47}$$

weil der Phasenwinkel φ zwischen Spannung U_1 und Strom I_1 nach (5.16) $\varphi = 90°$ ist. Der in der Primärspule fließende Strom I_1 ist ein reiner Blindstrom.

5.6.2 Belasteter Transformator

Belastet man die Sekundärseite durch einen Verbraucher mit Widerstand R, so fließt in der Sekundärspule ein Strom $I_2 = U_2/R$, der selbst einen magnetischen Fluss $\Phi_2 \propto I_2$ erzeugt, welcher gegenüber dem von I_1 erzeugten Fluss Φ_1 um 90° phasenverschoben ist, da I_2 phasengleich mit $U_2 = RI_2$ ist, die Spannung $U_2 = -N_2\,\text{d}\Phi/\,\text{d}t$ aber um 90° gegen Φ_1 phasenverschoben ist.

Dieser vom Sekundärstrom I_2 erzeugte Fluss Φ_2 überlagert sich dem Fluss Φ_1 zu einem Gesamtfluss

$$\Phi = \Phi_1 + \Phi_2\,,$$

der eine Phasenverschiebung $0 < \Delta\varphi < 90°$ gegenüber der Eingangsspannung U_1 hat, wobei gilt: $\tan\Delta\varphi = \Phi_2/\Phi_1$. Dies hat zur Folge, dass sich dem Primär-Blindstrom I_1 ein phasenverschobener Anteil, der durch Φ_2 induziert wird, überlagert, und die aus dem Primäranschluss entnommene Leistung

$$\overline{P}_\text{el} = \frac{1}{2} U_0 \sqrt{I_{01}^2 + I_{02}^2} \cdot \cos(\varphi - \Delta\varphi) \tag{5.48}$$

ist nicht mehr null, weil $\varphi - \Delta\varphi \neq 90°$ ist.

Zur quantitativen Beschreibung des durch einen beliebigen komplexen Widerstand Z auf der Sekundärseite belasteten idealen Transformators, bei dem alle Streuverluste des magnetischen Flusses oder Wärmeverluste in den Wicklungen oder im Eisenkern vernachlässigt werden können, benutzen wir die Gleichungen

$$U_1 = \text{i}\,\omega L_1 I_1 + \text{i}\,\omega L_{12} I_2\,, \tag{5.49a}$$

$$U_2 = Z \cdot I_2 = -\text{i}\,\omega L_{12} I_1 - \text{i}\,\omega L_2 I_2\,, \tag{5.49b}$$

wobei L_1, L_2 die Induktivitäten von Primär- und Sekundärkreis sind und L_{12} die gegenseitige Induktivität ist. Die komplexe Schreibweise bringt die Phasenverschiebung zwischen Strom und Spannung zum Ausdruck (siehe Abschn. 5.4). Die Spannung U_1 in (5.49a) ist die Ursache des induzierten Stromes I_1 und eilt ihm um 90° voraus. Die induzierte Spannung U_2 ist jedoch gegenüber dem induzierenden Strom I_2 um 90° verzögert; deshalb stehen in (5.49b) die beiden Minuszeichen.

Löst man (5.49b) nach I_2 auf und setzt diesen Ausdruck in (5.49a) ein, so lassen sich die Ströme I_1 und I_2 durch die Eingangsspannung U_1 ausdrücken

$$I_1 = \frac{\text{i}\,\omega L_2 + Z}{\text{i}\,\omega L_1 Z + \omega^2 (L_{12}^2 - L_1 L_2)} \cdot U_1\,, \tag{5.50a}$$

$$I_2 = -\frac{\text{i}\,\omega L_{12}}{\text{i}\,\omega L_1 Z + \omega^2 (L_{12}^2 - L_1 L_2)} \cdot U_1\,. \tag{5.50b}$$

Daraus erhält man das Stromübersetzungsverhältnis

$$\frac{I_2}{I_1} = -\frac{\text{i}\,\omega L_{12}}{\text{i}\,\omega L_2 + Z} \tag{5.51}$$

und wegen $U_2 = I_2 \cdot Z$ das Spannungsverhältnis

$$\frac{U_2}{U_1} = -\frac{\text{i}\,\omega L_{12} Z}{\text{i}\,\omega L_1 Z + \omega^2 (L_{12}^2 - L_1 L_2)}\,. \tag{5.52a}$$

Als Maß für die magnetische Kopplung zwischen Primär- und Sekundärspule führen wir den ***Kopplungsgrad***

$$k = \frac{L_{12}}{\sqrt{L_1 \cdot L_2}} \quad \text{mit} \quad 0 < k < 1$$

ein. (Für vollkommene Kopplung ist $k = 1$, d. h. $L_{12} = \sqrt{L_1 L_2}$.) Damit wird das Spannungsverhältnis (5.52a) nach Kürzen:

$$\frac{U_2}{U_1} = -\frac{L_{12}}{L_1 - \mathrm{i}\omega\,(k^2-1)\,L_1 L_2/Z}\,. \tag{5.52b}$$

Für den Betrag $|U_2|/|U_1|$ ergibt dies:

$$\frac{|U_2|}{|U_1|} = \frac{L_{12}/L_1}{\sqrt{1+\left(\omega^2 L_2^2/|Z|^2\right)(k^2-1)^2}}\,. \tag{5.52c}$$

Wir wollen uns nun das Verhalten des Transformators bei einer Ohmschen Last R, bei einer induktiven Belastung L und bei einer kapazitiven Belastung C des Sekundärkreises ansehen.

a) $Z = R$

Für vollständige Kopplung beider Spulen (d. h. $k = 1$, keine magnetischen Streuverluste) erhält man für das Spannungsverhältnis (5.52b) mit $L_{12}^2 = L_1 L_2$ das bereits in (5.46) erhaltene Ergebnis:

$$\frac{U_2}{U_1} = -\frac{L_{12}}{L_1} = -\sqrt{\frac{L_2}{L_1}} = -\frac{N_2}{N_1}\,, \tag{5.53}$$

weil nach (4.10) $L \propto N^2$ gilt.

> Bei vollständiger Kopplung ist das Spannungsverhältnis unabhängig vom Lastwiderstand R!

Dies gilt allerdings nur, solange der Spannungsabfall an den Spulen auf Grund des Ohmschen Spulenwiderstandes vernachlässigt werden kann (was wir in (5.49) getan haben).

Für $k < 1$ nimmt $|U_2|/|U_1|$ nach (5.52c) mit sinkendem R ab, d. h. mit steigender Strombelastung sinkt die Sekundärspannung U_2.

BEISPIEL

Es sei $k^2 = 0{,}9$. Dann sinkt für $R = 0{,}1\,\omega L_2$ das Verhältnis (U_2/U_1) auf $1/\sqrt{2} \approx 71\%$ des Wertes für den unbelasteten Transformator ($R = \infty$).

Für die Phasenverschiebung φ zwischen U_2 und U_1 ergibt sich aus (5.52b)

$$\tan\varphi = -\frac{\omega L_2(1-k^2)}{R}\,. \tag{5.54}$$

Für $k \to 1$ geht $\varphi \to 180°$, unabhängig von R. Für nichtideale Kopplung ($k < 1$) wird $\varphi < 180°$.

b) $Z = \mathrm{i}\omega L$ **(rein induktive Belastung)**

Aus (5.52b) und der Definition von k erhält man:

$$\frac{U_2}{U_1} = -\frac{L_{12}/L_1}{1+(L_2/L)(1-k^2)}\,. \tag{5.55}$$

Der Quotient ist rein reell, d. h. die Phasenverschiebung ist immer $\varphi = 180°$. Das Spannungsverhältnis hängt ab vom Verhältnis $L_2(1-k^2)/L$.

BEISPIEL

Es sei $k^2 = 0{,}9$, $L_2/L = 10$. Dann folgt aus (5.55): $(U_2/U_1)_L = \frac{1}{2}(U_2/U_1)_{L=\infty}$, wobei $L = \infty$ dem unbelasteten Fall entspricht. Dies ist klar, weil durch die Parallelschaltung von $L = 0{,}1\,L_2$ die zusätzliche Belastung von 10% gleich den Koppelverlusten von 10% ist. Für $k^2 = 1$ hat die Belastung durch L keinen Einfluss auf das Verhältnis U_2/U_1.

c) $Z = 1/(\mathrm{i}\omega C)$ **(rein kapazitive Belastung)**

Das Verhältnis

$$\frac{U_2}{U_1} = \frac{L_{12}}{L_1 - \omega^2 C L_1 L_2(1-k^2)}$$

wird *größer* als beim Leerlaufbetrieb ($Z = \infty$) in (5.52b)! Für die Resonanzfrequenz

$$\omega_\mathrm{R} = \sqrt{\frac{1}{CL_2(1-k^2)}} \tag{5.56}$$

wird U_2, solange Verluste im Transformator vernachlässigt werden, unendlich groß! Man nennt dies die *Resonanzüberhöhung* des Trafo-Übersetzungsverhältnisses.

5.6.3 Anwendungsbeispiele

Transformatoren spielen in technischen Anwendungen sowohl bei der Umwandlung von Spannungen als auch bei der Erzeugung hoher Ströme eine wichtige Rolle [5.5] (siehe Farbtafel 1).

Ein Beispiel ist der Transformator in Abb. 5.33, dessen Sekundärwicklung nur aus einer Windung besteht, die als Rinne ausgebildet ist. Wird der Strom I_2

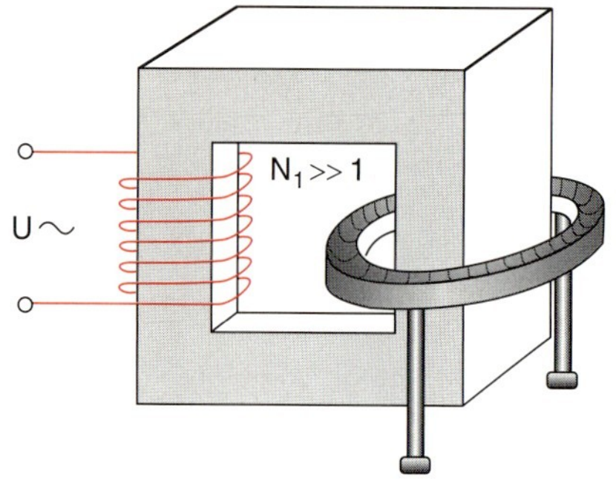

Abb. 5.33. Transformator mit nur einer Sekundärwicklung zum Schmelzen von Metallen

durch diese Windung groß genug, so kann die Temperatur des Ringes durch die in ihm verbrauchte Leistung $I_2^2 \cdot R$ so groß werden, dass Metalle in der Rinne schmelzen, falls ihr Schmelzpunkt niedriger ist als der des Ringes.

Solche Hochstromtransformatoren werden für Schmelzöfen bei der Aluminiumschmelze und auch zur Edelstahlgewinnung verwendet.

BEISPIEL

$N_1 = 100,\; N_2 = 1,\; U_1^{\text{eff}} = 230\,\text{V},\; R = 5 \cdot 10^{-3}\,\Omega \Rightarrow$ $U_2^{\text{eff}} = 2{,}3\,\text{V},\; I_2^{\text{eff}} = 460\,\text{A},\; \overline{P}_{\text{el}} = I_2^2 R = 1{,}06\,\text{kW}$

Auch zum Punktschweißen von Stahlblechen kann die große Stromdichte genutzt werden, die beim Zusammendrücken der beiden spitzen Stifte im Sekundärkreis des Transformators in Abb. 5.34a punktuell durch die beiden Bleche fließt.

Schließt man an die Sekundärspule eines Transformators mit wenigen Sekundärwicklungen eine zweite Spule an, in die man einen Metallstift steckt, so wird der Stift durch Wirbelströme so heiß, dass er glüht (Abb. 5.34b).

Hochspannungstransformatoren, die ein großes Windungsverhältnis N_2/N_1 besitzen, kommen in Fernsehgeräten zur Erzeugung der Ablenkspannung für den Elektronenstrahl (Zeilen-Trafo) und für viele andere Hochspannungsanwendungen zum Einsatz.

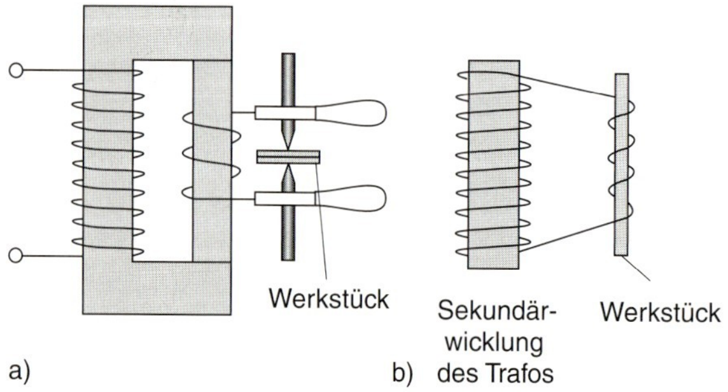

Abb. 5.34a,b. Transformatoren mit großem Sekundärstrom (**a**) zum Punktschweißen; (**b**) zur induktiven Aufheizung eines Metallstabes durch Wirbelströme

5.7 Impedanz-Anpassung bei Wechselstromkreisen

Oft hat man das Problem, aus einer Wechselspannungsquelle eine maximale Leistung auf einen Schaltkreis mit komplexem Widerstand Z übertragen zu müssen. Dies gelingt nur, wenn die komplexen Widerstände von Quelle und Verbraucher einander angepasst sind.

Um die Bedingung für optimale Anpassung zu finden, betrachten wir in Abb. 5.35 eine Wechselspannungsquelle mit der Spannung $U = U_0 \cos \omega t$, welche über einen „Anpassungswiderstand“ Z_1 mit dem Verbraucher mit Widerstand

$$Z_2 = R_2 + \mathrm{i}\left(\omega L_2 - \frac{1}{\omega C_2}\right)$$

verbunden ist.

Der effektive Strom I_{eff} durch den gesamten Schaltkreis ist

$$I_{\text{eff}} = U_{\text{eff}}/Z \quad \text{mit} \quad Z = Z_1 + Z_2\,.$$

Die im Kreis 2 verbrauchte Wirkleistung ist

$$\overline{P}_{\text{el}} = I_{\text{eff}}^2 \cdot R_2 = \frac{U_{\text{eff}}^2}{|Z|^2} \cdot R_2\,. \tag{5.57}$$

Einsetzen des komplexen Widerstandes

$$Z = R_1 + R_2 + \mathrm{i}\left[\omega(L_1 + L_2) - \frac{1}{\omega}\left(\frac{1}{C_1} + \frac{1}{C_2}\right)\right]$$

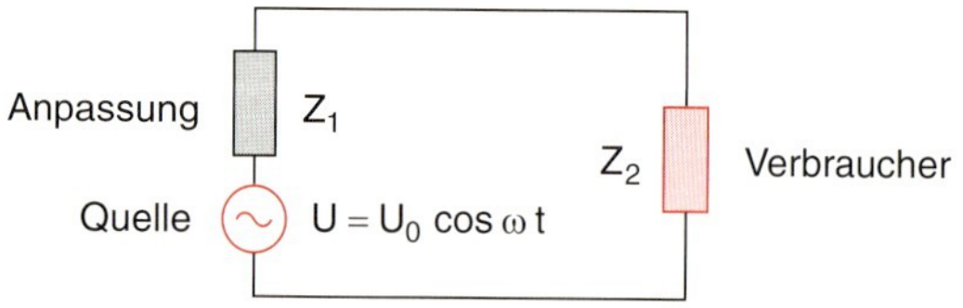

Abb. 5.35. Anpassung des komplexen Quellenwiderstandes Z_1 an einen Verbraucher mit komplexem Widerstand Z_2 zur optimalen Leistungsübertragung

ergibt die Wirkleistung:

$$\overline{P}_{el} = \frac{U_{eff}^2 \cdot R_2}{(R_1+R_2)^2 + \left[\omega(L_1+L_2) - \frac{1}{\omega}\left(\frac{1}{C_1}+\frac{1}{C_2}\right)\right]^2} . \tag{5.58}$$

Man sieht sofort, dass $\overline{P}_{el}$ maximal wird, wenn die zweite Klammer im Nenner null wird, d. h. wenn gilt:

$$\omega L_2 - \frac{1}{\omega C_2} = -\left(\omega L_1 - \frac{1}{\omega C_1}\right) . \tag{5.59}$$

Setzt man mit der Bedingung (5.59) die Ableitung von (5.58) nach R_2 gleich null:

$$\frac{d\overline{P}_{el}}{dR_2} = 0 ,$$

so ergibt sich: $R_2 = R_1$.

Optimale Leistungsanpassung erhält man also, wenn die Wirkwiderstände gleich sind, aber die Blindwiderstände entgegengesetzt gleich sind. In diesem Fall wird insgesamt keine Blindleistung erzeugt, und die übertragene Wirkleistung ist maximal.

5.8 Gleichrichtung

Da man für viele wissenschaftliche und technische Geräte Gleichspannungen und -ströme benötigt, muss man Schaltungen entwerfen, welche den Wechselstrom aus der Steckdose oder aus der Sekundärwicklung eines Transformators in einen möglichst konstanten Gleichstrom, ohne nennenswerte Welligkeit, umwandeln. Dies wird erreicht mithilfe von Gleichrichtern, die durch Röhrendioden (siehe Abschn. 5.9.1) oder Halbleiterdioden (siehe Bd. 3) realisiert werden. Das Schaltsymbol für solche Dioden ist in Abb. 5.36 gezeigt. Als Stromrichtung (durch die Richtung des Diodenpfeiles angegeben) hat man sich (aus historischen Gründen) auf die so genannte *technische Stromrichtung* geeinigt, welche der Stromrichtung positiver Ladungsträger entspricht und deshalb der Elektronenflussrichtung entgegengerichtet ist. Bei positiver Spannung der Anode gegen die Kathode bzw. des Kollektors gegen den Emitter leitet die Diode, bei negativen Spannungen sperrt sie. In Abb. 5.37 ist ein typisches Strom-Spannungs-Kennlinienbild einer Diode gezeigt. Bei kleinen negativen Spannungen misst man lediglich den

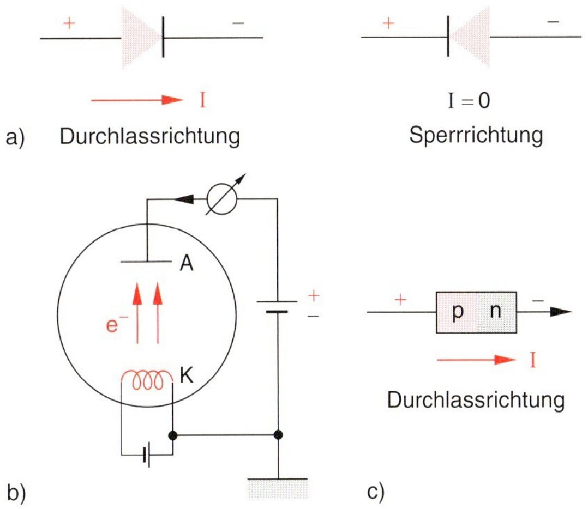

Abb. 5.36. (**a**) Technisches Symbol für eine Diode. Der Diodenpfeil zeigt in die technische Stromrichtung, welche der Elektronenflussrichtung entgegengesetzt ist. (**b**) Röhrendiode; (**c**) Halbleiterdiode

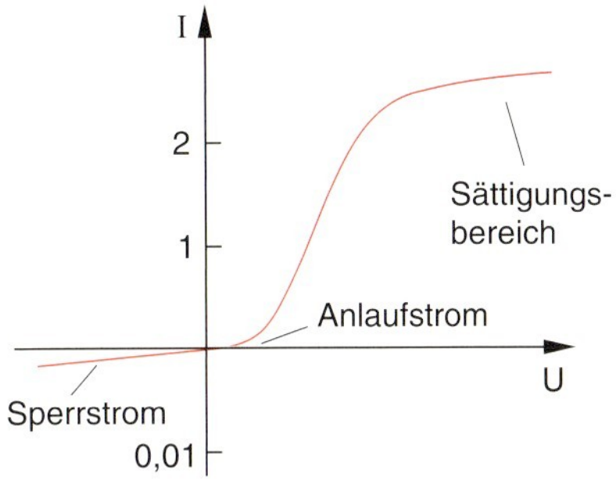

Abb. 5.37. Diodenkennlinie mit Anlaufstrom und Sättigungsbereich. Die Skala für den negativen Strom im Sperrbereich ist hundertfach gespreizt. Der Anlaufstrom wird durch die Raumladung um die Kathode (bzw. in der p-n Grenzschicht) bestimmt

kleinen *Sperrstrom*, der fließen kann, wenn die kinetische Energie der Elektronen noch die Sperrspannung überwinden kann, d. h. wenn $E_{kin} + eU > 0$ gilt.

5.8.1 Einweggleichrichtung

Mit nur einer Diode (Abb. 5.38) wird immer nur die positive Hälfte des Wechselstromes durchgelassen, was zu großer Welligkeit der Gleichspannung führt. Auch die Verwendung eines *Glättungskondensators C* (Abb. 5.39) ergibt für die meisten Anwendungen

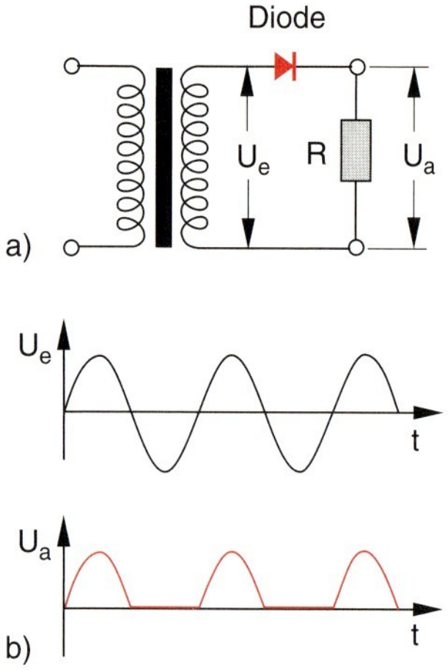

Abb. 5.38a,b. Einweggleichrichtung. (a) Schaltung. (b) Vergleich der Wechselspannung vor der Diode mit der pulsierenden Gleichspannung nach der Gleichrichtung

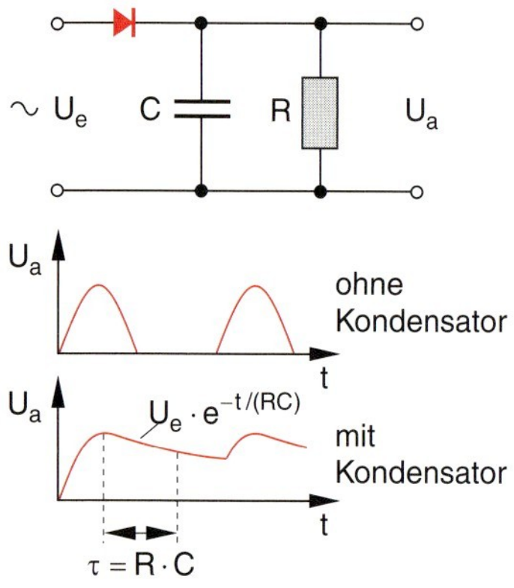

Abb. 5.39. Glättung der pulsierenden Gleichspannung durch einen Kondensator

unbefriedigende Qualität der Gleichspannung. Die maximale Gleichspannung ist U_0.

5.8.2 Zweiweggleichrichtung

Bei der Zweiweggleichrichtung (Abb. 5.40) bildet die Mitte der Sekundärwicklung des Transformators das Bezugspotential, das im Allgemeinen geerdet wird. Die beiden Enden der Sekundärspule werden über zwei parallel geschaltete Dioden wieder zusammengeführt und bilden dann nach der Gleichrichtung den anderen Pol der Gleichspannung. Die beiden Dioden leiten abwechselnd den Strom für die positive bzw. negative Halbwelle der Wechselspannung, sodass man

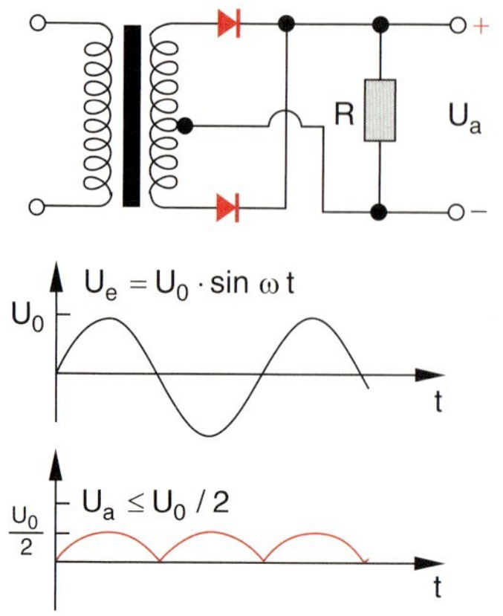

Abb. 5.40. Zweiweggleichrichtung

die bei der Einweggleichrichtung auftretenden Lücken überbrückt.

Die maximale Gleichspannung ist $U_0/2$ bei einer Eingangsspannung $U_\mathrm{e} = U_0 \sin \omega t$ zwischen den Enden der Sekundärspule des Transformators. Nachteil: Man braucht einen Transformator mit Mittelabgriff.

5.8.3 Brückenschaltung

Die heute überwiegend verwendete Gleichrichterschaltung ist die ***Graetz-Schaltung***, bei der vier Dioden in einer Brückenschaltung eingesetzt werden (Abb. 5.41). Man bekommt sie inzwischen als integrierten Baustein für kleine und mittlere Leistungen. Wie man sich an Abb. 5.41 klar machen kann, erhält man die gleiche Form der Gleichspannung wie bei der Zwei-

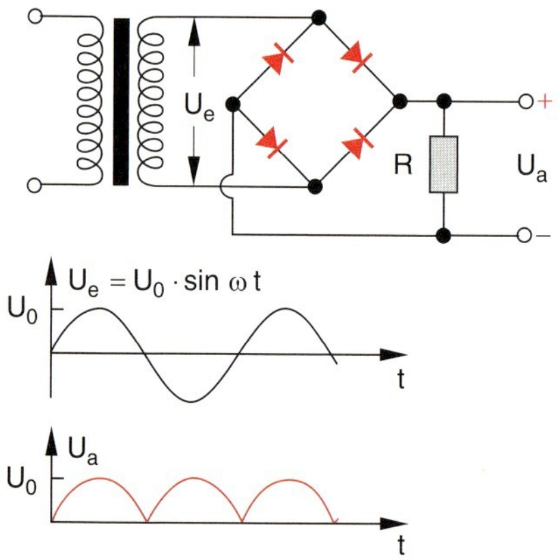

Abb. 5.41. Graetz-Gleichrichterschaltung

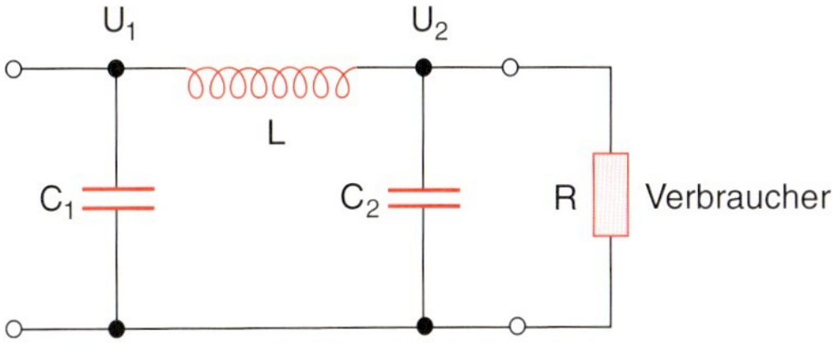

Abb. 5.42. Glättung der Gleichspannung durch Ladekondensator C_1 und Siebglied L und C_2 nach der Gleichrichtung

weggleichrichtung, aber mit der Spannungsamplitude U_0 statt $U_0/2$.

Die Glättung der pulsierenden Gleichspannung wird häufig durch eine Kombination von Ladekondensator C_1 und frequenzabhängigem Spannungsteiler (***Siebglied***) realisiert (Abb. 5.42).

Die Ausgangsspannung U_a ist bei einer Spannung U_1 am Ladekondensator C_1

$$U_a(\omega) = \frac{U_1}{\sqrt{(1-\omega^2 LC_2)^2 + \omega^2 L^2/R^2}} , \qquad (5.60)$$

wie man sich mithilfe der Wechselstromwiderstände $\mathrm{i}\omega L$ und $1/(\mathrm{i}\omega C)$ für Spule und Kondensator und der Parallelschaltung von R und C_2 überlegen kann. Während die Gleichspannung ($\omega = 0$) ungeschwächt durchgelassen wird, werden alle Pulsationen ($\omega > 0$) abgeschwächt.

Die Siebschaltung in Abb. 5.42 stellt einen speziellen Tiefpass dar. Ersetzt man die Spule L durch einen Widerstand R, so erhält man den Tiefpass der Abb. 5.28. Hier hat man allerdings auch für die Gleichspannung ($\omega = 0$) einen Spannungsabfall (siehe Aufgabe 5.9).

BEISPIEL

$\omega = 2\pi \cdot 50\,\mathrm{s}^{-1}$, $R = 50\,\Omega$, $L = 1\,\mathrm{H}$, $C_2 = 10^{-3}\,\mathrm{F} \Rightarrow \omega L \approx 314\,\Omega$, $1/(\omega C) \approx 3\,\Omega \Rightarrow U_a(\omega) = 0{,}01\, U_1(\omega)$, während für die Gleichspannung gilt: $U_a(\omega = 0) = U_1(\omega = 0)$.

In einer modernen Gleichrichtungsschaltung für kleine und mittlere Leistungen (z. B. als Netzteil für Computer oder bessere Radios) wird die Ausgangsspannung elektronisch stabilisiert, wodurch die Restwelligkeit auf Werte $\Delta U/U < 10^{-3}$–10^{-4} heruntergedrückt werden kann [5.4].

Für hohe Leistungen ist die Drehstromgleichrichtung am besten (Abb. 5.43). Da die Phasenverschiebung

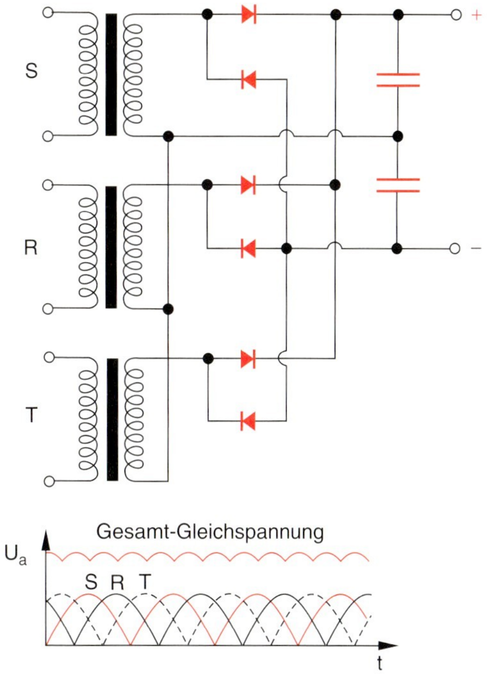

Abb. 5.43. Drehstromgleichrichtung der drei Phasen R, S, T beim technischen Drehstrom

zwischen den einzelnen Phasen nur 120° beträgt, hat der Gleichstrom bei Zweiweggleichrichtung bzw. Graetz-Gleichrichtung jeder Phase und Überlagerung der drei gleichgerichteten Anteile selbst ohne Ladekondensator nur noch eine Welligkeit

$$\frac{U_{max} - U_{min}}{U_{max}} \approx 0,13 = 13\%$$

(verglichen mit 100% bei der Zweiweggleichrichtung des Einphasenstromes). Durch einen Ladekondensator C wird die Glättung wesentlich effektiver als beim Einphasenstrom, weil die Zeitspanne Δt zwischen zwei aufeinander folgenden Spannungsmaxima nur $1/3$ der entsprechenden Zeit beim Einphasenstrom beträgt. Deshalb ist der Abfall der Spannung während der Zeit Δt viel kleiner ($\Delta U \propto \exp[-\Delta t/(RC)]$).

5.8.4 Kaskadenschaltung

Für manche spezielle Anwendungen, insbesondere für Teilchenbeschleuniger (siehe Bd. 4, Kap. 3) braucht man sehr hohe Gleichspannungen, die man mit den

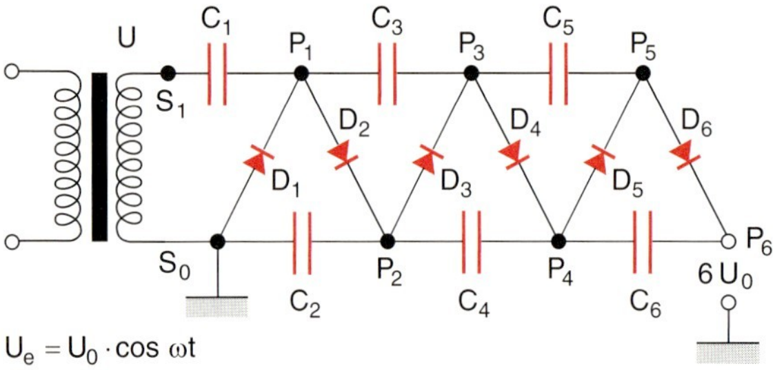

Abb. 5.44. Kaskadenschaltung zur Multiplikation der gleichgerichteten Spannung

obigen Gleichrichterschaltungen nicht realisieren kann, weil die elektrische Durchschlagfestigkeit der Sekundärwicklung von Hochspannungstransformatoren die maximal erreichbare Spannung begrenzt.

Deshalb ist von *Greinacher* (1880–1974) eine geniale Spannungsvervielfacher-Gleichrichtung entwickelt worden, die eine Kaskade von Gleichrichtern und Kondensatoren benutzt. In Abb. 5.44 ist eine solche Kaskadenschaltung am Beispiel von sechs Dioden und sechs Kondensatoren illustriert. Ihr Verständnis verlangt etwas Gedankenakrobatik:

Die untere Seite S_0 der Sekundärwicklung des Hochspannungstrafos wird geerdet. Während der negativen Spannungshalbwelle in S_1 wird die Spannungsänderung vom Kondensator C_1 nach P_1 übertragen. Da die Diode D_1 für negative Spannungen in P_1 leitet, schließt sie P_1 mit S_0 kurz und hält P_1 auf Erdpotential, während S_1 auf $-U_0$ liegt. Während der nächsten Halbwelle steigt die Spannung in S_1 von $-U_0$ bis $+U_0$. Dieser Spannungssprung von $2U_0$ wird von C_1 auf P_1 übertragen, sodass dort jetzt die Spannung $+2U_0$ anliegt, die über D_2, D_3, D_4, D_5 und D_6 auf die Punkte P_2–P_6 übertragen wird, wo jetzt überall die Spannung $2U_0$ herrscht. Während der nächsten Halbwelle in S_1 sinkt die Spannung in S_1 wieder auf $-U_0$, in P_1 aber nur bis auf $U = 0$. In P_3 sinkt die Spannung auf $+U_0$, weil der Kondensator C_3 den Spannungssprung $\Delta U = -U_0$ in P_1 voll auf P_3 überträgt. Bei der nächsten positiven Halbwelle in S_1 gibt es wieder einen Spannungssprung von $\Delta U = +2U_0$, der über die Dioden und Kondensatoren auf P_3–P_6 übertragen wird, sodass nun in P_1 die Spannung $2U_0$, in P_3–P_6 die Spannung $3U_0$ herrscht. Dies geht so weiter, bis in den Punkten P_n die Spannungen $U = n \cdot U_0$ erreicht sind, also im Endpunkt P_6 die Spannung $+6U_0$ [5.6].

5.9 Elektronenröhren

Elektronenröhren bestehen aus einem evakuierten Glaskolben, in den verschiedene Elektroden über eingeschmolzene leitende Durchführungen eingebaut werden.

5.9.1 Vakuum-Dioden

Die einfachste Ausführung ist die Vakuum-Diode mit nur zwei Elektroden, der Kathode K und der Anode A (Abb. 5.45). Von der geheizten Kathode K werden Elektronen emittiert, die bei positiver Spannung U_A zwischen Anode und Kathode auf die Anode zu beschleunigt werden. Der Strom durch die Diode hängt ab von Temperatur und Oberfläche der Kathode und von der Anodenspannung (Abb. 5.45c). Wird U_A negativ, so werden die aus der Kathode austretenden Elektronen wieder auf die Kathode zurückgedrängt und können die Anode nicht erreichen. Es fließt kein Anodenstrom. Die Vakuum-Diode kann daher als Gleichrichter verwendet werden. Obwohl inzwischen überwiegend Halbleiterdioden eingesetzt werden, behauptet sich die Röhrendiode bei extremen Anforderungen (sehr ge-

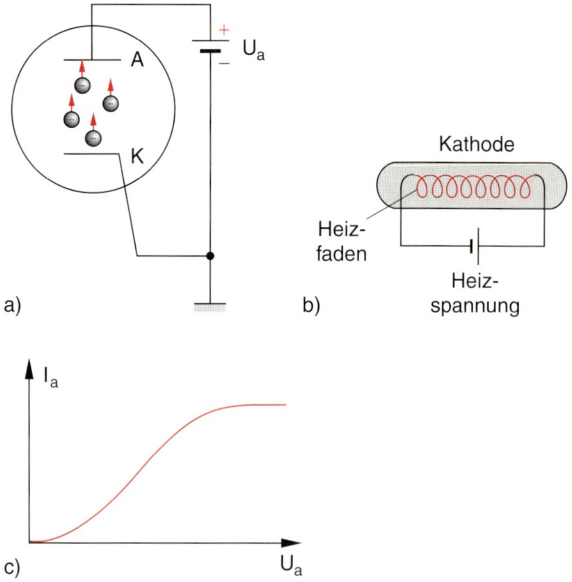

Abb. 5.45a–c. Vakuum-Diode. (**a**) Aufbau; (**b**) Glühkathode; (**c**) Strom-Spannungs-Charakteristik

ringer Sperrstrom, hohe gleichzurichtende Spannung) immer noch.

5.9.2 Triode

Fügt man außer Kathode und Anode noch eine dritte Elektrode, das Steuergitter, ein (Abb. 5.46), so erhält man eine ***Triode***. Das Steuergitter besteht aus einem zylindrischen leitenden Maschennetz, das die Kathode umgibt. Die Elektronen müssen daher auf ihrem Weg von der Kathode zur Anode durch die Maschen des Steuergitters fliegen. Durch geringe Änderung der Spannung U_G zwischen Gitter und Kathode kann der Elektronenstrom I_A von der Kathode zur Anode stark beeinflusst werden (Abb. 5.46b).

Gibt man auf das Gitter z. B. zusätzlich zur Gleichspannung U_{G_0} eine Wechselspannung

$$U_G = U_{G_0} + a \cdot \cos \omega t \, ,$$

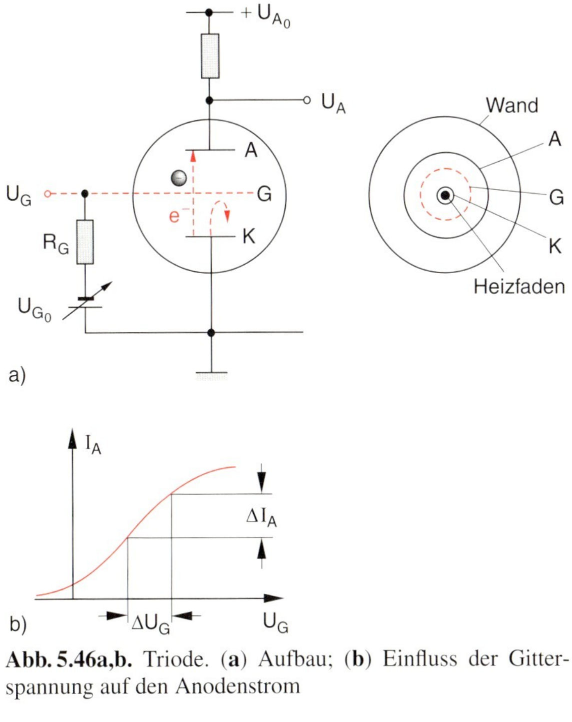

Abb. 5.46a,b. Triode. (**a**) Aufbau; (**b**) Einfluss der Gitterspannung auf den Anodenstrom

so wird der Anodenstrom

$$I_A = I_{A_0} + b \cdot \cos \omega t$$

moduliert (Abb. 5.47). Die zwischen Anode und Kathode abgegriffene Spannung

$$U_A = U_{A_0} - R_A \cdot I_A$$

ist dann ebenfalls moduliert mit der Modulationsamplitude

$$\Delta U_A = -R_A \cdot b \cdot \cos \omega t \, ,$$

die im Allgemeinen wesentlich größer ist als die an das Gitter angelegte Steuerspannung $\Delta U_G = a \cdot \cos \omega t$.

Die Spannungsverstärkung

$$V_U = \frac{R_A \cdot b}{a}$$

hängt von den Betriebsparametern U_{G_0}, U_{A_0}, R_A und von der geometrischen Struktur der Triode ab. Man erreicht Werte zwischen $V = 10$ bis $V = 1000$.

Für die meisten Anwendungen werden heute statt der Vakuumtrioden Halbleitertransistoren verwendet, die in Bd. 3 behandelt werden. Bei sehr großen Leistungen $P_A = U_A \cdot I_a$ (z. B. für Rundfunk- und Fernsehsender oder in Mikrowellenherden) werden jedoch auch heute noch große Elektronenröhren eingesetzt [5.7].

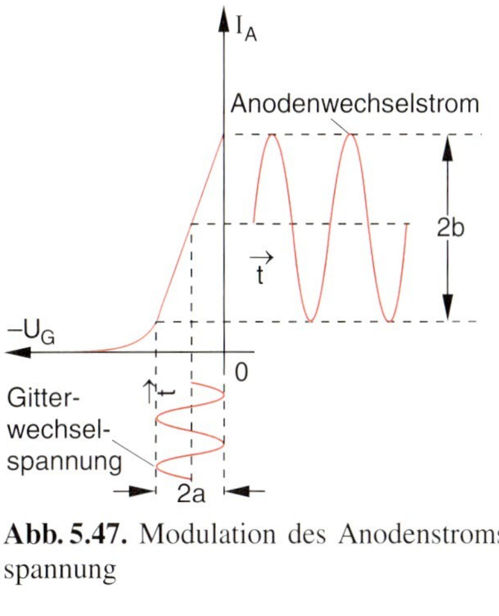

Abb. 5.47. Modulation des Anodenstroms durch die Gitterspannung

ZUSAMMENFASSUNG

- Die mechanischen Drehmomente, die auf stromdurchflossene Spulen im Magnetfeld wirken, werden in Elektromotoren zum Antrieb ausgenutzt.
- Elektrische Generatoren erzeugen eine Wechselspannung, die auf der beim Drehen einer Spule im Magnetfeld auftretenden Induktion beruht.
- Die mittlere Leistung des Wechselstroms ist

$$\overline{P} = U_{\text{eff}} \cdot I_{\text{eff}} \cdot \cos\varphi = \frac{1}{2} U_0 \cdot I_0 \cdot \cos\varphi ,$$

  wobei φ der Phasenwinkel zwischen Strom und Spannung ist.
- Ein Dreiphasenstrom erzeugt ein magnetisches Drehfeld, das zum Antrieb in Elektromotoren benutzt wird.
- Ein elektrischer Schwingkreis ist eine Anordnung aus Induktivität L und Kapazität C. Er hat die Resonanzfrequenz

$$\omega = 1/\sqrt{L \cdot C} .$$

- Serien- und Parallelschwingkreise zeigen bezüglich der Frequenzabhängigkeit ihres komplexen Widerstandes Z ein komplementäres Verhalten: Bei der Resonanzfrequenz ist für Parallelkreise Z reell und maximal, für Serienkreise minimal.
- Transformatoren sind durch einen Eisenkern miteinander induktiv gekoppelte Spulen. Sie formen eine Eingangswechselspannung um. Bei vollständiger Kopplung ist das Spannungsverhältnis U_a/U_e dem Windungsverhältnis von Sekundär- zu Primärspule proportional.
- Wechselspannungen werden gleichgerichtet durch Dioden. Eine Gleichrichterschaltung mit vier Dioden in einer Brücke heißt Graetz-Schaltung.
- Durch geeignete Kombination von Gleichrichtern und Kondensatoren kann die Spannung vervielfacht werden.
- Zur Spannungs- oder Stromverstärkung kann man auch eine Triode verwenden.

ÜBUNGSAUFGABEN

1. a) Eine Schaltung in einem verschlossenen Kasten (Abb. 5.48) besteht aus einem Widerstand R und einem Kondensator C. Bei einer Gleichspannung U_1 hat sie einen Widerstand von 100 Ω, bei einer Wechselspannung von 50 Hz einen Widerstand von 20 Ω.
   Wie ist die Schaltung aufgebaut, und wie groß sind R und C?
   b) Ein Frequenzfilter im Kasten der Abb. 5.48 hat maximale Transmission $|U_2|/|U_1|$ bei $\omega_0 = 75\,\text{s}^{-1}$ und $|U_2|/|U_1| = 0{,}01$ bei $\omega = 0$. Es besteht aus Widerstand R, Kondensator C und Spule L mit $R_L = 1\,\Omega$, $L = 0{,}1\,\text{H}$. Wie ist die Schaltung aufgebaut, und wie groß sind R und C?

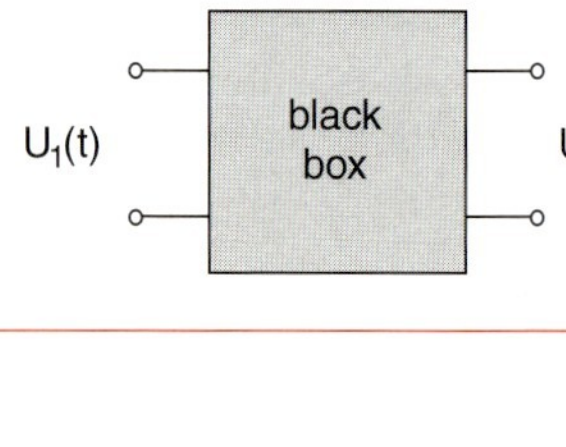

Abb. 5.48. Zu Aufgabe 5.1

2. Berechnen Sie den frequenzabhängigen Widerstand $Z(\omega)$ und seinen Betrag $|Z(\omega)|$ für den Parallel-Schwingkreis in Abb. 5.30a. Wie groß sind Resonanzfrequenz ω_0 und Halbwertsbreite $\Delta\omega$ zwischen den Frequenzen ω_1 und ω_2, bei denen $|Z|$ auf die Hälfte des Maximalwertes gesunken ist, wenn $R_L = 1\,\Omega$, $L = 10^{-4}\,\text{H}$ und $C = 1\,\mu\text{F}$ sind?
3. Ein Luftspulentransformator besteht aus zwei langen Zylinderspulen mit Querschnittsfläche F, die dicht übereinander gewickelt sind und die Windungszahlen N_1 und N_2 haben.
   Bestimmen Sie Sekundärspannung U_2 und Sekundärstrom I_2 sowie ihre Phasenverschiebung gegen die Primärspannung U_1, wenn der Trafoausgang
   a) mit dem Widerstand R,
   b) mit einem Kondensator C,
   belastet wird.
   Wie groß ist die Eingangsleistung, wenn Verluste im Trafo vernachlässigbar sind?

▶

4. Berechnen Sie für die Schaltung in Abb. 5.49 die Transmission $|U_2|/|U_1|$ und $|I_2|/|I_1|$ bei einer Eingangsspannung $U_1 = U_0 \cos \omega t$ für $L = 0{,}1$ H, $C = 100\,\mu$F, $R = 50\,\Omega$, $\omega = 300\,\mathrm{s}^{-1}$.

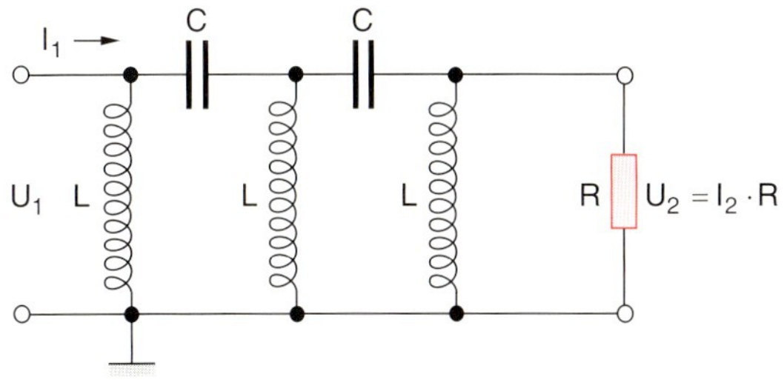

Abb. 5.49. Zu Aufgabe 5.4

5. Eine flache Kreisspule mit einer Fläche von $100\,\mathrm{cm}^2$ und 500 Windungen rotiert in einem homogenen Magnetfeld $B = 0{,}2$ T um eine Achse in der Spulenebene senkrecht zu $\boldsymbol{B}$ (Abb. 5.1). Welche mechanische Leistung muss man aufbringen, wenn hinter dem Kommutator ein Verbraucherwiderstand von $R = 10\,\Omega$ angeschlossen wird? Der Spulenwiderstand sei $R_i = 5\,\Omega$, die Frequenz $\nu = 50$ Hz.
6. An eine Wechselspannungsquelle $U = U_0 \cos \omega t$ mit $\omega = 2\pi \cdot 50\,\mathrm{s}^{-1}$, $U_0 = 15$ V sei
a) eine Einweggleichrichtung (Abb. 5.38),
b) eine Graetz-Gleichrichtung (Abb. 5.41)
angeschlossen. Bestimmen Sie bei einem Verbraucherwiderstand $R = 50\,\Omega$ und einem Ladekondensator $C = 1$ mF den zeitlichen Verlauf der Ausgangsspannung $U_2(t)$, die Restwelligkeit und die verbrauchte Gleichstromleistung.
7. Ein Kondensator ($C = 10\,\mu$F) mit einem Leckwiderstand von $10\,\mathrm{M}\Omega$ wird an eine Wechselspannungsquelle $U = U_0 \cos \omega t$ mit $U_0 = 300$ V und $\omega = 2\pi \cdot 50\,\mathrm{s}^{-1}$ angeschlossen. Welcher Strom (Blind- plus Wirkstrom) fließt, und welche Leistung wird im Kondensator verbraucht?
8. An den Wechselstromkreis der Abb. 5.24 wird eine Wechselspannung $U = U_0 \sin \omega t$ gelegt. Welche Spannung U_L (Amplitude und Phase) liegt an der Spule L?
Zahlenbeispiel: $R = 20\,\Omega$, $L = 5 \cdot 10^{-2}$ H, $C = 50\,\mu$F, $U_0 = 300$ V, $\omega = 2\pi \cdot 50\,\mathrm{s}^{-1}$.
9. Bestimmen Sie das Verhältnis (U_a/U_e) als Funktion der Frequenz ω, wenn man statt des L,C_2-Siebglieds in Abb. 5.42 den Tiefpass in Abb. 5.28 verwendet.
10. Leiten Sie Gl. (5.7) her, und bestimmen Sie, bei welchem Verbraucherstrom I_a die Klemmenspannung U_K der Nebenschlussmaschine ihren größten Wert hat.

6. Elektromagnetische Schwingungen und die Entstehung elektromagnetischer Wellen

Die beiden nächsten Kapitel sind von großer Wichtigkeit, nicht nur für die Hochfrequenztechnik, sondern vor allem für ein grundlegendes Verständnis der Entstehung, der Eigenschaften und Ausbreitung elektromagnetischer Wellen. Die mathematische Behandlung ist in weiten Teilen analog zur Beschreibung mechanischer Schwingungen und Wellen, die ausführlich in Bd. 1, Kap. 11, dargestellt wurde.

6.1 Der elektromagnetische Schwingkreis

Ein elektromagnetischer Schwingkreis stellt eine Schaltung aus Kondensator C und Induktivität L dar (siehe Abschn. 5.4), in welcher der Kondensator periodisch aufgeladen und entladen wird. Die Analogie zum mechanischen Modell der schwingenden Masse m, die durch Federkräfte an ihre Ruhelage gebunden ist (harmonischer Oszillator, Bd. 1, Abschn. 10.1), wird durch Abb. 6.1 verdeutlicht: Der potentiellen Energie der Masse m entspricht die elektrische Energie $W_{\text{el}} = 1/2 \cdot CU^2$ des geladenen Kondensators (Abb. 6.1a). Der Kondensator C entlädt sich über die Spule L, und der dabei fließende Strom $I = \mathrm{d}Q/\mathrm{d}t$ erzeugt in der Spule ein Magnetfeld B mit der magnetischen Energie $W_{\text{m}} = 1/2 \cdot L \cdot I^2$, der im mechanischen Modell die kinetische Energie entspricht. Wegen ihrer trägen Masse schwingt die Kugel über die Ruhelage hinaus und wandelt dabei ihre kinetische Energie wieder in potentielle Energie um. Im elektrischen Fall sind Induktionsgesetz und Lenzsche Regel das Ana-

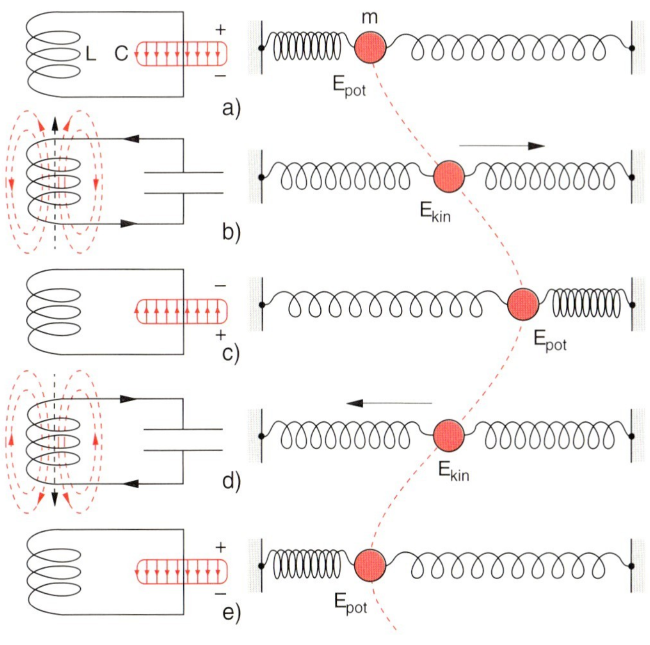

Abb. 6.1a–e. Vergleich zwischen elektromagnetischem Schwingkreis und dem mechanischen Modell eines Oszillators, realisiert durch eine schwingende Masse m, die zwischen zwei Federn aufgehängt ist

logon zur Trägheit. Wenn der Strom I abzunehmen beginnt, entsteht in der Spule eine Induktionsspannung, welche die Abnahme von I hemmt, also den Strom weiter treibt, bis der Kondensator umgekehrt aufgeladen ist (Abb. 6.1c). Jetzt beginnt wieder dasselbe Spiel in umgekehrter Richtung.

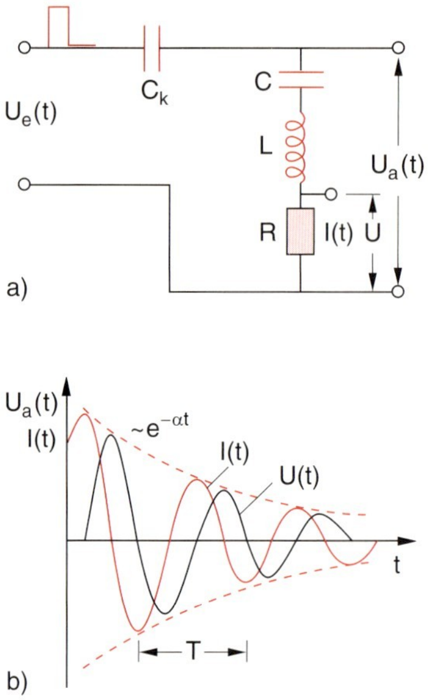

Abb. 6.2a,b. Gedämpfter Schwingkreis. (**a**) Experimentelle Realisierung zur Messung von $U_a(t)$ und $I(t) = U(t)/R$; (**b**) zeitlicher Verlauf von U und I

6.1.1 Gedämpfte elektromagnetische Schwingungen

Genau wie im mechanischen Modell, bei dem die Reibung die Schwingung dämpft, wirken beim elektromagnetischen Schwingkreis die Ohmschen Widerstände R von Spule und Leitungen als Energieverlustquellen, sodass die Energie pro Sekunde um $\Delta W/\Delta t = I^2 \cdot R$ abnimmt. Es entsteht eine gedämpfte Schwingung (Abb. 6.2).

Betrachten wir als Beispiel wieder unseren Serienkreis der Abb. 5.24. Wird der Kreis von außen einmal zu Schwingungen angeregt, wie dies z. B. durch einen elektrischen Puls geschehen kann (Abb. 6.2a), so führt er nach Ende des Pulses ($U_e = 0$) gedämpfte Schwingungen aus, deren mathematische Behandlung von (5.21) ausgeht:

$$L \cdot \frac{d^2 I}{dt^2} + R \cdot \frac{dI}{dt} + \frac{1}{C} I = 0\,. \tag{6.1}$$

Wir benutzen (völlig analog zu Bd. 1, Abschn. 11.4) den Lösungsansatz:

$$I = A \cdot e^{\lambda t}\,, \tag{6.2a}$$

wobei A und λ komplex sein können. Einsetzen in (6.1) ergibt für λ die Gleichung

$$\lambda^2 + \frac{R}{L}\lambda + \frac{1}{LC} = 0\,,$$

deren Lösungen

$$\begin{aligned} \lambda_{1,2} &= -\frac{R}{2L} \pm \sqrt{\frac{R^2}{4L^2} - \frac{1}{LC}} \\ &= -\alpha \pm \beta \end{aligned} \tag{6.3}$$

entscheidend vom Wert α, d. h. vom Verhältnis R/L abhängen. Die allgemeine Lösung von (6.1) lautet

$$I = A_1 e^{-(\alpha - \beta)t} + A_2 e^{-(\alpha + \beta)t}\,. \tag{6.2b}$$

a) Kriechfall

Für $R^2/(4L^2) > 1/(LC)$ wird β reell. Da der Strom $I(t)$ als physikalische Größe reell sein muss, folgt, dass A_1 und A_2 ebenfalls reell sein müssen. Mit den Anfangsbedingungen $I(0) = I_0$ und $\dot{I}(0) = \dot{I}_0$ erhält man aus (6.2b):

$$A_1 = \frac{I_0}{2}\left(1 + \frac{\alpha}{\beta}\right) + \frac{\dot{I}_0}{2\beta}\,,$$

$$A_2 = \frac{I_0}{2}\left(1 - \frac{\alpha}{\beta}\right) - \frac{\dot{I}_0}{2\beta}\,.$$

Für $\dot{I}_0 = 0$ erhält man die spezielle Lösung

$$I(t) = I_0 \cdot e^{-\alpha t}\left[\cosh(\beta t) + \frac{\alpha}{\beta}\sinh(\beta t)\right]\,. \tag{6.4a}$$

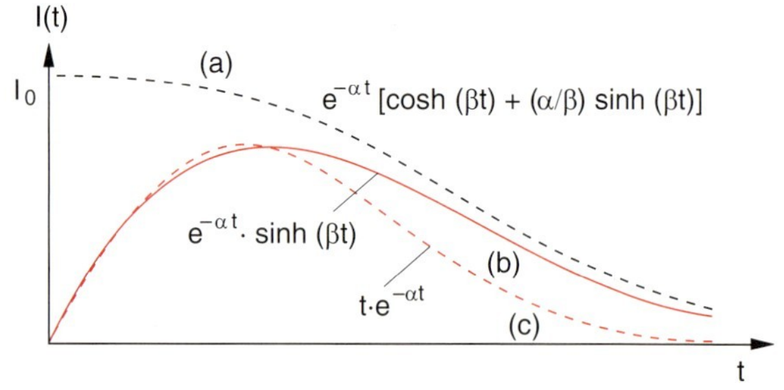

Abb. 6.3. Übergedämpfte Schwingung mit verschiedenen Anfangsbedingungen. Kurve (a): $I(0) = I_0$, $\dot{I}(0) = 0$, Kurve (b): $I(0) = 0$, $\dot{I}(0) \neq 0$ (c): aperiodischer Grenzfall

Der Strom fällt monoton von $I(0) = I_0$ ab und erreicht $I = 0$ nur asymptotisch (Kurve (a) in Abb. 6.3). Für den Fall $I_0 = 0,\ \dot{I}_0 \neq 0$ ergibt sich

$$I(t) = (\dot{I}_0/\beta) \cdot \mathrm{e}^{-\alpha t} \sinh(\beta t)\ . \tag{6.4b}$$

Der Strom steigt erst von $I(0) = 0$ an und kriecht dann asymptotisch wieder gegen $I = 0$ (Abb. 6.3, Kurve b).

b) Aperiodischer Grenzfall

Für $\beta = 0$ erhält man den aperiodischen Grenzfall mit der Lösung (siehe Bd. 1, Abschn. 11)

$$I(t) = \mathrm{e}^{-\alpha t}(I_0 + A_3 t) \tag{6.5}$$

mit der Konstanten $A_3 = \dot{I}_0 + \alpha I_0$.

Für $I_0 = 0$ wird

$$I(t) = \dot{I}_0 \cdot t \cdot \mathrm{e}^{-\alpha t}$$

(rot gestrichelte Kurve (c) in Abb. 6.3). Auch hier hat $I(t)$ für diese Anfangsbedingungen keinen Nulldurchgang. Für andere Anfangsbedingungen ($I(0) \neq 0$, $\dot{I}_0(0) \neq 0$) geht $I(t)$ einmal durch Null.

c) Gedämpfte Schwingung

Der uns hier eigentlich interessierende Fall der ***gedämpften Schwingung*** liegt vor für $R^2 < 4L/C$, d. h. β ist imaginär. Wir setzen $\beta = \mathrm{i} \cdot \omega$ und erhalten mit (6.3) die Lösung von (6.1) als

$$I(t) = \mathrm{e}^{-\alpha t}\left[A_1 \mathrm{e}^{\mathrm{i}\omega t} + A_2 \mathrm{e}^{-\mathrm{i}\omega t}\right], \tag{6.6}$$

wobei die Koeffizienten $A_1 = a + \mathrm{i}b$ und $A_2 = a - \mathrm{i}b$ komplex konjugierte sind, damit der Strom $I(t)$ eine reelle physikalische Größe wird. Damit wird aus (6.6)

$$I(t) = 2\,|A| \cdot \mathrm{e}^{-\alpha t} \cos(\omega t + \varphi) \tag{6.7}$$

mit $|A| = \sqrt{a^2 + b^2}$ und $\tan\varphi = b/a$. Die Größen a und b sind aus den Anfangsbedingungen zu bestimmen.

Der Strom $I(t)$ im Schwingkreis führt also eine gedämpfte Schwingung aus mit der *Resonanz*-Frequenz

$$\omega_\mathrm{R} = \sqrt{\frac{1}{LC} - \frac{R^2}{4L^2}}\ , \tag{6.8}$$

die für $R = 0$ in die Frequenz $\omega_0 = 1/\sqrt{L \cdot C}$ des ungedämpften Kreises übergeht. Die Schwingungsdauer dieses Schwingkreises ist

$$T = \frac{2\pi}{\omega_\mathrm{R}}\ .$$

BEISPIEL

$L = 10^{-2}\,\mathrm{H}$, $C = 10^{-6}\,\mathrm{F}$, $R = 100\,\Omega$ $\Rightarrow \omega = 8{,}6 \cdot 10^3\,\mathrm{rad/s}$ $\Rightarrow \nu = 1{,}4\,\mathrm{kHz}$ $\Rightarrow T = 0{,}7\,\mathrm{ms}$. Für $R = 0$ würde sich $\omega_0 = 10^4\,\mathrm{rad/s}$; $\nu_0 = 1{,}6\,\mathrm{kHz}$; $T_0 = 0{,}63\,\mathrm{ms}$ ergeben.

6.1.2 Erzwungene Schwingungen

Wenn an den Serienschwingkreis in Abb. 6.4a eine äußere Wechselspannung $U = U_0 \cdot \cos\omega t$ angelegt wird, so schwingt der Kreis mit der stationären Schwingungsamplitude U_0, und auch der Strom $I = I_0 \cdot \cos(\omega t - \varphi)$ durch den Kreis hat eine zeitlich konstante Amplitude $I_0 = U_0/|Z|$ (erzwungene Schwingung), wobei Z der im Abschn. 5.4 eingeführte komplexe Widerstand des Kreises ist.

Die im Widerstand R verbrauchte Wirkleistung ist:

$$P_\mathrm{el}^\mathrm{wirk} = I^2 R = \frac{U^2}{Z^2} \cdot R = \frac{\left[U_0 \cdot \cos(\omega t)\right]^2}{Z^2} \cdot R\ . \tag{6.9}$$

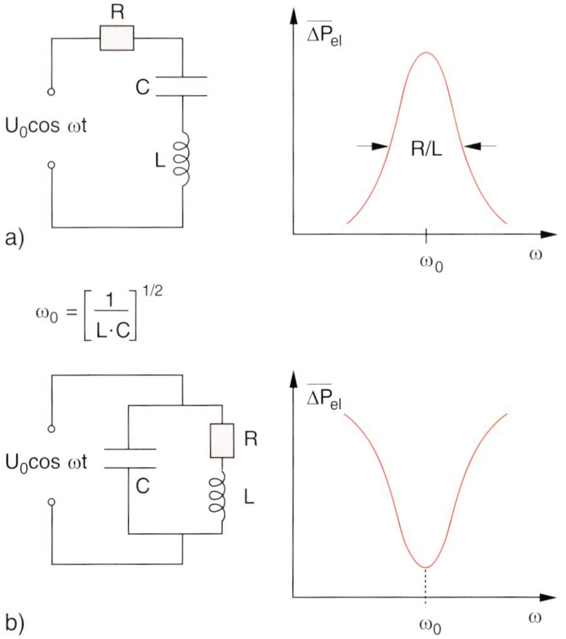

Abb. 6.4a,b. Im Schwingkreis verbrauchte Wirkleistung ΔP_el als Funktion der Frequenz ω bei periodischer äußerer Anregung. (**a**) Serienschwingkreis; (**b**) Parallelschwingkreis

Setzen wir für Z den Ausdruck (5.25) ein, so ergibt sich wegen $\langle\cos^2 \omega t\rangle = \frac{1}{2}$ für den mittleren Leistungsverlust:

$$\left\langle P_{\text{el}}^{\text{wirk}}\right\rangle = \frac{1}{2} \cdot \frac{U_0^2 \cdot R}{R^2 + \left(\omega L - \frac{1}{\omega C}\right)^2} . \qquad (6.10)$$

Der Leistungsverlust erreicht im Serienschwingkreis für $\omega = \omega_0$ den maximalen Wert

$$\left\langle \boldsymbol{P}_{\text{el}}^{\text{wirk}}\right\rangle_{\max} = \frac{1}{2}\frac{U_0^2}{R} . \qquad (6.11)$$

In Abb. 6.4a ist der Leistungsverlust eines Serienschwingkreises als Funktion der Frequenz ω aufgetragen. Die Halbwertsbreite der Kurve $\Delta P_{\text{el}}(\omega)$ ist für $R/\omega L \ll 1$: $\Delta\omega_{1/2} \approx R/L$.

Analoge Verhältnisse erhält man für den Parallelschwingkreis der Abb. 6.4b, dessen Widerstand $|Z|$ allerdings für $\omega = \omega_0$ maximal statt minimal wird. Deshalb wird hier die im Schwingkreis verbrauchte Wirkleistung *minimal* für $\omega = \omega_0$ (siehe Aufgaben 5.8 und 6.2).

Ein experimentelles Beispiel für die Anregung gedämpfter Schwingungen ist in Abb. 6.5 illustriert, wo der Schwingkreis, wie in Abb. 6.2 gezeigt, durch eine periodische Pulsfolge zu Schwingungen angestoßen wird, deren Dämpfung vom einstellbaren Wert R/L abhängt. Mit dieser Anordnung lassen sich auf dem Oszillographen durch Variation von R oder L die oben diskutierten Fälle wie Kriechfall, aperiodischer Grenzfall und gedämpfte Schwingungen leicht demonstrieren.

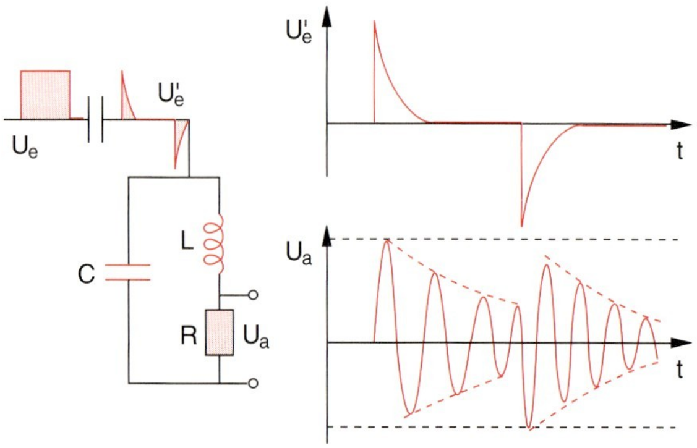

Abb. 6.5. Anregung gedämpfter elektromagnetischer Schwingungen durch eine Folge elektrischer Pulse

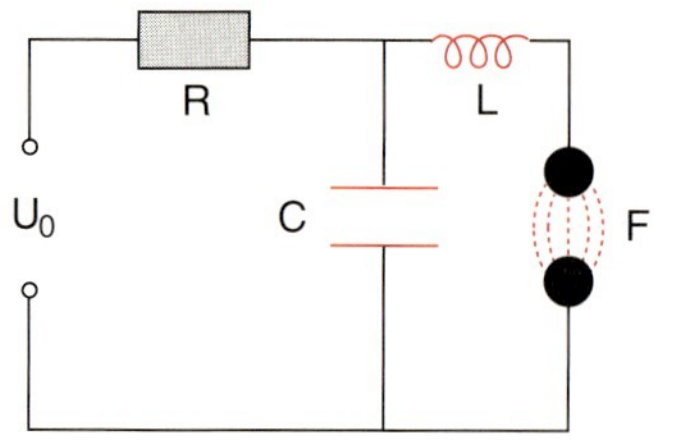

Abb. 6.6. Funkenschwingkreis

Die historisch erste Realisierung gedämpfter elektrischer Schwingungen basierte auf dem in Abb. 6.6 gezeigten Funkenschwingkreis. Ein Kondensator C wird von einer Gleichspannungsquelle mit der Spannung U_0 über den Widerstand R aufgeladen. Sobald die Kondensatorspannung U die Zündspannung einer Funkenstrecke F übersteigt, zündet diese. Der Entladungsstrom des Kondensators baut in der Spule L ein Magnetfeld auf, das (völlig analog zu Abb. 6.1) bei seinem Abbau den Kondensator umlädt und so zu einer gedämpften Schwingung im Kreis C, L, F führt, wobei der Widerstand R der Funkenstrecke die Schwingung dämpft. Wenn die Schwingungsfrequenz hoch genug ist, bleibt die Leitfähigkeit der einmal gezündeten Funkenstrecke auch beim Nulldurchgang des Stroms erhalten, weil die gebildeten Ionen nicht so schnell rekombinieren oder aus dem Entladungskanal herausdiffundieren.

6.2 Gekoppelte Schwingkreise

Genau wie bei mechanischen Oszillatoren, die man durch elastische Federn miteinander koppeln kann (gekoppelte Pendel, Bd. 1, Abschn. 11.8), lassen sich auch elektromagnetische Schwingkreise induktiv, kapazitiv oder Ohmsch miteinander koppeln, sodass ein Teil der Schwingungsenergie des einen Kreises auf den anderen übertragen werden kann.

Als Beispiel sind in Abb. 6.7 zwei induktiv gekoppelte Schwingkreise gezeigt. Zur Induktionsspannung $U_{\text{ind}} = -L \cdot \mathrm{d}I/\mathrm{d}t$ in jedem Kreis kommt jetzt noch die durch die gegenseitige Induktion erzeugt Spannung $U_1 = -L_{12}\,\mathrm{d}I_2/\mathrm{d}t$ für den ersten Kreis bzw. $U_2 = -L_{12}\,\mathrm{d}I_1/\mathrm{d}t$ für den zweiten Kreis hinzu, sodass

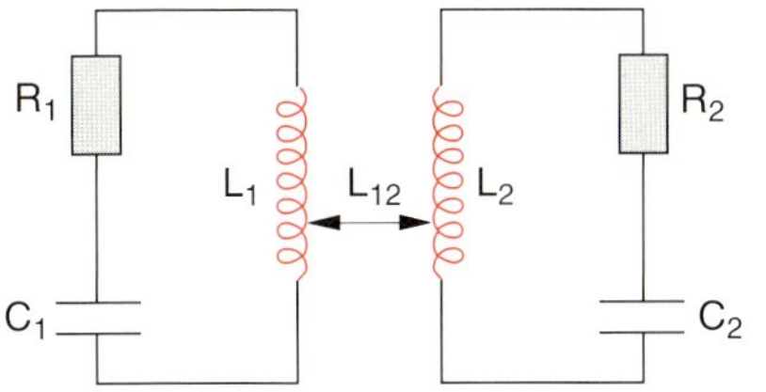

Abb. 6.7. Induktiv gekoppelte Schwingkreise

wir statt (5.21) die gekoppelten Differentialgleichungen

$$L_1\frac{\mathrm{d}^2 I_1}{\mathrm{d}t^2}+R_1\frac{\mathrm{d}I_1}{\mathrm{d}t}+\frac{I_1}{C_1}=-L_{12}\frac{\mathrm{d}^2 I_2}{\mathrm{d}t^2} \qquad (6.12\mathrm{a})$$

$$L_2\frac{\mathrm{d}^2 I_2}{\mathrm{d}t^2}+R_2\frac{\mathrm{d}I_2}{\mathrm{d}t}+\frac{I_2}{C_2}=-L_{12}\frac{\mathrm{d}^2 I_1}{\mathrm{d}t^2} \qquad (6.12\mathrm{b})$$

erhalten. Setzen wir wieder $I_k = I_{0,k}\cdot \mathrm{e}^{\mathrm{i}\omega t}$ $(k=1,2)$, so ergeben sich aus (6.12a,b) die beiden gekoppelten Gleichungen

$$\left(-L_1\omega^2+\mathrm{i}\,\omega R_1+\frac{1}{C_1}\right)I_1-\omega^2 L_{12}I_2=0$$

$$-\omega^2 L_{12}I_1+\left(-L_2\omega^2+\mathrm{i}\omega R_2+\frac{1}{C_2}\right)I_2=0 \qquad (6.13)$$

für I_1 und I_2, die nur dann nichttriviale Lösungen $I_1\neq 0$, $I_2\neq 0$ haben, wenn die Koeffzientendeterminante null ist.

Dies ergibt die Bestimmungsgleichung für die Resonanzfrequenzen ω der gekoppelten Kreise

$$\left[R_1+\mathrm{i}\left(\omega L_1-\frac{1}{\omega C_1}\right)\right] \qquad (6.14)$$

$$\cdot\left[R_2+\mathrm{i}\left(\omega L_2-\frac{1}{\omega C_2}\right)\right]=-\omega^2 L_{12}^2\,,$$

deren allgemeine Lösung etwas mühsam ist. Wir wollen deshalb die Lösungen an dem einfachen Spezialfall zweier gekoppelter gleicher und verlustfreier Schwingkreise $(R_1=R_2=0,\ L_1=L_2=L,\ C_1=C_2=C)$ verdeutlichen: Hierfür erhält man mit dem Kopplungsgrad $k=L_{12}/L$ (siehe Abschn. 5.6) aus (6.14) durch Lösen der quadratischen Gleichung für ω^2:

$$\omega_1=\sqrt{\frac{1}{(L-L_{12})C}}$$

$$=\frac{\omega_0}{\sqrt{1-L_{12}/L}}=\frac{\omega_0}{\sqrt{1-k}}\,, \qquad (6.15\mathrm{a})$$

$$\omega_2=\sqrt{\frac{1}{(L+L_{12})C}}=\frac{\omega_0}{\sqrt{1+k}} \qquad (6.15\mathrm{b})$$

mit dem Kopplungsgrad $k=L_{12}/L$. Durch die Kopplung spaltet die Frequenz ω_0 des ungekoppelten Kreises auf in zwei Frequenzen ω_1 und ω_2. Die Aufspaltung $\Delta\omega=\omega_1-\omega_2$ wird für schwache Kopplung ($L_{12}\ll L$ d. h. $k\ll 1$)

$$\Delta\omega=\omega_0\cdot k=\omega_0\cdot\frac{L_{12}}{L}\,, \qquad (6.16)$$

also proportional zum Kopplungsgrad k. Man vergleiche die völlig analogen Verhältnisse bei mechanisch gekoppelten Pendeln (Bd. 1, Abschn. 11.8).

Außer der induktiven Kopplung wird in der Praxis auch die *kapazitive Kopplung* durch einen gemeinsamen Kondensator C (Abb. 6.8a) oder die *galvanische Kopplung* durch einen gemeinsamen Widerstand R beider Schwingkreise (Abb. 6.8b) verwendet. Sie werden mathematisch analog behandelt. Anstelle des Kopplungsgliedes $\omega^2 L_{12}$ in (6.13) tritt dann $1/C$ bei kapazitiver Kopplung und $\omega\cdot R$ bei galvanischer Kopplung [6.1].

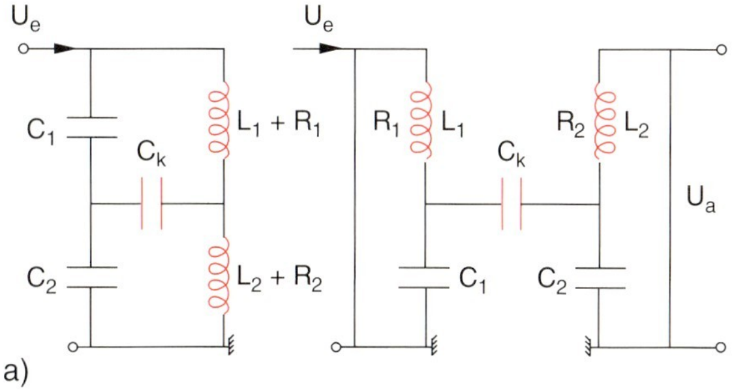

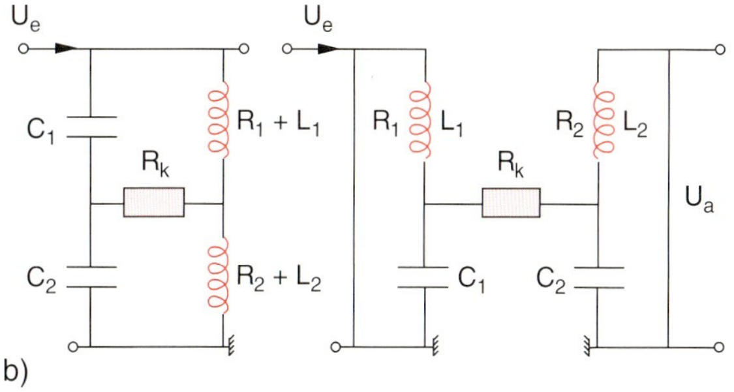

Abb. 6.8. (**a**) Kapazitive Kopplung von Parallel- und Serienschwingkreisen. (**b**) Galvanische Kopplung von Schwingkreisen

Legt man an den ersten der beiden induktiv gekoppelten Schwingkreise mit den komplexen Widerständen $Z_i = R_i + \mathrm{i}(\omega L_i - 1/\omega C_i)$ von außen eine Wechselspannung $U = U_0 \cdot \mathrm{e}^{\mathrm{i}\omega t}$ an, so erhält man statt (6.13) nach Division durch $\mathrm{i}\omega$ die Gleichungen:

$$U = Z_1 I_1 + \mathrm{i}\omega L_{12} I_2 \,,$$
$$0 = \mathrm{i}\omega L_{12} I_1 + Z_2 I_2 \,. \tag{6.17}$$

Durch Elimination von I_1 ergibt sich für den im zweiten Kreis fließenden Strom

$$I_2 = -\frac{\mathrm{i}\omega L_{12}}{\omega^2 L_{12}^2 + Z_1 Z_2} U \,. \tag{6.18}$$

Setzt man die Ausdrücke für Z_i ein, so ergibt sich eine etwas längliche Formel. Mit der Abkürzung

$$X = \mathrm{Im}\{Z\} = \omega L - \frac{1}{\omega C}$$

lässt sie sich jedoch für gleiche gekoppelte Kreise ($Z_1 = Z_2 = Z$) vereinfachen zu:

$$|I_2| = \frac{\omega L_{12}}{\sqrt{[\omega^2 L_{12}^2 + R^2 - X^2]^2 + 4R^2 X^2}} |U| \,. \tag{6.19a}$$

Anmerkung

Das Symbol X ist in der Elektrotechnik gebräuchlich für den *Blindwiderstand* $\mathrm{Im}\{Z\}$, der oft auch ***Reaktanz*** genannt wird.

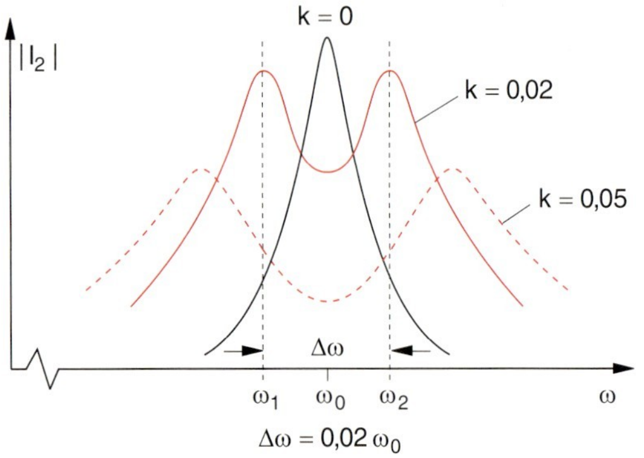

Abb. 6.9. Resonanzkurve des Stromes $I_2(\omega)$ in einem gekoppelten Schwingkreis, wenn an den anderen Kreis eine Wechselspannung $U = U_0 \cos \omega t$ gelegt wird

Für verlustfreie Kreise ($R = 0$) wird daraus mit dem Kopplungsgrad $k = L_{12}/L$:

$$\frac{|I_2|}{|U|} = \frac{\omega^3 k/L}{\omega^4(k^2-1) + 2\omega_0^2\omega^2 - \omega_0^4} \,, \tag{6.19b}$$

wobei $\omega_0 = 1/\sqrt{L \cdot C}$ die Eigenresonanzfrequenz des ungekoppelten Kreises ist. Die Kurve $|I_2|/|U|$ als Funktion der Frequenz ω ist in Abb. 6.9 für verschiedene Kopplungsgrade aufgetragen. Man sieht, dass man für $k \neq 0$ zwei Maxima erhält, deren Abstand mit wachsender Kopplung zunimmt. [6.1]

6.3 Erzeugung ungedämpfter Schwingungen

Um ungedämpfte Schwingungen zu realisieren, muss der Energieverlust dem Schwingkreis dauernd von außen ersetzt werden. Dies kann auf verschiedene Weise geschehen.

Ein einfaches Beispiel, welches nur bei sehr langsamen Schwingungen realisiert werden kann, aber für Demonstrationen sehr eindrucksvoll ist (Abb. 6.10), benutzt die manuelle Betätigung eines Schalters, der dem Kondensator im richtigen Zeitpunkt die fehlende Energie aus einer Gleichspannungsquelle wieder zuführt. Induktivität L und Kapazität C werden so groß gewählt, dass die Schwingungsfrequenz etwa 1 Hz beträgt, damit die phasenverschobenen Schwingungen von Strom und Spannung auf zwei großen Zeigerinstrumenten im Hörsaal demonstriert werden können. Durch eine Glühbirne

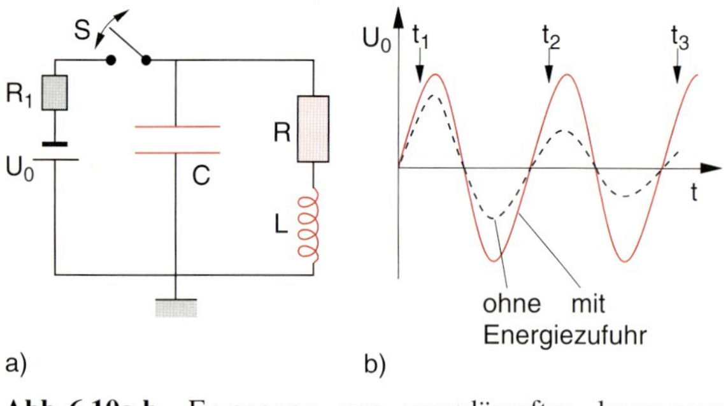

Abb. 6.10a,b. Erzeugung von ungedämpften langsamen Schwingungen eines gedämpften Schwingkreises. Zu den Zeiten $t_n = t_0 + n \cdot t$ ($n = 0, 1, 2, \ldots$) führt man dem System Energie zu, indem man kurz den Schalter S schließt. (**a**) Anordnung; (**b**) Zeitverlauf der Schwingungen mit und ohne periodische Energiezufuhr

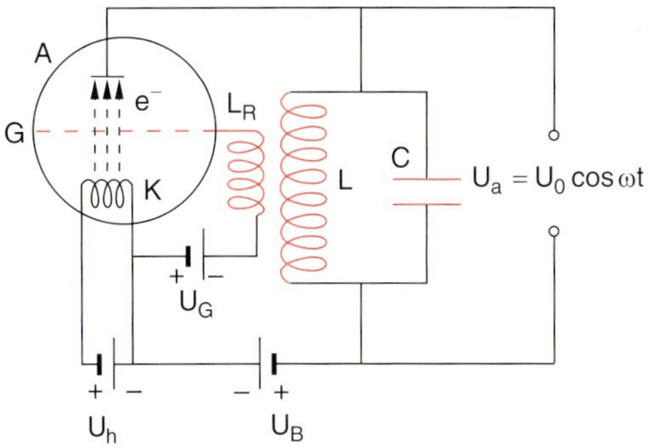

Abb. 6.11. Meißnersche Rückkopplungsschaltung zur Erzeugung ungedämpfter Schwingungen im Radiofrequenzbereich

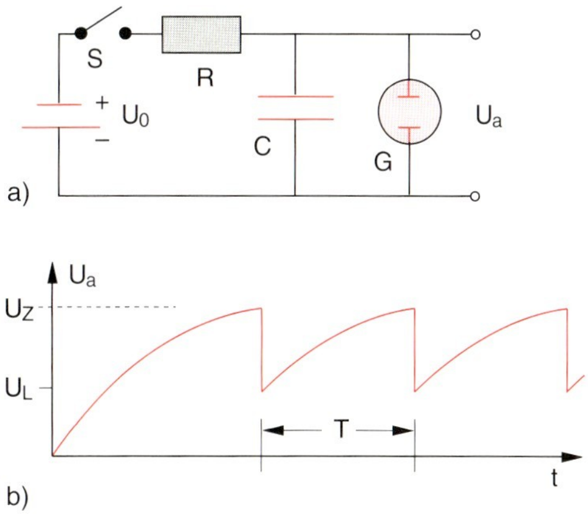

Abb. 6.12a,b. Kippschwingung. (**a**) Versuchsaufbau; (**b**) Zeitlicher Verlauf der an der Glimmlampe anliegenden Spannung

als Widerstand R lassen sich die Schwingungen direkt als periodische Helligkeitsschwankungen sichtbar machen.

Für höhere Frequenzen versagt die manuelle Synchronisation, und man muss eine elektronische Rückkopplung verwenden. Ein Beispiel ist die in Abb. 6.11 gezeigte ***Meißnersche Schaltung***, bei der durch induktive Kopplung zwischen der Schwingkreisspule L und der Rückkopplungsspule L_R die Stromzufuhr aus einer externen Gleichspannungsquelle mit der Spannung U_B gesteuert wird. Dies geschieht z. B. über eine Elektronenröhre (Triode, siehe Abschn. 5.9), in welcher der Elektronenstrom durch die Spannung am Gitter G gesteuert wird. Ist die Gitterspannung U_G negativ gegenüber der Kathode, so können die von der Kathode emittierten Elektronen die Anode nicht erreichen [6.2].

Wird nun (durch eine äußere Störung) eine Schwingung (wenn auch mit beliebig kleiner Amplitude) im Schwingkreis angeregt, so wird durch den entsprechenden Wechselstrom durch die Spule L aufgrund der induktiven Kopplung in der Spule L_R eine Wechselspannung induziert, welche das Gitter periodisch positiv und negativ vorspannt. Bei richtiger Phasenlage wird dadurch der Strom durch die Triode so moduliert, dass er den Wechselstrom I durch die Spule L phasenrichtig verstärkt und dadurch eine stabile Schwingung $U = U_0 \cos \omega t$ erzeugt mit zeitlich konstanter Amplitude U_0, die von der Spannung U_a und von der Gittervorspannung U_G abhängt.

Als Beispiel einer ungedämpften nicht sinusförmigen, aber periodischen Schwingung soll die Kippschwingung dienen, deren Schaltung in Abb. 6.12 erläutert ist. Wird zur Zeit $t = 0$ der Schalter S geschlossen, dann lädt die Gleichspannungsquelle mit der Spannung U_0 den Kondensator C so lange auf (siehe Abschn. 2.2.3), bis bei der Spannung U_Z die Glimmlampe G zündet. Wegen des kleinen Widerstandes $R_G \ll R$ der gezündeten Lampe entlädt sich der Kondensator wieder schnell bis zur Löschspannung U_L, bei welcher die Glimmentladung erlischt. Dann beginnt die Aufladung erneut. Aus (2.11) erhält man für die Periode T der Kippschwingung:

$$T = RC \cdot \ln \frac{U_0 - U_L}{U_0 - U_Z} \,. \qquad (6.20)$$

Für sehr hohe Frequenzen sind Induktivitäten und Kapazitäten im Schwingkreis der Abb. 6.11 zu groß. Außerdem genügen Elektronenröhren nicht mehr zur Anfachung von Schwingungen mit $\omega > 10^{10}\,s^{-1}$, weil die Laufzeit der Elektronen in der Röhre größer wird als die Schwingungsdauer. Für diesen Frequenzbereich ist deshalb das ***Klystron*** entwickelt worden, das aus zwei Hohlraumresonatoren (siehe Abschn. 7.8.2) besteht (Abb. 6.13). Elektronen werden von einer Glühkathode emittiert und durch eine positive Spannung auf etwa 1 kV beschleunigt, bevor sie in den ersten Hohlraumresonator eintreten. Eine Hochfrequenzspannung zwischen Kathode und Beschleunigungselektrode beschleunigt bzw. bremst die Elektronen während ihrer Durchflugzeit, sodass die Stromdichte $j = \varrho \cdot v$ beim Eintritt in den zweiten Resonator moduliert

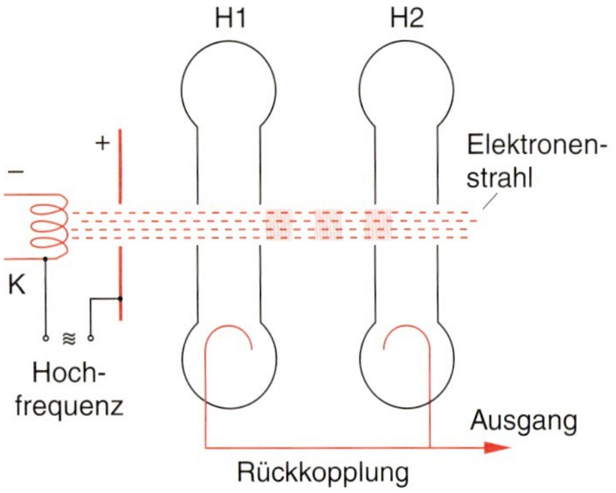

Abb. 6.13. Schematische Darstellung eines Klystrons. H1, H2: Hohlraumresonatoren

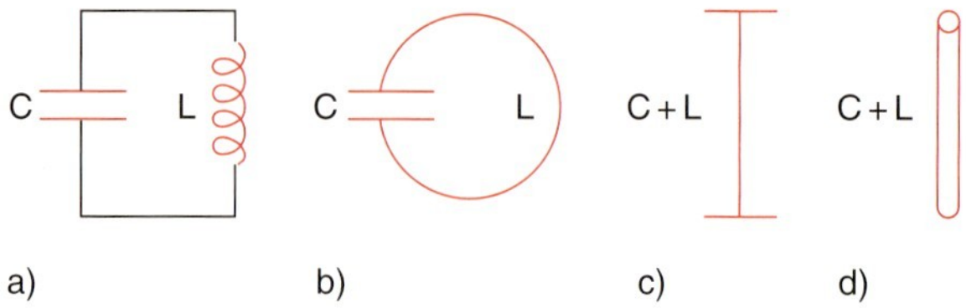

Abb. 6.14a–d. Kontinuierlicher Übergang vom Schwingkreis mit Kondensator und Spule zum geraden Draht einer Antenne als Quelle elektromagnetischer Wellen

ist. Die Elektronen kommen in Form von Dichtepaketen im zweiten Resonator an. Da eine zeitlich modulierte Raumladungsdichte zu einer zeitlich modulierten Spannung führt, regen die Elektronenpakete den zweiten Resonator zu Schwingungen an. Die Wechselspannung wird mit der richtigen Phase auf den ersten Resonator zurückgekoppelt, sodass dort die Modulationsamplitude des Elektronenstrahls verstärkt wird. Durch diese Rückkopplung entwickelt sich aus statistischen Schwankungen der Elektronenstrahldichte eine stabile ungedämpfte Schwingung mit der Resonanzfrequenz des Hohlraums, die bei geeigneter Dimensionierung der Resonatoren im Gigahertz-Bereich ($10^9 - 10^{12}\,\mathrm{s}^{-1}$) liegt. Da solche statistischen Schwankungen immer auftreten, können sie eine Schwingung mit der Hohlraum-Resonanzfrequenz auch ohne äußere Hochfrequenz anstoßen, die sich dann durch Rückkoppplung verstärkt. Man braucht deshalb die in Abb. 6.13 gezeigte Hochfrequenzeinspeisung gar nicht.

6.4 Offene Schwingkreise; Hertzscher Dipol

Wir haben in den vorangegangenen Abschnitten elektromagnetische Schwingkreise behandelt, bei denen die Energie periodisch zwischen elektrischer Feldenergie eines Kondensators und magnetischer Energie einer Induktivität oszilliert. Den geschlossenen Schwingkreis der Abb. 6.1, bei dem C und L noch räumlich getrennt sind, kann man kontinuierlich in einen offenen Schwingkreis überführen, wie dies in Abb. 6.14 illustriert ist. Die Induktivität L der Spule in Abb. 6.14a geht in Abb. 6.14b über in die Induktivität der Leiterschleife. Die Kapazität C wird durch Ausbiegen der Schleife immer kleiner und geht schließlich in die des geraden Leiters mit den Endplatten über (Abb. 6.14c), welche man dann auch noch weglassen kann, sodass man zu einem einfachen geraden Draht gelangt. Dieser kann als offener Schwingkreis mit räumlich gleichmä-

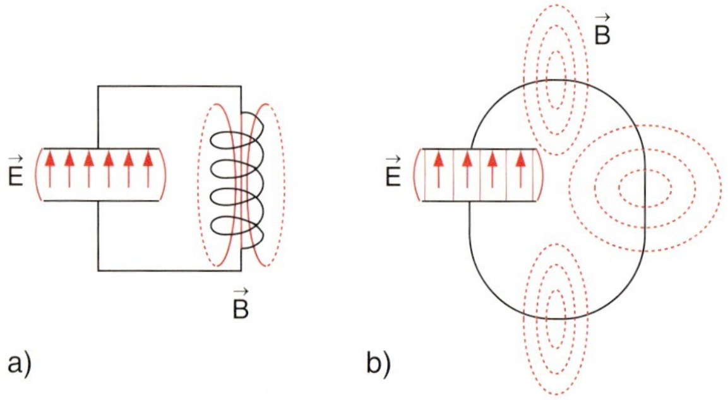

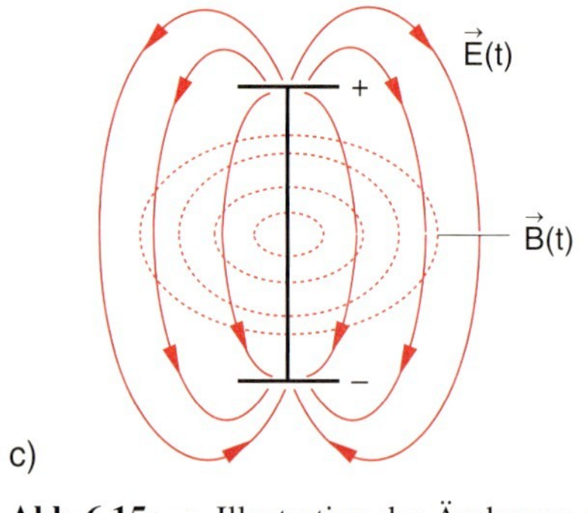

Abb. 6.15a–c. Illustration der Änderung des elektromagnetischen Feldes beim Übergang vom Schwingkreis mit räumlich begrenzten elektrischen und magnetischen Feldern zum offenen Schwingkreis mit Feldern, die weit in den Raum hinausreichen

ßig verteilter Kapazität C und Induktivität L angesehen werden (Abb. 6.14d).

Der entscheidende Unterschied zwischen dem geschlossenen Schwingkreis der Abb. 6.14a und dem geraden Draht der Abb. 6.14d, in dem Ladungen periodisch zwischen den Enden des Drahtes schwingen, ist in Abb. 6.15 verdeutlicht. In Abb. 6.15a sind elektrisches Feld und magnetisches Feld räumlich lokalisiert. Der größte Teil der elektrischen Feldenergie ist im Volumen zwischen den Platten des Kondensators konzentriert, das Streufeld ist vernachlässigbar. Ebenso ist das magnetische Feld überwiegend auf das Volumen innerhalb der Spule beschränkt (siehe Abschn. 3.2.6d).

In Abb. 6.15b ist zwar das elektrische Feld noch lokalisiert, das magnetische Feld reicht jedoch als Feld einer Leiterschleife (siehe Abschn. 3.2.6b) weit in den Raum hinaus. Beim geraden Draht, in dem ein Wechselstrom fließt, reichen sowohl das magnetische als auch das elektrische Feld weit in den Raum hinaus. Bei zeitlicher Änderung von Strom- und Ladungsdichte ändern sich die magnetischen und elektrischen Felder. Diese Änderung breitet sich mit Lichtgeschwindigkeit im Raum aus und führt zu einer Energieabstrahlung dieser *Senderanordnung* in Form von elektromagnetischen Wellen.

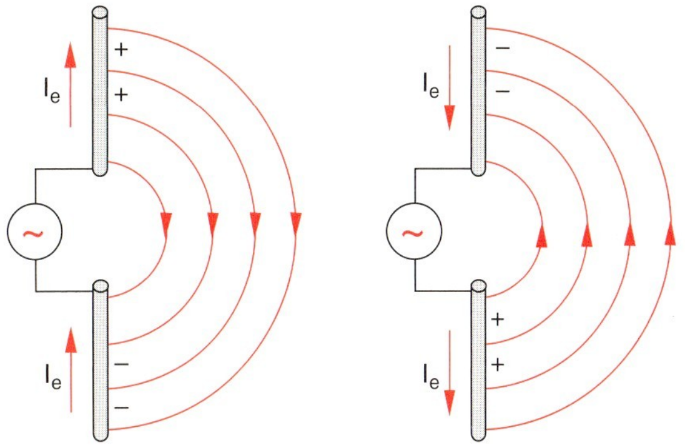

Abb. 6.16. Schematische Darstellung der Erzeugung eines hochfrequenten Wechselstroms in einer Stabantenne. Gezeigt ist der Elektronenstrom I_e und ein ebener Schnitt durch die elektrischen Feldlinien während zweier um 180° verschobenen Phasen des Wechselspannungsgenerators. Die Feldlinien sind rotationssymmetrisch um die Antenne

Wir müssen nun vier Fragen beantworten:

- Wie erreicht man experimentell, dass in einem geraden Draht Ladungen schwingen?
- Wie sehen elektrisches und magnetisches Feld einer solchen schwingenden Ladungsverteilung aus?
- Welcher Zusammenhang besteht zwischen diesen zeitlich veränderlichen Feldern und elektromagnetischen Wellen, die in den Raum hinaus laufen?
- Welche Strahlungsleistung strahlt der Sender ab?

6.4.1 Experimentelle Realisierung eines Senders

Zur Anregung elektromagnetischer Schwingungen in einem offenen Schwingkreis kann man die induktive, kapazitive oder galvanische Kopplung an einen rückgekoppelten geschlossenen Schwingkreis verwenden, dem die Kopplungsenergie von außen wieder zugeführt werden muss. Eine schematische Schaltung ist in Abb. 6.16 gezeigt. Die praktische Realisierung wird durch das Beispiel in Abb. 6.17 illustriert, wo als Hochfrequenzquelle ein mit konstanter Amplitude schwingender Kreis verwendet wird, dem durch die kapazitive Kopplung an das Gitter der Triode periodisch Energie aus der Anodenspannungsquelle zugeführt wird. Diese Energie deckt den Energieverlust durch Joulesche Wärme im Kreis selbst und die durch induktive Kopplung an den offenen Schwingkreis abgegebene Energie, die von der im Draht schwingenden Ladungsverteilung in den Raum abgestrahlt wird.

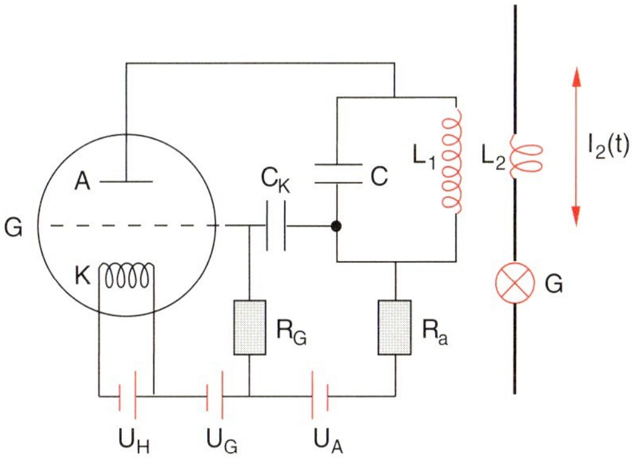

Abb. 6.17. Induktive Kopplung eines offenen Schwingkreises an einen mit konstanter Amplitude schwingenden geschlossenen Kreis mit kapazitiver Rückkopplung an das Gitter G der Triode, deren Strom die Verlustenergie des Kreises nachliefert. Die Induktivität L_2 braucht keine konkrete Spule zu sein, sondern kann die Induktivität des geraden Drahtes sein

Der erste Kreis dient dabei als Impedanzwandler (siehe Abschn. 5.7) zwischen der Energiequelle (Anodenspannungsquelle) und dem Verbraucher (schwingende Ladung im Draht).

Wie wir im Abschn. 5.7 gesehen haben, kann Energie optimal von der Energiequelle an den Energieverbraucher übertragen werden, wenn die Wirkwiderstände von Quelle und Verbraucher gleich und die Blindwiderstände entgegengesetzt gleich sind. Wenn der erste Kreis mit der Gesamtinduktivität $(L_1 + L_{12})$ so abgestimmt ist, dass er bei der gewünschten Frequenz in Resonanz ist, dann ist sein Widerstand reell. Der Betrag $|Z|$ kann durch geeignete Wahl von L und C an den Innenwiderstand des Generators (Röhre $+R_\mathrm{a}$) optimal angepasst werden. Die induktive Kopplung zwischen Antenne und Schwingkreis wirkt wie ein Transformator, der auf den kleineren Widerstand der Antenne (größerer Strom!) transformiert.

Man kann den Strom I_2 im geraden Draht durch ein Glühlämpchen G sichtbar machen. Dabei lässt sich durch Variation der Entfernung zwischen L_1 und L_2 oder durch Änderung der Orientierung des geraden Drahtes oder Stabes der Grad der Kopplung zwischen beiden Schwingkreisen verändern, was durch eine entsprechende Änderung der Helligkeit des Glühlämpchens angezeigt wird, die proportional zu T^4 ist, wobei die Temperatur T des Glühfadens von der elektrischen Leistung $R \cdot \langle I^2 \rangle$ abhängt.

Fließt in dem Stab mit der Länge l ein Wechselstrom

$$I(z,t) = I_0(z) \cdot \sin \omega t \,,$$

so erzwingt die Randbedingung

$$I(z = \pm l/2) = 0$$

an den beiden Stabenden, dass die räumliche Verteilung der Stromamplitude $I_0(z)$ Nullstellen an beiden Enden hat (Abb. 6.18).

> Der resonante Wechselstrom $I(\omega, t)$ hat eine räumliche Stromverteilung $I_0(z)$, die eine stehende Welle bildet mit den möglichen Wellenlängen $\lambda = 2l/n$ (n ganzzahlig).

Für die niedrigste Resonanzfrequenz ω_0 des Stabes erhält man daher

$$\omega_0 = \frac{2\pi v_\mathrm{Ph}}{\lambda} = \frac{\pi}{l} \cdot v_\mathrm{Ph} \,,$$

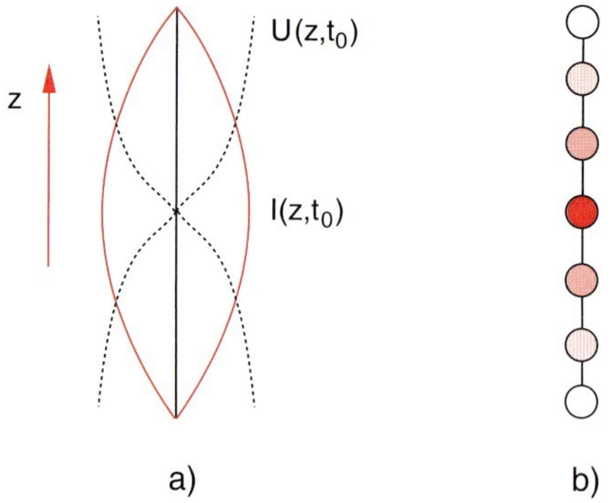

Abb. 6.18. (**a**) Stromverteilung $I(z, t_0)$ und Spannungsverteilung $U(z, t_0)$ entlang eines geraden Drahtes zum Zeitpunkt t_0. (**b**) Nachweis der Stromverteilung $\langle I^2(z) \rangle_t$ mithilfe von Glühlämpchen

wobei

$$v_\mathrm{Ph} = \frac{c}{\sqrt{\varepsilon \cdot \mu}} = \frac{1}{\sqrt{\varepsilon\varepsilon_0 \mu\mu_0}}$$

die Phasengeschwindigkeit ist, mit der sich das elektromagnetische Feld im Stab ausbreitet, während $(\varepsilon_0\mu_0)^{-1/2}$ die Vakuumlichtgeschwindigkeit ist.

Man kann die Stromverteilung $I_0(z)$ experimentell mit einer Reihe von Glühlämpchen nachweisen, die entlang des Stabes angebracht sind, und deren Helligkeit proportional zu $I_0^2(z)$ ist.

Die Spannungsverteilung ist gegenüber der Stromverteilung um $\lambda/4$ verschoben, weil durch die Ladungstrennung die Spannungsextrema an den Enden des Stabes auftreten.

6.4.2 Das elektromagnetische Feld des schwingenden Dipols

Ein leitender gerader Stab möge die Ladungsdichte ϱ haben. Wenn in ihm ein Wechselstrom induziert wird, dann schwingen die negativen frei beweglichen Elektronen gegen die feststehenden Ionenrümpfe. Die Stromdichte $\boldsymbol{j} = \varrho \cdot \boldsymbol{v}$ der Elektronen hängt von Ladungsdichte ϱ und der Geschwindigkeit $\boldsymbol{v}(t)$ der schwingenden Elektronen ab.

Nach (3.14) ist das Vektorpotential $\boldsymbol{A}(\boldsymbol{r}_1)$ einer *stationären* Stromverteilung mit der Stromdichte $\boldsymbol{j}(\boldsymbol{r}_2)$

$$\boldsymbol{A}(\boldsymbol{r}_1) = \frac{\mu_0}{4\pi} \int\limits_{V_2} \frac{\boldsymbol{j}(\boldsymbol{r}_2)\,\mathrm{d}V_2}{r_{12}} \,, \qquad (6.21)$$

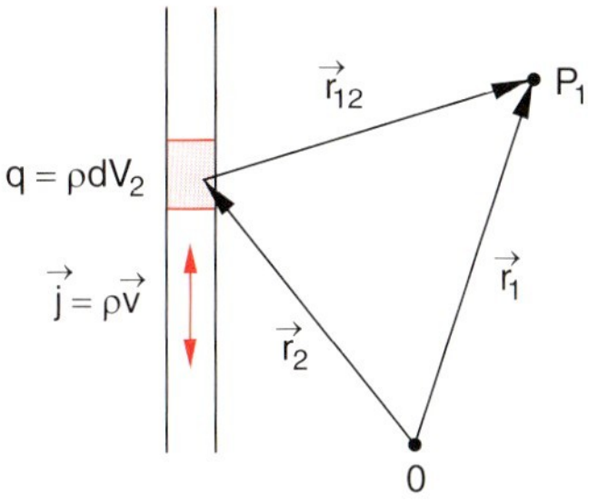

Abb. 6.19. Zur Bestimmung des zeitabhängigen Vektorpotentials $\boldsymbol{A}$ im Punkte P_1, das von der schwingenden Ladungsverteilung $\boldsymbol{j} = \varrho \cdot \boldsymbol{v}(t)$ im Stab erzeugt wird

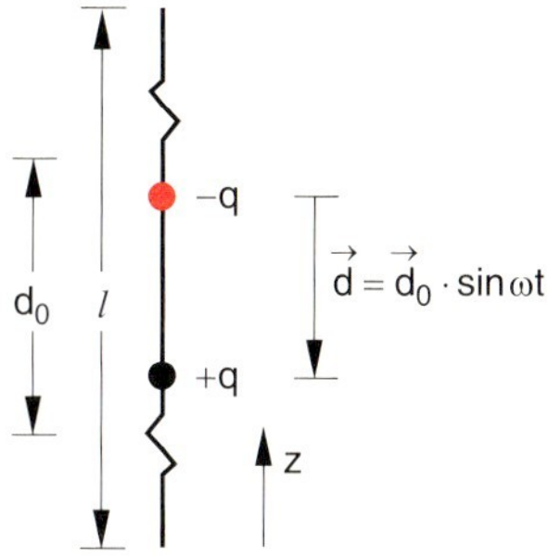

Abb. 6.20. Hertzscher Dipol

wobei $r_{12} = |\boldsymbol{r}_1 - \boldsymbol{r}_2|$ der Abstand zwischen der Ladung $dq = \varrho \cdot dV_2$ und dem Aufpunkt P_1 ist (Abb. 6.19).

Will man $\boldsymbol{A}(\boldsymbol{r}_1, t)$ für eine *zeitlich veränderliche* Stromdichte $\boldsymbol{j}(\boldsymbol{r}_2, t)$ *als Funktion der Zeit* bestimmen, so muss man berücksichtigen, dass die Ausbreitung des elektromagnetischen Feldes, das am Ort der schwingenden Ladung q entsteht, bis zum Punkt P_1 die Zeit $\Delta t = r_{12}/c$ benötigt. Jede Änderung des Feldes im Volumenelement dV_2 aufgrund der Änderung von $\boldsymbol{j}$ oder q braucht die Zeit Δt, bis sie in P_1 ankommt (***Retardierung***).

Deshalb muss man in (6.21) berücksichtigen, dass das Vektorpotential $\boldsymbol{A}(\boldsymbol{r}_1, t)$ im Punkte P_1, das zur Zeit t gemessen wird, von Strömen im Volumenelement dV_2 zur Zeit $(t - r_{12}/c)$ erzeugt wird:

$$\boldsymbol{A}(\boldsymbol{r}_1, t) = \frac{\mu_0}{4\pi} \int \frac{\boldsymbol{j}(\boldsymbol{r}_2, t - r_{12}/c) \cdot dV_2}{r_{12}} \,. \qquad (6.22)$$

In großer Entfernung vom Stab mit der Länge l $(r_{12} \gg l)$ kann man (6.22) sofort lösen, wenn man folgende Näherungen verwendet:

- Für einen festen Aufpunkt P_1 ist die Entfernung $r_{12} \approx r$ für alle Punkte des Stabes praktisch gleich, d. h. $1/r_{12}$ kann vor das Integral gezogen werden.
- Die Geschwindigkeit $\boldsymbol{v}$, mit der die Ladung $dq = \varrho \cdot dV_2$ schwingt, ist sehr klein gegen die Lichtgeschwindigkeit c. Auch die Laufzeit $\tau = l/c$ der elektromagnetischen Welle über die Stablänge l ist klein gegen die Schwingungsperiode $T = 2\pi/\omega$ der schwingenden Ladung $dq = \varrho \cdot dV_2$. Dies bedeutet, dass die Laufzeitdifferenz $\Delta(r_{12}/c)$ von verschiedenen Punkten des Stabes zum Aufpunkt P_1 klein ist gegen T, d. h. alle Wellen, die von verschiedenen Punkten $\boldsymbol{r}_2$ des Stabes zur Zeit t_1 starten, kommen in P_1 praktisch alle zur gleichen Zeit $t_2 = t_1 + r/c$ an, d. h. praktisch auch mit gleicher Phase!

Damit wird aus (6.22)

$$\boldsymbol{A}(\boldsymbol{r}_1, t) = \frac{\mu_0}{4\pi r} \int \boldsymbol{v} \cdot \varrho(\boldsymbol{r}_2, t - r/c)\, dV_2 \,. \qquad (6.23)$$

Da der Wechselstrom im Stab durch den Fluss von Elektronen mit der Ladungsdichte ϱ bewirkt wird, können wir den Integranden in (6.23) auffassen als eine negative Ladung $dq = \varrho \cdot dV_2$ der Elektronen, die mit der zeitlich sich ändernden Geschwindigkeit $v(t)$ gegen die räumlich feste positive Ladung der Ionenrümpfe oszilliert (Abb. 6.20).

Ist d der Abstand zwischen den Ladungsschwerpunkten $+q$ der positiven und $-q$ der negativen Ladungsverteilung, so ändert sich $d = d_0 \cdot \sin\omega t$, wenn ein Wechselstrom $I = I_0 \cos\omega t$ durch den Stab fließt. Man kann deshalb den Stab als schwingenden elektrischen Dipol auffassen (***Hertzscher Dipol***) mit dem zeitabhängigen Dipolmoment:

$$\boldsymbol{p}(t) = q \cdot d_0 \cdot \sin\omega t \cdot \hat{\boldsymbol{e}}_z = q \cdot \boldsymbol{d} \,. \qquad (6.24)$$

Man beachte:

Die Amplitude d_0 ist wesentlich kleiner als die Stablänge l der Antenne, weil die Elektronen bei einer Geschwindigkeit $v \ll c$ während einer viertel Schwingungsperiode T nur die Strecke $d_0 = \frac{1}{4} v \cdot T$ zurücklegen.

BEISPIEL

Für Kupfer ist die Beweglichkeit $u = 4{,}3\,(\text{mm/s})/(\text{V/m})$. Bei einer Feldstärke von $1\,\text{kV/m} \Rightarrow$ Driftgeschwindigkeit $v_D = u \cdot \boldsymbol{E} = 4{,}3\,\text{m/s}$. Bei einer Frequenz von $\nu = 10\,\text{MHz} \Rightarrow T = 10^{-7}\,\text{s}; \Rightarrow d_0 = \frac{1}{4} \cdot 4{,}3 \cdot 10^{-7} \approx 10^{-7}\,\text{m}$, während die Antennenlänge L einige Meter ist.

Wegen $\boldsymbol{v} = \dot{\boldsymbol{d}}$ folgt aus (6.24)

$$\frac{\mathrm{d}\boldsymbol{p}}{\mathrm{d}t} = q \cdot \boldsymbol{v} ,$$

und wir erhalten aus (6.23) für das Vektorpotential des Hertzschen Dipols:

$$\boldsymbol{A}(\boldsymbol{r}_1, t) = \frac{\mu_0}{4\pi r} \frac{\mathrm{d}}{\mathrm{d}t} \boldsymbol{p}(t - r/c) . \tag{6.25}$$

Wegen $\omega \cdot (t - r/c) = \omega t - (2\pi/\lambda) \cdot r = \omega t - kr$ ergibt das Einsetzen von (6.24) in (6.25):

$$\boldsymbol{A}(\boldsymbol{r}_1, t) = \frac{\mu_0}{4\pi} q \cdot d_0 \cdot \omega \frac{\cos(\omega t - kr)}{r} \hat{\boldsymbol{e}}_z . \tag{6.26}$$

Dies ist die Gleichung einer Kugelwelle (siehe Bd. 1, Abschn. 11.9.4), welche sich vom Mittelpunkt des Hertzschen Dipols aus mit der Geschwindigkeit $c = \omega/k$ (Lichtgeschwindigkeit) ausbreitet. Dies bedeutet:

> Die schwingende Ladung q erzeugt ein zeitlich veränderliches Vektorpotential $\boldsymbol{A}$ (und damit auch ein zeitlich veränderliches magnetisches und elektrisches Feld), das sich mit Lichtgeschwindigkeit in den Raum ausbreitet.

Wie sehen nun elektrisches und magnetisches Feld des schwingenden Dipols aus? Um das Magnetfeld $\boldsymbol{B}$ zu berechnen, wählen wir die Dipolachse als z-Achse (Abb. 6.21). Dann folgt aus $\boldsymbol{A} = \{0, 0, A_z\}$ und $\boldsymbol{B} = \mathbf{rot}\, \boldsymbol{A}$ (siehe Abschn. 3.2)

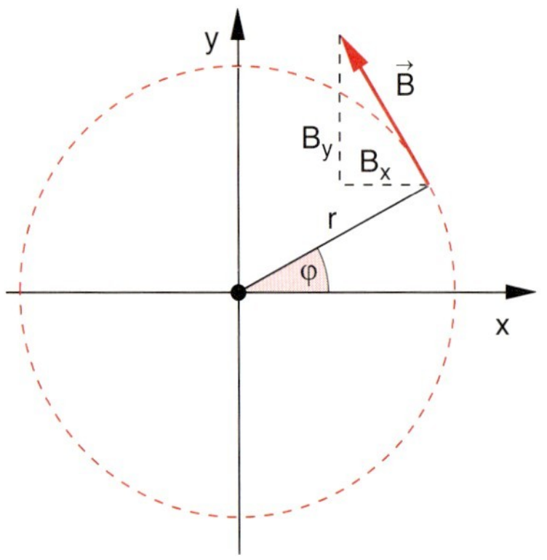

Abb. 6.21. Zur Berechnung des Magnetfeldes $\boldsymbol{B}$ aus dem Vektorpotential des schwingenden Dipols mit der Dipolachse in z-Richtung

$$B_x = \frac{\partial A_z}{\partial y} ; \quad B_y = -\frac{\partial A_z}{\partial x} ; \quad B_z = 0 , \tag{6.27}$$

d. h. das $\boldsymbol{B}$-Feld liegt in der x-y-Ebene.

Bei der räumlichen Differentiation von (6.25) nach y müssen wir beachten, dass auch $\boldsymbol{r}(x, y, z)$ von y abhängt. Deshalb erhalten wir nach Produkt- und Kettenregel mit $p = |\boldsymbol{p}| = p_z$

$$B_x = \frac{\mu_0}{4\pi}\left[\dot{p}\left(t - \frac{r}{c}\right)\frac{\partial}{\partial y}\left(\frac{1}{r}\right) + \frac{1}{r}\frac{\partial}{\partial y}\left(\dot{p}\left(t - \frac{r}{c}\right)\right)\right] .$$

Setzen wir $u = t - r/c$ und $\dot{p} = \mathrm{d}p/\mathrm{d}u$, so wird mit $\partial u/\partial r = -1/c$, $r = \sqrt{x^2 + y^2 + z^2} \Rightarrow \partial r/\partial y = y/r$:

$$\frac{\partial \dot{p}}{\partial y} = \frac{\partial \dot{p}}{\partial u} \cdot \frac{\partial u}{\partial r} \cdot \frac{\partial r}{\partial y} = -\ddot{p} \cdot \frac{1}{c} \cdot \frac{y}{r} .$$

Wegen

$$\frac{\partial}{\partial y}\left(\frac{1}{r}\right) = -\frac{y}{r^3}$$

erhalten wir schließlich, wenn wir noch die Relation $\mu_0 \varepsilon_0 = 1/c^2$ verwenden:

$$B_x = -\frac{1}{4\pi\varepsilon_0 c^2}\left[\dot{p}\frac{y}{r^3} + \ddot{p}\frac{y}{c \cdot r^2}\right] . \tag{6.28a}$$

In analoger Weise lässt sich B_y berechnen:

$$B_y = \frac{1}{4\pi\varepsilon_0 c^2}\left[\dot{p}\frac{x}{r^3} + \ddot{p}\frac{x}{c \cdot r^2}\right] . \tag{6.28b}$$

Mithilfe von Polarkoordinaten lassen sich x und y für beliebige Raumpunkte $P(x, y, z)$ schreiben als

$$x = r \cdot \sin\vartheta \cdot \cos\varphi ; \quad y = r \cdot \sin\vartheta \cdot \sin\varphi ,$$

wobei $r = \sqrt{x^2 + y^2 + z^2}$ der Abstand des Aufpunktes P_1 vom Mittelpunkt des Dipols (Ursprung des Koordinatensystems) und ϑ der Winkel gegen die Dipolachse ist (Abb. 6.22). Gleichung (6.28) lautet dann:

$$B_x = -\frac{1}{4\pi\varepsilon_0 c^2}\left[\frac{\dot{p}(u)\sin\vartheta\sin\varphi}{r^2} + \frac{\ddot{p}(u)\sin\vartheta\sin\varphi}{r \cdot c}\right] , \tag{6.29a}$$

$$B_y = \frac{1}{4\pi\varepsilon_0 c^2}\left[\frac{\dot{p}(u)\sin\vartheta\cos\varphi}{r^2} + \frac{\ddot{p}(u)\sin\vartheta\cos\varphi}{r \cdot c}\right] , \tag{6.29b}$$

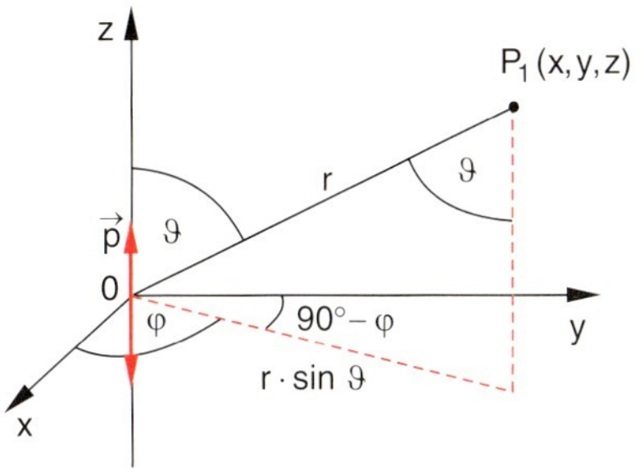

Abb. 6.22. Zur Herleitung von (6.29)

was wir in die Vektorgleichung

$$\boldsymbol{B}(\boldsymbol{r}, t) = \frac{1}{4\pi\varepsilon_0 c^2 r^3}\left[(\dot{\boldsymbol{p}} \times \boldsymbol{r}) + \frac{r}{c}(\ddot{\boldsymbol{p}} \times \boldsymbol{r})\right] \qquad (6.30)$$

zusammenfassen können.

Es sei daran erinnert, dass wegen der Retardierung das Magnetfeld $B(\boldsymbol{r}, t)$ zur Zeit t vom Dipol $\boldsymbol{p}$ zur Zeit $(t - r/c)$ erzeugt wird, d. h. in (6.30) müssen $\dot{p}$ und $\ddot{p}$ zur Zeit $(t - r/c)$ berechnet werden.

Weil $\boldsymbol{p} \parallel \dot{\boldsymbol{p}} \parallel \ddot{\boldsymbol{p}}$ ist, folgt $\boldsymbol{B} \perp \boldsymbol{p}$ und $\boldsymbol{B} \perp \boldsymbol{r}$.

In großer Entfernung vom Dipol ($r \gg d_0$) steht das Magnetfeld $\boldsymbol{B}$ senkrecht zur Dipolachse $\boldsymbol{p}$ und senkrecht auf der Ausbreitungsrichtung $\boldsymbol{r}$ der vom Dipol ausgesandten Welle.

Das Magnetfeld (6.30) hat zwei Anteile, die mit wachsender Entfernung r vom Dipol unterschiedlich stark abfallen. In großer Entfernung überwiegt der zweite Term mit $\ddot{\boldsymbol{p}}$, der mit $1/r$ abfällt, während der erste Term mit $\dot{\boldsymbol{p}}$ proportional zu $1/r^2$ kleiner wird.

Ein Vergleich mit dem Biot-Savart Gesetz (3.16)

$$\mathrm{d}\boldsymbol{B} = \frac{1}{4\pi\varepsilon_0 c^2}\,\frac{\boldsymbol{j} \times \boldsymbol{r}}{r^3} \cdot \mathrm{d}V$$

zeigt, dass wegen $\int \boldsymbol{j} \cdot \mathrm{d}V = \dot{\boldsymbol{p}}$ der erste Term in (6.30) das Magnetfeld darstellt, welches direkt von der zeitlich oszillierenden Stromdichte $\boldsymbol{j}$ erzeugt wird.

Der zweite Term in (6.30) wird zwar indirekt auch vom schwingenden Dipol erzeugt (wie die Herleitung zeigt); aber die Tatsache, dass er mit wachsender Entfernung r langsamer als der erste Term abfällt, deutet darauf hin, dass eine zusätzliche Quelle für das Magnetfeld vorhanden sein muss, die wir uns jetzt klar machen wollen [6.3].

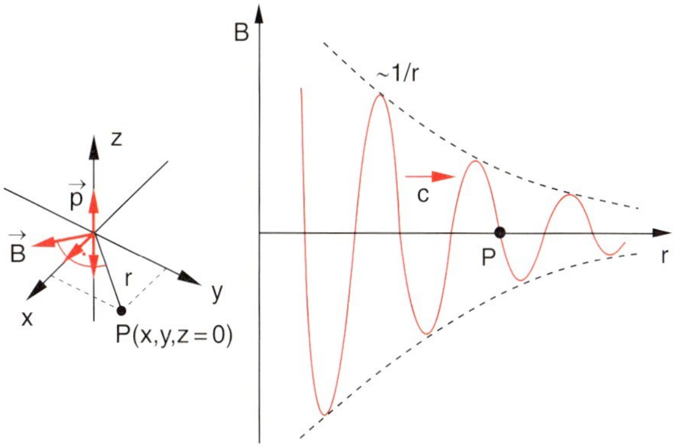

Abb. 6.23. Zur Illustration der Entstehung des zweiten Terms in (6.30). Die gestrichelte Kurve gibt die Einhüllende der mit $1/r$ abfallenden Magnetfeldamplitude an

Wir betrachten in Abb. 6.23 das zeitlich veränderliche Magnetfeld B in einem Punkte P in der x-y-Ebene, dessen Verbindungslinie r zum Dipolmittelpunkt senkrecht auf der Dipolachse steht, in dem also $\vartheta = 90°$ ist.

Der zweite Term in (6.30) ergibt dann im raumfesten Punkt P, wo gilt: $\dot{\boldsymbol{p}} \perp \boldsymbol{r}$ und $\ddot{\boldsymbol{p}} \perp \boldsymbol{r}$ ein zeitlich veränderliches Magnetfeld

$$|\boldsymbol{B}(\boldsymbol{r}, t)| = \frac{\ddot{p}}{4\pi\varepsilon_0 c^3 r} = \frac{q d_0 \omega^2}{4\pi\varepsilon_0 c^3 r}\sin(\omega t - kr)\,.$$

Während die Einhüllende der mit $1/r$ abfallenden Amplitude die räumliche Änderung von B angibt, ist für den Beobachter im raumfesten Punkt P die Änderung von B durch die zeitliche Änderung $\dot{B}$ gegeben. Da die Welle mit der Geschwindigkeit c über den Punkt P hinwegläuft, ist die Änderung $\mathrm{d}B/\mathrm{d}t$ für den Beobachter sehr groß. Diese zeitliche Änderung erzeugt nach dem Faradayschen Induktionsgesetz im Punkte P ein zeitlich veränderliches elektrisches Feld $E(t)$. Dieses wiederum bewirkt nach (4.21) einen Verschiebungsstrom und damit ein zusätzliches Magnetfeld. Dieser Anteil wird durch den zweiten Term in (6.30) beschrieben. Die beiden Anteile zum Magnetfeld im Punkte P sind bereits in der Maxwell-Gleichung (4.25b)

$$\mathbf{rot}\,\boldsymbol{B} = \mu_0 \boldsymbol{j} + \frac{1}{c^2}\frac{\partial \boldsymbol{E}}{\partial t}$$

enthalten. Der erste Term in (4.25b) entspricht dem ersten Term in (6.30), der zweite in (4.25b) dem zweiten in (6.30).

Die zeitabhängigen Felder $\boldsymbol{E}(\boldsymbol{r},t)$ und $\boldsymbol{B}(\boldsymbol{r},t)$, die vom schwingenden Dipol am Ort des Dipols erzeugt werden, breiten sich mit Lichtgeschwindigkeit im Raum aus. Dabei erzeugen sich elektrisches und magnetisches Feld an jedem Raumpunkt wechselseitig durch ihre zeitlichen Änderungen. Die so entstehenden *Sekundärfelder* überlagern sich den primär vom Dipol erzeugten Feldern. In wachsender Entfernung vom Dipol wird der relative Anteil der Sekundärfelder immer größer, weil ihr Anteil nur mit $1/r$ abfällt, während der vom Dipol direkt erzeugte Anteil mit $1/r^2$ abfällt.

Das elektrische Feld $\boldsymbol{E}$ können wir mithilfe des elektrischen Potentials ϕ_{el} bestimmen, welches mit dem Vektorpotential $\boldsymbol{A}$ durch die Lorentzsche Eichbedingung (4.29)

$$\operatorname{div}\boldsymbol{A} = -\frac{1}{c^2}\frac{\partial\phi_{\mathrm{el}}}{\partial t} \tag{6.31}$$

zusammenhängt. Mit $\boldsymbol{A} = \{0, 0, A_z\}$ wird $\operatorname{div}\boldsymbol{A} = \partial A_z/\partial z$, und wir können völlig analog zur Berechnung von B_x in (6.28) die Differentiation ausführen und erhalten aus (6.25)

$$\nabla\cdot\boldsymbol{A} = -\frac{1}{4\pi\varepsilon_0 c^2}\,\frac{\boldsymbol{r}\cdot\left[\dot{\boldsymbol{p}}+\left(\frac{r}{c}\right)\ddot{\boldsymbol{p}}\right]_{(t-r/c)}}{r^3}\,. \tag{6.32}$$

Mit (6.31) ergibt dies für das elektrische Potential durch zeitliche Integration:

$$\phi_{\mathrm{el}}(\boldsymbol{r},t) = \frac{1}{4\pi\varepsilon_0}\,\frac{\boldsymbol{r}\cdot\left[\boldsymbol{p}+\left(\frac{r}{c}\right)\dot{\boldsymbol{p}}\right]_{(t-r/c)}}{r^3}\,, \tag{6.33}$$

woraus wir schließlich wegen (4.28)

$$\boldsymbol{E} = -\nabla\phi_{\mathrm{el}} - \frac{\partial\boldsymbol{A}}{\partial t}$$

das elektrische Feld als Summe zweier Anteile erhalten:

$$\boldsymbol{E}(\boldsymbol{r},t) = \boldsymbol{E}_1(\boldsymbol{r},t) + \boldsymbol{E}_2(\boldsymbol{r},t)\,. \tag{6.34}$$

Der erste Term lässt sich aus (6.33) durch Bildung des Gradienten ableiten. Man erhält:

$$\boldsymbol{E}_1(\boldsymbol{r},t) = \frac{1}{4\pi\varepsilon_0 r^3}\left[-\boldsymbol{p}^* + 3\left(\boldsymbol{p}^*\cdot\hat{\boldsymbol{r}}\right)\cdot\hat{\boldsymbol{r}}\right] \tag{6.34a}$$

mit

$$\boldsymbol{p}^* = \boldsymbol{p}(t-r/c) + \frac{r}{c}\,\dot{\boldsymbol{p}}(t-r/c) \tag{6.34b}$$

und $\hat{\boldsymbol{r}} = \boldsymbol{r}/r$. Dies ist das Feld eines elektrischen, zeitabhängigen Dipols $\boldsymbol{p}^*$, wenn man die Retardierung berücksichtigt. Das elektrische Feld $\boldsymbol{E}_1(\boldsymbol{r},t)$ entsteht durch das elektrische Dipolmoment zur Zeit $(t-r/c)$ und durch seine zeitliche Änderung $\dot{\boldsymbol{p}}(t-r/c)$, die zu dem elektrischen Strom durch den Dipol führt [6.3].

Der zweite Anteil

$$\begin{aligned}\boldsymbol{E}_2(\boldsymbol{r},t) &= \frac{1}{4\pi\varepsilon_0 c^2 r^3}\left[-\ddot{\boldsymbol{p}}(t-r/c)\times\boldsymbol{r}\right]\times\boldsymbol{r} \qquad (6.34\mathrm{c})\\ &= \frac{1}{4\pi\varepsilon_0 c^2 r}\left[\ddot{\boldsymbol{p}}(t-r/c) - (\hat{\boldsymbol{r}}\cdot\ddot{\boldsymbol{p}}(t-r/c))\hat{\boldsymbol{r}}\right]\end{aligned}$$

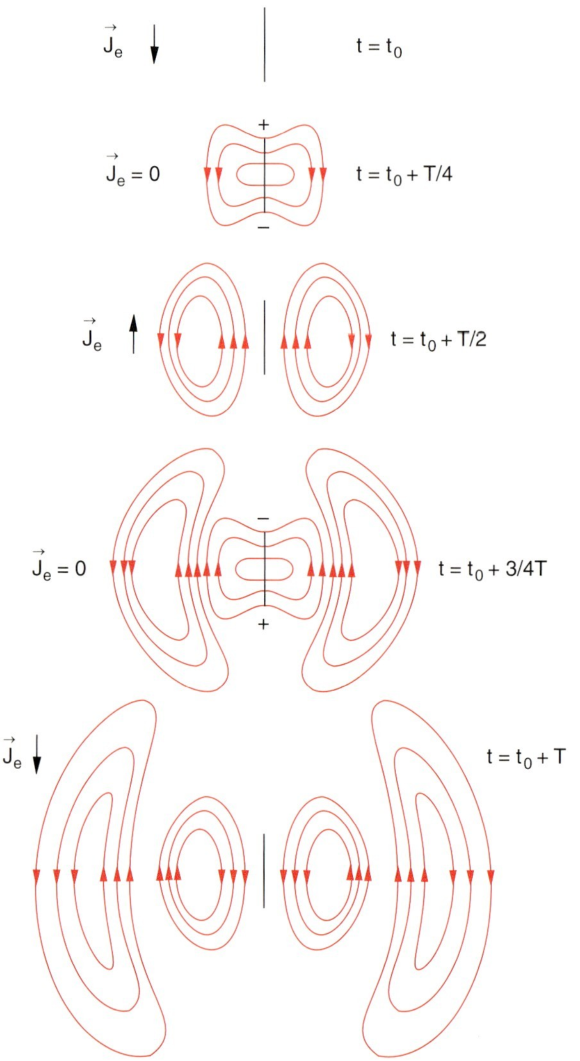

Abb. 6.24. Elektrisches Feldlinienbild des Hertzschen Dipols zu Zeitpunkten $t = t_0 + n\cdot T/4$. Die Verteilung ist rotationssymmetrisch um die Dipolachse

ist der von den sich ändernden Magnetfeldern erzeugte Anteil des elektrischen Feldes. Er ist proportional zur 2. zeitlichen Ableitung des elektrischen Dipolmomentes und steht senkrecht auf $\boldsymbol{r}$ und, wie man durch Vergleich mit (6.30) sieht, auch senkrecht auf $\boldsymbol{B}$. Während der erste Anteil mit wachsendem Abstand stark ($\propto 1/r^3$) abfällt, sinkt der zweite Anteil nur proportional zu $1/r$. Im **Nahfeld** überwiegt $\boldsymbol{E}_1$, im **Fernfeld** $\boldsymbol{E}_2$. Insgesamt stellen die sich zeitlich und räumlich periodisch ändernden elektrischen und magnetischen Felder elektromagnetische Wellen dar, die sich in den Raum ausbreiten. In jedem von der Welle erfassten Raumpunkt führt das sich ändernde elektrische Feld zur Erzeugung eines magnetischen Feldes und umgekehrt.

In einem Raumpunkt P in der Richtung von $\boldsymbol{r}$, die den Winkel ϑ mit der Dipolachse bildet (Abb. 6.22), kann (6.34c) geschrieben werden als

$$\left|\boldsymbol{E}_2(r,\vartheta,t)\right| = \frac{\ddot{p}\,(t-r/c)\sin\vartheta}{4\pi\varepsilon_0 c^2 r}\,. \qquad (6.34\text{d})$$

Man beachte, dass $\ddot{p} = \mathrm{d}^2p/\mathrm{d}u^2$ mit $u = (t - r/c)$ bedeutet, d. h. die zeitliche Differentiation betrifft die Änderung von $\boldsymbol{p}$ am Ort des Dipols zur Zeit $(t - r/c)$. In Abb. 6.24 sind „Momentaufnahmen" der elektrischen Feldlinien des Hertzschen Dipols zu Zeitpunkten $t = t_0 + n \cdot T/4$ im Abstand einer viertel Schwingungsperiode T dargestellt.

Die magnetischen Feldlinien sind Kreise um die Dipolachse (Abb. 6.25). Zu einem festen Zeitpunkt t_0 hat der Betrag der magnetischen Feldstärke für große Entfernungen r von der Dipolachse eine räumliche Modulation $B(r) = (B_0/r) \cdot \cos kr$ mit Nullstellen im Abstand $\Delta r = \pi c/\omega$.

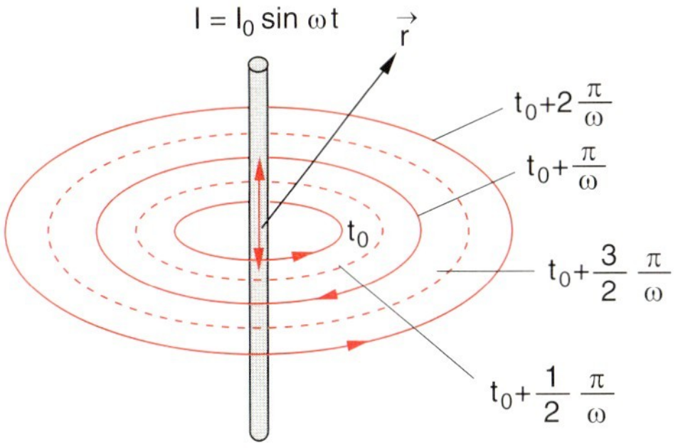

Abb. 6.25. Magnetisches Feldlinienbild des Hertzschen Dipols in der Äquatorebene

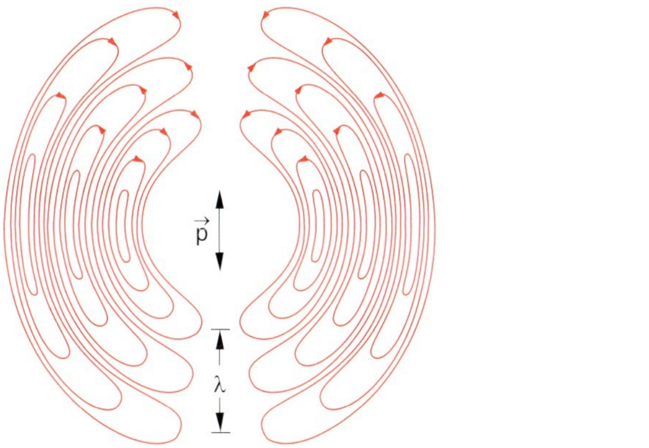

Abb. 6.26. Die räumliche Verteilung der elektrischen Feldlinien. Die Wellenlänge λ der abgestrahlten elektromagnetischen Welle entspricht dem doppelten räumlichen Abstand zwischen zwei Nullstellen des elektrischen Feldes

Analoges gilt für die elektrische Feldstärke $\boldsymbol{E}$, deren Feldlinienbild in der Polarebene eine nierenförmige räumliche Verteilung hat (Abb. 6.26). Die elektrischen Feldlinien stehen senkrecht auf der Äquatorebene.

6.5 Die Abstrahlung des schwingenden Dipols

Wir haben im vorigen Abschnitt gesehen, dass der Hertzsche Dipol elektromagnetische Wellen in den Raum abstrahlt, die sich mit Lichtgeschwindigkeit ausbreiten. Wir wollen jetzt die abgestrahlte Leistung und ihr Frequenzspektrum bestimmen.

6.5.1 Die abgestrahlte Leistung

Der Vergleich von (6.34c) für das $\boldsymbol{E}$-Feld mit (6.30) für das $\boldsymbol{B}$-Feld zeigt, dass in großem Abstand vom Dipol (Fernfeld) der Betrag von $\boldsymbol{B}$ um den Faktor $1/c$ kleiner ist als der von $\boldsymbol{E}$. Setzen wir diese Relation in (4.20a) für die Energiedichte des elektromagnetischen Feldes ein, so ergibt sich:

$$w_{\mathrm{em}} = \frac{1}{2}\,\varepsilon_0\,(E^2 + c^2B^2) = \varepsilon_0 E^2\,. \qquad (6.35)$$

Daraus ergibt sich die ***Energiestromdichte*** (Energie, die pro Zeiteinheit durch die Flächeneinheit transportiert

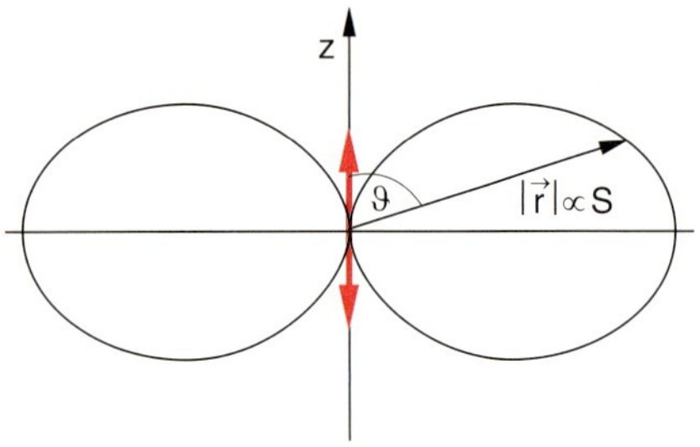

Abb. 6.27. Räumliche Verteilung der Leistungsabstrahlung eines schwingenden Dipols. Die Länge der Strecke $r(\vartheta)$ ist proportional zur Energiestromdichte S

wird) zu

$$S = \varepsilon_0 \cdot c \cdot E^2 \quad . \tag{6.36a}$$

Setzen wir für den Betrag der elektrischen Feldstärke den Ausdruck (6.34d) ein, so erhalten wir mit $p = qd_0 \sin\omega(t - r/c) \Rightarrow \ddot{p} = -qd_0\omega^2 \sin\omega(t - r/c)$ für die Energie, die pro Sekunde durch $1\,\mathrm{m}^2$ einer Kugelfläche im Abstand $r \gg d_0$ um den Dipol unter dem Winkel ϑ gegen die Dipolachse geht, den Ausdruck:

$$S = \frac{q^2 d_0^2\, \omega^4 \sin^2\vartheta}{16\pi^2 \varepsilon_0 c^3 r^2} \sin^2\big(\omega(t - r/c)\big)\,. \tag{6.36b}$$

Der Dipol strahlt also bevorzugt in die Richtungen senkrecht zur Dipolachse ($\vartheta = 90°$), während in Richtung der Dipolachse keine Energie abgestrahlt wird (Abb. 6.27).

Aus der $1/r^2$-Abhängigkeit von S sieht man, dass der gesamte Energiestrom durch eine Kugelfläche mit Radius r konstant, d. h. unabhängig von r ist.

Mit wachsendem Abstand r tragen immer mehr die Terme mit $1/r$ des magnetischen Feldes (6.30) und des elektrischen Feldes (6.34c) zum Energietransport bei, während die anderen Anteile ($\propto 1/r^3$ für $\boldsymbol{E}$ und $\propto 1/r^2$ für $\boldsymbol{B}$) zu schnell gegen null gehen, als dass sie einen merklichen Beitrag zum Energietransport leisten könnten.

Durch ein Flächenelement $\mathrm{d}A = r^2 \sin\vartheta \cdot \mathrm{d}\vartheta \cdot \mathrm{d}\varphi$ (siehe Bd. 1, Abschn. A.2.3) dieser Kugelfläche strömt die Leistung $P = S \cdot \mathrm{d}A$, woraus man durch Integration über ϑ und φ die in den gesamten Raum abgestrahlte Leistung

$$P_{\mathrm{em}} = \oint \boldsymbol{S} \cdot \mathrm{d}\boldsymbol{A} = \frac{q^2 d_0^2\, \omega^4}{6\pi\varepsilon_0 c^3} \sin^2\big(\omega(t - r/c)\big) \tag{6.37}$$

erhält. Wegen $\overline{\sin^2\omega(t - r/c)} = \frac{1}{2}$ ergibt dies im zeitlichen Mittel für die gesamte abgestrahlte Leistung des mit der Frequenz $\nu = \omega/2\pi$ schwingenden Dipols mit dem maximalen elektrischen Dipolmoment $p_0 = q \cdot d_0$

$$\overline{P}_{\mathrm{em}} = \frac{q^2\omega^4 d_0^2}{12\pi\varepsilon_0 c^3} \quad . \tag{6.38}$$

Man beachte die Abhängigkeit von ω^4!

6.5.2 Strahlungsdämpfung

Die gesamte Energie eines harmonischen Oszillators mit der Masse m, der Schwingungsfrequenz ω und der Schwingungsamplitude d_0 ist (siehe Bd. 1, Abschn. 11.6):

$$\overline{W} = \overline{E}_{\mathrm{kin}} + \overline{E}_{\mathrm{pot}} = \frac{1}{2} m\omega^2 d_0^2\,. \tag{6.39}$$

Dies gilt auch für den Hertzschen Dipol, bei dem Ladungsträger q mit der Masse m mit der Geschwindigkeit $v = \omega \cdot d_0 \cdot \cos\omega t$ schwingen.

Wird dem schwingenden Dipol nicht von außen die abgestrahlte Energie wieder zugeführt, so nimmt sie im

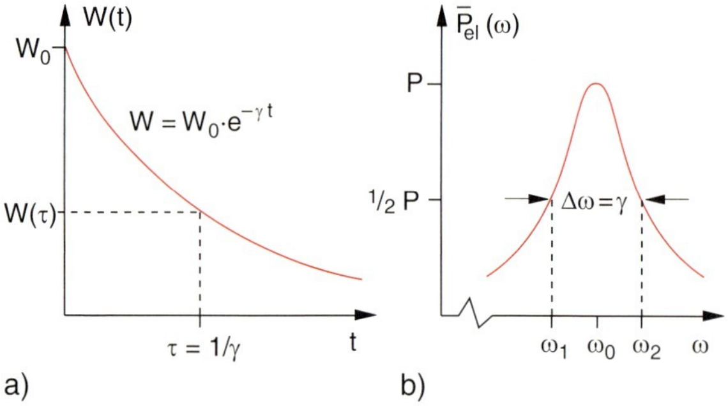

Abb. 6.28. (**a**) Exponentieller Abfall der Energie des gedämpften Oszillators. (**b**) Frequenzspektrum der abgestrahlten Leistung des gedämpften schwingenden Dipols, der durch eine äußere Anregung zu stationären Schwingungen gezwungen wird

Laufe der Zeit durch Abstrahlung gemäß (6.38) ab, d. h. die Schwingungsamplitude d_0 nimmt ab. Die relative Energieabnahme ist dann der Quotient aus (6.38) und (6.39)

$$\frac{\overline{\mathrm{d}W/\mathrm{d}t}}{\overline{W}} = -\frac{q^2\omega^2}{6\pi\varepsilon_0 mc^3} = -\gamma\,. \tag{6.40}$$

Aus $\mathrm{d}\overline{W}/\mathrm{d}t = -\gamma\overline{W}$ folgt durch Integration:

$$\overline{W}(t) = \overline{W}_0 \cdot \mathrm{e}^{-\gamma t}\,. \tag{6.41}$$

Nach der Zeit $\tau = 1/\gamma$ ist die Energie auf $1/\mathrm{e}$ ihres anfänglichen Wertes $\overline{W}_0 = \overline{W}(t=0)$ abgesunken (Abb. 6.28a).

BEISPIEL

Beschreiben wir ein Atom, bei dem ein Elektron der Masse m_e angeregt wird, durch das Modell des gedämpften Oszillators, der seine Anregungsenergie in Form von Licht aussendet, so können wir in (6.40) die entsprechenden Werte $m = m_\mathrm{e} = 9\cdot 10^{-31}$ kg, $q = -e = -1{,}6\cdot 10^{-19}$ C, $\omega = (2\pi c)/\lambda \approx 3{,}8\cdot 10^{15}\,\mathrm{s}^{-1}$ für $\lambda = 500$ nm einsetzen und erhalten $\gamma = 9\cdot 10^7\,\mathrm{s}^{-1}$, woraus eine Abklingzeit von $\tau = 1/\gamma = 1{,}1\cdot 10^{-8}$ s folgt.

Die mittlere Energie des angeregten Atoms ist $W \approx 4\cdot 10^{-19}$ J, woraus eine Schwingungsamplitude des angeregten Elektrons $d_0 = 8\cdot 10^{-11}$ m folgt. Die abgestrahlte Leistung des Atoms ist dann:

$$\frac{\overline{\mathrm{d}W}}{\mathrm{d}t} = -\gamma\overline{W} = -9\cdot 10^7\cdot 4\cdot 10^{-19}\,\mathrm{W} \approx 3{,}6\cdot 10^{-12}\,\mathrm{W}\,.$$

Um aus einer Gasentladungslampe 1 W Lichtleistung zu erhalten, müssen etwa $3\cdot 10^{11}$ Atome pro Sekunde angeregt werden.

6.5.3 Frequenzspektrum der abgestrahlten Leistung

Die Schwingungsamplitude d_0 eines gedämpften Oszillators mit der Auslenkung

$$z = d = d_0\,\mathrm{e}^{-\beta t}\,\mathrm{e}^{\mathrm{i}\omega t}\,,$$

der durch die elektrische Feldstärke $E = E_0\cdot\mathrm{e}^{\mathrm{i}\omega t}$ zu erzwungenen stationären Schwingungen angeregt wird (siehe Bd. 1, Abschn. 11.5), kann aus der Bewegungsgleichung

$$\ddot{z} + 2\beta\dot{z} + \omega_0^2 z = \frac{q}{m}E_0\,\mathrm{e}^{\mathrm{i}\omega t} \tag{6.42}$$

ermittelt werden. Damit die Energie $W \propto d^2$ wie $W(t) = W_0\,\mathrm{e}^{-\gamma t}$ abfällt, muss $\beta = \gamma/2$ sein. Setzt man den Lösungsansatz

$$z = z_0\,\mathrm{e}^{\mathrm{i}\omega t}$$

in (6.42) ein, erhält man die komplexe Schwingungsamplitude

$$z_0 = \frac{(q/m)E_0}{(\omega_0^2 - \omega^2) + \mathrm{i}\,\gamma\omega}\,, \tag{6.43}$$

deren Betragsquadrat

$$|z_0|^2 = \frac{(q^2/m^2)E_0^2}{(\omega_0^2 - \omega^2)^2 + \gamma^2\omega^2} \tag{6.44}$$

ist. Mit $|z_0| = d_0$ erhalten wir aus (6.38) das Frequenzspektrum der zeitlich gemittelten abgestrahlten Leistung (Abb. 6.28b)

$$\overline{P} = \frac{\mathrm{d}\overline{W}}{\mathrm{d}t} = \frac{q^4\omega^4E_0^2}{12\pi\varepsilon_0 m^2c^3}\,\frac{1}{(\omega_0^2 - \omega^2)^2 + \gamma^2\omega^2}\,. \tag{6.45}$$

Für $(\omega_0^2 - \omega^2)^2 = \omega^2\gamma^2$ fällt der zweite Faktor in (6.45) auf die Hälfte seines Maximalwerts bei $\omega = \omega_0$. Daraus erhält man die beiden Lösungen

$$\omega_{1,2} = \sqrt{\omega_0^2 + \gamma^2/4} \pm \gamma/2$$

für die Frequenzen, bei denen die mittlere Leistung $\overline{P}$ auf die Hälfte ihres Maximalwertes gesunken ist. Das Frequenzintervall $\Delta\omega = \omega_1 - \omega_2 = \gamma$ heißt deshalb die volle Halbwertsbreite der Spektralverteilung der abgestrahlten Leistung.

BEISPIEL

Wenn Licht passender Frequenz ω auf Atome fällt, können diese das Licht absorbieren und dadurch in einen energetisch höheren Zustand übergehen. Die Anregungsenergie wird dann als *Resonanzfluoreszenz* wieder gemäß (6.28) abgestrahlt. Variiert man die Frequenz ω des anregenden Lichtes kontinuierlich, so ändert sich die abgestrahlte Leistung $P(\omega)$ gemäß (6.45). Für $\gamma = 10^8\,\text{s}^{-1}$ und $\omega = 3{,}8 \cdot 10^{15}\,\text{s}^{-1}$ erhält man eine Halbwertsbreite (*Linienbreite*) von $\Delta\omega = 10^8\,\text{s}^{-1} \Rightarrow \Delta\nu = 16\,\text{MHz}$. Die relative Linienbreite ist mit $\Delta\omega/\omega = \gamma/\omega = 2{,}6 \cdot 10^{-8}$ sehr klein. Angeregte Atome senden Licht also nur in sehr schmalen Frequenzbereichen aus.

6.5.4 Die Abstrahlung einer beschleunigten Ladung

Wir hatten in Abschn. 6.4.2 gesehen, dass die Amplitude E_0 des vom schwingenden Dipol abgestrahlten elektrischen Feldes in großem Abstand vom Dipol proportional zur zweiten zeitlichen Ableitung $\ddot{p}$ des Dipolmomentes $p = q \cdot d$ ist (6.34d), also proportional zur Beschleunigung $a = \ddot{d}$ der schwingenden Ladung q. Die abgestrahlte Leistung ist dann gemäß (6.36a) proportional zum Quadrat der Beschleunigung.

Dies ist nicht auf harmonisch schwingende Ladungen beschränkt, sondern gilt ganz allgemein für beliebig beschleunigte Ladungen [6.4].

Man kann sich die von beschleunigten Ladungen ausgesandten elektromagnetischen Wellen folgendermaßen anschaulich klar machen:

Im Abschn. 3.4.1 hatten wir das elektrische Feld einer mit der Geschwindigkeit $\boldsymbol{v}$ bewegten Ladung diskutiert. Wenn die Ladung beschleunigt wird, ändert sie ihre Geschwindigkeit, und damit ändert sich die räumliche Verteilung der elektrischen Feldlinien. Dies ist nochmals in Abb. 6.29a–d illustriert:

In Abb. 6.29a ist das elektrische Feldlinienbild einer ruhenden Ladung q dargestellt. Wird q zur Zeit $t = t_0$ fast instantan auf eine hohe Geschwindigkeit $v \lesssim c$ in x-Richtung beschleunigt, so ändert sich ihr Feldlinienbild in das einer mit der Geschwindigkeit v bewegten Ladung (Abb. 6.29b).

Diese Änderung kann sich aber nicht sofort im ganzen Raum bemerkbar machen, sondern breitet sich mit der Lichtgeschwindigkeit c aus. Das veränderte Feld, das von der Ladung zu einem Zeitpunkt $t_1 = t_0 + \Delta t$ im Punkte B erzeugt wird, kann von einem Beobachter zur Zeit t_2 noch nicht gemessen werden, wenn sein Abstand R von q größer ist als $c \cdot (t_2 - t_1)$. Er beobachtet dann noch das Feld einer im Punkte A ruhenden Ladung.

Da die Feldlinien in Abb. 6.29a gleichmäßig über alle Richtungen verteilt sind (Coulomb-Feld), in

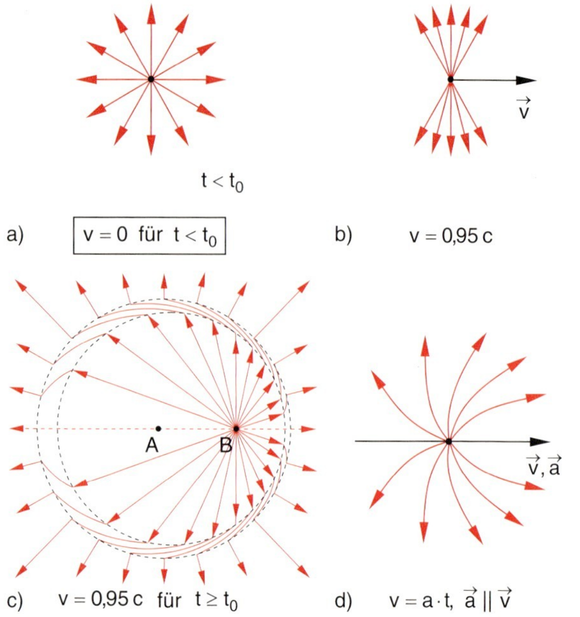

Abb. 6.29. (**a**) Elektrische Feldlinien einer ruhenden Ladung. (**b**) Stationäres Feldlinienbild einer mit konstanter Geschwindigkeit $\boldsymbol{v}$ bewegten Ladung. (**c**) Feldlinienbild einer Ladung q zur Zeit $t = t_0 + R/c$, wenn die vorher ruhende Ladung zur Zeit t_0 plötzlich auf die Geschwindigkeit $\boldsymbol{v}$ beschleunigt wurde. (**d**) Feldlinien einer kontinuierlich beschleunigten Ladung mit $\boldsymbol{a} \parallel \boldsymbol{v}$

Abb. 6.29b aber um den Winkel $\alpha = 90°$ gegen die Richtung von $\boldsymbol{v}$ zusammengedrängt sind, gibt es auf der Fläche $R = c \cdot (t_2 - t_1)$ einen Sprung der Feldliniendichte, der in Abb. 6.29c schematisch dargestellt ist.

In dem mehr realistischen Fall einer gleichmäßigen Beschleunigung erfolgt die Änderung der Feldlinien nicht abrupt, sondern kontinuierlich. Für eine gleichförmig beschleunigte Ladung q erhält man daher statt des Feldliniensprunges eine Krümmung der Feldlinien (Abb. 6.29d) (siehe z. B. den Film: „Charges that start and stop" von *Ealing* [6.2]).

Genauso verhält es sich mit dem magnetischen Feld. Wenn sich die Geschwindigkeit $\boldsymbol{v}$ der Ladung q ändert, so ändert sich entsprechend der Strom $\boldsymbol{j} = q \cdot \boldsymbol{v}$ und damit das Magnetfeld.

Für die abgestrahlte Leistung einer Ladung q, deren Beschleunigung $\boldsymbol{a}$ parallel zur Geschwindigkeit $\boldsymbol{v}$ in x-Richtung erfolgt, erhält man eine Winkelverteilung, die gegenüber der von Abb. 6.27 gegen die Richtung von $\boldsymbol{a}$ geneigt ist (Abb. 6.30).

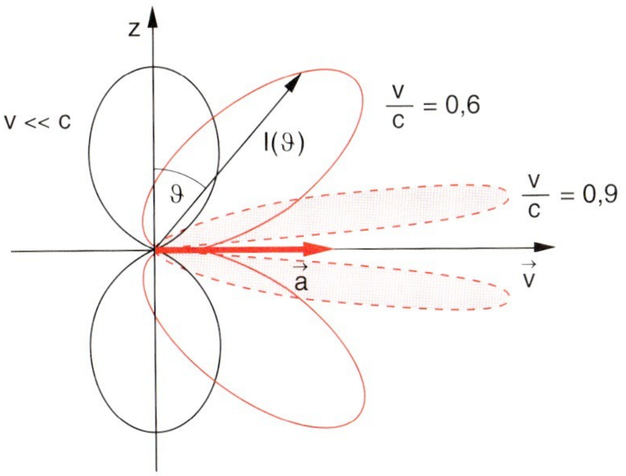

Abb. 6.30. Schnitt durch die räumliche, um die Richtung von $\boldsymbol{a}$ rotationssymmetrische, Abstrahlcharakteristik einer gleichförmig beschleunigten Ladung ($\boldsymbol{a} \parallel \boldsymbol{v}$) bei verschiedenen Geschwindigkeiten v

Die allgemeine mathematische Behandlung der Abstrahlung beliebig beschleunigter Ladungen erfolgt in der theoretischen Elektrodynamik. Wir beschränken uns hier auf zwei experimentelle Beispiele:

a) Röntgenbremsstrahlung

In einer evakuierten Röhre (Abb. 6.31) werden aus der Kathode K Elektronen emittiert und durch eine Spannung U von 10–100 kV auf eine hohe Geschwindigkeit v gebracht. Danach treffen sie auf die Anode A, die aus massivem Material (Kupfer oder Wolfram) besteht.

Im Coulomb-Feld der Kerne der Anodenatome werden die Elektronen abgelenkt (Abb. 6.32), sodass sich die Richtung ihrer Geschwindigkeit ändert. Wegen der dabei auftretenden großen Beschleunigung strahlen die Elektronen einen Teil ihrer Energie in Form von Röntgenstrahlung mit einem kontinuierlichen Spektrum $P_{\mathrm{em}}(\omega)$ wieder ab (***Bremsstrahlung***).

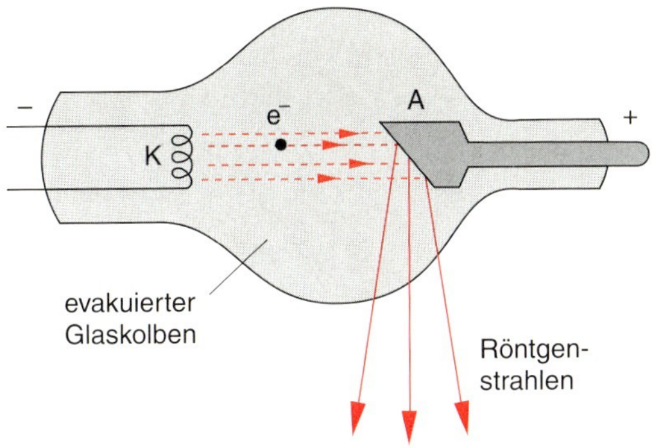

Abb. 6.31. Röntgenröhre

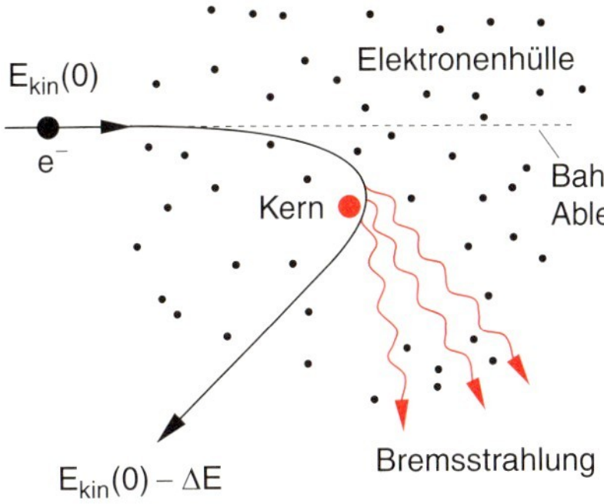

Abb. 6.32. Abbremsung der Elektronen im Coulomb-Feld der Atomkerne der Anodenatome

b) Synchrotronstrahlung

Elektronen, die auf sehr hohe Energien W (MeV–GeV) beschleunigt wurden, können durch ein Magnetfeld auf einer Kreisbahn mit Radius R gehalten werden, wenn die Beträge von Lorentz-Kraft $e \cdot v \cdot B$ und Zentripetalkraft $m \cdot v^2/R$ gleich sind.

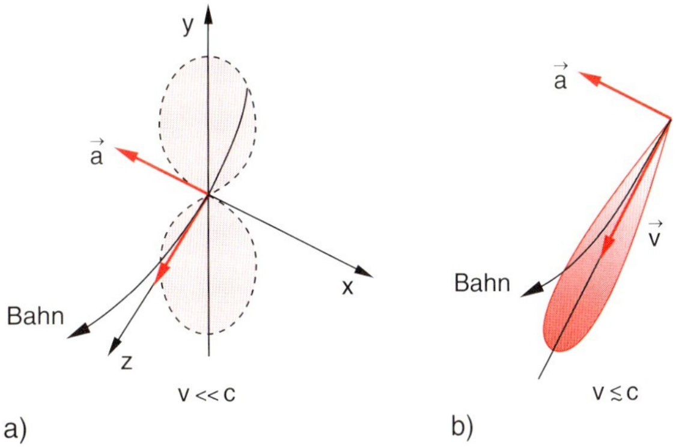

Abb. 6.33a,b. Abstrahlcharakteristik einer beschleunigten, mit konstanter Geschwindigkeit auf einer Kreisbahn umlaufenden Ladung. (**a**) Für $v \ll c$ ergibt sich die um die x-Achse rotationssymmetrische Verteilung wie beim Hertzschen Dipol. Man erhält sie durch Rotation der schraffierten Fläche um die x-Achse. (**b**) Für $v \lesssim c$ wird die Verteilung auf einen schmalen Winkelbereich um $\boldsymbol{v}$ konzentriert

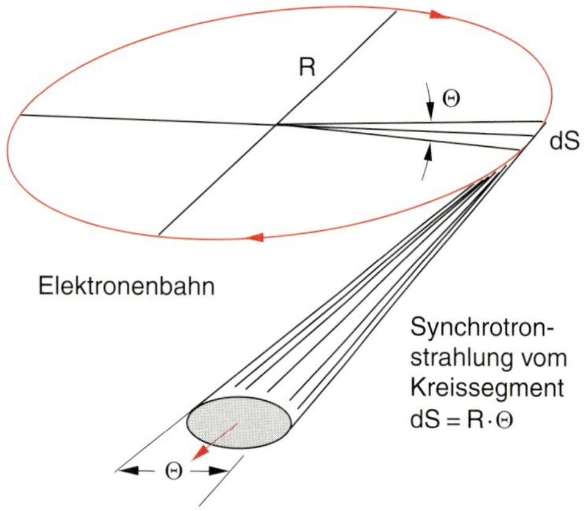

Abb. 6.34. Synchrotronstrahlung, emittiert von Elektronen, die mit konstanter Geschwindigkeit auf einem Kreis umlaufen

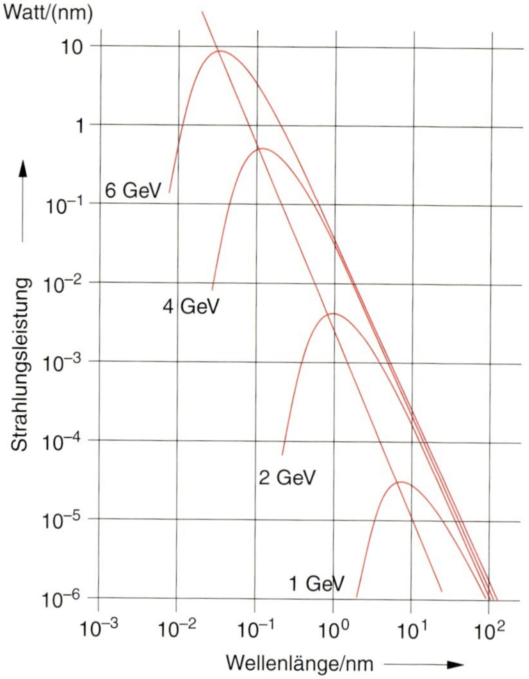

Abb. 6.35. Spektrale Verteilung der abgestrahlten Synchrotronstrahlungsleistung im Wellenlängenintervall $\Delta\lambda = 1$ nm im Speicherring DORIS bei einem Elektronenstrom von 0,16 pA (10^6 Elektronen pro Sekunde) für verschiedene Elektronenenergien

Auf dieser Sollbahn laufen sie dann mit konstantem Betrag $v = (e/m)B \cdot R$ der Geschwindigkeit, wobei $m = m(v)$ ihre relativistische Masse ist. Ihre Zentripetalbeschleunigung ist $a = v^2/R$ und ihre abgestrahlte Leistung ist proportional zu a^2. Die Beschleunigung $\boldsymbol{a}$ steht hier immer senkrecht zur Geschwindigkeit $\boldsymbol{v}$.

Bei großen Geschwindigkeiten wird aufgrund relativistischer Effekte die räumliche Verteilung der abgestrahlten Leistung geändert (Abb. 6.33), wobei mit zunehmender Geschwindigkeit die Verteilung immer mehr in die Richtung der Geschwindigkeit verschoben wird.

Für die Elektronen in einem Synchrotron ist $v \approx 0{,}99999\,c$, sodass die emittierte Strahlung der beschleunigten Ladung nur in einen engen Raumwinkel um die Tangente an die Bahn emittiert wird (Abb. 6.34). In Abb. 6.35 sind für einige Werte der Elektronenenergie die spektralen Verteilungen der Synchrotronstrahlung für den Speicherring DORIS in Hamburg auf einer doppelt-logarithmischen Skala gezeigt [6.5].

Man sieht, dass z. B. bei $E = 6$ GeV das Maximum der Synchrotronstrahlung bei einer Wellenlänge von 0,03 nm (also im kurzwelligen Röntgenbereich) liegt.

ZUSAMMENFASSUNG

- Elektromagnetische Schwingungen in einem Schwingkreis aus Kondensator und Spule basieren auf einem periodischen Austausch zwischen elektrischer und magnetischer Feldenergie.
- Die Schwingungsresonanzfrequenz ist in einem Kreis aus Kapazität C, Induktivität L und Ohmschen Widerstand R

$$\omega = \sqrt{\frac{1}{LC} - \frac{R^2}{4L^2}}\,.$$

- Durch induktive, kapazitive oder galvanische Kopplung kann Schwingungsenergie von einem Schwingkreis auf einen anderen übertragen werden. Der Kopplungsgrad bei induktiver Kopplung ist $k = L_{12}/\sqrt{L_1 \cdot L_2}$.

- Beim offenen Schwingkreis sind elektrisches und magnetisches Feld nicht mehr räumlich lokalisiert. Die Schwingungsenergie breitet sich in Form von elektromagnetischen Wellen in den Raum aus.
- Ein Modell für einen offenen Schwingkreis ist der Hertzsche Dipol, bei dem eine Ladung $-q$ gegen eine Ladung $+q$ periodisch schwingt und der dadurch ein oszillierendes elektrisches Dipolmoment $p = q \cdot d_0 \cdot \sin \omega t$ darstellt.
- Die vom Hertzschen Dipol in den gesamten Raum abgestrahlte zeitlich gemittelte Leistung ist

$$P_{\mathrm{em}} \propto q^2 d_0^2 \omega^4 .$$

Die in den Raumwinkel $\mathrm{d}\Omega$ unter dem Winkel ϑ gegen die Dipolachse abgestrahlte Leistung ist im nichtrelativistischen Fall $\propto \sin^2 \vartheta \cdot \mathrm{d}\Omega$.
- Jede beschleunigte Ladung q strahlt Energie in Form elektromagnetischer Wellen ab. Die abgestrahlte Leistung ist $P_{\mathrm{em}} \propto q^2 \cdot a^2$, wenn a die Beschleunigung ist.
- Bei großen Geschwindigkeiten $(v \approx c)$ der Ladung q ändern sich Betrag und Richtungsverteilung der abgestrahlten Leistung. Diese konzentriert sich auf einen Winkelbereich $\Delta\vartheta$ um die Richtung der Geschwindigkeit, wobei $\Delta\vartheta \propto 1/\gamma$ mit $\gamma = (1 - v^2/c^2)^{-1/2}$.

ÜBUNGSAUFGABEN

1. Ein Parallelschwingkreis oszilliere mit einer Frequenz von 800 kHz. Nach 30 Schwingungen ist die Spannungsamplitude am Kondensator $C = 1\,\mathrm{nF}$ auf die Hälfte ihres Anfangswertes gesunken. Wie groß sind R und L?
2. Auf welchen Bruchteil des Maximalwertes ist die Leistungsresonanzkurve eines Serienschwingkreises, deren Maximum bei ω_0 liegt, bei $\omega_1 = \omega_0 \pm R/L$ und $\omega_2 = \omega_0 \pm 2RL$ gesunken? Wie groß ist beim Parallelschwingkreis das Verhältnis $|Z(\omega_0 \pm R/L)| / |Z(\omega_0)|$? Warum tritt das Maximum der Wirkleistung nicht bei der Resonanzfrequenz ω_R auf?
3. Wie groß sind die Eigenfrequenzen ω_1 und ω_2 eines Systems aus zwei gekoppelten gleichen Schwingkreisen mit $\omega_0 = 10^6\,\mathrm{s}^{-1}$, $L = 10^4\,\mathrm{H}$ und $L_{12} = k \cdot L$ mit $k = 0{,}05$?
4. Das Elektron im Wasserstoffatom hat eine kinetische Energie von 13,6 eV und einen Bahnradius von $5{,}3 \cdot 10^{-11}\,\mathrm{m}$.
   Wie groß wäre in einem klassischen Modell die abgestrahlte Energie
   a) pro Umlauf
   und
   b) pro Sekunde?
   c) Wie würde die Bahn bei Berücksichtigung dieses Energieverlustes aussehen? Um wie viel würde sich der Bahnradius pro Umlauf ändern?
5. Wie groß ist die Leistung, die von einem geladenen Teilchen mit der Ladung q abgestrahlt wird, das sich mit der Geschwindigkeit $v \ll c$ in einer Ebene senkrecht zu einem Magnetfeld B bewegt? Wie ändert sich dadurch seine Geschwindigkeit v und sein Bahnradius R?
6. Ein Proton durchläuft in einem linearen Beschleuniger auf einer Strecke von 3 m eine Potentialdifferenz $U = 10^6\,\mathrm{V}$ und wird dadurch konstant beschleunigt.
   a) Welche Energie strahlt es dabei ab?
   b) Wie groß ist die abgestrahlte Leistung?
   c) Man vergleiche dies mit der Leistung, die ein Proton mit der Energie von 1 MeV abstrahlt, das mit konstanter Geschwindigkeit auf einem Kreis mit Umfang 3 m umläuft.
7. Ein System aus oszillierenden Dipolen, die in einem kleinen (praktisch punktförmigen) Volumen konzentriert sind, strahlt isotrop eine Leistung von $10^4\,\mathrm{W}$ ab.
   a) Wie groß sind in einer Entfernung von $r = 1\,\mathrm{m}$ ($r \gg$ Quellenausdehnung) die Amplituden des elektrischen und magnetischen Feldes?
   b) Wie groß ist die Intensität der elektromagnetischen Welle?
8. Ein nicht isotroper Sender strahlt elektromagnetische Wellen gerichtet in einen Raumwinkel von 10^{-2} Sterad ab. In einer Entfernung von 1 km hat

►

das elektrische Feld eine Amplitude von 10 V/m. Wie groß ist die abgestrahlte Leistung des Senders?
Wie groß sind die Schwingungsamplituden d_0 der Elektronen in einer Antenne mit 1 cm^2 Querschnitt und 10 m Länge bei einer Elektronendichte $n_e = 10^{28}\,m^{-3}$, wenn der Sender bei einer Frequenz $\nu = 10\,MHz$ sendet.

9. Die Sonne strahlt der Erde eine Leistung von $1{,}4 \cdot 10^3\,W/m^2$ (*Solarkonstante*) zu.
a) Wie groß sind elektrische und magnetische Feldstärke der Sonnenstrahlung auf der Erde, wenn Reflexion und Absorption in der Erdatmosphäre nicht berücksichtigt werden?
b) Wie groß ist die gesamte von der Sonne in alle Richtungen abgestrahlte Leistung?
c) Wie groß ist die elektrische Feldstärke der Strahlung auf der Sonnenoberfläche (Radius der Sonne: $6{,}96 \cdot 10^5$ km).

10. Eine Glühbirne mit einer elektrischen Leistung von 100 W strahlt 70% dieser Leistung isotrop in Form elektromagnetischer Wellen ab. Wie groß ist die elektrische Feldstärke in 1 m Entfernung? Man vergleiche dies mit der Feldstärke der Sonnenstrahlung. Welche Leistung müsste die Lampe haben, damit die Feldstärken gleich sind?

7. Elektromagnetische Wellen im Vakuum

Im vorangegangenen Kapitel wurde gezeigt, dass ein schwingender Dipol Energie in Form von elektromagnetischen Wellen abstrahlt. Wir wollen uns in diesem Kapitel etwas genauer mit der Beschreibung dieser Wellen und mit ihren Eigenschaften befassen. Dem Leser wird empfohlen, die analoge Darstellung mechanischer Wellen in Bd. 1, Kap. 11 zu vergleichen.

7.1 Die Wellengleichung

Wir beginnen mit den Maxwell-Gleichungen, die sich im ladungs- und stromfreien Vakuum ($\varrho = 0$, $\boldsymbol{j} = \boldsymbol{0}$) vereinfachen zu

$$\nabla \times \boldsymbol{E} = -\frac{\partial \boldsymbol{B}}{\partial t} , \tag{7.1a}$$

$$\nabla \times \boldsymbol{B} = \varepsilon_0 \cdot \mu_0 \cdot \frac{\partial \boldsymbol{E}}{\partial t} . \tag{7.1b}$$

Wendet man auf beide Seiten von (7.1a) den Differentialoperator **rot** an und setzt **rot** $\boldsymbol{B}$ aus (7.1b) ein, so erhält man

$$\begin{aligned} \nabla \times \nabla \times \boldsymbol{E} &= -\nabla \times \frac{\partial \boldsymbol{B}}{\partial t} = -\frac{\partial}{\partial t}(\nabla \times \boldsymbol{B}) \\ &= -\varepsilon_0 \cdot \mu_0 \frac{\partial^2 \boldsymbol{E}}{\partial t^2} , \end{aligned} \tag{7.2}$$

wobei die zeitliche Differentiation vorgezogen werden kann, da ∇ nicht von der Zeit abhängt.

Nun gilt für **rot rot** $\boldsymbol{E}$ (siehe Bd. 1, Abschn. A.1.6)

$$\begin{aligned} \nabla \times \nabla \times \boldsymbol{E} &= \nabla(\nabla \cdot \boldsymbol{E}) - \nabla \cdot (\nabla \boldsymbol{E}) \\ &= \mathbf{grad}\,(\operatorname{div} \boldsymbol{E}) - \operatorname{div}(\mathbf{grad}\ \boldsymbol{E}) . \end{aligned}$$

Im ladungsfreien Raum ist $\varrho = 0$ und daher nach (1.10) auch $\operatorname{div} \boldsymbol{E} = \varrho/\varepsilon_0 = 0$. Deshalb erhalten wir aus (7.2) die Gleichung

$$\boxed{\Delta \boldsymbol{E} = \varepsilon_0 \mu_0 \frac{\partial^2 \boldsymbol{E}}{\partial t^2}} , \tag{7.3}$$

wobei $\Delta = \operatorname{div} \mathbf{grad}$ der Laplace-Operator ist. Ein Vergleich mit (11.69) in Bd. 1 zeigt, dass dies eine Wellengleichung ist, welche die Ausbreitung eines zeitlich veränderlichen elektrischen Feldes $\boldsymbol{E}(\boldsymbol{r}, t)$ im Vakuum mit der Lichtgeschwindigkeit

$$c = \frac{1}{\sqrt{\varepsilon_0 \mu_0}} \tag{7.4}$$

beschreibt. Dies ist eine Vektorgleichung, die drei Komponentengleichungen vertritt. Für die E_x-Komponente ergibt z. B. (7.3) in kartesischen Koordinaten

$$\frac{\partial^2 E_x}{\partial x^2} + \frac{\partial^2 E_x}{\partial y^2} + \frac{\partial^2 E_x}{\partial z^2} = \frac{1}{c^2} \frac{\partial^2 E_x}{\partial t^2} . \tag{7.3a}$$

Entsprechende Gleichungen gelten für E_y und E_z.

Eine ganz analoge Wellengleichung erhält man für das magnetische Feld $\boldsymbol{B}(\boldsymbol{r}, t)$, wenn man von (7.1b) **rot rot** $\boldsymbol{B}$ bildet und entsprechend (7.1a) einsetzt (siehe Aufgabe 7.1).

Anmerkung

Die Lichtgeschwindigkeit c im Vakuum lässt sich im SI-System gemäß (7.4) durch die beiden Konstanten ε_0 (Dielektrizitätskonstante) und μ_0 (Permeabilitätskonstante) ausdrücken. Dies folgt:

a) aus der aus den Maxwell-Gleichungen hergeleiteten Wellengleichung (7.3) und Vergleich mit Bd. 1, (11.69)
b) aus dem Vergleich zwischen Lorentzkräften in zwei verschiedenen Inertialsystemen (Abschn. 3.4.3).

7.2 Ebene elektrische Wellen

Besonders einfache Lösungen der Wellengleichung (7.3) erhält man, wenn $\boldsymbol{E}$ nur von einer Koordinate, z. B. der z-Koordinate abhängt. Dann gilt

$$\frac{\partial \boldsymbol{E}}{\partial x} = \frac{\partial \boldsymbol{E}}{\partial y} \equiv \boldsymbol{0}\,, \tag{7.5}$$

d. h. der Vektor $\boldsymbol{E}$ hat auf einer Ebene $z = z_0 = \text{const}$ zu einem festen Zeitpunkt $t = t_0$ überall den gleichen Wert und die gleiche Richtung.

Die Wellengleichung (7.3) vereinfacht sich dadurch zu

$$\frac{\partial^2 \boldsymbol{E}}{\partial z^2} = \frac{1}{c^2}\frac{\partial^2 \boldsymbol{E}}{\partial t^2}\,. \tag{7.6}$$

Aus $\operatorname{div} \boldsymbol{E} = 0$ im ladungsfreien Vakuum folgt dann wegen (7.5):

$$\frac{\partial E_z}{\partial z} = 0 \Rightarrow E_z = a = \text{ räumlich konstant.}$$

Wir wählen die Randbedingungen so, dass die Konstante $a = 0$ wird. Die Welle hat dann nur noch E_x- und E_y-Komponenten:

$$\boldsymbol{E} = \{E_x, E_y, 0\}.$$

Die allgemeinen Lösungen von (7.6) für ebene Wellen sind

$$\begin{aligned} E_x(z,t) &= f_x(z-ct) + g_x(z+ct)\,,\\ E_y(z,t) &= f_y(z-ct) + g_y(z+ct)\,. \end{aligned} \tag{7.7}$$

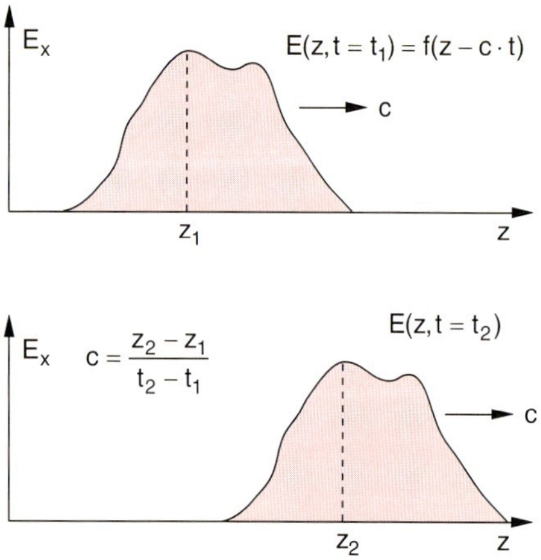

Abb. 7.1. Nichtperiodische ebene Welle, die sich in $+z$-Richtung ausbreitet

Dabei sind f und g beliebige stetig differenzierbare Funktionen des Arguments $(z-ct)$ bzw. $(z+ct)$ (siehe Bd. 1, Abschn. 11.9). Sie stellen ebene, aber nicht notwendigerweise periodische Wellen dar (Abb. 7.1), weil die Ebenen $z = \text{const}$ Flächen konstanter Phase sind, d. h. für alle Punkte der Ebene $z = z_0$ ist das Argument $(z \pm ct)$ zur gleichen Zeit gleich. Diese Phasenflächen laufen für die Funktion $f(z-ct)$ mit der Geschwindigkeit c in die $+z$-Richtung, denn aus $z - ct = \text{const}$ folgt durch Differentiation

$$\frac{\mathrm{d}z}{\mathrm{d}t} - c = 0 \Rightarrow \frac{\mathrm{d}z}{\mathrm{d}t} = +c\,.$$

Für die Funktion $g(z+ct)$ laufen sie in die $-z$-Richtung.

Die Lösungen (7.7) der Wellengleichung (7.6) sind ebene ***transversale Wellen***, weil der elektrische Feldvektor $\boldsymbol{E} = \{E_x, E_y, 0\}$ senkrecht auf der Ausbreitungsrichtung $\hat{\boldsymbol{e}}_z$ steht.

Man beachte:

- Die Transversalität $\boldsymbol{E} \perp \hat{\boldsymbol{e}}_z$ folgt aus $\operatorname{div} \boldsymbol{E} = 0$ und gilt deswegen im Allgemeinen auch nur im ladungsfreien Raum! In einem Medium mit Raumladungen $\varrho \neq 0$ oder wenn leitende Begrenzungsflächen vorhanden sind, braucht die Welle *nicht* transversal zu sein. Beispiele sind Wellen in Hohlleitern oder in anisotropen Medien (siehe Abschn. 7.9).
  Bei seitlich begrenzten Wellen gilt die Transversalität i. Allg. nicht mehr. So wird z. B. eine in z-Richtung laufende und in x-Richtung linear polarisierte Welle, die in der x-Richtung beschränkt ist, durch
  $$E(x,z) = \left\{ \begin{array}{c} E_x \\ 0 \\ -(\mathrm{i}/k)\dfrac{\partial E_x}{\partial x} \end{array} \right\}$$
  beschrieben
- Eine Welle braucht nicht unbedingt periodisch zu sein. Man denke an Stoßwellen (Bd. 1, Abschn. 10.13), elektromagnetische Pulse oder an elektromagnetische Wellen, die von elektrischen Funken erzeugt werden und die ein breites Frequenzspektrum mit statistisch verteilten Phasen der einzelnen Komponenten haben. Auch solche unperiodischen Wellen sind Lösungen der Wellengleichung (7.3) und haben die Form (7.7), wenn es ebene Wellen sind.

7.3 Periodische Wellen

Ein besonders wichtiger, in der Physik häufig anzutreffender Spezialfall elektromagnetischer Wellen sind die ebenen periodischen Wellen, die durch Sinus- oder Cosinusfunktionen dargestellt werden können.

Wir nennen die räumliche Periode, nach der (zum gleichen Zeitpunkt) die Funktion f in (7.7) wieder den gleichen Wert hat, die Wellenlänge λ (Abb. 7.2a).

$$f(z+\lambda-ct) = f(z-ct)\;. \tag{7.8}$$

Benutzen wir für periodische Wellen den Ansatz

$$\boldsymbol{E} = \boldsymbol{E}_0 \cdot f(z-ct) = \boldsymbol{E}_0 \cdot \sin k(z-ct)\;, \tag{7.9a}$$

so folgt aus der Periodizitätsbedingung (7.8) für die Konstante k:

$$k\cdot\lambda = 2\pi \;\Rightarrow\; k = \frac{2\pi}{\lambda}\;. \tag{7.10a}$$

Man bezeichnet k als ***Wellenzahl***. Wir können dann (7.9a) wegen $c = \nu\cdot\lambda$ schreiben als

$$\begin{aligned}\boldsymbol{E} &= \boldsymbol{E}_0 \cdot \sin\left(kz - \frac{2\pi c}{\lambda}t\right)\\ &= \boldsymbol{E}_0 \cdot \sin(kz-\omega t)\;.\end{aligned} \tag{7.9b}$$

Natürlich können wir auch Cosinusfunktionen als periodische Lösungen (7.8) ansetzen:

$$\boldsymbol{E} = \boldsymbol{E}_0 \cdot \cos(kz-\omega t)\;. \tag{7.9c}$$

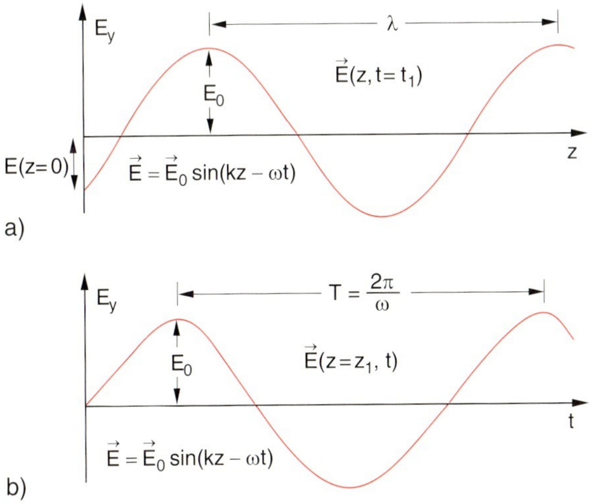

Abb. 7.2a,b. Harmonische elektromagnetische Welle, deren $\boldsymbol{E}$-Vektor in y-Richtung schwingt und die sich in $+z$-Richtung ausbreitet. (**a**) Momentaufnahme zum Zeitpunkt t_1; (**b**) Zeitabhängigkeit am festen Ort $z=z_1$

Die richtige Wahl hängt von den Anfangsbedingungen ab. Häufig wird die komplexe Schreibweise

$$\begin{aligned}\boldsymbol{E} &= \boldsymbol{A}_0\, e^{i(kz-\omega t)} + \boldsymbol{A}_0^*\, e^{-i(kz-\omega t)}\\ &= \boldsymbol{A}_0\, e^{i(kz-\omega t)} + \text{c.c.}\end{aligned} \tag{7.9d}$$

verwendet, wobei c.c. die Abkürzung für den englischen Ausdruck „conjugate complex“ bedeutet.

Wenn die Amplitude $\boldsymbol{A}_0$ ein reeller Vektor ist, wird aus (7.9d)

$$\boldsymbol{E} = 2\boldsymbol{A}_0\,\cos(kz-\omega t)\;. \tag{7.9e}$$

Der Vergleich mit (7.9c) zeigt, dass dann $\boldsymbol{E}_0 = 2\boldsymbol{A}_0$ ist.

In einer Kurzschreibweise lässt man (in 7.9d) oft den komplex konjugierten Anteil weg. Man sollte aber immer daran denken, dass die Feldstärke $\boldsymbol{E}$ eine reelle Größe ist.

Breitet sich eine ebene Welle in einer beliebigen Richtung aus, so können wir einen Ausbreitungsvektor $\boldsymbol{k} = \{k_x, k_y, k_z\}$ definieren, den wir ***Wellenvektor*** nennen und für dessen Betrag gilt:

$$|\boldsymbol{k}| = k = \frac{2\pi}{\lambda}\;. \tag{7.10b}$$

Die Phasenflächen sind dann Ebenen senkrecht zu $\boldsymbol{k}$. Der Wellenvektor $\boldsymbol{k}$ ist daher Normalenvektor auf den Phasenebenen (Abb. 7.3). Die komplexe Darstellung solcher Wellen in Kurzform ist dann:

$$\boldsymbol{E} = \boldsymbol{A}_0 \cdot e^{i(\boldsymbol{k}\cdot\boldsymbol{r}-\omega t)}\;. \tag{7.11}$$

Für $\boldsymbol{k} = \{0, 0, k_z = k\}$ geht (7.11) wegen $\boldsymbol{k}\cdot\boldsymbol{r} = k_x x + k_y y + k_z z = kz$ wieder in (7.9d) über.

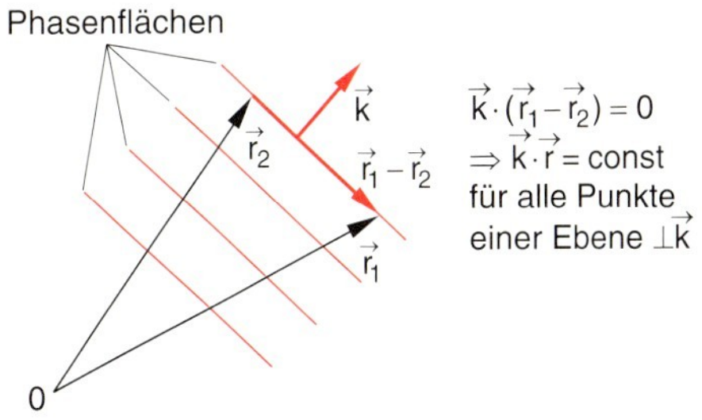

Abb. 7.3. Ebene Welle in Ausbreitungsrichtung $\boldsymbol{k}$. Die Phasenflächen sind die Ebenen $\boldsymbol{k}\cdot\boldsymbol{r} = \text{const}$, senkrecht zu $\boldsymbol{k}$

7.4 Polarisation elektromagnetischer Wellen

Die Polarisation einer elektromagnetischen Welle ist durch die Richtung des elektrischen Vektors $\boldsymbol{E}$ definiert.

7.4.1 Linear polarisierte Wellen

Zeigt der Vektor $\boldsymbol{E}_0$ einer Welle

$$\boldsymbol{E} = \boldsymbol{E}_0 \cdot \cos(\omega t - kz)$$

immer in die gleiche Richtung $\perp \hat{\boldsymbol{e}}_z$, d. h. ist

$$\boldsymbol{E}_0 = E_{0x}\hat{\boldsymbol{e}}_x + E_{0y}\hat{\boldsymbol{e}}_y \,, \qquad (7.12)$$

so heißt die Welle *linear polarisiert* (Abb. 7.4). Beide Komponenten der Welle

$$E_x = E_{0x} \cdot \cos(\omega t - kz)$$
$$E_y = E_{0y} \cdot \cos(\omega t - kz)$$

schwingen *in Phase*.

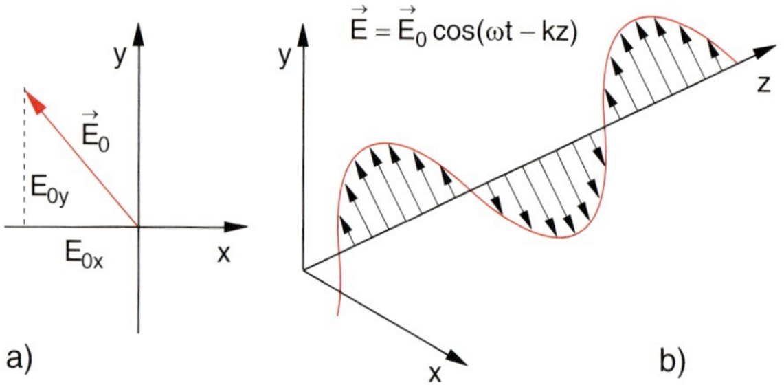

Abb. 7.4a,b. Momentaufnahme einer linear polarisierten Welle $\boldsymbol{E} = \boldsymbol{E}_0 \cdot \cos(\omega t - kz)$. (**a**) Richtung des Vektors $\boldsymbol{E}$ in der x-y-Ebene. (**b**) Räumliche Darstellung des elektrischen Vektors $\boldsymbol{E}(z, t = t_1)$

7.4.2 Zirkular polarisierte Wellen

Sind die Beträge von E_{0x} und E_{0y} gleich ($E_{0x} = E_{0y} = E_0$), aber ihre Phasen um 90° gegeneinander verschoben, d. h. gilt

$$\begin{aligned} E_x &= E_{0x} \cdot \cos(\omega t - kz) \\ E_y &= E_{0y} \cdot \cos\left(\omega t - kz - \frac{\pi}{2}\right) \\ &= E_{0y} \cdot \sin(\omega t - kz) \end{aligned} \qquad (7.13a)$$

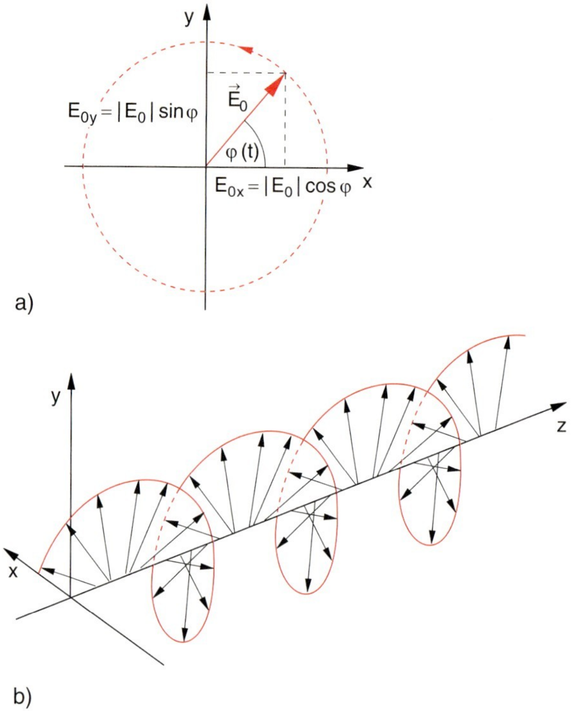

Abb. 7.5a,b. Linkszirkular polarisierte elektromagnetische Welle. (**a**) $\boldsymbol{E}_0(x, y)$ mit Blick in $-z$-Richtung; (**b**) räumliche Darstellung

so beschreibt die Spitze des Vektors

$$\begin{aligned} \boldsymbol{E}(z = 0, t) &= E_x\hat{e}_x + E_y\hat{e}_y \\ &= E_0(\hat{\boldsymbol{e}}_x \cos(\omega t) + \hat{e}_y \sin(\omega \cdot t)) \end{aligned}$$

einen Kreis in der x-y-Ebene mit der Kreisfrequenz $\omega = \mathrm{d}\varphi/\mathrm{d}t$ d. h. $\varphi = \omega \cdot t$. Der elektrische Vektor $\boldsymbol{E}$ mit dem Betrag $|\boldsymbol{E}| = E_0$ beschreibt dann eine Kreisspirale um die z-Richtung (Abb. 7.5).

In Komponentendarstellung lässt sich (7.13a) in der komplexen Kurzschreibweise (Abschn. 7.3) zusammenfassend schreiben:

$$\begin{Bmatrix} E_x \\ E_y \end{Bmatrix} = A_0 \begin{Bmatrix} 1 \\ \mathrm{i} \end{Bmatrix} \mathrm{e}^{\mathrm{i}(\omega t - kz)} \quad \text{mit } A_0 = \frac{1}{2} E_0 \,. \qquad (7.13b)$$

Anmerkung

Gleichung (7.13b) beschreibt Licht, dessen $\boldsymbol{E}$-Vektor eine Rechtsschraube durchläuft, wenn man *in* Ausbreitungsrichtung schaut. Wir wollen es σ^+-Licht nennen. In der älteren Literatur wird es *links zirkular polarisiert* genannt, weil $\boldsymbol{E}$ eine Linksschraube durchläuft, wenn man *gegen* die Lichtrichtung, also auf die Lichtquelle hin schaut (Abb. 7.5a). Es gilt also

$$\left.\begin{array}{l}\sigma^- \leftrightarrow \text{rechts zirkular}\\ \sigma^+ \leftrightarrow \text{links zirkular}\end{array}\right\}\ \text{polarisiert}$$

Die neue Bezeichnung σ^+, σ^- ist deshalb sinnvoll, weil der Drehimpuls einer zirkular polarisierten Welle für σ^+-Licht in Richtung des Ausbreitungsvektors $\boldsymbol{k}$ zeigt, für σ^--Licht ist er antiparallel, zeigt also in $-\boldsymbol{k}$-Richtung (siehe auch Abschn. 9.6.7).

7.4.3 Elliptisch polarisierte Wellen

Ist $E_{0x} \neq E_{0y}$ oder ist die Phasenverschiebung $\Delta\varphi$ zwischen den beiden Komponenten E_x, E_y der Welle nicht genau 90°, so beschreibt der $\boldsymbol{E}$-Vektor eine elliptische Spirale. Solche Wellen heißen *elliptisch polarisiert.*

7.4.4 Unpolarisierte Wellen

Wenn der $\boldsymbol{E}_0$-Vektor der Welle (7.9) keine zeitlich konstante Richtung in der x, y-Ebene hat und auch keine Ellipse durchläuft, sondern seine Richtung statistisch im Laufe der Zeit ändert, liegt eine unpolarisierte Welle vor.

Lichtwellen sind im Allgemeinen unpolarisiert, weil sie eine Überlagerung der Anteile von vielen statistisch orientierten schwingenden Dipolen (den angeregten Atomen) darstellen.

Wie man polarisierte Lichtwellen herstellen und ihre Polarisation messen kann, wird im nächsten Kapitel erläutert.

7.5 Das Magnetfeld elektromagnetischer Wellen

Für eine in x-Richtung linear polarisierte Welle $\boldsymbol{E} = E_0 \cdot \hat{\boldsymbol{e}}_x \cdot \mathrm{e}^{\mathrm{i}(\omega t - kz)}$ erhalten wir durch Anwendung des Differentialoperators **rot**:

$$(\nabla \times \boldsymbol{E})_x = 0; \quad (\nabla \times \boldsymbol{E})_z = 0\,;$$
$$(\nabla \times \boldsymbol{E})_y = \frac{\partial E_x}{\partial z}\,. \tag{7.14}$$

Aus der Maxwell-Gleichung

$$\frac{\partial \boldsymbol{B}}{\partial t} = -(\nabla \times \boldsymbol{E})$$

folgt damit:

$$\frac{\partial B_x}{\partial t} = \frac{\partial B_z}{\partial t} = 0 \tag{7.15}$$

und damit $B_x(t) = \text{const}$ und $B_z(t) = \text{const}$.

Die Lösungen für die B_x- und B_z-Komponenten ergeben also nur zeitlich konstante Felder, die zur eigentlichen Welle nichts beitragen. Wir können die Randbedingungen immer so wählen, dass die Konstanten null werden. Das $\boldsymbol{B}$-Feld der Welle hat dann nur eine y-Komponente. Aus (7.14) folgt

$$-\frac{\partial B_y}{\partial t} = \frac{\partial E_x}{\partial z} = -\mathrm{i}kE_x\,,$$

woraus sich durch zeitliche Integration ergibt:

$$\begin{aligned} B_y &= \mathrm{i}kE_0 \int \mathrm{e}^{\mathrm{i}(\omega t - kz)}\,\mathrm{d}t \\ &= \frac{k}{\omega} E_0\,\mathrm{e}^{\mathrm{i}(\omega t - kz)}\,. \end{aligned} \tag{7.16}$$

Mit der Relation $\omega/k = c$ wird dies zu $|\boldsymbol{B}| = \frac{1}{c}|\boldsymbol{E}|$.

Da $\boldsymbol{E} = \{E_x, 0, 0\}$ und $\boldsymbol{B} = \{0, B_y, 0\}$, steht $\boldsymbol{B}$ senkrecht auf $\boldsymbol{E}$ (Abb. 7.6). Beide Vektoren stehen wiederum senkrecht auf der Ausbreitungsrichtung $\boldsymbol{k}$. Wir können dies durch die Vektorgleichung

$$\boxed{\boldsymbol{B} = \frac{1}{\omega}\,(\boldsymbol{k} \times \boldsymbol{E})} \tag{7.16a}$$

beschreiben.

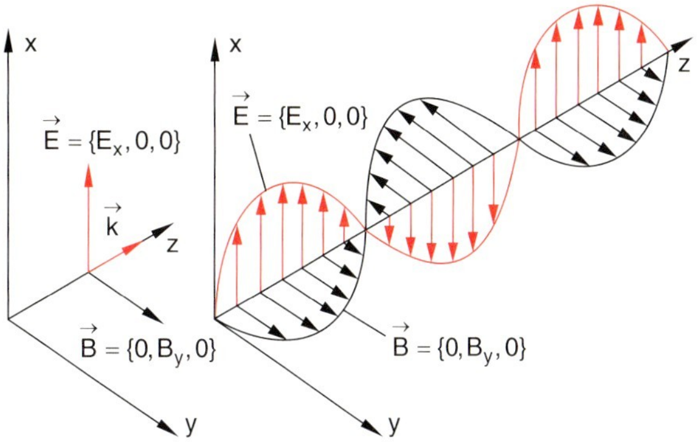

Abb. 7.6. Elektrischer und magnetischer Feldvektor einer linear polarisierten ebenen elektromagnetischen Welle

Bei einer ebenen elektromagnetischen Welle im Vakuum stehen elektrischer und magnetischer Feldvektor senkrecht aufeinander. Beide Felder schwingen in Phase. Der Betrag von $\boldsymbol{B}$ ist

$$|\boldsymbol{B}| = \frac{1}{c}|\boldsymbol{E}| \,. \tag{7.17}$$

$\boldsymbol{E}$ und $\boldsymbol{B}$ stehen senkrecht auf $\boldsymbol{k}$.

BEISPIELE

1. Eine 100 W-Glühbirne strahlt im sichtbaren Bereich eine Lichtleistung von etwa 5 W aus. In 2 m Entfernung fallen dann etwa 0,1 W auf eine Fläche von 1 m^2. Die elektrische Feldstärke ist dort $|\boldsymbol{E}| \approx 6\,\text{V/m}$ während die magnetische Feldstärke nur $|B| = |E|/c = 2 \cdot 10^{-8}\,[\text{Vs/m}^2 = \text{Tesla}]$ ist.
2. Filtert man aus dem Sonnenlicht ein Spektralintervall von $\Delta\lambda = 1\,\text{nm}$ bei $\lambda = 500\,\text{nm}$ heraus, so hat das durchgelassene grüne Licht eine Intensität auf der Erdoberfläche von etwa 4 W/m^2. Dies ergibt eine elektrische Feldstärke von etwa 40 V/m.
   Die magnetische Feldstärke ist dann $|\boldsymbol{B}| = 3{,}3 \cdot 10^{-9} \cdot 40\,\text{Vs/m}^2 = 1{,}3 \cdot 10^{-7}\,\text{T} = 1{,}3 \cdot 10^{-3}$ Gauß. Dies ist sehr klein gegen das statische Erdmagnetfeld von 0,2 Gauß.

Die Ursache für die Wirkungen von Licht auf Materie (z. B. Belichtung einer Photoplatte, Anregung der Sehzellen in unserer Netzhaut) ist überwiegend der *elektrische* Anteil der Welle. Der magnetische Anteil einer elektromagnetischen Welle hat (vor allem im sichtbaren Spektralbereich) einen wesentlich geringeren Einfluss als der elektrische Anteil.

Man beachte:

- Nur in großer Entfernung vom Hertzschen Dipol ($r \gg d_0$) sind $\boldsymbol{E}(t)$ und $\boldsymbol{B}(t)$ in Phase (Fernzone).
  In der Nahzone des Dipols ist für das Magnetfeld $\boldsymbol{B}$ der erste Term in (6.30) dominant, der proportional zu $\dot{p}$ ist und deshalb eine andere Phase hat als der zweite Term, der proportional zu $\ddot{p}$ ist. Für $\boldsymbol{E}$ ist in (6.34) der erste Term $\boldsymbol{E}_1$ dominant, der von $\dot{p}$ und $\ddot{p}$ abhängt.
  Am Dipol selbst sind $\boldsymbol{E}$ und $\boldsymbol{B}$ um 90° phasenverschoben, wie man aus Abb. 6.2 für Strom und Spannung eines Schwingkreises und aus den elektrischen und magnetischen Feldlinienbildern in Abb. 6.24 bzw. Abb. 6.25 erkennt.
  Beim Übergang von der Nahzone zur Fernzone ändert sich die Phasenverschiebung kontinuierlich, bis $\boldsymbol{E}$ und $\boldsymbol{B}$ phasengleich sind.
- Die Relation $\boldsymbol{B} \perp \boldsymbol{E}$ und die Transversalität der elektromagnetischen Welle gelten allgemein nur im Vakuum. Liegen Ströme oder Raumladungen vor, so braucht $\boldsymbol{B}$ nicht mehr senkrecht auf $\boldsymbol{E}$ zu stehen.

7.6 Energie- und Impulstransport durch elektromagnetische Wellen

In Abschnitt 4.4 haben wir für die Energiedichte des elektromagnetischen Feldes den Ausdruck

$$w_{\text{em}} = \frac{1}{2}\varepsilon_0(E^2 + c^2B^2) = \varepsilon_0 E^2 \tag{7.18}$$

(wegen $B^2 = E^2/c^2$) erhalten (4.20). Diese Energiedichte wird von einer elektromagnetischen Welle mit der Ausbreitungsgeschwindigkeit c in der Ausbreitungsrichtung $\boldsymbol{k}$ des Wellenvektors transportiert (Abb. 7.7). Wir nennen die Energie, die pro Zeit durch die Flächeneinheit senkrecht zu $\boldsymbol{k}$ transportiert wird, die ***Intensität*** oder auch ***Energiestromdichte***

$$I = c \cdot \varepsilon_0 \cdot E^2 \,. \tag{7.19}$$

Da $\boldsymbol{E} = \boldsymbol{E}_0 \cdot \cos(\omega t - \boldsymbol{k} \cdot \boldsymbol{r})$ eine periodische Funktion der Zeit ist, variiert bei linear polarisierten Wellen die Intensität

$$I(t) = I_0 \cdot \cos^2(\omega t - \boldsymbol{k} \cdot \boldsymbol{r}) \quad \text{mit} \quad I_0 = c\varepsilon_0 E_0^2$$

periodisch mit der Frequenz 2ω (weil $\sin^2 \omega t = \frac{1}{2}(1 - \cos 2\omega t)$). Die Intensität wird also zweimal pro Schwingungsperiode T null! Der zeitliche Mittelwert ist wegen $\langle\cos^2 \omega t\rangle = 1/2$

$$\boxed{\langle I(t)\rangle = \frac{1}{2}c \cdot \varepsilon_0 E_0^2} \,. \tag{7.20a}$$

Anmerkung

1. Benutzt man die komplexe Schreibweise $\boldsymbol{E} = \boldsymbol{A}_0\, \text{e}^{\text{i}(\omega t - \boldsymbol{kr})} + \text{c.c.}$ (siehe Abschn. 7.3), so wird $I =$

$c \cdot \varepsilon_0 \cdot |E|^2 = 4c\varepsilon_0 |A_0|^2 \cos^2(\omega t - \boldsymbol{kr})$, und der zeitliche Mittelwert wird

$$\langle I(t) \rangle = 2c\varepsilon_0 \, |A_0|^{\,2} \tag{7.20b}$$

2. Bei zirkular polarisierten Wellen ist wegen der Phasenverschiebung von 90° zwischen E_x und E_y-Komponente die Intensität

$$\begin{aligned} I &= c\varepsilon_0 (E_x^2 + E_y^2) \\ &= c\varepsilon_0 E_0^2 \left[\sin^2(\omega t - \boldsymbol{k} \cdot \boldsymbol{r}) + \cos^2(\omega t - \boldsymbol{k} \cdot \boldsymbol{r}) \right] \\ &= c\varepsilon_0 E_0^2 \end{aligned}$$

zeitlich konstant (im Gegensatz zur linear polarisierten Welle).

Die Richtung des Energieflusses wird durch den ***Poynting-Vektor***

$$\boldsymbol{S} = \boldsymbol{E} \times \boldsymbol{H} \tag{7.21a}$$

gegeben, der im Vakuum wegen $c^2 = 1/\mu_0\varepsilon_0$ zu

$$\boldsymbol{S} = \varepsilon_0 c^2 (\boldsymbol{E} \times \boldsymbol{B}) \tag{7.21b}$$

wird. Der Betrag von $\boldsymbol{S}$ ist dann nach (7.17) und (7.20)

$$\begin{aligned} S = |\boldsymbol{S}| &= \varepsilon_0 c^2 |\boldsymbol{E}| \cdot |\boldsymbol{B}| \\ &= \varepsilon_0 c E^2 = I \, , \end{aligned} \tag{7.22}$$

und die Maßeinheit von S ist

$$[S] = 1\,\mathrm{W/m^2} \, .$$

Bei einer ebenen elektromagnetischen Welle im Vakuum gilt: $\boldsymbol{E} \perp \boldsymbol{B}$, $\boldsymbol{E} \perp \boldsymbol{k}$ und $\boldsymbol{B} \perp \boldsymbol{k}$. Dann muss der Poynting-Vektor $\boldsymbol{S} = \varepsilon_0 c^2 (\boldsymbol{E} \times \boldsymbol{B})$ in Richtung des Wellenvektors $\boldsymbol{k}$, also in Ausbreitungsrichtung der Welle, zeigen (Abb. 7.7 und 7.8b). Gleichung (7.22) kann man sich folgendermaßen veranschaulichen:

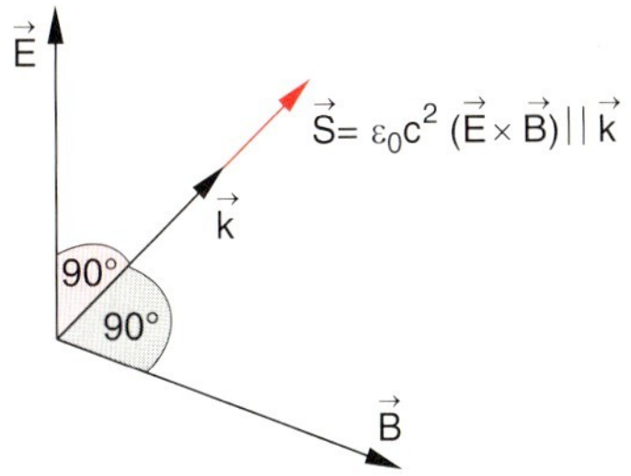

Abb. 7.7. Energietransport durch eine ebene Welle

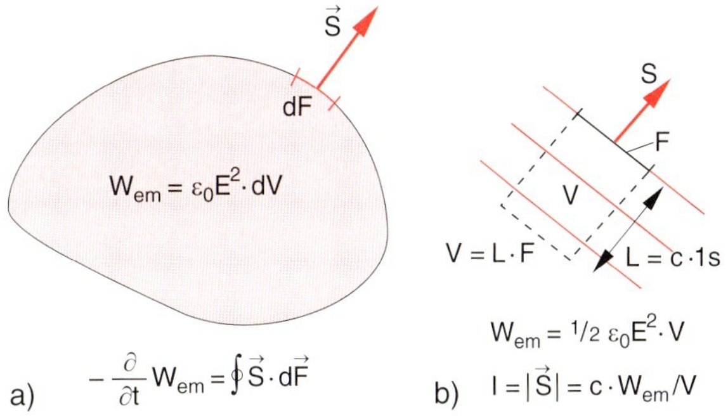

Abb. 7.8a,b. Zur Herleitung des Poynting-Vektors als Vektor des Energieflusses pro Flächeneinheit. Bei einer ebenen Welle steht $\boldsymbol{S}$ senkrecht auf den Phasenebenen. Sein Betrag ist gleich $c \cdot w_{\mathrm{em}} = c \cdot W_{\mathrm{em}}/V$

Wir betrachten ein Volumen V im Vakuum (Abb. 7.8), in dem die Feldenergie

$$W_{\mathrm{em}} = \int \varepsilon_0 E^2 \cdot \mathrm{d}V$$

enthalten ist. Der Energiefluss pro Zeiteinheit durch die Oberfläche F dieses Volumens muss gleich der zeitlichen Abnahme dieser Energie sein:

$$-\frac{\partial}{\partial t} \int \varepsilon_0 E^2 \cdot \mathrm{d}V = \oint \boldsymbol{S} \cdot \mathrm{d}\boldsymbol{F} = \int_V \mathrm{div}\, \boldsymbol{S} \cdot \mathrm{d}V \, , \tag{7.23a}$$

wobei die letzte Gleichsetzung aus dem Gaußschen Satz folgt. Da dies für beliebige Volumina gelten muss (*Energie-Erhaltung*), folgt für die Integranden:

$$-\frac{\partial}{\partial t} (\varepsilon_0 E^2) = \mathrm{div}\, \boldsymbol{S} \, . \tag{7.23b}$$

Nun gibt div $\boldsymbol{S}$ die „Quellergiebigkeit" des elektromagnetischen Feldes an, d. h. die Energie, die pro Zeiteinheit aus dem Einheitsvolumen strömt (bzw. in dieses Volumen hineinströmt). Aus (7.23a) folgt dann, dass $\boldsymbol{S}$ der Energiestrom durch die Flächeneinheit der das Quellvolumen umgebenden Fläche ist und damit $|\boldsymbol{S}|$ nach (7.18) die Intensität I der das Volumen verlassenden elektromagnetischen Welle darstellt.

Anmerkung

Dies gilt nicht mehr in anisotropen Medien, wo Energiefluss $\boldsymbol{S}$ und Ausbreitungsrichtung $\boldsymbol{k}$ in unterschiedliche Richtungen zeigen können (siehe Abschn. 8.5).

BEISPIELE

1. Während der Aufladung eines Kondensators baut sich zwischen den Platten ein elektrisches Feld $\boldsymbol{E}$ auf, und durch die Zuleitungen fließt ein Strom $I = \mathrm{d}Q/\mathrm{d}t$. Um das ansteigende elektrische Feld im Raum zwischen den Platten bilden sich ringförmige Magnetfeldlinien $\boldsymbol{B}$ (Abb. 7.9a). Der Poynting-Vektor $\boldsymbol{S} = \varepsilon_0 c^2(\boldsymbol{E} \times \boldsymbol{B})$ zeigt radial nach innen.
   Der Energiestrom zum Aufbau des elektrischen Feldes ist also *nicht* parallel zum Zuleitungsdraht in z-Richtung gerichtet (wie man vermuten könnte), sondern die Energie strömt radial von außen in das Feldvolumen ein!
2. Durch einen geraden Draht mit Widerstand R fließt ein konstanter Strom I, der im Draht die Joulesche Wärmeleistung $\mathrm{d}W_{\mathrm{el}}/\mathrm{d}t = I^2 \cdot R$ erzeugt. Die verbrauchte Leistung muss im stationären Betrieb natürlich nachgeliefert werden. Auch hier ist der Poynting-Vektor radial in den Draht hineingerichtet, d. h. die Energie strömt nicht durch den Draht, sondern radial von außen in den Draht (Abb. 7.9b). Die Erklärung dafür ist die Folgende:
   Die den Strom tragenden Elektronen bewegen sich mit der sehr kleinen Driftgeschwindigkeit v_{D} (siehe Abschn. 2.2). Bei einem Strom von 10 A durch einen Draht von 1 mm^2 Querschnitt ist $v_{\mathrm{D}} \approx 0{,}8\,\mathrm{mm/s}$. Das elektrische Feld und das Magnetfeld des Stroms pflanzen sich aber beim Schließen des Stromschalters entlang dem Draht mit der Geschwindigkeit $v = (\varepsilon\varepsilon_0\mu\mu_0)^{-1/2}$ fort. Die Energie wird daher durch das elektromagnetische Feld transportiert, nicht durch den materiellen Ladungstransport!

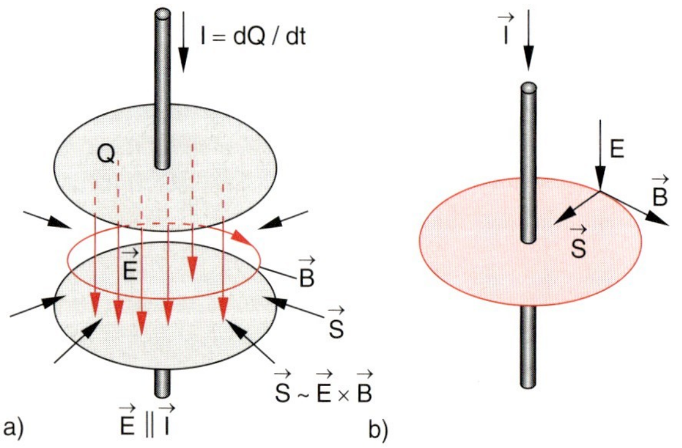

Abb. 7.9a,b. Richtung des Poynting-Vektors (**a**) beim Aufladen eines Kondensators, (**b**) beim Nachschub der in einem Strom führenden Draht verbrauchten Jouleschen Wärme

Einer ebenen elektromagnetischen Welle lässt sich nicht nur eine Energiestromdichte $\boldsymbol{S}$ zuordnen, sondern auch ein Impuls pro Volumeneinheit

$$\boldsymbol{\pi}_{\mathrm{St}} = \frac{1}{c^2}\boldsymbol{S} = \varepsilon_0(\boldsymbol{E} \times \boldsymbol{B}) \,. \tag{7.24}$$

Er hat die Richtung des Poynting-Vektors $\boldsymbol{S}$ und den Betrag

$$|\boldsymbol{\pi}_{\mathrm{St}}| = \varepsilon_0 \cdot E \cdot B = w_{\mathrm{em}}/c = I/c^2 \,, \tag{7.25}$$

wobei I die Intensität der Welle ist.

Die Impulsdichte der elektromagnetischen Welle beträgt also $\pi_{\mathrm{St}} = w_{\mathrm{em}}/c$. Ein Teilchen, welches sich mit Lichtgeschwindigkeit c bewegt, hat die Energie $E = mc^2$ und den Impulsbetrag $p = m \cdot c = E/c$ (siehe Bd. 1, Abschn. 4.4). Man kann deshalb in analoger Weise der elektromagnetischen Welle eine Massendichte $\varrho = w_{\mathrm{em}}/c^2 = (\varepsilon_0/c^2)\,E^2$ zuordnen.

Wird eine elektromagnetische Welle von einem Körper absorbiert (siehe Abschn. 8.2), so überträgt sie ihren Impuls auf diesen Körper, der daher einen Rückstoß erfährt. Bei der Reflexion der Welle wird der doppelte Impuls übertragen. Da der Impulsübertrag pro Sekunde und Flächeneinheit dem Druck auf die Fläche entspricht, ist der ***Strahlungsdruck*** der elektromagnetischen ebenen Welle bei senkrechtem Einfall auf einen völlig absorbierenden Körper

$$p_{\mathrm{St}} = c \cdot |\boldsymbol{\pi}_{\mathrm{St}}| = \varepsilon_0 E^2 = w_{\mathrm{em}} \tag{7.26}$$

mit

$$[w_{\mathrm{em}}] = 1\,\frac{\mathrm{Ws}}{\mathrm{m}^3} = 1\,\frac{\mathrm{N}}{\mathrm{m}^2}$$

gleich der Energiedichte des elektromagnetischen Feldes.

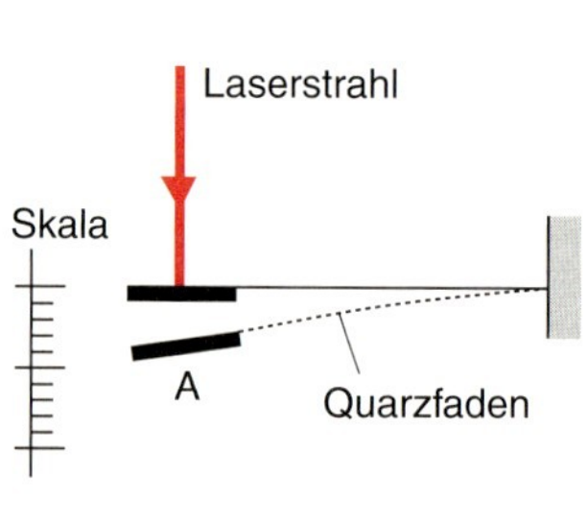

Abb. 7.10. Messung des Strahlungsdruckes durch die Auslenkung einer empfindlichen Quarzwaage mit absorbierender Fläche A

Man kann den Strahlungsdruck durch eine empfindliche Waage messen (Abb. 7.10).

BEISPIELE

1. Ein Lichtstrahl mit der Leistung $\overline{P}_{\text{el}} = 10\,\text{W}$ fällt senkrecht auf eine absorbierende Fläche $A = 1\,\text{mm}^2$. Er überträgt pro Sekunde den Impuls $|\text{d}p/\text{d}t| = \pi_{\text{St}} \cdot A \cdot c$ auf die Fläche. Der Betrag der wirkenden Rückstoßkraft ist dann

$$|\boldsymbol{F}| = \frac{\text{d}p}{\text{d}t} = \overline{P}_{\text{el}}/c\,. \tag{7.27}$$

Ihr Betrag ist $F = 3{,}3 \cdot 10^{-8}\,\text{N}$. Der Strahlungsdruck $p_{\text{St}} = F/A = 3{,}3 \cdot 10^{-2}\,\text{Pa}$ ist also sehr klein und nur bei großen Lichtleistungen mit empfindlichen Waagen messbar.

2. Mit sehr intensiven gepulsten Lasern mit Intensitäten bis zu $10^{18}\,\text{W/cm}^2$ lassen sich Lichtdrücke bis zu $10^9\,\text{bar} = 10^{14}\,\text{N/m}^2$ erreichen [7.1].
3. Bei möglichst reibungsarmer Lagerung kann man mithilfe des Strahlungsdruckes eine „Lichtmühle" im Vakuum betreiben, die aus vier Flächen besteht, welche auf einer Seite reflektierend und auf der anderen Seite absorbierend sind (Abb. 7.11). Da der Impulsübertrag auf die reflektierenden Flächen doppelt so groß ist wie auf die absorbierenden, wird ein Nettodrehmoment ausgeübt, welches die Mühle (gegen die Lagerreibung) in Drehung versetzt. Die im Handel erhältlichen Lichtmühlen drehen sich entgegengesetzt zu der in Abb. 7.11 angegebenen Richtung. Was ist der Grund dafür? (*Hinweis:* Es herrscht kein Vakuum in diesen Lichtmühlen, siehe Aufgabe 7.10).

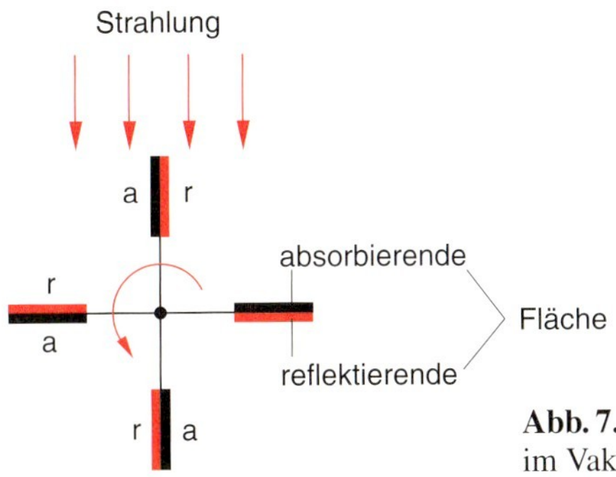

Abb. 7.11. Lichtmühle im Vakuum

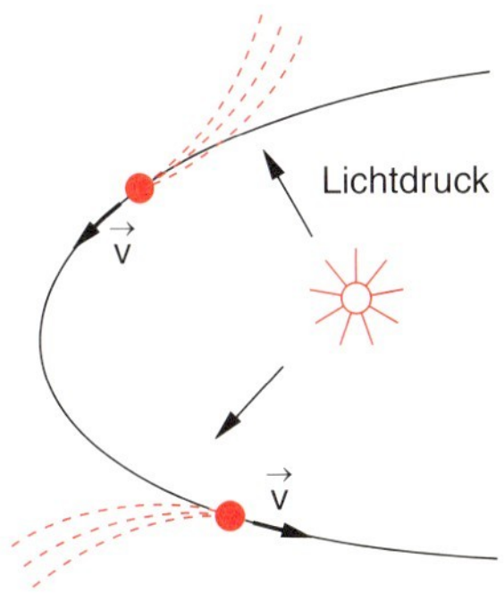

Abb. 7.12. Ablenkung eines Kometenschweifs durch den Strahlungsdruck der Sonnenstrahlung

4. Der Strahlungsdruck der Sonnenstrahlung ist einer der Gründe (neben dem Sonnenwind) für die Krümmung von Kometenschweifen (Abb. 7.12). Der Schweif eines Kometen entsteht aus Material des Kometenkerns, das beim Vorbeiflug des

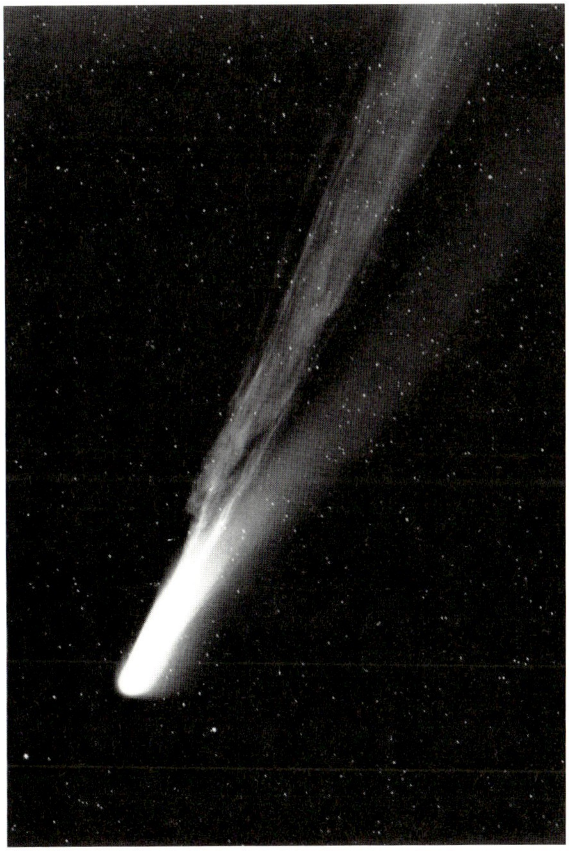

Abb. 7.13. Photographie des Kometen Mrkos, 1957 d. Mit freundlicher Genehmigung der Hale Observatories

Kometen an der Sonne durch Absorption der Sonnenstrahlung verdampft. Er besteht aus neutralen Molekülen, aus Ionen und aus Staub. Die elektrisch geladene Ionenkomponente wird durch das Magnetfeld der Sonne und durch den Sonnenwind abgelenkt, die Staubkomponente wird stärker durch den Strahlungsdruck beeinflusst. Deshalb sieht man im Allgemeinen zwei etwas verschieden gekrümmte Schweife (Abb. 7.13), wobei der Staubschweif stärker gekrümmt ist [7.2].

Anmerkung

Durch die durch den Sonnenwind (Protonen und Elektronen) erzeugten inhomogenen elektrischen und magnetischen Felder bricht der Schweif manchmal in mehr als zwei Komponenten auf.

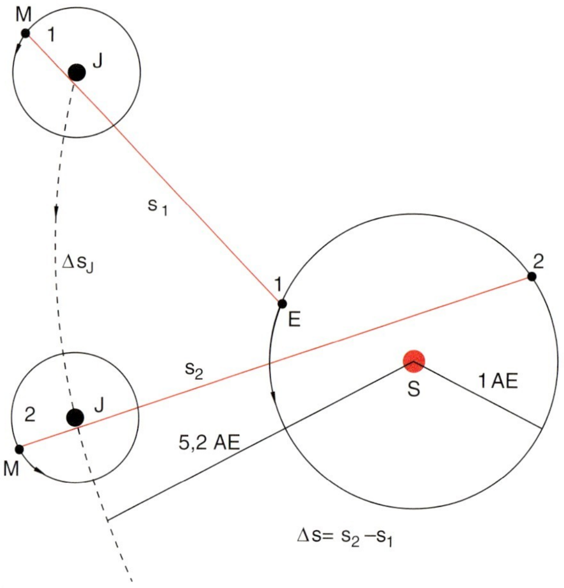

Abb. 7.14. Zur Bestimmung der Lichtgeschwindigkeit mithilfe der astronomischen Methode von *Ole Rømer*. Die Zeichnung ist nicht maßstabsgerecht

7.7 Messung der Lichtgeschwindigkeit

Nach unserem heutigen Kenntnisstand hängt die Ausbreitungsgeschwindigkeit von elektromagnetischen Wellen im Vakuum *nicht* von ihrer Frequenz ω ab. Dies bedeutet, dass Phasen- und Gruppengeschwindigkeit im Vakuum immer gleich sind, es gibt keine Dispersion! (Siehe Bd. 1, Abschn. 11.9.7).

$$v_{\mathrm{Ph}} = v_{\mathrm{G}} = \frac{\omega}{k} = c\,. \tag{7.28}$$

Man kann den Wert von c daher bei beliebigen Frequenzen bestimmen. Die meisten Messungen wurden bisher bei optischen Frequenzen durchgeführt [7.5]. Deshalb wird c auch allgemein als ***Lichtgeschwindigkeit*** bezeichnet, obwohl ihr Wert für das gesamte elektromagnetische Spektrum gleich ist.

7.7.1 Die astronomische Methode von Ole Rømer

Die älteste Methode zur Bestimmung der Lichtgeschwindigkeit basiert auf astronomischen Beobachtungen der Umlaufzeit der Jupitermonde. Diese Umlaufzeiten waren von mehreren Astronomen mit großer Genauigkeit vermessen worden, weil man ihre Verfinsterung, wenn sie vom Jupiter verdeckt wurden, und ihr Wiederauftauchen gut beobachten konnte. *Ole Christensen Rømer* (1644–1710) fand heraus, dass die aus den vorhandenen Tabellen für die Umlaufzeiten vorausberechneten Verfinsterungen eines Mondes gut mit den Beobachtungen übereinstimmten, wenn die Erde dem Jupiter nahe war (Stellung 1 in Abb. 7.14), der Jupiter also in Opposition zur Sonne stand, dass die beobachteten Verfinsterungen aber etwa 22 Minuten zu spät eintraten, wenn der Jupiter in Konjunktion (Stellung 2 der Erde) stand.

Im Gegensatz zu vielen zeitgenössischen Gelehrten führte *Rømer* diese Beobachtungsergebnisse auf die unterschiedliche Laufzeit des Lichtes vom Jupitermond zur Erde in den beiden Positionen 1 bzw. 2 mit der Wegdifferenz $\Delta s = s_2 - s_1$ zurück. Damit konnte *Rømer* zeigen, dass die Lichtgeschwindigkeit endlich und nicht unendlich groß ist, im Gegensatz zur Auffassung von *Descartes*. Zur genauen Bestimmung der Wegdifferenz Δs muß man berücksichtigen, daß sich Jupiter während der Zeitdifferenz $\Delta t = t_2 - t_1$ um die Bogenlänge Δs_{J} um die Sonne bewegt hat. Da der Durchmesser der Erdbahn ($D \approx 3 \cdot 10^{11}$ m) bereits gut bekannt war, hätte *Rømer* auch aus seiner gemessenen Zeitverschiebung den Wert der Lichtgeschwindigkeit bestimmen können. Er hat jedoch keinen Wert veröffentlicht, vermutlich weil ihm die Messungen zu ungenau erschienen [7.3]. Erst *Huygens* gab 1678 einen solchen Wert an in den Grenzen von 220 000 km/s bis 300 000 km/s [7.4], ein Ergebnis, das innerhalb der Fehlergrenzen den wahren Wert umschließt [7.5].

7.7.2 Die Zahnradmethode von Fizeau

Während *Rømer* als Messstrecke eine große Entfernung ($3 \cdot 10^{11}$ m) benutzte, konnte *Armand Fizeau* (1819–1896) die zeitliche Messgenauigkeit so weit steigern, dass er mit einer Messstrecke auf der Erde auskam. Er benutzte eine Anordnung (Abb. 7.15), bei der das Licht der Lichtquelle LQ durch ein astronomisches Fernrohr zu einem parallelen Lichtstrahl gebündelt wurde, welcher dann an einem Spiegel S in der Entfernung d reflektiert wurde. Ein Teil des reflektierten Lichtstrahls gelangte durch den Strahlteiler St in das Okular des Fernrohrs und konnte dort beobachtet werden.

Mit einem schnell rotierenden Zahnrad ZR wird der Strahl in der Brennebene der Linse L1 periodisch unterbrochen, sodass Lichtblitze der Dauer T_1 und der Frequenz $\nu = 1/\Delta T = 1/(2T_1)$ ausgesandt werden, wenn Steg und Lücke im Zahnrad gleiche Breite haben.

Dreht sich jetzt das Zahnrad mit einer Winkelgeschwindigkeit ω gerade so schnell, dass der von der Lücke n durchgelassene Lichtblitz nach Reflexion am Spiegel die nächste Lücke $(n+1)$ wieder passiert, dann sieht man Helligkeit. Bei schnellerer Umdrehung trifft der reflektierte Lichtpuls auf einen Steg und man beobachtet Dunkelheit, bei 2ω passiert er die Lücke $n+2$, usw.

Die Zeit zwischen zwei Lücken ist bei N Zähnen und N Lücken

$$\Delta T = \frac{2\pi}{\omega}\frac{1}{N} ,$$

sodass die Lichtgeschwindigkeit zu

$$c = \frac{2d}{\Delta T} = \frac{d \cdot N \cdot \omega}{\pi} = 2dN \cdot f$$

bestimmt werden kann, wobei f die Drehfrequenz des Zahnrads ist.

Fizeau wählte als Messstrecke die Entfernung $d = 8{,}6$ km zwischen den Gipfeln zweier Berge. Sein Zahnrad hatte $N = 720$ Zähne und unterbrach das Licht mit der Frequenz $\nu = N \cdot f = 720 \cdot 24$ Hz.

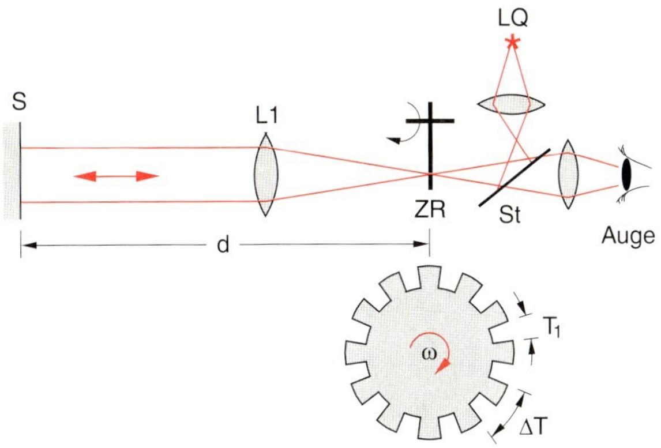

Abb. 7.15. Messung der Lichtgeschwindigkeit mit der Zahnradmethode von *Fizeau*

7.7.3 Phasenmethode

Statt mit einem Zahnrad wie bei der Fizeau-Methode kann man das Licht heutzutage mit optischen Modulatoren mit wesentlich höherer Frequenz f unterbrechen (Abb. 7.16). Dazu verwendet man einen gebündelten, parallelen Lichtstrahl eines Helium-Neon-Lasers, der durch eine ***Pockels-Zelle*** geschickt wird (dies ist ein elektrooptischer Modulator, welcher die Polarisationsebene des Lichtes im Takte einer angelegten Hochfrequenzspannung mit der Frequenz f dreht). Hinter einem Polarisator P wird dadurch die transmittierte Lichtintensität I_t gemäß

$$I_t = \frac{1}{2} I_0 \left[1 + \cos^2(2\pi f t)\right]$$

moduliert. Ein Teil des Strahls wird durch einen Strahlteiler auf die schnell reagierende Photodiode PD1

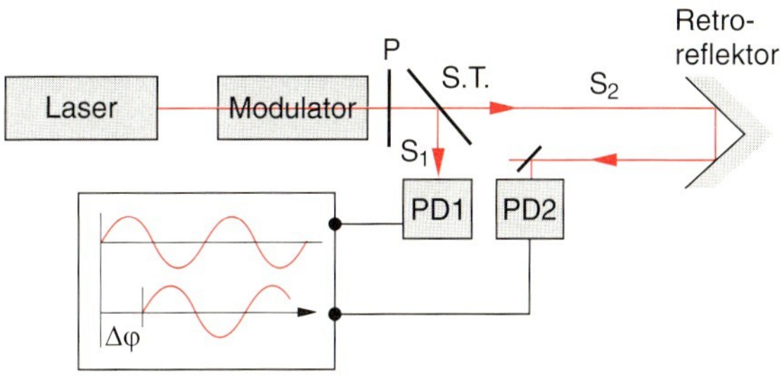

Abb. 7.16. Phasenmethode zur Messung der Lichtgeschwindigkeit

gelenkt. Nach Reflexionen an einem Spiegel wird der andere Teilstrahl mit einer zweiten schnellen Photodiode nachgewiesen und die Phasenverschiebung $\Delta\varphi$ zwischen den Ausgangsspannungen der Dioden PD1 und PD2 in Abb. 7.16 gemessen. Die Laufzeitdifferenz $\Delta T = \Delta s/c$ des Lichtes zwischen den Detektoren PD1 und PD2 ist durch die Wegdifferenz $\Delta s = s_2 - s_1$ mit $s_2 = \overline{\text{ST–PD2}}$ und $s_1 = \overline{\text{ST–PD1}}$ gegeben. Sie ist mit der Phasenverschiebung $\Delta\varphi$ verknüpft über

$$\Delta T = \Delta\varphi/(2\pi f) .$$

BEISPIEL

$f = 10^7$ Hz, $\Delta s = 3$ m, $\Rightarrow \Delta\varphi = 2\pi f \cdot \Delta T = 2\pi f \cdot 2d/c \approx 72°$. Man kann φ auf $0{,}1°$ genau messen. Damit folgt eine Messgenauigkeit von $0{,}14\%$

7.7.4 Bestimmung von *c* aus der Messung von Frequenz und Wellenlänge

Aus der Relation

$$c = \nu \cdot \lambda$$

für elektromagnetische Wellen lässt sich die Lichtgeschwindigkeit c bestimmen, wenn man Frequenz ν und Wellenlänge λ einer Lichtwelle eines frequenzstabilen Lasers gleichzeitig misst.

Dies ist mit modernen Methoden der Interferometrie (Abschn. 10.4) und der Frequenzmischung möglich [7.6]. Der genaueste gemessene Wert ist (als gewichteter Mittelwert verschiedener Messungen)

$$c = 2{,}99792458 \cdot 10^8 \text{ m/s} .$$

Dieser Wert wird heute als *Definitionswert* benutzt, um die Längeneinheit 1 Meter zu definieren (siehe Bd. 1, Abschn. 1.6.1), sodass nur noch die *Frequenz* ν zu messen ist, die man heutzutage auch im optischen Bereich wesentlich genauer messen kann als die Wellenlänge [7.7]. Die Wellenlänge λ wird also als Quotient

$$\lambda = c/\nu$$

aus dem *Definitionswert* c und dem *gemessenen Wert für die Frequenz* ν bestimmt [7.8].

In Tabelle 7.1 sind einige historische Messungen mit ihren geschätzten Fehlergrenzen zusammengefaßt.

Tabelle 7.1. Historische Messungen der Lichtgeschwindigkeit

Jahr	Autor	Methode	Meßwert für c [km/s]
1677	Ole Rømer	astronomisch	endlich
1678	Huygens	Auswertung der Rømer-Messungen	$220-300 \cdot 10^3$
1849	A. Fizeau	Zahnrad-Methode	315 000
1862	L. Foucault	rotierender Spiegel	298 000
1879	A. Michelson	rotierender Spiegel	299 910
1926	A. Michelson	Interferometer	299 791
1950	L. Essen	Mikrowellen-resonator	$299\,792{,}5 \pm 3$
1973	K. Evenson	Messung von ν und λ eines Lasers: $c = \nu \cdot \lambda$	299 792,45
seit 1983	–	Definitionswert	299 792,458

7.8 Stehende elektromagnetische Wellen

Stehende elektromagnetische Wellen können, genau wie mechanische Wellen, erzeugt werden durch phasenrichtige Überlagerung mehrerer, in verschiedene Richtungen laufender Wellen gleicher Frequenz ω.

7.8.1 Eindimensionale stehende Wellen

Eindimensionale stehende Wellen entstehen durch Reflexion einer ebenen Welle, die senkrecht auf eine leitende Ebene fällt (siehe Bd. 1, Abschn. 11.12). Betrachten wir z. B. eine ebene linear polarisierte Welle $E = E_{0x} \cos(\omega t - kz)$ in z-Richtung mit dem elektrischen Vektor $\boldsymbol{E} = \{E_x, 0, 0\}$ und dem magnetischen Vektor $\boldsymbol{B} = \{0, B_y, 0\}$ (Abb. 7.17).

Da auf der Oberfläche eines idealen Leiters bei $z = 0$ keine Tangentialkomponente E_x existieren kann, gilt am Ort der Ebene $z = 0$:

$$\boldsymbol{E}(z = 0) = \boldsymbol{E}_{0\mathrm{i}} + \boldsymbol{E}_{0\mathrm{r}} = \boldsymbol{0}$$
$$\Rightarrow \boldsymbol{E}_{0\mathrm{i}} = -\boldsymbol{E}_{0\mathrm{r}} . \qquad (7.29)$$

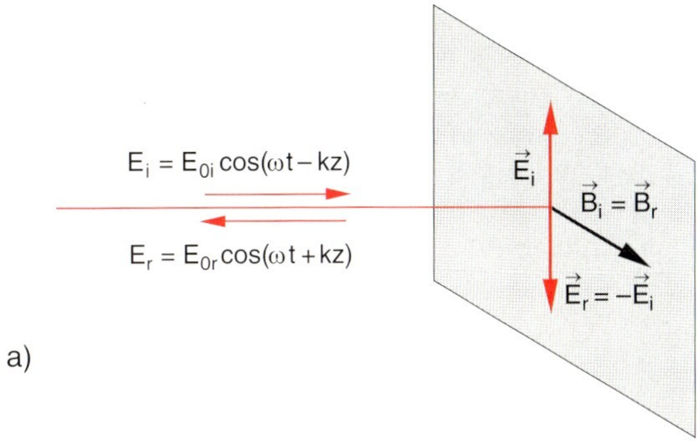

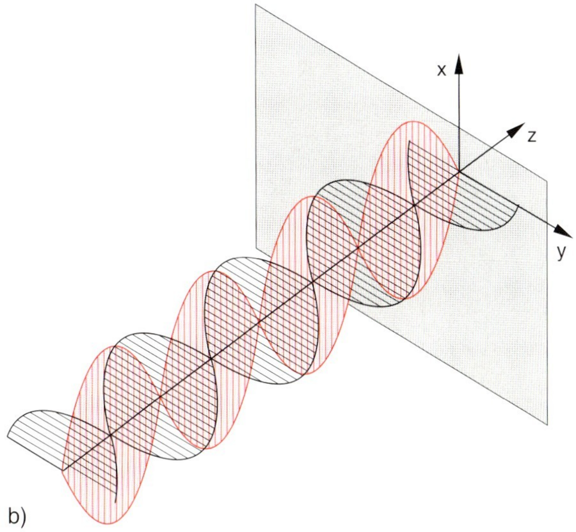

Abb. 7.17a,b. Eindimensionale stehende elektromagnetische Welle, die durch Reflexion an einer leitenden Ebene bei $z = 0$ durch Überlagerung mit der einfallenden Welle erzeugt wurde

Die Überlagerung von einfallender Welle $\boldsymbol{E}_\mathrm{i}$ und reflektierter Welle $\boldsymbol{E}_\mathrm{r}$ ergibt:

$$\begin{aligned} \boldsymbol{E}(z,t) &= \boldsymbol{E}_{0\mathrm{i}} \cos(\omega t - kz) + \boldsymbol{E}_{0\mathrm{r}} \cos(\omega t + kz) \\ &= 2\boldsymbol{E}_0 \cdot \sin(kz) \cdot \sin(\omega t) \end{aligned} \tag{7.30}$$

mit $\boldsymbol{E}_0 = \boldsymbol{E}_{0\mathrm{i}} = -\boldsymbol{E}_{0\mathrm{r}}$. Für den magnetischen Anteil erhalten wir aus der Relation

$$\frac{\partial E_x}{\partial z} = -\frac{\partial B_y}{\partial t} ,$$

die aus der Maxwell-Gleichung **rot** $\boldsymbol{E} = -\dot{\boldsymbol{B}}$ folgt:

$$\boldsymbol{B}(z,t) = 2\boldsymbol{B}_0 \cos(kz) \cdot \cos(\omega t) \tag{7.31}$$

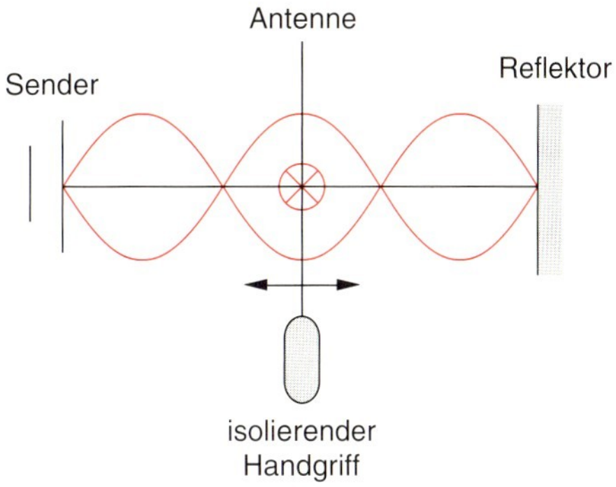

Abb. 7.18. Nachweis einer eindimensionalen stehenden elektromagnetischen Welle mit Hilfe einer Dipolantenne

mit $\boldsymbol{B}_0 = \{0, (k/\omega) \cdot E_0, 0\}$. Zwischen den Maxima von $\boldsymbol{E}$ und denen von $\boldsymbol{B}$ tritt also eine räumliche Verschiebung von $\lambda/4$ auf und eine zeitliche Verschiebung von $T/4 = \pi/2\omega$, im Gegensatz zur laufenden Welle, bei der $\boldsymbol{E}$ und $\boldsymbol{B}$ in Phase schwingen.

Der Grund für die Phasenverschiebung ist der Phasensprung der elektrischen Komponente $\boldsymbol{E}$ bei der Reflexion (7.29), welcher bei der magnetischen Komponente nicht auftritt (siehe Abschn. 8.4). Diese hat gemäß (7.31) Maxima bei $z = 0$ und erleidet keinen Phasensprung bei der Reflexion.

Solche eindimensionalen stehenden elektromagnetischen Wellen im Wellenlängenbereich von etwa $0{,}1 - 1$ m kann man gut mit einer Dipolantenne nachweisen, welche man in z-Richtung bewegt und in deren Mitte ein Glühlämpchen angebracht ist (Abb. 7.18). An den Maxima der elektrischen Feldstärke leuchtet das Lämpchen hell auf, an den Nullstellen ist es dunkel.

7.8.2 Dreidimensionale stehende Wellen; Hohlraumresonatoren

Wir betrachten einen Quader aus ideal leitenden Wänden mit den Kantenlängen a, b und c (Abb. 7.19). Legen wir den Koordinatenursprung in eine Ecke des Quaders und die Koordinatenachsen in die Kanten, so gelten für die elektrische Feldstärke $\boldsymbol{E} = \{E_x, E_y, E_z\}$ die Randbedingungen, dass die Tangentialkomponenten auf den Wänden null sein müssen. Das heißt:

$$\begin{aligned} E_x &= 0 \quad \text{für} \quad z = 0, c \quad \text{und} \quad y = 0, b ; \\ E_y &= 0 \quad \text{für} \quad x = 0, a \quad \text{und} \quad z = 0, c ; \\ E_z &= 0 \quad \text{für} \quad x = 0, a \quad \text{und} \quad y = 0, b . \end{aligned} \tag{7.32a}$$

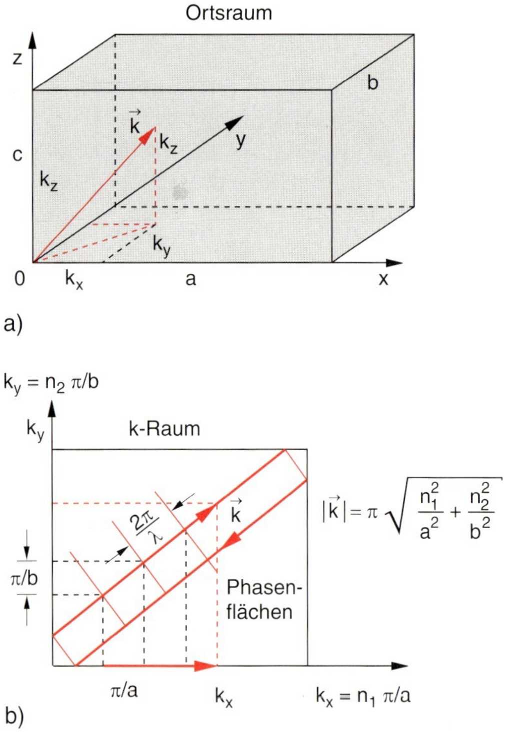

Abb. 7.19a,b. Quader aus leitenden Wänden als Hohlraumresonator für stehende elektromagnetische Wellen. (**a**) Darstellung im Ortsraum; (**b**) Illustration der Randbedingung (7.32b) und (7.33)

Wird eine elektromagnetische Welle mit Wellenvektor $\boldsymbol{k} = \{k_x, k_y, k_z\}$ im Hohlraum erzeugt, so wird sie an den Wänden reflektiert. Die Überlagerung der verschiedenen Komponenten mit Wellenvektoren $\{\pm k_x, \pm k_y, \pm k_z\}$ führt genau dann zu stationären stehenden Wellen im Hohlraum, wenn die Randbedingungen

$$k_x = n\pi/a; \; k_y = m\pi/b; \; k_z = q\pi/c \tag{7.32b}$$

erfüllt sind, wobei n, m, q ganze Zahlen sind. Für den Betrag des Wellenvektors $\boldsymbol{k}$ folgt wegen

$$|\boldsymbol{k}| = \sqrt{k_x^2 + k_y^2 + k_z^2}$$

und den Randbedingungen (7.32b) die Bedingung

$$|\boldsymbol{k}| = k = \pi \sqrt{\frac{n^2}{a^2} + \frac{m^2}{b^2} + \frac{q^2}{c^2}} \, . \tag{7.33}$$

Für die möglichen Frequenzen ω einer beliebigen stehenden Welle im Quader erhalten wir wegen $\omega = c_0 \cdot k$ (hier ist c_0 die Lichtgeschwindigkeit im Vakuum)

$$\omega = c_0 \cdot \pi \sqrt{\frac{n^2}{a^2} + \frac{m^2}{b^2} + \frac{q^2}{c^2}} \, . \tag{7.34}$$

In dem Quader sind also nur solche stehenden Wellen möglich, welche die Form

$$\boldsymbol{E}_{n,m,q} = \boldsymbol{E}_0(n, m, q) \cdot \cos \omega t$$

haben mit $\boldsymbol{E}_0 = \{E_{0x}, E_{0y}, E_{0z}\}$ und

$$\begin{aligned}
E_{0x} &= A \cdot \cos\left(\frac{\pi n}{a} x\right) \sin\left(\frac{\pi m}{b} y\right) \sin\left(\frac{\pi q}{c} z\right) , \\
E_{0y} &= B \cdot \sin\left(\frac{\pi n}{a} x\right) \cos\left(\frac{\pi m}{b} y\right) \sin\left(\frac{\pi q}{c} z\right) , \\
E_{0z} &= C \cdot \sin\left(\frac{\pi n}{a} x\right) \sin\left(\frac{\pi m}{b} y\right) \cos\left(\frac{\pi q}{c} z\right) .
\end{aligned} \tag{7.35}$$

Ihre Feldamplitude $\boldsymbol{E}_0$ steht senkrecht auf dem Wellenvektor $\boldsymbol{k}$, der den Randbedingungen (7.32b) genügt.

Wir nennen den ideal leitenden Kasten einen ***Hohlraumresonator*** und die in ihm möglichen stehenden Wellen (7.35) seine Eigenschwingungen oder ***Resonatormoden***.

Die Frage ist nun, wie viele solcher Eigenschwingungen mit Frequenzen ω bis zu einer vorgegebenen Grenzfrequenz ω_G es in dem Resonator gibt.

Um die Rechnung einfacher zu machen, betrachten wir statt des Quaders den Spezialfall des Würfels mit $c = b = a$. Die Frequenzbedingung (7.34) wird dann

$$\begin{aligned}
\omega &= \frac{c_0 \cdot \pi}{a} \sqrt{n^2 + m^2 + q^2} \\
&\Rightarrow n^2 + m^2 + q^2 = \omega^2 a^2 / (c_0^2 \pi^2) \, .
\end{aligned} \tag{7.36}$$

In einem Koordinatensystem mit den Achsen k_x, k_y und k_z bilden die Punkte (n, m, q) ein Gitter mit den Gitterkonstanten π/a (Abb. 7.20). Es gibt also genauso viele Eigenschwingungen im Hohlraum wie Gitterpunkte im k-Raum. In diesem Raum stellt (7.33) die Gleichung einer Kugel mit dem Radius $|\boldsymbol{k}| = \pi/a\sqrt{n^2 + m^2 + q^2} = \omega/c_0$ dar. Für $n^2 + m^2 + q^2 \gg 1$ ist der Kugelradius k groß gegen die Gitterkonstante π/a, d. h. $\lambda \ll 2a$. Dann wird die Zahl N_G der Gitterpunkte mit $n, m, q > 0$ gut angenähert durch die Zahl der Einheitszellen $(\pi/a)^3$

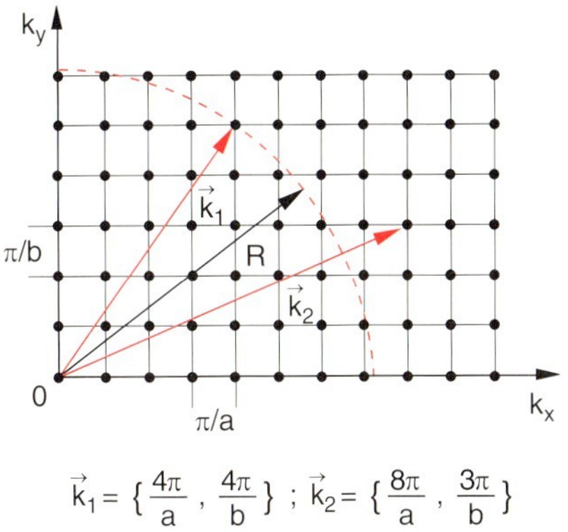

Abb. 7.20. Darstellung der $\boldsymbol{k}$-Vektoren möglicher stehender Wellen im Resonator als Gitterpunkte im $\boldsymbol{k}$-Raum

im Kugeloktanten (Abb. 7.21) mit dem Volumen im k-Raum

$$V_k = \frac{1}{8} \cdot \frac{4\pi}{3} k_{\mathrm{G}}^3 = \frac{\pi}{6} \left(\frac{\omega}{c_0} \right)^3 . \tag{7.37a}$$

Es gilt deshalb

$$N_{\mathrm{G}} = V_k / V_{\mathrm{E}} = \frac{\pi}{6} \left(\frac{a\omega}{\pi c_0} \right)^3 , \tag{7.37b}$$

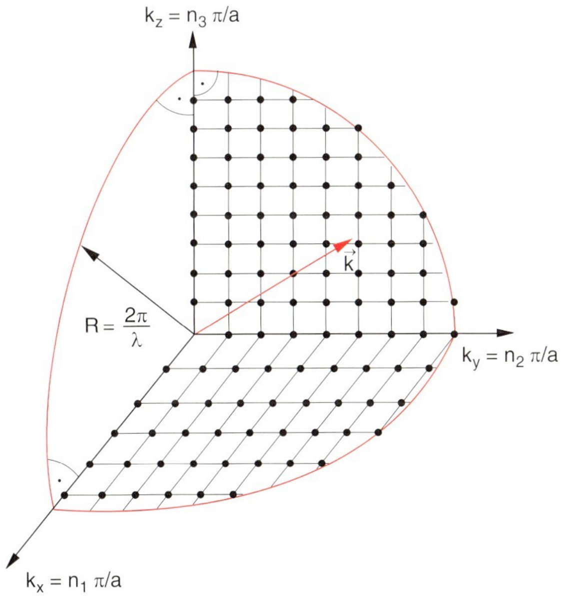

Abb. 7.21. Zur Herleitung der Zahl möglicher Eigenschwingungen im kubischen Resonator

wobei $V_{\mathrm{E}} = (\pi/a)^3$ das Volumen der Einheitszelle im k-Raum ist.

Berücksichtigt man noch, dass jede stehende Welle eine beliebige Polarisationsrichtung haben kann, die man jedoch immer als Linearkombination aus zwei zueinander senkrecht polarisierten Wellen darstellen kann (d. h. für eine stehende Welle in z-Richtung $\boldsymbol{E} = \boldsymbol{E}_0 \cdot \sin kz \cdot \sin \omega t$ ist $\boldsymbol{E}_0 = E_{0x}\hat{\boldsymbol{e}}_x + E_{0y}\hat{\boldsymbol{e}}_y$), so erhalten wir die Zahl der möglichen Eigenschwingungen im Hohlraumresonator mit Frequenzen ω, die kleiner sind als eine vorgegebene Grenzfrequenz ω_{G}

$$N(\omega \le \omega_{\mathrm{G}}) = \frac{\pi}{3} \left(\frac{a \cdot \omega_{\mathrm{G}}}{\pi c_0} \right)^3 = \frac{8\pi \nu_{\mathrm{G}}^3 a^3}{3c_0^3} , \tag{7.38a}$$

wobei wir $\nu_{\mathrm{G}} = \omega_{\mathrm{G}}/2\pi$ eingesetzt haben. Dividiert man durch das Volumen im Ortsraum $V = a^3$ des Resonators, so erhält man die Zahl der Moden pro Volumeneinheit mit $\nu \le \nu_{\mathrm{G}}$

$$N/V = n = \frac{8\pi \nu_{\mathrm{G}}^3}{3c_0^3} . \tag{7.38b}$$

Oft interessiert die spektrale Modendichte $\mathrm{d}n/\mathrm{d}\nu$, d. h. die Zahl der möglichen Eigenschwingungen pro Volumen des Resonators innerhalb des Frequenzintervalls ν bis $\nu + \Delta\nu$ mit $\Delta\nu = 1\,\mathrm{Hz}$.

Aus (7.38b) ergibt sich durch Differentiation nach ν:

$$\boxed{\mathrm{d}n/\mathrm{d}\nu = \frac{8\pi\nu^2}{c_0^3}} , \tag{7.39}$$

$\mathrm{d}n/\mathrm{d}\nu$ heißt ***spektrale Modendichte***.

Anmerkung

- Die obigen Ergebnisse erhält man in einer ganz allgemeinen Form, wenn man die Wellengleichung

  $$\Delta \boldsymbol{E} = \frac{1}{c^2} \frac{\partial^2 \boldsymbol{E}}{\partial t^2}$$

  löst unter den Randbedingungen $\boldsymbol{E}_t = \boldsymbol{0}$ für $x = 0, a$; $y = 0, b$; $z = 0, c$. Die allgemeine stationäre Lösung ist dann die Linearkombination

  $$\boldsymbol{E}(\boldsymbol{r}, t) = \sum_n \sum_m \sum_q \boldsymbol{E}_{n,m,q} \tag{7.40}$$

  der Resonatormoden (7.35).
- Bei nicht quaderförmigen Resonatoren kann man die Lösungen nicht immer analytisch angeben.

Bei Kreiszylindern erhält man z. B. statt der Sinusfunktion in (7.35) Besselfunktionen als Amplitudenfaktoren der Resonatormoden [7.9].

7.9 Wellen in Wellenleitern und Kabeln

Wellenleiter, oft auch ***Hohlleiter*** genannt, sind Resonatoren mit offenen Endflächen, sodass außer stehenden Wellen auch fortschreitende Wellen in Richtung der offenen Enden möglich sind, die aber in den dazu senkrechten Richtungen räumlich begrenzt sind. Sie erhalten eine wachsende Bedeutung, nicht nur in der Mikrowellentechnik, sondern auch in der Optik als optische Lichtwellenleiter in Quarzfasern und in integrierten optoelektronischen Schaltungen. Wir wollen nun untersuchen, welchen Einfluss die durch die Begrenzungen gegebenen Randbedingungen auf die Lösungen der Wellengleichung (7.3) haben.

7.9.1 Wellen zwischen zwei planparallelen leitenden Platten

Wir betrachten als einfaches Beispiel zwei planparallele leitende Platten im Abstand $\Delta x = a$, zwischen denen elektromagnetische Wellen hin- und herlaufen (Abb. 7.22). Eine Welle $\boldsymbol{E} = \{0, E_y, 0\}$ mit dem Wellenvektor $\boldsymbol{k} = \{k_x, 0, k_z\}$ wird abwechselnd an der oberen Wand bei $x = a$ und an der unteren Wand bei $x = 0$ reflektiert. Bei der Reflexion wechselt k_x sein Vorzeichen, während k_z erhalten bleibt. Die Welle erleidet einen Phasensprung von π, sodass die Amplitude $\boldsymbol{E}$ ihr Vorzeichen umkehrt.

Im Raum zwischen den Platten entsteht daher eine Überlagerung der Welle mit $\boldsymbol{k} = \{k_x, 0, k_z\}$ und der reflektierten Welle mit $\boldsymbol{k} = \{-k_x, 0, k_z\}$. Das Gesamtwellenfeld ist dann

$$\begin{aligned}\boldsymbol{E} &= \boldsymbol{E}_0\big[\sin(\omega t - k_x x - k_z z) \\ &\quad - \sin(\omega t + k_x x - k_z z)\big] \\ &= -2\boldsymbol{E}_0 \sin(k_x x) \cdot \cos(\omega t - k_z z) \qquad (7.41) \\ &\text{mit} \quad \boldsymbol{E}_0 = \{0, E_{0y}, 0\}\,.\end{aligned}$$

Weil allgemein die Tangentialkomponente der elektrischen Feldstärke $\boldsymbol{E}_t = \{0, E_y, E_z\}$ auf den leitenden Ebenen $x = 0$ und $x = a$ null sein muss, erhalten wir, analog zu den Überlegungen im vorigen Abschnitt, die Randbedingung:

$$k_x = n \cdot \pi/a \quad (n = 1, 2, 3, \ldots)\,. \qquad (7.42)$$

Für die Komponente k_z des Wellenvektors $\boldsymbol{k}$ gibt es dagegen keine Einschränkung durch Randbedingungen.

Die durch (7.41) beschriebene Welle ist wesentlich verschieden von den stehenden Wellen (7.32) bzw. (7.35), denn (7.41) stellt eine in z-Richtung *laufende* Welle dar, deren Amplitude $-2E_0 \sin(k_x x)$ eine Funktion der Koordinate x ist (Abb. 7.23).

Die Feldstärke $\boldsymbol{E}$ der Welle (7.41) ist wegen (7.42) null in den Ebenen

$$x = \frac{\pi}{k_x} = \frac{a}{n}\,. \qquad (7.43)$$

Man nennt diese Ebenen auch Knotenebenen (Abb. 7.23).

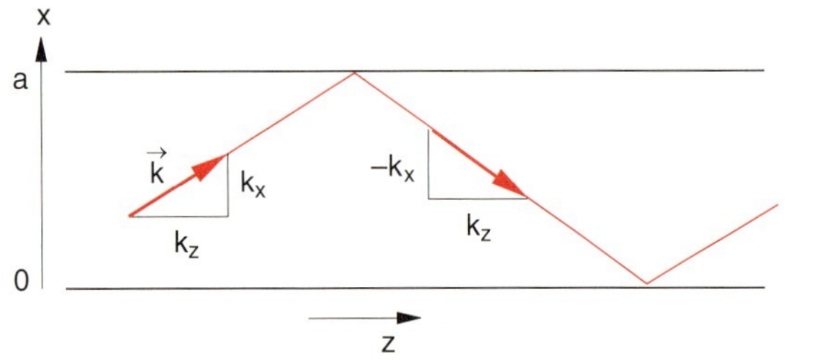

Abb. 7.22. Wellenausbreitung zwischen zwei planparallelen Platten

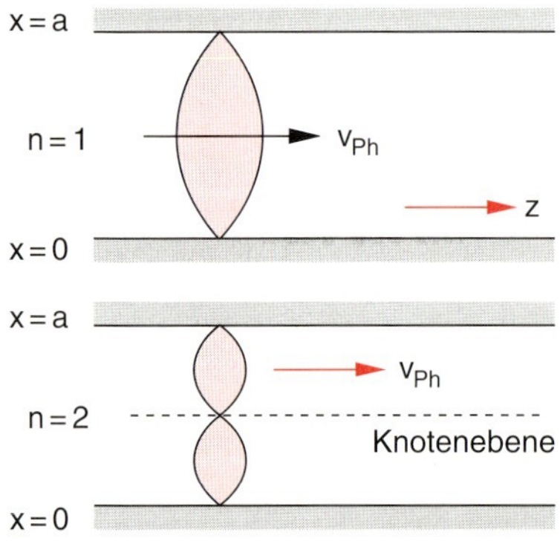

Abb. 7.23. Die Randbedingungen $k_x = n \cdot \pi/a$ für die k_x-Komponente einer zwischen zwei leitenden Platten in den Ebenen $x = 0$ und $x = a$ laufenden Welle führen zu Feldverteilungen $E_y(x)$ wie bei eindimensionalen stehenden Wellen

Man beachte:

- Außer den hier diskutierten speziellen Wellen mit der Amplitude $\boldsymbol{E}_0 = \{0, E_{0y}, 0\}$ ergibt die Wellengleichung (7.3) mit den Randbedingungen $E_0 = 0$ für $x = 0$ und $x = a$ unendlich viele weitere Lösungen mit Amplituden $\boldsymbol{E}_0 = \{E_{0x}, E_{0y}, E_{0z}\}$. Beispiele sind:

$$\boldsymbol{E} = (\boldsymbol{A} \sin k_x x + \boldsymbol{B} \cos k_x x) \cos(\omega t - k_z z)$$

  mit $\boldsymbol{A}, \boldsymbol{B} \parallel \hat{\boldsymbol{e}}_x$ oder Wellen mit einer Amplitude $\boldsymbol{E}_0 = \{0, 0, E_{0z}\}$ in z-Richtung.
  Man unterscheidet zwei Typen von Lösungen: Steht der elektrische Vektor senkrecht zur Ausbreitungsrichtung, d. h. ist $\boldsymbol{E}_0 = \{E_{0x}, E_{0y}, 0\}$, so nennt man die Wellen ***TE-Wellen*** (transversal-elektrisch). Hat $\boldsymbol{E}$ eine von null verschiedene Komponente E_z, so muss die magnetische Feldstärke $\boldsymbol{B} = \{B_{0x}, B_{0y}, 0\}$ senkrecht auf der Ausbreitungsrichtung stehen. Man nennt solche Wellen ***TM-Wellen*** (siehe Abschn. 7.9.2).
- Die Einschränkung der Welle durch die Wände bei $x = 0$ bewirkt eine räumliche Modulation der Feldamplitude in x-Richtung, während bei einer unendlich ausgedehnten ebenen Welle in z-Richtung die Feldamplitude unabhängig von x oder y ist.

Der zweite Faktor in (7.41) beschreibt die in z-Richtung laufende Welle $\cos(\omega t - k_z z)$, die sich mit der Phasengeschwindigkeit

$$v_{\mathrm{Ph}} = \frac{\omega}{k_z} \tag{7.44a}$$

in z-Richtung ausbreitet.

Da die Lichtgeschwindigkeit im Vakuum durch $c = \omega/k = \omega/(k_x^2 + k_z^2)^{1/2}$ gegeben ist, lässt sich (7.44a) auch schreiben als

$$\begin{aligned} v_{\mathrm{Ph}} &= \frac{c}{k_z}\sqrt{k_x^2 + k_z^2} \\ &= c \cdot \sqrt{1 + (k_x/k_z)^2} \geq c\,! \end{aligned} \tag{7.44b}$$

Dies zeigt das überraschende Ergebnis, dass sich die Welle in dem Wellenleiter mit einer Phasengeschwindigkeit $v_{\mathrm{Ph}} > c$, also schneller als im freien Raum, ausbreitet!

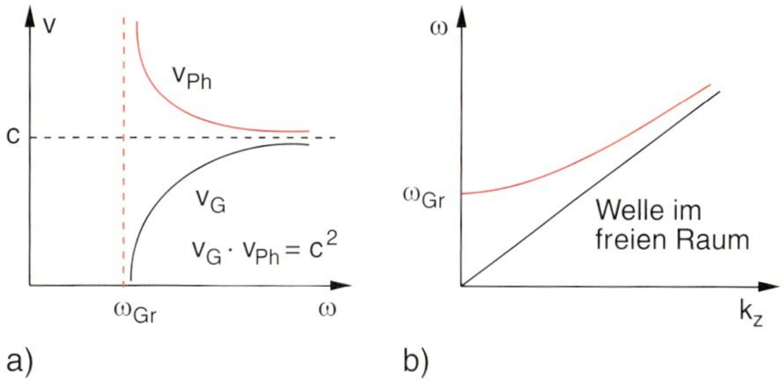

Abb. 7.24. (**a**) Phasen- und Gruppengeschwindigkeit für elektromagnetische Wellen zwischen parallelen Grenzflächen als Funktion der Frequenz ω; (**b**) Dispersionsrelation $\omega(k)$ für eine elektromagnetische Welle zwischen ebenen Platten (rot) verglichen mit $\omega(k)$ für Wellen im freien Raum (schwarz). Der Quotient $v_{\mathrm{Ph}} = \omega/k$ gibt die Phasengeschwindigkeit an, während die Steigung $\mathrm{d}\omega/\mathrm{d}k$ der Gruppengeschwindigkeit v_{G} entspricht

Die Gruppengeschwindigkeit

$$\begin{aligned} v_{\mathrm{G}} &= \frac{\mathrm{d}\omega}{\mathrm{d}k_z} = \frac{\mathrm{d}\omega}{\mathrm{d}k} \cdot \frac{\mathrm{d}k}{\mathrm{d}k_z} \\ &= \frac{c^2}{\omega} k_z = \frac{c^2}{v_{\mathrm{Ph}}} < c\,, \end{aligned} \tag{7.45}$$

ist jedoch kleiner als für Wellen im freien Raum, wo $v_{\mathrm{G}} = v_{\mathrm{Ph}} = c$ gilt.

> Wellen in Hohlleitern zeigen also Dispersion, d. h. die Phasengeschwindigkeit $v_{\mathrm{Ph}} = \omega/k$ und damit auch die Gruppengeschwindigkeit v_{G} hängt von der Frequenz ω ab (Abb. 7.24).

Setzt man in $k^2 = k_x^2 + k_z^2$ die Randbedingung (7.42) $k_x = n\pi/a$ ein, so folgt mit $k = \omega/c$:

$$k_z = \sqrt{\frac{\omega^2}{c^2} - \frac{n^2\pi^2}{a^2}}\,, \tag{7.46}$$

sodass

$$v_{\mathrm{Ph}} = \frac{c}{\sqrt{1 - \frac{n^2\pi^2c^2}{a^2\omega^2}}} \tag{7.47}$$

wird, woraus man die Abhängigkeit $v_{\mathrm{Ph}}(\omega)$ erkennt. Man beachte, dass v_{Ph} von n abhängt, also für verschiedene Moden unterschiedlich ist.

In Abb. 7.24b ist die Dispersionskurve $\omega(k)$ dargestellt, deren Steigung $v_{\mathrm{G}} = \mathrm{d}\omega/\mathrm{d}k_z$ die Gruppengeschwindigkeit ergibt.

Da k_z für eine physikalisch reale Welle reell sein muss, folgt aus (7.46) für die Frequenz:

$$\omega \geq \omega_G = n \cdot \frac{c\pi}{a} \Rightarrow \nu \geq \nu_G = \frac{n \cdot c}{2a} . \quad (7.48)$$

Dieser Grenzfrequenz ν_G kann man die Grenzwellenlänge

$$\lambda \leq \lambda_G = \frac{c}{\nu_G} = \frac{2a}{n} \quad (n = 1, 2, 3, \dots) \quad (7.49)$$

einer Welle außerhalb des Wellenleiters zuordnen. Es gibt also eine untere Grenzfrequenz ω_G und eine obere-Grenzwellenlänge λ_G. Für $\omega < \omega_G$, d. h. $\lambda > \lambda_G$ kann sich keine Welle zwischen den Platten in z-Richtung ausbreiten. Die Wellenlänge λ von Wellen zwischen den Platten darf höchstens gleich dem doppelten Plattenabstand a sein (dies entspricht dem Grenzfall $k_z = 0$ für $\lambda = \lambda_G$).

Ein solcher Wellenleiter wirkt wie ein Filter, das nur Wellen mit Wellenlängen $\lambda < \lambda_G$ durchlässt. Durch geeignete Wahl des Abstandes a lässt sich ω_G festlegen.

Man beachte:

Für $k_x = 0$ wird $k = k_z = \omega/c$ und $v_{Ph} = c$, d. h. es gibt dann keine Dispersion. Die Dispersion kommt also durch den Zickzackweg der Wellenfronten infolge der Reflexionen an den Wänden $x = 0$ und $x = a$ zustande, bei dem der Winkel von $\boldsymbol{k}$ gegen die z-Richtung von ω abhängt.

7.9.2 Hohlleiter mit rechteckigem Querschnitt

Gehen wir jetzt von dem oben diskutierten Plattenpaar zu einem wirklichen Hohlleiter mit einem rechteckigem Querschnitt $\Delta x \cdot \Delta y = a \cdot b$ über (Abb. 7.25), der in z-Richtung offen ist, so haben wir eine zusätzliche Randbedingung in y-Richtung. Deshalb wird die Feldamplitude $\boldsymbol{E}_0(x, y)$ der laufenden Welle

$$\boldsymbol{E}(x, y, z, t) = \boldsymbol{E}_0(x, y) \cdot \cos(\omega t - k_z z) \quad (7.50)$$

jetzt eine Funktion von x *und* y sein.

Auf den leitenden Wänden muss die Tangentialkomponente von $\boldsymbol{E}$ null sein.

Setzt man den Ansatz (7.50) in die Wellengleichung (7.3a) ein, so erhält man

$$\frac{\partial^2 \boldsymbol{E}}{\partial x^2} + \frac{\partial^2 \boldsymbol{E}}{\partial y^2} + \left(\frac{\omega^2}{c^2} - k_z^2\right) \cdot \boldsymbol{E} = \boldsymbol{0} . \quad (7.51)$$

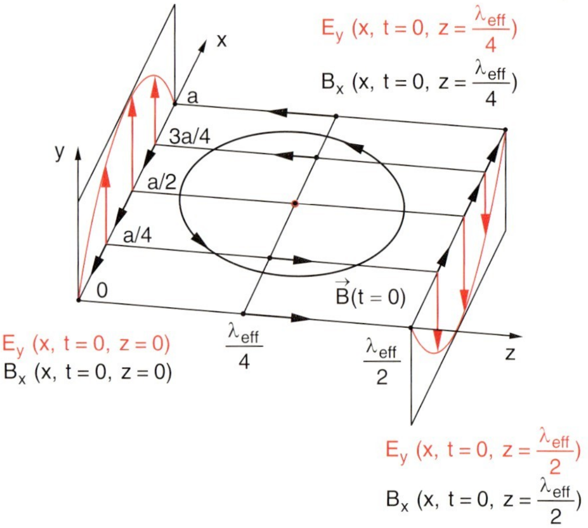

Abb. 7.25. Hohlleiter mit rechteckigem Querschnitt mit einer in z-Richtung laufenden TE_{10}-Welle ($\boldsymbol{E} = \{0, E_y, 0\}$ und $\boldsymbol{B} = \{B_x, 0, B_z\}$) [7.10]

Analog zu den nur in x-Richtung begrenzten Wellenleitern erhalten wir zwei Typen von Lösungen: Transversal-elektrische TE-Wellen mit $\boldsymbol{E} = \{E_x, E_y, 0\}$ und transversal-magnetische TM-Wellen mit $\boldsymbol{B} = \{B_x, B_y, 0\}$.

Die allgemeinen Lösungen (7.50) können dann aus (7.51) und mit Hilfe der Maxwell-Gleichungen erhalten werden. Für TE-Wellen lauten sie mit den Randbedingungen

$$k_x = n\pi/a; \quad k_y = m\pi/b \quad (7.51a)$$

$$E_{0x}(x, y) = A \cdot \cos \frac{n\pi}{a} x \cdot \sin \frac{m\pi}{b} y ,$$
$$E_{0y}(x, y) = B \cdot \sin \frac{n\pi}{a} x \cdot \cos \frac{m\pi}{b} y , \quad (7.52)$$
$$E_{0z} = 0 .$$

Das Magnetfeld erhält man dann aus

$$\textbf{rot}\, \boldsymbol{E} = -\frac{\partial \boldsymbol{B}}{\partial t} . \quad (7.52a)$$

Als Beispiel betrachten wir in Abb. 7.25 eine spezielle TE_{nm}-Lösung mit $E_x = E_z = 0$ und $n = 1$, $m = 0$. Aus (7.52) und (7.50) ergibt sich dann mit $k_x = \pi/a$:

$$E_y = E_0 \sin\left(\frac{\pi}{a} x\right) \cos(\omega t - k_z z) . \quad (7.50a)$$

Das Magnetfeld dieser so genannten TE_{10}-Welle erhält man dann mit Hilfe von (7.52a) zu:

$$\begin{aligned} B_x &= -\frac{k_z}{\omega} E_0 \sin(k_x x) \cdot \cos(\omega t - k_z z) , \\ B_y &= 0 , \\ B_z &= -\frac{k_x}{\omega} E_0 \cos(k_x x) \cdot \sin(\omega t - k_z z) . \end{aligned} \tag{7.53}$$

Man sieht, dass $\boldsymbol{B} = \{B_x, 0, B_z\}$ *nicht* mehr senkrecht auf der Ausbreitungsrichtung z steht (Abb. 7.25), weil das Magnetfeld eine Komponente $B_z \neq 0$ hat.

Für die in Abb. 7.25 gezeigte Momentaufnahme zur Zeit $t = 0$ gilt in den drei Ebenen $z_0 = 0$, $z_1 = \frac{1}{4}\lambda_{\text{eff}}$, $z_2 = \frac{1}{2}\lambda_{\text{eff}}$ für das elektrische Feld:

$$\begin{aligned} E_y(x, z_0) &= E_0 \sin \frac{\pi}{a} x \\ E_y(x, z_1) &= 0 \\ E_y(x, z_2) &= -E_0 \sin \frac{\pi}{a} x \end{aligned}$$

und für das magnetische Feld bei $z_0 = 0$:

$$\begin{aligned} B_x(x = 0, z_0) &= 0 \\ B_x(x = a, z_0) &= 0 \\ B_x(x = a/4, z_0) &= B_x(x = 3a/4, z_0) \\ &= -\frac{1}{2}\sqrt{2}\, k_z \frac{E_0}{\omega} \\ B_x(x = a/2, z_0) &= -k_z \frac{E_0}{\omega} \\ B_z(x, z_0) &= 0 , \end{aligned}$$

während bei $z_1 = \lambda/4$ gilt:

$$\begin{aligned} B_x(x, z_1) &= 0 \\ B_z(x = 0, z_1) &= -B_z(x = a, z_1) \\ &= \pi \frac{E_0}{\omega a} \\ B_z(x = a/4, z_1) &= -B_z(x = 3a/4, z_1) \\ &= \frac{1}{2}\sqrt{2}\, \pi \frac{E_0}{\omega a} \\ B_z(x = a/2, z_1) &= 0 \end{aligned}$$

und zu z_0 entsprechende Werte mit umgekehrten Vorzeichen bei z_2.

Für den Wellenvektor in Ausbreitungsrichtung erhalten wir durch Einsetzen von (7.50) in (7.51) die Bedingung

$$k_x^2 E_y + k_z^2 E_y - \frac{\omega^2}{c^2} E_y = 0 ,$$

woraus folgt:

$$k_z = \sqrt{(\omega^2/c^2) - \pi^2/a^2} . \tag{7.54a}$$

Die *effektive Wellenlänge* $\lambda_{\text{eff}} = 2\pi v_{\text{Ph}}/\omega$ mit $v_{\text{Ph}} = \omega/k_z$ ergibt sich aus (7.47) zu:

$$\lambda_{\text{eff}} = \frac{\lambda_0}{\sqrt{1 - (\lambda_0/2a)^2}} , \tag{7.54b}$$

wenn $\lambda_0 = c/\nu$ die Wellenlänge einer Welle gleicher Frequenz im freien Raum ist. Die Wellenlänge der Hohlleiterwelle ist also größer als im freien Raum!

Außer den TE-Wellen gibt es in Hohlleitern auch TM-Wellen, bei denen das magnetische Feld transversal ist und das elektrische Feld eine Komponente in Ausbreitungsrichtung hat (Abb. 7.26).

Die entsprechenden Lösungen der Wellengleichung sind z. B.

$$\begin{aligned} E_x &= E_0 \frac{k_x k_z}{k_x^2 + k_y^2} \cos(k_x x) \sin(k_y y) \\ &\quad \cdot \sin(\omega t - k_z z) ; \\ E_y &= E_0 \frac{k_y k_z}{k_x^2 + k_y^2} \sin(k_x x) \cos(k_y y) \\ &\quad \cdot \sin(\omega t - k_z z) ; \\ E_z &= E_0 \sin(k_x x) \sin(k_y y) \cos(\omega t - k_z z) ; \end{aligned} \tag{7.55a}$$

$$\begin{aligned} B_x &= -\frac{\omega}{k_z c^2} E_y \\ B_y &= +\frac{\omega}{k_z c^2} E_x \\ B_z &= 0 . \end{aligned} \tag{7.55b}$$

mit den entsprechenden Randbedingungen (7.51a) für k_x und k_y [7.11].

Solche in Hohlleitern (Wellenleitern) fortschreitenden Wellen nennt man TE_{nm}- bzw. TM_{nm}-Wellen, je nachdem, ob $\boldsymbol{E}$ oder $\boldsymbol{B}$ senkrecht auf der z-Richtung steht. Die räumliche Amplitudenverteilung in der x-y-Ebene hat mit den Randbedingungen (7.51a) n Knotenflächen $x = x_n$ und m Knotenflächen $y = y_m$.

Bei TE-Wellen ist es möglich, dass n oder m null sein kann, während bei TM-Wellen sowohl n als auch m ungleich null ist. Die in Abb. 7.26 dargestellte TM_{11}-Welle ist also die einfachste TM-Welle.

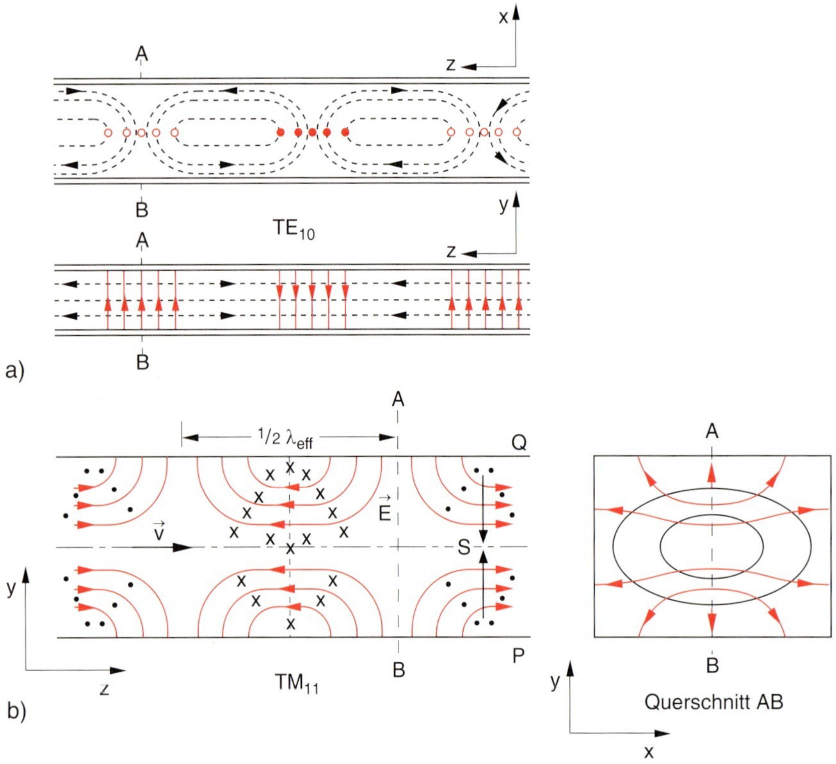

Abb. 7.26a,b. TEM-Wellen in einem Wellenleiter mit rechteckigem Querschnitt. Die roten Linien stellen die elektrischen Feldlinien dar. (**a**) TE_{10}-Welle. Die elektrischen Feldlinien zeigen in $\pm\, y$-Richtung. (**b**) TM_{11}-Welle. Das Magnetfeld steht senkrecht auf der Zeichenebene ($\times$ bedeutet: B zeigt in die Zeichenebene, $\bullet$ bedeutet: $\boldsymbol{B}$ zeigt aus der Zeichenebene)

In Halbleitern mit kreisförmigem Querschnitt erhält man aus den entsprechenden Randbedingungen statt der Vorfaktoren $\sin(k_x x)$ bzw. $\cos(k_y y)$ Besselfunktionen.

Einige Beispiele für solche Amplitudenverteilungen $E(x, y)$ in zylindrischen Hohlleitern sind in Abb. 7.27 illustriert. In diesem Fall steht n für die Zahl der radialen und m für die der azimutalen Knotenflächen.

Die Grenzfrequenz lässt sich analog zu (7.48) bestimmen. Aus

$$k_z = \sqrt{k^2 - k_x^2 - k_y^2}$$

erhält man mit $k = \omega/c$ und den Randbedingungen (7.42):

$$\omega \geq \omega_G = c \cdot \pi \sqrt{\frac{n^2}{a^2} + \frac{m^2}{b^2}} \,. \tag{7.56}$$

Wählt man a und b geeignet, so kann man erreichen, dass sich bei einer gewünschten Frequenz ω z. B. nur eine TE_{11} Welle ausbreiten kann.

Solche Hohlleiter spielen für den Transport von Mikrowellen eine große Rolle [7.12]. Sie verhindern,

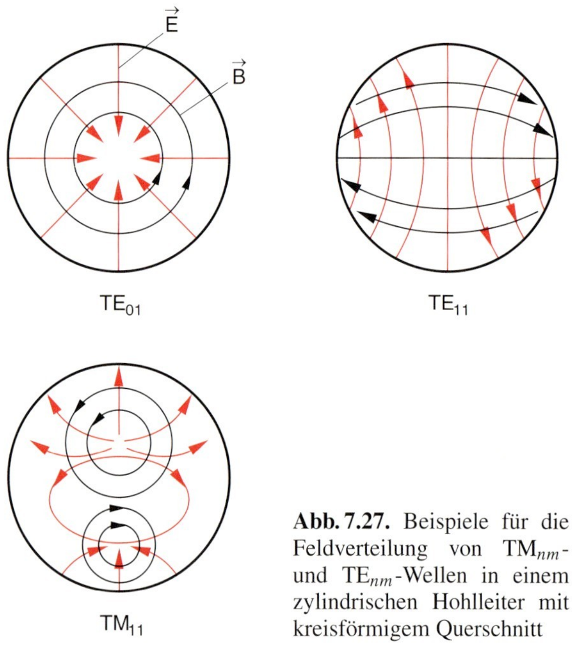

Abb. 7.27. Beispiele für die Feldverteilung von TM_{nm}- und TE_{nm}-Wellen in einem zylindrischen Hohlleiter mit kreisförmigem Querschnitt

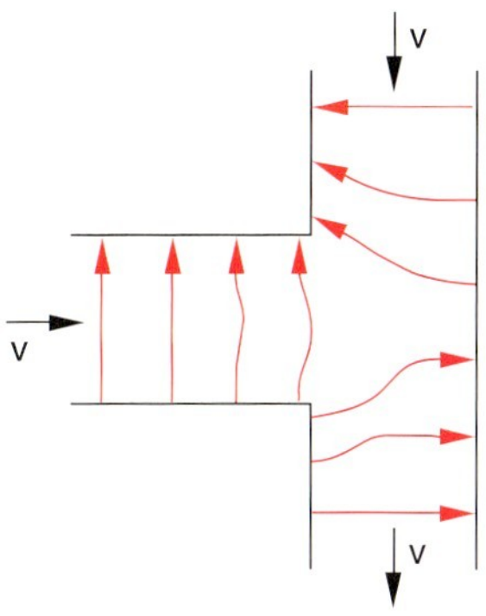

Abb. 7.28. Verzweigung eines Hohlleiters

dass die von einem Mikrowellensender erzeugte Leistung sich im ganzen Raum ausbreitet. Durch die leitenden Wände wird die Welle in einem begrenzten Volumen bis zum Verwendungsort „geführt", wo sie praktisch ungeschwächt ankommt. Man kann damit Wellen auch „um die Ecke" leiten (Abb. 7.28). Dadurch lassen sich große Variationsmöglichkeiten für die Wellenleitung realisieren. Die kommerziell erhältlichen Hohlleiter bestehen aus Leiterstücken mit Flanschen (Abb. 7.29), sodass man durch Zusammensetzen verschiedener Teilstücke die an das jeweilige Problem angepasste Wellenleitung erhalten kann [7.13].

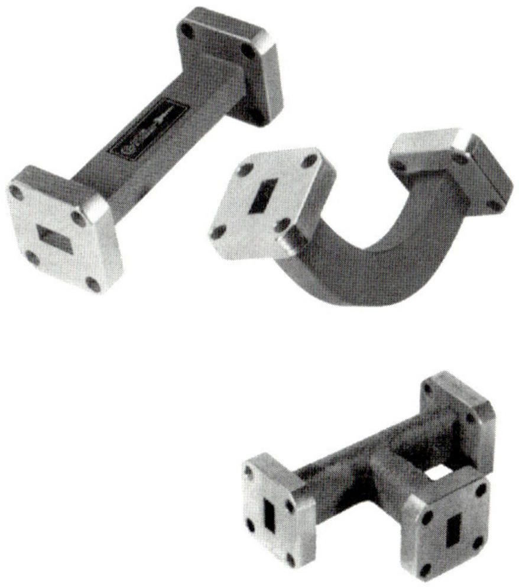

Abb. 7.29. Photo eines kommerziellen Mikrowellen-Hohlleiters mit T-Stück und Flanschen

7.9.3 Drahtwellen; Lecherleitung; Koaxialkabel

a) Lecherleitung

Elektromagnetische Wellen können nicht nur in Hohlleitern „geführt" werden, sondern sie können sich auch entlang elektrisch leitenden Drähten ausbreiten. Zur Illustration dient der in Abb. 7.30 gezeigte Versuch:

Bringt man zwei in z-Richtung verlaufende parallele Drähte, die an einem Ende miteinander verbunden sind (***Lecherleitung***), in das elektromagnetische Feld eines Hochfrequenzsenders, so beobachtet man entlang der Lecherleitung stehende elektromagnetische Wellen, die zu einer periodischen Spannungsverteilung $U(z)$ und einer entsprechenden Stromverteilung $I(z)$ führen. Die Spannungsverteilung $U(z)$ lässt sich messen mit einer Glimmlampe, die quer über die Lecherleitung gelegt

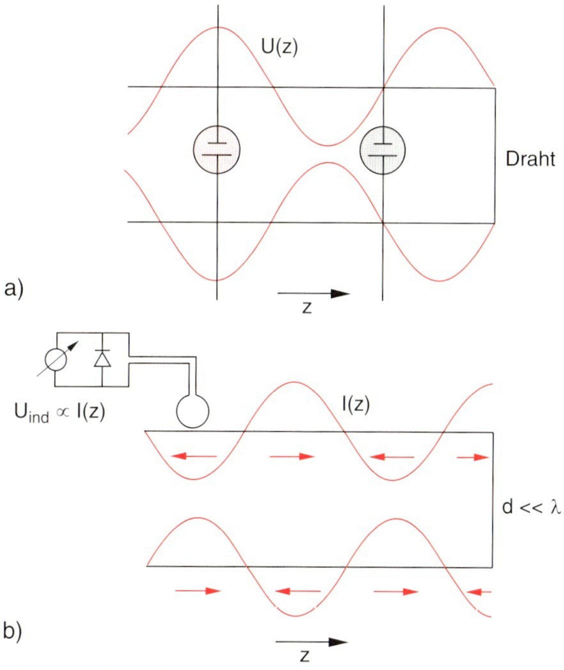

Abb. 7.30a,b. Lecherleitung. (**a**) Messung der Spannung $U(z)$ mittels einer Glimmlampe; (**b**) Messung der Stromstärke $I(z)$ mittels einer Induktionsspule. Der Strom hat Schwingungsbäuche an den kurzgeschlossenen Leiterenden und -knoten an den offenen Enden, bei der Spannung verhält es sich umgekehrt. Der Abstand d ist hier zu groß gezeichnet, um die Zeichnung übersichtlich zu machen

wird und in z-Richtung verschiebbar ist (Abb. 7.30a). Am offenen Ende der Leitung tritt ein Spannungsbauch, am kurzgeschlossenen Ende ein Spannungsknoten auf. Die Stromverteilung $I(z)$ kann über ihr Magnetfeld $B(r, z)$ mit einer kleinen Induktionsspule gemessen werden, deren Enden an einen Oszillographen gehen.

Mithilfe einer Gleichrichterdiode kann die Induktionsspannung auch direkt mit einem Voltmeter angezeigt werden (Abb. 7.30b).

Der Strom $I(z)$ ist null am offenen Ende der Leitung und hat ein Maximum am geschlossenen Ende. Dort tritt ein Phasensprung um π auf. Wird der Abstand d zwischen den Leitungen sehr klein gegen die Wellenlänge λ der stehenden Wellen, so sind die Ströme in den beiden Leitern gerade gegenphasig.

b) Koaxialkabel

In Kapitel 6 haben wir gesehen, dass ein gerader Draht, durch den ein hochfrequenter Wechselstrom fließt, wie ein Hertzscher Dipol wirkt, der Energie in Form von Wellen in den Raum abstrahlt. Die abgestrahlte Leistung ist nach (6.38) proportional zur vierten Potenz der Frequenz ω.

Man kann deshalb bei hohen Frequenzen elektrische Ströme nicht mehr durch einfache leitende Drähte transportieren, weil der Energieverlust zu groß wird.

Hier helfen Doppelleitungen wie in Abb. 7.30, bei denen der Abstand d der beiden Leiter klein ist gegen die Wellenlänge λ, weil dann die von den beiden Leitern abgestrahlten Wellen um π gegeneinander phasenverschoben sind und sich daher durch destruktive Interferenz auslöschen.

Noch besser zur Vermeidung von Abstrahlverlusten eignen sich ***Koaxialkabel***, die aus einem dünnen Innenleiter mit dem Radius a und einem koaxialen Außenleiter mit Radius b bestehen (Abb. 7.31). Sie können als zylindrische Wellenleiter mit kreisförmigem Querschnitt angesehen werden. Der Unterschied zum üblichen Hohlleiter ist allerdings, dass durch den Innenleiter eine zusätzliche Randbedingung auftritt. Wird der Außenleiter geerdet, so ist das elektrische Feld radial, wobei Richtung und Betrag von $\boldsymbol{E}$ vom Potential $V(z)$ des Innenleiters abhängen.

Die Magnetfeldlinien sind konzentrische Kreise um den Innenleiter, wobei sich ihr Drehsinn als Funktion von z periodisch mit der Wellenlänge als Periode ändert.

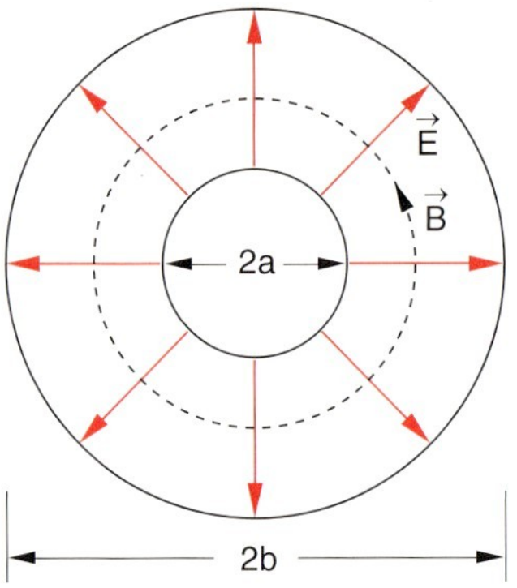

Abb. 7.31. Koaxialwellenleiter mit radialen elektrischen und kreisförmigen magnetischen Feldlinien

Wenn eine elektromagnetische Welle in z-Richtung durch das Koaxialkabel läuft, wird die Spannung U zwischen Innen- und Außenleiter eine Funktion von z (Abb. 7.32).

Ist $\hat{L}$ die Induktivität und $\hat{C}$ die Kapazität pro m Kabellänge, so gilt nach dem Induktionsgesetz

$$\Delta U = U(z + \Delta z) - U(z) = -\hat{L}\Delta z \frac{\mathrm{d}I}{\mathrm{d}t} ,$$

woraus für $\Delta z \to 0$ folgt:

$$\frac{\partial U}{\partial z} = -\hat{L}\frac{\partial I}{\partial t} . \qquad (7.57)$$

Die Ladung auf der Länge Δz ist

$$Q = \hat{C} \cdot U \cdot \Delta z .$$

Die zeitliche Änderung der Ladung $\partial q/\partial t$ verhält sich wie der Strom

$$\Delta I = I(z + \Delta z) - I(z) ,$$

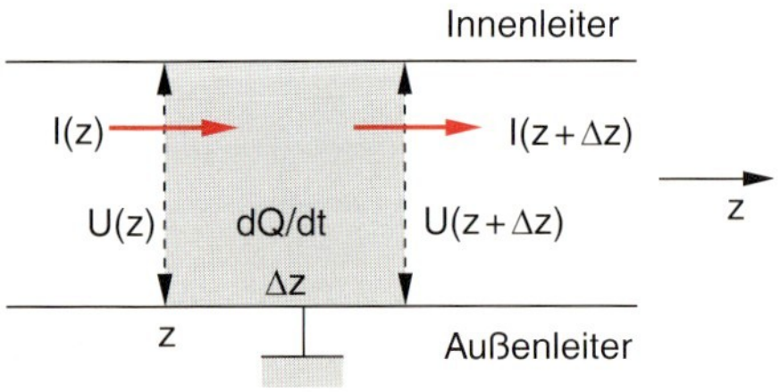

Abb. 7.32. Zur Herleitung der Wellengleichung (7.59)

der aus dem bzw. in das Volumen zwischen z und $z + \Delta z$ fließt. Deshalb gilt:

$$\frac{\partial I}{\partial z} = -\hat{C}\frac{\partial U}{\partial t} \,. \tag{7.58}$$

Differenziert man (7.57) nach z und (7.58) nach t und setzt $\partial^2 I/(\partial z \partial t)$ in (7.58) ein, so ergeben sich die Gleichungen:

$$\frac{\partial^2 U}{\partial z^2} = \hat{L}\hat{C}\frac{\partial^2 U}{\partial t^2} \,, \tag{7.59a}$$

$$\frac{\partial^2 I}{\partial z^2} = \hat{L}\hat{C}\frac{\partial^2 I}{\partial t^2} \,. \tag{7.59b}$$

Dies ist eine Wellengleichung für die Spannung $U = U_0 \cdot \sin(\omega t - kz)$ und den Strom $I = I_0 \cdot \sin(\omega t - kz - \varphi)$, deren Amplituden sich mit der Geschwindigkeit

$$v_{\mathrm{Ph}} = \frac{1}{\sqrt{\hat{L} \cdot \hat{C}}} \tag{7.60}$$

in z-Richtung ausbreiten. Der im Allgemeinen komplexe Widerstand $Z = U/I$ hängt von der Phasenverschiebung φ zwischen U und I ab. Es gilt (siehe Abschn. 5.4)

$$\tan\varphi = \frac{\mathrm{Im}(Z)}{\mathrm{Re}(Z)} \,.$$

Der reelle Quotient $Z_0 = U_0/I_0 = \sqrt{\hat{L}/\hat{C}}$ heißt ***Wellenwiderstand*** des Koaxialkabels (siehe Aufgabe 7.15). Seine Dimension ist $[Z_0] = 1\,\mathrm{V/A} = 1\,\Omega$. Schließt man ein Koaxialkabel am Ende mit einem Widerstand $R = Z_0$ ab, so wird die im Kabel laufende Welle nicht reflektiert.

BEISPIEL

Ein Koaxialkabel mit $\hat{C} = 100\,\mathrm{pF/m}$ und $\hat{L} = 0{,}25\,\mu\mathrm{H/m}$ hat einen Wellenwiderstand von $Z_0 = 50\,\Omega$.

Der Wellenwiderstand hängt für das Beispiel des Koaxialleiters in Abb. 7.31 von den Radien a und b von Innen- und Außenleiter ab. Man erhält (siehe Aufgabe 7.15)

$$Z_0 = \frac{1}{2\pi\varepsilon_0 c}\ln(b/a) \,. \tag{7.61}$$

Bei einem flexiblen Koaxialkabel ist der Innenleiter ein dünner Draht, der Außenleiter ein Drahtgeflecht. Der Raum zwischen Innen- und Außenleiter ist mit einem Isolierstoff ($\varepsilon > 1$) gefüllt. Dadurch wird die Kapazität $\hat{C}$ um den Faktor ε größer, d. h. die Phasengeschwindigkeit um $\sqrt{\varepsilon}$ kleiner (siehe auch Kap. 8).

Im Koaxialleiter können, wie auch im freien Raum, sowohl $\boldsymbol{E}$ als auch $\boldsymbol{B}$ senkrecht auf der Ausbreitungsrichtung stehen. Die Wellenformen der im Kabel laufenden Welle heißen dann TEM_{nm}-Moden (transversal-elektromagnetische Moden).

Sie haben n Knoten entlang der Radialkoordinate r und m Knoten entlang der Azimutalkoordinate φ.

7.9.4 Beispiele für Wellenleiter

Im Folgenden wollen wir einige Beispiele für Wellenleiter in ganz verschiedenen Wellenlängenbereichen betrachten.

a) Radiowellen in der Erdatmosphäre

Unter dem Einfluss des kurzwelligen ionisierenden Anteils der Sonnenstrahlung wird ein Teil der Moleküle und Atome in der Erdatmosphäre in Höhen oberhalb 50–100 km ionisiert. Diese *Ionosphäre* reflektiert elektromagnetische Wellen im Radiofrequenzbereich. Man bezeichnet die Übergangsschicht, bei der sich die Dielektrizitätskonstante ε schnell ändert und an der daher eine Reflexion der Welle stattfindet, als *Heaviside-Schicht* (Abb. 7.33). Die Grenzfrequenz ν_g hängt von der Ionendichte ab, die wiederum von Jahres- und

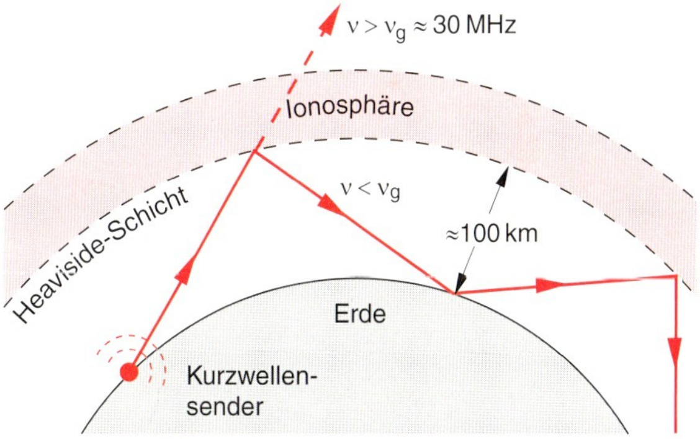

Abb. 7.33. Reflexion von Radiowellen an der Heaviside-Schicht zwischen Ionosphäre und Mesosphäre. Die Grenzfrequenz ν_g hängt ab von der Ionendichte und damit von der Tageszeit

Tageszeit und Sonnenaktivität abhängt. Man unterscheidet die D-Schicht ($\approx$ 80 km), E-Schicht (120 km) und F-Schicht (200–400 km). Die D-Schicht reflektiert Wellen mit $\nu > 5-30$ MHz.

Infolge der Reflexion können die Radiowellen vom Sender S an Stellen der Erde gelangen, an die sie durch rein geometrische Ausbreitung nie hinkommen würden. Da die Ionosphäre und damit auch die Höhe der Heaviside-Schicht von dem Ionenfluss im Sonnenwind beeinflusst werden, kann bei Veränderungen des Ionenstroms von der Sonne (Protuberanzen, Flares) der Radiofunkverkehr auf der Erde gestört werden.

b) Mikrowellenleiter

Die im Abschn. 7.9.2 besprochenen metallischen Hohlleiter werden für die räumlich begrenzte Weiterleitung von Mikrowellen vom Mikrowellengenerator durch eine Probe, deren Absorption von Mikrowellen untersucht werden soll, zum Detektor eingesetzt. Man kann so Mikrowellen über viele Meter mit geringen Verlusten leiten.

c) Lichtwellenleiter

Auch Lichtwellen lassen sich über große Entfernungen (bis zu 1000 km!) durch dünne flexible Quarzfasern leiten. Dies wird heute in großem Umfang zur digitalen optischen Signalübertragung mit Bitraten bis zu $10^{11}\,\mathrm{s}^{-1}$ ausgenutzt (siehe Abschn. 12.7).

7.10 Das elektromagnetische Frequenzspektrum

Die Maxwell-Gleichungen und die aus ihnen abgeleitete Wellengleichung (7.3) beschreiben elektromagnetische Felder und ihre Ausbreitung als Wellen im Raum.

Periodische Wellen sind Spezialfälle der viel größeren Lösungsmannigfaltigkeit der Wellengleichung. Dabei ist die Frequenz ω und damit die Wellenlänge $\lambda = 2\pi c/\omega$ dieser Wellen noch völlig offen.

Alle Phänomene elektromagnetischer Wellen im Vakuum wie Ausbreitungsgeschwindigkeit c, Energiedichte w_{em}, Poynting-Vektor $\boldsymbol{S}$ etc. müssen für

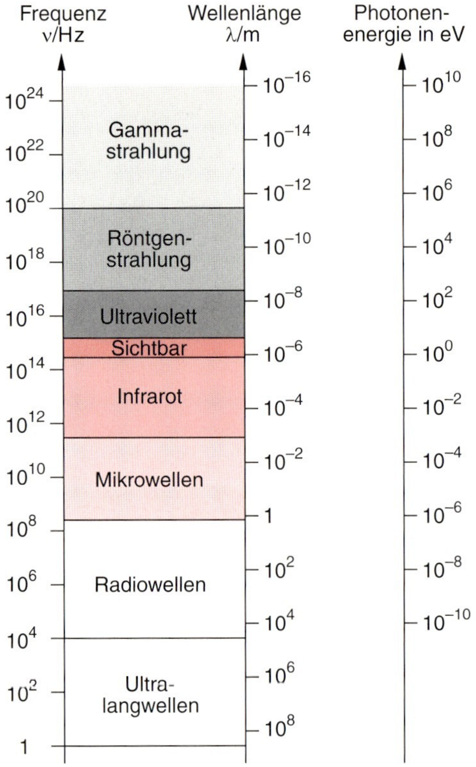

Abb. 7.34. Übersicht des gesamten bisher bekannten elektromagnetischen Spektrums

alle Frequenzen ω durch die Maxwell-Gleichungen beschreibbar sein.

Das gesamte uns zur Zeit bekannte Frequenzspektrum elektromagnetischer Wellen, das über 24 Dekaden umfasst, ist schematisch in Abb. 7.34 dargestellt, um die Frequenzen $\nu = \omega/2\pi$, die Wellenlängen $\lambda = c/\nu$ und die entsprechenden Photonenenergien (in eV) übersichtlich vergleichen zu können. Ein ***Photon*** ist dabei die kleinste Energieeinheit eines elektromagnetischen Feldes der Frequenz ν, dessen Feldenergiedichte w_{em} „gequantelt“ ist und immer als Summe von *Energiequanten* $h \cdot \nu$ geschrieben werden kann, wobei die Konstante h das ***Plancksche Wirkungsquantum*** heißt (siehe Bd. 3, Abschn. 3.1).

Wenn auch der gesamte Spektralbereich für das elektromagnetische Feld im Vakuum durch dieselben Gleichungen mit den gleichen Konstanten ε_0, μ_0 beschrieben werden kann, so ändert sich dies grundlegend, wenn die Wechselwirkung des elektromagnetischen Feldes *mit Materie* betrachtet wird. Hier spielen die *frequenzabhängigen* Eigenschaften der Materie wie z. B. Absorption, Streuung, Dispersion und Reflexion eine große Rolle (siehe Kap. 8).

Die Untersuchung dieser Materialeigenschaften für die verschiedenen Spektralbereiche hat unsere Kenntnisse über die submikroskopische Struktur der Materie entscheidend erweitert (siehe Bd. 3 und 4).

Bis vor 100 Jahren stand für solche Untersuchungen nur der enge Spektralbereich ($\lambda = 400-700\,$nm) des sichtbaren Lichtes zur Verfügung, weil das menschliche Auge der einzige damals bekannte Detektor für elektromagnetische Wellen war. Die in diesem Frequenzbereich auftretenden Phänomene und ihre Beschreibung bilden den Gegenstand der *Optik*. Inzwischen gibt es Strahlungsquellen und Detektoren für den Infrarotbereich ($\lambda > 700\,$nm), für den Mikrowellenbereich ($\lambda > 400\,\mu$m), den Ultraviolettbereich ($\lambda < 400\,$nm), den Röntgenbereich ($\lambda \lesssim 10\,$nm) und den Gammastrahlungsbereich ($\lambda \lesssim 0{,}01\,$nm). In all diesen Spektralbereichen sind neue Methoden des Nachweises und der quantitativen Messung entwickelt worden. Deshalb schließt die moderne Optik auch den Infrarot- und Ultraviolettbereich mit ein.

Besonders bemerkenswert sind die Fortschritte durch Erschließung neuer Spektralgebiete in der Astrophysik. Früher war der sichtbare Spektralbereich, d. h. Licht, die einzige Informationsquelle (außer Meteoriten) über außerirdische Objekte und Vorgänge (Sterne, Planetenbewegungen, Kometen und Galaxien).

Inzwischen gibt es astronomische Untersuchungen im Radiofrequenzbereich (Radioastronomie) im infraroten, ultravioletten und Röntgenbereich, welche ganz neue, bisher unbekannte Phänomene zu Tage gebracht haben und damit neue Erkenntnisse über den Kosmos ermöglicht haben.

Für Beobachtungen vom Erdboden aus ist man auf diejenigen Spektralbereiche beschränkt, die von der Erdatmosphäre durchgelassen werden (Abb. 7.35). Dies sind im Wesentlichen das Sichtbare, das Radiofrequenzgebiet und enge „Fenster" im nahen Infrarot, wo die Atmosphäre wenig absorbiert, sodass die Strahlung bis auf den Erdboden dringen kann. Die Strahlung in anderen Bereichen wird durch „Spurengase" wie z. B. CO_2, H_2O, OH oder CH_4 in der Atmosphäre absorbiert.

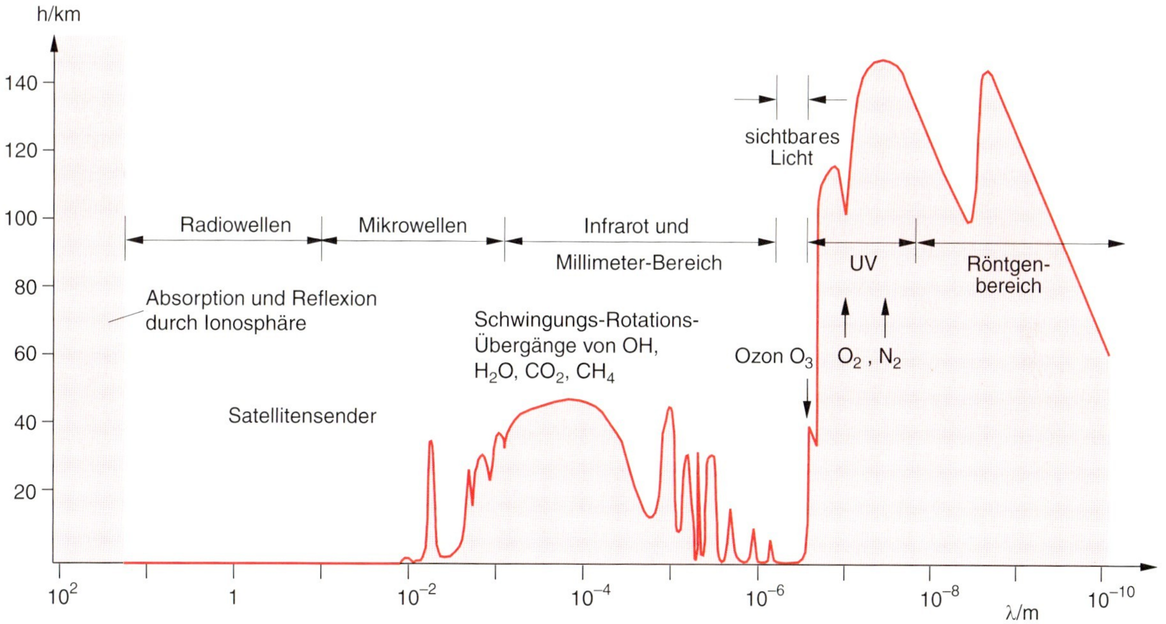

Abb. 7.35. Spektrales Absorptionsverhalten der Atmosphäre. Die rote Kurve gibt die Höhe h in der Atmosphäre über dem Erdboden an, in der die Intensität $I(\lambda)$ der von außen einfallenden Strahlung auf $1/e$ abgeschwächt wird. Man sieht, dass es nur wenige spektrale „Fenster" gibt, in denen $I(\lambda)$ praktisch ungeschwächt auf dem Erdboden ankommt

Die Hauptbestandteile der Atmosphäre, N_2 und O_2, absorbieren erst unterhalb $\lambda < 200\,\text{nm}$, dem so genannten Vakuum-UV. Für alle diese Spektralbereiche muss man Messungen deshalb von Stationen außerhalb der Atmosphäre (Ballons, Satelliten, Raumsonden) machen.

Die Realisierung von Sendern für elektromagnetische Wellen hängt vom Spektralgebiet ab. Für den Bereich $\lambda > 1\,\text{m}$ ($\nu < 3 \cdot 10^8\,\text{Hz}$) stehen Hochfrequenzsender (wie z. B. in Abb. 6.16) zur Verfügung. Für den Mikrowellenbereich ($\lambda > 1\,\text{mm} \Rightarrow \nu < 3 \cdot 10^{11}\,\text{Hz}$) gibt es Mikrowellengeneratoren (wie z. B. Klystrons oder Carcinotrons [7.10, 13]). Im Infraroten sind thermische Strahler (z. B. das durch Ohmsche Heizung auf 2000 K gebrachte Wolframband einer Lampe, ein auf 1000–2000 K geheizter Nernststift oder angeregte Moleküle) Quellen für elektromagnetische Strahlung. Für das sichtbare Licht bilden die Übergänge zwischen Energieniveaus von Atomen und Molekülen die hauptsächlichen Quellen (siehe Bd. 3).

Da der sichtbare Spektralbereich naturgemäß für den Menschen eine besondere Rolle spielt, werden in den nächsten Kapiteln Phänomene bei der Wechselwirkung von Licht mit Materie, bei der Überlagerung von elektromagnetischen Wellen (Interferenz) oder bei der Beugung am Beispiel von Licht dargestellt, weil sie für diesen Spektralbereich besonders „augenfällig“ sind und man sie (ohne Zuhilfenahme anderer Detektoren) unmittelbar beobachten kann.

Die hier gewonnenen Ergebnisse gelten bei entsprechender Skalierung der Wellenlänge aber im Allgemeinen auch für die anderen Spektralbereiche.

Die im Folgenden behandelten Prinzipien und Phänomene des sichtbaren Lichtes bilden den Inhalt der Optik, die allerdings bei Verwendung entsprechender Detektoren heute sowohl den ultravioletten als auch den infraroten Spektralbereich umfasst.

ZUSAMMENFASSUNG

- Alle elektromagnetischen Wellen im Vakuum sind Lösungen der Wellengleichung (7.3)

$$\Delta \boldsymbol{E} = \frac{1}{c^2}\frac{\partial^2 \boldsymbol{E}}{\partial t^2}\,,$$

  die aus den Maxwell-Gleichungen hergeleitet werden kann.
- Ebene periodische Wellen $\boldsymbol{E} = \boldsymbol{E}_0 \cdot \cos(\omega t - \boldsymbol{k} \cdot \boldsymbol{r})$ sind besonders wichtige Spezialfälle der allgemeinen Lösungen.
- Die Ausbreitungsgeschwindigkeit $c = \omega/k$ elektromagnetischer Wellen im Vakuum ist für alle Frequenzen gleich, d. h. es gibt keine Dispersion. Der Wert von $c = 299\,792\,458\,\text{m/s}$ wird als Definitionswert aufgefasst und dient zur Definition der Längeneinheit 1 m.
- Zwischen elektrischem und magnetischem Feld einer elektromagnetischen Welle bestehen die Relationen

$$|\boldsymbol{E}| = c|\boldsymbol{B}|\,; \quad \boldsymbol{E} \perp \boldsymbol{B}\,; \quad \boldsymbol{E}, \boldsymbol{B} \perp \boldsymbol{k}\,.$$

  $\boldsymbol{E}$, $\boldsymbol{B}$ und $\boldsymbol{k}$ bilden ein Rechtssystem.
- Die elektromagnetischen Wellen transportieren Energie und Impuls. Der Poynting-Vektor

$$\boldsymbol{S} = \varepsilon_0 c^2 (\boldsymbol{E} \times \boldsymbol{B})$$

  gibt die Richtung des Transportes an.
  Die Intensität I einer Welle ist die Energie, die pro Sekunde durch $1\,\text{m}^2$ Fläche transportiert wird. Es gilt:

$$I = |\boldsymbol{S}|\,.$$

  Der Impuls der ebenen elektromagnetischen Welle pro Volumeneinheit ist

$$\boldsymbol{\pi}_{\text{St}} = \frac{1}{c^2}\boldsymbol{S}\,.$$

- Die stationären Lösungen der Wellengleichungen in geschlossenen Resonatoren sind stehende Wellen $\boldsymbol{E} = \boldsymbol{E}_0 \sin \boldsymbol{k} \cdot \boldsymbol{r}$, deren räumliche Amplitudenverteilung durch die Randbedingungen an den Resonatorwänden festgelegt sind.
- In Wellenleitern mit Ausbreitungsmöglichkeit in z-Richtung breiten sich die TE_{mn}- bzw. TM_{mn}-Wellen $\boldsymbol{E} = \boldsymbol{E}_0(x, y)\cos(\omega t - k_z z)$ aus, deren Amplitude $\boldsymbol{E}_0$ von x und y abhängt.

ÜBUNGSAUFGABEN

1. Zeigen Sie, dass aus den Maxwell-Gleichungen (7.1) eine zu (7.3) analoge Wellengleichung für das magnetische Feld $\boldsymbol{B}$ folgt.
2. Zeigen Sie, dass für eine beliebige ebene Welle, die sich in der Richtung $\boldsymbol{k}$ ausbreitet, die Ebenen $\boldsymbol{k} \cdot \boldsymbol{r} = \text{const}$ Phasenflächen sind.
3. Aus der Linearität der Wellengleichung folgt, dass jede Linearkombination der Wellenamplitude von Lösungen wieder eine Lösung ergibt. Gilt dies auch für die Intensitäten der Wellen? Gibt es Fälle, bei denen man die Intensitäten zweier Teilwellen addieren kann, um die Gesamtintensität zu bekommen?
4. Zeigen Sie, dass jede lineare polarisierte Welle als Linearkombination aus zwei zirkular polarisierten Wellen mit entgegengesetztem Drehsinn beschrieben werden kann.
5. Ein Sonnenenergiekollektor hat eine Fläche von $4\,\text{m}^2$ und besteht aus einer geschwärzten Metallplatte, die 80% der einfallenden Energie absorbiert. Die Platte wird in inneren Kanälen von Wasser durchlaufen, welches die Energie abführt. Wie groß muss der Wasserdurchfluss sein, wenn der Kollektor die Temperatur von 80 °C nicht überschreiten soll, die Wärmeabgabe des Kollektors an die Umgebung ($T = 20\,°\text{C}$) $\Delta Q = \kappa \cdot \Delta T$ ist und die Sonnenstrahlung unter einem Winkel von 20° gegen die Flächennormale einfällt (Sonnenintensität am Ort des Detektors $500\,\text{W/m}^2$, $\kappa = 2\,\text{W/K}$).
6. Ein Kondensator aus planparallelen Platten mit der Kapazität C wird aufgeladen mit dem konstanten Strom $I = \mathrm{d}Q/\mathrm{d}t$.
   a) Man bestimme das elektrische und das magnetische Feld während der Aufladung.
   b) Wie groß ist der Poynting-Vektor $\boldsymbol{S}$?
   c) Drücken Sie die Gesamtenergie, die in den Kondensator mit Ladung Q geflossen ist, zum einen durch $|\boldsymbol{S}|$ und zum anderen durch Q und C aus.
7. Die Sonne strahlt der Erde (außerhalb der Erdatmosphäre) eine Intensität von $1400\,\text{W/m}^2$ zu. Wie viel Sonnenenergie erhält der Mars?
   Angenommen, der Mars würde 50% der eingestrahlten Energie diffus reflektieren (d. h. gleichmäßig in einem Raumwinkel von 2π). Wie viel dieser reflektierten Strahlung erreicht die Erde zum Zeitpunkt der Messung, bei dem die Erde zwischen Sonne und Mars steht? (Entfernung Erde–Sonne: $1{,}5 \cdot 10^{11}$ m, Sonne–Mars: $2{,}3 \cdot 10^{11}$ m).
8. Die maximale Intensität der Sonnenstrahlung auf eine zur Sonnenrichtung senkrechte Fläche auf der Erdoberfläche ist in Deutschland im Juni etwa $800\,\text{W/m}^2$. Welche Leistung würde durch die Augenpupille (Durchmesser 2 mm) gehen, wenn man ungeschützt in die Sonne schauen würde? Die Augenlinse bildet die Sonnenscheibe auf einem Fleck mit etwa 0,1 mm Durchmesser auf der Netzhaut ab. Wie groß ist die Intensität auf der Netzhaut?
9. Eine kleine Kugel (Radius R, Dichte ϱ) soll durch den Strahlungsdruck in einem senkrecht nach oben verlaufenden Laserstrahl gegen die Schwerkraft in der Schwebe gehalten werden (Abb. 7.36). Wie groß muss die Intensität des Lasers sein, wenn sie über den Kugelquerschnitt als konstant angesehen werden kann und das Reflexionsvermögen der Kugel 100% beträgt?

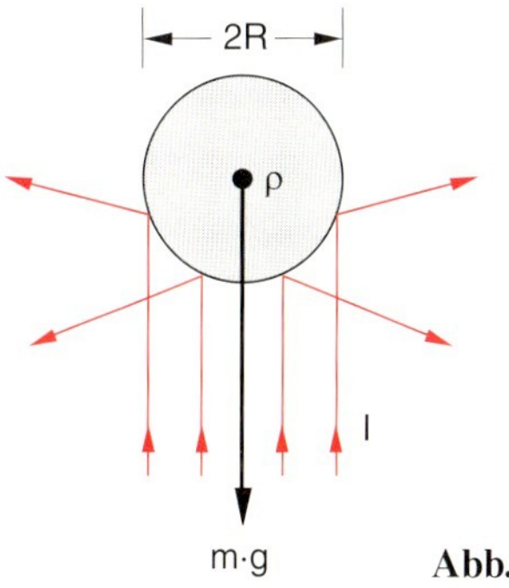

Abb. 7.36. Zu Aufgabe 7.9

10. a) Eine Lichtmühle im Vakuum mit vier Flügeln aus absorbierenden oder reflektierenden Flächen à $2 \times 2\,\text{cm}^2$, deren Mittelpunkt 2 cm von der Drehachse entfernt ist, wird von einem parallelen Lichtbündel mit Querschnitt $6 \times 6\,\text{cm}^2$ und einer Intensität $I = 10^4\,\text{W/m}^2$ bestrahlt. Wie groß ist das wirkende Drehmoment?
    b) Nun wird die gleiche Mühle in ein Gefäß gebracht, das mit Argongas ($p = 10\,\text{mbar}$) gefüllt ist. Die Wärmekapazität der absorbierenden

Flächen ist 10^{-1} Ws/K je Fläche. Schätzen Sie jetzt das Drehmoment ab, wenn die Gefäßwände Zimmertemperatur haben.

11. Eine kleine Antenne strahlt eine Leistung von 1 W ab, die von einem Parabolspiegel mit 1 m und einer Brennweite von 0,5 m gesammelt und als paralleles Wellenbündel (ebene Welle) reflektiert wird (Abb. 7.37). Wie groß ist die Intensität der Welle, wenn der Dipol im Brennpunkt steht und senkrecht zur Verbindungslinie SO orientiert ist?

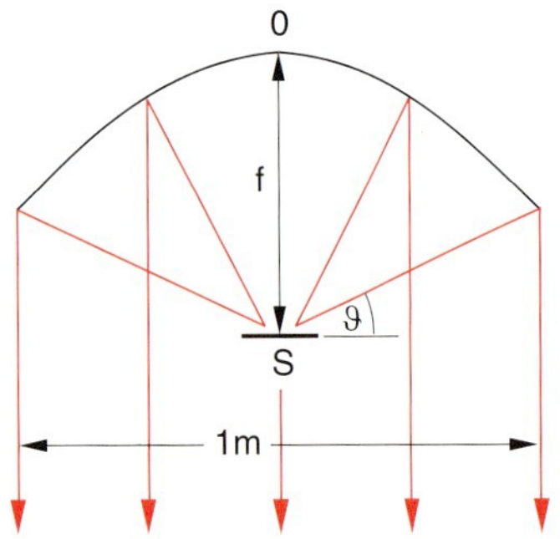

Abb. 7.37. Zu Aufgabe 7.11

12. In einem rechteckigen Hohlleiter ($a = 3$ cm) soll sich eine elektromagnetische Welle mit der Geschwindigkeit $v_G = 10^8$ m/s ausbreiten. Wie groß muss ihre Wellenlänge λ sein, und wie groß ist die Phasengeschwindigkeit?
13. Durch einen geraden Kupferdraht (3 mm, $R = 0{,}03\,\Omega/\text{m}$, $L = 100$ m) fließt ein Strom von 30 A. Man berechne $\boldsymbol{E}$, $\boldsymbol{B}$ und den Poynting-Vektor $\boldsymbol{S}$ auf der Oberfläche des Drahtes.
14. Es gibt Pläne, Raumschiffe zu weit entfernten Himmelskörpern durch Photonenrückstoß auf hohe Geschwindigkeiten zu beschleunigen. Wie groß muss die Intensität des Lichtes einer „Lampe“ mit 100 cm^2 Fläche sein, die Licht aus dem Raumschiff nach „hinten“ aussendet, damit eine Masse von 1000 kg eine Beschleunigung von 10^{-5} m/s^2 erfährt?
15. Man berechne für einen koaxialen Wellenleiter mit Innenradius a und Außenradius b die Kapazität C pro m, die Induktivität L pro m und den Wellenwiderstand Z_0. Wie groß muss für $a = 1$ mm b sein, damit $Z_0 = 100\,\Omega$ wird?

8. Elektromagnetische Wellen in Materie

Nachdem wir uns im vorigen Kapitel mit den Eigenschaften elektromagnetischer Wellen im Vakuum befasst haben, wollen wir nun untersuchen, welchen Einfluss Materie auf die Ausbreitung elektromagnetischer Wellen hat. Wir müssen dazu die vereinfachten Maxwell-Gleichungen (7.1) im Vakuum, aus denen sich die Wellengleichung für Wellen im Vakuum ergab, durch Terme ergänzen, welche den Einfluss des Mediums enthalten.

Während die Ausbreitung und die Überlagerung elektromagnetischer Wellen in Materie durch eine solche klassische makroskopische Theorie, die auf den erweiterten Maxwell-Gleichungen basiert, gut beschrieben werden können, lassen sich die Erzeugung und Vernichtung von elektromagnetischen Wellen (Emission und Absorption) durch die Atome des Mediums im mikroskopischen Modell der Atomphysik nur durch die Quantentheorie richtig deuten (siehe Bd. 3).

Trotzdem gewinnt man durch das klassische Modell des gedämpften Oszillators für die absorbierenden oder emittierenden Atome, das wir bereits beim Hertzschen Dipol verwendet haben, einen guten Einblick in die physikalischen Phänomene, die bei elektromagnetischen Wellen in Materie auftreten.

Wir wollen zuerst eine anschauliche phänomenologische Darstellung geben, bevor wir die Lösung der erweiterten Maxwell-Gleichungen behandeln.

8.1 Brechungsindex

Misst man die Ausbreitungsgeschwindigkeit v_{Ph} (Phasengeschwindigkeit) elektromagnetischer Wellen im Medium, so stellt man experimentell fest:

- Der Wert von v_{Ph} ist um einen vom Medium abhängenden Faktor $n > 1$ kleiner als die Lichtgeschwindigkeit c im Vakuum:

$$v_{\text{Ph}}(n) = \frac{c}{n} . \tag{8.1}$$

- Der Wert von n und damit auch die Geschwindigkeit v_{Ph} hängen nicht nur vom Medium ab, sondern auch von der Wellenlänge λ:

$$n = n(\lambda) \;\Rightarrow\; v_{\text{Ph}} = v_{\text{Ph}}(\lambda) \quad (\textit{Dispersion}) .$$

Wie lässt sich dieses Ergebnis verstehen? Dazu betrachten wir in Abb. 8.1 eine ebene Lichtwelle,

$$\boldsymbol{E}_{\text{e}} = \boldsymbol{E}_0 \mathrm{e}^{\mathrm{i}\,(\omega t - kz)} = \boldsymbol{E}_0 \mathrm{e}^{\mathrm{i}\,\omega(t - z/v_{\text{Ph}})} ,$$

die in z-Richtung durch ein Medium (z. B. eine Gasschicht) der Dicke Δz läuft. Innerhalb des Mediums ist die Wellenlänge $\lambda = \lambda_0/n$ kleiner als außerhalb, während die Frequenz ω gleich bleibt. In diesem Medium werden die Atomelektronen zu erzwungenen Schwingungen angeregt. Diese schwingenden Dipole strahlen

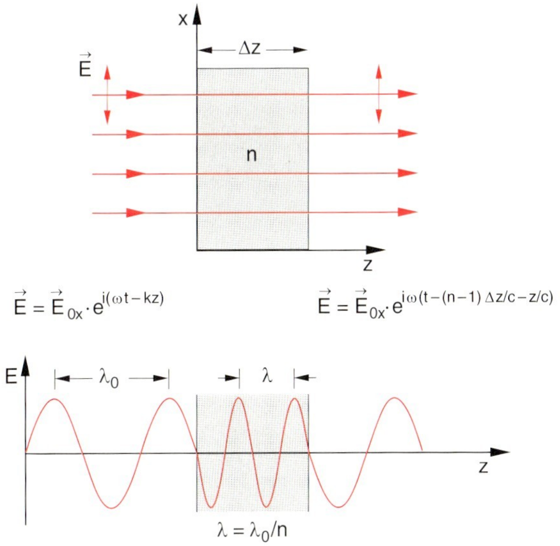

Abb. 8.1. Durchgang einer ebenen Welle durch ein Medium mit Brechungsindex n. Die Reflexion an den Grenzflächen ist hier nicht berücksichtigt

ihrerseits wieder elektromagnetische Wellen $\boldsymbol{E}_k$ der gleichen Frequenz ω wie die der Erregerwelle aus, aber die Phase der erzwungenen Schwingung ist verzögert gegen die der Erregerschwingung (siehe Bd. 1, Abschn. 11.5).

Im Beobachtungspunkt $P(z)$ hinter dem Medium überlagern sich Primär- und Sekundärwellen zu einem Gesamtwellenfeld

$$\boldsymbol{E} = \boldsymbol{E}_\mathrm{e} + \sum_k \boldsymbol{E}_k \,. \tag{8.2}$$

Wegen der Phasenverzögerung der Sekundärwellen $\boldsymbol{E}_k$ ist die gesamte Welle $\boldsymbol{E}$ im Punkte P verzögert, d. h. sie kommt später an als ohne Medium, ihre Geschwindigkeit v_Ph ist also im Medium kleiner als im Vakuum (Abb. 8.2).

Wir wollen diese Überlagerung zuerst pauschal durch den Brechungsindex n (oft auch Brechzahl genannt) beschreiben, bevor wir dann den Wert von n durch atomare Größen ausdrücken können.

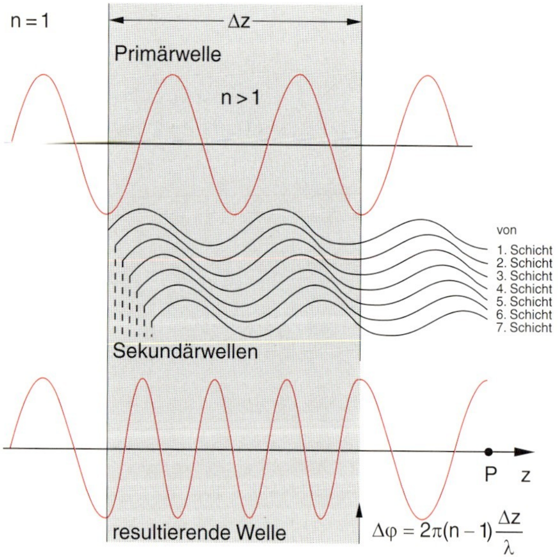

Abb. 8.2. Anschauliche schematische Darstellung der Verzögerung einer Welle beim Durchgang durch ein transparentes Medium. Die einfallende Welle wird überlagert mit den phasenverzögerten Sekundärwellen, welche von den zu erzwungenen Schwingungen angeregten Dipolen in den einzelnen Schichten des Mediums ausgehen. Die Dicke der Schichten entspricht einer atomaren Schicht ($\approx 0{,}4\,\mathrm{nm}$), ist hier aber stark vergrößert gezeichnet, um den Beginn der Sekundärwellen deutlich zu machen

8.1.1 Makroskopische Beschreibung

Im Vakuum würde die Welle für die Strecke Δz die Zeit $t = \Delta z/c$ benötigen. Im Medium läuft sie mit der Geschwindigkeit $c' = c/n$ und braucht daher die zusätzliche Zeit

$$\Delta t = (n-1)\cdot \Delta z/c \,.$$

Nach Durchlaufen des Mediums wird die Welle im Punkte $P(z)$ also beschrieben durch

$$\begin{aligned} \boldsymbol{E}(z) &= \boldsymbol{E}_0 \mathrm{e}^{\mathrm{i}\,\omega[t-(n-1)\Delta z/c - z/c]} \\ &= \boldsymbol{E}_0 \mathrm{e}^{\mathrm{i}\,\omega(t-z/c)} \cdot \mathrm{e}^{-\mathrm{i}\,\omega(n-1)\Delta z/c} \,. \end{aligned} \tag{8.3}$$

Der erste Faktor in (8.3) gibt die *ungestörte* Welle an, die man ohne Medium erhalten würde.

Der Einfluss des Mediums kann also durch den zweiten Faktor

$$\mathrm{e}^{-\mathrm{i}\Delta\varphi} \quad \text{mit} \quad \Delta\varphi = \omega(n-1)\Delta z/c = 2\pi(n-1)\frac{\Delta z}{\lambda}$$

beschrieben werden. Ist die durch das Medium bewirkte Phasenverschiebung $\Delta\varphi$ genügend klein (dies ist bei Gasen mit $n-1 \ll 1$ häufig erfüllt, aber bei festen Stoffen im Allgemeinen nicht mehr), so können wir die Näherung

$$\mathrm{e}^{-\mathrm{i}\varphi} \approx 1 - \mathrm{i}\varphi$$

verwenden und erhalten aus (8.3) die Überlagerung (8.2) in der Form:

$$\begin{aligned} \boldsymbol{E}(z) &= \underbrace{\boldsymbol{E}_0 \mathrm{e}^{\mathrm{i}\,\omega\left(t-\frac{z}{c}\right)}} \underbrace{-\mathrm{i}\,\omega(n-1)\frac{\Delta z}{c}\boldsymbol{E}_0 \mathrm{e}^{\mathrm{i}\,\omega\left(t-\frac{z}{c}\right)}} \\ &= \quad \boldsymbol{E}_\mathrm{e} \quad + \quad \sum_k \boldsymbol{E}_k \\ &= \quad \boldsymbol{E}_\mathrm{e} \quad + \quad \boldsymbol{E}_\mathrm{Medium} \end{aligned} \tag{8.4}$$

womit der Einfluss der Sekundärwellen auf die Verzögerung der Primärwelle global durch den Brechungsindex n und die Dicke Δz der Materieschicht beschrieben wird.

8.1.2 Mikroskopisches Modell

Um den zweiten Term $\boldsymbol{E}_\mathrm{Medium}$ in (8.4) mithilfe einer mikroskopischen, aber klassischen Theorie zu berechnen, beschreiben wir jedes Atomelektron, das durch die Lichtwelle $\boldsymbol{E} = \boldsymbol{E}_0 \cdot \mathrm{e}^{\mathrm{i}(\omega t - kz)}$ infolge der Kraft $\boldsymbol{F} = -e \cdot \boldsymbol{E}$ zu erzwungenen Schwingungen angeregt wird, durch das Modell des gedämpften harmonischen Oszillators (siehe Bd. 1, Abschn. 11.4,5).

Aus der Bewegungsgleichung der durch eine in x-Richtung polarisierten Welle erzwungenen Schwingung des Oszillators:

$$m\ddot{x} + b\dot{x} + Dx = -eE_0 \mathrm{e}^{\mathrm{i}(\omega t - kz)} \tag{8.5}$$

erhalten wir mit $\omega_0^2 = D/m$, $\gamma = b/m$ und dem Ansatz $x = x_0 \cdot \mathrm{e}^{\mathrm{i}\omega t}$ für die Schwingung der Atomelektronen in der Ebene $z = 0$ (siehe Gl. 6.43):

$$x_0 = -\frac{eE_0/m}{(\omega_0^2 - \omega^2) + \mathrm{i}\,\gamma\omega}\,. \tag{8.6a}$$

Anmerkung

Wir haben hier, im Gegensatz zu Bd. 1, Abschn. 11.4, den Dämpfungsfaktor für die Amplitude $\gamma/2$ statt γ gewählt. Dadurch wird γ der Dämpfungsfaktor für die Leistung und die folgenden Formeln sind dann in Übereinstimmung mit dem überwiegenden Teil der Literatur.

Erweitern von (8.6a) mit $[(\omega_0^2 - \omega^2) - \mathrm{i}\gamma\omega]$ liefert:

$$x_0 = -\frac{(\omega_0^2 - \omega^2 - \mathrm{i}\gamma\omega)e/m}{(\omega_0^2 - \omega^2)^2 + (\gamma\omega)^2} E_0$$

$$= -(\alpha + \mathrm{i}\beta)E_0 = -\sqrt{\alpha^2 + \beta^2}\, E_0 \mathrm{e}^{\mathrm{i}\varphi}$$

$$\Rightarrow x = -\frac{e/m}{\sqrt{(\omega_0^2 - \omega^2)^2 + (\gamma\omega)^2}} E_0 \mathrm{e}^{\mathrm{i}(\omega t + \varphi)}\,. \tag{8.6b}$$

Die Amplitude der erzwungenen Schwingung hängt also außer von E_0 auch vom Frequenzabstand $\omega_0 - \omega$ von der Eigenfrequenz ω_0 und von der Dämpfungskonstanten γ ab. Die Phasenverschiebung φ zwischen Schwingungsamplitude $x(t)$ und Erregerwelle $E(t)$ hängt ab von ω und γ (Abb. 8.3). Es gilt:

$$\tan\varphi = -\frac{\gamma \cdot \omega}{\omega_0^2 - \omega^2}\,. \tag{8.6c}$$

Diese schwingenden Dipole mit dem Dipolmoment $p = -e \cdot x$ (die Valenz-Elektronen schwingen gegen die als ortsfest angenommenen positiven Ionenrümpfe) strahlen ihrerseits wieder Wellen aus (siehe Abschn. 6.4). Der Anteil E_D eines einzelnen Dipols zur Feldstärke E im Punkte P in der Entfernung $r \gg x_0$ vom Dipol, gemessen zur Zeit t, ist nach (6.34d)

$$E_\mathrm{D} = -\frac{e\omega^2 x_0 \sin\vartheta}{4\pi\varepsilon_0 c^2 r} \mathrm{e}^{\mathrm{i}\omega(t - r/c)}\,, \tag{8.7}$$

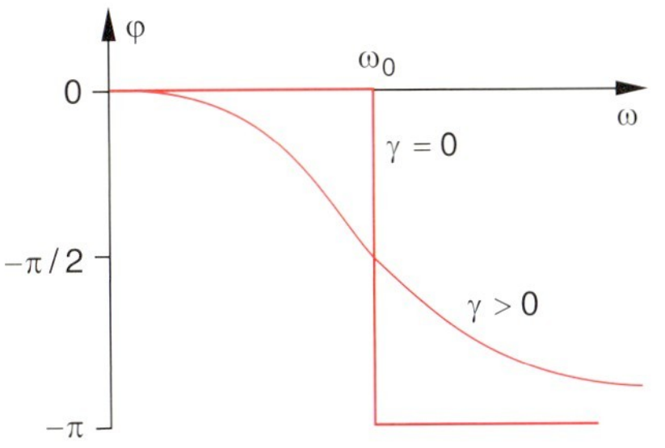

Abb. 8.3. Phasenverschiebung φ zwischen Schwingungsamplitude $x(t)$ des Dipols und Erregerwelle $E(t)$ als Funktion der Erregerfrequenz ω für verschiedene Werte der Dämpfungskonstanten γ

wobei die Retardierung, d. h. die Laufzeit der Welle vom Dipol zum Punkt P berücksichtigt wurde.

Sind in einer dünnen Schicht der Dicke Δz in der Ebene $z = z_0$ insgesamt $\Delta z \cdot \int N \cdot \mathrm{d}A$ schwingende Dipole (N ist die räumliche Dichte der Dipole und $\mathrm{d}A = 2\pi\varrho\,\mathrm{d}\varrho$ ist die Fläche des Kreisrings in der xy-Ebene), so ist das gesamte, von allen Dipolen der Schicht im Punkte P erzeugte Feld durch die Überlagerung aller dieser Anteile E_D gegeben (Abb. 8.4). Da der Abstand der Atome klein ist gegen die Wellenlänge λ des Lichtes, können wir die räumliche Dipolverteilung als kontinuierlich ansehen und erhalten durch Integration für das Feld aller Dipole in der Schichtdicke Δz

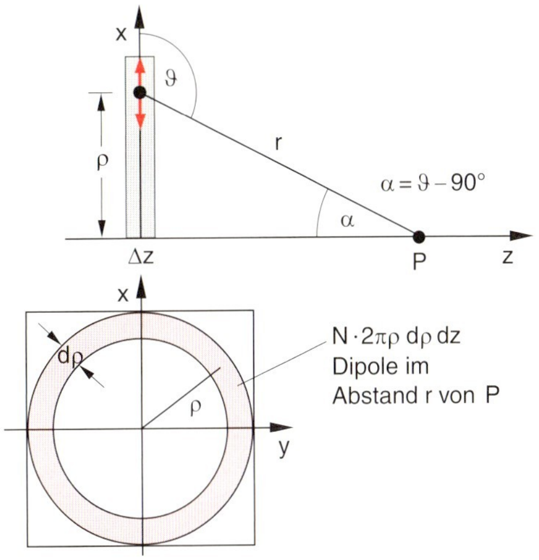

Abb. 8.4. Zur Herleitung der elektrischen Feldstärke E im Punkte $P(z)$, die von Dipolen in der Ebene $z = 0$ bewirkt wird

um $z = 0$

$$E(z) = -\frac{e\omega^2 x_0 \mathrm{e}^{\mathrm{i}\,\omega t}}{4\pi\varepsilon_0 c^2}\,\Delta z \cdot \int\limits_0^\infty N \frac{\mathrm{e}^{-\mathrm{i}\,\omega \cdot r/c}}{r}\sin\vartheta\; 2\pi\varrho\;\mathrm{d}\varrho\;. \tag{8.8a}$$

Wenn die einfallende Lichtwelle den Bündelradius $\varrho_{\max}$ hat, werden nur Oszillatoren im Bereich von $\varrho = 0$ bis $\varrho = \varrho_{\max}$ angeregt. Für $z \gg \varrho_{\max}$ können wir $\vartheta \approx 90°$ setzen $\Rightarrow \sin\vartheta \approx 1$.

Ist die Dichte N für $z \leq \varrho \leq \varrho_{\max}$ konstant, so können wir N vor das Integral ziehen. Dies ergibt:

$$E(z) = -\frac{e\omega^2 x_0\,\mathrm{e}^{\mathrm{i}\omega t}}{2\varepsilon_0 c^2} N \cdot \Delta z \cdot \int \frac{\mathrm{e}^{-\mathrm{i}\omega r/c}}{r}\varrho\;\mathrm{d}\varrho\;. \tag{8.8b}$$

Wegen $r^2 = z^2 + \varrho^2 \Rightarrow r\;\mathrm{d}r = \varrho\;\mathrm{d}\varrho$ (in der Ebene $z = z_0$ ist z konstant!) ergibt das Integral:

$$\int\limits_0^\infty \frac{\mathrm{e}^{-\mathrm{i}\omega r/c}}{r}\varrho\;\mathrm{d}\varrho = \int\limits_{r=z}^\infty \mathrm{e}^{-\mathrm{i}\omega r/c}\;\mathrm{d}r = \frac{c}{\mathrm{i}\omega}\left[\mathrm{e}^{-\mathrm{i}\omega r/c}\right]_z^\infty\;. \tag{8.9}$$

Wenn die einfallende Lichtwelle den Durchmesser $d = 2\varrho_{\max}$ hat, tragen die Bereiche $\varrho > d/2$ nichts zum Integral bei, weil dort keine Dipole angeregt werden, d. h. wir können den Beitrag der oberen Grenze zum Integral vernachlässigen, und wir erhalten für die Lösung von (8.8)

$$E(z) = \frac{\mathrm{i}\,\omega e x_0 N}{2\varepsilon_0 c}\,\mathrm{e}^{\mathrm{i}\,\omega(t - z/c)} \cdot \Delta z\;. \tag{8.10}$$

Setzen wir den Ausdruck (8.6a) für x_0 ein, so ergibt sich die Feldamplitude $E(z)$, die von $N \cdot \Delta z$ Dipolen in der Schicht mit der Dicke Δz erzeugt wird, zu:

$$E(z) = -\mathrm{i}\,\omega\frac{\Delta z}{c} \cdot \frac{Ne^2}{2\varepsilon_0 m\left[(\omega_0^2 - \omega^2) + \mathrm{i}\,\omega\gamma\right]} \cdot E_0 \mathrm{e}^{\mathrm{i}\,\omega(t - z/c)}\;. \tag{8.11}$$

Dies ist der in (8.4) enthaltene zusätzliche Anteil $\sum E_k$. Der Vergleich mit (8.4) liefert dann für den Brechungsindex n den Ausdruck:

$$\boxed{n = 1 + \frac{Ne^2}{2\varepsilon_0 m\left[(\omega_0^2 - \omega^2) + \mathrm{i}\omega\gamma\right]}}\;. \tag{8.12a}$$

Der Brechungsindex, auch *Brechzahl* genannt, ist eine komplexe Zahl! Wir schreiben ihn als $n = n_r - \mathrm{i} \cdot \kappa$. Er hängt ab:

- von der Dichte N der schwingenden Dipole, d. h. von der Atomdichte des Mediums,
- von der Frequenzdifferenz $\Delta\omega = \omega_0 - \omega$ zwischen der Frequenz ω der elektromagnetischen Welle und der Resonanzfrequenz $\omega_0 = \sqrt{D/m}$ der schwingenden Atomelektronen, die durch die elektrostatische Rückstellkraft $(-D \cdot x)$ der Elektronen an ihre Gleichgewichtslage und durch ihre Masse $m = m_e$ festgelegt ist.

Man beachte:

Die obige Herleitung für den Brechungsindex (8.12a) gilt eigentlich nur für *optisch dünne* Medien, bei denen der Brechungsindex nur wenig von 1 verschieden ist (d. h. $(n - 1) \ll 1$), bei denen also die Dichte N der schwingenden Dipole genügend klein ist. Dies ist bei Gasen gut erfüllt.

BEISPIEL

Der Brechungsindex von Luft bei Atmosphärendruck ist $n = 1{,}0003$, d. h. $(n - 1) \ll 1$ (Tabelle 8.1).

Die Näherung $(n - 1) \ll 1$ wurde zweifach ausgenutzt. Einmal beim Übergang von (8.3) nach (8.4), wo $\mathrm{e}^{-\mathrm{i}(n-1)} \approx 1 - \mathrm{i}(n - 1)$ verwendet wurde. Außerdem wurde angenommen, dass das von den Dipolen erzeugte Feld klein ist gegenüber dem Feld der einfallenden Welle, sodass für die Erregerfeldstärke $\boldsymbol{E}_0$ in (8.5) die Feldstärke der einfallenden Welle eingesetzt wurde, obwohl eigentlich die Gesamtfeldstärke (die im Medium von z abhängt) hätte verwendet werden müs-

Tabelle 8.1. Realteil n_r des Brechungsindex von trockener Luft bei 20 °C und 1 bar Luftdruck. Hier ist $n_r \gg \kappa$

λ/nm	$(n-1) \cdot 10^4$
300	2,915
400	2,825
500	2,790
600	2,770
700	2,758
800	2,750
900	2,745

sen. Für $(n-1) \ll 1$, d. h. kleine Dichte N, sind jedoch beide Näherungen gerechtfertigt.

Wir werden in Abschn. 8.3 diese Beschränkung ($(n-1) \ll 1$) fallen lassen und einen allgemein gültigen Ausdruck für den Brechungsindex aus den erweiterten Maxwell-Gleichungen herleiten.

8.2 Absorption und Dispersion

Um die physikalische Bedeutung der komplexen Brechzahl n zu verstehen, schreiben wir (8.12a) in der Form $n = n_r - \mathrm{i}\kappa$. Durch Erweitern des Bruches in (8.12a) mit $\left[(\omega_0^2 - \omega^2) - \mathrm{i}\,\omega\gamma\right]$ erhalten wir nämlich:

$$\begin{aligned} n &= 1 + \frac{Ne^2}{2\varepsilon_0 m} \cdot \frac{(\omega_0^2-\omega^2) - \mathrm{i}\omega\gamma}{(\omega_0^2-\omega^2)^2 + \omega^2\gamma^2} \\ &= n_r - \mathrm{i}\kappa \,. \end{aligned} \tag{8.12b}$$

Setzen wir dies in (8.3) ein, so ergibt sich für die Feldstärke $\boldsymbol{E}(z)$ der durch das Medium mit der Dicke Δz transmittierten Welle mit $k_0 = \omega/c$

$$\begin{aligned} \boldsymbol{E}(z) &= \boldsymbol{E}_0 \mathrm{e}^{-\omega\kappa\frac{\Delta z}{c}} \cdot \mathrm{e}^{-\mathrm{i}\,\omega(n_r-1)\frac{\Delta z}{c}} \cdot \mathrm{e}^{\mathrm{i}\,(\omega t - k_0 z)} \\ &= A \cdot B \cdot \boldsymbol{E}_0 \cdot \mathrm{e}^{\mathrm{i}\,(\omega t - k_0 z)} \,. \end{aligned} \tag{8.13}$$

Der Faktor $A = \mathrm{e}^{-\omega\kappa\Delta z/c}$ gibt die Abnahme der Amplitude beim Durchgang durch das Medium an. Nach der Strecke $\Delta z = c/(\omega \cdot \kappa)$ ist die Amplitude der Welle auf $1/\mathrm{e}$ der einfallenden Amplitude E_0 abgesunken (***Absorption***).

Die Intensität $I = c \cdot \varepsilon_0 \cdot E^2$ erfährt dann die Abnahme

$$I = I_0 \cdot \mathrm{e}^{-\alpha\Delta z} \tag{8.14}$$

(***Beersches Absorptionsgesetz***). Die Größe

$$\alpha = \frac{4\pi\kappa}{\lambda_0} = 2k_0\kappa \tag{8.15}$$

heißt ***Absorptionskoeffizient***. Er hat die Maßeinheit $[\alpha] = 1\,\mathrm{m}^{-1}$.

> Der Absorptionskoeffizient ist proportional zum Imaginärteil κ der komplexen Brechzahl, wobei $k_0 = 2\pi/\lambda_0$ die Wellenzahl der Welle im Vakuum ist.

Der Faktor $B = \mathrm{e}^{-\mathrm{i}\,\omega(n_r-1)\Delta z/c}$ in (8.13) gibt die Phasenverzögerung der Welle beim Durchgang durch das Medium an. Diese zusätzliche Phasenverschiebung gegenüber dem Durchlaufen der Strecke Δz im Vakuum ist:

$$\begin{aligned} \Delta\varphi &= \omega(n_r-1)\Delta z/c \\ &= 2\pi(n_r-1)\Delta z/\lambda_0 \,, \end{aligned} \tag{8.16}$$

d. h. die gesamte Phasenänderung der Welle über eine Laufstrecke $\Delta z = \lambda_0$ ist im Medium $\Delta\varphi = n_r \cdot 2\pi$, während sie im Vakuum 2π beträgt.

Da die Wellenlänge λ definiert ist als der räumliche Abstand zwischen zwei Phasenflächen, die sich um $\Delta\varphi = 2\pi$ unterscheiden, folgt daraus, dass die Wellenlänge λ im Medium mit Brechungsindex $n = n_r - \mathrm{i}\kappa$ kleiner wird als die Wellenlänge λ_0 im Vakuum:

$$\lambda = \frac{\lambda_0}{n_r} \,. \tag{8.17}$$

Weil die Frequenz ω der Welle sich nicht ändert (siehe auch Abschn. 8.4) folgt für die Phasengeschwindigkeit $v_{\mathrm{Ph}} = \nu \cdot \lambda = (\omega/2\pi) \cdot \lambda$ der Welle

$$v_{\mathrm{Ph}} = \frac{c}{n_r} \,. \tag{8.18}$$

> Eine elektromagnetische Welle hat in einem Medium mit Brechungsindex $n = n_r - \mathrm{i}\kappa$ die Wellenlänge $\lambda = \lambda_0/n_r$ und die Phasengeschwindigkeit $v_{\mathrm{Ph}} = c/n_r$.

Beschreibt man die Materialeigenschaften durch die relative Dielektrizitätskonstante ε (Abschn. 1.7.2) und die

Tabelle 8.2. Brechzahlen $n \approx n_r$ einiger optischer Gläser und durchsichtiger Stoffe

λ/nm	480	589	656
FK3	1,470	1,464	1,462
BK7	1,522	1,516	1,514
SF4	1,776	1,755	1,747
SFS1	1,957	1,923	1,910
Quarzglas	1,464	1,458	1,456
Lithiumfluorid LiF	1,395	1,392	1,391
Diamant	2,437	2,417	2,410

relative Permeabilitätskonstante μ (Abschn. 3.5.2) so wird die Phasengeschwindigkeit

$$v_{\text{Ph}} = \frac{1}{\sqrt{\varepsilon \cdot \varepsilon_0 \cdot \mu \cdot \mu_0}} = \frac{c}{\sqrt{\varepsilon \cdot \mu}} . \tag{8.19}$$

In nichtmagnetischen Materialien ist $\mu \approx 1$, sodass dann folgt:

$$v_{\text{Ph}} = \frac{c}{\sqrt{\varepsilon}} = \frac{c}{n_r} \Rightarrow n_r = \sqrt{\varepsilon} . \tag{8.20}$$

Bei allen durchsichtigen Medien (Beispiele: Glas, Wasser, Luft) ist der Absorptionskoeffizient für sichtbares Licht sehr klein (sonst wären sie nicht durchsichtig). Dann ist der Imaginärteil κ des komplexen Brechungsindex $n = n_r - \mathrm{i}\kappa$ klein gegen den Realteil n_r, und man kann für diesen Fall

$$n \approx n_r$$

setzen. Deshalb erscheint in vielen Gleichungen der Optik einfach n statt n_r, weil hier überwiegend mit Stoffen kleiner Absorption (Linsen, Prismen) gearbeitet wird (Tabelle 8.2). Man sollte aber im Gedächtnis behalten, dass dies genau genommen nur der Realteil des allgemeinen komplexen Brechungsindexes ist.

Aus (8.12b) erhalten wir für Real- und Imaginärteil des Brechungsindexes $n = n_r - \mathrm{i}\kappa$ die ***Dispersions-Relationen***

$$n_r = 1 + \frac{Ne^2}{2\varepsilon_0 m} \frac{(\omega_0^2 - \omega^2)}{(\omega_0^2 - \omega^2)^2 + \gamma^2\omega^2} , \tag{8.21a}$$

$$\kappa = \frac{Ne^2}{2\varepsilon_0 m} \frac{\gamma\omega}{(\omega_0^2 - \omega^2)^2 + \gamma^2\omega^2} , \tag{8.21b}$$

welche Absorption und Dispersion von elektromagnetischen Wellen in Materie mit Imaginär- und Realteil der komplexen Brechzahl n verknüpfen (Abb. 8.5).

Man beachte:

Das Maximum der Funktion $\kappa(\omega)$ liegt nicht genau bei $\omega = \omega_0$, sondern bei $\omega_{\max} = \omega_0 \cdot \left[1 - \frac{\gamma^2}{3\omega_0^2}\right]^{+1/2}$, wie man mit $\mathrm{d}\kappa/\mathrm{d}\omega = 0$ ausrechnen kann (siehe Abschn. 10.9.2 und Aufgabe 10.14). Da für sichtbares Licht $\gamma/\omega_0 \ll 1$ gilt, ist jedoch $\omega_{\max} \approx \omega_0$.

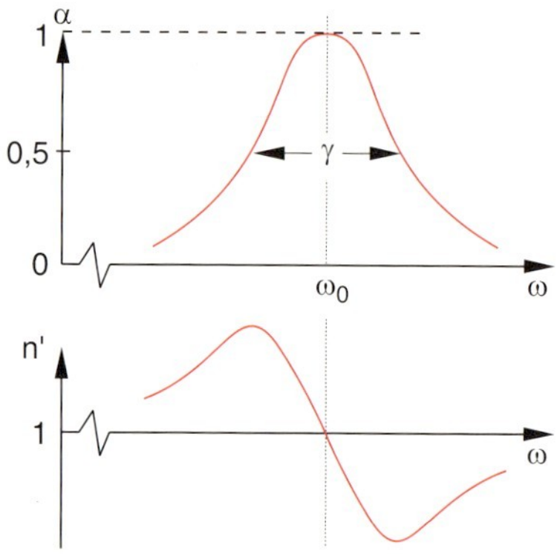

Abb. 8.5. Absorptionskoeffizient $\alpha(\omega) = 2k_0 \cdot \kappa(\omega)$ und Realteil des Brechungsindex in der Umgebung einer Absorptionslinie bei ω_0

Die oben hergeleitete Formel (8.12) für den Brechungsindex n beruhte auf dem Modell gedämpfter harmonischer Oszillatoren, die alle dieselbe Eigenfrequenz ω_0 und die gleiche Dämpfungskonstante γ hatten. Um sie auf wirkliche Medien mit realen Atomen anzuwenden, müssen wir noch folgende experimentellen Befunde berücksichtigen, die in Bd. 3 näher begründet werden:

- Die Atome einer absorbierenden Substanz besitzen viele Energiezustände E_k, zwischen denen durch Absorption von Licht mit Frequenzen ω_k Übergänge stattfinden können. Für die Absorption vom tiefsten Zustand E_0 aus gilt für die absorbierte Energie:

  $$\Delta E = E_k - E_0 = \hbar\omega_k ,$$

  wobei $\hbar = h/2\pi$ das durch 2π geteilte *Plancksche Wirkungsquantum* ist (siehe Bd. 3, Abschn. 3.1).
- Wenn ein Atom mit einem anregbaren Elektron durch einen klassischen Oszillator beschrieben wird, so ist die Wahrscheinlichkeit W_k, dass es auf einer bestimmten Frequenz ω_k absorbiert, kleiner als die Wahrscheinlichkei $W = \sum W_k$, dass es auf irgendeiner der vielen möglichen Frequenzen ω_k absorbiert.

Für eine bestimmte Frequenz ω_k hat das Atom nur den Bruchteil f_k ($f_k < 1$) des Absorptions- oder Emissionsvermögens eines klassischen Oszillators. Diese Zahl $f_k < 1$ heißt die *Oszillatorenstärke* des atomaren Übergangs. Summiert man die Absorptionswahrscheinlichkeit über alle möglichen Übergänge des Atoms, so muss gerade das Absorptions- bzw. Emissionsvermögen des klassischen Oszillators herauskommen, d. h. es muss gelten:

$$\sum_k f_k = 1 \tag{8.22}$$

(Summenregel von *Thomas*, *Reiche*, *Kuhn* [8.1a]).
Die einzelnen Atome können unabhängig voneinander auf einer ihrer Eigenfrequenzen ω_k Energie aus der einfallenden Lichtwelle absorbieren. Die Gesamtabsorption ist dann die Summe der Anteile der einzelnen Atome. Entsprechend wird der Brechungsindex n statt (8.12a) durch die Formel

$$n = 1 + \frac{e^2}{2\varepsilon_0 m_e} \sum_k \frac{N_k f_k}{(\omega_{0k}^2 - \omega^2) + \mathrm{i}\gamma_k \omega} \tag{8.23}$$

bestimmt, wobei N_k die Zahl der Atome pro m^3 ist, welche die Absorptionsfrequenz ω_k haben. Absorptionskoeffizient $\alpha(\omega)$ und Brechungsindex $n_r(\omega)$ sehen also für Medien mit vielen Absorptionseigenfrequenzen ω_k komplizierter aus als in Abb. 8.5 am Beispiel einer einzigen Absorptionsfrequenz ω_0 gezeigt wurde (Abb. 8.6). In Abb. 8.7 sind zur Illustration $\alpha(\omega)$ und $n_r(\omega)$ in der Umgebung der beiden gelben Natrium-D-Linien gezeigt.

Weil in Medien die Lichtgeschwindigkeit $v_{\mathrm{Ph}}(\omega)$ von der Frequenz ω abhängt, unterscheiden sich Phasen- und Gruppengeschwindigkeit (siehe Bd. 1, Abschn. 11.9.7). Es gilt wegen $v_{\mathrm{Ph}} = \omega/k$:

$$v_{\mathrm{G}} = \frac{\mathrm{d}\omega}{\mathrm{d}k} = \frac{\mathrm{d}}{\mathrm{d}k}(v_{\mathrm{Ph}} \cdot k) = v_{\mathrm{Ph}} + k \cdot \frac{\mathrm{d}v_{\mathrm{Ph}}}{\mathrm{d}k} \,.$$

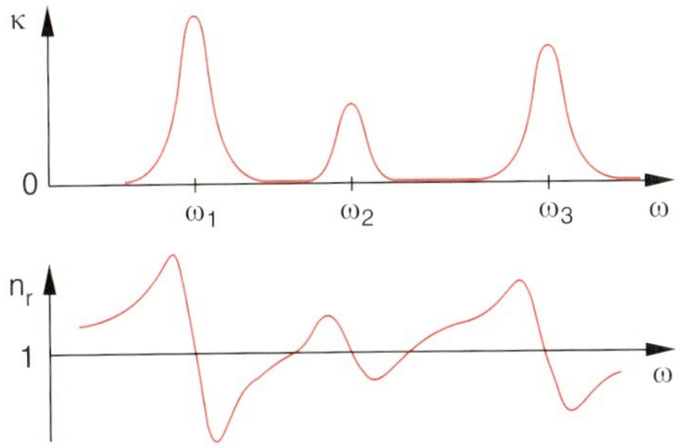

Abb. 8.6. Schematische Darstellung von $\kappa(\omega)$ und $n'(\omega)$ für einen Frequenzbereich, in dem mehrere Absorptionsfrequenzen ω_k liegen

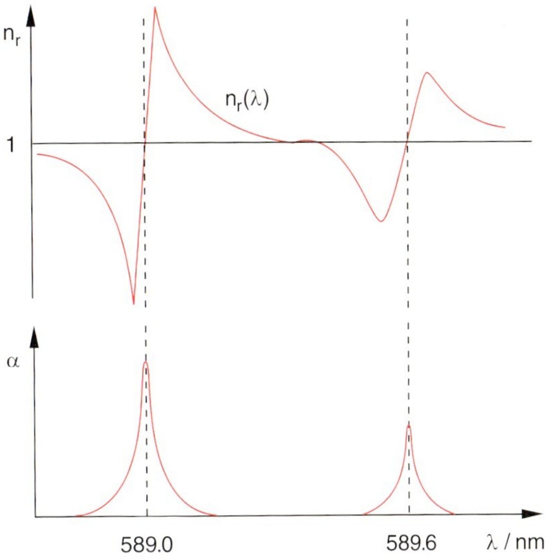

Abb. 8.7. Beispiel von Dispersion und Absorption in der Umgebung der beiden Natrium D-Linien bei $\lambda_1 = 589{,}0\,\mathrm{nm}$ und $\lambda_2 = 589{,}6\,\mathrm{nm}$ (ohne Berücksichtigung der Hyperfeinstruktur)

Da $k = k_0 \cdot n_r$ und $v_{\mathrm{Ph}} = c/n_r$ ist, lässt sich dies umformen in:

$$\begin{aligned} v_{\mathrm{G}} &= v_{\mathrm{Ph}} + k_0 n_r \frac{\mathrm{d}}{\mathrm{d}k}\left(\frac{c}{n_r}\right) \\ &= v_{\mathrm{Ph}} - k_0 n_r c \frac{1}{n_r^2} \frac{\mathrm{d}n_r}{\mathrm{d}k} \,. \end{aligned}$$

Nun gilt:

$$k = k_0 \cdot n_r = \frac{\omega}{c} n_r \Rightarrow \mathrm{d}k = \frac{n_r}{c}\,\mathrm{d}\omega + \frac{\omega}{c}\,\mathrm{d}n_r$$

$$\Rightarrow \frac{\mathrm{d}k}{\mathrm{d}n_r} = \frac{n_r}{c} \frac{\mathrm{d}\omega}{\mathrm{d}n_r} + \frac{\omega}{c}$$

$$\Rightarrow v_{\mathrm{G}} = v_{\mathrm{Ph}} - \frac{v_{\mathrm{Ph}} k_0}{\frac{1}{v_{\mathrm{Ph}}} \frac{\mathrm{d}\omega}{\mathrm{d}n_r} + k_0} = \frac{v_{\mathrm{Ph}}}{1 + \frac{\omega}{n_r} \frac{\mathrm{d}n_r}{\mathrm{d}\omega}}$$

$$\boxed{v_{\mathrm{G}} = \frac{c}{n_r + \omega \frac{\mathrm{d}n_r}{\mathrm{d}\omega}}} \,. \tag{8.24}$$

Diese Relation bringt uns folgende Einsichten:

Aus Abb. 8.6 geht hervor, dass es Spektralbereiche gibt, in denen $n_r < 1$ ist. Dort ist $v_{\mathrm{Ph}} = c/n_r > c$ also größer als die Lichtgeschwindigkeit im Vakuum.

Um die Gruppengeschwindigkeit v_G zu bestimmen, berechnen wir aus (8.21a) $\mathrm{d}n_r/\mathrm{d}\omega$ und erhalten:

$$\frac{\mathrm{d}n_r}{\mathrm{d}\omega} = \frac{Ne^2}{2\varepsilon_0 m} \frac{2\omega[(\omega_0^2-\omega^2)^2-(\gamma\omega_0)^2]}{[(\omega_0^2-\omega^2)^2+(\gamma\omega)^2]^2} . \quad (8.24a)$$

Für $\omega_0^2 - \omega^2 > \gamma\omega_0$ wird $\mathrm{d}n_r/\mathrm{d}\omega > 0$. In diesem Bereich wird $v_G < v_{Ph}$ und n_r nimmt mit zunehmender Wellenlänge λ ab! Man nennt dies das Gebiet der ***normalen Dispersion***. Dann wird gemäß (8.24) immer $v_G < v_{Ph}$.

Den Bereich der ***anomalen Dispersion*** $\mathrm{d}n_r/\mathrm{d}\omega < 0$ können wir wegen $\omega_0^2 - \omega^2 = (\omega_0-\omega)(\omega_0+\omega) \approx 2\omega_0(\omega_0-\omega)$ auch darstellen als

$$\omega_0 - \gamma/2 \le \omega \le \omega_0 + \gamma/2 \;\Rightarrow\; \Delta\omega_{aD} = \gamma .$$

Dies ist der Frequenzbereich $\Delta\omega$, in dem gemäß (8.21b) die Absorption κ größer wird als die Hälfte des Maximalwertes $\kappa(\omega_0)$.

In den Bereichen anomaler Dispersion wird der Imaginärteil κ des komplexen Brechungsindex und daher auch der Absorptionskoeffizient $\alpha(\omega)$ maximal.

Die Gruppengeschwindigkeit v_G wird gemäß (8.24) größer als die Vakuumlichtgeschwindigkeit c für

$$n_r + \omega\, \mathrm{d}n_r/\mathrm{d}\omega < 1 .$$

Setzt man für n_r (8.21a) ein und bildet $\mathrm{d}n_r/\mathrm{d}\omega$, so erhält man die Bedingung

$$v_G > c \quad \text{für } |\omega_0 - \omega| < \gamma/2 , \quad (8.24b)$$

die gerade dem Bereich der anomalen Dispersion entspricht. Die Tatsache, daß $v_G > c$ sein kann, ist auf den ersten Blick überraschend, weil es dem Postulat der Relativitätstheorie zu widersprechen scheint, die annimmt, dass die Vakuumlichtgeschwindigkeit c eine obere Schranke darstellt für alle Geschwindigkeiten, mit denen Signale übertragen werden können [8.2].

Das Ergebnis (8.24b) steht jedoch **nicht** im Widerspruch zu dieser Aussage. Dies sieht man folgendermaßen ein: Wir müssen unterscheiden zwischen verschiedenen Geschwindigkeiten:

- Die Phasengeschwindigkeit $v_{Ph} = c/n_r$
- Die Gruppengeschwindigkeit $v_G = \mathrm{d}\omega/\mathrm{d}k$
- Die Energieflussgeschwindigkeit v_E, die durch $I = v_E \cdot w_{em}$ definiert ist, wobei I die Intensität (Energieflussdichte) der elektromagnetischen Welle und w_{em} ihre Energiedichte angibt.

Es zeigt sich, dass in allen Medien immer gilt:

$$v_E \le c .$$

Schließlich wird noch die Signalgeschwindigkeit v_S eingeführt, mit der Signale übertragen werden können. Auch für sie gilt: $v_S \le c$. Um ein Signal zu übertragen, muss das einfallende Licht eine zeitspezifische Intensitätsänderung aufweisen, wie dies z. B. bei einem kurzen Lichtpuls der Fall ist, dessen Maximum als Signalzeit dient [8.2].

Im Bereich der anomalen Dispersion, in dem $v_G > c$ wird, ändert sich $n(\omega)$ sehr stark. Ein Puls mit der Länge ΔT hat die Frequenzbreite $\Delta\omega > 1/\Delta T$, er enthält also ein umso breiteres Frequenzspektrum, je kürzer er ist (Fourier-Relation). Die einzelnen Frequenzanteile haben wegen des großen Wertes von $\mathrm{d}n/\mathrm{d}\omega$ verschieden große Phasengeschwindigkeiten. Die Überlagerung dieser Frequenzanteile nach Durchlaufen des Mediums gibt deshalb einen Puls, dessen zeitlicher Verlauf verschieden ist von dem beim Eintritt in das Medium. Ein solcher verformter Puls kann deshalb die Eingangsinformation nicht mehr oder nur in verzerrter Form enthalten. [8.2]. Das Maximum des Pulses läuft mit einer Geschwindigkeit v_S, die verschieden ist von v_G, und es zeigt sich, dass sie immer kleiner als c ist [8.3–5].

Anmerkung

Oft wird die Wellenzahl k für Wellen in Materie als komplexe Zahl

$$k = n \cdot \omega/c = n \cdot k_0 = k_0(n_r - \mathrm{i}\kappa)$$

eingeführt. Dadurch kann man Wellen im Vakuum und in Materie durch die gleiche Formel

$$\begin{aligned} \boldsymbol{E} &= \boldsymbol{E}_0 \cdot \mathrm{e}^{\mathrm{i}(\omega t - kz)} = \boldsymbol{E}_0 \cdot \mathrm{e}^{-\kappa(\omega/c)z} \cdot \mathrm{e}^{\mathrm{i}(\omega t - n_r(\omega/c)z)} \\ &= \boldsymbol{E}_0 \cdot \mathrm{e}^{-(\alpha/2)z} \cdot \mathrm{e}^{\mathrm{i}(\omega t - n_r k_0 z)} \end{aligned}$$

beschreiben.

8.3 Wellengleichung für elektromagnetische Wellen in Materie

Wir gehen aus von den Maxwell-Gleichungen (4.26), die aufgrund der Überlegungen in den Abschnitten 1.7.3 und 3.5.2 in Materie mit der freien Ladungsdichte ϱ und der Stromdichte $\boldsymbol{j}$ die Form haben:

$$\nabla \times \boldsymbol{E} = -\frac{\partial \boldsymbol{B}}{\partial t}, \quad \nabla \cdot \boldsymbol{D} = \varrho ,$$
$$\nabla \times \boldsymbol{B} = \mu\mu_0 \left(\boldsymbol{j} + \frac{\partial \boldsymbol{D}}{\partial t} \right), \quad \nabla \cdot \boldsymbol{B} = 0$$

mit der dielektrischen Verschiebungsdichte

$$\boldsymbol{D} = \varepsilon\varepsilon_0 \boldsymbol{E} = \varepsilon_0 \boldsymbol{E} + \boldsymbol{P} ,$$

wobei $\boldsymbol{P}$ die dielektrische Polarisation ist.

8.3.1 Wellen in nichtleitenden Medien

In Isolatoren ist $\boldsymbol{j} = \boldsymbol{0}$, da hier keine Leitungsströme fließen. In ungeladenen Isolatoren sind auch keine freien Ladungsträger vorhanden, sodass $\varrho = 0$ gilt.

Analog zu der Herleitung der Wellengleichung im Vakuum (Abschn. 7.1) erhalten wir die Wellengleichung

$$\Delta \boldsymbol{E} = \mu\mu_0\varepsilon\varepsilon_0 \frac{\partial^2 \boldsymbol{E}}{\partial t^2} = \frac{1}{v_{\text{Ph}}^2} \frac{\partial^2 \boldsymbol{E}}{\partial t^2} \qquad (8.25\text{a})$$

für Wellen in Materie mit der Ausbreitungsgeschwindigkeit

$$v_{\text{Ph}} = c' = \frac{1}{\sqrt{\mu\mu_0\varepsilon\varepsilon_0}} = \frac{c}{\sqrt{\mu \cdot \varepsilon}} . \qquad (8.26)$$

Eine analoge Gleichung

$$\Delta \boldsymbol{B} = \frac{1}{c'^2} \frac{\partial^2 \boldsymbol{B}}{\partial t^2} \qquad (8.25\text{b})$$

ergibt sich für das magnetische Feld.

Für nicht ferromagnetische Medien ist $\mu \approx 1$ (siehe Abschn. 3.5).

Der Vergleich von (8.26) mit (8.1) zeigt, dass der Brechungsindex n mit der relativen Dielektrizitätskonstante ε verknüpft ist durch:

$$\boxed{n = \sqrt{\varepsilon}} . \qquad (8.26\text{a})$$

Setzt man in die Maxwell-Gleichung

$$\textbf{rot}\, \boldsymbol{B} = \mu_0 \frac{\partial \boldsymbol{D}}{\partial t}$$

den Ausdruck $\boldsymbol{D} = \varepsilon_0 \boldsymbol{E} + \boldsymbol{P}$ ein, so erhält man mit $\mu = 1$ statt (8.25) die völlig analoge Gleichung:

$$\Delta \boldsymbol{E} = \mu_0\varepsilon_0 \frac{\partial^2 \boldsymbol{E}}{\partial t^2} + \mu_0 \frac{\partial^2 \boldsymbol{P}}{\partial t^2}$$
$$= \frac{1}{c^2} \frac{\partial^2 \boldsymbol{E}}{\partial t^2} + \frac{1}{\varepsilon_0 c^2} \frac{\partial^2 \boldsymbol{P}}{\partial t^2} . \qquad (8.25\text{c})$$

Sie enthält in prägnanter Form das bereits im Abschnitt 8.1 diskutierte Ergebnis: Die Welle im Medium besteht aus der mit der Vakuumlichtgeschwindigkeit c (!) laufenden Primärwelle (1. Term in (8.25c)), der sich die durch die induzierten atomaren Dipole erzeugten Sekundärwellen überlagern (2. Term). Auch diese Sekundärwellen breiten sich mit der Geschwindigkeit c aus. Die kleinere Geschwindigkeit $c' = c/n$ kommt durch die Phasenverschiebung zwischen Sekundärwellen und Primärwelle zustande (Abb. 8.2).

Aus $\boldsymbol{B} = 1/\omega\, (\boldsymbol{k} \times \boldsymbol{E})$ (7.16a) folgt mit $\boldsymbol{k} = n\boldsymbol{k}_0$ und $|\boldsymbol{k}_0|/\omega = 1/c$, $\hat{\boldsymbol{k}}_0 = \boldsymbol{k}_0/|\boldsymbol{k}_0|$

$$\boldsymbol{B} = \frac{n}{c} (\hat{\boldsymbol{k}}_0 \times \boldsymbol{E}) = \frac{|n|}{c} (\hat{\boldsymbol{k}}_0 \times \boldsymbol{E}) \mathrm{e}^{\mathrm{i}\varphi_B} , \qquad (8.27)$$

wenn der komplexe Brechungsindex $n = n_r - \mathrm{i}\kappa$ geschrieben wird als

$$n = |n| \cdot \mathrm{e}^{\mathrm{i}\varphi_B} \quad \text{mit} \quad \tan\varphi_B = -\frac{\kappa}{n_r} .$$

Man sieht hieraus, dass in absorbierenden Medien ($\kappa \neq 0$) elektrisches Feld $\boldsymbol{E}$ und magnetisches Feld $\boldsymbol{B}$ *nicht* mehr in Phase sind.

Für den einfachsten Fall eines isotropen und homogenen Mediums hat bei einer einfallenden ebenen Welle

$$\boldsymbol{E} = \{E_x, 0, 0\} = \left\{E_0 \cdot \mathrm{e}^{\mathrm{i}(\omega t - kz)}, 0, 0\right\}$$

die dielektrische Polarisation nur eine Komponente P_x, für die bei nicht zu großen Feldstärken (Bereich der linearen Optik) gilt:

$$P_x = N\alpha E_x = N\alpha E_0 \mathrm{e}^{\mathrm{i}(\omega t - kz)} , \qquad (8.28)$$

wobei N die Zahl der induzierten Dipole pro Volumeneinheit und α ihre Polarisierbarkeit ist (siehe Abschn. 1.7).
Setzt man (8.28) in (8.25c) ein, so ergibt sich

$$-k^2 E_x = -\frac{\omega^2}{c^2} E_x - \frac{\omega^2 N\alpha}{\varepsilon_0 c^2} E_x$$
$$\Rightarrow k^2 = \frac{\omega^2}{c^2}(1 + N\alpha/\varepsilon_0) . \tag{8.29}$$

Mit $v_{\text{Ph}} = c/n = \omega/k \Rightarrow n = c \cdot k/\omega$ folgt

$$\boxed{n^2 = 1 + N\alpha/\varepsilon_0} . \tag{8.30}$$

Dies ist der Zusammenhang zwischen Brechungsindex n und Polarisierbarkeit α der Atome des Mediums.

Das induzierte Dipolmoment $p = -ex$ jedes atomaren Dipols, bei dem die Ladung $-e$ durch das elektrische Feld $\boldsymbol{E}$ der Welle die Auslenkung x erfährt, ist dann gemäß (8.6a)

$$p = \frac{e^2 E}{m(\omega_0^2 - \omega^2 + \mathrm{i}\gamma\omega)} .$$

Andererseits ist $p = \alpha(\omega) \cdot E$, sodass wir für die Polarisierbarkeit erhalten:

$$\alpha = \frac{e^2}{m(\omega_0^2 - \omega^2 + \mathrm{i}\gamma\omega)} . \tag{8.31}$$

Der Vergleich mit (8.30) gibt schließlich

$$\boxed{n^2 = 1 + \frac{e^2 N}{\varepsilon_0 m(\omega_0^2 - \omega^2 + \mathrm{i}\gamma\omega)}} . \tag{8.32}$$

Diese Relation gilt auch für größere Werte von $(n-1)$. Für $(n-1) \ll 1$ geht (8.32) wegen $(n^2-1) \approx (n-1) \cdot 2$ wieder in (8.12) über.

Man beachte:

In magnetischen Materialien ist die magnetische relative Permeabilität $\mu \neq 1$. Für den Brechungsindex n gilt dann:

$$n^2 = \varepsilon \cdot \varepsilon_0 \cdot \mu \cdot \mu_0 = \frac{1}{c^2}\varepsilon\mu \tag{8.33}$$
$$\Rightarrow n = \pm\sqrt{\varepsilon\mu} .$$

Man kann seit kurzem mikroskopische Strukturen aus Induktivitäten und Kondensatoren realisieren, für die gilt: $\varepsilon < 0$ und $\mu < 0$. Man kann zeigen [8.6], daß für diese Fälle das Minuszeichen in (8.33) gilt, d. h. *der Brechungsindex wird negativ*! Dies hat zur Folge, daß der Poyintingvektor

$$\boldsymbol{S} = \varepsilon\varepsilon_0 c^2 \cdot \boldsymbol{E} \times \boldsymbol{B}$$

für $\varepsilon < 0$ in die entgegengesetzte Richtung wie der Wellenvektor $\boldsymbol{k}$ zeigt.

Für *Medien mit negativem Brechungsindex* ist der Energiefluß entgegengerichtet zur Ausbreitungsrichtung der Welle [8.6] (siehe auch Abschn. 8.4.4).

8.3.2 Wellen in leitenden Medien

Wenn eine elektromagnetische Welle in ein leitendes Medium mit der elektrischen Leitfähigkeit σ eindringt, so erzeugt die elektrische Feldstärke $\boldsymbol{E}$ der Welle einen elektrischen Strom mit der Stromdichte $\boldsymbol{j}$. Man kann daher in der Maxwell-Gleichung (4.26b) nicht mehr wie bei Isolatoren $\boldsymbol{j} = \boldsymbol{0}$ setzen. Verfährt man zur Ableitung der Wellengleichung wie in Abschn. 8.3.1, so erhält man mit $\boldsymbol{j} = \sigma \cdot \boldsymbol{E}$ statt (8.25a) die Wellengleichung in leitenden Medien:

$$\Delta \boldsymbol{E} = \frac{1}{v_{\text{Ph}}^2}\frac{\partial^2 \boldsymbol{E}}{\partial t^2} + \mu\mu_0\sigma\frac{\partial \boldsymbol{E}}{\partial t} . \tag{8.34}$$

Der zusätzliche Term $\mu\mu_0\sigma \cdot \partial\boldsymbol{E}/\partial t$ entspricht dem Dämpfungsterm $-\gamma\ \mathrm{d}x/\mathrm{d}t$ in der Bewegungsgleichung des gedämpften Oszillators. Die Lösung von (8.34) für eine ebene Welle, die in z-Richtung durch das Medium läuft, muss deshalb eine gedämpfte Welle

$$\boldsymbol{E}(z,t) = \boldsymbol{E}_0 \cdot \mathrm{e}^{-(\alpha/2)z} \cdot \mathrm{e}^{\mathrm{i}(\omega t - kz)} \tag{8.35}$$

mit dem Absorptionskoeffizienten α sein.

Wir wollen uns überlegen, wie der Absorptionskoeffizient α mit der Leitfähigkeit σ zusammenhängt:

Bei einem elektrisch leitenden Medium liefern bei genügend hohen Frequenzen ω die freien Leitungselektronen den Hauptanteil zum Brechungsindex. Da hier die Rückstellkraft null ist (im Gegensatz zu den gebundenen Atomelektronen, die durch Rückstellkräfte mit der Federkonstante $k = m \cdot \omega_0^2$ an ihre Ruhelage gebunden sind), ist in (8.32) $\omega_0 = 0$. Wir erhalten daher für den Brechungsindex

$$n^2 = 1 - \frac{Ne^2/(\varepsilon_0 m)}{\omega^2 - \mathrm{i}\gamma\omega} . \tag{8.36}$$

Die Dämpfungskonstante γ ist durch Stöße der freien Leitungselektronen bestimmt. Für eine mittlere Zeit τ zwischen zwei Stößen gilt: $\gamma = 1/\tau$.

Man kann (8.36) mithilfe der ***Plasmafrequenz***

$$\omega_\mathrm{P} = \sqrt{\frac{N \cdot q^2}{\varepsilon_0 \cdot m}} \tag{8.37}$$

beschreiben. Dabei ist ω_P die Resonanzfrequenz, mit der Ladungsträger mit der Ladung q und der Teilchenzahldichte N gegen die entgegengesetzt geladenen Teilchen eines Plasmas (= ionisiertes Gas), das als Ganzes neutral ist, schwingen. In Metallen sind die Ladungsträger die Leitungselektronen mit der Ladung $q = -e$, die gegen die positiven Ionen des Festkörpers schwingen. Setzt man (8.37) in (8.36) ein, so ergibt sich

$$n^2 = 1 - \frac{\omega_\mathrm{P}^2}{\omega^2 - \mathrm{i}\gamma\omega} = 1 - \frac{\omega_\mathrm{P}^2}{\omega^2\left(1 - \frac{\mathrm{i}}{\omega\tau}\right)} \,. \tag{8.38}$$

Mit dem komplexen Brechungsindex $n = n_r - \mathrm{i}\kappa \Rightarrow n^2 = (n_r - \mathrm{i}\kappa)^2 = n_r^2 - \kappa^2 - 2\mathrm{i}n_r\kappa$ folgt nach Erweiterung des Bruchs in (8.38) mit $1 + \mathrm{i}/(\omega\tau)$ durch Vergleich von Real- und Imaginärteilen

$$n_r^2 - \kappa^2 = \frac{1 + \tau^2\left(\omega^2 - \omega_\mathrm{P}^2\right)}{1 + \omega^2\tau^2} \tag{8.39a}$$

$$2n_r\kappa = \frac{\omega_\mathrm{P}^2\tau}{\omega(1 + \omega^2\tau^2)} \,. \tag{8.39b}$$

Um die elektrische Leitfähigkeit zu bestimmen, gehen wir von der Bewegungsgleichung eines gedämpften Elektrons ohne Rückstellkraft unter dem Einfluss eines elektrischen Feldes $E = E_0 \exp[-\mathrm{i}\omega t]$ aus:

$$m\left(\frac{\mathrm{d}\boldsymbol{v}}{\mathrm{d}t} + \gamma\boldsymbol{v}\right) = \mathrm{e} \cdot \boldsymbol{E}_0 \mathrm{e}^{-\mathrm{i}\omega t} \,.$$

Mit dem Ansatz: $v = v_0 \cdot \mathrm{e}^{-\mathrm{i}\omega t}$ erhält man

$$\boldsymbol{v}_0 = \frac{\mathrm{e}\boldsymbol{E}_0}{m}\,\frac{1}{\gamma - \mathrm{i}\omega} \,.$$

Da die mittlere Stromdichte bei einer Ladungsträgerkonzentration N durch $\boldsymbol{j} = \sigma_\mathrm{el} \cdot \boldsymbol{E} = N \cdot \mathrm{e} \cdot \boldsymbol{v}_0$ gegeben ist, (siehe Abschn. 2.2) erhalten wir mit $\gamma = 1/\tau$ für die elektrische Leitfähigkeit

$$\begin{aligned}\sigma_\mathrm{el} &= \frac{N\mathrm{e}^2}{m}\,\frac{\tau}{1 - \mathrm{i}\omega\tau} = \varepsilon_0\omega_\mathrm{P}^2\frac{\tau}{1 - \mathrm{i}\omega\tau} \\ &= \varepsilon_0\omega_\mathrm{P}^2\frac{\tau(1 + \mathrm{i}\omega\tau)}{1 + \omega^2\tau^2} \,.\end{aligned} \tag{8.40}$$

Der Vergleich zwischen Real- und Imaginärteil in (8.39a,b) und (8.40) ergibt den Zusammenhang

$$n_r^2 - \kappa^2 = 1 - \frac{\mathrm{Re}(\sigma_\mathrm{el})}{\varepsilon_0/\tau} \;; \quad 2n_r\kappa = \frac{\mathrm{Im}(\sigma_\mathrm{el})}{\varepsilon_0\omega^2\tau} \tag{8.41}$$

zwischen Absorptionskoeffizient[1] α und elektrischer Leitfähigkeit σ_el:

Es ist aufschlussreich, sich die beiden Grenzfälle kleiner Frequenzen ($\omega\tau \ll 1$) und großer Frequenzen ($\omega\tau \gg 1$) anzusehen.

a) $\omega\tau \ll 1 \ll \omega_\mathrm{P}\tau$

Für die Leitfähigkeit erhalten wir aus (8.40):

$$\sigma_\mathrm{el} \approx \varepsilon_0 \cdot \tau \cdot \omega_\mathrm{P}^2 \,. \tag{8.42a}$$

Sie ist in dieser Näherung unabhängig von der Frequenz ω. Für den komplexen Brechungsindex ergibt sich aus (8.38)

$$\begin{aligned}n_r - \mathrm{i}\kappa &= \sqrt{1 - \frac{\omega_\mathrm{P}^2\tau}{\omega(\omega\tau - \mathrm{i})}} \\ &\approx \sqrt{1 - \mathrm{i}\cdot\frac{\omega_\mathrm{P}^2\tau}{\omega}} \approx \sqrt{-\mathrm{i}\frac{\omega_\mathrm{P}^2\tau}{\omega}} \,.\end{aligned}$$

Wegen $\sqrt{-\mathrm{i}} = (1 - \mathrm{i})/\sqrt{2}$ erhält man:

$$n_r = \kappa = \sqrt{\omega_\mathrm{P}^2\tau/2\omega} \,. \tag{8.42b}$$

Real- und Imaginärteil des Brechungsindex sind für $\omega\tau \ll 1 \ll \omega_P\tau$ gleich groß!

BEISPIEL

In einem Metall ist $N \approx 8 \cdot 10^{28}\,\mathrm{m}^{-3} \Rightarrow \omega_\mathrm{P} = 1{,}6 \cdot 10^{16}\,\mathrm{s}^{-1}$. Die mittlere Zeit zwischen Stößen der Elektronen ist $\tau \approx 2 \cdot 10^{-14}\,\mathrm{s}$. Für Frequenzen $\omega = 2 \cdot 10^{13}\,\mathrm{s}^{-1}$ ($\lambda = 94\,\mu\mathrm{m}$) wird $\omega\tau = 0{,}4$, $\omega_\mathrm{P} \cdot \tau = 320$, $\omega_\mathrm{P}^2 \cdot \tau = 5 \cdot 10^{18}$ und

$$n_r = \kappa = 354 \,.$$

Die Eindringtiefe der elektromagnetischen Welle (auch Skintiefe genannt) ist

$$\delta = \frac{1}{\alpha} = \frac{\lambda}{4\pi\kappa} = \frac{\lambda}{4775} = 2 \cdot 10^{-8}\,\mathrm{m} \,.$$

Die Welle dringt also kaum in das Metall ein.

---

[1] Leider werden Absorptionskoeffizient und Polarisierbarkeit mit dem gleichen Buchstaben α benannt.

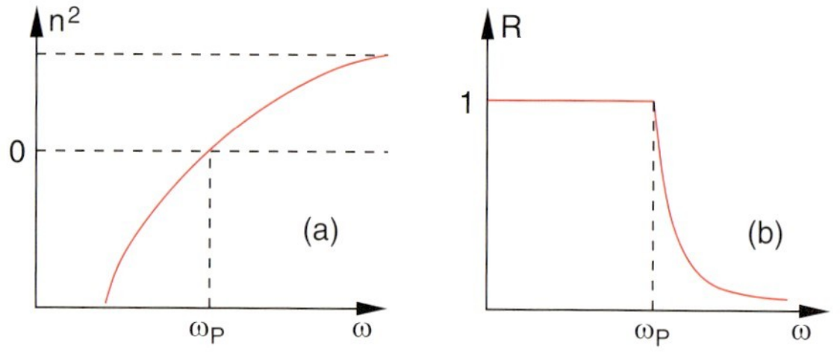

Abb. 8.8. (**a**) Quadrat des Brechungsindex n^2 (**b**) Reflexionsvermögen R von Metallen als Funktion der Frequenz der einfallenden Welle

b) $\omega_P \tau > \omega\tau \gg 1$
Hier wird die Leitfähigkeit

$$\sigma_{el} \approx i \cdot \varepsilon_0 \cdot \frac{\omega_P^2}{\omega} \tag{8.42c}$$

und aus (8.38) ergibt sich

$$n^2 \approx 1 - \frac{\omega_P^2}{\omega^2} . \tag{8.42d}$$

Für $\omega < \omega_P$ wird $n^2 < 0 \Rightarrow n = n_r - i\kappa$ wird rein imaginär, d. h. $n_r = 0$ (Abb. 8.8a). Die Welle pflanzt sich im Medium nicht fort, sondern wird total reflektiert (Abb. 8.8b). Sie dringt aber etwas in das Medium ein.
Der Absorptionskoeffizient ergibt sich zu

$$\alpha = \frac{4\pi\kappa}{\lambda} = \frac{4\pi}{\lambda}\sqrt{\frac{\omega_P^2}{\omega^2} - 1} = \frac{2}{c}\sqrt{\omega_P^2 - \omega^2} . \tag{8.42e}$$

Die Eindringtiefe ist:

$$\delta = \frac{1}{\alpha} = \frac{c}{2\sqrt{\omega_P^2 - \omega^2}} . \tag{8.42f}$$

Für $\omega > \omega_P$ wird n reell. Das Medium wird durchsichtig!

Die Plasmafrequenz ω_P hängt in diesem einfachen Modell nur von der Elektronendichte N ab, d. h. die Grenzfrequenz ω_P, bei der Metalle durchsichtig werden, steigt mit $\sqrt{N}$.

Anmerkung

In diesem einfachen Modell wurde der Einfluss der gebundenen Atomelektronen vernachlässigt, welcher mit abnehmender Wellenlänge zunimmt, sodass auch für $\omega > \omega_P$ eine Restabsorption bleibt, die auf die Absorption durch gebundene Elektronen zurückzuführen ist.

BEISPIELE

a) Für Kupfer ist $\sigma \approx 6 \cdot 10^7$ A/Vm, $\tau = 2{,}7 \cdot 10^{-14}$ s $\Rightarrow \omega_P = 1{,}6 \cdot 10^{16}\,s^{-1} \Rightarrow \nu_p = 2{,}5 \cdot 10^{15}$ Hz $\Rightarrow \lambda =$ 120 nm, d. h. für $\lambda > 120$ nm ist der Brechungsindex von Kupfer imaginär, d. h. es tritt Absorption auf. Für $\lambda < 120$ nm wird Kupfer transparent.
b) Für $\omega = 10^{13}\,s^{-1}$ ($\lambda = 180\,\mu m$) ist $\omega\tau \ll 1$ und $n = 580\,(1 - i) \Rightarrow \alpha = 3{,}8 \cdot 10^7\,m^{-1}$. Die Eindringtiefe ist $\delta = 1/\alpha \approx 26$ nm.
c) Für $\omega = 3 \cdot 10^{15}\,s^{-1}$ ($\lambda = 600$ nm) ist $\omega\tau \gg 1$ und nach (8.42d) $n^2 = -27 \Rightarrow n = n_r - i\kappa$ mit $n_r \approx 0$ und $\kappa = 5{,}2$. Der Absorptionskoeffizient ist daher $\alpha \approx 10^8\,m^{-1}$. Die einlaufende Welle wird total reflektiert, dringt aber noch etwas in das Medium ein. Die Eindringtiefe ist jetzt nur noch $\delta \approx 10^{-8}\,m = 10$ nm.
d) Für $\omega = 3 \cdot 10^{12}\,s^{-1}$ ($\lambda \approx 600\,\mu m$) $\Rightarrow n = 10^3\,(1 - i)$ sind Real- und Imaginärteil gleich groß. Die Eindringtiefe wird $\delta \approx 15$ nm. Allerdings versagt hier schon unser einfaches Modell, weil nicht nur die freien Elektronen, sondern auch die Atomschwingungen zur Absorption beitragen.
e) In den ionisierten Gasschichten der Erdatmosphäre (Heaviside-Schicht, siehe Abschn. 7.9.4) ist $N \approx 10^{11}\,m^{-3} \Rightarrow \omega_P = 2 \cdot 10^7$ rad/s $\Rightarrow \nu_P \approx 3$ MHz. Radiowellen mit $\nu < 3$ MHz werden an dieser Schicht total reflektiert.

8.3.3 Die elektromagnetische Energie von Wellen in Medien

In einem isotropen Medium mit dem komplexen Brechungsindex $n = n_r - i\kappa$ wird der Wellenvektor

$$\boldsymbol{k} = n \cdot \boldsymbol{k}_0 ,$$

wenn $\boldsymbol{k}_0$ mit $|\boldsymbol{k}_0| = \omega/c$ der Wellenvektor im Vakuum ist.

Für das Magnetfeld der Welle gilt nach (8.27)

$$\begin{aligned} \boldsymbol{B} &= \frac{1}{\omega}(\boldsymbol{k} \times \boldsymbol{E}) = \frac{n}{c}\,(\hat{\boldsymbol{k}}_0 \times \boldsymbol{E}) \\ &= \frac{|n|}{c}\,(\hat{\boldsymbol{k}}_0 \times \boldsymbol{E})\,\mathrm{e}^{\mathrm{i}\varphi_B} = \frac{1}{v_{\mathrm{Ph}}}\,(\hat{\boldsymbol{k}}_0 \times \boldsymbol{E})\,\mathrm{e}^{\mathrm{i}\varphi_B}\,. \end{aligned}$$

$\boldsymbol{B}$ steht wie im Vakuum senkrecht auf $\boldsymbol{E}$ und auf der Ausbreitungsrichtung. Bei komplexem Brechungsindex brauchen $\boldsymbol{B}$ und $\boldsymbol{E}$ nicht mehr in Phase zu sein! Ist der Imaginärteil des Brechungsindex klein gegen den Realteil (geringe Absorption), so ist die Phasenverschiebung jedoch vernachlässigbar.

Der Poyntingvektor der Welle ist

$$\boldsymbol{S} = \boldsymbol{E} \times \boldsymbol{H} = \frac{1}{\mu\mu_0}\,\boldsymbol{E} \times \boldsymbol{B} = \varepsilon\varepsilon_0 v_{\mathrm{Ph}}^2\,(\boldsymbol{E} \times \boldsymbol{B})\,. \tag{8.43}$$

Setzen wir für $\boldsymbol{E}$ den Ausdruck (8.35) ein und für $\boldsymbol{B}$ die Relation (8.27), so erhalten wir mit

$$E = E_0 \cdot \mathrm{e}^{\mathrm{i}\,\omega(t-nz/c)} = E_0 \cdot \mathrm{e}^{-\frac{\alpha}{2}\,z} \cdot \mathrm{e}^{+\mathrm{i}\,\varphi}$$

$(\varphi = \omega(t - n_r z/c))$ für den Betrag des Poyntingvektors

$$|\boldsymbol{S}| = \varepsilon\varepsilon_0 v_{\mathrm{Ph}} E_0^2 \mathrm{e}^{-\alpha z} \cos\varphi \cos(\varphi + \varphi_B)\,, \tag{8.44a}$$

wobei $\alpha = 2k_0\kappa$ der Absorptionskoeffizient ist. Der zeitliche Mittelwert $\langle S \rangle$ kann wegen

$$\begin{aligned} &\langle \cos\varphi \cdot \cos(\varphi + \varphi_B) \rangle \\ &\quad = \left\langle \cos^2\varphi \cdot \cos\varphi_B - \cos\varphi \cdot \sin\varphi \cdot \sin\varphi_B \right\rangle \\ &\quad = \frac{1}{2}\,\cos\varphi_B \end{aligned}$$

und wegen

$$\tan\varphi_B = -\kappa/n_r \;\Rightarrow\; \cos\varphi_B = \frac{n_r}{|n|}$$

geschrieben werden als

$$\langle |\boldsymbol{S}| \rangle = \frac{\varepsilon\varepsilon_0 c n_r}{2\,|n|^2}\,E_0^2\,. \tag{8.44b}$$

Die zeitlich gemittelte Intensität einer Welle in einem Medium mit Brechzahl n ist daher

$$\begin{aligned} \bar{I} &= \frac{1}{2}\varepsilon\varepsilon_0 c n_r/|n|^2 \cdot E_0^2 \mathrm{e}^{-\alpha z} \\ &= \frac{1}{2}\varepsilon\varepsilon_0 v_{\mathrm{Ph}} E_0^2 \mathrm{e}^{-\alpha z} \cos\varphi_B \end{aligned}\,. \tag{8.44}$$

8.4 Wellen an Grenzflächen zwischen zwei Medien

Eine ebene Welle

$$\boldsymbol{E}_{\mathrm{e}} = \boldsymbol{A}_{\mathrm{e}} \cdot \mathrm{e}^{\mathrm{i}(\omega_{\mathrm{e}} t - \boldsymbol{k}_{\mathrm{e}} \cdot \boldsymbol{r})} \tag{8.45a}$$

möge auf eine Grenzfläche zwischen zwei Medien mit unterschiedlichen Brechungsindizes n_1 bzw. n_2 treffen (Abb. 8.9). Nach den in Abschn. 8.2 entwickelten Vorstellungen regt die einfallende Welle in beiden Medien die Atomelektronen zu erzwungenen Schwingungen an. Die ausgestrahlten Sekundärwellen der schwingenden Dipole überlagern sich der Primärwelle. Die Frage ist nun, wie das gesamte Wellenfeld auf beiden Seiten der Grenzfläche aussieht.

Das Experiment zeigt, dass die einfallende Welle (8.45a) aufspaltet in

- eine gebrochene Welle

$$\boldsymbol{E}_{\mathrm{g}} = \boldsymbol{A}_{\mathrm{g}} \cdot \mathrm{e}^{\mathrm{i}\,(\omega_{\mathrm{g}} t - \boldsymbol{k}_{\mathrm{g}} \cdot \boldsymbol{r})}\,, \tag{8.45b}$$

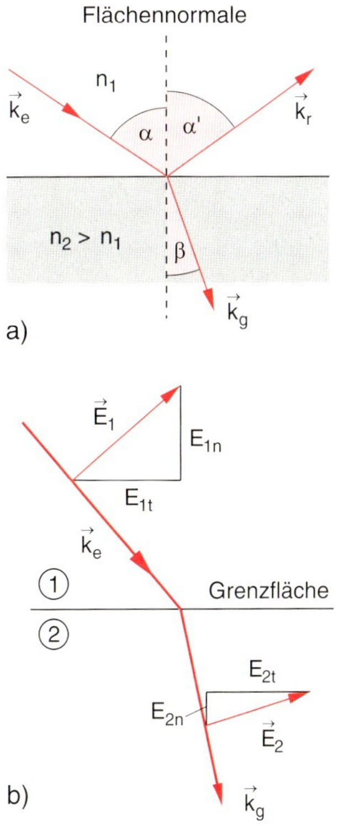

Abb. 8.9. (**a**) Wellenvektor von einfallender, gebrochener und reflektierter Welle an der ebenen Grenzfläche zwischen zwei Medien. (**b**) Zerlegung der elektrischen Feldstärke in Tangential- und Normalkomponente

die in das Medium 2 eindringt und im Allgemeinen eine andere Richtung hat als die einfallende Welle, und

- eine reflektierte Welle

$$\boldsymbol{E}_\mathrm{r} = \boldsymbol{A}_\mathrm{r} \cdot \mathrm{e}^{\mathrm{i}\,(\omega_\mathrm{r} t - \boldsymbol{k}_\mathrm{r} \cdot \boldsymbol{r})} \, . \tag{8.45c}$$

Wir wollen nun Relationen zwischen den Amplituden $\boldsymbol{A}_i$, den Frequenzen ω_i und den Wellenvektoren $\boldsymbol{k}_i$ der drei Wellen finden.

8.4.1 Randbedingungen für elektrische und magnetische Feldstärke

Wir zerlegen die Vektoren $\boldsymbol{E}$ und $\boldsymbol{B}$ in eine Komponente $\boldsymbol{E}_\mathrm{t}$ bzw. $\boldsymbol{B}_\mathrm{t}$ parallel zur Grenzfläche (Tangentialkomponente (Abb. 8.9b)) und eine Komponente $\boldsymbol{E}_\mathrm{n}$ bzw. $\boldsymbol{B}_\mathrm{n}$ senkrecht zur Grenzfläche (Normalkomponente). Wir schreiben die Vektoren also als $\boldsymbol{E} = \boldsymbol{E}_\mathrm{t} + \boldsymbol{E}_\mathrm{n}$; $\boldsymbol{B} = \boldsymbol{B}_\mathrm{t} + \boldsymbol{B}_\mathrm{n}$. Dies gilt für eine beliebige Orientierung von $\boldsymbol{E}_\mathrm{e} \perp \boldsymbol{k}_\mathrm{e}$. Beim Übergang der Welle von Medium 1 zu Medium 2 müssen die Tangentialkomponente $\boldsymbol{E}_\mathrm{t}$ und die Normalkomponente $\boldsymbol{B}_\mathrm{n}$ stetig sein, d. h. $\boldsymbol{E}_\mathrm{t}(1) = \boldsymbol{E}_\mathrm{t}(2)$; $\boldsymbol{B}_\mathrm{n}(1) = \boldsymbol{B}_\mathrm{n}(2)$ (siehe Abschn. 1.7.3 und 3.5.7). Wir schreiben: $E_\mathrm{t}(1) = E_{1\mathrm{t}}$, $E_\mathrm{n}(2) = E_{2\mathrm{n}}$ etc.

Wie wir bereits im Abschn. 1.7 gesehen haben, sinkt die elektrische Feldstärke in einem Medium mit der relativen Dielektrizitätskonstanten ε, welches in das homogene Feld eines Plattenkondensators gebracht wird, auf $1/\varepsilon$ ihres Vakuumwertes.

Da sich die Tangentialkomponente $\boldsymbol{E}_\mathrm{t}$ nicht ändert, muss dieser Sprung allein auf die Normalkomponente zurückgeführt werden. Daher gilt beim Übergang zwischen zwei Medien mit den relativen Dielektrizitätskonstanten ε_1, ε_2 die Relation

$$\frac{E_{1\mathrm{n}}}{E_{2\mathrm{n}}} = \frac{\varepsilon_2}{\varepsilon_1} = \frac{n_2^2}{n_1^2} \, , \tag{8.46}$$

weil für den Brechungsindex $n \approx \sqrt{\varepsilon}$ gilt, falls Absorption und magnetische Suszeptibilität vernachlässigt werden können.

Bei der magnetischen Feldstärke liegen die Verhältnisse gerade umgekehrt. Hier gilt nach Abschn. 3.5.7

$$B_{1\mathrm{n}} = B_{2\mathrm{n}}; \quad \frac{B_{1\mathrm{t}}}{B_{2\mathrm{t}}} = \frac{\mu_1}{\mu_2} \, . \tag{8.47}$$

Da jedoch für alle nicht ferromagnetischen Materialien die relative Permeabilitätskonstante $\mu \approx 1$ ist, gilt hier im Allgemeinen auch $B_{1\mathrm{t}} \approx B_{2\mathrm{t}}$.

8.4.2 Reflexions- und Brechungsgesetz

Wir wählen das Koordinatensystem so, dass die Grenzfläche in der x-z-Ebene liegt und der Wellenvektor $\boldsymbol{k}_\mathrm{e}$ der einfallenden Welle in der x-y-Ebene (Abb. 8.10). Die Ebene, welche durch $\boldsymbol{k}_\mathrm{e}$ und die Normale $\boldsymbol{N}$ auf der Grenzfläche bestimmt ist, heißt ***Einfallsebene*** (in Abb. 8.10 ist dies die x-y-Ebene). Für die drei Wellen (8.45a–c) folgt dann aus der Stetigkeit der Tangentialkomponente E_t:

$$E_\mathrm{et} + E_\mathrm{rt} = E_\mathrm{gt} \, . \tag{8.48a}$$

Für den Koordinatenursprung ($\boldsymbol{r} = \boldsymbol{0}$) ergibt dies:

$$\mathrm{A_{et}} \mathrm{e}^{\mathrm{i}\,(\omega_\mathrm{e} t)} + \mathrm{A_{rt}} \mathrm{e}^{\mathrm{i}\,(\omega_\mathrm{r} t)} = \mathrm{A_{gt}} \mathrm{e}^{\mathrm{i}\,(\omega_\mathrm{g} t)} \, . \tag{8.48b}$$

Diese Gleichung hat für beliebige Zeiten t nur dann nichttriviale Lösungen, wenn gilt:

$$\omega_\mathrm{e} \equiv \omega_\mathrm{r} \equiv \omega_\mathrm{g} \, , \tag{8.49}$$

d. h. alle drei Wellen haben die gleiche Frequenz ω.

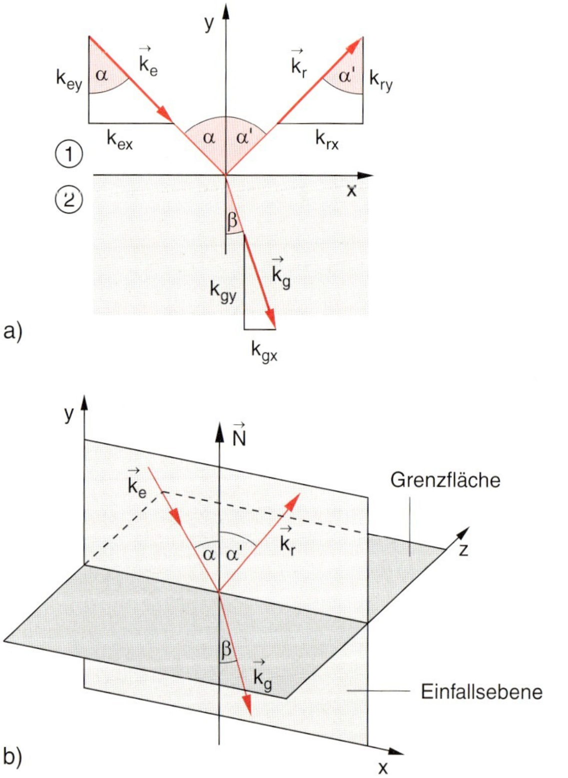

Abb. 8.10a,b. Wahl des Koordinatensystems für die Beschreibung von Reflexion und Brechung. (**a**) Einfallsebene als Zeichenebene; (**b**) perspektivische Darstellung

> Beim Übergang vom Medium 1 ins Medium 2, bei dem sich für verschiedene Brechzahlen n_1, n_2 die Phasengeschwindigkeit
>
> $$v_{\text{Ph}} = c' = c/n = \nu \cdot \lambda = \omega \cdot \lambda / 2\pi$$
>
> ändert, kann sich daher nur die Wellenlänge λ ändern, *nicht* die Frequenz ω!

Aus der Bedingung (8.48a), die ja für beliebige Punkte $\boldsymbol{r}$ der Grenzfläche gelten muss, folgt insbesondere, dass an jedem Ort $\boldsymbol{r}$ der Grenzfläche die Phasen der drei Wellen gleich sein müssen. Zusammen mit (8.49) folgt daraus:

$$\boldsymbol{k}_e \cdot \boldsymbol{r} = \boldsymbol{k}_r \cdot \boldsymbol{r} = \boldsymbol{k}_g \cdot \boldsymbol{r} \,. \tag{8.50}$$

Da die Grenzfläche in Abb. 8.10 in der x-z-Ebene liegt, gilt:

$$\begin{aligned} \boldsymbol{r} &= x\hat{\boldsymbol{e}}_x + z\hat{\boldsymbol{e}}_z \,, \\ \boldsymbol{k}_e &= k_{ex}\hat{\boldsymbol{e}}_x + k_{ey}\hat{\boldsymbol{e}}_y \,. \end{aligned} \tag{8.51}$$

Da wir über die Richtungen von $\boldsymbol{k}_g$ und $\boldsymbol{k}_r$ noch nichts wissen, setzen wir allgemein an:

$$\begin{aligned} \boldsymbol{k}_r &= k_{rx}\hat{\boldsymbol{e}}_x + k_{ry}\hat{\boldsymbol{e}}_y + k_{rz}\hat{\boldsymbol{e}}_z \,, \\ \boldsymbol{k}_g &= k_{gx}\hat{\boldsymbol{e}}_x + k_{gy}\hat{\boldsymbol{e}}_y + k_{gz}\hat{\boldsymbol{e}}_z \,. \end{aligned}$$

Einsetzen in (8.50) liefert mit (8.51)

$$k_{ex}x = k_{rx}x + k_{rz}z = k_{gx}x + k_{gz}z \,. \tag{8.52}$$

Da diese Gleichung für alle Punkte der Grenzfläche, d. h. für beliebige Werte von x und z, gelten muss, folgt:

$$\begin{aligned} k_{ex} &= k_{rx} = k_{gx} \,, \\ k_{rz} &= k_{gz} = 0 \,. \end{aligned} \tag{8.53}$$

Das bedeutet:

> Auch die Wellenvektoren von reflektierter und gebrochener Welle liegen in der Einfallsebene. Alle drei Wellen pflanzen sich in derselben Ebene fort.

In Abb. 8.10a ist diese Einfallsebene die Bildebene. Man entnimmt der Zeichnung unmittelbar die Relationen:

$$\begin{aligned} k_{ex} &= k_e \cdot \sin\alpha \,, \\ k_{rx} &= k_r \cdot \sin\alpha' \,, \\ k_{gx} &= k_g \cdot \sin\beta \,. \end{aligned} \tag{8.54}$$

Da für die Phasengeschwindigkeit $v_{\text{Ph}} = c'$ der elektromagnetischen Wellen gilt: $v_{\text{Ph}} = c/n$, folgt für die Beträge der Wellenvektoren in einem Medium mit Brechungsindex n:

$$k = \frac{\omega}{c'} = n \cdot \frac{\omega}{c} \,. \tag{8.55}$$

Da ω in beiden Medien denselben Wert hat, ergibt sich aus (8.55) mit (8.54)

$$\frac{\sin\alpha}{c_1'} = \frac{\sin\alpha'}{c_1'} = \frac{\sin\beta}{c_2'} \,. \tag{8.56}$$

Dies bedeutet:

$$\sin\alpha = \sin\alpha' \Rightarrow \alpha = \alpha' \,. \tag{8.57}$$

> Einfallswinkel α und Reflexionswinkel α' sind gleich. Zwischen dem Einfallswinkel α und dem Winkel β der gebrochenen Welle besteht folgende Beziehung:
>
> $$\frac{\sin\alpha}{\sin\beta} = \frac{c_1'}{c_2'} = \frac{n_2}{n_1} \tag{8.58}$$
>
> (***Snelliussches Brechungsgesetz***).

8.4.3 Amplitude und Polarisation von reflektierten und gebrochenen Wellen

Man kann die Amplitudenvektoren $\boldsymbol{A}$ der drei Wellen (8.45) zerlegen in Komponenten $\boldsymbol{A}_p$ *parallel* und $\boldsymbol{A}_s$ *senkrecht* zur Einfallsebene (Abb. 8.11). Dies sollte nicht verwechselt werden mit den Komponenten $\boldsymbol{E}_t$ bzw. $\boldsymbol{E}_n$ parallell bzw. senkrecht zur Grenzfläche.

Bei unserer Wahl des Koordinatensystems hat die Parallelkomponente $\boldsymbol{A}_p = \{A_x, A_y, 0\}$ eine x- und eine y-Komponente, während die senkrechte Komponente $\boldsymbol{A}_s = \{0, 0, A_z\}$ in z-Richtung zeigt, also tangential zur Grenzfläche ist.

Aus der Stetigkeit von $\boldsymbol{E}_s$ an der Grenzfläche folgt mit (8.48b) und (8.49) sofort:

$$\boldsymbol{A}_{es} + \boldsymbol{A}_{rs} = \boldsymbol{A}_{gs} \,. \tag{8.59a}$$

Für die Tangentialkomponenten des magnetischen Feldvektors folgt aus (8.47) und (8.27) für nicht

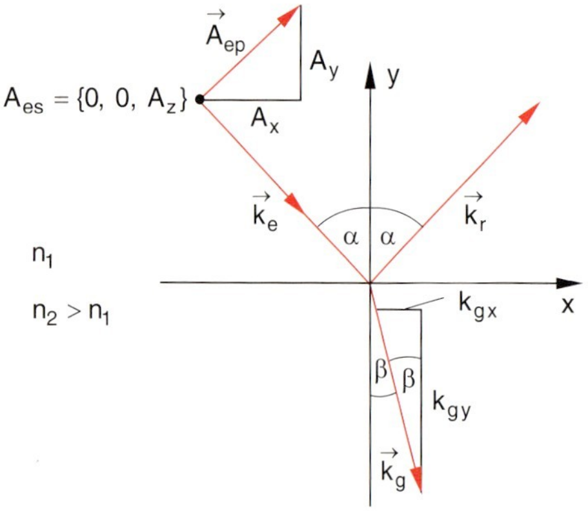

Abb. 8.11. Zur Herleitung der Fresnel-Gleichungen. Die Komponente $\boldsymbol{A}_{\mathrm{es}}$ steht senkrecht auf der Zeichenebene

ferromagnetische Materialien ($\mu \approx 1$) wegen

$$\boldsymbol{B} = \frac{n}{c\,k_0}(\boldsymbol{k}_0 \times \boldsymbol{E}) = \frac{n}{\omega}(\boldsymbol{k}_0 \times \boldsymbol{E}) = 1/\omega(\boldsymbol{k} \times \boldsymbol{E})$$

$$(\boldsymbol{k}_{\mathrm{e}} \times \boldsymbol{E}_{\mathrm{e}})_x + (\boldsymbol{k}_{\mathrm{r}} \times \boldsymbol{E}_{\mathrm{r}})_x = (\boldsymbol{k}_{\mathrm{g}} \times \boldsymbol{E}_{\mathrm{g}})_x\,,$$

was für die Komponente $\boldsymbol{E}_{\mathrm{s}}$ senkrecht zur Einfallsebene die Bedingung:

$$k_{\mathrm{e}y}A_{\mathrm{es}} + k_{\mathrm{r}y}A_{\mathrm{rs}} = k_{\mathrm{g}y}A_{\mathrm{gs}} \tag{8.59b}$$

ergibt. Da $k_{\mathrm{r}y} = -k_{\mathrm{e}y}$ ist, folgt:

$$A_{\mathrm{es}} - A_{\mathrm{rs}} = \frac{k_{\mathrm{g}y}}{k_{\mathrm{e}y}} A_{\mathrm{gs}}\,. \tag{8.60}$$

Aus (8.59a) und (8.60) erhält man:

$$A_{\mathrm{gs}} = \frac{2}{1+a} A_{\mathrm{es}} \quad \text{mit} \quad a = k_{\mathrm{g}y}/k_{\mathrm{e}y}\,,$$
$$A_{\mathrm{rs}} = \frac{1-a}{1+a} A_{\mathrm{es}}\,.$$

Aus Abb. 8.10 entnimmt man:

$$\frac{k_{\mathrm{e}y}}{k_{\mathrm{e}}} = \cos\alpha; \quad \frac{k_{\mathrm{g}y}}{k_{\mathrm{g}}} = \cos\beta\,.$$

Dies ergibt wegen $k_{\mathrm{g}} = (n_2/n_1)k_{\mathrm{e}}$:

$$a = \frac{n_2 \cos\beta}{n_1 \cos\alpha}\,.$$

Damit erhalten wir schließlich bei Verwendung von (8.58) die Amplitudenverhältnisse für reflektierte und gebrochene Welle (***Reflexionskoeffizient*** ϱ_{s} bzw. ***Transmissionskoeffizient*** τ_{s}):

$$\begin{aligned}\varrho_{\mathrm{s}} &= \frac{A_{\mathrm{rs}}}{A_{\mathrm{es}}} = \frac{1-a}{1+a}\\ &= \frac{n_1\cos\alpha - n_2\cos\beta}{n_1\cos\alpha + n_2\cos\beta}\\ &= -\frac{\sin(\alpha-\beta)}{\sin(\alpha+\beta)}\,,\end{aligned} \tag{8.61a}$$

$$\begin{aligned}\tau_{\mathrm{s}} &= \frac{A_{\mathrm{gs}}}{A_{\mathrm{es}}} = \frac{2}{1+a}\\ &= \frac{2n_1\cos\alpha}{n_1\cos\alpha + n_2\cos\beta}\\ &= \frac{2\sin\beta\cos\alpha}{\sin(\alpha+\beta)}\,.\end{aligned} \tag{8.61b}$$

Eine völlig analoge Überlegung für die zur Einfallsebene parallelen Komponenten $\boldsymbol{E}_{\mathrm{p}}$ ergibt (siehe Aufgabe 8.4)

$$\begin{aligned}\varrho_{\mathrm{p}} &= \frac{A_{\mathrm{rp}}}{A_{\mathrm{ep}}} = \frac{n_2\cos\alpha - n_1\cos\beta}{n_2\cos\alpha + n_1\cos\beta}\\ &= \frac{\tan(\alpha-\beta)}{\tan(\alpha+\beta)}\,,\end{aligned} \tag{8.62a}$$

$$\begin{aligned}\tau_{\mathrm{p}} &= \frac{A_{\mathrm{gp}}}{A_{\mathrm{ep}}} = \frac{2n_1\cos\alpha}{n_2\cos\alpha + n_1\cos\beta}\\ &= \frac{2\sin\beta\cos\alpha}{\sin(\alpha+\beta)\cos(\alpha-\beta)}\,.\end{aligned} \tag{8.62b}$$

Die Gleichungen (8.61, 8.62) heißen ***Fresnel-Formeln***. Sie bilden die Grundlage aller Berechnungen für die Reflexion oder Transmission elektromagnetischer Wellen an Grenzflächen zwischen zwei Medien mit Brechzahlen n_1 bzw. n_2, wenn die einfallende Welle im Medium 1 läuft und unter dem Einfallswinkel α auf die Grenzfläche trifft. Sie erlauben die Bestimmung der Polarisation von reflektierter und gebrochener Welle bei beliebiger Polarisation der einfallenden Welle [8.9].

Wir wollen die Anwendungen der Fresnel-Formeln nun an einigen Beispielen illustrieren.

8.4.4 Reflexions- und Transmissionsvermögen einer Grenzfläche

Der zeitliche Mittelwert $\bar{I}_{\mathrm{e}}$ der Intensität I_{e} der einfallenden Welle in einem Medium mit dem reellen

Brechungsindex n_1 ist nach (8.44):

$$\bar{I}_e = \varepsilon_0 \varepsilon_1 c_1' \overline{E_e^2} = \frac{1}{2} \varepsilon_0 \varepsilon_1 c_1' A_e^2 \qquad (8.63a)$$

mit $A_e = (A_s^2 + A_p^2)^{1/2}$ und $c_1' = c/n_1$. Der entsprechende Wert für die an der Grenzfläche reflektierte Intensität ist

$$\bar{I}_r = \frac{1}{2} \varepsilon_0 \varepsilon_1 c_1' A_r^2 \,. \qquad (8.63b)$$

Wir bezeichnen das Verhältnis

$$R = \frac{\bar{I}_r}{\bar{I}_e} = \frac{A_r^2}{A_e^2} \qquad (8.64a)$$

als ***Reflexionsvermögen*** der Grenzfläche. Streng genommen müssten wir hierbei berücksichtigen, dass ein Strahl, der unter dem Winkel α auf die Grenzfläche F auftrifft, im Medium 1 nur eine Querschnittsfläche $F_\alpha = F \cos\alpha$ hat. Dadurch ist die Intensität (Energie pro Zeit und Fläche) um den Faktor $1/\cos\alpha$ höher als die Intensität, die an der Grenzfläche herrscht. Deshalb sollten wir eigentlich schreiben:

$$R = \frac{\bar{I}_r \cos\alpha'}{\bar{I}_e \cos\alpha} \,. \qquad (8.64b)$$

Weil aber bei der Reflexion gilt: $\alpha' = \alpha$, sind wir berechtigt, (8.64a) zu verwenden.

Im Falle der Transmission müssen wir aber beachten, dass $\alpha \neq \beta$ ist, und das ***Transmissionsvermögen*** wird

$$T = \frac{\bar{I}_t \cos\beta}{\bar{I}_e \cos\alpha} \,. \qquad (8.64c)$$

Für $\bar{I}_t$ setzen wir ein:

$$\bar{I}_t = \frac{1}{2}\,\varepsilon_2 \varepsilon_0 c_2' A_g^2 = \frac{1}{2} \cdot \varepsilon_2 \varepsilon_0 \mu_2 \mu_0 c_2'^2 \cdot \frac{1}{\mu_0 c_2'}\, A_g^2$$
$$= \frac{1}{2} \frac{n_2}{\mu_0 c} A_g^2 \,,$$

wobei wir die Tatsache $c_2'^2 = 1/\varepsilon_2 \varepsilon_0 \mu_2 \mu_0$ und die Voraussetzung $\mu_2 = 1$ ausnutzen. Analog ergibt sich

$$\bar{I}_e = \frac{1}{2} \frac{n_1}{\mu_0 c} A_e^2 \,,$$

sodass wir mit (8.64c) erhalten:

$$T = \frac{n_2 \cos\beta}{n_1 \cos\alpha} \frac{A_g^2}{A_e^2} \,. \qquad (8.64d)$$

Da das Verhältnis A_r/A_e für die zur Einfallsebene parallele bzw. senkrechte Komponente von A_e unterschiedlich sein kann, hängt das Reflexionsvermögen nach den Fresnel-Formeln (8.61, 8.62) sowohl vom Einfallswinkel α und von den Brechungsindizes n_1, n_2 als auch von der Polarisation der einfallenden Welle ab. Wir erhalten aus (8.61) für die zur Einfallsebene senkrechte Komponente:

$$R_s = \frac{A_{rs}^2}{A_{es}^2} = \left(\frac{n_1 \cos\alpha - n_2 \cos\beta}{n_1 \cos\alpha + n_2 \cos\beta}\right)^2$$
$$= \left(\frac{\sin(\alpha - \beta)}{\sin(\alpha + \beta)}\right)^2 \,, \qquad (8.65a)$$

während für die parallele Komponente gilt:

$$R_p = \frac{A_{rp}^2}{A_{ep}^2} = \left(\frac{n_2 \cos\alpha - n_1 \cos\beta}{n_2 \cos\alpha + n_1 \cos\beta}\right)^2$$
$$= \left(\frac{\tan(\alpha - \beta)}{\tan(\alpha + \beta)}\right)^2 \,. \qquad (8.65b)$$

In Abb. 8.12 sind Reflexionskoeffizient $\varrho(\alpha)$ und Reflexionsvermögen $R(\alpha)$ für die beiden Komponenten im Fall $n_1 < n_2$ dargestellt. Bei senkrechtem Einfall ($\alpha = 0$) ist das Reflexionsvermögen für beide Komponenten gleich, wie es aus Symmetriegründen auch sein muss. Aus (8.65a,b) folgt:

$$\boxed{R(\alpha = 0) = \left(\frac{n_1 - n_2}{n_1 + n_2}\right)^2} \,. \qquad (8.66)$$

BEISPIEL

Das Reflexionsvermögen einer Luft-Glas-Grenzfläche ($n_1 = 1$, $n_2 = 1{,}5$) ist für $\alpha = 0°$

$$R = \left(\frac{0{,}5}{2{,}5}\right)^2 = 0{,}04 \,.$$

Es werden also 4% der einfallenden Intensität reflektiert. Der Bruchteil

$$T = \frac{4 n_1 n_2}{(n_1 + n_2)^2} \qquad (8.67)$$

dringt durch die Grenzschicht in das Medium 2 ein.

Allgemein kann man nachrechnen, dass ohne Absorption für die einzelnen Komponenten gilt:

$$T_p + R_p = 1 \,,$$

$$T_s + R_s = 1 \,,$$

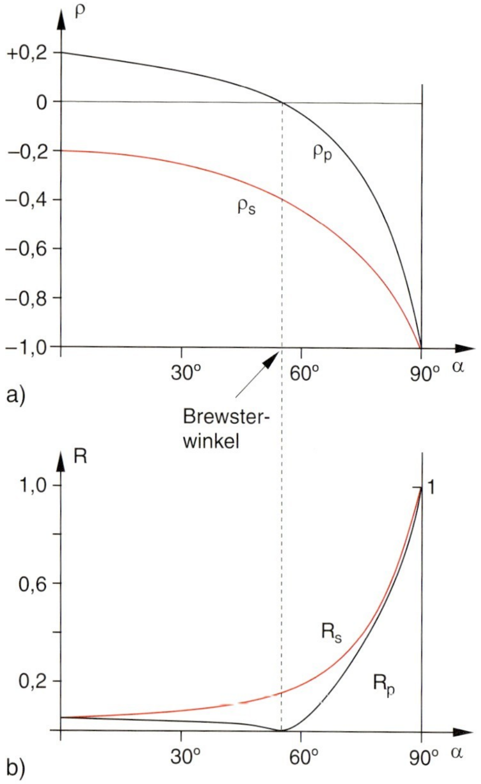

Abb. 8.12a,b. Reflexionskoeffizienten $\varrho(\alpha)$ und Reflexionsvermögen $R(\alpha) = \rho^2(\alpha)$ einer Luft-Glas-Grenzfläche ($n_1 = 1$, $n_2 = 1{,}5$) für die zur Einfallsebene senkrecht bzw. parallel polarisierte Komponente

wie auch insgesamt gilt:

$$T + R = 1\,.$$

Man beachte:

Für Materialien mit negativem Brechungsindex n liegt der gebrochene Strahl in Abb. 8.9 auf derselben Seite der Normale wie der einfallende Strahl (Abb. 8.13).

Mit $n_1 = 1$ und $n_2 < 0$ folgt aus (8.58)

$$\sin\beta = \frac{n_1}{n_2}\sin\alpha = \frac{1}{n_2}\sin\alpha < 0$$

$\Rightarrow$ $\beta < 0$, d. h. $\boldsymbol{k}_{\mathrm{g}}$ zeigt von der Normalen in Abb. 8.13 nach *links unten*.

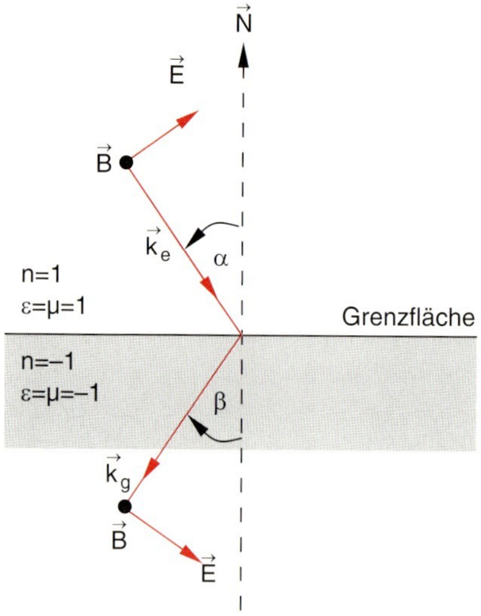

Abb. 8.13. Brechung einer elektromagnetischen Welle an der Grenzfläche eines Mediums mit negativem Brechungsindex

8.4.5 Brewsterwinkel

Man sieht aus (8.62a), dass für $\alpha + \beta = 90°$ die Amplitude $A_{\mathrm{rp}} = 0$ wird, d. h. die reflektierte Welle hat keine Parallelkomponente der elektrischen Feldstärke (Abb. 8.14), sie ist vollständig polarisiert senkrecht zur Einfallsebene.

Der Einfallswinkel $\alpha = \alpha_{\mathrm{B}}$, für den $\alpha + \beta = 90°$ wird, bei dem also die Wellenvektoren von reflektierter und gebrochener Welle senkrecht aufeinander stehen, heißt ***Brewsterwinkel***. Für $\alpha = \alpha_{\mathrm{B}}$ wird das Reflexionsvermögen R_{p} null (Abb. 8.12).

Dies lässt sich anschaulich verstehen. Die einfallende Welle regt die Elektronen der Atome in der Grenzschicht zu Schwingungen in Richtung des $\boldsymbol{E}$-Vektors im Medium an (Abb. 8.14b). Der Betrag des Poyntingvektors $\boldsymbol{S}$ ist bei einem Winkel ϑ von $\boldsymbol{S}$ gegen die Dipolachse proportional zu $\sin^2\vartheta$ (siehe Abschn. 6.5). Die induzierten Dipole strahlen keine Energie in Richtung der Dipolachse ($\vartheta = 0$) ab.

Aus $\sin\alpha / \sin\beta = n_2/n_1$ und $\alpha_{\mathrm{B}} + \beta = 90°$ folgt die Brewsterbedingung

$$\boxed{\tan\alpha_{\mathrm{B}} = \frac{n_2}{n_1}}\,. \qquad (8.68)$$

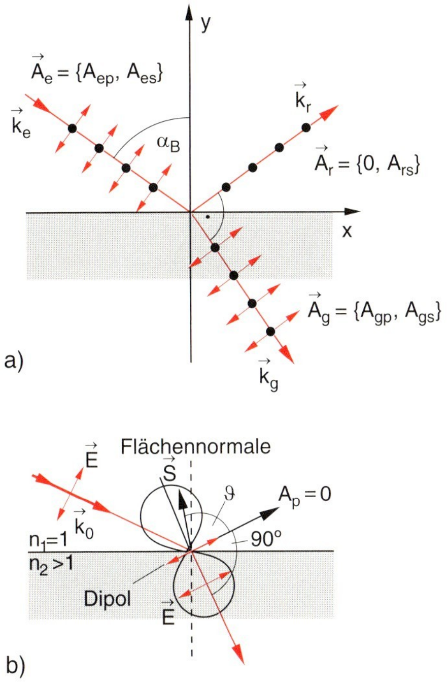

Abb. 8.14a,b. Linearpolarisation des reflektierten Lichts beim Einfall unter dem Brewsterwinkel α_B. (**a**) Schematische Darstellung; (**b**) physikalische Erklärung mithilfe der Abstrahlcharakteristik der schwingenden Dipole

BEISPIEL

Für die Grenzfläche Luft-Glas ist $n_1 = 1$ und $n_2 = 1{,}5$ (bei $\lambda = 600\,\text{nm}$). Damit wird $\alpha_B = 56{,}3°$.

Lässt man einen linear polarisierten Laserstrahl mit dem Amplitudenvektor $\boldsymbol{A} = \boldsymbol{A}_p$ unter 56,3° auf eine Glasplatte fallen, so geht der Strahl *ohne* Reflexionsverluste durch die Platte, weil $A_r = 0$ wird. Dies wird ausgenutzt, wenn man bei Gaslasern (siehe Bd. 3) das Entladungsrohr mit Brewsterfenstern abschließt, um Reflexionsverluste zu vermeiden.

8.4.6 Totalreflexion

Lässt man eine Lichtwelle aus einem optisch dichteren Medium 1 ins optische dünnere Medium 2 ($n_1 > n_2$) laufen, so folgt aus dem Brechungsgesetz (8.58) für den Winkel α:

$$\sin\alpha = \frac{n_2}{n_1}\sin\beta\,.$$

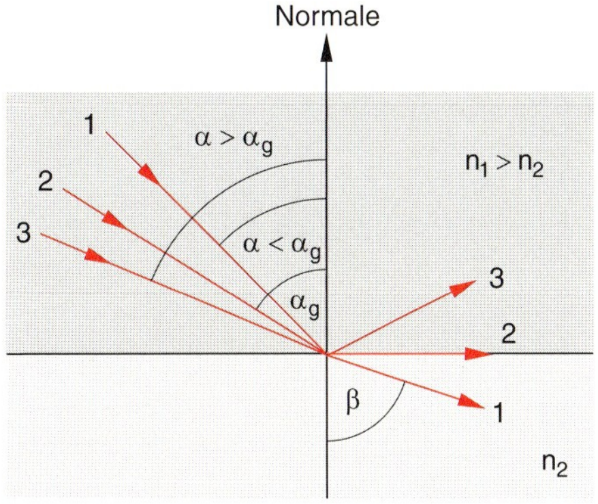

Abb. 8.15. Zur Totalreflexion von Wellen, die aus dem optisch dichteren Medium unter Winkeln $\alpha > \alpha_g$ auf die Grenzfläche fallen

Da $\sin\beta$ nicht größer als 1 werden kann, muss für den Winkel α gelten

$$\sin\alpha \le n_2/n_1\,,$$

damit die Welle ins Medium 2 eintreten kann (Abb. 8.15).

Für Winkel α mit $\sin\alpha > n_2/n_1$ wird alles Licht an der Grenzfläche reflektiert (Totalreflexion). Man nennt den Winkel α_g, für den

$$\sin\alpha_g = n_2/n_1 \tag{8.69}$$

ist, den ***Grenzwinkel der Totalreflexion***.

BEISPIEL

Für $n_1 = 1{,}5$ und $n_2 = 1$ wird $\alpha_g = 41{,}8°$. Man kann die Totalreflexion ausnutzen in 90°-Umkehrprismen (Abb. 8.16), bei denen der einfallende Lichtstrahl wieder in die gleiche Richtung, aber seitlich versetzt, reflektiert wird.

Solche *Retro-Reflektoren* wurden z. B. von den Astronauten auf dem Mond installiert, sodass man von der Erde aus mit einem Laserstrahl diese Retro-Reflektoren anpeilen und das reflektierte Licht messen

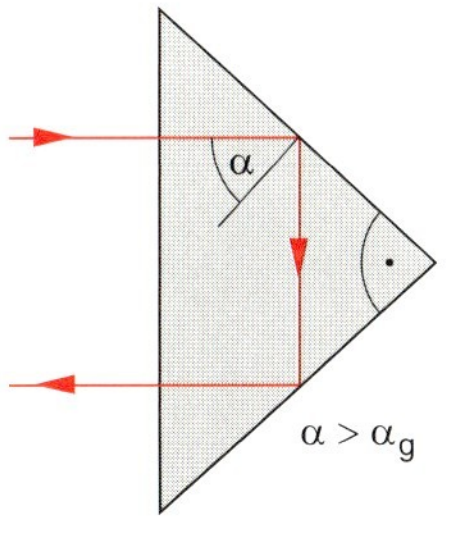

Abb. 8.16. Ausnutzung der Totalreflexion beim Retroreflexionsprisma (*Katzenauge*)

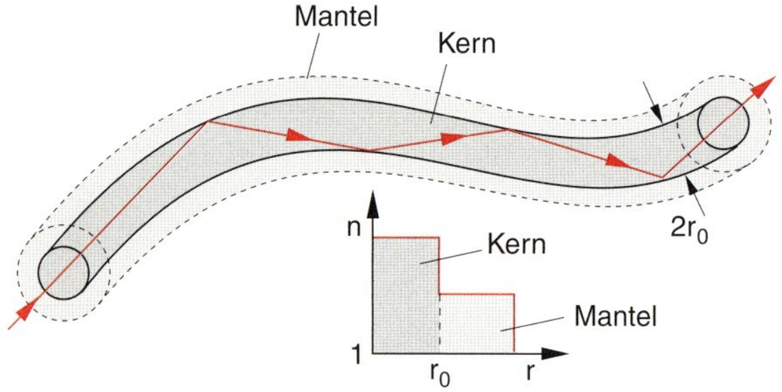

Abb. 8.17. Totalreflexion in einer Lichtleitfaser aus Glas

kann. Mit gepulsten Lasern kann aus der Messung der Lichtlaufzeit die Entfernung zwischen Messstation auf der Erde und Retroreflektor auf dem Mond bis auf 0,1 m genau (!) vermessen werden.

Die Totalreflexion wird in Lichtwellenleitern ausgenutzt, bei denen eine flexible dünne Quarzfaser einen Kern mit Brechungsindex n_1 hat (Durchmesser 3 μm – 1 mm), der von einem Mantel mit niedrigerem Brechungsindex $n_2 < n_1$ umgeben ist (Abb. 8.17).

Man beachte:

- Totalreflexion tritt nur beim Übergang vom optisch dichteren zum optisch dünneren Medium auf, wenn $\alpha \geq \alpha_g$ wird.
- Auch bei der Totalreflexion dringt die Welle etwas in das Medium 2 mit $n_2 < n_1$ ein (etwa 1 Wellenlänge weit). Man kann diese „evaneszente Welle" (durch die gestrichelten Linien in Abb. 8.18b angedeutet) experimentell durch die „verhinderte" Totalreflexion nachweisen (Abb. 8.18). Nähert man der total reflektierenden Grenzfläche Glas-Luft eine zweite Glasfläche, so tritt Licht in diese ein, wenn der Luftspalt kleiner als λ wird. Solche Experimente zeigen, dass die Intensität der Welle im Medium 2 exponentiell abnimmt wie $I = I_0 \cdot \mathrm{e}^{-x/\lambda}$. Ist das Medium 2 absorptionsfrei, so wird die Welle trotz des Eindringens in Medium 2 an der Grenzfläche 1–2 ohne Verluste reflektiert. Bringt man jedoch absorbierende Moleküle an die Grenzfläche im Medium 2, so fehlen die absorbierten Anteile im reflektierten Licht. Man kann auf diese Weise die Spektren dünner absorbierender Schichten messen.

8.4.7 Änderung der Polarisation bei schrägem Lichteinfall

Lässt man linear polarisiertes Licht unter dem Winkel α auf eine Grenzfläche fallen, so tritt bei der reflektierten und bei der gebrochenen Welle im Allgemeinen eine Drehung der Polarisationsebene ein.

Sei γ_e der Winkel, den der elektrische Feldvektor $\boldsymbol{E}_e$ der einfallenden Welle mit der Einfallsebene bildet (Abb. 8.19). Dann ist

$$\tan\gamma_e = \frac{A_{es}}{A_{ep}} .$$

Für den Winkel γ_r, den der $\boldsymbol{E}$-Vektor der reflektierten Welle mit der Einfallsebene bildet, folgt aus den Fresnel-Formeln (8.61, 8.62)

$$\tan\gamma_r = \frac{A_{rs}}{A_{rp}} = -\frac{\cos(\alpha-\beta)}{\cos(\alpha+\beta)} \cdot \tan\gamma_e . \qquad (8.70)$$

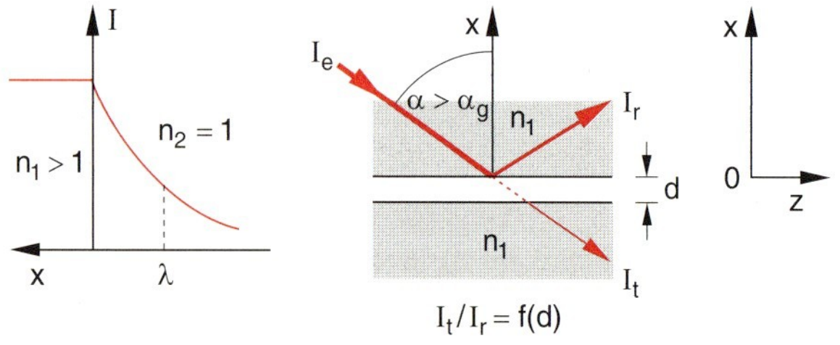

Abb. 8.18a,b. Verhinderte Totalreflexion. (**a**) Über die Grenzfläche bei $x = 0$ in das Medium mit $n_2 < n_1$ eindringende Intensität. (**b**) Experimentelle Anordnung zur Demonstration der verhinderten Totalreflexion. Mit abnehmender Dicke d des Luftspalts steigt das Verhältnis I_t/I_r

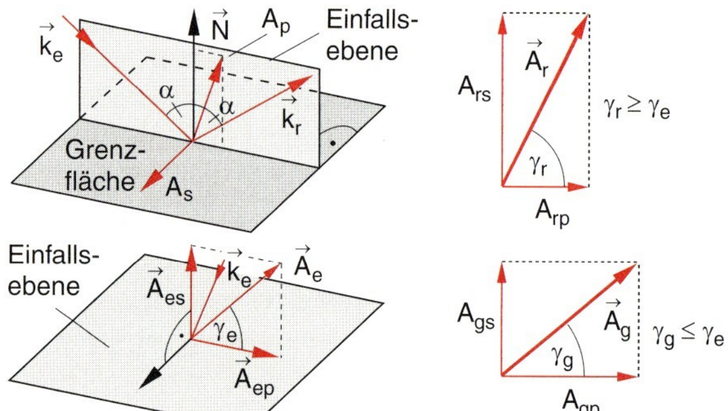

Abb. 8.19. Zur Änderung der Polarisation bei der Reflexion

Da $\cos(\alpha-\beta) > \cos(\alpha+\beta)$ ist, folgt:

$$\gamma_r > \gamma_e \,.$$

Bei der Reflexion wird die Polarisierungsrichtung von der Einfallsebene weggedreht.

Nur bei senkrechtem Einfall ($\alpha = 0°$) oder für $\gamma_e = 0°$ oder 90° bleibt die Polarisationsrichtung erhalten (abgesehen vom Brewster-Fall mit $A_{es} = 0$, für den man γ_r nicht mehr definieren kann).

Für die durchgelassene Welle erhalten wir den Winkel γ_g mit

$$\tan\gamma_g = \frac{A_{gs}}{A_{gp}} = \cos(\alpha-\beta)\cdot\tan\gamma_e \,. \tag{8.71}$$

Da $\cos(\alpha-\beta) \leq 1$ ist, folgt $\gamma_g \leq \gamma_e$.

Bei der Brechung wird die Polarisationsebene zur Einfallsebene hingedreht.

8.4.8 Phasenänderung bei der Reflexion

Wir betrachten im Folgenden nur absorptionsfreie Medien ($\kappa = 0$). Wird die Welle am optisch dichteren Medium 2 reflektiert ($n_2 > n_1$), so folgt aus (8.61) wegen $\cos\beta > \cos\alpha$, dass die Amplitude $\boldsymbol{A}_{rs}$ der zur Einfallsebene senkrechten Komponente das Vorzeichen gegenüber $\boldsymbol{A}_{es}$ ändert. Das bedeutet:

Bei der Reflexion am optisch dichteren Medium tritt für die zur Einfallsebene senkrechte Komponente ein Phasensprung von π auf.

Für die zur Einfallsebene parallele Komponente $\boldsymbol{A}_p$ in Abb. 8.11 sagen wir, dass ein Phasensprung von π bei der Reflexion stattgefunden hat, wenn die y-Komponente ihr Vorzeichen wechselt.

Man sieht aus (8.62a), dass ϱ_p negativ wird für $(\alpha+\beta) > \pi/2$. Da $\alpha+\beta = \pi/2$ die Bedingung für den Brewsterwinkel $\alpha = \alpha_B$ ist, erfährt die Parallelkomponente nur für Einfallswinkel $\alpha > \alpha_B$ einen Phasensprung von π bei der Reflexion am optisch dichteren Medium. Der Übergang von $\alpha < \alpha_B$ zu $\alpha > \alpha_B$ ist für A_p trotzdem *nicht* diskontinuierlich, weil A_p für $\alpha = \alpha_B$ null wird (Abb. 8.20).

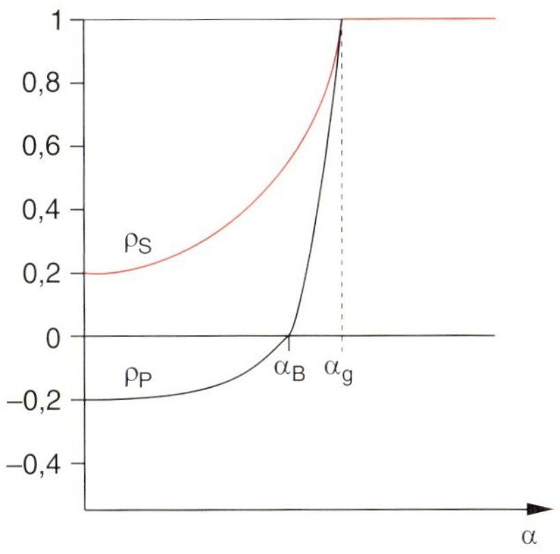

Abb. 8.20. Amplitudenreflexionskoeffizienten ϱ_s und ϱ_p beim Übergang vom optisch dichteren in das optisch dünnere Medium

Anmerkung

Bei senkrechtem Einfall ($\alpha = 0°$) wird die Unterscheidung zwischen A_p und A_s bedeutungslos, da alle Ebenen durch die Einfallsrichtung Einfallsebenen sind. Legt man für $\alpha > 0°$ die Einfallsebene fest, so folgt für $\alpha \to 0$ aus (8.61a, 8.62a) für beide Komponenten:

$$\frac{A_{rs}}{A_{es}} = \frac{A_{rp}}{A_{ep}} = \frac{n_1 - n_2}{n_1 + n_2} < 0$$

für $n_2 > n_1$, d. h. beide Komponenten erfahren einen Phasensprung, sodass man einfach sagen kann: Die Welle macht dann einen Phasensprung von π bei der Reflexion.

Bei der Reflexion am optisch dünneren Medium ($n_2 < n_1 \Rightarrow \alpha < \beta$) sieht man aus (8.61a), dass für die zur Einfallsebene senkrechte Komponente $\boldsymbol{A}_s$ *kein* Phasensprung auftritt. Für die parallele Komponente $\boldsymbol{A}_p$ ergibt (8.62a), dass für $(\alpha+\beta) < \pi/2$, d. h. $\alpha < \alpha_B$, ein Phasensprung von π auftritt, danach (bis zur Totalreflexion) tritt kein Phasensprung auf (Abb. 8.21).

Für die gebrochene Welle bleibt in jedem Fall das Vorzeichen erhalten, d. h. hier tritt in keinem der beiden Fälle ein Phasensprung auf.

Bei der Totalreflexion (Abb. 8.21) sind die Phasensprünge $\Delta\varphi$ der beiden Komponenten verschieden groß. Man sieht dies, wenn man (8.61) bzw. (8.62) mithilfe von (8.69) umschreibt. So erhält man z. B. aus (8.61a)

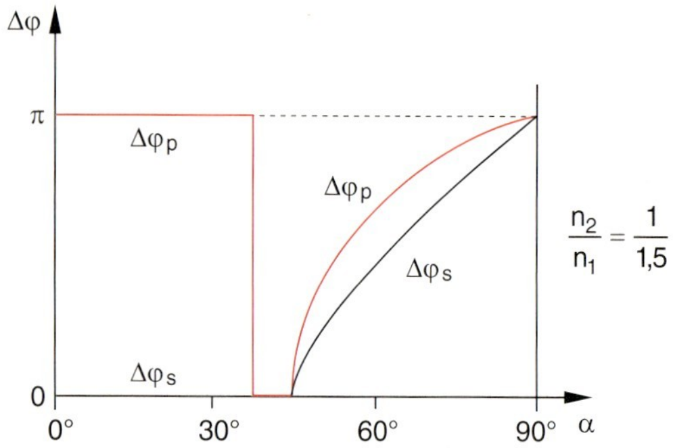

Abb. 8.21. Phasensprünge für A_p und A_s bei der Totalreflexion als Funktion des Einfallswinkels α für $n_1 = 1{,}5 \cdot n_2$

durch Kürzen mit n_1:

$$\varrho_s = \frac{\cos\alpha - \sqrt{\sin^2\alpha_g - \sin^2\alpha}}{\cos\alpha + \sqrt{\sin^2\alpha_g - \sin^2\alpha}} . \tag{8.72}$$

Für $\alpha > \alpha_g$ wird der Radikand negativ und Zähler und Nenner komplex. Wie man durch Nachrechnen erkennt, bleibt jedoch $\varrho_s \cdot \varrho_s^* = 1$, sodass das Reflexionsvermögen $R = 1$ bleibt.

Der Phasensprung $\Delta\varphi(\alpha)$ steigt von $\Delta\varphi(\alpha_g) = 0$ bis $\Delta\varphi(90°) = \pi$ (Abb. 8.21). Genauere Details findet man in [8.10, 11].

Man erhält für die senkrecht polarisierte Komponente einer an der Grenzfläche total reflektierten Welle ($n_2 < n_1$) den Phasensprung $\Delta\varphi_s$ mit

$$\tan\left(\frac{\Delta\varphi_s}{2}\right) = \frac{1}{\cos\alpha}\sqrt{\sin^2\alpha - \left(\frac{n_2}{n_1}\right)^2} \tag{8.73a}$$

und für die parallele Komponente

$$\tan\left(\frac{\Delta\varphi_p}{2}\right) = \frac{n_1^2}{n_2^2\cos\alpha}\sqrt{\sin^2\alpha - \left(\frac{n_2}{n_1}\right)^2} . \tag{8.73b}$$

8.4.9 Reflexion an Metalloberflächen

Metalle absorbieren elektromagnetische Wellen in einem weiten Frequenzbereich.

> Der Imaginärteil κ des komplexen Brechungsindex ist im Sichtbaren für Metalle im Allgemeinen größer als der Realteil n'! (Siehe Abschn. 8.3.2).

Um aus den Fresnel-Formeln (8.61a, 8.62a) das Reflexionsvermögen einer Grenzfläche Luft-Metall zu bestimmen, müssen wir $n_1 = 1$ und $n_2 = n' - \mathrm{i}\kappa$ einsetzen. Dies ergibt bei reeller Amplitude der einfallenden Welle komplexe Ausdrücke für die Amplituden A_{rs} und A_{rp} der reflektierten Welle, was bedeutet, dass sich sowohl die Amplitude als auch die Phase bei der Reflexion ändern.

Die Phasensprünge $\Delta\varphi$ zwischen reflektierter und einfallender Welle sind dann durch

$$\tan(\Delta\varphi) = -\frac{\mathrm{Im}(A_r)}{\mathrm{Re}(A_r)}$$

gegeben. Sie können Werte zwischen 0 und π annehmen und sind für A_{rs} und A_{rp} im Allgemeinen unterschiedlich (siehe Aufgabe 8.5). Deshalb ändert sich der Polarisationszustand der Welle bei der Reflexion, außer wenn linear polarisiertes Licht einfällt, dessen $\boldsymbol{E}$-Vektor senkrecht bzw. parallel zur Einfallsebene liegt. Bei allen anderen Richtungen von $\boldsymbol{E}$ wird aus linear polarisiertem Licht bei der Reflexion elliptisch polarisiertes Licht.

Bei senkrechtem Einfall ($\alpha = 0$) erhalten wir aus (8.66) mit $n_1 = 1$, $n_2 = n' - \mathrm{i}\kappa$ das Reflexionsvermögen:

$$R = \left|\frac{n' - \mathrm{i}\kappa - 1}{n' - \mathrm{i}\kappa + 1}\right|^2 = \frac{(n'-1)^2 + \kappa^2}{(n'+1)^2 + \kappa^2} . \tag{8.74}$$

Es hängt vom Imaginär- und Realteil der komplexen Brechzahl $n_2 = n' - \mathrm{i}\kappa$ ab. Da diese beiden Größen gemäß (8.39) von der Frequenz ω und damit von der Wellenlänge λ der einfallenden Strahlung abhängen (Abb. 8.22), wird $R(\lambda)$ wellenlängenabhängig!

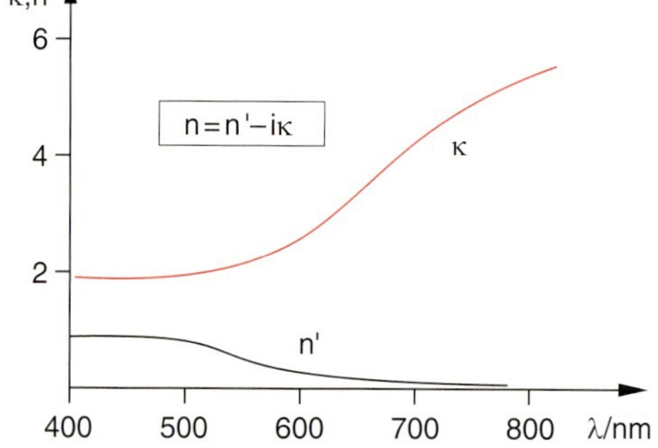

Abb. 8.22. Wellenlängenabhängigkeit von Real- und Imaginärteil des Brechungsindex von Gold

BEISPIEL

Für Aluminium ist der Brechungsindex bei $\lambda = 600\,\text{nm}$: $n' = 0{,}95$, $\kappa = 6{,}4$. Das Reflexionsvermögen ist daher bei senkrechtem Einfall $R = 0{,}91$.

Man sieht aus (8.74) dass für $\kappa \gg n'$ das Reflexionsvermögen $R \approx 1$ wird.

Dies bedeutet: Die Grenzschicht von stark absorbierenden Medien hat ein großes Reflexionsvermögen (siehe Tabelle 8.3)!

Das Transmissionsvermögen einer dünnen absorbierenden Schicht der Dicke Δz ist durch

$$T = \frac{I_\text{t}}{I_\text{e}} = \text{e}^{-\alpha \Delta z} = \text{e}^{-4\pi\kappa\Delta z/\lambda_0}$$

gegeben. Der Absorptionskoeffizient $\alpha(\lambda)$ und damit auch $\kappa(\lambda)$ hängt von der Wellenlänge λ ab (siehe Abb. 8.6). Die Wellenlängen, für die κ maximal ist, werden nach (8.74) bevorzugt reflektiert.

An Grenzflächen von stark absorbierenden Medien, bei denen der Brechungsindex einen Sprung macht, ist der Reflexionskoeffizient proportional zum Absorptionskoeffizienten. Man beachte jedoch, dass dies nicht mehr gilt, wenn α nicht plötzlich, sondern über eine Strecke von mehreren Wellenlängen ansteigt. Dann geht R gegen null und alles Licht wird absorbiert.

Anmerkung

In der Abbildung 8.23 ist zwar im Gegensatz zu (8.74), wo senkrechter Einfall vorausgesetzt wurde, schräger Einfall dargestellt, weil im Experiment das einfallende Lichtbündel vom reflektierten getrennt werden muss, die allgemeine Formel sagt aber sinngemäß dasselbe aus wie (8.74).

Tabelle 8.3. Realteil n' und Imaginärteil κ der Brechzahl $n = n' - \text{i}\kappa$ und Reflexionsvermögen R einiger Metalle bei 500 und 1000 nm

Wellenlänge in nm	Metall	n'	κ	R
500	Kupfer	1,031	2,78	0,65
500	Silber	0,17	2,94	0,93
500	Gold	0,84	1,84	0,50
1000	Kupfer	0,147	6,93	0,99
1000	Silber	0,13	6,83	0,99
1000	Gold	0,18	6,04	0,98

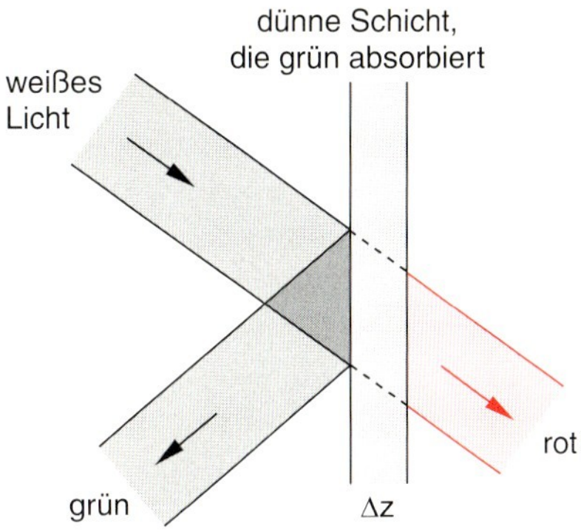

Abb. 8.23. Zur Demonstration, dass bei stark absorbierenden Medien Reflexions- und Absorptionsvermögen zueinander proportional sind

EXPERIMENT

Malt man mit einem roten Folienschreiber auf eine transparente Folie, so erscheint das Schriftbild in Transmission rot, weil grün bevorzugt absorbiert wird (Abb. 8.23). Legt man die Folie auf einen dunklen Untergrund und beleuchtet sie von oben, so erscheint die Schrift in der Reflexion grün!

8.5 Lichtausbreitung in nichtisotropen Medien; Doppelbrechung

In optisch anisotropen Medien ist (im Modell des schwingenden Oszillators) die Rückstellkraft $F_\text{R} = -k_\text{R} x$, mit der ein schwingendes Elektron an seine Ruhelage gebunden ist, von der Richtung der Schwingung im Kristall abhängig. Dies bedeutet, dass die Eigenfrequenzen $\omega_{0\text{i}} = (k_{\text{Ri}}/m)^{1/2}$ für die verschiedenen Polarisationsrichtungen der einfallenden Welle verschieden sind. Nach (8.32) hat dies zur Folge, dass der Brechungsindex n nicht nur von der Frequenz ω, sondern auch von der Richtung des $\boldsymbol{E}$-Vektors und des

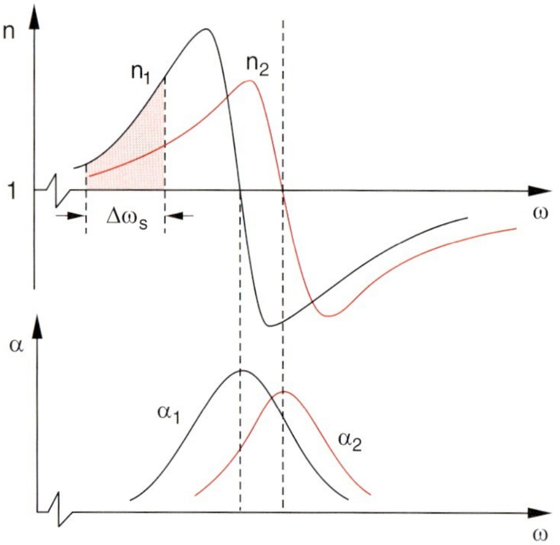

Abb. 8.24. Brechungsindizes $n_1(\omega)$ und $n_2(\omega)$ und Absorptionskoeffizienten $\alpha(\omega)$ für zwei zueinander senkrecht polarisierte Wellen in einem anisotropen Kristall. Der sichtbare Spektralbereich ist durch $\Delta\omega_s$ bezeichnet

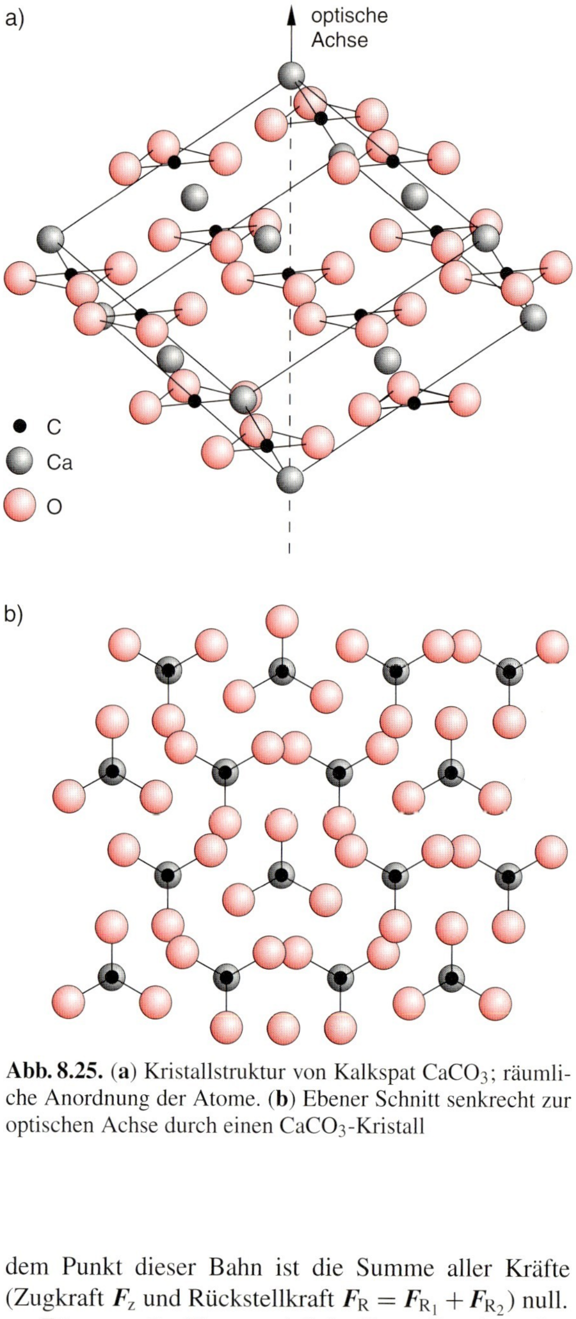

Abb. 8.25. (**a**) Kristallstruktur von Kalkspat $CaCO_3$; räumliche Anordnung der Atome. (**b**) Ebener Schnitt senkrecht zur optischen Achse durch einen $CaCO_3$-Kristall

$\boldsymbol{k}$-Vektors, d. h. von der Ausbreitungsrichtung der Welle abhängt (Abb. 8.24).

Die optische Anisotropie hängt von der Kristallstruktur ab. In Abb. 8.25 ist die Anordnung der Atome in einem Kalkspatkristall $CaCO_3$ illustriert. Man sieht, dass es eine Vorzugsrichtung gibt (optische Achse, senkrecht zur Ebene der Abb. 8.25b), dass die Atomanordnung jedoch *nicht* rotationssymmetrisch um diese Achse ist. Dies macht bereits anschaulich deutlich, dass die Rückstellkräfte auf die Elektronenhüllen auf Grund des anisotropen Kraftfeldes der positiv geladenen Kerne von der Richtung in der Ebene der Abb. 8.25b abhängen.

8.5.1 Ausbreitung von Lichtwellen in anisotropen Medien

Um dies genauer zu verstehen, führen wir ein einfaches analoges mechanisches Experiment (Abb. 8.26) durch. Zwei verschieden starke Spiralfedern sind in x- bzw. y-Richtung auf einem weißen Brett ausgespannt. Der Verbindungspunkt P ist durch eine schwarze Scheibe markiert. Zieht man jetzt die Scheibe mit einem Faden in die Diagonalrichtung, so folgt die Scheibe *nicht*, wie vielleicht erwartet, dieser Richtung, sondern dem Pfeil $\Delta\boldsymbol{s}$, der gegen die Diagonale geneigt ist. In jedem Punkt dieser Bahn ist die Summe aller Kräfte (Zugkraft $\boldsymbol{F}_z$ und Rückstellkraft $\boldsymbol{F}_R = \boldsymbol{F}_{R_1} + \boldsymbol{F}_{R_2}$) null.

Für unser Oszillatormodell der Doppelbrechung bedeutet dies: Die Schwingungsrichtung der Oszillatoren im anisotropen Kristall ist nicht unbedingt parallel zum elektrischen Vektor der einfallenden Welle. Mathematisch lässt sich dies dadurch beschreiben, dass die relative Dielektrizitätskonstante ε kein Skalar mehr

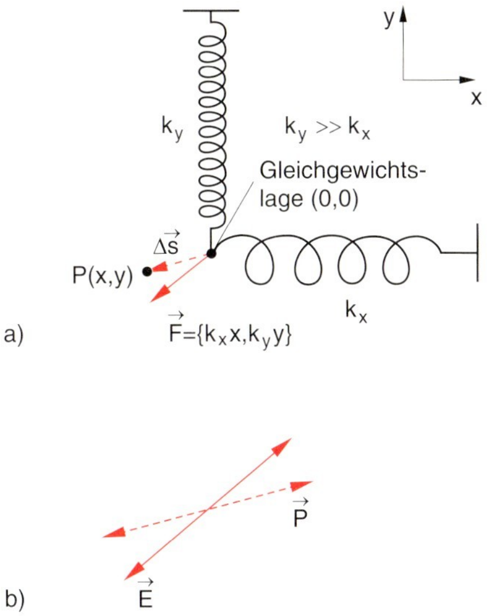

Abb. 8.26. (**a**) Mechanisches Analogmodell zur optischen Doppelbrechung. Kraft und Auslenkungsrichtung sind bei ungleichen Rückstellkräften nicht parallel. (**b**) Erregendes Feld und Polarisation haben nicht mehr dieselbe Richtung

ist, sondern ein Tensor

$$\tilde{\varepsilon} = \begin{pmatrix} \varepsilon_{xx} & \varepsilon_{xy} & \varepsilon_{xz} \\ \varepsilon_{yx} & \varepsilon_{yy} & \varepsilon_{yz} \\ \varepsilon_{zx} & \varepsilon_{zy} & \varepsilon_{zz} \end{pmatrix} . \tag{8.75}$$

Der Zusammenhang zwischen dielektrischer Verschiebungsdichte $\boldsymbol{D}$ und Feldstärke $\boldsymbol{E}$ wird dann statt durch (1.64) durch die Gleichung:

$$\boldsymbol{D} = \tilde{\varepsilon} \cdot \varepsilon_0 \boldsymbol{E} \tag{8.76a}$$

gegeben, was in Komponentenschreibweise heißt:

$$\begin{aligned} \frac{1}{\varepsilon_0} D_x &= \varepsilon_{xx} E_x + \varepsilon_{xy} E_y + \varepsilon_{xz} E_z , \\ \frac{1}{\varepsilon_0} D_y &= \varepsilon_{yx} E_x + \varepsilon_{yy} E_y + \varepsilon_{yz} E_z , \\ \frac{1}{\varepsilon_0} D_z &= \varepsilon_{zx} E_x + \varepsilon_{zy} E_y + \varepsilon_{zz} E_z . \end{aligned} \tag{8.76b}$$

Man beachte, dass $\boldsymbol{D}$ und $\boldsymbol{E}$ im Allgemeinen *nicht* mehr parallel sind. Schreibt man die dielektrische Verschiebungsdichte als

$$\boldsymbol{D} = \varepsilon_0 \boldsymbol{E} + \boldsymbol{P} , \tag{8.76c}$$

so sieht man, dass die dielektrische Polarisation analog zu (1.58) geschrieben werden kann als

$$\boldsymbol{P} = \boldsymbol{D} - \varepsilon_0 \boldsymbol{E} = \varepsilon_0 (\tilde{\varepsilon} - \tilde{1}) \cdot \boldsymbol{E} = \varepsilon_0 \cdot \tilde{\chi} \cdot \boldsymbol{E} . \tag{8.76d}$$

$\boldsymbol{P}$ ist dann im Allgemeinen nicht mehr parallel zu $\boldsymbol{E}$, d. h. analog zu unserem mechanischen Modell in Abb. 8.26a ist die Schwingungsrichtung der induzierten Dipole nicht unbedingt parallel zur erregenden Feldstärke $\boldsymbol{E}$ der einfallenden Welle (Abb. 8.26b). Die Größe $\tilde{\chi} = (\tilde{\varepsilon} - \tilde{1})$ ist ein zweistufiger Tensor und (8.76d) kann in Komponenten geschrieben werden:

$$P_i = \varepsilon_0 \cdot \sum_{j=1}^{3} \chi_{ij} E_j \quad (i = x, y, z) , \tag{8.76e}$$

was zeigt, dass jede Komponente P_i der dielektrischen Polarisation im Allgemeinen von allen drei Komponenten E_j der einfallenden Welle abhängen kann. Um die Ausbreitung einer ebenen elektromagnetischen Welle im anisotropen Kristall zu untersuchen, benutzen wir die beiden Maxwell-Gleichungen

$$\operatorname{div} \boldsymbol{D} = 0; \quad \operatorname{div} \boldsymbol{B} = 0$$

in nichtleitenden und ladungsfreien ($\varrho = 0$) Medien. Aus ihnen folgt:

$$\boldsymbol{D} \cdot \boldsymbol{k} = 0 \quad \text{und} \quad \boldsymbol{B} \cdot \boldsymbol{k} = 0 . \tag{8.77}$$

Sowohl $\boldsymbol{D}$ als auch $\boldsymbol{B}$ stehen senkrecht auf dem Wellenvektor $\boldsymbol{k}$. Aus $\boldsymbol{B} = (n/c) \cdot (\hat{\boldsymbol{k}}_0 \times \boldsymbol{E})$ (8.27) folgt $\boldsymbol{B} \perp \boldsymbol{E}$. Aus der Definition des Poynting-Vektors

$$\boldsymbol{S} = \varepsilon_0 c^2 (\boldsymbol{E} \times \boldsymbol{B}) \quad (\text{für } \mu = 1)$$

folgt $\boldsymbol{B} \perp \boldsymbol{S}$. Da in Dielektrika (Isolatoren) kein Strom fließt, gilt: **rot** $\boldsymbol{B} = \mu\mu_0 \cdot \frac{\partial \boldsymbol{D}}{\partial t}$ (siehe Abschn. 8.3). Daraus folgt: $\boldsymbol{B} \perp \boldsymbol{D}$.

Da $\boldsymbol{B}$ senkrecht auf $\boldsymbol{k}$, $\boldsymbol{E}$, $\boldsymbol{D}$ und $\boldsymbol{S}$ steht, müssen alle vier Größen in einer Ebene liegen (Abb. 8.27). $\boldsymbol{E}$ und $\boldsymbol{D}$ bilden einen Winkel α miteinander, der durch (8.76), also durch den Dielektrizitätstensor $\tilde{\varepsilon}$, bestimmt wird.

Die Richtung des Wellenvektors $\boldsymbol{k}$ ist nicht mehr identisch mit der des Energieflusses $\boldsymbol{S}$. Die beiden Vektoren $\boldsymbol{k}$ und $\boldsymbol{S}$ bilden den gleichen Winkel α miteinander wie $\boldsymbol{E}$ und $\boldsymbol{D}$, weil $\boldsymbol{E} \perp \boldsymbol{S}$ und $\boldsymbol{D} \perp \boldsymbol{k}$. Während die Phasenflächen senkrecht auf $\boldsymbol{k}$ stehen, läuft die Energie (und damit auch die „Lichtstrahlen“ im Sinne der geometrischen Optik in Kap. 9) in Richtung von $\boldsymbol{S}$.

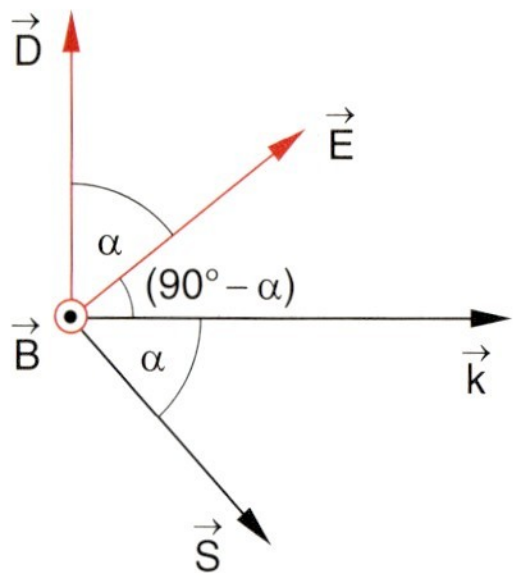

Abb. 8.27. Bei der Ausbreitung einer Lichtwelle im anisotropen Kristall liegen die Vektoren $\boldsymbol{k}$, $\boldsymbol{E}$, $\boldsymbol{D}$ und $\boldsymbol{S}$ in einer Ebene, senkrecht zu $\boldsymbol{B}$, aber $\boldsymbol{E}$ steht nicht mehr senkrecht auf $\boldsymbol{k}$

In anisotropen Kristallen sind im Allgemeinen Ausbreitungsrichtung der Lichtwelle und Energieflussrichtung voneinander verschieden.

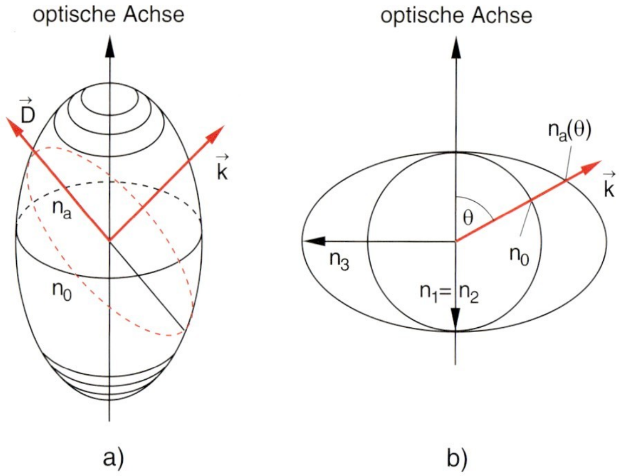

Abb. 8.28. (**a**) Rotationssymmetrisches Indexellipsoid mit der Symmetrieachse in Richtung der optischen Achse. (**b**) Zweidimensionale Darstellung von $n_a(\theta)$ und der nicht von θ abhängigen Größe n_0 für einen positiv einachsigen Kristall

8.5.2 Brechungsindex-Ellipsoid

In nichtabsorbierenden Medien sind die Tensorelemente ε_{ik} in (8.75) reell und bei nicht-optisch-aktiven Medien wird der Tensor symmetrisch, d. h. $\varepsilon_{ik} = \varepsilon_{ki}$. Dann reduziert sich die Zahl der Komponenten auf sechs. Es lässt sich immer ein Koordinatensystem (x, y, z) finden, in dem $\tilde{\varepsilon}$ diagonal wird (Hauptachsen-Transformation).

$$\tilde{\varepsilon}_{HA} = \begin{pmatrix} \varepsilon_1 & 0 & 0 \\ 0 & \varepsilon_2 & 0 \\ 0 & 0 & \varepsilon_3 \end{pmatrix} \tag{8.78}$$

Die Hauptwerte ε_1, ε_2, ε_3 erhält man durch Diagonalisierung der dem Tensor entsprechenden Matrix (8.75). Diesen Hauptwerten entsprechen gemäß (8.26a) drei Werte des Brechungsindex

$$n_1 = \sqrt{\varepsilon_1}, \quad n_2 = \sqrt{\varepsilon_2}, \quad n_3 = \sqrt{\varepsilon_3}\,.$$

Trägt man in einem Hauptachsensystem (n_1, n_2, n_3) einen Vektor

$$\boldsymbol{n} = \{n_x, n_y, n_z\}$$

vom Nullpunkt aus auf, so beschreibt sein Endpunkt ein Ellipsoid

$$\frac{n_x^2}{n_1^2} + \frac{n_y^2}{n_2^2} + \frac{n_z^2}{n_3^2} = 1\,, \tag{8.79}$$

welches ***Indexellipsoid*** heißt (Abb. 8.28). Die Länge der Hauptachsen dieses Ellipsoids geben die Hauptwerte n_i des Brechungsindex an.

Kristalle, für die $n_1 = n_2 \neq n_3$ gilt, heißen ***optisch einachsig***. Ihr Indexellipsoid ist rotationssymmetrisch um die z-Hauptachse als Symmetrieachse. Ist $n_3 > n_1 = n_2$, so handelt es sich um optisch positive, für $n_3 < n_1 = n_2$ um optisch negative einachsige Kristalle. Wenn eine elektromagnetische Welle in Richtung $\boldsymbol{k}$ ihres Wellenvektors durch den Kristall läuft, so schneidet die Fläche durch den Nullpunkt senkrecht zu $\boldsymbol{k}$, in welcher der Vektor $\boldsymbol{D}$ der Welle liegt, das Ellipsoid in einer Ellipse (Abb. 8.28 und 8.29). Die Länge der Strecke in Richtung von $\boldsymbol{D}$ vom Nullpunkt zur Schnittkurve gibt den Brechungsindex n für diese Welle an und damit auch ihre Phasengeschwindigkeit $v_{Ph} = c/n$. Es gibt eine ausgezeichnete Richtung von $\boldsymbol{k}$, bei der die Schnittfläche ein Kreis ist. Diese Richtung heißt *optische Achse* des Kristalls. Für diese Richtung von $\boldsymbol{k}$ hängt der Brechungsindex nicht von der Orientierung von $\boldsymbol{D}$ ab.

Im allgemeinen Fall $n_1 \neq n_2 \neq n_3 \neq n_1$ gibt es zwei Richtungen von k, für welche die Schnittfläche ein Kreis ist. In solchen *biaxialen Kristallen* gibt es zwei ***optische Achsen***. Breitet sich die Welle in Richtung einer optischen Achse aus, so ist ihre Ausbreitungsgeschwindigkeit unabhängig von der Richtung ihres $\boldsymbol{E}$-Vektors. In diesem Fall zeigen $\boldsymbol{E}$ und $\boldsymbol{D}$ in die gleiche Richtung.

Wählt man für einen optisch einachsigen Kristall die z-Richtung als Richtung der optischen Achse und zeichnet einen Schnitt in der

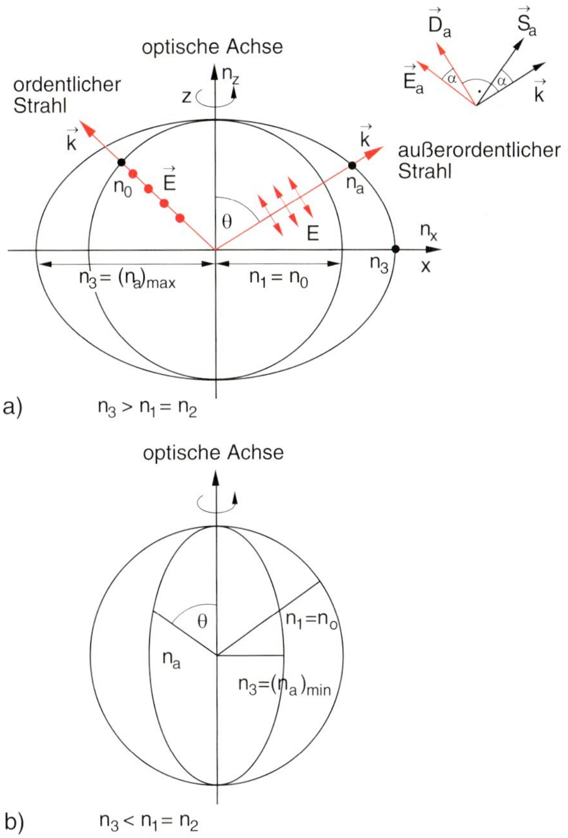

Abb. 8.29a,b. Schnitt durch das Indexellipsoid (**a**) für positiv, (**b**) für negativ optisch einachsige Kristalle. Die Schnittpunkte der Ausbreitungsrichtung mit Kreis bzw. Ellipse geben die Brechzahlen n_0 bzw. $n_a(\theta)$ an. Zwei verschiedene Wellen in zwei beliebigen Richtungen sind eingezeichnet, von denen einmal nur der ordentliche und einmal nur der außerordentliche Strahl gezeigt wird. Für jede der beiden Wellen ist jeweils $\boldsymbol{k}_0 = \boldsymbol{k}_a$

x-z-Ebene durch dieses Index-Ellipsoid (Hauptschnitt), so entsteht für eine Polarisationskomponente ($\boldsymbol{E}$ in der x-z-Ebene) eine Ellipse, für die dazu orthogonale Komponente ($\boldsymbol{E}$ senkrecht zur x-z-Ebene) ein Kreis (Abb. 8.29). Der zum Kreis gehörige Brechungsindex n_0 hängt nicht vom Winkel θ zwischen Ausbreitungsrichtung von $\boldsymbol{k}$ und optischer Achse ab. Er verhält sich wie bei einem isotropen Medium und heißt daher *ordentlicher* Brechungsindex n_o, während der *außerordentliche* Brechungsindex n_a vom Winkel θ abhängt. Sein Maximalwert $(n_a)_{max} = n_3$ wird für positiv einachsige Kristalle (Abb. 8.29a) für $\boldsymbol{k} \parallel \boldsymbol{x}$ angenommen, sein Minimalwert $(n_a)_{min} = n_o$ für $\boldsymbol{k} \parallel z$. Bei unserer Wahl der Koordinatenachsen sind die Lichtwellen mit $\boldsymbol{E} = \{0, E_y, 0\}$ ordentliche, die mit $\boldsymbol{E} = \{E_x, 0, E_z\}$ außerordentliche Wellen bzw. Strahlen. In Tabelle 8.4 sind für einige optisch einachsige Kristalle die Brechzahlen n_o und n_a angegeben.

Tabelle 8.4. Brechzahlen $n_o = n_1$ und $n_a(90°) = n_3$ für einige doppelbrechende optisch einachsige Kristalle bei $\lambda = 589{,}3\,\text{nm}$

Kristall	n_o	n_a
Quarz	1,5443	1,5534
Kalkspat	1,6584	1,4864
Turmalin	1,669	1,638
ADP Ammonium-Dihydrogen-Phosphat	1,5244	1,4791
KDP Kalium-Dihydrogen-Phosphat	1,5095	1,4683
Cadmiumsulfid CdS	2,508	2,526

Bei Kristallen mit niedrigerer Symmetrie gibt es keine ausgezeichnete Richtung mehr, und die Strahlausbreitung in solchen Kristallen wird wesentlich komplizierter. Es gibt keinen ordentlichen Strahl mehr mit einer richtungsunabhängigen Brechzahl, sondern zwei außerordentliche Strahlen, für welche die Brechzahlen richtungsabhängig sind. Für optisch zweiachsige Kristalle gibt es drei unterschiedliche Brechzahlen $n_1 \neq n_2 \neq n_3 \neq n_1$, und die Strahlenfläche ist kein Rotationsellipsoid mehr [8.9].

Die Energiedichte des elektromagnetischen Feldes in Materie ist:

$$\varrho_{em} = \langle \boldsymbol{E} \cdot \boldsymbol{D} \rangle = \varepsilon_0 \langle \boldsymbol{E} \cdot (\tilde{\varepsilon} \cdot \boldsymbol{E}) \rangle \,.$$

Im Hauptachsensystem wird dies:

$$\varrho_{em} = \frac{1}{\varepsilon_0} \left(\frac{D_x^2}{\varepsilon_x} + \frac{D_y^2}{\varepsilon_y} + \frac{D_z^2}{\varepsilon_z} \right) .$$

Die Flächen konstanter Energiedichte sind dreiachsige Ellipsoide.

Mit dem Vektor $\boldsymbol{r} = \{x, y, z\} = \frac{1}{\sqrt{\varrho_{em}}} \{D_x, D_y, D_z\}$ kann man dies wegen $n_i^2 = \varepsilon_i / \varepsilon_0$, $i = x, y, z$, schreiben als:

$$1 = \frac{x^2}{n_x^2} + \frac{y^2}{n_y^2} + \frac{z^2}{n_z^2}$$

und erhält das Index-Ellipsoid.

8.5.3 Doppelbrechung

Lässt man in einen Kalkspatkristall ein paralleles, unpolarisiertes Lichtbündel eintreten, so spaltet es (auch bei senkrechtem Einfall) in zwei Teilbündel auf (Abb. 8.30). Ein Bündel folgt dem Snelliusschen Brechungsgesetz (8.58) (d. h. bei $\alpha = 0$ ist auch $\beta = 0$). Es wird deshalb ***ordentlicher Strahl*** genannt (wie ein ordentlicher Bürger, der gesetzestreu ist). Das andere Teilbündel hat auch für $\alpha = 0$ einen Brechwinkel $\beta \neq 0$ (***außerordentlicher Strahl***).

Misst man den Polarisationszustand der beiden Teilwellen, so stellt man fest, dass beide orthogonal zueinander polarisiert sind.

Wie in Bd. 1, Abschn. 11.11, erläutert wurde, kann man die Brechung mithilfe des Huygensschen Prinzips verstehen. Die Ausbreitungsrichtung ist die Normale zur Einhüllenden der Wellenfronten der Elementarwellen. Für den Anteil der Welle, der senkrecht zur optischen Achse polarisiert ist (ordentlicher Strahl), hängt der Brechungsindex n_o nicht von der Richtung ab. Die Phasenfronten der Elementarwellen in der Einfallsebene sind daher Kreise (schwarze Kreise in Abb. 8.31a). Für den parallel zur Einfallsebene polarisierten Anteil können wir den $\boldsymbol{E}$-Vektor aufspalten in eine Komponente parallel und eine senkrecht zur optischen Achse. Die beiden Komponenten haben unterschiedliche Phasengeschwindigkeiten $v_\parallel = c/n_\parallel$ und $v_\perp = c/n_\perp$ (Abb. 8.31b). Die Wellenfronten für die außerordentliche Welle sind deshalb Ellipsen. Die Ausbreitungsrichtung der außerordentlichen Welle ist die Richtung des Poynting-Vektors $\boldsymbol{S}$, der senkrecht auf $\boldsymbol{E}$ steht. Bildet $\boldsymbol{E}$ den Winkel $(90° - \theta)$ gegen die optische Achse, so läuft der außerordentliche Strahl unter dem Winkel θ gegen die optische Achse. Der Wellenvektor $\boldsymbol{k}$ steht senkrecht auf der Einhüllenden der Phasenfronten und senkrecht zu $\boldsymbol{D}$. Wellenvektor und Energiestrom sind also nicht mehr parallel.

Die dadurch bedingte Aufspaltung zwischen ordentlichem und außerordentlichem Strahl (Doppelbrechung) hängt also von der Lage der optischen Achse relativ zur Einfallsrichtung ab.

Fällt die optische Achse mit der Ausbreitungsrichtung zusammen, so findet keine Doppelbrechung

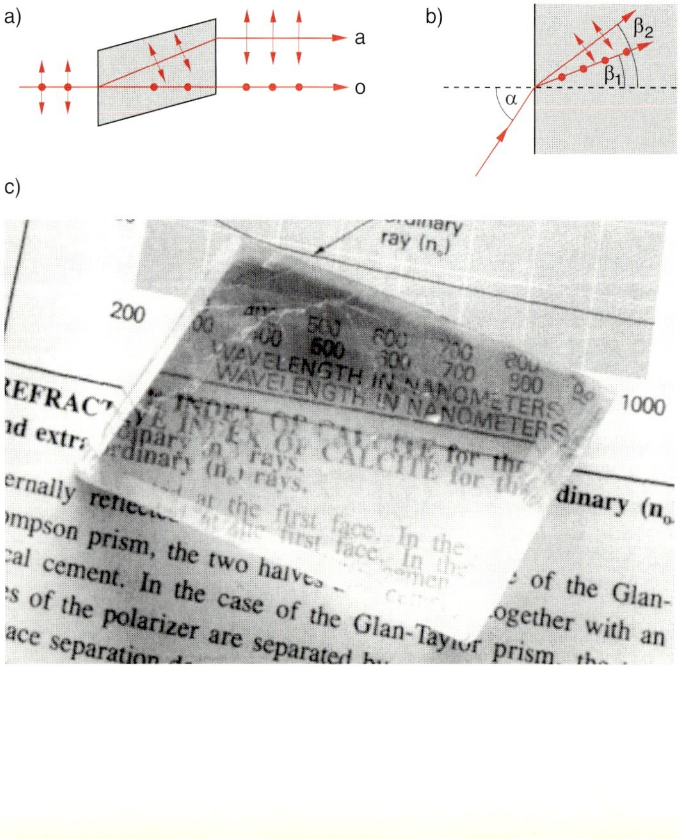

Abb. 8.30a–c. Optische Doppelbrechung. (**a**) Senkrechter Einfall; (**b**) schräger Einfall; (**c**) Illustration der Doppelbrechung im Kalkspat-Kristall. Beim Einfall von unpolarisiertem Licht sind ordentlicher und außerordentlicher Strahl senkrecht zueinander linear polarisiert

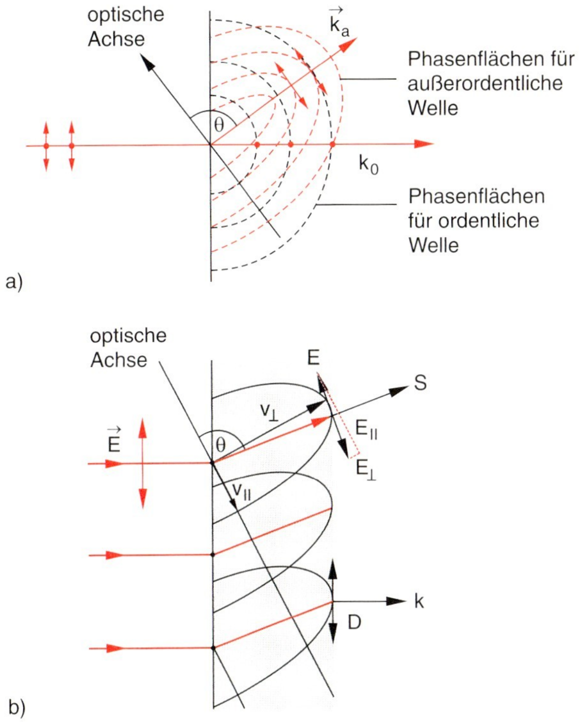

Abb. 8.31. (**a**) Erklärung der Doppelbrechung mithilfe des Huygensschen Prinzips. (**b**) Elliptische Wellenfronten für die außerordentliche Welle

statt. Beide Wellen haben dann gleiche Phasengeschwindigkeit. Ist die Ausbreitungsrichtung senkrecht zur optischen Achse, so laufen beide Strahlen auch ohne Aufspaltung durch den Kristall, aber die Phasengeschwindigkeiten $c_o = c/n_o$ und $c_a = c/n_a$ sind unterschiedlich.

8.6 Erzeugung und Anwendung von polarisiertem Licht

Wie in Abschn. 7.4 gezeigt wurde, kann eine ebene elektromagnetische Welle, die in z-Richtung läuft, immer dargestellt werden durch

$$\boldsymbol{E} = (\boldsymbol{A}_x + \boldsymbol{A}_y)\mathrm{e}^{\mathrm{i}(\omega t - kz)} ,$$

wobei die Amplituden

$$\boldsymbol{A}_x = \boldsymbol{E}_{0x}\mathrm{e}^{\mathrm{i}\varphi_1} , \quad \boldsymbol{A}_y = \boldsymbol{E}_{0y}\mathrm{e}^{\mathrm{i}\varphi_2}$$

im Allgemeinen komplexe Vektoren sind.

Für $\varphi_1 = \varphi_2$ ist die Welle linear polarisiert (Abb. 7.4), für $|\boldsymbol{A}_x| = |\boldsymbol{A}_y|$ und $|\varphi_1 - \varphi_2| = \pi/2$ ist sie zirkular polarisiert (Abb. 7.5), und für $|\boldsymbol{A}_x| \neq |\boldsymbol{A}_y|$ oder $|\varphi_1 - \varphi_2| \notin \{0, \pi/2, \pi\}$ ist sie elliptisch polarisiert.

Gibt es keine zeitlich konstante, sondern eine statistisch schwankende Phasendifferenz $\varphi_1 - \varphi_2$, so variiert die Richtung von $\boldsymbol{E}$ statistisch in einer Ebene senkrecht zu z. Solche Wellen heißen *unpolarisiert*.

Eine Welle, die von einem schwingenden Dipol ausgesendet wird, ist in genügend großer Entfernung von Dipol ($r \gg d_0$) linear polarisiert, wobei $\boldsymbol{E}$ parallel zur Dipolachse gerichtet ist (siehe Abschn. 6.4).

Lichtwellen werden von energetisch angeregten Atomen oder Molekülen ausgesandt. In den meisten Fällen (z. B. bei Stoßanregung der Atome) sind die Richtungen der atomaren Dipole statistisch in alle Richtungen verteilt. Deshalb ist das Licht üblicher Lichtquellen (z. B. Glühlampe, Gasentladung) im Allgemeinen unpolarisiert.

Die Frage ist nun, wie man aus solchem unpolarisiertem Licht polarisiertes Licht erzeugen kann. Dazu gibt es eine Reihe von Möglichkeiten, von denen einige hier kurz vorgestellt werden [8.12].

8.6.1 Erzeugung von linear polarisiertem Licht durch Reflexion

Lässt man unpolarisiertes Licht unter dem Brewsterwinkel α_B auf eine Glasplatte fallen, so enthält der reflektierte Anteil nur eine Polarisationskomponente $\boldsymbol{A}_\perp$ senkrecht zur Einfallsebene (Abb. 8.14). Das reflektierte Licht ist daher vollständig linear polarisiert (siehe Abschn. 8.4.4). Das transmittierte Licht ist nur teilweise polarisiert. Man definiert als ***Polarisationsgrad*** *PG* von teilweise linear polarisiertem Licht den Quotienten

$$PG = \frac{I_\parallel - I_\perp}{I_\parallel + I_\perp} , \tag{8.80}$$

wobei $I_\parallel$, $I_\perp$ die Intensitäten des Lichtes mit den $\boldsymbol{E}$-Vektoren parallel bzw. senkrecht zu einer vorgegebenen Richtung sind.

Aus (8.65a) für das Refelexionsvermögen des senkrechten Anteils kann man dann wegen $R + T = 1$ ausrechnen, dass beim Brewsterwinkel die Intensität I_T des transmittierten Lichtes um etwa 15% geschwächt wird.

Der Polarisationsgrad des transmittierten Lichtes ist für unpolarisiertes einfallendes Licht ($I_\parallel = I_\perp = 0{,}5 I_0$)

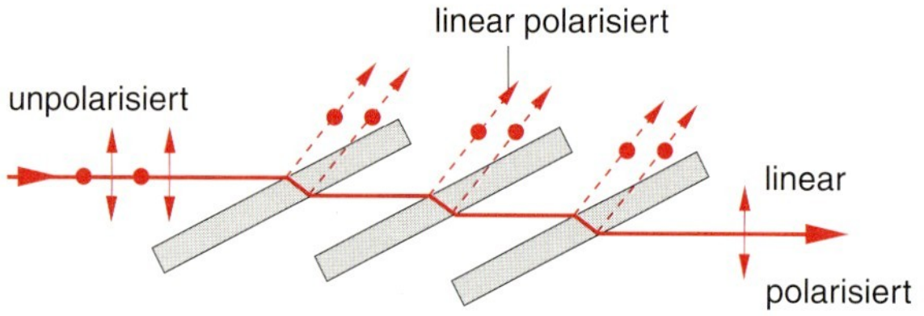

Abb. 8.32. Erzeugung von linear polarisiertem Licht durch Transmission durch viele Brewsterflächen

beim Brewsterwinkel.

$$PG = \frac{0{,}5 - 0{,}5 \cdot 0{,}85}{0{,}5 + 0{,}5 \cdot 0{,}85} \approx 0{,}08\;,$$

also nur 8%. Durch mehrmaligen Durchgang durch Brewstergrenzflächen (Abb. 8.32) lässt sich auch für das transmittierte Licht der Polarisationsgrad erhöhen. Weil immer nur die Komponente $I_\perp$ aus dem Lichtstrahl heraus reflektiert wird, hat man keine Verluste für die Komponente $I_\parallel$. Die Intensität des transmittierten Lichtes strebt daher gegen $I_\parallel = 0{,}5 I_0$, wenn die Zahl der Brewsterflächen wächst.

8.6.2 Erzeugung von linear polarisiertem Licht beim Durchgang durch dichroitische Kristalle

Die in der Praxis einfachste Methode zur Erzeugung von linear polarisiertem Licht bei Verwendung üblicher Lampen als Lichtquellen benutzt Polarisationsfolien, die aus ***dichroitischen*** („zweifarbigen") kleinen Kristallen bestehen, welche orientiert in eine Gelatineschicht eingebettet sind. Diese anisotropen Kristalle (z. B. Herapathit) haben richtungsabhängige Rückstellkräfte für die zu Schwingungen angeregten Atomelektronen. Deshalb sind ihre Eigenfrequenzen ω_0 in (8.21) und damit auch der Absorptionskoeffizient bei einer vorgegebenen Wellenlänge von der Richtung des $\boldsymbol{E}$-Vektors der einfallenden Lichtwelle abhängig (Abb. 8.33).

Man kann die Folie so drehen, dass Licht der gewünschten Polarisation durchgelassen und solches der dazu senkrechten Polarisation absorbiert wird.

Eine solche optische Anisotropie lässt sich auch erreichen, indem eine Zellulosehydrat-Folie durch Streckung in einer Richtung dichroitisch gemacht wird (*Spannungsdoppelbrechung*, siehe Abschn. 8.6.6).

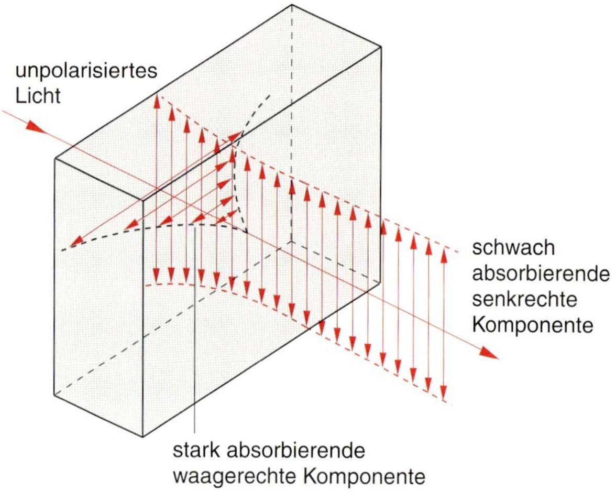

Abb. 8.33. Grundprinzip des dichroitischen Polarisators (Polarisationsfolie), wo eine Polarisationskomponente stärker absorbiert wird als die dazu senkrecht polarisierte

Der Nachteil der Polarisationsfolien ist ihre relativ große Abschwächung auch für die gewünschte Polarisationskomponente. Bei großen Lichtintensitäten (z. B. bei Laserstrahlen) führt die große Absorption leicht zum Verbrennen der Folie. Deshalb müssen in solchen Fällen doppelbrechende nichtabsorbierende Kristalle verwendet werden.

8.6.3 Doppelbrechende Polarisatoren

Mithilfe der optischen Doppelbrechung in optisch einachsigen durchsichtigen Kristallen lässt sich auch für große Intensitäten (z. B. für Laser) aus unpolarisiertem Licht linear oder elliptisch polarisiertes Licht machen.

Ein Beispiel für einen solchen Polarisator ist das ***Nicolsche Prisma*** (Abb. 8.34a), das aus einem doppelbrechenden negativ optisch einachsigen Rhomboederkristall besteht, der entlang der diagonalen Fläche schräg zur optischen Achse aufgeschnitten wird und dann mit einem durchsichtigen Kleber wieder zusammengefügt wird. Fällt unpolarisiertes Licht auf die Eintrittsfläche, so wird es durch die Brechung in einen ordentlichen Strahl und einen außerordentlichen aufgespalten. Wegen $n_o > n_a$ wird der ordentliche Strahl stärker gebrochen. Beide Strahlen treffen unter verschiedenen Winkeln auf die Klebefläche. Der Kleber (z. B. Kanadabalsam) hat einen Brechungsindex $n_K = 1{,}54$, der kleiner ist als der Brechungsindex $n_o = 1{,}66$ des ordentlichen Strahls, aber größer als

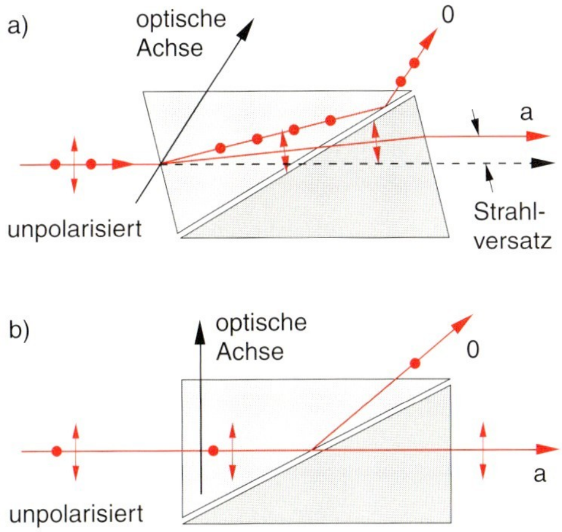

Abb. 8.34. (**a**) Nicolsches Prisma zur Erzeugung von linear polarisiertem Licht. (**b**) Glan-Thompson-Polarisator

der des außerordentlichen Strahls ($n_a = 1{,}49$). Ist der Winkel β_o, unter dem der ordentliche Strahl auf die Klebefläche trifft, größer als der Grenzwinkel β_g der Totalreflexion ($\sin\beta_g = n_K/n_o$), so wird die ordentliche Welle vollständig reflektiert, sodass das transmittierte Licht nur noch den zur Einfallsebene parallel polarisierten außerordentlichen Strahl enthält und deshalb vollständig linear polarisiert ist.

Da beim Nicolschen Prisma Ein- und Austrittsfläche schräg zur Einfallsrichtung des Lichtes stehen, tritt ein Strahlversatz für den transmittierten außerordentlichen Strahl auf.

Dieser Nachteil wird beim ***Glan-Thompson-Polarisator*** (Abb. 8.34b) vermieden, der senkrechte Endflächen hat. Er ist so aus einem Kalkspatkristall geschnitten, dass die optische Achse parallel zur Eintrittsfläche liegt. Deshalb tritt beim Auftreffen von unpolarisiertem Licht keine Doppelbrechung auf. Ordentliche und außerordentliche Welle laufen parallel, jedoch mit unterschiedlichen Geschwindigkeiten c/n_1 bzw. c/n_3 durch den Kristall bis zur Kittfläche, wo wieder, wie beim Nicolschen Prisma, die ordentliche Welle total reflektiert wird.

Die Vorteile des Glan-Thompson-Polarisators sind:

- Es gibt keinen Strahlversatz.
- Die gesamte Eintrittsfläche kann genutzt werden.
- Man kommt mit kürzeren Gesamtlängen des Polarisators aus.

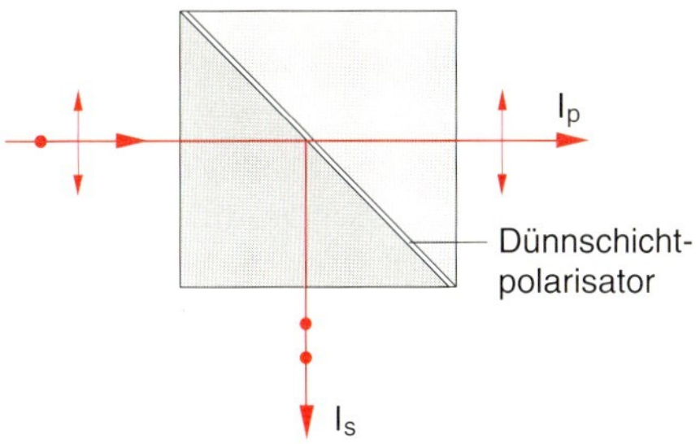

Abb. 8.35. Polarisations-Strahlteilerwürfel

Um beide Polarisationsrichtungen nutzen zu können, wurden spezielle Strahlteilerwürfel (Abb. 8.35) entwickelt. Im Prinzip könnte man wie beim Glan-Thompson-Polarisator die Transmission des außerordentlichen Strahls und die Totalreflexion des ordentlichen Strahls ausnutzen, wenn der Unterschied der Brechungsindizes $\Delta n = n_1 - n_K$ zur Kittschicht groß genug wird, dass $\beta_g \geq 45°$ wird. In der Praxis verwendet man jedoch überwiegend Würfel aus isotropem Glas, die entlang der Diagonalfläche aufgeschnitten und mit einem Dünnschichtpolarisator versehen werden, bevor sie wieder verkittet werden. Dieser besteht aus einer Vielzahl dünner dielektrischer Schichten mit Dicken von $\lambda/2$, deren Reflexionsvermögen für eine Polarisationskomponente groß, für die anderen klein ist (Abb. 8.36).

Mit doppelbrechenden Kristallen lässt sich aus linear polarisiertem einfallenden Licht elliptisch bzw. zirkular polarisiertes transmittiertes Licht erzeugen. Dazu dreht man den Kristall, der in Form einer dünnen, planparallelen Platte mit der optischen Achse in

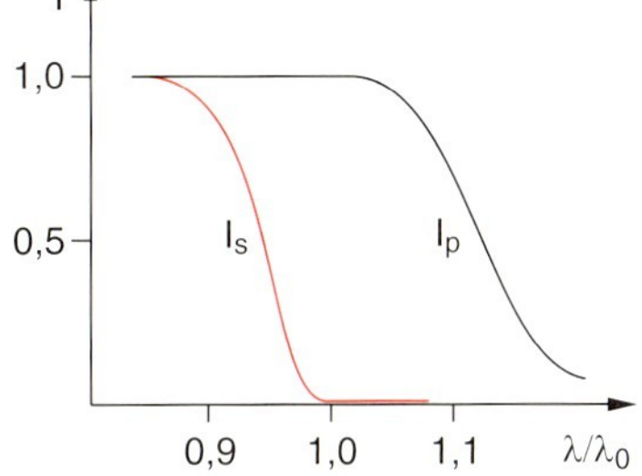

Abb. 8.36. Transmission T der dielektrischen Strahlteilerschicht für die parallele und senkrechte Polarisationskomponente innerhalb eines Wellenlängenbereichs um die optimale Wellenlänge λ_0

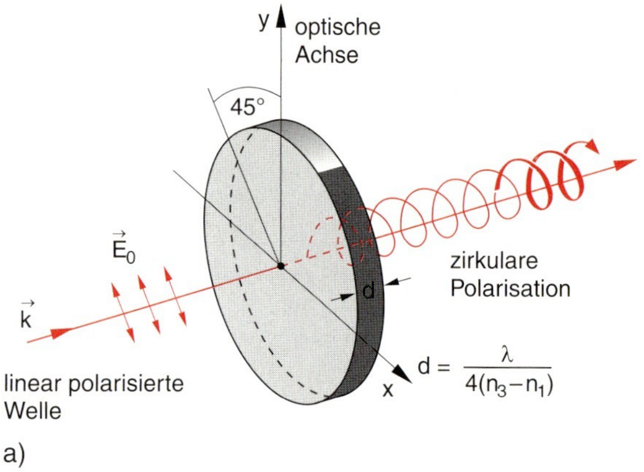

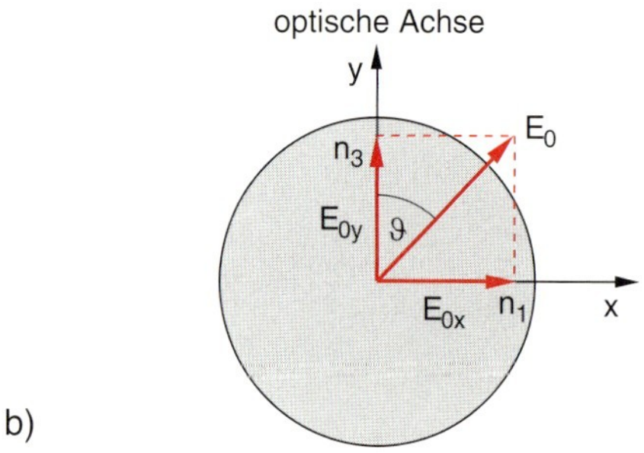

Abb. 8.37a,b. Prinzip des Zirkular-Polarisators ($\lambda/4$-Plättchen). (**a**) Anschauliche Darstellung; (**b**) Richtung des $\boldsymbol{E}$-Vektors der einfallenden Welle

der Plattenebene geschnitten ist, so, dass die optische Achse um 45° gegen die Polarisationsrichtung $\boldsymbol{E}$ der einfallenden Welle

$$\boldsymbol{E} = \boldsymbol{E}_0 \cdot \mathrm{e}^{\mathrm{i}(\omega t - kz)} \quad \text{mit} \quad \boldsymbol{E}_0 = \{E_{0x}, E_{0y}, 0\}$$

geneigt ist (Abb. 8.37).

Die beiden zueinander senkrecht polarisierten Anteile der Welle mit E_{0x} und E_{0y} erfahren unterschiedliche Brechungsindizes n_1 bzw. n_3 (siehe Abb. 8.29) und haben daher nach Durchlaufen der Strecke d die relative Phasenverschiebung

$$\Delta\varphi = \frac{2\pi}{\lambda_0} d(n_3 - n_1)$$

gegeneinander. Wird die Dicke d so gewählt, dass $d(n_3 - n_1) = \lambda_0/4$ wird, also $\Delta\varphi = \pi/2$, so ist die austretende Welle für $\alpha = 45°$ ($E_x = E_y$) zirkular polarisiert (**λ/4-*Plättchen***) für andere Winkel α ($E_x \neq E_y$) ist sie elliptisch polarisiert.

BEISPIEL

Verwendet man einen positiv optisch einachsigen Kristall mit $n_1 = 1{,}55$ und $n_3 = 1{,}58$, so ergibt sich

$$d = \frac{\lambda}{4 \cdot 0{,}03} = 8{,}3\lambda\,.$$

Man sieht, dass solche $\lambda/4$-Plättchen im Allgemeinen sehr dünn und deshalb mechanisch fragil sind. Um dies zu vermeiden, kann man entweder Δn sehr klein wählen, oder man betreibt die $\lambda/4$- Zirkularpolarisatoren in höherer Ordnung, d. h. man macht die Dicke so groß, dass $\Delta\varphi = (2m + 1)\pi/2$ mit $m \gg 1$ gilt. Der Nachteil der Verwendung höherer Ordnungen ist die stärkere Abhängigkeit der Phasenverschiebung $\Delta\varphi(\lambda)$ von der Wellenlänge λ.

8.6.4 Polarisationsdreher

In der optischen Praxis tritt häufig das Problem auf, die Schwingungsebene von linear polarisiertem Licht um einen vorgegebenen Winkel $\Delta\alpha$ zu drehen.

Dies lässt sich mit einer **λ/2-*Platte*** erreichen, welche die doppelte Dicke einer $\lambda/4$-Platte hat. Die optische Achse liegt wieder in der Plattenebene. Hat der $\boldsymbol{E}$-Vektor der einfallenden Welle den Winkel φ gegen die optische Achse (Abb. 8.38), so lässt sich $\boldsymbol{E}_0$ in die beiden Komponenten

$$E_{0\parallel} = E_0 \cos\varphi \quad \text{und} \quad E_{0\perp} = E_0 \sin\varphi$$

parallel bzw. senkrecht zur optischen Achse zerlegen, die in der Eintrittsfläche in Phase sind. Nach Durchlaufen der doppelbrechenden Platte ist aufgrund der unterschiedlichen Laufzeiten der beiden Komponenten eine Phasendifferenz $\Delta\varphi$ zwischen beiden Komponenten entstanden. Für $d = \lambda/(2(n_1 - n_3))$ wird $\Delta\varphi = \pi$. Für $z = d$ gilt dann mit $(k_\perp - k_\parallel) \cdot d = \pi$

$$\begin{aligned} E_\parallel &= E_0 \cos\varphi \cdot \mathrm{e}^{\mathrm{i}k_\parallel d} \mathrm{e}^{\mathrm{i}\omega t}\,, \\ E_\perp &= E_0 \sin\varphi \cdot \mathrm{e}^{\mathrm{i}k_\perp d} \mathrm{e}^{\mathrm{i}\omega t}\,, \\ &= -E_0 \sin\varphi \cdot \mathrm{e}^{\mathrm{i}k_\parallel d} \mathrm{e}^{\mathrm{i}\omega t}\,, \end{aligned} \tag{8.81}$$

sodass der $\boldsymbol{E}$-Vektor bei $z = d$ sich um den Winkel $\Delta\alpha = 2\varphi$ gedreht hat (Abb. 8.38). Durch Drehen des $\lambda/2$-Plättchens um die Einfallrichtung z lässt sich jeder Winkel φ und damit jede gewünschte Drehung $\Delta\alpha = 2\varphi$ einstellen.

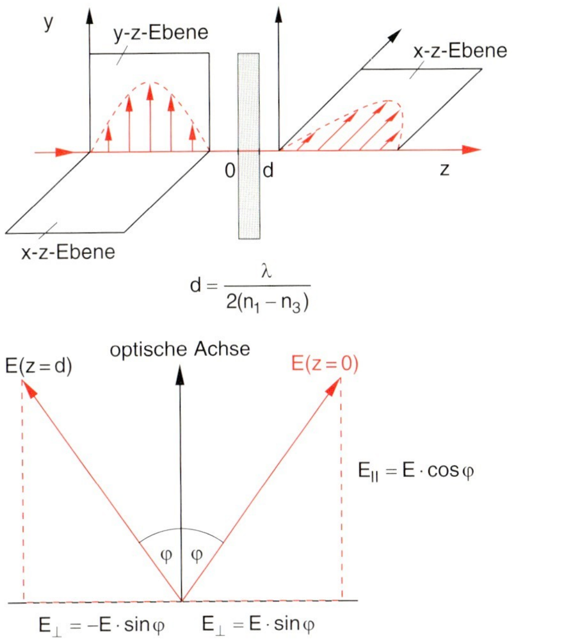

Abb. 8.38. Drehung der Polarisationsebene einer polarisierten Welle durch ein $\lambda/2$-Plättchen

8.6.5 Optische Aktivität

Manche Stoffe drehen auch bei beliebiger Richtung der Polarisationsebene des einfallenden linear polarisierten Lichtes diese Ebene beim Durchgang durch die Schichtdicke d um einen Winkel

$$\alpha = \alpha_s \cdot d\,. \tag{8.82}$$

Der Proportionalitätsfaktor α_s heißt spezifisches optisches Drehvermögen (Abb. 8.39). Man unterscheidet zwischen rechtsdrehenden und linksdrehenden Substanzen, wobei der Drehsinn für einen Beobachter definiert ist, der gegen die Lichtrichtung schaut. Früher wurden die Bezeichnungen „d" (von lat. *dexter*) und „l" (*laevus*) verwendet. Heute findet man jedoch in der Literatur [8.11] durchgängig die Bezeichnung (+) für rechtsdrehende (positive Drehwinkel α) und (−) für linksdrehende Stoffe.

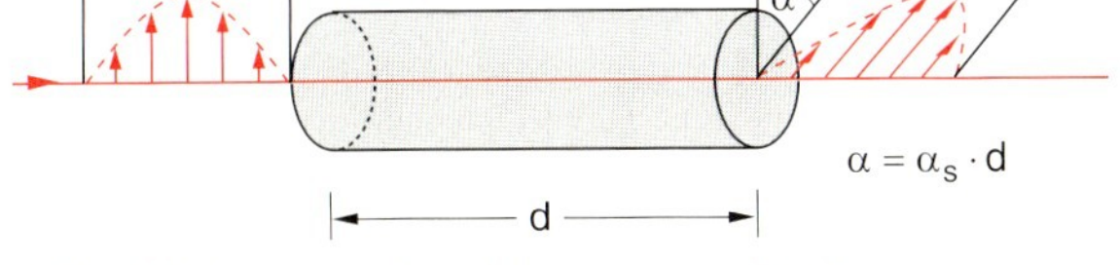

Abb. 8.39. Zur optischen Aktivität eines Mediums

Der physikalische Grund für diese Drehung sind spezielle Symmetrieeigenschaften des Mediums. Es gibt eine Reihe von Substanzen, bei denen optische Aktivität nur in der festen, kristallinen Phase beobachtet wird, während die Drehung der Polarisationsebene im flüssigen oder gasförmigen Zustand verschwindet. Sie muss also durch die Symmetrie der Kristallstruktur bedingt sein. Ein Beispiel ist kristalliner Quarz, der als rechtsdrehender oder linksdrehender Quarz in der Natur vorkommt (Abb. 8.40).

Auf der anderen Seite gibt es auch Stoffe (wie z. B. Zucker oder Milchsäure), die auch im flüssigen Zustand optische Aktivität zeigen. Hier muss also die Symmetrie der Moleküle eine Rolle spielen.

Die physikalische Erklärung der optischen Aktivität ist korrekt nur mithilfe der Quantentheorie möglich. Ein anschauliches Modell kann jedoch die Grundzüge dieses Phänomens deutlich machen.

Analog zur Erzeugung von linearen Schwingungen der atomaren Dipole, die in einem homogenen Medium durch eine linear polarisierte Welle induziert werden, nimmt man hier an, dass die äußeren Elektronen dieser speziellen Moleküle bzw. Kristalle durch zirkular polarisiertes Licht zu elliptischen Spiralbewegungen um die Ausbreitungsrichtung angeregt werden. Dieses Modell wird auch in der

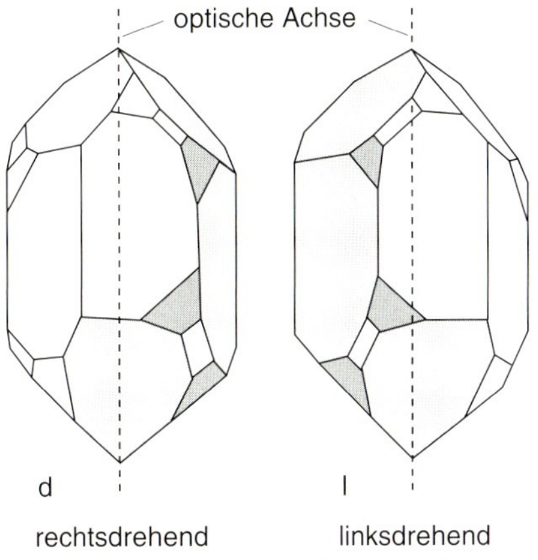

Abb. 8.40. Die zueinander spiegelbildlichen Kristallstrukturen von links- bzw. rechtsdrehendem Quarz

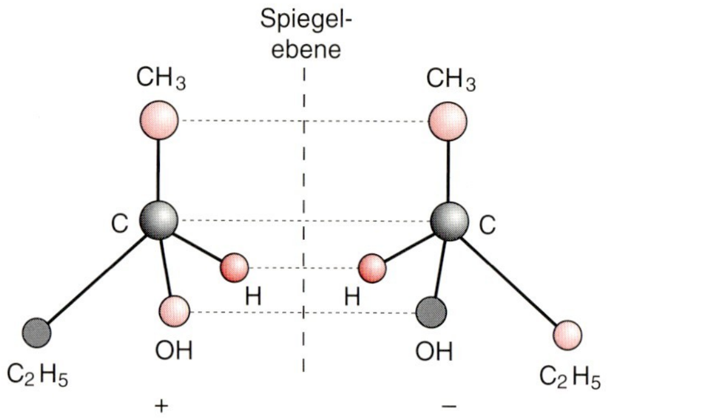

Abb. 8.41. Zwei isomere Formen des 2-Butanol-Moleküls, die zueinander spiegelbildlich sind bezüglich der Spiegelebene senkrecht zur Zeichenebene

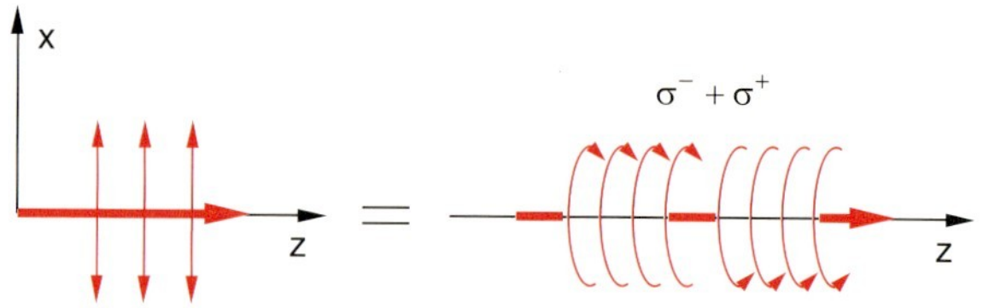

$$E_{0x}\cdot e^{i(\omega t-kz)} = \frac{1}{2}[(E_{0x}+iE_{0y})+(E_{0x}-iE_{0y})]\cdot e^{i(\omega t-kz)}$$

Abb. 8.42. Zusammensetzung einer linear polarisierten Welle aus links- und rechtszirkular polarisierten Komponenten. Zur Festlegung des Polarisationssinns σ siehe Abschn. 12.7

Tat nahegelegt durch die spiralförmige Anordnung der Sauerstoff- und Silizium-Atome in kristallinem Quarz, wobei die Spirale rechtshändig für rechtsdrehenden und linkshändig für linksdrehenden Quarz ist. Man nennt solche Moleküle, die in zwei zueinander spiegelbildlichen Strukturen (***Spiegelisomerie***) vorkommen, auch ***chirale*** („händige") ***Moleküle***. Beispiele sind Zucker, Milchsäure oder 2-Butanol (Abb. 8.41). Wir können eine in x-Richtung linear polarisierte Welle

$$\boldsymbol{E} = \hat{\boldsymbol{e}}_x E_{0x} \mathrm{e}^{\mathrm{i}(\omega t - kz)}$$

immer zusammensetzen aus zwei entgegengesetzt zirkular polarisierten Wellen (Abb. 8.42).

$$\boldsymbol{E}^+ = \frac{1}{2}(\hat{\boldsymbol{e}}_x E_{0x} + \mathrm{i}\hat{\boldsymbol{e}}_y E_{0y})\mathrm{e}^{\mathrm{i}(\omega t - kz)} r$$

$$\boldsymbol{E}^- = \frac{1}{2}(\hat{\boldsymbol{e}}_x E_{0x} - \mathrm{i}\hat{\boldsymbol{e}}_y E_{0y})\mathrm{e}^{\mathrm{i}(\omega t - kz)}\,. \qquad (8.83)$$

Haben beide Komponenten im Medium unterschiedliche Phasengeschwindigkeiten $v^+ = c/n^+$ bzw. $v^- = c/n^-$, so ist die zusammengesetzte Welle nach der Strecke d wieder linear polarisiert, aber ihre Polarisationsebene hat sich um einen Winkel

$$\alpha = \frac{\pi}{\lambda_0} d(n^- - n^+)$$

gedreht.

Die unterschiedlichen Brechungsindizes n^+, n^- werden durch die unterschiedlichen Wechselwirkungen der links- bzw. rechts zirkular polarisierten Welle mit den sich in einem Vorzugsdrehsinn bewegenden Elektronen verursacht.

Man kann sich überlegen, dass auch in einer Flüssigkeit, in der ohne Lichtwelle die Orientierungen der Moleküle statistisch verteilt sind, durch die induzierten elektrischen und magnetischen Dipolmomente der chiralen Moleküle eine, wenn auch kleine, Orientierung zustande kommt, die dann die optische Aktivität bewirkt.

Sind in einer Flüssigkeit gleich viele links- wie rechtsdrehende Moleküle vorhanden, so heben sich ihre Effekte auf, und die optische Aktivität wird null.

Bei biologischen Molekülen bevorzugt die Natur offensichtlich eine der beiden Spiegelisomere. So ist der Blutzucker linksdrehend. Mithilfe eines Polarimeters (Abb. 8.43) kann man aus dem Drehwinkel

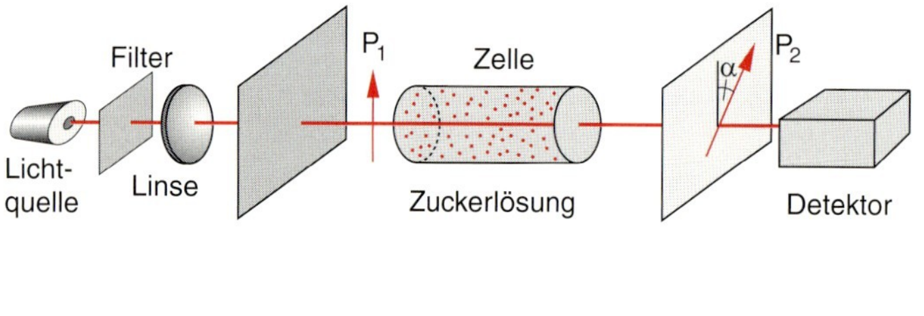

Abb. 8.43. Zur Messung der Zuckerkonzentration mit einem Polarimeter

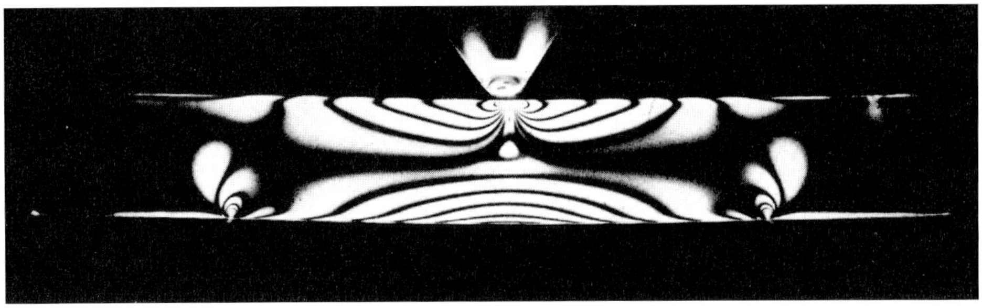

Abb. 8.44. Spannungsdoppelbrechung eines Balkens aus Plexiglas, der auf zwei Stützen ruht und in der Mitte belastet wird, sichtbar gemacht mithilfe der Polarimetrie. Aus M. Cagnet, M. Francon, J.C. Thierr, *Atlas optischer Erscheinungen* (Springer, Berlin, Göttingen 1962)

$\alpha = \alpha_s \cdot c \cdot l$ einer Zuckerlösung mit der Konzentration c und der Flüssigkeitslänge l die Konzentration bestimmen. Dazu setzt man die Probe zwischen zwei Polarisatoren und misst, bei welchem Kreuzungswinkel der Durchlassrichtungen die transmittierte Intensität null wird [8.12].

8.6.6 Spannungsdoppelbrechung

Auch in homogenen isotropen Medien lässt sich durch äußere Druck- oder Zugkräfte eine optische Doppelbrechung erzeugen. Dies führt zu orts- und richtungsabhängigen Brechungsindexänderungen Δn, aus deren Messung man Informationen über die mechanischen Spannungen im Medium und über ihre räumliche Verteilung erhält. Eine solche Messung kann mit der in Abb. 8.43 gezeigten Anordnung erfolgen, wenn das Lichtbündel so weit aufgeweitet wird, dass es das gesamte Werkstück durchstrahlt. Das zu untersuchende durchsichtige Medium wird von linear polarisiertem Licht durchstrahlt und trifft dann auf einen zweiten Polarisator P_2, dessen Durchlassrichtung senkrecht zu der des ersten Polarisators P_1 steht. Ist das Medium isotrop, so sperrt P_2 das transmittierte Licht, und das Gesichtsfeld ist dunkel. Wird jetzt eine mechanische Spannung auf das Medium ausgeübt, so bewirken die optisch doppelbrechenden Gebiete des Mediums eine Änderung der Polarisationseigenschaften und damit eine von null verschiedene Transmission durch P_2 (Abb. 8.44). Da die Phasenverschiebung

$$\Delta\varphi(x, y) = \frac{2\pi}{\lambda_0} \int_0^d \Delta n(x, y)\, \mathrm{d}z$$

von der Wellenlänge λ_0 abhängt, sieht man bei Einstrahlen von weißem Licht hinter P_1 ein farbiges Flächenmuster (siehe Farbtafel 11), welches detaillierte Informationen über die mechanische Spannungsverteilung im Medium gibt.

Dieses Verfahren der *Polarimetrie* wird z. B. von Glasbläsern verwendet, um zu prüfen, ob nach der Bearbeitung eines Werkstückes aus Glas noch mechanische Spannungen vorhanden sind, die dann durch Tempern (Erwärmen auf eine hohe Temperatur, bei der durch Fließvorgänge die mechanischen Spannungen abgebaut werden, mit nachträglichem langsamen Abkühlen) beseitigt werden müssen.

Auch zur Untersuchung der Belastungsverteilung mechanischer Tragwerke kann man an Plexiglasmodellen die Verteilung der mechanischen Spannungen untersuchen [8.12].

8.7 Nichtlineare Optik

Bei genügend kleinen elektrischen Feldstärken der einfallenden Welle sind die Auslenkungen der Elektronen aus ihrer Ruhelage klein, und die Rückstellkräfte sind proportional zur Auslenkung (hookescher Bereich). Die induzierten Dipolmomente $\boldsymbol{p} = \alpha \cdot \boldsymbol{E}$ sind dann proportional zur elektrischen Feldstärke $\boldsymbol{E}$, und die im Medium durch die Lichtwelle erzeugten Komponenten P_i der dielektrischen Polarisation

$$P_i = \varepsilon_0 \sum_j \chi_{ij} E_j \tag{8.84}$$

sind linear von $\boldsymbol{E}$ abhängig, wobei χ_{ij} die Komponenten des Tensors $\tilde{\chi}$ der elektrischen Suszeptibilität sind (siehe (1.58)). Dies ist der Bereich der *linearen Optik*. Für isotrope Medien wird $\chi_{ij} = \chi \cdot \delta_{ij}$, wobei χ ein Skalar ist.

BEISPIEL

Die Feldstärke des auf die Erde auftreffenden Sonnenlichtes innerhalb einer Bandbreite von 1 nm bei $\lambda = 500\,\text{nm}$ ist etwa 3 V/m. Die durch die Coulombkraft bewirkte inneratomare Feldstärke ist dagegen

$$E_C \approx \frac{10\,\text{V}}{10^{-10}\,\text{m}} = 10^{11}\,\text{V/m}\,.$$

Deshalb sind die durch das Sonnenlicht bewirkten Auslenkungen der Elektronen (z. B. bei der Rayleigh-Streuung) sehr klein gegen ihren mittleren Abstand vom Atomkern.

Bei größeren Lichtintensitäten, wie sie z. B. mit Lasern (siehe Bd. 3) erreicht werden, kann durchaus der nichtlineare Bereich der Auslenkung realisiert werden. Statt (8.84) muss man dann ansetzen:

$$P_i = \varepsilon_0 \left(\sum_j \chi_{ij}^{(1)} E_j + \sum_j \sum_k \chi_{ijk}^{(2)} E_j E_k + \sum_j \sum_k \sum_l \chi_{ijkl}^{(3)} E_j E_k E_l + \cdots \right), \tag{8.85}$$

wobei $\chi^{(n)}$ die Suszeptibilität n-ter Ordnung ist, die durch einen Tensor $(n+1)$-ter Stufe dargestellt wird. Obwohl die Größen $\chi^{(n)}$, die von Art und Symmetrieeigenschaften des Mediums abhängen, mit wachsendem n schnell abnehmen, können die höheren Terme in (8.85) bei genügend großen Feldstärken $\boldsymbol{E}$ durchaus eine wesentliche Rolle spielen.

Läuft nun eine monochromatische Lichtwelle

$$\boldsymbol{E} = \boldsymbol{E}_0 \cos(\omega t - kz) \tag{8.86}$$

durch das Medium, so enthält die Polarisation $\boldsymbol{P}$ wegen der höheren Potenzen $\boldsymbol{E}^n$ außer der Frequenz ω der einfallenden Welle auch Anteile auf höheren Harmonischen $m \cdot \omega$ $(m = 2, 3, 4 \ldots)$. Dies bedeutet: Die induzierten schwingenden Dipole strahlen elektromagnetische Wellen nicht nur auf der Grundfrequenz ω (Rayleigh-Streuung) ab, sondern auch auf höheren harmonischen. Die Amplituden dieser Anteile mit Frequenzen $m\omega$ hängen ab von der Größe der Koeffizienten $\chi^{(n)}$ (also vom nichtlinearen Medium) und von der Amplitude $\boldsymbol{E}_0$ der einfallenden Welle.

Wir wollen uns dieses Phänomen an einigen Beispielen verdeutlichen [8.13–16].

8.7.1 Optische Frequenzverdopplung

Setzen wir (8.86) in (8.85) ein, so ergibt sich bei Berücksichtigung höchstens quadratischer Terme in (8.85) und für den einfachsten Fall isotroper Medien am Ort $z = 0$ die Polarisation

$$P_x = \varepsilon_0 \left(\chi^{(1)} E_{0x} \cos \omega t + \chi^{(2)} E_{0x}^2 \cos^2 \omega t \right)\,.$$

Für P_y und P_z gelten analoge Gleichungen. Wegen $\cos^2 x = 1/2(1 + \cos 2x)$ ergibt sich dann:

$$P_x = \varepsilon_0 \left(\frac{1}{2} \chi^{(2)} E_{0x}^2 + \chi^{(1)} E_{0x} \cos \omega t + \frac{1}{2} \chi^{(2)} E_{0x}^2 \cos 2\omega t \right)\,. \tag{8.87}$$

Die Polarisation P_x enthält also einen konstanten Term $1/2\varepsilon_0 \chi^{(2)} E_{0x}^2$, einen von ω abhängigen Term und einen Term, der den Schwingungsanteil auf der doppelten Frequenz 2ω beschreibt. Dies bedeutet: Jedes von der einfallenden Welle mit der Frequenz ω getroffene Atom bzw. Molekül des Mediums strahlt eine Streuwelle auf der Frequenz ω ab (Rayleigh-Streuung) und eine Oberwelle auf der Frequenz 2ω.

Die Amplitude der Oberwelle ist nach (8.87) proportional zum Quadrat der Amplitude der einfallenden Welle, d. h. die Intensität der Oberwelle $I(2\omega)$ ist proportional zum Quadrat der einfallenden Intensität $I(\omega)$.

Damit die von den einzelnen Atomen ausgesandten „mikroskopischen" Anteile sich zu einer „makroskopischen" Welle mit genügend großer Amplitude überlagern, müssen die jeweiligen Phasen der einzelnen Anteile an jedem Ort gleich sein.

Dies verlangt eine Phasenanpassung der Oberwellen an die sie erzeugende einfallende Welle.

8.7.2 Phasenanpassung

Läuft eine ebene Welle (8.86) in z-Richtung durch das Medium, so induziert sie in jeder Ebene $z = z_0$ Dipole, deren Schwingungsphase von der Phase der

Erregerwelle in dieser Ebene abhängt. In einer Nachbar-Ebene $z = z_0 + \Delta z$ besteht die gleiche Phasendifferenz zwischen Dipolen und Erregerwelle.

Die von den Dipolen in der Ebene $z = z_0$ abgestrahlten Wellen auf der Grundfrequenz ω erreichen die Ebene $z = z_0 + \Delta z$ in der gleichen Zeitspanne wie die Erregerwelle. Sie überlagern sich deshalb den dort erzeugten Sekundärwellen phasenrichtig (siehe Abschn. 8.1), sodass sich eine makroskopische Sekundärwelle aufbaut, die sich der primär einfallenden Welle überlagert und wegen ihrer Phasenverschiebung zur kleineren Geschwindigkeit $v_{\mathrm{Ph}} = c/n$ der Gesamtwelle führt (siehe Abschnitt 8.1).

Wegen der Dispersion des Mediums $n(\omega)$ gilt diese phasenrichtige Überlagerung im Allgemeinen nicht mehr für die Oberwelle, da deren Phasengeschwindigkeit $v_{\mathrm{Ph}}(2\omega) = c/n(2\omega) \neq v_{\mathrm{Ph}}(\omega) = c/n(\omega)$ verschieden von derjenigen der Grundwelle ist. Dadurch erreicht die in der Schicht $z = z_0$ erzeugte Oberwelle die Atome in der Nachbarschicht $z = z_0 + \Delta z$ mit einer Phasenverschiebung gegenüber der dort erzeugten Oberwelle. Das heißt: In homogenen isotropen Medien können die in den einzelnen Schichten des Mediums erzeugten Oberwellen sich *nicht* zu einer makroskopischen Welle aufaddieren. Nach einer Wegstrecke

$$\Delta z = \frac{\lambda/2}{n(2\omega) - n(\omega)}$$

ist die Oberwelle gegenüber der Grundwelle um π phasenverschoben. Sie ist daher gegenphasig zu den schwingenden Dipolen und verhindert deren Schwingung auf der Frequenz 2ω.

Dadurch wird die Konversion der Grundwelle in die Oberwelle, gemittelt über den gesamten Kristall, praktisch null, d. h. es wird kaum Energie von der Grundwelle in die Oberwelle transformiert (Abb. 8.45). Man muss also dafür sorgen, dass für die vorgesehene Ausbreitungsrichtung $v_{\mathrm{Ph}}(\omega) = v_{\mathrm{Ph}}(2\omega)$ wird.

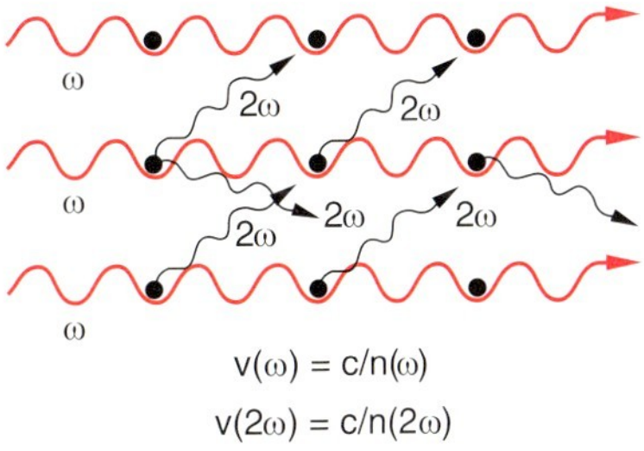

Abb. 8.45. Schematische Darstellung der optischen Frequenzverdopplung

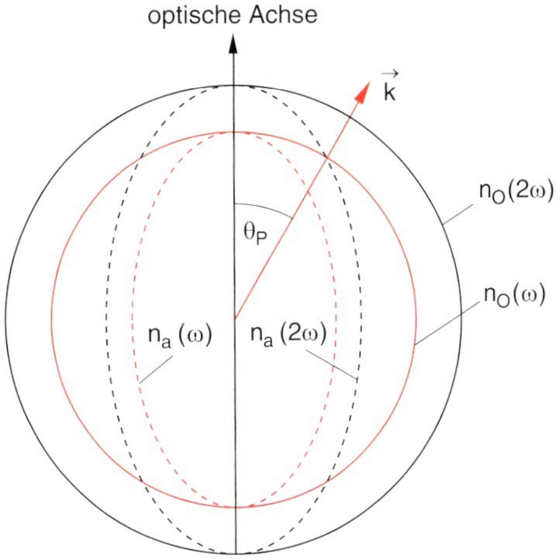

Abb. 8.46. Zur Phasenanpassung zwischen Grundwelle ω und Oberwelle 2ω in doppelbrechenden Kristallen

Hier hilft glücklicherweise die Doppelbrechung in anisotropen Medien (siehe Abschn. 8.5). Kann man erreichen, dass z. B. in einer bestimmten Richtung θ_p gegen die optische Achse der Brechungsindex $n_a(2\omega)$ in einem optisch negativ einachsigen Kristall gleich $n_o(\omega)$ ist (Abb. 8.46), so laufen Erregerwelle und die Sekundärwellen mit der Frequenz 2ω in dieser Richtung mit gleicher Phasengeschwindigkeit. Dann können sich alle in beliebigen Ebenen erzeugten Oberwellen phasenrichtig addieren zu einer makroskopischen Welle. In diesem Fall der richtigen *Phasenanpassung* wird also ein Teil der ankommenden Welle (8.86) in die in gleicher Richtung laufende Oberwelle umgewandelt (***optische Frequenzverdopplung***). Aus rotem Licht bei $\lambda = 690\,\mathrm{nm}$ (Rubin-Laser) wird dann z. B. ultraviolettes Licht bei $\lambda = 345\,\mathrm{nm}$.

Die Phasenanpassungsbedingung lautet also:

$$n_a(2\omega) = n_o(\omega) \;\Rightarrow\; v_{\mathrm{Ph}}(\omega) = v_{\mathrm{Ph}}(2\omega) \;\Rightarrow\; \boldsymbol{k}(2\omega) = 2\boldsymbol{k}(\omega)\,. \tag{8.88}$$

Der Nachteil der doppelbrechenden Kristalle für die optische Frequenzverdopplung ist die eingeschränkte Phasenanpassung, die für eine vorgegebene Richtung $\boldsymbol{k}$ mit dem Winkel θ gegen die optische Achse nur für eine bestimmte Wellenlänge genau erfüllt ist. Will man für andere Wellenlängen die Phasenanpassung optimieren, muss die Kristallachse gedreht werden. In den letzten Jahren hat sich deshalb eine neue Methode, die Quasiphasenanpassung bewährt, bei der ein ferroelektrischer Kristall verwendet wird,

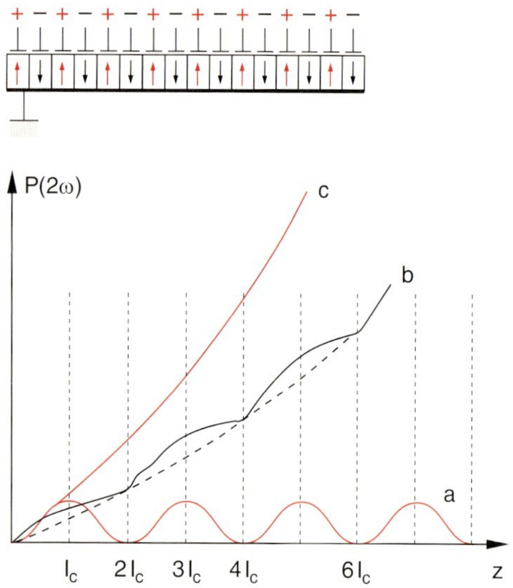

Abb. 8.47a–c. Phasenanpassung in periodisch gepolten Kristallen. Ausgangsleistung $P^{(2)}(2\omega)$ als Funktion der Kristall-Länge. (**a**) Einzelkristall mit leichter Fehlanpassung; (**b**) Periodisch gepolter Kristall mit gleicher Fehlanpassung; (**c**) Einzelkristall mit idealer Phasenanpassung

der aus vielen dünnen Schichten besteht, in denen jeweils durch periodische elektrische Umpolung die Brechungsdifferenz $\Delta n = n(2\omega) - n(\omega)$ periodisch ihr Vorzeichen wechselt, sodass die in jeder Schicht entstehende Phasendifferenz zwischen Fundamentalwelle und Oberwelle immer wieder ausgeglichen wird (Abb. 8.47). Die Intensität der Oberwelle steigt zwar nicht mehr so steil an mit wachsender Kristallänge, wie bei perfekter Phasenanpassung, aber dafür kann sie für einen weiten Wellenlängenbereich erreicht werden [8.17].

8.7.3 Optische Frequenzmischung

Werden zwei Lichtwellen

$$\boldsymbol{E}_1 = E_{01}\hat{\boldsymbol{e}}_x \cos(\omega_1 t - \boldsymbol{k}_1 \cdot \boldsymbol{r})$$

$$\boldsymbol{E}_2 = E_{02}\hat{\boldsymbol{e}}_x \cos(\omega_2 t - \boldsymbol{k}_2 \cdot \boldsymbol{r})$$

im optisch nichtlinearen Medium überlagert, so bewirkt die Gesamtfeldstärke $\boldsymbol{E} = \boldsymbol{E}_1 + \boldsymbol{E}_2$ eine Polarisation, deren nichtlinearer Anteil $P^{(2)}(\omega)$ nach (8.85) die folgenden Frequenzanteile enthält:

$$\begin{aligned} P^{(2)}(\omega) &= \varepsilon_0 \chi^{(2)} [E_{01}^2 \cos^2 \omega_1 t + E_{02}^2 \cos^2 \omega_2 t \\ &\quad + 2E_{01}E_{02} \cos \omega_1 t \cdot \cos \omega_2 t] \\ &= \frac{1}{2}\varepsilon_0 \chi^{(2)} \Big[(E_{01}^2 + E_{02}^2) \\ &\quad + E_{01}^2 \cos 2\omega_1 t + E_{02}^2 \cos 2\omega_2 t \\ &\quad + 2E_{01}E_{02}\big(\cos(\omega_1+\omega_2)\,t \\ &\quad + \cos(\omega_1-\omega_2)\,t\big)\Big] . \end{aligned} \tag{8.89}$$

Außer den Oberwellen mit $\omega = 2\omega_1$ bzw. $2\omega_2$ entstehen auch Wellen mit der Summenfrequenz $(\omega_1 + \omega_2)$ und der Differenzfrequenz $(\omega_1 - \omega_2)$.

Wählt man die Phasenanpassung richtig, so kann man erreichen, dass sich für einen dieser Anteile alle Beiträge von den einzelnen Dipolen phasenrichtig überlagern und es daher zu einer makroskopischen Welle auf der entsprechenden Frequenz kommt (***optische Frequenzmischung***).

So heißt z. B. die Phasenanpassungsbedingung zur Erzeugung der Summenfrequenz:

$$\begin{aligned} \boldsymbol{k}_3(\omega_1+\omega_2) &= \boldsymbol{k}_1(\omega_1) + \boldsymbol{k}_2(\omega_2) \\ n_3 \cdot \omega_3 &= n_1\omega_1 + n_2\omega_2 \quad \text{mit} \quad n_i = n(\omega_i) \,. \end{aligned} \tag{8.90}$$

Sie lässt sich meistens leichter erfüllen als für die Frequenzverdopplung, weil man die Einfallsrichtungen $\boldsymbol{k}_1$, $\boldsymbol{k}_2$ der beiden Wellen in gewissen Grenzen frei wählen kann. Diese Möglichkeit der optischen Frequenzmischung in optisch nichtlinearen doppelbrechenden Kristallen hat nicht nur zur Entwicklung von intensiven Strahlungsquellen in neuen Spektralbereichen geführt, wo bisher keine Laser existierten, sondern hat auch viel dazu beigetragen, die elektronische Struktur nichtlinearer Materialien genauer zu studieren (siehe [8.13, 14] und Bd. 3).

Da die Effizienz der nichtlinearen Mischprozesse (Verdopplung, Summen- bzw. Differenzfrequenzbildung) mit steigender Intensität der einfallenden Welle anwächst, wurden anfangs solche Experimente hauptsächlich mit gepulsten Lasern durchgeführt (siehe Bd. 3 und [8.15, 16]), da diese höhere Spitzenleistungen liefern. Inzwischen wurden jedoch neue optisch-nichtlineare Kristalle (z. B. Bariumbetaborat oder Lithiumjodat $LiJO_3$) gezüchtet, mit großen nichtlinearen Koeffizienten des Tensors $\chi^{(2)}$, sodass auch mit kontinuierlichen Lasern verwendbare Verdopplungskoeffizienten erzielt wurden.

ZUSAMMENFASSUNG

- Elektromagnetische Wellen haben in Materie mit der Brechzahl n die Phasengeschwindigkeit $c' = c/n$, die von der Frequenz ω der Welle abhängt, da $n = n(\omega)$ (Dispersion).
- Der Brechungsindex n ist eine komplexe Zahl

  $$n = n' - \mathrm{i}\kappa \,.$$

  Der Realteil gibt die Dispersion, der Imaginärteil κ die Absorption der Welle an. n' und κ sind miteinander verknüpft durch die Dispersionsrelation (8.21).
- Die Intensität einer in z-Richtung durch ein absorbierendes Medium laufenden Welle nimmt ab nach dem Beerschen Absorptionsgesetz

  $$I = I_0 \cdot \mathrm{e}^{-\alpha z} \quad \text{mit} \quad \alpha = \frac{4\pi}{\lambda_0}\kappa \,.$$

  Dies gilt für nicht zu große Intensitäten, bei denen Sättigungseffekte vernachlässigbar sind.
- An der Grenzfläche zwischen zwei Medien mit unterschiedlichen Brechzahlen n_1 und n_2 treten Brechung und Reflexion auf. Amplituden und Polarisation von reflektierter und gebrochener Welle hängen vom Einfallswinkel ab und können aus den Fresnel-Formeln (8.61, 8.62) bestimmt werden.
- Für die Summe aus Reflexionsvermögen R und Transmissionsvermögen T gilt:

  $$R + T = 1 \,,$$

  wenn keine Absorption stattfindet. Bei senkrechtem Einfall ist

  $$R = \left|\frac{n_1 - n_2}{n_1 + n_2}\right|^2 \,.$$

  Grenzflächen von stark absorbierenden Materialien haben ein hohes Reflexionsvermögen.
- Beim Übergang vom optisch dichteren in ein optisch dünneres Medium tritt für Winkel $\alpha > \alpha_G$ Totalrefelexion auf. Trotzdem dringt die Welle etwas ($\Delta x < \lambda$) in das optisch dünnere Medium ein (evaneszente Welle).
- Beim Brewsterwinkel α_B mit $\tan\alpha_B = n_2/n_1$ wird das Reflexionsvermögen R_p für die Parallel-Komponente A_p Null.
- In nichtisotropen Medien sind elektrische Feldstärke $\boldsymbol{E}$ und dielektrische Verschiebung $\boldsymbol{D}$ im Allgemeinen nicht mehr parallel. Die Richtung des Poynting-Vektors bildet mit dem Wellenvektor $\boldsymbol{k}$ den gleichen Winkel α, um den $\boldsymbol{E}$ gegen $\boldsymbol{D}$ geneigt ist. Eine einfallende Welle spaltet im Allgemeinen auf in eine ordentliche und eine außerordentliche Welle. Der Brechungsindex n hängt von der Polarisationsrichtung der Welle ab. Für den ordentlichen Strahl ist n_o wie im isotropen Medium, unabhängig von der Ausbreitungsrichtung, für den außerordentlichen Strahl hängt n_a von dem Winkel zwischen $\boldsymbol{k}$ und der optischen Achse ab.
- Polarisiertes Licht kann erzeugt werden durch Reflexion unter dem Brewsterwinkel, durch dichroitische Dünnschichtpolarisatoren und durch optisch doppelbrechende Kristalle.
- Wellen in Medien lassen sich durch eine aus den Maxwell-Gleichungen ableitbare Wellengleichung beschreiben. Diese enthält, zusätzlich zur Wellengleichung im Vakuum, einen Term, der die Polarisation des Mediums durch die Welle beschreibt und der als Quelle für neue, von den induzierten Dipolen ausgesandte Wellen angesehen werden kann.
- Bei Bestrahlung mit genügend intensivem Licht (nichtlineare Optik) wird der lineare Auslenkungsbereich der induzierten Dipole überschritten. Sie senden Oberwellen aus, die bei richtiger Wahl der Ausbreitungsrichtung in nichtisotropen Kristallen (Phasenanpassung) phasenrichtig verstärkt werden (optische Frequenzverdopplung).

ÜBUNGSAUFGABEN

1. Berechnen Sie nach (8.12) den Brechungsindex von Luft bei Atmosphärendruck für Licht der Wellenlänge $\lambda = 500\,\text{nm}$, wenn die Resonanzfrequenz der Stickstoffmoleküle bei $\omega_0 = 10^{16}\,\text{s}^{-1}$ liegt. Was können Sie beim Vergleich mit Tabelle 8.1 über den Wert der Oszillatorenstärke f in (8.23) sagen?
2. Unter welchem Winkel α muss ein Lichtstrahl auf eine Luft-Glas-Grenzfläche fallen, damit der Winkel zwischen einfallendem und reflektiertem Strahl gleich dem Winkel zwischen einfallendem und gebrochenem Strahl wird?
3. An den 8 Ecken eines Würfels mit Kanten der Länge 100 nm in Richtung der x-, y- bzw. z-Achse mögen 8 Atome sitzen, die von einer ebenen Lichtwelle ($\lambda = 500\,\text{nm}$) in z-Richtung zu Schwingungen in x-Richtung angeregt werden. Wie groß ist der in y-Richtung gestreute Bruchteil der einfallenden Intensität I_0, wenn der Streuquerschnitt für ein einzelnes Atom $\sigma = 10^{-30}\,\text{m}^2$ ist?
4. Leiten Sie die Fresnel-Gleichungen (8.62a,b) her.
5. Bestimmen Sie aus den Fresnel-Formeln für den Übergang von Luft ($n_1' = 1$, $\kappa_1 = 0$) nach Silber ($n_2' = 0{,}17$, $\kappa_2 = 2{,}94$) die Amplitudenreflexionskoeffizienten ϱ_s, ϱ_p und das Reflexionsvermögen für die Einfallswinkel $\alpha = 0°$, $\alpha = 45°$ und $\alpha = 85°$.
6. Ein Lichtstrahl mit der Leistung $P = 1\,\text{W}$ läuft durch ein absorbierendes Medium der Länge $L = 3\,\text{cm}$ mit dem Absorptionskoeffizienten α. Wie groß ist die absorbierte Leistung
   a) für $\alpha = 10^{-3}\,\text{cm}^{-1}$,
   b) für $\alpha = 1\,\text{cm}^{-1}$?
7. Eine Lichtleitfaser hat einen Kerndurchmesser von 10 µm. Die Brechzahl des Kerns sei $n_1 = 1{,}60$, die des Mantels $n_2 = 1{,}59$. Wie klein ist der minimale Krümmungsradius der Faser, bei der die Totalreflexion für Strahlen in der Krümmungsebene noch erhalten bleibt?
8. Zeigen Sie, dass man (8.12) für $\omega - \omega_0 \gg \gamma$ schreiben kann als $n - 1 = a + b/(\lambda^2 - \lambda_0^2)$, um damit z. B. eine einfache Dispersionsformel für Luft zu erhalten.
9. Eine optische Welle der Frequenz $\omega = 3{,}5 \cdot 10^{15}\,\text{s}^{-1}$ ($\lambda = 500\,\text{nm}$ und der Intensität $I(\omega) = 10^{12}\,\text{W/m}^2$ wird durch einen nichtlinearen negativ einachsigen Kristall mit der nichtlinearen Suszeptibilität $\chi^{(2)}(\omega) = 8 \cdot 10^{-13}\,\text{m/V}$ geschickt. Die Brechungszahlen sind $n_0(\omega) = 1{,}675$; $n_a(2\omega, \theta = 90°) = 1{,}615$; $n_0(2\omega) = 1{,}757$.
   a) Unter welchem Winkel θ_{opt} gegen die optische Achse wird Phasenanpassung $n_0(\omega) = n_a(2\omega, \theta_{\text{opt}})$ erreicht?
   b) Wie groß ist die Kohärenzlänge $L_{\text{kohärent}}$, wenn eine kleine Fehljustierung $\theta = \theta_{\text{opt}} + 1°$ vorliegt?
   c) Wie groß ist die Ausgangsintensität $I(2\omega)$, die durch die Relation:
$$I(2\omega, L) = I^2(\omega) \cdot \frac{2\omega^2 |\chi^{(2)}|^2 L^2}{n^3 c^3 \cdot \varepsilon_0} \, \frac{\sin^2(\Delta k \cdot L)}{(\Delta k \cdot L)^2}$$
   gegeben ist, wenn $L = L_{\text{kohärent}}$ ist?

9. Geometrische Optik

Für viele Anwendungszwecke ist die Wellennatur des Lichtes von untergeordneter Bedeutung, weil es hauptsächlich auf die Ausbreitungsrichtung des Lichtes und deren Änderung durch *abbildende Elemente* wie Spiegel oder Linsen ankommt.

Die Ausbreitungsrichtung einer Welle ist in isotropen Medien durch die Normale auf der Phasenfläche bestimmt. Diese Normalen werden in der geometrischen Optik als ***Lichtstrahlen*** bezeichnet.

Grenzt man eine Welle durch Berandungen ein (z. B. durch Blenden, Ränder von Linsen oder Spiegeln), so nennen wir den begrenzten Teil der Welle ein ***Lichtbündel***. Ein Lichtbündel kann als Gesamtmenge aller Lichtstrahlen aufgefasst werden, welche den Bündelquerschnitt ausfüllen (Abb. 9.1). Außer dem Querschnitt und der Ausbreitungsrichtung kann man dem Lichtbündel auch Welleneigenschaften wie Wellenlänge λ, Fortpflanzungsgeschwindigkeit $c' = c/n$, Intensität $I = c'\varepsilon\varepsilon_0 E^2$ und Polarisation zuordnen. Anschaulich spricht man dann von einem intensiven bzw. schwachen Lichtbündel oder von polarisierten Lichtstrahlen.

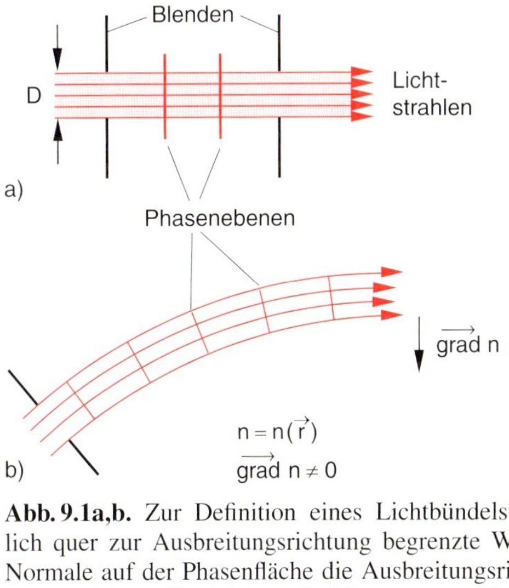

Abb. 9.1a,b. Zur Definition eines Lichtbündels als räumlich quer zur Ausbreitungsrichtung begrenzte Welle, deren Normale auf der Phasenfläche die Ausbreitungsrichtung des Lichtstrahls angibt: (**a**) in optisch homogenen Medien, (**b**) in optisch inhomogenen Medien mit **grad** $n \neq 0$

Die Beschreibung einer räumlich begrenzten fortschreitenden Welle durch Lichtstrahlen oder Lichtbündel ist natürlich eine Näherung. Im Inneren des Lichtbündels, wo die Änderung der Feldstärke quer zur Ausbreitungsrichtung langsam erfolgt (Bei einer ebenen Welle $E = E_0 \cos(\omega t - kz)$ ist E in x- und y-Richtung konstant!), ist diese Näherung gerechtfertigt. Am Rande des Bündels treten jedoch abrupte Intensitätsänderungen auf, und Beugungseffekte sind nicht mehr zu vernachlässigen.

> Wir können die Näherung der geometrischen Optik dann anwenden, wenn der Lichtbündelquerschnitt groß ist gegen die Wellenlänge des Lichtes, weil dann im Allgemeinen Beugungserscheinungen vernachlässigbar sind.

Als praktische Faustformel kann man sich merken, dass bei Wellenlängen von $\lambda = 0{,}5\,\mu\mathrm{m}$ Lichtbündel einen Durchmesser von $D > 10\,\mu\mathrm{m}$ haben müssen. Sonst spielen Beugungseffekte eine wesentliche Rolle. In diesem Sinne ist ein Lichtstrahl als geometrische Gerade mit dem Querschnitt null eine Idealisierung, die bei der zeichnerischen Darstellung der Lichtausbreitung in optischen Systemen sehr nützlich ist.

Das Näherungsmodell des Lichtbündels hat den folgenden Vorteil: Die Untersuchung der wirklichen Welle in optischen Anordnungen, in denen viele, im Allgemeinen gekrümmte, Grenzflächen zwischen Medien mit verschiedenen Brechzahlen n vorkommen (siehe Abschn. 8.4), ist äußerst kompliziert. Die Näherung der geometrischen Optik erlaubt eine wesentlich einfachere

Behandlung, deren Genauigkeit für viele praktische Zwecke völlig ausreichend ist.

Um die Ausbreitung von Lichtstrahlen und von Lichtbündeln in optischen Geräten berechnen zu können, wollen wir zunächst einige Grundlagen der geometrischen Optik zusammenfassen.

9.1 Grundaxiome der geometrischen Optik

Für die Ausbreitung von Strahlenbündeln, charakterisiert durch Lichtstrahlen, gelten die folgenden Grundtatsachen, die man sowohl aus experimentellen Beobachtungen als auch aus theoretischen Prinzipien herleiten kann:

- In einem optisch homogenen Medium sind die Lichtstrahlen Geraden.
- An der Grenzfläche zwischen zwei Medien werden die Lichtstrahlen nach dem Reflexionsgesetz (8.57) reflektiert und gemäß dem Snelliusschen Brechungsgesetz (8.58) gebrochen.
- Mehrere Strahlenbündel, die sich durchdringen, beeinflussen sich im Rahmen der linearen Optik (d. h. bei nicht zu großen Intensitäten) nicht. Sie lenken sich insbesondere nicht gegenseitig ab. Im Überlagerungsgebiet der Strahlenbündel können Interferenzerscheinungen auftreten, aber nachdem die Bündel wieder räumlich getrennt sind, ist ihre Intensitätsverteilung so, als ob die anderen Bündel nicht vorhanden wären.

Man beachte jedoch, dass dies nicht mehr bei nichtlinearen optischen Phänomenen gilt (siehe Abschn. 8.7).

Die ersten beiden Sätze lassen sich auch aus dem ***Fermatschen Prinzip*** herleiten, das in Bd. 1 am Beispiel der Brechung erläutert wurde (Bd. 1, Abschn. 11.11). Es besagt, dass das Licht, das vom Punkt P_1 ausgesandt wird, den Punkt P_2 immer auf dem Wege erreicht, für den die Lichtlaufzeit minimal ist. Wir wollen uns dies noch einmal am Beispiel der Reflexion an einer ebenen Grenzfläche $y = 0$ klar machen (Abb. 9.2).

Der Lichtweg von $P_1(x_1, y_1)$ über $R(x, 0)$ nach $P_2(x_2, y_2)$ ist

$$s = s_1 + s_2 = \sqrt{(x - x_1)^2 + y_1^2} + \sqrt{(x_2 - x)^2 + y_2^2}\,. \tag{9.1}$$

Wenn die Lichtlaufzeit $t = s/c$ minimal sein soll, muss gelten:

$$\frac{\mathrm{d}t}{\mathrm{d}x} = 0$$
$$\Rightarrow \frac{x - x_1}{\sqrt{(x - x_1)^2 + y_1^2}} = \frac{x_2 - x}{\sqrt{(x_2 - x)^2 + y_2^2}}$$
$$\Rightarrow \sin\alpha_1 = \sin\alpha_2\,. \tag{9.2}$$

Aus der Minimalforderung für die Lichtlaufzeit folgt also das Reflexionsgesetz

$$\sin\alpha_1 = \sin\alpha_2 \Rightarrow \alpha_1 = \alpha_2\,. \tag{9.3}$$

Das Fermatsche Prinzip gilt auch in inhomogenen Medien mit örtlich veränderlichem Brechungsindex. Hier sind die Lichtstrahlen gekrümmt (Abb. 9.1b). Das Prinzip der minimalen Laufzeit, d. h. des minimalen optischen Weges zwischen zwei Punkten P_1 und P_2, heißt hier (Abb. 9.3):

$$\delta \int\limits_{P_1}^{P_2} n\ \mathrm{d}s = 0\,, \tag{9.4}$$

wobei δ eine infinitesimale *Variation* des optischen Weges gegenüber dem kürzesten Wege bedeutet.

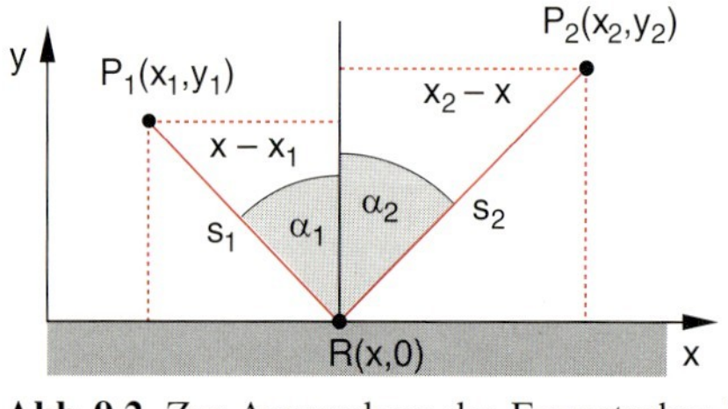

Abb. 9.2. Zur Anwendung des Fermatschen Prinzips bei der Reflexion von Licht an einer ebenen Grenzfläche

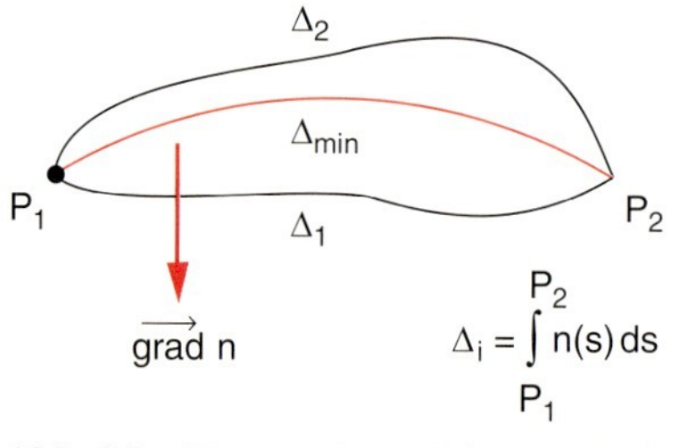

Abb. 9.3. Fermatsches Prinzip als Variationsprinzip für Lichtstrahlen in optisch inhomogenen Medien

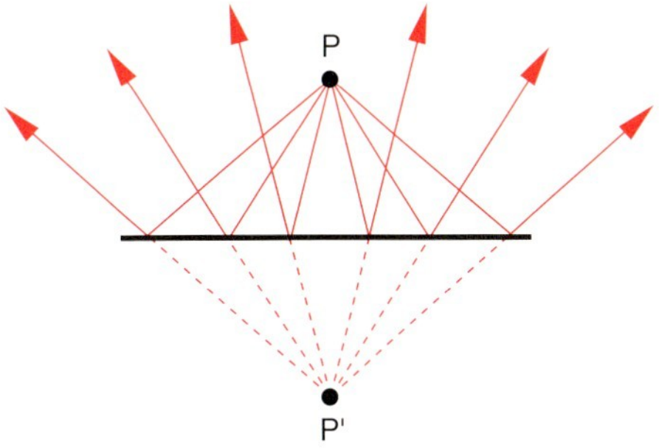

Abb. 9.4. Optische Abbildung durch einen Spiegel, der von jedem Punkt P des Raumes oberhalb des Spiegels ein *virtuelles Bild* P' (Spiegelbild) erzeugt

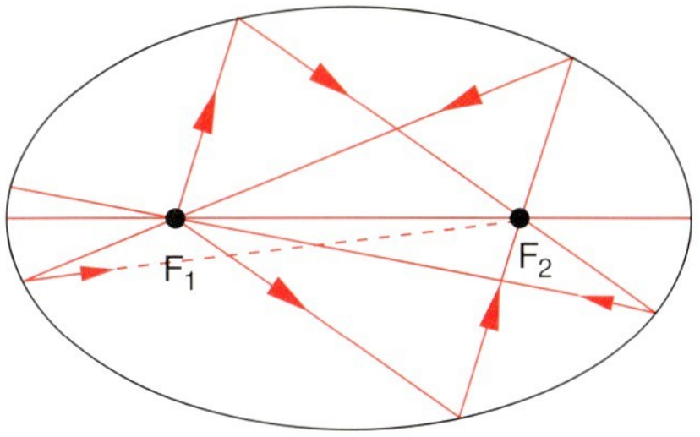

Abb. 9.6. Ein elliptischer Spiegel bildet genau zwei Punkte, nämlich die beiden Brennpunkte F_1, F_2 ineinander ab

9.2 Die optische Abbildung

Das Ziel vieler optischer Anordnungen ist eine optische Abbildung, bei der Licht, das von einem Punkte P_1 ausgeht, wieder in einem Punkte P_2 vereinigt wird.

Man kann eine solche Abbildung z. B. durch einen ***ebenen Spiegel*** erreichen, wie man aus Abb. 9.4 sieht. Alle Strahlen, die von P ausgehen, gehen zwar nach Reflexion an der Spiegelebene divergent in den oberen Halbraum, aber ihre Verlängerungen in die untere Halbebene schneiden sich alle in einem Punkte P', dem Spiegelbild von P. Ein Betrachter in der oberen Halbebene sieht das Bild P' hinter dem Spiegel. Das Spiegelbild eines Gegenstandes erscheint genauso groß wie der Gegenstand (Abb. 9.5).

> Der ebene Spiegel ist das *einzige* optische Element, das eine ideale Abbildung in dem Sinne erzeugt, dass jeder Punkt P des Raumes in einen anderen Punkt P' abgebildet wird.

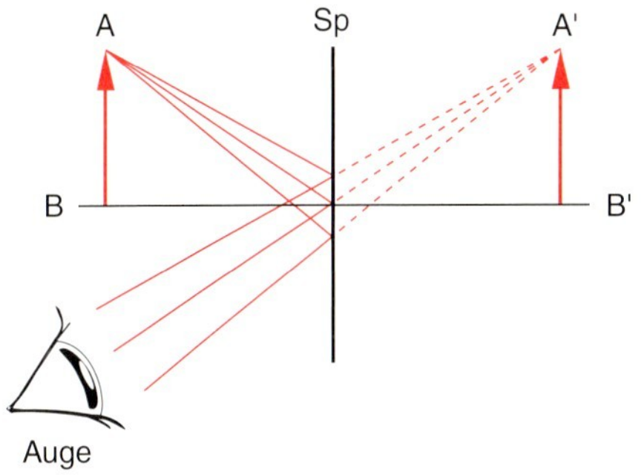

Abb. 9.5. Ein ebener Spiegel bildet einen Gegenstand AB in ein gleich großes Bild A′B′ ab (1:1-Abbildung)

Es gibt andere Anordnungen, die nur einzelne, ausgesuchte Punkte abbilden. Ein *elliptischer Spiegel* (Abb. 9.6) bildet z. B. nur zwei Punkte ineinander ab, nämlich die beiden Brennpunkte. Ein *Kugelspiegel* bildet nur einen Punkt, den Mittelpunkt M, in sich ab.

Eine näherungsweise Abbildung beliebiger Punkte kann man mittels der einfachen geometrischen Anordnung in Abb. 9.7 erreichen, in welcher ein beleuchteter oder selbstleuchtender Gegenstand in der Ebene A auf die Beobachtungsebene B abgebildet wird. Zwischen den beiden Ebenen wird ein undurchlässiger Schirm mit einer kleinen Blendenöffnung gestellt, deren Durchmesser d variiert werden kann. Alle Strahlen, die von einem Punkt P des Bildes ausgehen, werden in eine elliptische Scheibe um P' abgebildet, deren großer Durchmesser d' sich nach dem Strahlensatz ergibt zu

$$d' = \frac{a+b}{a} d \, . \tag{9.5}$$

Es gibt also keine genaue Punkt- zu Punktabbildung mehr, aber wenn der Durchmesser d der Lochblende klein genug gemacht wird, kann dennoch jeder Punkt P des Gegenstandes in die nähere Umgebung seines Bildpunktes P' abgebildet werden. Die Abbildung wird

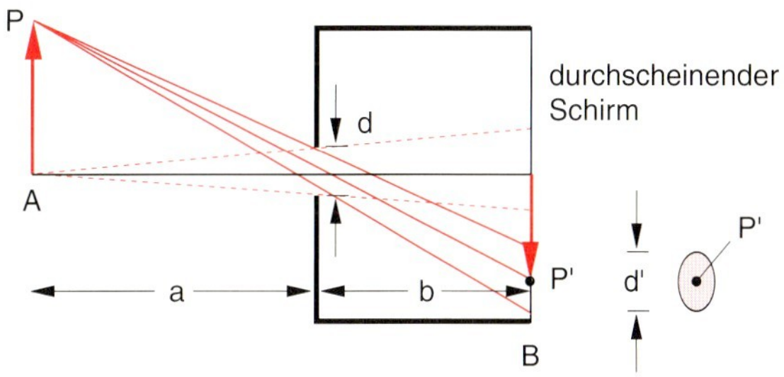

Abb. 9.7. Schematische Darstellung einer Lochkamera

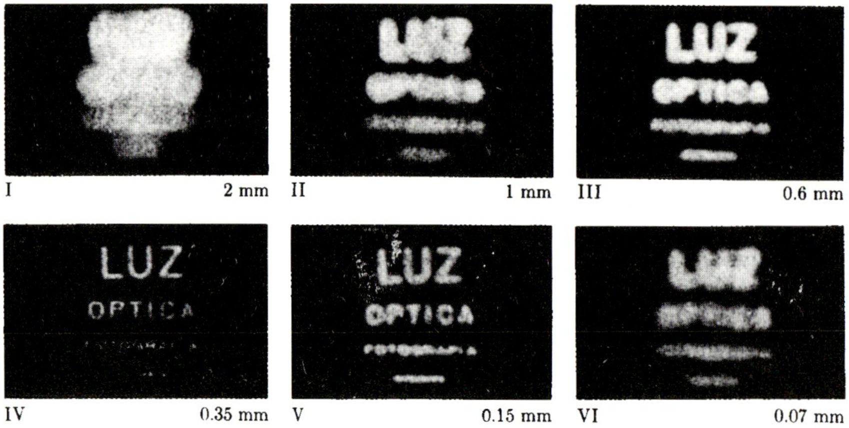

Abb. 9.8. Abbildung einer beleuchteten Schrifttafel mithilfe einer Lochkamera bei verschiedenen Lochdurchmessern. (Dr. N. Joel, Unesco Pilot Project for the Teaching of Physics)

umso „schärfer", je kleiner d wird, wie man aus Abb. 9.8 sehen kann. Allerdings gibt es eine durch die Beugung bedingte Grenze (siehe Abschn. 10.7.4). Sobald die Größe des zentralen Beugungsmaximums $d_B = 2b \cdot \lambda/d$ größer wird als der geometrische Bilddurchmesser $d' = d \cdot (a+b)/a$, wird die Bildschärfe wieder schlechter. Die Lochkamera hat also einen optimalen Blendendurchmesser

$$d_{\text{opt}} = \sqrt{\frac{a \cdot b}{a+b} \cdot 2\lambda} \,. \tag{9.6}$$

BEISPIEL

$\lambda = 500\,\text{nm}$, $a = 20\,\text{cm}$, $b = 5\,\text{cm} \Rightarrow d_{\text{opt}} = 0{,}2\,\text{mm}$. Jeder Gegenstandspunkt P wird dann in einem Kreis mit Radius $r = 0{,}1\,\text{mm}$ abgebildet. Dies ist für viele Anwendungen eine durchaus akzeptable Bildschärfe.

Ein Hauptnachteil der Lochkamera ist ihre geringe Lichtstärke. Die Bedeutung abbildender Elemente wie Linsen oder Hohlspiegel liegt darin, dass sie

- größere Öffnungen erlauben und damit wesentlich lichtstärker sind als eine abbildende Lochblende,
- das Bild des Gegenstandes in jeder passenden Entfernung erzeugen können.

Beide Punkte sind für die praktische Anwendbarkeit von großer Bedeutung. Allerdings führen alle diese abbildenden Elemente Abbildungsfehler ein, die man zwar durch geschickte Kombination verschiedener Elemente minimieren, aber nie völlig beseitigen kann. Wir wollen uns dies jetzt an einigen Beispielen klar machen.

9.3 Hohlspiegel

Während ebene Spiegel verzerrungsfreie Bilder von Gegenständen im Maßstab 1:1 erzeugen, lassen sich mit gekrümmten Spiegelflächen verkleinerte oder vergrößerte Bilder erzeugen, die im Allgemeinen jedoch nicht mehr völlig verzerrungsfrei sind. Wir betrachten in Abb. 9.9 einen ***sphärischen Hohlspiegel*** mit dem

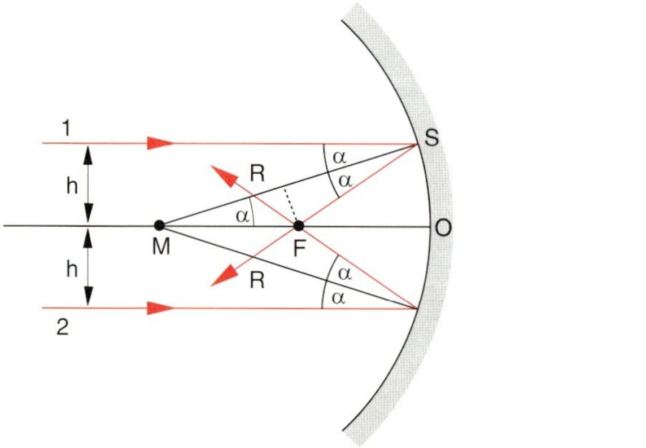

Abb. 9.9. Sphärischer Hohlspiegel mit Brennpunkt F, Kugelmittelpunkt M und Brennweite $f = \overline{OF} \approx R/2$

Kugelmittelpunkt M. Zwei parallel zur Achse einfallende Strahlen 1 und 2 werden an der Kugelfläche nach dem Reflexionsgesetz ($\alpha_e = \alpha_r = \alpha$) reflektiert und schneiden sich im Punkte F (***Brennpunkt***) auf der Achse.

Da das Dreieck MFS gleichschenklig ist (wie man aus den beiden gleichen Winkeln α sieht), gilt: $\overline{FM} = (R/2)/\cos\alpha$, und daher ist

$$\overline{OF} = R\big(1 - 1/(2\cos\alpha)\big)\,. \tag{9.7a}$$

Für genügend kleine Abstände h des Strahles von der Symmetrieachse MO (***paraxiale Strahlen***) wird der Winkel α sehr klein, und wir können $\cos\alpha \approx 1$ setzen. Dann wird die ***Brennweite*** des sphärischen Spiegels

$$\overline{OF} = f = R/2\,. \tag{9.7b}$$

Für paraxiale Strahlen ist die Brennweite eines Kugelspiegels gleich dem halben Kugelradius!

Man beachte:

Der Schnittpunkt F der reflektierten Strahlen mit der Achse OM hängt vom Achsenabstand h der einfallenden Strahlen ab.

Mit $\cos\alpha = \sqrt{1-\sin^2\alpha}$ und $\sin\alpha = h/R$ ergibt sich:

$$\begin{aligned} f &= R\left[1 - \frac{1}{2\cos\alpha}\right] \\ &= R\left[1 - \frac{R}{2\sqrt{R^2-h^2}}\right]. \end{aligned} \tag{9.7c}$$

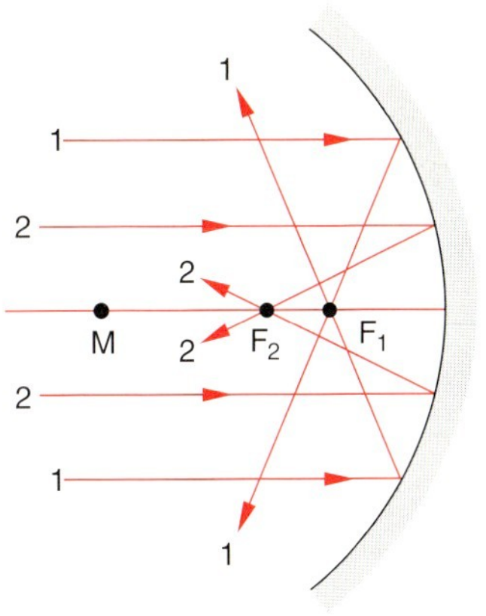

Abb. 9.10. Die Brennweite f eines Kugelspiegels ist für achsenferne Strahlen kleiner als für achsennahe Strahlen

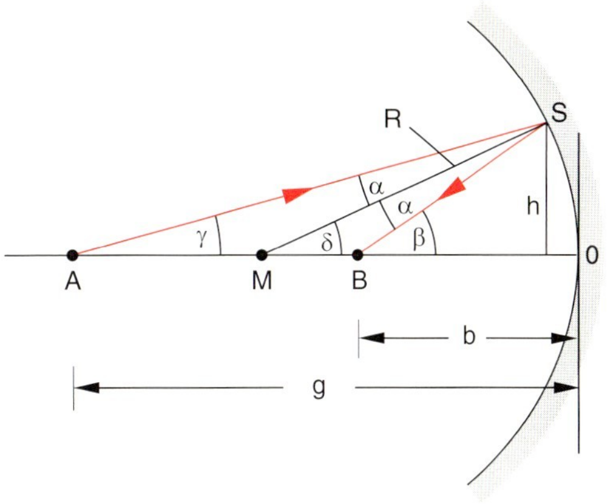

Abb. 9.11. Abbildung eines Punktes A auf der Achse in einen Bildpunkt B, der ebenfalls auf der Spiegelachse liegt

Die Brennweite f eines sphärischen Spiegels nimmt mit zunehmendem Abstand h von der Achse ab (Abb. 9.10). Für $\alpha = 60°$ (d. h. $h = 0{,}87\,R$) wird $\overline{OF} = 0$.

In Abb. 9.11 ist die Abbildung eines Achsenpunktes A in der beliebigen Entfernung $g = \overline{OA} > R$ in einen Punkt B gezeigt. Für die eingezeichneten Winkel gilt: $\delta = \alpha + \gamma$ (Außenwinkel im $\triangle MSA$), $\beta = \delta + \alpha$, (Außenwinkel im $\triangle BSM$) woraus folgt:

$$\gamma + \beta = 2\delta\,. \tag{9.8}$$

Nun gilt für kleine Winkel γ und β (achsennahe Strahlen):

$$\gamma \approx \tan\gamma = \frac{h}{g}\,,$$
$$\beta \approx \tan\beta = \frac{h}{b}\,,$$
$$\delta \approx \sin\delta = \frac{h}{R}\,,$$

sodass wir aus (9.8) und (9.7b) die Beziehung

$$\boxed{\frac{1}{g} + \frac{1}{b} \approx \frac{2}{R} \approx \frac{1}{f}} \tag{9.9}$$

erhalten, welche für achsennahe Strahlen die Gegenstandsweite g mit der Bildweite b und mit der Brennweite f verknüpft.

Um die geometrische Konstruktion der Abbildung zu erläutern und den Abbildungsmaßstab zu bestimmen, betrachten wir in Abb. 9.12 als Gegenstand den Pfeil $A'A$ mit der Länge h.

Von A aus zeichnen wir drei Strahlen:

- Den Strahl S_1 parallel zur Achse MO, der nach der Reflexion durch den Brennpunkt F geht.
- Den schrägen Strahl S_2, der vor der Reflexion durch F geht und daher nach der Reflexion parallel zur Achse verläuft.
- Den Strahl S_3 durch den Kugelmittelpunkt, der in sich reflektiert wird.

Alle drei Strahlen schneiden sich (in der paraxialen Näherung) im Punkte B, dem Bildpunkt von A. Ist die Gegenstandsweite $g = \overline{A'O}$ größer als der Spiegelradius $R = \overline{OM}$, so liegt B zwischen F und M, aber auf der anderen Seite der Symmetrieachse. Es entsteht ein umgekehrtes Bild.

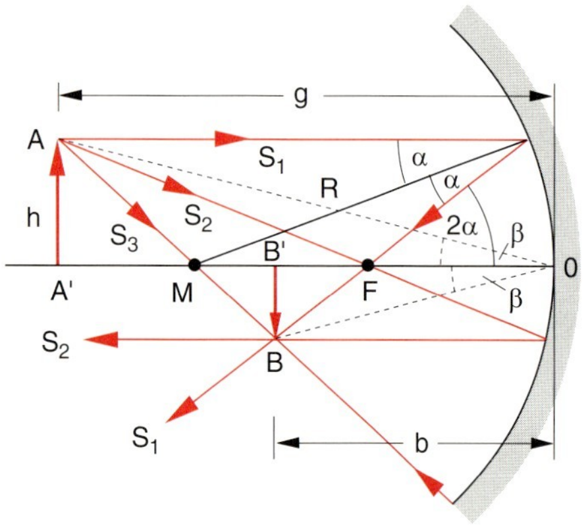

Abb. 9.12. Zur geometrischen Konstruktion des Bildes B eines beliebigen, aber achsennahen Punktes A

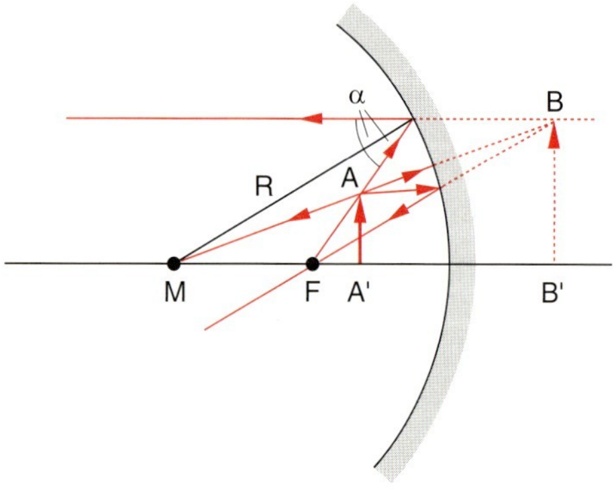

Abb. 9.13. Entstehung eines virtuellen Bildes beim sphärischen Spiegel, wenn der Gegenstand zwischen Spiegel und Brennpunkt F liegt

Anmerkung

Zur Bildkonstruktion würden auch zwei Strahlen genügen. Der dritte kann zur Konsistenzprüfung benutzt werden.

Der Abbildungsmaßstab ist, wie man aus Abb. 9.12 wegen $\overline{AA'}/\overline{A'O} = \tan\beta = \overline{BB'}/\overline{B'O}$ erkennt,

$$\frac{\overline{AA'}}{\overline{BB'}} = \frac{g}{b} \,. \tag{9.10}$$

> Der Abbildungsmaßstab ist gleich dem Verhältnis von Gegenstandsweite zu Bildweite.

Wenn der Gegenstand AA' zwischen Brennpunkt F und Spiegel liegt, werden die reflektierten Strahlen divergent (Abb. 9.13). Ihre rückwärtigen Verlängerungen

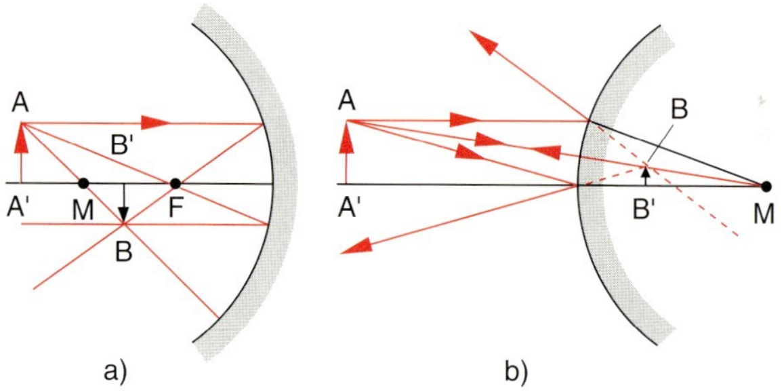

Abb. 9.14. (**a**) Konkaver und (**b**) konvexer Hohlspiegel

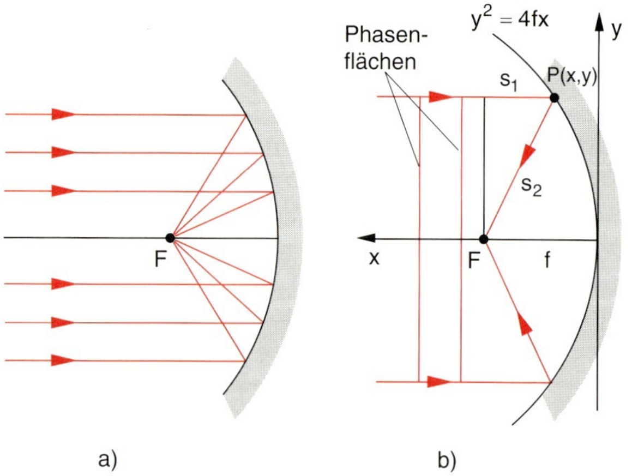

Abb. 9.15. (**a**) Parabolischer Spiegel. (**b**) Zur Anwendung des Fermatschen Prinzips bei einer einfallenden ebenen Welle

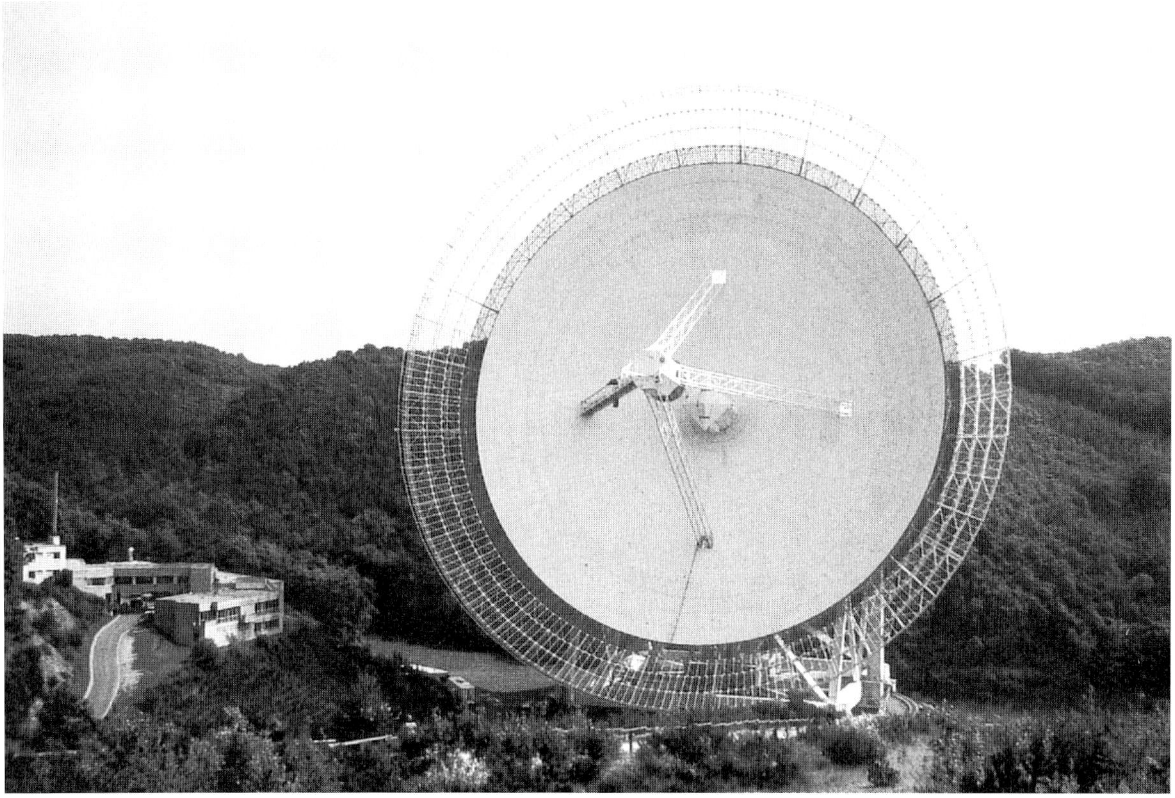

Abb. 9.16. Radioteleskop des Max-Planck-Instituts für Radioastronomie in Effelsberg (vgl. Farbtafel 7)

schneiden sich (in der paraxialen Näherung) in den Punkten BB' hinter dem Spiegel. Man nennt das so entstandene Bild ***virtuell***, weil man es nicht wirklich auf einem Schirm sieht, den man in die Ebene des virtuellen Bildes stellt, sondern nur als das hinter dem Spiegel erscheinende Spiegelbild des Gegenstandes.

Liegt der Krümmungsmittelpunkt M des Spiegels auf der gleichen Seite wie der Gegenstand A, so heißt der Spiegel ***konkav*** gekrümmt (Abb. 9.14a), liegen M und A auf entgegengesetzten Seiten des Spiegels, sprechen wir von einem ***konvexen Spiegel*** (Abb. 9.14b), der nur virtuelle Bilder des Gegenstandes erzeugen kann.

Als einen in der Praxis häufig anzutreffenden Hohlspiegel wollen wir noch den ***Parabolspiegel*** (Abb. 9.15) behandeln, der z. B. als Scheinwerferspiegel und in der Radioastronomie (Abb. 9.16) verwendet wird.

Ein Parabolspiegel fokussiert eine ebene einfallende Welle nach der Reflexion in einen Punkt F, den Brennpunkt. Er macht also aus einer ebenen Welle eine Kugelwelle. Dies sieht man am einfachsten aus Abb. 9.15b mithilfe des Fermatschen Prinzips:

Die Phasenflächen der einfallenden Welle sind die Ebenen $x = \text{const}$. Damit alle Strahlen parallel zur x-Achse, unabhängig von ihrem Abstand y von der Symmetrieachse, nach der Reflexion durch F laufen, muss der optische Weg $s = s_1 + s_2$ von einer Ebene $x = \text{const}$ (die wir hier als $x = f$ wählen) bis zum Punkte F für alle Strahlen gleich groß sein. Nun gilt für die Reflexion im Punkt $P(x, y)$

$$s = s_1 + s_2 = f - x + \sqrt{(f-x)^2 + y^2}\,.$$

Für $y^2 = 4fx$ wird $s = 2f$ und damit unabhängig von y. Die Gleichung des Parabolspiegels mit der x-Achse als Symmetrieachse und der Brennweite f heißt also:

$$y^2 = 4fx \;\Rightarrow\; x = \frac{1}{4f}y^2\,. \tag{9.11}$$

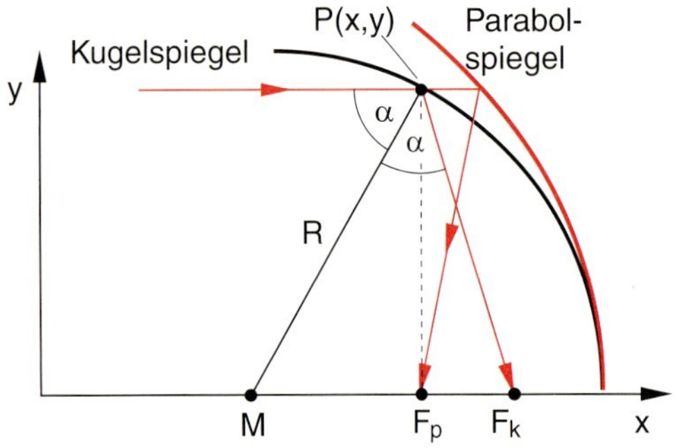

Abb. 9.17. Für achsennahe Strahlen haben sphärischer und Parabolspiegel annähernd die gleichen abbildenden Eigenschaften. Im Bild ist der Achsenabstand y zu groß gewählt, damit man den Unterschied zwischen Kugel- und Parabolfläche besser erkennen kann

Es ist interessant, sich den Unterschied zum sphärischen Spiegel anzuschauen:

Für die Kugelfläche in Abb. 9.17 gilt anstelle von (9.11)

$$y^2 + (R - x)^2 = R^2$$

$$\Rightarrow \; x = R - \sqrt{R^2 - y^2}\,. \tag{9.12a}$$

Für $y^2 < R^2$ kann die Wurzel entwickelt werden. Dies ergibt:

$$x = \frac{y^2}{2R} + \frac{y^4}{8R^3} + \frac{y^6}{16R^5} + \cdots\,. \tag{9.12b}$$

Für achsennahe Strahlen ($y \ll R$) kann man die höheren Glieder in (9.12b) vernachlässigen, und man erhält mit $f = R/2$ die Gleichung der Parabel (9.11). Dies heißt:

> In der paraxialen Näherung wirkt ein sphärischer Spiegel mit dem Radius R wie ein Parabolspiegel mit der Brennweite $f = R/2$. Für achsenferne Strahlen ist die Brennweite des sphärischen Spiegels kleiner, die des Parabolspiegels bleibt konstant.

Nach (9.12b) nimmt der Abstand $\Delta x = X(F_\text{K}) - X(F_\text{P}) \approx \frac{y^4}{8R^3}$ zwischen den beiden Brennpunkten mit y^4 zu!

Man beachte jedoch, dass der Parabolspiegel für *alle* Abstände y von parallel zur Achse einfallenden Strahlen den gleichen Brennpunkt hat, während dies beim sphärischen Spiegel nur für achsennahe Strahlen gilt.

9.4 Prismen

Beim Durchgang durch ein Prisma, dessen Querschnittsfläche ein gleichschenkliges Dreieck ist, wird ein Lichtstrahl zweimal gebrochen und insgesamt um den Winkel δ gegen die Einfallsrichtung abgelenkt. Man entnimmt Abb. 9.18:

$$\delta = \alpha_1 - \beta_1 + \alpha_2 - \beta_2\,.$$

Wir wollen den Ablenkwinkel δ ausdrücken durch den Einfallswinkel α_1 und den Prismenwinkel γ. Es gilt: $\gamma = \beta_1 + \beta_2$ (weil im $\triangle ABC$ $\gamma + 90° - \beta_1 + 90° - \beta_2 = 180°$), sodass

$$\delta = \alpha_1 + \alpha_2 - \gamma\,. \tag{9.13}$$

Minimale Ablenkung bei festem Prismenwinkel γ erfolgt, wenn

$$\frac{\mathrm{d}\delta}{\mathrm{d}\alpha_1} = 1 + \frac{\mathrm{d}\alpha_2}{\mathrm{d}\alpha_1} = 0 \;\Rightarrow\; \mathrm{d}\alpha_2 = -\,\mathrm{d}\alpha_1\,. \tag{9.14}$$

Bildet man die Ableitungen des Snelliusschen Brechungsgesetzes $\sin\alpha = n \cdot \sin\beta$ für die beiden brechenden Prismenflächen, so erhält man:

$$\cos\alpha_1\,\mathrm{d}\alpha_1 = n \cdot \cos\beta_1 \cdot \mathrm{d}\beta_1\,, \tag{9.15a}$$

$$\cos\alpha_2\,\mathrm{d}\alpha_2 = n \cdot \cos\beta_2 \cdot \mathrm{d}\beta_2\,. \tag{9.15b}$$

Wegen $\beta_1 + \beta_2 = \gamma$ gilt $\mathrm{d}\beta_1 = -\,\mathrm{d}\beta_2$, sodass sich durch Division von (9.15a) durch (9.15b) ergibt:

$$\frac{\cos\alpha_1}{\cos\alpha_2}\,\frac{\mathrm{d}\alpha_1}{\mathrm{d}\alpha_2} = -\frac{\cos\beta_1}{\cos\beta_2}\,.$$

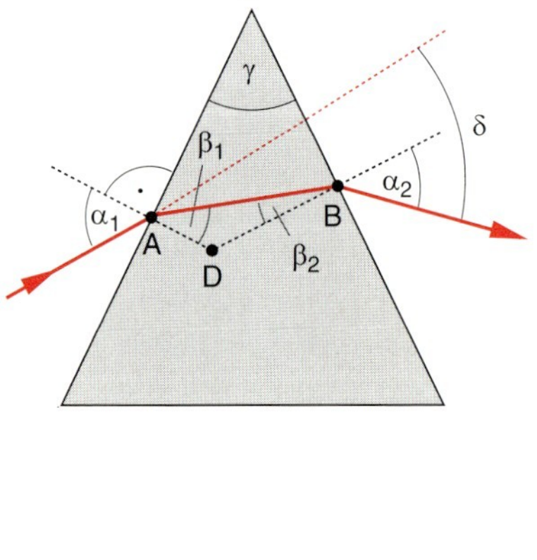

Abb. 9.18. Ablenkung δ eines Lichtstrahls durch ein Prisma

Für den Strahlengang mit minimaler Ablenkung δ ($\mathrm{d}\alpha_1 = -\mathrm{d}\alpha_2$) wird daraus

$$\frac{\cos\alpha_1}{\cos\alpha_2} = \frac{\cos\beta_1}{\cos\beta_2} ,$$

was wegen des Brechungsgesetzes umgeformt werden kann in:

$$\frac{1-\sin^2\alpha_1}{1-\sin^2\alpha_2} = \frac{n^2-\sin^2\alpha_1}{n^2-\sin^2\alpha_2} . \qquad (9.16)$$

Für $n \neq 1$ kann diese Gleichung nur erfüllt werden für $\alpha_1 = \alpha_2 = \alpha$.

Beim symmetrischen Strahlengang mit $\overline{AC} = \overline{BC}$ und $\alpha_1 = \alpha_2$ (d. h. auch $\beta_1 = \beta_2$) erfolgt die kleinste Ablenkung! Für diesen Fall ergibt (9.13) für den minimalen Ablenkungswinkel δ bei einem Einfallswinkel α:

$$\delta_{\min} = 2\alpha - \gamma . \qquad (9.17)$$

Mithilfe des Brechungsgesetzes erhält man daraus:

$$\sin\frac{\delta_{\min}+\gamma}{2} = \sin\alpha = n\cdot\sin\beta$$
$$= n\cdot\sin(\gamma/2) . \qquad (9.18)$$

Die Abhängigkeit des Ablenkwinkels δ vom Brechungsindex ergibt sich aus (9.18) wegen $\mathrm{d}\delta/\mathrm{d}n = (\mathrm{d}n/\mathrm{d}\delta)^{-1}$ zu:

$$\frac{\mathrm{d}\delta}{\mathrm{d}n} = \frac{2\sin(\gamma/2)}{\cos\left[(\delta+\gamma)/2\right]}$$
$$= \frac{2\sin(\gamma/2)}{\sqrt{1-n^2\sin^2(\gamma/2)}} . \qquad (9.19)$$

Da der Brechungsindex $n(\lambda)$ von der Wellenlänge λ des einfallenden Lichtes abhängt (Dispersion, Abschn. 8.2), ergibt sich schließlich der Ablenkwinkel δ eines Prismas mit Brechungsindex n wegen $\mathrm{d}\delta/\mathrm{d}\lambda = \mathrm{d}\delta/\mathrm{d}n\cdot\mathrm{d}n/\mathrm{d}\lambda$ für den symmetrischen Strahlengang zu:

$$\boxed{\frac{\mathrm{d}\delta}{\mathrm{d}\lambda} = \frac{2\sin(\gamma/2)}{\sqrt{1-n^2\sin^2(\gamma/2)}}\cdot\frac{\mathrm{d}n}{\mathrm{d}\lambda}} . \qquad (9.20)$$

In Abb. 9.19 ist die Ablenkung eines parallelen weißen Lichtstrahles durch unterschiedliche Brechung für die verschiedenen Wellenlängen illustriert.

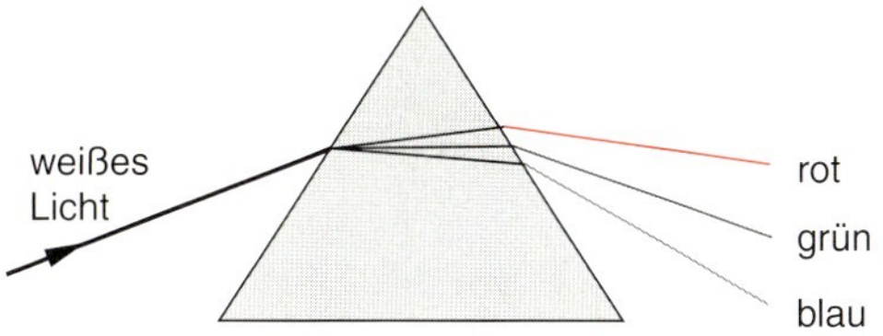

Abb. 9.19. Im Bereich normaler Dispersion ($\mathrm{d}n/\mathrm{d}\lambda < 0$) wird blaues Licht stärker gebrochen als rotes Licht

Da für die meisten durchsichtigen Materialien im sichtbaren Spektralbereich $\mathrm{d}n/\mathrm{d}\lambda < 0$ gilt, folgt aus (9.20), dass blaues Licht stärker gebrochen wird als rotes Licht.

BEISPIEL

Für ein gleichseitiges Prisma ($\gamma = 60°$) wird

$$\frac{\mathrm{d}\delta}{\mathrm{d}\lambda} = \frac{\mathrm{d}n/\mathrm{d}\lambda}{\sqrt{1-n^2/4}} .$$

Mit $\mathrm{d}n/\mathrm{d}\lambda = 4\cdot 10^5\,\mathrm{m}^{-1}$ bei $\lambda = 400\,\mathrm{nm}$ und $n = 1{,}8$ (Flintglas) wird $\mathrm{d}\delta/\mathrm{d}\lambda = 1\cdot 10^{-3}\,\mathrm{rad/nm}$, d. h. zwei Wellenlängen λ_1 und λ_2, die sich um 10 nm unterscheiden, haben einen um $10^{-2}\,\mathrm{rad} \approx 0{,}5°$ verschiedenen Ablenkwinkel.

9.5 Linsen

Wohl kaum ein optisches Element hat einen so großen Einfluss auf die Entwicklung der Optik gehabt wie die optischen Linsen in ihren verschiedenen Ausführungsformen.

Nachdem der in Holland lebende deutschstämmige Brillenmacher *Hans Lippershey* (1570–1619) das erste Fernrohr mit von ihm selbst geschliffenen Linsen gebaut hatte, das er *optische Röhre* nannte, konnte Galilei 1610 mit einem verbesserten Fernrohr erstmals die *Galileischen Monde* (Io, Europa, Ganymed und Callisto) des Jupiter beobachten (siehe Bd. 1, Abb. 1.1).

Außer dem Linsenfernrohr basieren viele weitere optische Geräte (z. B. Brille, Lupe, Mikroskop, Projektoren, Fotoapparat) auf geeigneten Kombinationen verschiedener Linsen (siehe Kap. 11). Es lohnt sich daher, die optischen Eigenschaften von Linsen etwas genauer zu studieren.

9.5.1 Brechung an einer gekrümmten Fläche

Wir betrachten in Abb. 9.20 einen Lichtstrahl, der im Abstand h parallel zur Symmetrieachse auf eine sphärische Grenzfläche zwischen zwei Medien mit den Brechzahlen n_1 und n_2 fällt. Der Strahl wird am Auftreffpunkt A gebrochen, pflanzt sich im homogenen Medium geradlinig fort und schneidet im Brennpunkt F die Symmetrieachse. Aus Abb. 9.20 ergibt sich:

$$h = R \cdot \sin\alpha = f \cdot \sin\gamma\,.$$

Wegen $\gamma = \alpha - \beta$ erhalten wir dann für die Brennweite:

$$f = \frac{\sin\alpha}{\sin(\alpha-\beta)} \cdot R\,.$$

Mithilfe des Snelliusschen Brechungsgesetzes (8.58)

$$n_1 \sin\alpha = n_2 \sin\beta$$

ergibt sich aus $\sin(\alpha-\beta) = \sin\alpha\cos\beta - \cos\alpha\sin\beta$ für kleine Winkel ($\cos\alpha \approx \cos\beta \approx 1$)

$$\boxed{f = \left(\frac{n_2}{n_2-n_1}\right) \cdot R}\,. \tag{9.21a}$$

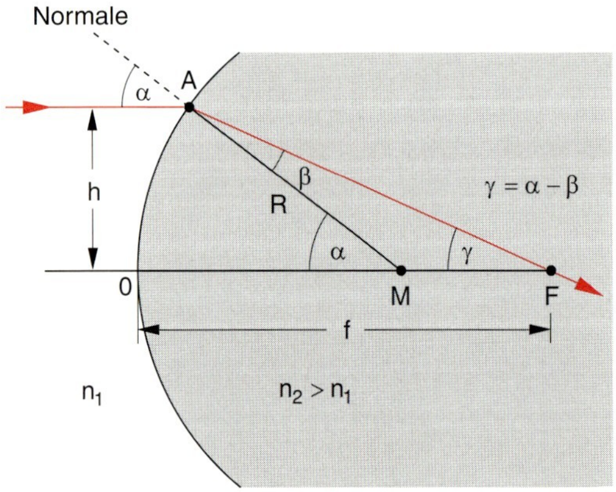

Abb. 9.20. Zur Definition der Brennweite einer sphärisch gekrümmten Grenzfläche

BEISPIEL

Für die Grenzfläche zwischen Luft ($n_1 = 1$) und Glas ($n_2 = 1{,}5$) ergibt (9.21a) $f = 3R$. Für $n_1 = 1$, $n_2 = 3$ $\Rightarrow f = 1{,}5\,R$.

Man beachte:

Gleichung (9.21a) gilt nur näherungsweise für achsennahe Strahlen.

Genau wie beim Hohlspiegel lässt sich auch hier das Bild eines Gegenstandes zeichnerisch bestimmen, indem man für jeden Punkt A des Gegenstandes mindestens zwei Strahlen zeichnet (Abb. 9.21): den achsenparallelen Strahl, welcher im Medium 2 durch den Brennpunkt F_2 geht und den Strahl durch den Krümmungsmittelpunkt M, der senkrecht auf die Grenzfläche trifft und deshalb nicht gebrochen wird. Der Schnittpunkt beider Strahlen ist der Bildpunkt B.

Umgekehrt kann natürlich auch für Lichtstrahlen, die vom Medium 2 nach 1 gehen, A als Bildpunkt von B angesehen werden. Zeichnet man den Strahl, der im Medium 2 parallel zur Symmetrieachse verläuft, so schneidet dieser im Medium 1 die Achse im Punkt F_1, den wir als gegenstandsseitigen Brennpunkt bezeichnen. Für seine Brennweite erhält man analog zur Herleitung von (9.21a)

$$f_1 = \left(\frac{n_1}{n_1-n_2}\right) R\,. \tag{9.21b}$$

Liegt der Gegenstand A im Abstand a von O, das Bild B im Abstand b (Abb. 9.22), so folgt aus dem genäherten Brechungsgesetz $n_1 \cdot \alpha \approx n_2 \cdot \beta$ mit $\alpha = \delta + \varepsilon$ und

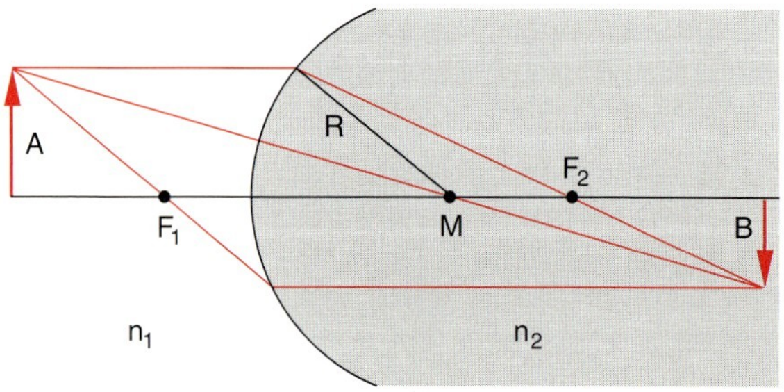

Abb. 9.21. Geometrische Strahlenkonstruktion bei der Abbildung eines Gegenstandes A durch eine sphärische Grenzfläche

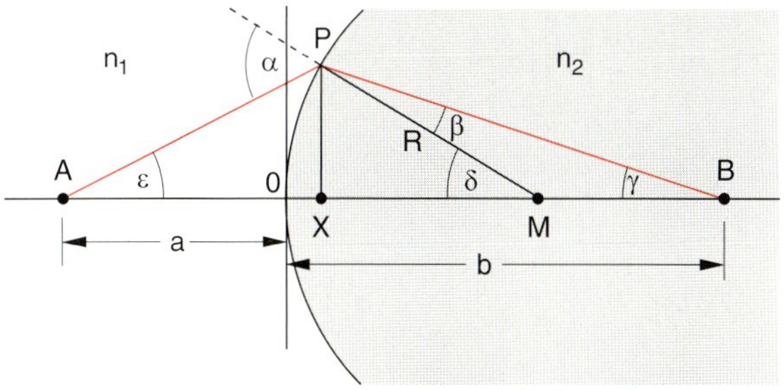

Abb. 9.22. Zur Herleitung von (9.22)

$\beta = \delta - \gamma$ (α und δ sind Außenwinkel zu den Dreiecken APM bzw. PMB):

$$n_1(\delta + \varepsilon) \approx n_2(\delta - \gamma) . \tag{9.22a}$$

Die Strecke $\overline{PX}$ in Abb. 9.22 kann für achsennahe Strahlen ausgedrückt werden durch

$$\begin{aligned} \overline{PX} &= (a+x)\tan\varepsilon \approx a \cdot \varepsilon , \quad \text{weil } x \ll a, \ \tan\varepsilon \approx \varepsilon \\ &= (b-x)\tan\gamma \approx b \cdot \gamma \\ &= R \cdot \sin\delta \approx R \cdot \delta . \end{aligned}$$

Einsetzen in (9.22a) liefert nach Umordnen und Kürzen durch $\overline{PX}$

$$\frac{n_1}{a} + \frac{n_2}{b} = \frac{n_2 - n_1}{R} \tag{9.22b}$$

zwischen der Gegenstandsweite a, der Bildweite b und dem Krümmungsradius R erhält. Setzt man (9.21a,b) ein, so lässt sich dies durch die Brennweite f ausdrücken als

$$\boxed{\frac{n_1}{a} + \frac{n_2}{b} = \frac{n_2}{f_2} = -\frac{n_1}{f_1} .} \tag{9.22c}$$

9.5.2 Dünne Linsen

Eine Linse besteht aus einem durchsichtigen Material mit Brechzahl n_2, das auf beiden Seiten durch polierte Grenzflächen von einem anderen Medium mit Brechzahl n_1 (im Allgemeinen Luft) getrennt ist (Abb. 9.24).

Wir wollen hier nur den Fall von Linsen mit sphärischen Grenzflächen in Luft behandeln, sodass wir $n_1 = 1$ und $n_2 = n$ setzen können. Die verschiedenen Linsentypen werden nach Größe und Vorzeichen der Krümmungsradien R_i ihrer beiden Grenzflächen klassifiziert. Der Krümmungsradius R wird als gerichtete Strecke von der gekrümmten Fläche zum Krümmungsmittelpunkt M angesehen (Abb. 9.23). Er wird als *positiv* definiert, wenn er in den positiven Halbraum zeigt, als negativ, wenn er in den negativen Halbraum zeigt. Das Licht kommt in allen Zeichnungen von links, läuft also vom negativen in den positiven Halbraum. Man kann deshalb auch definieren: R wird als positiv definiert, wenn der Krümmungsmittelpunkt auf der der Lichtquelle abgewandten Seite der Grenzfläche liegt, er ist negativ, wenn er auf der Seite der Lichtquelle liegt. Als Lichtquelle kann auch ein beleuchteter Gegenstand angesehen werden.

So hat z. B. die Grenzfläche in Abb. 9.20 einen positiven Krümmungsradius. In Abb. 9.24 ist $R_1 > 0$ und $R_2 < 0$. Abbildung 9.25 zeigt einige Linsentypen. Eine gekrümmte Linsengrenzfläche heißt ***konvex***, wenn die

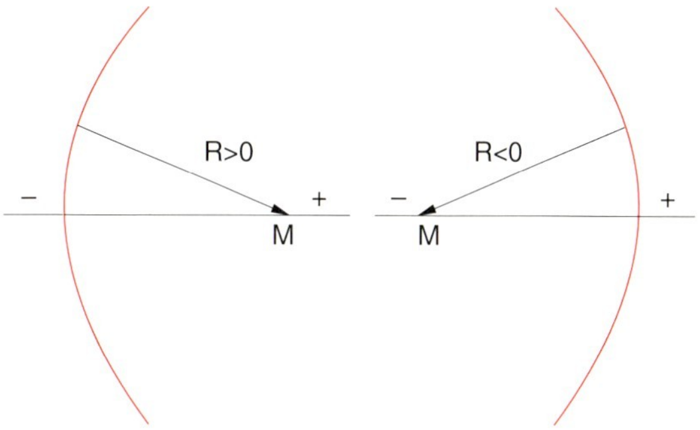

Abb. 9.23. Zur Definition des Vorzeichens von Krümmungsradien

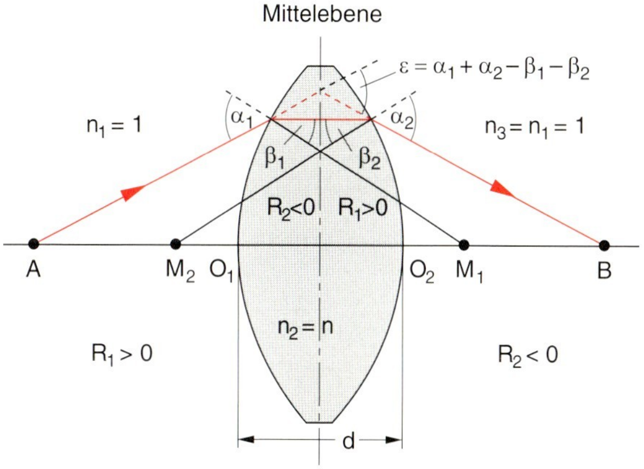

Abb. 9.24. Abbildung einer Lichtquelle A auf den Punkt B durch eine Linse mit den Krümmungsradien R_1, R_2

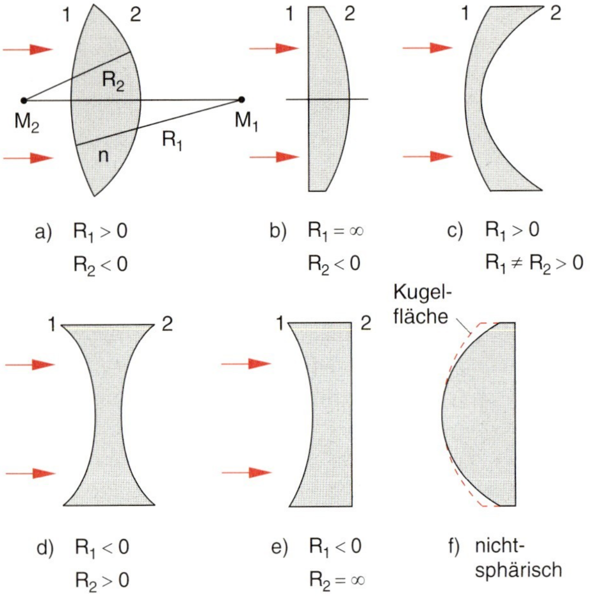

Abb. 9.25a–f. Beispiele für verschiedene Linsenformen. (**a**) konvex-konvex = bikonvex, (**b**) plan-konvex, (**c**) konvex-konkav, (**d**) bikonkav, (**e**) konkav-plan, (**f**) nichtsphärische Linse

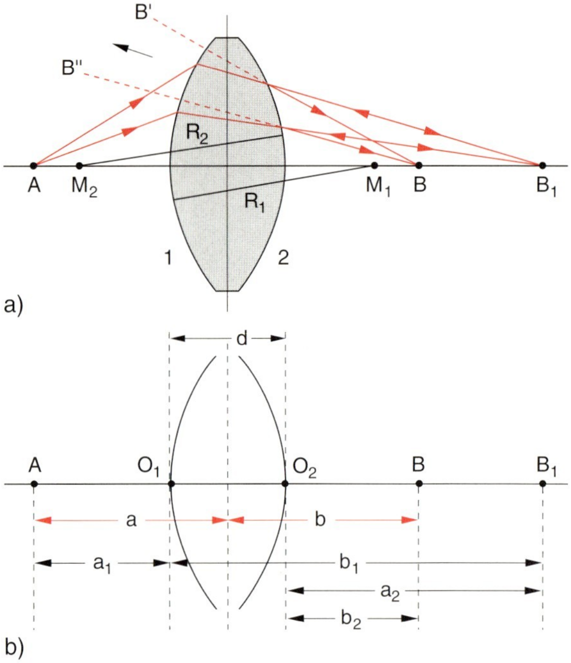

Abb. 9.26. Zur Herleitung der Linsengleichung (9.24)

Linse zwischen Grenzfläche und Krümmungsmittelpunkt liegt, sonst ist sie ***konkav*** gekrümmt. Die Formen (a), (b) und (f) sind Sammellinsen, (d) und (e) Zerstreuungslinsen. Die Form (c) wirkt für $|R_1| > |R_2|$ als Sammellinse, sonst als Zerstreuungslinse.

Eine ***dünne Linse*** ist eine Idealisierung realer Linsen, für die der maximale Abstand $d = \overline{O_1 O_2}$ der beiden Grenzflächen sehr klein ist gegen die Brennweiten.

Die optische Abbildung durch eine Linse entspricht aufeinander folgenden Abbildungen durch die beiden gekrümmten Grenzflächen (Abb. 9.26). Für die erste Grenzfläche erhalten wir aus (9.22) mit $n_1 = 1$ und $n_2 = n$:

$$\frac{1}{a_1} + \frac{n}{b_1} = \frac{n-1}{R_1} \,. \tag{9.23a}$$

Wenn nur die Grenzfläche 1 mit Krümmungsradius R_1 vorhanden wäre, d. h. rechts von der Fläche 1 überall nur das Medium mit Brechzahl n_2 wäre, würde der Punkt A in den Bildpunkt B_1 abgebildet werden (Abb. 9.26a).

Durch die erneute Brechung an der zweiten Grenzfläche werden die Strahlen geknickt und vereinigen sich im richtigen Bildpunkt B. Man kann dies quantitativ folgendermaßen einsehen: Der Bildpunkt B_1 dieser Abbildung kann formal als Gegenstand für die Abbildung durch die zweite Grenzfläche angesehen werden. Da wir jetzt die Abbildungsrichtung umkehren, müssen wir auch die Reihenfolge der Brechungsindizes vertauschen. Die von B_1 ausgehenden Strahlen in Rückwärtsrichtung gehen durch Brechung an der Fläche 2 (wenn rechts von Fläche 2 der Brechungsindex n_2 und links $n_1 < n_2$ wäre) in die punktierten Strahlen über, deren Schnittpunkt bei Verlängerung in die Bildebene den wirklichen Bildpunkt B ergibt, d. h. für einen Beobachter in B sieht es so aus, als ob die Strahlen von B' bzw. B'' kämen. Für die zweite Abbildung ist $n_1 = n$, $n_2 = 1$ und $a_2 = -(b_1 - d)$ (Abb. 9.26b).

Die Gleichung für die zweite Abbildung heißt dann, wenn man bedenkt, dass der Krümmungsradius der zweiten Fläche gleich $-R_2$ ist:

$$\frac{-n}{b_1 - d} + \frac{1}{b_2} = \frac{1-n}{R_2} \,. \tag{9.23b}$$

Addiert man (9.23a) und (9.23b), so ergibt sich die Gleichung:

$$\frac{1}{a_1} + \frac{1}{b_2} = (n-1)\left(\frac{1}{R_1} - \frac{1}{R_2}\right) + \frac{n \cdot d}{b_1(b_1 - d)} \,. \tag{9.24a}$$

Führen wir die Abstände $a = a_1 + d/2$ und $b = b_2 + d/2$ von A bzw. B bis zur Linsenmitte ein, so erhalten wir für dünne Linsen ($d \ll a$, $d \ll b$) die ***Linsengleichung***:

$$\frac{1}{a} + \frac{1}{b} = (n-1)\left(\frac{1}{R_1} - \frac{1}{R_2}\right) \tag{9.24b}$$

Dies ist die allgemeine Gleichung für die Abbildungsgrößen dünner Linsen, bei denen der Abstand $\overline{O_1 O_2}$ klein ist gegen die Brennweiten f_1 bzw. f_2, sodass man für die zeichnerische Konstruktion der Linsenabbildung die zwei Brechungen der Lichtstrahlen an den beiden Grenzflächen durch eine Brechung an der Mittelebene der Linse (mit dem Brechwinkel $\alpha_1 - \beta_1 + \alpha_2 - \beta_2$) ersetzen kann (Abb. 9.24 und 9.27).

Für einen achsenparallelen einfallenden Strahl ist in (9.24b) $a = \infty$. Da dieser auf der Bildseite durch den Brennpunkt F gehen muss, folgt $b = f$ und damit für die ***Brennweite einer dünnen Linse***:

$$f = \frac{1}{n-1}\left(\frac{R_1 \cdot R_2}{R_2 - R_1}\right) . \tag{9.25a}$$

Für eine bikonvexe Linse mit gleichen Krümmungsradien ($R_1 = R = -R_2$) wird die Brennweite

$$f = \frac{R/2}{n-1} . \tag{9.25b}$$

Man vergleiche dies mit der Brennweite $f = R/2$ eines sphärischen Hohlspiegels.

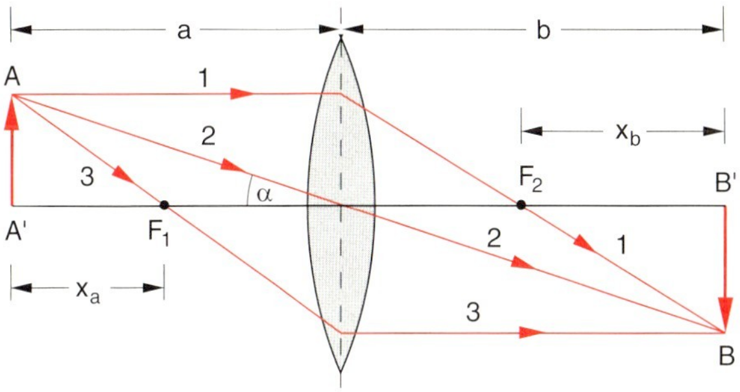

Abb. 9.27. Zeichnerische Konstruktion der Abbildung durch eine dünne Linse

Setzt man die Brennweite (9.25a) in (9.24) ein, so erhält man die ***Abbildungsgleichung dünner Linsen***:

$$\frac{1}{a} + \frac{1}{b} = \frac{1}{f} . \tag{9.26}$$

Zur zeichnerischen Konstruktion der Abbildung durch dünne Linsen benutzt man einen parallel zur Achse einfallenden Strahl 1 (Abb. 9.27), der durch den bildseitigen Brennpunkt F_2 geht, einen Strahl 2 durch den Mittelpunkt der Linse, der nicht abgelenkt wird und dessen Parallelverschiebung

$$\Delta = d \cdot \sin\alpha \left(1 - \frac{\cos\alpha}{\sqrt{n^2 - \sin^2\alpha}}\right)$$

(Abb. 9.28) für dünne Linsen ($d \to 0$) vernachlässigt werden kann. Fasst man B als Lichtquelle und A als Bildpunkt auf, so muss der Strahl 3 durch den Brennpunkt F_1 gehen.

Setzt man in (9.26) $a = f + x_a$ und $b = f + x_b$, so ergibt sich für die Entfernungen x_a und x_b zwischen Gegenstand A und Brennpunkt F_1 bzw. zwischen Bild B und F_2 (Abb. 9.27) die ***Newtonsche Abbildungsgleichung***

$$x_a \cdot x_b = f^2 . \tag{9.26a}$$

Die ***Lateralvergrößerung*** (auch ***Abbildungsmaßstab*** genannt)

$$M = \frac{\overline{BB'}}{\overline{AA'}}$$

der Abbildung kann aus Abb. 9.27 nach dem Strahlensatz sofort ermittelt werden zu:

$$M = -\frac{b}{a} = \frac{f}{f-a} . \tag{9.27}$$

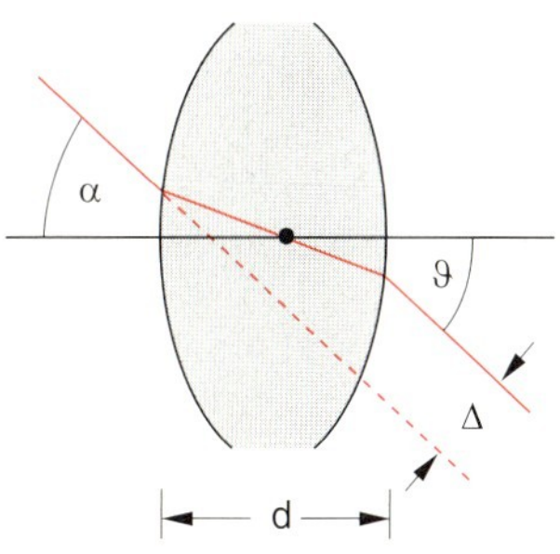

Abb. 9.28. Der Strahl durch die Linsenmitte wird nicht abgelenkt, sondern nur um Δ parallel versetzt. Für $d \to 0$ (dünne Linsen) kann Δ vernachlässigt werden

Ist $M < 0$, so steht das Bild des Gegenstandes auf dem Kopf, für $M > 0$ haben Bildpfeil und Gegenstandspfeil in Abb. 9.27 dieselbe Richtung.

Man sieht aus (9.27), dass $M < 0$ für $a > f$ gilt, d. h. immer wenn die Gegenstandsweite a größer als die Brennweite f einer Linse ist, steht das Bild des Gegenstandes auf dem Kopf. Für $a = 2f$ wird $M = -1$, d. h. Bild und Gegenstand sind gleich groß. Für $a = f$ wird $b = \infty$, d. h. das Bild wandert ins Unendliche, M wird unendlich.

9.5.3 Dicke Linsen

Bei dünnen Linsen konnten wir die zweifache Brechung an den beiden Grenzflächen durch eine Brechung an der Mittelebene der Linse ersetzen. Bei dicken Linsen, bei denen der Abstand $\overline{S_1S_2}$ der Scheitelpunkte der beiden Grenzflächen nicht mehr vernachlässigbar gegen die anderen Größen (a, b, f) der Abbildung ist, würde diese Vereinfachung zu größeren Fehlern führen. Wenn man sich jedoch den Strahlengang eines schräg auf die Linse fallenden Strahles, der innerhalb der Linse durch ihren Mittelpunkt O geht, anschaut (Abb. 9.29), so sieht man, dass er durch folgende Strahlenkonstruktion ersetzt werden kann: Man verlängert den einfallenden und den austretenden Strahl geradlinig bis zu den Schnittpunkten H_1 bzw. H_2 mit der Achse. Dadurch werden die Strahlbrechungen an den Linsengrenzflächen ersetzt durch Brechungen an zwei Ebenen, den ***Hauptebenen*** H_1, H_2 durch die Punkte H_1, H_2. Zwischen den Hauptebenen verläuft der Strahl parallel zur Achse.

Bei dieser Konstruktion wird die dicke Linse ($\overline{S_1S_2} = d$) ersetzt durch zwei dünne Linsen in den Hauptebenen H_1 und H_2. Man kann mit einigem

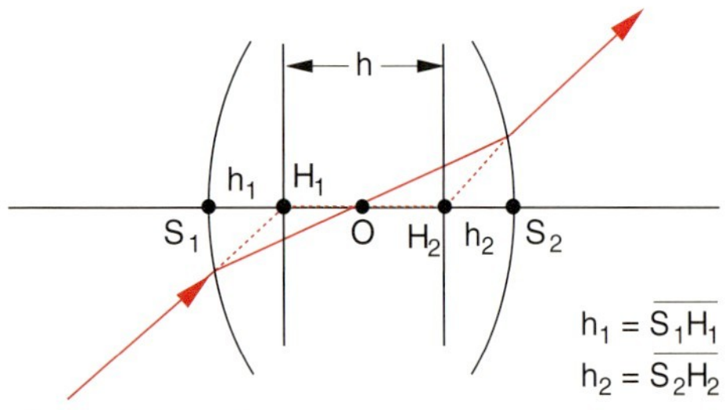

Abb. 9.29. Zur Definition der Hauptebenen einer dicken Linse

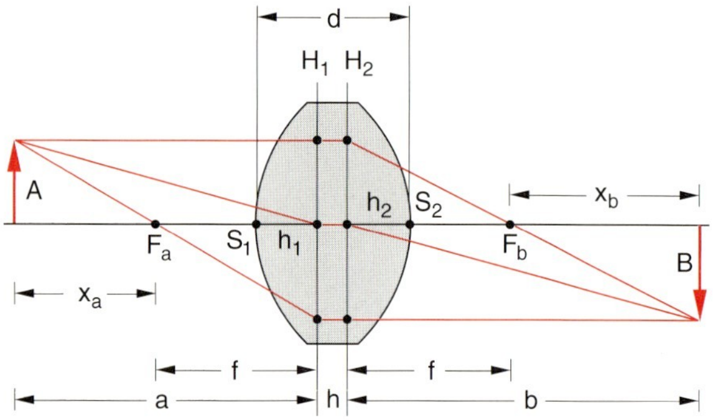

Abb. 9.30. Strahlenkonstruktion für die Abbildung einer dicken Linse

algebraischen Aufwand zeigen [9.1], dass auch für dicke Linsen eine zu (9.26) völlig analoge Abbildungsgleichung gilt, wenn die Gegenstandsweite a vom Gegenstand bis zur ersten Hauptebene H_1 gemessen wird und die Bildweite b von der zweiten Hauptebene bis zum Bild (Abb. 9.30). Für die ***Brennweite einer dicken Linse*** mit der Dicke d ergibt sich statt (9.25a) in Luft

$$\frac{1}{f} = (n-1)\left[\frac{1}{R_1} - \frac{1}{R_2} + \frac{(n-1)\,d}{n R_1 R_2}\right] . \qquad (9.28)$$

Für die Entfernung $h_i = \overline{S_i H_i}$ der Hauptebenen von den Schnittpunkten S_i der Linsengrenzflächen mit der Achse erhält man:

$$h_1 = -\frac{(n-1) f \cdot d}{n \cdot R_2} ,$$

$$h_2 = -\frac{(n-1) f \cdot d}{n \cdot R_1} , \qquad (9.29)$$

wobei $h_i > 0$ wenn H_i rechts von S_i liegt ($x_i(H_i) > x_i(S_i)$) und $h_i < 0$ wenn H_i links von S_i liegt. Dabei müssen in (9.29) die Vorzeichen von f und R_i beachtet werden gemäß Abb. 9.23.

Die Schnittpunkte $H_i(x_i)$ der Hauptebenen mit der Symmetrieachse heißen *Hauptpunkte* der Linse. Für $d \to 0$ gehen die Hauptebenen in die Mittelebene der dünnen Linse über (H_1 und H_2 fallen dann zusammen), und (9.28) geht in (9.25a) über.

In Abb. 9.31 sind einige Beispiele für die Hauptebenen verschiedener Linsenformen gezeichnet.

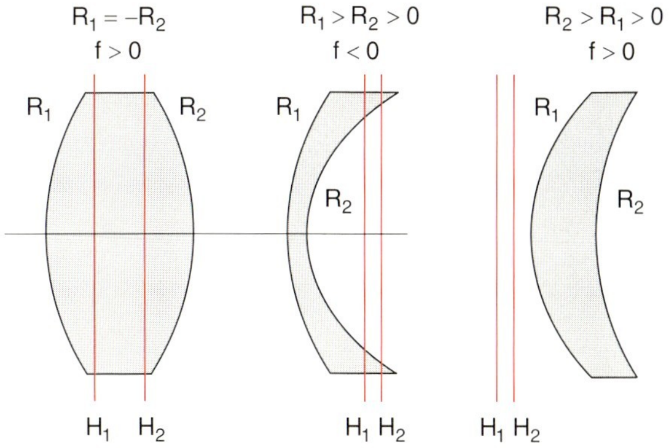

Abb. 9.31. Beispiele für die Lage der Hauptebenen bei verschiedenen Linsenformen

BEISPIEL

Für eine bikonvexe Linse mit $R_1 = 20\,\text{cm}$ und $R_2 = -30\,\text{cm}$ mit der Dicke $d = 1\,\text{cm}$ und der Brechzahl $n = 1{,}5$ wird die Brennweite f nach (9.28) $f = 24\,\text{cm}$. Die Hauptebenen liegen im Abstand $h_1 = +2{,}6\,\text{mm}$ bzw. $h_2 = -4{,}0\,\text{mm}$ von den Schnittpunkten S_1 bzw. S_2 der Linsengrenzflächen mit der Symmetrieachse entfernt, wie man durch Einsetzen in (9.29) sieht.

Die geometrische Konstruktion für eine Abbildung durch eine dicke Linse ist analog zu der durch eine dünne Linse (Abb. 9.27), wenn man die Hauptebenen als die brechenden Flächen ansieht (Abb. 9.30). Die Gegenstandsweite a wird von H_1 aus, die Bildweite b von H_2 aus gerechnet.

Für die Entfernung x_a zwischen Gegenstand A und Brennpunkt F_a und $x_b = \overline{F_b B}$ folgt aus Abb. 9.30 mithilfe des Strahlensatzes

$$\frac{x_a}{f} = \frac{A}{B} \quad \text{und} \quad \frac{x_b}{f} = \frac{B}{A}$$
$$\Rightarrow \; x_a \cdot x_b = f^2 \,. \qquad (9.30)$$

Mit $x_a = a - f$ und $x_b = b - f$ erhält man daraus die Linsengleichung (9.26)

$$f = \frac{a \cdot b}{a + b} \;\Rightarrow\; \frac{1}{f} = \frac{1}{a} + \frac{1}{b} \qquad (9.31)$$

auch für dicke Linsen, mit dem einzigen Unterschied, dass in (9.31) a und b von den Hauptebenen H_1 und H_2 aus und nicht wie bei der dünnen Linse von der Mittelebene aus gemessen werden.

9.5.4 Linsensysteme

Häufig braucht man für spezielle Abbildungen mehr als nur eine Linse (siehe Abschn. 9.5.5 und Kap. 11). Eine optimale Kombination verschiedener Linsen kann die Qualität der Abbildung wesentlich verbessern. Wir wollen uns an dem einfachen Beispiel zweier Linsen das Verfahren zur Bestimmung der optischen Parameter eines Linsensystems klar machen.

Dazu betrachten wir in Abb. 9.32 ein System von zwei dicken Linsen mit den Brennweiten f_1 und f_2, deren Abstand zwischen den gegenüberliegenden Hauptebenen $D = \overline{H_{12} H_{21}}$ ist.

Ein achsenparalleler Strahl vom Gegenstand G läuft durch den bildseitigen Brennpunkt F_{b_1} der Linse L_1, der dann weiter in den Punkt F_b, den bildseitigen Brennpunkt des Linsensystems abgebildet wird. Ein unendlich ferner Gegenstand ($a = \infty$) wird von L_1 in die Brennebene abgebildet, d. h. $b_1 = f_1$. Das Zwischenbild hat für L_2 die Gegenstandsweite $a_2 = D - f_1$ und mit (9.31) daher die Bildweite

$$b_2 = \frac{a_2 f_2}{a_2 - f_2} = \frac{(D - f_1) f_2}{D - f_1 - f_2} \,.$$

Für das Gesamtsystem kann man eine Brennweite

$$f = \frac{f_1 \cdot f_2}{f_1 + f_2 - D}$$

definieren, sodass wieder (9.31) gilt. Daraus erhält man

$$\boxed{\frac{1}{f} = \frac{1}{f_1} + \frac{1}{f_2} - \frac{D}{f_1 f_2}} \,, \qquad (9.32)$$

wobei die Brennweiten f_i wie in Abb. 9.32 definiert sind. Ist $D \ll f_1$ und $D \ll f_2$, so können wir den letzten Term vernachlässigen und erhalten das Ergebnis:

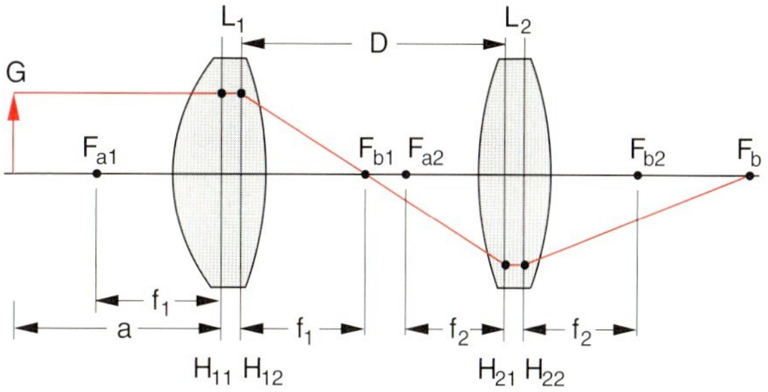

Abb. 9.32. Beispiel eines optischen Systems aus zwei dicken Linsen zur Herleitung von (9.32)

> Die reziproken Brennweiten zweier nahe benachbarter Linsen addieren sich.

Man nennt die reziproke Brennweite $D^* = 1/f$ einer Linse die ***Brechkraft*** und misst sie in ***Dioptrien***, deren Einheit $1\,\text{dpt} = 1\,\text{m}^{-1}$ ist.

Gleichzeitig besagt (9.32) dann:

> Die Brechkräfte zweier nahe benachbarter auf die gleiche Symmetrieachse zentrierter Linsen addieren sich.

BEISPIEL

Eine Linse L_1 mit $f = 50\,\text{cm}$ hat eine Brechkraft $D_1^* = 1/(0{,}5\,\text{m}) = 2\,\text{dpt}$. Eine Linse L_2 mit $f_2 = 30\,\text{cm}$ hat eine Brechkraft $D_2^* = 3{,}33\,\text{dpt}$. Das Gesamtsystem hat dann $D^* = D_1^* + D_2^* = 5{,}33\,\text{dpt}$ und damit eine Brennweite $f = 18{,}8\,\text{cm}$, wenn der Linsenabstand D vernachlässigbar klein ist.

Durch die Wahl von f_1, f_2 und D in (9.32) kann man Linsensysteme mit praktisch beliebigen Brennweiten f realisieren [9.2, 3].

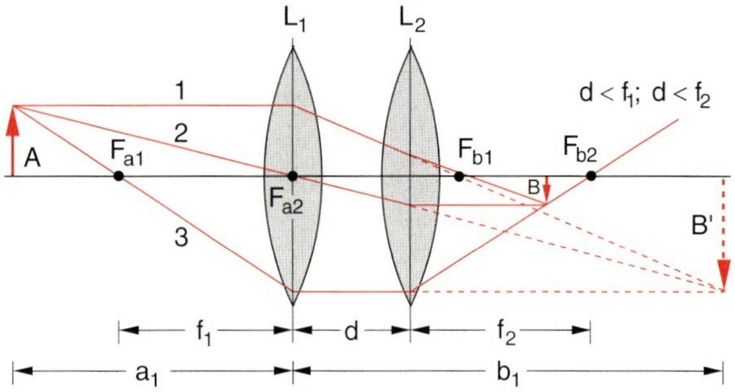

Abb. 9.33. Abbildung durch ein System zweier Linsen, deren Abstand d kleiner als jede ihrer Brennweiten f_i ist

BEISPIEL

Zwei Linsen mit $f_1 = 20\,\text{cm}$, $f_2 = 30\,\text{cm}$ und dem Abstand D haben nach (9.32) eine Brennweite

$$f = \frac{20 \cdot 30}{20 + 30 - D}\,\text{cm}\,.$$

Für $D < 50\,\text{cm}$ wird $f > 0$, das System wirkt als Sammellinse. Für $D > 50\,\text{cm}$ wird die Gesamtbrennweite negativ, das System wirkt als Zerstreuungslinse. Für $D = 6\,\text{cm}$ wird $f = 13{,}6\,\text{cm}$, für $D = 60\,\text{cm} \Rightarrow f = -60\,\text{cm}$.

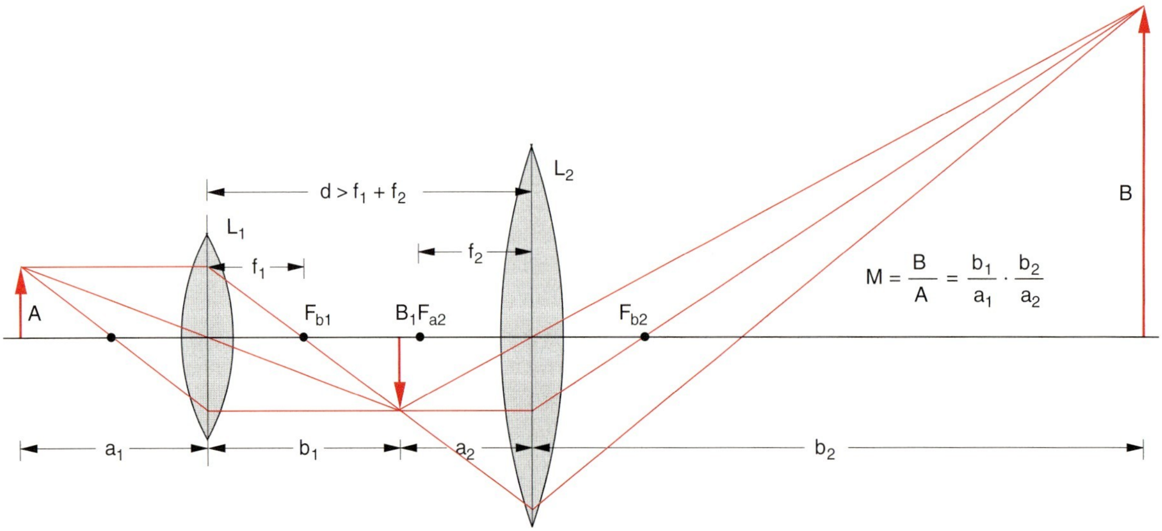

Abb. 9.34. Abbildung durch ein System zweier Linsen, deren Abstand d größer als die Summe der beiden Brennweiten ist. Das von L_1 erzeugte Zwischenbild B_1 wird von L_2 in B abgebildet

In den Abbildungen 9.33 und 9.34 ist die geometrische Abbildung für zwei verschiedene Linsensysteme gezeigt, bei denen der Linsenabstand d kleiner als jede der beiden Brennweiten (Abb. 9.33) bzw. $d > f_1 + f_2$ (Abb. 9.34) ist. Das Bild B' in Abb. 9.33 würde ohne die Linse L_2 gemäß der gestrichelten Abbildungsgeraden entstehen.

Durch die Brechung an der zweiten Linse L_2 treffen sich die drei Strahlen 1, 2 und 3 im Bildpunkt B.

Der Abbildungsmaßstab M des optischen Systems ist mit $d > f_1 + f_2$ gleich dem Produkt $M_1 M_2$ der Lateralvergrößerungen der beiden Linsen. Es gilt nach Abb. 9.34

$$M = M_1 \cdot M_2 = \frac{b_1}{a_1} \cdot \frac{b_2}{a_2} = \frac{b_1 b_2}{a_1(d - b_1)}\,, \tag{9.33a}$$

da $a_2 = d - b_1$ gilt. Benutzt man für die beiden Linsen den Ausdruck (9.27) für die Vergrößerungen M_1 und M_2, so ergibt sich:

$$M = \frac{f_1 \cdot f_2}{(f_1 - a_1)(f_2 + b_1 - d)} \tag{9.33b}$$

$$= \frac{1}{(1 - a_1/f_1)\big(1 + (b_1 - d)/f_2\big)}\,.$$

Ersetzt man noch b_1 mithilfe der Linsengleichung (9.26), so erhält man:

$$M = \frac{1}{1 - \frac{a_1}{f_1} - \frac{a_1 + d}{f_2} + \frac{a_1 d}{f_1 f_2}}\,. \tag{9.33c}$$

Mehr Informationen über Systeme mehrerer Linsen findet man z. B. in [9.5].

9.5.5 Zoom-Linsensysteme

Für manche Anwendungen, besonders für Videokameras und in Fotoapparaten, ist es sehr nützlich, eine variable Vergrößerung M der Abbildung zu erreichen, ohne die abbildende Linse wechseln zu müssen. Dies kann realisiert werden durch Linsensysteme, bei denen der Relativabstand zwischen den Linsen verändert werden kann, wobei sich die Vergrößerung M bei feststehender Bildebene und Gegenstandsebene ändert (siehe Gl. 9.33c für ein System aus 2 Linsen).

Solche Linsensysteme heißen Zoom-Linsen und bestehen aus mindestens 3 Linsen [9.4].

In Abb. 9.35 ist als Beispiel ein Zoom-Linsensystem aus zwei beweglichen, miteinander starr verbundenen

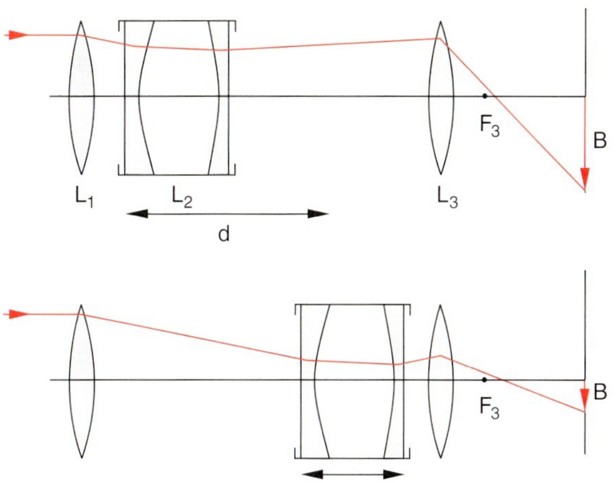

Abb. 9.35. Veränderung der Vergrößerung M eines Zoom-Linsensystems durch Verschieben des Linsenpaares L_2

Zerstreuungslinsen gezeigt zwischen zwei feststehenden Sammellinsen. Die Vergrößerung des Linsensystems ist für eine Gegenstandsweite $a \gg f$ proportional zur Brennweite f des Systems. Will man daher die Vergrößerung M um den Faktor $V = M_{\text{max}}/M_{\text{min}}$ ändern, so muss sich die Brennweite f des Systems um diesen Faktor ändern. Die Bildebene soll bei dieser Änderung aber ortsfest bleiben.

Mithilfe einer etwas aufwändigen Rechnung, die von Gleichungen analog zu (9.33) ausgeht, lässt sich zeigen, dass dann der Verschiebeweg d der inneren Linse bei einer Brennweite f des Linsensystems durch

$$d = \frac{V - 1}{\sqrt{V}} \cdot f$$

gegeben ist.

BEISPIEL

$V = 4 \Rightarrow \quad d = 1{,}5\,f$.

9.5.6 Linsenfehler

Die bisherigen Überlegungen und die daraus hergeleiteten Formeln sind Näherungen, die für achsennahe Strahlen gelten (paraxiale Näherung).

Für Strahlen, deren Abstand von der Achse nicht mehr klein genug ist oder welche die Linse asymmetrisch zur Achse durchlaufen, treten Abbildungsfehler auf, die dazu führen, dass Strahlen, die von einem

Punkte ausgehen, nicht mehr in einen Punkt, sondern nur noch in die Umgebung des Bildpunktes abgebildet werden. Dies führt zu einer Unschärfe des Bildes, aber in vielen Fällen auch zu einer Verzerrung, die im Allgemeinen für die verschiedenen Bereiche des Bildes unterschiedlich groß ist. Wir wollen die wichtigsten Abbildungsfehler von Linsen und Maßnahmen zu ihrer Korrektur kurz behandeln [9.3, 6].

a) Chromatische Aberration

Da die Brechzahl $n(\lambda)$ des Linsenmaterials von der Wellenlänge λ des Lichtes abhängt, ist nach (9.25) die Brennweite $f(\lambda)$ der Linse für die verschiedenen Farben unterschiedlich groß. Für Glas z. B. nimmt n im sichtbaren Bereich von rot nach blau zu (normale Dispersion, siehe Abschn. 8.2), sodass beim Einstrahlen eines parallelen Bündels von weißem Licht (das alle Farben enthält) der Brennpunkt $F(\lambda_b)$ der blauen Komponente vor dem Brennpunkt $F(\lambda_r)$ der roten Komponente liegt (Abb. 9.36). Man kann dies demonstrieren, indem man konzentrische Kreisringe, die in eine schwarz beschichtete Platte geritzt sind, mit einer Kohlenbogenlampe beleuchtet und mit einer Linse auf einen Schirm abbildet. Je nach Stellung des Schirms in der Position 1 oder 2 sieht man blaue Ringe mit roten Rändern bzw. rote Ringe mit blauen Rändern.

Man kann die chromatische Aberration wenigstens teilweise verringern durch ein System aus zwei Linsen mit verschiedenen Brechzahlen $n_1(\lambda)$ und $n_2(\lambda)$. Ein solcher ***Achromat*** (Abb. 9.37) besteht aus einer bikonvexen Sammellinse L_1 mit Brechzahl n_1 und einer Zerstreuungslinse L_2 mit Brechzahl n_2, die miteinander verkittet sind.

Wir wollen nun berechnen, wie die Relation zwischen den Brennweiten f_1 und f_2 der beiden Linsen

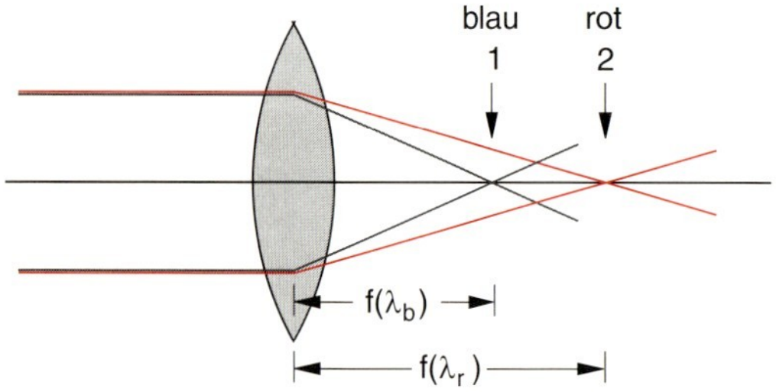

Abb. 9.36. Chromatische Aberration

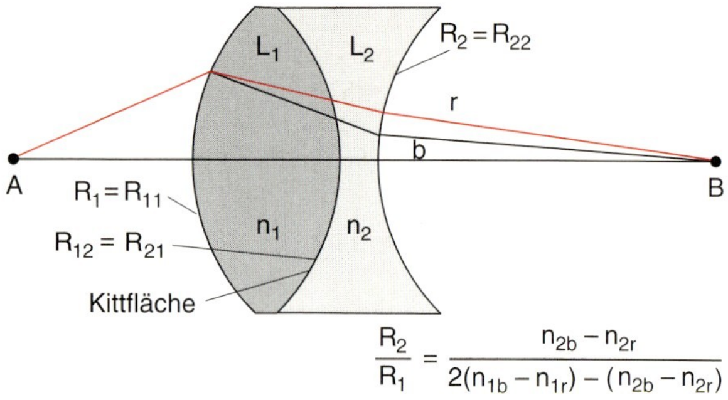

Abb. 9.37. Verkitteter Achromat

sein muss, damit der Achromat dieselbe Brennweite f für verschiedene Wellenlängen λ_b und λ_r hat. Aus der Linsengleichung (9.25a) erhalten wir für die Brennweiten f_i der beiden Linsen:

$$\frac{1}{f_i} = (n_i - 1)\,\varrho_i\,, \tag{9.34a}$$

wobei $\varrho_i = (R_{i2} - R_{i1})/(R_{i2} \cdot R_{i1})$ ist und R_{i1}, R_{i2} die Krümmungsradien von Vorder- bzw. Rückseite der i-ten Linse sind.

Die Brennweite f des Achromaten aus zwei Linsen in engem Kontakt ($d = 0$) ergibt sich dann aus (9.32) zu

$$\frac{1}{f} = (n_1 - 1)\,\varrho_1 + (n_2 - 1)\,\varrho_2\,. \tag{9.34b}$$

Damit die Brennweite f für rotes Licht dieselbe ist wie für blaues Licht, muss gelten:

$$(n_{1r} - 1)\,\varrho_1 + (n_{2r} - 1)\,\varrho_2 =$$
$$= (n_{1b} - 1)\,\varrho_1 + (n_{2b} - 1)\,\varrho_2$$
$$\Rightarrow \frac{\varrho_1}{\varrho_2} = -\frac{n_{2b} - n_{2r}}{n_{1b} - n_{1r}}\,. \tag{9.34c}$$

Üblicherweise definiert man die Brennweite f für gelbes Licht ($\lambda = 590$ nm der gelben Natriumlinie), für das angenähert gilt:

$$n_g \approx \frac{1}{2}(n_b + n_r)\,.$$

Mit (9.34a) erhält man dann für das Verhältnis der Brennweiten der beiden Linsen

$$\frac{f_2}{f_1} = -\frac{(n_{1g} - 1)(n_{2b} - n_{2r})}{(n_{2g} - 1)(n_{1b} - n_{1r})}\,. \tag{9.34d}$$

Mit der von Ernst Abbe eingeführten Abkürzung

$$\nu = \frac{n_g - 1}{n_b - n_r} \tag{9.34e}$$

erhält man

$$\frac{1}{f_1 \nu_1} = -\frac{1}{f_2 \nu_2} . \tag{9.34f}$$

Die Gesamtbrennweite f des Systems beider Linsen wird berechnet aus:

$$\frac{1}{f} = \frac{1}{f_1} + \frac{1}{f_2} = -\frac{\nu_1}{\nu_2}\frac{1}{f_2} + \frac{1}{f_2}$$

$$= -\frac{\nu_1 - \nu_2}{\nu_2}\frac{1}{f_2} . \tag{9.34g}$$

Daraus folgt mit (9.34f) für die beiden Einzelbrennweiten:

$$f_1 = f \cdot \frac{\nu_1 - \nu_2}{\nu_1} ; \quad f_2 = -f \cdot \frac{\nu_1 - \nu_2}{\nu_2} . \tag{9.34h}$$

Bei miteinander verkitteten Linsen muss $R_{12} = R_{11}$ sein. Wenn die erste Linse symmetrisch bikonvex ist, gilt $R_{11} = R_1 = -R_{12}$. Aus der Linsenmachergleichung (9.25a,b) und mit (9.34f) erhalten wir dann nach einer etwas mühsamen Rechnung für die Krümmungsradien der beiden Linsen $R_1 = R_{11} = -R_{12} = -R_{21}$ und $R_2 = R_{22}$

$$R_1 = \frac{2(n_{1g} - 1)(\nu_1 - \nu_2)}{\nu_1} f ;$$

$$R_2 = \frac{2(\nu_1 - \nu_2) \cdot f}{\frac{2\nu_2}{n_{2g} - 1} - \frac{\nu_1}{n_{1g} - 1}} . \tag{9.34i}$$

BEISPIEL

Benutzt man eine Linse L_1 aus optischem Glas BK7 ($n_{1b} = 1{,}520$, $n_{1g} = 1{,}516$, $n_{1r} = 1{,}512$) und L_2 aus Flintglas SF4 ($n_{2b} = 1{,}775$, $n_{2g} = 1{,}755$, $n_{2r} = 1{,}742$) so folgt aus (9.34e):

$$\nu_1 = 64 ; \quad \nu_2 = 22{,}9 .$$

Soll die Brennweite des Achromaten z. B. $f = 100\,\text{mm}$ sein, so muss nach (9.34h) gelten: $f_1 = 64\,\text{mm}$; $f_2 = -179\,\text{mm} \Rightarrow R_1 = 66\,\text{mm}$; $R_2 = +130\,\text{mm}$. Die Zerstreuungslinse L_2 ist also nicht mehr symmetrisch.

Besteht der Achromat aus mehr als 2 Linsen, so gilt statt (9.34f) die verallgemeinerte Bedingung:

$$\sum_i \frac{1}{f_i \nu_i} = 0 . \tag{9.34j}$$

b) Sphärische Aberration

Auch für monochromatisches Licht treten bei der Linsenabbildung Abweichungen von der Punkt-zu-Punkt-Abbildung auf. So hängt z. B. die Brennweite einer Linse mit sphärischen Grenzflächen vom Abstand der Strahlen von der Achse ab (Abb. 9.38). Diese ***sphärische Aberration***, die wir in Abschn. 9.3 bereits beim Hohlspiegel diskutiert haben, wird sowohl bei dünnen als auch bei dicken Linsen beobachtet.

Wir wollen uns dies zuerst für die Brechung an einer sphärischen Fläche klar machen. Aus Abb. 9.39, in der ein achsenparalleler Strahl im Abstand h von der Achse auf die Grenzfläche fällt, folgt für die Brennweite:

$$f = R + b, \quad b = R \cdot \frac{\sin\beta}{\sin\gamma} .$$

Wegen $\sin\beta = \sin\alpha / n$, $\sin\alpha = h/R$ und $\alpha = \beta + \gamma$ ergibt sich:

$$f = R + \frac{h}{n \cdot \sin\gamma} = R\left[1 + \frac{1}{n\cos\beta - \cos\alpha}\right] ,$$

$$= R \cdot \left[1 + \frac{1}{\sqrt{n^2 - \sin^2\alpha} - \sqrt{1 - \sin^2\alpha}}\right] ,$$

$$= R \cdot \left[1 + \frac{1}{n \cdot \sqrt{1 - \frac{h^2}{n^2 R^2}} - \sqrt{1 - \frac{h^2}{R^2}}}\right] . \tag{9.35}$$

Vernachlässigt man den Term $h^2/R^2 \ll 1$ vollständig, so erhält man aus (9.35) sofort die in Abschn. 9.5.1 verwendete Näherung (9.21b) für achsennahe Strahlen. Geht man in der Näherung einen Schritt weiter und entwickelt in (9.35) die Wurzel $\sqrt{1 - x} \approx 1 - 1/2 \cdot x$

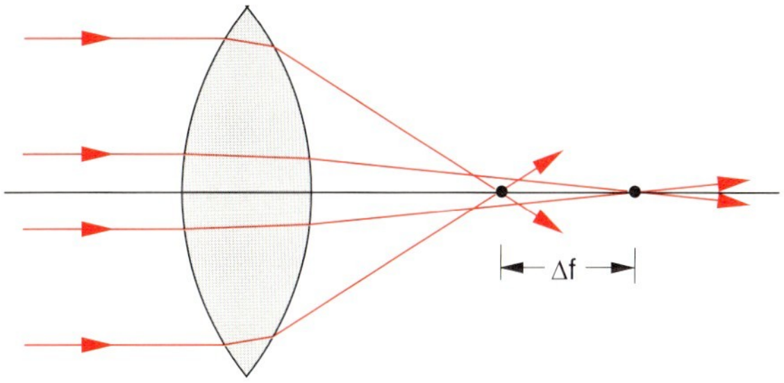

Abb. 9.38. Sphärische Aberration bei der Abbildung durch eine sphärische Bikonvexlinse

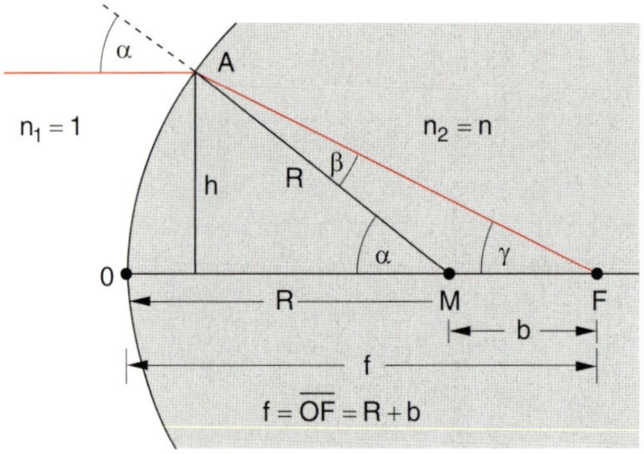

Abb. 9.39. Zur Herleitung der Abhängigkeit $f(h)$ der Brennweite bei der Brechung an einer Kugelfläche

für $x \ll 1$, so ergibt sich wegen $(1-x)^{-1} \approx 1+x$ nach kurzer Rechnung aus (9.35):

$$f = R \cdot \left[\frac{n}{n-1} - \frac{h^2}{2n\,(n-1)\,R^2} \right] \tag{9.36}$$

$$= f_0 - \Delta f(h)\,.$$

Man sieht daraus, dass die Brennweite f mit steigendem Abstand h des Strahls von der Achse abnimmt.

In analoger Weise erhält man bei Berücksichtigung des Terms h^2/R^2 (dies ist identisch mit der Näherung $\cos\gamma \approx 1 - \gamma^2/2$ in Abb. 9.22) die gegenüber (9.22) verbesserte Abbildungsgleichung für eine brechende Kugelfläche mit Krümmungsradius R:

$$\frac{1}{a} + \frac{n}{b} = \frac{n-1}{R} + h^2 \left[\frac{1}{2a} \left(\frac{1}{a} + \frac{1}{R} \right)^2 + \frac{n}{2b} \left(\frac{1}{R} - \frac{1}{b} \right)^2 \right], \tag{9.37}$$

die für achsennahe Strahlen ($h \to 0$) in (9.22) übergeht.

Der zweite Term in (9.37) ist ein Maß für die Abweichung der Bildweite b aufgrund der sphärischen Aberration.

Man sieht aus (9.37), dass diese Abweichung sowohl von h und R als auch von der Gegenstandsweite a abhängt.

Die Brennweite f einer dünnen Linse bei Berücksichtigung der sphärischen Aberration erhält man analog zur Herleitung im Abschn. 9.5.2, wenn man statt (9.21a) und (9.21b) die genauere Beziehung (9.36) verwendet und statt der paraxialen Näherung $\sin\alpha \approx \operatorname{tg}\alpha \approx \alpha$, $\cos\alpha \approx 1$ die nächsten Terme in der Entwicklung

$$\sin\alpha \approx \alpha - \frac{1}{3!}\alpha^3, \qquad \cos\alpha \approx 1 - \frac{\alpha^2}{2}$$

noch berücksichtigt.

Die etwas längere Rechnung ergibt für eine dünne Linse mit Radien R_1 und R_2 [9.7] für die Abweichung

$$\Delta_s = \frac{1}{f(h)} - \frac{1}{f(h=0)}$$

der reziproken Brennweiten $f(h)$ für achsenparallele Strahlen im Abstand h von der Achse und $f_0 = f(h=0)$ für paraxiale Strahlen:

$$\Delta_s = \frac{h^2}{8 f_0^3 n\,(n-1)^2} \left[n^3 + (3n+2)(n-1)^2 p^2 + 4(n^2-1)\,pq + (n+2)\,q^2 \right] \tag{9.38}$$

mit $q = (R_1 + R_2)/(R_2 - R_1)$ und $p = (1 - f_0)$.

Man erhält ein Minimum der sphärischen Aberration für

$$q = -\frac{2(n^2-1)\,p}{n+2}\,. \tag{9.39}$$

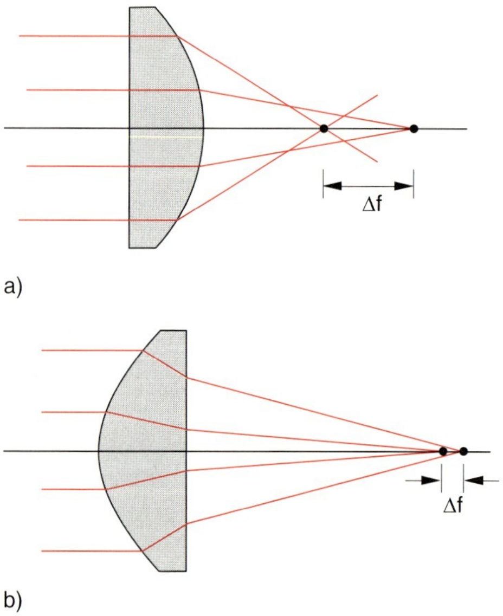

Abb. 9.40. Unterschiedliche sphärische Aberration bei den zwei verschiedenen Orientierungen einer plan-konvexen Linse

Es gibt bei vorgegebener Brechzahl n eine günstigste Linsenform, für die Δ_s minimal wird. So ist es z. B. besser, bei Abbildung eines Parallellichtbündels durch eine plan-konvexe Linse die gekrümmte Fläche zur Gegenstandsseite hin zu orientieren (Abb. 9.40), weil dann die achsenfernen Strahlen die Linse bei Winkeln nahe dem Minimum der Ablenkung (siehe Abschn. 9.4) durchlaufen. Ganz allgemein gilt für eine Abbildung mit Gegenstandsweite a und Bildweite b: Um minimale sphärische Aberration zu erreichen, muss die gekrümmte Fläche dem Strahlenbündel mit dem kleineren Öffnungswinkel zugekehrt sein, d. h. für $a > b$ muss die gekrümmte Fläche auf der Gegenstandsseite, die plane Fläche auf der Bildseite liegen.

Man kann die sphärische Aberration verringern,

- wenn man durch eine Blende die achsenfernen Strahlen unterdrückt. Dabei verliert man natürlich an Intensität;
- durch Verwenden einer Plan-Konvex-Linse, wobei die konvexe Seite dem parallel einfallenden Lichtbündel zugewandt ist (Abb. 9.40);
- durch Kombination verschiedener Sammel- und Zerstreuungslinsen zu einem sphärisch korrigierten Linsensystem;
- durch speziell optimierte, nichtsphärische Linsen, die zwar sehr schwer zu schleifen sind, was aber mit heutiger Technologie beherrschbar ist. Wesentlich einfacher herzustellen sind asphärische Linsen aus gepresstem durchsichtigen Kunststoff (z. B. Acrylglas), die für viele Zwecke ausreichende Oberflächenqualität haben [9.8].

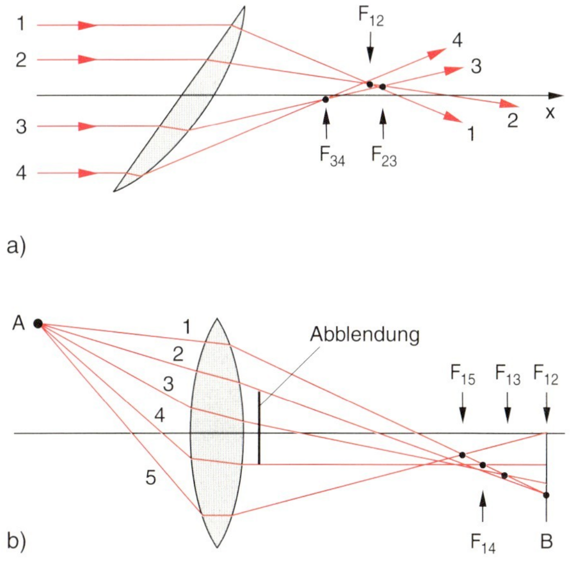

Abb. 9.41. (**a**) Koma beim Durchlaufen eines Parallellichtbündels durch eine schiefe Linse. Die einzelnen Teilbündel führen zu räumlich verschiedenen Brennpunkten F_i. (**b**) Bei der Abbildung eines Punktes A außerhalb der Symmetrieachse führen die verschiedenen Teilbündel zu unterschiedlichen Bildpunkten B_i

c) Koma

Bei der in Abschnitt b) behandelten sphärischen Aberration war das auf die Linse einfallende Lichtbündel symmetrisch zur Symmetrieachse der Linse. Läuft hingegen ein paralleles Lichtbündel durch eine schief stehende Linse (Abb. 9.41a), so hängen die

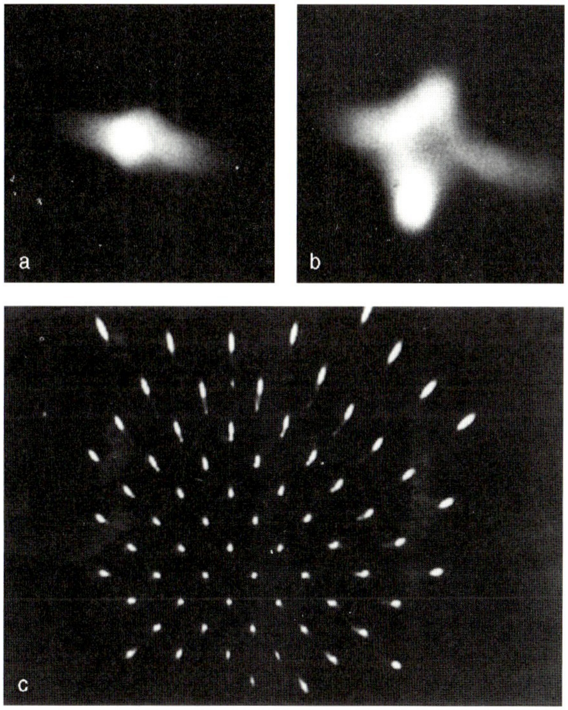

Abb. 9.42a,b. Durch Koma verzerrte Abbildungen des Punktes A aufgenommen mit der Anordnung in Abb. 9.41b. (**a**) Ohne Abdeckung der Linse; (**b**) bei Abdeckung des zentralen Teils der Linsenfläche; (**c**) durch Koma verzerrte Abbildung eines gleichmäßig gelochten Bleches

Brechwinkel der einzelnen Strahlen nicht mehr nur vom Abstand h von der Achse ab, sondern sie unterscheiden sich auch bei gleichem Betrag $|h|$ für Strahlen oberhalb bzw. unterhalb des Mittenstrahls. Die Fokalpunkte der einzelnen Teilbündel (definiert als die Schnittpunkte benachbarter Teilstrahlen) liegen nicht mehr auf dem Mittenstrahl, der hier als x-Achse gewählt ist.

Bei der Abbildung eines Punktes A schneiden sich die Strahlen der verschiedenen Teilbündel in Punkten, die in verschiedenen Ebenen $x = x_{B_i}$ liegen und die auch unterschiedliche Abstände von der x-Achse haben (Abb. 9.41b). Das Bild von A, das wegen der sphärischen Aberration ein Kreis in der Ebene $x = x_B$ wäre, wenn A auf der x-Achse läge, wird jetzt eine ungleichmäßig beleuchtete komplizierte Fläche, deren Form von der Lage der Bildebene B abhängt.

Der Effekt wird besonders deutlich, wenn man den Mittelteil der Linse abdeckt, sodass nur Strahlen durch die äußeren Ränder der Linse zur Abbildung beitragen. Man erhält dann in der Bildebene B statt eines Bildpunktes bei fehlerfreier Abbildung eine verwaschene Bildkurve, deren Form vom Abstand x_B der Bildebene von der Linse abhängt. In Abb. 9.42 sind zur Illustration solche Bildkurven gezeigt, die man bei der Position *3* der Bildebene in Abb. 9.41b ohne und mit Abdeckung der zentralen Linsenfläche erhält. Man nennt diese Bildverzerrung Koma (vom griechischen $\kappa\acute{o}\mu\eta$ = Haar).

d) Astigmatismus

Die Abbildung von Gegenstandspunkten A weit entfernt von der Achse, die in der photographischen Praxis häufig notwendig ist, führt noch zu einer weiteren Verzerrung des Bildes eines Gegenstandes, dem Astigmatismus. Wir wollen ihn hier kurz erläutern, weil er auch bei der Abbildung durch unser Auge häufig auftritt. Dazu betrachten wir in Abb. 9.43a eine horizontale und eine vertikale Schnittebene durch ein

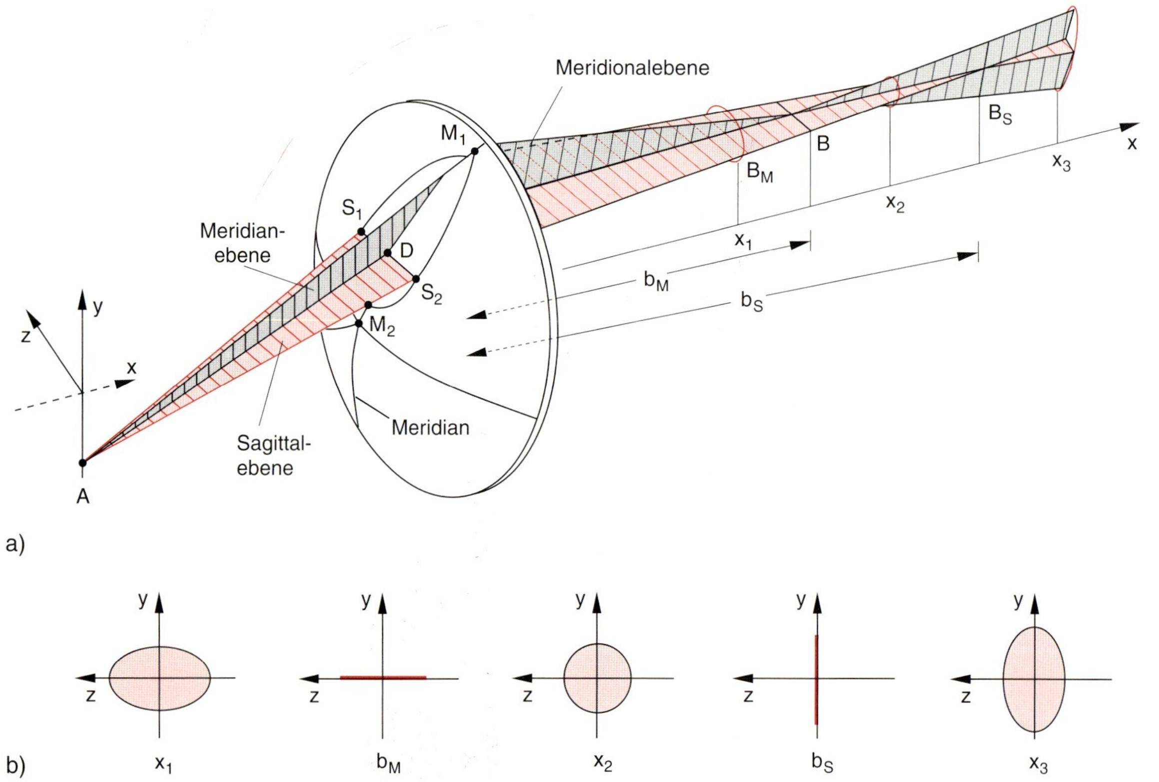

Abb. 9.43a,b. Astigmatismus bei der Abbildung eines schrägen Lichtbündels. (**a**) Perspektivische Ansicht; (**b**) Lichtbündelquerschnitt in den Ebenen im Abstand x_1, b_M, x_2, b_S, x_3

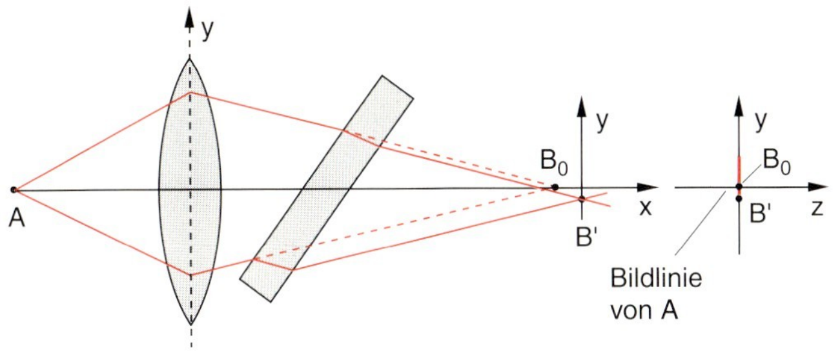

Abb. 9.44. Astigmatismus beim schrägen Durchgang eines Lichtbündels durch eine planparallele Platte. Ohne Platte läge das Bild von A in B_0. Die Strahlen in einer horizontalen Schnittfläche des Lichtbündels schneiden sich in B'

schräges Lichtbündel, das von einem Punkt A außerhalb der Symmetrieachse der Linse ausgeht und von der Linse in den Bildraum abgebildet wird. Alle Strahlen in der horizontalen Schnittebene (***Sagittalebene*** AS_1S_2) werden innerhalb eines eng begrenzten Lichtbündels in einen Bildpunkt B_S mit der Bildweite b_S abgebildet. Die Strahlen in der senkrechten Schnittebene (***Meridionalebene*** AM_1M_2) werden hingegen in einen anderen Bildpunkt B_M in der Bildweite $b_M < b_S$ abgebildet, weil z. B. die Strahlen AM_1 wegen des größeren Einfallswinkels auf die brechende Linsenfläche stärker gebrochen werden als die Strahlen AS_1.

Man erhält daher durch die Abbildung aller Teilstrahlen des gesamten Lichtbündels durch die Linse statt eines Bildpunktes B eine horizontale Bildline B_M in der Ebene $x = b_M$ und eine vertikale Bildlinie B_S bei $x = b_S > b_M$ (*astigmatische Verzerrung*). Zur Illustration ist in Abb. 9.43b der Lichtbündelquerschnitt in verschiedenen Abständen x der Bildebene dargestellt.

Der Abstand $\Delta x = b_S - b_M$ (*astigmatische Differenz*) wird umso größer, je schiefer das Lichtbündel die Linse durchläuft.

Eine solche astigmatische Verzerrung tritt nicht nur bei Linsen auf, sondern auch, wenn ein Lichtbündel schräg durch eine planparalle Platte läuft. Wird z. B. in den Strahlengang bei der Abbildung eines Achsenpunktes A durch eine Linse eine schräge planparallele Glasplatte gestellt (Abb. 9.44), so ist das Bild von A kein Punkt mehr, sondern je nach dem Abstand x_B der Bildebene ein vertikaler oder horizontaler Strich bei $x = x_M$ bzw. $x = x_S$ oder eine elliptische Fläche bei anderen Abständen, wie in Abb. 9.43b gezeigt.

Besonders ausgeprägt sind astigmatische Verzerrungen bei der Abbildung durch eine Zylinderlinse (Abb. 9.45), die nur in einer Richtung fokussiert, d.h. alle Strahlen von einem Punkt A, die in einer Ebene senkrecht zur Zylinderachse verlaufen, werden in einem Punkt B in dieser Ebene abgebildet. Alle Strahlen von A in einer Ebene parallel zur Zylinderachse formen einen *virtuellen* Bildpunkt B'.

Insgesamt bildet die Zylinderlinse daher den Punkt A in einem Strich parallel zur Zylinderachse ab.

Man kann Zylinderlinsen mit sphärischen Linsen kombinieren zur Korrektur des Astigmatismus. Dies kann z. B. dadurch realisiert werden, dass eine sphä-

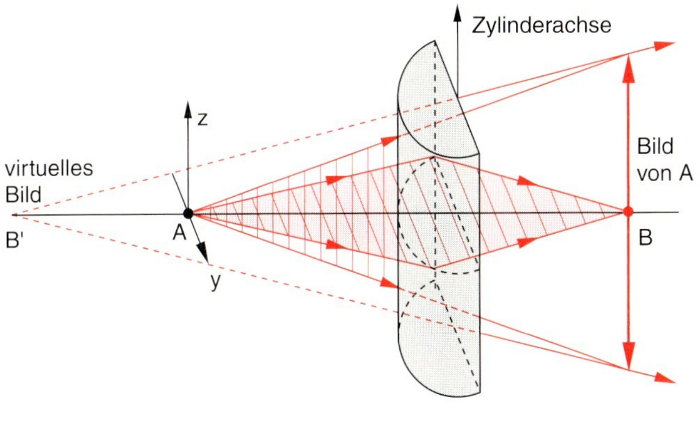

Abb. 9.45. Astigmatische Abbildung durch eine Zylinderlinse

rische Linse zusätzlich eine zylindrische Krümmung erhält, was bei Brillen zur Korrektur astigmatischer Augenfehler benutzt wird.

e) Bildfeldwölbung und Verzeichnung

Durch unterschiedlich starke Brechung von Lichtstrahlen, welche die Linse unter verschiedenen Winkeln gegen die Symmetrieachse durchlaufen, hängen die Bildweiten b_i bei der Abbildung von Punkten A_i einer Ebene von den Abständen dieser Punkte von der Achse ab. Das Bild der Gegenstandsebene ist daher nicht mehr eine Ebene, sondern eine gewölbte Fläche (Abb. 9.46). Wegen der astigmatischen Fehler erhält man zwei verschiedene Bildweiten für die sagittalen und die meridionalen Strahlen. Die Bildflächen der Gegenstandsebene sind daher zwei gewölbte Flächen B_S und B_M, die man für eine zur Symmetrieachse symmetrische Gegenstandsebene durch Rotation dieser Kurven um die Symmetrieachse erhält (***Bildfeldwölbung***).

Man kann die Bildfeldwölbung demonstrieren durch die Abbildung eines ebenen Speichenradmusters durch eine astigmatische Linse (Abb. 9.47). Je nach Abstand x_B der Bildebene werden die inneren bzw. die äußeren Kreise scharf abgebildet.

Wir hatten in Abschnitt b) gesehen, dass man durch Ausblenden der Randstrahlen bei achsenparallelen Lichtbündeln die sphärische Aberration verringern

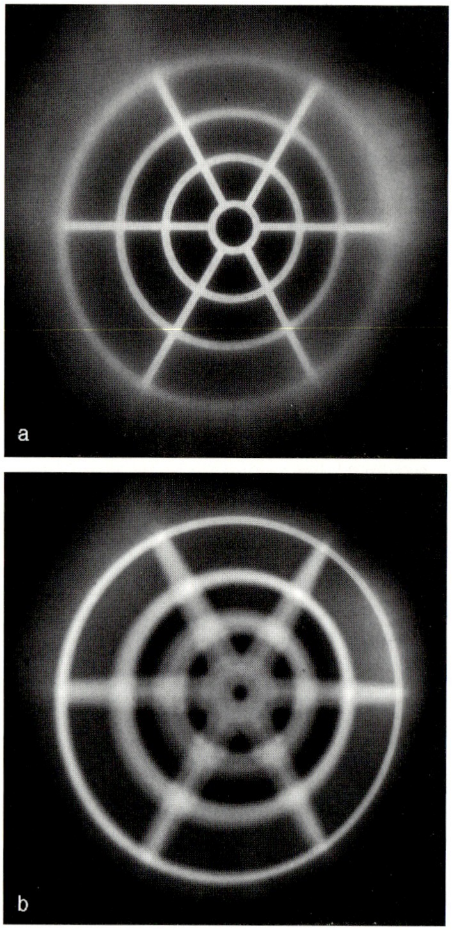

Abb. 9.47a,b. Experimentelle Demonstration der Bildfeldwölbung bei der Abbildung eines ebenen Speichenrades. (**a**) Bildebene geht durch B_0 in Abb. 8.34. (**b**) Bildebene liegt näher an der Linse und geht durch B_{1M}

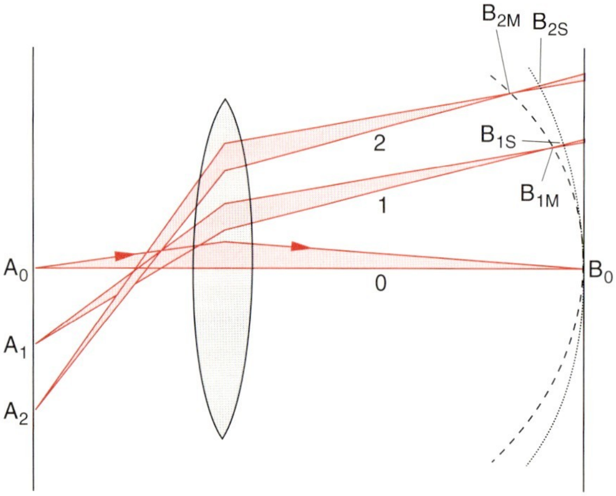

Abb. 9.46. Bildfeldwölbung

kann. Bei schrägen Strahlen treten jedoch trotz Ausblendens der Randstrahlen Abbildungsfehler auf, die zu einer Verzerrung der Abbildung von flächenhaften Objekten führen. Dies lässt sich demonstrieren an der Abbildung eines ebenen quadratischen Gitters durch eine Linse. Setzt man vor die Linse eine Kreisblende, die nur Mittenstrahlen durchlässt, so zeigt das Bild eine tonnenförmige ***Verzeichnung*** der Quadrate des Gitters (Abb. 9.48a), während bei einer Blende hinter der Linse eine kissenförmige Verzeichnung beobachtet wird (Abb. 9.48b).

Um dies zu verstehen, betrachten wir in Abb. 9.49 zwei Punkte A_0 und A_1 des flächenhaften Gegenstan-

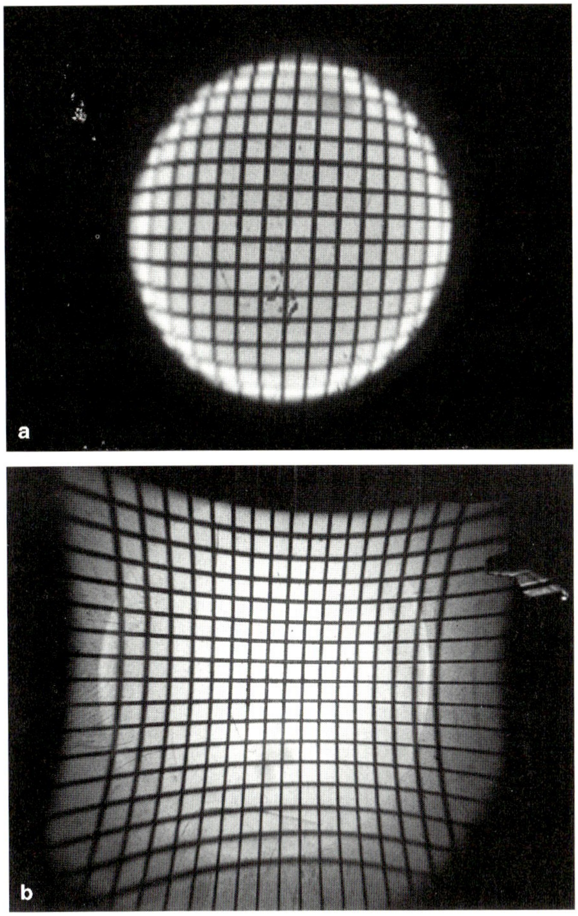

Abb. 9.48. (**a**) Tonnenförmige, (**b**) kissenförmige Verzeichnung eines ebenen quadratischen Kreuzgitters

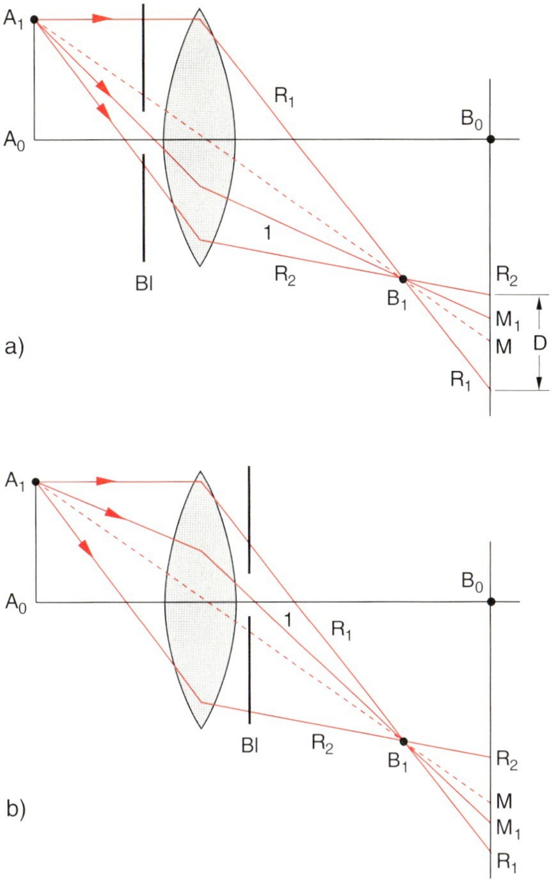

Abb. 9.49a,b. Bei der Abbildung eines ebenen Gegenstandes ist die Form der Verzeichnung des Bildes davon abhängig, ob eine Blende vor (**a**) oder hinter (**b**) die Linse gesetzt wird

des. Das Bild B_1 von A_1 entsteht wegen der größeren Brechung der schrägen Strahlen vor der Bildebene B_0. Deshalb entsteht in dieser Ebene B_0 ohne Einfügen der Blende als Bild von A_1 ein Kreis mit dem Mittelpunkt M, wobei M durch den gestrichelten Mittenstrahl definiert wird und der Durchmesser $D = \overline{R_1 R_2}$ des Kreises durch die Randstrahlen R_1, R_2 bestimmt wird. Wird die Blende Bl vor der Linse eingebracht, so können nur noch Strahlen in einem engen Winkelbereich um den Strahl *1* in Abb. 9.49a die Bildebene erreichen, die als Bild von A_1 wieder einen (jetzt kleineren) Kreis um den Mittelpunkt M_1 bilden, der einen kleineren Abstand von B_0 hat als M. Da die Verschiebung zwischen M und M_1 umso größer ist, je weiter der Punkt A_1 von der Achse entfernt ist, wird ein Quadrat mit A_1 als Mittelpunkt in eine tonnenförmig verzerrte Fläche abgebildet.

Setzt man die Blende Bl *hinter* die Linse, so liegt der Mittelpunkt M_1 weiter entfernt von B_0 als M (Abb. 9.49b). Wie man sich leicht überlegt, führt dies zu einer kissenförmigen Verzeichnung des Bildes eines Quadrats um A_1.

9.5.7 Die aplanatische Abbildung

In der praktischen Anwendung möchte man nicht nur einzelne Punkte, sondern räumlich ausgedehnte Objekte möglichst verzerrungsfrei abbilden und dabei außerdem eine möglichst große Lichtstärke des abbildenden Linsensystems erreichen. Die Verminderung der sphärischen Aberration z. B. durch Ausblenden aller achsenfernen Strahlen bedingt einen oft nicht tolerierbaren Intensitätsverlust, und es wird daher in der optischen Technik angestrebt, durch Kombination geeigneter Linsenformen zu einem *korrigierenden Linsensystem* alle auftretenden Abbildungsfehler auch bei großem Öffnungsverhältnis zu minimieren. Eine wichtige Rolle spielt dabei eine von *Ernst Abbe* (1840–1905) entdeckte Relation zwischen dem Abbildungsmaßstab $M = |B|/|A| = b/a$ und den Öffnungswinkeln u_g und u_b der durch das optische System durchgelassenen Lichtbündel. Sie besagt, dass auch bei großen Öffnungswinkeln eine Abbildung mit minimalen Abbildungsfehlern möglich ist, wenn gilt:

$$\frac{\sin u_g}{\sin u_b} = \frac{|B|}{|A|} = \text{const}\,. \tag{9.40}$$

Wir wollen diese ***Abbesche Sinusbedingung*** an einem einfachen Sonderfall, nämlich der Abbildung einer beleuchteten Kreisblende mit dem Durchmesser A durch eine Linse L erläutern (Abb. 9.50). Wir nehmen an, dass die Blende von einer weit entfernten ausgedehnten Lichtquelle beleuchtet wird. Die von zwei verschiedenen Punkten dieser Lichtquelle ausgehenden Parallelbündel sind mit ihren ebenen Phasenflächen in Abb. 9.50 eingezeichnet. Der optische Wegunterschied zwischen oberem und unterem Rand der Blende ist

$$\Delta s_g = A \cdot \sin u_g\,.$$

Durch die Linse wird die Blendenfläche in die Bildebene im Abstand b von der Linse abgebildet und erzeugt dort ein Bild der Größe B. Für $b \gg B$ kann die Krümmung der Phasenfläche B vernachlässigt werden. Man erhält dann für den entsprechenden optischen Wegunterschied:

$$\Delta s_b = B \cdot \sin u_b\,.$$

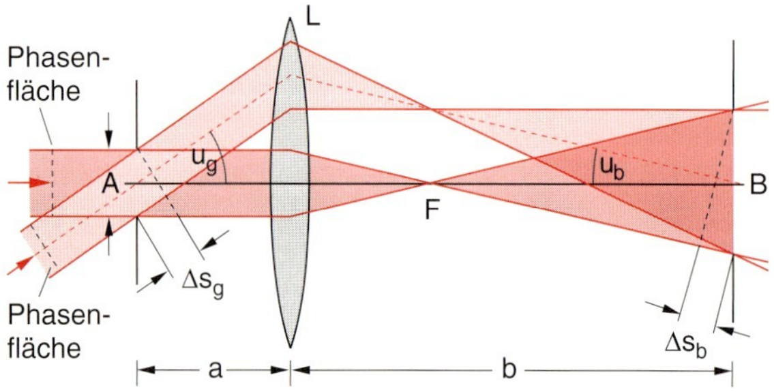

Abb. 9.50. Zur Herleitung der Sinusbedingung für die aplanatische Abbildung einer Blendenfläche

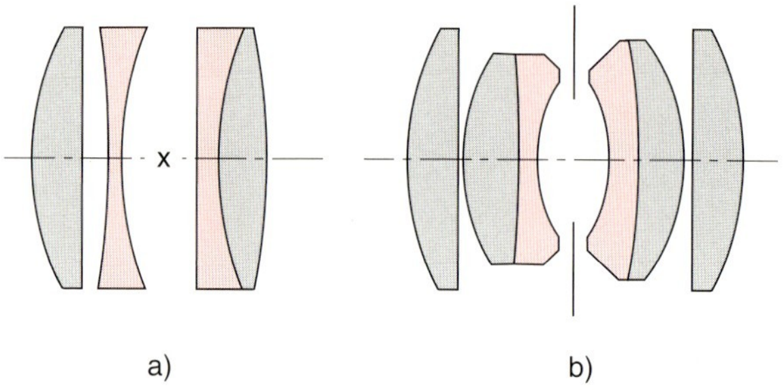

Abb. 9.51. Die Photoobjektive *Tessar* (**a**) (Daten siehe Aufg. 9.14) und *Planar* (**b**), die von der Firma Carl Zeiss entwickelt wurden und eine achromatische sowie weitgehend aplanatische Abbildung realisieren

Für eine verzerrungsfreie Abbildung muss der Wegunterschied Δs_g zwischen den Enden der Blende A gleich dem Wegunterschied Δs_b in der Bildebene sein, weil dann jeder Punkt von A genau in die Ebene von B abgebildet wird. Daraus folgt sofort (9.40).

Man nennt eine Abbildung unter Einhaltung der Sinusbedingung ***aplanatisch***. Eine Linse (bzw. ein Linsensystem) kann allerdings eine solche aplanatische Abbildung immer nur für einen bestimmten, durch Konstruktion des Systems festgelegten Bereich Δa, Δb um vorgegebene Werte a der Gegenstandsweite und b der Bildweite leisten [9.2, 9].

In Abb. 9.51 sind als Beispiele zwei Photoobjektive von Zeiss mit ihren minimierten Abweichungen von der idealen Abbildung gezeigt. Sie sind chromatisch korrigiert durch die Verwendung von einem Achromaten beim Tessar und einem Doppelachromaten beim Planar-Objektiv und liefern eine weitgehend aplanatische Abbildung bis zu einem Öffnungsverhältnis von 1:2,8 bei kurzer Brennweite des Planar.

9.5.8 Asphärische Linsen

Man kann viele der oben diskutierten Linsenfehler durch die Verwendung asphärischer (= nichtsphärischer) Linsen vermeiden (siehe Abb. 9.52). Das Problem war lange Zeit, dass es kein Schleifverfahren gab, um asphärische Oberflächen genügend hoher Qualität (Rauigkeit $< \lambda/10$) herzustellen. Durch die Entwicklung hochpräziser Diamantschneidewerkzeuge

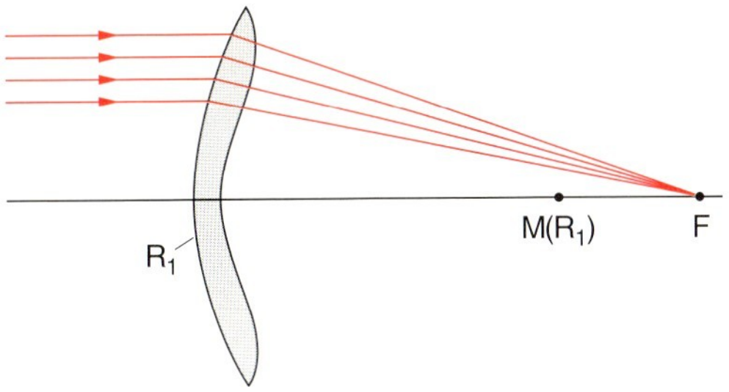

Abb. 9.52. Asphärische Linse zur Vermeidung der sphärischen Aberration. Man vergleiche mit Abb. 9.38

lassen sich inzwischen aber rotationssymmetrische asphärische Oberflächen auf einer computergesteuerten Drehbank nach einem Computerprogramm, das die Form der Oberfläche bestimmt, mit genügend guter Qualität realisieren. Eine andere Methode benutzt Polymere als Linsenmaterial, das geschmolzen werden kann und in vorgegebene Formen gepresst wird. Dieses Material (z. B. Plexiglas) lässt sich wegen seiner geringeren Härte auch leichter bearbeiten.

9.6 Matrixmethoden der geometrischen Optik

Der Verlauf von Lichtstrahlen durch ein komplexes optisches System aus mehreren Linsen ist im Allgemeinen kompliziert und nicht einfach zu berechnen. Deshalb sind neue Verfahren entwickelt worden, um die Berechnungen mithilfe von Computern schnell auch für allgemeine Systeme durchführen zu können. Ein sehr effizientes Verfahren ist die Matrixmethode, die wir deshalb hier kurz vorstellen wollen.

In der geometrischen Optik wird jede optische Abbildung durch den Verlauf von Lichtstrahlen beschrieben (siehe Abschn. 9.1), die sich in homogenen Medien geradlinig ausbreiten und an den Grenzflächen zwischen Gebieten mit unterschiedlichen Brechzahlen n ihre Richtung ändern. In einem optischen System mit einer Symmetrieachse ist ein Lichtstrahl in jedem Punkte $P(x, r)$ definiert durch seinen Abstand $r = (y^2 + z^2)^{1/2}$ von der Symmetrieachse (die wir als x-Achse wählen) und durch seinen Winkel α gegen die x-Richtung.

Wir können deshalb den Verlauf eines Lichtstrahls auch durch komplizierte Systeme von Linsen und Spiegeln in der paraxialen Näherung beschreiben, wenn wir für jeden Punkt des Strahles seinen Abstand r von der Symmetrieachse $r = 0$ und seinen Neigungswinkel α gegen die Achse angeben.

9.6.1 Die Translationsmatrix

Im Rahmen der paraxialen Näherung für achsennahe Strahlen, bei der die Näherung $\sin\alpha \approx \tan\alpha \approx \alpha$ verwendet wird, besteht bei der Ausbreitung eines Lichtstrahls in einem homogenen Medium mit dem Brechungsindex $n' = n$ von der Ebene $x = x_0$ zur Ebene $x = x_1$ (Abb. 9.53) zwischen den Größen (r_0, α_0) und (r_1, α_1) der lineare Zusammenhang

$$\begin{aligned} r_1 &= (x_1 - x_0)\alpha_0 + r_0 \,, \\ n \cdot \alpha_1 &= n \cdot \alpha_0 \,. \end{aligned} \tag{9.41}$$

Die linearen Gleichungen (9.41) für r und α können in Matrizenform geschrieben werden. Beschreiben wir die Strahlparameter (r, α) durch einen zweikomponentigen Spaltenvektor, so lässt sich (9.41) schreiben als

$$\begin{pmatrix} r_1 \\ n \cdot \alpha_1 \end{pmatrix} = \begin{pmatrix} 1 & \frac{x_1 - x_0}{n} \\ 0 & 1 \end{pmatrix} \cdot \begin{pmatrix} r_0 \\ n \cdot \alpha_0 \end{pmatrix} . \tag{9.41a}$$

Bezeichnen wir die Entfernung der Ebenen $x = x_1$ und $x = x_0$ mit $d = x_1 - x_0$, so heißt die Translationsmatrix, welche die Translation des Lichtstrahls im homogenen Medium mit Brechzahl n zwischen den Ebenen beschreibt:

$$\tilde{T} = \begin{pmatrix} 1 & d/n \\ 0 & 1 \end{pmatrix} . \tag{9.41b}$$

Anmerkung

Der Winkel α wird positiv definiert, wenn man von der positiven x-Achse aus im Gegenuhrzeigersinn läuft, und negativ im Uhrzeigersinn.

9.6.2 Die Brechungsmatrix

Auch bei der Brechung an einer Grenzfläche besteht eine lineare Relation zwischen den Größen (r_1, α_1) auf der linken Seite der Grenzfläche und $(r_2 = r_1, \alpha_2)$ auf der rechten Seite. Aus dem Snelliusschen Brechungsgesetz für kleine Winkel

$$n_1\alpha = n_2\beta$$

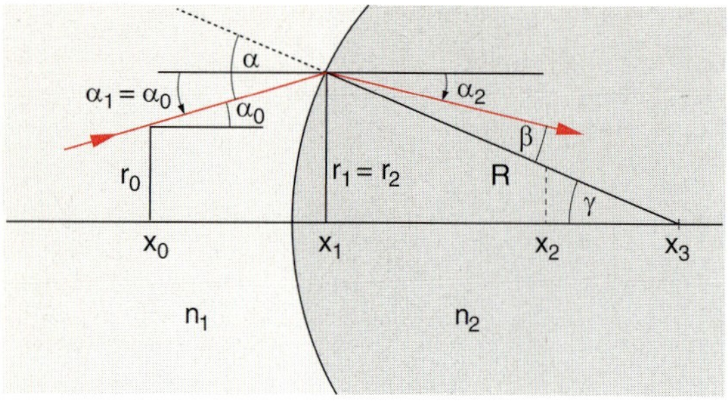

Abb. 9.53. Zur Matrixbeschreibung der Translation und der Brechung eines Lichtstrahls

erhalten wir aus Abb. 9.53 für eine Grenzfläche mit Krümmungsradius R mit

$$\alpha - \alpha_1 = -\alpha_2 + \beta = \gamma = r_1/R\,,$$

(α_2 wird negativ, weil der Winkel im Gegenuhrzeigersinn von der positiven x-Richtung aus gerechnet wird)

$$n_1\left(\frac{r_1}{R} + \alpha_1\right) = n_2\left(\frac{r_1}{R} + \alpha_2\right)$$
$$\Rightarrow n_2\alpha_2 = n_1\alpha_1 + (n_1 - n_2)\frac{r_1}{R}\,.$$

Wir erhalten daher für die Brechung an einer Kugelfläche mit Krümmungsradius R (Abb. 9.53)

$$r_2 = r_1\,,$$
$$n_2\alpha_2 = n_1\alpha_1 + (n_1 - n_2)r_1/R\,, \tag{9.42a}$$

Man erhält aus (9.42a) die Vektorgleichung

$$\begin{pmatrix} r_2 \\ n_2\alpha_2 \end{pmatrix} = \begin{pmatrix} 1 & 0 \\ \frac{n_1 - n_2}{R} & 1 \end{pmatrix} \cdot \begin{pmatrix} r_1 \\ n_1\alpha_1 \end{pmatrix}. \tag{9.42b}$$

Man kann also die Brechung an einer gekrümmten Fläche mit Krümungsradius R zwischen zwei Medien mit Brechzahlen n_1, n_2 durch die Brechungsmatrix

$$\widetilde{B} = \begin{pmatrix} 1 & 0 \\ \frac{n_1 - n_2}{R} & 1 \end{pmatrix} \tag{9.42c}$$

beschreiben.

9.6.3 Die Reflexionsmatrix

Analog zur Brechung an einer Kugelgrenzfläche können wir die Reflexion an einem sphärischen Spiegel durch eine Matrix beschreiben. Wie aus Abb. 9.54 hervorgeht, gilt bei einem Krümmungsradius R und einem Brechungsindex $n_1 = 1$ im gesamten Raum links vom Spiegel:

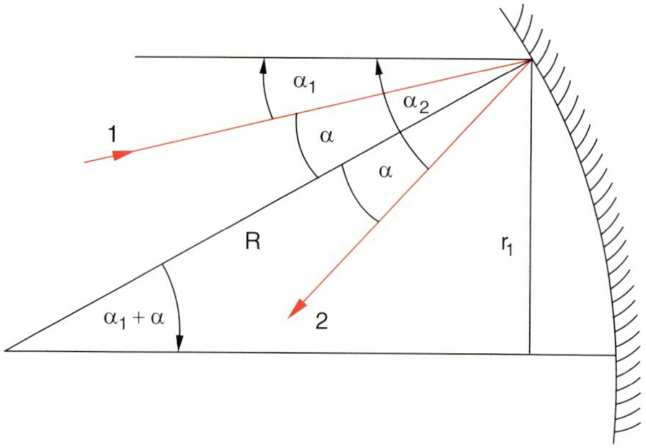

Abb. 9.54. Zur Reflexionsmatrix eines sphärischen Spiegels

$$r_2 = r_1$$
$$\alpha_2 = 2\alpha + \alpha_1 = 2(\alpha + \alpha_1) - \alpha_1$$
$$= -2\frac{r_1}{R} - \alpha_1$$

wenn man die in Abb. 9.54 gezeigte Pfeilrichtung der Winkel und die Anmerkung im Abschn. 9.6.1 beachtet. In Matrizendarstellung wird dies:

$$\begin{pmatrix} r_2 \\ \alpha_2 \end{pmatrix} = \begin{pmatrix} 1 & 0 \\ -\frac{2}{R} & -1 \end{pmatrix} \begin{pmatrix} r_1 \\ \alpha_1 \end{pmatrix},$$

woraus sich die Reflexionsmatrix ergibt:

$$\tilde{R} = \begin{pmatrix} 1 & 0 \\ -\frac{2}{R} & -1 \end{pmatrix}, \tag{9.43}$$

Diese Matrixbeschreibung macht es möglich, den Verlauf von Lichtstrahlen durch optische Systeme mit vielen brechenden oder reflektierenden Flächen durch ein Produkt der entsprechenden Matrizen zu berechnen. Ein solches Verfahren ist besonders vorteilhaft bei der numerischen Berechnung von komplizierten Linsensystemen mithilfe von Rechnern. Wir wollen dies an einigen Beispielen erläutern.

9.6.4 Transformationsmatrix einer Linse

Wir betrachten in Abb. 9.55 einen Lichtstrahl, der durch eine Linse der Dicke D mit Krümmungsradien R_1, R_2 und der Brechzahl n_2 vom Gegenstandsraum ($n = n_1$)

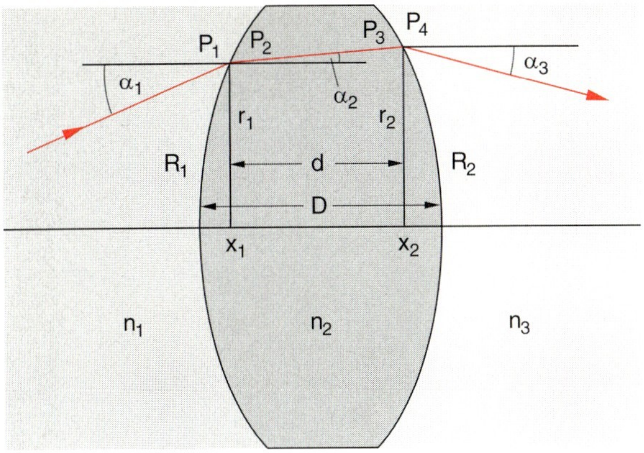

Abb. 9.55. Zur Berechnung der Transformationsmatrix einer Linse mit Krümmungsradien R_1, R_2

in den Bildraum ($n = n_3$) läuft. Dabei werden die Strahlparameter sukzessiv vom Anfangswert $(n_1\alpha_1, r_1)$ im Punkt P_1 in den Endwert $(n_3\alpha_3, r_3)$ im Punkt P_4 überführt gemäß der Abfolge:

$$\begin{pmatrix} r_1 \\ n_1\alpha_1 \end{pmatrix} \to \begin{pmatrix} r_1 \\ n_2\alpha_2 \end{pmatrix} \to \begin{pmatrix} r_2 \\ n_2\alpha_2 \end{pmatrix} \to \begin{pmatrix} r_2 \\ n_3\alpha_3 \end{pmatrix} .$$

In Matrizenschreibweise sind Endzustand und Anfangszustand verknüpft durch

$$\begin{pmatrix} r_2 \\ n_3\alpha_3 \end{pmatrix} = \widetilde{B}_2 \cdot \widetilde{T}_{12} \cdot \widetilde{B}_1 \begin{pmatrix} r_1 \\ n_1\alpha_1 \end{pmatrix} \qquad (9.44)$$

mit den Matrizen

$$\tilde{B}_1 = \begin{pmatrix} 1 & 0 \\ \frac{n_1 - n_2}{R_1} & 1 \end{pmatrix} ; \qquad (9.44a)$$

$$\tilde{T}_{12} = \begin{pmatrix} 1 & \frac{x_2 - x_1}{n_2} \\ 0 & 1 \end{pmatrix} ; \qquad (9.44b)$$

$$\tilde{B}_2 = \begin{pmatrix} 1 & 0 \\ -\frac{n_2 - n_3}{R_2} & 1 \end{pmatrix} , \qquad (9.44c)$$

wobei gemäß den Regeln für Matrizenmultiplikation zuerst der Eingangsvektor $(n_1\alpha_1, r_1)$ mit $\widetilde{B}_1$ multipliziert wird, der so entstandene Vektor $(n_2\alpha_2, r_1)$ mit $\widetilde{T}_{12}$ usw. Der Krümmungsradius R_2 der 2. Fläche wird nach der Definition in Abschn. 9.5.2 negativ, während R_1 positiv ist. Das Produkt der drei Matrizen ergibt die Transformationsmatrix einer beliebigen Linse mit Brechzahl n_2 in einer Umgebung mit den Brechzahlen n_1 bzw. n_3

$$\widetilde{M}_\mathrm{L} = \widetilde{B}_2 \widetilde{T}_{12} \widetilde{B}_1 \qquad (9.45)$$

$$= \begin{pmatrix} 1 - \frac{x_{21} n_{21}}{n_2 R_1} & \frac{x_{21}}{n_2} \\ \frac{n_2 n_{32} R_1 - n_2 n_{21} R_2 - n_{32} n_{21} x_{21}}{n_2 R_1 R_2} & 1 + \frac{n_{32} x_{21}}{n_2 R_2} \end{pmatrix} ,$$

wobei $x_{21} = x_2 - x_1$, $n_{ik} = n_i - n_k$ ist. Für R_1, $R_2 \gg d$ kann $x_{21} = d \approx D$ gesetzt werden, sodass die Linsenmatrix M_L durch die Dicke der Linse, die Brechzahlen n_i und die Radien R_i der brechenden Flächen völlig bestimmt ist.

Eine dünne Linse ($(x_2 - x_1) \to 0$) mit der Brennweite f und der Brechzahl $n_2 = n$ in Luft ($n_1 = n_3 = 1$) hat dann die wesentlich einfachere Transformationsmatrix

$$\widetilde{M}_\mathrm{dL} = \begin{pmatrix} 1 & 0 \\ (n-1)\left(\frac{1}{R_2} - \frac{1}{R_1}\right) & 1 \end{pmatrix}$$

$$= \begin{pmatrix} 1 & 0 \\ -\frac{1}{f} & 1 \end{pmatrix} , \qquad (9.45a)$$

wobei die Relation (9.25a) für die Brennweite f verwendet wurde.

9.6.5 Abbildungsmatrix

Wird der Gegenstandspunkt A durch eine Linse L in den Bildpunkt B abgebildet (Abb. 9.56), so lautet die Abbildungsgleichung in Matrixschreibweise mit $n_1 = n_3 = 1$, $n_2 = n$:

$$\begin{pmatrix} r_2 \\ \alpha_2 \end{pmatrix} = \widetilde{M}_{AB} \begin{pmatrix} r_1 \\ \alpha_1 \end{pmatrix} \qquad (9.46)$$

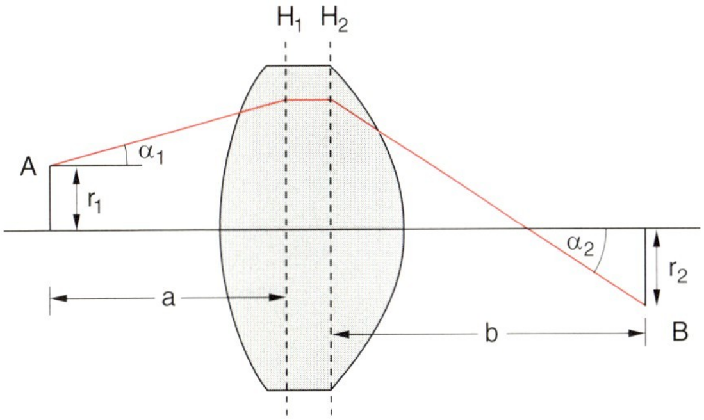

Abb. 9.56. Zur Transformationsmatrix einer dicken Linse

mit der ***Abbildungsmatrix***

$$\widetilde{M}_{AB} = \widetilde{T}_2 \widetilde{M}_L \widetilde{T}_1 \,, \tag{9.47}$$

wobei die Translationsmatrizen für Gegenstands- und Bildraum mit $n_1 = n_3 = 1$ die Form haben:

$$\widetilde{T}_1 = \begin{pmatrix} 1 & a \\ 0 & 1 \end{pmatrix} \; ; \quad \widetilde{T}_2 = \begin{pmatrix} 1 & b \\ 0 & 1 \end{pmatrix} , \tag{9.48}$$

sodass die Abbildungsmatrix (9.47) für dünne Linsen mithilfe von (9.45a) berechnet werden kann. Das Ergebnis ist:

$$\widetilde{M}_{AB} = \begin{pmatrix} 1 - \frac{b}{f} & a + b - \frac{ab}{f} \\ -\frac{1}{f} & 1 - \frac{a}{f} \end{pmatrix} . \tag{9.49}$$

Die Abbildungsgleichung (9.46) heißt dann

$$\begin{pmatrix} r_2 \\ \alpha_2 \end{pmatrix}_B = \begin{pmatrix} \left(1 - \frac{b}{f}\right) r_1 + \left(a + b - \frac{ab}{f}\right) \alpha_1 \\ -\frac{r_1}{f} + \left(1 - \frac{a}{f}\right) \alpha_1 \end{pmatrix} , \tag{9.46a}$$

wobei Gegenstandsweite a und Bildweite b bei einer dünnen Linse bis zur Mittelebene der Linse gerechnet werden (Abb. 9.27), während sie bei dicken Linsen bis zu den Hauptebenen gemessen werden (Abb. 9.30).

Für $\alpha_1 = 0$ (parallel zur Achse einlaufender Strahl) wird

$$\begin{pmatrix} r_2 \\ \alpha_2 \end{pmatrix} = \begin{pmatrix} \frac{f-b}{f} \cdot r_1 \\ -\frac{r_1}{f} \end{pmatrix} , \tag{9.46b}$$

Der Strahl schneidet hinter der Linse die x-Achse bei $r_2 = 0 \Rightarrow f = b$. Das Bild des unendlich weit entfernten Gegenstandes entsteht im Brennpunkt der Linse.

9.6.6 Matrizen von Linsensystemen

Der Vorteil der Matrixmethode wird erst wirklich deutlich bei der Berechnung größerer Linsensysteme. Wir wollen hier nur als Beispiel ein System aus zwei Linsen behandeln mit den Brennweiten f_1, f_2, den Abständen d_{ik} zwischen den entsprechenden Hauptebenen und dem Abstand $D = d_{23}$ zwischen den Linsen (Abb. 9.57). Die Transformationsmatrix des Linsensystems ist dann

$$\begin{aligned} \widetilde{M}_{LS} &= \widetilde{B}_4 \widetilde{T}_{34} \widetilde{B}_3 \widetilde{T}_{23} \widetilde{B}_2 \widetilde{T}_{12} \widetilde{B}_1 \\ &= \widetilde{M}_{L2} \widetilde{T}_{23} \widetilde{M}_{L1} \,, \end{aligned} \tag{9.50}$$

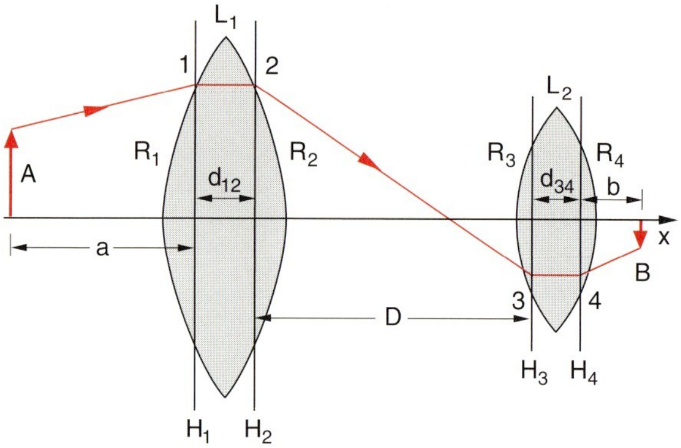

Abb. 9.57. Abbildung durch ein Linsensystem

wobei $\widetilde{T}_{ik}$ die Transformationsmatrix für den Lichtweg vom Punkt P_i nach P_k und $\widetilde{B}_i$ die Matrix (9.42c) für die Brechung an der i-ten Fläche mit Krümmungsradius R_i ist. Gemäß (9.45) kann man die äußeren drei Faktoren zusammenfassen in die Linsenmatrizen M_{Li} der dicken Linsen L_1 und L_2.

Für weitere Beispiele siehe Aufgaben 9.12–9.14.

Man beachte:

Die hier dargestellte Matrixmethode ist nur im Rahmen der paraxialen Näherung anwendbar. Für sehr weit von der Achse entfernte Strahlen gelten nicht mehr die linearen Näherungen (9.41, 42), und die Rechnungen werden wesentlich komplizierter [9.10–12].

9.6.7 Jones-Vektoren

Wie bereits in der Einleitung zu Kap. 9 erwähnt wurde, lassen sich auch die Polarisationseigenschaften des Lichtes formal im Rahmen der geometrischen Optik behandeln, wenn wir zusätzlich zur Ausbreitungsrichtung $\boldsymbol{k}$, welche die Richtung des Lichtstrahls angibt, den elektrischen Feldvektor $\boldsymbol{E}$ als Polarisationsvektor einführen. Wenn wir die z-Achse in die Ausbreitungsrichtung legen, wird

$$\boldsymbol{E} = E_x \hat{e}_x + E_y \hat{e}_y \,,$$

wobei die Komponenten E_x, E_y komplexe Zahlen sein können (siehe Abschn. 7.4). Wir schreiben deshalb den

Polarisationsvektor als Spaltenvektor

$$\boldsymbol{E} = \begin{pmatrix} E_x \\ E_y \end{pmatrix} = \begin{pmatrix} E_{0x}\mathrm{e}^{\mathrm{i}\varphi_x} \\ E_{0y}\mathrm{e}^{\mathrm{i}\varphi_y} \end{pmatrix} \tag{9.51a}$$

und definieren mit $|\boldsymbol{E}| = \sqrt{E_x^2 + E_y^2}$ den normierten Vektor

$$\boldsymbol{J} = \begin{pmatrix} J_x \\ J_y \end{pmatrix} = \frac{1}{|\boldsymbol{E}|}\begin{pmatrix} E_{0x}\mathrm{e}^{\mathrm{i}\varphi_x} \\ E_{0y}\mathrm{e}^{\mathrm{i}\varphi_y} \end{pmatrix} \tag{9.51b}$$

als Jones-Vektor. Da der Phasennullpunkt beliebig gewählt werden kann (es kommt nur auf die Differenz $\Delta\varphi = \varphi_y - \varphi_x$ an), können wir $\varphi_x = 0$ wählen.

BEISPIELE

a) Für in x-Richtung linear polarisiertes Licht wird $E_{0y} = 0$ und der Jones-Vektor wird, wenn wir die x-Richtung horizontal, die y-Richtung vertikal wählen,

$$\boldsymbol{J}_\mathrm{h} = \begin{pmatrix} 1 \\ 0 \end{pmatrix} \quad \text{(horizontale Polarisation).}$$

Entsprechend folgt für in y-Richtung linear polarisiertes Licht, wobei jetzt wegen $E_{0x} = 0$ die Phase φ_y beliebig ist und null gesetzt werden kann:

$$\boldsymbol{J}_\mathrm{v} = \begin{pmatrix} 0 \\ 1 \end{pmatrix} \quad \text{(vertikale Polarisation).}$$

b) Zeigt der $\boldsymbol{E}$-Vektor des linear polarisierten Lichtes in die Richtung ϑ gegen die x-Achse (Abb. 9.59), so wird wegen $E_x = E \cdot \cos\vartheta$; $E_y = E \cdot \sin\vartheta$, und gleichen Phasen $\varphi_x = \varphi_y$, die wir null setzen,

$$\boldsymbol{J}_{(\vartheta)} = \begin{pmatrix} \cos\vartheta \\ \sin\vartheta \end{pmatrix}, \tag{9.52}$$

was für $\vartheta = 45°$ übergeht in

$$\boldsymbol{J}_{45°} = \frac{1}{\sqrt{2}}\begin{pmatrix} 1 \\ 1 \end{pmatrix}. \tag{9.52a}$$

c) Für zirkular polarisiertes Licht ist $E_{0x} = E_{0y} = |E|/\sqrt{2}$ und $\varphi_x - \varphi_y = \pm\pi/2$, sodass für σ^+-Licht der Jones-Vektor

$$\boldsymbol{J}_{(\sigma^+)} = \frac{1}{E}\begin{pmatrix} E_{0x} \\ E_{0y}\cdot\mathrm{e}^{\mathrm{i}\pi/2} \end{pmatrix} = \frac{1}{\sqrt{2}}\begin{pmatrix} 1 \\ +\mathrm{i} \end{pmatrix} \tag{9.53a}$$

wird. Entsprechend gilt für σ^--Licht

$$\boldsymbol{J}_{(\sigma^-)} = \frac{1}{\sqrt{2}}\begin{pmatrix} 1 \\ -\mathrm{i} \end{pmatrix}. \tag{9.53b}$$

Für elliptisch polarisiertes Licht gilt:

$$\boldsymbol{E} = \begin{pmatrix} E_x \\ E_y\mathrm{e}^{-\mathrm{i}\varphi} \end{pmatrix},$$

sodass der Jones-Vektor

$$\boldsymbol{J} = \frac{1}{|\boldsymbol{E}|}\begin{pmatrix} E_x \\ E_y\mathrm{e}^{-\mathrm{i}\varphi} \end{pmatrix}$$

wird.

Läuft polarisiertes Licht durch anisotrope Medien oder wird es schräg an Grenzflächen reflektiert, so ändert sich sein Polarisationszustand (siehe Kap. 8). Solche polarisationsverändernden Elemente lassen sich nun, analog zu den Linsen, durch Matrizen beschreiben, die **Jones-Matrizen** genannt werden. So wird z. B. ein linearer Polarisator, der Licht mit dem $\boldsymbol{E}$-Vektor in x-Richtung maximal transmittiert, durch die Matrix

$$M_{(x)} = \begin{pmatrix} 1 & 0 \\ 0 & 0 \end{pmatrix} \quad \text{(x-Polarisator)} \tag{9.54a}$$

beschrieben, sodass beim Einfall von unpolarisiertem Licht das transmittierte Licht

$$\boldsymbol{E}_t = \begin{pmatrix} E_\mathrm{tx} \\ E_\mathrm{ty} \end{pmatrix} = \begin{pmatrix} 1 & 0 \\ 0 & 0 \end{pmatrix} \cdot \begin{pmatrix} E_\mathrm{ex} \\ E_\mathrm{ey} \end{pmatrix} = \begin{pmatrix} E_\mathrm{ex} \\ 0 \end{pmatrix} \tag{9.54b}$$

nur noch eine Polarisationskomponente in x-Richtung hat. Ein linearer Polarisator, dessen Transmissionsrichtung unter dem Winkel θ gegen die x-Achse geneigt ist, hat die Matrix

$$M_{(\theta)} = \begin{pmatrix} \cos^2\theta & \sin\theta\cos\theta \\ \sin\theta\cdot\cos\theta & \sin^2\theta \end{pmatrix}. \tag{9.54c}$$

BEISPIEL

Für $\theta = 45°$ ergibt dies

$$M_{(45°)} = \frac{1}{2}\begin{pmatrix} 1 & 1 \\ 1 & 1 \end{pmatrix}. \tag{9.54d}$$

Eine optische Verzögerungsplatte, welche zur Drehung der Polarisationsebene führt, hat die Jones-Matrix

$$M = \begin{pmatrix} e^{i\Delta\varphi_x} & 0 \\ 0 & e^{i\Delta\varphi_y} \end{pmatrix}, \tag{9.55}$$

sodass die Ausgangswelle

$$\begin{aligned} \begin{pmatrix} E_{tx} \\ E_{ty} \end{pmatrix} &= \begin{pmatrix} e^{i\Delta\varphi_x} & 0 \\ 0 & e^{i\Delta\varphi_y} \end{pmatrix} \cdot \begin{pmatrix} E_{ex} e^{i\varphi_x} \\ E_{ey} e^{i\varphi_y} \end{pmatrix} \\ &= \begin{pmatrix} E_{ex} e^{i(\varphi_x + \Delta\varphi x)} \\ E_{ey} e^{i(\varphi_y + \Delta\varphi y)} \end{pmatrix} \end{aligned} \tag{9.56}$$

wird. Für eine $\lambda/4$-Platte mit der schnellen Achse in x-Richtung ist z. B. $\Delta\varphi_y - \Delta\varphi_x = \pi/2$, sodass die Jones-Matrix für diese $\lambda/4$-Platte heißt:

$$M_{(\lambda/4)} = e^{-i\frac{\pi}{4}} \begin{pmatrix} 1 & 0 \\ 0 & +i \end{pmatrix} = \frac{1}{2}\sqrt{2} \begin{pmatrix} 1-i & 0 \\ 0 & 1+i \end{pmatrix}, \tag{9.57}$$

wobei wir $\Delta\varphi_x = -\pi/4$, $\Delta\varphi_y = +\pi/4$ gewählt haben. Entsprechend ergibt sich für eine $\lambda/2$-Platte mit der schnellen Achse in x-Richtung

$$M^{(x)}_{(\lambda/2)} = e^{-i\pi/2} \begin{pmatrix} 1 & 0 \\ 0 & -1 \end{pmatrix} = \begin{pmatrix} -i & 0 \\ 0 & +i \end{pmatrix}, \tag{9.57a}$$

während für die schnelle Achse in y-Richtung gilt:

$$M^{(y)}_{(\lambda/2)} = e^{+i\pi/2} \begin{pmatrix} 1 & 0 \\ 0 & -1 \end{pmatrix} = \begin{pmatrix} +i & 0 \\ 0 & -i \end{pmatrix}. \tag{9.57b}$$

Man kann jetzt den Polarisationszustand einer Lichtwelle nach Durchlaufen mehrerer polarisationsverändernder Elemente einfach durch Multiplikation der entsprechenden Matrizen berechnen.

BEISPIEL

Eine linear polarisierte Welle mit E-Vektor 45° gegen die x-Achse durchläuft eine $\lambda/2$-Platte mit der schnellen Achse in x-Richtung, danach ein $\lambda/4$-Plättchen mit der schnellen Achse in y-Richtung. Die austretende Welle ist dann bestimmt durch

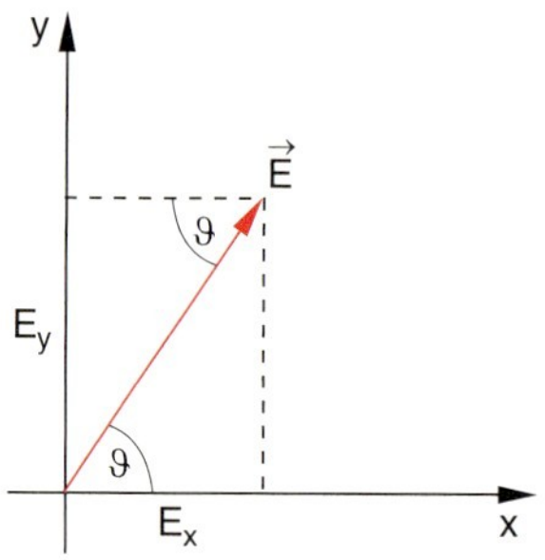

Abb. 9.58. Allgemeiner Fall des linear polarisierten Lichts

$$\begin{aligned} \begin{pmatrix} E_{tx} \\ E_{ty} \end{pmatrix} &= \frac{E_0}{2}\sqrt{2} \begin{pmatrix} 1 & 0 \\ 0 & i \end{pmatrix} \begin{pmatrix} -i & 0 \\ 0 & +i \end{pmatrix} \frac{1}{\sqrt{2}} \begin{pmatrix} 1 \\ 1 \end{pmatrix} \\ &= \frac{E_0}{2} \begin{pmatrix} -i \\ -1 \end{pmatrix} = \frac{E_0}{2} e^{i\pi/2} \begin{pmatrix} 1 \\ -i \end{pmatrix}. \end{aligned}$$

Dies ist eine zirkular polarisierte σ^--Welle, deren Phase um $\pi/2$ gegenüber der eintretenden Welle verschoben ist.

9.7 Geometrische Optik der Erdatmosphäre

Einer Reihe optischer Erscheinungen in unserer Erdatmosphäre, die mit der Brechung und Reflexion von Licht zusammenhängen, können mithilfe der geometrischen Optik erklärt werden. Es gibt jedoch eine Vielzahl von Phänomenen, wie z. B. die Lichtstreuung (siehe Abschn. 10.9), die nur mit Hilfe des Wellenmodells korrekt beschrieben werden können und oft Ergebnisse der Quantentheorie (z. B. bei der Lichtabsorption) zu ihrer quantitativen Erklärung benötigen. Die Optik der Erdatmosphäre ist deshalb viel komplexer, als dies die wenigen hier behandelten Beispiele vermuten lassen [9.10, 11].

9.7.1 Ablenkung von Lichtstrahlen in der Atmosphäre

Da die Dichte der Erdatmosphäre mit wachsender Höhe h abnimmt (siehe Bd. 1, Abschn. 7.2), nimmt auch ihr Brechungsindex $n(h)$ ab. Tritt ein Lichtstrahl von außen (z. B. von einem Stern) schräg in die Erdatmosphäre ein, so wird er aufgrund der radialen Brechzahländerung gekrümmt (Abb. 9.59a). Dies sieht man quantitativ aus Abb. 9.59b.

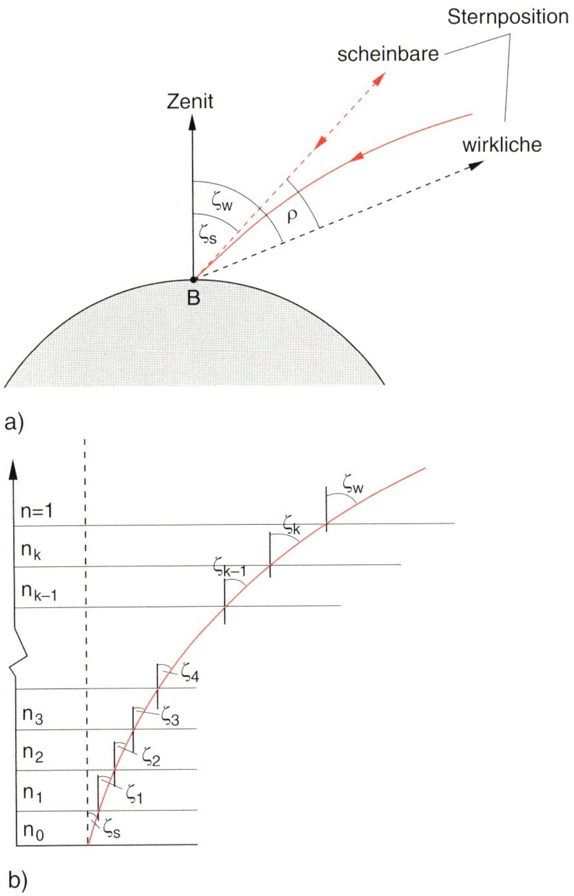

Abb. 9.59. (**a**) Astronomische Refraktion des Sternlichts. Die Krümmung des Lichtstrahls ist hier stark übertrieben gezeichnet. (**b**) Krümmung eines Lichtstrahls in den verschiedenen Schichten der Atmosphäre

Die Krümmung von Lichtstrahlen in der Atmosphäre führt dazu, dass der Winkel ζ, den der beim Beobachter B eintreffende Lichtstrahl von einem Stern gegen die Vertikale hat (ζ heißt ***Zenitdistanz***), kleiner erscheint.

Die Differenz (Abb. 9.59) $\varrho = \zeta_w - \zeta_s$ zwischen wahrer und scheinbarer Zenitdistanz eines Sterns heißt ***Refraktionswinkel der Atmosphäre***. Er wächst mit der Länge des Weges durch die Atmosphäre. Um den Refraktionswinkel ϱ zu bestimmen, teilen wir die Atmosphäre in dünne horizontale Schichten ein. In jeder dieser Schichten können wir den Brechungsindex n als konstant annehmen, so daß er von Schicht zu Schicht einen kleinen Sprung macht. Dadurch nähern wir die kontinuierliche Veränderung von $n(h)$ als Funktion der Höhe h über dem Erdboden durch eine Stufenfunktion an und den glatten Verlauf des Lichtweges durch einen Polygonzug (Abb. 9.59b).

Dann gilt für jede der Grenzflächen zwischen den Schichten das Snelliussche Brechungsgesetz und wir erhalten mit $n_0 = n(h = 0)$:

$$\begin{aligned} n_0 \cdot \sin\zeta_s &= n_1 \cdot \sin\zeta_1 = n_2 \cdot \sin\zeta_2 = \ldots \\ &= n_k \cdot \sin\zeta_k = \sin\zeta_w \\ \sin\zeta_w &= n_0 \,, \end{aligned} \tag{9.58}$$

weil für große Werte von k die Atmosphäre ins Vakuum übergeht mit $n = 1$.

Der Refraktionswinkel $\varrho = \zeta_w - \zeta_s$ ist klein. Deshalb können wir (9.58) schreiben als

$$\begin{aligned} n_0 \cdot \sin\zeta_s &= \sin(\varrho + \zeta_s) \\ &= \sin\varrho \cdot \cos\zeta_s + \cos\varrho \cdot \sin\zeta_s \\ &\approx \varrho \cdot \cos\zeta_s + \sin\zeta_s \\ \Rightarrow \ \varrho &= (n_0 - 1)\tan\zeta_s \,. \end{aligned} \tag{9.59}$$

Die experimentelle Beobachtung ergibt den Wert

$$\varrho_{exp} = 58{,}2'' \cdot \tan\zeta \quad \text{für} \quad \zeta < \zeta_{max}$$

mit $\zeta_{max} \approx 60°$. Für $\zeta \approx 90°$ wird $\varrho \approx 35'$. Dies entspricht in etwa dem Winkeldurchmesser der Sonne ($\approx 30'$). Wenn der untere Rand der Sonne den Horizont berührt, ist die Sonne in Wirklichkeit bereits untergegangen. Zur Bestimmung genauer Sternpositionen muss die Refraktion der Erdatmosphäre berücksichtigt werden.

Die Refraktion der Atmosphäre führt dazu, dass man von einem Beobachtungsort B der Höhe h über dem Erdboden weiter sehen kann, als dies der geradlinigen Tangente von B nach A entspricht (Abb. 9.60). Der Punkt C, bis zu dem man aufgrund der Krümmung der Lichtstrahlen sehen kann, erscheint dem Beobachter in der Richtung von C'. Der Horizont scheint daher um den Winkel $\alpha_w - \alpha_s$ angehoben worden zu sein.

BEISPIEL

Bei einer Höhe $h = 100\,\text{m}$ des Beobachters B wäre die Entfernung $\overline{AB} = \sqrt{(R+h)^2 - R^2} \approx \sqrt{2R \cdot h}$, wenn $R = 6370\,\text{km}$ der Erdradius ist. Dies ergibt: $\overline{AB} = 35{,}7\,\text{km}$. Durch die Refraktion der Atmosphäre wird dies auf $\overline{BC} = 38\,\text{km}$ erweitert.

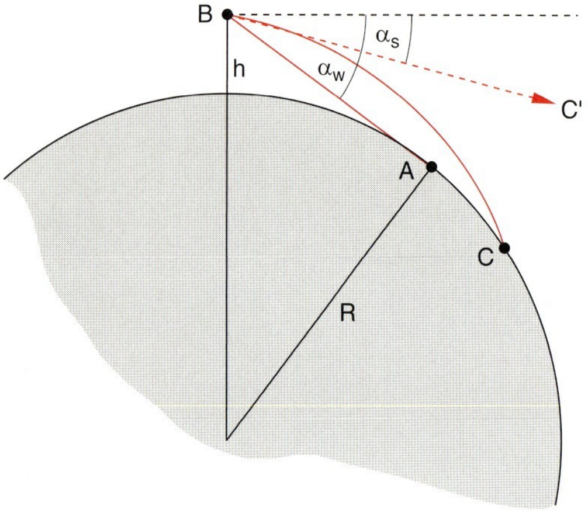

Abb. 9.60. Erweiterung der Sichtweite aufgrund der Refraktion der Atmosphäre

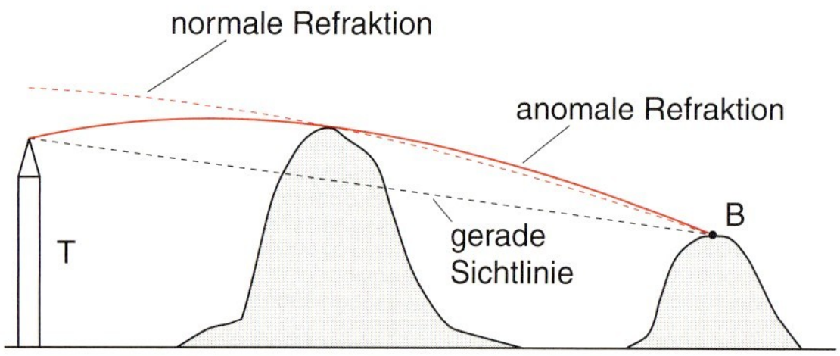

Abb. 9.61. Anomale Refraktion der Atmosphäre mit $\mathrm{d}T/\mathrm{d}h > 0$, $\mathrm{d}n/\mathrm{d}h > 0$

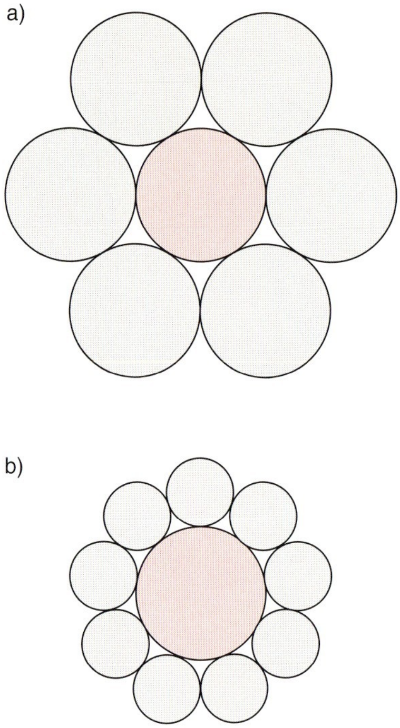

Abb. 9.62a,b. Optische Täuschung: Die Mittelkreise in (**a**) und (**b**) sind gleich groß, obwohl der in (**b**) größer erscheint

Nimmt der Temperaturgradient $\mathrm{d}T/\mathrm{d}h$ mit zunehmender Höhe zu statt ab, so wird der Gradient $\mathrm{d}n/\mathrm{d}h > 0$ besonders groß und die Krümmung der Lichtstrahlen entsprechend stark (anomale terrestrische Hebung). Man kann dann z. B. „über ein Sichthindernis hinwegsehen" (Abb. 9.61). So kann z. B. der Beobachter B einen Turm T hinter einem Berg noch sehen, der ihm bei normaler Refraktion in der Atmosphäre verborgen bliebe.

9.7.2 Scheinbare Größe des aufgehenden Mondes

Wenn man den aufgehenden Vollmond betrachtet, scheint er größer zu sein, als wenn er hoch am Himmel steht. Dies wird häufig fälschlicherweise auf die Lichtbrechung in der Erdatmosphäre zurückgeführt. Wenn die im vorigen Abschnitt behandelte Refraktion der Atmosphäre eine entscheidende Rolle spielen würde, müsste der Vollmond dicht über dem Horizont als elliptische Scheibe erscheinen. Das größere Aussehen der Mondscheibe kurz nach Mondaufgang ist ein rein psychologischer Effekt, eine optische Täuschung. Unser Gehirn vergleicht den Monddurchmesser mit dem Abstand des Mondes vom Horizont. Ist der letztere klein, erscheint unserem Auge der Durchmesser größer zu sein. Dies wird an Abb. 9.62 illustriert. Die beiden Kreise in der Mitte sind genau gleich groß, trotzdem erscheint uns der untere Mittelkreis größer als der obere, weil der Vergleich mit den verschieden großen Kreisen um den Zentralkreis herum uns das suggeriert.

9.7.3 Fata Morgana

Auch die Erscheinung der ***Fata Morgana*** beruht auf der Krümmung von Lichtstrahlen oder der Totalreflexion in der Atmosphäre. Durch intensive Sonneneinstrahlung erwärmt sich die bodennahe Luft über Flächen, die viel von der Sonneneinstrahlung absorbieren

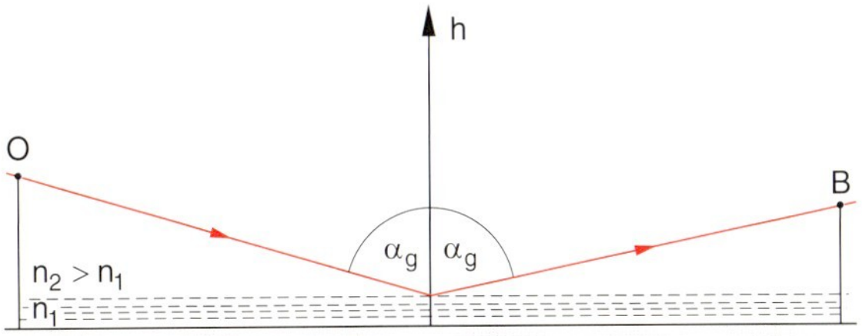

Abb. 9.63. Totalreflexion an einer bodennahen Luftschicht mit großem Brechungsindexgradienten $\mathrm{d}n/\mathrm{d}h > 0$

(z. B. schwarze Asphaltstraßen), sodass ein negativer Temperaturgradient ($\mathrm{d}T/\mathrm{d}h < 0$) und ein positiver Dichtegradient ($\mathrm{d}\varrho/\mathrm{d}h > 0$) entstehen. Der Brechungsindexgradient $\mathrm{d}n/\mathrm{d}h > 0$ kann dann besonders große Werte annehmen, sodass Lichtstrahlen, die von oben fast horizontal einfallen, an der bodennahen Luftschicht total reflektiert werden (Abb. 9.63). Man sieht dann (scheinbar auf der Straße) das durch die flimmernde Atmosphäre transmittierte und total reflektierte blaue Himmelslicht, das den Eindruck von Wasser auf der Straße erzeugt.

Während der Mittagszeit erwärmt sich in der Wüste der Sand stark. Deshalb treten solche Spiegelungen (Fata Morganas) besonders häufig in der Wüste auf und spiegeln dem durstigen Wüstenwanderer Wasserseen vor. Entfernte Berge erscheinen als Inseln im Wasser.

BEISPIEL

$T(h = 0) = 45\,°\mathrm{C} \mathrel{\hat{=}} 318\,\mathrm{K}$; $T(h = 50\,\mathrm{m}) = 20\,°\mathrm{C} = 293\,\mathrm{K}$. $\varrho_0(T = 273\,\mathrm{K}) = 1{,}293\,\mathrm{kg/m^3}$; $\varrho_1(T = 318\,\mathrm{K}) = 1{,}110\,\mathrm{kg/m^3}$; $\varrho_2(T = 293\,\mathrm{K}) = 1{,}205\,\mathrm{kg/m^3}$. Für den Brechungsindex erhalten wir dann:

$$n(\varrho) = n(\varrho_0) \cdot \frac{\varrho}{\varrho_0}$$

$$n_1 = 1 + 2{,}77 \cdot 10^{-4} \cdot \frac{1{,}110}{1{,}293} = 1{,}000238\,,$$

$$n_2 = 1{,}000277 \cdot \frac{1{,}205}{1{,}293} = 1{,}0002582\,.$$

Der Brechzahlgradient ist daher $2 \cdot 10^{-5}/50\,\mathrm{m} = 4 \cdot 10^{-7}/\mathrm{m}$. Der Winkel der Totalreflexion ist dann

$$\sin\alpha_g = \frac{n_1}{n_2} = 0{,}999975 \Rightarrow \alpha_g = 89{,}59°\,.$$

Strahlen die mit $\alpha \le \alpha_g$ einfallen, werden total reflektiert.

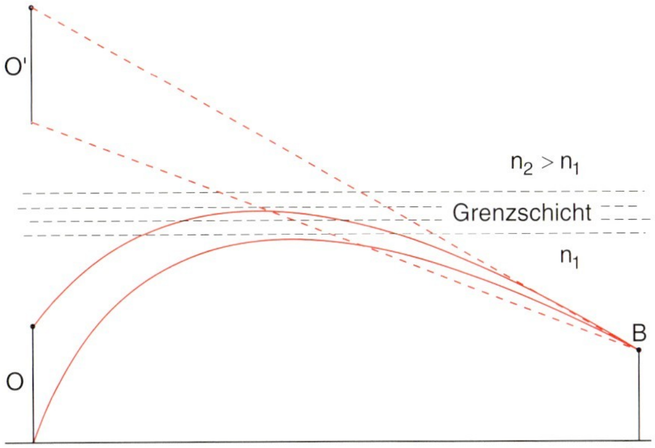

Abb. 9.64. Luftspiegelung durch starke Krümmung der Lichtstrahlen bei einem genügend großen Brechzahlgradienten $\mathrm{d}n/\mathrm{d}h > 0$

Wenn die Temperatur mit der Höhe h ansteigt, wird der Brechungsindex $n_2(h) < n_1(h = 0)$, und es tritt eine Krümmung der von unten auf die Grenzschicht einfallenden Lichtstrahlen nach unten auf (Abb. 9.64). Nur wenn der Brechzahlgradient genügend groß ist, kann wieder Totalreflexion auftreten. Ein vom Beobachter B entfernt liegendes Objekt O wird über seinem wirklichen Standort an der Stelle O′ wahrgenommen. Bei der Krümmung als aufrechtes Bild, bei der Totalreflexion als umgekehrtes Bild.

Dieser Fall tritt jedoch seltener auf als die in Abb. 9.63 beschriebene Situation.

Der Krümmungsradius r der Strahlen in Abb. 9.64 wird gleich dem Erdradius, wenn gemäß (9.58) gilt:

$$\frac{\mathrm{d}n}{\mathrm{d}h} = -n/R\,.$$

Setzt man Zahlenwerte $n = 1{,}000277$ und $R = 6370\,\mathrm{km}$ ein, so läuft der Lichtstrahl für $\mathrm{d}n/\mathrm{d}h = -1{,}5 \cdot 10^{-7}/\mathrm{m}$ parallel zur gekrümmten Erdoberfläche, für größere Werte von $\mathrm{d}n/\mathrm{d}h$ ist die Krümmung stärker [9.11, 12].

9.7.4 Regenbogen

Das farbenprächtige Bild eines Regenbogens kann man beobachten, wenn die nicht mehr von Wolken verdeckte Sonne eine Regenwand beleuchtet und der Beobachter B mit dem Rücken zur Sonne S auf die Regenwand R blickt (Abb. 9.65). Das farbige Band des Regenbogens bildet den Teilbogen eines Kreises,

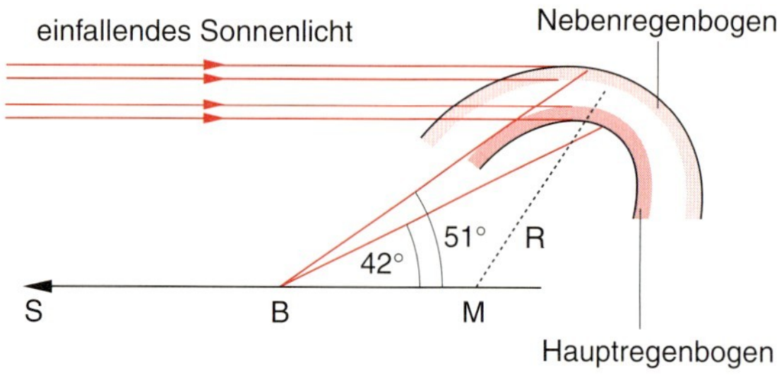

Abb. 9.65. Beobachtungsbedingungen für einen Regenbogen

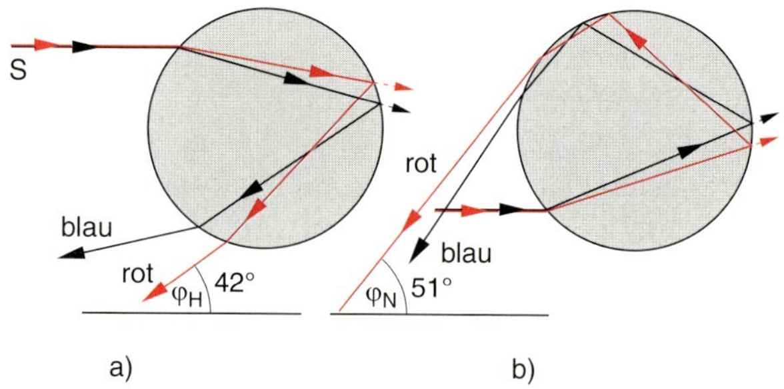

Abb. 9.66a,b. Erklärung der Entstehung von Haupt- und Nebenregenbogen

dessen Mittelpunkt M auf der verlängerten Geraden SB liegt. Man sieht also nur dann fast einen Halbkreis, wenn die Sonne dicht über dem Horizont steht, also kurz vor Sonnenuntergang bzw. kurz nach Sonnenaufgang.

Häufig beobachtet man zwei Regenbögen mit verschiedener Intensität. Der Hauptregenbogen hat nach außen einen scharfen Rand, dem sich nach innen die Spektralfarben mit abnehmender Wellenlänge anschließen. Der Öffnungswinkel α_{H} zwischen Symmetrieachse $\overline{SBM}$ und dem roten Rand beträgt etwa $\varphi_{\mathrm{H}} \approx 42°$. Der intensitätsschwächere Nebenregenbogen, dessen Spektralfolge umgekehrt verläuft, also von außen blau nach innen rot, hat einen Öffnungswinkel $\varphi_{\mathrm{N}} \approx 51°$.

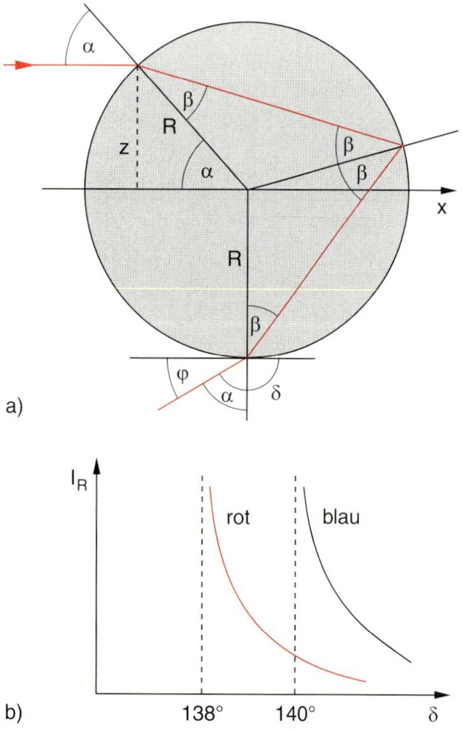

Abb. 9.67. (**a**) Zur Berechnung des Ablenkwinkels δ als Funktion des Abstandes z. (**b**) Intensität des Regenbogens als Funktion des Ablenkwinkels für rotes und blaues Licht

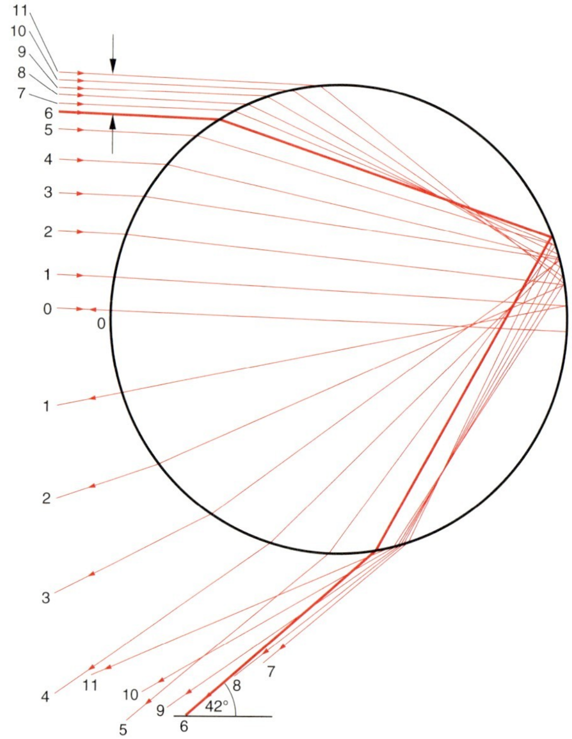

Abb. 9.68. Strahlengeometrische Konstruktion des Regenbogeneffektes, der als Häufung der Strahlen beim Brechungswinkel von 42° erscheint

René Descartes (1596–1650) hat bereits 1637 erkannt, dass Regenbögen infolge der Brechung des Sonnenlichtes durch Wassertropfen entstehen. Beim Hauptregenbogen werden die Lichtstrahlen nach ihrem Eintritt in den Wassertropfen einmal reflektiert (Abb. 9.66a), beim Nebenregenbogen zweimal (Abb. 9.66b), sodass sich hier die Farbenfolge umkehrt.

Der Ablenkwinkel $\delta = 180° - \varphi$ des an dem Regenbogen wieder austretenden Lichtes hängt ab vom Eintrittsort z. Aus Abb. 9.67 entnimmt man die Relationen:

$$\delta = 180° - 4\beta + 2\alpha\,,$$

$$\sin\alpha = \frac{z}{R}, \quad \sin\beta = \frac{z}{n\cdot R}\,.$$

Die Funktion $\delta(z)$ hat ein Minimum (siehe Aufgabe 9.10) für

$$z = R\cdot\sqrt{\frac{1}{3}(4-n^2)}\,,$$

bei dem der Winkel $\varphi = 4\beta - 2\alpha = 4\arcsin(z/nR) - 2\arcsin(z/R)$ für $n = 1{,}33$ den Wert $\varphi_{max} = 42°$ hat.

Bei diesem Winkel φ_{max}, für den $\mathrm{d}\varphi/\mathrm{d}z = 0$ wird, trägt eine maximale Breite Δz des einfallenden parallelen Lichtbündels zur Ablenkung in das Winkelintervall $\varphi \pm \Delta\varphi$ bei, sodass in dieser Richtung das von der Regenwand reflektierte Licht maximal wird. Dies wird in Abb. 9.68 verdeutlicht. Die Strahlen um den Strahl 6 (im Bild sind dies die Strahlen 5–10) werden alle ungefähr in den selben kleinen Winkelbereich um $\varphi_H = 42°$ reflektiert.

Bei der zweimaligen Reflexion erhält man durch eine analoge Überlegung (siehe Aufgabe 9.10) den Ablenkwinkel $\varphi = 51°$ für den Nebenregenbogen.

Die Winkelbreite $\Delta\varphi$ des Regenbogens ergibt sich aus der Dispersion $n(\lambda)$ des Wassers zu

$$\Delta\varphi = \frac{\mathrm{d}\varphi}{\mathrm{d}n}\cdot\frac{\mathrm{d}n}{\mathrm{d}\lambda}\cdot\Delta\lambda$$

mit $\Delta\lambda = \lambda_{rot} - \lambda_{blau} \approx 330\,\mathrm{nm}$. Obwohl die Descartessche Theorie die grundsätzliche Erscheinung des Regenbogens richtig erklärt, werden doch feinere Details, wie z. B. die sekundären Regenbögen, die als zusätzliche schwach rötlich-grüne Ringe innerhalb des Hauptregenbogens oft zu beobachten sind, nicht beschrieben. Eine genauere Erklärung dieser Details, die auf Interferenz- und Beugungserscheinungen (siehe Kap. 10) zurückzuführen sind, übersteigt den Rahmen der geometrischen Optik und kann erst mithilfe der Wellentheorie des Lichtes richtig begründet werden [9.13].

ZUSAMMENFASSUNG

- Wenn Beugungserscheinungen vernachlässigbar sind, kann die Ausbreitung von Licht im Rahmen der geometrischen Optik mithilfe von Lichtstrahlen beschrieben werden.
- Bei einer idealen optischen Abbildung werden alle von einem Punkt A ausgehenden Lichtstrahlen in einen Punkt B abgebildet. B heißt Bild von A. Bei einer realen Abbildung ist das Bild von A eine Fläche um den Bildpunkt B. Die Abbildung kann durch Reflexion (Spiegel) oder Brechung (Linsen) bewirkt werden.
- Als Lateralvergrößerung wird das Verhältnis vom Bilddurchmesser zu Objektdurchmesser definiert.
- Die Abbildungsgleichung einer dünnen Linse mit Brennweite f heißt

  $$\frac{1}{a}+\frac{1}{b}=\frac{1}{f}\,,$$

  wobei a die Gegenstandsweite, b die Bildweite ist.
- Die reziproken Brennweiten zweier nahe benachbarter Linsen addieren sich.
- Alle abbildenden Elemente (außer dem ebenen Spiegel) haben Abbildungsfehler, die in axialsymmetrischen Abbildungssystemen für achsennahe Strahlen vernachlässigt werden können (paraxiale Näherung).
- Die wichtigsten Linsenfehler (Abweichung von der idealen Abbildung) sind chromatische Aberration, sphärische Aberration, Astigmatismus, Koma und Bildfeldwölbung.
- Die Abbildung durch dicke Linsen lässt sich durch Einführen von Hauptebenen auf die Abbildung durch dünne Linsen zurückführen.
- Mit Linsensystemen aus mehreren Linsen erhält man bei Variation von Brennweiten und Linsenabständen eine große Flexibilität der Abbildungseigenschaften.

▶

- Bei Zoom-Linsensystemen, die aus mindestens 3 Linsen bestehen, lässt sich die Gesamtvergrößerung durch Relativverschiebungen der Linsen gegeneinander verändern, ohne dass sich Objektebene und Bildebene verschieben.
- In der paraxialen Näherung lässt sich die Abbildung mithilfe von Matrizen darstellen. Die Abbildung durch ein System von Linsen wird durch das Produkt der Matrizen der Einzelkomponenten beschrieben.
- Im Medium mit örtlich veränderlichem Brechungsindex n tritt eine Krümmung der Lichtstrahlen auf, die proportional zu **grad** n ist.
- Der Regenbogen entsteht durch Brechung und Reflexion von Licht in Wassertröpfchen.

ÜBUNGSAUFGABEN

1. Zeigen Sie durch Anwenden des Fermatschen Prinzips, dass eine reflektierende Fläche, welche eine ebene Welle in einen Punkt fokussiert, ein Paraboloid sein muss.
2. Ein ebener Spiegel, auf den eine ebene Welle unter dem Winkel α einfällt, wird um den Winkel δ gedreht. Um welchen Winkel ändert sich die Richtung der reflektierten Welle?
   Wie sieht diese Änderung bei einem sphärischen Spiegel aus, auf den die Welle vor der Drehung in Richtung der Symmetrieachse einfällt?
3. Leiten Sie (9.26) für die Abbildung durch eine dünne Linse direkt aus Abb. 9.26 bzw. 9.27 her, mit der Näherung $\sin x \approx \operatorname{tg} x \approx x$.
4. Zwischen zwei ebenen Spiegeln $(z \pm d/2)$ wird eine punktförmige Lichtquelle A an die Stelle $(z = 1/3\, d,\ x = 0)$ gebracht. Ermitteln Sie durch Zeichnen der Abbildungsstrahlen die vier Bilder B_i, die A am nächsten liegen.
5. Eine 2 cm dicke Wasserschicht $(n = 1{,}33)$ steht in einem zylindrischen Glasgefäß mit dem Radius $R = 3\,\text{cm}$ über einer 4 cm dicken Schicht von Tetrachlorkohlenstoff $(n = 1{,}46)$.
   a) Wie groß ist der maximale Winkel α_m gegen die Normale, unter dem man noch den Mittelpunkt des Gefäßbodens sehen kann?
   b) Wie groß muss R sein, damit $\alpha_\text{m} = 90°$ wird?
6. Sie sollen mit einer Linse ein 10fach vergrößertes Bild eines Gegenstandes A auf einem Bildschirm B entwerfen, der 3 m von A entfernt ist. Welche Brennweite muss die Linse haben?
7. Ein Lichtstrahl durchsetzt eine planparallele Glasplatte mit Brechzahl n und Dicke d, deren Normale den Winkel α gegen den Lichtstrahl bildet.
   a) Man zeige, dass der austretende Lichtstrahl parallel zum eintretenden Strahl ist.
   b) Wie groß ist der Parallelversatz?
8. Ein Lichtstrahl trifft auf einen Spiegel, der aus drei ebenen, zueinander senkrechten Spiegelflächen besteht. Zeigen Sie, dass der Strahl, unabhängig vom Auftreffpunkt, immer parallel zur Einfallsrichtung zurückreflektiert wird.
9. Ein Linsenfernrohr hat eine Objektivlinse mit Durchmesser $D_1 = 5\,\text{cm}$ und Brennweite $f_1 = 20\,\text{cm}$. Wie groß muss der Durchmesser D_2 der Okularlinse mit $f = 2\,\text{cm}$ sein, um alles Licht, das durch die Objektivlinse gelangt, sammeln zu können? Wie groß ist die Winkelvergrößerung des Instruments?
10. Ein Lichtstrahl trifft auf eine Glaskugel mit Radius R und Brechzahl n im Abstand h von der Achse (Abb. 9.69) und wird an der rückseitigen Oberfläche reflektiert.

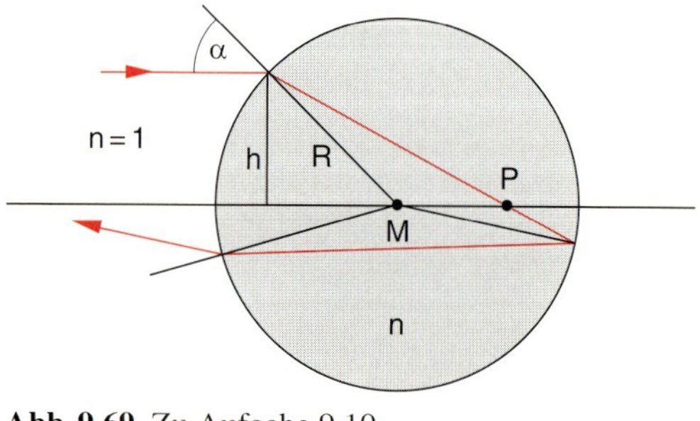

Abb. 9.69. Zu Aufgabe 9.10

a) Wo schneidet er die Achse?

b) Unter welchem Winkel δ gegen den einfallenden Strahl verlässt der Strahl die Kugel nach ein- bzw. zweimaliger Reflexion?

c) Für welches Verhältnis h/R wird δ minimal?

d) Zeigen Sie, dass für $n = 1{,}33$ (Wassertropfen) $\delta_{\min} = 138°$ bei einmaliger und $128°$ bei zweimaliger Reflexion wird.

11. Eine dünne Linse mit $R_1 = +10\,\text{cm}$, $R_2 = +20\,\text{cm}$ hat Brechzahlen $n(600\,\text{nm}) = 1{,}485$ und $n(400\,\text{nm}) = 1{,}50$.

    a) Wie sind die Brennweiten für diese beiden Wellenlängen?

    b) Geben Sie die Parameter für eine Zerstreuungslinse an, die diese chromatische Aberration kompensieren kann.

12. Zwei dünne Linsen mit Brennweiten f_1, f_2 haben einen Abstand D ($D < f_1$, $D < f_2$). Wie groß ist die Brennweite des Linsensystems mit $f_1 = 10\,\text{cm}$, $f_2 = 50\,\text{cm}$, $D = 5\,\text{cm}$?

13. Zwei konkave Spiegel M_1, M_2 mit Krümmungsradien R_1, R_2 stehen sich im Abstand d gegenüber. Wo liegt das Bild B eines Punktes A, x cm entfernt von M_1, auf der gemeinsamen Symmetrieachse, das von M_1 bzw. M_2 abgebildet wird, für $R_1 = 24\,\text{cm}$, $R_2 = 40\,\text{cm}$, $d = 60\,\text{cm}$, $x = 6\,\text{cm}$?

14. Berechnen Sie mithilfe der Matrixmethode die Brennweite für die spezielle Version des in Abb. 9.51a gezeigten Tessarobjektives mit den Daten (in cm):

    $R_1 = 1{,}628$, $R_2 = -27{,}57$, $R_3 = -3{,}457$,
    $R_4 = 1{,}582$, $R_5 = \infty$, $R_6 = 1{,}92$,
    $R_7 = -2{,}40$,

    $n_1 = 1{,}6116$, $n_2 = 1{,}6053$, $n_3 = 1{,}5123$,
    $n_4 = 1{,}6116$,

    $d_{12} = 0{,}357$, $d_{23} = 0{,}189$, $d_{34} = 0{,}081$,
    $d_{45} = 0{,}325$, $d_{56} = 0{,}217$, $d_{67} = 0{,}396$.

10. Interferenz, Beugung und Streuung

Aus der Linearität der Wellengleichung

$$\Delta \boldsymbol{E} = \frac{1}{c^2}\frac{\partial^2 \boldsymbol{E}}{\partial t^2} \tag{10.1}$$

folgt, dass mit beliebigen Lösungen $\boldsymbol{E}_1$ und $\boldsymbol{E}_2$ auch jede Linearkombination $\boldsymbol{E} = a\boldsymbol{E}_1 + b\boldsymbol{E}_2$ eine Lösung von (10.1) ist.

Um das gesamte Wellenfeld $\boldsymbol{E}(\boldsymbol{r}, t)$ in einem beliebigen Raumpunkt P zur Zeit t zu erhalten, muss man die Amplituden der sich in P überlagernden Teilwellen $\boldsymbol{E}_i(\boldsymbol{r}, t)$ addieren (Superpositionsprinzip). Die Gesamtfeldstärke

$$\boldsymbol{E}(\boldsymbol{r}, t) = \sum_m \boldsymbol{A}_m(\boldsymbol{r}, t)\mathrm{e}^{\mathrm{i}\varphi_m} \tag{10.2}$$

des Wellenfeldes hängt sowohl von den Amplituden $\boldsymbol{A}_m(\boldsymbol{r}, t)$ als auch von den Phasen φ_m der sich überlagernden Teilwellen ab. Sie ist im allgemeinen Fall sowohl orts- als auch zeitabhängig.

Diese Überlagerung von Teilwellen heißt ***Interferenz*** (siehe auch Bd. 1, Abschn. 10.10). Das gesamte Raumgebiet, in dem sich Teilwellen überlagern, bildet das Interferenzfeld, dessen räumliche Struktur durch die ortsabhängige Gesamtintensität $I(\boldsymbol{r}, t) \propto |\boldsymbol{E}(\boldsymbol{r}, t)|^2$ bestimmt wird. Räumliche Begrenzungen des Wellenfeldes können einen Teil der interferierenden Wellen unterdrücken, die dann in der Summe (10.2) fehlen (siehe Abschn. 10.7 und 11.3.4). Diese *unvollständige Interferenz* führt zu Beugungserscheinungen, welche eine zusätzliche Strukturierung des Wellenfeldes verursachen.

10.1 Zeitliche und räumliche Kohärenz

Eine zeitlich stationäre Interferenzstruktur kann nur dann beobachtet werden, wenn sich die Phasendifferenzen $\Delta\varphi = \varphi_j - \varphi_k$ zwischen beliebigen Teilwellen $\boldsymbol{E}_j$, $\boldsymbol{E}_k$ im Raumpunkt $P(\boldsymbol{r})$ während der Beobachtungsdauer Δt um weniger als 2π ändern. Man nennt die Teilwellen dann ***zeitlich kohärent***. Eine sich zeitlich ändernde Phasendifferenz $\Delta\varphi$ kann mehrere Ursachen haben:

1. Die Frequenz ν kann sich zeitlich ändern
2. Die Lichtwelle sendet endliche Wellenzüge mit statistisch verteilten Phasen aus
3. Der Brechungsindex des Mediums zwischen Quelle und Beobachter kann zeitlich fluktuieren

Die maximale Zeitspanne Δt_c, während der sich Phasendifferenzen zwischen allen im Punkt P überlagerten Teilwellen um höchstens 2π ändern, heißt ***Kohärenzzeit***.

Um uns dies klar zu machen, betrachten wir eine Lichtquelle, die Licht mit der Zentralfrequenz ν_0 und der spektralen Breite $\Delta\nu$ aussendet. Dieses Licht kann als Überlagerung vieler monochromatischer Teilwellen mit Frequenzen ν innerhalb des Frequenzintervalls $\nu_0 \pm \Delta\nu/2$ aufgefasst werden.

Die Phasendifferenz $\Delta\varphi$ zwischen solchen Teilwellen mit den Frequenzen $\nu_1 = \nu_0 - \Delta\nu/2$ und $\nu_2 = \nu_0 + \Delta\nu/2$ ist für $\Delta\varphi(t_0) = 0$:

$$\Delta\varphi(t) = 2\pi(\nu_2 - \nu_1)(t - t_0)\ .$$

Sie wächst linear mit der Zeit t an. Nach der Kohärenzzeit $\Delta t_c = 1/\Delta\nu$ ist sie auf $\Delta\varphi(\Delta t_c) = 2\pi$ angewachsen. Die Kohärenzzeit Δt_c einer Lichtwelle ist also gleich dem Kehrwert der spektralen Frequenzbreite $\Delta\nu$ (Abb. 10.1):

$$\Delta t_c = \frac{1}{\Delta\nu}\ . \tag{10.3}$$

Für alle anderen Komponenten, deren Frequenzdifferenz kleiner als $\Delta\nu$ ist, ist $\Delta\varphi(\Delta t_c) < 2\pi$. Die

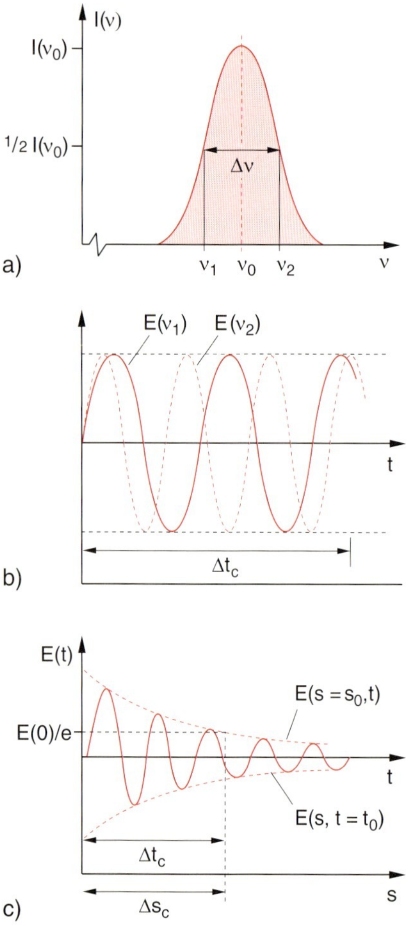

Abb. 10.1a–c. Zur zeitlichen Kohärenz einer Welle mit der spektralen Frequenzbreite $\Delta\nu$. Die Kohärenzzeit ist $\Delta t_c = 1/\Delta\nu$. (**a**) Spektralverteilung $I(\nu)$; (**b**) zeitliche Überlagerung zweier Teilwellen; (**c**) zeitlicher Verlauf der Gesamtfeldstärke aller Komponenten in (**a**)

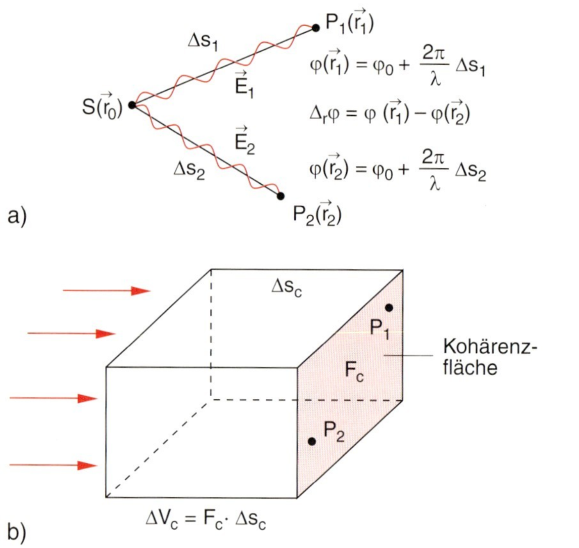

Abb. 10.2. (**a**) Phasendifferenz $\Delta_r\varphi$ zwischen den Phasen $\varphi(\boldsymbol{r}_1)$ und $\varphi(\boldsymbol{r}_2)$ einer monochromatischen Welle an zwei verschiedenen Raumpunkten; (**b**) Kohärenzfläche F_c und Kohärenzvolumen

Überlagerung aller Komponenten enthält daher alle Phasendifferenzen zwischen 0 und 2π, und für den zeitlichen Mittelwert der Überlagerung gilt:

$$\langle \boldsymbol{E}(\boldsymbol{r},t)\rangle = \frac{1}{\Delta t_c}\int\limits_0^{\Delta t_c}\sum_m \boldsymbol{A}_m(\boldsymbol{r})\,\mathrm{e}^{\mathrm{i}\varphi_m}\,\mathrm{d}t \equiv 0\,.$$

Man kann dies auch folgendermaßen darstellen: Die Überlagerung aller Komponenten $\boldsymbol{E}_i(\nu)$ führt zu einem zeitlich abklingenden endlichen Wellenzug $\boldsymbol{E}(t)$, der nach der Kohärenzzeit Δt_c auf $1/e$ seiner Anfangsamplitude abgeklungen ist (Abb. 10.1c).

Die Phasendifferenzen $\Delta\varphi_{j,k}$ zwischen den Teilwellen $\boldsymbol{E}_j$ und $\boldsymbol{E}_k$ können für die verschiedenen Orte $P(\boldsymbol{r})$ des Überlagerungsgebietes durchaus verschieden sein, weil die Phasendifferenzen $\Delta\varphi_i = (2\pi/\lambda_i)\Delta s$ bei gleicher Wellenlänge λ noch vom Weg $\Delta s = \overline{SP}$ zwischen Lichtquelle S und Beobachtungspunkt P abhängen. Ändert sich die räumliche Differenz

$$\Delta_r\varphi_i = \varphi_i(\boldsymbol{r}_1) - \varphi_i(\boldsymbol{r}_2) \qquad (10.4)$$

der Phase φ_i einer beliebigen Teilwelle $\boldsymbol{E}_i$ während der Beobachtungszeit Δt um weniger als 2π, so heißt das Wellenfeld räumlich kohärent (Abb. 10.2). Die Fläche senkrecht zur Ausbreitungsrichtung, auf der $\Delta_r\varphi_i = 0$ erfüllt ist, heißt ***Kohärenzfläche*** F_c.

Als Kohärenzlänge $\Delta s_c = c'\cdot\Delta t_c$ wird die Strecke bezeichnet, die das Licht während der Kohärenzzeit zurücklegt. Das Produkt aus Kohärenzfläche und Kohärenzlänge Δs_c heißt ***Kohärenzvolumen*** ΔV_c [10.1].

> Nur innerhalb des Kohärenzvolumens können Interferenzstrukturen beobachtet werden.

BEISPIELE

1. Für Licht mit der Spektralbreite $\Delta\nu = 2 \cdot 10^9$ Hz (typische Dopplerbreite einer Spektrallinie im sichtbaren Bereich) ist $\Delta t_c = 1/\Delta\nu = 5 \cdot 10^{-10}$ s. Die Kohärenzlänge $\Delta s_c = c \cdot \Delta t_c$ beträgt dann $\Delta s_c = 0{,}15$ m.
2. Eine ebene Welle

$$\boldsymbol{E} = \boldsymbol{A} \cdot \mathrm{e}^{\mathrm{i}(\omega t - \boldsymbol{k} \cdot \boldsymbol{r})}$$

ist auf der gesamten Ebene $\boldsymbol{k} \cdot \boldsymbol{r} = \text{const}$ räumlich kohärent. Ist sie monochromatisch ($\Delta\nu = 0$), so ist ihre Kohärenzlänge unendlich groß. Die Welle ist dann im gesamten Raum kohärent. Ist ihre Frequenzbreite $\Delta\nu > 0$, so ist sie nur in einem Volumen mit der Länge $\Delta s_c = v_{\text{Ph}}/\Delta\nu = c/(n \cdot \Delta\nu)$ im Medium mit Brechungsindex n, das aber senkrecht zu $\boldsymbol{k}$ unendlich ausgedehnt ist, kohärent.
3. Eine monochromatische Kugelwelle ist im gesamten Raumgebiet kohärent. Allgemein gilt: Wellen, die von „punktförmigen" Lichtquellen (die es natürlich nur als idealisierte Näherung gibt) emittiert werden, sind im gesamten Raumgebiet räumlich kohärent.

Wir wollen nun diese Begriffe Kohärenz und Interferenz an mehreren Beispielen für die experimentelle Realisierung kohärenter Wellen und ihrer Überlagerung demonstrieren.

10.2 Erzeugung und Überlagerung kohärenter Wellen

Um kohärente Teilwellen zu erzeugen, deren Überlagerung zu beobachtbaren Interferenzerscheinungen führt, gibt es prinzipiell zwei Methoden:

- Die Sender (d. h. die Erregerzentren für die Teilwellen) werden phasenstarr miteinander gekoppelt (Abb. 10.3).
- Die von *einer* Quelle S ausgehende Welle wird in zwei oder mehr Teilwellen aufgespalten, die dann verschieden lange Wege durchlaufen, bevor sie wieder überlagert werden und in den Punkten P_1 oder P_2 beobachtet werden können (Abb. 10.4).

Die erste Methode lässt sich experimentell für akustische Wellen realisieren (siehe Bd. 1, Abschn. 11.10),

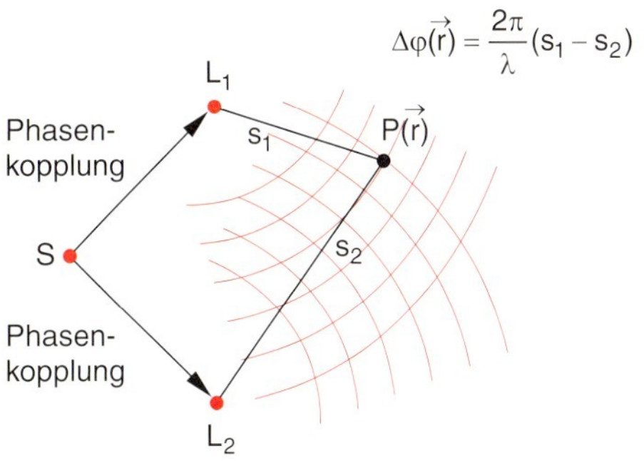

Abb. 10.3. Phasenstarre Kopplung zweier Quellen L_1 und L_2 an einen Sender S zur Erzeugung kohärenter Teilwellen, die sich im Interferenzgebiet mit zeitlich konstanten, aber ortsabhängigen Phasendifferenzen $\Delta\varphi(\boldsymbol{r})$ überlagern

indem man z. B. zwei oder mehr räumlich getrennte Lautsprecher L_i durch die gleiche Wechselspannungsquelle antreibt.

Im Fall von Lichtwellen sind die Sender energetisch angeregte Atome (siehe Bd. 3), die im Allgemeinen unabhängig voneinander mit statistisch verteilten Phasen Lichtwellen emittieren. Das von der gesamten Lichtquelle ausgesandte Licht ist deshalb inkohärent, sodass die erste Methode für klassische Lichtquellen (z. B. Glühlampen, Gasentladungslampen, Sonne) nicht ohne weiteres anwendbar ist.

Durch eine kohärente Lichtwelle kann man die Atome zu phasengekoppelten erzwungenen Schwingungen anregen (siehe Abschn. 8.2). So schwingen z. B. alle Atome auf einer Ebene $z = z_0$ in Abb. 8.4 in Phase. Dies setzt jedoch die Existenz einer kohärenten anregenden Welle voraus. Mit speziellen Lichtquellen, den Lasern, lassen sich solche kohärenten intensiven Lichtwellen erzeugen, und unter speziellen Bedingungen ist

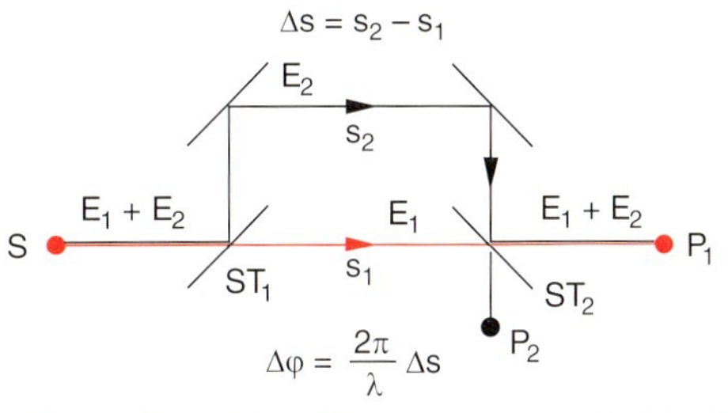

Abb. 10.4. Zweistrahl-Interferenz durch Strahlteilung in zwei Teilbündel, die nach Durchlaufen unterschiedlicher Wege wieder überlagert werden

es auch möglich, zwei verschiedene Laser phasenstarr miteinander zu koppeln. Solche Laser werden oft zur Demonstration von Interferenz- und Beugungsphänomenen verwendet, weil ihre Intensität wesentlich höher und das Kohärenzvolumen speziell stabilisierter Laser wesentlich größer ist als das üblicher Lichtquellen. Man nennt deshalb solche speziellen Laser auch kohärente Lichtquellen. Ihre physikalischen Grundlagen setzen Kenntnisse der Atomphysik voraus, sodass sie, ebenso wie die technische Realisierung, ausführlich in Bd. 3 besprochen werden.

In den meisten Fällen ist man in der Optik jedoch, auch bei Verwendung von Lasern, auf die zweite Methode angewiesen, um Interferenzphänome zu studieren, d. h. man verwendet *eine* Lichtquelle, deren ausgesandte Strahlung durch verschiedene Arten von Strahlteilern so aufgespalten wird, dass die einzelnen Teilwellen unterschiedliche Weglängen durchlaufen, bevor sie wieder überlagert werden.

Überlagert man zwei Teilwellen, so spricht man von ***Zweistrahl-Interferenz*** im Gegensatz zur ***Vielstrahl-Interferenz*** bei der kohärenten Überlagerung vieler Teilwellen.

Die Interferenz bildet die Basis für alle Interferometer. Dies sind Anordnungen, bei denen die Zweistrahl- oder Vielstrahl-Interferenz ausgenutzt wird zur Messung von Wellenlängen. Auch Änderungen kleiner Strecken im Submikrometerbereich oder von Brechungsindizes transparenter Medien und ihrer Abhängigkeit von Temperatur oder Druck können mit ihnen bestimmt werden.

Man beachte:

Interferenzerscheinungen als räumlich strukturierte, zeitlich konstante Intensitätsverteilung $I(\boldsymbol{r})$ der überlagerten Wellen lassen sich nur in einem begrenzten Raumgebiet der überlagerten Wellen beobachten, in dem die Wegdifferenzen Δs kleiner sind als die Kohärenzlänge $\Delta s_c = c \cdot \Delta t_c$. Wir werden sehen, dass das Kohärenzvolumen sowohl von der räumlichen als auch von der zeitlichen Kohärenz des Wellenfeldes abhängt.

10.3 Experimentelle Realisierung der Zweistrahl-Interferenz

Es gibt eine große Zahl verschiedener experimenteller Anordnungen, mit denen sich eine von einer Lichtquelle L emittierte Lichtwelle in zwei Teilbündel aufspalten lässt, die dann mithilfe von Spiegeln oder Linsen wieder zusammengeführt und überlagert werden können. Wir wollen dies an einigen Beispielen verdeutlichen.

10.3.1 Fresnelscher Spiegelversuch

Das Licht einer praktisch punktförmigen Lichtquelle L wird an zwei ebenen Spiegeln S_1 und S_2, die einen kleinen Winkel ε miteinander bilden, reflektiert (Abb. 10.5). Für einen Beobachter in der Beobachtungsebene scheinen die beiden an S_1 und S_2 reflektierten Teilbündel von den *virtuellen Lichtquellen* L_1 bzw. L_2 herzukommen.

Die optischen Weglängen s_1 bzw. s_2 eines Lichtbündels $\overline{LS_1P(x,y)}$ bzw. $\overline{LS_2P(x,y)}$ von L zum Punkt $P(x, y)$ in der Beobachtungsebene (die wir in die x-y-Ebene legen) sind genau gleich den Wegen $\overline{L_1P}$ und $\overline{L_2P}$.

Haben die beiden virtuellen Lichtquellen die Koordinaten ($x = \pm d$, $y = 0$, $z = z_0$), so ist die Wegdifferenz zu einem Punkt $P(x, y, z = 0)$ in der x-y- Ebene

$$\Delta s = \sqrt{(x+d)^2 + y^2 + z_0^2} - \sqrt{(x-d)^2 + y^2 + z_0^2}\,. \quad (10.5)$$

Alle Punkte $P(x, y)$, für die Δs einen konstanten Wert hat, liegen auf einer Hyperbel (siehe Aufgabe 10.1).

Ist $\Delta s = m \cdot \lambda$ ($m = 0, 1, 2, \ldots$), so sind die beiden Teilwellen in Phase, d. h., sie verstärken sich, und man beobachtet dort maximale Intensität

$$I_{\max} = c\varepsilon_0(\boldsymbol{E}_1 + \boldsymbol{E}_2)^2$$

(schwarze Punkte in Abb. 10.5).

Für $\Delta s = (2m+1)\lambda/2$ sind beide Teilwellen gegenphasig, und die Intensität nimmt den minimalen Wert

$$I_{\min} = c\varepsilon_0(\boldsymbol{E}_1 - \boldsymbol{E}_2)^2$$

an. Man sieht also in der x-y-Ebene ein räumliches Intensitätsmuster aus hellen und dunklen Hyperbeln.

Seine räumliche Ausdehnung ist durch die Kohärenzlänge $\Delta s_c = c/\Delta\nu$ und damit durch die spektrale Bandbreite $\Delta\nu$ der Lichtquelle sowie durch den Abstand zu den virtuellen Lichtquellen L_1 und L_2 begrenzt.

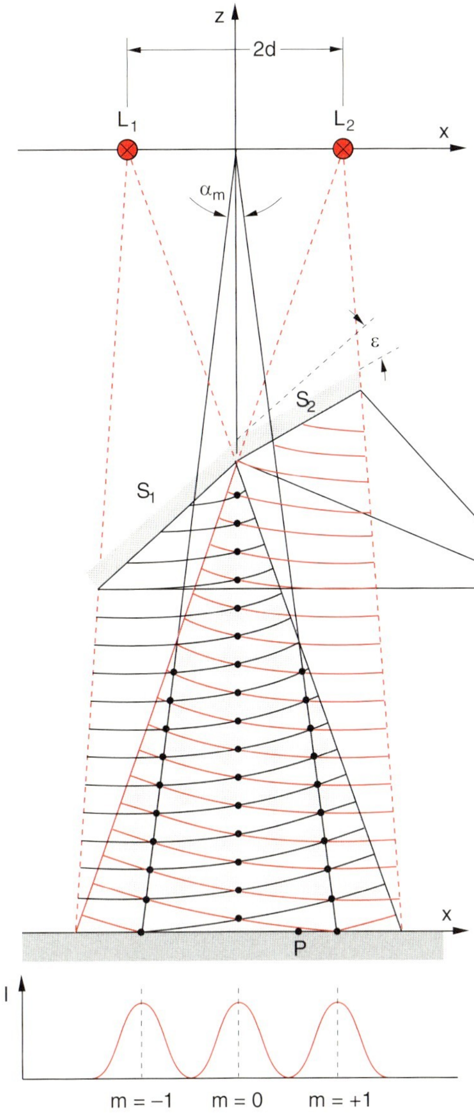

Abb. 10.5. Fresnelscher Spiegelversuch

Wir haben hier eine punktförmige Lichtquelle angenommen, d. h., dass die räumliche Ausdehnung der Quelle vernachlässigt werden kann. Wir wollen jetzt untersuchen, welchen Einfluss die Größe der Lichtquelle auf die Größe des Kohärenzgebietes hat.

10.3.2 Youngscher Doppelspaltversuch

Die Strahlung einer ausgedehnten Lichtquelle L mit der Querdimension b beleuchte in der Ebene A zwei

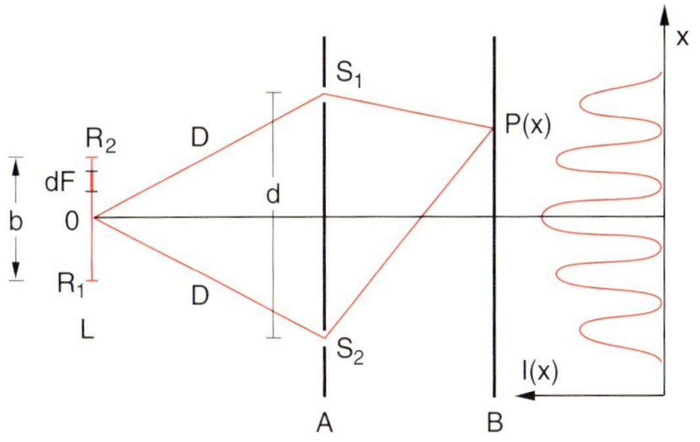

Abb. 10.6. Youngsches Doppelspaltexperiment

Spalte S_1 und S_2 im Abstand d voneinander (Abb. 10.6). Die Gesamtamplitude und die Phase der Welle in jeder der beiden Spalte erhält man durch Überlagerung aller Teilwellen, die von den einzelnen Flächenelementen $\mathrm{d}F_i$ der Quelle emittiert werden, wobei man die unterschiedlich langen Wege von den verschiedenen Flächenelementen $\mathrm{d}F_i$ der Quelle zu den Spalten S_j berücksichtigen muss.

Die beiden Spalte S_1 und S_2 können als Ausgangspunkt neuer Wellen betrachtet werden (Huygenssches Prinzip, siehe Bd. 1, Abschn. 11.11), die sich überlagern. Die Gesamtintensität $I(P)$ in dem Punkt P der Beobachtungsebene B ist dann durch die Amplituden A_i und die Phasen φ_i der Teilwellen in S_1 und S_2 und durch die Wegdifferenz $\Delta s = \overline{S_2P} - \overline{S_1P}$ festgelegt.

Wenn die einzelnen Flächenelemente $\mathrm{d}F_i$ der Quelle voneinander unabhängig mit statistisch verteilten Phasen emittieren (wie das bei den meisten Lichtquellen der Fall ist), werden die Phasen der Gesamtwellen $\sum E_i$ in S_1 und S_2 entsprechend statistisch schwanken. Dies würde jedoch die Intensität in P nicht beeinflussen, solange diese Schwankungen in S_1 und S_2 *synchron* verlaufen, weil dann die Phasendifferenz $\Delta\varphi = \varphi_1 - \varphi_2$ der von S_1 und S_2 ausgehenden Wellen zeitlich konstant bleibt. In diesem Fall bilden die beiden Spalte zwei kohärente Lichtquellen, die in der Beobachtungsebene B eine zeitlich konstante Interferenzstruktur erzeugen, völlig analog zum Fresnelschen Spiegelversuch.

Für Licht aus der Mitte O der Quelle trifft diese Situation zu, weil die Wege $\overline{OS_1}$ und $\overline{OS_2}$ gleich groß sind und deshalb Phasenschwankungen des von O emittierten Lichtes gleichzeitig in S_1 und S_2 eintreffen. Für alle anderen Punkte Q der Lichtquelle

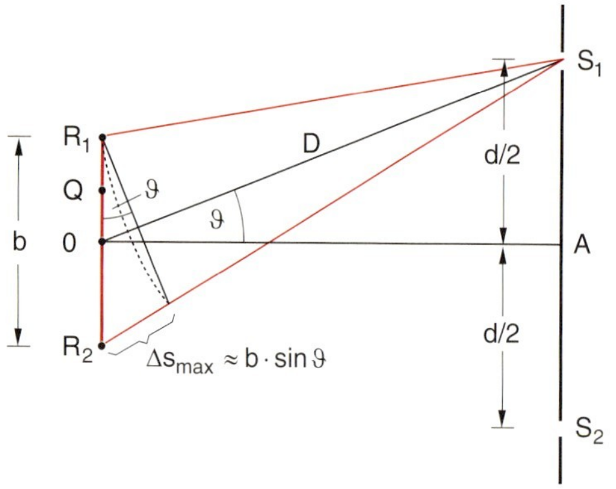

Abb. 10.7. Zum Einfluss der Quellengröße auf die Kohärenz der Wellen am Ort der Spalte S_1 und S_2

treten jedoch Wegdifferenzen $\Delta s = \overline{QS_1} - \overline{QS_2}$ auf, die für die Randpunkte R_i der Quelle am größten sind (Abb. 10.7).

Ist $D \gg d$ die Entfernung zwischen Quellenmittelpunkt O und den beiden Spalten S_1 und S_2, so gilt für die maximal auftretende Wegdifferenz

$$\begin{aligned}\Delta s_{\max} &= \overline{R_1S_2} - \overline{R_1S_1} = \overline{R_2S_1} - \overline{R_1S_1} \\ &\approx b \cdot \sin\vartheta = b \cdot d/(2D)\,, \end{aligned} \tag{10.6}$$

da aus Symmetriegründen $\overline{R_1S_2} = \overline{R_2S_1}$ und $\sin\vartheta = d/(2D)$ ist. Wird $\Delta s_{\max}$ größer als $\lambda/2$, so kann bei statistischer Emission der verschiedenen Quellenpunkte Q die Phasendifferenz $\Delta\varphi = \varphi(S_1) - \varphi(S_2) = (2\pi/\lambda) \cdot \Delta s$ um mehr als π schwanken, so dass sich dann die Interferenzstruktur in der Beobachtungsebene B zeitlich wegmitteln würde.

Die Bedingung für die kohärente (das heißt phasenkorrelierte) Beleuchtung der beiden Spalte durch eine Lichtquelle mit Durchmesser b lautet daher:

$$\Delta s_{\max} \approx \frac{b \cdot d}{2D} < \lambda/2$$

$$\Rightarrow \frac{d}{\lambda} < \frac{D}{b} \Rightarrow \frac{d^2}{\lambda^2} < \frac{D^2}{b^2} \approx \frac{1}{\Delta\Omega}\,. \tag{10.7}$$

In Worten: Der maximale Abstand d/λ (in Einheiten der Wellenlänge λ), den zwei Spalte haben dürfen, um von einer ausgedehnten inkohärenten Lichtquelle noch kohärent beleuchtet zu werden, ist durch das Verhältnis D/b von Quellenabstand zu Quellendurchmesser gegeben. Wegen $b^2/D^2 = \Delta\Omega$ ist die Kohärenzfläche d^2/λ^2 in Einheiten von λ^2 gleich dem reziproken Raumwinkel $\Delta\Omega$, unter dem die Flächenlichtquelle mit der Fläche b^2 von S_1 aus erscheint.

> Die Kohärenzfläche einer ausgedehnten inkohärenten Lichtquelle ist
>
> $$F_c = d^2 \leqq \lambda^2/\Delta\Omega$$
>
> wenn $\Delta\Omega$ der Raumwinkel ist, unter dem die Lichtquelle von einem Punkt der Kohärenzfläche aus erscheint.

Wird die Bedingung (10.7) eingehalten, so erscheint in der Beobachtungsebene B eine Interferenzstruktur, auch wenn eine inkohärente ausgedehnte Lichtquelle verwendet wird. Die Ausdehnung der Quelle darf umso größer sein, je weiter entfernt sie ist.

BEISPIELE

1. $b = 1\,\text{cm}$, $D = 50\,\text{cm}$, $\lambda = 500\,\text{nm} \Rightarrow d \leq 25\,\mu\text{m}$
2. Der nächste Fixstern ist Proxima Centauri, für den $D = 4{,}3\,\text{LJ} \approx 4 \cdot 10^{16}\,\text{m}$ und $b \approx 10^{10}\,\text{m}$ ist. Der Durchmesser der Kohärenzfläche auf der Erde beträgt deshalb für $\lambda = 500\,\text{nm}$ $d \approx 2\,\text{m}$.

10.3.3 Interferenz an einer planparallelen Platte

Fällt eine ebene Welle mit der Wellenlänge λ unter dem Einfallswinkel α auf eine planparallele, durchsichtige Platte mit dem Brechungsindex n (Abb. 10.8), so wird ein Teil der Welle reflektiert und ein Teil gebrochen

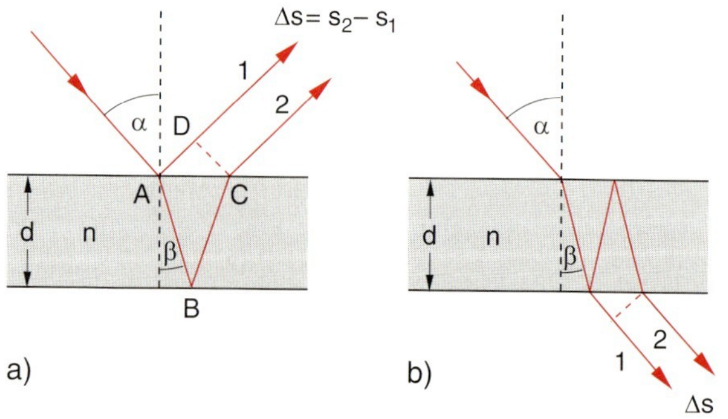

Abb. 10.8a,b. Zur Berechnung des Gangunterschiedes bei der Interferenz an einer planparallelen durchsichtigen Platte (**a**) im reflektierten Licht; (**b**) im transmittierten Licht

(siehe Abschn. 8.4). Die gebrochene Welle wird an der unteren Begrenzungsschicht erneut reflektiert, tritt parallel zur Teilwelle 1 durch die obere Grenzfläche und überlagert sich dieser Teilwelle.

Der Gangunterschied Δs zwischen den beiden reflektierten Teilstrahlen ist nach Abb. 10.8 bei einer Dicke d der Glasplatte:

$$\begin{aligned}\Delta s &= n(\overline{AB}+\overline{BC})-\overline{AD}\\ &= \frac{2nd}{\cos\beta}-2d\tan\beta\sin\alpha\,.\end{aligned}$$

Wegen $\sin\alpha = n\cdot\sin\beta$ lässt sich dies umformen in

$$\begin{aligned}\Delta s &= \frac{2nd}{\cos\beta}-\frac{2nd\sin^2\beta}{\cos\beta}=2nd\cos\beta\\ &= 2d\sqrt{n^2-\sin^2\alpha}\,. \end{aligned} \tag{10.8}$$

Da bei der Reflexion an der oberen Grenzfläche ein Phasensprung von π auftritt (siehe Abschn. 8.4.8), ergibt sich insgesamt eine Phasendifferenz zwischen den beiden Teilwellen von

$$\Delta\varphi = \frac{2\pi}{\lambda}\Delta s-\pi\,. \tag{10.9}$$

Die beiden Teilwellen verstärken sich (konstruktive Interferenz) für $\Delta\varphi = m\cdot 2\pi$, während man für $\Delta\varphi=(2m+1)\pi$ minimale Intensität beobachtet. Beleuchtet man die planparallele Platte mit divergentem monochromatischen Licht der Wellenlänge λ_0, das Teilstrahlen mit Einfallswinkeln α im Bereich $\alpha_0\pm\Delta\alpha$ enthält, so erhält man für alle diejenigen Werte von α maximale Intensität, für die gilt:

$$2d\sqrt{n^2-\sin^2\alpha}=(m+1/2)\lambda\,. \tag{10.10}$$

Man beobachtet daher im reflektierten Licht ein System aus hellen und dunklen konzentrischen Ringen um die Normale auf der Platte (Abb. 10.9).

Auch für das transmittierte Licht ist der Gangunterschied zwischen zwei Teilbündeln durch (10.8) gegeben, wie man sich leicht anhand von Abb. 10.8b klar machen kann. Hier fehlt jedoch der Phasensprung, sodass die Phasendifferenz statt (10.9) jetzt $\Delta\varphi=(2\pi/\lambda)\cdot\Delta s$ ist. Maximale Transmission ergibt sich daher für $\Delta s = m\cdot\lambda$. Die reflektierte Intensität wird dann minimal.

Für kleines Reflexionsvermögen $R\ll 1$ (z. B. eine unbeschichtete Glasplatte) kann man den Einfluss der mehrfach reflektierten Teilbündel vernachlässigen, und man hat ein Beispiel einer Zweistrahl-Interferenz. Es eignet sich gut zur Demonstration im Hörsaal, wie in Abb. 10.9 illustriert wird, wo die an einer dünnen Glasplatte entstehenden Interferenzringe bei divergenter Beleuchtung mit einem Argonlaser gezeigt sind. Man kann die ganze Hörsaalwand mit diesem Ringsystem überdecken.

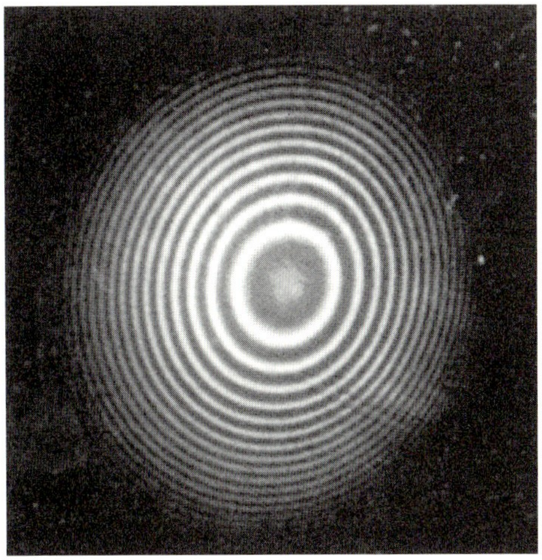

Abb. 10.9. Aufnahme der Interferenzringe im reflektierten Licht einer mit divergenter Argonlaserstrahlung beleuchteten planparallelen Glasplatte

10.3.4 Michelson-Interferometer

Wir betrachten in Abb. 10.10 ein paralleles Lichtbündel (ebene Welle), das in z-Richtung läuft und am Strahlteiler ST in zwei Teilbündel aufgespalten wird. Das reflektierte Teilbündel wird in y-Richtung umgelenkt, am Spiegel M_1 reflektiert und trifft nach Transmission durch ST auf die x-z-Beobachtungsebene B. Das zweite

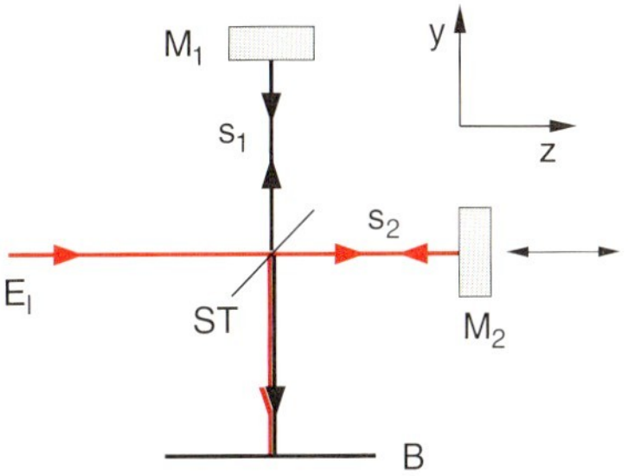

Abb. 10.10. Schematische Darstellung des Michelson-Interferometers

Teilbündel wird zuerst durch ST transmittiert, am Spiegel M_2 reflektiert, dann an ST reflektiert und überlagert sich der ersten Teilwelle in der Beobachtungsebene, die für ideale ebene Spiegel und eine genau in z-Richtung einfallende ebene Welle eine Phasenfläche ist.

Wir wollen die vom Interferometer transmittierte Gesamtintensität I_T in der Ebene B als Funktion der Wegdifferenz $\Delta s = s_1 - s_2$ berechnen:

Die einfallende ebene Welle sei

$$\boldsymbol{E}_e = \boldsymbol{A}_e \cos(\omega t - kz) . \tag{10.11a}$$

Sind R und T das Reflexions- bzw. Transmissionsvermögen des Strahlteilers ST, so gilt für die Amplitude der ersten Teilwelle in der Ebene B mit $A_e = |\boldsymbol{A}_e|$:

$$|\boldsymbol{E}_1| = \sqrt{R \cdot T} A_e \cdot \cos(\omega t + \varphi_1) , \tag{10.11b}$$

wobei die Phase φ_1 vom optischen Weg $ST - M_1 - ST - B$ abhängt. Für die zweite Teilwelle erhalten wir

$$|\boldsymbol{E}_2| = \sqrt{R \cdot T} A_e \cos(\omega t + \varphi_2) . \tag{10.11c}$$

Die Amplituden beider Teilwellen in der Beobachtungsebene B sind also gleich, unabhängig vom Reflexionsvermögen R des Strahlteilers, da jede Teilwelle einmal am Strahlteiler reflektiert und einmal transmittiert wird. Dies gilt jedoch *nicht* für die in die Quelle zurückreflektierten Anteile!

Die gesamte durch B transmittierte Intensität I_T ist dann:

$$\begin{aligned} I_T &= c\varepsilon_0 (E_1 + E_2)^2 \qquad (10.12) \\ &= c\varepsilon_0 RTA_e^2 \big[\cos(\omega t + \varphi_1) + \cos(\omega t + \varphi_2) \big]^2 . \end{aligned}$$

Da der Detektor B über die kurzen Lichtperioden $T = 2\pi/\omega$ mittelt, ergibt sich aus (10.12) wegen $\overline{\cos^2 \omega t} = 1/2$ die zeitlich gemittelte transmittierte Intensität

$$\bar{I}_T = RTI_0(1 + \cos \Delta\varphi) , \tag{10.13}$$

wobei $I_0 = c\varepsilon_0 E_e^2$ die einfallende Intensität und

$$\Delta\varphi = \varphi_1 - \varphi_2 = \frac{2\pi}{\lambda} \Delta s$$

die Phasendifferenz zwischen den beiden Teilwellen ist, die von der Wegdifferenz $\Delta s = s_1 - s_2$ und von der Wellenlänge $\lambda = 2\pi c/\omega$ der einfallenden Welle abhängt. Für $R = T = 0{,}5$ ergibt sich mit $\bar{I}_0 = \frac{1}{2} I_0$ die transmittierte zeitlich gemittelte Intensität

$$\bar{I}_T = \frac{1}{2} \bar{I}_0 (1 + \cos \Delta\varphi) . \tag{10.13a}$$

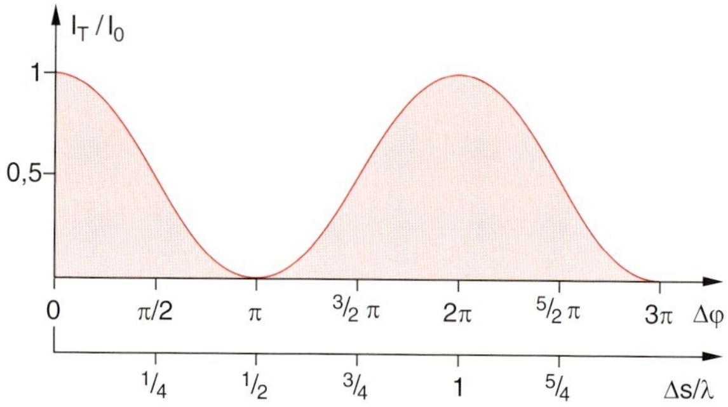

Abb. 10.11. Transmission des Michelson-Interferometers als Funktion des Wegunterschiedes $\Delta s/\lambda$ in Einheiten der Wellenlänge λ bei monochromatischer einfallender ebener Welle

Abhängig von der Phasendifferenz $\Delta\varphi$ variiert die transmittierte Intensität zwischen der einfallenden Intensität $\bar{I}_0$ und null (Abb. 10.11). Für $I_T = 0$ (d. h. $\Delta\varphi = (2m+1) \cdot \pi$) wird das gesamte Licht in die Quelle zurückreflektiert.

Das Michelson-Interferometer mit $R = T = 0{,}5$ wirkt also als wellenlängenabhängiger Spiegel. Bei einer fest eingestellten Wegdifferenz Δs werden bei spektral breitbandiger Einstrahlung die Wellenlängen $\lambda_m = 2\Delta s/(2m+1)$, $m = 0, 1, 2, \ldots$ vollständig reflektiert, während die Anteile mit $\lambda_m = \Delta s/m$ völlig durchgelassen werden. Für die Wellenlängen λ zwischen diesen Extremen wird ein Teil der Strahlung durchgelassen, ein Teil reflektiert.

Das Michelson-Interferometer kann als sehr genaues Wellenlängenmessgerät benutzt werden. Wird z. B. der Spiegel M_2 auf einen Mikrometerschlitten gesetzt, der kontinuierlich in z-Richtung verschoben werden kann, so lassen sich die während der Verschiebung in B auftretenden Intensitätsmaxima durch Photodetektoren messen und zählen. Treten bei einer Verschiebung um Δz N Interferenzmaxima auf, so ist die Wellenlänge λ durch

$$\lambda = \Delta s/N = 2\Delta z/N \tag{10.14}$$

bestimmt. Natürlich darf die Wegdifferenz $\Delta s = 2\Delta z$ nicht größer als die Kohärenzlänge Δs_c werden, da für $\Delta s > \Delta s_c$ der Kontrast zwischen Interferenzmaxima und -minima

$$K = \frac{I_{max} - I_{min}}{I_{max} + I_{min}}$$

gegen null geht (Abb. 10.12).

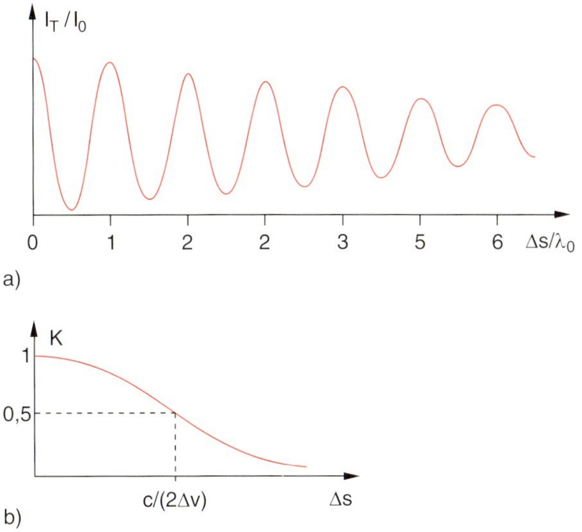

Abb. 10.12. (**a**) Transmittierte Intensität $I_{T(\Delta s)}$ bei einer einfallenden Welle mit spektraler Bandbreite $\Delta\nu$. (**b**) Kontrastfunktion $K(\Delta s, \Delta\nu)$ für ein spektrales Gaußprofil mit Halbwertsbreite $\Delta\nu$

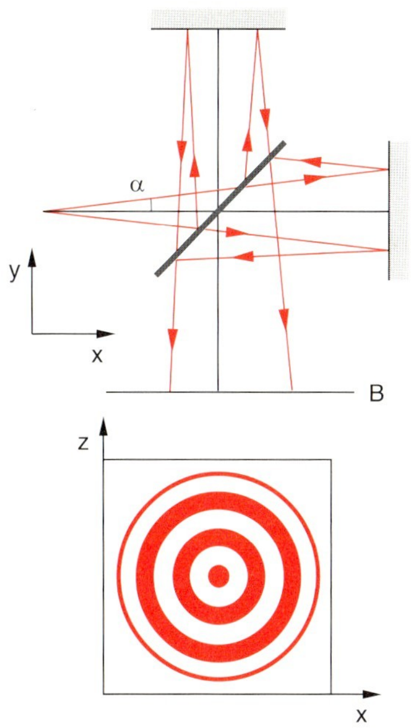

Abb. 10.13. Entstehung eines Interferenzringsystems bei divergenter einfallender Welle

BEISPIEL

Wenn die spektrale Bandbreite der einfallenden Strahlung $\Delta\nu \leq 3 \cdot 10^9\,\mathrm{s}^{-1}$ ist, wird die Kohärenzlänge $\Delta s_c = c/\Delta\nu \geq 10\,\mathrm{cm}$. Dann erhält man bei $\lambda = 500\,\mathrm{nm}$ und einer Verschiebung um $\Delta s = 20\,\mathrm{cm}$ von $\Delta z = -5\,\mathrm{cm}$ bis $\Delta z = +5\,\mathrm{cm}$ ($\Delta s = 2 \cdot \Delta z$!) eine Gesamtzahl $N = 4 \cdot 10^5$ von Interferenzmaxima. Ist die Genauigkeit der Messung $\Delta N = \pm 1$, so erreicht man eine Messgenauigkeit von $\Delta\lambda = \pm 1{,}25 \cdot 10^{-3}\,\mathrm{nm} = 1{,}25\,\mathrm{pm}$, falls man Δz genau genug messen kann. Mit modernen Geräten kann man relative Genauigkeiten von besser als 10^{-8} realisieren, d. h. man kann Wellenlängen von 600 nm auf $\Delta\lambda = 6 \cdot 10^{-6}\,\mathrm{nm}$ genau messen [10.2, 3]!

Ist das einfallende Licht streng parallel, aber sind die Spiegel ein wenig verkippt, so erhält man in der Beobachtungsebene *B* ein System paralleler heller und dunkler Streifen.

In der Praxis hat man bei der Verwendung üblicher Lichtquellen kein streng paralleles, sondern ein leicht divergentes Lichtbündel (Abb. 10.13). Die Teilstrahlen solcher Lichtbündel haben etwas unterschiedliche Neigungswinkel α gegen die z- Achse. Da der Wegunterschied $\Delta s = \Delta s_0 \cdot f(\alpha) \approx \Delta s_0/\cos\alpha$ vom Winkel α abhängt, erhält man in der Ebene B keine gleichmäßige, von x und z unabhängige Intensität $I_T(\Delta s)$ wie bei streng parallelem Licht, sondern ein System aus hellen und dunklen Interferenzringen (siehe Abschn. 10.3.3 und Abb. 10.9). Für die hellen Ringe gilt die Bedingung $\Delta s = m \cdot \lambda$ und für die Minima $\Delta s = (2m+1) \cdot \lambda/2$.

10.3.5 Das Michelson-Morley-Experiment

Ein solches Interferometer wurde 1887 von *A. Michelson* (Abb. 10.14) und *E. Morley* dazu benutzt, experimentell zu klären, ob es einen ruhenden „Weltäther" geben kann, d. h. ein Medium, das den gesamten Raum ausfüllt und in dem sich die elektromagnetischen Wellen ausbreiten können, wie es die damals kontrovers diskutierte *Ätherhypothese* forderte. Das Experiment sollte die Bewegung der Erde relativ zu diesem Äther bestimmen, indem eine eventuell vorhandene Abhängigkeit der Lichtgeschwindigkeit c von der Richtung gegen die Erdgeschwindigkeit gemessen werden sollte (siehe Bd. 1, Abschn. 3.4). Wenn es einen ruhenden Äther gäbe, sollte der Wert von c von der

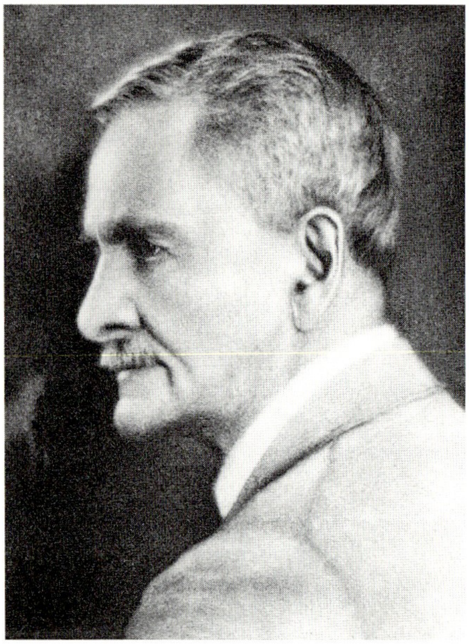

Abb. 10.14. *Albert Abraham Michelson* (1852–1931). Mit freundlicher Genehmigung des Deutschen Museums, München

Richtung gegen $\boldsymbol{v}$ abhängen, wie man aus folgender analogen Überlegung einsieht:

Wirft man von einem fahrenden Schiff einen Stein ins Wasser, so breitet sich eine Welle mit Kreisen als Phasenflächen aus, deren Phasengeschwindigkeit v_{ph} relativ zum Wasser unabhängig von der Richtung ist. Relativ zum Schiff, das die Geschwindigkeit $\boldsymbol{v}_{\mathrm{S}}$ gegen das ruhende Wasser hat, ist die Phasengeschwindigkeit der Welle jedoch in Fahrtrichtung $v_{\mathrm{r}_1} = v_{\mathrm{ph}} - v_{\mathrm{S}}$, während gegen die Fahrtrichtung $v_{\mathrm{r}_2} = v_{\mathrm{ph}} + v_{\mathrm{S}}$ gilt. Aus der Messung von v_{r_1} und v_{r_2} lässt sich sowohl die Phasengeschwindigkeit $v_{\mathrm{ph}} = (v_{\mathrm{r}_1} + v_{\mathrm{r}_2})/2$ als auch die Schiffsgeschwindigkeit $v_{\mathrm{S}} = (v_{\mathrm{r}_2} - v_{\mathrm{r}_1})/2$ bestimmen.

Durch entsprechende Versuche mit Lichtwellen hofften die Experimentatoren, sowohl die Lichtgeschwindigkeit c als auch die Geschwindigkeit $\boldsymbol{v}$ der Erde relativ zum ruhenden Äther ermitteln zu können. Durch viele frühere Versuche von *Fizeau*, *Michelson* und anderen Forschern war bereits sichergestellt worden, dass die Erde bei ihrer Bewegung den „Äther" nicht an ihrer Oberfläche mitführen kann [10.4]. Wenn sich die Erde mit der Geschwindigkeit $\boldsymbol{v}$ bewegt, hat der Äther dann die Geschwindigkeit $-\boldsymbol{v}$ relativ zur Erde.

Orientiert man das Michelson-Interferometer so, dass der eine Teilarm parallel, der zweite senkrecht zur Erdgeschwindigkeit $\boldsymbol{v}$ steht (Abb. 10.15), so sollte für die Laufzeiten des Lichtes vom Strahlteiler zum Spiegel M_1 und zurück in dem parallelen Arm der Länge L gelten:

$$t_{\parallel} = \frac{L}{c-v} + \frac{L}{c+v} = \frac{2cL}{c^2 - v^2} \qquad (10.15a)$$
$$= \gamma^2 \frac{2L}{c} \quad \text{mit} \quad \gamma = \left(1 - \frac{v^2}{c^2}\right)^{-1/2} ,$$

weil das Licht auf dem Hinweg *gegen* den Äther läuft, also die Geschwindigkeit $c - v$ relativ zur Erde, d. h. zur Messapparatur haben sollte und auf dem Rückweg *mit* dem Äther läuft, sodass man die Geschwindigkeit $c + v$ erwarten würde.

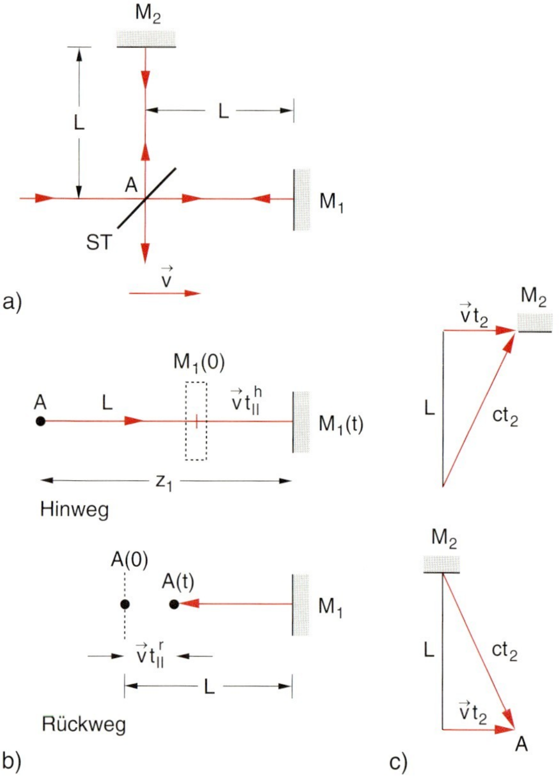

Abb. 10.15a–c. Zur Bestimmung einer eventuellen Zeitdifferenz zwischen den Lichtlaufzeiten der beiden Teilwellen im Michelson-Interferometer bei Existenz eines ruhenden Äthers. (**a**) Schematischer Versuchsaufbau. (**b**) Zeitdiagramm für den Laufweg parallel zu $\boldsymbol{v}$, (**c**) senkrecht zu $\boldsymbol{v}$

Für den zu $\boldsymbol{v}$ senkrechten Arm bewegt sich der Spiegel M_2 während der Laufzeit t_2 um die Strecke $\Delta z = v \cdot t_2$. Der Lichtstrahl muss daher gegen den Vertikalarm geneigt sein, um den Spiegel M_2 zu erreichen. Die Neigung bestimmt sich aus der Vektoraddition der Strecken: $\boldsymbol{L} + \boldsymbol{v} \cdot t_2 = \boldsymbol{c} \cdot t_2$ (Abb. 10.15c), die wiederum aus der Vektoraddition der Geschwindigkeiten folgt. Man entnimmt der Abb. 10.15 die Beziehung:

$$c^2 t_2^2 = v^2 t_2^2 + L^2 \,,$$

sodass man für die Laufzeit $t_\perp = 2t_2$ (Hin- und Rückweg)

$$t_\perp = \frac{2L}{\sqrt{c^2 - v^2}} = \gamma \cdot \frac{2L}{c} \tag{10.15b}$$

erhält. Der Zeitunterschied Δt zwischen den beiden Teilwellen beträgt daher

$$\Delta t = t_\parallel - t_\perp = \frac{2L}{c}(\gamma^2 - \gamma) \,. \tag{10.16}$$

Da die Geschwindigkeit der Erde auf ihrer Bahn um die Sonne $v \approx 3 \cdot 10^4$ m/s beträgt (die zusätzliche Geschwindigkeit aufgrund der Erdrotation beträgt bei der geographischen Breite $\varphi = 45°$ nur $3{,}2 \cdot 10^2$ m/s, also nur 1% von v), wird $v^2/c^2 \approx 10^{-8}$, sodass wir γ und γ^2 nähern können durch

$$\gamma \approx 1 + \frac{1}{2} v^2/c^2 \quad \text{und} \quad \gamma^2 = 1 + v^2/c^2 \,.$$

Damit wird aus (10.16)

$$\Delta t = L \frac{v^2}{c^3} \,. \tag{10.17a}$$

Diese Zeitdifferenz Δt entspricht einer Phasendifferenz

$$\Delta\varphi = 2\pi\nu\Delta t = \frac{2\pi c}{\lambda}\Delta t \approx \frac{2\pi}{\lambda}\frac{L v^2}{c^2} \,. \tag{10.17b}$$

Bei etwas schrägem Einfall des parallelen Lichtbündels gegen die Spiegelnormale (d. h. das Parallelbündel ist in y-Richtung etwas gegen die z-Achse verkippt) entstehen in der Beobachtungsebene Interferenzstreifen (siehe Aufgabe 10.3), die mit einem Fernrohr mit Fadenkreuz beobachtet wurden (Abb. 10.16). Einer Phasenverschiebung $\Delta\varphi$ entspricht eine Verschiebung um x Streifen in der Ebene B, wobei

$$x = \frac{\Delta\varphi}{2\pi} = \frac{L v^2}{\lambda c^2} \,. \tag{10.17c}$$

Wird das Interferometer, das auf einem Drehtisch montiert war (Abb. 10.17), um 90° gedreht, so

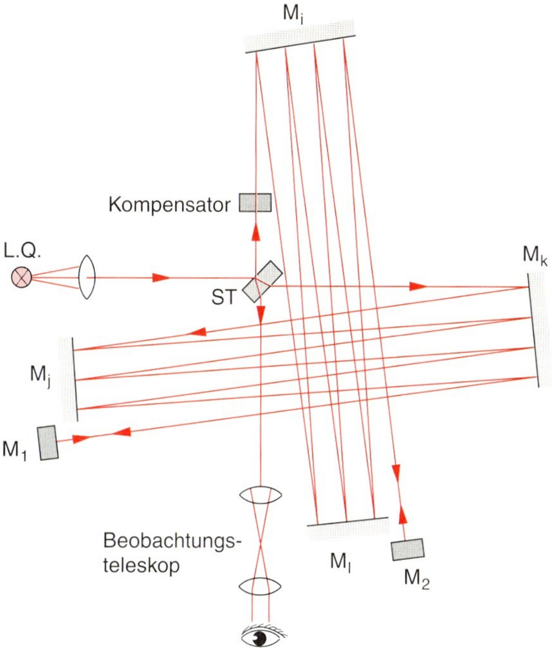

Abb. 10.16. Schematischer Aufbau des Michelson-Morley-Experimentes. Die Endspiegel M_1 und M_2 sind justierbar, sodass sie die Lichtbündel in sich reflektieren

sollte man, wenn die Ätherhypothese stimmt, eine Streifenverschiebung um

$$\Delta m = 2x = \frac{2Lv^2}{\lambda c^2} \tag{10.18}$$

beobachten. *Michelson* und *Morley* erhöhten die Empfindlichkeit ihres Interferometers durch Vielfachreflexionen (Abb. 10.16), sodass sie eine effektive Länge von $L = 11$ m erreichten. Einsetzen der Zahlenwerte $L = 11$ m, $v^2/c^2 = 10^{-8}$ und $\lambda = 5 \cdot 10^{-7}$ m ergibt eine Streifenverschiebung von $\Delta m = 0{,}4$, was weit oberhalb der Beobachtungsgenauigkeit von $\Delta m \approx 0{,}1$ liegt. Für die experimentelle Durchführung verwendeten sie folgende Tricks:

- Da das Sternenlicht eine große Spektralbreite hat, tritt bei der Transmission durch den Strahlteiler Dispersion auf, die zu wellenlängenabhängigen Phasendifferenzen und damit zu einem Verwaschen der Interferenzstreifen führt. Dies kann durch einen Kompensator vermieden werden, da jetzt beide Teilstrahlen durch eine gleiche Glasdicke laufen.

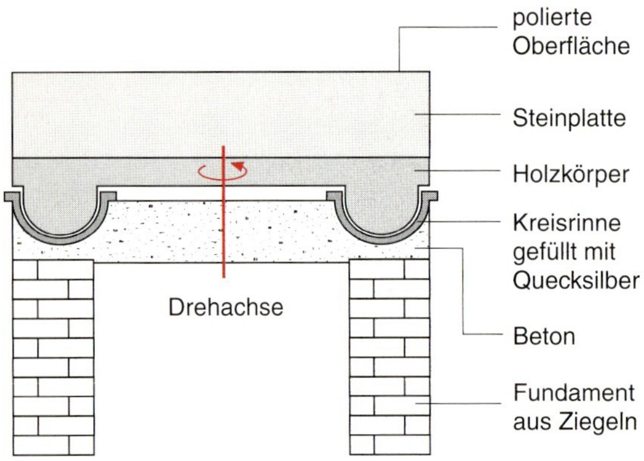

Abb. 10.17. Experimentelle Realisierung des drehbaren Interferometers

- Die gesamte Steinplatte liegt auf einem Holzkörper, der in einer mit Quecksilber gefüllten Rinne schwimmt (Abb. 10.17), sodass sie leicht gedreht werden kann [10.5].

Trotz wiederholter und sorgfältiger Messungen konnte keine Streifenverschiebung bei der Drehung des Interferometers festgestellt werden. Daraus schloss *Michelson* zu Recht, dass die Lichtgeschwindigkeit für alle Richtungen gleich und unabhängig von der Geschwindigkeit der Lichtquelle oder der des Detektors ist (siehe Bd. 1, Abschn. 3.4). Dies bedeutet auch, dass es keinen Äther geben kann. Er ist nach der in Kap. 7 behandelten Theorie elektromagnetischer Wellen auch gar nicht notwendig, da sich elektromagnetische Wellen im Vakuum fortpflanzen können.

10.3.6 Sagnac-Interferometer

Ähnlich wie das Michelson-Interferometer hat auch das Sagnac-Interferometer in der Physik eine wichtige Rolle zur experimentellen Prüfung von Aussagen der Relativitätstheorie gespielt. Sein Prinzip ist in Abb. 10.18 dargestellt. Die ankommende ebene Lichtwelle wird am Strahlteiler ST aufgeteilt in eine Teilwelle mit der Intensität I_1, die im Uhrzeigersinn den die Fläche A umschließenden Weg ST-M_3-M_2-M_1-ST durchläuft und eine Welle mit I_2 im Gegenuhrzeigersinn. Am Strahlteiler werden beide Wellen wieder überlagert und erreichen den Detektor D. Bei ruhendem Interferometer sind die Wege für beide Teilwellen gleich lang und am Detektor D wird nach (10.13a) die maximale Intensität $I = I_1 + I_2 = I_0$ gemessen.

Dreht sich jetzt das gesamte Interferometer z. B. im Uhrzeigersinn, so durchläuft die im Uhrzeigersinn umlaufende Welle einen längeren Weg (weil ihr die Spiegel davon laufen) als die im Gegenuhrzeigersinn umlaufende Welle (der die Spiegel entgegen laufen). Es entsteht eine Phasendifferenz $\Delta\varphi$ zwischen den beiden Teilwellen im Überlagerungsgebiet und die vom Detektor gemessene Intensität ändert sich. Sie ist nun für $I_1 = I_2 = I_0/2$

$$I(\Delta\varphi) = I_1 + I_2 \cos\Delta\varphi = \frac{1}{2} I_0 (1 + \cos\Delta\varphi) ,$$

wobei die Phasendifferenz

$$\Delta\varphi = \frac{8\pi A}{c \cdot \lambda} \Omega \cos\Theta$$

von der umlaufenden Fläche A, der Kreisfrequenz Ω der Drehung, dem Winkel Θ zwischen Drehachse und Flächennormale und der Wellenlänge λ des Lichtes abhängt.

Die Streifenverschiebung $\Delta = \Delta\varphi/2\pi$ im Interferenzstreifensystem wird gemessen.

Mit einem solchen Sagnac-Interferometer mit einer Fläche $A = 207\,836\,\mathrm{m}^2$ haben Michelson und Gale 1925 die Erdrotation gemessen. Sie erhielten eine Streifenverschiebung von $\Delta = 0{,}230 \Rightarrow \Delta\varphi = \Delta \cdot 2\pi\,\mathrm{rad} = 1{,}45\,\mathrm{rad}$, verglichen mit einem aus der Formel berechneten theoretischen Wert $\Delta\varphi = 1{,}48\,\mathrm{rad}$, gewonnen aus der aus astronomischen Zeitmessungen bekannten Rotationsperiode der Erde.

Heute lassen sich mithilfe von Lasern Sagnac-Interferometer realisieren, mit denen man auch bei

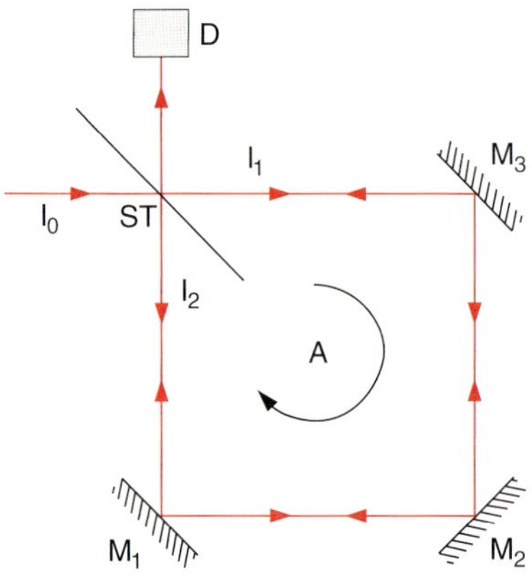

Abb. 10.18. Sagnac-Interferometer

kleinen Flächen A große Empfindlichkeiten erreichen kann, sodass man solche „Laser-Kreisel" zur Navigation in Flugzeugen verwendet, da die Phasenverschiebung $\Delta\varphi$ vom Winkel Θ gegen die Drehachse der Erde abhängt.

Ein solcher Laserkreisel besteht aus drei Sagnac-Interferometern, deren Ebenen jeweils senkrecht zueinander stehen. Die Phasendifferenzen $\Delta\varphi_i$ der drei Interferometer hängen ab vom Ort (ϑ, ϕ) auf der Erdoberfläche.

10.3.7 Mach-Zehnder Interferometer

Bei einem Mach-Zehnder Interferometer wird die einlaufende ebene Welle durch den Strahlteiler ST_1 aufgespalten in zwei Teilwellen (Abb. 10.19), von denen die eine durch ein Medium mit Brechzahl n und Länge L läuft. Werden beide Teilwellen am Strahlteiler ST_2 wieder überlagert, so hängt ihre Phasendifferenz ab von der Wegdifferenz Δs, die wiederum vom optischen Weg $n \cdot L$ beeinflusst wird. Mit einem solchen Interferometer lässt sich z. B. der Brechungsindex von Gasen sehr genau messen. Dazu ändert man kontinuierlich den Druck p in der Gaszelle und zählt dabei die vom Detektor registrierten Maxima der Interferenz. Bei einer Änderung $\Delta n \cdot L$ des optischen Weges $n \cdot L$ ändert sich die Phase zwischen den beiden Teilwellen um

$$\Delta\varphi = \frac{2\pi}{\lambda} \cdot \Delta n \cdot L$$

Der Brechungsindex $n(p)$ ändert sich zwischen zwei Maxima ($\Delta\varphi = 2\pi$) um den Wert

$$\Delta n = n(p_1) - n(p_2) = \lambda / L$$

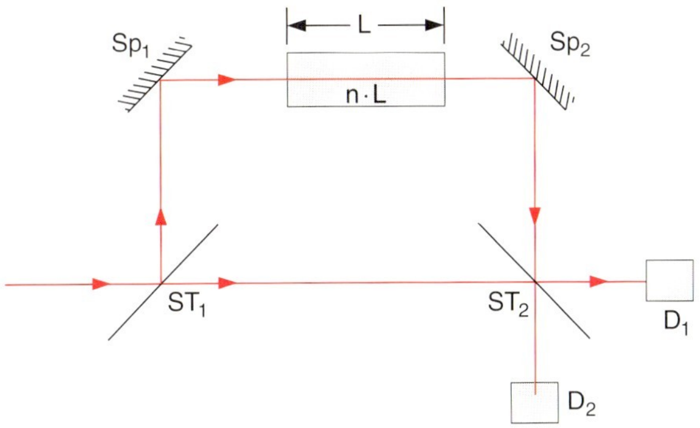

Abb. 10.19. Mach-Zehnder Interferometer

wenn λ die Wellenlänge des verwendeten Lichtes ist.

Man kann die Intensität der überlagerten Teilwellen an 2 Ausgängen mit den Detektoren D_1 bzw. D_2 messen. Die Phasendifferenzen $\Delta\varphi$ unterscheiden sich um π (wegen des Phasensprungs der am optisch dichteren Medium reflektierten Teilwelle).

10.4 Vielstrahl-Interferenz

Oft spielt bei Interferenzerscheinungen die Überlagerung *vieler* Teilwellen eine Rolle. Versieht man z. B. die beiden Seiten der in Abschn. 10.3.3 behandelten planparallelen Platten mit hochreflektierenden Schichten, so kann der eintretende Strahl oft zwischen beiden Flächen hin- und herreflektiert werden, und alle bei der Reflexion transmittierten Anteile können miteinander interferieren.

Wir wollen diesen Fall jetzt analog zu Abschn. 10.3.3 quantitativ behandeln, wobei wir hier jedoch auch die Änderung der Amplituden der Teilwellen berücksichtigen müssen.

Fällt eine ebene Welle

$$\boldsymbol{E} = \boldsymbol{A}_0 \cdot e^{i(\omega t - \boldsymbol{k} \cdot \boldsymbol{r})}$$

unter dem Winkel α auf die planparallele Platte (Abb. 10.20), so wird an jeder der beiden Grenzflächen eine Welle mit der Amplitude A_i in zwei Teilwellen aufgespalten, wobei der reflektierte Anteil die Amplitude $A_i \cdot \sqrt{R}$ und der transmittierte Anteil die Amplitude

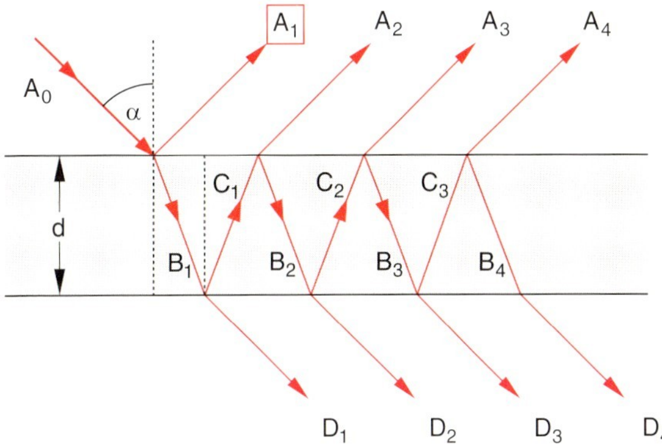

Abb. 10.20. Vielstrahlinterferenz an zwei planparallelen Grenzschichten mit dem Reflexionsvermögen R und dem Abstand d

$A_i \cdot \sqrt{1-R}$ hat, solange man Absorption vernachlässigen kann. Man entnimmt Abb. 10.20 die folgenden Beziehungen für die Beträge der Amplituden A_i der an der oberen Grenzfläche reflektierten Wellen sowie der Amplituden B_i der gebrochenen, C_i der an der unteren Grenzfläche reflektierten und D_i der durchgelassenen Teilwellen:

$$\begin{aligned}
&|A_1| = \sqrt{R}\,|A_0|\,, \quad |B_1| = \sqrt{1-R}\,|A_0|\,,\\
&|C_1| = \sqrt{R(1-R)}\,|A_0|\,, \quad |D_1| = (1-R)|A_0|\,;\\
&|A_2| = \sqrt{1-R}\,|C_1| = (1-R)\sqrt{R}\,|A_0|\,, \qquad (10.19)\\
&|B_2| = \sqrt{R}\,|C_1| = R\cdot\sqrt{1-R}\,|A_0|\,,\\
&|A_3| = \sqrt{1-R}\,|C_2| = R^{3/2}(1-R)|A_0| \quad \text{usw.}
\end{aligned}$$

Allgemein gilt für die Amplituden A_i der reflektierten Teilwellen für $i \geq 2$:

$$|A_{i+1}| = R\cdot|A_i| \qquad (10.20a)$$

und für die durchgelassenen Anteile für $i \geq 1$:

$$|D_{i+1}| = R\cdot|D_i|\,. \qquad (10.20b)$$

Wie in Abschn. 10.3.3 gezeigt wurde, besteht zwischen benachbarten Teilwellen sowohl im reflektierten als auch im transmittierten Anteil der optische Wegunterschied

$$\Delta s = 2d\sqrt{n^2 - \sin^2\alpha}\,,$$

was zu einer Phasendifferenz

$$\Delta\varphi = 2\pi\Delta s/\lambda + \delta\varphi$$

führt, wobei $\delta\varphi$ etwaige Phasensprünge bei der Reflexion berücksichtigen soll.

Aus Abschn. 8.4.8 wissen wir, dass der Phasensprung $\delta\varphi$ davon abhängt, ob der elektrische Vektor $\boldsymbol{E}$ parallel oder senkrecht zur Einfallsebene steht. Für $\boldsymbol{E}_\text{s}$ gilt:

- Bei Reflexion am optisch dichteren Medium ist $\delta\varphi = \pi$.
- Bei Reflexion am optisch dünneren Medium ist $\delta\varphi = 0$.

Für $\boldsymbol{E}_\text{p}$ gilt:

- Bei Reflexion am optisch dichteren Medium ist $\delta\varphi = 0$ für Einfallswinkel $\alpha < \alpha_\text{B}$, aber $\delta\varphi = \pi$ für $\alpha > \alpha_\text{B}$.
- Bei Reflexion am optisch dünneren Medium ist $\delta\varphi = \pi$ für $\alpha < \alpha_\text{B}$, aber $\delta\varphi = 0$ für $\alpha_\text{B} < \alpha < \alpha_\text{c}$, wobei α_c der Grenzwinkel der Totalreflexion ist.

Bei senkrechtem Einfall entfällt die Unterscheidung zwischen $\boldsymbol{E}_\text{s}$ und $\boldsymbol{E}_\text{p}$, und es tritt immer ein Phasensprung $\delta\varphi = \pi$ bei der Reflexion am optisch dichteren und $\delta\varphi = 0$ am optisch dünneren Medium auf.

Wie man sich anhand von Abb. 10.20 überlegen kann, beträgt die Phasendifferenz $\Delta\varphi$ zwischen den Wellen A_i und A_{i+1} für $i \geq 2$ in allen genannten Fällen

$$\Delta\varphi = 2\pi\Delta s/\lambda\,.$$

Eventuelle Phasensprünge bei der Reflexion wirken sich nur bei $A_0 \to A_1$ und bei $A_1 \to A_2$ auf die Phasendifferenz aus. Für $A_{1\text{s}}$ gilt:

$$A_{1\text{s}} = \sqrt{R}\cdot A_0\cdot \mathrm{e}^{\mathrm{i}\pi} = -\sqrt{R}A_0\,, \qquad (10.21a)$$

und für $A_{1\text{p}}$ gilt (je nachdem, ob $\alpha < \alpha_\text{B}$ oder $\alpha > \alpha_\text{B}$ ist):

$$A_{1\text{p}} = \pm\sqrt{R}\cdot A_0\,. \qquad (10.21b)$$

Die Gesamtamplitude A der reflektierten Welle erhält man durch phasenrichtige Summation aller p Teilwellen (wir betrachten hier nur Beträge):

$$\begin{aligned}
A &= \sum_{m=1}^{p} A_m\,\mathrm{e}^{\mathrm{i}(m-1)\Delta\varphi} \qquad (10.22)\\
&= \pm A_0\sqrt{R}\\
&\quad\cdot\left[1-(1-R)\,\mathrm{e}^{\mathrm{i}\Delta\varphi} - R(1-R)\,\mathrm{e}^{-2\mathrm{i}\Delta\varphi} - \ldots\right]\\
&= \pm A_0\sqrt{R}\cdot\left[1-(1-R)\,\mathrm{e}^{\mathrm{i}\Delta\varphi}\cdot\sum_{m=0}^{p-2} R^m\,\mathrm{e}^{\mathrm{i}m\Delta\varphi}\right].
\end{aligned}$$

Ist die Platte sehr groß oder ist der Einfallswinkel $\alpha \approx 0$, so gibt es sehr viele Reflexionen. Für $p \to \infty$ hat die geometrische Reihe (10.22) den Grenzwert:

$$A = \pm A_0\sqrt{R}\frac{1-\mathrm{e}^{\mathrm{i}\Delta\varphi}}{1-R\,\mathrm{e}^{\mathrm{i}\Delta\varphi}}\,. \qquad (10.23)$$

Die Intensität der reflektierten Welle ergibt sich daher zu

$$I_\text{R} = c\varepsilon_0 AA^* = I_0\cdot R\cdot\frac{2-2\cos\Delta\varphi}{1+R^2-2R\cos\Delta\varphi}\,.$$

Dies lässt sich wegen $1-\cos x = 2\sin^2(x/2)$ umformen in:

$$I_R = I_0 \cdot \frac{4R\cdot\sin^2(\Delta\varphi/2)}{(1-R)^2+4R\cdot\sin^2(\Delta\varphi/2)} \,. \qquad (10.24)$$

Analog findet man für die Intensität des durchgelassenen Lichtes

$$I_T = I_0 \cdot \frac{(1-R)^2}{(1-R)^2+4R\cdot\sin^2(\Delta\varphi/2)} \,. \qquad (10.25)$$

Man sieht aus (10.24) und (10.25), dass $I_R + I_T = I_0$ gilt, da wir jegliche Absorption vernachlässigt haben. Mit der Abkürzung

$$F = \frac{4R}{(1-R)^2}$$

erhalten wir aus (10.24, 25) die ***Airy-Formeln*** für die reflektierte und transmittierte Intensität:

$$I_R = I_0 \frac{F\cdot\sin^2(\Delta\varphi/2)}{1+F\sin^2(\Delta\varphi/2)} \,, \qquad (10.24a)$$

$$I_T = I_0 \frac{1}{1+F\sin^2(\Delta\varphi/2)} \,, \qquad (10.25a)$$

Man kann nun $\Delta\varphi$ verändern

a) durch Veränderung der Wellenlänge λ bei festem Wegunterschied $\Delta s = (\lambda/2\pi)\Delta\varphi$.
b) Durch Variation von Δs bei festem λ.

Im Fall a) hat man eine feststehende Interferenzplatte und man strahlt Licht mit kontinuierlich veränderlicher Wellenlänge ein, oder ein Spektralkontinuum, das alle Wellenlängen im Bereich λ_1 bis λ_2 enthält. Im Fall b) kann man den Einfallswinkel α in Abb. 10.20 verändern oder den Abstand d zwischen den reflektierenden Ebenen (Abb. 10.21b). Die transmittierte Intensität wird maximal ($I_T = I_0$) für $\Delta\varphi = 2m\cdot\pi$, d. h. für

$$\lambda = \Delta s/m = \frac{2d}{m}\sqrt{n^2-\sin^2\alpha} \,.$$

Zur Illustration zeigt Abb. 10.22 die Transmission $T = I_T/I_0$ einer planparallelen Platte als Funktion der Phasendifferenz $\Delta\varphi$ für verschiedene Werte des Reflexionsvermögens R jeder der beiden Grenzschichten.

Man sieht, dass für $\Delta\varphi = m\cdot 2\pi$ die Transmission $T = 1$ wird, d. h. alles einfallende Licht wird durchgelassen. Für $\Delta\varphi = (2m+1)\pi$ wird die Transmission minimal.

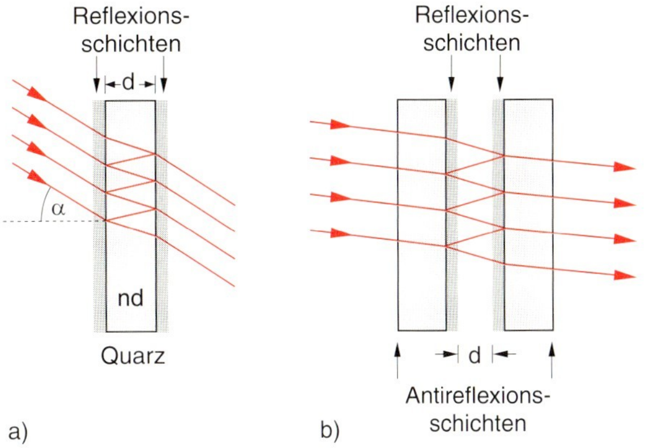

Abb. 10.21a,b. Fabry-Pérot-Interferometer. (**a**) Beidseitig verspiegeltes Etalon, (**b**) zwei einseitig verspiegelte Platten, deren Rückseiten entspiegelt sind

Die volle Halbwertsbreite ε der Transmissionskurven $I_T(\Delta\varphi)$ in Abb. 10.22, d. h. die Phasendifferenz $\varepsilon = (\Delta\varphi_1 - \Delta\varphi_2)$ mit $I_T(\Delta\varphi_i) = (1/2)I_0$ erhält man aus (10.25a) als $\varepsilon = 4\arcsin\sqrt{1/F}$. Für genügend große Werte von F (schmale Transmissionsmaxima von $I_T(\Delta\varphi)$) wird dies

$$\varepsilon = \frac{4}{\sqrt{F}} = \frac{2(1-R)}{\sqrt{R}} \,. \qquad (10.26a)$$

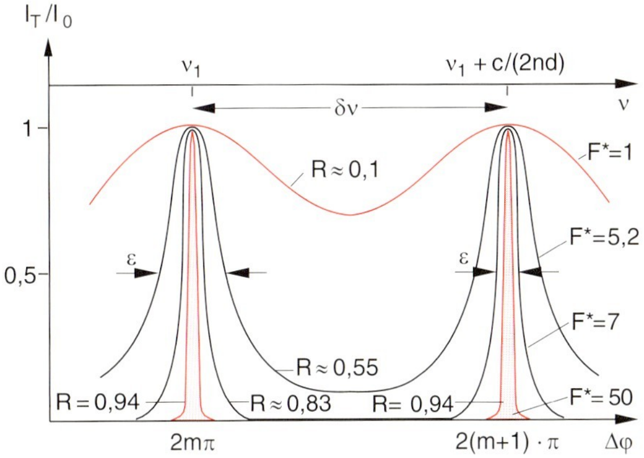

Abb. 10.22. Transmission $T = I_T/I_0$ einer planparallelen Platte bei senkrechtem Lichteinfall als Funktion der Phasendifferenz $\Delta\varphi$ für verschiedene Werte des Reflexionsvermögens R. Zur Definition der Finesse F^* siehe (10.30)

Sie ist umso schmaler, je größer das Reflexionsvermögen R ist.

Eine planparallele Platte wirkt wie ein Spektralfilter. Bei senkrechtem Lichteinfall werden nur bestimmte Wellenlängenbereiche mit maximaler Transmission bei $\lambda_m = 2nd/m$ durchgelassen. Die relative spektrale Halbwertsbreite der transmittierten Intensität $I(\lambda)$ ist wegen

$$\begin{aligned}\Delta\varphi = \varepsilon &= \frac{2\pi\Delta s}{\lambda} - \frac{2\pi\Delta s}{\lambda + \Delta\lambda} \\ &= 2\pi\Delta s \frac{\Delta\lambda}{\lambda\cdot(\lambda+\Delta\lambda)} \approx 2\pi\cdot m\lambda\frac{\Delta\lambda}{\lambda^2}\end{aligned}$$

$$\frac{\Delta\lambda}{\lambda} = \frac{\varepsilon}{2\pi\cdot m} = \frac{1-R}{\pi\cdot m\cdot\sqrt{R}} \tag{10.26b}$$

Sie hängt also ab vom Reflexionsvermögen R der Grenzflächen und von der Interferenzordnung m. Wegen $\lambda = c/\nu \Rightarrow \mathrm{d}\lambda/\mathrm{d}\nu = -c/\nu^2$

$$\Rightarrow \boxed{\frac{\mathrm{d}\lambda}{\lambda} = -\frac{\mathrm{d}\nu}{\nu}}\,. \tag{10.26c}$$

BEISPIELE

1. $R = 0{,}55 \Rightarrow \varepsilon = 1{,}2 \approx 0{,}2\cdot 2\pi$
   $\Rightarrow \Delta\lambda = 0{,}19\cdot\lambda_m/m$,
2. $R = 0{,}9 \Rightarrow \varepsilon = 0{,}21 \approx 0{,}03\cdot 2\pi$
   $\Rightarrow \Delta\lambda = 0{,}03\cdot\lambda_m/m$.

10.4.1 Fabry-Pérot-Interferometer

Die Vielstrahlinterferenz an planparallelen Schichten wurde bereits 1897 von den französischen Forschern *Charles Fabry* und *Alfred Pérot* zur Konstruktion von Interferometern ausgenutzt, die eine große Bedeutung in der modernen Optik und in der Spektroskopie haben [10.6]. Diese ***Fabry-Pérot-Interferometer*** (FPI) können entweder durch eine sehr genau planparallel geschliffene Platte aus optischem Glas oder geschmolzenem Quarz realisiert werden, auf deren beide Seiten reflektierende Beläge aufgebracht werden (Abb. 10.21a) oder durch zwei einseitig verspiegelte Platten, deren reflektierende Flächen dann sehr genau parallel zueinander justiert werden müssen (Abb. 10.21b). Um störende Reflexionen an den Rückseiten der beiden Platten zu vermeiden, werden diese durch eine Antireflexschicht entspiegelt (siehe Abschn. 10.4.3) oder so geschliffen, dass sie gegen die Vorderfläche geneigt sind.

Das FPI hat eine große Bedeutung in der hochauflösenden Spektroskopie. Dies soll an zwei Beispielen illustriert werden:

Wird das Licht einer (nahezu punktförmigen) Lichtquelle in der Brennebene der Linse L_1 als paralleles Strahlenbündel durch ein FPI geschickt (Abb. 10.23a), so hängt die transmittierte Intensität (10.25) von der Phasendifferenz $\Delta\varphi$ ab, die mit (10.8) bei senkrechtem Einfall ($\alpha = 0$) durch

$$\Delta\varphi = \frac{2\pi}{\lambda}\Delta s = \frac{4\pi}{\lambda}n\cdot d$$

gegeben ist. Bei festem Abstand d der beiden reflektierenden Ebenen ist die optische Wegdifferenz $2n\cdot d$, und es werden solche Wellenlängen λ_m maximal durchgelassen, für die

$$\Delta s = m\cdot\lambda_m \;\Rightarrow\; \lambda_m = \frac{2nd}{m} \tag{10.27}$$

gilt. In Abb. 10.23b ist $I_\mathrm{T}(\lambda)$ für ein bestimmtes Reflexionsvermögen R dargestellt. Man sieht, dass die

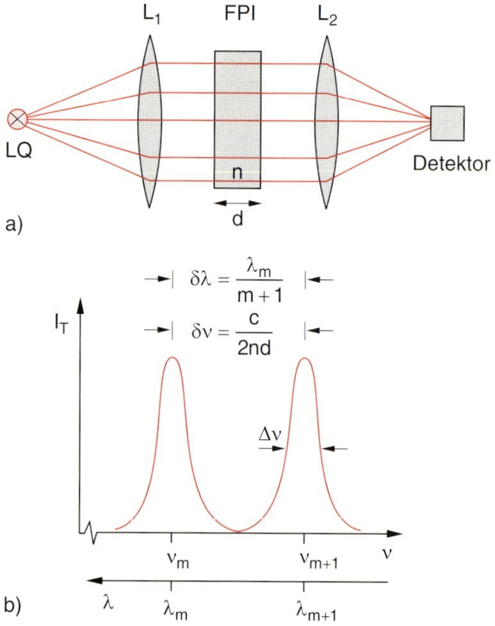

Abb. 10.23a,b. Transmission eines parallelen Lichtbündels durch ein FPI; (**a**) Experimentelle Anordnung, (**b**) transmittierte Intensität

Transmissionskurve $I_T(\lambda)$ periodisch ist mit der Periode

$$\delta\lambda = \lambda_m - \lambda_{m+1} = \frac{2nd}{m} - \frac{2nd}{m+1}$$
$$= \frac{2nd}{m(m+1)} = \frac{\lambda_m}{m+1}\,, \tag{10.28a}$$

welche ***freier Spektralbereich*** des FPI heißt.

Für die Frequenz $\nu = c/\lambda$ wird der freie Spektralbereich

$$\delta\nu = \nu_{m+1} - \nu_m = \frac{c}{2nd}\,. \tag{10.28b}$$

Die Halbwertsbreite $\Delta\nu = \nu_1 - \nu_2$ der Transmissionskurve um das Maximum $I_T(\nu_m)$ ist durch

$$I_T(\nu_1) = I_T(\nu_2) = \frac{1}{2} I_T(\nu_m)$$

bestimmt. Setzt man dies in (10.25) ein, so erhält man

$$\Delta\nu = \frac{2}{\pi}\frac{\delta\nu}{\sqrt{F}} = \frac{c}{2nd}\frac{1-R}{\pi\sqrt{R}}\,. \tag{10.29}$$

Das Verhältnis von freiem Spektralbereich $\delta\nu$ zu Halbwertsbreite $\Delta\nu$

$$F^* = \frac{\delta\nu}{\Delta\nu} = \frac{\pi \cdot \sqrt{R}}{1-R} \tag{10.30}$$

heißt die (durch das Reflexionsvermögen R der reflektierenden Schichten bestimmte) ***Finesse*** F^* des FPI. Sie ist ein Maß für die effektive Zahl $p \approx F^*$ der miteinander interferierenden Teilbündel. Dies sieht man folgendermaßen ein:

Die Breite der Transmissonsmaxima in Abb. 10.23b ist durch die Zahl p der miteinander interferierenden Teilbündel gegeben. Wenn Δs der Wegunterschied zwischen benachbarten interferierenden Teilbündeln ist, dann ist der freie Spektralbereich

$$\delta\nu = \frac{c}{\Delta s}\,.$$

Zwischen dem ersten und dem p-ten Teilbündel beträgt der Wegunterschied dann $p \cdot \Delta s$, und die Frequenzbreite des Transmissionsmaximums ist durch

$$\Delta\nu = \frac{c}{p \cdot \Delta s}$$

bestimmt. Die Finesse ist dann

$$F^* = \frac{\delta\nu}{\Delta\nu} = p\,.$$

> Die Halbwertsbreite $\Delta\nu = \delta\nu/F^*$ der Transmissionsbereiche eines Interferometers ist der Quotient aus freiem Spektralbereich $\delta\nu$ und Finesse F^*.

BEISPIEL

$R = 0{,}98 \Rightarrow F^* \approx 155$, d.h. für $R = 0{,}98$ interferieren etwa 155 Teilwellen miteinander. Bei einer optischen Dicke $n \cdot d = 3\,\text{cm} \Rightarrow \delta\nu = c/(2nd) = 5 \cdot 10^9\,\text{s}^{-1} \Rightarrow \Delta\nu = \delta\nu/F^* = 3{,}2 \cdot 10^7\,\text{s}^{-1} = 32\,\text{MHz}$

Anmerkung

Bei den obigen Überlegungen wurden die reflektierenden Flächen als ideale Ebenen angenommen, die genau planparallel justiert sind. In der Praxis haben die wirklichen Flächen kleine Welligkeiten und Mikro-Rauhigkeiten. Ist die maximale Verzerrung einer Phasenfront einer ebenen Welle nach der Reflexion an der Spiegelfläche $2\pi/q$ gegenüber der idealen Ebene, so wird die Ebenheit der Spiegelfläche als λ/q angegeben. Nach p Umläufen der Welle zwischen den Spiegelflächen ist die Phasenabweichung $\Delta\varphi$ auf

$$\Delta\varphi = (p/q) \cdot 2\pi$$

angewachsen. Für $p = q/2$ entsteht dann für diese Teilbündel destruktive statt konstruktiver Interferenz. Auch eine Abweichung von der Planparallelität beider reflektierenden Flächen führt zu einer Variation der Phasendifferenz über den Bündelquerschnitt und damit zu einer Reduktion der Maximalumläufe, bei der konstruktive Interferenz für alle Teilbündel auftritt. Dies bewirkt ebenfalls eine Verminderung der Finesse. Ferner führen Beugungseffekte zu Abweichungen der Phasenfront von einer Ebene und daher zur Verminderung der Finesse.

Die Gesamtfinesse F_g^* des FPI wird durch diese Spiegelfehler, welche bei q Reflexionen zu Phasenfehlern von 2π führen können, kleiner als die Reflexions-Finesse. Es gilt für die Gesamtfinesse F_g^*:

$$\frac{1}{F_g^*} = \sqrt{\sum_i \left(\frac{1}{F_i^*}\right)^2}\,, \tag{10.31}$$

wobei die einzelnen Anteile F_i^* die zusätzliche Verbreiterung der Transmissionsmaxima durch Einflüsse wie

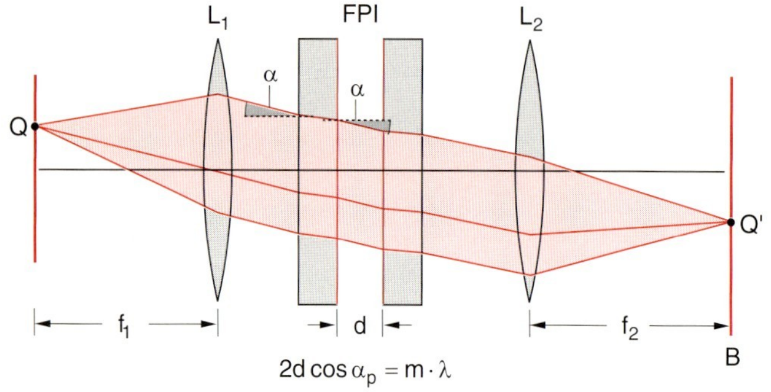

Abb. 10.24. Entstehung eines Ringsystems hinter einem Fabry-Pérot-Interferometer bei Beleuchtung mit einer ausgedehnten monochromatischen Lichtquelle

Oberflächenungenauigkeiten, Dejustierung und Beugungseffekte beschreiben. Es hat also keinen Sinn, die Reflexion der Spiegel zu groß zu wählen, da dann zwar die Zahl p der interferierenden Teilbündel groß wird, deren Phasendifferenz aber über den Bündelquerschnitt nicht mehr konstant ist. Die optimale Wahl von R ergibt $p = q$.

Im Allgemeinen hat man keine punktförmigen, sondern ausgedehnte Lichtquellen. Wir betrachten in Abb. 10.24 ein „Luftspalt-FPI" (mit Brechzahl $n \approx 1$ zwischen den reflektierenden Ebenen), das von einer ausgedehnten Lichtquelle LQ in der Brennebene der Linse L_1 (dies ist die Ebene $z = z_0 = f$ senkrecht zur Symmetrieachse z, in der der dingseitige Brennpunkt liegt) beleuchtet wird. Das Licht, das von einem beliebigen Punkt Q der Quelle ausgesandt wird, durchläuft das FPI als paralleles Lichtbündel unter dem Winkel α gegen die Flächennormale. Nur für solche Winkel $\alpha_p (p = 1, 2, \dots)$, welche wegen $n = 1$ die Bedingung

$$\begin{aligned} \Delta s = 2d\sqrt{n^2 - \sin^2\alpha_p} &= 2d\cos\alpha_p \\ &= m \cdot \lambda \end{aligned} \tag{10.32}$$

erfüllen (m sei ganzzahlig), wird die Transmission des FPI maximal. Man erhält daher bei einer monochromatischen Flächenlichtquelle im transmittierten Licht ein System von konzentrischen hellen Ringen (Abb. 10.25), deren Schärfe von der Finesse F_g^* des FPI abhängt.

Bildet man das parallele Licht mit einer zweiten Linse L_2 mit Brennweite f_2 (siehe Abschn. 9.3) auf die Beobachtungsebene B ab, so werden die Durchmesser der Ringe

$$D_p = 2f_2 \cdot \tan\alpha_p \approx 2f_2 \cdot \alpha_p \, . \tag{10.33}$$

Der kleinste Ringdurchmesser, für den die Bedingung (10.32) mit $m = m_0$ erfüllt ist, sei $D = D_0$. Setzen wir für kleine Winkel $\alpha \ll 1$ in (10.32) die Näherung $\cos\alpha \approx 1 - \alpha^2/2$ ein, so erhalten wir:

$$\begin{aligned} 2d(1 - \alpha_p^2/2) &= m_p \cdot \lambda = (m_0 - p)\lambda \\ \Rightarrow 2d &= \left(m_0 + \frac{d\alpha_0^2}{\lambda}\right)\lambda = (m_0 + \varepsilon)\lambda \, . \end{aligned} \tag{10.34}$$

Die Größe $\varepsilon = d\alpha_0^2/\lambda < 1$ heißt der ***Exzess***. Für $\alpha_0 = 0$ ist $\varepsilon = 0$. Dann passt bei senkrechtem Einfall gerade eine ganze Zahl von halben Wellenlängen zwischen die Interferometerplatten, d. h. $m_0 \cdot \lambda/2 = n \cdot d$.

Für $\alpha_0 \neq 0$ gibt der Exzess ε den Überschuss $\varepsilon = d/(\lambda/2) - m_0$ des Plattenabstandes $d/(\lambda/2)$ in Einheiten der halben Wellenlänge über die ganze Zahl m_0 an.

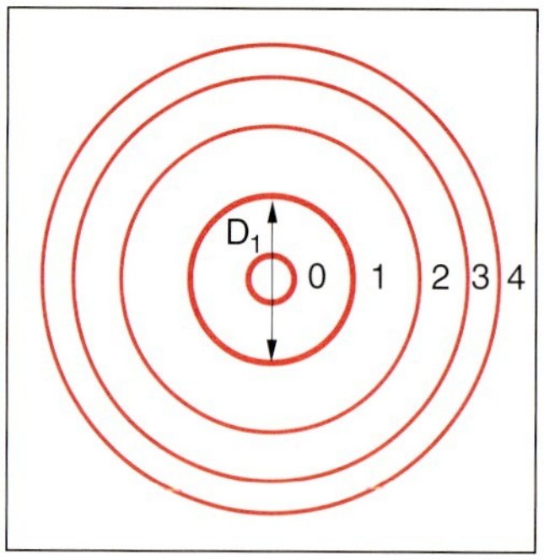

$$D_p^2 = \frac{4f_2^2 \cdot \lambda}{d}(p + \varepsilon)$$

Abb. 10.25. Ringsystem im transmittierten Licht eines ebenen FPI, das von einer ausgedehnten monochromatischen Lichtquelle beleuchtet wird

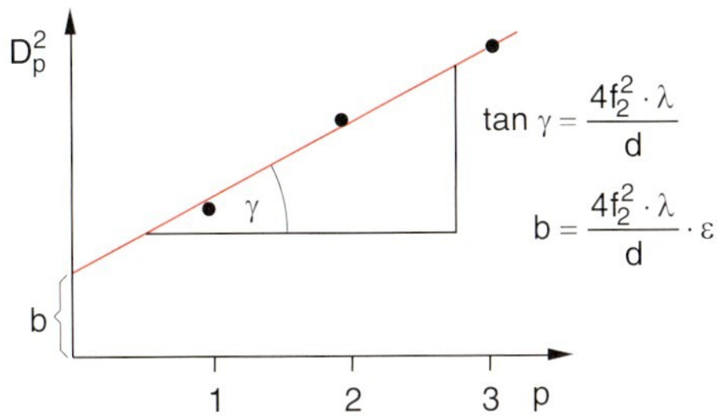

Abb. 10.26. Bestimmung von λ aus der Steigung und dem Achsenabschnitt der Geraden $D_p^2(p)$

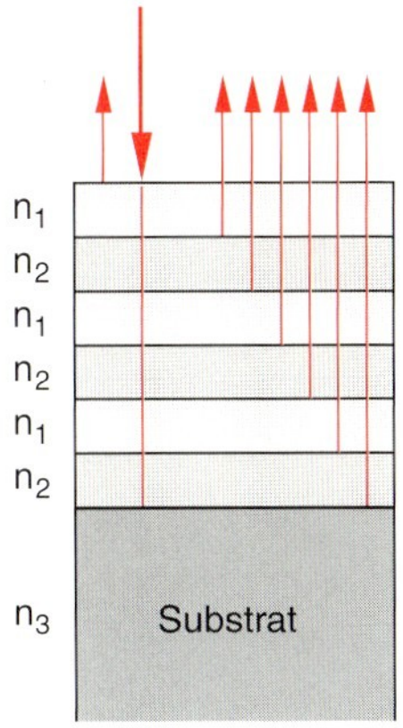

Abb. 10.27. Dielektrischer Spiegel mit Glassubstrat und vielen dünnen absorptionsarmen Schichten mit unterschiedlichen Brechzahlen n_1 und n_2. Die Dicke der Schichten ist übertrieben gezeichnet. Sie beträgt weniger als 1 μm

Es ergibt sich dann für die Quadrate D_p^2 der Ringdurchmesser (10.33) mithilfe von (10.34):

$$D_p^2 = \frac{4f_2^2 \cdot \lambda}{d}(p+\varepsilon)\,. \qquad (10.35)$$

Trägt man die Größen D_p^2 gegen die Ringnummer p auf (Abb. 10.26), so lässt sich die Wellenlänge λ bestimmen, vorausgesetzt, man kennt den Abstand d. Aus der Steigung der Geraden erhält man den Ausdruck $4f_2^2\lambda/d$ und aus dem Achsenabstand D_0^2 dann den Exzess ε.

10.4.2 Dielektrische Spiegel

Mit Metallspiegeln (Aluminium, Silber, Gold) erreicht man im sichtbaren Spektralbereich nur Reflexionswerte von höchstens $R = 0{,}95$, im Allgemeinen weniger (typisch ist $R = 0{,}90$). Dies liegt daran, dass das Absorptionsvermögen von Metallspiegeln hoch ist und das Reflexionsvermögen daher überwiegend durch den Imaginärteil des Brechungsindex bestimmt wird (siehe Abschn. 8.4.9).

Das Reflexionsvermögen von Metallspiegeln ist für viele Anwendungen (z. B. Laserspiegel) nicht ausreichend. Um höhere Werte für R zu erreichen, kann man die Interferenz bei der Reflexion an vielen dünnen Schichten mit unterschiedlichen Brechzahlen n, aber kleiner Absorption, ausnutzen (Abb. 10.27). Für eine maximale Reflexion müssen sich die an den einzelnen Grenzflächen reflektierten Teilwellen alle phasenrichtig überlagern. Wir wollen uns dies am senkrechten Einfall von Licht der Wellenlänge λ auf einen dielektrischen Spiegel mit zwei Schichten klar machen (Abb. 10.28). Für diesen Fall ($\alpha = 0$) gilt: Der elektrische Vektor erfährt bei der Reflexion am optisch dichteren Medium einen Phasensprung um π, während er bei der Reflexion am dünneren Medium keinen Phasensprung erfährt. Gilt für die Brechzahlen $n_{\text{Luft}} < n_1 > n_2 > n_3$, so erleidet das Licht nur bei der Reflexion an der oberen Grenzschicht einen Phasensprung von π. Konstruktive Interferenz erhält man, wenn die Dicken der Schichten $\lambda/4$ bzw. $\lambda/2$ sind.

Die Reflexionsvermögen der drei reflektierenden Grenzflächen sind:

$$R_1 = \left(\frac{n_1-1}{n_1+1}\right)^2, \quad R_2 = \left(\frac{n_1-n_2}{n_1+n_2}\right)^2,$$
$$R_3 = \left(\frac{n_2-n_3}{n_2+n_3}\right)^2. \qquad (10.36)$$

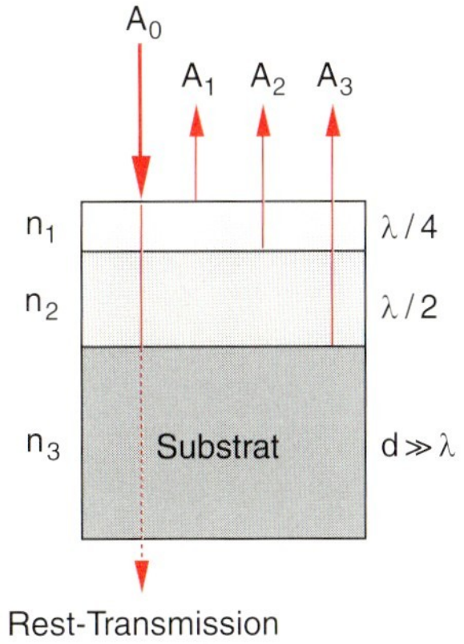

Abb. 10.28. Überlagerung der reflektierten Amplituden bei einem dielektrischen Zweischichtenspiegel mit $n_1 > n_2 > n_3$

Die gesamte Intensität ist dann:

$$I_R = \left| \sum_{p=1}^{3} A_p \right|^2 \tag{10.37}$$
$$= A_0^2 \left[\sqrt{R_1} + \sqrt{R_2}\left(1-\sqrt{R_1}\right) + \sqrt{R_3}\left(1-\sqrt{R_1}\right)^2 (1-R_2) \right]^2 .$$

Man kann heute bei Verwendung von 15–20 Schichten Spiegel mit einem Reflexionsvermögen von bis zu 99,995% herstellen, das natürlich nur für einen bestimmten Spektralbereich um eine wählbare Wellenlänge λ_0 optimal ist [10.7]. In Abb. 10.29 ist als Beispiel eine Reflexionskurve für einen Spiegel aus zwölf dielektrischen Schichten gezeigt. Als Material mit geringem Brechungsindex wird z. B. MgF_2 ($n = 1{,}38$) oder SiO_2 ($n = 1{,}46$), mit hohem Brechungsindex TiO_2 ($n = 2{,}4$) verwendet. Die Berechnung solcher Kurven und die Auswahl der einzelnen Schichtdicken erfordern umfangreiche Computerprogramme.

10.4.3 Antireflexschicht

Um die oft störenden Reflexionen an Glasoberflächen zu vermeiden (z. B. an Brillengläsern oder an den Linsen eines Fotoobjektivs), kann man die Flächen mit einer dünnen dielektrischen Schicht versehen, die eine destruktive Interferenz bewirkt (Abb. 10.30a). Der Phasenunterschied zwischen den an den beiden Grenzflächen reflektierten Teilwellen muss dann $(2m+1)\cdot\pi$ betragen. Wir betrachten im Folgenden nur senkrechten Einfall.

Ein Teil der Welle wird zunächst an der ersten Grenzschicht reflektiert. Er erfährt dabei einen Phasensprung von π (siehe Abschn. 8.4.8). Der transmittierte Rest wird teilweise an der zweiten Grenzschicht reflektiert usw.

Im Prinzip lässt sich die gesamte Reflexion wie zu Anfang dieses Abschnitts berechnen, mit dem Unterschied, dass jetzt die Brechungsindizes der angrenzenden Medien nicht mehr gleich sind. Die Amplituden $|A_i|$ der reflektierten Teilwellen lauten:

$$|A_1| = \sqrt{R_1}|A_0| ;$$
$$|A_2| = (1-R_1)\sqrt{R_2}|A_0| ;$$
$$|A_3| = (1-R_1)R_2\sqrt{R_1}|A_0| ;$$
$$|A_4| = (1-R_1)R_2^{3/2}R_1|A_0| ;$$
$$|A_5| = (1-R_1)R_2^2R_1^{3/2}|A_0| \quad \text{usw.}$$

Berechnet man nun, unter welchen Bedingungen sich diese Wellen vollständig auslöschen, erhält man für den Brechungsindex der Antireflexschicht

$$n_2 = \sqrt{n_{\text{Luft}} \cdot n_3} \approx 1{,}225 \quad \text{für} \quad n_3 = 1{,}5 \tag{10.38}$$

und für die Dicke der Schicht

$$d = \frac{2m+1}{4}\frac{\lambda_0}{n_2} \quad \text{mit} \quad m = 0, 1, 2, \ldots$$

(Aufgabe 10.12).

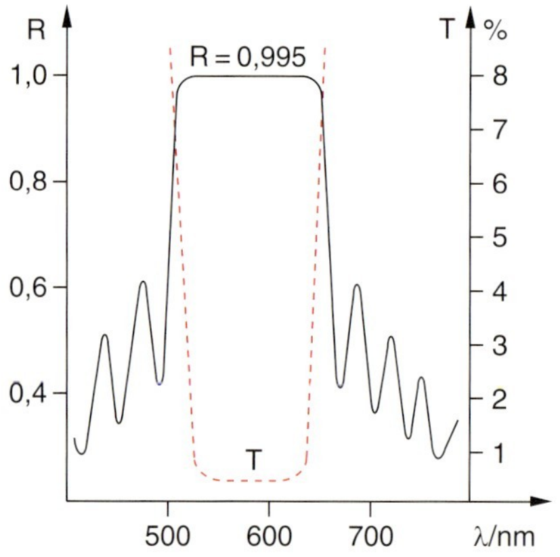

Abb. 10.29. Reflexionsvermögen $R(\lambda)$ eines dielektrischen Mehrschichtenspiegels

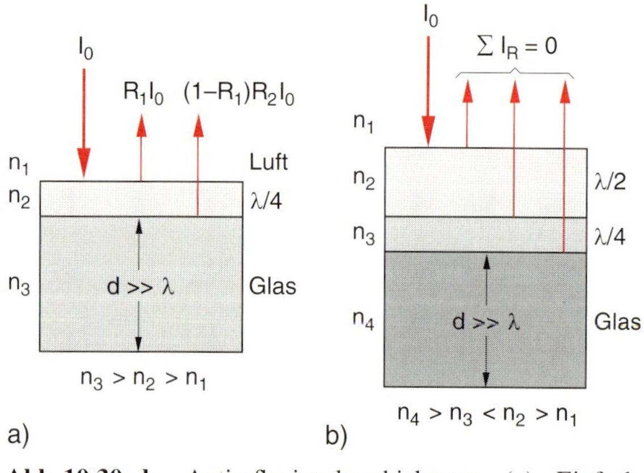

Abb. 10.30a,b. Antireflexionsbeschichtung. (**a**) Einfachschicht, (**b**) Zweifachschicht

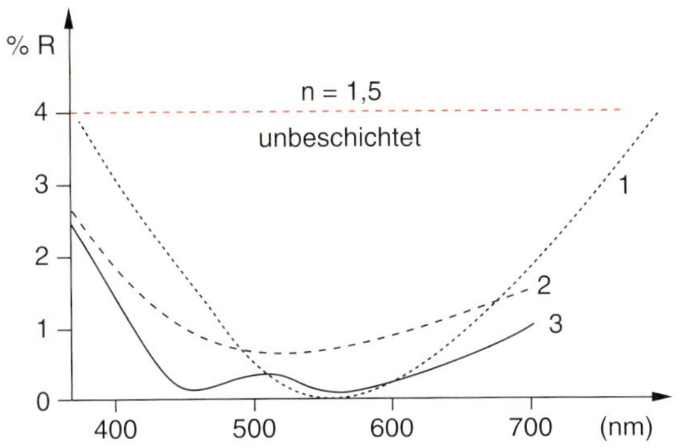

Abb. 10.31. Restreflexion bei einer einfachen Antireflexschicht (Kurve 1) im Vergleich mit unbeschichtetem Glas mit $n_2 = 1{,}5$. Die Kurve 2 wird durch einen Zweischichten-Breitband-Antireflexbelag erreicht, 3 durch einen Dreischichtenbelag

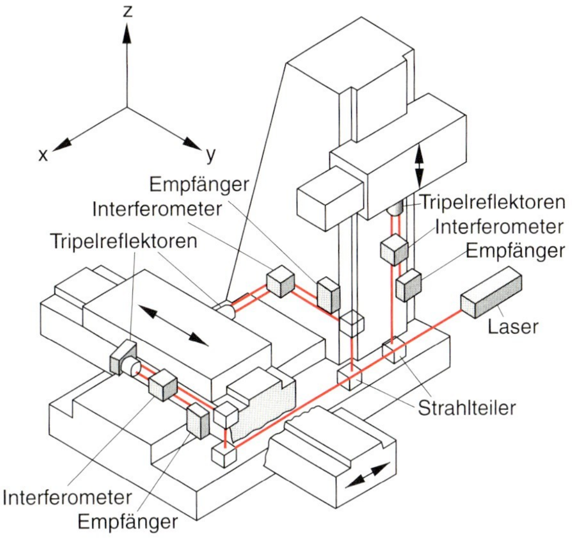

Abb. 10.32. Prinzip der in drei Raumrichtungen interferometrisch gesteuerten Werkzeugmaschine

Bei der in Abb. 10.30a gezeigten Einfachschicht erhält man nur für eine ausgesuchte Wellenlänge λ_0 vollkommen destruktive Interferenz, d. h. $I_R(\lambda_0) = 0$ (Abb. 10.31). Bei Verwendung mehrerer Schichten lässt sich die Restreflexion für einen breiteren Spektralbereich minimieren. So erreicht man bereits mit zwei Schichten (Abb. 10.30b) eine Restreflexion, die im gesamten sichtbaren Bereich unter 1% liegt [10.8], verglichen mit 4% bei einer unbeschichteten Glasplatte (Abb. 10.31).

10.4.4 Anwendungen der Interferometrie

Ein wichtiges Anwendungsgebiet der Interferometrie sind Längenmessungen. Da hier Phasenverschiebungen zwischen den Amplituden der interferierenden Teilwellen gemessen werden, können kleine Längen mit einer Genauigkeitsgrenze bestimmt werden, die wesentlich kleiner als die Wellenlänge des verwendeten Lichtes ist. Als Beispiel sei die Langenmessung mit dem in Abb. 10.10 gezeigten Michelson-Interferometer erwähnt. Wenn der Spiegel M_2 um die Strecke $\Delta s = (m + \varepsilon)\lambda$ mit $\varepsilon < 1$ bewegt wird, erhält man bei feststehendem Spiegel M_1 in der Beobachtungsebene B während der Bewegung des Spiegels M_2 $2(m+\varepsilon)$ Interferenzmaxima. Da man durch Interpolation bei genügend gutem Signal-zu-Rausch-Verhältnis den Bruchteil ε auf 0,01 genau bestimmen kann, lassen sich Weglängen auf $\lambda/100$ genau messen. Dies wird z. B. benutzt zur hochpräzisen Steuerung von Werkzeugmaschinen, wo man mit drei Interferometer-Armen in x-, y- und z-Richtung die Bewegung des Werkzeugkopfes (z. B. Fräsers) oder des Werkstücks in alle drei Raumrichtungen mit einer Genauigkeit von besser als 50 nm erreichen kann (Abb. 10.32).

Diese Präzision ist z. B. notwendig bei der Herstellung von Wafern für die Chip-Produktion. Hier muß der Wafer nach den einzelnen Prozeßschritten wieder genau an dieselbe Stelle positioniert werden, was nur mit interferometrischen Methoden mit der erforderlichen Genauigkeit (< 50 nm) möglich ist.

Ein weiteres Beispiel ist die Bestimmung von Abweichungen einer realen Fläche von der idealen Sollfläche. Das Meßprinzip ist in Abb. 10.33 erläutert. Die Fläche wird mit einem aufgeweiteten Laserstrahl beleuchtet. Das von der gegen den Strahl leicht geneigten Fläche reflektierte Licht wird mit einer ebenen Referenzwelle überlagert. Eine ideal ebene Fläche würde in der Überlagerungsebene gerade Interferenzstreifen ergeben. Jede Abweichung von der Sollfläche führt zu einer Verformung einzelner Interferenzstreifen. Aus dem Grad der Verformung läßt sich die absolute Abweichung der realen Fläche von der Sollfläche ermitteln und aus der Nummer des verformten Streifens läßt sich die Abweichung lokalisieren. Dieses Verfahren wird z. B. angewandt bei der Herstellung ebener oder gekrümmter Spiegelflächen, bei denen für hochreflektierende Spie-

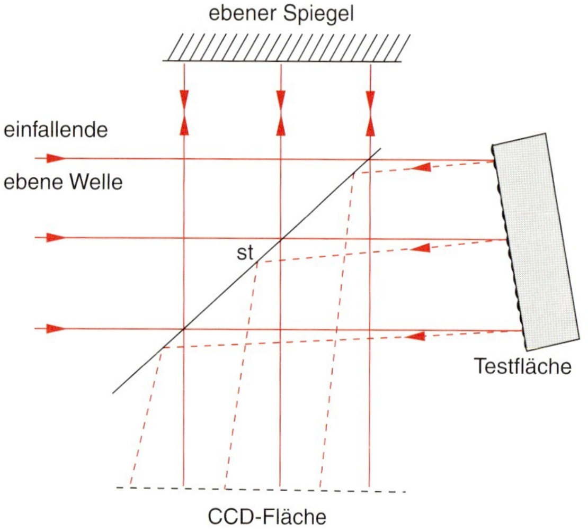

Abb. 10.33. Bestimmung kleiner Abweichungen einer fast ebenen Fläche von der idealen ebenen Sollfläche mit einem Michelson-Interferometer

gel eine Abweichung von der Sollfläche von weniger als $\lambda/100$ gefordert wird.

Auch die ortsabhängige optische Dicke $n \cdot d(x, y)$ einer durchsichtigen Schicht läßt sich interferometrisch mit großer Genauigkeit bestimmen, wenn eines der beiden interferierenden Teilbündel die Platte als Parallelbündel in z-Richtung durchläuft und danach mit dem Referenzbündel interferiert. In Abb. 10.34 ist als Beispiel ein Mach-Zehnder-Interferometer gezeigt, mit dem die ortsabhängige Variation $n(x, y)$ des Brechungsindexes über einer Kerzenflamme gemessen wurde. Da der Brechungsindex von der Temperatur des Gasgemisches über der Flamme abhängt, erlauben solche Messungen die Bestimmung des räumlichen Temperaturprofiles. Für mehr Beispiele siehe [10.9].

10.5 Beugung

Als Beugung bezeichnet man in der Optik das Phänomen, dass ein Lichtbündel beim Durchgang durch begrenzende Öffnungen oder beim Vorbeigang an Kanten nicht transmittierender Medien, die einen Teil des Lichtbündels absorbieren oder reflektieren, teilweise aus seiner ursprünglichen Richtung abgelenkt wird. Man beobachtet dann Licht auch in solchen Richtungen, in die es nach der geometrischen Optik nicht kommen dürfte.

10.5.1 Beugung als Interferenzphänomen

Wir betrachten in Abb. 10.35 N regelmäßig angeordnete Oszillatoren mit dem Abstand d auf der x-Achse, die durch eine in z-Richtung laufende Welle zu erzwungenen Schwingungen angeregt werden und deshalb wieder Wellen abstrahlen. In der Ebene $z = z_0$ sind alle Oszillatoren in Phase.

Wenn wir die Gesamtamplitude der von allen Oszillatoren in die Richtung θ gestreuten Welle berechnen wollen, müssen wir berücksichtigen, dass die einzelnen Teilwellen verschieden lange Wege durchlaufen. Der Wegunterschied zwischen benachbarten Teilwellen ist

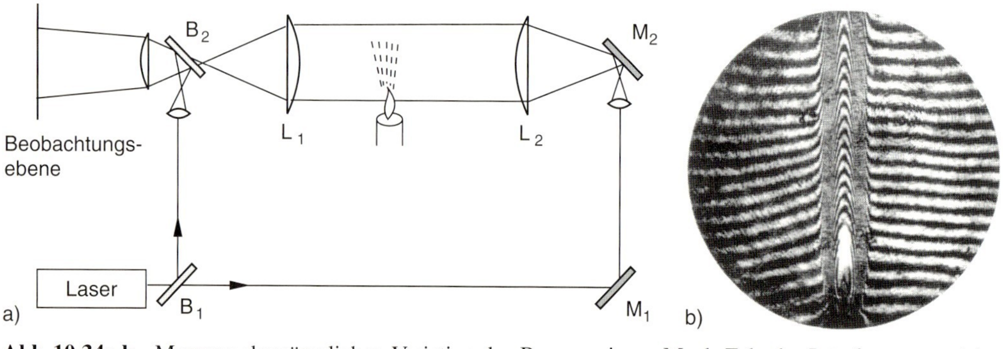

Abb. 10.34a,b. Messung der räumlichen Variation des Brechungsindex $n(x, y)$ der Gase über einer Kerzenflamme mit einem Mach-Zehnder-Interferometer. (**a**) optischer Aufbau, (**b**) Interferogramm

$\Delta s = d \cdot \sin\theta$. Er verursacht einen Phasenunterschied

$$\Delta\varphi = \frac{2\pi}{\lambda}\Delta s = \frac{2\pi}{\lambda} d \cdot \sin\theta \qquad (10.39)$$

zwischen benachbarten Teilwellen.

Die Gesamtamplitude von N streuenden Atomen auf der Geraden in x-Richtung in Abb. 10.35 ist dann für gleiche Teilamplituden $A_j = A$ der einzelnen Streuer:

$$E = A \cdot \sum_{j=1}^{N} e^{i(\omega t + \varphi_j)} = A \cdot e^{i\omega t} \sum_{j=1}^{N} e^{i\cdot(j-1)\Delta\varphi} ,$$

wenn wir die Phase der ersten Teilwelle $\varphi_1 = 0$ setzen. Die Summe der geometrischen Reihe ist:

$$\begin{aligned} \sum_{j=1}^{N} e^{i(j-1)\Delta\varphi} &= \frac{e^{iN\Delta\varphi} - 1}{e^{i\Delta\varphi} - 1} \qquad (10.40) \\ &= e^{i\frac{N-1}{2}\Delta\varphi} \cdot \frac{e^{i\frac{N}{2}\Delta\varphi} - e^{-i\frac{N}{2}\Delta\varphi}}{e^{i\Delta\varphi/2} - e^{-i\Delta\varphi/2}} \\ &= e^{i\frac{N-1}{2}\Delta\varphi} \cdot \frac{\sin\left[(N/2)\Delta\varphi\right]}{\sin(\Delta\varphi/2)} . \end{aligned}$$

Die Intensität $I = c\varepsilon_0 |E|^2$ der Welle in Richtung θ ist dann mit (10.39)

$$I(\theta) = I_0 \cdot \frac{\sin^2\left[N\pi(d/\lambda)\sin\theta\right]}{\sin^2\left[\pi(d/\lambda)\sin\theta\right]} , \qquad (10.41)$$

wobei $I_0 = c\varepsilon_0 A^2$ die von einem Sender ausgestrahlte Intensität ist. Der Verlauf dieser Funktion hängt entscheidend vom Verhältnis d/λ ab.

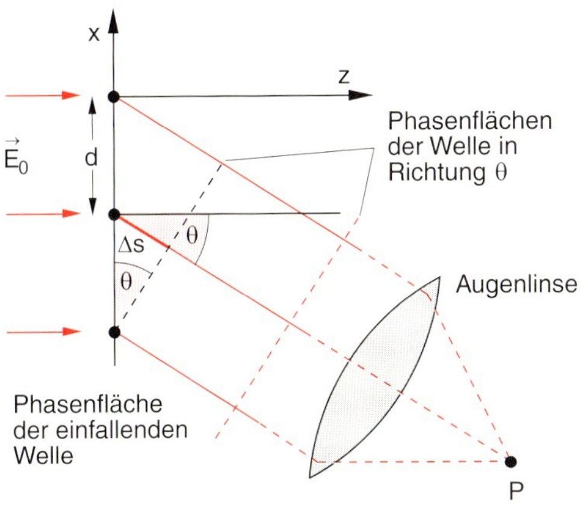

Abb. 10.35. Zur Herleitung von (10.41)

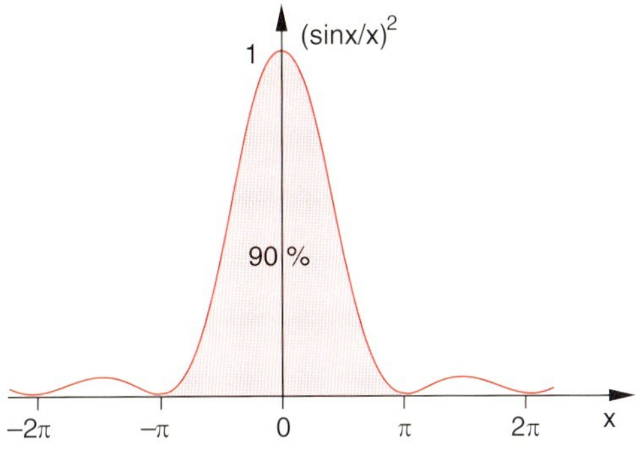

Abb. 10.36. Die Funktion $(\sin x/x)^2$

Für $d < \lambda$ hat $I(\theta)$ nur **ein** Maximum für $\theta = 0$ und fällt dann für größere Werte von θ auf $I = 0$ ab (siehe Bd. 1, Abschn. 11.11). Wir wollen uns das Verhalten von $I(\theta)$ für kleine Winkel θ ansehen, wo die Näherung $\sin\theta \approx \theta$ gilt. Für $d < \lambda$ und $\sin\theta \ll 1$ ist auch $\pi(d/\lambda)\sin\theta \ll 1$, und wir können (10.41) daher schreiben als

$$I(\theta) = N^2 I_0 \cdot \frac{\sin^2 x}{x^2} \qquad (10.42)$$

mit $x = N\pi(d/\lambda)\sin\theta$. Die Funktion $(\sin x/x)^2$ ist in Abb. 10.36 dargestellt. Man sieht, dass sie nur im Bereich $-\pi \le x \le +\pi$ größere Werte annimmt. Die Fläche unter dem zentralen Maximum

$$\int_{-\pi}^{+\pi} \frac{\sin^2 x}{x^2}\,dx \approx 0{,}9 \cdot \int_{-\infty}^{+\infty} \frac{\sin^2 x}{x^2}\,dx \qquad (10.43)$$

enthält etwa 90% der gesamten in alle Winkel θ gestreuten Intensität.

Ist die Breite $D = N \cdot d$ der Oszillator-Anordnung groß gegen die Wellenlänge λ $(N \cdot d \gg \lambda)$, so folgt für den Bereich $|x| < \pi$ dass $\sin\theta \ll x/\pi < 1$, d. h. die Intensität $I(\theta)$ hat nur merkliche Werte in einem sehr engen Winkelbereich $|\Delta\theta| = \lambda/(N \cdot d) \ll 1$ um die Richtung $\theta = 0$ der einfallenden Welle.

BEISPIEL

$D = 1\,\text{cm}, \quad \lambda = 500\,\text{nm} \Rightarrow \sin\theta < 5 \cdot 10^{-7}/10^{-2} = 5 \cdot 10^{-5}$.

Dieses Ergebnis macht folgende erstaunliche Tatsache deutlich:

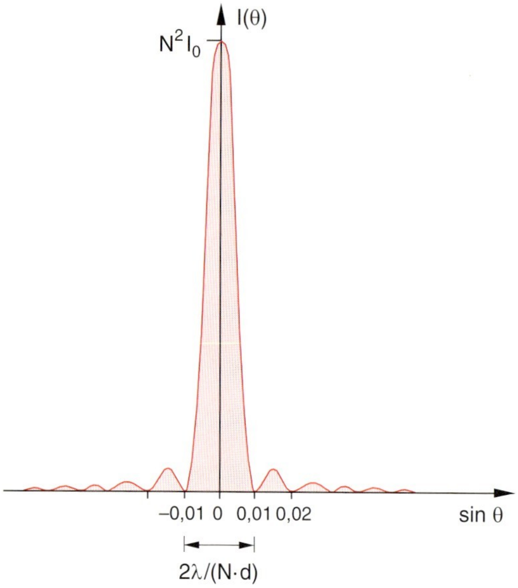

Abb. 10.37. Die Streuintensität $I(\theta)$ für $d < \lambda$ und $D = N \cdot d = 100\lambda$. Die Fußpunktsbreite $\Delta\alpha$ zwischen den Nullstellen von $I(\theta)$ ist $\Delta\theta = 2\lambda/(N \cdot d)$

Obwohl jeder einzelne Oszillator seine Strahlungsenergie in alle Raumrichtungen von $\theta = -\pi$ bis $\theta = +\pi$ abstrahlt, führt die Überlagerung von regelmäßig angeordneten Oszillatoren mit einem Abstand $d < \lambda$ zu einer Gesamtintensität, die im Wesentlichen in Vorwärtsrichtung in einem engen Winkelbereich $\theta = 0 \pm \Delta\theta$ emittiert wird. Die Größe $\Delta\theta$ hängt ab von der Gesamtbreite D der Oszillatoranordnung. Die halbe Fußpunktsbreite der Intensitätsverteilung $I(\theta)$ $I_0 \cdot (\sin x/x)^2$ in Abb. 10.36 ist

$$\Delta x = \pi \Rightarrow \Delta\theta = \lambda/(N \cdot d) = \lambda/D\,.$$

Für $D \to \infty$ geht $\Delta\theta \to 0$ (Abb. 10.37).

Die Ausbreitung der Wellen in Richtung $\theta \neq 0$ heißt Beugung. Wir sehen, dass sie durch Interferenz vieler Teilwellen zustande kommt und nur durch die endliche räumliche Begrenzung der Oszillatoren bzw. die Begrenzung des einfallenden Lichtbündels bewirkt wird.

Man beachte:

Die Gesamtamplitude der N in Phase schwingenden Oszillatoren, die jeweils eine Welle mit der Amplitude A_0 aussenden, ist $N \cdot A_0$, ihre Intensität in der Vorwärtsrichtung ist dann $N^2 A_0^2$ d. h. N dieser Oszillatoren haben **nicht** die Gesamtintensität NI_0 (wie man naiv annehmen könnte).

10.5.2 Beugung am Spalt

Wenden wir das im vorigen Abschnitt vorgestellte Modell auf den Durchgang einer ebenen Welle durch einen Spalt der Breite b an (Abb. 10.38), so müssen wir Folgendes bedenken:

Jeder Raumpunkt P im Spalt ist Ausgangspunkt einer Kugelwelle, weil sich elektrische und magnetische Feldstärke der einfallenden Welle in P zeitlich ändern und deshalb dort (auch im Vakuum!), wie durch die Maxwell-Gleichungen beschrieben, neue Felder E und B bilden, die zu Sekundärwellen Anlass geben. Diese Sekundärwellen überlagern sich (Huygenssches Prinzip, siehe Bd. 1, Abschn. 11.11).

Ersetzen wir einen Sender in Abb. 10.35 durch eine Strecke Δb von kontinuierlich verteilten Sendern, so haben wir im Spalt $N = b/\Delta b$ „Senderstrecken", deren Senderamplitude $A = N \cdot A_0 \cdot \Delta b/b$ proportional zur Länge Δb ist. Statt (10.41) erhalten wir dann:

$$I(\theta) = N^2 I_0 \left(\frac{\Delta b}{b}\right)^2 \frac{\sin^2\left[\pi(b/\lambda)\sin\theta\right]}{\sin^2\left[\pi(\Delta b/\lambda)\sin\theta\right]}\,. \tag{10.44}$$

wobei I_0 die von einem Senderelement Δb emittierte Intensität ist. Mit der Abkürzung $x = \pi \cdot (b/\lambda)\sin\theta$ und $\Delta b = b/N$ wird daraus:

$$I(\theta) = I_0 \cdot \frac{\sin^2 x}{\sin^2(x/N)}\,. \tag{10.45}$$

Lassen wir nun $N \to \infty$ gehen, d. h. $\Delta b \to 0$, so geht $\sin^2(x/N) \to x^2/N^2$, $N^2 I_0$ geht gegen die Gesamtintensität I_S des Spaltes und wir erhalten:

$$\lim_{N\to\infty} I(\theta) = N^2 I_0 \cdot \frac{\sin^2 x}{x^2} = I_S \cdot \frac{\sin^2 x}{x^2}\,. \tag{10.46}$$

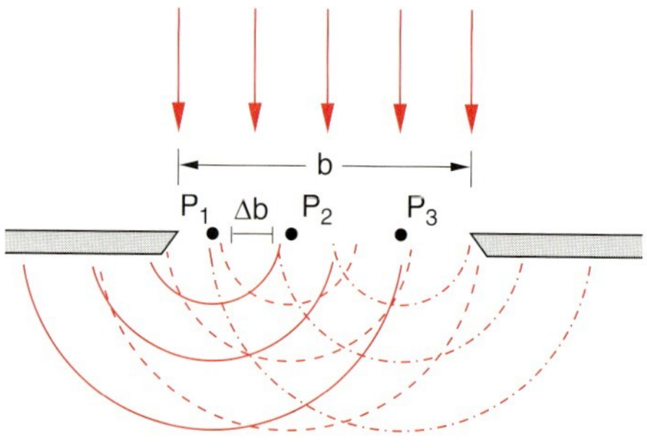

Abb. 10.38. Beugung am Spalt

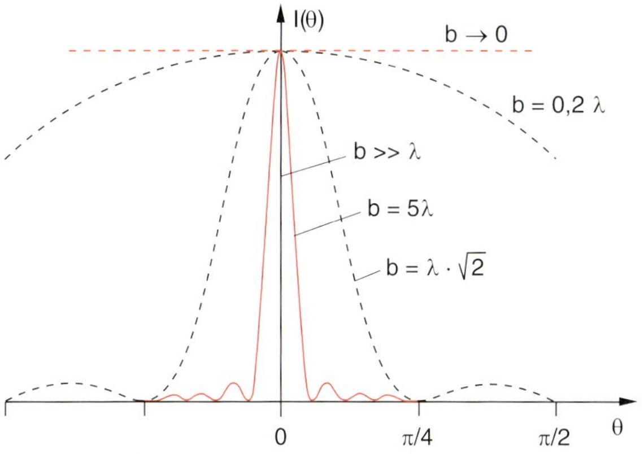

Abb. 10.39. Intensitätsverteilung $I(\theta)$ bei der Beugung am Spalt für verschiedene Werte des Verhältnisses b/λ von Spaltbreite b zu Wellenlänge λ

Diese bereits in Abb. 10.36 gezeigte Funktion ist in Abb. 10.39 als Funktion des Beugungswinkels θ aufgetragen. Das meiste Licht geht geradeaus ($\theta = 0$). Die Verteilung $I(\theta)$ wird null für $\sin\theta = \lambda/b$, hat aber für $\theta > \lambda/b$ noch viele mit wachsendem θ immer kleiner werdende Maxima.

Dies kann man sich auch anschaulich klar machen (Abb. 10.40). Für $\sin\theta = \lambda/b$ ist der Wegunterschied Δs zwischen dem ersten und dem letzten Teilbündel im gebeugten Licht gerade $\Delta s_m = \lambda$. Teilt man das gesamte gebeugte Lichtbündel in zwei Hälften, so gibt es zu jedem Teilbündel in der ersten Hälfte genau ein Teilbündel in der zweiten Hälfte mit dem Wegunterschied $\Delta s = \lambda/2$, sodass sich alle diese Teilbündel durch destruktive Interferenz auslöschen. Für $\Delta s = 3/2\lambda$ teilt man in drei gleiche Teilbündel auf, von denen sich zwei durch destruktive Interferenz auslöschen, während das dritte Teilbündel übrigbleibt (erstes Nebenmaximum in $I(\theta)$).

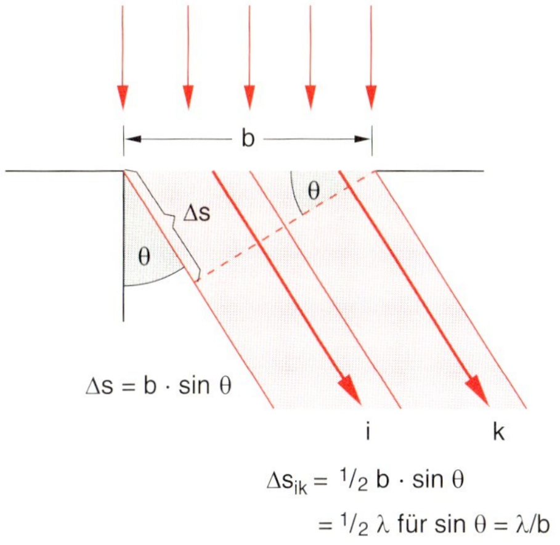

Abb. 10.40. Zur anschaulichen Darstellung der Intensitätsminima für $\sin\theta = \lambda/b$

Die Intensitätsverteilung $I(\theta)$ ist für verschiedene Verhältnisse b/λ in Abb. 10.39 dargestellt. Unabhängig vom Wert b/λ geht in das zentrale Beugungsmaximum der Bruchteil 0,9 der gesamten vom Spalt durchgelassenen Lichtleistung (siehe (10.43)).

Für $b \gg \lambda$ wird das zentrale Maximum von $I(\theta)$ sehr schmal, d. h. seine Fußpunktsbreite $\Delta\theta = 2\lambda/b$ wird klein: Das Licht geht im Wesentlichen geradeaus weiter.

BEISPIEL

$b = 1000\lambda \Rightarrow \Delta\theta = 2 \cdot 10^{-3}\,\text{rad} \mathrel{\hat{=}} 0{,}11°$.
Man beachte jedoch, dass auch bei durch die Beugung bedingten kleinen Divergenz eines parallelen Lichtbündels dessen Bündeldurchmesser größer wird. Für $\lambda = 500\,\text{nm}$ ist der Bündeldurchmesser am Spalt: $b = 0{,}5\,\text{mm}$, in einer Entfernung von $d = 1\,\text{m}$ hinter dem Spalt aber schon $b + d \cdot \Delta\theta \approx 2{,}5\,\text{mm}$. Das Lichtbündel ist dort aufgrund der Beugung bereits auf den fünffachen Durchmesser aufgeweitet.

Für $b \le \lambda$ gibt es kein Minimum mehr für die Funktion $I(\theta)$, weil das Minimum gemäß (10.44) bei $\sin\theta = \lambda/b$ auftreten muss. Das zentrale Beugungsmaximum ist über den ganzen Halbraum hinter dem Spalt ausgedehnt. Man sieht deshalb keine Beugungsstrukturen mehr, sondern eine monoton abfallende Verteilung der Intensität $I(\theta)$ über alle Winkel θ von 0 bis $\pm\pi/2$.

> Die durch einen Spalt der Breite b transmittierte Intensität einer Welle mit Wellenlänge λ zeigt eine Beugungsverteilung $I_t(\theta)$ um die Einfallsrichtung $\theta = 0$, die abhängt vom Verhältnis λ/b. Für $\lambda/b \ll 1$ gibt es ein zentrales Beugungsmaximum mit einer Fußpunktbreite $\Delta\theta = 2\lambda/b$ und kleinere Nebenmaxima bei $\theta_m = \pm(2m+1)\lambda/2b$. Für $\lambda/b > 1$ ist die Intensität I_t des zentralen Maximums über den gesamten Winkelbereich $|\theta| \le 90°$ verteilt.

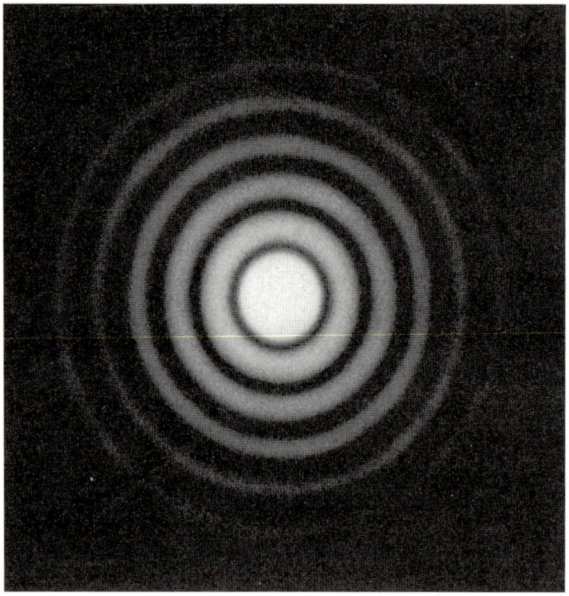

Abb. 10.41. Ringförmige Beugungsstruktur hinter einer Kreisblende, die mit parallelem Licht beleuchtet wird. Aus M. Cagnet, M. Francon, J. C. Thrierr: *Atlas optischer Erscheinungen* (Springer, Berlin, Göttingen 1962)

Bei der Beugung einer ebenen Welle, die senkrecht auf eine kreisförmige Blende mit Radius R fällt, muss die Intensitätsverteilung $I(\theta)$ der gebeugten Welle rotationssymmetrisch um die Symmetrieachse der Blende sein (Abb. 10.41). Die etwas aufwändigere Rechnung ([10.10], siehe auch Abschn. 10.6) ergibt statt (10.44) die Verteilung

$$I(\theta) = I_0 \cdot \left(\frac{2J_1(x)}{x}\right)^2 \qquad (10.47)$$

mit

$$x = \frac{2\pi R}{\lambda} \cdot \sin\theta\,,$$

wobei $J_1(x)$ die Besselfunktion erster Ordnung ist. Die Intensitätsverteilung (10.47) hat Nullstellen bei $x_1 = 1{,}22\,\pi$, $x_2 = 2{,}16\,\pi, \ldots$, sodass die erste Nullstelle von $I(\theta)$ bei $\sin\theta_1 = 0{,}61\,\lambda/R$ liegt.

Die Lage der Nebenmaxima I_{M_i} und ihre Intensitäten sind:

$$I_{\mathrm{M}_1} = 0{,}0175\,I_0 \quad \text{bei} \quad \sin\theta_{\mathrm{M}_1} = 0{,}815\,\lambda/R\,,$$
$$I_{\mathrm{M}_2} = 0{,}00415\,I_0 \quad \text{bei} \quad \sin\theta_{\mathrm{M}_2} = 1{,}32\,\lambda/R\,,$$
$$I_{\mathrm{M}_3} = 0{,}0016\,I_0 \quad \text{bei} \quad \sin\theta_{\mathrm{M}_3} = 1{,}85\,\lambda/R\,.$$

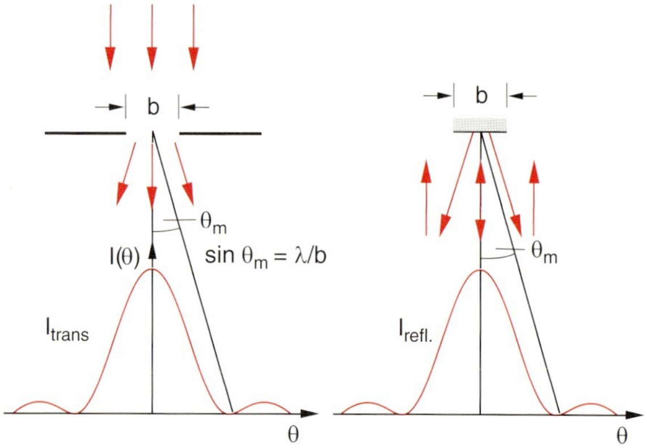

Abb. 10.42. Äquivalenz der Beugung des durch eine Blende transmittierten Lichtes und des an einem Spiegel gleicher Breite b reflektierten Lichtes

Man beachte:

Beugungserscheinungen lassen sich nicht nur beim Durchgang eines Lichtbündels durch eine begrenzende Öffnung beobachten, sondern auch bei der Reflexion an einer begrenzten Spiegelfläche (Abb. 10.42). So erhält man z. B. durch Reflexion an einer spiegelnden Kreisfläche ein Beugungs-Intensitätsmuster im reflektierten Licht, das völlig dem im transmittierten Licht durch eine Öffnung der gleichen Form entspricht (siehe Abschn. 10.7.5).

10.5.3 Beugungsgitter

Fällt eine ebene Welle senkrecht auf eine Anordnung von N parallelen Spalten in der Ebene $z = 0$ (Beugungsgitter, Abb. 10.43), so ist die Intensitätsverteilung $I(\theta)$ durch zwei Faktoren bestimmt:

- Die Interferenz zwischen den Lichtbündeln der verschiedenen Spalte. Die daraus resultierende Verteilung entspricht genau der im Abschn. 10.5.1 behandelten kohärenten Emission von N Sendern, die zur Intensitätsverteilung (10.41) führte.
- Die durch die Beugung an jedem Spalt verursachte Intensitätsverteilung (10.44).

Ist b die Spaltbreite und d der Abstand zwischen benachbarten Spalten, so ergibt sich gemäß (10.44) und (10.41) für die in Richtung θ gegen die z-Richtung

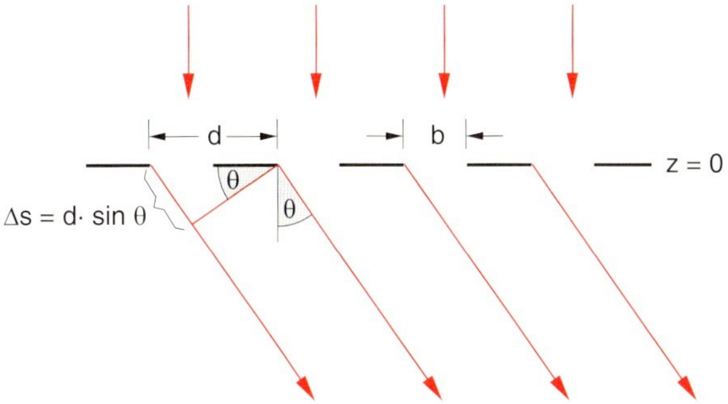

Abb. 10.43. Beugungsgitter von N parallelen Spalten, das senkrecht von einer ebenen Lichtwelle beleuchtet wird

emittierte Intensität

$$I(\theta) = I_S \cdot \frac{\sin^2\left[\pi(b/\lambda)\sin\theta\right]}{\left[\pi(b/\lambda)\sin\theta\right]^2} \cdot \frac{\sin^2\left[N\pi(d/\lambda)\sin\theta\right]}{\sin^2\left[\pi(d/\lambda)\sin\theta\right]}, \tag{10.48}$$

wobei I_S die von einem einzelnen Spalt durchgelassene Intensität ist. Der erste Faktor beschreibt die Beugung am Einzelspalt und der zweite Faktor die Interferenz zwischen N Spalten.

Maxima von $I(\theta)$ treten in denjenigen Richtungen auf, für welche der Wegunterschied zwischen äquivalenten Teilbündeln aus benachbarten Spalten

$$\Delta s = d \cdot \sin\theta = m \cdot \lambda \tag{10.49}$$

ein ganzzahliges Vielfaches der Wellenlänge λ ist. Wie groß diese Maxima sind, hängt von der Beugungsverteilung der Einzelspalte, d. h. vom ersten Faktor in (10.48) ab. Die Beugung sorgt dafür, dass überhaupt Licht in die Richtungen $\theta > 0$ gelangt. Je breiter die Spalte sind, desto geringer werden die möglichen Winkel θ, bei denen noch eine merkliche Intensität $I(\theta)$ auftritt.

In Abb. 10.44 ist als Beispiel die Verteilung $I(\theta)$ für ein Beugungsgitter aus acht Spalten gezeigt, bei dem das Verhältnis d/b von Spaltabstand d zu Spaltbreite b den Wert 2 hat.

Die einzelnen Hauptmaxima heißen ***Beugungsmaxima m-ter Ordnung*** (besser sollten sie Interferenzmaxima genannt werden). Wie man aus (10.49) sofort sieht, ist die höchste mögliche Ordnung $m_{\max}$ wegen $\sin\theta < 1$ durch

$$m_{\max} = d/\lambda,$$

also durch das Verhältnis von Spaltabstand d zu Wellenlänge λ gegeben. Die Hauptmaxima treten auf, wenn der Nenner des zweiten Terms in (10.48) null wird. Der 2. Faktor hat dann den Wert 1, sodass die Intensität in den Hauptmaxima durch die Beugungsverteilung des ersten Faktors (gestrichelte Kurve in Abb. 10.44) bestimmt wird.

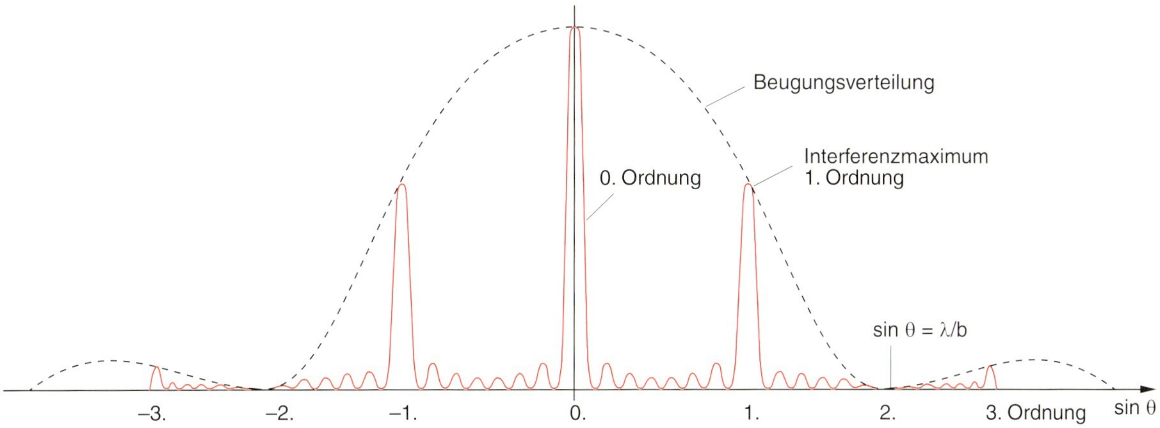

Abb. 10.44. Intensitätsverteilung $I(\theta)$ bei einem Beugungsgitter mit acht Spalten, bei dem $d/b = 2$ ist. In die zweite Interferenzordnung gelangt wegen des Beugungsminimums kein Licht

Zwischen den Hauptmaxima liegen bei N Spalten $N-2$ kleine Nebenmaxima, bei Winkeln θ_p, für die der Zähler des zweiten Faktors in (10.48) den Wert 1 hat, der Nenner aber $\neq 0$ ist, also für

$$\sin\theta_p = \frac{(2p+1)\lambda}{2N\cdot d} \quad (p = 1,2,\dots N-2)\,.$$

Die Höhe dieser Nebenmaxima kann man dem zweiten Faktor in (10.48) entnehmen. Für das p-te Maximum erhält man:

$$I(\theta_p) = \frac{I_0}{N^2}\,\frac{1}{\sin^2\left[(2p+1)\pi/(2N)\right]}\,,$$

was bei ungerader Zahl N für das mittlere Maximum ($p=(N-1)/2$) dann $I = I_0/N^2$ ergibt. Für genügend große N sind die Nebenmaxima also vernachlässigbar.

Man sieht aus Abb. 10.44, dass die Intensität in den Interferenzmaxima m-ter Ordnung von der Winkelbreite der Beugungsintensität abhängt. Die Spaltbreite b muss also genügend klein sein, damit genügend Intensität in die 1. Interferenzordnung gelangt.

Die Beugungsgitter spielen in der Spektroskopie eine große Rolle bei der Messung von Lichtwellenlängen λ. Allerdings braucht man dazu Gitter mit etwa 10^5 Spalten. Da diese Transmissionsgitter technisch schwierig herzustellen sind, benutzt man ***Reflexionsgitter***, die durch Ritzen von Furchen in eine ebene Glasplatte oder durch holographische Verfahren (siehe Abschn. 12.4 hergestellt werden [10.11].

Um die Verhältnisse bei Reflexion, Beugung und Interferenz quantitativ darzustellen, führen wir zwei verschiedene Normalenvektoren ein: Die Gitternormale, die senkrecht auf der Basisebene des ganzen Gitters steht, und die Furchenflächennormale, die senkrecht auf der geneigten Fläche einer Furche steht (Abb. 10.45). Fällt eine ebene Welle unter dem Einfallswinkel α gegen die Gitternormale ein, so besteht zwischen den von benachbarten Furchen in Richtung β reflektierten Teilbündeln der Gangunterschied

$$\Delta s = \Delta_1 - \Delta_2 = d(\sin\alpha - \sin\beta)\,, \qquad (10.50a)$$

wenn der Beugungswinkel β nicht auf der gleichen Seite der Gitternormalen liegt wie der Einfallswinkel α (Abb. 10.45a). Liegen Einfalls- und Beugungsrichtung auf der selben Seite wie die Gitternormalen (Abb. 10.45b), so gilt:

$$\Delta s = \Delta_1 + \Delta_2 = d(\sin\alpha + \sin\beta)\,. \qquad (10.50b)$$

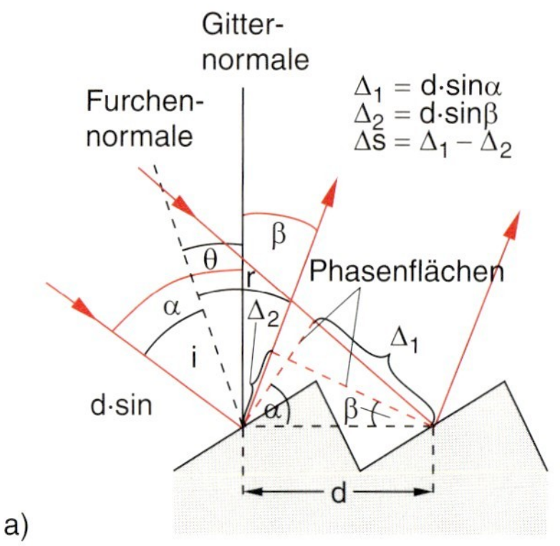

a)

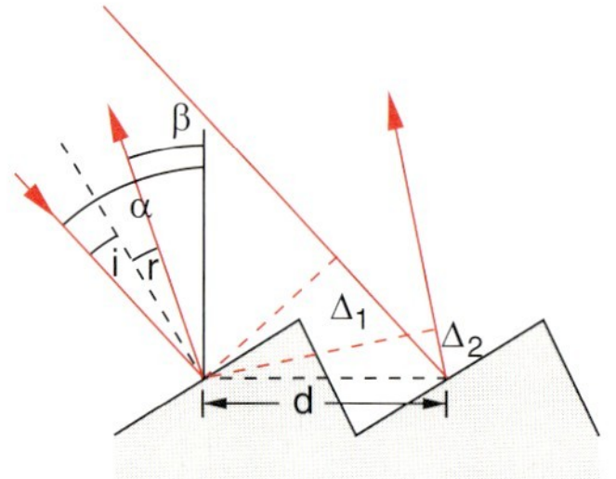

b)

Abb. 10.45a,b. Optisches Reflexionsgitter. (**a**) Einfallender und reflektierender Strahl liegen auf verschiedenen Seiten, (**b**) auf der gleichen Seite der Gitternormalen

Damit man beide Fälle mit der gleichen Formel beschreiben kann, wählt man folgende Konvention: Der Einfallswinkel α wird immer als positiv definiert. Der Beugungswinkel β wird als positiv definiert, wenn Einfalls- und Reflexionsstrahl auf der selben Seite der Gitternormalen liegen, sonst ist β negativ. Man kann dann für beide Fälle einheitlich schreiben:

$$\Delta s = d(\sin\alpha + \sin\beta)\,, \qquad (10.50c)$$

Man erhält bei vorgegebener Einfallsrichtung α nur in solchen Richtungen β konstruktive Interferenz, für welche die Gittergleichung

$$\boxed{d(\sin\alpha + \sin\beta) = m\cdot\lambda} \qquad (10.51)$$

erfüllt ist.

Eine unter dem Winkel i gegen die Furchen-Flächennormale einfallende Welle wird unter dem Winkel $r = i$ reflektiert. Man entnimmt Abb. 10.45, dass $i = \alpha - \theta$ und $r = \theta - \beta$ gilt (β ist negativ!). Für

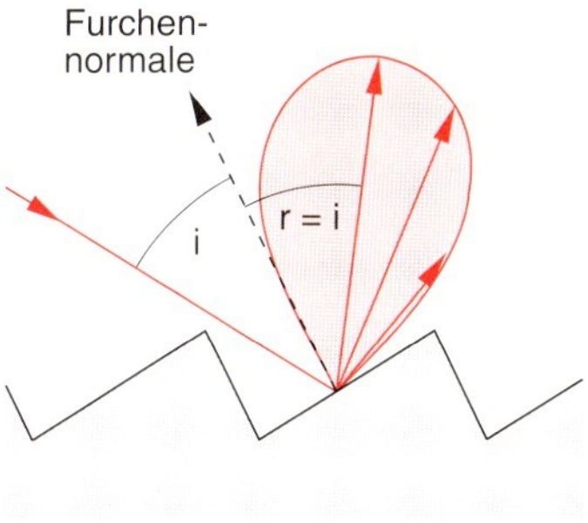

Abb. 10.46. Beugungsbedingte Intensitätsverteilung des an einer Furche des Gitters reflektierten Lichtes um den Reflexionswinkel $r = i = \alpha - \theta$

den Furchennormalenwinkel θ gegen die Gitternormale (***Blazewinkel***) gilt also

$$\theta = \frac{\alpha + \beta}{2} \,. \tag{10.52}$$

Da der Einfallswinkel α im Allgemeinen durch die Konstruktion des Gitterspektrometers fest vorgegeben ist, der Winkel β aber durch den Furchenabstand d und die Wellenlänge λ bestimmt wird, kann der Blazewinkel nach (10.51)

$$\theta = \frac{\alpha}{2} + \frac{1}{2} \arcsin\left[\frac{m \cdot \lambda}{d} - \sin\alpha\right]$$

nur für einen bestimmten Wellenlängenbereich optimiert werden.

Er wird so gewählt, dass für die Mitte λ_m des zu messenden Wellenlängenbereiches $\Delta\lambda$ der Winkel β_m, bei dem das Interferenzmaximum m-ter Ordnung auftritt, gleich dem Reflexionswinkel $r = \theta - \beta$ ist. Dann geht fast die gesamte reflektierte Intensität in die m-te Ordnung. Wegen der Beugung an jeder Furche der Breite b wird das reflektierte Licht in einen Winkelbereich $\Delta\beta$ um $\beta_m = r - \theta$ gebeugt (Abb. 10.46), sodass man einen größeren Wellenlängenbereich $\Delta\lambda$ mit nur wenig variierender Intensität $I(\beta)$ messen kann.

BEISPIEL

Ein optisches Gitter mit $d = 1\,\mu\text{m}$ werde mit parallelem Licht ($\lambda = 0{,}6\,\mu\text{m}$) unter dem Winkel $\alpha = 30°$ beleuchtet. Die erste Interferenzordnung mit $m = 1$ erscheint nach (10.51) unter dem Winkel β, für den $\sin\beta = (\lambda - d \cdot \sin\alpha)/d$ gilt, d. h. $\sin\beta = 0{,}1 \Rightarrow \beta \approx \pm 5{,}74°$. Der Beugungswinkel β liegt also auf der anderen Seite der Gitternormale wie der Einfallswinkel α. Für $m = -1$ erhält man:

$$\sin\beta = -\frac{\lambda}{d} - \sin\alpha = -1{,}1 \,.$$

d. h. die 1. Ordnung tritt nicht auf. Der optimale Blazewinkel ist dann nach (10.52) $\theta \approx 18°$ für $\beta = +6°$, d. h. $r = i = 12°$.

Die Fußpunktsbreite der Intensitätsverteilung $I(\beta)$ (d. h. der Winkelabstand $\Delta\beta$ zwischen den beiden benachbarten Nullstellen rechts und links von β_1) um das Maximum, das für $m = 1$ bei dem Reflexionswinkel $\beta = \beta_1$ liegen möge, kann aus (10.48) für $\theta = \beta$ berechnet werden zu $\Delta\beta = \lambda/N \cdot d$.

Dies entspricht genau der Breite der Beugungsverteilung an einem Spalt der Breite $b = N \cdot d$, also der Breite des gesamten Gitters. Die Intensitätsverteilung der vom Gitter reflektierten Interferenzmaxima hat die gleiche Winkelbreite wie das zentrale Beugungsmaximum bei einem Spiegel oder Spalt der Breite $b = N \cdot d$.

Ist der Blazewinkel Θ so gewählt, dass das einfallende Licht senkrecht auf die Furchenfläche fällt ($\alpha = \theta$), so wird die m-te Interferenzordnung für die Wellenlänge λ in die Einfallsrichtung zurückreflektiert ($\beta = \alpha$), wenn gilt:

$$\Delta s = 2d \cdot \sin\alpha = m \cdot \lambda \,.$$

Gitter, die als wellenlängenselektierende Spiegel wirken, die das Licht für eine Wellenlänge in die Einfallsrichtung reflektieren, obwohl der Einfallswinkel $\alpha \neq 0$ ist, heißen ***Littrow-Gitter*** (Abb. 10.47).

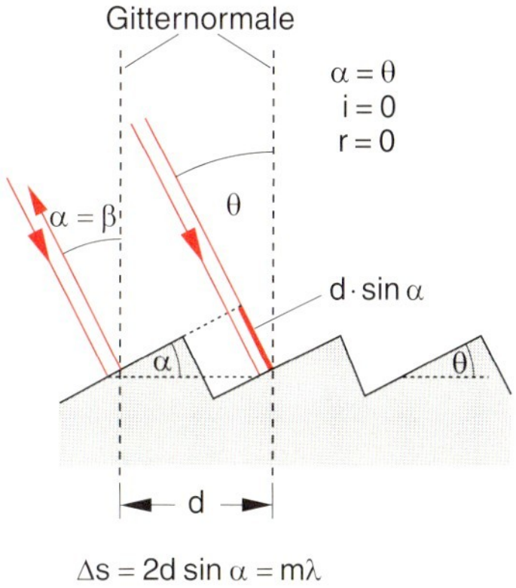

Abb. 10.47. Littrow-Gitter

10.6 Fraunhofer- und Fresnel-Beugung

Wir haben bisher Interferenz- und Beugungserscheinungen immer für parallel einfallende Lichtbündel behandelt, sodass wir für alle Teilstrahlen wohldefinierte Beugungswinkel θ gegen die Richtung des einfallenden Lichtes angeben konnten. Dieser Fall wird ***Fraunhofer-Beugung*** genannt. Die Situation wird komplizierter bei divergentem bzw. konvergentem einfallenden Licht, dessen einzelne Teilbündel verschiedene Winkel α_p in einem Winkelbereich $\alpha_0 \pm \Delta\alpha$ haben, sodass die Wegdifferenzen Δs in (10.49) für diese Teilbündel etwas unterschiedlich sind (***Fresnel-Beugung***).

Anmerkung

Man kann Fresnel- bzw. Fraunhofer-Beugung auch als verschiedene Näherungen einer allgemeinen Beugungstheorie auffassen (siehe Abschn. 10.7).

Wir wollen die Fresnel-Beugung an einigen Beispielen illustrieren. Zuerst soll jedoch noch einmal die Bedeutung des Huygensschen Prinzips am Beispiel der Ausbreitung einer Kugelwelle verdeutlicht werden.

10.6.1 Fresnelsche Zonen

Wir betrachten in Abb. 10.48 eine Kugelwelle, die von der hier als punktförmig angenommenen Lichtquelle L ausgeht, und wollen berechnen, wie groß die Lichtintensität im Beobachtungspunkt P ist und wie sie von Hindernissen zwischen L und P beeinflusst wird. Auf

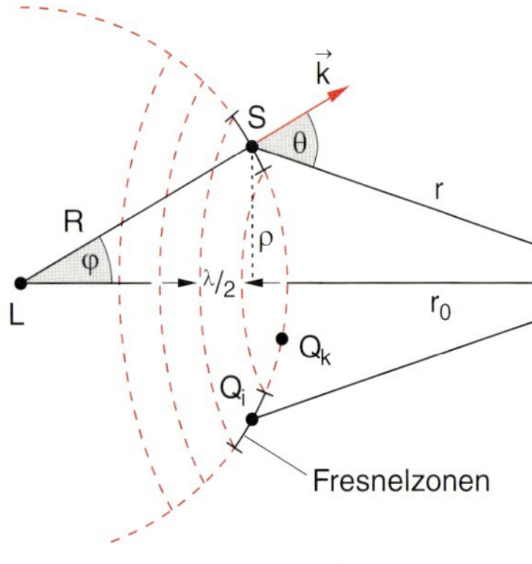

Abb. 10.48. Zur Konstruktion der Fresnelzonen. Die Figur ist rotationssymmetrisch um die Gerade $\overline{LP}$

einer Kugelfläche mit Radius R um L als Zentrum haben Wellenamplitude und Phase überall konstante Werte, da für die Kugelwelle gilt:

$$E(R) = \frac{E_0}{R}\,\mathrm{e}^{\mathrm{i}(\omega t - kR)}\,. \tag{10.53}$$

Sehen wir jetzt die einzelnen Punkte S dieser Kugelfläche als Ausgangspunkte neuer Kugelwellen an (Huygenssches Prinzip), so hängen die Amplitude und die Phase dieser Sekundärwellen im Beobachtungspunkt P vom Abstand $\overline{SP}$ und vom Winkel θ gegen den Wellenvektor $\boldsymbol{k}$ der Kugelwelle im Punkte S ab.

Alle Punkte S der Kugelfläche, welche den gleichen Abstand $r = \overline{SP}$ haben, liegen auf einem Kreis um die Verbindungslinie $\overline{LP}$ mit einem Radius $\varrho = R \cdot \sin\varphi$. Die Entfernung $\overline{LP}$ sei $r_0 + R$, d. h. $r(\varphi = 0) = r_0$. Konstruieren wir eine Reihe von Kugeln um P mit den Radien $r = r_0 + \lambda/2$, $r_0 + \lambda$, $r_0 + 3/2\lambda$, etc., so schneiden diese die Kugel um L in Kreisen, welche die Abstände $r_m = r_0 + m \cdot \lambda/2$ von P haben. Diese Kreise begrenzen Zonen auf der Kugel um L, welche ***Fresnelzonen*** heißen. Alle Punkte innerhalb der m-ten Zone haben Abstände r von P, die zwischen $r_0 + (m-1)\lambda/2$ und $r_0 + m \cdot \lambda/2$ liegen. Zu jedem Punkt Q_i einer Fresnelzone gibt es einen Punkt Q_k in der benachbarten Zone, dessen Entfernung Q_kP sich um $\lambda/2$ von $\overline{Q_iP}$ unterscheidet.

Wenn E_0 die Amplitude der von L ausgehenden Lichtwelle ist, so ist diese auf der Kugelfläche mit Radius R um L auf $E_a = E_0/R$ abgesunken. Der Beitrag der m-ten Zone mit der Fläche $\mathrm{d}S_m$ zur Feldstärke der Sekundärwelle im Punkte P ist dann

$$\mathrm{d}E = K \cdot \frac{E_a}{r}\,\mathrm{e}^{\mathrm{i}[-k(R+r)+\omega t]}\,\mathrm{d}S\,. \tag{10.54}$$

Der Faktor K gibt die Abhängigkeit der von $\mathrm{d}S$ abgestrahlten Amplitude vom Winkel θ gegen die Flächennormale an. $K(\theta)$ ist eine langsam veränderliche Funktion (z. B. $K(\theta) = \cos\theta$) und kann über eine Fresnelzone als konstant angesehen werden.

Wendet man den Kosinussatz auf das Dreieck LSP an, so erhält man die Relation:

$$r^2 = R^2 + (R + r_0)^2 - 2R(R + r_0)\cos\varphi\,, \tag{10.55}$$

deren Differentiation nach φ die Gleichung

$$2r\,\mathrm{d}r = 2R(R + r_0)\sin\varphi\,\mathrm{d}\varphi \tag{10.56}$$

ergibt. Die Fläche in der Fresnelzone mit Radius $\varrho = R \cdot \sin\varphi$ ist

$$\mathrm{d}S = 2\pi R \cdot R\sin\varphi\,\mathrm{d}\varphi\,.$$

Setzt man $\sin\varphi\,\mathrm{d}\varphi$ aus (10.56) ein, so wird die Fläche

$$\mathrm{d}S = \frac{2\pi R}{R+r_0} r\,\mathrm{d}r\,. \tag{10.57}$$

Der Beitrag der m-ten Fresnelzone zur Feldstärke im Punkte P ist daher:

$$\begin{aligned} E_m &= K_m \cdot E_a \cdot \frac{2\pi R}{R+r_0} \int_{r_{m-1}}^{r_m} \mathrm{e}^{-\mathrm{i}[k(R+r)-\omega t]}\,\mathrm{d}r \\ &= -\left[\frac{\lambda K_m E_a R}{\mathrm{i}(R+r_0)} \mathrm{e}^{-\mathrm{i}[k(R+r)-\omega t]}\right]_{r_{m-1}}^{r_m}. \end{aligned} \tag{10.58}$$

Weil $k = 2\pi/\lambda$ und $r_m = r_0 + m\cdot\lambda/2$, wird aus (10.58)

$$E_m = (-1)^{m+1} \frac{2\lambda K_m E_a R}{\mathrm{i}(R+r_0)} \mathrm{e}^{-\mathrm{i}\left[k(R+r_0)-\omega t\right]}\,. \tag{10.59}$$

Die Beiträge E_m der einzelnen Zonen wechseln ihr Vorzeichen von Zone zu Zone. Dies ist natürlich klar, weil die Wellen von L für alle Zonen die gleiche Phase haben, aber der Weg von den Zonen zu P sich mit m jeweils um $\lambda/2$ ändert, sodass die Phasen der Beträge E_m sich für aufeinander folgende Zonen jeweils um π unterscheiden.

Die Gesamtfeldstärke $E(P)$ ist

$$\begin{aligned} E(P) &= \sum_{m=1}^{N} E_m \\ &= |E_1| - |E_2| + |E_3| - |E_4| + \dots \pm |E_N|\,. \end{aligned} \tag{10.60a}$$

Wenn man bedenkt, dass sich die Beträge der E_m mit m nur sehr langsam ändern (wegen der geringen Änderung von K), so gilt näherungsweise:

$$|E_m| \approx \frac{1}{2}\big(|E_{m-1}| + |E_{m+1}|\big)\,. \tag{10.60b}$$

Deshalb ist es sinnvoll, die Reihe (10.60a) umzuordnen in:

$$\begin{aligned} E(P) =& \frac{1}{2}|E_1| + \left(\frac{1}{2}|E_1| - |E_2| + \frac{1}{2}|E_3|\right) \\ &+ \left(\frac{1}{2}|E_3| - |E_4| + \frac{1}{2}|E_5|\right) \\ &+ \dots + \frac{1}{2}|E_N|\,. \end{aligned} \tag{10.60c}$$

Wegen (10.60b) sind alle Glieder dieser Reihe vernachlässigbar, außer dem ersten und dem letzten Glied. Daher folgt

$$E(P) \approx \frac{1}{2}\big(|E_1| + |E_N|\big)\,. \tag{10.60d}$$

Wenn der Faktor $K_m(\theta)$ proportional zu $\cos\theta$ ist, wird der Beitrag der letzten Zone, bei der die Gerade SP Tangente an den Kreis um L wird und deshalb senkrecht auf der Flächennormalen steht, für $\theta = \pi/2$ null. Alle weiteren Zonen mit $m > N$ können nicht mehr in Richtung zum Beobachtungspunkt P hin abstrahlen. Wir erhalten daher

$$\begin{aligned} E(P) &\approx \frac{1}{2} E_1 \\ &= \frac{K_1 \lambda E_a R}{\mathrm{i}(R+r_0)} \mathrm{e}^{-\mathrm{i}\left[k(R+r_0)-\omega t\right]}\,. \end{aligned} \tag{10.61}$$

Wenn wir andererseits die Primärwelle, die von L ausgeht, im Punkt P betrachten, erhalten wir

$$E(P) = \frac{E_0}{R+r_0} \mathrm{e}^{-\mathrm{i}\left[k(R+r_0)-\omega t\right]}\,. \tag{10.62}$$

Natürlich müssen (10.61) und (10.62) dasselbe Ergebnis liefern, da die Einführung einer fiktiven Kugel um L und die Anwendung des Huygensschen Prinzips an der Ausbreitung der Wellen nichts ändern dürfen.

Der Vergleich von (10.61) mit (10.62) liefert daher einen Ausdruck für den Faktor K_1, der wegen $E_a = E_0/R$ lautet:

$$K_1 = \frac{\mathrm{i}}{\lambda}\,. \tag{10.63}$$

Für die m-te Fresnelzone ist $K_m = \frac{i}{\lambda}\cdot\cos\theta_m$, für die 1. Zone ist $\theta_1 \approx 0°$ und daher $\cos\theta_1 \approx 1$. Um uns eine Vorstellung über die Größe der Fresnelzonen zu verschaffen, berechnen wir nach Abb. 10.48 den Radius ϱ_m der m-ten Fresnel-Zone:

$$\begin{aligned} \varrho_m &\approx \sqrt{r^2 - r_0^2} = \sqrt{(r_0 + m\cdot\lambda/2)^2 - r_0^2} \\ &\approx \sqrt{m\cdot r_0\cdot\lambda} \quad \text{für} \quad r_0 \gg \lambda \end{aligned}$$

Er ist also abhängig von der Wellenlänge λ und vom Abstand r_0 zum Beobachtungspunkt.

BEISPIEL

$r_0 = 10\,\mathrm{cm}$, $\lambda = 0{,}5\,\mu\mathrm{m} \Rightarrow \varrho_1 = 0{,}22\,\mathrm{mm}$.

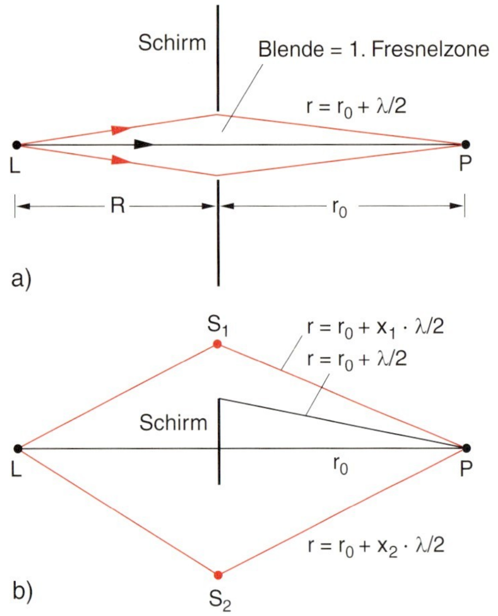

Abb. 10.49. (**a**) Durch die kreisförmige Öffnung in einem undurchlässigen Schirm, welche die erste Fresnelzone durchlässt, wird doppelt so viel Licht im Punkte P gemessen wie ohne Schirm. (**b**) Eine undurchlässige Scheibe von der Größe der ersten Fresnelzone lässt genauso viel Licht auf den Punkt P fallen, wie ohne die Scheibe aufträfe. Die Punkte S sind beliebige Punkte in der Ebene $z = 0$, die als Ausgangspunkte von Huygensschen Sekundärwellen angesehen werden

Stellen wir nun zwischen L und P im Abstand r_0 von P einen Schirm mit einer Blende, die gerade den Durchmesser $2 \cdot \sqrt{r_0 \lambda}$ der ersten Fresnelzone hat (Abb. 10.49a), so ist die von der Blende durchgelassene Feldstärke

$$E(P) = E_1 = \frac{2E_0}{R + r_0} \mathrm{e}^{-\mathrm{i}[k(R+r_0) - \omega t]} \qquad (10.64)$$

gerade *doppelt so groß* (d. h. die Lichtintensität ist viermal so groß!) wie ohne Schirm. Dies liefert das auf den ersten Blick sehr erstaunliche Ergebnis, dass der absorbierende Schirm die Intensität im Punkte P gegenüber der Anordnung ohne Schirm *erhöht*.

Der Grund dafür ist natürlich die Verhinderung der destruktiven Interferenz der anderen Fresnelzonen durch den Schirm. Diese liefern nämlich zur Feldstärke in P den Beitrag $-1/2\, E_1$, wie man sofort aus dem Vergleich von (10.60a) und (10.60d) erkennt. Die 1. Fresnelzone wirkt also wie eine Linse, welche das von L ausgehende divergente Licht teilweise wieder fokussiert.

Anstatt die erste Fresnelzone durchzulassen, kann man sie auch durch eine absorbierende Scheibe unterdrücken, sodass alle anderen Zonen durchgelassen werden (Abb. 10.49b). In der Reihe (10.60a) fehlt dann das erste Glied. Aus der umgeordneten Reihe (10.60c) sieht man, dass sich jetzt das zweite Glied nicht mehr zu null kompensiert (weil $E_1 = 0$), sodass trotz der Abblendung im Punkte P Licht erscheint. Seine Intensität ist wegen (10.60a–c) genauso groß wie ohne Hindernis!

Diese überraschenden Tatsachen zeigen wieder, dass das Huygenssche Prinzip, das von *Christiaan Huygens* (1629–1695, Abb. 10.50) bereits 1690 aufgestellt wurde, zur Beschreibung der Ausbreitung von Wellen im Raum sehr nützlich ist, während man mithilfe der geometrischen Optik beide Phänomene nicht erklären kann.

Wenn der Abstand R der Lichtquelle von der Blende in Abb. 10.49a sehr groß wird gegen den Blendendurchmesser, dann kann man die einfallende Welle als ebene Welle betrachten, und die gedachte Kugelfläche

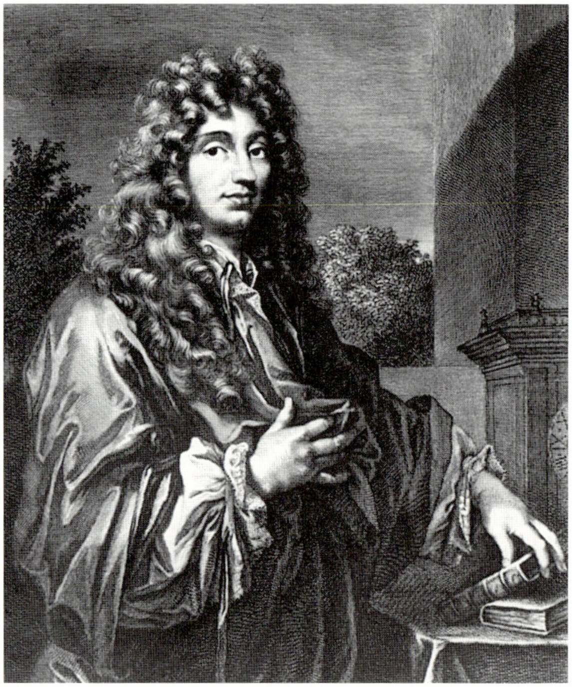

Abb. 10.50. *Christiaan Huygens*. Mit freundlicher Genehmigung des Deutschen Museums, München

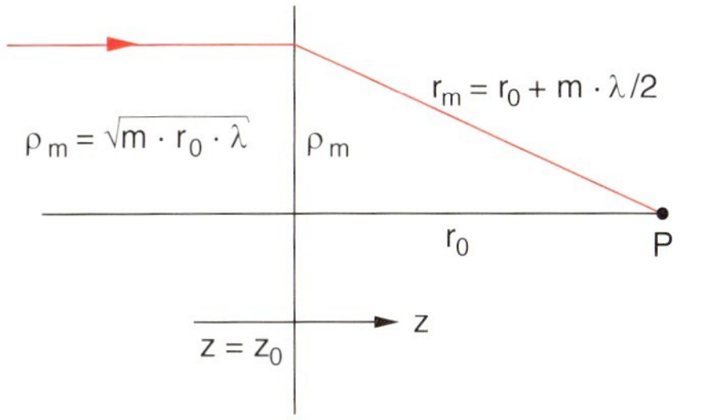

Abb. 10.51. Radius der m-ten Fresnelzone in der Ebene $z = z_0$ bei einer ebenen, in z-Richtung einfallenden Welle, wenn der Beobachtungspunkt auf der z-Achse bei $z = z_0 + r_0$ liegt

in Abb. 10.48 mit den Fresnelzonen wird eine Ebene (Abb. 10.51). Der Radius r_m der m-ten Fresnelzone hängt auch in diesem Fall von der Entfernung r_0 des Beobachtungspunktes ab.

Man beobachtet Fresnelbeugung immer dann, wenn die Austrittspupille des zur Beleuchtung in P beitragenden Lichtbündels viele Fresnelzonen umfasst, d.h. wenn ihr Durchmesser $D \gg \sqrt{r_0 \cdot \lambda}$ ist. Dies bedeutet, dass dann viele Fresnelzonen zur Feldamplitude in P beitragen. Wird r_0 so groß, dass nur noch die erste Fresnelzone einen Beitrag liefert, erhält man Fraunhofersche Beugungsbilder.

10.6.2 Fresnelsche Zonenplatte

Man kann die Ergebnisse des vorigen Abschnittes ausnutzen, um noch mehr Licht auf den Punkt P zu konzentrieren, als es mit der einfachen kreisförmigen Blende in Abb. 10.49a möglich ist. Dazu wird statt des Schirms eine Glasplatte verwendet, auf die undurchlässige Kreisringe so aufgedampft sind, dass sie z.B. den ungeradzahligen Fresnelzonen entsprechen (Abb. 10.52). Dadurch werden alle Beiträge der geradzahligen Zonen durchgelassen, sodass in der Summe (10.60a) alle Glieder gleichen Vorzeichens in Phase aufsummiert werden.

Eine solche Anordnung heißt ***Fresnelsche Zonenplatte***. Die Durchmesser und die Breiten der transmittierenden Kreisringe hängen von der Entfernung LP und von der Entfernung r_0 der Platte vom Punkt P ab. Wie man Abb. 10.51 entnimmt, lässt sich der Radius ϱ_m der m-ten Zone für $r_0 \gg m \cdot \lambda$ aus der Relation $\varrho_m^2 \approx (r_0 + m \cdot \lambda/2)^2 - r_0^2 \Rightarrow r_m^2 = r_0 m\lambda + m^2\lambda^2/4$ wegen $r_0 \gg m \cdot \lambda$ bestimmen zu:

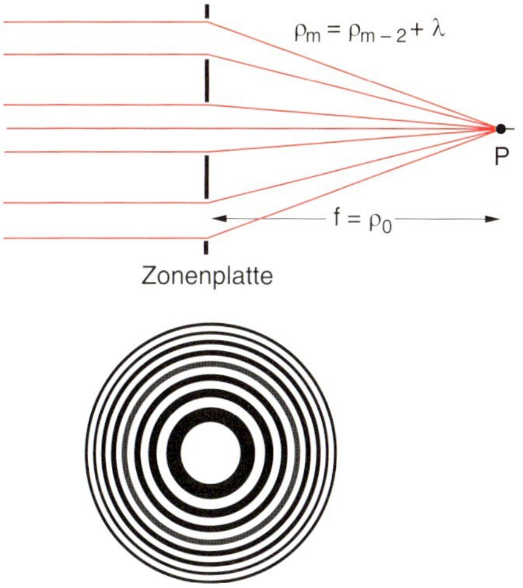

Abb. 10.52. Fresnelsche Zonenplatte

$$\varrho_m = \sqrt{m r_0 \cdot \lambda} \,. \tag{10.65}$$

Die Breite der m-ten Zone

$$\begin{aligned} \Delta\varrho_m &= \varrho_{m+1} - \varrho_m \\ &= \sqrt{r_0 \lambda}\left(\sqrt{m+1} - \sqrt{m}\right) \end{aligned} \tag{10.66}$$

nimmt mit wachsendem m ab. Die Zonenfläche

$$F_m = \pi(\varrho_{m+1}^2 - \varrho_m^2) = \pi r_0 \lambda \tag{10.67}$$

ist hingegen für alle Zonen gleich.

Eine solche Zonenplatte wirkt wie eine Linse, da sie auch Licht, das von der Quelle L schräg gegen die Verbindungsgerade LP ausgesandt wird, teilweise wieder in P vereinigt.

Sei $f = r_0$ der Abstand des Punktes P vom Zentrum der Zonenplatte, dann haben alle Punkte der m-ten Zone den Abstand $f + m \cdot \lambda/2$ von P. Wird die Zonenplatte von links mit parallelem Licht beleuchtet, so werden die Sekundärwellen in allen „offenen“ Zonen in Phase erzeugt.

Da sich die Wege von den offenen Zonen ($n = 2m$) um $2 \cdot \lambda/2 = \lambda$ unterscheiden, kommen alle Sekundärwellen in P mit gleicher Phase an. Der Punkt P ist also Brennpunkt der einfallenden Welle, und die Brennweite $f = r_0$ ergibt sich aus (10.65) zu

$$f = \frac{\varrho_m^2}{m \cdot \lambda} = \frac{\varrho_1^2}{\lambda} \,. \tag{10.68}$$

Die Brennweite f der Zonenplatte wird daher durch den Radius r_1 der ersten Fresnelzone und durch die Wellenlänge λ bestimmt. Eine Zonenplatte hat also eine wellenlängenabhängige Brennweite.

Solche abbildenden Zonenplatten haben in den letzten Jahren große Bedeutung für die Abbildung von Röntgenstrahlen erhalten (*Röntgenlinsen*). In diesem Bereich kann man keine Glas- oder Quarzlinsen verwenden, weil solche Materialien Röntgenstrahlen absorbieren und außerdem in diesem Wellenlängenbereich einen Brechungsindex $n' \approx 1$ haben.

Die experimentelle Realisierung benutzt meistens eine dünne, für Röntgenstrahlen durchlässige Folie, auf die dann aus Schwermetallen bestehende undurchlässige Zonen aufgedampft werden [10.12]. Auch für die Atomoptik (siehe Bd. 3) werden Fresnellinsen zur Fokussierung von monoenergetischen Atomstrahlen verwendet.

10.7 Allgemeine Behandlung der Beugung

Wir wollen nun einen allgemeinen Weg diskutieren, wie man Beugungserscheinungen an beliebigen Öffnungen oder Hindernissen berechnen kann. Obwohl solche Berechnungen häufig nur durch numerische Verfahren möglich sind, gibt die hier vereinfacht wiedergegebene Darstellung der Fresnel-Kirchhoffschen Beugungstheorie einen vertieften Einblick in die Grundlagen der Fresnelschen Beugung.

10.7.1 Das Beugungsintegral

Wir betrachten in Abb. 10.53 eine beliebige Öffnung σ in einem Schirm, der in der x-y-Ebene $z = 0$ steht, und wollen die Frage klären, welche Intensitätsverteilung sich in der x'-y'-Ebene $z = z_0$ ergibt, wenn die Öffnung beleuchtet wird. In der Ebene $z = 0$ möge die Feldamplitude

$$E_S(x, y) = E_0(x, y) \cdot \mathrm{e}^{\mathrm{i}\varphi(x,y)} \tag{10.69}$$

sein. Stammt die Beleuchtung z. B. aus einer praktisch punktförmigen Lichtquelle L im Punkte $(0, 0, -g)$ die

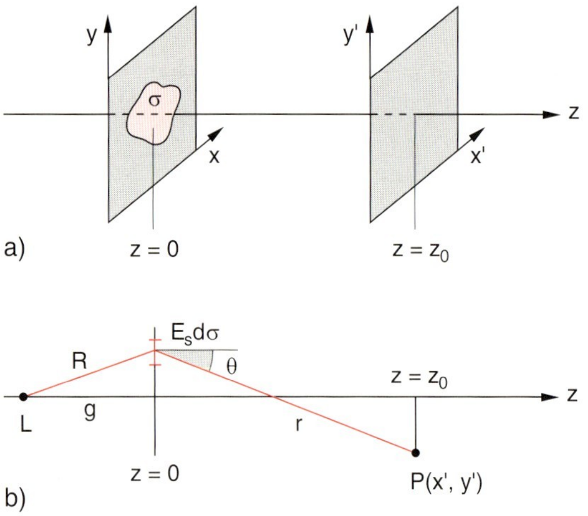

Abb. 10.53a,b. Zur Herleitung des Fresnel-Kirchhoffschen Beugungsintegrals

eine Lichtwelle mit der Amplitude A gleichmäßig in alle Richtungen emittiert, (Abb. 10.53b), so ist

$$E_0(x, y) = \frac{A}{R} = \frac{A}{\sqrt{g^2 + x^2 + y^2}} \quad \text{und}$$
$$\varphi = (\omega t - kR) \, . \tag{10.69a}$$

Von einem infinitesimalen Flächenelement $\mathrm{d}\sigma(x, y)$ in der Ebene $z = 0$ werden nach dem Huygensschen Prinzip Sekundärwellen abgestrahlt, die zur Feldstärke im Punkte $P(x', y')$ den Beitrag

$$\mathrm{d}E_P = C \cdot \frac{E_S \cdot \mathrm{d}\sigma}{r} \mathrm{e}^{-\mathrm{i}kr} \tag{10.70}$$

Wie wir im Abschnitt 10.6.1 diskutiert haben, kann der Proportionalitätsfaktor C durch $C = i \cdot \cos\theta / \lambda$ ausgedrückt werden.

Die gesamte von einer Lichtquelle beleuchtete Öffnung S des Schirmes bei $z = 0$ ergibt dann im Punkt P die Feldamplitude

$$E_P = \iint C \cdot E_S \cdot \frac{\mathrm{e}^{-\mathrm{i}kr}}{r} \, \mathrm{d}x \, \mathrm{d}y \, , \tag{10.71}$$

wobei sich das zweidimensionale Flächenintegral über alle Flächenelemente $\mathrm{d}\sigma = \mathrm{d}x \cdot \mathrm{d}y$ der Öffnung erstreckt. Das Integral (10.71) heißt ***Fresnel-Kirchhoffsches Beugungsintegral***.

Ist die Entfernung r zwischen den Punkten $S(x, y)$ in der Blendenöffnung und dem Beobachtungspunkt $P(x', y')$ groß gegen die Werte x, y der Blendenpunkte, so kann man wegen $x/z_0 \ll 1$, $y/z_0 \ll 1$ im Nenner von (10.71) $r \approx z_0$ setzen. Die Phase im Exponenten hängt jedoch empfindlich von der Entfernung r ab. Deshalb müssen wir hier eine bessere Näherung verwenden. In der Taylor-Entwicklung der Wurzel

$$r = \sqrt{z_0^2 + (x - x')^2 + (y - y')^2} \tag{10.72}$$
$$\approx z_0 \left(1 + \frac{(x-x')^2}{2z_0^2} + \frac{(y-y')^2}{2z_0^2} + \dots\right)$$

berücksichtigen wir deshalb alle Glieder bis zum quadratischen Term und vernachlässigen erst die höheren Terme. Mit $\cos\theta = z_0/r \approx 1$ und $C = (i/\lambda)$ (siehe 10.63) wird dann das Beugungsintegral (10.71)

$$E(x', y', z_0) = \mathrm{i}\frac{\mathrm{e}^{-\mathrm{i}kz_0}}{\lambda z_0} \int\limits_{-\infty}^{+\infty}\int\limits_{-\infty}^{+\infty} E_S(x, y) \tag{10.73}$$
$$\cdot \exp\left[\frac{-\mathrm{i}k}{2z_0}\left((x-x')^2 + (y-y')^2\right)\right] \mathrm{d}x\,\mathrm{d}y\,.$$

Man kann damit bei Kenntnis der Feldverteilung $E(x, y)$ über eine Fläche $z = 0$ die Feldverteilung $E(x', y', z_0)$ in einer Ebene $z = z_0$ berechnen.

Die hier verwendete Näherung heißt ***Fresnel-Näherung***. Ist der Durchmesser der beugenden Fläche sehr klein gegen z_0, so kann man die Näherung weiter vereinfachen. Wenn gilt:

$$z_0 \gg \frac{1}{\lambda}\left(x^2 + y^2\right),$$

so lassen sich die quadratischen Terme x^2, y^2 in (10.72) vernachlässigen, d. h.

$$r \approx z_0\left(1 - \frac{xx'}{z_0^2} - \frac{yy'}{z_0^2} + \frac{x'^2 + y'^2}{2z_0^2}\right).$$

Ziehen wir nun die quadratischen Terme in x', y' vor das Integral (10.73) (weil die Integration über x und y erfolgt), so hängt die Phase linear von x und y ab und es ergibt sich statt (10.73):

$$E(x', y', z_0) = A(x', y', z_0) \int\limits_{-\infty}^{+\infty}\int\limits_{-\infty}^{+\infty} E_S(x, y)$$
$$\cdot \exp\left[\frac{+\mathrm{i}k}{z_0}\left(x'x + y'y\right)\right] \mathrm{d}x\,\mathrm{d}y \tag{10.74}$$

mit

$$A(x', y', z_0) = \frac{\mathrm{i}\,\mathrm{e}^{-\mathrm{i}kz_0}}{\lambda z_0} \cdot \mathrm{e}^{(-\mathrm{i}\pi)/(\lambda z)\cdot(x'^2 + y'^2)}\,.$$

Diese Näherung heißt ***Fraunhofer-Beugung***, bei der die Beugungungserscheinungen im Fernfeld beobachtet werden. Der allgemeine Fall, bei der die lineare Näherung nicht mehr anwendbar ist, heißt ***Fresnel-Beugung***. Wir wollen dies an einigen Beispielen verdeutlichen.

10.7.2 Fresnel- und Fraunhofer-Beugung an einem Spalt

Ein schmaler Spalt in y-Richtung mit der Breite $\Delta x = b \gg \lambda$ möge mit einem parallelen Lichtbündel beleuchtet werden (Abb. 10.54). Wir wollen die Intensitätsverteilung $I(x', z_0)$ des gebeugten Lichtes in der Ebene $y = 0$ für verschiedene Entfernungen z_0 der Beobachtungsebene $z = z_0$ von der Spaltebene $z = 0$ bestimmen. Das Beugungsintegral (10.73) reduziert sich auf ein eindimensionales Integral

$$E(P) = C \cdot E_S \int\limits_{-b/2}^{+b/2} \frac{1}{r}\,\mathrm{e}^{-\mathrm{i}kr}\,\mathrm{d}x\,, \tag{10.75}$$

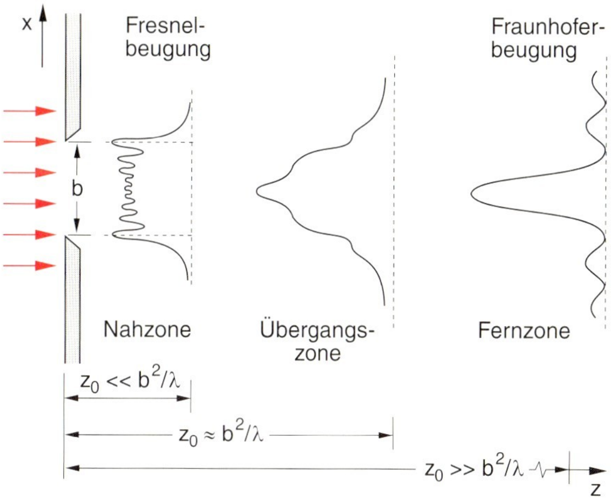

Abb. 10.54. Fresnel- und Fraunhoferbeugung an einem Spalt. Gezeigt sind von links nach rechts die Intensitätsverteilungen in der Nahzone, in einer mittleren Entfernung und in sehr großer Entfernung, wo man die bekannte Fraunhoferbeugung erhält

wobei

$$r = \left[(x-x')^2 + z_0^2\right]^{1/2} = z_0\sqrt{1+\left(\frac{x-x'}{z_0}\right)^2}$$

die Entfernung des Aufpunktes $P = (x', 0, z_0)$ von einem Spaltpunkt $(x, 0, 0)$ ist. Die Feldamplitude E_S ist über die Spaltfläche konstant und kann daher vor das Integral gezogen werden. Wir unterscheiden nun drei Entfernungszonen für z_0:

- Die Nahzone (z_0 ist nicht wesentlich größer als die Spaltbreite $b \gg \lambda$). Dann ist der Radius $r_1 = \sqrt{z_0 \cdot \lambda}$ der ersten Fresnelzone klein gegen b, und viele Fresnelzonen tragen zur Feldamplitude im Punkt P bei, d. h. die Phase der Gesamtwelle in P variiert stark mit x'. Wir erhalten durch numerische Integration von (10.75) die linke in Abb. 10.54 gezeigte Intensitätsverteilung $I(P) \propto |E(P)|^2$.
- Eine mittlere Entfernungszone, bei der nur noch wenige Fresnelzonen beitragen (mittlere Verteilung $I(x')$ in Abb. 10.54).
- Eine Fernzone ($z_0 \gg b$) bei der der Radius $r_1 = \sqrt{z_0\lambda}$ der ersten Fresnelzone größer ist als b. Dies ist der Bereich der Fraunhofer-Beugung (rechte Intensitätsverteilung in Abb. 10.54).
  Hier gilt für r die Näherung (10.74). Die von x unabhängigen Terme der Exponentialfunktion und der praktisch konstante Nenner r in (10.75) können dann vor das Integral gezogen werden, und man erhält damit die Fraunhofersche Beugungsformel (10.44) (siehe Aufgabe 10.5).

Man sieht hieraus, dass die üblicherweise dargestellte Fraunhofersche Beugungsverteilung eine Näherung ist, die nur für Entfernungen gilt, die sehr groß sind gegen die Dimensionen der beugenden Öffnung.

Man kann das (unendlich entfernte) Fernfeld durch eine Linse hinter der beugenden Öffnung in die Brennebene dieser Linse abbilden. Auch hier muss allerdings die Brennweite groß gegen die Breite des Beugungsspaltes sein.

10.7.3 Fresnel-Beugung an einer Kante

Fällt ein paralleles Lichtbündel in z-Richtung auf einen undurchlässigen Schirm in der x-y-Ebene $z = 0$, welcher den Halbraum $x < 0$ abdeckt, sodass eine Kante des Schirms entlang der y-Achse verläuft, so beobachtet man hinter dem Schirm die in Abb. 10.55 gezeigten Beugungsstrukturen. Auch in den abgedeckten Halbraum $x' < 0$ gelangt Licht, und im nichtabgedeckten Halbraum $x' > 0$ oszilliert die Intensität $I(x')$.

Das Beugungsintegral (10.75) wird jetzt für den Beobachtungspunkt $P(x', z_0)$

$$E(P) = C \cdot E_S \int\limits_0^\infty \frac{e^{-ik\sqrt{(x-x')^2+z_0^2}}}{\sqrt{(x-x')^2+z_0^2}}\,dx\,. \qquad (10.76)$$

Für $x' \ll z_0$ lässt sich das Integral durch Reihenentwicklung der Wurzel näherungsweise lösen [10.13] und ergibt die in Abb. 10.55c gezeigte Intensitätsverteilung $I(x')$.

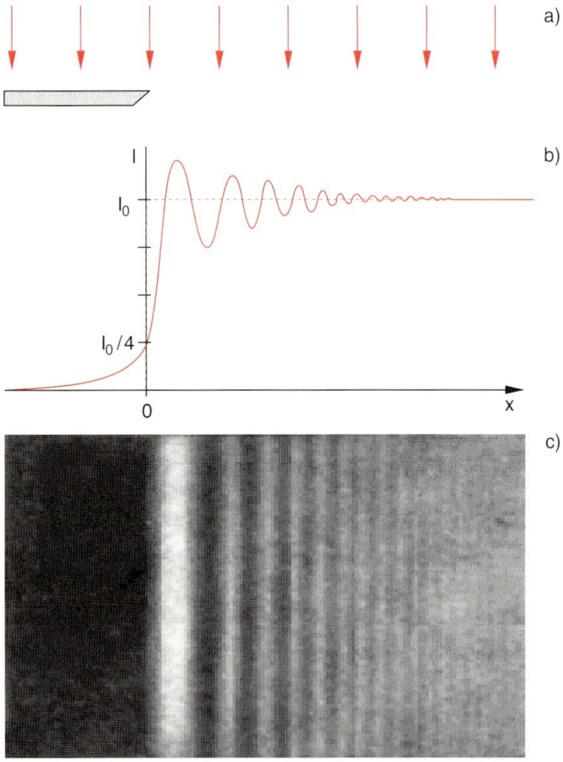

Abb. 10.55a–c. Intensitätsverteilung hinter einer beugenden Kante; (**a**) Schemazeichnung, (**b**) aus dem Beugungsintegral berechneter Verlauf. Der gestrichelte Verlauf würde sich nach der geometrischen Optik ergeben, (**c**) beobachtete Struktur. (aus D. Meschede: *Gerthsen Physik*, 21. Aufl. (Springer, Berlin, Heidelberg 2002)

10.7.4 Fresnel-Beugung an einer kreisförmigen Öffnung

Wird eine kreisförmige Öffnung mit Radius a in einem sonst undurchsichtigen Schirm mit parallelem Licht beleuchtet, so erhält man im Abstand z_0 hinter der Öffnung eine um die z-Achse rotationssymmetrische Beugungsstruktur (Abb. 10.56), deren Verlauf $I(\varrho)$ mit $\varrho^2 = x'^2 + y'^2$ vom Radius a der Blende und von der Entfernung z_0 zwischen Beobachtungsebene und Schirm abhängt.

Die Intensität im zentralen Punkt $P_0(\varrho = 0)$ ist maximal, wenn $z_0 = a^2/\lambda$ gilt, weil dann die erste Fresnelzone mit Radius $r_1 = \sqrt{z_0 \cdot \lambda} = a$ gleich der Fläche der Blendenöffnung ist (siehe Abschn. 10.6.1). Macht man den Abstand z_0 kleiner (bzw. den Blendenradius a größer), sodass $z_0 = a^2/2\lambda$ wird, so enthält die Blendenöffnung die beiden ersten Fresnelzonen, deren Beiträge zur Feldamplitude P_0 destruktiv interferieren, sodass dann die Intensität in P_0 fast null wird. Man beobachtet dann einen dunklen Punkt im Zentrum der Beugungsstruktur.

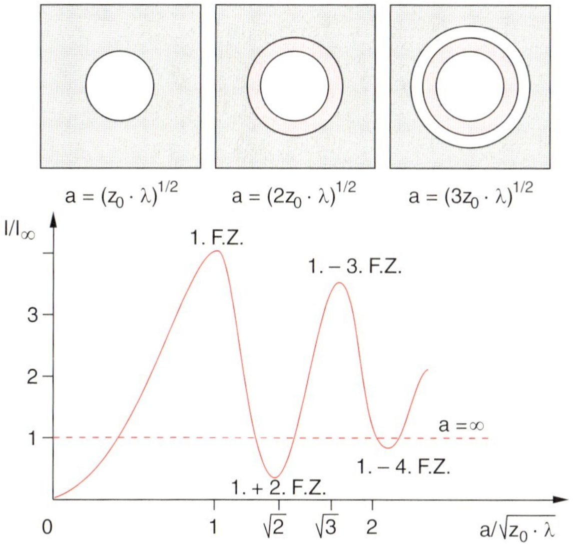

Abb. 10.56. Beugungsintensität in einem Punkt $P(z_0)$ auf der Achse als Funktion des Radius a einer Kreisblende. Im oberen Teil sind die Fresnelzonen für Blenden mit $a = \sqrt{nz_0 \cdot \lambda}$ für die Werte $n = 1, 2, 3$ illustriert, zu denen die Extrema der unteren Kurve gehören. Das Licht durch die 2. Fresnelzone hat einen Wegunterschied von $\lambda/2$ und interferiert destruktiv. Die gestrichelte Kurve gibt die Intensität ohne Schirm ($a = \infty$) an

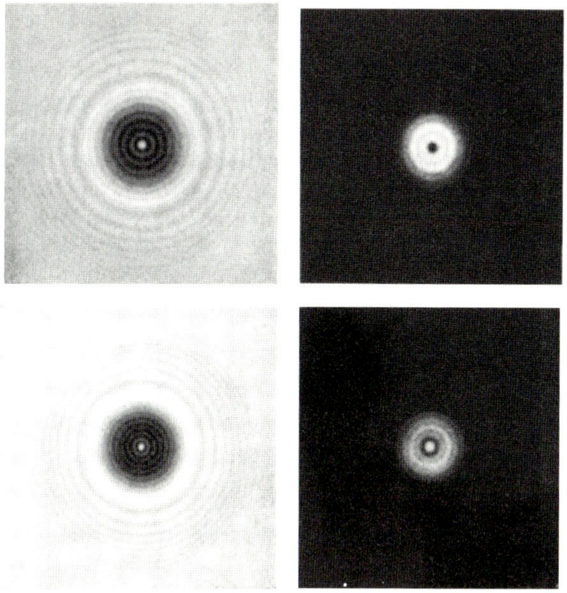

Abb. 10.57. Vergleich der Beugungsstruktur hinter einer Kreisblende (rechts) mit denen hinter einer undurchsichtigen Scheibe gleicher Größe (links). Die Bilder oben und unten sind in zwei verschiedenen Abständen von den beugenden Strukturen beobachtet. Aus W. Weizel, *Lehrbuch der Theoretischen Physik*, Bd. 1 (Springer, Berlin, Göttingen 1949)

Die Intensität $I(P_0)$ auf der Symmetrieachse variiert also bei festem Blendenradius a oszillatorisch mit dem Abstand z_0 der Beobachtungsebene von der Beugungsebene.

Eine analoge Intensitätsverteilung wird bei der Beugung an einer undurchlässigen Kreisscheibe mit Radius a beobachtet (Abb. 10.57). Auch hier beobachtet man maximale Helligkeit auf der Achse, wenn $z_0 = a^2/\lambda$ ist und minimale für $z_0 = a^2/2\lambda$.

10.7.5 Babinetsches Theorem

Aus (10.73) sehen wir, dass die Feldstärke $\boldsymbol{E}_P$ im Beobachtungspunkt P bestimmt ist durch das Flächenintegral über die Feldstärke $\boldsymbol{E}_S$ auf einer Flächenöffnung σ in einem Schirm zwischen Lichtquelle und Beobachtungspunkt. Um die Beugungserscheinungen an komplizierten Öffnungen oder Hindernissen zu beschreiben, ist ein von *J. Babinet* (1794–1872) aufgestelltes Prinzip nützlich, das Folgendes besagt:

Teilt man die Fläche σ in zwei Teilflächen σ_1 und σ_2, so ist die im Punkte P gemessene Feldstärke

$$E_P(\sigma) = E_P(\sigma_1) + E_P(\sigma_2) ,$$

wobei $E_P(\sigma_i)$ die Feldstärke ist, die man in P messen würde, wenn nur die Öffnung σ_i vorhanden wäre.

Ganz allgemein gilt bei einer Aufteilung in N Teilgebiete:

$$E_P(\sigma) = \sum_{i=1}^{N} E_P(\sigma_i) . \qquad (10.77)$$

BEISPIELE

1. Eine kreisringförmige Blende mit den Radien ϱ_1 und ϱ_2 ergibt eine Feldamplitude $E_P = E_P^{(1)} - E_P^{(2)}$, wobei $E_P^{(i)}$ die von einer kreisförmigen Blende ϱ_i erzeugte Feldamplitude ist und man natürlich die unterschiedlichen Phasen von $E_P^{(1)}$ und $E_P^{(2)}$ im Punkte P berücksichtigen muss.
2. Benutzt man z. B. die Aufteilung einer rechteckigen Blende wie in Abb. 10.58a, so kann man die Beugungsverteilung hinter der komplizierten Öffnung σ_1 als Differenz

$$E_P(\sigma_1) = E_P(\sigma) - E_P(\sigma_2)$$

der Beugungsverteilung an zwei einfacheren Strukturen σ und σ_2 erhalten.

Man nennt zwei Öffnungen σ_1 und σ_2 *komplementär* zueinander, wenn σ_1 an den Stellen blockiert, an denen σ_2 Licht durchlässt. Weitere Beispiele für komplementäre Beugungsflächen sind eine kreisförmige Öffnung in einem undurchlässigem Schirm (Abb. 10.58b) und eine undurchlässige Kreisscheibe gleicher Größe oder ein Spalt und ein Draht gleicher Dicke (Abb. 10.58c).

Im Falle von Abb. 10.58b,c ergibt die Summe $\sigma_1 + \sigma_2$ die gesamte, unbegrenzte Fläche σ, die keine Beugungserscheinungen erzeugt, weil sie keine Begrenzungen hat. Für die Beugungsverteilung der Feldstärken $E(P)$ gilt daher:

$$E_P(\sigma_1) = -E_P(\sigma_2) . \qquad (10.78)$$

Für die Intensitätsverteilungen $I(P) = |(E_P)|^2$ erhält man also das Ergebnis, dass die Beugungserscheinungen einer Blende und einer gleich großen Scheibe gleich sind, wenn man die auf geometrischem Wege (d. h. ohne Beugung) von der Lichtquelle S durch die Blende zum Punkt 1 gelangende Intensität abzieht.

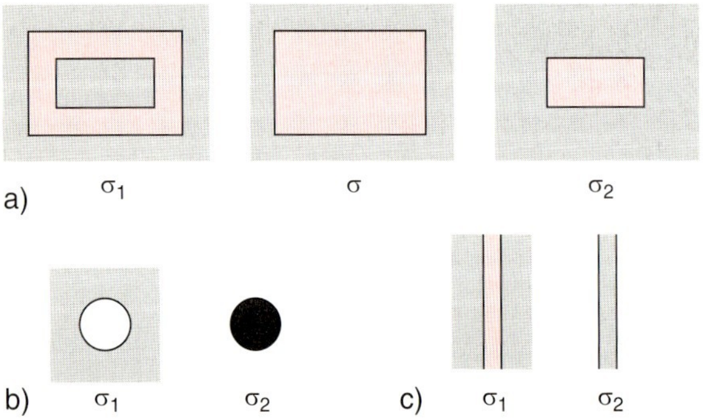

Abb. 10.58a–c. Komplementäre Beugungsflächen: (**a**) rechteckige Blenden, (**b**) kreisförmige Öffnung und undurchlässige Kreisscheibe gleicher Größe, (**c**) Spalt und Draht gleicher Dicke

10.8 Fourierdarstellung der Beugung

Man kann mithilfe des Fouriertheorems die Beugung an beliebig geformten Öffnungen ganz allgemein und mathematisch elegant beschreiben. Dies hat die moderne Optik sehr befruchtet und soll deshalb hier kurz dargestellt werden.

10.8.1 Fourier-Transformation

Sei $f(x)$ eine beliebige (auch komplexe) quadratintegrable Funktion, d. h. das Integral

$$\int_{-x_0}^{+x_0} |f(x)|^2 \, dx$$

muss für $x_0 \to \infty$ endlich bleiben. Dann definieren wir als Fouriertransformierte zu $f(x)$ die Funktion

$$F(u) = \frac{1}{\sqrt{2\pi}} \int_{-\infty}^{+\infty} f(x) \cdot e^{iux} \, dx . \qquad (10.79)$$

Um $f(x)$ aus $F(u)$ zu bestimmen, multipliziert man (10.79) mit $e^{i2\pi ux'}$ und integriert beide Seiten über die Variable u. Dies ergibt, wenn wir anschließend x' in x umbenennen:

$$f(x) = \frac{1}{\sqrt{2\pi}} \int_{-\infty}^{+\infty} F(u) \, e^{-iux} \, du . \qquad (10.80)$$

Man nennt die beiden Funktionen $f(x)$ und $F(u)$ ein Fourierpaar und die Variablen x und u Fourier-konjugierte Variable. Die Maßeinheiten von x und u müssen zueinander reziprok sein, da das Produkt $u \cdot x$ im Exponenten dimensionslos sein muss.

BEISPIEL

Es soll das Frequenzspektrum $F(\omega)$ einer zeitlich exponentiell abklingenden Lichtamplitude (Abb. 10.59)

$$E(t) = A_0 \cdot \mathrm{e}^{-\gamma t} \cos \omega_0 t \tag{10.81}$$

bestimmt werden. Mit $u = \omega$, $x = t$ und $E(t) = f(x)$ ergibt sich mit der Anfangsbedingung $A_0(t < 0) = 0$ aus (10.79):

$$F(\omega) = \frac{A_0}{\sqrt{\pi/2}} \int\limits_0^{+\infty} \mathrm{e}^{-\gamma t} \cos \omega_0 t \cdot \mathrm{e}^{+\mathrm{i}\omega t}\,\mathrm{d}t\,. \tag{10.82}$$

Das Integral ist elementar lösbar und ergibt:

$$F(\omega) = \frac{\gamma A_0}{\sqrt{2\pi}} \frac{1}{(\omega_0 - \omega)^2 + \gamma^2}\,. \tag{10.83}$$

$F(\omega)$ gibt die Amplitude $A(\omega)$ der Lichtwelle bei der Frequenz ω an. Das Frequenzspektrum der Intensität

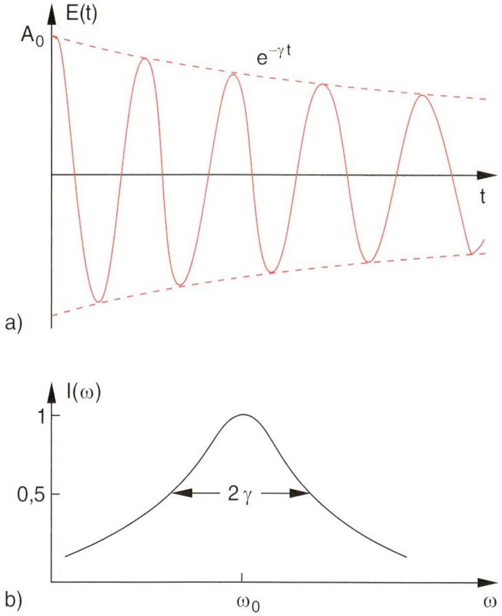

Abb. 10.59a,b. Experimentell abklingende Lichtamplitude (**a**) und Fouriertransformierte $I(\omega)$ von $EE^*(t)$

$I \propto A \cdot A^*$ ist dann das Lorentzprofil

$$I(\omega) = \frac{C}{\left[(\omega - \omega_0)^2 + \gamma^2\right]^2}\,, \tag{10.84}$$

wobei die Konstante C so gewählt werden kann, dass $\int I(\omega)\,\mathrm{d}\omega$ die Gesamtintensität I_0 wird.

In der Beugungstheorie benötigt man die zweidimensionale Fouriertransformation:

$$F(u, v) = \int\limits_{-\infty}^{+\infty} \int\limits_{-\infty}^{+\infty} f(x, y) \cdot \mathrm{e}^{-\mathrm{i}2\pi(u \cdot x + vy)}\,\mathrm{d}x\,\mathrm{d}y \tag{10.85a}$$

$$f(x, y) = \int\limits_{-\infty}^{+\infty} \int\limits_{-\infty}^{+\infty} F(u, v) \cdot \mathrm{e}^{\mathrm{i}2\pi(u \cdot x + v \cdot y)}\,\mathrm{d}u\,\mathrm{d}v \tag{10.85b}$$

Lässt sich $f(x, y) = f_1(x) \cdot f_2(y)$ in ein Produkt aus zwei Funktionen nur einer Variablen separieren, so gilt auch für die Fouriertransformierte:

$$F(u, v) = F_1(u) \cdot F_2(v)\,, \tag{10.86}$$

wobei $F_1(u)$ die Fouriertransformierte von $f_1(x)$ und $F_2(v)$ von $f_2(y)$ ist.

10.8.2 Anwendung auf Beugungsprobleme

Wir wollen den allgemeinen Fall behandeln, dass auf eine Fläche σ in der Ebene $z = 0$ mit der Transmission $\tau(x, y)$ eine Lichtwelle mit der Feldstärkeverteilung $E_\mathrm{e}(x, y)$ fällt. Für eine Blende wäre z. B. $\tau(x, y) = 1$ innerhalb der Blendenöffnung und $\tau = 0$ außerhalb. Direkt hinter der Fläche ist

$$E(x, y) = \tau(x, y) \cdot E_\mathrm{e}(x, y)\,. \tag{10.87}$$

Die Amplitudenverteilung $E(x', y', z_0)$ in der Ebene $z = z_0$ kann dann aus dem Beugungsintegral (10.74) berechnet werden. Setzt man (10.87) in (10.74) ein und vergleicht das Integral mit (10.85), wobei $u = x'/(\lambda z_0)$, $v = y'/(\lambda z_0)$ zu setzen ist, so sieht man, dass

$$f(x, y) = E(x, y) = \tau(x, y) \cdot E_\mathrm{e}(x, y) \tag{10.88}$$

die Amplitudenverteilung direkt nach der Beugungsebene $z = 0$ darstellt. Die Feldstärkeverteilung $E(x', y')$

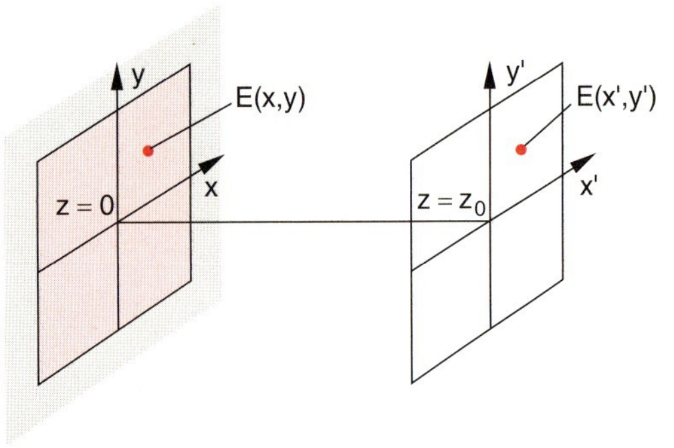

Abb. 10.60. Zur Fourierdarstellung der Fraunhofer-Beugung

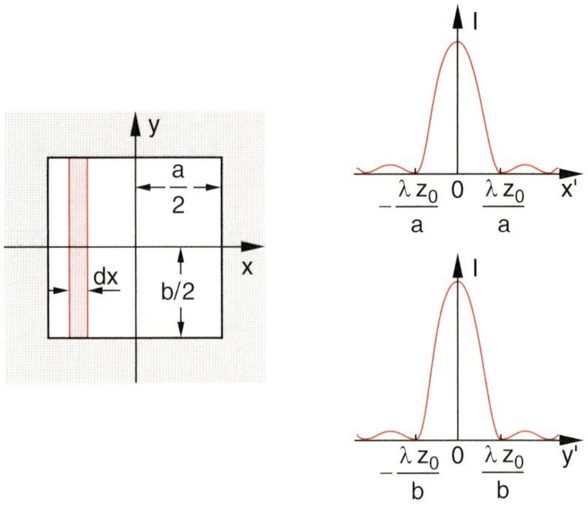

Abb. 10.61. Zur Beugung an einer rechteckigen Blende

der Fraunhoferschen Beugungsstruktur in der Beobachtungsebene $z = z_0$ ist nach (10.74)

$$E(x', y') = A(x', y', z_0) \cdot \int_{-\infty}^{+\infty} \int_{-\infty}^{+\infty} E_e(x, y) \cdot \tau(x, y) \cdot e^{-i2\pi(x'x + y'y)/(\lambda z_0)} \, dx \, dy \,. \tag{10.89}$$

Der Vergleich mit (10.85) liefert dann:

$$E(x', y', z_0) = F(u, v) \cdot A(x', y', z_0) \,. \tag{10.90a}$$

Wir erhalten daher das wichtige Ergebnis:

> Die Amplitudenverteilung des Fraunhoferschen Beugungsbildes in der Ebene $z = z_0$ ist proportional zur Fouriertransformierten $F(x', y')$ der Funktion $f(x, y) = \tau(x, y) \cdot E_e(x, y)$ wobei $\tau(x, y)$ die Transmissionsfunktion ist.

Die Intensitätsverteilung in der Beobachtungsebene ist dann:

$$I(x', y') \propto |E(x', y')|^2 = |F(x', y')|^2 \,, \tag{10.90b}$$

weil $|A(x', y')|^2 = 1$ ist.

Wir wollen dieses Ergebnis zur Illustration auf die Beugung an einer rechteckigen Öffnung anwenden. Weitere Beispiele folgen im Abschn. 12.5.

Rechteckige Blende

Wir betrachten in Abb. 10.61 eine rechteckige Öffnung (Breite a und Höhe b) in einem sonst undurchlässigen Schirm. Dann gilt für die Transmissionsfunktion

$$\tau(x, y) = \begin{cases} 1 & \text{für} -a/2 < x < +a/2 \,, \\ & -b/2 < y < b/2 \,, \\ 0 & \text{sonst} \,. \end{cases}$$

Fällt auf diese Öffnung eine ebene ausgedehnte Lichtwelle, so ist $E_e(x, y) = E_0 = \text{const}$. Wir können die Öffnung in schmale Streifen mit der Breite dx zerlegen und erhalten dann für den Feldstärkeanteil $dE(x', y')$, der durch einen Streifen der Blende erzeugt wird, gemäß (10.89) den Beitrag:

$$dE(x', y') = E_0 e^{-2\pi i x'x/(\lambda z_0)} \, dx \cdot \int_{-b/2}^{+b/2} e^{-2\pi i y'y/(\lambda z_0)} \, dy \,. \tag{10.91a}$$

Integration über alle Streifen gibt die Feldverteilung in der Beobachtungebene:

$$E(x', y') = E_0 \cdot \int_{-a/2}^{+a/2} e^{-2\pi i x'x/(\lambda z_0)} \, dx \cdot \int_{-b/2}^{+b/2} e^{-2\pi i y'y/(\lambda z_0)} \, dy. \tag{10.91b}$$

Ausführen der Integration ergibt:

$$E(x', y') = E_0 \cdot \frac{\lambda^2 z_0^2}{\pi^2 x'y'} \cdot \sin \frac{\pi x'a}{\lambda z_0} \cdot \sin \frac{\pi y'b}{\lambda z_0} \,. \tag{10.92}$$

Da die Intensität in der Beugungsebene durch $I(x', y') = |A|^2|E|^2$ gegeben ist, erhält man aus (10.92)

$$I(x', y') = I_0 \cdot \frac{\sin^2(\pi x'a/\lambda z_0)}{(\pi x'a/\lambda z_0)^2} \cdot \frac{\sin^2(\pi y'b/\lambda z_0)}{(\pi y'b/\lambda z_0)^2} . \tag{10.93}$$

Vergleicht man dies mit (10.46) und setzt $\sin\theta = x'/z_0$ bzw. y'/z_0, so sieht man, dass dies mit dem auf ganz andere Weise hergeleiteten Ergebnis übereinstimmt. Eine rechteckige Öffnung hat also eine Beugungsstruktur, die man als Überlagerung der Beugung an zwei zueinander senkrechten, unendlich langen Spalte mit den Breiten a bzw. b ansehen kann.

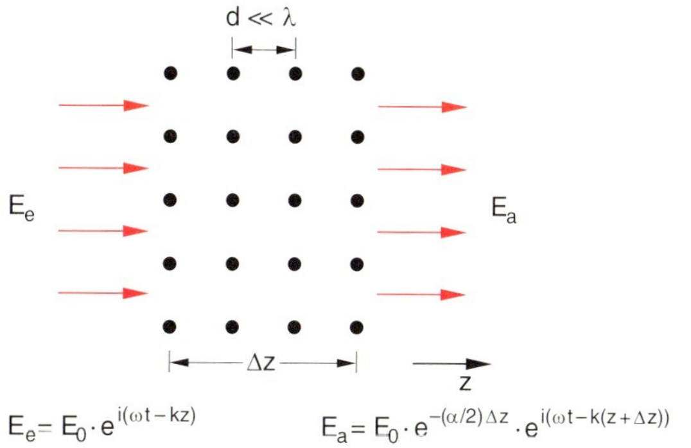

Abb. 10.62. Beim Durchgang einer elektromagnetischen Welle durch einen idealen Kristall mit $d \ll \lambda$ findet eine Phasenverzögerung, aber keine Streuung statt

10.9 Lichtstreuung

In den Abschnitten 8.1 und 8.2 wurden Dispersion und Absorption erklärt durch die Wechselwirkung der einfallenden elektromagnetischen Welle mit den atomaren Oszillatoren, die zu erzwungenen Schwingungen in Richtung des $\boldsymbol{E}$-Vektors der Welle angeregt werden. Jeder Dipol strahlt gemäß (6.34) und (6.36) die mittlere Leistung

$$\overline{P}_S = \frac{e^2 x_0^2 \omega^4}{32\pi^2 \varepsilon_0 c^3} \sin^2 \vartheta \tag{10.94}$$

in den Raumwinkel $\mathrm{d}\Omega = 1$ Steradiant um die Richtung ϑ gegen die Dipolachse. Durch eine in x-Richtung linear polarisierte Welle in z-Richtung sind alle erzwungenen schwingenden Dipole in x-Richtung ausgerichtet und strahlen dann gemäß (10.94) auch in Richtungen, die um den Winkel $\alpha = (\pi/2 - \vartheta)$ von der Richtung der einfallenden Welle abweichen. Man nennt dieses Phänomen ***Lichtstreuung*** [10.14, 15].

Die Frage ist nun: Wann tritt Lichtstreuung auf? Von welchen Größen hängt sie ab? Warum geht Licht beim Durchgang durch ein homogenes, isotropes Medium nur geradeaus, obwohl die einzelnen Dipole ihre Strahlung in alle Richtungen aussenden?

10.9.1 Kohärente und inkohärente Streuung

Im Abschn. 10.5.1 wurde gezeigt, dass N Oszillatoren, die alle in Phase schwingen, ihre Energie nur in bestimmte Richtungen abstrahlen, die durch konstruktive Interferenz der einzelnen Teilwellen bestimmt sind, obwohl jeder einzelne Oszillator seine Energie durchaus isotrop aussenden kann. Wir nennen die Streuung von phasengekoppelten Streuern deshalb ***kohärente Streuung***. So geht z. B. beim Durchgang einer ebenen Welle durch einen Kristall mit regelmäßig angeordneten Atomen (Abb. 10.62) das Licht insgesamt geradeaus, falls die Breite des Kristalls senkrecht zur Lichtausbreitung groß gegen die Lichtwellenlänge λ (um Beugungseffekte vernachlässigbar zu machen) und der Abstand d der Atome kleiner als die Wellenlänge λ ist (um höhere Interferenzordnungen auszuschließen) (siehe Abschn. 10.5.1).

Die Situation ändert sich völlig, wenn die Atome unregelmäßig angeordnet sind (z. B. in pulverisierten Stoffen) oder sich in thermischer Bewegung befinden und damit ihre Abstände zeitlich statistisch ändern (wie z. B. in Flüssigkeiten oder Gasen). In diesen Fällen gibt es keine festen Phasenbeziehungen mehr zwischen Schwingungen der einzelnen von der Lichtwelle angeregten Oszillatoren. Im Gegensatz zur Überlagerung der Streuung von Oszillatoren mit festen relativen Phasen (***kohärente Streuung***), liegt bei statistisch verteilten oder zeitlich statistisch variierenden Phasen der streuenden Oszillatoren ***inkohärente Streuung*** vor.

Wir wollen uns den Unterschied klar machen am Beispiel der Überlagerung zweier Teilwellen, die von Oszillatoren an den Orten $\boldsymbol{r}_1$, $\boldsymbol{r}_2$ mit Schwingungsamplituden

$$x_1(t) = A_1 \cos\omega t; \quad x_2(t) = A_2 \cos(\omega t + \varphi)$$

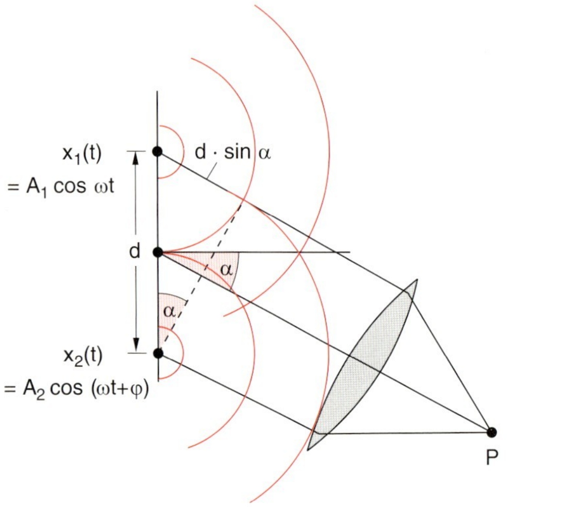

Abb. 10.63. Überlagerung der Streuamplituden in der Richtung α von zwei Streuern S_1, S_2 im Abstand d

ausgesandt werden (Abb. 10.63). Die Gesamtintensität in Richtung α ist dann:

$$I = c\varepsilon_0\left[A_1 \cos\omega t + A_2\cos(\omega t + \psi)\right]^2 , \qquad (10.95)$$

wobei die Phasenverschiebung

$$\psi = \varphi + \frac{2\pi}{\lambda} d \cdot \sin\alpha$$

sich aus der zeitlichen Phasendifferenz φ der beiden Oszillatoren und der räumlichen Phasendifferenz $(2\pi/\lambda)d \cdot \sin\alpha$ zusammensetzt. Auflösen der Klammer in (10.95) ergibt bei Verwendung der Relation $2\cos\alpha \cdot \cos\beta = \cos(\alpha+\beta) + \cos(\alpha-\beta)$

$$I = c\varepsilon_0\Big[A_1^2\cos^2(\omega t) + A_2^2\cos^2(\omega t + \psi) + A_1A_2\big(\cos(2\omega t + \psi) + \cos\psi\big)\Big] .$$

Alle bisher verfügbaren Detektoren können der schnellen Lichtoszillation mit der Frequenz ω nicht folgen. Sie messen den zeitlichen Mittelwert der Intensität, der sich wegen $\overline{\cos^2 \omega t} = 1/2$ und wegen $\overline{\cos\omega t} = 0$ zu

$$\bar{I} = \frac{1}{2}c\varepsilon_0\left[A_1^2 + A_2^2 + 2A_1A_2\overline{\cos\psi}\,\right] \qquad (10.96)$$

ergibt. Dabei wurde vorausgesetzt, dass eventuelle zeitliche Schwankungen der Phase ψ langsam sind im Vergleich zur Lichtperiode $T = 2\pi/\omega$. Für zeitlich konstante Phase ψ (d. h. starre Phasenkopplung zwischen den beiden Oszillatoren) ist $\overline{\cos\psi} = \cos\psi$, sodass die zeitliche gemittelte Intensität, je nach Phase ψ, die Werte zwischen

$$I_{\max} = \frac{1}{2}c\varepsilon_0(A_1 + A_2)^2$$

für

$$\psi = m \cdot 2\pi,\ m = 0, 1, 2, \ldots \qquad (10.97a)$$

und

$$I_{\min} = \frac{1}{2}c\varepsilon_0(A_1 - A_2)^2$$

für

$$\psi = (2m+1)\,\pi \qquad (10.97b)$$

annehmen kann. Es gibt *Interferenzerscheinungen* (siehe Kap. 10 und Bd. 1, Abschn. 11.10), die zu einer räumlichen Strukturierung der Intensität führen (kohärente Überlagerung). Bei der kohärenten Streuung beobachtet man daher eine räumlich variable Intensität, die für $d > \lambda$ für bestimmte Winkel α gegen die Einfallsrichtung Maxima zeigt.

Im Falle inkohärenter Streuung, durch Streuer, deren mittlerer Abstand $d > \lambda$ ist, variiert die Phase ψ statistisch zwischen $-\pi$ und $+\pi$. Der Zeitmittelwert von $\cos\psi$ ist dann $\overline{\cos\psi} = 0$, und die zeitlich gemittelte Gesamtintensität I wird damit

$$\bar{I} = \frac{1}{2}c\varepsilon_0(A_1^2 + A_2^2) . \qquad (10.98)$$

Wenn z. B. die Abstände der Streuer räumlich statistisch verteilt sind, sind ihre Phasen bei der Anregung durch eine ebene Welle statistisch verteilt, so dass sich der Term $\cos\psi$ wegmittelt.

Wir erhalten daher das wichtige Ergebnis:

> Bei der kohärenten Streuung ist die Gesamtintensität gleich dem Quadrat der Summe aller Streuamplituden (unter Beachtung ihrer relativen Phasen). Bei der inkohärenten Streuung werden die Intensitäten der Einzelwellen addiert, die relativen Phasen mitteln sich aus und spielen daher keine Rolle.

Die gesamte zeitlich gemittelte Streuleistung, die von N inkohärenten Streuern unter dem Winkel ϑ

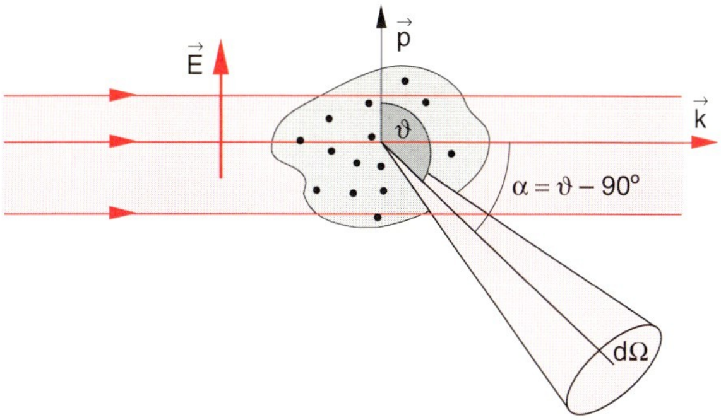

Abb. 10.64. Messung der in den Raumwinkel $d\Omega$ um den Winkel ϑ gegen den elektrischen Feldvektor der einfallenden Welle gestreute Lichtleistung $P_S(\vartheta)$

gegen die Richtung des $\boldsymbol{E}$-Vektors der einfallenden Welle in den Raumwinkel $\Omega = 1$ Sterad gestreut wird (Abb. 10.64), ist dann nach (6.36):

$$\overline{P}_S(\vartheta) = \frac{N e^2 x_0^2 \omega^4}{32\pi^2 \varepsilon_0 c^3} \sin^2\vartheta \tag{10.99a}$$

Setzt man für x_0^2 den Ausdruck (8.6b) ein, so ergibt sich schließlich:

$$\overline{P}_S(\omega, \vartheta) = \frac{N e^4 E_0^2 \sin^2\vartheta}{32\pi^2 m^2 \varepsilon_0 c^3} \cdot \frac{\omega^4}{(\omega_0^2 - \omega^2)^2 + \gamma^2\omega^2} \tag{10.99b}$$

und für die über alle Winkel ϑ integrierte, in den Raumwinkel 4π emittierte gesamte Streuleistung

$$\overline{P}_S(\omega) = \frac{N e^4 E_0^2}{12\pi\varepsilon_0 m^2 c^3} \cdot \frac{\omega^4}{(\omega_0^2 - \omega^2)^2 + \gamma^2\omega^2} . \tag{10.99c}$$

10.9.2 Streuquerschnitte

Wir definieren den Quotienten

$$\sigma_S = \left(\overline{P}_S/N\right)/I_e \tag{10.100}$$

aus gestreuter Lichtleistung eines Atoms $\overline{P}_S/N$ und einfallender Lichtintensität $I_e = 1/2\,\varepsilon_0 c E_0^2$ als Streuquerschnitt σ ($[\sigma] = 1\,\text{m}^2$). Diese Definition hat folgende anschauliche Bedeutung:

Man kann die streuende Wirkung eines Atoms beschreiben durch eine Kreisscheibe der Fläche σ, sodass alles Licht, das auf diese Fläche fällt, *vollständig* gestreut wird.

Die Streuleistung $\overline{P}_S$ von N Atomen ist dann

$$\overline{P}_S = N \cdot \sigma_S \cdot I_e .$$

Aus (10.99c) folgt damit für den Streuquerschnitt für Lichtstreuung an Atomen oder Molekülen, deren mittlerer Abstand $d > \lambda$ ist, (***Rayleigh-Streuung***)

$$\boxed{\sigma_S = \frac{e^4}{6\pi\varepsilon_0^2 c^4 m^2} \cdot \frac{\omega^4}{(\omega_0^2 - \omega^2)^2 + \omega^2\gamma^2}} . \tag{10.101}$$

Der Streuquerschnitt nimmt für $\omega \approx \omega_0$ besonders große Werte an (Resonanz-Rayleigh-Streuung). Das Maximum von $\sigma(\omega)$ liegt bei der Frequenz

$$\omega_m = \omega_0 (1 - \gamma^2/2\omega_0^2)^{-1/2} , \tag{10.102}$$

wobei ω_0 die Resonanzfrequenz der induzierten Dipole ist. Dies folgt unmittelbar aus $d\sigma_S/d\omega|_{\omega_m} = 0$.

Ist das einfallende Licht nicht monochromatisch, sondern hat es eine Bandbreite $\Delta\omega$ mit $\gamma < \Delta\omega \ll \omega_0$, so erhält man den mittleren Streuquerschnitt $\overline{\sigma}_S(\omega)$ durch Integration über alle Frequenzen ω innerhalb der Bandbreite $\Delta\omega$ [10.18]. Für $\omega \gg \Delta\omega$ ergibt sich dann:

$$\overline{\sigma}_S(\omega) \propto \omega^4 . \tag{10.103}$$

Zur Illustration wollen wir einige Beispiele betrachten.

10.9.3 Streuung an Mikropartikeln; Mie-Streuung

Wenn Licht nicht an freien Atomen oder Molekülen gestreut wird, sondern an kleinen festen Mikropartikeln (Staub, Zigarettenrauch, etc.) oder an Flüssigkeitströpfchen (z. B. Nebel), so tritt eine teilweise kohärente Streuung auf. Wenn der Durchmesser der Partikel oder Tröpfchen klein ist gegen die Wellenlänge λ des gestreuten Lichtes, so sind die Phasendifferenzen zwischen den Teilwellen, die von den Atomen eines Tröpfchens gestreut werden, klein gegen 2π. Das heißt, dass sich die Amplituden der Wellen praktisch phasengleich addieren, sodass die gesamte, vom Mikropartikel gestreute Lichtintensität

$$I \propto \left| \sum_{K=1}^{N} A_K^2 \right| \tag{10.104}$$

ist, wenn A_K die Streuamplitude des K-ten Moleküls im Partikel mit N Molekülen ist (Abb. 10.65). Selbst

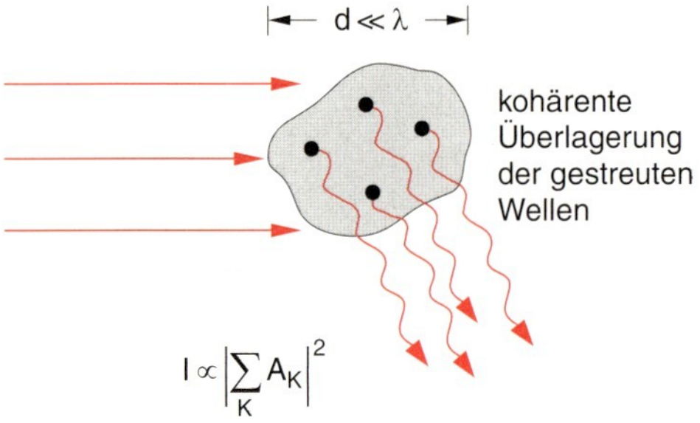

Abb. 10.65. Streuung von Licht an Mikropartikeln mit Durchmesser $d \ll \lambda$

wenn die Atome im Tröpfchen statistische Bewegungen mit Weglängen $s \ll \lambda$ vollführen, ändert dies die Phasen φ nur um Beträge $\Delta\varphi \ll 2\pi$. Deshalb ist die von N Atomen in einem kleinen Wassertröpfchen gestreute Lichtleistung bei gleichen Amplituden $A_K = A_S$

$$P_S \propto \left|\sum A_K\right|^2 = (N \cdot A_S)^2 = N^2 \cdot P_S(\text{Atom}) \qquad (10.105)$$

N mal größer als bei inkohärenter Streuung an N Molekülen, deren statistisch variierender Abstand groß gegen λ ist. Die Streuintensität steigt also proportional zu d^6 (!), solange der Durchmesser d der Teilchen klein ist gegen die Lichtwellenlänge λ.

BEISPIEL

In einem Mikroteilchen mit Durchmesser $d = 0{,}05\,\mu\text{m} = 50\,\text{nm}$ befinden sich etwa $N = 10^6$ Atome. Die von diesem Teilchen gestreute Lichtintensität bei $\lambda = 500\,\text{nm}$ ist dann 10^6mal so groß als bei inkohärenter Streuung durch die einzelnen Atome

Wenn die Durchmesser d in die Größenordnung der Lichtwellenlänge λ kommen, hängt die gestreute Intensität sehr stark vom Durchmesser der streuenden Partikel und von Material und Oberflächenbeschaffenheit ab (Mie-Streuung, nach *Gustav Mie* (1868–1957)). Jetzt kann sowohl konstruktive als auch destruktive Interferenz auftreten, je nach dem optischen Wegunterschied zwischen den Streuwellen von den einzelnen Molekülen des Teilchens. Die genaue theoretische Behandlung der Mie-Streuung erfordert einen erheblichen mathematischen Aufwand und würde den Rahmen einer Einführung sprengen [10.14–17].

Interferenz, Beugung und Streuung sind für eine große Zahl optischer Phänomene in unserer Atmosphäre verantwortlich, die wir im folgenden Abschnitt behandeln wollen.

10.10 Atmosphären-Optik

Wir beginnen mit den Phänomenen, die auf der Lichtstreuung beruhen [10.17]:

10.10.1 Lichtstreuung in unserer Atmosphäre

Auch wenn wir *nicht* in Richtung Sonne schauen, sehen wir am Tage über uns Helligkeit, weiße Wolken oder einen blauen Himmel. Dies haben wir der Streuung des Sonnenlichtes an den Molekülen und an Mikropartikeln, wie Wassertröpfchen, Aerosolen oder Staubpartikeln, in der Erdatmosphäre zu verdanken (Abb. 10.66). Für Astronauten außerhalb der Erdatmosphäre ist der Himmel tiefschwarz (abgesehen von den hellen Sternen).

Wir wollen nun folgende Fragen beantworten:

a) Warum ist der wolkenlose Himmel blau?

Die blaue Farbe des Himmels wird durch drei Faktoren bestimmt:

- Die Intensitätsverteilung $I(\lambda)$ der Sonnenstrahlung, die bei etwa $\lambda = 455\,\text{nm}$ ihr Maximum hat (Abb. 10.67) (siehe auch Bd. 3, Abschn. 3.1).

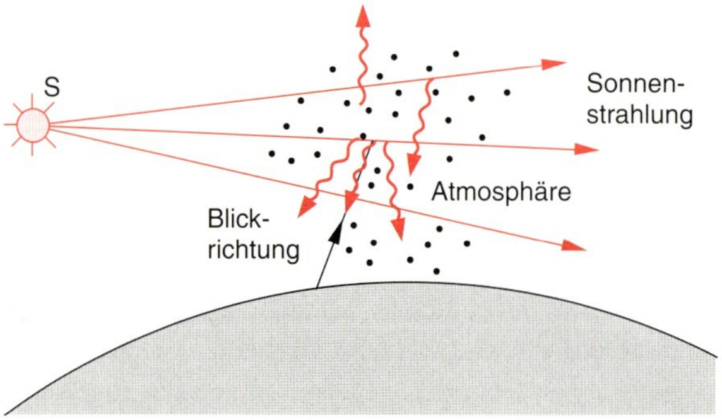

Abb. 10.66. Streuung des Sonnenlichtes in der Erdatmosphäre

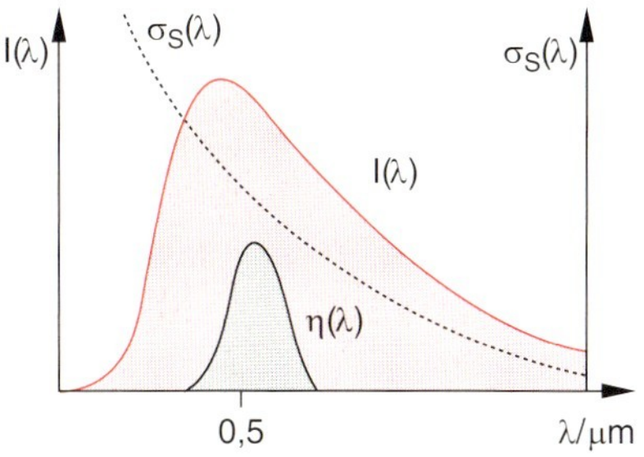

Abb. 10.67. Intensitätsverteilung $I(\lambda)$ der Sonnenstrahlung, Streuquerschnitt $\sigma_S(\lambda)$ und Spektralverlauf der Augenempfindlichkeit $\eta(\lambda)$

- Die Wellenlängenabhängigkeit des Streuquerschnittes $\sigma_S(\lambda)$, der mit $1/\lambda^4$ variiert.
- Die spektrale Verteilung $\eta(\lambda)$ unserer Augenempfindlichkeit, die beim Maximum der auf unser Auge fallenden Sonnenstrahlung ihr Maximum hat (biologische Anpassung).

Die von uns empfundene Farbe, d. h. Wellenlängenverteilung des Himmels, ist daher bestimmt durch das von unserem Gehirn registrierte Signal

$$S(\lambda) \propto I(\lambda) \cdot \sigma(\lambda) \cdot \eta(\lambda) .$$

Die Eigenfrequenzen ω_0 der Moleküle unserer Atmosphäre (N_2, O_2, H_2) liegen alle im ultravioletten Spektralbereich bei $\lambda_0 < 200\,\text{nm}$, sodass in (10.101) $\omega_0^2 - \omega^2$ für das sichtbare Gebiet ($400\,\text{nm} < \lambda < 700\,\text{nm}$) sehr groß gegen $\omega \cdot \gamma$ ist. Für die Variation von $\sigma(\lambda)$ mit λ können wir dann näherungsweise $\sigma(\omega) \propto \omega^4 \Rightarrow \sigma(\lambda) \propto 1/\lambda^4$ setzen.

BEISPIEL

Für $\omega = 1/3\,\omega_0$, $\gamma = 10^8\,\text{s}^{-1}$, $\omega_0 = 10^{15}\,\text{s}^{-1}$ $\Rightarrow (\omega_0^2 - \omega^2)^2 = 0{,}8\,\omega_0^4 \gg \omega^2\gamma^2$.

Um das spektrale Maximum von $S(\lambda)$ zu ermitteln, müssen wir auch die Eindringtiefe des Lichtes mit der Wellenlänge λ in die Erdatmosphäre bestimmen. Sie beträgt (siehe analoge Überlegung bei der Streuung von Teilchen in Bd. 1, Abschn. 7.3.6)

$$L_e \approx \frac{1}{n \cdot \sigma_S} ,$$

wobei n die Anzahl der streuenden Moleküle pro Volumeneinheit ist. Nach der Strecke L_e ist die einfallende Lichtintensität auf $1/e$ ihres Anfangswertes infolge der Streuung abgesunken. Mit $\sigma_S \propto 1/\lambda^4$ ergibt sich:

$$L_e \propto \frac{\lambda^4}{n} .$$

BEISPIEL

Typische Rayleigh-Streuquerschnitte für Stickstoffmoleküle sind $\sigma_S(\lambda_0) \approx 3 \cdot 10^{-31}\,\text{m}^2$ für $\lambda_0 = 600\,\text{nm}$.

Bei einer Dichte $n = 10^{25}\,\text{m}^{-3}$ der Stickstoffmoleküle bei Atmosphärendruck ergibt sich:

$$L_e \approx 3 \cdot 10^5 \left(\frac{\lambda}{\lambda_0}\right)^4 \text{m} .$$

Für $\lambda = 400\,\text{nm}$ (blaues Licht) $\Rightarrow L_e = 60\,\text{km}$, für $\lambda = 700\,\text{nm}$ (rotes Licht) $\Rightarrow L_e = 550\,\text{km}$.

Man sieht aus diesem Beispiel, dass die Abschwächung des Sonnenlichtes durch Rayleigh-Streuung an den Luftmolekülen nur bei sehr tiefem Sonnenstand eine entscheidende Rolle spielt, weil dann der Lichtweg durch die unteren Atmosphärenschichten besonders lang ist.

Allerdings sind in der Atmosphäre immer kleine Mikropartikel (Staub, Wassertröpfchen, Eiskristalle, etc.), die das Licht um Größenordnungen stärker streuen (Mie-Streuung, siehe Abschn. 10.9.3), sodass insgesamt die stärkere Abschwächung des blauen Anteils durchaus merklich wird. Man beobachtet daher auf hohen Bergen ein stärker zum Violetten hin verschobenes Himmelsblau.

Da das Licht bei der Streuung nicht absorbiert, sondern nur in alle Richtungen gestreut wird, gelangt ein Teil des gestreuten Lichtes zum Erdboden (also vor allem blaues Licht), ein Teil wird zurück in den Weltraum gestreut und trägt dazu bei, dass die Erde (wie alle anderen Planeten mit einer Atmosphäre) heller erscheint, als wenn sie keine Atmosphäre hätte. Das auf die Erde gelangende Streulicht trägt zum diffusen Lichtuntergrund bei und bewirkt, dass der Himmel relativ gleichmäßig hell erscheint. Die genaue Behandlung der Lichtstreuung in der Erdatmosphäre ist sehr kompliziert [10.16–18] .

b) Warum ist das Himmelslicht teilweise polarisiert?

Schaut man durch ein Polarisationsfilter in den blauen Himmel, so stellt man durch Drehen des Filters fest, dass das in der Atmosphäre gestreute Sonnenlicht teilweise polarisiert ist. Dies kommt folgendermaßen zustande: Die vom Sonnenlicht induzierten molekularen Dipole schwingen alle in einer Ebene senkrecht zur Einfallsrichtung $\boldsymbol{k}$ (Abb. 10.68).

In dieser Ebene haben sie statistisch verteilte Richtungen, da das einfallende Sonnenlicht unpolarisiert ist. Die in der Ebene SMB schwingenden Dipole strahlen in die Richtung θ gegen die Dipolachse zum Beobachter B den Bruchteil $I_S = I_0 \cdot \sin^2\theta = I_0 \cdot \cos^2\alpha$, der in der Ebene SMB polarisiert ist, während die senkrecht zur Ebene SMB schwingenden Dipole, für die $\theta = 90°$ ist, ihre maximale Streuintensität zum Beobachter hin aussenden.

Die senkrecht zur Ebene polarisierte Komponente der Streustrahlung ist also stärker als die parallele Komponente. Der Polarisationsgrad

$$PG = \frac{I_\parallel - I_\perp}{I_\parallel + I_\perp} = \frac{1-\cos^2\alpha}{1+\cos^2\alpha}$$

hängt ab von dem Winkel $\alpha = 90° - \theta$ der Blickrichtung BM gegen die Sonnenstrahlung SM. Bienen benutzen diesen winkelabhängigen Polarisationsgrad zur Orientierung.

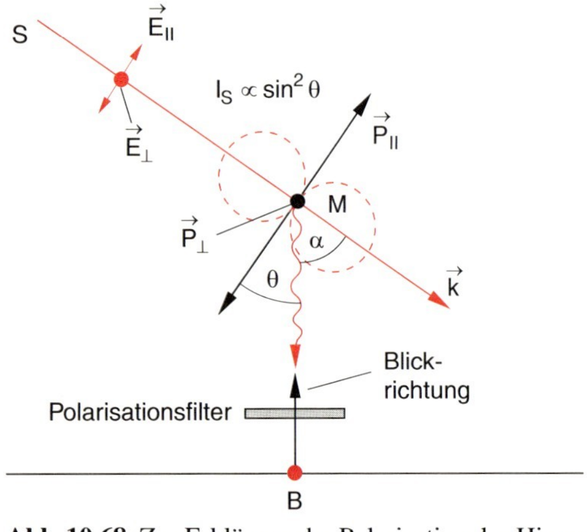

Abb. 10.68. Zur Erklärung der Polarisation des Himmelslichtes

c) Warum ist die auf- oder untergehende Sonne rötlich gefärbt?

Auch dies liegt an der Lichtstreuung in der Atmosphäre. Bei tiefem Sonnenstand ist der Lichtweg durch die Atmosphäre bis in unser Auge sehr lang (Abb. 10.69, siehe auch obiges Beispiel). Der Blauanteil der Sonnenstrahlung wird gemäß (10.101) stärker aus der Blickrichtung herausgestreut als der Rotanteil, sodass im *transmittierten* Anteil, der das Auge erreicht, die spektrale Verteilung der Intensität sich zum Roten hin verschoben hat. Dieser Effekt ist besonders ausgeprägt, weil der Lichtweg über eine lange Strecke durch die tiefen Schichten der Atmosphäre läuft, in denen außer den Luftmolekülen auch Wassertröpfchen, Eiskristalle oder Staubteilchen vorhanden sind, die wesentlich stärker streuen als einzelne Moleküle.

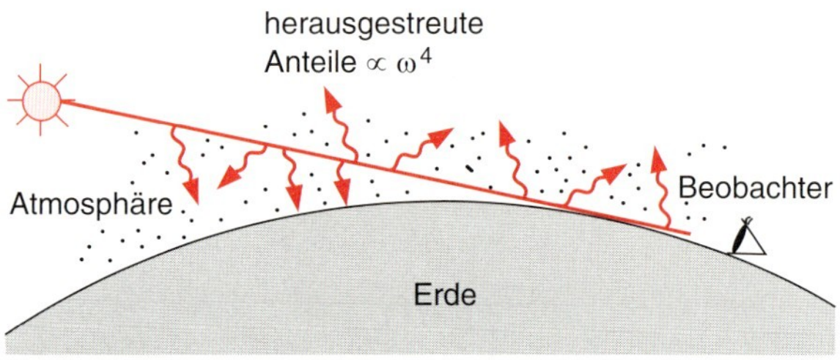

Abb. 10.69. Zur Erklärung der Rotverschiebung im Spektrum des transmittierten Lichtes der untergehenden Sonne

10.10.2 Halo-Erscheinungen

Bei manchen Wetterlagen beobachtet man einen farbigen Ring um die Sonne, bei dem der Innenrand rot, die Außenseite blau gefärbt ist. Man nennt ihn Halo (Heiligenschein). Er entsteht, ähnlich wie der Regenbogen, durch Brechung und Reflexion des Sonnenlichtes, für die hier jedoch nicht Wassertröpfchen sondern Eiskristalle in der hohen Atmosphäre der Erde verantwortlich sind. Die brechenden Objekte sind hier keine Kugeln wie beim Regenbogen sondern zylindrische Eiskristalle mit sechseckiger Grundfläche (Abb. 10.70a), die sich in der hohen Atmosphäre bilden. Beim symmetrischen Strahlengang ist der minimale Ablenkwinkel $\delta_{min} = 22°$

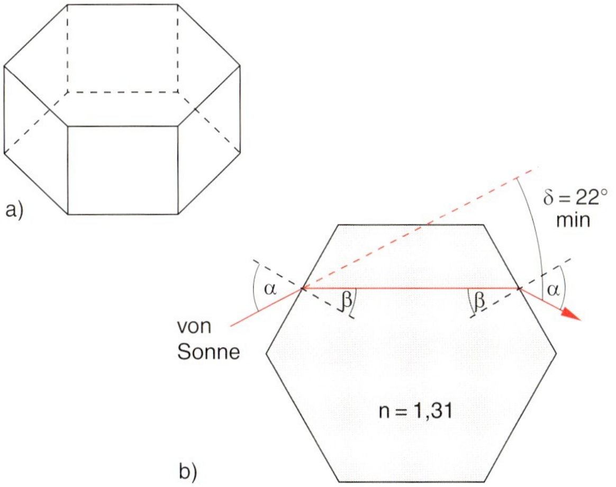

Abb. 10.70a,b. Zur Erklärung des Halo: (**a**) Rhomboedrischer Eiskristall mit 6eckiger Grundfläche. (**b**) Strahlengang bei minimaler Ablenkung

bei einem Brechungsindex $n = 1{,}31$ (siehe Abschn. 9.4 und Aufgabe 10.13).

Nun sind die Eiskristalle in der Atmosphäre regellos orientiert, sodass alle möglichen Einfallswinkel α vorkommen, die dann zu Ablenkwinkeln $\delta > \delta_{\min}$ führen. Beim symmetrischen Strahlengang ist $\mathrm{d}\delta/\mathrm{d}\alpha = 0$. Bei $\delta_{\min}$ tragen daher besonders viele Einfallswinkel im Intervall $(\alpha_S \pm \Delta\alpha)$ zum gleichen Ablenkwinkel bei, völlig analog zum Regenbogeneffekt (Abb. 9.68). Von allen Eiskristallen tragen diejenigen mit der Orientierung, bei der ein symmetrischer Strahlengang auftritt, am meisten zur Lichtablenkung um 22° bei. Dort erscheint also ein Intensitätsmaximum.

10.10.3 Aureole um den Mond

Vor Beginn einer Schlechtwetterperiode kann man um den Mond farbige Kränze sehen, bei denen aber die Farbreihenfolge $\lambda(r)$ umgekehrt ist wie beim Halo. Es muss sich deshalb um ein anderes physikalisches Phänomen handeln. Schon Fraunhofer erkannte 1825, dass der „Hof um den Mond" durch Beugung an kleinen Wassertröpfchen oder Eiskristallen in unserer Atmosphäre entsteht. Da das zentrale Beugungsmaximum bei der Beugung an einem kugelförmigen Tröpfchen mit Durchmesser d einen Winkelbereich $\Delta\theta = \pm 1{,}2\,\lambda/d$ ausfüllt, muss der Durchmesser $d < 1{,}2\,\lambda/\Delta\theta_M$ sein, damit die Aureole größer als der Winkeldurchmesser $\Delta\theta_M$ der Mondscheibe wird. Für $\Delta\theta_M = 0{,}5° = 8{,}7 \cdot 10^{-3}$ Rad und $\lambda = 500\,\mathrm{nm} \Rightarrow d < 70\,\mu\mathrm{m}$. Oft wird dieser farbige Ring, der innen blau und außen rot erscheint, auch Korona genannt [10.19].

ZUSAMMENFASSUNG

- Interferenzerscheinungen können beobachtet werden, wenn zwei oder mehr kohärente Teilwellen mit ortsabhängigen Phasendifferenzen in einem Raumgebiet überlagert werden. Das maximale Volumen, in dem kohärente Überlagerung möglich ist, heißt Kohärenzvolumen.
- Die kohärenten Teilwellen können realisiert werden entweder durch phasenstarre Kopplung mehrerer Sender oder durch Aufspalten einer Welle in Teilwellen, die nach Durchlaufen verschieden langer Wege s_i wieder überlagert werden. Maximale Intensität erhält man für $\Delta s = m \cdot \lambda$.
- Mit einem Zweistrahlinterferometer wurde von *Michelson* experimentell gezeigt, dass die Lichtgeschwindigkeit unabhängig vom Bewegungszustand von Quelle oder Beobachter ist.
- Vielstrahlinterferenz wird im Fabry-Pérot-Interferometer ausgenutzt zur genauen Messung von Lichtwellenlängen, bei dielektrischen Spiegeln zur Realisierung gewünschter wellenlängenabhängiger Reflexionsvermögen $R(\lambda)$.
- Die Ausbreitung von Wellen kann durch das Huygenssche Prinzip beschrieben werden, nach dem jeder Punkt einer Phasenfläche einer Welle Ausgangspunkt einer Kugelwelle ist. Die Gesamtwelle ist die kohärente Überlagerung aller Sekundärwellen.
- Beugung von Wellen kann angesehen werden als Interferenz von Sekundärwellen, die aus einem räumlich begrenzten Raumgebiet emittiert werden.

►

- Die durch Beugung einer Welle an einem Spalt der Breite b bewirkte Intensitätsverteilung ist

$$I(\theta) = I_0 \frac{\sin^2[\pi(b/\lambda)\sin\theta]}{[\pi(b/\lambda)\sin\theta]^2},$$

wobei θ der Winkel gegen die Ausbreitungsrichtung der einfallenden Welle ist.

- Die Intensitätsverteilung bei der Beugung an einer kreisförmigen Blende mit Radius R ist

$$I(\theta) = I_0 \frac{J_1^2[2\pi(R/\lambda)\sin\theta]}{[2\pi(R/\lambda)\sin\theta]^2},$$

wobei J_1 die Besselfunktion erster Ordnung ist.

- Bei einem Beugungsgitter wird die Intensitätsverteilung durch das Produkt zweier Faktoren bestimmt, wobei der erste Faktor die Beugung am Einzelspalt beschreibt und der zweite Faktor die Interferenz der Teilbündel von den einzelnen Spalten.
- Fraunhoferbeugung beschreibt die Beugung von parallelen Lichtbündeln, Fresnelbeugung die von divergenten bzw. konvergenten Lichtbündeln. Fraunhoferbeugung wird im Fernfeld ($z \gg b^2/\lambda$) beobachtet, Fresnelbeugung in der Nahzone, wo zwar $z \gg b$ gilt, aber nur wenige Fresnelzonen zur Feldamplitude in der Beachtungsebene beitragen.
- Durch Abblenden der ersten Fresnelzone kann die Intensität hinter der Blende erhöht werden.
- Mithilfe von Fresnellinsen (Fresnelsche Zonenplatten) kann eine optische Abbildung durch konstruktive Interferenz aller Lichtbündel, die durch geradzahlige bzw. ungeradzahlige Fresnelzonen durchgelassen werden, erzielt werden.
- Das Babinetsche Theorem sagt aus, dass zwei komplementäre Schirme, bei denen Öffnungen und undurchsichtige Flächen vertauscht sind, außerhalb des Bereiches der geometrischen Optik dieselben Beugungserscheinungen liefern.
- Die Amplitudenverteilung $E(x', y')$ des Fraunhoferschen Beugungsbildes ist proportional zur Fouriertransformierten des Feldes $E(x, y)$ in der Objektebene.
- Die Fouriertransformierte einer konstanten Feldamplitude innerhalb einer Rechteckfläche $a \cdot b$ ergibt in der Beugungsebene x', y' die Beugungsfiguren zweier zueinander senkrechter unendlich ausgedehnter Spalte mit Breiten a bzw. b.
- Licht wird von Atomen, Molekülen und Mikropartikeln gestreut. Kohärente Streuung tritt auf, wenn zwischen den verschiedenen Streuzentren zeitlich konstante Abstände $d < \lambda$ bestehen. Bei zeitlich fluktuierenden Abständen d wird inkohärente Streuung beobachtet. Bei inkohärenter Streuung ist die gesamte Streuintensität gleich der Summe der an den verschiedenen Teilchen gestreuten Intensitäten I_k:

$$I = \sum_k I_k .$$

Bei kohärenter Streuung müssen die Streuamplituden A_k addiert und dann quadriert werden:

$$I = \left(\sum A_k\right)^2 .$$

- Die Aureole um die Sonne mit einem Winkeldurchmesser von $2 \cdot 22°$ entsteht durch Brechung des Sonnenlichtes an sechseckigen Eiskristallen in der Stratosphäre.
- Der „Hof um den Mond“ entsteht durch Beugung an kleinen Wassertröpfchen oder Eiskristallen in der Atmosphäre.

ÜBUNGSAUFGABEN

1. a) Zeigen Sie, dass der Ausdruck (10.5) für konstante Werte von Δs Hyperbeln $(x^2/a^2)-(y^2/b^2) = 1$ darstellt. Wie hängen a und b ab von Δs und vom Abstand $2d$ der virtuellen Lichtquellen?
   b) Berechnen Sie für $z_0 \gg d$ den Scheitelabstand der Hyperbeln für $\Delta s = m \cdot \lambda$.
2. Wie groß sind die Radien der Interferenzringe bei divergentem Lichteinfall in ein Michelson-Interferometer als Funktion der Wegdifferenz Δs?
3. Wieso entsteht in der Beobachtungsebene B des Michelson-Interferometers bei einer ebenen einfallenden Welle ein Interferenzstreifensystem,

▶

wenn einer der beiden Spiegel M_1 oder M_2 leicht verkippt wird? Wie groß ist der Abstand der Interferenzstreifen bei einem Verkippungswinkel δ?

4. Wie groß ist bei senkrechtem Einfall das Reflexionsvermögen R eines dielektrischen Spiegels
   a) für eine Schicht $n_H d = \lambda/4$
   b) $n_H d = \lambda/2$
   c) Für eine (H, L) Wechselschicht, bestehend aus zwei $\lambda/4$-Schichten mit $n_H = 1{,}8$, $n_L = 1{,}3$ jeweils auf einem Glassubstrat mit $n_s = 1{,}5$ in Luft mit $n_0 = 1$?
5. Bestimmen Sie die Beugungsverteilung $I(\alpha)$ hinter einem Spalt der Breite D, wenn ein paralleles Lichtbündel der Wellenlänge λ unter dem Winkel α_0 gegen die Flächennormale auf den Spalt trifft. Zeigen Sie, dass die dabei erhaltene Verteilung $I(\alpha_0, \alpha)$ für $\alpha_0 = 0$ in (10.44) übergeht.
6. Auf ein Beugungsgitter mit 1000 Furchen pro mm fällt ein paralleles Lichtbündel mit $\lambda = 480\,\text{nm}$ unter dem Einfallswinkel $\alpha = 30°$ gegen die Gitternormale.
   a) Unter welchem Winkel β erscheint die erste Beugungsordnung? Gibt es eine zweite Ordnung?
   b) Wie groß muss der Blazewinkel θ sein?
   c) Was ist der Winkelunterschied $\Delta\beta$ für zwei Wellenlängen $\lambda_1 = 480\,\text{nm}$ und $\lambda_2 = 481\,\text{nm}$?
   d) Wie groß darf die Spaltbreite b eines Gittermonochromators mit einem $10 \times 10\,\text{mm}$ Gitter und Brennweiten $f_1 = f_2 = 1\,\text{m}$ höchstens sein, um beide Wellenlängen noch trennen zu können? Wie groß ist die beugungsbedingte Fußpunktsbreite des Spaltbildes?
   e) Unter welchem Winkel muss das Gitter mit der gleichen Wellenlänge beleuchtet werden, um die 1. Ordnung in sich zu reflektieren (Littrowanordnung).
7. Das an einer auf Wasser ($n = 1{,}3$) schwimmenden dünnen Ölschicht ($n = 1{,}6$) reflektierte Sonnenlicht erscheint bei schräger Beleuchtung unter dem Winkel $\alpha = 45°$ grün ($\lambda = 500\,\text{nm}$). Wie dick ist die Schicht?
   Welche Wellenlänge würde bei senkrechter ($\alpha = 0$) Beobachtung bevorzugt reflektiert?
8. Zwei planparallele rechteckige Glasplatten werden aufeinander gelegt, wobei auf einer Kante ein dünner Papierstreifen der Dicke d als Abstandhalter dient, sodass zwischen den Platten eine keilförmige Luftschicht entsteht. Bei senkrechter Beleuchtung mit parallelem Licht ($\lambda = 589\,\text{nm}$) beobachtet man zwölf Interferenzstreifen pro cm. Wie groß ist der Keilwinkel zwischen den Platten?
9. Der eine Spalt in einem Youngschen Doppelspaltexperiment möge doppelt so breit sein wie der zweite. Wie sieht die Intensitätsverteilung auf einem weit entfernten Schirm hinter den Spalten aus?
10. Das Beugungsmaximum erster Ordnung bei der Beugung an einem Spalt liegt nicht genau in der Mitte zwischen dem ersten und zweiten Beugungsminimum. Wie groß ist die relative Abweichung?
11. Ein Laserstrahl ($\lambda = 600\,\text{nm}$) wird durch ein Teleskop auf ein Parallellichtbündel mit 1 m Durchmesser aufgeweitet und zum Mond geschickt.
    a) Wie groß ist der Lichtfleck auf dem Mond, wenn die Luftunruhe der Erdatmosphäre vernachlässigt wird?
    b) Welche Leistung des an einem Retroreflektor ($0{,}5 \times 0{,}5\,\text{m}^2$ Fläche) auf dem Mond reflektierten Lichtes empfängt das Teleskop, wenn die von der Erde ausgesandte Leistung 10^8 W war?
    c) Wie groß wäre diese Leistung, wenn das Licht ohne Retroreflektor vom Mond diffus (gleichmäßig in alle Richtungen des Raumwinkels $\Omega = 2\pi$) mit einem Reflexionsvermögen $R = 0{,}3$ reflektiert würde?
12. a) Beweisen Sie, dass für eine einfache Antireflexschicht (10.38) gilt. Berücksichtigen Sie dabei die beiden Möglichkeiten für den Brechungsindex n_1 der Schicht, und wählen Sie die Schichtdicken entsprechend. b) Zeigen Sie, dass man schon bei Berücksichtigung zweier reflektierter Strahlen ein zufriedenstellendes Ergebnis erhält.
13. Zeigen Sie, dass der minimale Ablenkwinkel durch Brechung an einem 6eckigen Eiskristall mit $n = 1{,}31$ durch $\delta_{\min} = 22°$ gegeben ist.
14. Berechnen Sie die Frequenz ω_m, bei welcher der Streuquerschnitt für Lichtstreuung maximal wird. Vergleichen Sie das Ergebnis mit der frequenzabhängigen Energieaufnahme eines gedämpften erzwungenen Oszillators (Bd. 1, Kap. 10).

11. Optische Instrumente

Unser Sehvermögen ist wohl die wichtigste Verbindung zwischen dem menschlichen Individuum und seiner Außenwelt. Obwohl vom optischen Standpunkt aus das Auge eine ziemlich schlechte Linse mit vielen Linsenfehlern darstellt, bildet es doch, in Verbindung mit unserem die Linsenfehler korrigierenden Gehirn, ein bewundernswertes optisches Instrument, das sich in weiten Grenzen an die jeweiligen optischen Bedingungen optimal anpassen kann.

Trotzdem benötigt es für viele Situationen zusätzliche Instrumente, die seinen Wahrnehmungsbereich vergrößern können. Diese können das räumliche Auflösungsvermögen erhöhen (Lupe, Mikroskop), die in das Auge gelangende Lichtintensität verstärken (Fernrohr) oder den Spektralbereich erweitern (Bildwandler).

Wir wollen in diesem Kapitel die wichtigsten optischen Instrumente, ihre Vorteile und ihre Begrenzungen kennen lernen. Außerdem sollen die für die Spektroskopie wichtigen Spektrographen vorgestellt und ihr spektrales Auflösungsvermögen diskutiert werden.

11.1 Das Auge

Das Auge stellt ein adaptives optisches Instrument dar, das sich sowohl auf verschiedene Entfernungen der betrachteten Gegenstände als auch auf einen weiten Bereich von einfallenden Intensitäten einstellen kann. Es ist entsprechend vielschichtig aufgebaut.

11.1.1 Aufbau des Auges

Man unterscheidet das äußere Auge (Augenlider mit Wimpern, Tränendrüsen, Augenmuskeln), den eigentlichen Augapfel und die Netzhaut mit den Sehnerven (Abb. 11.1).

Der Augapfel ist nahezu kugelförmig mit einem Durchmesser von etwa 22 mm. Er wird umschlossen von der undurchsichtigen weißen Sehnenhaut S (Sklera), die an der Vorderseite mit der vorgewölbten durchsichtigen Hornhaut H (Cornea) verbunden ist. Hinter der Hornhaut liegt die Regenbogenhaut I (Iris). Die Iris hat in der Mitte eine kreisförmige Öffnung mit variablem Durchmesser, die Pupille P, die sich (vom Gehirn gesteuert) an die herrschenden Lichtverhältnisse anpassen kann. Der Raum zwischen Hornhaut und Iris, die vordere Augenkammer K, ist mit einer durchsichtigen, wässrigen Flüssigkeit gefüllt. Hinter der Iris liegt die aus vielen durchsichtigen Schichten aufgebaute bikonvexe Augenlinse L, deren Krümmung durch den Augenmuskel M variiert werden kann. Dadurch ändert sich die Brennweite der Augenlinse (Akkommodation). Die Brennweite des Auges wird jedoch nicht nur durch die Augenlinse, sondern auch durch Hornhaut, Kammerwasser und Glaskörper G bedingt. Da die äußere Grenzfläche der Hornhaut an Luft liegt, die innere Grenzfläche jedoch im Glaskörper, sind die

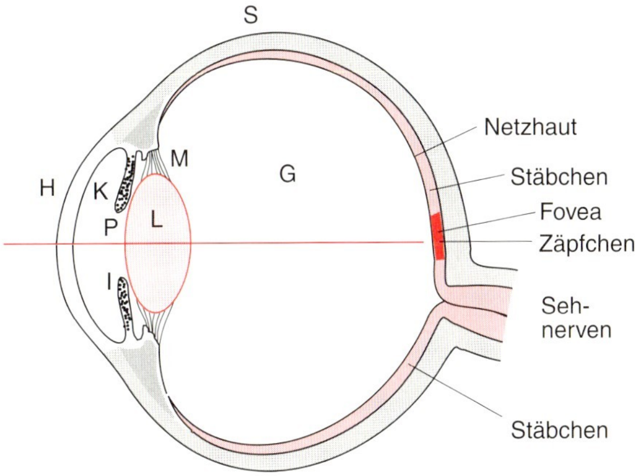

Abb. 11.1. Aufbau des Auges

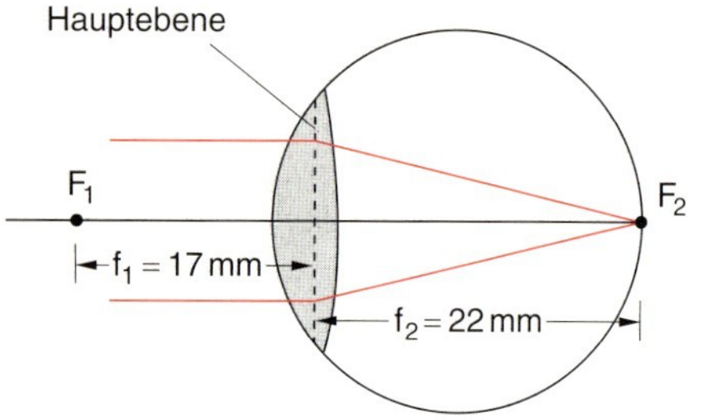

Abb. 11.2. Optische Ersatzdarstellung des Auges durch eine Linse mit Gegenstandsbrennweite f_1 und bildseitiger Brennweite f_2

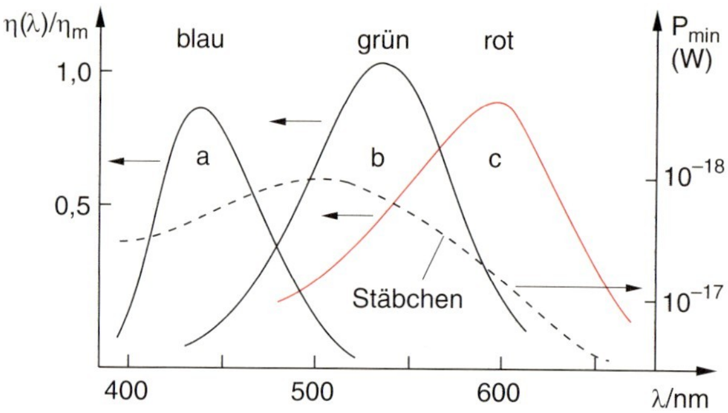

Abb. 11.4. Relative spektrale Empfindlichkeitskurven der drei Rezeptoren *a*, *b* und *c* in den Zäpfchen und des Rhodopsin-Pigments in den Stäbchen (gestrichelte Kurve). Die rechte Ordinate gibt für die Stäbchen die auf die Netzhaut auftreffende minimale Leistung in Watt an, die kleiner ist als für die Zäpfchen

gegenstandsseitige Brennweite f_1 und die bildseitige Brennweite f_2 verschieden (Abb. 11.2).

Zur Diskussion der optischen Abbildung kann man das menschliche Auge ersetzen durch eine Linse, deren Brennweite variabel ist. Blickt man ins Unendliche (entspanntes Auge), so ist $f_1 = 17\,\text{mm}$, $f_2 = 22\,\text{mm}$. Stellt sich das Auge auf nahe Gegenstände ein (bis auf eine minimale Entfernung von 10 cm), so wird die Augenlinse stärker gekrümmt und f_1 sinkt auf 14 mm und f_2 auf 19 mm.

Die lichtempfindliche Schicht des Auges ist die Netzhaut (Retina), die aus mehreren Schichten aufgebaut ist (Abb. 11.3). Zuerst kommt eine Nervenfaserschicht, dann Ganglien- und bipolare Zellen, an die sich dann die eigentlichen Sehzellen (Stäbchen und Zäpfchen) und die Pigmentschicht anschließen. Die gesamte Netzhaut hat wesentlich mehr Stäbchen als Zäpfchen. Nur in der Netzhautzone des schärfsten Sehens (Fovea) gibt es ausschließlich Zäpfchen. Dort ist die Dichte der Zäpfchen etwa 14 000 /mm^2! Sie nimmt von der Mitte des Auges (wohin beim direkten Sehen das Licht fällt) zum Netzhautrand stark ab.

Die Stäbchen sind empfindlicher als die Zäpfchen (d. h. sie können noch geringere Lichtstärken nachweisen). Dafür sind sie „farbenblind", d.h. sie können nur zwischen hell und dunkel unterscheiden im Gegensatz zu den Zäpfchen, von denen es drei Sorten gibt mit jeweils unterschiedlichen Rezeptoren für Rot, Grün und Blau (Abb. 11.4). Bei ausreichender Helligkeit sehen wir nur mit den Zäpfchen, bei Dunkelheit nur mit den Stäbchen und in der Dämmerung mit beiden. Da die Stäbchen empfindlicher sind, kann man bei Dämmerung Farben nur schwer unterschei-

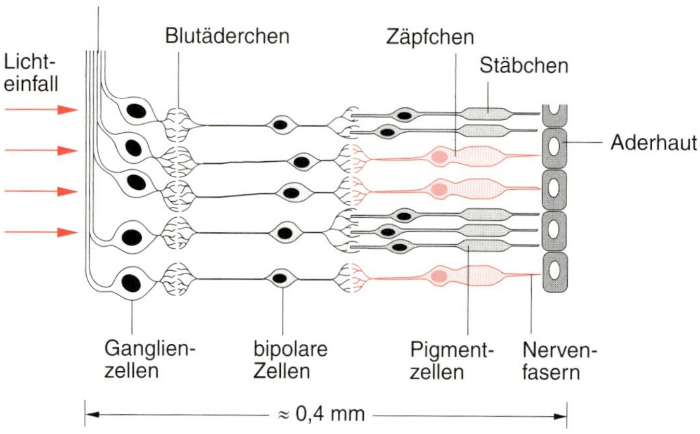

Abb. 11.3. Schematischer Aufbau der Netzhaut

den [11.1, 2]. Vor kurzem wurden neue lichtempfindliche Zellen in der Retina entdeckt (Ganglionzellen), die den tageszeitlichen Rhythmus des Körpers steuern. Wenn diese Zellen Licht empfangen, ändern sie ihre elektrische Leitfähigkeit. Dies erzeugt neuronale Signale, die an das Gehirn weitergeleitet werden.

11.1.2 Kurz- und Weitsichtigkeit

Bei einem kurzsichtigen Auge ist die bildseitige Brennweite f_2 zu klein. Der Augenmuskel kann die Linse nicht genügend strecken (z. B. wenn die Augenhöhle zu eng ist), sodass die Krümmung zu groß ist. Bei allen weiter entfernten Gegenständen entsteht deshalb das scharfe Bild des Gegenstandes *vor* der Netzhaut, während es bei sehr nahen Gegenständen auf der Netzhaut entsteht. Man kann die Kurzsichtigkeit durch eine zusätzliche Zerstreuungslinse korrigieren (Abb. 11.5a), die entweder als Brille oder als Augen-Kontaktlinse getragen werden kann.

Bei einem weitsichtigen Auge kann die Augenlinse nicht mehr genügend gekrümmt werden (z. B. infolge der Ermüdung der Augenmuskeln bei Altersweitsichtigkeit). Deshalb liegt die bildseitige Brennebene *hinter* der Netzhaut. Weitsichtigkeit muss daher mit einer zusätzlichen Sammellinse korrigiert werden (Abb. 11.5b).

Auch beim Auge können die in Abschn. 9.5.5 behandelten Linsenfehler (z. B. Astigmatismus) auftreten. Sie können teilweise durch entsprechend geschliffene Brillengläser korrigiert werden, die dann eine Kombination aus sphärischen und zylindrischen Linsen sind.

11.1.3 Räumliche Auflösung und Empfindlichkeit des Auges

Je näher man einen Gegenstand an das Auge heranbringt, desto größer erscheint er uns, d. h. desto größer wird der Winkel ε zwischen den Lichtstrahlen von den Randpunkten des Gegenstandes (Abb. 11.6). Bei einer Entfernung s des Gegenstandes mit Durchmesser G gilt für den Sehwinkel ε:

$$\tan \varepsilon/2 = \frac{1}{2}\frac{G}{s} \Rightarrow \varepsilon \approx \frac{G}{s} . \tag{11.1}$$

Ein Gegenstand im Abstand g von der Augenlinse hat einen Bildabstand b, der durch die Linsengleichung

$$\frac{f_1}{g} + \frac{f_2}{b} = 1 \tag{11.2}$$

gegeben ist.

Anmerkung

Gleichung (11.2) ist verschieden von (9.26), weil vor der Augenlinse ein Medium mit einem anderen Bre-

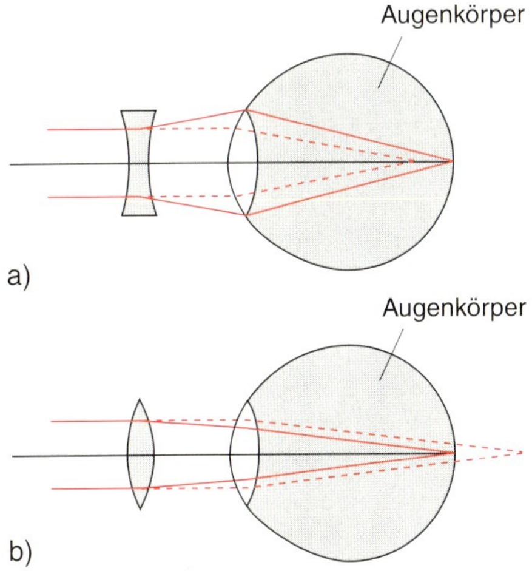

Abb. 11.5. (**a**) Kurzsichtigkeit und ihre Korrektur durch eine Zerstreuungslinse; (**b**) Weitsichtigkeit mit Korrektur durch eine Sammellinse

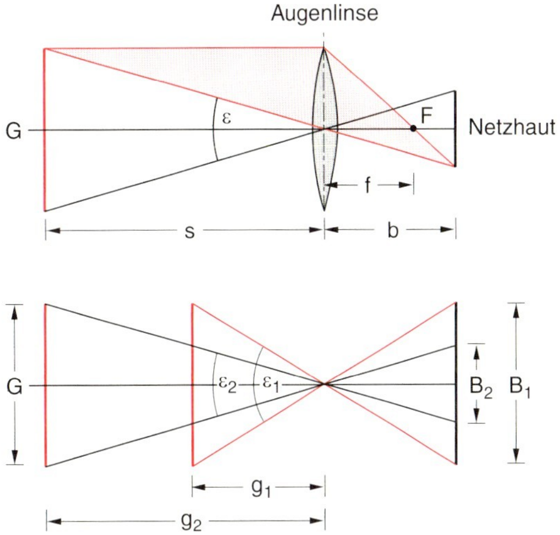

Abb. 11.6. Zur Definition des Sehwinkels ε

chungsindex ist als hinter der Linse und deshalb die Brennweiten f_i unterschiedlich sind. Sie lässt sich ganz analog zur Argumentation in Abschn. 9.5.2 herleiten (siehe Aufgabe 11.3 und [11.3]).

Da der Abstand b zwischen Netzhaut und Augenlinse durch die Geometrie des Auges fest vorgegeben ist, muss die Brennweite f der Augenlinse durch Veränderung der Linsenkrümmung an die Entfernung $s = g$ des Gegenstandes so angepasst werden, dass das Bild auf der Netzhaut scharf erscheint (Adaption). Dies geht jedoch nur bis zu einem bestimmten Mindestabstand $s_{\min}$, der für die einzelnen Menschen variiert, aber einen typischen Mittelwert $s_{\min} = 0{,}10\,\mathrm{m}$ hat. Um ohne zu große Ermüdung des Auges einen Gegenstand scharf zu sehen, sollte s nicht kleiner sein als $s_0 = 25\,\mathrm{cm}$. Man nennt diesen Gegenstandsabstand s_0 die deutliche Sehweite und den dazugehörigen Sehwinkel ε_0.

BEISPIEL

Um einen Gegenstand in der Entfernung $g = 1\,\mathrm{m}$ bei $f_1 = 16\,\mathrm{mm}$ scharf auf der Netzhaut abzubilden ($b = 22\,\mathrm{mm}$), muss die bildseitige Brennweite f_2 nach (11.2) $= f_2 = 21{,}6\,\mathrm{mm}$ werden. Für $g = 15\,\mathrm{cm}$ und $f_1 = 14\,\mathrm{mm}$, $b = 22\,\mathrm{mm}$ wird $f_2 = 19{,}95\,\mathrm{mm}$, da die Bildweite b in beiden Fällen annähernd konstant bleibt. Ohne Veränderung von f_2 müsste f_1 für $f_2 = 21{,}6\,\mathrm{mm}$ sich auf $f_1 = 2{,}7\,\mathrm{mm}$ verkleinern, was aufgrund der Geometrie des Auges nicht möglich ist. Die Veränderung beider Brennweiten ist also ein Optimierungsprozess des Auges, um bei geringster Änderung der Krümmung der Augenlinse den größten Schärfentiefenbereich zu erreichen.

Der kleinste noch vom Auge auflösbare Sehwinkel $\varepsilon_{\min}$ ist einmal durch den Abstand der Rezeptoren auf der Netzhaut limitiert, zum anderen durch die Beugung an der Pupille (siehe Abschn. 11.3). Beide Begrenzungen ergeben einen minimalen Sehwinkel $\varepsilon_{\min} \approx 1'$! Dies bedeutet, zwei Objektpunkte, deren Abstand kleiner ist als

$$\begin{aligned}\Delta x_{\min} &\approx s_0 \cdot \varepsilon_{\min} \approx 25 \cdot 2{,}9 \cdot 10^{-4}\,\mathrm{cm}\\ &= 73\,\mu\mathrm{m}\,,\end{aligned}$$

können vom Auge in der deutlichen Sehweite s_0 nicht mehr getrennt werden.

BEISPIEL

Viele Drucker arbeiteten früher mit einer Auflösung von 360 dpi (dots per inch = Punkte pro Zoll). Dies entspricht gerade einem Punktabstand von 70 µm. Man erkennt aber mit bloßem Auge noch Stufen im Druckbild, wenn man das Blatt näher als 25 cm vor das Auge hält.
Das vorliegende Buch wird übrigens mit 2540 dpi gedruckt.

Die Empfindlichkeit des Auges für die Detektion kleiner Lichtleistungen ist erstaunlich. Bei an Dunkelheit adaptiertem Auge können die Stäbchen der Netzhaut noch vom Gehirn als Lichtempfindung registrierte Signale abgeben bei einer durch die Pupille durchgelassenen Lichtleistung von $10^{-17}\,\mathrm{W}$! Die größte vom Auge noch ohne Störung verarbeitbare Lichtleistung beträgt etwa $10^{-6}\,\mathrm{W}$.

Die Stärke unserer Lichtempfindung ist proportional zum Logarithmus der einfallenden Lichtintensität, jedoch ist sie abhängig von der *vorher* durch das Auge gefallenen Leistung. Das hell adaptierte Auge integriert die einfallende Lichtleistung etwa über 50 µs, das dunkeladaptierte über 0,5 s. Man kann deshalb mit dem Auge nicht sehr zuverlässige Absolutwerte für die Lichtleistung messen, hingegen einen relativen Vergleich heller/dunkler zwischen zwei beleuchteten Flächen sehr genau anstellen [11.4].

11.2 Vergrößernde optische Instrumente

Die Aufgabe vergrößernder optischer Instrumente ist es, den Sehwinkel ε zu vergrößern, ohne die deutliche Sehweite s_0 für das Auge zu unterschreiten. Als ***Winkelvergrößerung*** V des Instruments wird der Quotient

$$V = \frac{\text{Sehwinkel } \varepsilon \text{ mit Instrument}}{\text{Sehwinkel } \varepsilon_0 \text{ ohne Instrument}}$$

definiert.

Vergrößernde Instrumente erlauben deshalb, feinere Details eines Gegenstandes noch zu erkennen, die ohne das Instrument für das Auge nicht auflösbar wären, wenn ihr Sehwinkel ε_0 bei der deutlichen Sehweite s_0 kleiner als $1'$ ist.

Man beachte:

Die Winkelvergrößerung $\varepsilon/\varepsilon_0$ ist im Allgemeinen nicht dasselbe wie der Abbildungsmaßstab B/G, der definiert ist als Verhältnis von Bildgröße B zu Gegenstandsgröße G.

Da die optischen Instrumente im Allgemeinen eine feste Brennweite f haben, können sie nur Objektpunkte A in einer vorgegebenen Ebene $z = g$ optimal scharf abbilden. Verschiebt man A um die Strecke Δz, so wird das Bild B des Objektpunktes in der Bildebene $z = b$ kein Punkt mehr, sondern ein Scheibchen, und damit wird das Bild des Gegenstandes unschärfer. Man nennt den Bereich $\Delta z = \Delta z_s$, in dem man die Objekte verschieben kann, ohne dass die Fläche dieser Bildscheibchen des Objektpunktes A größer als die minimale vom Auge in der deutlichen Sehweite noch auflösbare Fläche wird, die **Schärfentiefe** des optischen Instruments. Die Bilder von Objekten innerhalb der Schärfentiefe werden daher noch als scharf angesehen. Der Schärfentiefebereich hängt ab vom Durchmesser D_B der verwendeten Blende, wie man folgendermaßen sieht: In Abb. 11.7 soll der Punkt A in den Punkt B abgebildet werden. Dann führt die Abbildung des Punktes A_v am vorderen Ende des Schärfentiefebereichs in der Bildebene zu einem Kreis mit Durchmesser u, der als Unschärfe des Bildpunktes erscheint. Nach dem Strahlensatz ergibt sich:

$$\frac{u}{D_B} = \frac{b_v - b_0}{b_v} \, .$$

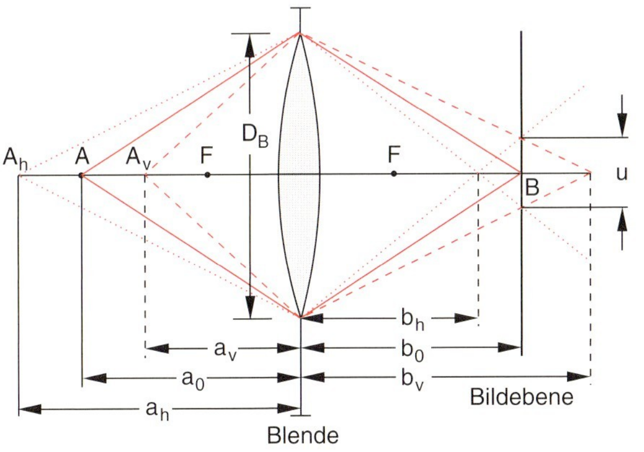

Abb. 11.7. Zur Schärfentiefe der Abbildung durch eine Linse

Entsprechend ergibt sich für die Abbildung von A_h:

$$\frac{u}{D_B} = \frac{b_0 - b_h}{b_h} \, .$$

Mithilfe der Linsengleichung

$$\frac{1}{a} + \frac{1}{b} = \frac{1}{f}$$

erhält man bei der Abbildung der Punkte A_v, A und A_h für den vorderen Schärfentiefebereich:

$$\Delta a_v = a_0 - a_v = \frac{b_0 f^2 u}{(b_0 - f)(D_B b_0 - D_B f + uf)}$$

und für den hinteren Schärfentiefebereich:

$$\Delta a_h = a_h - a_0 = \frac{b_0 f^2 u}{(b_0 - f)(D_B b_0 - D_B f - uf)} \, .$$

Der Schärfentiefebereich Δa_v ist also etwas kleiner als Δa_h. Beide sind proportional zum Quadrat der Brennweite f und wachsen mit sinkendem Blendendurchmesser D_B. Man vergrößert den Schärfentiefenbereich durch Verkleinern des Blendendurchmessers.

BEISPIEL

$a_0 = 1\,\text{m}$, $f = 50\,\text{mm} \Rightarrow b_0 = 0{,}0526\,\text{m}$, $u = 0{,}1\,\text{mm}$.

a) Für $D_B = 1\,\text{cm} \Rightarrow \Delta a_h = 0{,}24\,\text{m}$, $\Delta a_v = 0{,}16\,\text{m}$.
b) Für $D_B = 0{,}3\,\text{cm} \Rightarrow \Delta a_h = 1{,}8\,\text{m}$, $\Delta a_v = 0{,}40\,\text{m}$.

Im Fall a) lässt sich also der Bereich von 1,24 m bis 0,84 m scharf abbilden, im Fall b) der Bereich von 2,8 m bis 0,60 m.

11.2.1 Die Lupe

Eine Lupe ist eine Sammellinse kurzer Brennweite f, die so zwischen Auge und Gegenstand gehalten wird, dass der Gegenstand in der Brennebene der Linse liegt (Abb. 11.8). Dadurch gelangt paralleles Licht ins Auge, und der Gegenstand erscheint dem Auge im Unendlichen zu liegen, d. h. das Auge kann sich auf unendliche Entfernungen einstellen, wobei es völlig entspannt ist.

Für das Auge erscheint das von der Lupe erzeugte virtuelle Bild unter dem Sehwinkel $\varepsilon = G/f$. Ohne Lupe würde der Gegenstand in der deutlichen Sehweite unter dem Winkel $\varepsilon_0 = G/s_0$ erscheinen.

Die Winkelvergrößerung der Lupe ist daher bei einem Abstand f zwischen Lupe und Gegenstand

$$V_L = \frac{\tan \varepsilon}{\tan \varepsilon_0} = \frac{G}{f} \cdot \frac{s_0}{G} = \frac{s_0}{f} \, . \tag{11.3}$$

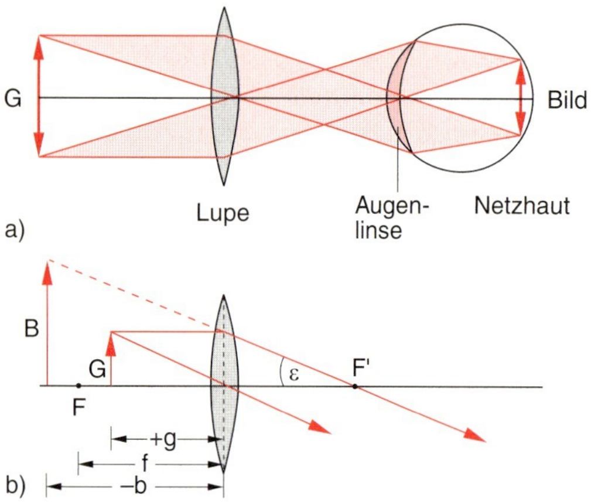

Abb. 11.8a,b. Vergrößerung des Sehwinkels ε durch eine Lupe: (**a**) wenn der Gegenstand G in der Brennebene liegt, (**b**) wenn $g < f$ ist

> Die Vergrößerung der Lupe ist also gleich dem Verhältnis von deutlicher Sehweite s_0 zur Brennweite f der Lupe.

BEISPIEL

$f = 2\,\text{cm}$, $s_0 = 25\,\text{cm} \Rightarrow V_\text{L} = 12{,}5$

Die Ursache für die Vergrößerung des Sehwinkels ist die (verglichen mit der deutlichen Sehweite s_0) kleine Brennweite der Lupe, die es gestattet, den Gegenstand näher an die Lupe zu bringen, wobei das Auge den Gegenstand im Unendlichen sieht, also nicht akkomodieren muss.

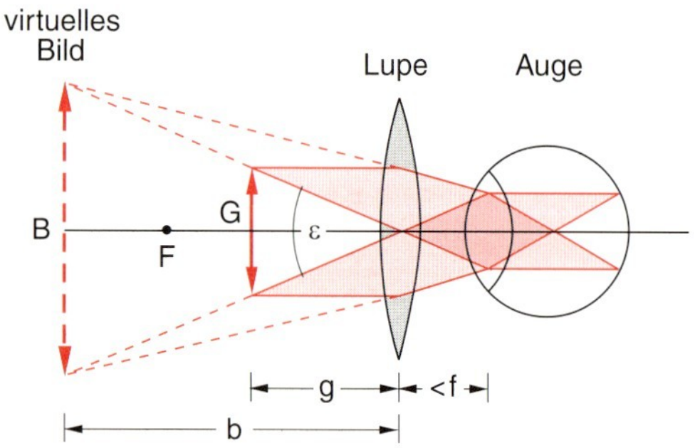

Abb. 11.9. Zur Gleichung (11.4)

Man kann V_L erhöhen, wenn man den Gegenstand noch näher an die Lupe bringt, sodass $s = g < f$ wird. Das virtuelle Bild erscheint dann nicht mehr im Unendlichen, sondern in endlicher Entfernung b (Abb. 11.9b).

Die Vergrößerung wird dann:

$$V_\text{L} = \frac{\tan\varepsilon}{\tan\varepsilon_0} = \frac{B/b}{G/s_0} = \frac{G/g}{G/s_0} = \frac{s_0}{g}\,.$$

Aus der Linsengleichung

$$\frac{1}{f} = \frac{1}{g} + \frac{1}{b} \;\Rightarrow\; \frac{1}{g} = \frac{b-f}{b \cdot f}$$

$$\Rightarrow\; V_\text{L} = \frac{s_0(b-f)}{b \cdot f}\,.$$

Für die deutliche Sehweite ist $b = -s_0$

$$\Rightarrow\; V_\text{L} = \frac{s_0 + f}{f} = \frac{s_0}{f} + 1\,. \qquad (11.4)$$

Für die minimale Gegenstandsweite erhält man dann:

$$g_\text{min} = \frac{s_0 \cdot f}{s_0 + f}\,.$$

BEISPIEL

$s_0 = 25\,\text{cm}$, $f = 2\,\text{cm} \Rightarrow g_\text{min} = 1{,}85\,\text{cm} \Rightarrow V = 13{,}5$

Die Augenlinse muss sich jetzt allerdings stärker krümmen, um die divergenten Lichtbündel hinter der Lupe auf die Netzhaut zu fokussieren.

11.2.2 Das Mikroskop

Eine wesentlich stärkere Vergrößerung als mit der Lupe erreicht man mit dem Mikroskop, das im Prinzip aus zwei Linsen besteht (Abb. 11.10). Die erste Linse (Objektiv) entwirft ein reelles Zwischenbild B des Gegenstandes G in der Brennebene der zweiten Linse (Okular). Ins Auge gelangen daher wieder parallele Strahlenbündel von jedem Punkt des Gegenstandes, sodass das Auge das Bild des Gegenstandes im Unendlichen sieht, genau wie in Abb. 11.8.

Wie man aus Abb. 11.10 aufgrund des Strahlensatzes erkennt, ist das Verhältnis $B/G = b/g$. Aus der Linsengleichung für L_1 ergibt sich:

$$\frac{1}{f_1} = \frac{1}{g} + \frac{1}{b} \quad\Rightarrow\quad b = \frac{g \cdot f_1}{g - f_1} = \frac{g\,f_1}{\delta}\,.$$

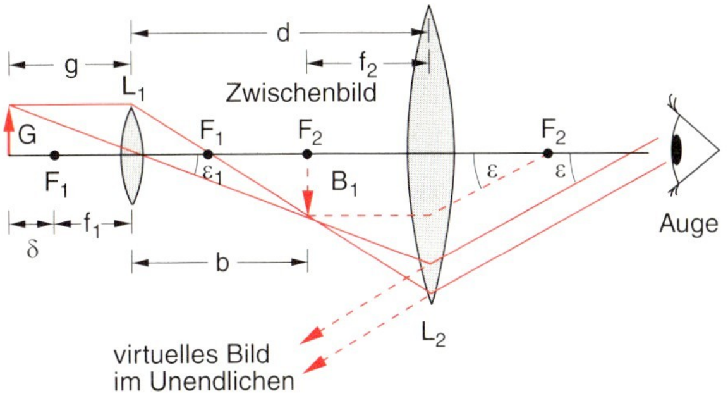

Abb. 11.10. Grundprinzip des Strahlengangs im Mikroskop

Wird der Gegenstand in die Nähe der Brennebene von L_1 gebracht, sodass $g = f_1 + \delta$ mit $\delta \ll f_1$ nur wenig größer ist als f_1, dann wird $b \gg g \Rightarrow B \gg G$.

Das Okular L_2 wirkt als Lupe für das Zwischenbild. Es gilt:

$$\tan \varepsilon = B_1/f_2 = \frac{G \cdot b}{g \cdot f_2} \,.$$

Ohne Mikroskop wäre der Sehwinkel ε_0 bei einem Abstand s_0 des Gegenstandes vom Auge:

$$\tan \varepsilon_0 = \frac{G}{s_0} \,.$$

Die Winkelvergrößerung des Mikroskops ist daher:

$$V_\mathrm{M} = \frac{Gbs_0}{Ggf_2} = \frac{bs_0}{gf_2} \,. \tag{11.5}$$

Mit dem Abstand $d = b + f_2$ zwischen L_1 und L_2 ergibt sich wegen $g \approx f_1$:

$$V_\mathrm{M} \approx \frac{(d - f_2)s_0}{f_1 f_2} \,. \tag{11.6}$$

BEISPIEL

$f_1 = 0{,}5\,\mathrm{cm}$, $f_2 = 2\,\mathrm{cm}$, $d = 10\,\mathrm{cm}$, $s_0 = 25\,\mathrm{cm} \Rightarrow V_\mathrm{M} = 200$

Man kann die Vergrößerung durch die Wahl der Brennweiten f_1 und f_2 einstellen. Meistens wählt man verschiedene Objektivlinsen, die man durch Drehen einer Trommel wahlweise in den Strahlengang bringen kann.

Die kommerziellen Mikroskope sind raffinierter aufgebaut als das einfache Schema der Abb. 11.10. Statt der Einfachlinsen werden Linsensysteme verwendet, welche Abbildungsfehler korrigieren und größere Öffnungswinkel und damit größere Lichtstärke erlauben. Als Beispiele sind in Abb. 11.11 die Strahlengänge links für die Abbildung des Objektes gezeigt, dessen Bild dann auf der Netzhaut des beobachtenden Auges entsteht, und rechts für die Beleuchtung des Objektes, wo die Glühwendel in die Augenlinse abgebildet wird, sodass man sie nicht direkt sieht. In Abb. 11.12 sind Aufbau und Strahlengang eines Zeiss-Mikroskops dargestellt. Der Strahlengang ist hier über einen Strahlteiler gefaltet, um das Mikroskop handlicher zu gestalten. Durch wahlweise Verwendung der beiden Lichtquellen LQ1 bzw LQ2 kann das Objekt in Durchsicht oder Auflicht betrachtet werden. Statt des beobachtenden Auges kann eine Videokamera eingesetzt werden.

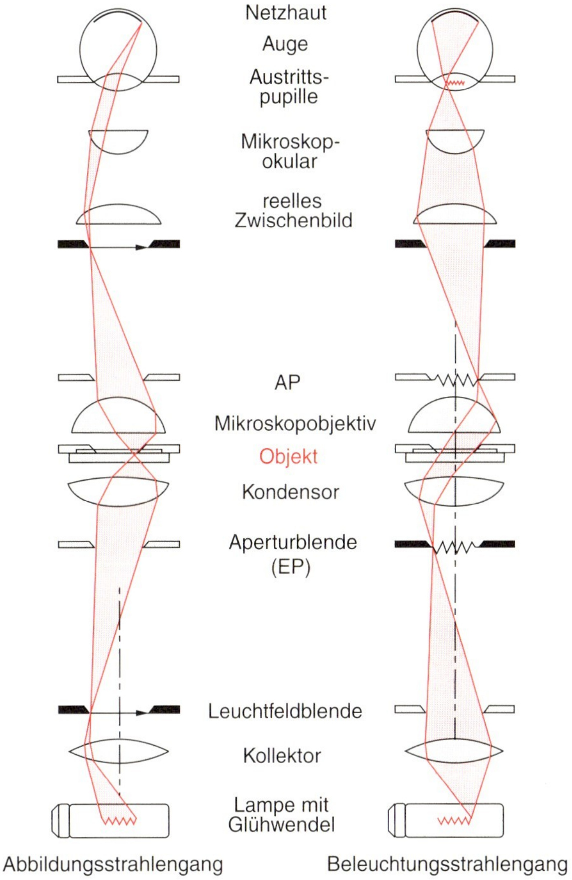

Abb. 11.11. Strahlengang im Mikroskop mit Köhlerscher Beleuchtung: links für die Abbildung des Objektes, rechts für die Beleuchtung des Objekts. (Nach Pedrotti: Optik)

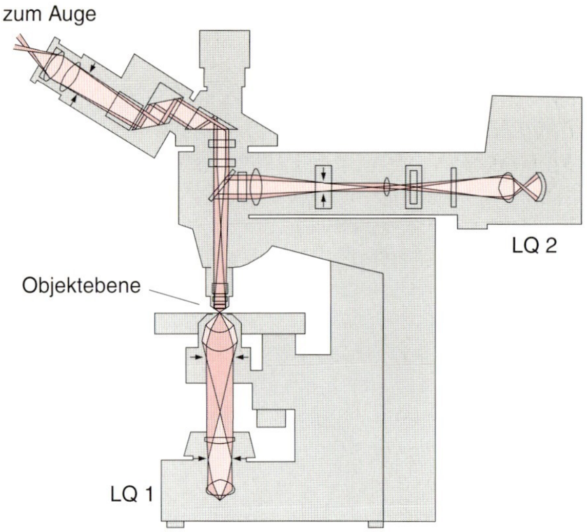

Abb. 11.12. Schnittzeichnung durch ein kommerzielles Mikroskop (nach einer Vorlage von Zeiss, Oberkochen)

11.2.3 Das Fernrohr

Im Gegensatz zum Mikroskop, das sehr nahe an L_1 liegende Gegenstände vergrößert, ist das Fernrohr zur Vergrößerung weit entfernter Objekte konstruiert. Das Fernrohrprinzip wurde in Holland entdeckt, und *Galilei* baute nach diesem Prinzip ein astronomisches Fernrohr, das er als erster zur Beobachtung der Planeten einsetzte (siehe Bd. 1, Abb. 1.1) und das in modifizierter Form auch von *Kepler* benutzt wurde. Das Prinzip des Keplerschen Fernrohrs ist in Abb. 11.13 dargestellt. Es besteht, analog zum Mikroskop, aus einem System von zwei Linsen. Hier hat jedoch L_1 eine *sehr große* Brennweite f_1. Die Linse L_1 erzeugt ein reelles Zwischenbild des Objektes, welches dann mit der Linse L_2, die als Lupe wirkt, vergrößert betrachtet wird.

Ist der Gegenstand sehr weit entfernt ($g \gg f$), so entsteht das Zwischenbild mit der Bildgröße B in der rechten Brennebene von L_1, die gleichzeitig die linke Brennebene von L_2 ist. Der Winkel ε_0 ist dann der Winkel zwischen den Strahlen von gegenüberliegenden Randpunkten des Objektes. Mit $\varepsilon = B/f_2$ erhalten wir daher für die Winkelvergrößerung des Fernrohrs:

$$V_F = \frac{\varepsilon}{\varepsilon_0} = \frac{B}{f_2\varepsilon_0} = \frac{f_1\varepsilon_0}{f_2\varepsilon_0} = \frac{f_1}{f_2}\,. \qquad (11.7)$$

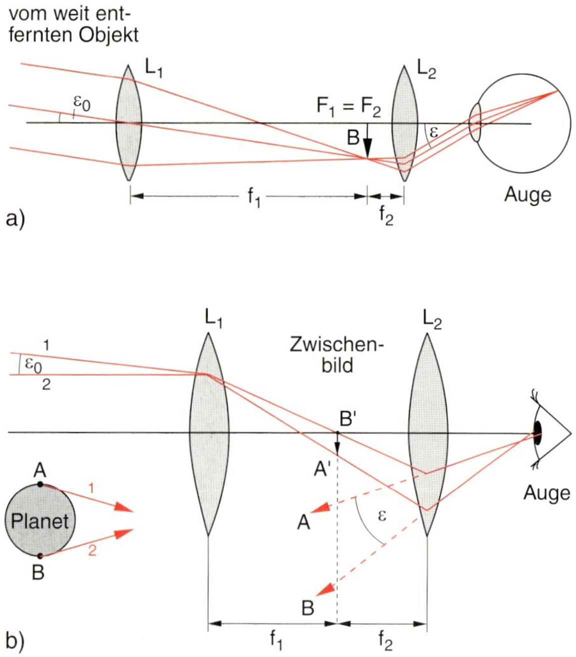

Abb. 11.13. (**a**) Zur Vergrößerung des Keplerschen Fernrohrs. (**b**) Bestimmung des Winkeldurchmessers eines Planeten als Winkel ε zwischen den Strahlen von entgegengesetzten Randpunkten A und B

> Die Vergrößerung des Fernrohrs ist also gleich dem Verhältnis der Brennweiten von Objektiv und Okular.

BEISPIEL

$f_1 = 2\,\text{m}$, $f_2 = 2\,\text{cm} \Rightarrow V = 100$

Anmerkung

Gleichung (11.6) geht in (11.7) über, wenn $d = f_1 + f_2$ ist und $s_0 = f_1$.

Will man (z. B. bei der Beobachtung irdischer Objekte) die Umkehrung des Bildes im Fernrohr vermeiden, so kann man entweder Umkehrprismen verwenden (Prismenfernrohr, Abb. 11.14) oder als Okular eine Zerstreuungslinse (Abb. 11.15).

In der Astronomie werden statt des Linsenfernrohres in Abb. 11.13 überwiegend Spiegelteleskope benutzt (Abb. 11.16), weil man Hohlspiegel mit größerem Durchmesser herstellen kann als Linsen [11.5]. Damit wird die Lichtstärke des Fernrohrs größer

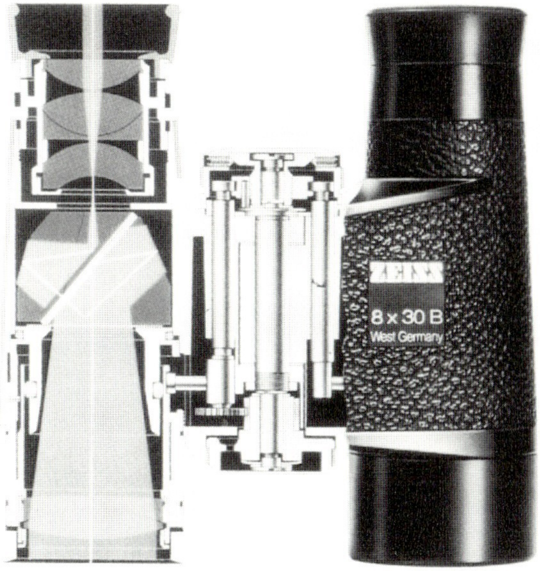

Abb. 11.14. Prismenfernrohr. Mit freundlicher Genehmigung von Zeiss, Oberkochen

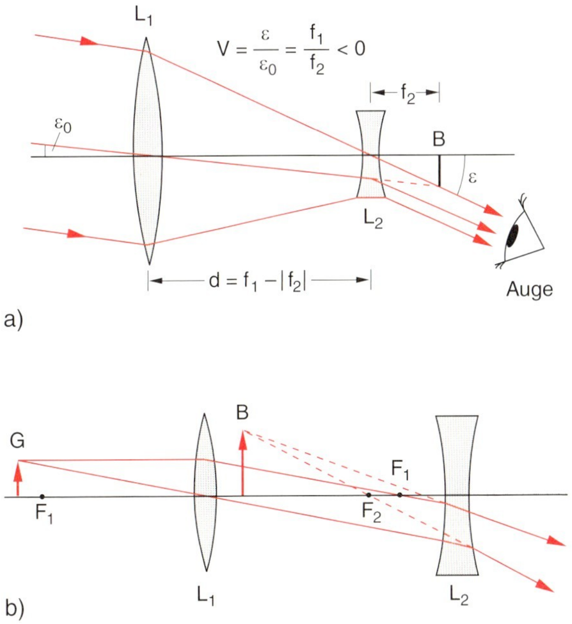

Abb. 11.15a,b. Fernrohr mit einer Zerstreuungslinse als Okular (galileisches Fernrohr). (**a**) Winkelvergrößerung bei unendlich entferntem Gegenstand; (**b**) Erzeugung eines aufrechten Bildes bei endlicher Gegenstandsweite

(siehe Abschn. 11.4). Die größten zur Zeit gebauten Teleskope (Europäische Südsternwarte in Chile und das Keck-Teleskop auf Hawaii) haben einen Spiegeldurchmesser von 10 m. Es gibt verschiedene Anordnungen (siehe Bd. 4) für den optischen Strahlengang. Beim Cassegrain-Teleskop wird das vom Hauptspiegel gesammelte Licht gebündelt auf einen Fangspiegel reflektiert, der es durch ein kleines Loch im Hauptspiegel über das Okular ins Auge bzw. auf den Detektor leitet.

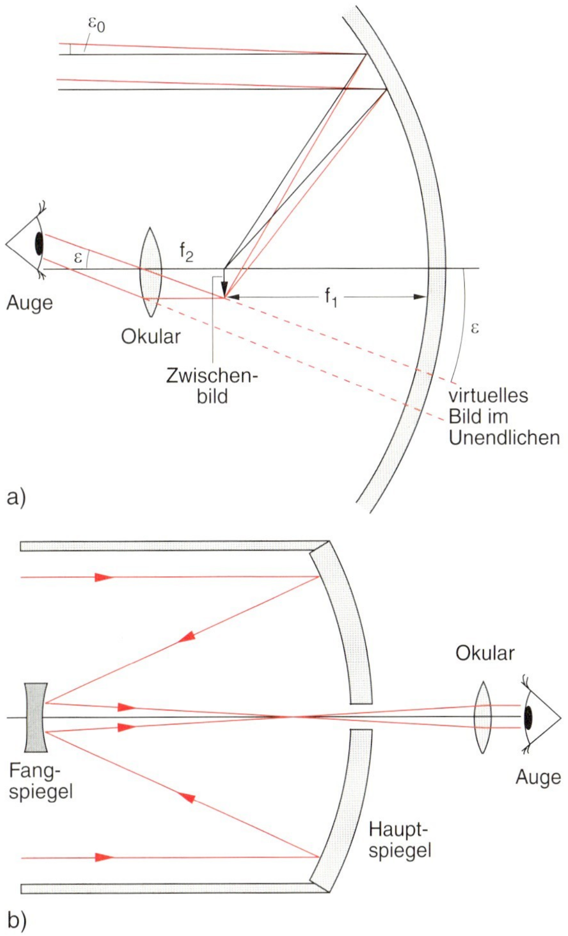

Abb. 11.16a,b. Spiegelteleskop: (**a**) Winkelvergrößerung; (**b**) Cassegrain-Teleskop

11.3 Die Rolle der Beugung bei optischen Instrumenten

Wir hatten im Abschnitt 11.2 diskutiert, dass durch die Vergrößerung mit Hilfe optischer Instrumente feinere Details des Gegenstandes erkannt werden können. Diese Erhöhung des räumlichen Auflösungsvermögens wird begrenzt durch die Beugungserscheinungen. Dies soll an zwei Beispielen, dem Fernrohr und dem Mikroskop, illustriert werden.

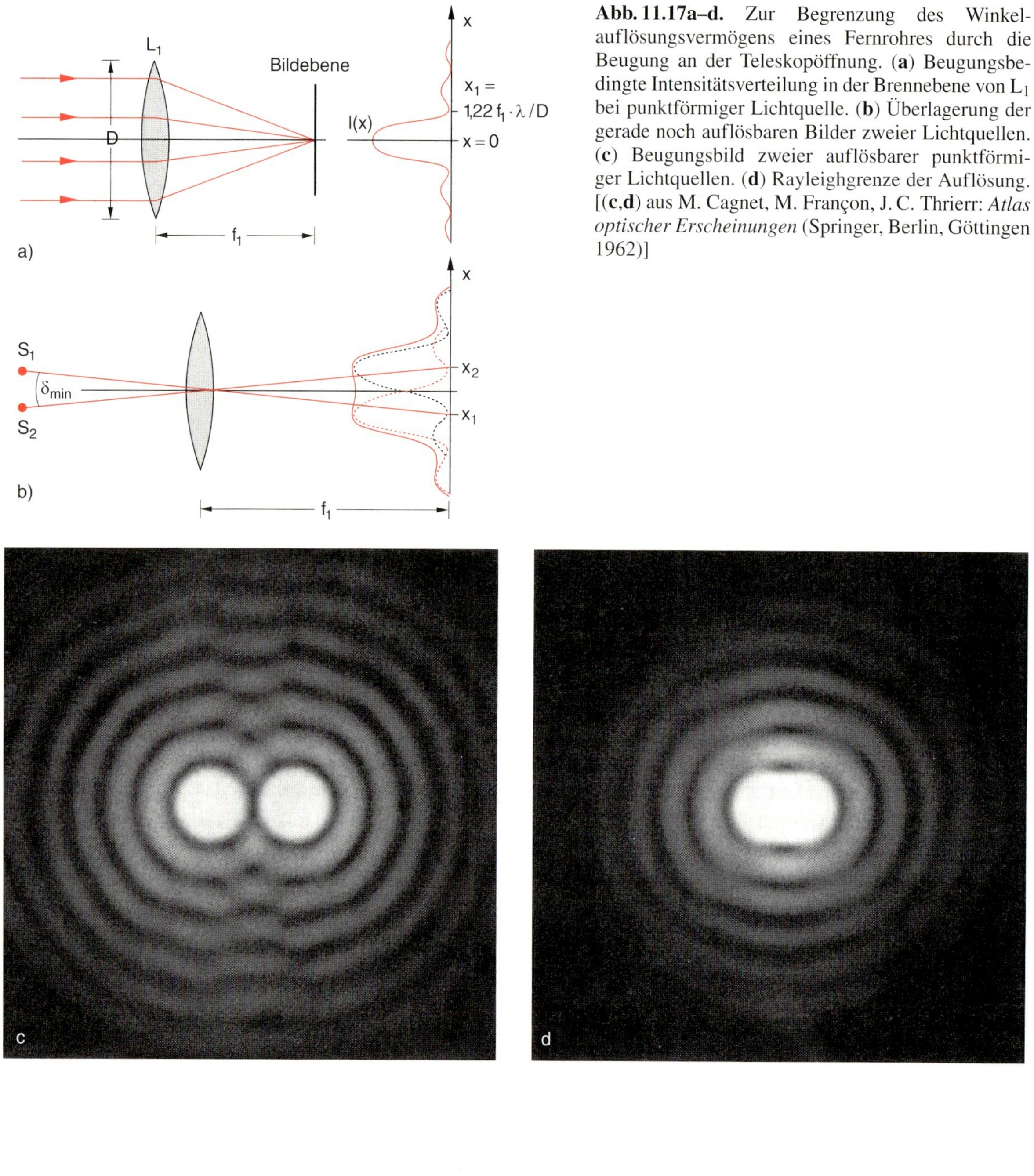

Abb. 11.17a–d. Zur Begrenzung des Winkelauflösungsvermögens eines Fernrohres durch die Beugung an der Teleskopöffnung. (**a**) Beugungsbedingte Intensitätsverteilung in der Brennebene von L_1 bei punktförmiger Lichtquelle. (**b**) Überlagerung der gerade noch auflösbaren Bilder zweier Lichtquellen. (**c**) Beugungsbild zweier auflösbarer punktförmiger Lichtquellen. (**d**) Rayleighgrenze der Auflösung. [(**c**,**d**) aus M. Cagnet, M. Françon, J. C. Thrierr: *Atlas optischer Erscheinungen* (Springer, Berlin, Göttingen 1962)]

11.3.1 Auflösungsvermögen des Fernrohrs

Wir betrachten in Abb. 11.17b das Bild zweier Sterne S_1 und S_2 mit dem Winkelabstand δ. Wegen ihrer großen Entfernung können die Sterne als punktförmige Lichtquellen angesehen werden, sodass das Licht von jedem Stern als ebene Welle behandelt werden kann. Wegen der Beugung an der begrenzenden Öffnung einer Teleskoplinse mit Durchmesser D ist das Zwischenbild in der Brennebene von L_1 kein Punkt, sondern es entsteht eine radial-symmetrische Intensitätsverteilung (siehe Abb. 10.41), deren Verlauf entlang der x-Achse in der x-z-Ebene in Abb. 11.17a für einen einzelnen Stern dargestellt ist. Der Durchmesser d_{Beug} des zentralen Beugungsmaximums zwischen den Nullstellen der Besselfunktion ist nach Abschn. 10.5 gegeben durch

$$d_{\text{Beug}} = 2 f_1 \cdot \sin \alpha_{\text{Beug}} \approx 2{,}44 \cdot f_1 \lambda / D\,. \qquad (11.8a)$$

In Abb. 11.17b sind die beiden beugungsbedingten Intensitätsverteilungen der Bilder zweier nahe benachbarter Sterne gezeigt. Beobachtet wird die Überlagerung der beiden Verteilungen $I_1(x - x_1)$ und $I_2(x - x_2)$ um die beiden Bildpunkte $F_1(x_1, z_0)$ und $F_2(x_2, z_0)$ in der Brennebene $z = z_0$.

Wenn das Hauptmaximum von $I_1(x_1)$ der Beugungsstruktur von S_1 näher an x_2 rückt als das erste Minimum von $I_2(x - x_2)$, lässt die Überlagerung $I(x) = I_1 + I_2$ keine getrennten Maxima mehr erkennen, d. h. man kann nicht mehr entscheiden, ob es sich um zwei getrennte Lichtquellen S_1 und S_2 handelt (***Rayleigh-Kriterium***, siehe Aufgabe 11.4 und Abschn. 11.5.3). Da das erste Minimum bei einem Winkelabstand $\Theta = 1{,}22 \cdot \lambda / D$ liegt (siehe Abschn. 10.5), ist der kleinste noch auflösbare Winkelabstand begrenzt auf

$$\boxed{\delta_{\min} = 1{,}22 \cdot \lambda / D}\,. \qquad (11.8b)$$

Bei diesem Winkelabstand hat die Überlagerung der beiden Besselfunktionen $I_1(x - x_1) + I_2(x - x_2)$ noch zwei erkennbare Maxima bei $x = x_1$ und $x = x_2$ mit einer Einbuchtung

$$I\big(x = (x_1 + x_2)/2\big) \approx 0{,}85\, I_{\max}\,.$$

Wir definieren deshalb als beugungsbegrenztes ***Winkelauflösungsvermögen*** die Größe

$$R_W = \frac{1}{\delta_{\min}} = \frac{D}{1{,}22\,\lambda}\,. \qquad (11.8c)$$

> Das räumliche Auflösungsvermögen eines optischen Instrumentes ist also begrenzt durch das Verhältnis D/λ von Durchmesser D der Instrumentenöffnung zu Wellenlänge λ.

BEISPIEL

$\lambda = 500\,\text{nm}$, $D = 1\,\text{m}$, $f_1 = 10\,\text{m} \Rightarrow \delta_{\min} = 6 \cdot 10^{-7}\,\text{rad}$ $= 0{,}13'' \Rightarrow d_{\text{Beug}} = 6\,\mu\text{m}$

Diese beugungsbegrenzte Auflösung spielt allerdings für Teleskope mit $D > 10\,\text{cm}$ auf der Erde im Allgemeinen keine Rolle, da die Auflösung durch statistische Fluktuation des Brechungsindex der Erdatmosphäre (Luftunruhe) auf etwa $1''$ beschränkt ist. Mit einer speziellen Technik, der ***Speckle-Interferometrie*** [11.6], oder auch bei Verwendung adaptiver Optik (Abschn. 12.3) lässt sich die Luftunruhe teilweise „überlisten", sodass man auch mit großen Teleskopen fast beugungsbegrenzte Winkelauflösung erreichen kann.

Beim Hubble-Teleskop im Weltraum entfällt die Luftunruhe völlig, und man erreicht in der Tat die beugungsbegrenzte Auflösung. Bei einem Spiegeldurchmesser von $D = 2{,}4\,\text{m}$ bedeutet dies bei einer Wellenlänge $\lambda = 500\,\text{nm}$ eine Winkelauflösung von $2{,}54 \cdot 10^{-7}\,\text{rad} \mathrel{\hat{=}} 0{,}052''$. Dies entspricht einer räumlichen Auflösung auf dem Mond (380 000 km Entfernung) von $\Delta x_{\min} = 96\,\text{m}$.

11.3.2 Auflösungsvermögen des Auges

Die Pupille des menschlichen Auges hat einen Durchmesser, der, je nach einfallender Lichtintensität und verlangter Schärfentiefe, zwischen $D = 1{-}8\,\text{mm}$ variieren kann. Die Augenlinse erzeugt dann von einer punktförmigen Lichtquelle (bei Vernachlässigung aller Linsenfehler), aufgrund der Beugung ein Beugungsscheibchen auf der Netzhaut, das einen Durchmesser

$$d_{\text{Beug}} = 2{,}44\,\lambda f / D$$

hat. Für grünes Licht ($\lambda = 550\,\text{nm}$), das im Augapfel (Brechungsindex $n = 1{,}33$) zu $\lambda = 413\,\text{nm}$ wird, ergibt dies für $f = 24\,\text{mm}$, $D = 2\,\text{mm}$:

$$d_{\text{Beug}} \approx 10\,\mu\text{m}\,.$$

Dies entspricht etwa dem mittleren Abstand der Lichtrezeptoren (Zäpfchen) in der Zone des schärfsten Sehens (Fovea), wo die Packungsdichte der Rezeptoren maximal ist.

Die entsprechende beugungsbedingte Winkelauflösung für $\lambda = 550\,\text{nm}$ ist $\delta \approx 1{,}22\,\lambda/D \approx 1' \approx 2{,}9 \cdot 10^{-4}\,\text{rad}$, sodass das Auge nur Strukturen bis zu minimalen Abständen

$$\Delta x_{\min} = s_0 \cdot \delta_{\min} \approx 25\,\text{cm} \cdot 2{,}9 \cdot 10^{-4} \approx 70\,\mu\text{m}$$

auflösen kann, wenn sich der Gegenstand in der deutlichen Sehweite s_0 befindet.

Anmerkung

Das Auflösungsvermögen hängt auch ab von der Form des Gegenstandes und vom Kontrast.

11.3.3 Auflösungsvermögen des Mikroskops

Auch beim Mikroskop ist die erreichbare räumliche Auflösung prinzipiell durch die Beugung begrenzt.

Wir betrachten in Abb. 11.18 einen Punkt P_1 des beleuchteten Objektes in der Beobachtungsebene, die den Abstand g von der Objektivlinse L_1 mit Durchmesser D hat.

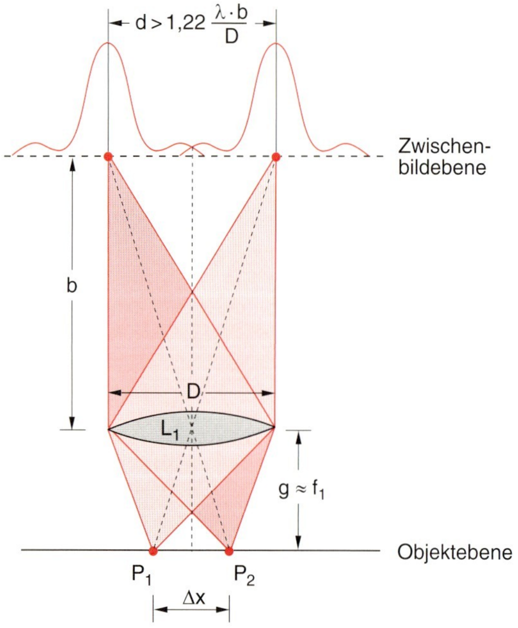

Abb. 11.18. Zur Herleitung des Auflösungsvermögens eines Mikroskops

In der Bildebene im Abstand b von L_1 entsteht als Bild des Punktes P_1 ein Beugungsscheibchen mit dem Fußpunktdurchmesser der zentralen Beugungsordnung

$$d_{\text{Beug}} = 2{,}44 \cdot \lambda \cdot b/D\,.$$

Damit ein benachbarter Punkt P_2 des Objektes mit Abstand $\Delta x = \overline{P_1 P_2}$ noch als räumlich getrennt von P_1 beobachtbar ist, muss der Abstand der Maxima beider Beugungsscheibchen mindestens $0{,}5\,d_{\text{Beug}} = 1{,}22\,\lambda b/D$ betragen. Dies entspricht nach der Abbildungsgleichung einer Linse einem Objektabstand

$$\Delta x_{\min} = \frac{1}{2} d_{\text{Beug}} \cdot \frac{g}{b} = 1{,}22\,\lambda \cdot \frac{g}{D}\,.$$

Im allgemeinen Fall liegt die Objektebene praktisch in der Brennebene von L_1, sodass $g \approx f$. Dies ergibt für den kleinsten noch auflösbaren Abstand zweier Objektpunkte:

$$\Delta x_{\min} = 1{,}22 \cdot \lambda \cdot f/D\,. \tag{11.9}$$

Der von der Objektivlinse L_1 erfasste maximale Öffnungswinkel 2α ist durch

$$2 \sin\alpha = D/f \tag{11.10}$$

bestimmt.

Durch Verwendung von Immersionsöl mit einem großen Brechungsindex ($n = 1{,}5$) zwischen Objekt und Objektiv lässt sich wegen $\lambda_n = \lambda_0/n$ ein Faktor 1,5 für die Auflösung gewinnen. Man erhält damit

$$\Delta x_{\min} = 1{,}22 \cdot \frac{\lambda_0}{2n \cdot \sin\alpha}\,. \tag{11.11a}$$

Man nennt die Größe $n \cdot \sin\alpha$ die ***numerische Apertur*** (NA) des Mikroskops. Damit lässt sich (11.11a) schreiben als

$$\Delta x_{\min} = 0{,}61 \frac{\lambda}{NA}\,. \tag{11.11b}$$

BEISPIEL

$n = 1{,}5$; $\sin\alpha = 0{,}8$ (d. h. $2\alpha \approx 106°$)
$\Rightarrow NA = 1{,}2 \Rightarrow \Delta x_{\min} \approx 0{,}5\,\lambda$.

In Worten:

> Strukturen, die kleiner sind als die halbe Wellenlänge des beleuchtenden Lichtes, können nicht aufgelöst werden.

Um eine höhere Auflösung zu erreichen, muss die Wellenlänge λ verringert werden. Deshalb wird intensiv an der Entwicklung der Röntgenmikroskopie (mit Fresnel-Linsen) gearbeitet, oder man verwendet zur Auflösung kleiner Strukturen Elektronenmikroskope (siehe Bd. 3).

Anmerkung

Man kann in günstigen Fällen allerdings auch mit sichtbarem Licht noch Strukturen $\Delta x < \lambda/2$ auflösen, wenn man die Technik der Nahfeldmikroskopie verwendet (siehe Abschn. 12.2).

11.3.4 Abbesche Theorie der Abbildung

Dass die Beugung für die Abbildung eine entscheidende Rolle spielt, wurde bereits von *Ernst Abbe* (1840–1905) erkannt, der dies anhand der Bildentstehung im Mikroskop (Abb. 11.19) illustrierte.

Ein Objekt (z. B. zwei Spalte S_1 und S_2 mit dem Abstand d) werde von unten mit parallelem Licht beleuchtet. Die nullte Beugungsordnung erscheint in der Richtung des durchgehenden Lichtes. Sie enthält jedoch keine Information über den Spaltabstand. Erst die höheren Beugungsordnungen, die bei den Winkeln Θ_m gegen die Einfallsrichtung erscheinen, geben wegen

$$d \cdot \sin \Theta_m = m \cdot \lambda \quad (m = 1, 2, \ldots)$$

Auskunft über den Spaltabstand d. Man sieht aus Abb. 11.19, dass zur Entstehung der Bilder B_1 und B_2 sowohl die $+1$. als auch die -1. Beugungsordnung notwendig ist.

Die Objektivlinse L_1 des Mikroskops muss also mindestens das Licht der ± 1. Beugungsordnung unter dem Winkel Θ_1 noch erfassen können, d. h. die numerische Apertur NA muss bei Verwendung von Immersionsöl mit Brechungsindex n mindestens

$$NA = n \sin \alpha > n \sin \theta_1 = \frac{\lambda}{d} \tag{11.12}$$

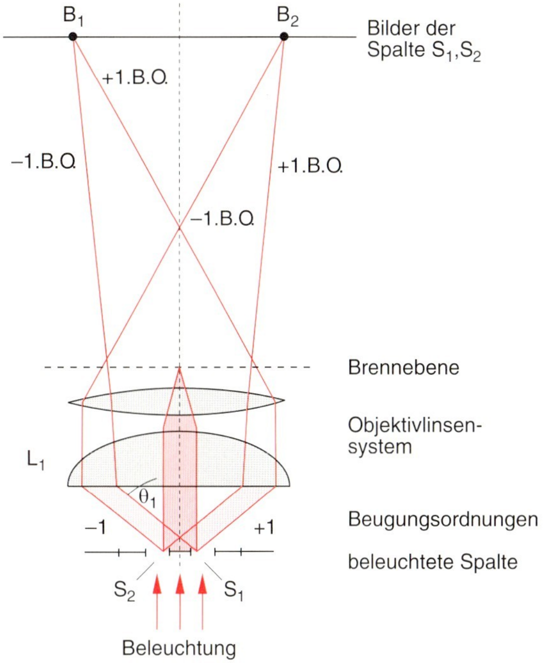

Abb. 11.19. Zur Abbeschen Theorie der Bildentstehung im Mikroskop

sein, um die räumliche Auflösung $\Delta x_{\min} = d$ zu erreichen. Daraus ergibt sich

$$d \geq \frac{\lambda}{n \sin \alpha} = \frac{\lambda}{NA} ,$$

was bis auf einen Faktor 0,6 mit (11.11b) übereinstimmt.

Experimentell kann man die Abbesche Abbildungstheorie eindrucksvoll demonstrieren, indem man ein Kreuzgitter in der x-y-Brennebene von L_1 mit parallelem Licht von hinten beleuchtet und hinter L_1 zwei zueinander senkrechte Spalte in x- bzw. y-Richtung mit variabler Spaltbreite stellt (Abb. 11.20). Wird einer der beiden Spalte so weit verengt, dass nur noch die nullte Beugungsordnung des Gitters durchgelassen wird, so verschwindet im Gitterbild in der Beobachtungsebene B_1 die Struktur des Gitters in einer Richtung, aus dem Kreuzgitter wird ein Strichgitter mit den Strichen senkrecht zur Richtung des engen Spaltes. Verengt man auch noch den anderen Spalt, so verschwindet die Gitterstruktur in der Bildebene vollständig. Durch einen Strahlteiler St kann ein Teil des Lichtes abgelenkt werden, um in der

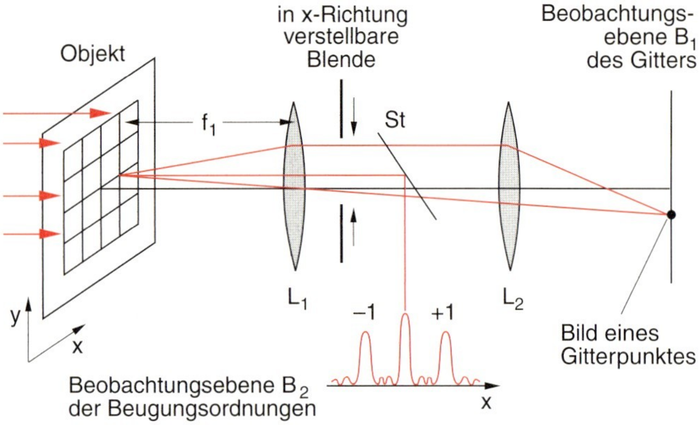

Abb. 11.20. Zur Demonstration der Abbeschen Theorie

Ebene B_2 die Fraunhofersche Beugungsstruktur des Gitters zu beobachten, sodass man sehen kann, welche Beugungsordnungen von der Blende durchgelassen werden.

Im Rahmen der Fourierdarstellung der Beugung (Abschn. 10.8) lässt sich die Fraunhofersche Beugungsstruktur als Fouriertransformierte der Feldverteilung in der Beugungsebene ansehen. Das Bild des Objektes in der Beobachtungsebene B_1 ist dann durch die Fouriertransformierte der Beugungsverteilung gegeben. Fehlen räumliche Strukturen in der Beugungsverteilung (weil sie durch die Blende abgeschnitten werden), so fehlen die entsprechenden Fouriergrößen im realen Bild, d. h. die Konturen des Bildes werden verwaschen (siehe Kap. 12).

11.4 Die Lichtstärke optischer Instrumente

Neben der räumlichen Auflösung ist für viele Anwendungszwecke die Lichtstärke optischer Instrumente von entscheidender Bedeutung. Beispiele dafür sind Fotoapparate, astronomische Teleskope, Diaprojektoren, Spektrographen etc.

Die von einem optischen Instrument durchgelassene Lichtleistung hängt von der seitlichen Begrenzung der das Gerät durchsetzenden Lichtbündel ab. Diese Begrenzungen können durch die Linsenfassung, durch zusätzliche Blenden im Strahlengang oder durch die Größe von Prismen oder Gittern in Spektrographen bestimmt sein.

Wir bezeichnen den allen Lichtbündeln gemeinsamen Querschnitt auf der Objektseite des Instruments als ***Eintrittspupille***, während dieser auf der Bildseite ***Austrittspupille*** heißt.

Bei der einfachen Abbildung eines Gegenstandes durch eine Linse (Abb. 11.21) ist der Linsenquerschnitt die gemeinsame Eintritts- und Austrittspupille. Setzt man jetzt eine Blende B in den Objektraum vor der Linse (Abb. 11.22), so begrenzt diese Blende den maximalen Öffnungswinkel Ω für Licht, das von jedem

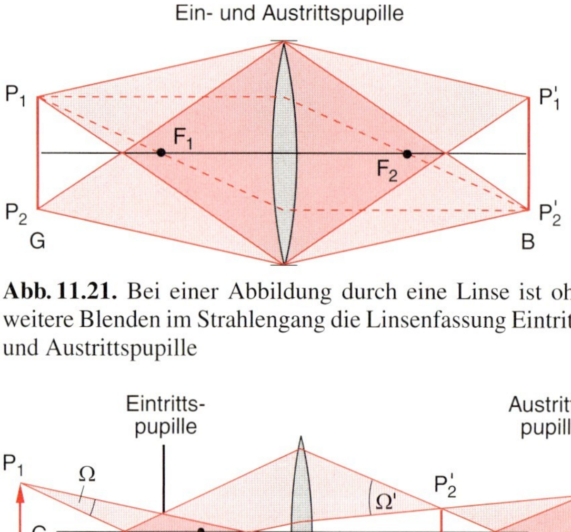

Abb. 11.21. Bei einer Abbildung durch eine Linse ist ohne weitere Blenden im Strahlengang die Linsenfassung Eintritts- und Austrittspupille

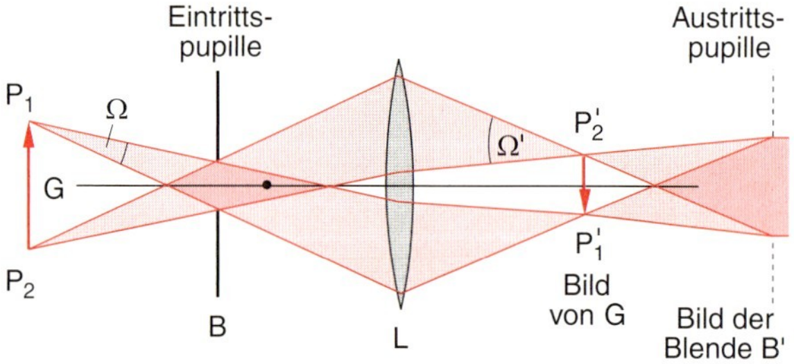

Abb. 11.22. Die Blende B im Objektraum wirkt als Eintrittspupille, ihr reelles Bild B′ im Bildraum als Austrittspupille, falls nicht weitere, noch engere Begrenzungen in den Strahlengang eingeführt werden

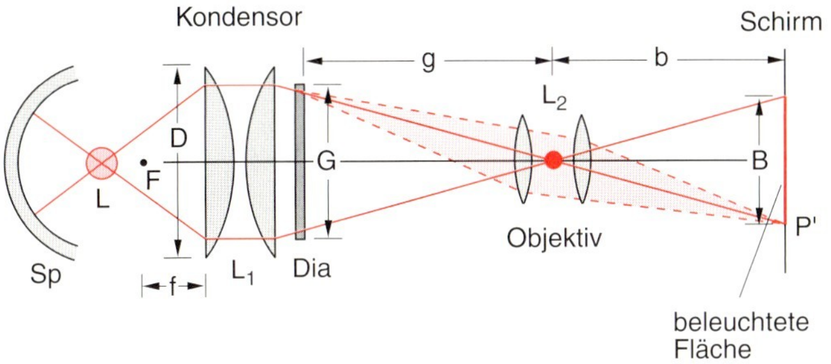

Abb. 11.23. Optischer Aufbau eines Diaprojektors

Punkte P des Gegenstandes G ausgesandt wird, und damit auch die sammelbare Lichtleistung. Die Blende wirkt als Eintrittspupille. Das reelle Bild der Blende in der Bildebene wirkt als Austrittspupille, die nur bildseitige Lichtbündel mit dem Öffnungswinkel Ω' durchlässt.

Da ein selbstleuchtender Gegenstand im Allgemeinen Licht in den gesamten Raumwinkel 4π abstrahlt, ist die vom Instrument durchgelassene Strahlungsleistung proportional zum Raumwinkel Ω, der von der Eintrittspupille erfasst wird. Steht der Gegenstand in der Brennebene der das Licht sammelnden Linse mit der Brennweite f und liegt die Eintrittspupille mit Durchmesser D in der Linsenebene (z. B. beim Photoapparat), so ist der erfasste Raumwinkel für $D \ll f$

$$\Omega = \frac{\pi D^2/4}{f^2} = \frac{\pi}{4}\left(\frac{D}{f}\right)^2 . \tag{11.13}$$

Vergrößerung des Blendendurchmessers D um den Faktor $\sqrt{2}$ erhöht die Lichtintensität auf das Doppelte. In der Photographie wird häufig der Kehrwert f/D als *Blendenzahl* oder F-Zahl angegeben. Beim Photoapparat heißt z. B. „Blende 8“, dass $f/D = 8$ ist. Bei einer Brennweite $f = 40\,\text{mm} \Rightarrow D = 5\,\text{mm}$. Bei „Blende 11“ ist $D = 3{,}6\,\text{mm}$. Dann wird gerade die halbe Intensität durchgelassen.

Wir wollen uns das Problem der Lichtstärke nochmals am Beispiel des Diaprojektors anschauen (Abb. 11.23).

Das von einer hellen Lampe ausgesandte Licht wird teilweise von einer Kondensorlinse (möglichst großes Verhältnis D/f) gesammelt. Um auch das in die Rückwärtsrichtung ausgesandte Licht zu nutzen, wird ein sphärischer Spiegel verwendet, der das Licht zurück in die Lampe und weiter durch den Kondensor schickt. Das Diapositiv wird an einer Stelle eingeschoben, an der das Lichtbündel einen vergleichbaren Querschnitt hat, sodass das Diapositiv vollständig und gleichmäßig ausgeleuchtet wird. Jeder Punkt des Diapositivs wird nun über die Linse L_2 (Objektiv) auf den Projektionsschirm abgebildet. Die Größe B des Projektionsbildes ist bei einer Größe G des Diapositivs durch

$$B = \frac{b}{g} G$$

bestimmt, wobei b der Abstand zwischen Projektionsschirm und bildseitiger Hauptebene des Objektivlinsensystems L_2 und g zwischen Dia und gegenstandsseitiger Hauptebene von L_2 ist. Die beiden Größen g und b sind nicht unabhängig voneinander, sondern sie hängen über die Linsengleichung

$$\frac{1}{f_2} = \frac{1}{g} + \frac{1}{b}$$

miteinander zusammen. Das von der Kondensorlinse entworfene Bild des Glühfadens darf natürlich nicht auf dem Projektionsschirm liegen. Dies kann durch geeignete Wahl von f_1, f_2 und g vermieden werden. Üblicherweise liegt es zwischen den beiden Objektivlinsen.

11.5 Spektrographen und Monochromatoren

Um die spektrale Verteilung $I(\lambda)$ der von einer Lichtquelle ausgesandten Strahlung zu messen, benutzt man entweder Interferometer, die eine wellenlängenabhängige Transmission haben (siehe Abschn. 10.4.1) oder Spektrographen, die eine räumliche Trennung von Strahlen mit unterschiedlichen Wellenlängen bewirken. Man unterscheidet zwischen ***Prismenspektrographen*** (Abb. 11.24), bei denen die Dispersion $n(\lambda)$ des Brechungsindex ausgenutzt wird, die zu

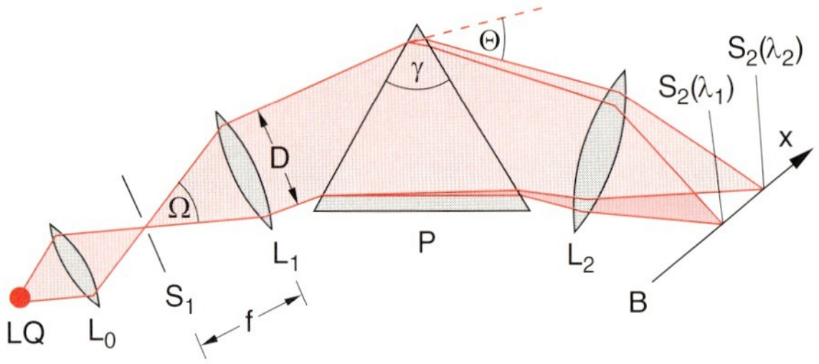

Abb. 11.24. Prismenspektrograph

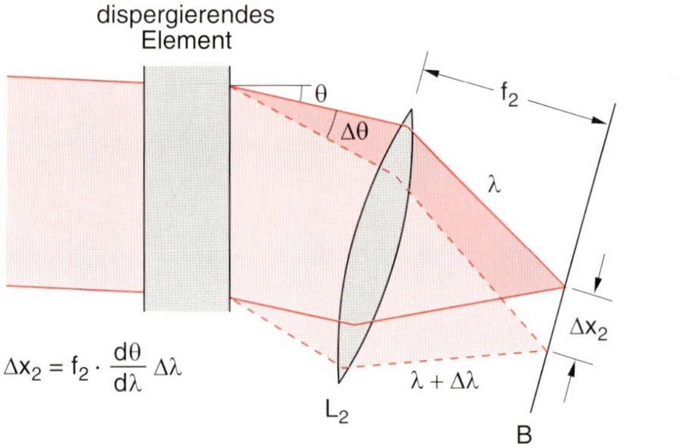

Abb. 11.26. Zusammenhang zwischen Winkeldispersion und lateraler Dispersion

wellenlängenabhängigen Brechungswinkeln führt, und ***Gitterspektrographen***, die zur räumlichen Trennung die wellenlängenabhängige Beugung und Interferenz an einem Reflexionsgitter ausnutzen (Abb. 11.25). In allen Spektrographen wird ein Eintrittsspalt S_1 durch Linsen oder Spiegel in die Beobachtungsebene abgebildet.

Bringt man in der Beobachtungsebene einen Spalt S_2 an, so lässt dieser, je nach Breite Δx, nur ein begrenztes Wellenlängenintervall $\Delta\lambda = (\mathrm{d}\lambda/\mathrm{d}x)\,\Delta x$, das durch die reziproke Wellenlängendispersion $(\mathrm{d}x/\mathrm{d}\lambda)^{-1} = \mathrm{d}\lambda/\mathrm{d}x$ des Spektrographen bestimmt ist, zum Strahlungsdetektor durch. Der Spektrograph ist dadurch zum ***Monochromator*** geworden. Man kann die gewünschte Wellenlänge λ_i einstellen, indem man den Spalt in der Beobachtungsebene verschiebt oder das Gitter in Abb. 11.25 um eine senkrechte Achse dreht.

Das dispergierende Element (Prisma oder Gitter) bewirkt einen wellenlängenabhängigen Winkel θ

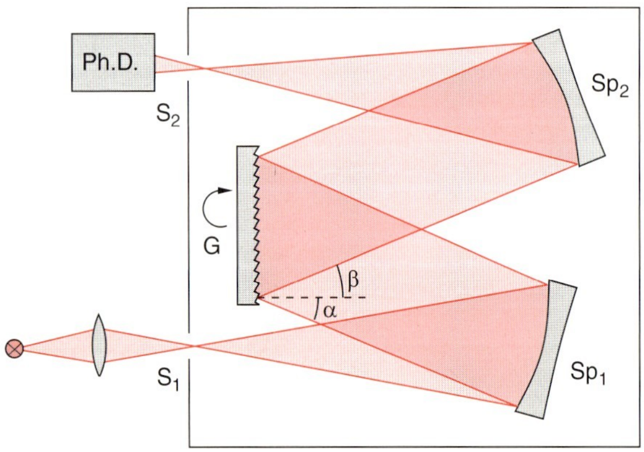

Abb. 11.25. Gittermonochromator (Ph.D. = Photodetektor)

des parallelen Strahlenbündels (Abb. 11.26), das durch die Objektivlinse L_2 (bzw. den Hohlspiegel Sp_2) in die Beobachtungsebene fokussiert wird. Die laterale Versetzung $x(\lambda)$ der Spaltbilder $S_2(\lambda)$ ist dann durch

$$\Delta x = x(\lambda + \Delta\lambda) - x(\lambda) = f_2 \frac{\mathrm{d}\theta}{\mathrm{d}\lambda}\,\Delta\lambda$$

gegeben. Sie hängt von der Winkeldispersion $\mathrm{d}\theta/\mathrm{d}\lambda$ und von der Brennweite f_2 der Objektivlinse ab.

11.5.1 Prismenspektrographen

Das Licht der zu untersuchenden Lichtquelle LQ wird durch die Linse L_0 auf den Eintrittsspalt S_1 abgebildet, der in der Brennebene der Kollimatorlinse L_1 steht (Abb. 11.24). Das von S_1 ausgehende Licht wird daher durch L_1 in ein paralleles Strahlenbündel transformiert, welches das Prisma P durchsetzt. Aufgrund der Dispersion werden die verschiedenen Farbanteile verschieden stark gebrochen und kommen daher hinter dem Prisma als parallele Bündel mit unterschiedlichen Richtungen des Wellenvektors an. Die Linse L_2 entwirft dann in der Beobachtungsebene B räumlich getrennte Spaltbilder $S_2(\lambda_i)$ für die verschiedenen Wellenlängen λ_i. Der Ablenkwinkel $\theta(\lambda)$ ist nach (9.20) für den symmetrischen Strahlengang (der bei Prismenspektrographen im Allgemeinen vorliegt) durch

$$\frac{\mathrm{d}\theta}{\mathrm{d}\lambda} = \frac{2\sin(\gamma/2)}{\sqrt{1 - n^2\sin^2(\gamma/2)}} \cdot \frac{\mathrm{d}n}{\mathrm{d}\lambda} \tag{11.14}$$

gegeben, hängt also vom Prismenwinkel γ und von der Dispersion $\mathrm{d}n/\mathrm{d}\lambda$ des Prismenmaterials ab (Abb. 11.27).

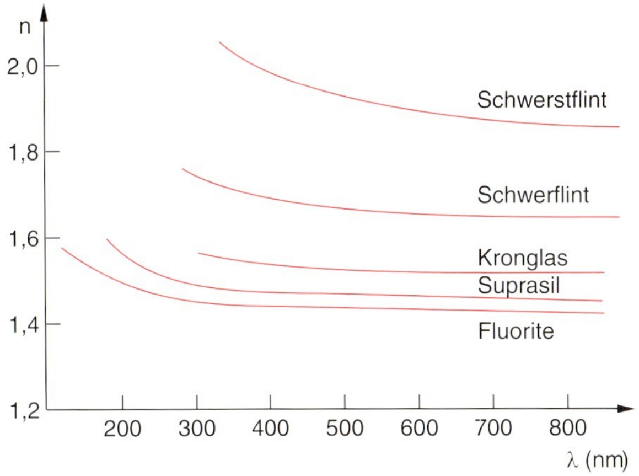

Abb. 11.27. Dispersionskurven für verschiedene optische Materialien

BEISPIEL

Bei $\lambda = 500\,\text{nm}$ gilt für Flintglas $n = 1{,}81$, $\mathrm{d}n/\mathrm{d}\lambda = 4400\,/\text{cm}$. Für ein gleichseitiges Prisma erhält man dadurch: $\mathrm{d}\theta/\mathrm{d}\lambda = 1{,}02 \cdot 10^{-3}\,\text{rad/nm}$. Zwei Wellenlängen, die um $10\,\text{nm}$ verschieden sind, werden dann in einem Flintglas-Prismenspektrometer mit einer Brennweite $f_2 = 40\,\text{cm}$ in der Beobachtungsebene um $4{,}1\,\text{mm}$ voneinander räumlich getrennt.

Der Vorteil des Prismenspektrographen ist sein kompakter Aufbau und die eindeutige Zuordnung der Wellenlängen $\lambda_i(x_i)$ aus ihrer Lage x_i in der Beobachtungsebene. Ihr Nachteil ist die relativ geringe Wellenlängendispersion und damit ihre mäßige spektrale Auflösung.

BEISPIEL

Bei einer Spaltbreite von $b = 100\,\mu\text{m}$ lassen sich mit den Daten des vorherigen Beispiels zwei Spektrallinien noch trennen,wenn ihr Wellenlängenabstand $\Delta\lambda \geq f_2 \cdot \mathrm{d}\theta/\mathrm{d}\lambda \cdot b = 0{,}25\,\text{nm}$ ist.

Es können nur solche Spektralbereiche untersucht werden, in denen das Prisma nicht absorbiert. Im ultravioletten Bereich muss man deshalb Prismen aus synthetischem Quarzglas (Suprasil) verwenden, im infraroten Spektralbereich kommt LiF oder NaCl in Betracht, im Vakuum-Ultraviolett (VUV) Fluorite wie MgF oder LiF. Da die Dispersion $\mathrm{d}n/\mathrm{d}\lambda$ in der Nähe von Absorptionsbereichen besonders groß wird, muss man einen Kompromiss schließen zwischen hoher spektraler Auflösung und hoher Transmission.

11.5.2 Gittermonochromator

In einem Gittermonochromator (Abb. 11.25) wird das vom Eintrittsspalt S_1 kommende divergente Licht durch den sphärischen Spiegel Sp_1 zu einem parallelem Lichtbündel geformt, wenn S_1 in der Brennebene von Sp_1 liegt. Das parallele Licht trifft unter dem Winkel α gegen die Gitternormale auf ein Reflexionsgitter (Abb. 10.43). Die von den einzelnen Gitterfurchen reflektierten Teilbündel interferieren nach (10.51) konstruktiv in derjenigen Richtung β, für welche die Gittergleichung

$$d\,(\sin\alpha + \sin\beta) = m \cdot \lambda \tag{11.15}$$

erfüllt ist. Bei festem Einfallswinkel α hängt die Richtung β des reflektierten konstruktiv interferierenden Lichtes nach (11.15) von der Wellenlänge λ ab. Das reflektierte parallele Lichtbündel wird vom Hohlspiegel Sp_2 auf den Austrittsspalt S_2 fokussiert, hinter dem sich der Strahlungsempfänger befindet.

Die Winkeldispersion $\mathrm{d}\beta/\mathrm{d}\lambda = (\mathrm{d}\lambda/\mathrm{d}\beta)^{-1}$ erhält man durch Differentiation von (11.15) nach β zu

$$\begin{aligned}\frac{\mathrm{d}\beta}{\mathrm{d}\lambda} &= \frac{m}{d \cdot \cos\beta} \\ &= \left(\frac{d^2\cos^2\alpha}{m^2} + \frac{2\,\mathrm{d}\lambda}{m}\,\sin\alpha - \lambda^2\right)^{-1/2} .\end{aligned} \tag{11.16}$$

Man sieht also, dass die Winkeldispersion durch Gitterkonstande d, Interferenzordnung m, Wellenlänge λ und Einfallswinkel α bestimmt wird und mit zunehmender Interferenzordnung m ansteigt.

Der räumliche Abstand zwischen zwei Wellenlängen λ_1 und $\lambda_2 = \lambda_1 + \Delta\lambda$ in der Beobachtungsebene ist damit:

$$\Delta x = f_2 \cdot \frac{\mathrm{d}\beta}{\mathrm{d}\lambda}\,\Delta\lambda = f_2 \frac{m \cdot \Delta\lambda}{d \cdot \cos\beta} . \tag{11.17}$$

11.5.3 Das spektrale Auflösungsvermögen von Spektrographen

Als spektrales Auflösungsvermögen eines Spektrographen wird der Quotient $\lambda/\Delta\lambda$ definiert, wobei

$\Delta\lambda = \lambda_1 - \lambda_2$ der minimale Abstand zweier Wellenlängen λ_1, λ_2 ist, für den in der Beobachtungsebene noch zwei getrennte Bilder des Eintrittsspaltes erhalten werden.

Ohne Beugung würde dem Bild des Eintrittsspaltes der Breite b bei Beleuchtung mit monochromatischem Licht eine rechteckförmige Intensitätsverteilung $I(x)$ entsprechen (Abb. 11.28a), deren Breite durch den Abbildungsmaßstab f_2/f_1 gegeben ist, wobei f_1, f_2 die Brennweiten der Linsen L_1, L_2 in Abb. 11.24 bzw. der Spiegel Sp_1, Sp_2 in Abb. 11.25 sind. Bei den meisten Spektrographen ist $f_1 = f_2$, sodass $B = b$ ist.

Durch die Beugung an der Eintrittspupille mit Durchmesser a (dies kann die Fassung von L_1 in Abb. 11.29 oder die Berandung von Sp_1 in Abb. 11.25 sein) wird auch bei einem unendlich schmalen Eintrittsspalt ($b \to 0$) die Intensitätsverteilung $I(x)$ keine Deltafunktion werden, sondern sie wird die Beugungsverteilung (10.44) in Abb. 11.28c (bzw. (10.47) in Abb. 10.41 bei kreisförmiger Eintrittspupille) ergeben mit einer Fußpunktsbreite $\Delta x_B = 2 \cdot f_2 \cdot \lambda/a$ für eine rechteckige Beugungsöffnung mit Breite a bzw. $2{,}44 \cdot f_2 \cdot \lambda/a$ für eine kreisförmige Öffnung mit Durchmesser a. (Abb. 11.29a).

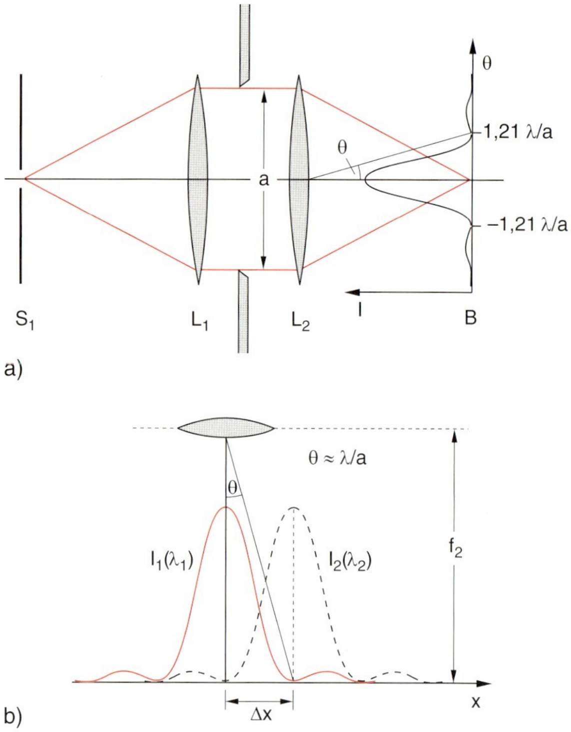

Abb. 11.29. (**a**) Verbreiterung des Spaltbildes durch Beugung an der Begrenzung des parallelen Strahlbündels. (**b**) Überlagerung der Beugungsbilder des Eintrittsspaltes für zwei gerade noch auflösbare Wellenlängen λ_1, λ_2

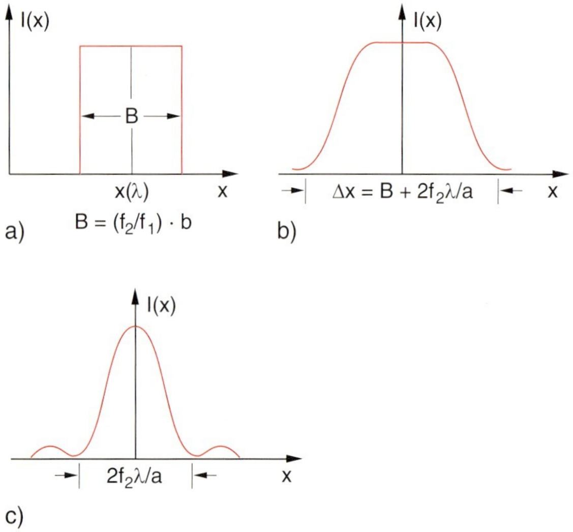

Abb. 11.28a–c. Intensitätsprofil $I(x)$ in der Beobachtungsebene. (**a**) Ohne Beugung bei endlicher Spaltbreite b; (**b**) mit Beugung; (**c**) für $b \to 0$

Enthält das einfallende Licht zwei eng benachbarte Wellenlängen λ_1 und $\lambda_2 = \lambda_1 + \Delta\lambda$, so ergeben sich in der Beobachtungsebene B zwei gegeneinander versetzte Beugungsstrukturen $I_1(x, \lambda_1)$ und $I_2(x, \lambda_2)$. Man kann sie noch als getrennte Strukturen erkennen, wenn der Abstand Δx ihrer Maxima einen Mindestabstand nicht unterschreitet.

Haben die Verteilungen $I_1(x, \lambda_1)$ und $I_2(x, \lambda_2)$ die gleiche Maximalintensität, so hat die beobachtete Überlagerung $I(x) = I_1(x, \lambda_1) + I_2(x, \lambda_2)$ noch eine erkennbare Einbuchtung zwischen den beiden Maxima, wenn das Beugungsmaximum von I_1 mit dem ersten Beugungsminimum von I_2 zusammenfällt (***Rayleigh-Kriterium***, Abb. 11.30). Das ist der Fall, wenn der Abstand der beiden Maxima $\Delta x = f_2 \cdot \lambda/a$ ist (Abb. 11.29b).

Aus der Intensitätsverteilung (10.46) lässt sich berechnen, dass dann die Einbuchtung in Abb. 11.30 gerade auf $8/\pi^2 \approx 0{,}8$ der beiden Maxima abfällt.

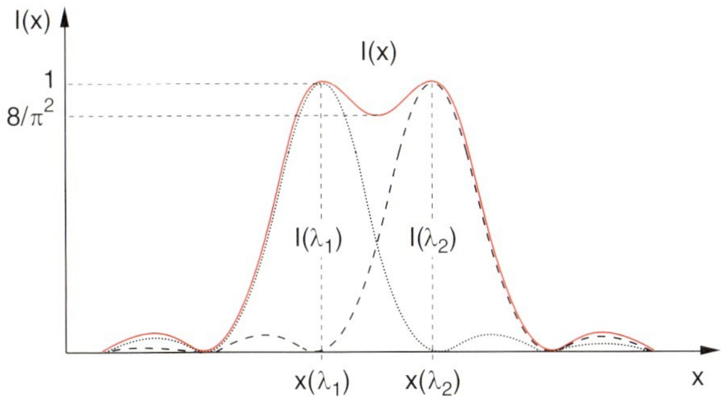

Abb. 11.30. Rayleigh-Kriterium für die Auflösung von zwei Spektrallinien $I(\lambda_1)$ und $I(\lambda_2)$

Man beachte:

Obwohl die Beugung an dem wesentlich schmaleren Eintrittsspalt der Breite b viel stärker ist als die an der Eintrittspupille mit Durchmesser $a \gg b$, hat sie doch keinen Einfluss auf das spektrale Auflösungsvermögen. Sie bewirkt, dass das eintretende Licht (zusätzlich zu seiner geometrischen Divergenz) einen größeren Divergenzwinkel erhält. Bei parallelem Lichteinfall auf den Eintrittsspalt würde die Intensitätsverteilung in der Ebene der Kollimatorlinse L_1 aufgrund der Beugung am Eintrittsspalt den in Abb. 11.31 gezeigten Verlauf haben, mit einem Beugungswinkel $\theta = \lambda/b$ für die halbe Winkelbreite des zentralen Maximums. Wird θ größer als der halbe Akzeptanzwinkel $\alpha/2 = a/(2f_1)$ des Spektrometers, so kann die Kollimatorlinse das Licht nicht mehr voll erfassen, d. h. die transmittierte Lichtleistung sinkt drastisch, sobald die Spaltbreite

$$b < 2f_1 \cdot \lambda/a$$

wird, sodass b aus Intensitätsgründen immer größer als $2f_1 \cdot \lambda/a$ sein sollte. Dann hat (für $b = 2f_1 \cdot \lambda/a$) das durch Beugung an der Apertur a verbreiterte Spaltbild die halbe Fußpunktsbreite

$$\Delta x = (f_1 + f_2)\frac{\lambda}{a} . \qquad (11.18)$$

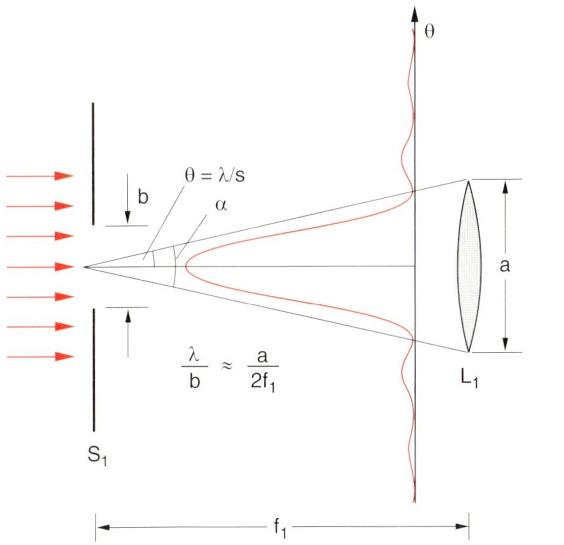

Abb. 11.31. Die Beugung am Eintrittsspalt führt zu steigendem Intensitätsverlust, wenn λ/b größer wird als $a/(2f_1)$

Mit zunehmender Spaltbreite b wird natürlich auch die Breite des Spaltbildes in der Beobachtungsebene B breiter. Die halbe Fußpunktsbreite der Intensitätsverteilung $I(x)$ ist bei monochromatischer Einstrahlung und $f_1 = f_2 = f$ (Abb. 11.28b):

$$\Delta x = \frac{b}{2} + f\frac{\lambda}{a} .$$

Dies entspricht einem Wellenlängenabstand

$$\Delta\lambda = \frac{\mathrm{d}\lambda}{\mathrm{d}x}\,\Delta x = \frac{1}{f}\frac{\mathrm{d}\lambda}{\mathrm{d}\theta}\,\Delta x .$$

Mit der minimalen Spaltbreite $b = 2f \cdot \lambda/a$ wird das spektrale Auflösungsvermögen

$$\frac{\lambda}{\Delta\lambda} = \frac{a}{2}\frac{\mathrm{d}\theta}{\mathrm{d}\lambda} , \qquad (11.19)$$

woraus mit (11.14) bei einem Prismenwinkel $\gamma = 60°$ $\Rightarrow \sin\gamma/2 = 1/2$ für den Prismenspektrographen bei meistens realisiertem symmetrischem Strahlengang folgt:

$$\frac{\lambda}{\Delta\lambda} = \frac{a}{2}\frac{\mathrm{d}n/\mathrm{d}\lambda}{\sqrt{1-n^2/4}} . \qquad (11.20)$$

Ist die Eintrittspupille durch die Größe des Prismas bestimmt, so ist der Durchmesser a der Eintrittspupille bei einem gleichseitigen Prisma mit Basislänge L durch $a = L \cdot \cos\alpha\big/\big(2\sin(\gamma/2)\big) = L/2$ für $\alpha = 60°$ gegeben (Abb. 11.32). Die Austrittspupille hat bei symmetrischem Strahlengang für die zentrale Wel-

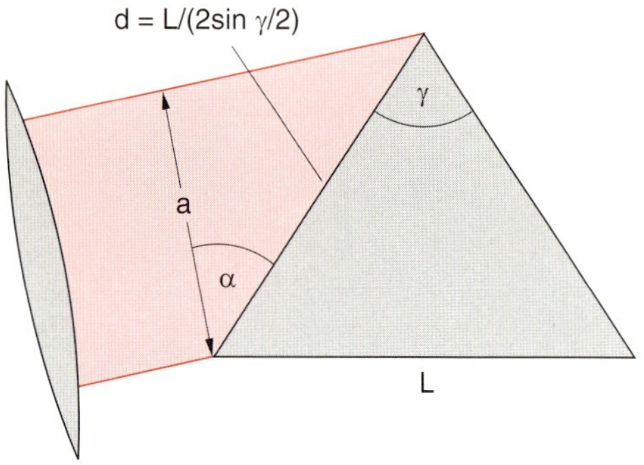

Abb. 11.32. Bestimmung des Durchmessers a der Eintrittspupille beim Prismenspektrographen, wenn das Prisma die Strahlbündelbegrenzung darstellt

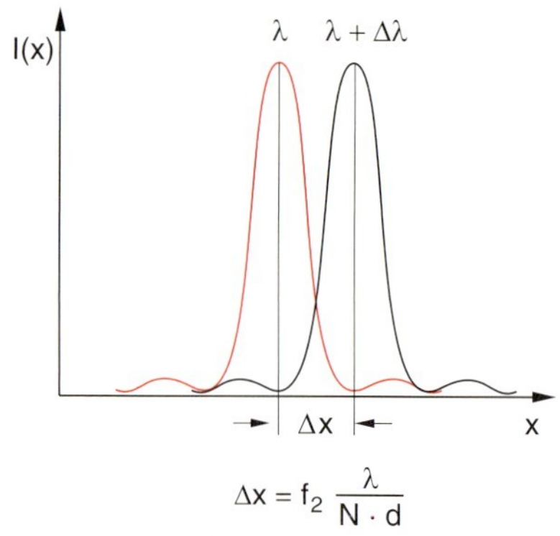

Abb. 11.33. Zum spektralen Auflösungsvermögen des Gitterspektrographen

lenlänge die gleiche Größe. Dann wird das spektrale Auflösungsvermögen des Prismenspektrographen

$$\frac{\lambda}{\Delta\lambda} = \frac{1}{4}\frac{L}{\sqrt{1-n^2/4}}\frac{\mathrm{d}n}{\mathrm{d}\lambda} \qquad (11.21)$$

durch die Größe L des Prismas und durch die Dispersion $\mathrm{d}n/\mathrm{d}\lambda$ des Prismenmaterials bestimmt.

BEISPIEL

$L = 10\,\mathrm{cm}$, $n = 1{,}47$ (synthetischer Quarz Suprasil), $\mathrm{d}n/\mathrm{d}\lambda = 1100\,/\mathrm{cm} \Rightarrow$

$$\frac{\lambda}{\Delta\lambda} = \frac{1}{4}\frac{10}{\sqrt{1-0{,}54}} \cdot 1100 = 4060\,.$$

Dies bedeutet: Bei einer Wellenlänge von $\lambda = 540\,\mathrm{nm}$ können noch zwei Wellenlängen getrennt werden, wenn ihr Mindestabstand $\Delta\lambda = 0{,}14\,\mathrm{nm}$ beträgt.

Ein größeres spektrales Auflösungsvermögen erreicht man mit Gitterspektrographen. Hier ist die Breite der Austrittspupille $a = N \cdot d \cdot \cos\beta$, wenn d der Furchenabstand und N die Zahl der beleuchteten Furchen ist (Abb. 11.25 und 11.34a). Der Winkelabstand $\Delta\beta$ zwischen den Ausbreitungsrichtungen der gebeugten Wellen mit λ_1 und $\lambda_2 = \lambda_1 + \Delta\lambda$ muss größer sein als die halbe Winkelbreite

$$\Delta\beta_{\min} = \frac{\lambda}{a} = \frac{\lambda}{N \cdot d \cdot \cos\beta} \qquad (11.22)$$

der zentralen Beugungsordnung der an der Begrenzung durch die effektive Gitterbreite $N \cdot d \cdot \cos\beta$ gebeugten Wellen. Dann folgt mit (11.16) aus

$$\Delta\lambda = \frac{\mathrm{d}\lambda}{\mathrm{d}\beta}\Delta\beta = \frac{\mathrm{d}\cos\beta}{m} \cdot \Delta\beta \geq \frac{\mathrm{d}\cdot\cos\beta}{m}\Delta\beta_{\min} = \frac{\lambda}{m \cdot N}$$

$$\Rightarrow \boxed{\frac{\lambda}{\Delta\lambda} \leq m \cdot N}\,. \qquad (11.23)$$

> Das spektrale Auflösungsvermögen eines Gitterspektrographen mit N beleuchteten Furchen ist also gleich dem Produkt aus Interferenzordnung m und der Zahl N der beleuchteten Gitterfurchen.

Zwei Wellenlängen λ_1 und $\lambda_2 = \lambda_1 + \Delta\lambda$ können bei unendlich schmalem Eintrittsspalt noch aufgelöst werden, wenn die Maxima ihrer Intensitätsverteilungen in der Ebene des Austrittsspaltes den Abstand

$$\Delta x \geq f_2 \cdot \cos\beta \cdot \Delta\beta_{\min} = f_2\lambda/(N \cdot d)$$

haben (Abb. 11.33).

BEISPIEL

Ein Gitter mit 10 cm Breite und 1200 Furchen/mm werde in zweiter Interferenzordnung betrieben. Bei voll ausgeleuchtetem Gitter ist dann $\lambda/\Delta\lambda = 2 \cdot 1{,}2 \cdot 10^5 = 2{,}4 \cdot 10^5$.

Man sieht durch Vergleich mit dem vorigen Beispiel, dass das Auflösungsvermögen hier um den Faktor 50 größer ist, als beim Prismenspektrographen.

11.5.4 Ein allgemeiner Ausdruck für das spektrale Auflösungsvermögen

Man kann das Rayleigh-Kriterium für die räumliche Trennung zweier Spektrallinien, dass nämlich das Maximum der Beugungsverteilung $I(\lambda_1)$ höchstens bis an das erste Beugungsminimum von $I(\lambda_2)$ kommen darf, ganz allgemein formulieren:

Wenn ein Maximum von $I(\lambda_1)$ vorliegen soll, dann muss der maximal auftretende Wegunterschied Δs_m zwischen den interferierenden Teilbündeln ein geradzahliges Vielfaches der Wellenlänge sein:

$$\Delta s_\mathrm{m} = 2q\lambda_1 \qquad (q = \text{ganzzahlig})\,. \tag{11.24a}$$

Dann kann man nämlich das Gesamtbündel in zwei Hälften aufteilen, wobei zu jedem Teilbündel in der ersten Hälfte ein Teilbündel aus der zweiten Hälfte existiert, dessen Weg sich um $q \cdot \lambda$ von dem der ersten Hälfte unterscheidet, d. h. alle Teilbündel interferieren konstruktiv (Abb. 11.34). Beim Gitterspektrographen ist z. B. in der ersten Interferenzordnung $2q = N$.

Soll für λ_2 das erste Interferenzminimum auftreten unter demselben Beugungswinkel, dann gilt

$$\Delta s_\mathrm{m} = (2q-1)\,\lambda_2\,. \tag{11.24b}$$

Mit $\lambda = \sqrt{\lambda_1 \cdot \lambda_2}$ ergibt sich aus (11.24a,b):

$$\boxed{\frac{\lambda}{\Delta\lambda} = \frac{\Delta s_\mathrm{m}}{\lambda}}\,. \tag{11.25}$$

In Worten:

> Das spektrale Auflösungsvermögen ist gleich dem maximalen Wegunterschied Δs_m interferierender Strahlen, gemessen in Einheiten der Wellenlänge λ.

Wegen $\lambda = c/\nu$ und $|\Delta\lambda/\lambda| = |\Delta\nu/\nu|$ lässt sich (11.25) mit $\Delta s_\mathrm{m} = c \cdot \Delta T_\mathrm{m}$ umschreiben in

$$\left|\frac{\nu}{\Delta\nu}\right| \le \frac{\nu \cdot \Delta s_\mathrm{m}}{c} = \nu \cdot \Delta T_\mathrm{m}$$

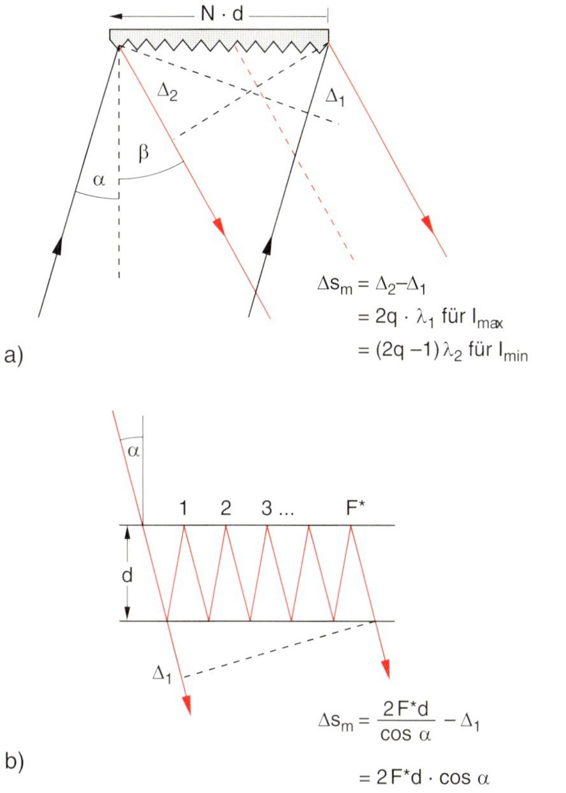

Abb. 11.34a,b. Das spektrale Auflösungsvermögen jedes Spektralapparates ist $\lambda/\Delta\lambda = \Delta s_\mathrm{m}/\lambda$. (**a**) Beim Gitterspektrographen ist $\Delta s_\mathrm{m} = N \cdot m \cdot \lambda$; (**b**) beim Interferometer ist $\Delta s_\mathrm{m} = 2F^* \cdot d \cdot \cos\alpha$. (Zur Definition der Finesse F^* siehe Abschn. 10.4.1)

oder

$$\boxed{\Delta\nu \cdot \Delta T_\mathrm{m} \ge 1}\,. \tag{11.26}$$

Für jeden Spektralapparat (d. h. auch für Interferometer) ist das Produkt aus kleinstem noch auflösbarem Frequenzintervall $\Delta\nu$ und größter Laufzeitdifferenz ΔT_m der miteinander interferierenden Wellen gleich 1.

Will man daher das spektrale Auflösungsvermögen erhöhen, so muss man die maximale Wegdifferenz zwischen den interferierenden Strahlen vergrößern. Dies geht jedoch nur bis zu einer gewissen Grenze, da Δs_m nicht größer sein darf als die Kohärenzlänge der zu untersuchenden Strahlung.

Deshalb ist das kleinste noch auflösbare Frequenzintervall $\Delta\nu$ immer größer als die Linienbreite der einfallenden Strahlung.

BEISPIELE

1. Allgemeines Beispiel für einen beliebigen Spektralapparat (Interferometer oder Spektrograph): $\Delta s_m = 1\,\text{m}$, $c = 3 \cdot 10^8\,\text{m/s} \Rightarrow \Delta T_m = 3{,}3\,\text{ns} \Rightarrow \Delta\nu = 3 \cdot 10^8\,\text{Hz}$.
   Für sichtbares Licht ($\nu = 5 \cdot 10^{14}$ Hz) würde dies ein spektrales Auflösungsvermögen
   $$\frac{\nu}{\Delta\nu} = 1{,}7 \cdot 10^6$$
   ergeben.
2. Beim Gitterspektrographen ist $\Delta s_m = N \cdot d \cdot (\sin\alpha + \sin\beta) = N \cdot m \cdot \lambda \Rightarrow \lambda/\Delta\lambda = m \cdot N$. Mit $m = 1$ und $N = 10^5 \Rightarrow \Delta\lambda = 10^{-5}\lambda = 5 \cdot 10^{-3}$ nm für $\lambda = 500$ nm.
3. Beim Fabry-Pérot-Interferometer ist $\Delta s_m = 2F^* d \cdot \cos\alpha$ (10.32), wobei die Finesse F^* die effektive Zahl der miteinander interferierenden Teilbündel angibt. Wegen $2d\cos\alpha = m \cdot \lambda \Rightarrow \Delta s_m = F^* \cdot m \cdot \lambda$. Mit $F^* = 100$, $m = 2 \cdot 10^5 \Rightarrow \lambda/\Delta\lambda = 2 \cdot 10^7$.

ZUSAMMENFASSUNG

- Die Winkelauflösung des menschlichen Auges ist durch die Beugung und den Abstand der Sehzellen begrenzt. Der minimal auflösbare Winkel ist $\varepsilon_0 \approx 3 \cdot 10^{-4}\,\text{rad} \approx 1'$.
- Die Vergrößerung V eines optischen Instrumentes ist definiert als
  $$V = \frac{\text{Sehwinkel } \varepsilon \text{ mit Instrument}}{\text{Sehwinkel } \varepsilon_0 \text{ ohne Instrument}}$$
  wobei $\varepsilon_0 = d/s_0$ der Sehwinkel ist, unter dem der Durchmesser D eines Gegenstandes in der deutlichen Sehweite $s_0 = 25$ cm erscheint.
- Eine Linse kann bei vorgegebener Bildweite jeweils nur einen bestimmten Bereich Δa der Gegenstandsweite so scharf abbilden, dass die Unschärfe des Bildes eines Objektpunktes kleiner bleibt als die vom Auge auflösbare Fläche. Dieser Bereich heißt Schärfentiefe Δa. Er steigt mit abnehmendem Durchmesser der Eingangsblende.
- Die kleinste erzielbare Winkelauflösung δ_{min} eines optischen Instrumentes ist prinzipiell begrenzt durch die Beugung. Bei einem Durchmesser D der abbildenden Linse ist $\delta_{min} \geq 1{,}22\,\lambda/D$. Als Winkelauflösungsvermögen wird der Kehrwert $R_W = 1/\delta_{min} = D/(1{,}22\,\lambda)$ definiert.
- Man kann mit einem Mikroskop nur räumliche Strukturen auflösen, die größer als die halbe Wellenlänge λ sind.
- Im Wellenmodell kommt eine Abbildung einer Struktur durch Linsen erst dann zustande, wenn die höheren Beugungsordnungen vom abbildenden System durchgelassen werden (Abbesche Abbildungstheorie). Die nullte Beugungsordnung allein kann keine Abbildung bewirken.
- Die Lichtstärke optischer Systeme ist durch den minimalen Lichtbündelquerschnitt auf der Dingseite (Eintrittspupille) und auf der Bildseite (Austrittspupille) begrenzt. Ein Maß für die Lichtstärke einer Linse mit Durchmesser D und Brennweite f ist der erfassbare Raumwinkel $\Omega = (\pi/4)\,(D/f)^2$.
- Spektralapparate sind auf Brechung oder Beugung und Interferenz beruhende optische Systeme, welche eine räumliche Trennung der verschiedenen Spektralanteile der einfallenden Strahlung ermöglichen.
- Das spektrale Auflösungsvermögen aller Spektralapparate
  $$\frac{\lambda}{\Delta\lambda} = \frac{\Delta s_m}{\lambda}$$
  ist gleich dem maximalen Wegunterschied Δs_m zwischen interferierenden Teilbündeln, gemessen in Einheiten der Wellenlänge λ.
- Für den Prismenspektrographen ist
  $$\frac{\lambda}{\Delta\lambda} = \frac{a}{2}\frac{\mathrm{d}\theta}{\mathrm{d}\lambda},$$
  wobei a der Durchmesser des eintretenden Lichtbündels ist und $\mathrm{d}\theta/\mathrm{d}\lambda \propto \mathrm{d}n/\mathrm{d}\lambda$ die vom Prismenmaterial mit Brechzahl n abhängige Winkeldispersion.
- Für den Gitterspektrographen ist
  $$\frac{\lambda}{\Delta\lambda} \leq m \cdot N$$
  abhängig von der Interferenzordnung m und der Gesamtzahl N der beleuchteten Gitterstriche.

ÜBUNGSAUFGABEN

1. Mit einer Linse wird die Sonne auf einen Schirm im Abstand $b = 2\,\text{m}$ von der Linse scharf abgebildet.
   Wie groß sind Brennweite f der Linse, Durchmesser d des Sonnenbildes und Lateralvergrößerung? Welche Winkelvergrößerung wird erreicht, wenn das Sonnenbild in der deutlichen Sehweite betrachtet wird?
2. Eine Lupe wird in der Entfernung $a = 1{,}5\,\text{cm} < f = 2\,\text{cm}$ über eine Buchseite gehalten, um die kleine Schrift vergrößert sehen zu können. Das Auge des Betrachters wird auf die Entfernung zum virtuellen Bild akkomodiert. Wie groß ist die Winkelvergrößerung? Wie groß erscheint ein Buchstabe mit 0,5 mm Größe dem Betrachter?
3. Leiten Sie, analog zur Herleitung von (9.26), die allgemeinere Gleichung (11.2) her.
4. Die beiden Komponenten eines Doppelsternsystems haben den Winkelabstand $\varepsilon = 1{,}5''$. Wie groß muss der Durchmesser D eines Fernrohres sein, damit beide Sterne als räumlich aufgelöst erkannt werden können? Wie groß ist der minimale Winkelabstand, den zwei Sterne haben müssen, damit sie noch mit bloßen Auge getrennt wahrgenommen werden können?
5. Wie groß ist der Sehwinkel ε_0, unter dem der Durchmesser des Jupiters dem bloßen Auge erscheint? Warum „funkeln" Planeten nicht, im Gegensatz zu den Fixsternen?
6. Manchmal liest man in Zeitungsberichten, dass ein Teleskop an Bord eines Satelliten in einer Höhe $h = 400\,\text{km}$ über der Erde einen Tennisball ($d = 10\,\text{cm}$) auf der Erde erkennen kann. Ist dies möglich? Wie groß müsste der Teleskopdurchmesser sein? Welche auflösbare Größe wäre durch die Luftunruhe bedingt?
7. Ein Radarsystem ($\lambda = 1\,\text{cm}$) soll in einer Entfernung von 10 km noch die Gestalt eines Flugzeuges mit einer Auflösung von 1 m erkennen. Welche Winkelauflösung ist notwendig? Wie groß muss der Durchmesser der Parabolantenne sein?
8. Ein feines Steggitter mit Stegabstand $d = 20\,\mu\text{m}$ wird durch ein Mikroskop mit entspanntem (d. h. auf ∞ eingestelltem) Auge betrachtet. Das Mikroskopobjektiv hat die Winkelvergrößerung $V_1 = 10$. Welche Brennweite f_2 des Okulars muss man wählen, damit die Gitterstäbe dem Auge wie eine Millimeterskala erscheinen?
9. Ein optisches Beugungsgitter ($d = 1\,\mu\text{m}$, Größe $10 \times 10\,\text{cm}$) wird unter dem Einfallswinkel $\alpha = 60°$ mit Licht der Wellenlänge $\lambda = 500\,\text{nm}$ beleuchtet. Wie groß ist der Abstand zweier Spaltbilder $S(\lambda_1)$ und $S(\lambda_2)$ in der Beobachtungsebene eines Gitterspektrographen mit $f_1 = f_2 = 3\,\text{m}$ für $\lambda_1 = 500\,\text{nm}$, $\lambda_2 = 501\,\text{nm}$? Wie groß ist die Fußpunktsbreite des nullten Beugungsmaximums bei unendlich schmalem Eintrittsspalt? Wie groß darf die Breite b des Eintrittsspaltes höchstens sein, damit beide Spektrallinien noch getrennt erscheinen?
10. a) Wie groß sind spektrales Auflösungsvermögen und freier Spektralbereich eines Fabry-Pérot-Interferometers, das einen Plattenabstand $d = 1\,\text{cm}$ und ein Reflexionsvermögen $R = 0{,}98$ der Spiegelflächen hat?
    b) Um eine eindeutige Wellenlängenzuordnung treffen zu können, wird ein Prismenspektrograph zusätzlich verwendet. Wie groß muss seine Brennweite f sein, damit bei einer Spaltbreite von $10\,\mu\text{m}$ und $\text{d}n/\text{d}\lambda = 5000/\text{cm}$ zwei Wellenlängen, deren Abstand $\Delta\lambda$ dem freien Spektralbereich des FPI entspricht, noch völlig getrennt werden?

12. Neue Techniken in der Optik

In den letzten Jahren sind eine Reihe neuer optischer Techniken entwickelt und zur Anwendungsreife gebracht worden, die zwar zum Teil auf alten Ideen beruhen, aber erst jetzt realisiert werden konnten, weil früher die technischen Voraussetzungen dazu fehlten. Sie beginnen sich aber in vielen Gebieten durchzusetzen und führen oft zu erstaunlich effizienten neuen Möglichkeiten oder erweitern die Grenzen älterer Methoden. Solche Techniken sollen in diesem Kapitel kurz vorgestellt werden, um die Aussage im Vorwort, dass wir am Anfang einer „optischen Revolution" stehen, zu untermauern.

Die Literaturangaben in den einzelnen Abschnitten geben dem Leser die Möglichkeit, sich detaillierter über die verschiedenen Techniken zu informieren.

12.1 Konfokale Mikroskopie

Die konfokale Mikroskopie verbindet die hohe Auflösung eines Lichtmikroskops quer zur optischen Achse des Mikroskops (d. h. in der x-y-Ebene) mit einer vergleichbar hohen Auflösung in der z-Richtung (d. h. in Richtung der optischen Achse). Ein konfokales Mikroskop kann angesehen werden als ein Instrument mit extrem kleiner Schärfentiefe, das aber eine wesentlich bessere Streulichtunterdrückung hat als das klassische Mikroskop. Sein Prinzip ist in Abb. 12.1 dargestellt. Das Licht einer Lichtquelle (hier wird wegen der größeren notwendigen Lichtintensität ein Laser verwendet) wird auf eine enge Kreisblende B_1 fokussiert, über einen Strahlteiler ST reflektiert und von der kurzbrennweitigen Objektivlinse L_2 in eine Ebene $z = z_0$ des zu untersuchenden Präparates fokussiert. Das von hier zurückgestreute Licht wird vom Objektiv gesammelt und durch den Strahlteiler hindurch auf eine Blende B_2 abgebildet, hinter der ein Detektor steht. Licht aus anderen Schichten als $z = z_0$ wird nicht auf die Blende B_2 fokussiert. Die von B_2 hindurchgelassene Intensität ist dann wesentlich geringer. Die Blende B_2 schirmt also Licht von anderen Punkten der Probe weitgehend ab. Um maximales Signal zu erhalten, muß also der Fokus des rückgestreuten Lichtes genau in der Blendenebene liegen, welche die Fokalebene des Detektorsystems ist. Deshalb wird diese Technik konfokale Mikroskopie genannt.

Durch Verschieben des Objektes in z-Richtung kann man die einzelnen Ebenen nacheinander selektiv detektieren. Dies wird z. B. in der Zellforschung ausgenutzt, um dreidimensionale Bilder der Zellstruktur zu gewinnen, die dann aufgrund der von der z-Verschiebung abhängigen Rückstreuintensität von einem Computer generiert werden können [12.1].

Mit der konfokalen Mikroskopie lassen sich auch größere Proben untersuchen, weil man über die einzel-

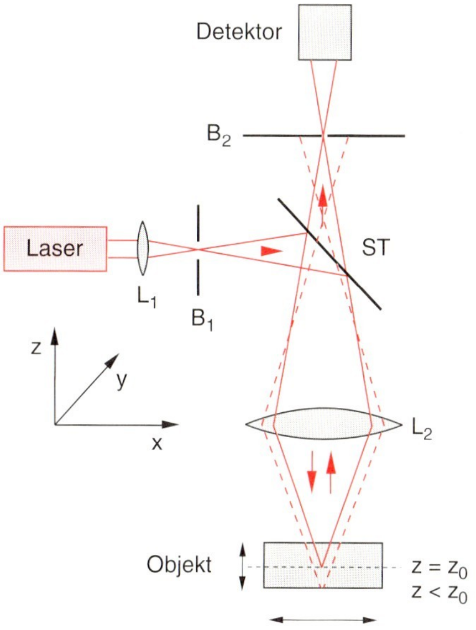

Abb. 12.1. Prinzip der konfokalen Mikroskopie

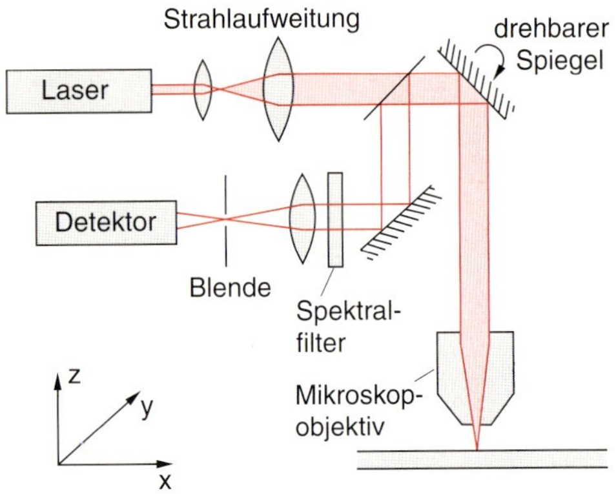

Abb. 12.2. Konfokale Mikroskopie mit Laserstrahl-Rasterprinzip

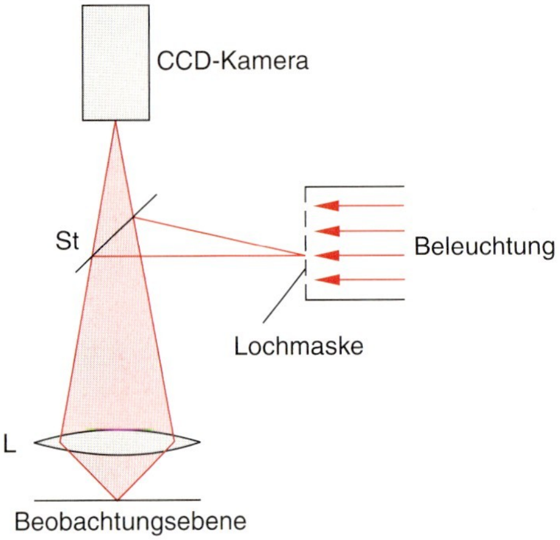

Abb. 12.3. Konfokale Mikroskopie mit Lochmaske und CCD-Kamera

nen jeweils vom Mikroskop eingesehenen Teilbereiche rastern kann. Dies lässt sich entweder durch Verschieben des Objektes in der x-y-Ebene erreichen oder mit einem drehbaren Spiegel (Abb. 12.2). Durch Drehen des Spiegels um die y-Achse wird der durch das Mikroskop-Objektiv erzeugte Fokus des aufgeweiteten Laserstrahls über die Probe in x-Richtung bewegt. Das rückgestreute Licht wird aber immer auf die feststehende Blende vor dem Detektor abgebildet [12.2, 3]. Um die Messung bei Tageslicht machen zu können, wird ein schmalbandiges Spektralfilter vor den Detektor gesetzt, das nur einen engen Spektralbereich um die Laserwellenlänge durchlässt und eventuell gestreutes Tageslicht unterdrückt.

Die Hauptanwendungsgebiete sind:

- Die Fluoreszenzmikroskopie von biologischen Zellen, wo man einzelne Teile der Zelle mit einem fokussierten Laser anregen kann und die dadurch am Anregungsort erzeugte Fluoreszenz mit großer räumlicher Auflösung beobachten kann.
- Die Untersuchung von Oberflächenstrukturen, z. B. adsorbierten Molekülen auf Oberflächen.

Eine interessante Version der konfokalen Mikroskopie, bei der größere Bereiche des Objektes gleichzeitig beobachtet werden können, ist in Abb. 12.3 gezeigt. Die Lichtquelle, z. B. der aufgeweitete Strahl eines Lasers wird durch eine Lochmaske (eine undurchsichtige Fläche mit vielen regelmäßig angeordneten kleinen Löchern) über den Strahlteiler auf die Objektebene fokussiert, wo also ein Muster von Fokuspunkten entsteht, deren Streulicht oder Fluoreszenzlicht durch die Linse L auf eine CCD-Kamera abgebildet werden. Das Lochmuster entspricht genau dem Muster der lichtempfindlichen Pixel der CCD-Kamera, sodass parallel, aber mit großer räumlicher Auflösung die von der CCD-Kamera insgesamt erfasste Fläche vermessen werden kann.

In Abb. 12.4 sind Chromosomen einer menschlichen Zelle gezeigt, die durch differentiellen Interferenz-

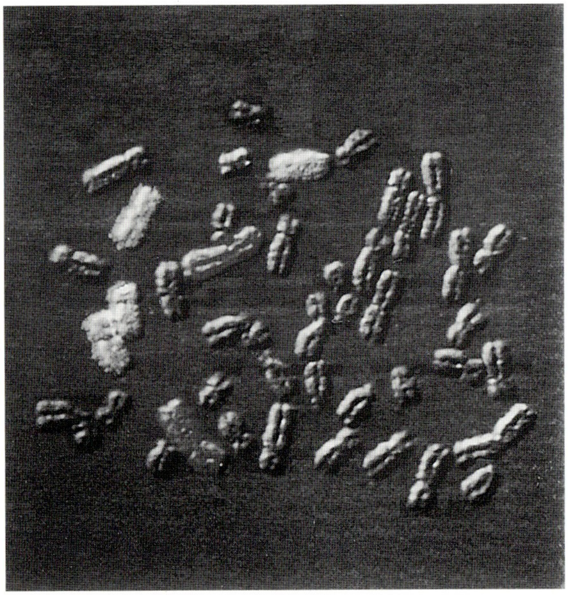

Abb. 12.4. Konfokale Mikroskopie von Chromosomen der menschlichen Zelle nach [12.1]

kontrast bei Durchlicht sichtbar werden. Die hellen Chromosomen wurden selektiv optisch angeregt und ihre Fluoreszenz mit Hilfe der konfokalen Mikroskopie räumlich aufgelöst [12.4].

12.2 Optische Nahfeldmikroskopie

Wir haben im Abschnitt 11.3.3 gesehen, dass mit einem Mikroskop keine räumlichen Strukturen aufgelöst werden können, die kleiner als die halbe Wellenlänge des zur Beleuchtung verwendeten Lichtes sind. Diese durch die Beugung gesetzte Auflösungsgrenze lässt sich mithilfe der Nahfeldmikroskopie unterlaufen, die vor allem eingesetzt wird zur Untersuchung feiner Strukturen auf Oberflächen. Ihr Prinzip ist in Abb. 12.5 schematisch dargestellt [12.5].

Die Oberfläche wird mit dem intensiven Licht eines Lasers beleuchtet und das von Strukturen auf der Oberfläche gestreute Licht wird durch eine sehr kleine Blende (∅ 100 nm), die dicht an die Oberfläche herangeführt wird, vom Detektor hinter der Blende gemessen (Abb. 12.5a). Führt man nun Blende und Detektor bei konstanter Höhe z mit einer Verschiebeeinheit über die Oberfläche, so kann man die gestreute Lichtintensität $I(x, y)$ als Funktion des Ortes (x, y) auf der Oberfläche messen und daraus auf die Struktur der Oberfläche schließen. Dieses Verfahren entspricht also einer Rastermethode, bei der man nicht gleichzeitig, sondern zeitlich sequentiell Informationen über die Oberfläche erhält, die dann von einem Computer (wenn man ein Modell aufgestellt hat, welches die Relation zwischen der gemessenen Intensität $I(x, y)$ und der Oberflächenstruktur quantitativ zu bestimmen gestattet) als dreidimensionales Bild der Oberflächenstruktur auf dem Bildschirm dargestellt wird [12.5].

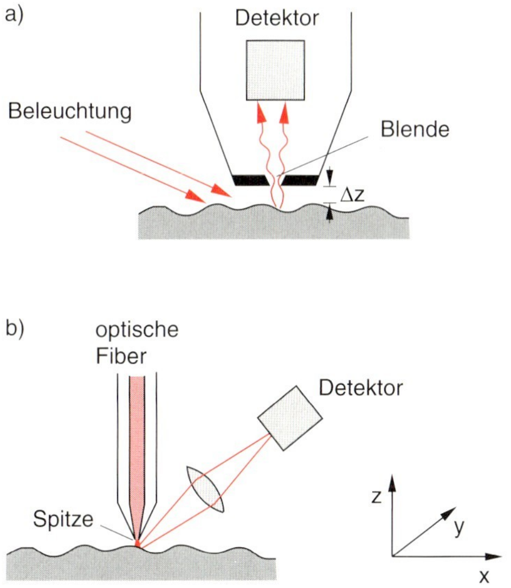

Abb. 12.5a,b. Auflösung von Strukturen $\Delta x < \lambda/2$ (**a**) durch Messung der von einer Oberfläche gestreuten Lichtintensität durch eine sehr kleine Blende mit $d \ll \lambda$, die dicht oberhalb der Oberfläche verschoben wird, (**b**) durch Beleuchtung der Oberfläche mit Licht aus einer feinen Fiberspitze ($d \ll \lambda$) und Messung des an der Oberfläche gestreuten Lichtes

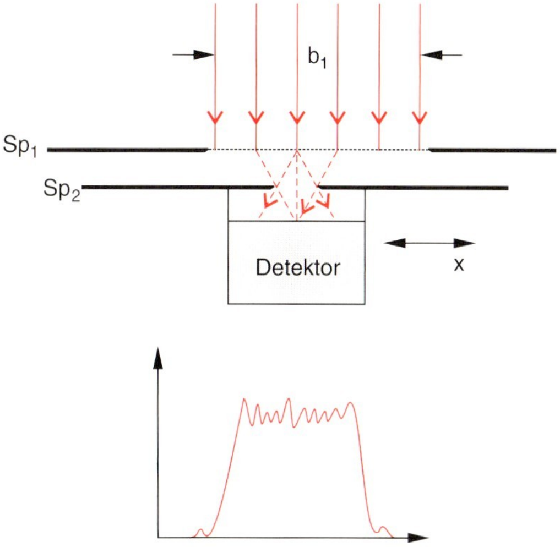

Abb. 12.6. Nahfeldmikroskopie am Beispiel der Fresnel-Beugung an einem Spalt

Meistens wird das Licht durch eine dünne Lichtleitfaser geleitet, deren Ende bis dicht oberhalb der Oberfläche gebracht wird. Um die räumliche Auflösung zu erhöhen, wird das Fiberende als dünner spitzer Kegel ausgebildet, dessen Seitenflächen metallisiert sind, um einen Lichtaustritt aus den Seitenflächen zu verhindern. Das Licht kann dann nur aus der schmalen Spitze (∅ 50 nm) austreten und beleuchtet deshalb, wenn die Spitze bis auf wenige nm an die Oberfläche herangebracht wird, eine entsprechend kleine Fläche. Das von diesem beleuchteten Fleck gestreute Licht wird dann wieder von einer Linse gesammelt und auf einen Detektor fokussiert (Abb. 12.5b). Man erreicht zur Zeit eine räumliche Auflösung von etwa 20–30 nm, also um eine Größenordnung besser als mit dem normalen Lichtmikroskop.

Natürlich sinkt mit zunehmender räumlicher Auflösung die auf den Detektor fallende Lichtleistung. Man muss deshalb Detektoren mit hoher Quantenausbeute und geringem Eigenrauschen einsetzen.

Da hier im Nahfeld des gestreuten Lichtes detektiert wird, ist die Interpretation der untersuchten Strukturen aus der gemessenen Lichtintensität nicht einfach und erfordert oft erheblichen Rechenaufwand. Dies sieht man z. B. bereits an dem einfachen Beispiel eines beleuchteten Spaltes (Abb. 12.6). Fährt man mit einem zweiten Spalt Sp_2, dessen Breite $b_2 < b_1$ ist, in einer Entfernung $d < b_1$ hinter dem Spalt vorbei, so misst man das Nahfeld der Beugungsverteilung, also die Fresnelbeugung (siehe Abschn. 10.6 und Abb. 10.52), die ganz kritisch von der Entfernung d abhängt, weil sich die Phasendifferenz der einzelnen Teilwellen noch stark mit d ändert. Mehr Informationen über diese Techniken findet man z. B. in [12.6, 7] und in der Zeitschrift: Scanning Microscopy.

12.3 Aktive und adaptive Optik

Bei astronomischen Fernrohren (Spiegelteleskope, siehe Abschn. 11.2.3) ist die von fernen Himmelsobjekten empfangene Lichtleistung proportional zur Fläche des Hauptspiegels. Deshalb möchte man die Spiegel so groß wie möglich machen. Um bei sehr großen Spiegeln (∅ 6–10 m!) zu verhindern, dass sich beim Verkippen der Spiegelnormale gegen die Vertikale (was beim Verfolgen von Himmelsobjekten unvermeidlich ist), die Spiegeloberfläche aufgrund der Schwerkraft verformt und von der Sollfläche abweicht, müsste man die Spiegel entsprechend dick machen (siehe Bd. 1, Abschn. 6). Dies würde aber ihre Masse und damit die Herstellungs-, Transport- und Montagekosten unverhältnismäßig hochtreiben. Deshalb hat man als Lösung die aktive Optik erfunden.

12.3.1 Aktive Optik

Der Spiegel wird relativ dünn gehalten, sodass eine Verbiegung auftreten könnte. Diese wird aber dadurch verhindert, dass der Spiegel auf vielen verschiebbaren Stempeln auf seiner Rückseite gehaltert wird (Abb. 12.7). Die Verschiebung der Stempel wird über ein Computerprogramm so gesteuert, dass bei jeder Position des Spiegels die Sollspiegelfläche (im Allgemeinen ein Rotationsparaboloid) erhalten bleibt.

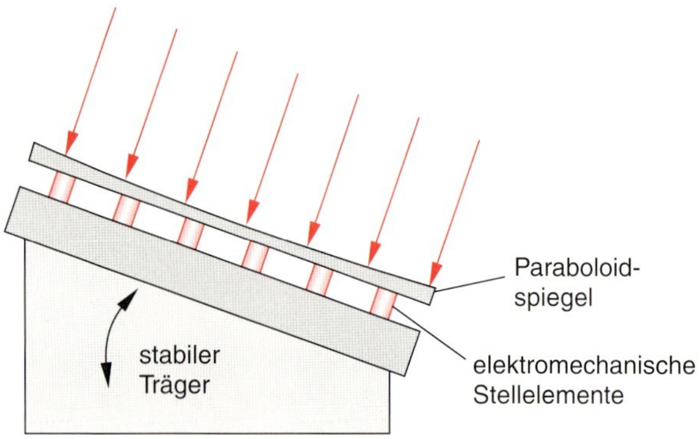

Abb. 12.7. Parabolspiegel mit aktiver Optik

Diese Technik der „aktiven Optik" wird heute bei allen modernen Großteleskopen (z. B. auf dem Calar Alto in Südspanien) oder beim 8 m-Spiegel des VLT (very large telescope) der Europäischen Südsternwarte in Chile verwendet.

Für die Realisierung sehr großer Spiegel (z. B. beim 10 m-Spiegel des Keck-Teleskops auf dem Mauna Kea, Hawaii) geht man inzwischen ganz neue Wege. Mehrere kleinere Spiegel (je etwa 1 m Durchmesser) werden

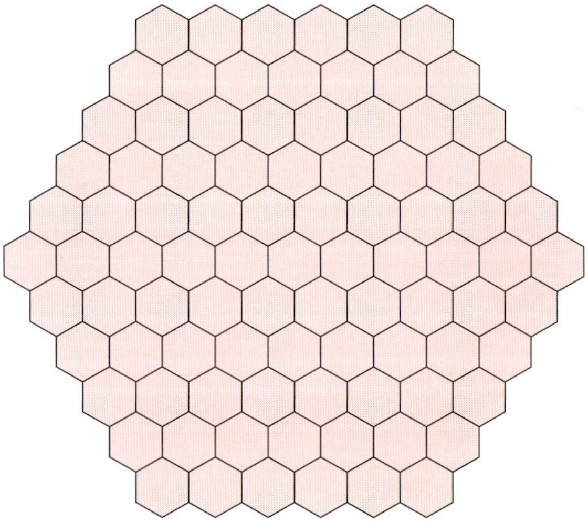

Abb. 12.8. Hauptspiegel eines astronomischen Teleskops, der aus 91 Teilspiegeln besteht, die insgesamt eine Rotationsparaboloidfläche bilden

zu einem großen Spiegel vereinigt (Abb. 12.8). Dazu muss jedoch sichergestellt sein, dass die Oberflächen der Einzelspiegel insgesamt die Sollfläche eines großen Parabolspiegels ergeben, die alles einfallende parallele Licht in einen Fokuspunkt abbildet. Dies bedeutet, dass die relative Lage der Einzelspiegel sich höchstens um $\lambda/5$ ändern darf, auch wenn das ganze Teleskop, d. h. alle Einzelspiegel synchron bewegt werden, um das Teleskop auf das gewünschte Himmelsobjekt einzustellen und ihm während der Erddrehung zu folgen. Bei einem solchen Bienenwabenspiegel sind die Herstellungskosten geringer, aber an die Zusammensetzung der (bis zu 91) Einzelspiegel werden hohe technische Anforderungen gestellt [12.8, 9].

Mehrere große Spiegel (z. B. zwei große 8 m-Spiegel und mehrere 3 m-Spiegel auf dem Berg Paranal in Chile, wo das VLT steht) wurden inzwischen interferometrisch miteinander verbunden. Dies bedeutet, dass das Licht, das von den einzelnen Spiegeln gesammelt wird, über Hilfsspiegel an einen gemeinsamen Ort gebracht wird, wo es überlagert wird, sodass man dort die Interferenz der verschiedenen Lichtamplituden beobachten kann. Dazu müssen natürlich die Wegdifferenzen Δs_i zwischen den Lichtwegen auf mindestens $\lambda/10$ konstant gehalten werden. Dadurch wird bei einem Durchmesser D des gesamten Teleskop-Arrays die beugungsbedingte Winkelauflösung auf den Wert $\Delta\varepsilon \approx \lambda/D$ herabgedrückt. Bei einem Wert $D = 200$ m würde dies bei $\lambda = 1\,\mu$m eine Winkelauflösung von $5 \cdot 10^{-9}$ rad $= 0{,}001''$! ergeben. Dies ist übrigens völlig analog zur Beugung am Gitter (Abschn. 10.5.2). Wir hatten dort gesehen, dass die beugungsbedingte Breite der Interferenzmaxima genau so groß ist wie bei der Beugung an einem Spalt mit der Breite des ganzen Gitters.

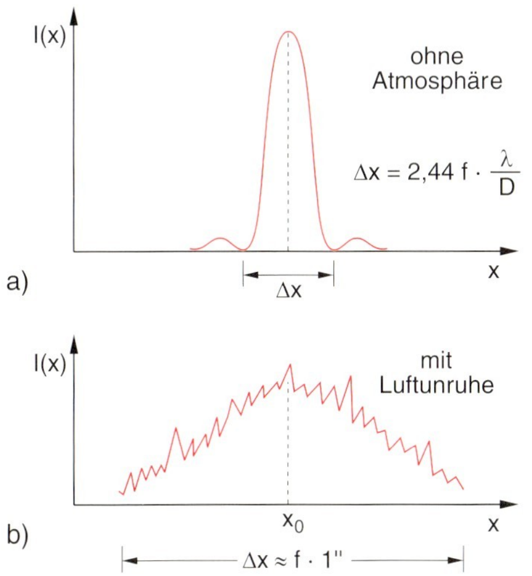

Abb. 12.9. (**a**) Beugungsbedingte Intensitätsverteilung eines Sternbildes ohne Einfluss der Atmosphäre. (**b**) Specklebild, verbreitert durch die Luftunruhe

12.3.2 Adaptive Optik

Das Winkelauflösungsvermögen großer astronomischer Fernrohre auf der Erdoberfläche erreicht bei weitem nicht die durch die Beugung bedingte Grenze, weil Turbulenzen in der Erdatmosphäre oder durch Thermik aufsteigende Luft zu einer zeitlichen Variation des Brechungsindexes führen und damit eine zeitlich fluktuierende Ablenkung des Lichtstrahls bewirken (Luftunruhe).

Das Bild eines Sterns in der Beobachtungsebene bewegt sich dadurch statistisch um einen Mittelpunkt und ergibt bei längerer Belichtung eine zeitlich gemittelte Intensitätsverteilung, die einen viel größeren Durchmesser hat, als das Beugungsscheibchen, das ohne Luftunruhe entstünde [12.10].

BEISPIEL

Bei einem Teleskop mit 1 m Durchmesser der Eintrittspupille (Abschn. 11.4) ist der beugungsbegrenzte minimal auflösbare Winkel bei einer Beobachtungswellenlänge $\lambda = 500$ nm $\Delta\varepsilon_{\text{beug}} \approx \lambda/\text{D} \approx 5 \cdot 10^{-7}$ rad $= 0{,}1''$. Die Luftunruhe begrenzt jedoch $\Delta\varepsilon$ auf etwa $\Delta\varepsilon_{\text{seeing}} \approx 1''$, d. h. auf den zehnfachen Wert. Diese durch Atmosphäreneinflüsse begrenzte Auflösung heißt bei den Astronomen „seeing“.

Auf hohen Bergen ist dieser Effekt am kleinsten, aber es gibt immer noch eine viel größere Winkel-Auflösungsgrenze $\Delta\varepsilon$ als die durch die Beugung bedingte. In Abb. 12.9 ist der Einfluss der Luftunruhe auf die Bildqualität des Beugungsscheibchens in der Beobachtungsebene x, y illustriert. Statt der Intensitätsverteilung $\sin^2 r/r^2$ mit $r^2 = x^2 + y^2$ der ungestörten Beugungsstruktur erhält man eine mehr oder minder regellos über eine größere Fläche verteilte Intensität $I(r)$.

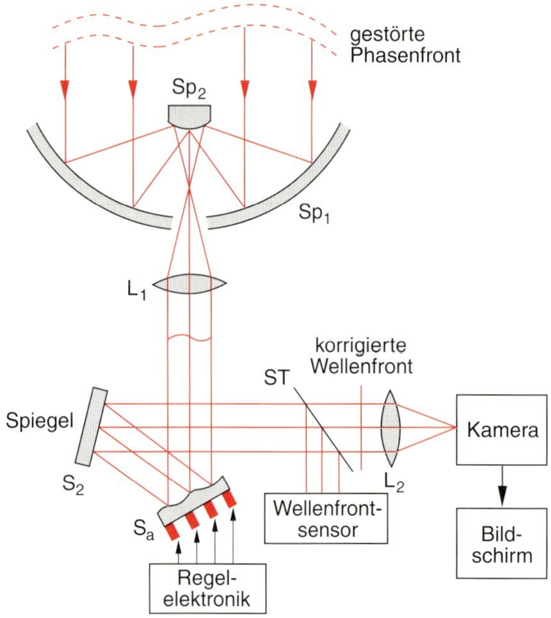

Abb. 12.10. Prinzip der adaptiven Optik

Man kann die Luftunruhe wenigstens teilweise durch einen verformbaren Spiegel überlisten, der die Verzerrung der Wellenfront gegenüber der Ebene bei einer ebenen ungestörten Welle teilweise kompensiert. Das Prinzip ist in Abb. 12.10 illustriert [12.11]. Das vom Sekundärspiegel Sp_2 des Teleskops gesammelte Licht wird durch eine Linse L_1 parallel gemacht und fällt auf einen Spiegel S_a, der über elektronisch geregelte Stellelemente seine Oberfläche verformen kann (aktive Optik). Über einen weiteren ebenen Spiegel S_2 und einen Strahlteiler ST gelangt das Licht auf die Linse L_2, die es in die Beobachtungsebene fokussiert. Ein Teil des parallelen Strahlbündels wird vom Strahlteiler ST auf einen Wellenfrontsensor reflektiert, welcher die Abweichung der Wellenfront von einer Ebene misst und ein elektronisches Ausgangssignal liefert, das proportional zu dieser Abweichung ist. Dazu muss er das Bild eines Sternes messen, das bei optimaler Abbildung beugungsbegrenzt sein sollte. Da bei großen Teleskopen das Gesichtsfeld sehr klein ist (oft nur wenige Bogenminuten), kann es vorkommen, dass kein Stern an der geeigneten Stelle zu finden ist. Deshalb wird dann ein „künstlicher Stern" erzeugt, indem in Blickrichtung des Teleskops ein Laserstrahl gerichtet wird, der in etwa 90 km Höhe auf eine Atmosphärenschicht trifft, die Natriumatome enthält. Die Laserwellenlänge wird auf die gelbe Na-Linie eingestellt und das Fluoreszenzlicht der Na-Atome wirkt wie eine punktförmige Lichtquelle, d. h. wie ein künstlicher Stern. Dieses Signal aktiviert die Stellelemente (dies sind Piezozylinder, deren Länge sich bei Anlegen einer elektrischen Spannung ändert) unter dem Spiegel S_a, welche S_a solange verformen, bis die Wellenfront der von S_a reflektierten Welle so eben wie möglich ist. In Abb. 12.11 wird der Effekt der Wellenfrontadaption auf die minimal er-

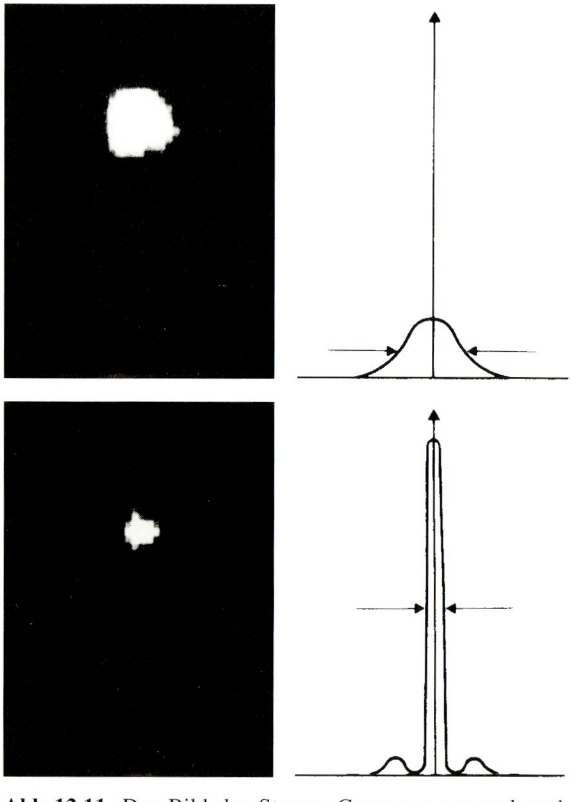

Abb. 12.11. Das Bild des Sternes Cygnus α vor und nach adaptiv optischer Korrektur im infraroten Wellenlängenbereich von 2,2 µm (K-Band). Bei einer atmosphärischen Korrelationslänge von circa 7 cm im sichtbaren Spektralbereich war die Bildgröße im K-Band auf 1,2 Bogensekunden gestört. Nach Einschalten der adaptiven Optik schrumpfte der Durchmesser auf weniger als 0,4 Bogensekunden, der theoretischen Auflösungsgrenze. Selbst der erste Beugungsring ist schwach zu erkennen. Aus F. Merkle: Sterne und Weltraum **12**, 708 (1989)

reichbare Bildgröße des Sternes Cygnus α illustriert [12.11].

Natürlich lässt sich eine solche adaptive Optik auch für Fernrohre zur Beobachtung irdischer Objekte anwenden. Durch besondere Techniken der nichtlinearen Optik (Vierwellenmischung) lassen sich Spiegel aus speziellen Materialien (Flüssigkeiten, Gase) herstellen, die bei Bestrahlung mit Licht mit verzerrten Phasenflächen diese Verzerrung im reflektierten Licht genau kompensieren (phasenkonjugierende Spiegel [12.12]).

12.3.3 Interferometrie in der Astronomie

Das prinzipielle Winkelauflösungsvermögen von Teleskopen ist durch Beugungseffekte begrenzt auf einen Wert $\Delta\varepsilon > 1{,}22\lambda/D$. Bei einem Spiegeldurchmesser von $D = 5\,\mathrm{m}$ bedeutet dies für infrarotes Licht mit $\lambda = 1\,\mu\mathrm{m}$ $\Delta\varepsilon > 2{,}4 \cdot 10^{-7}$ radiant $= 0{,}05''$, wenn man durch adaptive Optik (siehe Abschn. 12.3.2) die durch die Luftunruhe in der Atmosphäre bedingte Verschlechterung der Auflösung beseitigen kann. Seit 2005 kann man durch Anwendung interferometrischer Verfahren zwei Teleskope mit einem Abstand $\Delta x \gg D$ durch optische Leitungen so verbinden, daß die Signale von den beiden Teleskopen sich am Detektor kohärent überlagern und deshalb ein Interferenzmuster erzeugen, das von der Phasendifferenz der beiden Signale abhängt (Abb. 12.12).

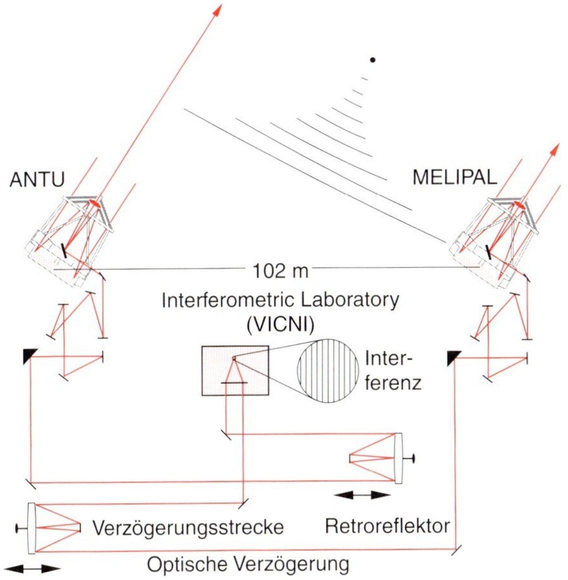

Abb. 12.12. Prinzipaufbau des Interferometers mit zwei Großteleskopen mit adaptiver Optik. Mit freundlicher Genehmigung von Dr. A. Glindemann [12.13]

Das Winkelauflösungsvermögen des so gekoppelten Systems entspricht einem Teleskop mit dem Durchmesser Δx und ist deshalb viel größer als das des Einzelteleskops, obwohl die empfangene Strahlungsleistung höchstens doppelt so groß ist wie die eines Einzelteleskops. Die technische Herausforderung für ein solches interferometrisches System ist enorm, weil der Lichtweg von den beiden Spiegeln bis zum Detektor, der z. B. bei der Europäischen Südsternwarte auf dem Paranal mehr als 100 m beträgt, bis auf etwa $\lambda/10$ konstant gehalten werden muß. Dies ist nur durch eine elektronische Regelung der Weglänge möglich. Damit man die Wegdifferenz der beiden Signalwege kontinuierlich variieren kann, wird eines der beiden Signale auf ein Retroreflexionsprisma geschickt, das auf einem Wagen über präzise geschliffenen Schienen gefahren werden kann.

Mit einem solchen System kann man theoretisch eine Winkelauflösung von $5 \cdot 10^{-3}$ Bogensekunden erreichen. Wenn auch die praktisch realisierte Auflösung kleiner ist, kann man doch die Auflösung der Einzelteleskope wesentlich verbessern und damit eng benachbarte Objekte im Universum, wie z. B. Planetensysteme um andere Sterne trennen.

12.4 Holographie

Bei der normalen Photographie wird ein beleuchteter Gegenstand mithilfe eines Linsensystems in eine Ebene abgebildet, in der sich die Photoschicht befindet (Abb. 12.13a). Die Schwärzung der lichtempfindlichen Schicht ist proportional zum Produkt aus auftreffender Intensität und Belichtungszeit. Dabei geht jede Information über die Phase der einfallenden Welle verloren. Dies bedeutet auch, dass keine direkte Information über die dreidimensionale Struktur des Objektes erhalten bleibt. Der dreidimensionale Gegenstand wird auf ein zweidimensionales Bild reduziert. Die Tatsache, dass wir aus dem zweidimensionalen Photo die dreidimensionalen Objekte erkennen können, ist nur unserem Gehirn zu verdanken, das durch Vergleich mit frü-

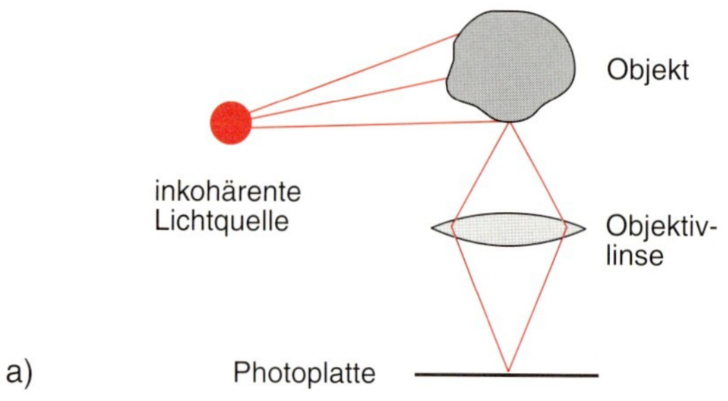

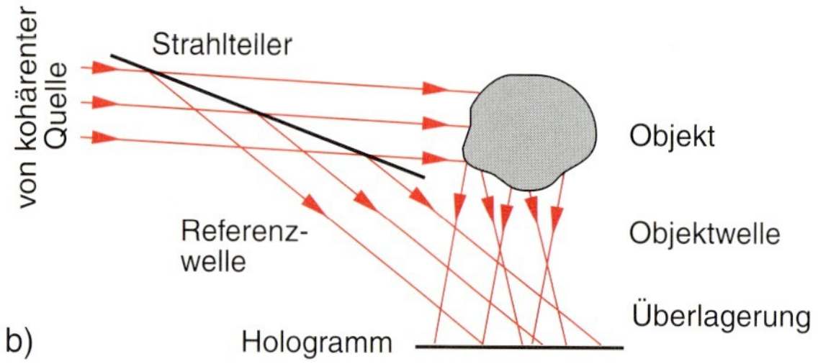

Abb. 12.13a,b. Vergleich der Aufnahmetechnik (**a**) für ein übliches Photo, (**b**) für ein Hologramm

her gespeicherten Informationen den realen Gegenstand rekonstruieren kann.

Dennis Gábor (1900–1979) hatte 1948 erstmals die Idee, durch Überlagerung zweier kohärenter Teilwellen, nämlich der vom Objekt gestreuten Beleuchtungswelle und einer von derselben Lichtquelle stammenden Referenzwelle, ein Interferenzmuster auf der Photoplatte zu speichern, das Informationen über Amplitude *und Phase* der vom Objekt gestreuten Welle und damit über die Entfernung der verschiedenen Objektpunkte von der Photoplatte enthält (Abb. 12.13b). Man nennt die durch die Interferenz von Referenz- und Objektwelle erzeugte Schwärzungsverteilung auf der Photoplatte ein ***Hologramm***, aus dem sich nach der Entwicklung der Photoplatte durch erneutes Beleuchten mit Licht derselben Wellenlänge ein dreidimensionales Bild des Objektes „rekonstruieren" lässt. Damit war das Prinzip der Holographie erfunden, wofür *Gábor* 1971 den Nobelpreis erhielt.

Da man für dieses Verfahren jedoch kohärente Lichtquellen genügend hoher Intensität benötigt, konnte *Gábor* sein holographisches Verfahren nur unvollkommen in der Praxis realisieren. Erst nach der Entwicklung des Lasers (siehe Bd. 3) hat die Holographie ihren Siegeszug angetreten [12.17].

12.4.1 Aufnahme eines Hologramms

In Abb. 12.14 ist das Prinzip der Aufnahme eines Hologramms schematisch dargestellt: Der Ausgangsstrahl des Lasers, der eine monochromatische kohärente Lichtquelle darstellt, wird durch eine Linse (bzw. ein Linsensystem) aufgeweitet und dann durch einen Strahlteiler in zwei Teilbündel aufgespalten: Die Referenzwelle

$$\boldsymbol{E}_0 = \boldsymbol{A}_0 \, \mathrm{e}^{\mathrm{i}(\omega t - \boldsymbol{k}_0 \cdot \boldsymbol{r})} \tag{12.1}$$

wird direkt auf die Photoplatte gerichtet, die wir in die x-y-Ebene legen. Das andere Teilbündel beleuchtet das Objekt. Das vom Objekt in Richtung der Photoplatte gestreute Licht hat auf der Photoplatte die Amplitude

$$\boldsymbol{E}_\mathrm{s} = \boldsymbol{A}_\mathrm{s} \, \mathrm{e}^{\mathrm{i}[\omega t + \varphi_\mathrm{s}(x,y)]} \,, \tag{12.2}$$

wobei die Phase $\varphi_\mathrm{s}(x, y)$ von der Entfernung der Objektpunkte, welche das Licht streuen, abhängt. Die gesamte Intensität auf der Photoplatte am Ort $\boldsymbol{r}_0 = \{x, y, 0\}$ ist dann

$$\begin{aligned} I(x,y) &= c\varepsilon_0 \left| E_\mathrm{s}(x,y) + E_0(x,y) \right|^2 \\ &= c\varepsilon_0 \left| A_0^2 + A_\mathrm{s}^2 + A_0^* A_\mathrm{s} \, \mathrm{e}^{\mathrm{i}[\boldsymbol{k}_0 \cdot \boldsymbol{r}_0 - \varphi_\mathrm{s}(\boldsymbol{r}_0)]} \right. \\ &\qquad \left. + A_0 A_\mathrm{s}^* \, \mathrm{e}^{-\mathrm{i}[\boldsymbol{k}_0 \cdot \boldsymbol{r}_0 - \varphi_\mathrm{s}(\boldsymbol{r}_0)]} \right| \\ &= c\varepsilon_0 \left| A_0^2 + A_\mathrm{s}^2 + 2 A_0 A_\mathrm{s} \cos(\varphi_0 - \varphi_\mathrm{s}) \right| \,, \end{aligned} \tag{12.3}$$

wobei $\varphi_0 = \boldsymbol{k}_0 \cdot \boldsymbol{r}_0$ ist. Die von x und y abhängige Phasendifferenz $(\varphi_0 - \varphi_\mathrm{s})$ wird durch die optischen Wegdifferenzen zwischen Referenz- und Streuwelle bestimmt. Der phasenabhängige Interferenzterm in (12.3)

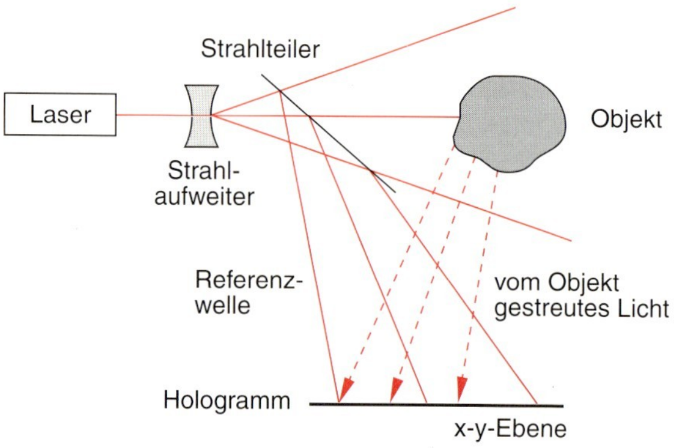

Abb. 12.14. Möglicher optischer Aufbau zur Aufnahme eines Hologramms

enthält die gewünschte Information über die Entfernung der verschiedenen Objektpunkte von den Punkten (x, y) der Photoplatte.

BEISPIELE

1. Das Objekt sei eine Ebene, die von einer ebenen Welle beleuchtet wird und diese reflektiert. Wir erhalten $\boldsymbol{k}_0\boldsymbol{r}_0 = k_0 x \sin\alpha_1$, $\varphi_s = -k_0 x \sin\alpha_2$ $\Rightarrow$ $(\varphi_0 - \varphi_s) = k_0 x(\sin\alpha_1 + \sin\alpha_2)$ (Abb. 12.15). Die Kosinusfunktion in (12.3) hat dann eine Periode von $\Delta x = \lambda/(\sin\alpha_1 + \sin\alpha_2)$. Die Überlagerung von Referenz- und Objektwelle führt daher zu einer periodischen Intensitätsmodulation am Ort der Photoplatte in x-Richtung mit einem räumlichen Abstand der Intensitätsmaxima
$$d = \frac{\lambda}{\sin\alpha_1 + \sin\alpha_2}\,,$$
der von den Winkeln α_1, α_2 zwischen den Wellennormalen der beiden interferierenden Wellen und der Normale auf die Photoplatte abhängt. Auf der entwickelten Photoplatte entsteht daher ein periodisches Muster von Streifen mit einer sinusförmigen Schwärzungsmodulation.
Das so entstandene periodische Schwärzungsmuster kann als holographisches Transmissionsgitter mit dem Gitterabstand d verwendet werden.
Wird die photoempfindliche Schicht so gewählt, dass z. B. die belichteten Stellen durch chemische Verfahren entfernt werden können, so lässt sich durch Ätzverfahren auch ein holographisches Reflexionsgitter herstellen. Diese Gitter sind fehlerfrei, was die Gitterkonstante d angeht. Sie haben jedoch den Nachteil, dass ihre Oberfläche sinusförmig moduliert ist im Gegensatz zu den geritzten Gittern, die eine treppenförmige Struktur haben. Das Reflexionsvermögen von holographischen Gittern ist daher geringer, und es gibt auch keinen Blazewinkel (siehe Abschn. 10.5.2).
2. Eine ebene Welle wird mit einer Kugelwelle überlagert (Abb. 12.16). Das entstehende Hologramm zeigt ein ringförmiges Schwärzungsmuster und entspricht genau einer Fresnelschen Zonenplatte. Wird das entwickelte Hologramm mit einer ebenen Welle beleuchtet, so wird diese in einem Punkt P_0 fokussiert, der dem Zentrum der Kugelwelle bei Aufnahme des Hologramms entspricht.
Die Schwärzung der Photoplatte ist proportional zur auftretenden Intensität, wobei der Kontrast zwischen maximaler und minimaler Schwärzung von den Amplituden der beiden interferierenden Teilwellen abhängt.
Zur Erzielung eines ausreichenden Kontrastverhältnisses müssen die beiden Wellen jedoch

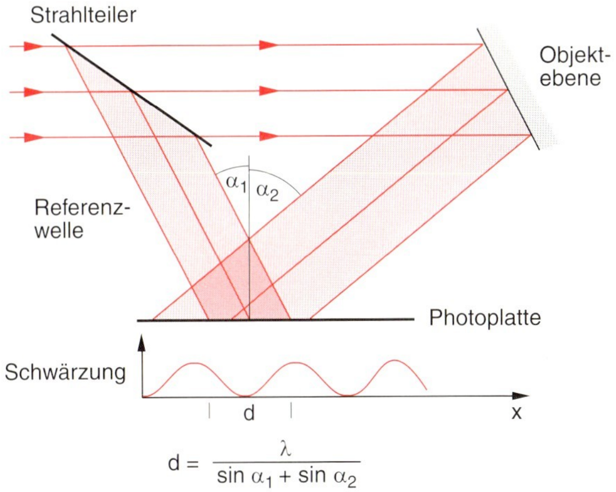

Abb. 12.15. Erzeugung eines holographischen Beugungsgitters durch Überlagerung zweier ebener Wellen, deren Wellenvektoren die Winkel α_1 und α_2 gegen die Normale zur Gitterebene haben

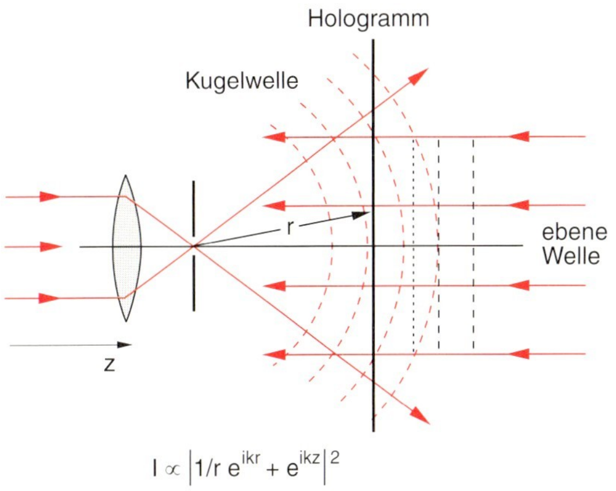

Abb. 12.16. Die Überlagerung einer ebenen Welle mit einer Kugelwelle gleicher Frequenz führt zu einer ringförmigen Intensitätsmodulation. Das dazugehörige Hologramm entspricht einer Fresnelschen Zonenplatte

nicht unbedingt die gleiche Amplitude haben. Ist z. B. die Intensität der Objektwelle nur 1% der Referenzintensität, so ist das Amplitudenverhältnis $E_s/E_r = 0{,}1$ und der *Kontrast* $K = I_{max}/I_{min} = (1{,}1/0{,}9)^2 = 1{,}5$.

Man beachte:

Während bei der üblichen Photographie einem jeden Punkt des Objektes ein wohldefinierter Bildpunkt auf der Photoplatte entspricht, wird bei der Erzeugung eines Hologramms die von einem Objektpunkt ausgehende Streuwelle über die gesamte Photoplatte verteilt.

Dies bedeutet, dass jedes Teilstück des Hologramms bereits Informationen über das gesamte Objekt enthält. Man kann z. B. ein Hologramm in zwei Teile zerschneiden. Aus jedem Teilstück lässt sich wieder ein dreidimensionales Bild des Objektes gewinnen, wenn auch mit etwas geringerer Qualität als aus dem ganzen Hologramm.

12.4.2 Die Rekonstruktion des Wellenfeldes

Um aus dem Hologramm, das die Informationen über das Objekt in „verschlüsselter“ Form enthält (Abb. 12.17), ein dreidimensionales Bild des Objektes zu gewinnen, muss die belichtete Photoplatte nach ihrer Entwicklung mit einer kohärenten ebenen Rekonstruktionswelle

$$\boldsymbol{E}_r = \boldsymbol{A}_r \cdot e^{i(\omega t - \boldsymbol{k}_r \cdot \boldsymbol{r})} \tag{12.4}$$

derselben Lichtfrequenz ω wie bei der Aufnahme des Hologramms beleuchtet werden (Abb. 12.18). Die durch das Hologramm transmittierte Amplitude

$$A_T = T(x, y) \cdot A_r \tag{12.5}$$

ist von der Schwärzung der Photoplatte bei der Aufnahme abhängig, die proportional zur Intensität (12.3) ist. Die Transmission der entwickelten Platte ist

$$T(x, y) = T_0 - \gamma I(x, y) \tag{12.6}$$

(γ ist der Schwärzungskoeffizient der Photoplatte und $I(x, y)$ die auf das Hologramm bei der Belichtung auftreffende Intensität (12.3)), sodass die transmittierte Amplitude der Rekonstruktionswelle

$$\begin{aligned} A_T = {} & A_r T_0 - \gamma A_r (A_0^2 + A_s^2) \\ & - \gamma A_r A_0^* \, A_s \, e^{i(\boldsymbol{k}_0 \cdot \boldsymbol{r}_0 - \varphi_s)} \\ & - \gamma A_r A_0 A_s^* \, e^{-i(\boldsymbol{k}_0 \cdot \boldsymbol{r}_0 - \varphi_s)} \end{aligned} \tag{12.7}$$

ist. Die ersten beiden Terme beschreiben eine von (x, y) unabhängige Schwächung der transmittierten Rekonstruktionswelle. Die letzten beiden Terme entsprechen neuen Wellen

$$\begin{aligned} E_{T_1} &= -\gamma A_0^* \, A_r \, A_s \, e^{i[\omega t - (\boldsymbol{k}_r - \boldsymbol{k}_0) \cdot \boldsymbol{r}_0 - \varphi_s]} \\ E_{T_2} &= -\gamma A_0 \, A_r \, A_s^* \, e^{i[\omega t - (\boldsymbol{k}_r + \boldsymbol{k}_0) \cdot \boldsymbol{r}_0 + \varphi_s]} \end{aligned} \tag{12.8}$$

deren Richtung durch den Wellenvektor $\boldsymbol{k}_1 = \boldsymbol{k}_r - \boldsymbol{k}_0$ bzw. $\boldsymbol{k}_2 = \boldsymbol{k}_r + \boldsymbol{k}_0$ gegeben ist. Man beachte, daß die Richtung dieser Wellen nicht identisch mit der der auf das Hologramm auffallenden Rekonstruktionswelle sein muß. Die Rekonstruktionswelle wird an den Schwärzungsstrukturen des Hologramms, das wie ein Amplitudengitter wirkt, gebeugt.

Beide Wellen tragen Informationen über die Amplitude A_s und Phase φ_s der bei der Aufnahme verwendeten Streuwelle, da sie genau die Amplitude

$$E_s = A_s \cdot e^{i(\omega t - \varphi_s)} \quad \text{bzw.} \quad A_s^* \cdot e^{i(\omega t + \varphi_s)}$$

enthalten, die auch bei der Aufnahme des Hologramms vom Objekt auf die Photoplatte traf.

Wie man aus Abb. 12.18 sieht, treten zwei Bilder auf: ein virtuelles Bild, das der Welle E_{T1} entspricht und das man beim Betrachten hinter dem Hologramm sieht, und ein reelles Bild, welches durch E_{T2} erzeugt

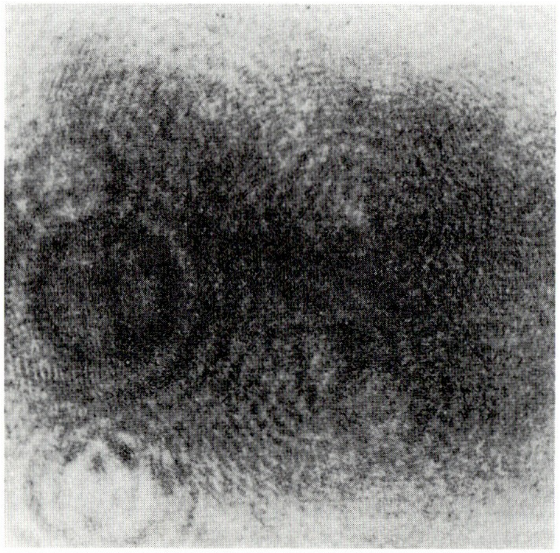

Abb. 12.17. Hologramm eines Schachbrettmusters [aus H. Nassenstein: Z. Angew. Physik **22**, 37–50 (1966)]

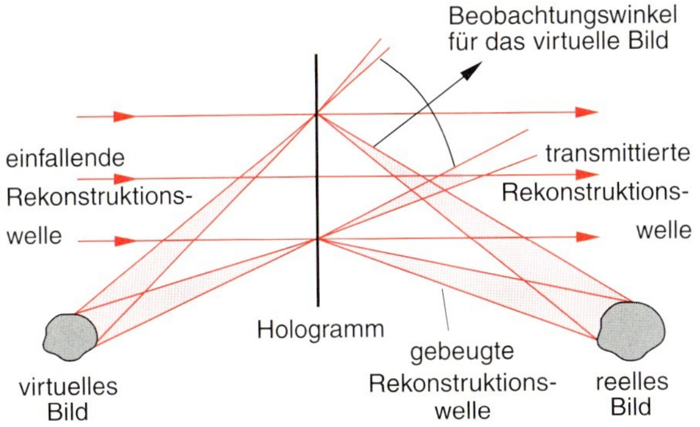

Abb. 12.18. Rekonstruktion des Hologramms

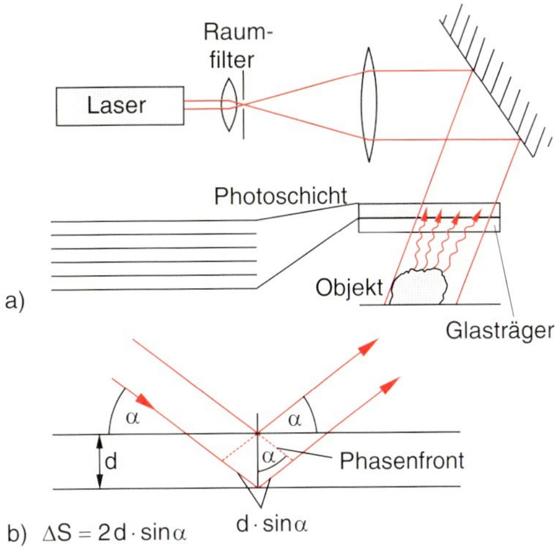

Abb. 12.19a,b. Weißlichtholographie: (**a**) Aufnahme des Hologramms, (**b**) Selektive Reflexion am entwickelten Hologramm durch Interferenz der an parallelen Schichten reflektierten Teilwellen

wird und das man auch auf einem Schirm, den man an den Ort dieses Bildes stellt, sichtbar machen kann (allerdings dann nur zweidimensional).

Schaut man durch das Hologramm gegen die Richtung einer dieser Wellen (12.8), so erscheint dem Auge das dreidimensionale Bild des Gegenstandes, wie er bei der Aufnahme des Hologramms vom Ort der Photoplatte aus zu sehen war [12.18, 19].

Anmerkung

Verwendet man für die Rekonstruktionswelle eine andere Wellenlänge λ_r als λ_s der Streuwelle, so erscheint das rekonstruierte Bild im Maßstab λ_r/λ_s vergrößert oder verkleinert.

12.4.3 Weißlichtholographie

Die weite populäre Verbreitung holographischer Bilder wurde durch die Entwicklung der Weißlichtholographie möglich, weil man hier zur *Rekonstruktion* der Bilder keinen Laser mehr braucht, sondern eine gewöhnliche inkohärente Lichtquelle (z. B. eine Glühlampe oder die Sonne) verwenden kann. Wie kann man das verstehen? Man muss zur *Erzeugung* eines Weißlichthologramms, für die man auch hier einen Laser braucht, eine spezielle Anordnung wählen (Abb. 12.19). Eine dünne Photoschicht (wenige μm dick) auf einem Glasträger, dessen Dicke groß ist gegen die Dicke der Photoschicht, wird von oben mit dem aufgeweiteten Strahl eines Lasers beleuchtet (Referenzwelle) und von unten mit dem vom Objekt zurückgestreuten Licht (Objektwelle).

In der Photoschicht entstehen dann durch die Überlagerung der intensiven ebenen Referenzwelle und der schwächeren Objektwelle Interferenzmaxima und -minima, die im Wesentlichen parallel zur Oberfläche der Photoplatte verlaufen und zu einer Schichtstruktur der Schwärzung der Photoplatte führen (siehe z. B. Abb. 12.15). Bei einer Beleuchtungswellenlänge von $\lambda = 0{,}6\,\mu\text{m}$ und einer Schichtdicke von $10\,\mu\text{m}$ erhält man etwa 20 parallele geschwärzte Schichten, die den Interferenzschichten maximaler Intensität entsprechen.

Bei der Beleuchtung der entwickelten Photoplatte mit Licht der Wellenlänge λ wird das Licht an den einzelnen Schichten der Dicke d teilweise reflektiert und die verschiedenen reflektierten Teilbündel haben bei einem Einfallswinkel α gegen die Schichtebene und einem Abstand d zwischen den Ebenen den Wegunterschied (Abb. 12.19b) $\Delta s = 2d \cdot \sin\alpha$. Nur für solche Wellenlängen λ tritt konstruktive Interferenz auf, für die gilt:

$$2d \cdot \sin\alpha = m \cdot \lambda \qquad (\text{m} = 1, 2, \ldots) \tag{12.9}$$

(Bragg-Bedingung). Das bei der Aufnahme des Hologramms erzielte Schichtgitter selektiert daher bei der Beleuchtung mit weißem Licht je nach Einfallswinkel α die passende Wellenlänge λ aus, sodass das rekonstruierte Objekt in der der jeweiligen Wellenlänge λ entsprechenden Farbe erscheint. Ändert man den Einfallswinkel α, so ändert sich deshalb auch die Farbe.

12.4.4 Holographische Interferometrie

In den Abschnitten 10.3 und 10.4 wurden einige klassische Interferometer vorgestellt, die auf der Zweistrahlinterferenz bzw. der Vielstrahlinterferenz beruhten und mit denen sehr empfindlich sowohl kleine Änderungen Δs optischer Weglängen $s = n \cdot L$ gemessen werden konnten als auch Wellenlängen von Spektrallinien.

Die holographische Interferometrie erweitert die Möglichkeiten der klassischen Interferometer beträchtlich und lässt sich auf viele interessante Bereiche der Technik und auch der Biologie anwenden. Es gibt im Wesentlichen drei Verfahren [12.21]:

Beim Echtzeitverfahren wird von einem Objekt in Ruhe ein Hologramm aufgenommen. Die Hologrammplatte wird dann, ohne sie zu bewegen, am festen Ort der Aufnahme entwickelt und mit der Referenzwelle beleuchtet, sodass ein Hologrammbild wie in Abb. 12.18 erzeugt wird. Verändert man jetzt das Objekt, das am gleichen Ort bleibt, in der gewünschten Weise (indem man es z. B. belastet oder erwärmt), so wird es sich nur sehr wenig ändern. Beleuchtet man es jetzt wieder genau wie bei der 1. Aufnahme des Hologramms, so werden sich diese Änderungen in Phasenverschiebungen der Signalwelle äußern. Die Überlagerung dieser Signalwelle vom veränderten Objekt mit der Rekonstruktionswelle vom Hologramm des unveränderten Objektes führt zu Interferenzstrukturen im holographischen Bild, die nur für diejenigen Teile des Objektes auftreten, die sich verändert haben. Auf diese Weise kann man Gestaltsänderungen feststellen, die wesentlich kleiner als eine Wellenlänge des beleuchtenden Lichtes sind. Zur Illustration zeigt Abb. 12.20a solche Interferenzstreifen, wie sie bei diesem Echtzeitverfahren beobachtet werden, wenn man ein Weinglas holographisch aufnimmt, das Hologramm entwickelt (dabei schrumpft die Filmschicht etwas) und es dann erneut beleuchtet und das holographische Bild mit der vom Hologramm erzeugten Rekonstruktion überlagert. Das rekonstruierte Bild ist aufgrund der Schrumpfung der Photoplatte etwas gedehnt, und die Überlagerung ergibt horizontale Interferenzstreifen. Füllt man jetzt das Glas mit Leuchtgas aus einem Feuerzeug, so bewirkt das aufsteigende Gas im Glas eine Änderung der Brechzahl, die sich als Verformung der Interferenzstreifen bemerkbar macht (Abb. 12.20b).

Beim Doppelbelichtungsverfahren wird ein Hologramm des Objektes vor der Änderung aufgenommen und dann bei feststehender Photoplatte noch mal nach der Änderung. Will man z. B. die Verformung einer Metallplatte beim Einwirken von Kräften messen, so wird ihr Hologramm vor der Verformung aufgenommen. Dann wird die Metallplatte, ohne sie aus ihrer Posi-

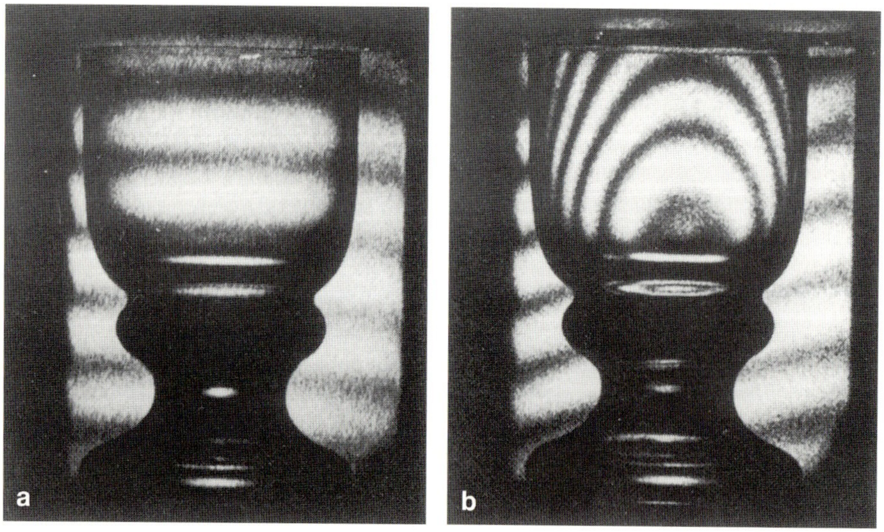

Abb. 12.20a,b. Echtzeit-holographische Interferometrie. (**a**) Interferenz zwischen originaler Objektwelle und vom Hologramm rekonstruierter Welle, (**b**) Veränderung der Interferenz durch Füllen des Glases mit Leuchtgas aus einem Feuerzeug

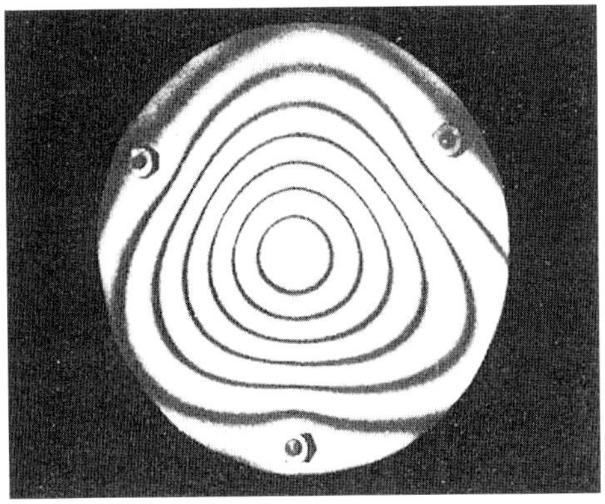

Abb. 12.21. Holographisches Interferogramm der Verformung einer Aluminiumscheibe. Das Hologramm wurde jeweils 15 s lang vor und nach der Verformung belichtet. (Dr. R. Lessing, Spindler & Hoyer, Göttingen) [12.20]

tion zu entfernen, durch eine äußere Kraft verformt und wieder auf derselben Photoplatte ein Hologramm des verformten Körpers aufgenommen (Doppelbelichtung der feststehenden Photoplatte).

Die Streuwelle E_s von den verformten Stellen des Objekts hat bei der zweiten Belichtung des Hologramms eine andere Phase als bei der ersten Belichtung, sodass die Gesamtschwärzung des Hologramms von der Größe der Verformung abhängt. Zur Illustration ist in Abb. 12.21 das Doppelbelichtungshologramm einer Aluminiumplatte gezeigt, die durch die Membran eines Lautsprechers um wenige μm verformt wurde.

Ein weiteres Beispiel ist die in Abb. 12.22 gezeigte Glühbirne, von der einmal im eingeschalteten Zustand bei stromdurchflossenem Glühfaden ein Hologramm aufgenommen wurde und dann, wenige Sekunden später, im ausgeschalteten Zustand. Das rekonstruierte Doppelbelichtungshologramm zeigt die Konvektion des Füllgases über dem Glühfaden und die thermische Verformung des Glaskörpers. Der Streifenabstand entspricht einer Verformung um eine halbe Wellenlänge.

Bei periodisch schwingenden Objekten kann man eine Hologrammaufnahme machen, bei der die Belichtungsdauer lang ist gegen die Schwingungsperiode. Da sich das Objekt am längsten an den Umkehrpunkten der Schwingung aufhält (dort ist die Geschwindigkeit der schwingenden Teile null), werden die während die-

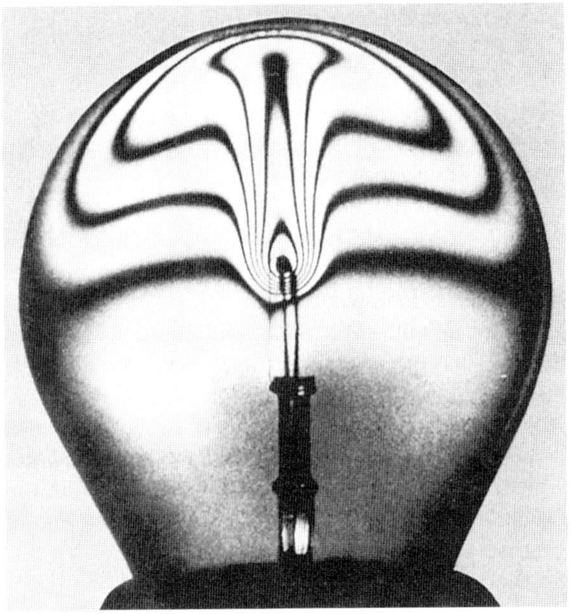

Abb. 12.22. Konvektionsströme oberhalb des Glühfadens einer Glühlampe und thermische Verformung des Glaskolbens. (Aus M. Cagnet, M. Francon, S. Mallick: *Atlas optischer Erscheinungen*, Ergänzungsband, Springer Berlin, Heidelberg 1971)

ser Schwingungsphasen vom Objekt gestreuten Wellen stärker zur Beleuchtung des Hologramms beitragen als die Positionen, in denen sich die Oberfläche schnell bewegt, und die deshalb nur kurzzeitig auftreten. Sie werden daher im Hologramm bei der Rekonstruktion stärker sichtbar. Wie schon in den Beispielen der vorigen Abschnitte (z. B. Abb. 12.21) deutlich wurde, werden das Schwingungsverhalten von Körpern, die Auslenkungsamplituden und die räumliche Verteilung der Schwingungsstrukturen durch holographische Interferometrie sichtbar gemacht, wobei auch noch Auslenkungen $\Delta s < \lambda/2$ deutlich nachgewiesen werden können.

12.4.5 Anwendungen der Holographie

Von den vielen möglichen und zum Teil bereits realisierten Anwendungen sollen hier, außer den bereits in den vorigen Abschnitten behandelten Beispielen nur wenige herausgegriffen werden:

Eine interessante Anwendung der Holographie benutzt die digitale Berechnung eines Hologramms für

Objekte im Sollzustand. Ein solches im Rechner gespeichertes Hologramm kann dann in ein reales Hologramm auf eine Photoplatte (z. B. über den Ausgabedrucker auf eine Folie) übertragen werden. Die Überlagerung der Bilder, die auf einem solchen „digitalen" Hologramm bei Beleuchtung mit der Auslesewelle erzeugt werden, mit dem holographischen Bild des realen Objektes lässt sofort (wie im vorigen Abschnitt diskutiert wurde) alle kleinen Abweichungen erkennen. So wird z. B. bei der Endpolitur eines großen Spiegels eines astronomischen Teleskops das Hologramm dieses Spiegels mit dem digital berechneten Hologramm der Sollfläche (ideales Rotationsparaboloid) überlagert, wodurch alle Stellen, an denen die reale Spiegelfläche von der Sollfläche abweicht, gleichzeitig sichtbar gemacht werden. Dies verkürzt den sonst sehr langwierigen Schleifprozess erheblich.

Anwendungen in der Autoindustrie sind z. B. holographische Doppelbelichtungsaufnahmen eines Autoreifens bei zwei verschiedenen Fülldrücken, aus denen sehr kleine Ausbeulungen aufgrund unterschiedlicher Reifenwandstärke sofort sichtbar werden.

Mithilfe der holographischen Interferometrie lässt sich die Wachstumsgeschwindigkeit von Pilzen innerhalb von wenigen Sekunden messen, indem man den Pilz mit dem Doppelbelichtungsverfahren zweimal holographisch aufnimmt und die Interferenzstreifen ausmisst. So lässt sich z. B. die Nährstoffzufuhr bei Pilzkulturen optimieren.

Von großer Bedeutung werden wahrscheinlich in Zukunft holographische Speicher sein, die nach den bisherigen Ergebnissen sehr große Informationsdichten haben werden, da man auf engem Raum viele Hologramme überlagern kann. Als Speichermaterial kommen z. B. ferroelektrische Kristalle in Frage. Durch das im Volumenhologramm herrschende elektrische Feld der Lichtwelle werden Ladungen verschoben, sodass das Hologramm hier nicht als Schwärzungsmuster einer Photoplatte, sondern als Raumladungsverteilung vorliegt, die zu einem räumlichen Brechungsindexmuster führt (Abb. 12.23). Solche Hologramme können dann wieder ausgelesen werden durch eine Referenzwelle [12.21–24].

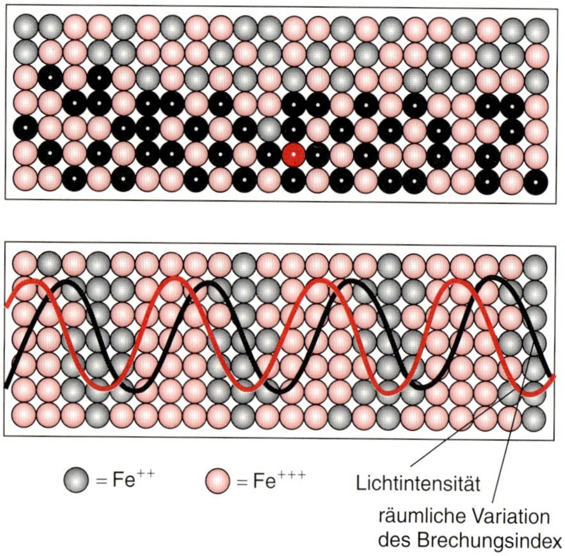

Abb. 12.23a,b. Holographischer Speicher in einem ferroelektrischen Kristall ($LiNbO_3$ mit Eisenionen Fe^{2+} bzw. Fe^{3+} dotiert). (**a**) vor und (**b**) nach der Belichtung. Die rote Kurve gibt die Lichtintensität, die schwarze den räumlichen Verlauf der Ladungsdichte an, die den Brechungsindex beeinflusst [nach Smith]

12.5 Fourieroptik

Viele Probleme der modernen Optik lassen sich mathematisch elegant mithilfe der Fouriertransformation darstellen. So hatten wir bereits in Abschn. 10.8 gesehen, dass die Amplitudenverteilung des Fraunhoferschen Beugungsbildes in der Beobachtungsebene als Fouriertransformierte der Feldstärkeverteilung in der Beugungsebene angesehen werden kann. Wir wollen hier zeigen, dass eine Linse als Fouriertransformator wirkt, der die Objektebene in die Fourierebene abbildet, in der das Beugungsbild des Objektes entsteht. Wird jetzt diese Fourierebene durch eine zweite Linse weiter abgebildet, so wird dadurch das Objekt wieder erzeugt, da die Fouriertransformierte der Fouriertransformierten wieder die ursprüngliche Funktion ergibt, jedoch mit vertauschten Vorzeichen der Argumente:

$$\mathcal{F}\,[\mathcal{F}[\,f(x,y)]] = f(-x,-y)\,.$$

Das Bild steht somit auf dem Kopf. Der wichtige Punkt ist nun, dass man in der Fourierebene durch Blenden, Filter oder Phasenplatten Veränderungen des Beugungsbildes erreichen kann, die zu entsprechenden Veränderungen des realen Objektbildes führen. Durch eine solche optische Filterung lassen sich Kontraste im

Objektbild verstärken oder störende Untergrundmuster beseitigen und damit die Qualität des Bildes steigern und das Erkennen von Details, die sonst durch störende Überlagerungen verdeckt werden, verbessern. Für eine genauere Darstellung wird auf die sehr lesenswerten Bücher von Stößel [12.25] und Lauterborn et al. [12.18] über Fourieroptik verwiesen, wobei die kurze Beschreibung hier sich an das sehr gute Buch von Lauterborn anlehnt.

12.5.1 Die Linse als Fouriertransformator

Wir betrachten in Abb. 12.24 eine ebene Welle, deren Wellenvektor um die Winkel α in x-Richtung und β in y-Richtung gegen die z-Achse geneigt ist und die durch die Linse L in die Brennebene bei $z = f_B$ abgebildet wird. Nach (10.89) wird die Feldverteilung in dieser Fourierebene

$$E(x', y') = A(x', y', f_B) \cdot \int_{-\infty}^{+\infty}\int_{-\infty}^{+\infty} E(x, y)\,\mathrm{e}^{-2\pi\mathrm{i}(\nu_x x + \nu_y y)}\,\mathrm{d}x\,\mathrm{d}y \qquad (12.10)$$

durch die Fouriertransformierte der Feldverteilung $E(x, y)$ in der Objektebene gegeben, wobei der Vorfaktor

$$A = \mathrm{e}^{\mathrm{i}kz}\,\mathrm{e}^{(\mathrm{i}\pi/\lambda z)\cdot(x'^2 + y'^2)}$$

ein reiner Phasenfaktor mit $|A| = 1$ ist.

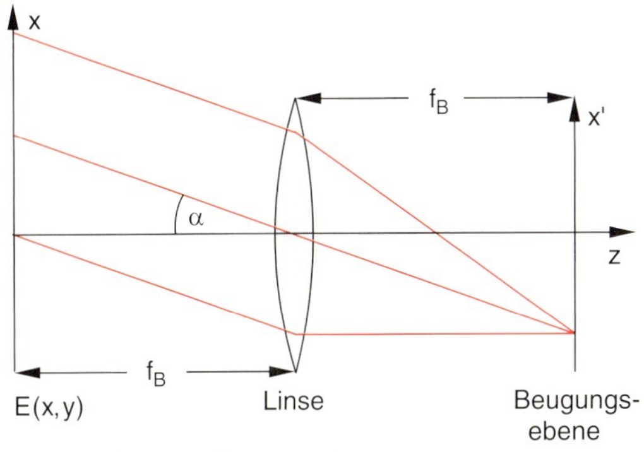

Abb. 12.24. Die Linse als Fourier-Transformator der Feldverteilung $E(x, y)$ in die Beugungsverteilung $E(x', y') = E(\nu_x, \nu_y)$

Man nennt die Größen

$$\nu_x = \frac{x'}{\lambda z} = f_B \frac{\tan\alpha}{\lambda z} \approx \frac{\alpha}{\lambda} \qquad (12.11\text{a})$$

$$\nu_y = \frac{y'}{\lambda z} = f_B \frac{\tan\beta}{\lambda z} \approx \frac{\beta}{\lambda} \qquad (12.11\text{b})$$

für $z = f_B$ und $\tan\alpha \approx \alpha$ bzw. $\tan\beta \approx \beta$ die ***Raumfrequenzen*** des Beugungsbildes.

Liegt die Objektebene in der vorderen Brennebene der Linse, so ist $z_0 = -f_B$ und der Vorfaktor

$$A = \mathrm{e}^{-\mathrm{i}kf_B}\,\mathrm{e}^{(\mathrm{i}\pi f_B/\lambda)(\alpha^2 + \beta^2)}$$

wird unabhängig vom Ort (x', y') in der Fourierebene. In diesem Fall führt die Linse dann gemäß (12.10) exakt eine zweidimensionale Fouriertransformation der vorderen in die hintere Brennebene durch.

Die Intensitätsverteilung in der Beobachtungsebene

$$I(x', y') = |E(x', y')|^2 = |\mathcal{F}(E(x, y))|^2 \qquad (12.12)$$

ist das beobachtbare Beugungsbild des Objektes. Da bei der Betragsbildung der Phasenfaktor herausfällt, kann man jede beliebige Ebene vor der Linse als Objektebene wählen, z. B. dicht vor der Linse. Da die Beugungsbilder im allgemeinen sehr klein sind, muss man zur Darstellung große Brennweiten f_B verwenden.

Wir wollen die Fouriertransformation der Linse durch einige Beispiele verdeutlichen.

a) Punktlichtquelle

Eine punktförmige Lichtquelle am Ort (x_0, y_0) in der objektseitigen Brennebene der Linse (Abb. 12.25) hat die Feldstärkeverteilung

$$E(x, y) = E_0\delta(x - x_0)\delta(y - y_0)\,, \qquad (12.13)$$

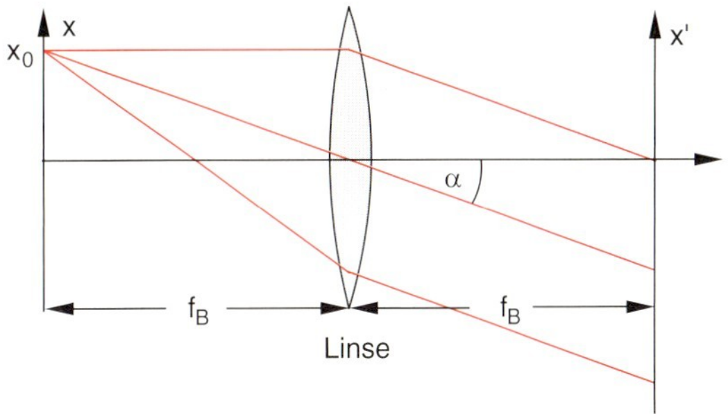

Abb. 12.25. Zur Fouriertransformation einer Punktlichtquelle

wobei $\delta(x)$ die Deltafunktion bedeutet. Einsetzen in (12.10) liefert die Amplitudenverteilung

$$E(x', y') = A \cdot \iint E_0 \delta(x - x_0)\delta(y - y_0) \cdot e^{-2\pi i(\nu_x x + \nu_y y)} \, dx \, dy = A \cdot E_0 \, e^{-2\pi i(\nu_x x_0 + \nu_y y_0)} \,. \tag{12.14}$$

Dies ist wegen

$$\nu_x = \frac{x'}{\lambda f_B} \approx \frac{\alpha}{\lambda}\,; \qquad \nu_y \approx \frac{\beta}{\lambda}$$

eine ebene Welle mit einem Wellenvektor, der die Winkel α in x-Richtung bzw. β in y-Richtung gegen die z-Achse bildet.

Die Intensität

$$I \propto |E(x', y')|^2 = E_0^2$$

ist in der Fourierebene konstant, d. h. die Beobachtungsebene wird gleichmäßig ausgeleuchtet.

b) Zwei Punktlichtquellen

Hat man in der Objektebene zwei Punktlichtquellen an den Orten $(0, y_0)$ und $(0, -y_0)$, so wird

$$E(x, y) = E_0 \delta(x)[\delta(y - y_0) + \delta(y + y_0)] \,. \tag{12.15}$$

Als Fouriertransformierte ergibt sich dann aus (12.10) analog zu (12.14) die Feldverteilung

$$E(x', y') = A \cdot (e^{-2\pi i \nu_y y_0} + e^{2\pi i \nu_y y_0}) = 2A \cdot \cos(2\pi \nu_y y_0) \tag{12.16}$$

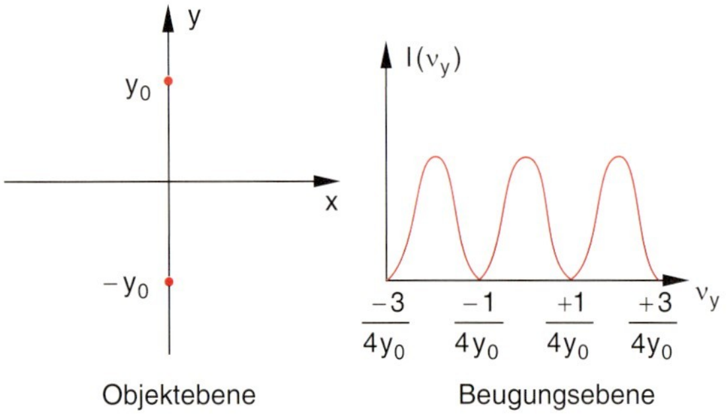

Abb. 12.26. Fourierraumfrequenzspektrum von zwei Punktlichtquellen

und die Intensität

$$I(x', y') \propto 4A^2 \cos^2(2\pi \nu_y y_0) = 2A^2[1 + \cos(4\pi \nu_y y_0)] \,. \tag{12.17}$$

Dies ist ein Kosinusgitter (Abb. 12.26) mit parallelen Streifen in x-Richtung, die eine Raumfrequenz

$$\Delta\nu_y = \frac{1}{2y_0} \tag{12.18a}$$

haben, was gerade dem inversen Abstand der beiden Punktlichtquellen entspricht.

Der räumliche Abstand der Streifen in der Fokalebene der Linse

$$\Delta y' = \Delta\nu_y \cdot \lambda \cdot f_B = \frac{\lambda \cdot f_0}{2y_0} \tag{12.18b}$$

ist proportional zur Brennweite f_B der abbildenden Linse und zur Wellenlänge λ.

c) Strichgitter

Die Beugungsfigur eines Gitters mit N Spalten der Breite a und einem Abstand d zwischen benachbarten Spalten, das mit einer senkrecht einfallenden ebenen Welle beleuchtet wird (siehe Abschn. 10.5.2) erhält man, wenn in (12.10) die Feldverteilung (Abb. 12.27)

$$E(x, y) = E_0 \cdot \sum_{n=1}^{N} \delta(x - nd) * \operatorname{rect}\frac{x}{a} \tag{12.19}$$

eingesetzt wird, wobei $*$ die Faltung der Deltafunktion mit der Stufenfunktion $\operatorname{rect} x/a$ bedeutet ($\operatorname{rect} x/a = 1$ für $0 \le x/a \le 1$ und sonst 0). Das Ergebnis für die Amplitudenverteilung in der Beugungsebene ist:

$$E(x', y') = E_0 \cdot \delta(\nu_y) \cdot \frac{\sin \pi a \nu_x}{\pi \nu_x} \sum_{n=1}^{N} e^{-2\pi i n \cdot d \cdot \nu_x} \,, \tag{12.20}$$

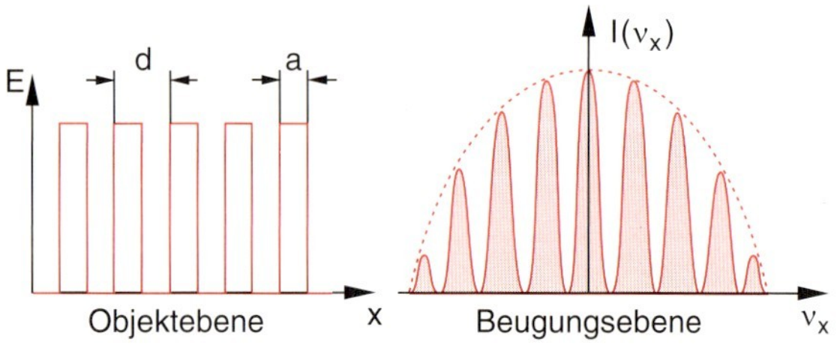

Abb. 12.27. Beugungsbild eines Gitters mit rechteckigen langen Spalten

woraus sich die bereits aus Abschn. 10.5.2 bekannte Intensitätsverteilung

$$I(\nu_x, \nu_y) \propto |E_0|^2 \delta\nu_y \cdot a^2 \cdot \frac{\sin^2(\pi a \nu_x)}{(\pi a \nu_x)^2} \cdot \frac{\sin^2(\pi N d \nu_x)}{\sin^2(\pi d \nu_x)} \tag{12.21}$$

ergibt, die in Abb. 12.27b dargestellt ist.

Hier wird deutlich, dass die „Grobstruktur" im Beugungsbild, d. h. die Raumfrequenz ν_x, welche der Einhüllenden der Interferenzmaxima entspricht, durch die schmale Spaltbreite a in der Objektebene erzeugt wird, während die Feinstruktur, d. h. die hohen Raumfrequenzen $N \cdot \nu_x$, die das Interferenzmuster erzeugen, durch das gesamte Gitter mit der Breite $N \cdot d$ also durch eine breite Struktur in der Objektebene hervorgerufen wird.

Kleine Raumfrequenzen im Beugungsbild entsprechen großen räumlichen Strukturen im Objekt, während feine Strukturen des Objekts zu hohen Raumfrequenzen, d. h. großen Ablenkungen, im Beugungsbild führen.

12.5.2 Optische Filterung

Das Grundprinzip der optischen Filterung wird anhand von Abb. 12.28 verdeutlicht: eine Linse L1 erzeugt wie in Abb. 12.25 in ihrer Brennebene eine Beugungs-Amplitudenstruktur als Fouriertransformierte der Amplitudenverteilung in der Objektebene. Wird die Beugungsebene in der Brennebene der Linse L2 weiter abgebildet in die bildseitige Brennebene von L2, so wird dabei die Fouriertransformierte der Fouriertransformierten der Objektebene erzeugt. Dies entspricht aber wieder der Struktur in der Objektebene. Durch die zwei gleichen Linsen im Abstand $2f$ wird also eine Abbildung im Maßstab 1 : 1 mit umgekehrten Bild ($x \to -x$, $y \to -y$) erzeugt.

Was unterscheidet diese Abbildung von der gewöhnlichen Abbildung eines Objektes im Abstand $2f$ durch *eine* Linse?

Der wesentliche Unterschied liegt darin, dass bei der Abbildung in Abb. 12.28 eine Fourierebene vorliegt, in der man durch Blenden oder Filter eingreifen kann, um das Beugungsbild zu verändern. Dadurch verändert sich auch das Bild des Objektes in charakteristischer und gewollter Weise, wie an einigen Beispielen gezeigt werden soll.

a) Tiefpassfilter

Wir hatten im vorigen Abschnitt gesehen, dass feine Detailstrukturen in der Objektebene zu hohen Raumfrequenzen in der Beugungsebene führen. Blendet man diese Raumfrequenzen durch eine enge Blende in der Beugungsebene aus, so werden die (oft nicht gewünschten) feinen Strukturen bei der erneuten Abbildung der Beugungsebene in die Bildebene verschwinden. Ein Beispiel ist die Erzeugung einer gleichmäßig beleuchteten Fläche durch einen aufgeweiteten Laserstrahl mithilfe eines Linsensystems, durch das der Strahldurchmesser um den Faktor f_2/f_1 zunimmt (Abb. 12.29). Durch Unebenheiten der Oberflächen der Linse L1 (z. B. Staubkörner oder Kratzer) wird das Licht gebeugt in höhere Beugungsordnungen, deren Abbildung durch L2 zu einer körnigen

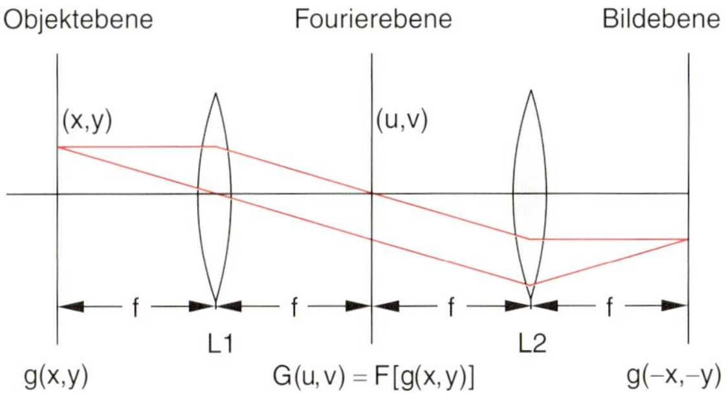

Abb. 12.28. Schematische Darstellung der optischen Fouriertransformation und ihrer Rücktransformation durch zwei gleiche Linsen im Abstand $2f$ nach [12.17]

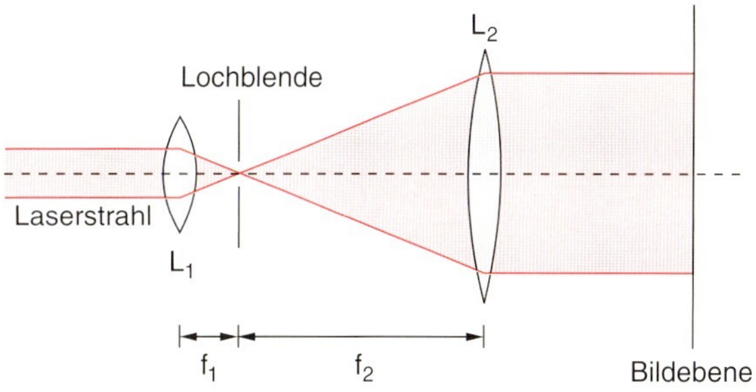

Abb. 12.29. Punktlochblende als Tiefpass-Raumfrequenzfilter bei der Aufweitung eines Laserstrahls

Helligkeitsstruktur führt, die oft mit Beugungsringen der Staubkörner überlagert ist. Eine Punktlochblende im Fokus von L1 filtert alle höheren Beugungsordnungen aus und bewirkt eine gleichmäßige Helligkeit des aufgeweiteten Strahls. Man nennt sie deshalb in Anlehnung an die Elektrotechnik einen Tiefpass (siehe Abschn. 5.5), weil nur die tiefen Raumfrequenzen durchgelassen werden. Die Lochblende wirkt wie eine Punktlichtquelle in der Fokalebene von L2, die dann, wie im vorigen Abschnitt behandelt, zu einer ebenen Wellen hinter L2 führt und damit zu einer konstanten Intensität in der Bildebene.

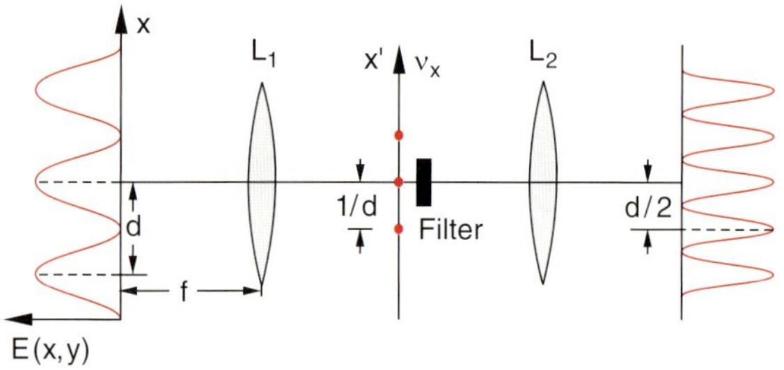

Abb. 12.30. Hochpassfilter bei der Abbildung eines Kosinusgitters

b) Hochpassfilter

Bei Hochpassfiltern werden in der Beugungsebene die tiefen Raumfrequenzen, d. h. die wenig abgelenkten Beugungsordnungen unterdrückt, während die höheren Ordnungen durchgelassen werden. Dies soll am Beispiel der Abbildung eines Kosinusgitters mit der Gitterperiode d in x-Richtung verdeutlicht werden, bei dem die Feldverteilung in der Objektebene durch

$$E(x,y) = E_0 \cos^2\left(\frac{\pi x}{d}\right) = \frac{E_0}{2}\left[1+\cos\left(\frac{2\pi x}{d}\right)\right] \tag{12.22a}$$

gegeben ist. Schreibt man dies in der Form

$$E(x,y) = E_0\left[\frac{1}{2}+\frac{1}{4}\mathrm{e}^{2\pi \mathrm{i} x/d}+\frac{1}{4}\mathrm{e}^{-2\pi \mathrm{i} x/d}\right] \tag{12.22b}$$

und setzt das in (12.10) ein, so erhält man nach kurzer Rechnung für die Fouriertransformierte, d. h. die Amplitudenverteilung in der Beugungsebene:

$$E(\nu_x,\nu_y) = \frac{E_0}{2}\delta(\nu_y)\left[\delta(\nu_x)+\frac{1}{2}\delta\left(\nu_x-\frac{1}{d}\right) + \frac{1}{2}\delta\left(\nu_x+\frac{1}{d}\right)\right], \tag{12.23}$$

wobei die drei Terme die 0-te, +1-te und −1-te Beugungsordnung angeben. Das Beugungsbild besteht also aus 3 Punkten auf der ν_x-Achse, deren Raumfrequenzen $\nu_x = 0$ und $\nu_x = \pm 1/d$ sind. Sie liegen in der Beugungsebene an den Punkten $x' = 0$ und $x' = \pm f \cdot \lambda/d$ (Abb. 12.30). Wird dieses Beugungsbild durch eine 2. Linse weiter abgebildet, so entsteht in der Bildebene das ursprüngliche Kosinusgitter.

Blendet man jedoch die 0. Ordnung aus durch eine kleine undurchlässige Scheibe, so fehlt in (12.23) der 1. Term. Bildet man von dieser neuen Beugungsverteilung die Fouriertransformierte, d. h. setzt man jetzt

$$E(\nu_x,\nu_y) = \frac{E_0}{4}\delta(\nu_y)\left[\delta\left(\nu_x-\frac{1}{d}\right)+\delta\left(\nu_x+\frac{1}{d}\right)\right] \tag{12.24}$$

mit $\nu_x = x'/(\lambda f)$, $\nu_y = y'/(\lambda f)$ in (12.10) ein, so ergibt sich die Feldverteilung in der Bildebene

$$E(x) = \frac{1}{2}\cos\left(\frac{2\pi x}{d}\right) \Rightarrow I(x) = \frac{1}{4}\cos^2\left(\frac{2\pi x}{d}\right). \tag{12.25}$$

Das Bild zeigt wieder ein Kosinusgitter, *aber jetzt mit der halben Periode*, d. h. es gibt doppelt so viele Maxima wie im Objekt.

Diese Hochpassfilterung kann auch benutzt werden, um durchsichtige Objekte sichtbar zu machen, in denen praktisch keine Amplitudenänderung der transmittierten Welle, sondern nur eine Phasenänderung geschieht. Würde man sie ungefiltert betrachten, so fällt der Phasenfaktor bei der Intensität ($\propto$ Absolutquadrat der Amplitude) heraus.

Dies ist nicht mehr der Fall, wenn z. B. die nullte Beugungsordnung bei der Filterung unterdrückt wird. Dies sieht man wie folgt: Die Transmission des Objektes sei

$$\tau(x,y) = a \cdot \mathrm{e}^{\mathrm{i}\varphi(x,y)}, \tag{12.26}$$

sodass die Amplitudenverteilung in der Objektebene bei einer konstanten einfallenden Welle E_0 durch

$$E(x, y) = E_0 \cdot \tau(x, y) = a \cdot E_0 \mathrm{e}^{\mathrm{i}\varphi(x,y)} \quad (12.27)$$

gegeben ist. Die Intensität

$$I(x, y) \propto |E|^2 = a^2 E_0^2$$

ist dann überall konstant, d. h. man sieht keine Struktur. Für schwache Phasenstrukturen ($\varphi(x, y) \ll 1$) können wir die Exponentialfunktion entwickeln und in (12.27) näherungsweise setzen:

$$E(x, y) = a \cdot E_0[1 + \mathrm{i}\varphi(x, y)] , \quad (12.28)$$

deren Fouriertransformierte die Amplitudenverteilung in der Beugungsebene

$$\begin{aligned} E(\nu_x, \nu_y) &= \mathcal{F}\,[E(x, y)] \quad (12.29) \\ &= a \cdot E_0 \left\{\delta(\nu_x)\delta(\nu_y) + \mathrm{i}\mathcal{F}\,[\varphi(x, y)]\right\} \end{aligned}$$

ergibt. Blendet man die 0. Ordnung aus (d. h. der 1. Term in (12.29) wird null), so ergibt sich bei der Abbildung der Beugungsebene in die Bildebene:

$$\begin{aligned} E(x_B, y_B) &= \mathrm{i}E_0 \cdot a \cdot \mathcal{F}\,[\mathcal{F}[\varphi(x, y)]] \\ &= \mathrm{i}a \cdot E_0\varphi(-x, -y) \quad (12.30) \end{aligned}$$

und die Intensitätsverteilung in der Bildebene wird

$$I(x_B, y_B) \propto |E(x_B, y_B)|^2 = a^2 E_0^2 \varphi^2(-x, -y) , \quad (12.31)$$

d. h. die Phasenstruktur bleibt erhalten und die Phasenobjekte werden dadurch sichtbar.

12.5.3 Optische Mustererkennung

Die optische Filterung kann auch zur Mustererkennung eingesetzt werden. Dies wird z. B. angewendet, um bei großen Stückzahlen eines Fertigungsteils (z. B. kleine Zahnräder oder gestanzte Formen) zu prüfen, ob vorgegebene Toleranzen bei der Fertigung eingehalten werden. Dazu müssen die Objekte verglichen werden mit einem Muster, das exakt gearbeitet wurde und keine Abweichungen vom Sollwert aufweist.

Man fertigt ein Hologramm der Beugungsstruktur dieses Musters an, in dem man die Hologrammplatte bei der Aufnahme des Hologramms in die Beugungsebene des Musters als Objekt stellt und gleichzeitig mit einer ebenen Welle beleuchtet. Ein solches Hologramm heißt Fourierhologramm und entspricht der Fouriertransformierten des Musters. Wird jetzt das entwickelte Hologramm in die Filterebene (d. h. in die Beugungsebene der zu untersuchenden Objekte) gestellt, so entsteht in der Bildebene eine Überlagerung der Bilder des Musters und des realen Objektes. Bei geeigneter Phasenlage lässt sich erreichen, dass nur die Differenzen zwischen Objekt und Muster sichtbar werden, sodass man die Abweichungen der Objekte vom Sollwert unmittelbar sehen kann.

Ein wichtiges mögliches Anwendungsgebiet dieser Mustererkennung ist die Unterscheidung von gesunden und kranken Zellen (z. B. bei der histologischen Krebsfrüherkennung).

Wenn sich Objekte zeitlich ändern (z. B. Verformung von Werkstücken unter Druck oder Änderung der Wolkenstruktur in der Jupiteratmosphäre), lässt sich dies mit solchen Verfahren der Mustererkennung gut untersuchen, weil alle Abweichungen von einem Bild des Objekts zur Zeit t_1 zu späteren Zeiten deutlich hervorgehoben werden, während alle gleichbleibenden Formen unterdrückt werden.

Der Nachteil dieser Methoden ist ihre extreme Empfindlichkeit gegen geringe Verschiebungen des Filters, die das zu erkennende Muster stark verändern können.

12.6 Mikrooptik

Die Mikrooptik ist ein neuer Zweig der modernen Optik, der sich seit etwa 1980 zu technischer Reife entwickelt hat. Diese rasante Entwicklung wurde erst möglich durch Mikrotechnologie (Lithographie-Techniken, mechanische Herstellung von Mikrostrukturen) und durch das bessere Verständnis der physikalischen Phänomene, die bei der optischen Abbildung und der optischen Wellenausbreitung durch mikrooptische Elemente auftreten.

Wir wollen uns nun kurz mit einigen Aspekten der Mikrooptik befassen:

12.6.1 Diffraktive Optik

Wir hatten in Kap. 9 gesehen, dass Licht durch Prismen abgelenkt oder durch Linsen gesammelt werden kann. Beide Effekte beruhen auf der Lichtbrechung, die bewirkt, dass Licht, je nach seiner Wellenlänge, an

Grenzflächen mit einem Sprung des Brechungsindexes verschieden stark gebrochen wird. Abbildungsverfahren, die optische Elemente benutzen, welche auf dieser Brechung beruhen, werden auch als refraktive Optik bezeichnet.

In den letzten Jahren sind, ermöglicht durch die Fabrikationsverfahren der Mikroelektronik und durch neue Berechnungsverfahren mit Computern neue optische Elemente realisiert worden, die auf der Beugung beruhen und sowohl Ablenkung als auch Fokussierung von Lichtstrahlen bewirken können. Die auf solchen, oft mikroskopisch kleinen Elementen basierenden Abbildungsmethoden werden deshalb diffraktive Optik genannt [12.3].

Ihr Prinzip soll an einigen Beispielen verdeutlicht werden.

In Abb. 12.31a ist eine Glasplatte gezeigt, auf deren Oberfläche streifenförmige Rechteckrinnen mit der Breite b und der Tiefe h eingeätzt wurden. Fällt auf die Vorderseite der Platte eine ebene Lichtwelle ein, so tritt zwischen benachbarten Teilbündeln eine optische Wegdifferenz von $(n-1)h$ beim Durchlaufen der Glasplatte mit Brechzahl n auf. Die Platte wirkt als optisches Phasengitter. Während beim Transmissionsgitter mit Spalten und Stegen die transmittierte Amplitude moduliert wird und bei gleicher Spalt- und Stegbreite die transmittierte Intensität $I_\mathrm{T} = 0{,}5\, I_0$ ist, wird hier die Phase der Lichtwelle in y-Richtung periodisch moduliert und die Transmission ist $T = 1$. Analog zum Strichgitter wirkt jeder einzelne Streifen mit der Breite b hinsichtlich der Beugung wie ein Spalt, bei dem Licht in die zentrale Beugungsordnung im Winkelbereich $|\sin\alpha| \le \lambda/b$ abgebeugt wird. Will man also merkliche Ablenkwinkel haben, so muss die Streifenbreite in der Größenordnung der Wellenlänge liegen.

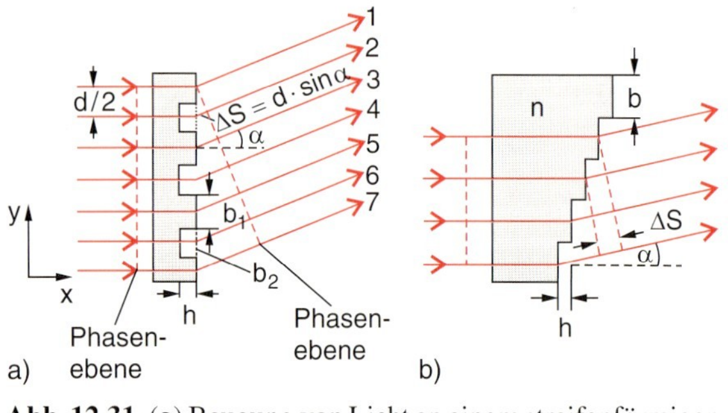

Abb. 12.31. (**a**) Beugung von Licht an einem streifenförmigen Phasengitter, (**b**) Ablenkung von Licht durch eine Stufenplatte

Die einzelnen Teilwellen von den verschiedenen Streifen addieren sich jedoch nur dann konstruktiv, wenn die Phasendifferenz zwischen benachbarten äquivalenten Teilwellen $\Delta\varphi = m \cdot 2\pi$ beträgt, d. h. ihre optische Wegdifferenz $\Delta s = m \cdot \lambda$. Aus Abb. 12.31a sieht man, dass die Wegdifferenz zwischen zwei benachbarten geradzahligen Strahlen (2, 4, 6, ...) bzw. ungeradzahligen Strahlen (1, 3, 5, ...) in der Richtung α gegen die Einfallsrichtung $\Delta s_1 = d \cdot \sin\alpha$, mit $d = b_1 + b_2$ ist. Für konstruktive Interferenz muss daher gelten:

$$d \cdot \sin\alpha = m_1 \cdot \lambda \qquad (m_1 = 0, 1, 2, \dots)\,. \tag{12.32a}$$

Nun haben die ungeradzahligen Strahlen die optische Wegdifferenz

$$\Delta s_2 = (n-1) \cdot h + \frac{d}{2} \sin\alpha \tag{12.32b}$$

gegen den nächsten geradzahligen Strahl.

Damit alle ungeradzahligen mit den geradzahligen Teilbündeln konstruktiv interferieren, muss gelten: $\Delta s_2 = m_2 \cdot \lambda$, $(m_2 = 0, 1, 2)$. Durch Subtraktion von (12.32b) und (12.32a) ergibt sich:

$$(n-1) \cdot h - \frac{d}{2} \sin\alpha = (m_2 - m_1) \cdot \lambda\,. \tag{12.33}$$

Für $m_2 - m_1 = 0$ erhält man dann konstruktive Interferenz in der Richtung α für

$$\sin\alpha_0 = \frac{2(n-1)h}{d}\,. \tag{12.34a}$$

Dies entspricht der Interferenz nullter Ordnung, bei der (abgesehen von Dispersionseffekten) der Wegunterschied null ist und deshalb unabhängig von λ wird. Für $m_2 - m_1 = \pm 1$ ergibt sich aus (12.33):

$$\sin\alpha_1 = \frac{(n-1)h \mp \lambda}{d/2}\,. \tag{12.34b}$$

BEISPIEL

$n = 1{,}5$, $h = 1{,}5\,\mu\mathrm{m}$, $b_1 = b_2 = 1\,\mu\mathrm{m} \Rightarrow d = 2\,\mu\mathrm{m}$; $m_2 - m_1 = 0 \Rightarrow \sin\alpha_0 = 0{,}75 \Rightarrow \alpha_0 = 48{,}6°$, unabhängig von λ. Bei einer Wellenlänge $\lambda = 0{,}5\,\mu\mathrm{m}$ erhalten wir mit $m_2 - m_1 = +1$ für α_1: $\sin\alpha_1 = 0{,}25$ $\Rightarrow \alpha_1 = 14{,}5°$. Für $m_2 - m_1 = -1$ würde $\sin\alpha_1 = 1{,}25$, d. h. hier gibt es keine Beugungsordnung.

Bei einer Stufenhöhe von $h = 1\,\mu m$ gilt:
Für $m_2 - m_1 = 1 \Rightarrow \alpha_1 = 0$.
Für $m_2 - m_1 = -1 \Rightarrow \alpha_1 = 90°$.
Es gibt für dieses Beispiel also eine nicht abgelenkte Teilwelle und eine, die um 30° abgelenkt wird.

Man sieht an diesem Beispiel, dass man die Richtung des einfallenden Lichtes, weitgehend unabhängig von der Wellenlänge, um den Winkel

$$\alpha_0 = \arcsin\left(\frac{2(n-1)h}{d}\right),$$

der von der Gitterkonstante d und der Stufenhöhe h abhängt, ablenken kann. Da der Brechungsindex n von λ abhängt, ist noch eine schwache Abhängigkeit von λ vorhanden.

Die Platte lässt sich auch wie in Abb. 12.31b mit einem ansteigenden Stufenprofil strukturieren. Nach Verlassen der Platte ist die Phasenebene gegenüber der einfallenden ebenen Welle um einen Winkel α geneigt, der dadurch bestimmt ist, dass die optische Wegdifferenz $n \cdot h$ zwischen zwei Stufen in der Platte gerade kompensiert wird durch eine entsprechende Wegdifferenz $\Delta s = b \cdot \sin\alpha$ hinter der Platte. Die nullte Interferenzordnung tritt deshalb auf für

$$n \cdot h - b \cdot \sin\alpha_0 = 0 \Rightarrow \sin\alpha_0 = n \cdot h/b\,. \qquad (12.35)$$

BEISPIEL

$n = 1{,}5$, $h = 0{,}2\,\mu m$, $b = 1\,\mu m \Rightarrow \sin\alpha_0 = 0{,}30 \Rightarrow \alpha_0 = 17{,}5°$.

Man beachte, dass hier auch für die nullte Ordnung wegen der wellenlängenabhängigen Brechzahl $n(\lambda)$ der Ablenkwinkel, wie beim Prisma, von der Wellenlänge λ abhängt. Diese Abhängigkeit ist jedoch für die nullte Ordnung wesentlich schwächer als für höhere Ordnungen. Für die m-te Interferenzordnung gilt:

$$n \cdot h - b \cdot \sin\alpha = \pm m \cdot \lambda$$
$$\Rightarrow \sin\alpha = (n \cdot h \mp m \cdot \lambda)/b\,. \qquad (12.36)$$

Für unser obiges Beispiel erscheinen die beiden ersten Ordnungen für Licht mit $\lambda = 500\,\text{nm}$ dann unter den Winkeln $\alpha_1(m = +1) = -11{,}5°$; $\alpha_2(m = -1) = +53°$.

Paralleles Licht, das auf eine solche Stufenplatte fällt, wird also in mehrere Teilstrahlen aufgespalten, deren Ablenkwinkel durch (12.36) bestimmt sind. Wie viele solcher Teilstrahlen gebildet werden, hängt von der Breite b der Stufen ab. Da an jeder Stufe das Licht gebeugt wird, ist der Winkelbereich, unter dem Licht überhaupt nur emittiert werden kann, durch $\sin\alpha \le q\lambda/b$ beschränkt.

BEISPIEL

Für $b = 1\,\mu m$ und $\lambda = 0{,}5\,\mu m$ wird der Winkelbereich auf $|\alpha| < 30°$ beschränkt, d. h. die gesamte Intensität wird auf die Interferenzordnung mit $m = 0$ und $m = +1$ beschränkt. In diesem Fall werden also außer der nullten Interferenzordnung nur noch die erste Ordnung mit $m = +1$ erscheinen, d. h. der auftreffende Strahl wird in 2 Teilstrahlen aufgespalten. Wählt man h und b kleiner, so kann man mehr Teilstrahlen erhalten.

12.6.2 Fresnel-Linse und Linsenarrays

Als zweites Beispiel soll eine Fresnel-Linse besprochen werden, die wie eine Fresnelsche Zonenplatte (Abschn. 10.6.2) wirkt.

Auf die Oberfläche einer kreisförmigen durchsichtigen Glasplatte werden wieder Rinnen der Tiefe h geätzt, die jetzt jedoch nicht parallele Streifen sondern Kreisringe sind, die als Fresnelzonen dienen (Abb. 12.32). Soll für eine einfallende ebene Welle die Differenz der optischen Wege zu dem Punkt P für zwei aufeinander folgende Ringzonen $\Delta s = \lambda/2$ sein, so folgt für die

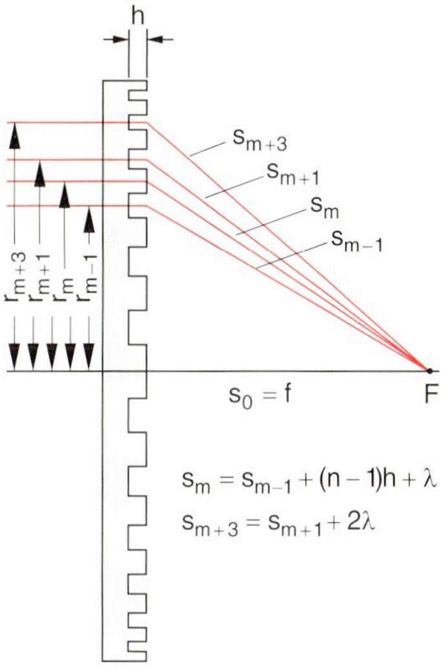

Abb. 12.32. Glasplatte mit ringförmigen Rinnen als Fresnellinse

Radien r_m der Zonen

$$r_m^2 = s_m^2 - s_0^2 = (s_0 + m \cdot \lambda/2)^2 - s_0^2 \approx s_0 \cdot m \cdot \lambda$$

für $s_0 \gg m \cdot \lambda$. Wir erhalten also für den Radius der m-ten Zone wie in (10.65)

$$r_m = \sqrt{m \cdot s_0 \cdot \lambda}\,. \tag{12.37}$$

Die Fläche jeder Zone

$$F = \pi\left(r_{m+1}^2 - r_m^2\right) = \pi \cdot s_0 \cdot \lambda \tag{12.38}$$

ist unabhängig von m und deshalb für jede Zone gleich.

Für die Stegringzonen ist dann die Wegdifferenz zur benachbarten Rinnenringzone:

$$\Delta s(m) - \Delta s(m+1) = (n-1) \cdot h - \lambda/2\,.$$

Macht man die Höhe h der Stege so, dass $(n-1) \cdot h = \lambda/2$ ist, so sind alle Teilwellen im Punkte F im Abstand s_0 von der Platte in Phase und interferieren konstruktiv. Diese Zonenplatte wirkt also wie eine Linse mit der Brennweite

$$\boxed{f = s_0 = r_1^2/\lambda}\,, \tag{12.39}$$

die von der Wellenlänge λ und vom Radius r_1 der 1. Fresnelzone abhängt.

Man beachte:

Bei der im Abschn. 10.6.2 behandelten Fresnelzonenplatte mit abwechselnden durchsichtigen und undurchsichtigen Zonen mussten die Zonen mit destruktiver Interferenz abgedeckt werden. Man verliert dadurch die Hälfte der Intensität. Hier wird dagegen durch die Phasenmodulation in der Glasplatte die destruktive in eine konstruktive Interferenz umgewandelt.

Man sieht, dass diese Fresnellinse eine Brennweite hat, die mit wachsender Wellenlänge sinkt, gerade entgegengesetzt zu refraktiven Linsen. Auch eine Beugungsanordnung mit gleichen Strukturen, wie z. B. in Abb. 12.31, hat einen Beugungswinkel, der proportional zu λ ist, d. h. die Ablenkung von blauem Licht ist kleiner als für rotes Licht. Eine geeignete Kombination aus refraktiver und diffraktiver Linse kann daher ein achromatisches Linsensystem ergeben (Abb. 12.33).

Der große Vorteil der diffraktiven Linsen liegt in der Möglichkeit der billigen Massenherstellung mithilfe von Ätzverfahren, die in der Mikroelektronik für die Strukturierung von Chips seit langem gebräuchlich sind. Das langwierige Schleifen der Linsen fällt weg. Durch geeignete Formgebung der Ätzstruktur kann man die verschiedensten Formen der Abbildung erhalten, weil ja die Amplitudenverteilung der Lichtwelle in der Bildebene durch die Fouriertransformierte der Amplitudenverteilung (einschließlich Phase!) in der Beugungsebene bestimmt wird (siehe Abschn. 10.8).

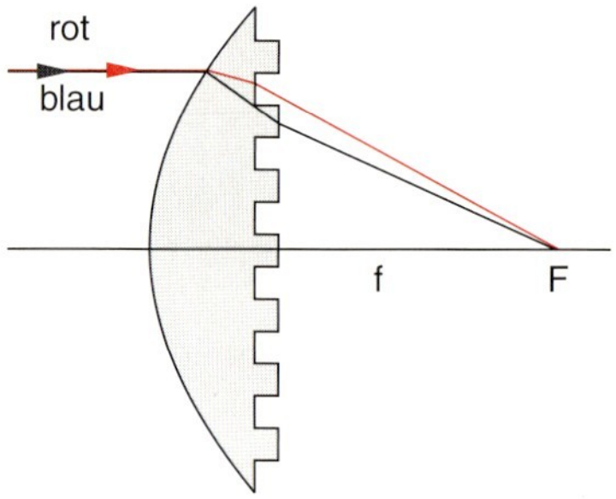

Abb. 12.33. Kombination einer refraktiven und einer diffraktiven Linse zu einem Achromat

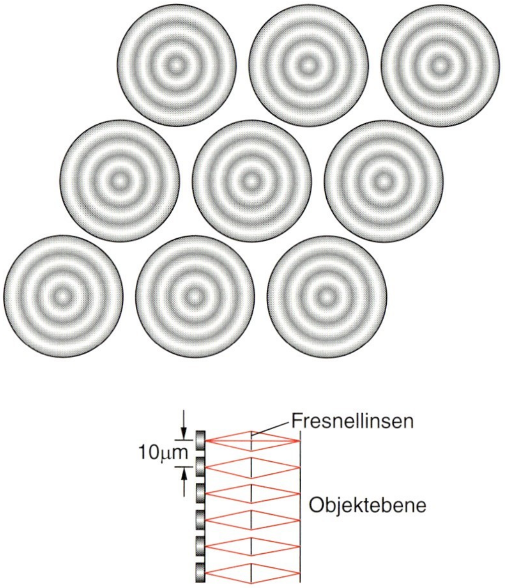

Abb. 12.34. Zweidimensionales Array kleiner Fresnellinsen zur gleichzeitigen Abbildung vieler Objektbereiche ohne Abbildungsfehler auf ein Photodioden-Array in der Bildebene

Durch eine vorher berechnete geeignete Strukturierung der Oberfläche kann man Abbildungsfehler minimieren. Durchmesser und Brennweite solcher Fresnellinsen können sehr klein gemacht werden (z. B. < 1 mm), so dass sie für Abbildungsoptiken in Endoskopen (dies sind Lichtleitfasersysteme, die für medizinische Untersuchungen in den Körper eingeführt werden können) verwendbar sind.

Man kann ein ganzes Array vieler solcher Fresnellinsen auf einer Glasplatte strukturieren (Abb. 12.34), sodass man jetzt viele Einzelbereiche in der Gegenstandsebene parallel abbilden kann. Stellt man in die Bildebene ein Photodiodenarray, so registriert jede Diode dieses Arrays getrennt einen spezifischen Objektbereich. Da sowohl Fresnellinsen als auch Photodiodenarray in integrierter Technik herstellbar sind, kann der gesamte Produktionsprozess für Abbildungssystem und Detektionseinheit kostengünstig optimiert werden [12.15, 16].

12.6.3 Herstellung diffraktiver Optik

Ein wichtiges Verfahren zur Herstellung von Mikrostrukturen ist die Lithographie. Zuerst wird von einer Vorlage ein stark verkleinertes Bild in einer Photoschicht durch optische Abbildung mit UV-Licht erzeugt. An den belichteten Stellen wird (nach Entwicklung) die Photoschicht geschwärzt. Diese Schicht mit entsprechend der Vorlage ortsabhängigen Transmissionen wird als „Maske" verwendet, die auf eine dünne Photoschicht aufgelegt wird (Abb. 12.35). Durch Beleuchtung des Photolackes durch die Maske hindurch wird dieser an den belichteten Stellen chemisch so verändert, dass er dort durch chemische Reagenzien entfernt werden kann.An diesen Stellen liegt das Substrat frei, sodass dort die gewünschten Strukturen (z. B. die Ringzonen einer Fresnellinse) eingeätzt werden können.

Außer durch verkleinerte photographische Reproduktion einer Vorlage kann die Maske auch durch einen Elektronenstrahl erzeugt werden, der über die Maskenfläche gerastert wird und dort die gewünschten Mikrostrukturen „schreibt".

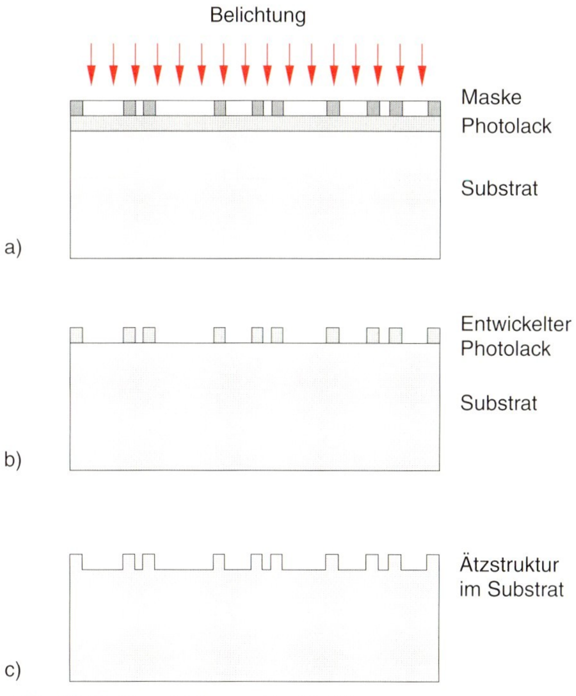

Abb. 12.35. Zum Lithographie-Verfahren

12.6.4 Refraktive Mikrooptik

Außer der diffraktiven Optik können auch Mikrolinsen hergestellt werden, welche wie in der Makrooptik die Brechung zur Abbildung verwenden. Hier lassen sich zwei Klassen von Mikrolinsen unterscheiden:

a) solche mit einer vorgegebenen Oberflächenform, die zur Abbildung von Lichtbündeln führt,
b) solche mit einem Brechungsindexgradienten, die also aus einem nichthomogenen Material hergestellt wurden.

Refraktive Mikrolinsen können z. B. durch das in Abb. 12.36 dargestellte Verfahren hergestellt werden.

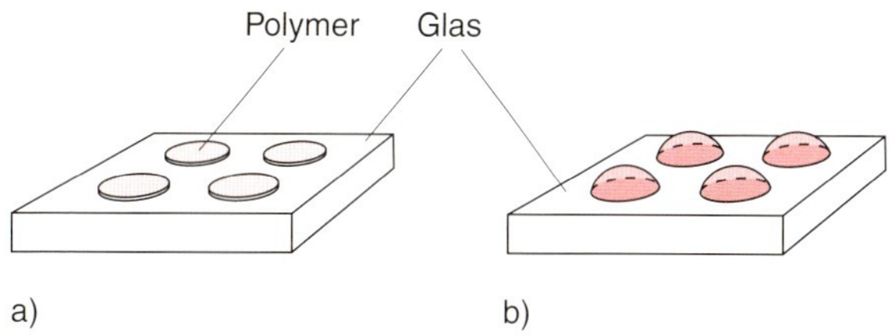

Abb. 12.36. Fabrikation von Mikrolinsen aus Plastik durch Erhitzen und Schmelzen von Mikrozylindern, die lithographisch auf einem Glassubstrat hergestellt deponiert wurden

Mithilfe lithographischer Verfahren werden Mikrozylinder aus Plastik mit Durchmesser D und Höhe h auf einer Glasunterlage gemacht. Erhitzt man sie über ihre Schmelztemperatur, so entsteht flüssiges Material, das aufgrund der Oberflächenspannung eine Form mit minimaler Oberfläche bei gleichem Volumen annimmt. Dies ist eine Kugelkappe, deren Krümmungsradius von D und h abhängt. Durch geeignete Wahl der Zylinderdimensionen kann man daher den Krümmungsradius R der Mikrolinsen, und damit ihre Brennweite

$$f = R/(n-1)$$

bestimmen.

Wenn man Zylinder mit radialem Brechzahlprofil $n(r)$ herstellen kann (dies wird erreicht durch gezielte Diffusion von Fremdatomen in das Plastikmaterial), so wirken bereits die Zylinder als Linsen. Die Durchmesser der Linsen liegen zwischen $5\,\mu\text{m}$–$500\,\mu\text{m}$, ihre Brennweiten zwischen $50\,\mu\text{m}$ und einigen Millimetern.

12.7 Optische Wellenleiter und integrierte Optik

Die integrierte Optik benutzt die für integrierte elektronische Schaltungen entwickelte Technik der Realisierung von Strukturen im Mikrometer- und Submikrometerbereich auf der Oberfläche oder im Inneren eines Trägermaterials, um Licht in winzigen Wellenleitern zu führen, zu modulieren, umzulenken, oder in benachbarte Wellenleiter einzukoppeln. Auf diese Weise kann ein optisches Eingangssignal strukturiert, kodiert oder verändert werden, oder auch auf viele Ausgangskanäle verteilt werden.

12.7.1 Lichtausbreitung in optischen Wellenleitern

Wesentliche Grundlagen der integrierten Optik beruhen auf der bereits in Abschn. 7.9 diskutierten Ausbreitung von Wellen in Wellenleitern. In der integrierten Optik sind solche Leitern jedoch nicht Hohlleiter mit elektrisch leitenden Wänden, wie in Abb. 7.25, sondern Streifen oder Rechteckkanäle aus durchsichtigem d. h. elektrisch nicht leitendem Material, dessen Brechungsindex größer ist als der der Umgebung, sodass die Lichtwelle durch Totalreflexion im Wellenleiter geführt wird [12.26].

Alle Wellen, die sich im Wellenleiter mit Brechungsindex n ausbreiten, müssen die Wellengleichung (siehe Abschn. 7.1)

$$\Delta \boldsymbol{E} = \frac{n^2}{c^2}\frac{\partial^2 \boldsymbol{E}}{\partial t^2} \tag{12.40}$$

erfüllen. Die Auswahl spezieller Lösungen wird durch die Randbedingungen bestimmt, die von den Dimensionen des Wellenleiters und den Brechungsindizes n_i von Wellenleiter und umgebendem Medium abhängen.

Betrachten wir als Beispiel einen planaren Wellenleiter zwischen den Ebenen $x = 0$ und $x = a$ mit dem Brechungsindex n_2 zwischen zwei Medien mit n_1 und n_3 (Abb. 12.37), der in y-Richtung unendlich ausgedehnt sei. Für eine TE-Welle (siehe Abschn. 7.9), deren Wellenvektor $\boldsymbol{k}$ den Winkel ϑ gegen die z-Richtung hat, erhalten wir

$$E(x, y, z, t) = E_y(x)\,\mathrm{e}^{\mathrm{i}(\omega t - \beta z)} \tag{12.41}$$

mit der Ausbreitungskonstanten $\beta = k \cdot n_2 \cos\vartheta$ und $k = \omega/c$, wobei die nur von x abhängige Amplitude $E_y(x)$ in den drei Bereichen durch die Ausdrücke

$$E_y(x) = \begin{cases} A \cdot \mathrm{e}^{px} & \text{für } x \le 0\,, \\ B \cdot \cos(hx) + C \cdot \sin(hx) & \text{für } 0 \le x \le a\,, \\ D \cdot \mathrm{e}^{-q(x-a)} & \text{für } x \ge a \end{cases} \tag{12.42}$$

gegeben ist, wie man durch Einsetzen in (12.40) für die drei Bereiche nachprüfen kann.

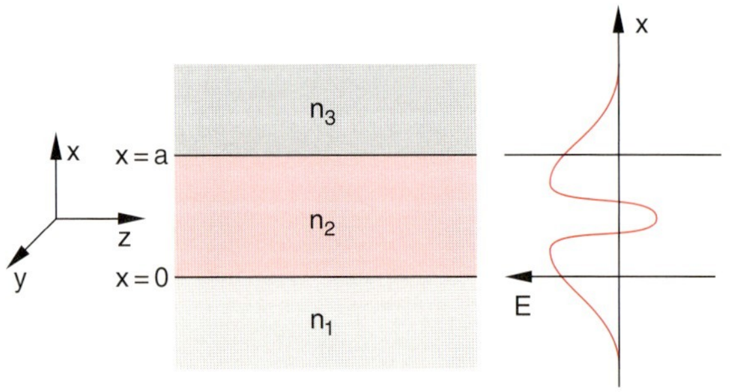

Abb. 12.37. Planarer Wellenleiter als Schicht mit Brechungsindex n_2 zwischen Bereichen mit n_1 und n_3

Aus der Stetigkeitsbedingung für $E_y(x)$ bei $x=0$ und $x=a$ folgt sofort: $B=A$ und $D=B\cdot\cos(ha)+C\cdot\sin(ha)$. Fordert man auch noch, dass $\partial E_y/\partial x$ stetig ist, so erhält man für $x=0$: $A\cdot p=C\cdot h$, sodass man alle Amplituden durch A ausdrücken kann. Es ergibt sich damit:

$$E_y(x) = \begin{cases} A\cdot e^{px} & \text{für } x\le 0\,, \\ A\cdot[\cos(hx)+\frac{p}{h}\sin(hx)] & \text{für } 0\le x\le a\,, \\ A\cdot[\cos(ha)+\frac{p}{h}\sin(ha)]\,e^{-q(x-a)} & \text{für } x\ge a\,. \end{cases} \tag{12.43}$$

Einsetzen von (12.42) in die Wellengleichung (12.40) liefert:

$$\begin{aligned} p &= \sqrt{\beta^2-n_1^2k^2}\,, \\ h &= \sqrt{n_2^2k^2-\beta^2}\,, \\ q &= \sqrt{\beta^2-n_3^2k^2}\,. \end{aligned} \tag{12.44}$$

Alle Größen q, h, p können also durch die Wellenzahl $k=\omega/c$ und den Parameter $\beta=k\cdot n_2\cdot\cos\vartheta$ angegeben werden, der die Ausbreitungskonstante in z-Richtung angibt.

Aus der Stetigkeit von $\partial E_y/\partial x$ für $x=a$ ergibt sich aus (12.43) die zusätzliche Bedingung:

$$\begin{aligned} &-h\sin(ha)-(q/h)\cos(ha) \\ &\quad = -p[\cos(ha)+(q/h)\sin(ha)]\,, \end{aligned}$$

aus der man

$$\tan(ha) = -\frac{p+q}{h(1-qp/h^2)} \tag{12.45}$$

erhält. Dies stellt zusätzlich zu (12.43) eine Verknüpfung der Größen h, p, q dar und ergibt, dass nicht beliebige Werte des Ausbreitungsparameters β erlaubt sind, sondern nur diskrete Werte β_m, welche die erlaubten Ausbreitungsmoden der im Wellenleiter geführten Welle ergeben.

Man sieht aus (12.42), dass die Welle durchaus auch in die angrenzenden Bereiche eindringt. Ihre Amplitude klingt dort jedoch exponentiell ab.

Die Frage ist nun: Welche Ausbreitungsmoden können bei vorgegebener Wellenlänge λ und Dicke a des planaren Wellenleiters noch im Wellenleiter geführt werden, ohne dass sie diesen verlassen? Dies wird vom Unterschied der Brechungsindizes $\Delta n=n_2-n_1$ bzw. n_2-n_3 abhängen.

In der Praxis sind symmetrische Wellenleiter mit $n_1=n_3=n$ wichtig. Für sie gilt daher $\Delta n=n_2-n$. Aus (12.42) sieht man, dass für $q=p=0$ die Welle in die angrenzenden Bereiche entweichen kann, da sie dann dort konstante Amplituden haben würde.

Dann folgt aber aus (12.44) $\beta=n_1k=n_3k$. Setzt man dies in (12.45) ein, so ergibt sich für den symmetrischen planaren Wellenleiter die Grenzbedingung

$$\tan(ha)=0 \Rightarrow ha=m_s\pi\,. \tag{12.46}$$

Für den Koeffizienten h ergibt die Bedingung (12.46) wegen

$$\begin{aligned} h &= \sqrt{n_2^2k^2-\beta^2} = k\sqrt{n_2^2-n^2} \\ &= \frac{2\pi}{\lambda}\sqrt{n_2^2-n^2} \end{aligned} \tag{12.47}$$

$$\frac{a}{\lambda/2} = m_s\sqrt{n_2^2-n^2}\,. \tag{12.48}$$

Die ganze Zahl m_s gibt also im Wesentlichen das Verhältnis von Wellenleiterbreite a zur halben Wellenlänge λ an. Setzt man (12.31) in (12.46) ein, so ergibt sich wegen $n_2^2-n^2=(n_2-n)\cdot(n_2+n)$ die minimale Brechzahldifferenz

$$\Delta n = n_2-n > \frac{m_s^2\lambda^2}{4a^2(n_2+n)}\,, \tag{12.49}$$

die notwendig ist, um die Mode mit dem Modenparameter m_s noch im symmetrischen Wellenleiter führen zu können.

Aus der Grenzbedingung (12.49) lässt sich entweder bei vorgegebener Wellenlänge λ und Modenparameter m_s die minimale Brechzahldifferenz Δn berechnen oder bei vorgegebenen Δn und λ die maximale Modenzahl m_s, die noch im Wellenleiter geführt werden kann.

BEISPIELE

1. $m_s=0 \Rightarrow h=0 \Rightarrow \beta=n_2k$, d. h. $\vartheta=0$. Der Wellenvektor zeigt in z-Richtung, die Welle läuft also parallel zur Grenzfläche. Es gibt hier keine Grenzwellenlänge λ, jedoch wird mit zunehmenden Werten von λ/a ein immer größerer Teil der Wellenenergie außerhalb des Wellenleiters transportiert (Abb. 12.38).
2. $m_s=1$, $\lambda=600\,\text{nm}$, $a=2\,\mu\text{m}$, $n=1{,}5 \Rightarrow \Delta n\ge 0{,}0075 \Rightarrow n_2=1{,}5075$, d. h. es genügt bereits eine relative Differenz $\Delta n/n=5\cdot10^{-3}$, um die Mode

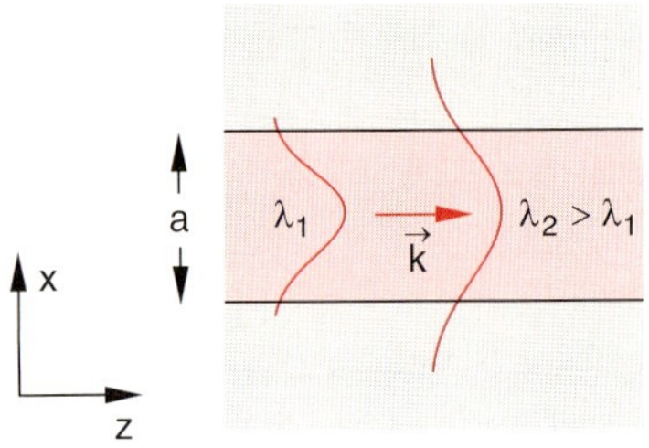

Abb. 12.38. Amplitudenverlauf $E(x)$ der tiefsten TE-Mode mit $m_s = 0$ für zwei verschiedene Wellenlängen $\lambda_1 < a/2$ und $\lambda_2 > a/2$

mit $m_s = 1$ im Wellenleiter der Dicke $a = 2\,\mu$m zu führen. Aus (12.44) erhält man mit $\vartheta = 0°$

$$p = \sqrt{\beta^2 - n^2k^2} = k\sqrt{n_2^2 - n^2} = \frac{2\pi}{\lambda}\sqrt{0{,}0215} \approx \frac{0{,}9}{\lambda}$$

$$\Rightarrow E_y(x<0) = A\cdot \mathrm{e}^{-0{,}9\,x\lambda} \Rightarrow I \propto |E_y|^2 = A^2\mathrm{e}^{-1{,}8x/\lambda}.$$

Die Eindringtiefe in die Umgebung des Wellenleiters ist also etwa eine halbe Wellenlänge, d. h. nach $x = \lambda/2$ ist die Amplitude auf 1/e abgeklungen.

In diesem Falle wird die Ausbreitungsgeschwindigkeit der Welle nicht nur durch den Brechungsindex n_2 des Wellenleiters, sondern auch durch den des umgebenden Mediums mitbestimmt. Man führt deshalb einen effektiven Brechungsindex n_{eff} ein, der dies berücksichtigt, sodass der Ausbreitungsparameter $\beta = k\cdot n_{\text{eff}}\cdot\cos\vartheta$ wird.

Die planaren Wellenleiter, bei denen die Welle nur in x-Richtung eingeschränkt ist, sind nur ein Spezialfall der allgemeinen Wellenleiter mit rechteckigem Querschnitt, bei denen die Welle in x- und y-Richtung beschränkt wird. Mögliche technische Realisierungen sind in Abb. 12.39 gezeigt. So kann z. B. mit Ätzverfahren ein Graben der Tiefe $2d$ und Breite $2a$ in einem Material mit Brechzahl n_1 erzeugt werden, der dann (z. B. durch Aufdampfen) durch Material mit Brechungsindex n_2 aufgefüllt wird (Abb. 12.39a). Man kann auch umgekehrt auf eine ebene Unterlage über entsprechende Masken einen Steg aufbringen, der dann unten an den Träger mit n_1 und sonst an Luft ($n_3 = 1$) angrenzt.

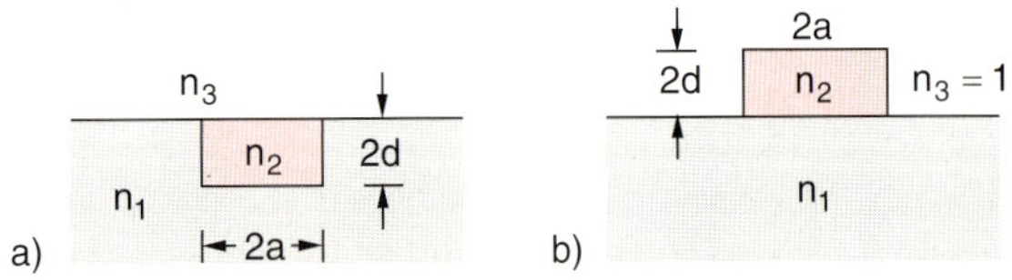

Abb. 12.39a,b. Zwei mögliche Realisierungen dielektrischer Streifenleiter (**a**) eingekettet, (**b**) aufgesetzt

12.7.2 Lichtmodulation

Wird ein Dielektrum in ein elektrisches Feld gebracht, so ändert sich sein Brechungsindex. Darauf basieren elektro-optische Modulatoren für Wellenleiter. Der Wellenleiter mit Dicke a und Brechzahl n_2 möge auf ein Substrat mit Brechzahl n_3 aufgebracht sein. Legt man jetzt zwischen zwei Elektroden eine elektrische Spannung U (Abb. 12.40), so ändert sich der Brechungsindex n_2. Hat das Substrat eine von null verschiedene elektrische Leitfähigkeit, so fällt praktisch die gesamte Spannung über dem nichtleitenden Wellenleiter ab, und die elektrische Feldstärke ist $|\boldsymbol{E}| = U/a$.

Die Änderung des Brechungsindex ist (wie hier nicht hergeleitet werden soll)

$$\Delta n_{\text{EO}} = n_2^3\cdot\alpha_{\text{E}}\cdot U/a\,, \tag{12.50}$$

wobei α_{E} ein Faktor ist, der von der elektrischen Polarisierbarkeit des Materials im Wellenleiter abhängt.

Werden die Brechzahlen n_2 und n_3 so gewählt, dass ohne elektrisches Feld die Bedingung (12.49) für $m_s = 0$ erfüllt ist, aber nicht mehr für $m_s = 1$, so wird ohne angelegtes Feld die Wellenleitermode $m_s = 1$ nicht im Wellenleiter transportiert.

Durch die Erhöhung der Differenz

$$\Delta n = n_2 + \Delta n_{\text{EO}} - n_3 \tag{12.51}$$

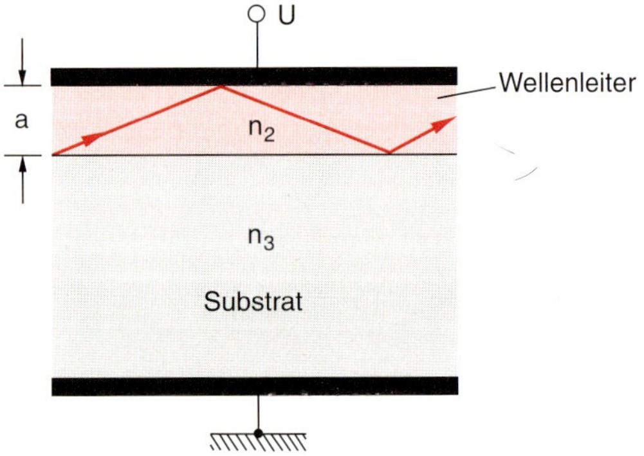

Abb. 12.40. Zur elektrooptischen Modulation eines Wellenleiters

kann die Bedingung (12.49) dann auch für $m_s = 1$ erfüllt werden, d. h. diese Wellenleitermode kann durch das angelegte elektrische Feld ein- und ausgeschaltet werden.

12.7.3 Kopplung zwischen benachbarten Wellenleitern

Werden zwei Wellenleiter durch eine dünne Trennschicht mit Brechzahl n_2 voneinander getrennt, so kann eine Welle, die in den Wellenleiter 1 eingekoppelt wurde und in z-Richtung propagiert, sich mit exponentiell abnehmender Amplitude bis in den Wellenleiter 2 erstrecken. Ein Teil der Energie wird dadurch vom Wellenleiter 1 in den benachbarten Wellenleiter 2 eingekoppelt. Für die Amplituden A_1 und A_2 der Wellen gilt dann:

$$\frac{\mathrm{d}A_1(z)}{\mathrm{d}z} = -\mathrm{i}\beta_1 A_1 + \mathrm{i}\kappa_{12} A_2(z)\,, \tag{12.52a}$$

$$\frac{\mathrm{d}A_2(z)}{\mathrm{d}z} = -\mathrm{i}\beta_2 A_2 + \mathrm{i}\kappa_{21} A_1(z)\,, \tag{12.52b}$$

wobei $\beta = n_2 \cos\vartheta$ der Ausbreitungsparameter und κ der Koppelkoeffizient ist. Wenn beide Wellenleiter gleiche Dimensionen haben, ist $\beta_1 = \beta_2 = \beta$ und $\kappa_{12} = \kappa_{21} = \kappa$.

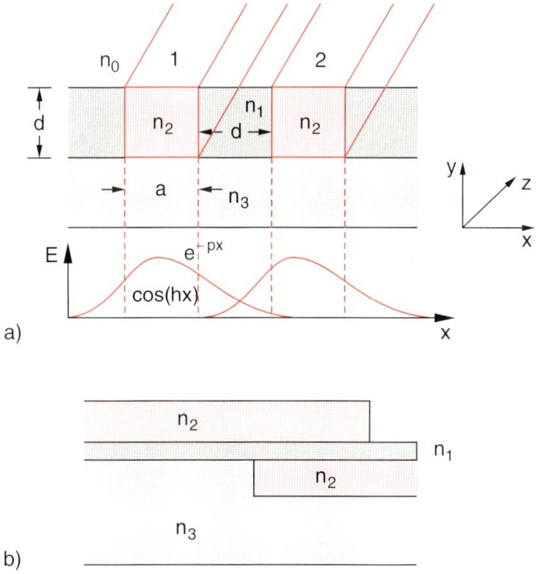

Abb. 12.41a,b. Kopplung zweier benachbarter Wellenleiter durch sich überlappende Feldverteilungen

Mit der Anfangsbedingung $A_1(0) = 1$, $A_2(0) = 0$ erhält man als Lösungen von (12.52)

$$A_1(z) = \cos(\kappa z)\cdot \mathrm{e}^{\mathrm{i}\beta z}\,, \tag{12.53a}$$

$$A_2(z) = -\mathrm{i}\sin(\kappa z)\cdot \mathrm{e}^{\mathrm{i}\beta z}\,, \tag{12.53b}$$

sodass man für die Lichtleistung in den Wellenleitern

$$P_1(z) \propto A_1 \cdot A_1^* = \cos^2(\kappa z) \tag{12.54a}$$

$$P_2(z) \propto A_2 \cdot A_2^* = \sin^2(\kappa z) \tag{12.54b}$$

bekommt. Man sieht also, dass die Energie zwischen beiden Wellenleitern hin- und her oszilliert. Nach der Länge $z_1 = \pi/(2\kappa)$ ist sie vollständig von 1 nach 2 übergegangen, nach $z_2 = \pi/\kappa$ wieder zurück nach 1.

Macht man also die Koppellänge gerade gleich z_1, so kann man die Lichtenergie vollständig von 1 nach 2 überkoppeln. Macht man $z = \pi/(4\kappa)$, so wird gerade die halbe Energie von 1 nach 2 übertragen.

Anmerkung

Das Problem ist völlig analog zu dem zweier gekoppelter Pendel (Bd. 1, Abschn. 11.8).

Berücksichtigt man noch andere Verluste der Welle außer den Koppelverlusten (z. B. durch Absorption im Wellenleiter), so muss man, genau wie in der klassischen Optik (siehe Abschn. 8.2), einen komplexen Brechungsindex einführen und erhält dann für den Ausbreitungsparameter $\beta = kn_2 \cdot \cos\vartheta = \beta_r - \mathrm{i}\alpha/2$, sodass die im Wellenleiter geführte Welle gedämpft ist und man statt (12.54) die Gleichungen

$$P_1(z) = \cos^2(\kappa z)\cdot \mathrm{e}^{-\alpha z}$$

$$P_2(z) = \sin^2(\kappa z)\cdot \mathrm{e}^{-\alpha z} \tag{12.55}$$

erhält.

12.7.4 Integrierte optische Elemente

Ihre große technische Bedeutung erhält die integrierte Optik durch den Zusammenschluss von integrierten Lichtquellen in Dünnschichttechnologie (Halbleiterlaser) mit optisch integrierten Elementen (Linsen, Prismen, Wellenleitern), optischen Detektoren und optischen Lichtleitfasern [12.26–28].

Auf diese Weise lassen sich Sender, Kommunikationsleitung und Empfänger in integrierter Technik,

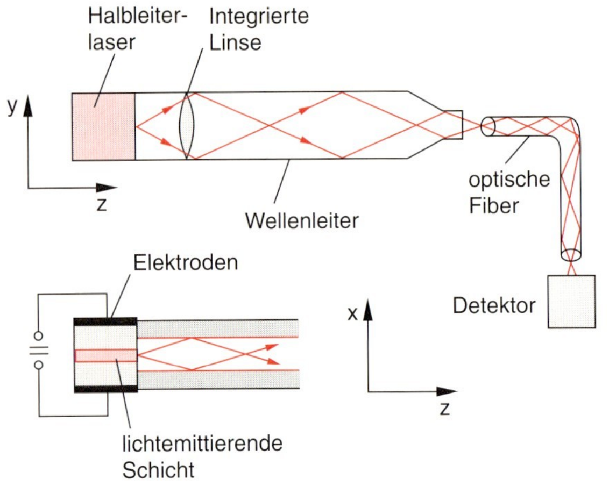

Abb. 12.42. Lichtquelle, Wellenlänge, Optik und optische Fiber mit Detektor in integrierter Bauweise

d. h. klein und kompakt, miteinander verbinden. In Abb. 12.42 sind als Beispiel eine Lichtquelle, eine Linse, ein Wellenleiter und der Detektor in planarer Schichtbauweise schematisch dargestellt. Die Zylinderlinse wird durch ein entsprechendes Gebiet mit anderem Brechungsindex gebildet, der Laser durch einen Schichtaufbau von speziell präparierten Halbleitermaterialien (siehe Bd. 3, Abschn. 8.4 und 14.3). Die Verteilung der Energie auf verschiedene Ausgangskanäle kann dann durch die Kopplung zwischen benachbarten Wellenleitern geschehen, die zusätzlich noch durch elektro-optische Modulatoren gesteuert werden kann.

12.8 Optische Lichtleitfasern

Lichtwellenleiter (in optischen Fibern) sind dünne, flexible Quarzfasern (etwa 100–500 µm Durchmesser), bei denen eine Kernzone (etwa 5–50 µm Durchmesser) einen höheren Brechungsindex hat als der umgebende Mantel (Abb. 12.43). Der Quarzmantel ist mit einer Schutzschicht aus Plastik überzogen, um ihn vor Beschädigungen zu schützen. Typische Werte für den Brechungsindex sind $n_{\text{Kern}} = n_1 = 1{,}48$, $n_{\text{Mantel}} = n_2 = 1{,}46$. Deshalb wird eine Lichtwelle, die im Fiberkern verläuft, dort infolge von Totalreflexion eingefangen, solange der Winkel des Wellenvektors $\boldsymbol{k}$ mit der Grenzschicht klein genug ist (siehe Kap. 8).

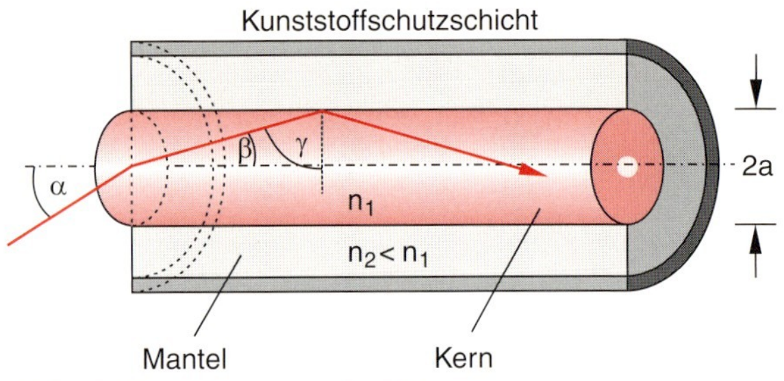

Abb. 12.43. Aufbau einer Lichtleitfaser

Wie im Abschnitt 8.4.6 gezeigt wurde, gilt für den Grenzwinkel γ_g der Totalreflexion $\sin\gamma_g = n_2/n_1$. Wegen $\sin\alpha/\sin\beta = n_1$ folgt dann für den maximalen Akzeptanzwinkel mit $\gamma = 90° - \beta$

$$\begin{aligned}\sin\alpha_a &= n_1 \cdot \sin\beta_g = n_1 \cdot \cos\gamma_g = n_1 \cdot \sqrt{1-\sin^2\gamma_g}\\ &= n_1 \cdot \sqrt{1-(n_2/n_1)^2} = \sqrt{n_1^2 - n_2^2}. \qquad (12.56)\end{aligned}$$

Man nennt diesen Akzeptanzbereich

$$A_N = \sin\alpha_a = \sqrt{n_1^2 - n_2^2} \qquad (12.57)$$

die ***numerische Apertur*** der Fiber.

BEISPIEL

$n_1 = 1{,}48,\ n_2 = 1{,}46 \rightarrow \sin\alpha_{\max} = 0{,}14 \Rightarrow \alpha_{\max} = 8°.$

Die numerische Apertur bestimmt die maximale Lichtleistung, die durch Fokussieren eines Lichtbündels mit Durchmesser d durch eine Linse mit Brennweite f in die Faser eingekoppelt werden kann (Abb. 12.44). Es gilt $d/2f = \tan\alpha_{\max}$.

Selbst bei nicht zu stark gekrümmten Fasern bleibt das Licht im Kern eingeschlossen (Abb. 12.45).

Der radiale Verlauf des Brechungsindex kann verschieden gestaltet werden: Bei der Stufenindexfaser

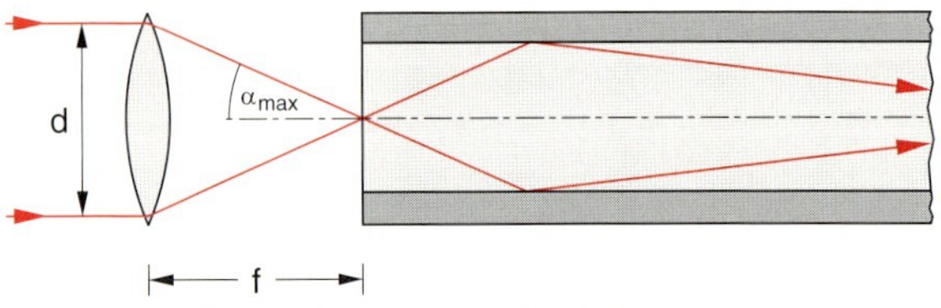

Abb. 12.44. Einkopplung in eine Lichtleitfaser

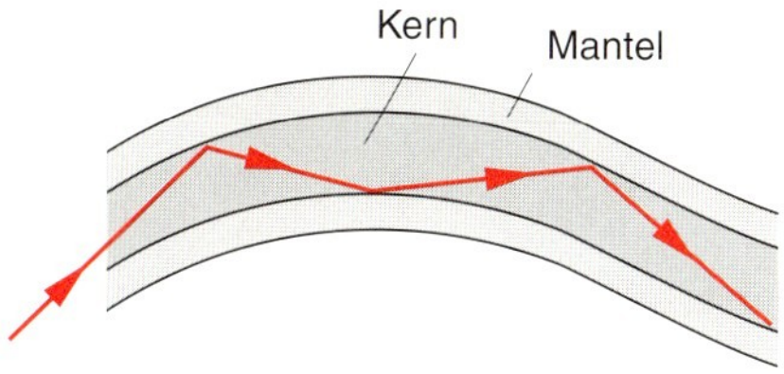

Abb. 12.45. Ausbreitung von Lichtwellen in einem Lichtwellenleiter mit Stufenindexprofil durch Totalreflexion an der Grenzschicht Kern-Mantel

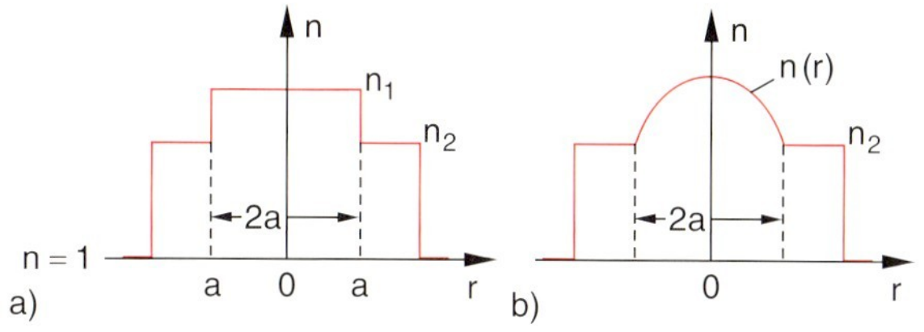

Abb. 12.46a,b. Radiales Brechzahlprofil (**a**) für eine Stufenindexfaser, (**b**) für eine Gradientenfaser

(Abb. 12.46a) ist $n(r)$ im Kern konstant und macht an der Grenze Kern-Mantel einen Sprung. Die Gradientenfaser hat einen Brechzahlverlauf $n(r)$ wie in Abb. 12.46b. Oft hat $n(r)$ im Kern einen quadratischen Verlauf $n(r) = n(0) - b \cdot r^2$.

Dann werden die Lichtstrahlen im Kern gekrümmt (Abb. 12.48b). Der Vorteil der Gradientenfaser ist die geringere Abhängigkeit der Ausbreitungsgeschwindigkeit in der Faser vom Eintrittswinkel α für höhere transversale Moden (siehe weiter unten).

12.8.1 Lichtausbreitung in optischen Lichtleiterfasern

Im Abschn. 7.9 haben wir die Wellenausbreitung in Wellenleitern mit ebenen Wänden behandelt. Ähnlich wie dort hängen auch in Wellenleitern mit kreisförmigen Querschnitt die Ausbreitungseigenschaften von der Indexzahl n der transversalen Moden (Zahl der Knoten entlang des Durchmessers des Wellenleiters) und von den Dimensionen des Leiters ab. So kann sich z. B. in einer Stufenindexfaser mit Kerndurchmesser $2a < \lambda$ nur die transversale Grundmode TEM_{00} mit $n = 1$ ausbreiten (7.47).

Die Ausbreitungsgeschwindigkeit der Welle ist für die verschiedenen transversalen Moden unterschiedlich (Abb. 12.46a). Deshalb werden für die optische Nachrichtenübertragung hauptsächlich „Einmoden"-Fasern verwendet mit $2a \leq \lambda$. In Gradientenindexfasern ist die Dispersion der verschiedenen Moden wesentlich geringer. Wir wollen uns die Strahlausbreitung in solchen Fasern etwas genauer ansehen.

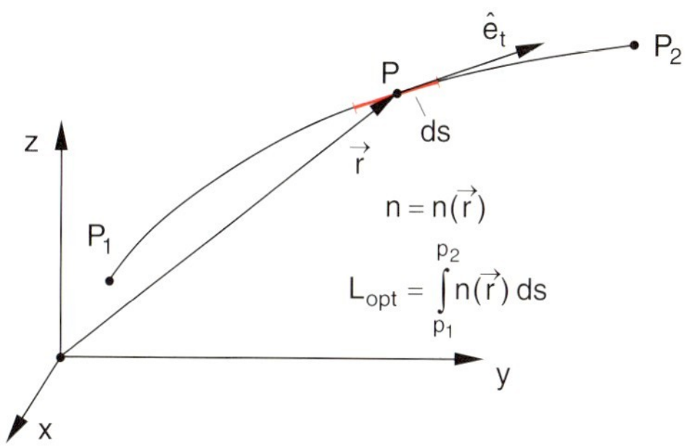

Abb. 12.47. Zum Fermatschen Prinzip für einen Lichtweg in einem Medium mit ortsabhängigen Brechungsindex $n(\boldsymbol{r})$

Nach dem Fermatschen Prinzip (Abschn. 9.1) verläuft der Strahlengang zwischen zwei Punkten P_1 und P_2 immer so, dass die optische Weglänge

$$L_{\text{opt}} = \int_{P_1}^{P_2} n(r)\,\mathrm{d}s = \text{Minimum} \tag{12.58}$$

ein Minimum wird (Abb. 12.47). Mit $\mathrm{d}s = \hat{\boldsymbol{e}}_t \cdot \mathrm{d}\boldsymbol{r} \Rightarrow \mathrm{d}L_{\text{opt}} = n(\boldsymbol{r}) \cdot \hat{\boldsymbol{e}}_t \cdot \mathrm{d}\boldsymbol{r}$, wobei $\hat{\boldsymbol{e}}_t$ der Tangenteneinheitsvektor im Punkte P ist. Andererseits ist $\mathrm{d}L_{\text{opt}} = \textbf{grad}\, L_{\text{opt}} \cdot \mathrm{d}\boldsymbol{r} \quad \Rightarrow \nabla L_{\text{opt}} = n(\boldsymbol{r}) \cdot \hat{\boldsymbol{e}}_t$. Skalare Multiplikation von $\mathrm{d}s = \hat{\boldsymbol{e}}_t \mathrm{d}\boldsymbol{r}$ mit $\hat{\boldsymbol{e}}_t$ ergibt $\hat{\boldsymbol{e}}_t \mathrm{d}s = \mathrm{d}\boldsymbol{r}$, sodass

$$\nabla L_{\text{opt}} = n(\boldsymbol{r}) \cdot \frac{\mathrm{d}\boldsymbol{r}}{\mathrm{d}s} = n(\boldsymbol{r}) \cdot \hat{\boldsymbol{e}}_t \tag{12.59}$$

wird. Differenziert man (12.59) nach dem Kurvenelement $\mathrm{d}s$, so erhält man wegen $\mathrm{d}\hat{\boldsymbol{e}}_t / \mathrm{d}s = 0$

$$\frac{\mathrm{d}}{\mathrm{d}s}\left(n \cdot \frac{\mathrm{d}\boldsymbol{r}}{\mathrm{d}s}\right) = \frac{\mathrm{d}}{\mathrm{d}s}\left(\nabla L_{\text{opt}}\right) = \nabla n(\boldsymbol{r}) \tag{12.60}$$

Für Gradientenindexfasern wird oft ein parabolisches Indexprofil gewählt:

$$\begin{aligned} n(r \leq a) &= n_1 \left(1 - \Delta \left(\frac{r}{a}\right)^2\right) \\ n(r \geq a) &= n_2 \\ \text{mit } \Delta &= (n_1 - n_2)/n_1 \,. \end{aligned} \tag{12.61}$$

Da hier n nur vom Abstand r von der Achse $r = 0$ abhängt, wird $\nabla n = \mathrm{d}n/\mathrm{d}r$ und man erhält aus (12.60) die Gleichung (siehe Aufgabe 12.11)

$$\frac{\mathrm{d}^2 r}{\mathrm{d}z^2} = \frac{1}{n(r)}\frac{\mathrm{d}n}{\mathrm{d}r} \tag{12.62}$$

in Zylinderkoordinaten (r, φ, z).

Einsetzen von (12.61) ergibt für $r \le a$:

$$\frac{\mathrm{d}^2 r}{\mathrm{d}z^2} + \frac{2\Delta}{a^2} r = 0 \tag{12.63}$$

mit der Lösung

$$r(z) = a \sin\left(\frac{\sqrt{2\Delta}}{a}\cdot z\right) . \tag{12.64}$$

Der Strahlenverlauf $r(z)$ in einer Gradientenfaser verläuft also sinusförmig um die Achse $r = 0$ (Abb. 12.46b). Die Periodenlänge ist

$$\Delta z = \Lambda = 2\pi a/\sqrt{2\Delta} . \tag{12.65a}$$

Führen wir die Wellenzahl $K = 2\pi/\Lambda$ ein, so ergibt dies

$$K = \frac{\sqrt{2\Delta}}{a} = \frac{1}{a}\sqrt{2\frac{n_1 - n_2}{n_1}} . \tag{12.65b}$$

Die Geschwindigkeit, mit der sich das Licht entlang der Trajektorie (12.64) ausbreitet, ist

$$\begin{aligned} v_{\mathrm{ph}}(z) &= \frac{c}{n(z)} = \frac{c}{n_1\left(1 - \Delta \sin^2 Kz\right)} \\ &= \frac{c}{n_1\left(1 - \frac{K^2}{2}a^2 \sin^2(Kz)\right)} . \end{aligned} \tag{12.66}$$

v_{ph} variiert also zwischen dem Minimalwert c/n_1 für $K \cdot z = n \cdot \pi$, (der für $r = 0$ angenommem wird) und dem Maximalwert c/n_2 für $K \cdot z = (n + \frac{1}{2}) \cdot \pi$, der für $r = a$ erreicht wird.

Die Ausbreitungsgeschwindigkeit in z-Richtung hängt ab vom Eintrittswinkel α in die Faser. Die mittlere Ausbreitungsgeschwindigkeit in z-Richtung, gemittelt über eine Periode Λ, ist

$$\langle v_z \rangle = \frac{\Lambda}{T} = \frac{\Lambda}{\int_0^{\Lambda} \frac{\mathrm{d}z}{v_{\mathrm{ph}}\cdot\cos\alpha}} \tag{12.67}$$

mit $\tan\alpha = \mathrm{d}r(z)/\mathrm{d}z \Rightarrow \cos\alpha = [1 + (\mathrm{d}r/\mathrm{d}z)^2]^{-1/2}$. Die Ausrechnung (siehe Aufgabe 12.12) ergibt

$$\langle v_z \rangle = \frac{c}{n_1}\left(1 - \left(\frac{\Delta\cdot\alpha}{2\alpha_0}\right)^2\right) , \tag{12.68}$$

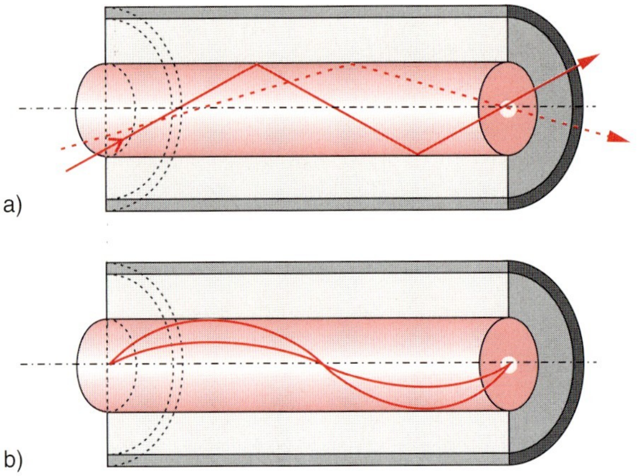

Abb. 12.48a,b. Ausbreitung verschiedener Moden (**a**) in einer Stufenindexfaser, (**b**) in einer Gradientenindexfaser

wobei α der Eintrittswinkel in die Faser ist und $\alpha_0 = (\mathrm{d}r/\mathrm{d}z)_{r=0}\sqrt{2\Delta}$ der Winkel, unter dem die Trajektorie die Achse $r = 0$ in der Faser schneidet.

Man sieht aus (12.68) dass in Gradientenfasern die Lichtlaufzeit durch die Faser wegen $\Delta \ll 1$ wesentlich weniger vom Einfallswinkel α abhängt, als das bei Stufenindexfasern der Fall ist (Abb. 12.48).

12.8.2 Absorption in optischen Fasern

Von besonderer Bedeutung für die optische Signalübertragung durch Lichtleitfasern sind die Verluste, die das Licht beim Durchlaufen der Faser erleidet. Sie werden durch Absorption, Streuung und Leckagen aus dem Kern in den Mantel verursacht und insgesamt als Faserdämpfung bezeichnet.

Ist der relative Leistungsverlust auf dem Teilstück der Länge $\mathrm{d}L$

$$\frac{\mathrm{d}P}{P} = -\kappa \cdot \mathrm{d}L , \tag{12.69}$$

so folgt durch Integration

$$P(L) = P(0) \cdot \mathrm{e}^{-\kappa L} . \tag{12.70}$$

Die transmittierte Leistung nimmt also exponentiell ab mit zunehmender Länge L. Die Dämpfungskonstante

$$\kappa = -\frac{1}{L}\ln\frac{P(L)}{P(0)} \tag{12.71}$$

hängt vom Fibermaterial und der Wellenlänge λ des Lichtes ab. In der Nachrichtentechnik benutzt man meistens den dekadischen Logarithmus und führt den Dämpfungskoeffizienten

$$\alpha = -\frac{10}{L}\log\frac{P(L)}{P(0)} \tag{12.72}$$

mit der Maßeinheit Dezibel pro km Faserlänge ein.

BEISPIEL

Für $\alpha = 0{,}5\,\mathrm{dB/km}$ ist die transmittierte Leistung nach 10 km Länge wegen $P(L)/P(0) = 10^{-0{,}5} = 0{,}316$ auf 31,6% ihres Eingangswertes gesunken. Für $\alpha = 0{,}1\,\mathrm{dB/km}$ (was heute erreichbar ist), sinkt die transmittierte Leistung nach 10 km auf 80%, nach 100 km auf 10%,

In Abb. 12.49 ist die Dämpfungskurve $\alpha(\lambda)$ für eine moderne Quarzfaser dargestellt. Man sieht, dass der Dämpfungskoeffizient ein Minimum hat bei etwa $\lambda = 1{,}5\,\mu\mathrm{m}$. Dies ist auf die Überlagerung mehrerer Effekte zurückzuführen: Der Lichtstreuquerschnitt für die Rayleigh-Streuung ist proportional zu $1/\lambda^4$, steigt also steil an mit sinkender Wellenlänge (siehe Abschn. 8.2). Die Absorption wird im Wesentlichen durch den kurzwelligen Teil der Infrarotabsorption bewirkt, die infolge der Anregung von Schwingungen der Atome im Fasermaterial durch die Lichtwelle verursacht wird. Sie wird deshalb mit zunehmender Wellenlänge größer. Verunreinigungen im Quarz führen zu besonders großen Streu- und Absorptionsverlusten, wobei vor allem OH-Radikale bei $\lambda = 1{,}4\,\mu\mathrm{m}$ eine starke Absorption haben. Deshalb muss man extrem reine Materialien verwenden. Bei kürzeren Wellenlängen sind auch die langwelligen Ausläufer der Ultraviolettabsorption nicht mehr zu vernachlässigen, die durch die Anregung der Atomelektronen verursacht wird.

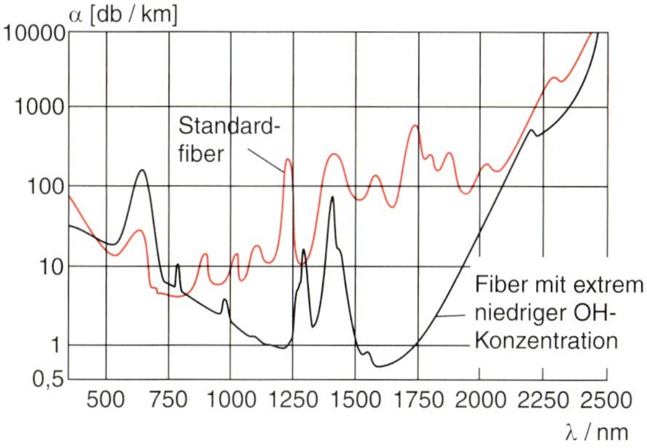

Abb. 12.49. Dämpfungsverluste $\alpha(\lambda)$ für eine Standardfiber, die geringe Konzentrationen von Verunreinigungen enthält (rote Kurve) und für eine Spezialfiber mit besonders niedrigem OH-Gehalt

12.8.3 Pulsausbreitung in Fasern

Für die Ausbreitung optischer Signale in Fasern spielt nicht nur die Dämpfung eine Rolle, sondern auch alle Effekte, welche die Form der Pulse verändern. Von großer Bedeutung ist dabei die Dispersion der Faser. Sie hat zwei Ursachen: Die verschiedenen Ausbreitungsformen der Wellen in einer Faser (Abb. 12.48) haben verschiedenen Geschwindigkeiten (Modendispersion, siehe (7.47)). Außerdem trägt die Wellenlängenabhängigkeit des Brechungsindex $n(\lambda)$ zur Dispersion von Signalen bei, die einen bestimmten Wellenlängenbereich enthalten. Dies sieht man wie folgt: Ein kurzer Lichtpuls der Dauer Δt kann als eine Überlagerung unendlich vieler monochromatischer Wellen mit Frequenzen $\nu = c/\lambda$ im Bereich $\nu_0 \pm \Delta\nu/2$ aufgefasst werden. Die Frequenzbreite $\Delta\nu$ ist nach dem Fouriertheorem mit der Zeitdauer Δt des Pulses durch $\Delta\nu \approx 1/\Delta t$ verknüpft. Wegen der Dispersion $n(\nu)$ hängt die Phasengeschwindigkeit $c' = c/n(\nu)$ der Teilwellen von ihrer Frequenz ν ab, d. h. die relativen Phasen der Teilwellen verschieben sich daher beim Durchlaufen der Faser. Dies führt zu einer Verbreiterung des Pulses und begrenzt die minimale Zeit zwischen

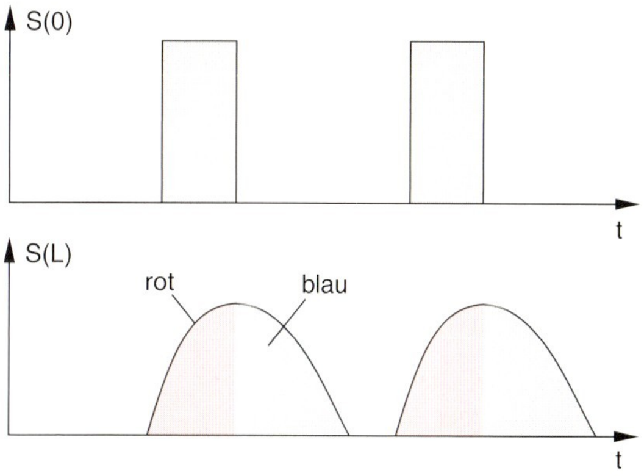

Abb. 12.50. Verbreiterung und Frequenzvariation (Chirp) eines Lichtpulses nach Durchgang durch ein dispersives Medium mit normaler Dispersion

zwei Pulsen, die ja immer größer sein muss als die Pulsbreite (Abb. 12.50).

Im Allgemeinen sind in einer optischen Lichtleitfaser, deren Kerndurchmesser $2a$ groß ist gegen die Wellenlänge λ, viele Ausbreitungsmoden möglich, wie dies im Abschn. 7.9 am Beispiel eines Hohlleiters und in Abb. 12.48 an zwei verschiedenen Moden in Lichtwellenleitern illustriert wird. Es zeigt sich, dass die Abhängigkeit der Phasengeschwindigkeit v_{ph} von der Art der Mode einen viel größeren Einfluss auf die Verbreiterung der Pulse hat als die Dispersion des Brechungsindex. Deshalb sind Mehrmodenfasern für die optische Nachrichtenübertragung über weitere Strecken nicht geeignet. Man muss Einmodenfasern mit Kerndurchmessern von etwa 3–5 µm ($2a \leq 3\lambda$) verwenden. Die damit notwendige größere Justiergenauigkeit bei der Einkopplung von Licht in diese Einmodenfasern ist heute technisch beherrschbar, auch beim Zusammenkleben von Fiberenden unter Arbeitsbedingungen im Kabelgraben.

Die Brechzahldispersion $n(\lambda)$ ist in Abb. 12.51 für eine mit GeO_2 dotierte Quarzfaser, wie sie in der optischen Nachrichtenübertragung verwendet wird, dargestellt.

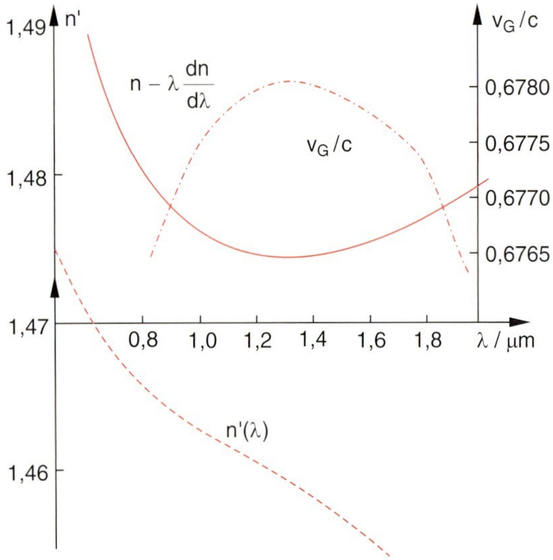

Abb. 12.51. Brechungsindex $n(\lambda)$, Gruppenbrechzahl $n - \lambda \cdot \mathrm{d}n/\mathrm{d}\lambda$ und Gruppengeschwindigkeit v_G für eine mit 7 Mol % GeO_2 dotierte Quarzglasfaser

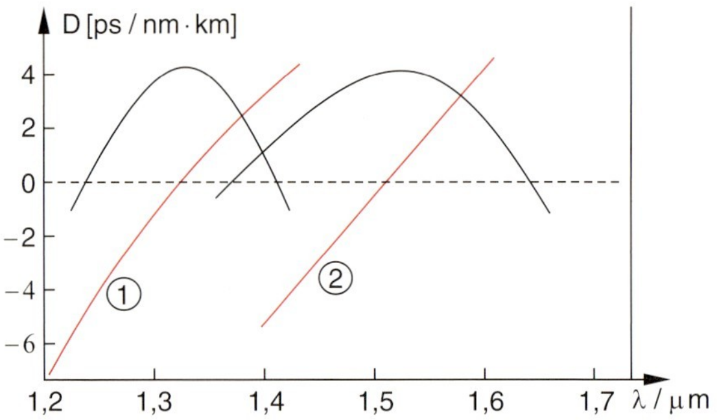

Abb. 12.52. Gruppengeschwindigkeitsdispersion (schwarze Kurven) und Laufzeitdispersion (rote Kurven) für zwei verschiedene optische Lichtleitfasern mit unterschiedlicher Germanium-Dotierung

Für die Ausbreitung eines Pulses ist die Gruppengeschwindigkeit (siehe Abschn. 8.2)

$$v_G = v_{\mathrm{ph}} + k\frac{\mathrm{d}v_{\mathrm{ph}}}{\mathrm{d}k} = \frac{c}{n_r + \omega\,\mathrm{d}n_r/\mathrm{d}\omega} \tag{12.73}$$

wichtig, die vom Brechungsindex $n = n_r - \mathrm{i}\kappa$ (Abschn. 8.1) abhängt und für das Auseinanderlaufen des Pulses die Dispersion der Gruppengeschwindigkeit $\mathrm{d}v_G/\mathrm{d}k$ bzw. $\mathrm{d}v_G/\mathrm{d}\lambda$. Man sieht aus Abb. 12.51, dass für die optischen Fasern bei einer Wellenlänge $\lambda \approx 1{,}3$ µm die Gruppengeschwindigkeit ein Maximum hat und daher ihre Dispersion null wird. Für die Übertragung hoher Bitraten ist deshalb die Wellenlänge $\lambda = 1{,}3$ µm am günstigsten. Die Absorption hat dagegen ihr Minimum bei $\lambda = 1{,}5$ µm, sodass man die minimale Dispersion mit einer größeren Dämpfungskonstante erkauft. Man kann durch geeignete Dotierung des Fasermaterials mit Fremdatomen das Maximum von v_G bis nach 1,5 µm schieben, allerdings steigt damit die Absorption (Abb. 12.52).

Die Frage ist, ob man hier eine bessere Lösung finden kann. Dies ist in der Tat gelungen durch die Verwendung von nichtlinearen Effekten, die zur Erzeugung von Pulsen führen, die ihre Pulsbreite nicht ändern. Man nennt solche Pulse Solitonen.

12.8.4 Nichtlineare Pulsausbreitung; Solitonen

Wenn die Intensität der Lichtpulse genügend groß wird, werden die Elektronen der Atome durch die Lichtwelle zu Schwingungsamplituden angeregt, die über den harmonischen Bereich (lineare Rückstellkraft) hinausgehen. Dadurch wird der Brechungsindex n nicht mehr durch (8.12a) beschrieben, sondern wird intensitätsabhängig. Wir schreiben ihn als

$$n(\omega, I) = n_r(\omega) + n_2 \cdot I \tag{12.74}$$

wobei $n_2 \cdot I$ nur für große Intensitäten mit n_r vergleichbar wird. Die Phase $\phi = \omega t - kz$ einer optischen Welle $E = E_0 \cos(\omega t - kz)$ wird mit $k = 2\pi/\lambda = n \cdot \omega/c$

$$\phi = \omega t - \omega \cdot n \cdot z/c = \omega(t - n_r z/c) - A \cdot I(t) \tag{12.75a}$$

mit $A = n_2 \omega z/c$. Sie hängt also von der Intensität

$$I(t) = c \cdot \varepsilon_0 \int |E_0(\omega, t)|^2 \cos^2(\omega t - kz)\, \mathrm{d}\omega \tag{12.75b}$$

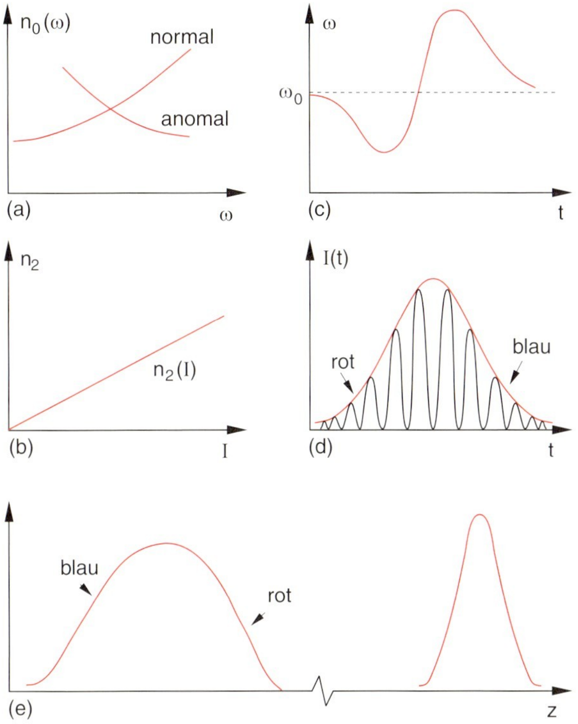

Abb. 12.53. (**a**) Normale und anomale Dispersion. (**b**) $n_2(I)$. (**c**) Frequenzchirp auf Grund des nichtlinearen Anteils $n_2 \cdot I(t)$ zum Brechungsindex. (**d**) Zeitlicher Verlauf eines Lichtpulses mit Frequenzchirp. (**e**) Räumliche Form eines Pulses, der bei Kompensation von nichtlinearem Anteil und linearer anomaler Dispersion nach einer von $I(t)$ abhängigen Laufstrecke z in einen kürzeren Puls mit konstanter zeitlicher Breite übergeht

ab. Da die momentane optische Frequenz der Welle

$$\omega = \mathrm{d}\phi/\mathrm{d}t = \omega_0 - A \cdot \frac{\mathrm{d}I}{\mathrm{d}t} \tag{12.75c}$$

gleich der zeitlichen Ableitung der Phase ist, hängt sie von der zeitlichen Änderung der Intensität ab.

Läuft ein Lichtpuls mit der Intensität $I(t)$ durch die Faser, so ist am Anfang des Lichtpulses $\mathrm{d}I/\mathrm{d}t > 0$ (ansteigende Flanke), sodass dort $\omega < \omega_0$ wird, während am Ende des Pulses $\mathrm{d}I/\mathrm{d}t < 0$ und deshalb $\omega > \omega_0$ wird. Diese Frequenzvariation während des Pulses (Frequenzchirp) bewirkt, dass der Puls spektral breiter wird und dass die „rot verschobenen" Frequenzen voreilen, während die blau verschobenen nachhinken. Wählt man nun die Wellenlänge λ so, dass $\mathrm{d}n/\mathrm{d}\lambda > 0$ wird (Bereich der anomalen Dispersion), dann werden die „roten" Anteile langsamer durch die Faser laufen als die „blauen". Bei geeignet gewählter Intensität können sich die beiden gegenläufigen Effekte gerade kompensieren, sodass man dann Pulse erhält, die zwar spektral breiter werden, deren zeitliche Dauer aber konstant bleibt. Solche Pulse nennt man Solitonen. Dies ist in Abb. 12.53 nochmals illustriert: Die lineare Dispersion macht die Pulsbreite größer, die nichtlineare Dispersion macht die spektrale Breite größer, die Kombination mit Bereichen anomaler Dispersion komprimiert die zeitliche Dauer wieder.

Man sieht an diesem Beispiel, dass zur technischen Realisierung einer neuen Methode fundierte Grundlagenforschung wichtig ist, um zu optimalen Lösungen zu kommen [12.30, 31].

12.9 Optische Nachrichtenübertragung

Viele Jahre lang war die elektrische Nachrichtentechnik, bei der Signale als Spannungs- oder Stromsignale durch elektrische Leitungen geschickt wurden, die einzige Möglichkeit, über weite Strecken mit großen Geschwindigkeiten (bis zur halben Lichtgeschwindigkeit) Information zu senden. Später kam dann die drahtlose Nachrichtenübertragung durch Funksignale hinzu. In den letzten Jahren hat die optische Nachrichtentechnik zunehmend an Bedeutung gewonnen, bei der Lichtpulse durch dünne Glasfasern geschickt werden. Der Vorteil dieser neuen Technik mit digitaler Signalübertragung liegt in ihrer hohen technisch bereits realisierten Bitrate (bis zu $4 \cdot 10^{10}$ bit/s), die durch die

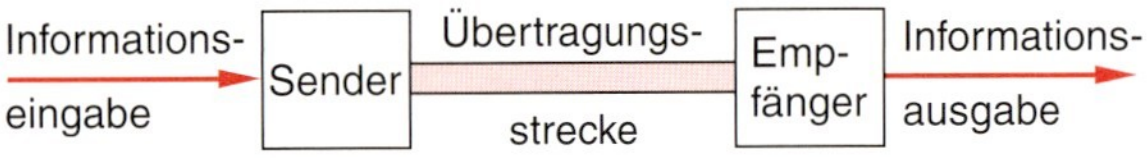

Abb. 12.54. Grundprinzip der Informationsübertragung

Erzeugung extrem kurzer Lichtpulse im Pikosekundenbereich möglich wurde. Auch die Abschwächung von Signalen durch Verluste in den Leitungen ist bei optischen Lichwellenleitern um Größenordnungen kleiner als in Koaxialkabeln (siehe vorigen Abschnitt 12.8). Ein weiterer Vorteil ist ihre geringe Stör- und Übersprechwahrscheinlichkeit, die Informationsübertragung auch gegen fremdes Abhören sicherer macht. Wir wollen uns im letzten Abschnitt dieses Bandes mit den Systemkomponenten und den Problemen bei der Übertragung kurzer Lichtpulse und der von ihnen getragenen Information befassen, um die Vorteile und die noch zu lösenden Probleme kennen zu lernen.

Das Prinzip der Informationsübertragung ist in Abb. 12.54 schematisch dargestellt: Die Eingabeinformation wird in einem Sender aufbereitet, dann durch die Übertragungsstrecke geschickt, von einem Empfänger verstärkt, der aus dem empfangenen Signal die gewünschte Information herausfiltert und ausgibt. Für die optische Nachrichtenübertragung ist der Sender ein Halbleiterlaser (siehe Bd. 3, Abschn. 8.4), der kurze Pulse aussendet. Die zeitliche Folge der Pulse wird durch die Eingabe der Information (z. B. Musik oder Sprache) moduliert. Es findet hier eine Analog-Digital-Wandlung statt. Die Pulse werden durch eine Quarzfaser als Übertragungsstrecke geschickt und dann von einer schnellen Photodiode detektiert. Die in digitaler Form als Binärcode vorliegende Information wird durch den Empfänger extrahiert und ausgegeben.

Der Vorteil der Nachrichtenübertragung mit optischen Fibern ist die große zur Verfügung stehende Bandbreite. Bei einer Wellenlänge von $\lambda = 1{,}5\,\mu\mathrm{m}$ (dies entspricht einer optischen Frequenz $\nu = c/\lambda = 2 \cdot 10^{14}\,\mathrm{s}^{-1}$) können viele Signale von verschiedenen Sendern gleichzeitig übertragen werden. Wenn jeder der Informationskanäle eine Bandbreite von $100\,\mathrm{MHz} = 10^8\,\mathrm{s}^{-1}$ benötigt, so könnte man theoretisch 2 Millionen Kanäle gleichzeitig über eine einzige optische Fiber übertragen. In der Praxis begrenzt die Dispersion der Fiber, welche die übertragenen Pulse verbreitert, die Zahl der gleichzeitig übertragbaren Kanäle.

BEISPIEL

Bei einer Pulsdauer $\tau = 7{,}5\,\mathrm{ps}$ wird die fourierlimitierte spektrale Breite des Pulses $\Delta\nu \approx \frac{1}{\tau} = 1{,}4 \cdot 10^{11}\,\mathrm{s}^{-1} = 140\,\mathrm{GHz} \Rightarrow \Delta\lambda = (c/\nu^2)\Delta\nu = 2\,\mathrm{nm}$ bei $\nu = 2 \cdot 10^{14}\,\mathrm{s}^{-1}$. Bei dieser Spektralbreite ist die zeitliche Dispersion etwa 2 ps/km, d. h. die Pulse werden nach 50 km Fiberlänge 100 ps lang. Die maximale Rate von Pulsen kann dann höchstens 10^{10} Pulse/s sein, d. h. die übertragbare Bandbreite ist 10 GHz.

Mehr Informationen findet man in dem ausgezeichneten Buch von Rogers [12.33].

ZUSAMMENFASSUNG

- Durch die konfokale Mikroskopie lässt sich außer der räumlichen Auflösung in der x-y-Fokalebene auch eine sehr hohe Auflösung in z-Richtung erreichen. Der Kontrast der Bilder ist im Allgemeinen höher als bei der konventionellen Mikroskopie.
- Mithilfe der Nahfeldmikroskopie lassen sich Auflösungen von unter 100 nm erreichen. Man braucht jedoch intensive Lichtquellen zur Beleuchtung. Das Verfahren wird überwiegend zur Untersuchung von Strukturen auf Oberflächen verwendet.
- Die aktive Optik korrigiert ungewollte Verformungen astronomischer Spiegel durch elektronisch geregelte Stellelemente. Sie minimiert damit Abbildungsfehler und verbessert die Bildqualität und das Winkelauflösungsvermögen des Teleskops.
- Die adaptive Optik korrigiert die durch die Unruhe der Atmosphäre bedingte Bildverschlechterung. Sie erreicht durch aktive Optik an einem Hilfsspiegel im Idealfall, dass ein Stern trotz Luftunruhe in ein Beugungsscheibchen abgebildet wird. Das Winkelauflösungsvermögen eines Teleskops wird dadurch $\Delta\alpha \approx \lambda/D$ und damit nahezu beugungsbegrenzt.
- Die diffraktive Optik benutzt die Beugung und Interferenz, um Licht zu bündeln (Fresnel-Linsen) oder umzulenken (Stufenplatte). Damit lassen sich Mikrolinsen oder Linsenarrays in integrierter Bauweise herstellen.
- Die Holographie benutzt die Interferenz der vom Objekt gestreuten Lichtwelle mit einer dazu kohärenten Referenzwelle, um die relativen Phasen der von den verschiedenen Objektpunkten gestreuten Objektwellen zu messen. Dadurch gewinnt man Informationen über die räumliche Struktur des Objekts, die im Hologramm verschlüsselt gespeichert sind. Die Beleuchtung des entwickelten Hologramms mit einer „Rekonstruktionswelle" führt zu dreidimensionalen Bildern des Objekts.
- Die Kombination von Holographie und Interferometrie erlaubt es, kleine Veränderungen eines Objektes sichtbar zu machen oder die Abweichung eines Objektes von einem Referenzobjekt zu bestimmen.
- Dreidimensional gespeicherte Hologramme können als Speichermedium mit sehr hoher Packungsdichte verwendet werden.
- Die Fourieroptik basiert auf der Erkenntnis, dass bei der Fraunhofer-Beugung die Amplitudenverteilung in der Beugungsebene gleich der Fouriertransformierten der Lichtamplitude in der Objektebene ist. Eine erneute Abbildung dieser Beugungsebene liefert das reelle Bild des Objektes.
- Durch Eingriffe in der Beugungsebene (optische Filterung durch Blenden, Filter, Phasenplatten, Hologramme) lässt sich das Bild des Objektes in gezielter Weise verändern. Werden in der Beugungsebene nur niedrige Raumfrequenzen durchgelassen, verschwinden feine Details im Bild (Tiefpass), werden nur hohe Raumfrequenzen durchgelassen, so werden feine Details verstärkt wiedergegeben (Hochpass).
- Durch Hochpassfilterung lassen sich Phasenobjekte (Schlieren, Flüssigkeitsturbulenzen) sichtbar machen.
- Die integrierte Optik benutzt zum Transport, zur Modulation und Ablenkung von Lichtwellen mikroskopisch kleine optische Wellenleiter, die in integrierter Technik (durch Ätzverfahren, Aufdampf- und Maskentechnik) hergestellt werden. Sie erlaubt die Integration von Lichtquelle, Übertrager und Empfänger in kompakte kleine Bauteile.
- Die optische Nachrichtentechnik basiert auf der Übertragung kurzer Lichtpulse durch Lichtleitfasern, deren Dämpfung sehr klein ist, sodass lange Übertragungsstrecken realisiert werden können. Die Begrenzung der Übertragungsbitrate wird durch die Dispersion der optischen Faser bestimmt. Durch die Abhängigkeit des Brechungsindex von der Lichtintensität (nichtlineare Optik) ist es unter optimalen Bedingungen möglich, dass Pulse mit zeitlich konstanter Pulsform (optische Solitonen) durch die Faser laufen.

ÜBUNGSAUFGABEN

1. Bei einer Anwendung der konfokalen Mikroskopie in Abb. 12.1 möge der Durchmesser der Lochblende 0,01 mm betragen, die Entfernung Blende–Linse 100 mm, die Brennweite der Linse $f = 10$ mm.
   a) Wo liegt der Fokus und wie groß ist er nach der geometrischen Optik und bei Berücksichtigung der Beugung?
   b) Wie groß ist die Entfernung Δz von der Fokalebene, bei der die durch die Blende gelangende Rückstreuintensität auf 0,5 des maximalen Wertes abgesunken ist?
2. Ein Stern (Punktlichtquelle) werde durch einen Parabolspiegel mit $\varnothing = 5$ m abgebildet.
   a) Wie groß ist der Durchmesser des zentralen Beugungsscheibchens?
   b) Der Parabolspiegel möge sich gleichmäßig so verbiegen, dass statt (9.11) die Gleichung $y^2 = 4f\varepsilon x$ gilt mit $|\varepsilon - 1| \ll 1$. Wie groß wird jetzt das Bild des Sterns?
3. Ein Stern habe die Zenitdistanz $\zeta = 60°$. Der Brechungsindex n der Atmosphäre habe über die Beobachtungszeit eine mittlere Schwankung $\delta n = 3 \cdot 10^{-2} n$ mit $n = 1{,}00027$. Wie groß ist die Winkelverschmierung des Sterns und wie groß ist sein Bild bei einer Spiegelbrennweite $f = 10$ m? (siehe Abschn. 9.7).
4. In einer Glasplatte ($n = 1{,}4$) werden gerade parallele Rechteckfurchen (Tiefe 1 µm, Breite $b = 2$ µm) im Abstand $d = 4$ µm eingeritzt. Unter welchen Winkeln lässt sich Licht mit $\lambda = 500$ nm beobachten, das als Parallelbündel
   a) senkrecht
   b) unter $\alpha = 30°$ gegen die Normale einfällt?
5. Es soll eine Fresnellinse mit einer Brennweite von $f = 10$ mm und einem Durchmesser von $d = 20$ mm realisiert werden.
   a) Wie groß müssen die Kreisradien der Furchen (Tiefe 1 µm) sein? Wie viele Kreise kann es maximal geben?
   b) Wäre eine Linse mit $d/f = 2$ auch als refraktive Linse realisierbar?
   c) Wie könnte man die Fresnellinse technisch herstellen?
6. Ein holographisches Gitter mit 10^5 parallelen Furchen und einem Furchenabstand $d = 1$ µm soll durch Bestrahlen einer Photoschicht mit zwei ebenen Lichtwellen erzeugt werden. Wie groß muss der Durchmesser der aufgeweiteten Strahlen und der Winkel zwischen beiden Wellenvektoren bei symmetrischer Einstrahlung sein?
7. Wie sieht die Amplitudenverteilung von 5 Punktlichtquellen in der Fokalebene einer Linse bei $(x_0, 0)$, $(-x_0, 0)$, $(0, -y_0)$, $(0, 0)$, $(0, y_0)$ in der Beugungsebene hinter der Linse und Beugungsebene mit Brennweite f aus
   a) für alle 5 Lichtquellen?
   b) wenn man die Quellen $(x_0, 0)$, $(-x_0, 0)$ löscht?
   c) wenn man die Quelle $(0, 0)$ löscht?
   d) wenn man alle Quellen außer $(0, 0)$ löscht?
8. Auf ein Gitter mit parallelen Spalten und Stegen ($b = 1$ µm, $d = 2$ µm) falle paralleles Licht.
   a) Wie sehen Amplituden- und Intensitätsverteilung in der Beugungsebene im Fernfeld aus?
   b) Wie ändern sich die Verteilungen, wenn nur jeder 3. Spalt offen ist?
9. Ein planarer Wellenleiter in z-Richtung habe die Dicke $a = 2$ µm und den Brechungsindex $n_2 = 2$. Geben Sie für $\lambda = 600$ nm die 3 Moden mit den kleinsten Modenzahlen m_s an. Wie groß muss die minimale Brechzahlendifferenz Δn sein, damit die Moden noch im Wellenleiter geführt werden? Welche Winkel ϑ haben sie gegen die z-Richtung. Wie groß sind die Parameter p, h, q?
10. Ein Lichtpuls ($\lambda_0 = 1{,}3$ µm) mit der Breite $\Delta t = 1$ ps läuft durch eine optische Einmodenfaser, mit dem Brechungsindex $n = 1{,}5$ und $\mathrm{d}n/\mathrm{d}\lambda = 2 \cdot 10^{-6}$ /nm. Nach welcher Laufstrecke hat sich die Pulslänge aufgrund der Dispersion verdoppelt?
11. Leiten Sie (12.62) aus (12.60) her für den Fall eines parabolförmigen Brechzahlprofils (12.61).
12. Berechnen Sie die mittlere Ausbreitungsgeschwindigkeit in einer Stufenindex- und einer Gradienten-Faser, in Abhängigkeit vom Eintrittswinkel α. Zeigen Sie, dass der maximale Winkel α_0 in der Gradientenfaser durch $\tan\alpha_0 = \sqrt{2\Delta}$ gegeben ist.

Lösungen der Übungsaufgaben

Kapitel 1

1. Zahl der Na-Atome pro Kugel:

$$N = \frac{M}{m} = \frac{10^{-3}}{23 \cdot 1{,}67 \cdot 10^{-27}} = 2{,}6 \cdot 10^{22}$$

$\Rightarrow$ Ladung:

$$\begin{aligned} Q &= +e \cdot 0{,}1 \cdot 2{,}6 \cdot 10^{22} \\ &= 2{,}6 \cdot 10^{21} \cdot 1{,}6 \cdot 10^{-19}\,\mathrm{C} \\ &= 4{,}16 \cdot 10^{2}\,\mathrm{C}\,. \end{aligned}$$

Volumen einer Kugel:

$$V = \frac{m}{\varrho} = 1{,}03\,\mathrm{cm}^3 = \frac{4}{3}\pi r^3$$

$$\Rightarrow r = \left(\frac{3 \cdot 1{,}03}{4\pi}\right)^{1/3} \mathrm{cm} = 0{,}63\,\mathrm{cm}\,,$$

Oberfläche:

$$S = 4\pi r^2 = 4{,}93\,\mathrm{cm}^2,$$

Flächenladungsdichte:

$$\sigma = \frac{Q}{4\pi r^2} = 8{,}4 \cdot 10^5\,\mathrm{C/m^2}\,,$$

Abstoßungskraft bei 1 m Abstand:

$$F_C = \frac{1}{4\pi\varepsilon_0}\frac{Q^2}{r^2} = 1{,}56 \cdot 10^{15}\,\mathrm{N}.$$

Feldstärke an der Kugeloberfläche:

$$E = \frac{Q}{4\pi\varepsilon_0 r^2} = 9{,}6 \cdot 10^{16}\,\mathrm{V/m}\,.$$

2. a) Gesamtkraft muss in Fadenrichtung zeigen:

$$\Rightarrow \operatorname{tg}(\varphi/2) = \frac{F_{\mathrm{el}}}{m \cdot g}\,.$$

$$F_{\mathrm{el}} = \frac{Q^2}{4\pi\varepsilon_0 (2L \cdot \sin\varphi/2)^2}$$

$$\Rightarrow \frac{\sin^3(\varphi/2)}{\cos(\varphi/2)} = \frac{Q^2}{16\pi\varepsilon_0 L^2 \cdot mg}\,.$$

Zahlenwerte: $Q = 10^{-8}\,\mathrm{C}$, $m = 10\,\mathrm{g}$, $L = 1\,\mathrm{m}$

$$\Rightarrow \frac{\sin^3(\varphi/2)}{\cos(\varphi/2)} = \frac{10^{-16}}{16\pi\varepsilon_0 \cdot 10^{-2} \cdot 9{,}81} = 2{,}3 \cdot 10^{-6}$$

$$\Rightarrow \sin\varphi \approx \varphi,\ \cos\varphi \approx 1$$

$$\Rightarrow \varphi \approx 2 \cdot \sqrt[3]{2{,}3 \cdot 10^{-6}} = 2{,}6 \cdot 10^{-2}\,\mathrm{rad} \approx 1{,}5^\circ$$

$$\begin{aligned} \Rightarrow \text{Abstand } r &= 2L \cdot \sin\varphi/2 \\ &= 0{,}026\,\mathrm{m} = 2{,}6\,\mathrm{cm}\,. \end{aligned}$$

b) Die leitende Platte in der Mittelebene erzeugt ein Feld:

$$\boldsymbol{E} = \frac{\sigma}{2\varepsilon_0}\hat{\boldsymbol{x}} \Rightarrow \boldsymbol{F}_{\mathrm{el}} = \frac{Q \cdot \sigma}{2\varepsilon_0}\hat{\boldsymbol{x}}$$

$$\Rightarrow \operatorname{tg}\varphi = \frac{F_{\mathrm{el}}}{m \cdot g} = \frac{Q \cdot \sigma}{2\varepsilon_0 m \cdot g}\,.$$

Zahlenwerte: $Q = 10^{-8}\,\mathrm{C}$, $\sigma = 1{,}5 \cdot 10^{-5}\,\mathrm{C/m^2}$, $m = 0{,}05\,\mathrm{kg}$

$$\begin{aligned} \Rightarrow \operatorname{tg}\varphi &= \frac{10^{-8} \cdot 1{,}5 \cdot 10^{-5}}{2 \cdot 8{,}85 \cdot 10^{-12} \cdot 0{,}05 \cdot 9{,}81} \\ &= 1{,}7 \cdot 10^{-2} \end{aligned}$$

$$\Rightarrow \varphi = 1^\circ\,.$$

Abstand von der Platte: $x = l \cdot \varphi = 17\,\mathrm{mm}$.

3. a) Die Kraft ist nach Abb. 1.11:

$$\begin{aligned} F &= \int\limits_{\alpha=\alpha_{\mathrm{i}}}^{\alpha_{\mathrm{a}}} \frac{q \cdot \sigma}{2\varepsilon_0} \sin\alpha \cdot \mathrm{d}\alpha \\ &= \frac{q \cdot \sigma}{2\varepsilon_0}(\cos\alpha_{\mathrm{i}} - \cos\alpha_{\mathrm{a}})\,, \end{aligned}$$

$$\cos\alpha = \frac{x}{\sqrt{r^2+x^2}}$$

$$\Rightarrow F = \frac{q\,\sigma\,x}{2\varepsilon_0}\left[\frac{1}{\sqrt{R_i^2+x^2}} - \frac{1}{\sqrt{R_a^2+x^2}}\right].$$

b. α) $R_i \to 0$:

$$F = \frac{q\cdot\sigma}{2\varepsilon_0}\left[1 - \frac{x}{\sqrt{R_a^2+x^2}}\right],$$

β) $R_a \to \infty$:

$$F = \frac{q\cdot\sigma}{2\varepsilon_0}\frac{1}{\sqrt{1+R_i^2/x^2}},$$

γ) $R_i \to 0$, $R_a \to \infty$:

$$F = \frac{q\cdot\sigma}{2\varepsilon_0}.$$

4. Die Potentiale $\phi(R)$ sind

$$\phi(R) = \frac{Q}{4\pi\varepsilon_0 R}.$$

Da die beiden Kugeln leitend verbunden sind, müssen ihre Potentiale gleich sein.

$$\Rightarrow \phi_1(R_1) = \frac{Q_1}{4\pi\varepsilon_0 R_1} = \phi_2(R_2) = \frac{Q_2}{4\pi\varepsilon_0 R_2}$$

$$\Rightarrow \frac{Q_1}{Q_2} = \frac{R_1}{R_2}, \quad Q = Q_1 + Q_2 = Q_1\left(1+\frac{R_2}{R_1}\right)$$

$$\Rightarrow Q_1 = \frac{Q\cdot R_1}{R_1+R_2}, \quad Q_2 = \frac{R_2\cdot Q}{R_1+R_2}$$

$$E_1 = \frac{Q_1}{4\pi\varepsilon_0 R_1^2} = \frac{Q}{4\pi\varepsilon_0 R_1(R_1+R_2)}$$

$$E_2 = \frac{Q_2}{4\pi\varepsilon_0 R_2^2} = \frac{Q}{4\pi\varepsilon_0 R_2(R_1+R_2)}.$$

5. Laut Abb. L.1:
a) $Q_1 = Q_2 = Q$:

$$\phi(R) = \frac{Q}{4\pi\varepsilon_0}\left(\frac{1}{r_1}+\frac{1}{r_2}\right).$$

Für $R \gg a$ gilt:

$$\phi(R) \approx \frac{Q}{4\pi\varepsilon_0}\left(\frac{1}{R-a\cos\vartheta} + \frac{1}{R+a\cos\vartheta}\right) \quad \text{für} \quad R \gg a$$

$$= \frac{2Q}{4\pi\varepsilon_0 R}\cdot\frac{1}{1-\frac{a^2}{R^2}\cos^2\vartheta}.$$

Taylorentwicklung des Bruchs gibt mit

$$\frac{1}{1-x} \approx 1 + x + x^2 + \cdots + x^n$$

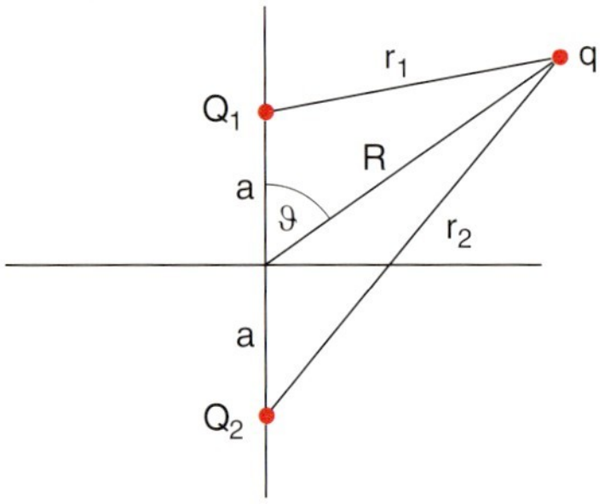

Abb. L.1. Zu Lösung 1.5

$$\Rightarrow \phi(R) = \frac{2Q}{4\pi\varepsilon_0 R}\left(1 + \frac{a^2}{R^2}\cos^2\vartheta + \frac{a^4}{R^4}\cos^4\vartheta + \cdots\right).$$

Die Kraft auf die Ladung q erhält man aus

$$\boldsymbol{F} = -q\cdot\mathbf{grad}\;\phi(R).$$

b) $Q_1 = -Q_2 = Q$:

$$\phi = \frac{Q}{4\pi\varepsilon_0}\left(\frac{1}{r_1}-\frac{1}{r_2}\right)$$

$$= \frac{2aQ}{4\pi\varepsilon_0}\frac{\cos\vartheta}{R^2-a^2\cos^2\vartheta}$$

$$= \frac{2|\boldsymbol{p}|\cdot\cos\vartheta}{4\pi\varepsilon_0 R^2}\frac{1}{1-\frac{a^2}{R^2}\cos^2\vartheta}$$

$$= \frac{2p\cdot\cos\vartheta}{4\pi\varepsilon_0 R^2}\left[1+\frac{a^2}{R^2}\cos^2\vartheta + \frac{a^4}{R^4}\cos^4\vartheta + \cdots\right].$$

Ein Vergleich von a) und b) zeigt, dass bei gleichen Ladungen der erste Term das Coulombpotential der Gesamtladung gibt. Dieser Term fehlt in b) wegen $Q_1 + Q_2 = 0$. In b) beginnt die Reihe mit dem Dipolterm. Für $R \gg a$ ist der Hauptanteil zur Kraft $\boldsymbol{F}$ auf q
a) für $Q_1 = Q_2$:

$$\boldsymbol{F} = \frac{2Qq}{4\pi\varepsilon_0 R^2}\hat{\boldsymbol{R}},$$

b) für $Q_1 = -Q_2$: siehe (1.25b).

6. a) $E_{\text{pot}} = +3\frac{Q^2}{4\pi\varepsilon_0 a}$

   b) $E_{\text{pot}} = \frac{1}{4\pi\varepsilon_0 a}(Q^2 - 2Q^2)$

$$= -\frac{Q^2}{4\pi\varepsilon_0 a}$$

   c) $E_{\text{pot}} = \frac{-4Q^2}{4\pi\varepsilon_0 a} + 2\frac{Q^2}{4\pi\varepsilon_0 a\sqrt{2}}$

$$= \frac{Q^2}{4\pi\varepsilon_0 a}(-4+\sqrt{2}) \approx -\frac{2{,}6Q^2}{4\pi\varepsilon_0 a}$$

7. Wir legen die vier Ladungen in die x-y-Ebene. Dann haben sie für den Fall a) die Koordinaten:

$$Q_1 = +Q : \left(\frac{-a}{2}, 0\right);$$
$$Q_2 = +Q : \left(\frac{+a}{2}, 0\right);$$
$$r_1^2 = r_2^2 = \frac{a^2}{4};$$
$$Q_3 = -Q : \left(0, \frac{a}{2}\sqrt{3}\right);$$
$$Q_4 = -Q : \left(0, \frac{-a}{2}\sqrt{3}\right);$$
$$r_3^2 = r_4^2 = \frac{3a^2}{4}.$$

Aus der Definition (1.36) folgt dann:

$$QM_{xx} = Q_1\left(\frac{3}{4}a^2 - \frac{1}{4}a^2\right) + Q_2\left(\frac{3}{4}a^2 - \frac{1}{4}a^2\right) + Q_3\left(-\frac{3}{4}a^2\right) + Q_4\left(-\frac{3}{4}a^2\right) = \frac{5}{2}Qa^2,$$

$$QM_{yy} = -\frac{7}{2}Qa^2; \quad QM_{zz} = +a^2 Q;$$
$$QM_{xy} = QM_{xz} = QM_{yz} = 0 .$$

Für den Fall b) erhalten wir:

$$Q_1 = -Q : (-a, 0); \quad Q_2 = 2Q : (0, 0);$$
$$Q_3 = -Q : (+a, 0) .$$

Damit ergibt sich aus (1.36):

$$QM_{xx} = -4Qa^2; \quad QM_{yy} = 2Qa^2;$$
$$QM_{zz} = 2Qa^2$$
$$QM_{xy} = QM_{xz} = QM_{yz} = 0 .$$

8. Völlig analog zur Berechnung des Gravitationspotentials einer homogenen Massenkugel in Bd. 1, Abschn. 2.9.5, folgt für das elektrische Potential $\phi(r)$ einer homogenen geladenen Kugel mit Radius R im Punkte $P(r)$:

a) Für $r \le R$:

$$\phi(r) = \frac{Q}{8\pi\varepsilon_0 R^3}(3R^2 - r^2) \quad \text{mit } Q = \frac{4}{3}\pi\varrho_{\text{el}}R^3$$
$$= \frac{1}{6}\frac{\varrho_{\text{el}}}{\varepsilon_0}(3R^2 - r^2) .$$

b) Für $r \ge R$:

$$\phi(r) = \frac{Q}{4\pi\varepsilon_0 r} .$$

Die Arbeit, eine Ladung q von $r = 0$ bis $r = R$ zu bringen, ist dann

$$W_1 = q\cdot[\phi(R) - \phi(0)] = \frac{q\cdot Q}{4\pi\varepsilon_0 R}\cdot\left(1 - \frac{3}{2}\right) = -\frac{q\cdot Q}{8\pi\varepsilon_0 R} .$$

Auf dem Wege von $r = R$ bis $r = \infty$ wird die Arbeit

$$W_2 = -\frac{q\cdot Q}{4\pi\varepsilon_0 R} ,$$

also doppelt so groß. Der Feldstärkeverlauf ergibt sich aus

$$E(r) = -\frac{\mathrm{d}\phi(r)}{\mathrm{d}r} :$$

a) $\boldsymbol{E}(r) = \frac{Q\cdot r}{4\pi\varepsilon_0 R^3}\hat{\boldsymbol{r}}$ für $r \le R$,

b) $\boldsymbol{E}(r) = \frac{Q}{4\pi\varepsilon_0 r^2}\hat{\boldsymbol{r}}$ für $r \ge R$.

9. Den Term entwickelt man folgendermaßen:

$$\frac{1}{|\boldsymbol{R}-\boldsymbol{r}|} = \frac{1}{R} - \left(x\frac{\partial}{\partial X}\frac{1}{R} + y\frac{\partial}{\partial Y}\frac{1}{R} + z\frac{\partial}{\partial Z}\frac{1}{R}\right) + \frac{1}{2}\left[xx\frac{\partial^2}{\partial X^2}\frac{1}{R} + xy\frac{\partial^2}{\partial X\partial Y}\frac{1}{R} + \cdots + zz\frac{\partial^2}{\partial Z^2}\frac{1}{R}\right] + \cdots .$$

$$R = \sqrt{X^2+Y^2+Z^2} \Rightarrow \frac{\partial}{\partial X}\frac{1}{R} = \frac{-X}{R^3}$$

$$\frac{\partial^2}{\partial X\partial Y}\frac{1}{R} = \frac{3}{2}\frac{X\cdot Y}{R^5} \quad \text{etc.}$$

Entsprechende Ausdrücke ergeben sich für die anderen Ableitungen. Setzt man dies ein, so ergibt sich für das Potential:

$$\begin{aligned}\phi(R) &= \frac{1}{4\pi\varepsilon_0}\sum\frac{Q_i}{|\boldsymbol{R}-\boldsymbol{r}_i|}\\ &= \frac{1}{4\pi\varepsilon_0}\left[\frac{\sum Q_i}{R}+\frac{1}{R^3}\sum(Q_i\boldsymbol{r}_i)\cdot\boldsymbol{R}\right.\\ &\quad+\frac{1}{R^5}\frac{1}{2}\sum Q_i\Big\{\left(3x_i^2-r_i^2\right)X^2\\ &\quad+\left(3y_i^2-r_i^2\right)Y^2+\left(3z_i^2-r_i^2\right)Z^2\\ &\quad+2\cdot 3x_iy_iXY+2\cdot 3y_iz_iYZ\\ &\quad\left.+2\cdot 3x_iz_iXZ\Big\}\right].\end{aligned}$$

10. Um zu beweisen, dass nur der Monopolterm ungleich null ist, muss man zeigen, dass gilt:

$$\phi(R)=\frac{1}{4\pi\varepsilon_0}\int\limits_V\frac{\varrho_{\mathrm{el}}}{|\boldsymbol{R}-\boldsymbol{r}|}\,\mathrm{d}V=\frac{Q}{4\pi\varepsilon_0 R}\,.$$

Alle Ladungen im Kreisring mit Radius y, dessen Ebene den Abstand x vom Mittelpunkt $x=y=0$ hat (siehe Abb. L.2), $\mathrm{d}Q=\varrho_{\mathrm{el}}\cdot 2\pi y\,\mathrm{d}y\,\mathrm{d}x$, haben den gleichen Abstand

$$r=\sqrt{y^2+(R-x)^2}$$

von $P(R)$ und liefern zum Potential den Beitrag

$$\mathrm{d}\phi=\frac{\mathrm{d}Q}{4\pi\varepsilon_0 r}=\frac{\varrho_{\mathrm{el}}}{2\varepsilon_0}\frac{y\,\mathrm{d}y}{\sqrt{y^2+(R-x)^2}}\,\mathrm{d}x\,.$$

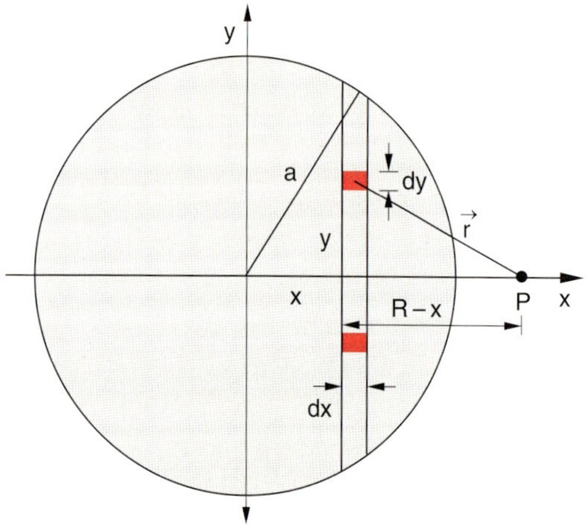

Abb. L.2. Zu Lösung 1.10

Der Beitrag der gesamten Kreisscheibe ist dann:

$$\phi_{\mathrm{Scheibe}}=\frac{\varrho_{\mathrm{el}}}{2\varepsilon_0}\left[\int\limits_{y=0}^{\sqrt{a^2-x^2}}\frac{y\,\mathrm{d}y}{\sqrt{y^2-(R-x)^2}}\right]\mathrm{d}x\,.$$

Integriert man von $x=-a$ bis $x=+a$, so ergibt sich:

$$\phi_{\mathrm{Kugel}}=\frac{\varrho_{\mathrm{el}}}{\varepsilon_0}\frac{a^3}{3R}=\frac{Q}{4\pi\varepsilon_0 R}\,.$$

11. Die Feldstärke $\boldsymbol{E}$ eines einzelnen Drahtes ist nach (1.18a) für $r\geq R$:

$$\boldsymbol{E}=\frac{\lambda}{2\pi\varepsilon_0 r}\hat{\boldsymbol{r}}$$

mit $\lambda=Q/L=$ Ladung pro Längeneinheit. Die Gesamtfeldstärke der abgebildeten Anordnung ist auf der x-Achse:

$$\boldsymbol{E}=\{E_x,0,0\}$$

$$\begin{aligned}E_x &= \frac{\lambda}{2\pi\varepsilon_0}\left[\frac{1}{a+x}-\frac{1}{a-x}+\frac{2x}{a^2+x^2}\right]\\ &= \frac{\lambda}{2\pi\varepsilon_0}\left[\frac{-2x}{a^2-x^2}+\frac{2x}{a^2+x^2}\right]\\ &= -\frac{\lambda}{\pi\varepsilon_0}\frac{2x^3}{a^4-x^4}\,.\end{aligned}$$

Für $x=0$ wird $E=0$. Für $x=a-R$, d. h. auf der inneren Oberfläche eines Drahtes, wird

$$\begin{aligned}E_x &= -\frac{\lambda}{\pi\varepsilon_0}\frac{2(a-R)^3}{a^4-(a-R)^4}\\ &= -\frac{\lambda}{2\pi\varepsilon_0 R}\cdot\frac{4\cdot R(a-R)^3}{a^4-(a-R)^4}\,.\end{aligned}$$

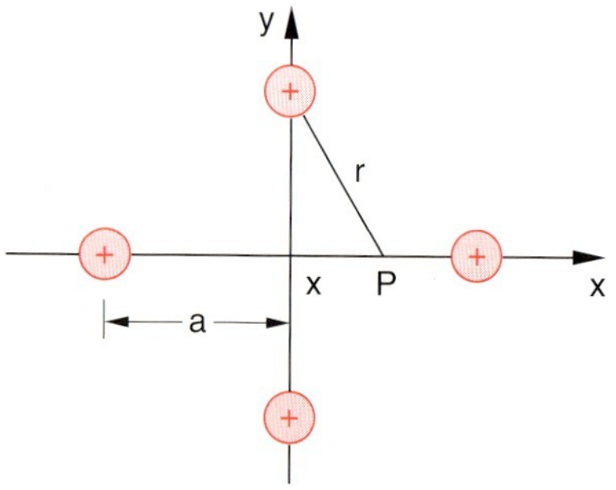

Abb. L.3. Zu Lösung 1.11

Mit $a = 4\,\text{cm}$ und $R = 0{,}5\,\text{cm}$ ergibt dies

$$E_x = -\frac{\lambda}{2\pi\varepsilon_0 R} \cdot 0{,}8\,\text{V/m}\,.$$

Die Feldstärke auf der dem Nullpunkt zugewandten Oberfläche ist also nur noch 80% der Feldstärke eines einzelnen Drahtes gleicher Ladungsdichte. Für die äußere Oberfläche ($x = a + R$) wird

$$E = \frac{\lambda}{2\pi\varepsilon_0 R} \cdot \frac{4R(a+R)^3}{(a+R)^4 - a^4} = \frac{\lambda}{2\pi\varepsilon_0 R} \cdot 1{,}18\,\text{V/m}$$

etwas größer als beim Einzeldraht.

12. a) Es ergibt sich:

$$C = \varepsilon_0 \cdot \frac{A}{d} = \frac{8{,}85 \cdot 10^{-12} \cdot 0{,}1}{0{,}01} F$$
$$= 8{,}85 \cdot 10^{-11}\,\text{F} = 88{,}5\,\text{pF}\,;$$
$$Q = C \cdot U = 8{,}85 \cdot 10^{-11} \cdot 5 \cdot 10^3\,\text{C}$$
$$= 4{,}4 \cdot 10^{-7}\,\text{C}\,;$$

$$E = \frac{U}{d} = 5 \cdot 10^5\,\text{V/m}\,.$$

b) Entlädt man den Kondensator, der auf die Spannung U_0 aufgeladen war, über einen Widerstand R, so muss die gesamte im Kondensator gespeicherte Energie W in Joulesche Wärme im Widerstand R übergehen. Man erhält daher:

$$W = \int_0^\infty I^2 \cdot R \cdot \,\text{d}t\,.$$

Mit $I = U_0/R\,\text{e}^{-t/(RC)}$ (siehe (2.10)) folgt:

$$W = \frac{U_0^2}{R} \cdot \left(-\frac{R \cdot C}{2}\right) \cdot \text{e}^{-2t/(RC)}\Big|_0^\infty$$
$$= \frac{U_0^2 C}{2}\,.$$

c) $\boldsymbol{D} = \boldsymbol{p} \times \boldsymbol{E}$

$$\Rightarrow |\boldsymbol{D}| = 1{,}6 \cdot 10^{-19} \cdot 5 \cdot 10^{-11} \cdot 5 \cdot 10^5\,\text{N}\cdot\text{m}$$
$$= 4 \cdot 10^{-24}\,\text{N}\cdot\text{m}\,,$$
$$W_{\text{pot}} = \boldsymbol{p} \cdot \boldsymbol{E} = 4 \cdot 10^{-24}\,\text{N}\cdot\text{m}\,.$$

13. Wie man aus folgender Umzeichnung von Abb. 1.66 sieht, gilt:

$$\frac{1}{C_g} = \frac{1}{C} + \frac{1}{3C} \Rightarrow C_g = \frac{3}{4}C\,.$$

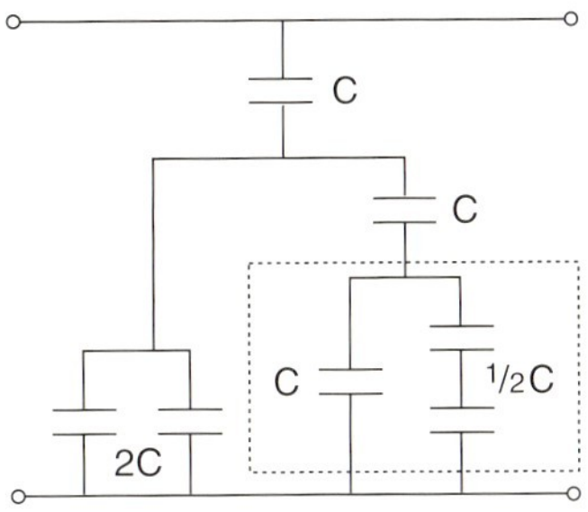

Abb. L.4. Zu Lösung 1.13

Die Kapazität im gestrichelten Kasten ist:

$$C + \frac{1}{2}C = \frac{3}{2}C\,.$$

Dann folgt für den rechten Zweig:

$$\frac{1}{C} + \frac{1}{3/2C} = \frac{5}{3C} \Rightarrow C_r = \frac{3}{5}C\,.$$

Für linken und rechten Zweig gilt:

$$\frac{3}{5}C + 2C = \frac{13}{5}C \Rightarrow \text{Gesamtkapazität ist } \frac{13}{18}C\,.$$

14. Auf der rechten Platte des linken Kondensators in Abb. 1.67 wird die Ladung $-Q/2$ durch Influenz erzeugt. Diese muss von der linken Platte des rechten Kondensators abfließen, sodass dort die Restladung $+Q/2$ auftritt. Es gilt dann:

$$E = \frac{U}{d} = \frac{3}{4}\frac{Q}{C \cdot d}\,.$$

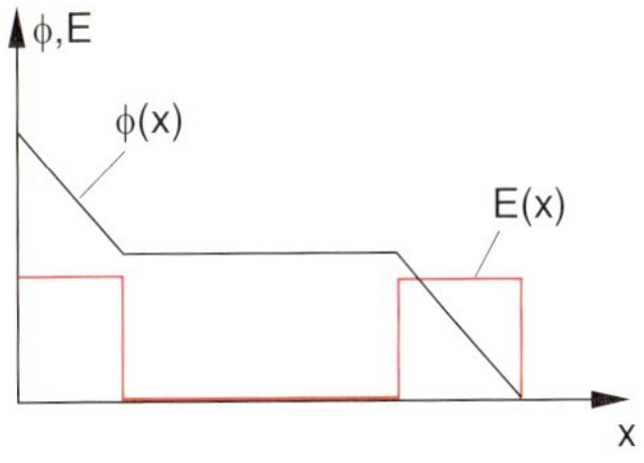

Abb. L.5. Zu Lösung 1.14

15. a) Zur Berechnung des Potentials schreiben wir die Laplace-Gleichung (1.16b) in Zylinderkoordinaten (man beachte, dass ϕ nicht von z und φ abhängt!):

$$\Delta\phi = \frac{1}{R}\frac{\partial}{\partial R}\left(R \cdot \frac{\partial\phi}{\partial R}\right) = 0 \qquad (1)$$

$$\Rightarrow \; \phi = c_1 \ln R + c_2$$

mit $\phi(R_1) = \phi_1$, $\phi(R_2) = \phi_2$ folgt

$$c_2 = \phi_1 - c_1 \ln R_1 \,,$$

$$c_1 = \frac{\phi_2 - \phi_1}{\ln(R_2/R_1)}$$

$$\Rightarrow \; \phi(R) = \phi_1 + \frac{\phi_2 - \phi_1}{\ln(R_2/R_2)} \ln(R/R_1) \,, \qquad (2)$$

$$E(R) = -\frac{\partial\phi}{\partial R} = \frac{-(\phi_2 - \phi_1)}{\ln(R_2/R_1)}\frac{1}{R} \,. \qquad (3)$$

Für die Sollkreisbahn mit Radius $R_0 = (R_1 + R_2)/2$ muss gelten:

$$\frac{mv_0^2}{R_0} = e \cdot E(R_0) = \frac{2e}{R_1 + R_2}\frac{\phi_1 - \phi_2}{\ln(R_2/R_1)}$$

$$\Rightarrow \; U = \frac{R_1 + R_2}{2e}\ln(R_2/R_1) \cdot \frac{m}{R}v_0^2$$

$$= \frac{R_1 + R_2}{2R}\frac{m}{e}v_0^2 \ln\frac{R_2}{R_1} \,.$$

Für $R = 1/2\,(R_1 + R_2)$ folgt

$$U = \frac{m}{e}v_0^2 \ln\frac{R_2}{R_1} \,. \qquad (4)$$

b) Angenommen, ein Elektron tritt bei $r = R_0$, $\varphi = 0$ und $|v| = |v_0|$, aber mit einem kleinen Winkel α in den Zylinderkondensator ein. Gibt es einen Winkel φ, nach dem das Elektron die Sollbahn $R = R_0$ wieder schneidet?

Da $\boldsymbol{E}$ ein Zentralfeld bildet, bleibt der Drehimpuls der Teilchen konstant

$$v \cdot R = v_0 \cdot R_0 = \text{const} \,. \qquad (5)$$

Die Abweichung von der Sollbahn zu einem Zeitpunkt t sei δR.

Aus der Bewegungsgleichung erhält man:

$$m \cdot \delta\ddot{R} - m \cdot \frac{v^2}{R} - e \cdot E(R_0 + \delta R) = 0 \,. \qquad (6)$$

Entwicklung in eine Taylorreihe liefert:

$$E(R_0 + \delta R) = E(R_0) + \left(\frac{\mathrm{d}E}{\mathrm{d}R}\right)_{R_0} \delta R + \cdots \,. \qquad (7)$$

Aus (3) folgt:

$$\frac{\mathrm{d}E}{\mathrm{d}R} = \frac{U}{\ln(R_2/R_1)}\frac{1}{R^2} \,.$$

Einsetzen in (6) ergibt mit (5)

$$\delta\ddot{R} - \frac{v_0^2}{R^3}R_0^2 + \frac{v_0^2}{R_0}\left(1 - \frac{\delta R}{R_0}\right) = 0 \,.$$

$$\frac{1}{R^3} = \frac{1}{R_0^3(1 + \frac{\delta R}{R_0})^3} \approx \frac{1}{R_0^3} - \frac{3}{R_0^4}\delta R + \ldots$$

$$\Rightarrow \; \delta\ddot{R} - \frac{v_0^2}{R_0}\left(1 - 3\frac{\delta R}{R_0} - 1 + \frac{\delta R}{R_0}\right) = 0$$

$$\Rightarrow \; \delta\ddot{R} + 2\omega_0^2 \delta R = 0 \quad \text{mit} \quad \omega_0 = \frac{v_0}{R_0} \,.$$

Die Bewegung entspricht einer Kreisbahn mit überlagerter radialer Schwingung

$$\delta R = R_0 \cdot \sin\left[\sqrt{2}\omega_0 \cdot t\right] \,,$$

die nach $t = \pi/(\sqrt{2}\omega_0) \Rightarrow \varphi = \pi/\sqrt{2} = 127°$ durch null geht. Ein Zylinderkondensator mit $\varphi = 127°$ wirkt also fokussierend.

16. Die Ladungsdichte des Drahtes ist $\lambda = Q/L$. Vom Längenelement $\mathrm{d}L$ wird im Punkte 0 das Feld

$$\mathrm{d}\boldsymbol{E} = \frac{1}{4\pi\varepsilon_0}\frac{\lambda \cdot \mathrm{d}L}{R^2}\{\cos\varphi, \sin\varphi, 0\}$$

erzeugt. Daraus ergibt sich für den gesamten Draht:

$$E_x = \frac{1}{4\pi\varepsilon_0}\frac{\lambda}{R^2}\int\limits_{\varphi_1}^{\varphi_2} R \cdot \cos\varphi \, \mathrm{d}\varphi \,,$$

$$E_y = \frac{1}{4\pi\varepsilon_0}\frac{\lambda}{R^2}\int\limits_{\varphi_1}^{\varphi_2} \sin\varphi \, \mathrm{d}\varphi \,,$$

$$\varphi_1 = \frac{\pi}{2} - \frac{\alpha}{2} = \frac{\pi}{2} - \frac{L}{2R} \,,$$

$$\varphi_2 = \frac{\pi}{2} + \frac{L}{2R}$$

$$\Rightarrow E_x = \frac{1}{4\pi\varepsilon_0}\frac{\lambda}{R^2}(\sin\varphi_2 - \sin\varphi_1)$$
$$= \frac{1}{4\pi\varepsilon_0}\frac{\lambda}{R^2}\left(\cos\frac{L}{2R} - \cos\frac{L}{2R}\right) = 0\,,$$
$$E_y = \frac{1}{4\pi\varepsilon_0}\frac{\lambda}{R^2}(\cos\varphi_1 - \cos\varphi_2)$$
$$= \frac{1}{4\pi\varepsilon_0}\frac{2\lambda}{R^2}\sin\frac{L}{2R}\,.$$

$\boldsymbol{E}$ hat also nur eine y-Komponente

$$|\boldsymbol{E}| = \frac{1}{2\pi\varepsilon_0}\frac{\lambda}{R^2}\sin\frac{L}{2R}\,.$$

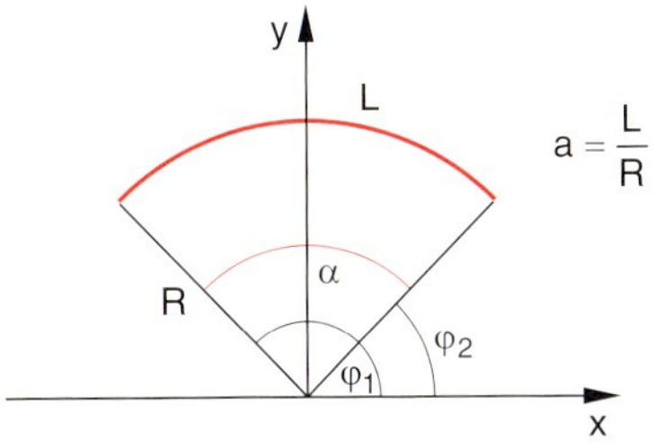

Abb. L.6. Zu Lösung 1.16

Kapitel 2

1. a) Masse eines Cu-Atoms: $63{,}5 \cdot 1{,}66 \cdot 10^{-27}$ kg, Zahl der Cu-Atome pro m^3:

$$n = \frac{8{,}92 \cdot 10^3}{63{,}5 \cdot 1{,}66 \cdot 10^{-27}\,\mathrm{m}^{-3}} = 8{,}5 \cdot 10^{28}\,/\mathrm{m}^3$$

$\Rightarrow$ im Mittel kommt auf $8{,}5/5 \approx 1{,}7$ Atome ein freies Elektron.

b) Der Strom fließt bereits nach einer Zeit

$$t_1 = \frac{L}{c} = \frac{10\,\mathrm{m}}{3 \cdot 10^8\,\mathrm{m/s}} \approx 3 \cdot 10^{-8}\,\mathrm{s}\,,$$

d. h. praktisch instantan, durch die Lampe. Weil der Glühfaden der Lampe sich erwärmt, steigt sein Widerstand von R_0 auf R an. Der Strom sinkt daher von einem höheren Anfangswert $I_0 = U/R_0$ auf den Wert $I = U/R = P_{\mathrm{el}}/U$ ab, wenn P_{el} die auf der Lampe angegebene elektrische Leistung ist. Die Temperatur des Glühfadens steigt auf einen Wert T_{m}, bei dem die Energiezufuhr $I^2 \cdot R$ gleich der abgestrahlten Energie ist.

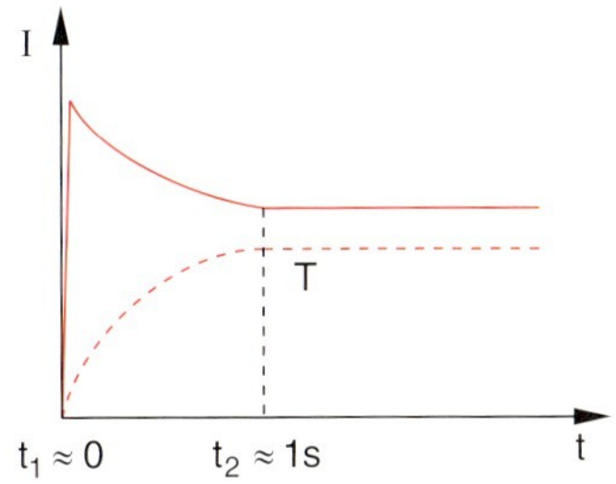

Abb. L.7. Zu Lösung 2.1b

c) Die Stromdichte ist

$$\boldsymbol{j} = \frac{I}{\pi r^2} = 2{,}6 \cdot 10^6\,\mathrm{A/m^2}\,.$$

Aus $\boldsymbol{j} = e \cdot n \cdot \boldsymbol{v}_{\mathrm{D}}$ folgt mit $n = 5 \cdot 10^{28}\,/\mathrm{m}^3$ die Driftgeschwindigkeit $v_{\mathrm{D}} = 0{,}33 \cdot 10^{-3}\,\mathrm{m/s} = 0{,}33\,\mathrm{mm/s} \Rightarrow t_2 = 3 \cdot 10^4\,\mathrm{s}$.

Es dauert also etwa acht Stunden (!), bis das erste Elektron aus der Spannungsquelle den Glühfaden erreicht.

d) Bei einem Strom von 1 A fließen $N = 6{,}25 \cdot 10^{18}$ Elektronen pro Sekunde durch den Drahtdurchschnitt. Ihre Masse ist:

$$M = 6{,}25 \cdot 10^{18} \cdot 9{,}1 \cdot 10^{-31}\,\mathrm{kg} = 5{,}6 \cdot 10^{-12}\,\mathrm{kg}\,.$$

Es dauert also $1{,}7 \cdot 10^{11}$ s (!), bis 1 kg Elektronen durch den Glühfaden gewandert sind.

2. Der Widerstand dR des Längenelementes dx ist

$$dR = \varrho_{\mathrm{el}} \cdot \frac{dx}{A(x)}\,.$$

Der Querschnitt ist

$$A(x) = \frac{\pi}{4}\big(d(x)\big)^2 = \frac{\pi}{4}\left(d_1 + \frac{d_2 - d_1}{L}x\right)^2\,.$$

Der Gesamtwiderstand ist dann:

$$R = \frac{4\varrho_{\mathrm{el}}}{\pi}\int\limits_0^L \left(d_1 + \frac{d_2 - d_1}{L}x\right)^{-2} \mathrm{d}x$$
$$= \frac{4\varrho_{\mathrm{el}}}{\pi}\int\limits_0^L \frac{\mathrm{d}x}{(a+bx)^2}$$

mit $a = d_1,\ b = (d_2 - d_1)/L$

$$= -\frac{4\varrho_{\mathrm{el}}}{\pi \cdot b}\left.\frac{1}{(a+bx)}\right|_0^L = \frac{4\varrho_{\mathrm{el}}}{\pi}\cdot\frac{L}{d_1 \cdot d_2}\,.$$

Zahlenwerte:

$$R = \frac{4 \cdot 8{,}71 \cdot 10^{-8}}{\pi} \cdot \frac{1}{0{,}25 \cdot 10^{-6}\,\Omega} = 0{,}44\,\Omega\,.$$

b) Bei einer Spannung $U = 1V$ fließt ein Strom:

$$I = \frac{1}{0{,}44}\text{A} \approx 2{,}25\,\text{A}\,.$$

Am gesamten Draht fällt die Leistung $P_{\text{el}} = U \cdot I = 2{,}25$ W an, die sich aber nicht gleichmäßig über den Draht verteilt. Aus $\mathrm{d}P_{\text{el}} = I^2 \cdot \mathrm{d}R$ folgt

$$P_{\text{el}}(x) = I^2 \cdot \varrho_{\text{el}} \cdot \frac{\mathrm{d}x}{A(x)}\,.$$

Die im Draht verheizte Leistung an der Stelle x ist umgekehrt proportional zum Querschnitt.

3. Die beiden mittleren Widerstände $2R$ in Abb. 2.62 sind kurzgeschlossen, und daher brauchen sie nicht berücksichtigt zu werden. Zwischen B und dem Mittelpunkt ist der Gesamtwiderstand $R/2$. Dasselbe gilt zwischen A und dem Mittelpunkt. Der Widerstand zwischen A und B ist deshalb $R_g = R$.
4. Man kann die Schaltung in Abb. 2.63 vereinfacht darstellen (siehe Abb. L.8).

$$R'_3 = R_3 + R_i(U_2) = (4+1)\,\Omega = 5\,\Omega$$

$$R_7 = R_1 + R_i(U_1) + R_4 + \frac{R_5 \cdot R_6}{R_5 + R_6}$$

$$= \left(3 + 1 + 8 + \frac{12 \cdot 24}{36}\right)\Omega = 20\,\Omega\,.$$

a) $I_1 + I_3 = I_2$ (Knotenregel)

b) $I_1 \cdot R_7 + I_2 \cdot R_2 = U_1$ (obere Masche)

c) $I_3 \cdot R'_3 + I_2 \cdot R_2 = U_2$ (untere Masche)

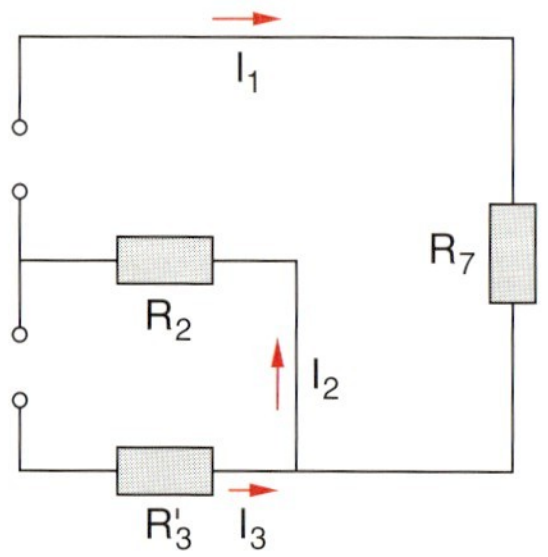

Abb. L.8. Zu Lösung 2.4

Aus b) folgt $I_1 = \dfrac{U_1 - I_2 R_2}{R_7}$.

Aus c) folgt $I_3 = \dfrac{U_2 - I_2 R_2}{R'_3}$.

Einsetzen in a) liefert für I_2:

$$I_2 = \frac{U_1 R'_3 + U_2 R_7}{R_2(R'_3 + R_7) + R'_3 R_7} = 0{,}65\,\text{A}\,.$$

$$I_1 = \frac{U_1}{R_7} - \frac{R_2}{R_7} I_2 = 0{,}37\,\text{A}\,;$$

$$I_3 = I_2 - I_1 = 0{,}28\,\text{A}\,.$$

Die Potentialdifferenz ist:

$$U(A) = \frac{R_5 \cdot R_6}{R_5 + R_6} \cdot I_1 = 2{,}96\,\text{V}\,.$$

5. a) $U_1 = U_0 - IR_\text{i}$

$$\Rightarrow\; R_\text{i} = \frac{U_0 - U}{I} = \frac{2}{150}\,\Omega = 13{,}3\,\text{m}\Omega$$

$$R_\text{a} = \frac{U_1}{I} = \frac{10}{150}\,\Omega = 66{,}7\,\text{m}\Omega\,.$$

b) Für $R_\text{i} = R_\text{a}$ gilt:

$$I = \frac{U_1}{R_\text{a}} = \frac{U_0 - IR_\text{a}}{R_\text{a}}$$

$$\Rightarrow\; I = \frac{U_0}{2R_\text{a}} = \frac{12}{0{,}133}\text{A} = 90\,\text{A}$$

$$U_1 = U_0 - IR_\text{a}$$

$$= (12 - 90 \cdot 0{,}0667)\text{V} = 6\,\text{V}\,.$$

c) Im Falle a) ist die im Anlasser verbrauchte Leistung:

$$P_\text{el}^{(\text{A})} = I^2 \cdot R_\text{a} = 150^2 \cdot 0{,}0667\,\text{W} = 1500\,\text{W}\,,$$

in der Batterie wird während des Anlassens die Leistung

$$P_\text{el}^{(\text{B})} = I^2 \cdot R_\text{i} = 150^2 \cdot 0{,}0133\,\text{W} \approx 300\,\text{W}$$

verbraucht. Im Fall b) gilt:

$$P_\text{el}^{(\text{A})} = 90^2 \cdot 0{,}0667\,\text{W} = 540\,\text{W}\,,$$

$$P_\text{el}^{(\text{B})} = 540\,\text{W}\,.$$

6. Wir fassen die Elemente 1–8 wie folgt zusammen:

Zusammenfassung	Art	C_g	R_g
7+8 = a	Serie	$\frac{1}{2}C$	$2R$
6+a = b	parallel	$\frac{3}{2}C$	$\frac{2}{3}R$
5+b = c	Serie	$\frac{3}{5}C$	$\frac{5}{3}R$
4+c = d	parallel	$\frac{8}{5}C$	$\frac{5}{8}R$
3+d = e	Serie	$\frac{8}{13}C$	$\frac{13}{8}R$
2+e = f	parallel	$\frac{21}{13}C$	$\frac{13}{21}R$
1+f	Serie	$\frac{21}{34}C$	$\frac{34}{21}R$

$\Rightarrow C_g = \frac{21}{34}\,C,\ R_g = \frac{34}{21}\,R.$

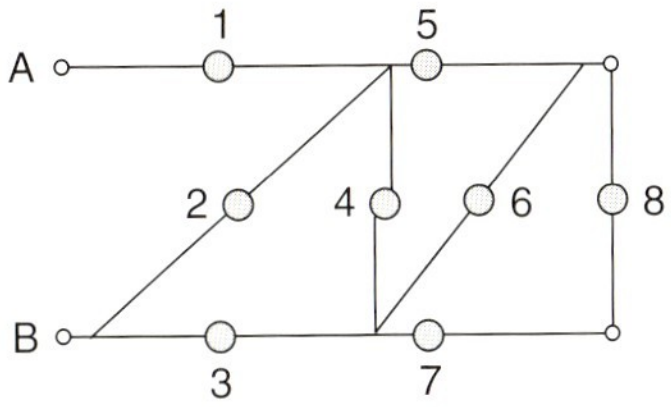

Abb. L.9. Zu Lösung 2.6

7. Die gewünschte Nickelschicht der Dicke d hat das Volumen:

$$V = d \cdot A = d\,(2\pi r \cdot L + 2\pi r^2) = 24{,}9\,\text{cm}^3\,.$$

Ihre Masse ist:

$$m = \varrho \cdot V = 8{,}7 \cdot 24{,}9\,\text{g} = 216{,}5\,\text{g}\,.$$

a) Der Gesamtstrom I ist gleich der zulässigen Stromdichte $\boldsymbol{j}$ mal der Oberfäche A des Zylinders:

$$I = 2{,}5 \cdot 10^{-1}\,\text{A/cm}^2 \cdot 2{,}49 \cdot 10^3\,\text{cm}^2 = 623\,\text{A}\,.$$

b) Das elektrochemische Äquivalent ist:

$$E_C = \frac{1}{2} \cdot \frac{N_A \cdot m_{Ni}}{96\,485{,}3}\,\frac{\text{kg}}{\text{C}} = 1{,}825 \cdot 10^{-7}\,\text{kg/C}$$
$$= 1{,}825 \cdot 10^{-4}\,\text{g/C}\,.$$

Die Galvanisierungszeit ist somit:

$$t = \frac{216{,}5}{1{,}825 \cdot 10^{-4} \cdot 623}\,\text{s} = 1{,}9 \cdot 10^3\,\text{s} = 31{,}7\,\text{min}\,.$$

8. Die Klemmenspannung U ist: $U = U_0 - I \cdot R_i$ mit $U_0 = EMK$.

$$I = \frac{U}{R_a} \Rightarrow U = \frac{U_0}{1 + R_i/R_a}$$
$$P_{el} = \frac{dW_{el}}{dt} = \frac{U^2}{R_a} = \frac{U_0^2 R_a}{(R_i + R_a)^2}$$
$$\frac{dP_{el}}{dR_i} = 0 \Rightarrow R_i = R_a$$
$$\Rightarrow P_{el}^{max} = \frac{U_0^2}{4R_i} = \frac{4{,}5}{4 \cdot 1{,}2}\,\text{W} = 4{,}22\,\text{W}\,.$$

9. a) $Q = C_1 U_1 = 2 \cdot 10^{-5}\,\text{F} \cdot 10^3\,\text{V} = 2 \cdot 10^{-2}\,\text{C}$. Nach der Verbindung der beiden Kondensatoren verteilt sich die Ladung Q so auf C_1 und C_2, dass an beiden Kondensatoren die gleiche Spannung U_2 anliegt.

$$Q = (C_1 + C_2)\,U_2$$
$$\Rightarrow U_2 = \frac{Q}{C_1 + C_2}$$
$$= \frac{2 \cdot 10^{-2}\,\text{C}}{3 \cdot 10^{-5}\,\text{F}} = \frac{2}{3} \cdot 10^3\,\text{V}\,.$$

Vor der Verbindung war die Energie:

$$W_{el} = \frac{1}{2} C_1 U_1^2 = 10\,\text{Ws}\,.$$

Nach der Verbindung gilt:

$$W_1 = \frac{1}{2}\,C_1 U_2^2 = \frac{40}{9}\,\text{Ws}$$
$$W_2 = \frac{1}{2}\,C_2 U_2^2 = \frac{20}{9}\,\text{Ws}$$
$$\Rightarrow W = W_1 + W_2 = \frac{20}{3}\,\text{Ws}\,.$$

Der Rest $\Delta W = 10/3\,\text{Ws}$ ist beim Stromfluss von C_1 nach C_2 als Joulesche Wärme verloren gegangen. Man kann dies auch so ausdrücken:

$$W_{el} = \frac{1}{2}\frac{Q^2}{C_1}, \quad W_1 + W_2 = \frac{1}{2}\frac{Q^2}{C_1 + C_2} < W_{el}$$

$\Rightarrow$ der Bruchteil $C_2/(C_1 + C_2)$ der ursprünglichen Energie geht in Wärme über.

10. Aus Abb. L.10 entnimmt man

$$U = U_0 - R \cdot I\,.$$

Für R_{min} ist die Widerstandsgerade $U = U_0 - R \cdot I$ Tangente an die Kurve $I(U)$ der Gasentladung. Für

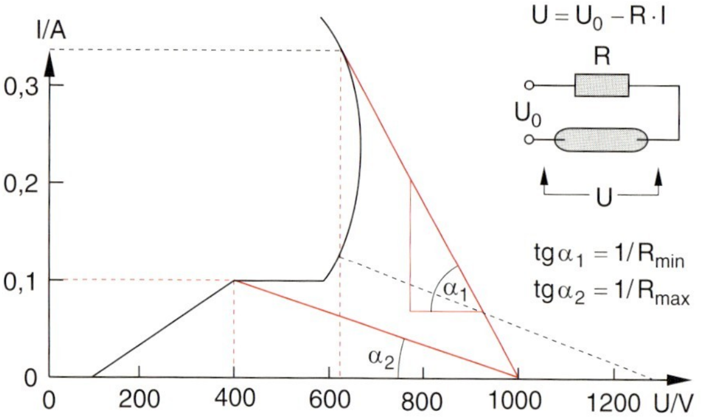

Abb. L.10. Zu Lösung 2.10

$U = 630\,\mathrm{V}$ wird somit $I = 0{,}33\,\mathrm{A}$.

$$\Rightarrow R_{\min} = \frac{U_0 - U}{I} = \frac{1000-630}{0{,}33}\,\Omega \approx 1121\,\Omega$$

$$R_{\max} = \frac{1000-400}{0{,}1}\,\Omega = 6000\,\Omega\,.$$

b) Bei $R = 5\,\mathrm{k\Omega}$ und $U_0 = 500\,\mathrm{V}$ wird

$$I = \frac{U_0 - U}{R} = 0.1A - \frac{U}{R}\,.$$

Der Schnittpunkt der Widerstandsgeraden mit der Kennlinie der Gasentladung liegt also im unselbstständigen Bereich; die Entladung geht aus. Bei $U_0 = 1250\,\mathrm{V}$ folgt

$$I = \frac{1240\,\mathrm{V}}{5000\,\Omega} - \frac{U}{5000\,\Omega} = 0{,}25\,\mathrm{A} - \frac{U}{5000\,\Omega}\,.$$

Da $U < 700\,\mathrm{V}$ ist, ist $0{,}25\,\mathrm{A} > I > 0{,}11\,\mathrm{A}$. Die Widerstandsgerade schneidet die Kennlinie im stabilen Bereich. Aus der graphischen Darstellung findet man: $U = 620\,\mathrm{V}$, $I = 0{,}12\,\mathrm{A}$.

11. $\boldsymbol{j} = (n^+ + n^-)\,e \cdot v = \sigma \cdot E$

$$E = E_0 \cdot \cos\omega t$$

$$v = \frac{\sigma}{(n^+ + n^-)\,e} E_0 \cos\omega t = v_0 \cdot \cos\omega t$$

$$v_0 = \frac{1{,}1 \cdot 3000}{2 \cdot 10^{28} \cdot 1{,}6 \cdot 10^{-18}} \frac{\mathrm{m}}{\mathrm{s}} = 1 \cdot 10^{-6}\,\mathrm{m/s}$$

$$s_0 = \frac{v_0}{\omega}, \quad \text{weil} \quad s = \int v\,\mathrm{d}t = \frac{1}{\omega} v_0 \sin\omega t$$

$$s_0 = 3{,}2 \cdot 10^{-9}\,\mathrm{m} = 3{,}2\,\mathrm{nm}\,.$$

12. Nach (2.15) gilt mit $h = L$:

$$R = \frac{\varrho_s \cdot \ln(r_2/r_1)}{2\pi \cdot L} = \frac{10^{12} \ln 8}{200\pi} = 3{,}3 \cdot 10^9\,\Omega\,,$$

$$I = \frac{U}{R} = \frac{3 \cdot 10^3}{3{,}3 \cdot 10^9}\mathrm{A} = 0{,}9 \cdot 10^{-6}\,\mathrm{A} = 0{,}9\,\mu\mathrm{A}\,.$$

13. a) Der Widerstand für n Meter Kabellänge kann durch

$$R_n = 2R_1 + R_{n-1}$$

beschrieben werden, wobei

$$\frac{1}{R_{n-1}} = \frac{1}{R_2} + \frac{n-1}{2R_1 + R_2}$$

$$\Rightarrow R_{n-1} = \frac{R_2(2R_1 + R_2)}{2R_1 + n \cdot R_2}\,.$$

b) Für $R_1 = R_2$:

$$\Rightarrow R_{n-1} = \frac{3R_1}{2+n} \qquad \Rightarrow R_n = 2R_1 + \frac{3R_1}{2+n}\,,$$

$$\lim_{n\to\infty} R_n = 2R_1\,.$$

14. Die mittlere freie Weglänge sei Λ. Ein Elektron am Ort $\boldsymbol{r}$ wurde deshalb zuletzt im Abstand Λ von $\boldsymbol{r}$ gestreut, wo es im Mittel die Geschwindigkeit

$$\boldsymbol{v}(\boldsymbol{r} - \Lambda \cdot \hat{\boldsymbol{v}}) = \hat{\boldsymbol{v}} \cdot \bar{v}\left(T(\boldsymbol{r} - \Lambda\hat{\boldsymbol{v}})\right)$$

hatte, wobei $\hat{\boldsymbol{v}}$ ein Einheitsvektor in Richtung $\boldsymbol{v}$ ist und die mittlere Geschwindigkeit von der Temperatur T abhängt. Die mittlere Geschwindigkeit am Ort $\boldsymbol{r}$ erhält man durch Mitteilung über alle Richtungen, da sich bei der Streuung nur die Richtung, nicht der Betrag der Elektronengeschwindigkeit ändert. Dies ergibt:

$$\langle \boldsymbol{v} \rangle = \frac{1}{4\pi} \int \hat{\boldsymbol{v}} \cdot \bar{v}\left(T(\boldsymbol{r} - \Lambda\hat{\boldsymbol{v}})\right)\,\mathrm{d}\Omega\,.$$

Wenn sich die Temperatur über die Strecke Λ nur wenig ändert, braucht man bei der Reihenentwicklung

$$T(\boldsymbol{r} - \Lambda\hat{\boldsymbol{v}}) \approx T(\boldsymbol{r}) - \Lambda \cdot \hat{\boldsymbol{v}} \cdot \nabla T(\boldsymbol{v}) + \ldots$$

nur die ersten beiden Glieder zu berücksichtigen. Dies ergibt:

$$\bar{v}\left(T(\boldsymbol{r} - \Lambda\hat{\boldsymbol{v}})\right) \approx \bar{v}(T(\boldsymbol{r})) - \Lambda \cdot \hat{\boldsymbol{v}} \cdot \nabla T(\boldsymbol{r}) \cdot \frac{\mathrm{d}\bar{v}}{\mathrm{d}T}\,.$$

Einsetzen in das Integral ergibt für den ersten Term den Wert null, weil die Geschwindigkeiten über alle Richtungen isotrop verteilt sind. Für den 2. Term erhält man für die Driftgeschwindigkeit der Elektronen

$$\boldsymbol{n}(\boldsymbol{r}) = \langle \boldsymbol{v} \rangle_r = -\frac{1}{4\pi} \nabla T(\boldsymbol{r}) \cdot \frac{\mathrm{d}\bar{v}}{\mathrm{d}T} \cdot \int \Lambda \hat{\boldsymbol{v}} \, \mathrm{d}\Omega$$
$$= -\frac{1}{3} \Lambda \cdot \frac{\mathrm{d}\bar{v}}{\mathrm{d}T} \cdot \nabla T(\boldsymbol{r}) \, .$$

Die Stromdichte auf Grund der Thermodiffusion ist dann

$$\boldsymbol{\gamma}_{\text{Thermodiff}}(\boldsymbol{r}) = n \cdot \boldsymbol{n}(\boldsymbol{r}) \, .$$

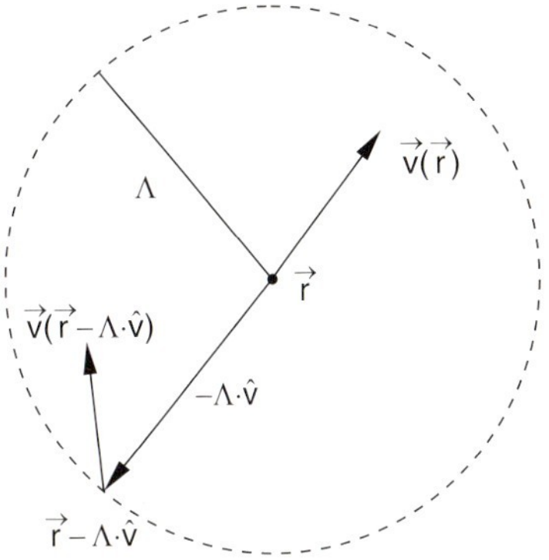

Abb. L.11. Zu Lösung 2.14

15. Wenn die Thermodiffusion nicht wäre, würde $\gamma_{\text{ThD}} = 0$ sein und damit nach (2.42h) auch der Seebeck-Koeffizient. Nach (2.41a) ist aber die Thermospannung durch die Differenz der Seebeck-Koeffizienten bestimmt. Ohne Thermodiffusion wäre sie also null.

Kapitel 3

1. a) $B(0) = 0$: Außen addieren sich die Felder, zwischen den Drähten subtrahieren sie sich.

$$F_1 = \{+F_x, 0, 0\}, \quad F_2 = \{-F_x, 0, 0\}$$

$\Rightarrow$ Anziehung (Abb. L.12a). $I_1 = -I_2 = I$: Außen subtrahieren, innen addieren sich die Felder.

$$F_1 = \{-F_x, 0, 0\}, \quad F_2 = \{+F_x, 0, 0\}$$

$\Rightarrow$ Abstoßung (Abb. L.12b).

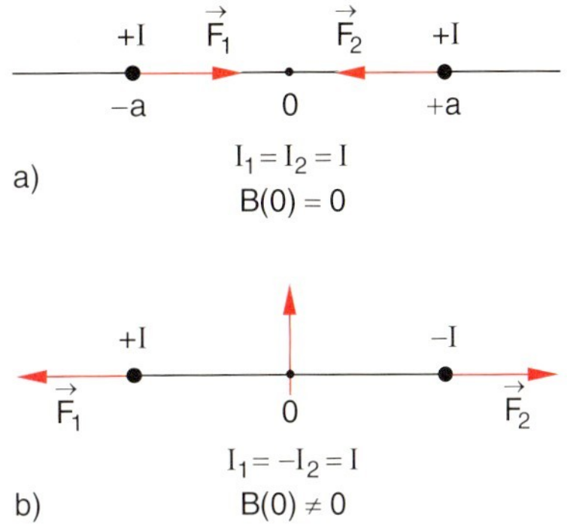

Abb. L.12a,b. Zu Lösung 3.1a

b) Für das Magnetfeld gilt:

$$|\boldsymbol{B}_1| = B_1 = \frac{\mu_0 I_1}{2\pi r_1} \, ,$$

$$B_{1x} = B_1 \cdot \sin\alpha_1 = B_1 \frac{a-y}{r_1} \, ,$$

$$B_{1y} = B_1 \cdot \cos\alpha_1 = B_1 \frac{x}{r_1} \, ,$$

$$|\boldsymbol{B}_2| = B_2 = \frac{\mu_0 I_2}{2\pi r_2} \, ,$$

$$B_{2x} = -B_2 \sin\alpha_2 = -B_2 \frac{a+y}{r_2} \, ,$$

$$B_{2y} = B_2 \cos\alpha_2 = B_2 \frac{x}{r_2} \, .$$

Das Gesamtfeld im Punkte $P(x, y)$ ist dann:

$$B_x = \frac{a-y}{r_1} B_1 - \frac{a+y}{r_2} B_2$$
$$= \frac{\mu_0}{2\pi} \left(\frac{I_1(a-y)}{r_1^2} - \frac{I_2(a+y)}{r_2^2} \right) ,$$

$$B_y = \frac{\mu_0 x}{2\pi} \left(\frac{I_1}{r_1^2} + \frac{I_2}{r_2^2} \right)$$

mit $r_1^2 = x^2 + (y-a)^2$, $r_2^2 = x^2 + (y+a)^2$.

Spezialfälle:

α) $I_1 = I_2 = I$; $y = 0$ (Feld auf der x-Achse):

$$B_x = 0; \quad B_y = \frac{\mu_0 I}{\pi} \frac{x}{a^2 + x^2} = |\boldsymbol{B}| \, .$$

Auf der y-Achse ($x = 0$) gilt außerhalb der Drähte ($y \neq \pm a$)

$$B_x = \frac{\mu_0 I}{\pi} \frac{y}{a^2 - y^2}; \quad B_y = 0$$

$$\Rightarrow |B| = B_x \, .$$

β) $I_1 = -I_2 = I$: Jetzt erhalten wir für $y = 0$:

$$B_x = \frac{\mu_0 I}{\pi} \frac{a}{a^2 + x^2}; \quad B_y = 0$$

und auf der y-Achse für $y \neq \pm a$

$$B_x = \frac{\mu_0 I}{\pi} \frac{a}{a^2 - y^2}; \quad B_y = 0 .$$

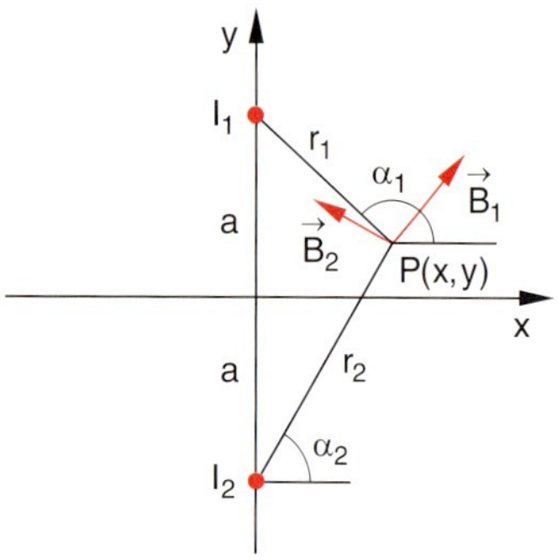

Abb. L.13. Zu Lösung 3.1b

c) Bei parallelen Leitern ist nach (3.32) die Kraft zwischen den Leitern pro Meter Leiterlänge:

$$\frac{\boldsymbol{F}}{L} = \frac{\mu_0}{4\pi a} I_1 \cdot I_2 \, (\hat{\boldsymbol{e}}_\varphi \times \hat{\boldsymbol{e}}_z) ,$$

wobei $\hat{\boldsymbol{e}}_z$ in die $+z$-Richtung zeigt und $\hat{\boldsymbol{e}}_\varphi$ die Richtung des Magnetfeldes eines Drahtes am Ort des anderen Drahtes angibt.

Für $I_1 = I_2 = I$ sind $\boldsymbol{F}_1$ und $\boldsymbol{F}_2$ aufeinander zu gerichtet (Anziehung), für $I_1 = -I_2 = I$ voneinander weg gerichtet (Abstoßung). Der Betrag der Kraft ist in beiden Fällen

$$\frac{|\boldsymbol{F}|}{L} = \frac{\mu_0 I^2}{4\pi a} .$$

d) Die Kraft auf ein Längenelement $\mathrm{d}L$ des Drahtes in z-Richtung im Magnetfeld des Drahtes in x-Richtung ist:

$$\mathrm{d}\boldsymbol{F} = I_2 \, (\mathrm{d}\boldsymbol{L} \times \boldsymbol{B}_1)$$

$$\mathrm{d}\boldsymbol{L} = \{0, 0, \mathrm{d}z\}; \qquad \boldsymbol{B}_1 = \{0, B_y, B_z\}$$

$$\Rightarrow \mathrm{d}F_x = -I_2 B_y \, \mathrm{d}z; \qquad \mathrm{d}F_y = \mathrm{d}F_z = 0 .$$

Die y-Komponente des Magnetfeldes des stromdurchflossenen Drahtes in x-Richtung ist im Punkte $P(0, -a, z)$ auf dem anderen Draht:

$$B_y = \frac{\mu_0 I_1}{2\pi} \frac{z}{a^2 + z^2};$$

$$\Rightarrow \mathrm{d}F_x = \frac{\mu_0}{2\pi} I_1 I_2 \frac{z \, \mathrm{d}z}{a^2 + z^2} .$$

Auf ein Stück des Drahtes von $z_1 = -b$ bis $z_2 = +b$ wirkt die Kraft:

$$F_x = \int_{z_1}^{z_2} \mathrm{d}F_x = \frac{\mu_0 I_1 I_2}{4\pi} \ln(a^2 + z^2)\Big|_{z=-b}^{z=+b} = 0 .$$

Die Kraft zwischen den Drähten ist also null.

Frage: Hätte man dies auch direkt aus Symmetrieüberlegungen schließen können? Antwort: ja.

2. Wegen der Zylindersymmetrie gibt es nur eine tangentiale Komponente $B_\varphi(r)$, die wir berechnen können aus:

$$\int \boldsymbol{B} \cdot \mathrm{d}\boldsymbol{s} = 2\pi r \cdot B_\varphi = \mu_0 \cdot I(r) ,$$

wobei $I(r)$ der Strom durch die Fläche innerhalb des Integrationsweges ist. Wir erhalten dann:

1) $r \leq r_1 \Rightarrow B = 0$;

2) $r \geq r_4 \Rightarrow B = 0$, weil der Gesamtstrom $I = I_1 + I_2$ mit $I_2 = -I_1$ null ist;

3) $r_1 \leq r \leq r_2$:

$$B = \frac{\mu_0 I}{2\pi r} \left(\frac{r^2 - r_1^2}{r_2^2 - r_1^2} \right);$$

4) $r_2 \leq r \leq r_3$:

$$B = \frac{\mu_0 I}{2\pi r} ;$$

5) $r_3 \leq r \leq r_4$:

$$B = \frac{\mu_0 I}{2\pi r} \left(1 - \frac{r^2 - r_3^2}{r_4^2 - r_3^2} \right) .$$

3. Die Bewegung des Elektrons entspricht einem Strom

$$I = -e \cdot \nu = -e \cdot \omega / 2\pi .$$

Die Umlaufkreisfrequenz ω ergibt sich aus:

$$m\omega^2 \cdot r = \frac{1}{4\pi\varepsilon_0} \frac{e^2}{r^2} ,$$

weil die Zentripetalkraft gleich der Coulombkraft ist:

$$\omega = \left(\frac{e^2}{4\pi\varepsilon_0 m r^3} \right)^{1/2}$$

$$\Rightarrow I = -\frac{e^2}{2\pi} \sqrt{\frac{1}{4\pi\varepsilon_0 m r^3}} \approx 1\,\mathrm{mA} .$$

Das Magnetfeld im Mittelpunkt der Kreisbahn ist nach (3.19a):

$$B_z = \frac{\mu_0 \cdot I}{2r} = -\frac{\mu_0 e^2}{4\pi r^2}\sqrt{\frac{1}{4\pi\varepsilon_0 m r^3}} \approx 12{,}5\,\mathrm{T}\,.$$

4. Nach (3.31) gilt für die Kraft auf den stromdurchflossenen Leiter:

$$\mathrm{d}\boldsymbol{F} = I \cdot (\mathrm{d}\boldsymbol{L} \times \boldsymbol{B})$$

$$\mathrm{d}\boldsymbol{L} = \begin{Bmatrix} \mathrm{d}x \\ \mathrm{d}y \\ 0 \end{Bmatrix} = \begin{Bmatrix} r \cdot \sin\varphi\, \mathrm{d}\varphi \\ r \cdot \cos\varphi\, \mathrm{d}\varphi \\ 0 \end{Bmatrix}.$$

Weil $\boldsymbol{B} = \{0, 0, B\}$ nur eine z-Komponente hat, gilt:

$$\mathrm{d}F_x = I \cdot \mathrm{d}y \cdot B$$
$$\mathrm{d}F_y = -I \cdot \mathrm{d}x \cdot B$$
$$\Rightarrow F_x = I \cdot B \cdot r \cdot \int_0^\pi \cos\varphi\, \mathrm{d}\varphi = 0$$
$$F_y = -I \cdot B \cdot r \cdot \int_0^\pi \sin\varphi\, \mathrm{d}\varphi = -2r \cdot I \cdot B\,.$$

Dieselbe Kraft würde ein gerader Draht der Länge $L = 2r$ erfahren.

5. a) Nach (3.22b) ist das Magnetfeld für $z = 0$:

$$B(z=0) = \frac{\mu_0 N I R^2}{\left[(d/2)^2 + R^2\right]^{3/2}}\,.$$

Mit $N = 100$, $R = 0{,}4\,\mathrm{m}$ erhalten wir

$$B(z=0) = \mu_0 I \frac{16\,\mathrm{m}^2}{\left[0{,}16\,\mathrm{m}^2 + (d/2)^2\right]^{3/2}}\,.$$

Für $d = R$ und $I = 1$ A folgt

$$B(z=0) = 2{,}25 \cdot 10^{-4}\,\mathrm{T} = 2{,}25\,\mathrm{Gauß}\,.$$

b) Für $B(0) = 5 \cdot 10^{-5}\,\mathrm{T}$ folgt $I = 0{,}22\,\mathrm{A}$. Die Spulenachse muss antiparallel zur Richtung des Erdmagnetfeldes stehen.

c) Um das Feld außerhalb der Spulen zu berechnen, setzen wir $z = \pm(d/2 + \Delta z)$, wobei Δz den Abstand von der Spulenebene nach außen angibt. Entwickeln wir (3.22a) in eine Taylorreihe um $\Delta z = 0$, so ergibt sich:

$$B(z) = \frac{\mu_0 I R^2}{2}\left[\frac{1}{\left[(d+\Delta z)^2 + R^2\right]^{3/2}} + \frac{1}{(\Delta z^2 + R^2)^{3/2}}\right].$$

Für $d = R$ ergibt dies:

$$B(z) = \frac{\mu_0 I}{2R}\left[\frac{1}{\left[1 + \left(1 + \frac{\Delta z}{R}\right)^2\right]^{3/2}} + \frac{1}{\left[1 + \left(\frac{\Delta z}{R}\right)^2\right]^{3/2}}\right]$$
$$\approx \frac{\mu_0 I}{2R}\left[\frac{1}{\sqrt{8}}\left(1 - \frac{3}{2}\frac{\Delta z}{R} - \frac{3}{4}\left(\frac{\Delta z}{R}\right)^2\right) - \frac{15}{8}\left(\frac{\Delta z}{R}\right)^2 + \dots + 1 - \frac{3}{2}\frac{\Delta z}{R} - \frac{15}{8}\left(\frac{\Delta z}{R}\right)^2 + \dots\right]$$
$$\approx \frac{\mu_0 I}{2R}\left[1{,}35 - 2\frac{\Delta z}{R} - 2{,}8\left(\frac{\Delta z}{R}\right)^2 - \dots\right].$$

6. a) Bahn des Elektrons im Magnetfeld $\boldsymbol{B} = \{0, 0, B_0\}$. Die Geschwindigkeitskomponente $v_z = v_0/\sqrt{3}$ bleibt konstant. Für die Komponenten v_x, v_y gilt: Lorentzkraft = Zentripetalkraft.

$$e \cdot (\boldsymbol{v} \times \boldsymbol{B}) = m \cdot \omega^2 \cdot \begin{Bmatrix} x \\ y \\ 0 \end{Bmatrix}$$
$$\Rightarrow e v_y B_0 = m\omega^2 x\,,$$
$$-e v_x B_0 = m\omega^2 y\,.$$

Mit $r^2 = x^2 + y^2$ und $v_\perp^2 = v_x^2 + v_y^2$ folgt

$$e^2 v_\perp^2 B_0^2 = m^2 \omega^4 r^2\,.$$

Wäre $v_z = 0$, so würde das Elektron einen Kreis in der x-y-Ebene beschreiben mit dem Radius

$$r = \frac{m \cdot v_\perp}{e B_0} = \frac{m \cdot v_0 \cdot \sqrt{2}}{e \cdot B_0 \cdot \sqrt{3}}\,.$$

Die Umlaufzeit ist:

$$T = \frac{2\pi r}{v_\perp} = \frac{2\pi m}{eB_0} .$$

Mit $v_z = v_0/\sqrt{3}$ ist die Elektronenbahn eine Kreisspirale um die z-Achse mit einer Ganghöhe

$$\Delta z = v_z \cdot T = \frac{2\pi \cdot v_0 \cdot m}{\sqrt{3}e \cdot B_0} .$$

In diesem Beispiel bleiben die Größen v_z, $v_r = \dot{r} = 0$, $|\boldsymbol{v}|$, $|\boldsymbol{p}|$ und $E_{\text{kin}} = m/2\, v^2$ zeitlich konstant.

b) Ein zusätzliches elektrisches Feld $\boldsymbol{E}_1 = E_0\,\{0, 0, 1\}$ beeinflusst nur v_z, nicht v_x, v_y. Es gilt:

$$v_z = v_z(0) + a \cdot t = v_0/\sqrt{3} + \frac{eE_0}{m}\, t .$$

Die Elektronenbahn bleibt eine Spirale, deren Ganghöhe jedoch zunimmt. Sie wird:

$$\Delta z(t) = v_z \cdot T = \left(v_0/\sqrt{3} + \frac{eE}{m}\, t\right) \frac{2\pi m}{eB_0}$$
$$= \Delta z_0 + \frac{2\pi E_0}{B_0}\, t .$$

Nur $v_r = 0$ bleibt konstant.

Ein zusätzliches Feld $\boldsymbol{E}_2 = E_0 \cdot \{1, 0, 0\}$ führt auf die beiden gekoppelten Differentialgleichungen

$$\ddot{x} = \frac{e}{m}\, E_0 + \frac{e}{m}\, B_0 \dot{y} ,$$
$$\ddot{y} = -\frac{e}{m}\, B_0 \dot{x} ,$$

welche unter der Anfangsbedingung $\dot{x}(0) = \dot{y}(0) = v_0/\sqrt{3}$ folgende Lösungen besitzen:

$$\dot{x}(t) = \frac{v_0}{\sqrt{3}} \cos\omega t + \left(\frac{E_0}{B_0} + \frac{v_0}{\sqrt{3}}\right) \sin\omega t ,$$
$$\dot{y}(t) = -\frac{E_0}{B_0} + \left(\frac{E_0}{B_0} + \frac{v_0}{\sqrt{3}}\right) \cos\omega t - \frac{v_0}{\sqrt{3}} \sin\omega t .$$

Durch Integration erhält man dann die Bahnkurve. Keine der in c) angegebenen Größen bleibt erhalten.

7. a) Die Driftgeschwindigkeit der Elektronen ergibt sich aus

$$\boldsymbol{j} = n \cdot e \cdot \boldsymbol{v}_{\text{D}} = I/A$$
$$\Rightarrow\ |\boldsymbol{v}_{\text{D}}| = \frac{I}{n \cdot e \cdot A}$$
$$= \frac{10}{8 \cdot 10^{28} \cdot 1{,}6 \cdot 10^{-19} \cdot 10^{-4} \cdot 10^{-2}}\, \frac{\text{m}}{\text{s}}$$
$$= 0{,}78 \cdot 10^{-3}\ \text{m/s} = 0{,}78\ \text{mm/s} .$$

b) Die Hallspannung ist nach (3.43c)

$$U_{\text{H}} = \frac{I \cdot B}{n \cdot e \cdot d}$$

mit $d = \Delta y = 1\,\text{cm}$, $B = 2\,\text{T}$, $I = 10\,\text{A}$, $n_e = 8 \cdot 10^{28}\,\text{m}^{-3} \Rightarrow U_{\text{H}} = 1{,}56 \cdot 10^{-7}\,\text{V} = 0{,}156\,\mu\text{V}$.

c) Die Kraft pro m des Kupferstabes ist

$$\frac{F}{l} = I \cdot B = 10 \cdot 2\,\text{N/m} = 20\,\text{N/m} .$$

8. a) Der elektrische Widerstand des Eisenbügels ist:

$$R_{\text{Fe}} = \varrho \cdot \frac{L}{A} = 8{,}71 \cdot 10^{-8} \cdot \frac{0{,}6}{5 \cdot 10^{-6}}\,\Omega$$
$$= 1{,}05 \cdot 10^{-2}\,\Omega .$$
$$R_{\text{Konst}} = \frac{0{,}5 \cdot 10^{-6} \cdot 0{,}2}{5 \cdot 10^{-6}\,\Omega}$$
$$= 2 \cdot 10^{-2}\,\Omega$$
$$U_{\text{th}} = a \cdot \Delta T = 53 \cdot 10^{-6} \cdot (750 - 15)\,\text{V}$$
$$= 39\,\text{mV} .$$

Der Strom durch den Stromkreis ist dann:

$$I_{\text{th}} = \frac{U_{\text{th}}}{R_{\text{Fe}} + R_{\text{Konst}}} = \frac{3{,}9 \cdot 10^{-2}}{3{,}05 \cdot 10^{-2}}\text{A}$$
$$= 1{,}28\,\text{A} .$$

b) Das Magnetfeld im Mittelpunkt der quadratischen Schleife mit Kantenlänge $a = 20\,\text{cm}$ in der x-y-Ebene hat nur eine z-Komponente. Indem man in (3.17) nur von $-\pi/4$ bis $\pi/4$ integriert, erhält man für das Magnetfeld einer einzelnen Seite der Leiterschleife

$$B_1 = \frac{\mu_0 I}{4\pi a/2} \int\limits_{-\pi/4}^{\pi/4} \cos\alpha\, \text{d}\alpha = \frac{\mu_0 I}{\sqrt{2}\pi a} ,$$

sodass sich insgesamt ergibt:

$$B = 4B_1 = \frac{2\sqrt{2}\mu_0 I}{\pi a} = 7{,}2 \cdot 10^{-6}\,\text{T} .$$

Wird die Stromschleife durch ein ferromagnetisches Material (z. B. Permalloy mit $\mu = 10^4$) geführt, so kann $B = 0{,}07\,\text{T}$ erreicht werden.

9. Für das Wienfilter gilt für Teilchen mit der Sollgeschwindigkeit v_0:

$$v_0 \cdot q \cdot B = q \cdot E\ \Rightarrow\ v_0 = \frac{E}{B} .$$

Teilchen mit der Geschwindigkeit $v = v_0 + \Delta v$ erfahren eine Zusatzkraft

$$\Delta F = \Delta v \cdot q \cdot B = m \cdot \ddot{x}$$
$$\Rightarrow \frac{\mathrm{d}x}{\mathrm{d}t} = \frac{q}{m}\,\Delta v \cdot B \cdot t + C_1 \,.$$

Wenn diese Teilchen beim Eintritt in das Feld ($t = 0$) in z-Richtung fliegen, ist $(\mathrm{d}x/\mathrm{d}t)_{t=0} = 0$ $\Rightarrow C_1 = 0$. Integration liefert:

$$x = \frac{1}{2}\,\frac{a}{m}\,\Delta v \cdot B \cdot t^2 + C_2 \,.$$

Wenn $x(t = 0) = 0 \Rightarrow C_2 = 0$. Die Durchflugzeit ist

$$t = \frac{L}{v} \approx \frac{L}{v_0} \quad \Rightarrow \quad \Delta v = \frac{2m \cdot x \cdot v_0^2}{q \cdot B \cdot L^2} \,.$$

Für $x \leq \Delta b/2$ folgt

$$|\Delta v| \leq \frac{m \cdot \Delta b \cdot v_0^2}{q \cdot B \cdot L^2} \,.$$

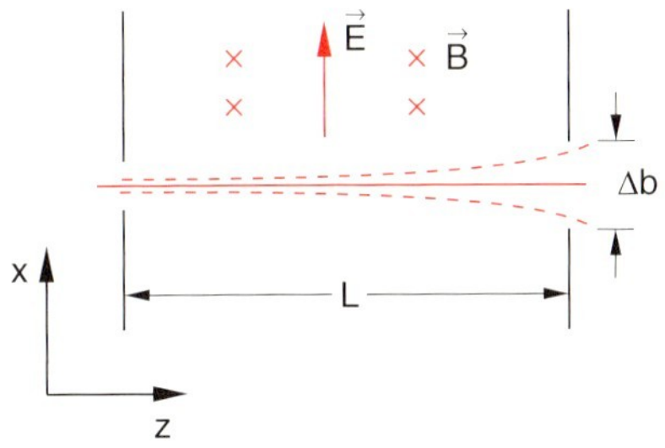

Abb. L.14. Zu Lösung 3.9

Kapitel 4

1. Die induzierte Spannung beträgt

$$U_{\text{ind}} = -\frac{\mathrm{d}\phi}{\mathrm{d}t} = -B \cdot \frac{\mathrm{d}F}{\mathrm{d}t} = -B \cdot b \cdot v$$

a) Der bewegte leitende Stab stellt einen Strom

$$I = \varrho_{\text{el}} \cdot b \cdot d \cdot v$$

(d = Bügeldicke) dar, dessen Stromdichte

$$j = \varrho_{\text{el}} \cdot v = -n \cdot e \cdot v$$

ist. Die induzierte Spannung ist dann mit $b \cdot v = -I/(n \cdot e \cdot d)$

$$U_{\text{ind}} = \frac{I \cdot B}{n \cdot e \cdot d} \,,$$

was identisch ist mit der Hallspannung (3.43c).

b) Die mechanische Leistung ist

$$\frac{\mathrm{d}W_{\text{mech}}}{\mathrm{d}t} = \text{Lorentzkraft mal Geschwindigkeit.}$$

Die Lorentzkraft ist nach (3.31) $I \cdot b \cdot B$, sodass

$$\frac{\mathrm{d}W_{\text{mech}}}{\mathrm{d}t} = I \cdot b \cdot B \cdot v = -I \cdot U_{\text{ind}}$$

wird.

c) Zunächst:

$$\begin{aligned} U_{\text{ind}} &= -\frac{\mathrm{d}}{\mathrm{d}t}\int \boldsymbol{B} \cdot \mathrm{d}\boldsymbol{F} \\ &= -\frac{\mathrm{d}}{\mathrm{d}t}\int a \cdot x \cdot b \cdot \mathrm{d}x \\ &= -a \cdot b \cdot \frac{\mathrm{d}}{\mathrm{d}t}\left(\frac{x^2}{2}\right) \\ &= -a \cdot b \cdot x \cdot v \end{aligned}$$
$$x = v \cdot t \;\Rightarrow\; U_{\text{ind}} = ab \cdot v^2 \cdot t \,.$$

Der Widerstand des gesamten Bügels ist

$$R(t) = (2b + 2x)\,g = 2g\,(b + v \cdot t) \,.$$

Der Stromverlauf ist dann:

$$I(t) = \frac{U(t)}{R(t)} = \frac{a \cdot b \cdot v^2 \cdot t}{2g\,(b + v \cdot t)} \,.$$

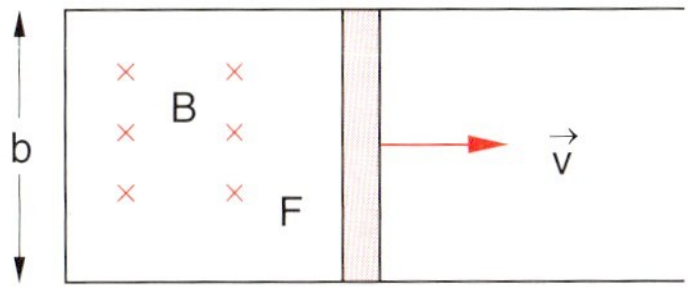

Abb. L.15. Zu Lösung 4.1

2. Wir nehmen zuerst an, dass der Abstand $R_2 - R_1$ zwischen den konzentrischen Rohren groß ist gegen die Wanddicke der Rohre. Dann gilt für das Magnetfeld

$$B = \frac{\mu_0 I}{2\pi r} \quad \text{für} \quad R_1 \leq r \leq R_2 \,.$$

Durch eine Rechteckfläche $F = a \cdot b$ mit $a = R_2 - R_1$ und $b = l$ parallel zur Rohrachse geht der Fluss

$$\phi = \frac{\mu_0 I \cdot l}{2\pi} \int_{R_1}^{R_2} B \cdot \mathrm{d}r = \frac{\mu_0 I \cdot l}{2\pi} \ln \frac{R_2}{R_1} .$$

a) Die Induktivität pro m Kabellänge ist daher

$$\hat{L} = \frac{\mu_0}{2\pi} \ln \frac{R_2}{R_1} .$$

Zahlenbeispiel: $R_1 = 1\,\mathrm{mm}$, $R_2 = 5\,\mathrm{mm}$

$$\Rightarrow \hat{L} = \frac{1{,}26 \cdot 10^{-6}}{2\pi} \ln 5\,\mathrm{H/m} = 0{,}32 \cdot 10^{-6}\,\mathrm{H/m} .$$

b) Die Energiedichte beträgt

$$w(r) = \frac{1}{2} \frac{B^2}{\mu_0} = \frac{1}{2\mu_0} \frac{\mu_0^2 I^2}{4\pi^2 r^2} = \frac{\mu_0 I^2}{8\pi^2 r^2} .$$

Die Energie beträgt dann:

$$W = \int w \,\mathrm{d}v = 2\pi l \int_{R_1}^{R_2} w(r) r \,\mathrm{d}r$$

$$= \frac{\mu_0 I^2 l}{4\pi} \ln \frac{R_2}{R_1} = \frac{1}{2} L I^2 .$$

Die Energie pro Längeneinheit beträgt

$$\hat{W} = \frac{1}{2} \hat{L} I^2 = \frac{\mu_0 I^2}{4\pi} \ln \frac{R_2}{R_1} .$$

Bei einem Strom von 10 A sind das für $R_1 = 1\,\mathrm{mm}$, $R_2 = 5\,\mathrm{mm}$:

$$\hat{W} = 1{,}6 \cdot 10^{-5}\,\mathrm{J/m} .$$

c) Wenn die Dicke der Wände nicht vernachlässigbar ist, muss man für das Magnetfeld im Innenleiter (3.9) verwenden. Man erhält dann als zusätzlichen Beitrag zur Induktivität pro m Kabellänge:

$$L_2 = \frac{\mu \mu_0}{8\pi}$$

und für die Energie pro m Länge:

$$\hat{W} = \frac{\mu \mu_0 I^2}{16\pi} .$$

Der Beitrag des Außenleiters führt auf ein Integral, das durch Reihenentwicklung lösbar ist.

3. Nach (4.17) ist die gegenseitige Induktivität

$$L_{12} = \frac{\mu_0}{4\pi} \int_{s_1} \int_{s_2} \frac{\mathrm{d}\boldsymbol{s}_1 \cdot \mathrm{d}\boldsymbol{s}_2}{r_{12}} ,$$

$$\mathrm{d}\boldsymbol{s}_1 \cdot \mathrm{d}\boldsymbol{s}_2 = R_1 R_2 \,\mathrm{d}\varphi_1 \,\mathrm{d}\varphi_2 \cos(\varphi_1 - \varphi_2) ,$$

$$r_{12} = \sqrt{R_1^2 + R_2^2 - 2R_1 R_2 \cos(\varphi_1 - \varphi_2)}$$

$$\Rightarrow L_{12} = \frac{\mu_0 \cdot R_1 R_2}{4\pi}$$

$$\cdot \int_{\varphi_1=0}^{2\pi} \int_{\varphi_2=0}^{2\pi} \frac{\cos(\varphi_1 - \varphi_2) \,\mathrm{d}\varphi_1 \,\mathrm{d}\varphi_2}{\sqrt{R_1^2 + R_2^2 - 2R_1 R_2 \cos(\varphi_1 - \varphi_2)}}$$

$$= \frac{\mu_0}{4\pi} \frac{R_1 R_2}{\sqrt{R_1^2 + R_2^2}}$$

$$\cdot \int_{\varphi_1=0}^{2\pi} \int_{\varphi_2=0}^{2\pi} \frac{\cos(\varphi_1 - \varphi_2) \,\mathrm{d}\varphi_1 \,\mathrm{d}\varphi_2}{\sqrt{1 - k \cdot \cos(\varphi_1 - \varphi_2)}}$$

mit $k = 2R_1 R_2 / \left(R_1^2 + R_2^2\right)$.

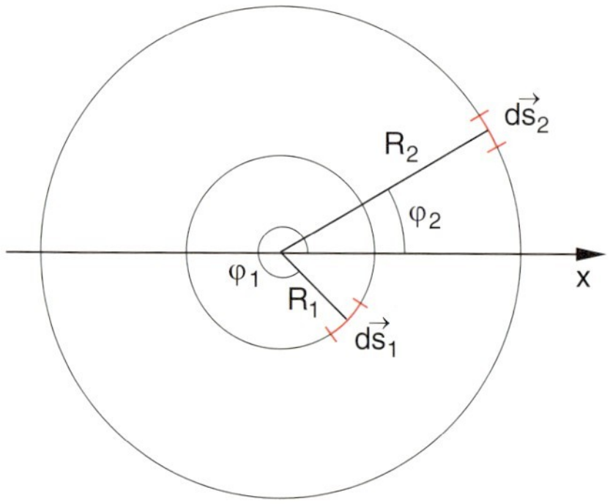

Abb. L.16. Zu Lösung 4.3

Dies führt durch die Substitution $\cos(1/2(\varphi_1 - \varphi_2)) = \sin \psi$ auf die Summe von zwei elliptischen Integralen, die z. B. im Bronstein tabelliert sind. Für $R_1 \ll R_2$ folgt $k \ll 1$ kann man die Wurzel im Nenner entwickeln und erhält für das Integral:

$$\int_{\varphi_1=0}^{2\pi} \int_{\varphi_2}^{2\pi} \cos(\varphi_1 - \varphi_2)$$

$$\cdot \left[1 + \frac{1}{2} k \cos(\varphi_1 - \varphi_2)\right] \mathrm{d}\varphi_1 \,\mathrm{d}\varphi_2 ,$$

welches den Wert $k\pi^2$ ergibt, sodass wir für die Induktivität erhalten:

$$L_{12} = \frac{\mu_0 \pi}{2} \frac{R_1^2 R_2^2}{[R_1^2 + R_2^2]^{3/2}} .$$

b) Die gesamte Herleitung im Abschn. 4.3.2 (dort floss ein Strom in der Leiterschleife 1) und insbesondere (4.16)

$$\phi_{\mathrm{m}} = \frac{\mu_0 I_1}{4\pi} \int_{s_1} \int_{s_2} \frac{\mathrm{d}\boldsymbol{s}_1 \cdot \mathrm{d}\boldsymbol{s}_2}{r_{12}}$$

ist für $I_2 = I_1$ invariant gegen eine Vertauschung der Indizes. Eine Vertauschung der Indizes ist aber nichts anderes als die Beschreibung der Situation, dass in der Leiterschleife 2 ein Strom fließt, welcher ein Magnetfeld bei der Schleife 1 hervorruft. Man könnte auch kurz sagen: $L_{12} = L_{21}$.

4. Die Kapazität der Metallstreifen-Doppelleitung mit Abstand d und Breite $2b$ ist pro m Länge

$$\hat{C} = \varepsilon_0 \cdot \frac{2b}{d} ,$$

wenn Vakuum zwischen den Leitern ist. Sonst kommt noch der Faktor ε hinzu. Die Induktivität ist mühsamer zu berechnen. Dazu betrachten wir das Magnetfeld $\mathrm{d}\boldsymbol{B}$ im Punkte x, y, das von dem Strom $\mathrm{d}I$ durch einen infinitesimal schmalen Streifen $\mathrm{d}x'$ eines Metallstreifens erzeugt wird. Mit $\mathrm{d}I = I \cdot \mathrm{d}x'/(2b)$ erhält man:

$$\mathrm{d}B = \frac{\mu_0\, \mathrm{d}I}{2\pi r} = \frac{\mu_0 I}{4\pi \cdot b \cdot r}\, \mathrm{d}x'$$

mit den Komponenten

$$\mathrm{d}B_x = -\frac{y}{r}\, \mathrm{d}B = -\frac{\mu_0 I}{4b\pi} \frac{y \cdot \mathrm{d}x'}{(x-x')^2 + y^2} ,$$

$$\mathrm{d}B_y = \frac{x-x'}{r}\, \mathrm{d}B = \frac{\mu_0 I}{4\pi b} \frac{(x-x')\, \mathrm{d}x'}{(x-x')^2 + y^2} .$$

Das Feld vom Strom I durch den gesamten Streifen ist

$$B = \int\limits_{x'=-b}^{x'=+b} \mathrm{d}B .$$

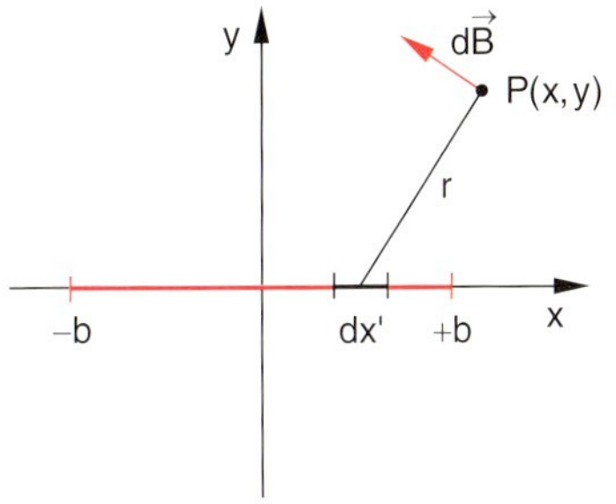

Abb. L.17. Zu Lösung 4.4

Wir führen die Substitution $u = (x' - x)/y$ durch:

$$B_x = -\frac{\mu_0 I}{4\pi b} \int\limits_{u_1}^{u_2} \frac{\mathrm{d}u}{1+u^2}$$

$$= -\frac{\mu_0 I}{4\pi b} \left[\arctan \frac{b-x}{y} + \arctan \frac{b+x}{y} \right] ,$$

$$B_y = -\frac{\mu_0 I}{4\pi b} \int\limits_{u_1}^{u_2} \frac{u\, \mathrm{d}u}{1+u^2}$$

$$= \frac{\mu_0 I}{8\pi b} \ln \frac{y^2 + (b+x)^2}{y^2 + (b-x)^2} .$$

Für $b \gg y$ wird

$$\arctan \frac{b-x}{y} \to \frac{\pi}{2} \cdot \operatorname{sig} y$$

und

$$\ln \frac{y^2 + (b+x)^2}{y^2 + (b-x)^2} \to 4x/b .$$

Dann wird

$$B_x = -\frac{\mu_0 I}{4b} \cdot \operatorname{sig} y; \quad B_y = \frac{\mu_0 I \cdot x}{2\pi \cdot b^2} .$$

Für unsere Doppelleitung wird $y = \pm d/2$, sodass

$$B_x = -\frac{\mu_0 I}{4b} \cdot \operatorname{sig}(\, y \pm d/2) .$$

Fließt in der oberen Streifenleitung der Strom $+I$, in der unteren $-I$, so zeigen die Magnetfelder der beiden Streifen zwischen den Streifen in dieselbe Richtung, nämlich die $+x$-Richtung. Außerhalb der Streifen heben sich die Felder auf. Die magnetische Feldenergie pro Längeneinheit ist:

$$\hat{W}_{\mathrm{mag}} = \frac{1}{2\mu_0} B^2 \cdot 2b \cdot d = \frac{B^2 \cdot b \cdot d}{\mu_0} = \frac{\mu_0 I^2}{4b} \cdot d$$

mit $B^2 = B_x^2 + B_y^2$. Da andererseits $W_{\text{mag}} = 1/2\, L I^2$ ist, folgt für die Selbstinduktion

$$\hat{L} = \frac{\mu_0 \cdot d}{2b}\ .$$

Das Produkt aus Kapazität C und Induktivität L ist

$$\hat{C} \cdot \hat{L} = \varepsilon_0 \mu_0$$

also *unabhängig* von den geometrischen Dimensionen der Doppelleitung, solange nur $d \ll b$ gilt.

5. Die im Pendel induzierte Spannung ist:

$$U_{\text{ind}} = -\dot{\Phi} = -B \cdot \mathrm{d}F^*/\mathrm{d}t\ ,$$

wobei $\mathrm{d}F^*/\mathrm{d}t$ die pro Zeiteinheit bei der Pendelschwingung in das Magnetfeld eintauchende Fläche ist.

$$\mathrm{d}F^*/\mathrm{d}t \propto v = L \cdot \dot{\varphi}\ ,$$

wenn L die Länge des Pendels vom Drehpunkt bis zur Magnetfeldmitte ist.

$$\Rightarrow\ U_{\text{ind}} \propto \dot{\varphi}\ .$$

a) Die induzierte Spannung erzeugt Wirbelströme

$$I_{\text{W}} = U_{\text{ind}}/R\ ,$$

wenn R der elektrische Widerstand für die Wirbelströme ist. $\Rightarrow\ I_{\text{W}} \propto \dot{\varphi}$. Das dämpfende Drehmoment $D_{\text{D}} = L \cdot F_{\text{L}}$ ist durch die Lorentzkraft (3.31)

$$|F_{\text{L}}| \propto I_{\text{W}} \cdot B$$

bedingt. Die Richtung der Kraft ist nach der Lenzschen Regel so, dass sie die Bewegung, durch die sie entsteht, hemmt, sodass $D_{\text{D}} \propto -\dot{\varphi}$ gilt.
b) Da $I_{\text{W}} \propto U_{\text{ind}} \propto B$ ist, folgt

$$D_{\text{D}} \propto B^2 \propto I_{\text{F}}^2\ ,$$

wenn I_{F} der felderzeugende Strom ist.

6. Der Strom beträgt

$$\begin{aligned} I(t) &= \frac{U_0}{R}\left(1 - \mathrm{e}^{-(R/L)\,t}\right) \\ &= \frac{20}{100}\left(1 - \mathrm{e}^{-500t/\mathrm{s}}\right)\mathrm{A} \\ &= 0{,}2\left(1 - \mathrm{e}^{-500t/\mathrm{s}}\right)\mathrm{A}\ . \end{aligned}$$

Zur Zeit $t_0 = 0$ ist $I(0) = 0$, zur Zeit $t_1 = 2\,\mathrm{ms}$ ist

$$I(t_1) = 0{,}2 \cdot \left(1 - \frac{1}{e}\right) A = 0{,}126\,\mathrm{A}\ ,$$

$$I(\infty) = 0{,}2\,\mathrm{A}\ .$$

7. Der Gaußsche Satz heißt für eine Vektorfunktion $\boldsymbol{u}(x, y, z)$:

$$\oint \boldsymbol{u}\ \mathrm{d}\boldsymbol{S} = \int \operatorname{div} \boldsymbol{u}\ \mathrm{d}V\ ,$$

wenn S die Oberfläche des Volumens V ist. Aus der Erhaltung der elektrischen Ladung $Q = \int \varrho_{\text{el}}\,\mathrm{d}V$ im Volumen V folgt:

$$\begin{aligned} -\frac{\mathrm{d}Q}{\mathrm{d}t} &= -\frac{\mathrm{d}}{\mathrm{d}t}\int \varrho_{\text{el}}\,\mathrm{d}V = -\frac{\partial}{\partial t}\int \varrho_{\text{el}}\,\mathrm{d}V \\ &= -\int \frac{\partial \varrho_{\text{el}}}{\partial t}\,\mathrm{d}V = \oint_S \varrho_{\text{el}}\,\boldsymbol{v} \cdot \mathrm{d}\boldsymbol{S}\ , \end{aligned}$$

wobei räumliche Integration und zeitliche Differentiation vertauscht werden können und die partielle Differentiation $\partial\varrho/\partial t$ berücksichtigt, dass $\varrho(x, y, z)$ auch von den Raumkoordinaten abhängen kann. Die Ladung Q hängt innerhalb des Volumens V nicht von den Ortskoordinaten ab, selbst wenn $\varrho(x, y, z)$ davon abhängt. Deshalb ist die totale Ableitung $\mathrm{d}Q/\mathrm{d}t$ gleich der partiellen Ableitung $\partial Q/\partial t$. Aus

$$\int_S \varrho_{\text{el}}\,\boldsymbol{v} \cdot \mathrm{d}\boldsymbol{S} = \int \operatorname{div}(\varrho_{\text{el}}\boldsymbol{v})\,\mathrm{d}V$$

(Gaußscher Satz) folgt die Kontinuitätsgleichung:

$$\operatorname{div} \boldsymbol{j} + \frac{\partial \varrho}{\partial t} = 0$$

mit $\boldsymbol{j} = \varrho_{\text{el}} \cdot \boldsymbol{v}$.

8. Der Zug wirkt als Kurzschluss. Wir haben deshalb hier das zu Aufgabe 4.1 analoge Problem:

$$U_{\text{ind}} = -B_\perp \cdot b \cdot v = -|B| \cdot \cos 65° \cdot b \cdot v\ .$$

Mit $b = 1{,}5\,\mathrm{m}$, $v = 200/3{,}6\,\mathrm{m/s}$ folgt

$$\begin{aligned} U_{\text{ind}} &= 4 \cdot 10^{-5} \cdot \cos 65° \cdot 1{,}5 \cdot \frac{200}{3{,}6} \\ &= 1{,}41 \cdot 10^{-3}\,\mathrm{V} = 1{,}41\,\mathrm{mV}\ . \end{aligned}$$

9. a) Wenn der Draht konzentrisch zur Spule verläuft (Abb. L.18a), ist das Magnetfeld immer entlang

des Spulendrahtes gerichtet. Der magnetische Fluss $\mathrm{d}\Phi = \boldsymbol{B} \cdot \mathrm{d}\boldsymbol{F}$ durch die Spule ist dann null, und damit wird keine Spannung induziert.
b) Anders sieht es aus für die die Anordnung in Abb. L.18b.

Hier ist das Magnetfeld des gesamten Drahtes

$$B = \frac{\mu_0 I}{2\pi r}$$

und der Fluss Φ durch die Spulenfläche F:

$$\Phi = \int_F B\,\mathrm{d}F = \frac{b \cdot \mu_0 I}{2\pi} \int_{r=d}^{d+a} \frac{\mathrm{d}r}{r}$$
$$= \frac{\mu_0 \cdot b \cdot I}{2\pi} \ln \frac{d+a}{d} = \frac{\mu_0 \cdot b \cdot I}{2\pi} \ln\left(1 + \frac{a}{d}\right) .$$

Für $I = I_0 \cdot \sin \omega t$ ist

$$U_{\text{ind}} = N \cdot \dot{\Phi} = U_0 \cdot \cos \omega t$$

mit

$$U_0 = \frac{N \cdot \omega \cdot I_0 \cdot \mu_0 \cdot b}{2\pi} \ln\left(1 + \frac{a}{d}\right) .$$

c) Bei der Toroidspule in Abb. L.18c umschließen die Spulenwindungen die Magnetfeldlinien. Bei einem Radius r_S der Spulenwindungen ist die Spulenfläche $N \cdot \pi r_S^2$. Der Fluss ist (mit $\xi = \sqrt{r_S^2 - z^2}$):

$$\Phi = \int B\,\mathrm{d}F$$
$$= \frac{N \cdot \mu_0 I}{2\pi} \int_{z=-r_S}^{+r_S} \left(\int_{r=R-\xi}^{R+\xi} \frac{\mathrm{d}r}{r} \right) \mathrm{d}z$$
$$= \frac{N \cdot \mu_0 I}{2\pi} \int_{z=-r_S}^{+r_S} \ln \frac{R+\xi}{R-\xi}\,\mathrm{d}z$$
$$= \frac{N \cdot \mu_0 I}{2\pi} \int_{z=-r_S}^{+r_S} \left[\ln\left(R + \sqrt{r_S^2 - z^2}\right) - \ln\left(R - \sqrt{r_S^2 - z^2}\right) \right] \mathrm{d}z .$$

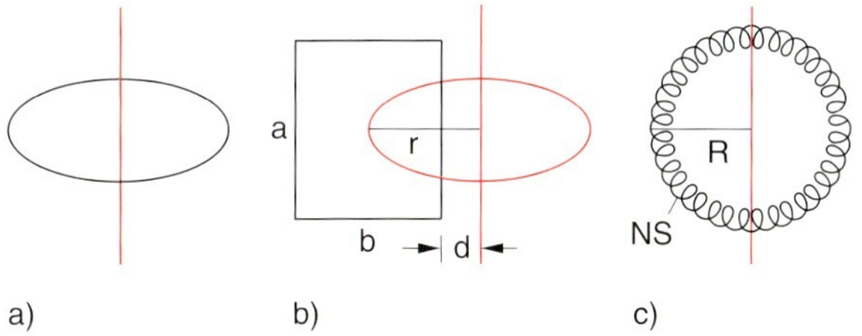

Abb. L.18a–c. Zu Lösung 4.9

10. Das Magnetfeld im Eisenkern ist:

$$B = \mu \cdot \mu_0 \cdot n \cdot I = 1T$$

mit $n = N/l$

$$\Rightarrow \mu = \frac{B}{\mu_0 \cdot \mu \cdot I} = \frac{0{,}4}{4\pi \cdot 10^{-7} \cdot 10^3} = 320 .$$

Die Induktivität ist:

$$L = \mu \cdot \mu_0 \cdot n^2 F \cdot l = 10\,\mathrm{H} .$$

Die induzierte Spannung ist

$$U_{\text{ind}} = -L \cdot \frac{\mathrm{d}I}{\mathrm{d}t} = -10 \cdot 10^3\,\mathrm{V} = -10\,\mathrm{kV} .$$

Der Ausgangsstrom springt vom Wert $I(t<0) = U_0/R$ auf den Wert

$$I(t>0) = I_0 = \frac{U_{\text{ind}}}{R_2} = \frac{10 \cdot 10^3}{5} \mathrm{A} = 2000\,\mathrm{A} .$$

Er fällt dann gemäß

$$I = I_0 \cdot \mathrm{e}^{-(R/2)\,t}$$

ab. Der äußere Stromkreis wird innerhalb von 1 ms abgeschaltet. Die Situation ist wie in Abb. 4.12b.

Kapitel 5

1. a) R und C müssen parallel geschaltet sein.

$$Z_1 = R, \quad Z_2 = \frac{1}{\mathrm{i}\omega C}$$
$$\Rightarrow Z = \frac{Z_1 \cdot Z_2}{Z_1 + Z_2} = \frac{R}{\mathrm{i}\omega C\left(R + \frac{1}{\mathrm{i}\omega C}\right)}$$
$$= \frac{R}{1 + \mathrm{i}\omega RC} .$$

$$|Z| = \frac{R}{\sqrt{1 + (\omega RC)^2}}$$

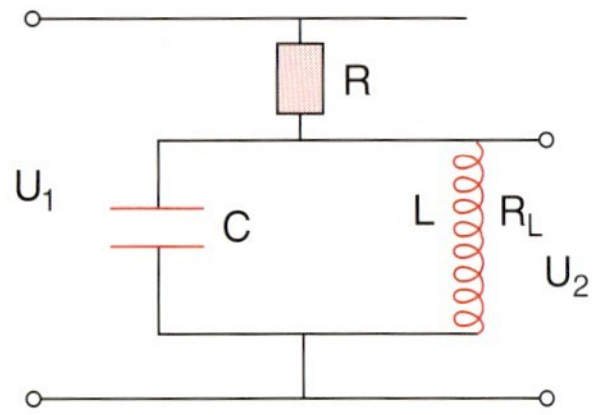

Abb. L.19. Zu Lösung 5.1

$$|Z(\omega = 0)| = R = 100\,\Omega$$

$$|Z(\omega = 2\pi \cdot 50\,/\mathrm{s})| = 20\,\Omega = \frac{100}{\sqrt{1 + 4\pi^2 \cdot 2500 \cdot 100^2 \cdot C^2}}$$

$$\Rightarrow\ C = 156\,\mu\mathrm{F}\,.$$

b) Da für $\omega = 0$ die Ausgangsspannung $U_2 \neq 0$ ist, muss ein Parallelkreis vorliegen. Für $\omega = 0$ gilt:

$$\frac{U_2}{U_1} = \frac{R_\mathrm{L}}{R + R_\mathrm{L}} = 0{,}01$$

$$\Rightarrow\ R = \frac{0.99\,R_\mathrm{L}}{0{,}01} = 99\,R_\mathrm{L} = 99\,\Omega\,.$$

Maximale Ausgangsspannung erscheint für $\omega L - 1/(\omega C) = 0$, d. h. bei der Resonanzfrequenz:

$$\omega_\mathrm{R} = \frac{1}{\sqrt{LC}}\ \Rightarrow\ C = \frac{1}{(L\omega_\mathrm{R}^2)} = 1{,}78\,\mathrm{mF}\,.$$

Die Näherung $\omega_\mathrm{R} = 1/\sqrt{LC}$ gilt aber nur für kleine Widerstände R_L. Wächst R_L, so muss man von

$$\frac{|U_2|}{|U_1|} = \left|1 - \frac{R}{R + \frac{1}{\mathrm{i}\,\omega C + \frac{1}{\mathrm{i}\,\omega L + R_\mathrm{L}}}}\right|$$

die erste Ableitung nach ω bilden und gleich null setzen (Extremum). Diese Gleichung löst man dann nach C auf. Für $R_\mathrm{L} = 1\,\Omega$ ergibt sich dann $C = 1{,}80\,\mathrm{mF}$, und für $R_\mathrm{L} = 20\,\Omega$ erhält man beispielsweise $C = 5{,}15\,\mathrm{mF}$.

Anmerkung: Die Durchführung derartiger Rechnungen trainiert zwar, ist aber eigentlich mehr etwas für Computeralgebraprogramme als für Physiker.

2. Der Widerstand der gesamten Schaltung in Abb. 5.30a ist die Summe

$$Z_\mathrm{tot} = Z_\mathrm{K} + R\,,$$

wobei

$$Z_\mathrm{K} = \frac{Z_1 \cdot Z_2}{Z_1 + Z_2}$$

mit

$$Z_1 = \frac{1}{\mathrm{i}\,\omega C}; \quad Z_2 = \mathrm{i}\,\omega L + R_\mathrm{L}$$

der Widerstand des Parallelkreises ist und R der (hier als Ohmscher Widerstand angesehene) Verbraucherwiderstand. Die Ausgangsspannung ist dann:

$$U_\mathrm{a} = \frac{R}{Z_\mathrm{K} + R}\,U_\mathrm{e} = \frac{R}{Z_\mathrm{tot}} \cdot U_\mathrm{e}\,.$$

Für Z_K erhalten wir:

$$Z_\mathrm{K} = \frac{R_\mathrm{L} + \mathrm{i}\,\omega L}{(1 - \omega^2 LC) + \mathrm{i}\,\omega R_\mathrm{L} C}\,,$$

sodass sich für den Gesamtwiderstand

$$Z_\mathrm{tot} = \frac{R_\mathrm{L} + R - \omega^2 RLC + \mathrm{i}\,\omega\,(L + R_\mathrm{L} RC)}{(1 - \omega^2 LC) + \mathrm{i}\,\omega R_\mathrm{L} C}$$

ergibt. Die Resonanzfrequenz des ungedämpften Parallelkreises ist mit $L = 10^{-4}\,\mathrm{H}$, $C = 10^{-6}\,\mathrm{F}$

$$\omega_\mathrm{R} = \frac{1}{\sqrt{L \cdot C}} = 10^5\,\mathrm{s}^{-1}\,.$$

Da der induktive Widerstand bei der Resonanzfrequenz $|\omega_\mathrm{R} \cdot L| = 10\,\Omega$ groß ist gegen den Ohmschen Widerstand $R_\mathrm{L} = 1\,\Omega$ der Spule, ist die Resonanzfrequenz des gedämpften Kreises nur um etwa 1% kleiner. Der Gesamtwiderstand $Z_\mathrm{tot}(\omega_\mathrm{R})$ für den Resonanzfall ist

$$Z_\mathrm{tot}(\omega_\mathrm{R}) = R + \frac{L}{C \cdot R_\mathrm{L}} - \mathrm{i}\,\sqrt{L/C}\,.$$

Zahlenwerte: $R_\mathrm{L} = 1\,\Omega$, $R = 50\,\Omega$, $C = 1\,\mu\mathrm{F}$, $L = 10^{-4}\,\mathrm{H}$

$$\Rightarrow\ Z_\mathrm{tot} = (150 - 10\mathrm{i})\,\Omega$$

mit dem Betrag

$$Z_\mathrm{tot} = 150{,}3\,\Omega\,.$$

Man beachte, dass der Gesamtwiderstand Z_tot bei der Resonanzfrequenz des Parallelkreises $\omega_\mathrm{R} = 1/\sqrt{LC}$ nicht reell wird.

$$\frac{U_\mathrm{A}}{U_\mathrm{e}} = \frac{R}{Z_\mathrm{tot}} = \frac{50 \cdot (150 + 10\mathrm{i})}{150^2 + 10^2} = 0{,}332 + 0{,}022\,\mathrm{i}\,,$$

$$U_\mathrm{a} = U_\mathrm{e} \cdot \cos(\omega t + \varphi)\,.$$

Mit $\operatorname{tg}\varphi = 10/150 = 0{,}067$ folgt $\varphi = 38{,}1°$. Um die Frequenzabhängigkeit des Widerstandes Z_K des Parallelkreises allein zu bestimmen, setzen wir den Widerstand $R = 0$.
Die Halbwertsbreite $\Delta\omega$ der Resonanz ist ungefähr:

$$\Delta\omega = \frac{R}{L} = 10^4\,\mathrm{s}^{-1}\,.$$

Man kann dies auch mithilfe der *Kreisgüte*

$$Q = \frac{\omega L}{R} = 10$$

bestimmen, da gilt:

$$\frac{\Delta\omega}{\omega_0} = \frac{1}{Q} = \frac{1}{10} \Rightarrow \Delta\omega = \frac{\omega_0}{10} = 10^4\,\mathrm{s}^{-1}\,.$$

Die Frequenzen, bei denen der Widerstand Z auf $\frac{1}{2}Z_0$ abgefallen ist, liegen dann bei

$$\omega_{1,2} = (10^5 \pm 10^4)\,\mathrm{s}^{-1}\,.$$

3. Da der gesamte Fluss Φ_1 auch durch die Sekundärspule geht, ist der Kopplungsfaktor $k = 1$. Somit ist die Phasenverschiebung zwischen U_2 und U_1 bei gleichem Windungssinn beider Spulen $\varphi = 180°$,

$$\Rightarrow \frac{U_2}{U_1} = -\frac{N_2}{N_1}\,.$$

a) Bei Ohmscher Belastung ist U_2/U_1 unabhängig von R. Die Eingangswirkleistung ist

$$\overline{P}_e = \frac{U_2^2}{R} = \left(\frac{N_2}{N_1}\right)^2 \frac{U_1^2}{R}\,.$$

Der Sekundärstrom ist nach (5.50b) mit $L_{12} = \sqrt{L_1 \cdot L_2}$

$$I_2 = \frac{U_1}{R}\sqrt{\frac{L_2}{L_1}} = \frac{U_1}{R} \cdot \frac{N_2}{N_1} \Rightarrow \overline{P}_e = U_2 \cdot I_2\,.$$

b) Bei kapazitiver Belastung ist:

$$\frac{U_2}{U_1} = \frac{L_{12}}{L_1 - \omega^2 C L_1 L_2 (1-k^2)} = \frac{\sqrt{L_1 \cdot L_2}}{L_1} = \sqrt{\frac{L_2}{L_1}} = N_2/N_1$$

für ideale Kopplung $k = 1$. Für $k = 1$ erhält man alsodasselbe Ergebnis wie bei Ohmscher Belastung.

4. Man beachte Abb. L.20, eine Umzeichnung von Abb. 5.49. Dieser Abbildung entnimmt man folgende Größen:

$$Z_D = \frac{1}{\mathrm{i}\,\omega C} + \frac{1}{\frac{1}{\mathrm{i}\,\omega L} + \frac{1}{R}}$$

$$Z_B = \frac{1}{\mathrm{i}\,\omega C} + \frac{1}{\frac{1}{\mathrm{i}\,\omega L} + \frac{1}{Z_D}} = \frac{1}{\mathrm{i}\,\omega C} + \frac{1}{\frac{1}{\mathrm{i}\,\omega C} + \frac{1}{\frac{1}{\mathrm{i}\,\omega C} + \frac{1}{1/(\mathrm{i}\,\omega L) + 1/R}}}$$

$$Z = \frac{1}{\frac{1}{\mathrm{i}\,\omega L} + \frac{1}{Z_B}} = \frac{1}{\frac{1}{\mathrm{i}\,\omega L} + \frac{1}{\frac{1}{\mathrm{i}\,\omega C} + \frac{1}{\frac{1}{\mathrm{i}\,\omega L} + \frac{1}{\frac{1}{\mathrm{i}\,\omega C} + \frac{1}{1/(\mathrm{i}\,\omega L) + 1/R}}}}}$$

$U_A = U_1$, $I_A = U_1/(\mathrm{i}\,\omega L)$, $I_B = I_1 - I_A$, $U_B = I_B \cdot Z_B$, $I_C = U_B/(\mathrm{i}\,\omega L)$, $I_D = I_B - I_C$, $U_D = I_D \cdot Z_D = U_2$, $I_2 = U_D/R$, $I_1 = U_1/Z$. Einsetzen ergibt:

$$Z = (37{,}6 + 38{,}9\,\mathrm{i})\,\Omega, \quad |Z| = 54{,}1\,\Omega\,,$$
$$Z_B = (22{,}7 - 35{,}4\,\mathrm{i})\,\Omega, \quad |Z_B| = 42{,}0\,\Omega\,,$$
$$Z_D = (13{,}2 - 11{,}3\,\mathrm{i})\,\Omega, \quad |Z_D| = 17{,}4\,\Omega\,,$$

$$\frac{|U_2|}{|U_1|} = 0{,}414, \quad \frac{|I_2|}{|I_1|} = 0{,}448\,.$$

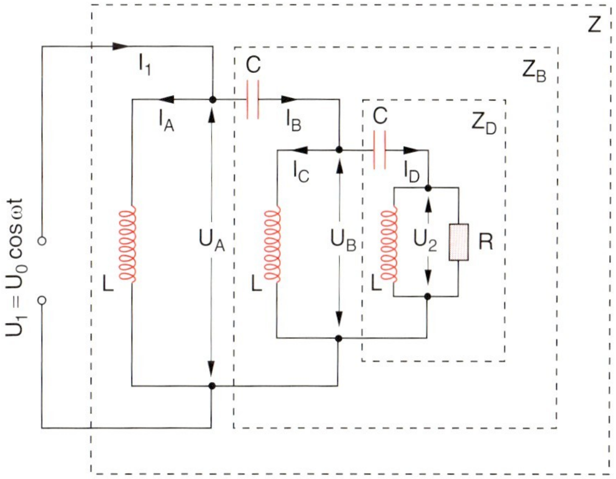

Abb. L.20. Zu Lösung 5.4

5. $\overline{P}_{\mathrm{el}} = \overline{I \cdot U} = \overline{U_{\mathrm{ind}}^2}/(R_{\mathrm{i}} + R_{\mathrm{a}})$, weil $I = U_{\mathrm{ind}}/(R_{\mathrm{i}} + R_{\mathrm{a}})$.

$$U_{\mathrm{ind}} = -\frac{\mathrm{d}\Phi}{\mathrm{d}t} \cdot N = -B \cdot N \cdot F \cdot \omega \cdot \cos \omega t$$

$$\Rightarrow \overline{P}_{\mathrm{el}} = \frac{1}{2} \frac{B^2 N^2 F^2 \omega^2}{R_{\mathrm{i}} + R_{\mathrm{a}}}$$

$$= \frac{1}{2} \frac{0{,}2^2 \cdot 25 \cdot 10^4 \cdot 10^{-4} \cdot 4\pi^2 \cdot 50^2}{10+5} \mathrm{kW}$$

$$= 3{,}29\,\mathrm{kW}\,.$$

6. Die Zeitkonstante der Kondensatorentladung ist

$$\tau = R \cdot C = 50 \cdot 10^{-3}\,\mathrm{s} = 50\,\mathrm{ms}\,.$$

Die Entladung beginnt bei $t = 0$, wo die Spitzenspannung U_0 erreicht wird.

a) Einweggleichrichtung: Die Entladung dauert bis zum Schnittpunkt von $U_1(t) = U_0 \cdot \mathrm{e}^{-t/(RC)}$ mit $U_2 = U_0 \cos(\omega t - 2\pi)$. Aus $\mathrm{e}^{-t/(RC)} = \cos(\omega t - 2\pi)$ folgt

$$t = -RC \cdot \ln(\cos \omega t - 2\pi)$$

$$\Rightarrow t_1 = 17{,}5\,\mathrm{ms}\,,$$

$$U(t_1 = 17{,}5\,\mathrm{ms}) = U_0 \cdot \mathrm{e}^{-17{,}5/50} \approx 0{,}7\,U_0\,.$$

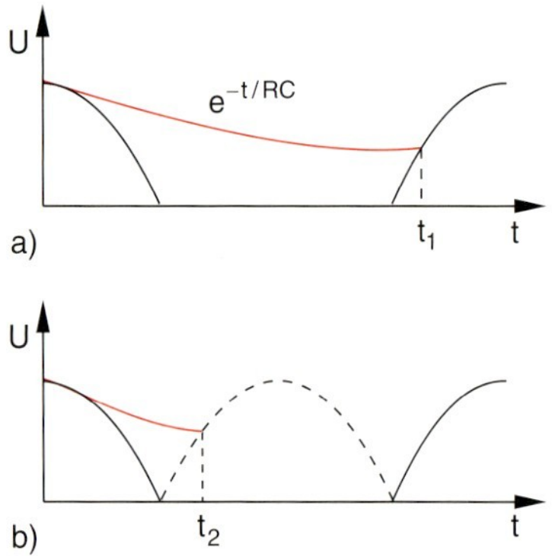

Abb. L.21. Zu Lösung 5.6

Die Welligkeit ist dann:

$$w = \frac{U_{\max} - U_{\min}}{U_{\max}} = 0{,}3\,.$$

b) Bei der Graetzgleichrichtung erhält man:

$$\mathrm{e}^{-t_2/(RC)} = \left|\cos(\omega t - \pi)\right|$$

$$\Rightarrow t_2 = 8{,}3\,\mathrm{ms}\,,$$

$$U = U_0 \mathrm{e}^{-8{,}3/50} \Rightarrow \frac{U}{U_0} = 0.83$$

$$\Rightarrow w = 0{,}17\,.$$

Die Welligkeit ist bei der Graetzgleichrichtung um den Faktor $0{,}17/0{,}3 \approx 0{,}57$ kleiner. Ihre Frequenz ist aber doppelt so hoch, sodass sie sich durch ein LC-Glied leichter wegfiltern lässt.

7. $$Z = \frac{Z_1 \cdot Z_2}{Z_1 + Z_2} = \frac{R}{1 + \mathrm{i}\,\omega RC}\,.$$

$$I = \frac{U}{Z} = \frac{U_0 \cos \omega t}{R} (1 + \mathrm{i}\,\omega RC)$$

$$= \frac{U_0}{R} \sqrt{1 + \omega^2 R^2 C^2} \cos(\omega t + \varphi)$$

$$= I_0 \cos(\omega t + \varphi)$$

mit

$$I_0 = \frac{U_0}{R} \sqrt{1 + \omega^2 R^2 C^2}$$

und

$$\operatorname{tg} \varphi = \frac{\omega RC}{1} = 2\pi \cdot 50 \cdot 10^7 \cdot 10^{-5}$$

$$= 3140 \Rightarrow \varphi \lesssim 90^\circ\,.$$

Damit erhalten wir:

$$\overline{P}_{\mathrm{Wirk}} = \overline{I \cdot U} = \frac{1}{2} I_0 U_0 \cos \varphi\,;$$

$$\cos \varphi = \frac{1}{\sqrt{1 + \operatorname{tg}^2 \varphi}} = \frac{1}{\sqrt{1 + (\omega C R)^2}}$$

$$\Rightarrow \overline{P}_{\mathrm{Wirk}} = \frac{1}{2} \frac{U_0^2}{R}\,.$$

Nur diese Leistung wird verbraucht!

$$\overline{P}_{\mathrm{Blind}} = \frac{1}{2} I_0 U_0 \sin \varphi = \frac{1}{2} U_0^2 \omega C\,.$$

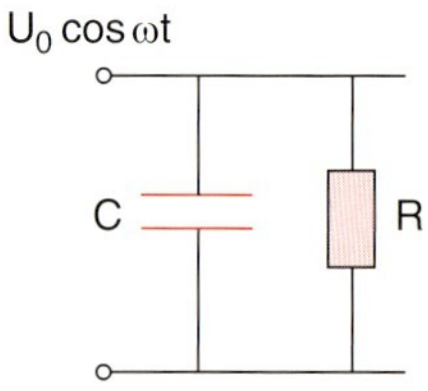

Abb. L.22. Zu Lösung 5.7

Zahlenwerte:

$$I_0 = 0{,}94\,\mathrm{A}\,,$$

$$I_{\mathrm{Wirk}_0} = 3\cdot 10^{-5}\,\mathrm{A}$$

$$I_{\mathrm{Blind}_0} = 0{,}94\,\mathrm{A}$$

$$\overline{P}_{\mathrm{Wirk}} = 4{,}5\,\mathrm{mW}$$

$$\overline{P}_{\mathrm{Blind}} = 141\,\mathrm{W}\,.$$

Obwohl der Blindstrom keine Joulesche Wärme erzeugt, muss er dennoch bei der Dimensionierung der Kabel berücksichtigt werden.

8. Durch den Serienkreis fließt der Strom

$$I = \frac{U_0 \sin\omega t}{Z} \quad \text{mit} \quad Z = R + \mathrm{i}\left(\omega L - \frac{1}{\omega C}\right).$$

An der Spule liegt dann die Spannung

$$\begin{aligned} U_{\mathrm{L}} &= \frac{\mathrm{i}\,\omega L}{Z}\, U_0 \sin\omega t \\ &= \frac{-\omega^2 LC}{1-\omega^2 LC + \mathrm{i}\,\omega RC}\, U_0 \cdot \sin\omega t \\ &= -\frac{\omega^2 LC\,(1-\omega^2 LC\,\mathrm{i}\,\omega RC)}{(1-\omega^2 LC)^2 + \omega^2 R^2 C^2}\, U_0 \sin\omega t \\ &= U\cdot \sin(\omega t - \varphi) \end{aligned}$$

mit

$$U = \frac{\omega^2 LC}{\sqrt{(1-\omega^2 LC)^2 + \omega^2 R^2 C^2}}$$

und

$$\mathrm{tg}\,\varphi = \frac{\omega RC}{1-\omega^2 LC} = 0{,}417 \quad \Rightarrow \quad \varphi = 22{,}6^\circ\,.$$

Für die Spannung ergibt sich mit den Werten aus der Aufgabenstellung:

$$U = 0{,}302\,\mathrm{V}\,.$$

9. Das Verhältnis von Ausgangs- zu Eingangsspannung beträgt:

$$\frac{U_{\mathrm{a}}}{U_{\mathrm{e}}} = \frac{Z}{R+Z}\,.$$

$$Z = \frac{R_{\mathrm{a}}\cdot\frac{1}{\mathrm{i}\omega C}}{R_{\mathrm{a}} + \frac{1}{\mathrm{i}\omega C}} = \frac{R_{\mathrm{a}}}{1+\mathrm{i}\,\omega R_{\mathrm{a}} C}$$

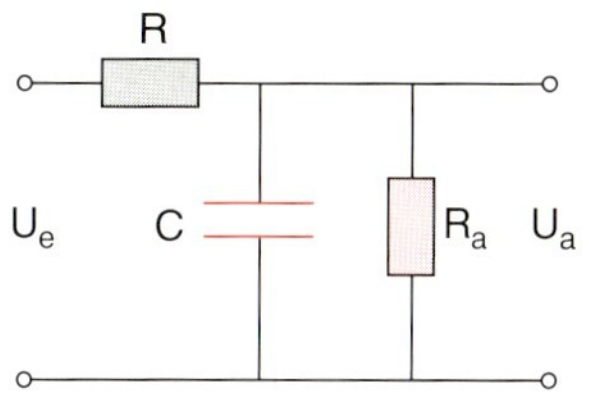

Abb. L.23. Zu Lösung 5.9

$$\begin{aligned} \frac{U_{\mathrm{a}}}{U_{\mathrm{e}}} &= \frac{R_{\mathrm{a}}}{R_{\mathrm{a}} + R + \mathrm{i}\,RR_{\mathrm{a}}\omega C} \\ &= \frac{R_{\mathrm{a}}\cdot(R_{\mathrm{a}} + R - \mathrm{i}RR_{\mathrm{a}}\omega C)}{(R_{\mathrm{a}}+R)^2 + (RR_{\mathrm{a}}\omega C)^2} \end{aligned}$$

$$\frac{|U_{\mathrm{a}}|}{|U_{\mathrm{e}}|} = \frac{R_{\mathrm{a}}}{\sqrt{(R_{\mathrm{a}}+R)^2 + (RR_{\mathrm{a}}\omega C)^2}}$$

$$U_{\mathrm{a}} = K\cdot U_{\mathrm{e}}\cdot \mathrm{e}^{\mathrm{i}\varphi}; \quad \mathrm{tg}\,\varphi = -\frac{RR_{\mathrm{a}}\omega C}{R+R_{\mathrm{a}}}$$

mit K als reeller Konstante.

Zahlenbeispiel: $R_{\mathrm{a}} = R = 1\,\mathrm{k\Omega}$, $C = 100\,\mu\mathrm{F}$.

a) Für $\omega = 0$:

$$\frac{|U_{\mathrm{a}}|}{|U_{\mathrm{e}}|} = \frac{R_{\mathrm{a}}}{R_{\mathrm{a}}+R} = \frac{1}{2}\,;$$

b) für $\omega = 2\pi\cdot 50 s^{-1}$:

$$\frac{|U_{\mathrm{a}}|}{|U_{\mathrm{e}}|} = 0{,}032\,.$$

10. Die Klemmenspannung U_{K} ist

$$U_{\mathrm{K}} = U_{\mathrm{ind}} - R_{\mathrm{R}}\,(I_{\mathrm{F}} + I_{\mathrm{a}})\,.$$

Andererseits gilt:

$$U_{\mathrm{K}} = R_{\mathrm{F}}\cdot I_{\mathrm{F}}\,.$$

Gleichsetzen liefert für $U_{\mathrm{ind}} = U'_{\mathrm{ind}}$ bei $I_{\mathrm{F}} = I_{\mathrm{F}_2}$:

$$U'_{\mathrm{ind}} = R_{\mathrm{R}} I_{\mathrm{a}} + (R_{\mathrm{R}} + R_{\mathrm{F}})\, I_{\mathrm{F}_2}\,.$$

Nach (5.6) gilt:

$$U_{\mathrm{K}} = U'_{\mathrm{ind}} - R_{\mathrm{R}}\,(I_{\mathrm{F}} + I_{\mathrm{a}})\,.$$

Da U'_{ind} mit wachsendem Verbraucherstrom sinkt (I_{F_2} wird kleiner), sinkt auch $U_{\mathrm{K}}(I_{\mathrm{a}})$ mit wachsendem I_{a}. Damit hat U_{K} den maximalen Wert für $I_{\mathrm{a}} = 0$.

Kapitel 6

1. Für ω gilt:

$$\omega = \sqrt{\frac{1}{LC} - \alpha^2} \quad \text{mit} \quad \alpha = \frac{R}{2L},$$
$$\omega = 2\pi \cdot 8 \cdot 10^5\,\mathrm{s}^{-1} = 5 \cdot 10^6\,\mathrm{s}^{-1},$$
$$U = U_0 \cdot \mathrm{e}^{-\alpha t} \Rightarrow \alpha = \frac{1}{t} \ln \frac{U_0}{U}.$$

Schwingungsdauer:

$$T = \frac{2\pi}{\omega} = 1{,}25 \cdot 10^{-6}\,\mathrm{s}^{-1}.$$

Nach $t = 30\,\mathrm{T}$ ist $U/U_0 = 1/2$

$$\Rightarrow \alpha = \frac{10^6}{30 \cdot 1{,}25} \ln 2 = 1{,}8 \cdot 10^4\,\mathrm{s}^{-1},$$
$$L = \frac{1}{C \cdot (\omega^2 + \alpha^2)} = \frac{10^9}{25 \cdot 10^{12} + 3{,}4 \cdot 10^8}\mathrm{H} \approx 4 \cdot 10^{-5}\,\mathrm{H},$$
$$\Rightarrow R = 2\alpha \cdot L = 2 \cdot 1{,}8 \cdot 10^4 \cdot 4 \cdot 10^{-5} = 1{,}44\,\Omega.$$

2. Der Betrag des komplexen Widerstandes eines Serienschwingkreises ist nach (5.25)

$$|Z| = \sqrt{R^2 + \left(\omega L - \frac{1}{\omega C}\right)^2} = \sqrt{R^2 + X^2}.$$

Für das Verhältnis ergibt sich:

$$\left|\frac{Z(\omega_0 + R/L)}{Z(\omega_0)}\right| = \frac{\sqrt{R^2 + X^2}}{\sqrt{R^2}} = \sqrt{1 + \frac{X^2}{R^2}},$$

$$X = \left(\omega_0 + \frac{R}{L}\right) L - \frac{1}{(\omega_0 + R/L)\,C}$$

mit $\omega_0 = 1/\sqrt{LC} \Rightarrow$

$$X = \sqrt{L/C} + R - \frac{1}{\sqrt{C/L} + RC/L} = R \cdot \left(1 + \frac{1}{1 + R \cdot \sqrt{C/L}}\right) = R \cdot \left(1 + \frac{1}{1 + RC\omega_0}\right)$$

$$\Rightarrow \frac{|Z(\omega_0 + R/L)|}{|Z(\omega_0)|} = \sqrt{1 + \left(1 + \frac{1}{1 + RC\omega_0}\right)^2}.$$

Für $\omega = \omega_0 - R/L$ erhält man:

$$\frac{|Z(\omega_0 - R/L)|}{|Z(\omega_0)|} = \sqrt{1 + \left(1 + \frac{1}{1 - RC\omega_0}\right)^2}.$$

Man beachte die Asymmetrie, da die Kurve $Z(\omega)$ nicht symmetrisch um $\omega = \omega_0$ ist.
Die Wirkleistung ist nach (6.10)

$$\langle P_{\mathrm{el}}^{\mathrm{Wirk}} \rangle = \frac{1}{2} \frac{U_0^2 \cdot R}{|Z|^2}.$$

Die Leistung ist für $\omega = \omega_0 + R/L$ also auf den Bruchteil

$$\frac{P(\omega_0 + R/L)}{P(\omega_0)} = \frac{1}{1 + \left(1 + \frac{1}{1 + RC\omega_0}\right)^2}$$

abgesunken.

3. Nach (6.15a,b) gilt:

$$\omega_1 = \frac{\omega_0}{\sqrt{1-k}} = \frac{10^6}{\sqrt{1 - 0{,}05}} = 1{,}0260 \cdot 10^6\,\mathrm{s}^{-1},$$
$$\omega_2 = \frac{\omega_0}{\sqrt{1+k}} = \frac{10^6}{\sqrt{1 + 0{,}05}} = 0{,}9759 \cdot 10^6\,\mathrm{s}^{-1}.$$

ω_1 liegt um 26 kHz oberhalb, ω_2 um 24,1 kHz unterhalb der Resonanzfrequenz.

4. Die Geschwindigkeit des Elektrons ist

$$v = \sqrt{2E_{\mathrm{kin}}/m} = \sqrt{27{,}2 \cdot 1{,}6 \cdot 10^{-19}/9{,}1 \cdot 10^{-31}}\,\mathrm{m/s} = 2{,}186 \cdot 10^6\,\mathrm{m/s}.$$

Seine Zentrifugalbeschleunigung auf einer Kreisbahn ist

$$a = \frac{v^2}{r} = \frac{2{,}186^2 \cdot 10^{12}}{5{,}3 \cdot 10^{-11}} \frac{\mathrm{m}}{\mathrm{s}^2} = 9 \cdot 19^{22}\,\mathrm{m/s}^2.$$

Die abgestrahlte Leistung ist, klassisch, nichtrelativistisch gerechnet:

$$\overline{P} = \frac{e^2 a^2}{6\pi\varepsilon_0 c^3}.$$

Dies ist identisch mit (6.38), wenn

$$a_x = d_0 \omega^2 \cos \omega t$$

und

$$a_y = d_0\omega^2 \sin\omega t$$

gesetzt wird. Das Vorliegen von zwei Polarisationsrichtungen erklärt den Unterschied (Faktor 2) zu (6.38).
Einsetzen der Zahlenwerte ergibt:

$$\overline{P} = 4{,}6 \cdot 10^{-8}\,\mathrm{W}\,.$$

a) Die Umlaufperiode des Elektrons ist

$$T = \frac{2\pi r}{v} = 1{,}5 \cdot 10^{-16}\,\mathrm{s}\,.$$

Die pro Umlauf abgestrahlte Energie ist

$$T \cdot \overline{\frac{\mathrm{d}W}{\mathrm{d}t}} = 1{,}5 \cdot 10^{-16} \cdot 4{,}6 \cdot 10^{-8}\,\mathrm{Ws} = 7 \cdot 10^{-24}\,\mathrm{Ws} = 44\,\mu\mathrm{eV}\,.$$

b) Pro Sekunde würden $4{,}6 \cdot 10^{-8}$ Ws = 290 GeV abgestrahlt.
c) Wenn das Elektron durch Abstrahlung Energie verliert, wird es sich auf einer Spirale dem Kern nähern. Um dies quantitativ zu sehen, bestimmen wir die Energie $W = E_{\mathrm{kin}} + W_{\mathrm{pot}}$ als Funktion von r. Aus

$$\frac{mv^2}{r} = \frac{e^2}{4\pi\varepsilon_0 r^2}$$

$$\Rightarrow E_{\mathrm{kin}} = \frac{m}{2}v^2 = \frac{1}{2}\frac{e^2}{4\pi\varepsilon_0 r} = -\frac{1}{2}E_{\mathrm{pot}}$$

$$\Rightarrow W = +\frac{1}{2}E_{\mathrm{pot}} = -\frac{e^2}{8\pi\varepsilon_0 r}\,,$$

$$\frac{\mathrm{d}W}{\mathrm{d}r} = +\frac{e^2}{8\pi\varepsilon_0 r^2} \Rightarrow \frac{\mathrm{d}W}{\mathrm{d}t} = \frac{e^2}{8\pi\varepsilon_0 r^2}\frac{\mathrm{d}r}{\mathrm{d}t}\,.$$

Dies ist die mechanische Leistung, die man gewinnt, wenn das Teilchen sich auf den Kern zubewegt. Diese muss gleich der Leistung sein, die in der vom Teilchen ausgesandten elektromagnetischen Strahlung steckt:

$$\frac{\mathrm{d}W}{\mathrm{d}t} = -\frac{e^2a^2}{6\pi\varepsilon_0 c^3}$$

(negatives Vorzeichen, weil die Energie des Elektrons abnimmt). Die Beschleunigung a beträgt:

$$a = \frac{v^2}{r} = \frac{e^2}{4\pi\varepsilon_0 r^2 m}\,.$$

Die elektromagnetische Leistung hängt also vom Radius ab. Wir erhalten:

$$-\frac{e^2}{6\pi\varepsilon_0 c^3} \cdot \left(\frac{e^2}{4\pi\varepsilon_0 m}\right)^2 \cdot \frac{1}{r^4} = \left(\frac{\mathrm{d}W}{\mathrm{d}t}\right)_{\mathrm{em}}(r) \overset{!}{=} \frac{\mathrm{d}W}{\mathrm{d}r}\frac{\mathrm{d}r}{\mathrm{d}t} = \frac{e^2}{8\pi\varepsilon_0 r^2}\frac{\mathrm{d}r}{\mathrm{d}t}$$

$$\Rightarrow -r^2\,\mathrm{d}r = \frac{4}{3c^3}\left(\frac{e^2}{4\pi\varepsilon_0 m}\right)^2 \mathrm{d}t$$

Integration von $r = a_0$ bis $r = 0$ liefert:

$$a^3 = \frac{4}{c^3}\left(\frac{e^2}{4\pi\varepsilon_0 m}\right)^2 \Delta t\,,$$

wobei $a = 5{,}3 \cdot 10^{-11}$ m auch *Bohrscher Radius* genannt wird. Es folgt für die Zeit, die vergeht, bis das Elektron am Kern angekommen ist:

$$\Delta t \approx 1{,}6 \cdot 10^{-11}\,\mathrm{s}\,.$$

Anmerkung: Das Experiment zeigt, dass das Wasserstoffatom im tiefsten Energiezustand stabil ist, also *keine* Energie abstrahlt. Diese Beobachtung kann nur im Rahmen der Quantentheorie erklärt werden (siehe Bd. 3).
Im nächsthöheren Energiezustand wird allerdings wirklich Energie abgestrahlt. Hier geben klassische Rechnung und Beobachtung gute Übereinstimmung.

5. Aus

$$\frac{m \cdot v^2}{R} = q \cdot v \cdot B \Rightarrow a = \frac{v^2}{R} = \frac{q}{m} v \cdot B\,.$$

Die abgestrahlte Energie pro Sekunde ist:

$$\frac{\mathrm{d}W}{\mathrm{d}t} = \frac{q^2a^2}{6\pi\varepsilon_0 c^3} = \frac{q^4v^2B^2}{6\pi\varepsilon_0 m^2c^3} = \frac{\mathrm{d}}{\mathrm{d}t}E_{\mathrm{kin}} = m \cdot v \cdot \frac{\mathrm{d}v}{\mathrm{d}t}$$

$$\Rightarrow \frac{\mathrm{d}v}{\mathrm{d}t} = \frac{q^4 v \cdot B^2}{6\pi\varepsilon_0 m^3 c^3}\,,$$

wobei die Änderung $\mathrm{d}v/\mathrm{d}t$ des Betrages der Geschwindigkeit als klein angenommen wurde gegen die Änderung a der Richtung der Geschwindigkeit.

Aus

$$R = \frac{m \cdot v}{q \cdot B}$$

$$\Rightarrow \frac{\mathrm{d}R}{\mathrm{d}t} = \frac{m}{q \cdot B}\frac{\mathrm{d}v}{\mathrm{d}t} = \frac{q^3 \cdot vB}{6\pi\varepsilon_0 m^2 c^3}$$
$$= \frac{\mathrm{d}W}{\mathrm{d}t} \cdot \frac{1}{q \cdot v \cdot B} .$$

6. a,b) Die beschleunigende Kraft ist

$$\boldsymbol{F} = q \cdot \boldsymbol{E}$$
$$\Rightarrow \boldsymbol{a} = \frac{q}{m}\boldsymbol{E} \Rightarrow |\boldsymbol{a}| = a = \frac{q}{m} \cdot \frac{U}{d} .$$

Zahlenwerte: $q = +1{,}6 \cdot 10^{-19}\,\mathrm{As}$, $m = 1{,}67 \cdot 10^{-27}\,\mathrm{kg}$, $U = 10^6\,\mathrm{V}$, $d = 3\,\mathrm{m}$, $\Rightarrow$ $a = 3{,}2 \cdot 10^{13}\,\mathrm{m/s^2}$.

Die abgestrahlte Leistung ist dann:

$$\frac{\mathrm{d}W}{\mathrm{d}t} = \frac{q^2 a^2}{6\pi\varepsilon_0 c^3} = 5{,}8 \cdot 10^{-27}\,\mathrm{W} ,$$

also vernachlässigbar wenig im Vergleich zur vorigen Aufgabe. Die Zeit für das Durchfliegen der Beschleunigungsstrecke ist wegen

$$d = \frac{1}{2}at^2$$
$$t = \sqrt{\frac{2d}{a}} = \sqrt{\frac{6}{3{,}2 \cdot 10^{13}}}\,\mathrm{s} = 4{,}3 \cdot 10^{-7}\,\mathrm{s} .$$

Während des Durchfliegens verliert ein Proton also

$$\mathrm{d}W = 5{,}8 \cdot 10^{-27} \cdot 4{,}3 \cdot 10^{-7}\,\mathrm{Ws}$$
$$= 2{,}5 \cdot 10^{-33}\,\mathrm{Ws} .$$

Dies entspricht dem Bruchteil

$$\eta = \frac{2{,}5 \cdot 10^{-33}}{1{,}6 \cdot 10^{-19} \cdot 10^6} = 1{,}5 \cdot 10^{-20}$$

seiner Beschleunigungsenergie!
c) Bei der Kreisbewegung ist die Beschleunigung

$$a = \frac{v^2}{R} = \frac{2\,E_{\mathrm{kin}}}{m \cdot R}$$
$$= \frac{2 \cdot 10^6 \cdot 1{,}6 \cdot 10^{-19}}{1{,}67 \cdot 10^{-27} \cdot 3/2\pi}\,\frac{\mathrm{m}}{\mathrm{s^2}} = 4 \cdot 10^{14}\,\mathrm{m/s^2} .$$

Die Beschleunigung ist daher 12,5-mal größer, und damit ist die abgestrahlte Leistung 156-mal größer.

7. Die Intensität der Welle ist gleich der Energieflussdichte im Abstand $r = 1\,\mathrm{m}$:

$$I = |\boldsymbol{S}| = \frac{P_{\mathrm{em}}}{4\pi r^2} = \frac{10^4\,\mathrm{W}}{4\,\pi \cdot 1\,\mathrm{m}^2} = 8 \cdot 10^2\,\mathrm{W/m^2} .$$

Die elektrische Feldstärke ist nach (6.36a)

$$E = \sqrt{S/(\varepsilon_0 \cdot c)} = 5{,}5 \cdot 10^2\,\mathrm{V/m} .$$

Die magnetische Feldstärke ist:

$$B = \frac{1}{c}\,E = 1{,}83 \cdot 10^{-6}\,\frac{\mathrm{Vs}}{\mathrm{m^2}} = 1{,}83\,\mu\mathrm{T} .$$

8. Die Energieflussdichte ist:

$$S = \frac{\overline{P}_{\mathrm{em}}}{4\pi r^2 \cdot \Delta\Omega} \Rightarrow \overline{P}_{\mathrm{em}} = 4\pi r^2 \cdot 10^{-2} \cdot S .$$

Aus

$$S = \varepsilon_0 c E^2 = 8{,}85 \cdot 10^{-12} \cdot 3 \cdot 10^8 \cdot 10^2\,\mathrm{W/m^2}$$
$$= 0{,}26\,\mathrm{W/m^2}$$

folgt:

$$\overline{P}_{\mathrm{em}} = 3{,}27 \cdot 10^4\,\mathrm{W} .$$

Aus (6.38) folgt mit $q = N \cdot e$:

$$\overline{P}_{\mathrm{em}} = \frac{N^2 e^2 \cdot 16\pi^4 \nu^4 d_0^2}{12\pi\varepsilon_0 c^3}$$
$$\Rightarrow d_0 = \sqrt{\frac{3\,\varepsilon_0 \cdot c^3 \cdot \overline{P}_{\mathrm{em}}}{N^2 e^2 \cdot 4\pi^3 \nu^4}} .$$

Einsetzen von $N = 10^{28} \cdot 10^{-4} \cdot 10 = 10^{25}$, $\nu = 10^7\,\mathrm{s^{-1}}$, $e = 1{,}6 \cdot 10^{-19}\,\mathrm{C}$ ergibt:

$$d_0 = 2{,}7 \cdot 10^{-12}\,\mathrm{m} .$$

Man sieht also, dass die Schwingungsamplituden der schwingenden Elektronen sehr klein sind.

9. a) Die Solarkonstante gibt die Energiestromdichte am oberen Rande der Erdatmosphäre

$$S = \varepsilon_0 \cdot c \cdot E^2$$

an. Damit erhalten wir

$$E = \sqrt{\frac{S}{\varepsilon_0 \cdot c}} = \sqrt{\frac{1{,}4 \cdot 10^3}{8{,}85 \cdot 10^{-12} \cdot 3 \cdot 10^8}\,\frac{\mathrm{V}}{\mathrm{m}}}$$
$$= 7{,}26 \cdot 10^2\,\mathrm{V/m}$$

$$\Rightarrow B = \frac{1}{c} \cdot E = \frac{7{,}26 \cdot 10^2}{3 \cdot 10^8}\,\frac{\mathrm{V \cdot s}}{\mathrm{m^2}} = 2{,}4 \cdot 10^{-6}\,\mathrm{T} .$$

b) Entfernung Erde – Sonne: $r = 1{,}5 \cdot 10^{11}$ m. Die gesamte von der Sonne abgestrahlte Leistung ist dann

$$\overline{P}_{\text{em}} = 4\pi r^2 \cdot S = 1{,}4 \cdot 10^3 \cdot 4\pi \cdot 1{,}5^2 \cdot 10^{22}\,\text{W} = 4 \cdot 10^{26}\,\text{W}\,.$$

c) Die Energiestromdichte an der Sonnenoberfläche ist:

$$S_\odot = \frac{\overline{P}_{\text{em}}}{4\pi R_\odot^2} = \frac{4 \cdot 10^{26}}{4\pi \cdot 6{,}96^2 \cdot 10^{16}} = 6{,}57 \cdot 10^7\,\text{W/m}^2$$

$$\Rightarrow\ E = \sqrt{\frac{S}{\varepsilon_0 c}} = 1{,}57 \cdot 10^5\,\text{V/m}\,.$$

10. Wie in 9. gilt:

$$S = \frac{\overline{P}_{\text{em}}}{4\pi r^2}, \quad E = \sqrt{\frac{S}{\varepsilon_0 c}}\,.$$

Mit $r = 1$ m, $\overline{P}_{\text{em}} = 70$ W folgt $E = 45$ V/m.
Um die gleiche Feldstärke E wie die Sonnenstrahlung auf der Erde zu erreichen, müsste die Energiestromdichte um den Faktor $a = (726/45)^2 = 260$-mal größer sein, d. h. auch die Leistung $\overline{P}_{\text{em}}$ müsste 260-mal größer sein, also 26 kW betragen. Man beachte jedoch: a) Die Erdatmosphäre verringert die Sonnenstrahlung auf 50–60% der Solarkonstante. b) Nur ein Bruchteil der Strahlung liegt im sichtbaren Gebiet (siehe Kap. 12).

Kapitel 7

1. Aus **rot** $\boldsymbol{B} = \varepsilon_0\mu_0\,\partial\boldsymbol{E}/\partial t$ folgt

$$\textbf{rot rot}\,\boldsymbol{B} = \varepsilon_0\mu_0 \frac{\partial}{\partial t}(\textbf{rot}\,\boldsymbol{E}) = -\varepsilon_0\mu_0 \frac{\partial^2 \boldsymbol{B}}{\partial t^2},$$

$$\textbf{rot rot}\,B = \textbf{grad}\,(\text{div}\,\boldsymbol{B}) - \textbf{div grad}\,\boldsymbol{B} = -\Delta\boldsymbol{B}\,,$$

weil div $\boldsymbol{B} = 0$ ist. Es folgt

$$\Delta\boldsymbol{B} = \varepsilon_0\mu_0 \frac{\partial^2 \boldsymbol{B}}{\partial t^2} = \frac{1}{c^2}\frac{\partial^2 \boldsymbol{B}}{\partial t^2}\,.$$

2. Eine ebene Welle in $\boldsymbol{k}$-Richtung ist:

$$E = E_0 \cdot \text{e}^{\text{i}(\omega t - \boldsymbol{k}\cdot\boldsymbol{r})}\,.$$

Für $\boldsymbol{k}\cdot\boldsymbol{r} = \text{const}$ hat die Phase $\varphi = \omega t_0 - \boldsymbol{k}\cdot\boldsymbol{r}$ zu einem festen Zeitpunkt t_0 für alle $\boldsymbol{r}$ denselben Wert, d. h. der geometrische Ort aller Ortsvektoren $\boldsymbol{r}$ mit $\boldsymbol{k}\cdot\boldsymbol{r} = \text{const}$ ist Phasenfläche.
Aus $\boldsymbol{k}\cdot\boldsymbol{r}_1 = \boldsymbol{k}\cdot\boldsymbol{r}_2 = \text{const}$ folgt $\boldsymbol{k}(\boldsymbol{r}_1 - \boldsymbol{r}_2) = 0$, d. h. $\boldsymbol{k}\perp(\boldsymbol{r}_1 - \boldsymbol{r}_2)$. $\boldsymbol{r}_1 - \boldsymbol{r}_2$ ist ein Vektor in der Ebene $\perp\boldsymbol{k}$. Also ist die Ebene $\perp\boldsymbol{k}$ Phasenfläche.

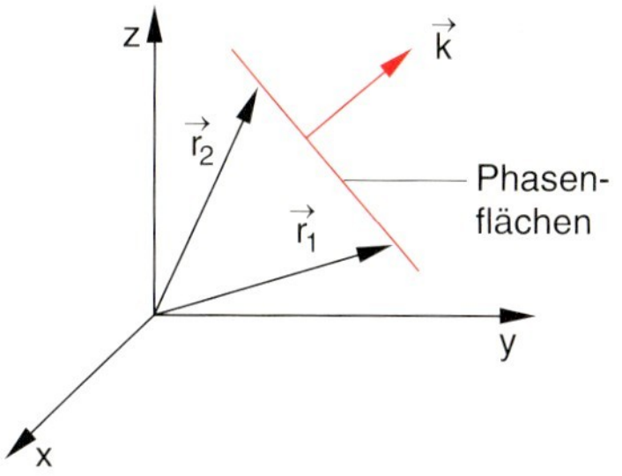

Abb. L.24. Zu Lösung 7.2

3. Aus $\boldsymbol{E} = a_1\boldsymbol{E}_1 + a_2\boldsymbol{E}_2$ folgt

$$I = \varepsilon_0 c E^2 = \varepsilon_0 c\,[a_1^2 E_1^2 + a_2^2 E_2^2 + 2a_1 a_2 \boldsymbol{E}_1\cdot\boldsymbol{E}_2]\,.$$

Mit $E_i = E_{0i}\cos(\omega t + \varphi_i)$ erhalten wir

$$\bar{I} = \varepsilon_0 c\overline{E^2} = \frac{1}{2}\varepsilon_0 c\big[a_1^2 E_{01}^2 + a_2^2 E_2^2 + 2a_1 a_2 E_{10}E_{20}\cos(\varphi_1 - \varphi_2)\big] = \bar{I}_1 + \bar{I}_2 + 2\cdot\sqrt{I_1 I_2}\cdot\overline{\cos(\varphi_1 - \varphi_2)}\,.$$

Für inkohärentes Licht schwanken die Phasendifferenzen $\Delta\varphi = \varphi_1(t) - \varphi_2(t)$ statistisch, sodass $\overline{\cos\varphi_1 - \varphi_2} = 0$ gilt. In diesem Fall ist die Gesamtintensität gleich der Summe der Einzelintensitäten. Für kohärente Strahlung gilt dies nicht!

4. Die Darstellung einer zirkular-polarisierten Welle ist:

$$\boldsymbol{E} = \boldsymbol{A}\cdot\text{e}^{\text{i}(\omega t - kz)} \quad \text{mit} \quad \boldsymbol{A} = A_0\,(\hat{\boldsymbol{x}} \pm \text{i}\,\hat{\boldsymbol{y}})\,.$$

σ^+–Licht: $\boldsymbol{A} = A_0\,(\hat{\boldsymbol{x}} + \text{i}\,\hat{\boldsymbol{y}})$

σ^-–Licht: $\boldsymbol{A} = A_0\,(\hat{\boldsymbol{x}} - \text{i}\,\hat{\boldsymbol{y}})$

$$E^+ + E^- = 2A_0\hat{\boldsymbol{x}}\,\text{e}^{\text{i}(\omega t - kz)}$$

Dies ist eine in x-Richtung linear polarisierte Welle.

5. Im stationären Gleichgewicht gilt, dass die Summe aus zugeführter und abgegebener Leistung null sein muss:

$$\frac{\mathrm{d}W}{\mathrm{d}t} = \alpha \cdot I \cdot F \cdot \cos\gamma - c_W \cdot \frac{\mathrm{d}M}{\mathrm{d}t}(T - T_U) - \kappa(T - T_U) = 0 .$$

wobei α den Bruchteil der absorbierten Leistung angibt. Für die Menge des durchströmenden Wassers folgt damit:

$$\frac{\mathrm{d}M}{\mathrm{d}t} = \frac{\alpha \cdot I \cdot F \cdot \cos\gamma}{c_W (T - T_U)} - \frac{\kappa}{c_W} .$$

Mit den Zahlenwerten $\alpha = 0{,}8$, $I = 500\,\mathrm{W/m^2}$, $\cos\gamma = 0{,}94$, $c_W = 4{,}18\,\mathrm{kJ/kg}$, $T - T_U = 60\,\mathrm{K}$, $\kappa = 2\,\mathrm{W/K}$ erhalten wir

$$\begin{aligned}\frac{\mathrm{d}M}{\mathrm{d}t} &= \frac{0{,}8 \cdot 500 \cdot 4 \cdot 0{,}94}{4{,}18 \cdot 10^3 \cdot 60} - 0{,}48 \cdot 10^{-3}\,\mathrm{kg/s}\\ &= (6 \cdot 10^{-3} - 0{,}48 \cdot 10^{-3})\mathrm{kg/s}\\ &\approx 5{,}5 \cdot 10^{-3}\,\mathrm{l/s} = 20\,\mathrm{l/h} .\end{aligned}$$

Die über einen Tag im Juni einfallende gemittelte Sonnenenergie ist etwa 6 kWh. Man kann damit mit $\alpha = 0{,}8$, $\cos\gamma = 0{,}94$ etwa 60 l Wasser pro m² Kollektorfläche pro Tag um 60 K erwärmen, wenn die Wärmeverluste vernachlässigt werden ($\kappa = 0$).
(Siehe: Programmstudie: *Energiequellen für morgen*, Bd. II: *Nutzung der solaren Strahlungsenergie*, Umschau-Verlag, Frankfurt 1976.)

6. a) Wir betrachten einen Kondensator mit kreisförmigen Platten der Fläche $A = \pi R^2$ und dem Abstand d. Wir haben dann

$$Q = C \cdot U = \varepsilon_0 \frac{A}{d} U = \varepsilon_0 \cdot A \cdot E$$

mit $\boldsymbol{E} = \{0, 0, E\}$,

$$I = \frac{\mathrm{d}Q}{\mathrm{d}t} = \varepsilon_0 A \cdot \frac{\partial E}{\partial t} .$$

Das Magnetfeld $\boldsymbol{B} = \{B_x, B_y, 0\}$ bildet kreisförmige Feldlinien um die z-Achse.

$$\oint \boldsymbol{B}\,\mathrm{d}\boldsymbol{s} = B(r) \cdot 2\pi r = \mu_0 \cdot \frac{r^2}{R^2} I$$

$$\Rightarrow B(r) = \frac{\mu_0 I}{2\pi R^2} r .$$

b) Der Poynting-Vektor ist:

$$\boldsymbol{S} = \varepsilon_0 c^2 (\boldsymbol{E} \times \boldsymbol{B}) .$$

Er hat nur eine radiale Komponente in Ebenen senkrecht zur z-Achse. Sein Betrag ist:

$$\begin{aligned}|\boldsymbol{S}| &= \varepsilon_0 c^2 \cdot \frac{Q}{\varepsilon_0 A} \cdot \frac{\mu_0 I}{2\pi R^2} r\\ &= \frac{Q \cdot I \cdot r}{2\varepsilon_0 A^2} = \frac{r}{2\varepsilon_0 A^2} \frac{\mathrm{d}}{\mathrm{d}t}\left(\frac{1}{2} Q^2\right) .\end{aligned}$$

c) Der durch die Zylinderfläche $2\pi r \cdot d$ strömende Energiefluss ist pro Sekunde:

$$\begin{aligned}\frac{\mathrm{d}W}{\mathrm{d}t} &= |\boldsymbol{S}| \cdot 2\pi r \cdot d\\ &= \frac{\pi r^2 \cdot d}{\varepsilon_0 A^2} \frac{\mathrm{d}}{\mathrm{d}t}\left(\frac{1}{2} Q^2\right)\\ &= \frac{\pi r^2}{A} \frac{\mathrm{d}}{\mathrm{d}t}\left(\frac{1}{2} C \cdot U^2\right) .\end{aligned}$$

Dies ist der im Zylindervolumen $\pi r^2 \cdot d$ gespeicherte Bruchteil der Kondensatorenergie $1/2\, CU^2$.

7. Die Erde erscheint von der Sonne aus unter dem Raumwinkel

$$\Omega_\mathrm{E} = \frac{\pi R_\mathrm{E}^2}{(1\,\mathrm{AE})^2} .$$

Der Mars erscheint unter dem Raumwinkel

$$\Omega_\mathrm{M} = \frac{\pi R_\mathrm{M}^2}{(1{,}52\,\mathrm{AE})^2} .$$

Es folgt

$$\frac{S_\mathrm{M}}{S_\mathrm{E}} = \frac{R_\mathrm{M}^2}{R_\mathrm{E}^2 \cdot 1{,}52^2} = \frac{0{,}532^2}{1 \cdot 1{,}52^2} = 0{,}123 ,$$

weil der Marsradius $R_\mathrm{M} = 0{,}532\, R_\mathrm{E}$ ist und die Entfernung Sonne – Mars 1,52 AE beträgt. Die vom Mars in den Raumwinkel 2π reflektierte Leistung ist

$$S_\mathrm{MR} = 0{,}5 \cdot 0{,}123\, S_\mathrm{E} .$$

Der Raumwinkel, unter dem die Erde vom Mars aus bei seiner kleinsten Entfernung $r_\mathrm{ME} = 0{,}52\,\mathrm{AE}$ von der Erde erscheint, ist

$$\Omega_\mathrm{ME} = \frac{\pi R_\mathrm{E}^2}{(0{,}52\,\mathrm{AE})^2} .$$

Die auf der Erde ankommende vom Mars diffus reflektierte Sonnenstrahlung ist daher:

$$\frac{dW_{ME}}{dt} = \frac{0{,}5 \cdot 0{,}123\, S_E \cdot \pi R_E^2}{(0{,}52\,\text{AE})^2 \cdot 2\pi} = 1{,}9 \cdot 10^{-9}\, S_E\,.$$

Der Mars strahlt uns bei kleinster Entfernung also nur das $1{,}9 \cdot 10^{-9}$fache der direkten Sonnenstrahlung zu.

8. Durch die Augenpupille fällt die maximale Strahlungsleistung:

$$\frac{dW}{dt} = (800\,\text{W/m}^2) \cdot \pi r^2 = 800\pi \cdot 10^{-6}\,\text{W} = 2{,}5\,\text{mW}.$$

Die Intensität auf der Netzhaut ist dann allerdings bereits:

$$I = \frac{A_{\text{Pupille}}}{A_{\text{Netzhaut}}}\, I_0 = 400\, I_0 = 320\,\text{kW/m}^2\,.$$

Dies genügt, um die Sehzellen zu zerstören.

9. Die Gewichtskraft $m \cdot g$ muss durch den Lichtdruck kompensiert werden. Die Intensität der in z-Richtung einfallenden Strahlung sei I. Ein Kreisstreifen mit dem Radius $a = R \cdot \sin\vartheta$ hat die Fläche $dA = 2\pi a \cdot R \cdot d\vartheta$.
Die zur Lichtrichtung senkrechte Projektion ist:

$$dA_z = dA \cdot \cos\vartheta = 2\pi R^2 \cdot \sin\vartheta \cos\vartheta\; d\vartheta\,.$$

Der durch das Licht in z-Richtung übertragene Impuls pro Zeiteinheit ist für das einfallende Licht

$$\frac{dp_e}{dt} = \frac{I}{c}\, dA_z$$

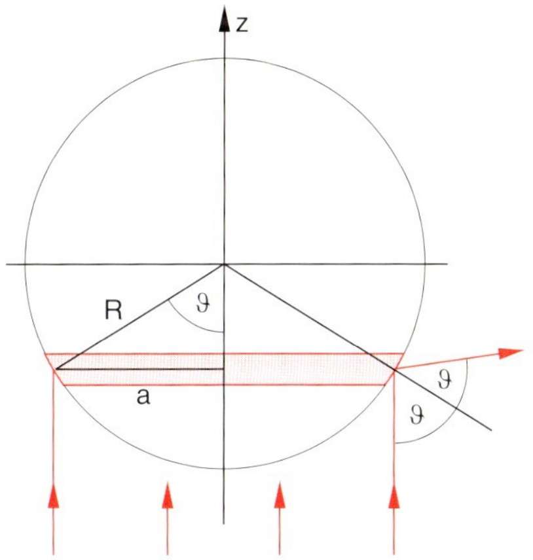

Abb. L.25. Zu Lösung 7.9

und für das reflektierte Licht

$$\frac{dp_r}{dt} = \frac{I}{c}\cos(2\vartheta)\, dA_z\,.$$

Die anderen Komponenten dp_x/dt und dp_y/dt heben sich bei der Integration über den gesamten Streifen auf.
Integriert man über die untere Halbkugel, so ergibt sich:

$$\begin{aligned}\frac{dp}{dt} &= \frac{I}{c}\int_0^{\pi/2} (1 + \cos 2\vartheta)\; dA_z \\ &= 2\pi R^2\, \frac{I}{c}\int_0^{\pi/2} (1 + \cos 2\vartheta)\sin\vartheta\cos\vartheta\; d\vartheta \\ &= \pi R^2 \cdot I/c\,.\end{aligned}$$

Nur der erste Term liefert einen Beitrag, da die Integration über $\cos 2\vartheta \sin\vartheta \cos\vartheta$ null ergibt. Der übertragene Impuls kommt also allein vom auftreffenden Licht und ist genauso groß, als ob die Strahlung senkrecht auf eine ebene absorbierende Fläche πR^2 treffen würde.
(*Frage*: Kann man dies auch unmittelbar einsehen?)
Der Impulsübertrag bei der Reflexion geht für $\vartheta < 45°$ in $+z$-Richtung, für $\vartheta > 45°$ in $-z$-Richtung. Insgesamt ist er bei der Kugel null. Bei einer Kreisscheibe würde er jedoch wieder $\pi R^2 I/c$ sein.
Die notwendige Intensität des Lichtes ist daher mit der Massendichte $\varrho = m/V$

$$I = \frac{m \cdot g \cdot c}{\pi R^2} = \frac{4}{3} R \cdot \varrho \cdot g \cdot c\,.$$

Dies gilt sowohl für die absorbierende als auch für die reflektierende Kugel.

10. a) Bei der in Abb. L.26 gezeigten willkürlich gewählten Stellung der Lichtmühle bildet das einfallende parallele Licht den Winkel α gegen die Flächen 1 und 3 und den Winkel $\beta = 90° - \alpha$ gegen die Flächen 2 und 4. Der Strahlungsdruck auf die reflektierenden Flächen 1 und 2 bewirkt ein Drehmoment im Uhrzeigersinn, der Druck auf die absorbierenden Flächen 3 und 4 ein rücktreibendes Drehmoment. Die Flächen sind $A_i = a^2$.

Hat das Licht die Intensität I, so wird auf das Flächenelement $\mathrm{d}A_1 = a \cdot \mathrm{d}s$ nach (7.27) die Kraft

$$\mathrm{d}\boldsymbol{F} = \frac{2I}{c} a \cdot \mathrm{d}s \cdot \sin\alpha \cdot \hat{\boldsymbol{e}}_x$$

ausgeübt, welche das Drehmoment $\mathrm{d}\boldsymbol{D}_1 = \mathrm{d}\boldsymbol{F}_1 \times \boldsymbol{s}$ um die Achse (z-Achse) bewirkt. Mit $y = s \cdot \sin\alpha$ folgt für den Betrag:

$$\begin{aligned}\mathrm{d}D_1 &= \mathrm{d}F_1 \cdot s \cdot \sin\alpha = \frac{2I}{c} a \sin^2\alpha \cdot s\,\mathrm{d}s \\ &= \frac{2I}{c} a\, y \cdot \mathrm{d}y \\ \Rightarrow D_1 &= \frac{2I}{c} \cdot a \cdot \int\limits_{b \cdot \sin\alpha}^{(b+a)\sin\alpha} y\,\mathrm{d}y \\ &= \frac{I}{c} a \sin^2\alpha (a^2 + 2ba) .\end{aligned}$$

Das Drehmoment auf die Fläche 2 ist entsprechend

$$D_2 = \frac{2I}{c} a \int\limits_{y_1}^{y_2} y\,\mathrm{d}y = \frac{I}{c} a\,[y_2^2 - y_1^2]$$

mit $y = s \cdot \cos\alpha$. Die Fläche 2 wird teilweise von der Fläche 1 abgeschattet, sodass nur ein Teil beleuchtet wird. Für $\alpha \leq 45°$ ist dies der Teil von $y_1 = (a+b) \cdot \cos\beta$ bis $y_2 = (a+b) \cdot \sin\beta$, d.h. $y_1 = (a+b) \cdot \sin\alpha$, $y_2 = (a+b) \cdot \cos\alpha$. Es folgt

$$\begin{aligned}D_2 &= \frac{I}{c} a\,(a+b)^2 [\sin^2\alpha - \cos^2\alpha] \\ &= \frac{I}{c} a\,(a+b)^2 [1 - 2\cos^2\alpha] .\end{aligned}$$

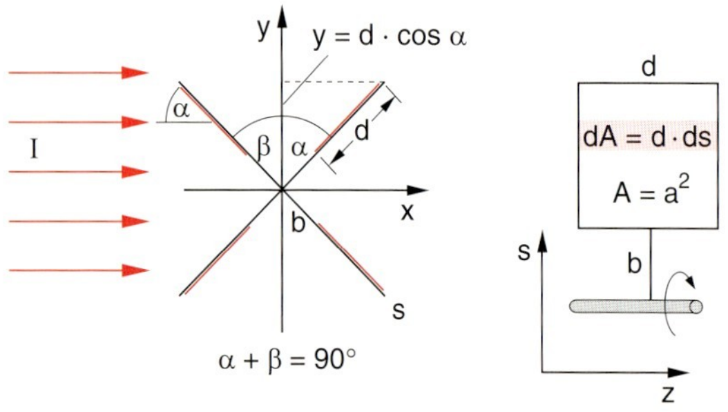

Abb. L.26. Zu Lösung 7.10a

Für $\alpha \geq 45°$ ist dies der Teil von $y_1 = b \cdot \cos\alpha$ bis $y_2 = b \cdot \sin\alpha$

$$\Rightarrow D_2(\alpha \geq 45°) = \frac{I}{c} ab^2 [1 - 2\cos^2\alpha] .$$

Das Drehmoment D_3 erhält man analog zu D_1, wenn man α durch $\beta = 90° - \alpha$ ersetzt und berücksichtigt, dass bei der Absorption der Impulsübertrag nur 1/2-mal so groß ist.

$$\begin{aligned}\Rightarrow D_3 &= -\frac{I}{2c} a \cdot \cos^2\alpha\,[a^2 + 2ba] , \\ D_4 &= -\frac{I}{2c} a\,(a+b)^2 (1 - 2\sin^2\alpha) \\ &\quad \text{für} \quad \alpha \leq 45° , \\ D_4 &= \frac{I}{2c} ab^2 (1 - 2\sin^2\alpha) \quad \text{für} \quad \alpha \geq 45° .\end{aligned}$$

Das gesamte Drehmoment ist $D = D_1 + D_2 + D_3 + D_4$. Mit $b = 1\,\mathrm{cm}$ und $a = 2\,\mathrm{cm}$, $I = 10^4\,\mathrm{W/m^2}$ erhält man:

$$\begin{aligned}D_1 &= \frac{I}{c} \cdot \sin^2\alpha \cdot 16 \cdot 10^{-6}\,\mathrm{Nm} \\ &= 5{,}3 \cdot 10^{-10} \cdot \sin^2\alpha\,\mathrm{Nm} , \\ D_2 &= 6 \cdot 10^{-10} [\sin^2\alpha - \cos^2\alpha] , \\ D_3 &= -2{,}67 \cdot 10^{-10} \cos^2\alpha , \\ D_4 &= -3 \cdot 10^{-10} [\cos^2\alpha - \sin^2\alpha] , \\ \Rightarrow D &= 14{,}3 \cdot 10^{-10} \sin^2\alpha \\ &\quad - 11{,}67 \cdot 10^{-10} \cos^2\alpha \quad \text{für} \quad \alpha \leq 45° .\end{aligned}$$

b) Die Temperaturerhöhung ΔT der schwarzen Flächen ergibt sich aus:

$$\Delta T = \frac{1}{C_\mathrm{W}} \left(I \cdot \Delta A - \frac{\mathrm{d}W}{\mathrm{d}t} \cdot \Delta T \right) ,$$

wobei C_W die Wärmekapazität einer Platte, ΔA die bestrahlte Fläche und $\mathrm{d}W/\mathrm{d}t\ \Delta T$ die durch Stöße mit den Argonatomen abgeführte Leistung ist.

$$\Rightarrow \Delta T = \frac{I \cdot \Delta A}{C_\mathrm{W} + \mathrm{d}W/\mathrm{d}t}$$

Ein Atom hat vor dem Stoß die mittlere kinetische Energie $(m/2)\,\overline{v^2} = 3/2\,kT$, es verlässt die Fläche mit $3/2\,k\,(T + \Delta T)$, sodass die von der Wand abgeführte Leistung beträgt (siehe Bd. 1, Abschn. 7.5.3):

$$\frac{\mathrm{d}W}{\mathrm{d}t} \cdot \Delta T = \frac{n}{4} \cdot \frac{3}{2} k \Delta T \cdot \overline{v} \cdot A$$

($n=$ Atomzahldichte). Mit $n=3\cdot 10^{16}\,/\mathrm{cm}^3$, $A = 4\,\mathrm{cm}^2$, $\overline{v} = 5\cdot 10^4\,\mathrm{cm/s}$, $k = 1{,}38\cdot 10^{-23}\,\mathrm{J/K} \Rightarrow$

$$\frac{\mathrm{d}W}{\mathrm{d}t} = 0{,}031\,\mathrm{W}\,.$$

Jede Fläche wird im zeitlichen Mittel während 1/4 der Umlaufzeit bestrahlt. Wegen $\overline{\sin^2\alpha} = 1/2$ ist die mittlere Bestrahlungsleistung:

$$\overline{I\cdot\Delta A} = \frac{1}{2}\cdot\frac{1}{4}\,I\cdot A$$
$$= \frac{1}{8}\cdot 10^4\,\mathrm{W/m^2}\cdot 4\cdot 10^{-4}\,\mathrm{m}^2 = 0{,}5\,\mathrm{W}$$
$$\Rightarrow\ \Delta T = \frac{0{,}5}{0{,}13} \approx 4\,\mathrm{K}\,.$$

Die schwarze Fläche erwärmt sich also um 4 K. Um den von den anderen Atomen übertragenen Impuls pro Sekunde zu berechnen, setzen wir an:

$$\frac{\mathrm{d}p}{\mathrm{d}t} = \frac{n\cdot m}{4}\cdot\left[\overline{v}(T+\Delta T) - \overline{v}(T)\right]\cdot A\overline{v}$$

(siehe Bd. 1, (7.47)), wobei $m = 40\cdot 1{,}67\cdot 10^{-27}\,\mathrm{kg}$ die Masse eines Argonatoms ist, $\overline{v}$ seine mittlere Geschwindigkeit

$$\overline{v} = \sqrt{\frac{8kT}{\pi\cdot m}}$$
$$\Rightarrow\ \frac{\mathrm{d}p}{\mathrm{d}t} = \frac{n\cdot m}{4}\,A\,\frac{8k}{\pi\cdot m}\left(\sqrt{T\,(T+\Delta T)} - T\right)$$
$$= \frac{3}{4}\cdot 10^{22}\cdot 4\cdot 10^{-4}\cdot\frac{8}{\pi}$$
$$\cdot 1{,}38\cdot 10^{-23}\cdot\left(\sqrt{300\cdot 304} - 300\right)\,,$$
$$F = 5{,}3\cdot 10^{-5}\,\mathrm{N}\,.$$

Das mittlere Drehmoment ist dann ähnlich wie in 10 a)

$$D = F\cdot(b + a/2) \approx 10^{-6}\,\mathrm{N\cdot m}\,,$$

also um mehr als drei Größenordnungen größer als das durch Photonenrückstoß bewirkte Drehmoment.

11. Die von der Antenne abgestrahlte Leistung ist rotationssymmetrisch um die Antennenachse und proportional zu $\sin^2\vartheta$. In den Raumwinkel $\mathrm{d}\Omega$ wird die Leistung

$$\mathrm{d}P = P_0\cdot\sin^2\vartheta\ \mathrm{d}\vartheta$$

abgestrahlt.

$$\mathrm{d}\Omega = \frac{1}{r^2}\cdot r\,\mathrm{d}\alpha\cdot r\cdot\sin\alpha\ \mathrm{d}\varphi$$
$$= \sin\alpha\ \mathrm{d}\alpha\ \mathrm{d}\varphi\,.$$

Integriert über alle φ (Rotationssymmetrie des Parabolspiegels um die x-Achse) gibt die Leistung in den Kegelmantel ϑ:

$$\mathrm{d}P = P_0\cdot\sin^2\vartheta\,\sin\alpha\cdot 2\pi\cdot\ \mathrm{d}\alpha \quad (\alpha = 90^\circ - \vartheta)$$
$$= -P_0\sin^2\vartheta\cos\vartheta\cdot 2\pi\cdot\ \mathrm{d}\vartheta\,,$$
$$P = -2\pi P_0\int_{\vartheta=90^\circ}^{\vartheta_{\max}}\sin^2\vartheta\cos\vartheta\ \mathrm{d}\vartheta$$
$$= \frac{2\pi}{3}\,P_0\sin^3\vartheta\Big|_{\vartheta_{\min}}^{\pi/2}$$
$$= \frac{2\pi}{3}\,P_0\,(1 - \sin^3\vartheta_{\min})\,.$$

Den Winkel $\vartheta_{\min}$ erhält man aus $\cos\vartheta = y/r$

$$\cos\vartheta_{\min} = \frac{D/2}{\sqrt{y^2 + (f-x)^2}}\,.$$

Mit $y^2 = 4\,fx$ folgt

$$\cos\vartheta_{\min} = \frac{D/2}{f+x}\,,$$
$$x = \frac{D^2}{16f}$$

$$\Rightarrow\ \cos\vartheta_{\min} = \frac{D/2}{f + D^2/16\,f} = \frac{8Df}{D^2 + 16\,f^2}\,,$$
$$P = \frac{2\pi}{3}\,P_0\left(1 - \sin^3\left[\arccos\frac{8Df}{D^2+16\,f^2}\right]\right)\,.$$

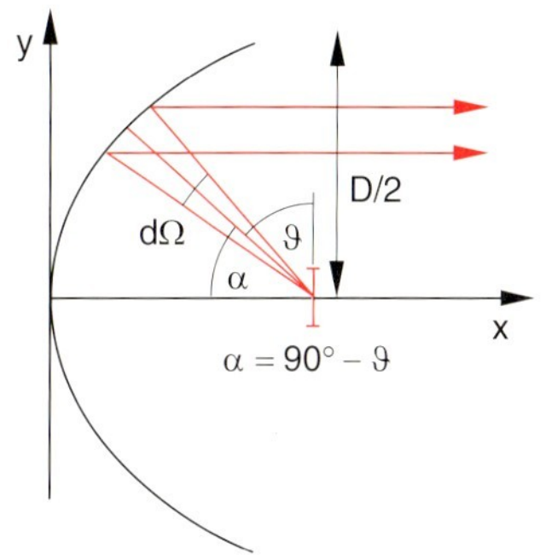

Abb. L.27. Zu Lösung 7.11

12. $v_G = 1/3\,c = c^2/v_{Ph}$

$$\Rightarrow v_{Ph} = 3c = \frac{c}{\sqrt{1 - \frac{n^2\pi^2c^2}{a^2\omega^2}}}$$

$$\Rightarrow \frac{n^2\pi^2c^2}{a^2\omega^2} = \frac{8}{9} \Rightarrow \lambda^2 = \frac{4a^2}{n^2}\cdot\frac{8}{9}\,.$$

Die größte Wellenlänge ergibt sich für $n = 1$

$$\Rightarrow \lambda_{max} = \frac{2a}{3}\cdot\sqrt{8}\text{cm} = 5{,}66\,\text{cm}.$$

13. $U = I\cdot R = 3\cdot 10\,\text{V} = 30\,\text{V}$. Der Strom möge in z-Richtung fließen. Dann hat die Feldstärke nur eine z-Komponente. Deren Betrag ist:

$$E = \frac{U}{L} = \frac{30}{100}\,\frac{\text{V}}{\text{m}} = 0{,}3\,\text{V/m}$$

Das Magnetfeld auf der Drahtoberfläche ist:

$$B = \frac{\mu_0 I}{2\pi r_0} = \frac{4\pi\cdot 10^{-7}\cdot 10}{2\pi\cdot 3\cdot 10^{-3}}\,\text{T} = 0{,}67\,\text{mT}\,.$$

Der Poynting-Vektor $\boldsymbol{S}$ zeigt radial nach innen auf die Drahtachse zu. Sein Betrag ist

$$S = \frac{1}{\mu_0}\,E\cdot B = \frac{I\cdot U}{2\pi r_0\cdot L}\,.$$

Er gibt den Energiefluss pro Sekunde und Flächeneinheit an. Die gesamte in den Draht fließende Leistung ist dann bei einer Drahtoberfläche $F = 2\pi r_0\cdot L$

$$\frac{\text{d}W}{\text{d}t} = U\cdot I = I^2\cdot R\,,$$

also gleich der Ohmschen Verlustleistung im Draht.

14. Der Photonenrückstoß pro Sekunde ist nach (7.26)

$$\frac{\text{d}p}{\text{d}t} = F_R = \varepsilon_0 E^2\cdot A = m\cdot a\,.$$

Wegen $I = \varepsilon_0 c E^2$ folgt

$$I = \frac{c\cdot m\cdot a}{A}\,.$$

Soll eine Beschleunigung von $a = 10^{-5}\,\text{m/s}^2$ für eine Masse von $m = 10^3\,\text{kg}$ bei einer Fläche $A = 10^{-2}\,\text{m}^2$ erreicht werden, so muss

$$I = 3\cdot 10^8\,\text{W/m}^2$$

sein. Die Lichtleistung der Lampe müsste dann

$$P_{Licht} = I\cdot A = 3\cdot 10^6\,\text{W}$$

sein.

Anmerkung: Realistischer sind Raumschiffe mit großen reflektierenden Sonnensegeln, die den Lichtdruck der Sonnenstrahlung ausnutzen können, z. B. für eine Reise zum Mars. Bei einer Fläche von $A = 10^4\,\text{m}^2$ und einer Sonnenintensität von $I = 10^3\,\text{W/m}^2$ erhält man

$$a = \frac{2I\cdot A}{m\cdot c} = 6{,}6\cdot 10^{-5}\,\text{m/s}^2$$

ohne jeden Leistungsaufwand aus Bordmitteln.

15. Nach Abschn. 1.3.4 ist das elektrische Feld zwischen Innen- und Außenleiter des koaxialen Wellenleiters:

$$\boldsymbol{E} = \frac{\lambda}{2\pi\varepsilon_0 r}\hat{\boldsymbol{r}} \quad \text{für} \quad a \le r \le b\,.$$

Die Spannung zwischen Innen- und Außenleiter ist dann:

$$U = \int_a^b E\,\text{d}r = \frac{\lambda}{2\pi\varepsilon_0}\,\ln(b/a)\,,$$

wobei $\lambda = Q/l$ die Ladung pro Längeneinheit ist. Die Kapazität pro Längeneinheit ist dann

$$\hat{C} = \frac{\lambda}{U} = \frac{2\pi\varepsilon_0}{\ln(b/a)}\,.$$

Die Induktivität pro Längeneinheit $\hat{L}$ ist nach Aufgabe 4.2

$$\hat{L} = \frac{\mu_0}{2\pi}\,\ln\frac{b}{a} \Rightarrow \hat{C}\cdot\hat{L} = \varepsilon_0\cdot\mu_0 = \frac{1}{c^2}\,,$$

also unabhängig von der Geometrie des koaxialen Leiters. Der Wellenwiderstand des koaxialen Wellenleiters ist:

$$Z_0 = \sqrt{\hat{L}/\hat{C}} = \frac{1}{2\pi}\sqrt{\frac{\mu_0}{\varepsilon_0}}\,\ln\frac{b}{a}$$

$$= \frac{\mu_0\cdot c}{2\pi}\,\ln\frac{b}{a}$$

$$\Rightarrow b = a\cdot\exp\left[\frac{2\pi Z_0}{\mu_0\cdot c}\right]\,.$$

Für $Z_0 = 100\,\Omega$, $a = 10^{-3}\,\text{m}$ folgt $b = 10^{-3}\cdot e^{10/6}\text{m} = 5{,}3\,\text{mm}$.

Kapitel 8

1. Bei Atmosphärendruck ist die Molekülzahldichte $N \approx 2{,}5 \cdot 10^{25}\,\mathrm{m}^{-3}$, $\lambda = 500\,\mathrm{nm} \mathrel{\hat{=}} \omega = 3{,}77 \cdot 10^{15}$. Die Elektronenmasse ist $m = 9{,}1 \cdot 10^{-31}$ kg.

$$\omega_0^2 - \omega^2 = (1 - 0{,}377^2) \cdot 10^{32}$$
$$= 0{,}86 \cdot 10^{32} \gg \gamma \cdot \omega$$

$$n = 1 + \frac{2{,}5 \cdot 10^{25} \cdot 1{,}6^2 \cdot 10^{-38}}{2 \cdot 8{,}8 \cdot 10^{-12} \cdot 9{,}1 \cdot 10^{-31} \cdot 0{,}86 \cdot 10^{32}}$$
$$= 1 + 4{,}6 \cdot 10^{-4}\,.$$

Vergleich mit Tabelle 8.1 zeigt, dass $(n-1)_{\mathrm{ex}} = 2{,}79 \cdot 10^{-4}$ ist. Der Vergleich mit (8.23) zeigt, dass die Oszillatorenstärke für den tiefsten (E_{K} minimal) und stärksten Übergang $f_1 \approx 2{,}79/4{,}6 = 0{,}6$ ist, d. h. die Moleküle haben auf ihrem langwelligen Absorptionsübergang (bei etwa $\lambda = 190\,\mathrm{nm}$) eine Absorption, die etwa 60% der Absorption eines klassischen Oszillators entspricht.

2. Für die Winkel gilt: $\sphericalangle\, er = 2\alpha$, $\sphericalangle\, eg = 180° + \beta - \alpha$

$$\Rightarrow\ 2\alpha = 180° - \alpha + \beta\,,$$
$$\Rightarrow\ 3\alpha = 180° + \beta\,,$$
$$\Rightarrow\ \sin 3\alpha = \sin(180° + \beta) = -\sin\beta$$
$$= -\frac{1}{n}\sin\alpha$$
$$\Rightarrow\ \frac{1}{n} = -\frac{\sin 3\alpha}{\sin\alpha} = \frac{4\sin^3\alpha - 3\sin\alpha}{\sin\alpha}$$
$$= 4\sin^2\alpha - 3$$
$$\Rightarrow\ \sin\alpha = \sqrt{\left(3 + \frac{1}{n}\right)\Big/ 4}\,.$$

Für $n = 1.5$ folgt

$$\sin\alpha = \sqrt{0{,}91666} \approx 0{,}957$$
$$\Rightarrow\ \alpha = 73{,}3°\,.$$

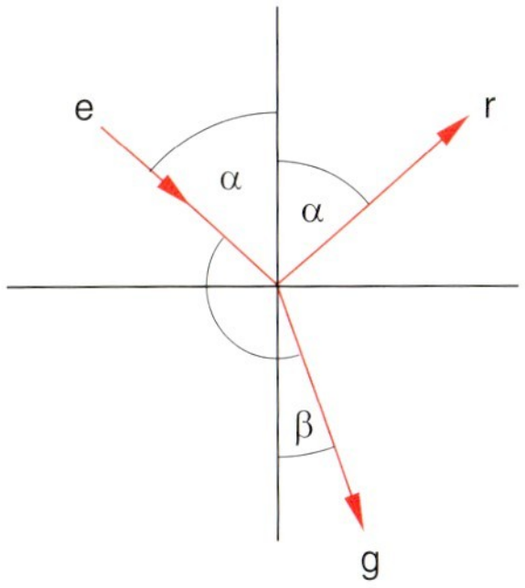

Abb. L.28. Zu Lösung 8.2

3. Die einfallende ebene Welle sei parallel zur z-Richtung, ihr $\boldsymbol{E}$-Vektor parallel zur x-Richtung. Beobachtet wird die Streustrahlung in y-Richtung. Die Atome 5–8 werden später angeregt mit der Phasenverschiebung

$$\Delta\varphi = \frac{d}{\lambda} \cdot 2\pi = \frac{1}{3} \cdot 2\pi = \frac{2}{5}\pi\,.$$

Der Beitrag der Atome 1, 2, 5, 6 erscheint dem Detektor um $\Delta\varphi$ später als der der Atome 4, 3, 7, 8. Wenn wir für die Streuwelle der Atome 3 und 4 die Phase $\varphi = 0$ ansetzen, hat die Streuwelle der Atome 1, 2, 7, 8 am Detektor die Phasenverzögerung $\Delta\varphi$, die der Atome 5 und 6 die Verzögerung $2\Delta\varphi$. Die gesamte Streuamplitude ist daher

$$A = A_0 \cdot e^{i\omega t}\left(2 + 4 \cdot e^{i\Delta\varphi} + 2 \cdot e^{2i\Delta\varphi}\right)$$
$$= A_0 \cdot e^{i(\omega t + \Delta\varphi)}$$
$$\cdot\left(4 + 4 \cdot \frac{e^{i\Delta\varphi} + e^{-i\Delta\varphi}}{2}\right)$$
$$= A_0 \cdot e^{i(\omega t + \Delta\varphi)}(4 + 4\cos\Delta\varphi)$$
$$\Rightarrow\ P = P_0 \cdot 16\,(1 + \cos\Delta\varphi)^2$$
$$= 16\,P_0 \cdot 4\cos^4(\Delta\varphi/2)\,,$$

wobei P_0 die Streustrahlungsleistung ist, die ein Atom in den Raumwinkel $\mathrm{d}\Omega$ um die y-Richtung ($\vartheta = 90°$) ausstrahlt. Mit $\Delta\varphi = 2/5\,\pi \Rightarrow \cos^4(\Delta\varphi/2) = 0{,}428$ folgt $P = 27{,}4\,P_0$.

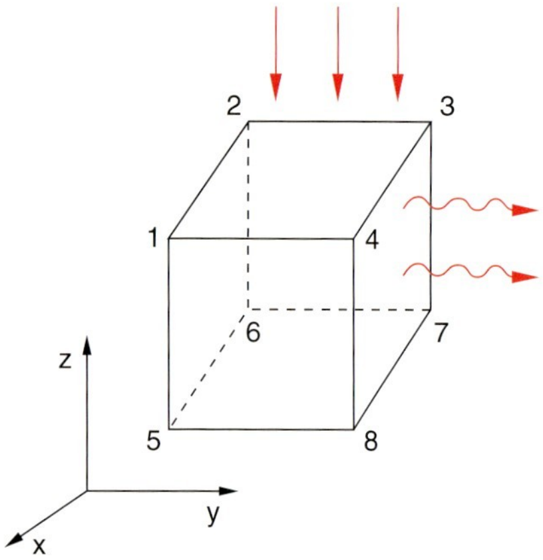

Abb. L.29. Zu Lösung 8.3

Die acht Atome strahlen in y-Richtung also 27,6 mal so viel Leistung aus wie ein einzelnes Atom! (*Frage:* Warum verletzt dies nicht den Energiesatz?)
Mit einem totalen Schwingungsquerschnitt

$$\sigma_{\text{tot}} = 10^{-30}\,\text{m}^2 = \sigma_0 \cdot \int_{\Omega} \sin^2\vartheta\; \mathrm{d}\Omega$$

$$= \sigma_0 \int_{\vartheta=0}^{\pi} \int_{\varphi=0}^{2\pi} \sin^2\vartheta\; \mathrm{d}\vartheta\; \mathrm{d}\varphi = \pi^2$$

folgt für $\sigma_0 = \sigma_{\text{tot}}/\pi^2 \approx 10^{-31}\,\text{cm}^2$ (σ_0 gibt den Querschnitt für die Streuung in den Raumwinkel $\mathrm{d}\Omega = 1$ Sterad um $\vartheta = 90°$ an).

$$\Rightarrow\; P_0(\vartheta = 90°)\,\mathrm{d}\Omega = I_E \cdot \sigma_0\,\mathrm{d}\Omega$$
$$= 10^{-35}\,\text{m}^2 \cdot I_e\,\mathrm{d}\Omega\,.$$

4. Liegt der $\boldsymbol{E}$-Vektor in der Einfallsebene, so gilt für die Komponenten $E_{\|x}$ wegen der Stetigkeit von $E_{\|}$:

$$A_{e\|}\cos\alpha - A_{r\|}\cos\alpha = A_{g\|}\cos\beta\,.$$

Aus der Stetigkeit der Komponenten $B_{\|}$ des magnetischen Feldes folgt analog zu (8.59b) die Bedingung für nicht ferromagnetische Medien mit $\mu_1 \approx \mu_2 \approx 1$:

$$\frac{1}{c_1'}A_{\text{e}\|} + \frac{1}{c_1'}A_{\text{r}\|} = \frac{1}{c_2'}A_{\text{g}\|}$$

$$\Rightarrow\; A_{\text{e}\|}\cos\alpha - A_{\text{r}\|}\cos\alpha = \frac{c_2'}{c_1'}\cos\beta A_{\text{e}\|} + \frac{c_2'}{c_1'}\cos\beta A_{\text{r}\|}$$

$$\Rightarrow\; \frac{A_{\text{r}\|}}{A_{\text{e}\|}} = \frac{\cos\alpha - c_2'/c_1'\,\cos\beta}{\cos\alpha + c_2'/c_1'\,\cos\beta}\,.$$

Mit $c_2'/c_1' = n_1/n_2$ folgt

$$\frac{A_{\text{r}\|}}{A_{\text{e}\|}} = \frac{n_2\cos\alpha - n_1\cos\beta}{n_2\cos\alpha + n_1\cos\beta}\,.$$

5. Die Fresnel-Formeln für die Amplitudenreflexionskoeffizienten lauten bei komplexem Brechungsindex:

$$\varrho_\perp = \frac{\cos\alpha - (n_2' - \mathrm{i}\,\kappa)\cos\beta}{\cos\alpha + (n_2' - \mathrm{i}\,\kappa)\cos\beta}\,,$$

$$\varrho_\| = \frac{(n_2' - \mathrm{i}\,\kappa)\cos\alpha - \cos\beta}{(n_2' - \mathrm{i}\,\kappa)\cos\alpha + \cos\beta}\,.$$

$$\alpha = 0° \Rightarrow \varrho_\perp = \varrho_\| = \varrho;\; \beta = 0°$$

$$\varrho = \frac{1-(n_2' - \mathrm{i}\,\kappa)}{1+(n_2' - \mathrm{i}\,\kappa)}$$
$$= \frac{1-\kappa^2 + \mathrm{i}\cdot 2\kappa}{(1+n_2')^2 + \kappa^2}\,.$$

Zahlenbeispiel: $\kappa = 2{,}94$, $n_2' = 0{,}17$

$$\Rightarrow\; \varrho = \frac{1 - 8{,}64 + 5{,}88\cdot\mathrm{i}}{10}$$
$$= -0{,}76 + 0{,}59\,\mathrm{i}\,,$$

$$R = \varrho\cdot\varrho^* = 0{,}76^2 + 0{,}59^2 = 0{,}926\,.$$

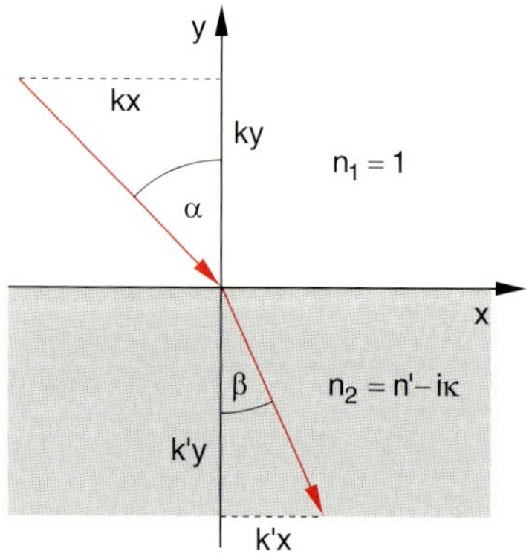

Abb. L.30. Zu Lösung 8.5

Bei schrägem Einfall ($\alpha \neq 0$, siehe Abb. L.30) müssen wir den Winkel β bestimmen, um den Amplitudenreflexionskoeffizienten berechnen zu können. Dazu müssen wir das Snelliussche Brechungsgesetz (8.58) auf die Grenzfläche Luft – absorbierendes Medium erweitern.
Die Tangentialkomponente k_x des $\boldsymbol{k}$-Vektors bleibt beim Übergang vom Medium 1 ($n = 1$) nach 2 ($n_2 = n' - \mathrm{i}\,\kappa$) erhalten, während die Vertikalkomponente komplex wird.
Wir erhalten:

$$\boldsymbol{k}_g = \{k_{gx}, k_{gy}, 0\}\,,$$

$$\boldsymbol{k}_g = \frac{\omega}{c}\{n_1 \sin\alpha, n_2 \cos\beta, 0\}$$

mit $n_1 = 1$ und $n_2 = n' - \mathrm{i}\,\kappa$. Mit

$$\cos\beta = \sqrt{1-\sin^2\beta}$$

und

$$\sin\beta = \frac{n_1}{n_2}\sin\alpha$$

folgt

$$n_2\cos\beta = \sqrt{n_2^2 - \sin^2\alpha} = \eta\cdot \mathrm{e}^{-\mathrm{i}\,\gamma}\,,$$

wobei wir die komplexe Größe $n_2 \cos\beta$ als $\eta\cdot\mathrm{e}^{-\mathrm{i}\,\gamma} = \eta\,(\cos\gamma - \mathrm{i}\,\sin\gamma)$ geschrieben haben. Vergleich von Realteil und Imaginärteil liefert nach Quadrieren:

$$n'^2 - \kappa - \sin^2\alpha = \eta^2\cos 2\gamma\,, \qquad (1)$$
$$2n'\kappa = \eta^2 \sin^2\gamma$$

$$\Rightarrow k_g = \frac{\omega}{c}\left\{\sin\alpha, (\eta\cos\gamma - \mathrm{i}\,\eta\sin\gamma)\right.\,.$$

Für die eindringende Welle erhalten wir:

$$\mathrm{e}^{-\mathrm{i}\boldsymbol{k}_g\cdot\boldsymbol{r}} = \mathrm{e}^{\left[-\mathrm{i}\,(\omega/c)(\sin\alpha\cdot x + \eta\cos\gamma\cdot y)\right]}$$
$$\cdot\underbrace{\mathrm{e}^{\left[-(\omega/c)\,\eta\sin\gamma\cdot y\right]}}_{\text{Absorption}}$$
$$= \mathrm{e}^{-(\alpha/2)\,y}\cdot \mathrm{e}^{\mathrm{i}\,(ax+by)}\,.$$

Die Flächen konstanter Amplitude sind die Flächen $y = \text{const}$, parallel zur Oberfläche, die Flächen konstanter Phase sind die Flächen $\sin\alpha\cdot x + \eta\cos\gamma\cdot y = \text{const}$, die vom Einfallswinkel α abhängen und für $\alpha \neq 0$ *nicht* mit den Flächen gleicher Amplitude zusammenfallen. Die Normalen der Phasenflächen haben die Richtung des Vektors

$$\boldsymbol{n}_\mathrm{T} = \sin\alpha\cdot\hat{\boldsymbol{x}} + \eta\cos\gamma\cdot\hat{\boldsymbol{y}}$$

mit dem Betrag

$$\sqrt{\sin^2\alpha + \eta^2\cos^2\gamma} = n_\mathrm{T}\,.$$

Wir definieren einen Brechwinkel β_T durch

$$\sin\beta_\mathrm{T} = \frac{\sin\alpha}{\sqrt{\sin^2\alpha + \eta^2\cos^2\gamma}}$$

und können dadurch das Snelliussche Brechungsgesetz schreiben als:

$$\frac{\sin\alpha}{\sin\beta_\mathrm{T}} = \frac{n_\mathrm{T}}{n_1} = n_\mathrm{T}$$

wegen $n_1 = 1$. Der reelle Winkel β_T ersetzt also beim Eintritt in absorbierende Medien den Winkel β bei durchsichtigen Medien.
Für unser Zahlenbeispiel: $n_2' = 0{,}17$, $\kappa_2 = 2{,}94$ erhält man aus (1):

$$\eta^2 = \sqrt{(n_2'^2 - \kappa_2 - \sin^2\alpha)^2 + 4n'^2\kappa^2}$$
$$\Rightarrow \eta^2 = 2{,}42$$
$$\Rightarrow \eta = 1{,}556\,,$$
$$\sin 2\gamma = \frac{2n'\kappa}{\eta^2} = 0{,}413$$
$$\Rightarrow \gamma = 12{,}2^\circ \Rightarrow \cos^2\gamma = 0{,}955\,.$$

Für $\alpha = 45^\circ$ folgt

$$\sin\beta_\mathrm{T} = \frac{0{,}71}{\sqrt{0{,}71^2 + 2{,}42\cdot 0{,}955}}$$
$$= 0{,}46$$
$$\Rightarrow \beta_\mathrm{T} = 27{,}7^\circ\,.$$

Man erhält dann mit $\cos\beta \to \cos\beta_\mathrm{T} = 0{,}885$ aus den Fresnel-Formeln

$$\varrho_\perp = \frac{\cos 45^\circ - (n_2' - \mathrm{i}\,\kappa)\cos\beta_\mathrm{T}}{\cos 45^\circ + (n_2' - \mathrm{i}\,\kappa)\cos\beta_\mathrm{T}}$$
$$= \frac{0{,}71 - 0{,}17\cdot 0{,}885 + \mathrm{i}\cdot 2{,}94\cdot 0{,}885}{0.71 + 0.17\cdot 0.885 - \mathrm{i}\cdot 2.94\cdot 0.885}$$
$$= \frac{0{,}56 + \mathrm{i}\cdot 2{,}6}{0{,}86 - \mathrm{i}\cdot 2{,}6}$$
$$\Rightarrow R_\perp = \frac{0{,}56^2 + 2{,}6^2}{0{,}86^2 + 2{,}6^2} = \frac{7{,}07}{7{,}5}$$
$$\Rightarrow R_\perp = 0{,}943\,.$$

Entsprechend für $\varrho_\parallel$ und $R_\parallel$ sowie für $\alpha = 85^\circ$.

6. $P(x) = P_0 \cdot e^{-\alpha x}$
Die absorbierte Leistung ist

$$\Delta P = P_0 - P(x) = P_0(1 - e^{-\alpha x}) .$$

Für $\alpha = 10^{-3}$ cm, $d = x = 3$ cm folgt

$$\Delta P \approx P_0 \cdot \alpha d = 3 \cdot 10^{-3} P_0 .$$

Für $\alpha = 1\,\text{cm}^{-1}$, $d = 3$ cm folgt

$$\Delta P = P_0(1 - e^3) = 0{,}95\, P_0 .$$

7. $$\sin\alpha = \frac{R - d/2}{R + d/2} \geq \sin\alpha_g = \frac{n_2}{n_1}$$

$$\Rightarrow R - \frac{d}{2} \geq \frac{n_2}{n_1}\left(r + \frac{d}{2}\right)$$

$$\Rightarrow R \geq \frac{d}{2}\,\frac{1 + n_2/n_1}{1 - n_2/n_1} = \frac{d}{2}\,\frac{n_1 + n_2}{n_1 - n_2} .$$

Für $d = 10\,\mu\text{m}$, $n_1 = 1{,}6$, $n_2 = 1{,}59$ folgt

$$R \geq 5 \cdot 10^{-6} \cdot \frac{3{,}1}{0{,}01}\,\text{m} = 1550\,\mu\text{m} = 1{,}5\,\text{mm} .$$

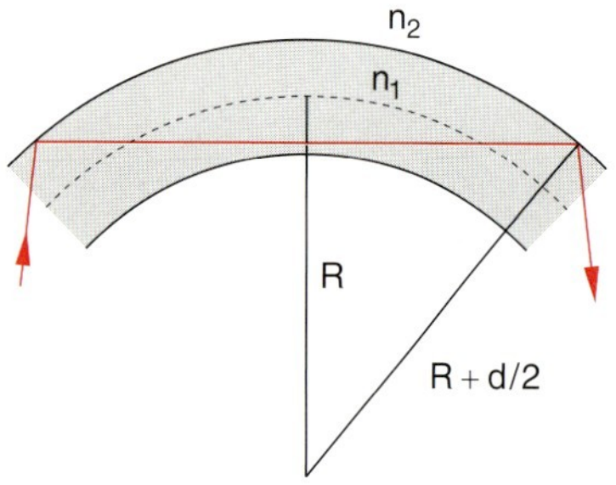

Abb. L.31. Zu Lösung 8.7

8. Für $\omega_0 - \omega \gg \gamma$ folgt aus (8.12b) mit

$$a_1 = \frac{Ne^2}{2\varepsilon_0 m}, \quad a_2 = \frac{a_1}{4\pi^2 c^2}$$

$$n - 1 \approx \frac{a_1}{\omega_0^2 - \omega^2} = \frac{a_2}{1/\lambda_0^2 - 1/\lambda^2}$$

$$= \frac{a_2\lambda_0^2\lambda^2}{\lambda^2 - \lambda_0^2} = a_2\lambda_0^2 + \frac{a_2\lambda_0^4}{\lambda^2 - \lambda_0^2}$$

$$= a + \frac{b}{\lambda^2 - \lambda_0^2}$$

mit $a = a_2\lambda_0^2$, $b = a_2\lambda_0^4$.

9. a) Der außerordentliche Brechungsindex $n_a(\theta)$ gehorcht der Ellipsengleichung

$$\frac{1}{n_a^2(\theta)} = \frac{\cos^2\theta}{n_0^2} + \frac{\sin^2\theta}{n_a^2(\theta = 90°)} . \tag{1}$$

Phasenanpassung wird erreicht für $n_0(\omega) = n_a(\theta, 2\omega)$

$$\Rightarrow \frac{1}{n_a^2(\theta, 2\omega)} = \frac{1}{n_0^2(\omega)} = \frac{1 - \sin^2\theta}{n_0^2(2\omega)} + \frac{\sin^2\theta}{n_a^2(2\omega)}$$

$$\Rightarrow \sin^2\theta_{\text{opt}} = \frac{[n_0(\omega)]^{-2} - [n_0(2\omega)]^{-2}}{[n_a(2\omega)]^{-2} - [n_0(2\omega)]^{-2}} . \tag{2}$$

Einsetzen der Zahlenwerte ergibt:

$$\sin^2\theta_{\text{opt}} = 0{,}5424 \Rightarrow \theta_{\text{opt}} = 47{,}4° .$$

b) Für $\theta = 48{,}4°$ wird nach (1) $n_a(48{,}4°, 2\omega) = 1{,}674$. Damit wird die Differenz $\Delta n = n_0(\omega) - n_a(\theta, 2\omega) = 0{,}001$ und die Kohärenzlänge

$$L_{\text{kohärent}} = \frac{\lambda/2}{|n_a(2\omega) - n_0(\omega)|} = 500\,\lambda = 250\,\mu\text{m} .$$

c) Die Ausgangsintensität $I(2\omega, L)$ wird für $\Delta h = \frac{2\pi}{\lambda} \cdot \Delta n = 1{,}25 \cdot 10^4\,\text{m}^{-1}$:

$$I(2\omega, L)$$
$$= \frac{10^{24} \cdot 2 \cdot 3{,}5^2 \cdot 10^{30} \cdot 64 \cdot 10^{-24} \cdot 2{,}5^2 \cdot 10^{-8}}{1{,}675^3 \cdot 27 \cdot 10^{24} \cdot 8{,}85 \cdot 10^{-12}}$$
$$= 1{,}5 \cdot 10^{11}\,\text{W/m}^2 . \tag{3}$$

Dies entspricht 15% der Eingangsintensität.

Kapitel 9

1. Wir wollen zeigen, dass eine in x-Richtung einfallende ebene Welle im Punkte F fokussiert wird, wenn die reflektierende Fläche ein Paraboloid ist. Dazu zeigen wir, dass, unabhängig von y, alle optischen Weglängen von einer Ebene $x = f$ bis zum Punkt $F = \{f, 0\}$ minimal sind.

$$s = s_1 + s_2$$
$$= (f - x) + \sqrt{y^2 + (f - x)^2} = \min$$

$$\Rightarrow \frac{\mathrm{d}s}{\mathrm{d}x} = -1 + \frac{2yy' - 2(f-x)}{2 \cdot \sqrt{y^2 + (f-x)^2}} = 0$$

$$\Rightarrow yy' - (f-x) = \sqrt{y^2 + (f-x)^2}$$

$$y' - \frac{f-x}{y} = \sqrt{1 + \left(\frac{f-x}{y}\right)^2}$$

Quadrieren ergibt:

$$y'^2 - \frac{2(f-x)}{y}\, y' = 1\,.$$

Die Lösung dieser Gleichung ist $y' = 2 \cdot \sqrt{f/x}$

$$\Rightarrow y = \sqrt{4fx} \Rightarrow y^2 = 4fx \Rightarrow 2yy' = 4f\,.$$

2. a) Wird ein ebener Spiegel um den Winkel δ gedreht, so ändert sich der Einfallswinkel von α nach $(\alpha + \delta)$, der Reflexionswinkel ist dann ebenfalls $(\alpha + \delta)$, sodass der Ablenkwinkel des reflektierten Strahls $2\alpha + 2\delta$ ist, also um 2δ gegenüber der Reflexion am unverkippten Spiegel vergrößert (Abb. L.32a).
b) Am sphärischen Spiegel tritt keine Änderung der Richtung des reflektierten Strahls auf, wenn der Spiegel um den Krümmungsmittelpunkt verkippt wird (Abb. L.32b). Wird er jedoch um den Auftreffpunkt des Strahls verkippt, so tritt, genau wie beim ebenen Spiegel, eine Drehung des reflektierten Strahls um 2δ auf, bei zweimaliger Reflexion eine Ablenkung um $360° - 4\alpha$ bzw. $360° - 4\alpha'$ beim verkippten Spiegel, wobei $\alpha' = \alpha + \delta$ ist. Außerdem tritt ein Strahlversatz auf (Abb. L.32c).

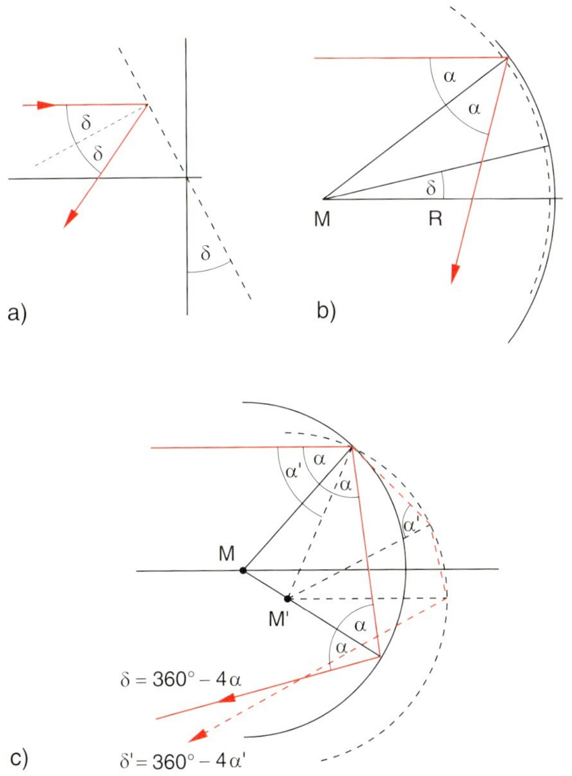

Abb. L.32a–c. Zu Lösung 9.2

3. Aus der Abbildung sieht man, dass gilt:

$$\operatorname{tg}\alpha = \frac{G}{a} = \frac{B}{b} \Rightarrow G = \frac{a}{b} \cdot B\,,$$

$$\operatorname{tg}\beta = \frac{G}{f} = \frac{B}{b-f} \Rightarrow \frac{a \cdot B}{b \cdot f} = \frac{B}{b-f}$$

$$\Rightarrow ab - af = bf\,,$$

$$f = \frac{ab}{a+b} \Rightarrow \frac{1}{f} = \frac{1}{a} + \frac{1}{b}\,.$$

4. Wie man aus der Abbildung sieht, liegen die virtuellen Bilder, die durch Reflexion an M_1 und M_2 der von A ausgehenden Strahlen erzeugt werden, bei

$$B_1: \; x_1 = -\frac{d}{2} - \frac{d}{3} = -\frac{5}{6}d$$

$$B_2: \; x_2 = \frac{d}{2} + \frac{2}{3}d = \frac{7}{6}d$$

$$B_3: \; x_3 = \frac{d}{2} + \frac{d}{2} + \frac{5}{6}d = \frac{11}{6}d$$

$$B_4: \; x_4 = -\frac{13}{6}d\,.$$

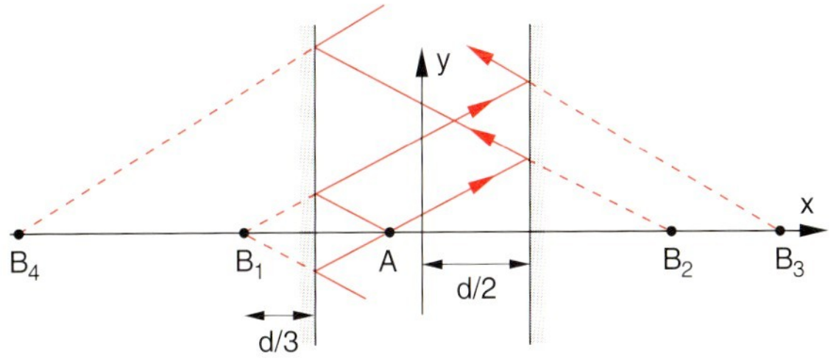

Abb. L.33. Zu Lösung 9.4

5. Es gilt:

$$\frac{\sin\alpha}{\sin\beta} = n_2; \qquad \frac{\sin\gamma}{\sin\beta} = \frac{n_2}{n_1}$$

$$\Rightarrow \sin\gamma = \frac{n_2}{n_1}\sin\beta = \frac{1}{n_1}\sin\alpha\,,$$

$$n_1 = 1{,}46, \quad n_2 = 1{,}33\,,$$

$$h_1 = 4\,\text{cm}, \quad h_2 = 2\,\text{cm}\,.$$

b) $\alpha_m = 90°$, d. h. an der oberen Grenzschicht tritt Totalreflexion auf.

$$\Rightarrow \sin\beta_m = \frac{1}{n_2} = 0{,}752 \Rightarrow \beta_m = 48{,}76°$$

$$\Rightarrow \sin\gamma_m = \frac{1}{n_1} = 0{,}685 \Rightarrow \gamma_m = 43{,}235°\,.$$

Der Radius R des Gefäßes muss dann sein:

$$\begin{aligned} R &\ge x_1 + x_2 = h_1 \cdot \text{tg}\,\gamma_m + h_2 \cdot \text{tg}\,\beta_m \\ &= 4\,\text{cm} \cdot \text{tg}\,43{,}23° + 2\,\text{cm} \cdot \text{tg}\,48{,}76° \\ &= 6{,}04\,\text{cm}\,. \end{aligned}$$

a) Ist $r < 6{,}04\,\text{cm}$, so kann man den maximal beobachtbaren Winkel ausrechnen aus:

$$\begin{aligned} R &= x_1 + x_2 = h_1\,\text{tg}\,\gamma + h_2\,\text{tg}\,\beta \\ &= h_1\frac{\sin\gamma}{\cos\beta} + h_2\frac{\sin\beta}{\cos\beta} \\ &= \frac{h_1}{n_1}\frac{\sin\alpha}{\sqrt{1 - 1/n_1^2 \cdot \sin\alpha}} \\ &\quad + \frac{h_2}{n_1}\frac{\sin\alpha}{\sqrt{1 - 1/n_1^2 \cdot \sin^2\alpha}} \\ &= \frac{h_1 \cdot \sin\alpha}{\sqrt{1 - n_2^2/n_1^2 \cdot \sin^2\alpha}} + \frac{h_2 \cdot \sin\alpha}{\sqrt{1 - \sin^2\alpha}}\,. \end{aligned}$$

Einfacher ist der Lösungsweg über das Fermatsche Prinzip. Für die Lichtlaufzeit gilt:

$$T^2 = \frac{x_1^2 + h_1^2}{n_1^2 \cdot c^2} + \frac{x_2^2 + h_2^2}{n_2^2 \cdot c^2} = \min\,.$$

Mit $x_2 = R - x_1$ folgt

$$\frac{\text{d}(T^2)}{\text{d}x_1} = \frac{2x_1}{c \cdot n_1^2} - \frac{2(R - x_1)}{c \cdot n_2^2} = 0$$

$$\Rightarrow x_1 = \frac{n_1^2}{n_2^2} \cdot (R - x_1)$$

$$\Rightarrow x_1 = R \cdot \frac{1}{1 + n_2^2/n_1^2} = \frac{R}{1{,}83}$$

$$\Rightarrow \text{tg}\,\gamma = \frac{x_1}{h_1} = \frac{R}{1{,}83\,h_1} = 0{,}41$$

$$\Rightarrow \gamma = 22{,}3° \Rightarrow \sin\gamma = 0{,}38$$

$$\Rightarrow \sin\beta = \frac{n_1}{n_2}\sin\gamma = 0{,}417$$

$$\Rightarrow \beta = 24{,}6°$$

$$\Rightarrow \alpha = 33{,}6°\,.$$

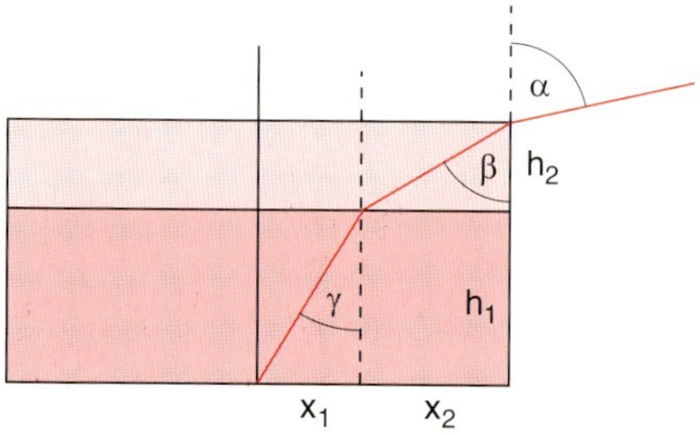

Abb. L.34. Zu Lösung 9.5

6. Aus der Linsengleichung

$$\frac{1}{a} + \frac{1}{b} = \frac{1}{f}$$

und dem Abbildungsmaßstab $B/A = b/a = 10$ und $a + b = 3\,\text{m}$ folgt

$$11a = 3\,\text{m} \Rightarrow a = \frac{3}{11}\text{m}\,,$$

$$b = \left(3 - \frac{3}{11}\right)\text{m} = \frac{30}{11}\text{m}$$

$$\Rightarrow f = \frac{a \cdot b}{a + b} = \frac{90}{11 \cdot 11 \cdot 3}\text{m} = 0{,}25\,\text{m}\,.$$

7. Der eintretende Strahl wird zuerst um den Winkel $(\alpha - \beta)$ nach unten abgelenkt, an der zweiten Fläche um den Winkel $-(\alpha - \beta)$ nach oben.

Insgesamt also um den Winkel $\varphi = (\alpha - \beta) - (\alpha - \beta) = 0$. Der Strahlversatz ist:

$$\begin{aligned}\Delta &= \frac{d}{\cos\beta} \cdot \sin(\alpha - \beta)\\ &= \frac{d}{\sqrt{1-\sin^2\beta}} (\sin\alpha\cos\beta - \cos\alpha\sin\beta)\\ &= \frac{d \cdot n}{\sqrt{n^2 - \sin^2\alpha}}\\ &\quad \cdot \sin\alpha \left(\sqrt{1 - \frac{\sin^2\alpha}{n^2}} - \frac{1}{n}\cos\alpha\sin\alpha\right)\\ &= \frac{d\cdot\sin\alpha}{\sqrt{n^2-\sin^2\alpha}}\left(\sqrt{n^2-\sin^2\alpha} - \cos\alpha\right)\\ &= d\cdot\sin\alpha\left(1 - \frac{\cos\alpha}{\sqrt{n^2-\sin^2\alpha}}\right) .\end{aligned}$$

8. Wir betrachten zuerst einen Strahl in der x-y-Ebene, der unter dem beliebigen Winkel α auf einen Spiegel trifft. Seine gesamte Umlenkung $\Delta\varphi$ ist dann mit $\beta = 90° - \alpha$

$$\Delta\varphi = 2\beta + 2\alpha = 2\,(90° - \alpha) + 2\alpha = 180° .$$

Läuft der Strahl schräg zur x-y-Ebene, so können wir den Wellenvektor in eine Komponente $k_\parallel = \{k_x, k_y\}$ und $k_\perp = k_z$ zerlegen. Für $k_\parallel$ gilt die obige Überlegung. Für $k_\perp$ haben wir einen analogen Fall, da die Spiegel in der y-z-Ebene senkrecht aufeinander stehen, sodass auch k_z nach zweimaliger Reflexion in $-k_z$ übergeht.

9. Beim Linsenfernrohr ist üblicherweise der Abstand d der beiden Linsen $d = f_1 + f_2$, damit paralleles Licht ins Auge gelangt.
Nach dem Strahlensatz gilt:

$$D_1/D_2 = f_1/f_2 .$$

Der Durchmesser muss daher

$$D_2 = D_1 \cdot \frac{f_2}{f_1} = 5 \cdot \frac{2}{20}\text{cm} = 0{,}5\,\text{cm}$$

sein. Die Winkelvergrößerung des Fernrohrs ist:

$$V = \frac{f_1}{f_2} = 10$$

(siehe Abschn. 11.2.3).

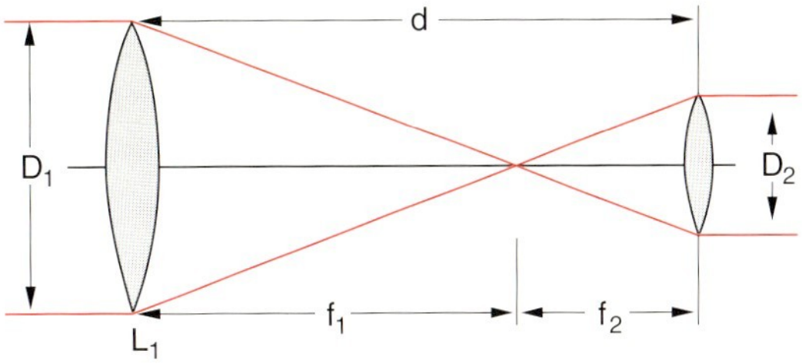

Abb. L.35. Zu Lösung 9.9

10. a) Für das Dreieck MAP gilt der Sinussatz:

$$\frac{x_2}{R} = \frac{\sin\beta}{\sin(90° + \beta + \gamma)} = \frac{\sin\beta}{\sin(\alpha-\beta)} .$$

Damit ein Schnittpunkt existiert, muss $x_2 < R$ sein.

$$\begin{aligned}&\Rightarrow \sin\beta < \sin(\alpha-\beta)\\ &\Rightarrow \frac{\sin\alpha}{n} < \sin(\alpha-\beta)\\ &\quad\Rightarrow \frac{h}{R} < n\cdot\sin(\alpha-\beta)\\ &\quad\Rightarrow h < R\cdot n\cdot\sin(\alpha-\beta)\end{aligned}$$

Mithilfe von

$$\begin{aligned}\sin(\alpha-\beta) &= \sin\alpha\cos\beta - \cos\alpha\sin\beta\\ &= \frac{h}{R}\sqrt{1-\frac{\sin^2\alpha}{n^2}} - \frac{\cos\alpha\sin\alpha}{n}\end{aligned}$$

lässt sich dies umformen in:

$$h < R\cdot\sqrt{n^2 - (1+\cos\alpha)^2} .$$

b) Wie man Abb. L.36a entnimmt, ist der totale Ablenkwinkel

$$\begin{aligned}\delta &= \alpha - \beta + (360° - 2\beta) + \alpha - \beta\\ &= 360° + 2\alpha - 4\beta .\end{aligned}$$

Gegen die Rückwärtsrichtung ist die Ablenkung

$$\varphi = \delta - 180° = 180° + 2\alpha - 4\beta .$$

Da $\sin\alpha = h/R$ und $\sin\beta = 1/n \cdot h/r$, folgt:

$$\varphi = 180° + 2\arcsin\frac{h}{R} - 4\arcsin\left(\frac{1}{n}\cdot\frac{h}{R}\right) .$$

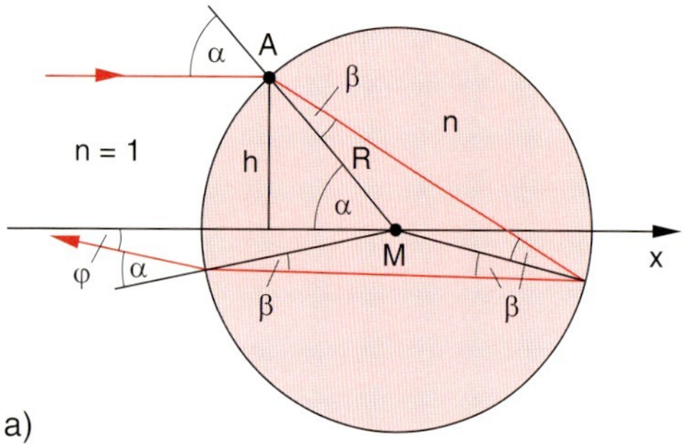

a)

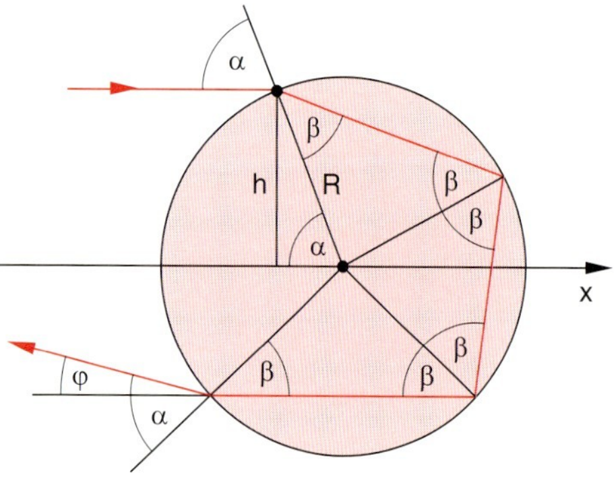

b)

Abb. L.36a,b. Zu Lösung 9.10

c) Der Ablenkwinkel hat ein Minimum für $\mathrm{d}\varphi/\mathrm{d}h = 0$.

$$\frac{\mathrm{d}\varphi}{\mathrm{d}h} = \frac{2/R}{\sqrt{1-h^2/R^2}} - \frac{4/(n\cdot R)}{\sqrt{1-h^2/(n^2R^2)}} = 0$$

$$\Rightarrow h_m = R\cdot\sqrt{\frac{1}{3}(4-n^2)}$$

$$\Rightarrow \sin\alpha_m = \frac{h}{R} = \sqrt{\frac{1}{3}(4-n^2)}$$

d) Mit $n = 1{,}33$ ergibt sich:

$$\sin\alpha_m = 0{,}86238 \Rightarrow \alpha_m = 59{,}6^\circ$$

$$\sin\beta_m = \frac{\sin\alpha_m}{n} = 0.6484 \Rightarrow \beta_m = 40{,}4^\circ$$

$$\Rightarrow \varphi = 180^\circ + 2\alpha - 4\beta = 137{,}6^\circ\ .$$

Bei zweimaliger Reflexion ist die Gesamtablenkung nach Abb. L.36b

$$\delta = 360^\circ + 2\alpha - 6\beta\ ,$$

d. h. die Ablenkung φ gegen die Rückwärtsrichtung ist

$$\varphi = 180^\circ + 2\alpha - 6\beta = 180^\circ + 2\arcsin(h/R) - 6\arcsin\left(\frac{1}{n}\cdot\frac{h}{R}\right)\ .$$

Differenzieren und Nullsetzen der Ableitung liefert, analog zum Fall a), die Relation:

$$h_m = R\cdot\sqrt{\frac{1}{8}(9-n^2)}$$

$$\Rightarrow \frac{h_m}{R} = 0{,}951 \Rightarrow \varphi_m = 128^\circ\ .$$

11\. a) Nach (9.25a) gilt

$$f = \frac{1}{n-1}\,\frac{R_1R_2}{R_2-R_1}\ ,$$

$$n(600\,\mathrm{nm}) = 1{,}485$$

$$= f_{\mathrm{rot}} = \frac{1}{0{,}485}\cdot\frac{200}{10}\mathrm{cm} = 41{,}24\,\mathrm{cm}\ ,$$

$$f_{\mathrm{blau}} = \frac{1}{0{,}50}\cdot 20\,\mathrm{cm} = 40\,\mathrm{cm}\ .$$

Man muss eine Zerstreuungslinse mit Brennweite f_2 wählen.

b) Für die Korrektur muss nach (9.34d) das Verhältnis der Brennweiten $f_2(n_\mathrm{g})/f_1(n_\mathrm{g})$ mit

$$n_\mathrm{g} = \frac{1}{2}(n_\mathrm{r}+n_\mathrm{b}) = 1{,}492$$

gleich sein dem Wert:

$$\frac{f_2}{f_1} = -\frac{(n_{1\mathrm{g}}-1)(n_{2\mathrm{b}}-n_{2\mathrm{r}})}{(n_{2\mathrm{g}}-1)(n_{1\mathrm{b}}-n_{1\mathrm{r}})} = -\frac{0{,}492\cdot(n_{2\mathrm{b}}-n_{2\mathrm{r}})}{(n_{2\mathrm{g}}-1)\cdot(1{,}5-1{,}485)} = -\frac{32{,}8\cdot(n_{2\mathrm{b}}-n_{2\mathrm{r}})}{1/2\,(n_{2\mathrm{b}}+n_{2\mathrm{r}})-1}\ .$$

Wählt man $n_{2\mathrm{b}} = 1{,}6$, $n_{2\mathrm{r}} = 1{,}55$, folgt

$$\frac{f_2}{f_1} = -2{,}85\ .$$

Die Brennweite der Zerstreuungslinse im Achromaten muss dann sein:

$$f_2 = -2{,}85\,f_1 = -2{,}85\cdot 40{,}62\,\mathrm{cm} = -115{,}85\,\mathrm{cm}\ .$$

12. Da der Abstand D der Linsen kleiner als f_1, f_2 ist, gilt für die Brennweite des Gesamtsystems nach (9.32):

$$\frac{1}{f} = \frac{1}{f_1} + \frac{1}{f_2} - \frac{D}{f_1 f_2}$$
$$= \left(\frac{1}{10} + \frac{1}{50} - \frac{5}{500}\right)\frac{1}{\text{cm}} = \frac{55}{500}\,\frac{1}{\text{cm}}$$
$$\Rightarrow\ f = 9{,}1\,\text{cm}\,.$$

13. Wir benutzen die Abbildungsgleichung (9.9)

$$\frac{1}{g} + \frac{1}{b} \approx \frac{2}{R}\,.$$

Für die Abbildung durch M_1 ist

$$g_1 = x = 6\,\text{cm}, \quad R_1 = 24\,\text{cm}$$
$$\Rightarrow b_1 = \frac{g_1 R_1}{2g_1 - R_1} = \frac{2\cdot 6\cdot 24}{12-24}\text{cm} = -24\,\text{cm}\,.$$

Die Abbildung ist divergent, weil A zwischen Spiegel und Brennpunkt F_1 liegt. Es entsteht ein virtuelles Bild B^* links von M_1 im Abstand $x = -24$ cm von M_1.

Für die Abbildung durch M_2 gilt:

$$g_2 = -(d-x) = -54\,\text{cm}\,,$$
$$R_2 = -40\,\text{cm}$$
$$\Rightarrow\ b_2 = \frac{54\cdot 40\,\text{cm}}{-2\cdot 54 + 40} = -31\,\text{cm}$$
$$\Rightarrow\ x(b_2) = (60-31)\,\text{cm} = 29\,\text{cm}\,.$$

B_2 kann wieder von M_1 abgebildet werden in B_3. Es gilt:

$$b_3 = \frac{g_3 R_1}{2g_3 - R_1} \quad \text{mit} \quad g_3 = 29\,\text{cm}$$
$$\Rightarrow\ b_3 = 20\,\text{cm}\,.$$

Dies ist identisch mit dem Mittelpunkt M_2 des rechten Spiegels M_2, so dass B_3 wieder durch M_2 in sich abgebildet wird, durch M_1 dann wieder in B_2 usw., sodass es insgesamt zwei reelle und ein virtuelles Bild gibt.

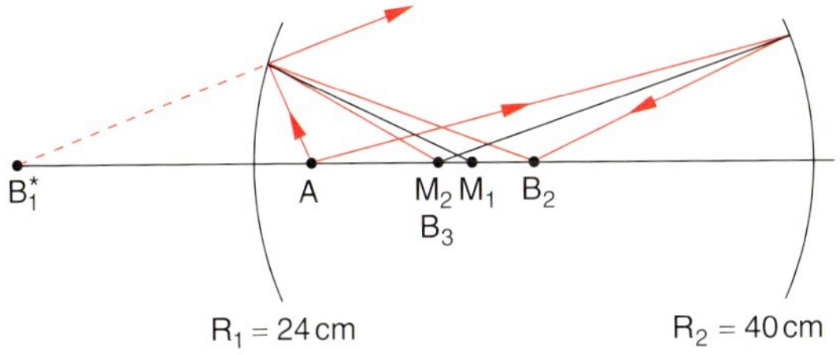

Abb. L.37. Zu Lösung 9.13

14. Die Matrix des Systems hat die Form

$$\widetilde{M} = \widetilde{B}_7 \cdot \widetilde{T}_{76} \cdot \widetilde{B}_6 \cdot \widetilde{T}_{65} \cdot \widetilde{B}_5 \cdot \widetilde{T}_{54} \cdot \widetilde{B}_4 \cdot \widetilde{T}_{43} \cdot \widetilde{B}_3 \cdot \widetilde{T}_{32} \cdot \widetilde{B}_2 \cdot \widetilde{T}_{21} \cdot \widetilde{B}_1\,.$$

$$\widetilde{B}_1 = \begin{pmatrix} 1 & -\frac{1,6116-1}{1,628} \\ 0 & 1 \end{pmatrix}, \quad \widetilde{B}_2 = \begin{pmatrix} 1 & -\frac{1-1,6116}{-27,57} \\ 0 & 1 \end{pmatrix}$$

usw.

Die Translationsmatrizen sind:

$$\widetilde{T}_{21} = \begin{pmatrix} 1 & 0 \\ \frac{0,357}{1,6116} & 1 \end{pmatrix}, \quad \widetilde{T}_{32} = \begin{pmatrix} 1 & 0 \\ \frac{0,189}{1} & 1 \end{pmatrix}$$

usw. Bildet man die Produktmatrix, was man zweckmäßigerweise mit einem Rechnerprogramm durchführt, so ergibt sich:

$$\widetilde{M} = \begin{pmatrix} 0,848 & -0,198 \\ 1,338 & 0,867 \end{pmatrix}\,.$$

In der Näherung dünner Linsen wäre nach (9.45a) $M_{12} = -1/f$, woraus dann $f = 5{,}06$ cm folgt.

Kapitel 10

1. Wir gehen aus von (10.5)

$$\Delta s + \sqrt{(x-d)^2 + y^2 + z_0^2} = \sqrt{(x+d)^2 + y^2 + z_0^2}\,.$$

Quadrieren und Kürzen liefert:

$$4xd - \Delta s^2 = 2\Delta s\sqrt{(x-d)^2 + y^2 + z_0^2}\,.$$

Erneutes Quadrieren und Umordnen ergibt:

$$x^2\,(16d^2 - 4\Delta s^2) = 4\Delta s^2\,\left(d^2 + y^2 + z_0^2 - \Delta s^2\right)$$
$$\Rightarrow\ \frac{x^2}{a^2} - \frac{y^2}{b^2} = 1$$

mit

$$a^2 = \frac{d^2 + z_0^2 - \Delta s^2}{(2d/\Delta s)^2 - 1}\,,$$
$$b^2 = d^2 + z_0^2 - \Delta s^2\,.$$

Der Scheitelabstand der Hyperbeln ist

$$\Delta x_s = 2a \, .$$

Für $z_0 \gg d$ ergibt sich:

$$\Delta s = z_0 \left[\sqrt{1 + \frac{(x+d)^2}{z_0^2} + \frac{y^2}{z_0^2}} - \sqrt{1 + \frac{(x-d)^2}{z_0^2} + \frac{y^2}{z_0^2}} \right]$$

$$\Rightarrow \; \Delta s \approx z_0 \left(\frac{2xd}{z_0^2} \right) = \frac{2xd}{z_0} = m \cdot \lambda \, .$$

Für $x = a$ ist

$$a = \frac{m \cdot \lambda \cdot z_0}{2d} \, ,$$

und wir erhalten für den Scheitelabstand:

$$\Delta x_S = 2a = \frac{z_0}{d} \cdot m \cdot \lambda \, .$$

2. Der optische Wegunterschied zwischen den Teilstrecken in den beiden Armen des Michelson-Interferometers ist:

$$\Delta s = \Delta s_1 - \Delta s_2$$

mit

$$\Delta s_1 = \frac{d_1}{\cos\alpha} + \frac{\Delta x}{\cos\alpha} \, ,$$

wobei

$$\Delta x = d_1 - (y_1 + y_2) \, ,$$

$$y_1 = d_1 \operatorname{tg}\alpha, \qquad y_2 = d_1 - (y_1 + y_2) \operatorname{tg}\alpha$$

$$\Rightarrow \; y_2 = d_1 \cdot \frac{\operatorname{tg}\alpha \, (1 - \operatorname{tg}\alpha)}{1 + \operatorname{tg}\alpha}$$

$$\Rightarrow \; \Delta x = d_1 \cdot \frac{1 - \operatorname{tg}\alpha}{1 + \operatorname{tg}\alpha}$$

$$\Rightarrow \; \Delta s_1 = \frac{2d_1}{\cos\alpha} \, \frac{1}{1 + \operatorname{tg}\alpha} = \frac{2d_1}{\cos\alpha + \sin\alpha} \, .$$

Entsprechend gilt:

$$\Delta s_2 = \frac{2d_2}{\cos\alpha} \, \frac{1}{1 + \operatorname{tg}\alpha} = \frac{2d_2}{\cos\alpha + \sin\alpha} \, .$$

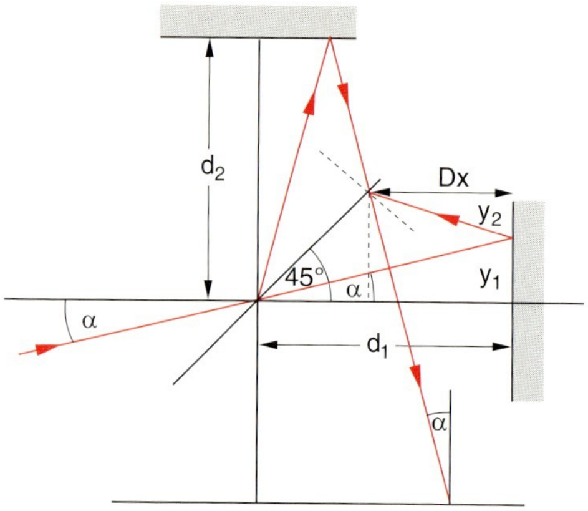

Abb. L.38. Zu Lösung 10.2

Man beachte, dass der Strahlteiler um 45° geneigt ist, sodass $\Delta x = \Delta y$ ist für $d_1 = d_2$. Der Wegunterschied zwischen den beiden Teilstrecken, die unter dem Winkel α gegen die Symmetrieachse geneigt sind, ist dann

$$\Delta s = 2 \, \frac{d_1 - d_2}{\cos\alpha + \sin\alpha} \, .$$

Für $\Delta s = m \cdot \lambda$ erhält man also in der Beobachtungsebene helle Ringe, die bei Änderung von $d_1 - d_2$ ihren Radius R ändern, weil für einen festen Wert der ganzen Zahl m

$$\cos\alpha + \sin\alpha = \frac{d_1 - d_2}{m \cdot \lambda/2}$$

gilt.

3. Das am verkippten Spiegel M_1 reflektierte Strahlbündel ist um den Winkel 2δ gegen die Symmetrieachse geneigt und trifft auch unter dem Neigungswinkel 2δ gegen die Normale auf die Beobachtungsebene B, ist aber nach wie vor eine ebene Welle.
Die Phasendifferenz zwischen der senkrecht auftreffenden Welle und der schräg auftreffenden Welle ist

$$\phi(x) = 2\pi \cdot \frac{x}{\lambda} \cdot \sin 2\delta \, .$$

Der Streifenabstand Δx tritt für $\Delta\phi = 2\pi$ auf, also ist

$$\Delta x = \frac{\lambda}{\sin 2\delta} \, .$$

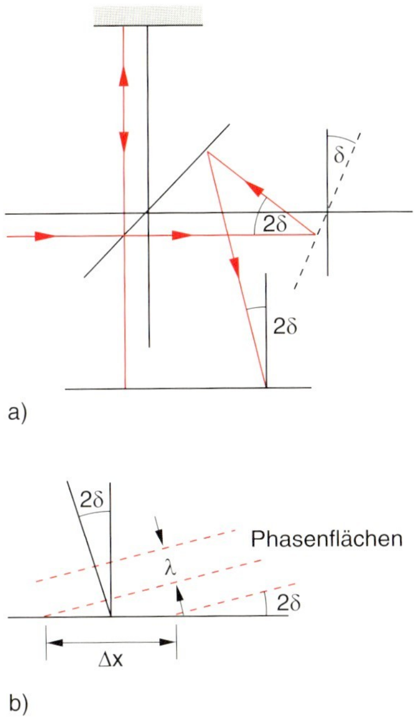

Abb. L.39a,b. Zu Lösung 10.3

4. Wie groß ist für senkrecht einfallendes Licht das Reflexionsvermögen einer dielektrischen Beschichtung
a) $n_\mathrm{H} D = \lambda/4$,
b) $n_\mathrm{H} D = \lambda/2$,
c) bzw. einer so genannten (H,L)-Wechselschicht, bestehend aus zwei $\lambda/4$-Beschichtungen $n_\mathrm{H} D = \lambda/4 \sim \mathrm{H}$ und $n_\mathrm{H} D = \lambda/4 \sim \mathrm{L}$ auf einem Substrat der Brechzahl n_s [$n_0 = 1$ (Luft), $n_\mathrm{H} = 1{,}8$, $n_\mathrm{s} = 1{,}5$].
Man diskutiere die unterschiedliche optische Wirkung von $\lambda/2$- und $\lambda/4$-Beschichtungen. Wie muss n_H geändert werden, um im Fall a) die Reflexion vollständig zu unterdrücken?
Lösung von Dr. E. Welsch, Jena:
a) Analytische Lösung für den Fall einer $\lambda/4$-Belegung (zwei Grenzflächen AH, HS; senkrechter Einfall, keine Polarisationsabhängigkeit):
Ansatz:

$$\begin{aligned}
E_0 &= A_0 e^{ik_0 z} + A_r e^{-ik_0 z}, & k_0 &= \tfrac{2\pi}{\lambda} & \text{in (1)}\\
E_\mathrm{H} &= A_1 e^{ik_\mathrm{H} z} + A_2 e^{-ik_\mathrm{H} z}, & k_\mathrm{H} &= \tfrac{2\pi}{\lambda} n_\mathrm{H} & \text{in (2)}\\
E_\mathrm{S} &= A_t e^{ik_\mathrm{S} z}, & k_\mathrm{S} &= \tfrac{2\pi}{\lambda} n_\mathrm{S} & \text{in (3)}
\end{aligned}$$

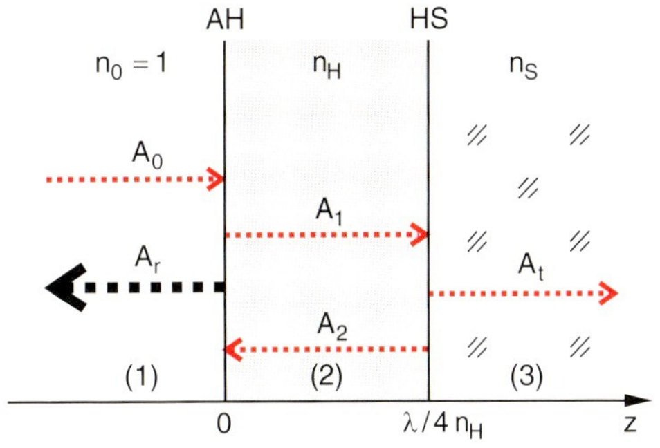

Abb. L.40. Zu Lösung 10.4

Für $A_0 = 1$ werden alle übrigen Koeffizienten auf die einfallende Intensität bezogen, insbesondere ist das Reflexionsvermögen R gleich A_r^2. Zur Bestimmung der vier unbekannten Amplituden ist es ausreichend, die Gleichheit der Felder sowie die Stetigkeit der Ableitungen (kein Knick!) an den beiden Grenzflächen zu fordern:
Grenzbedingung bei $z = 0$:

$$E_0(z=0) = E_\mathrm{H}(z=0)$$

$$\Rightarrow 1 + A_r = A_1 + A_2\,, \tag{1}$$

$$\frac{\mathrm{d}}{\mathrm{d}z} E_0(z=0) = \frac{\mathrm{d}}{\mathrm{d}z} E_n(z=0)$$

$$\Rightarrow 1 - A_r = n_\mathrm{H}(A_1 - A_2)\,, \tag{2}$$

Grenzbedingung bei $z = \lambda/4n_\mathrm{H}$:

$$E_\mathrm{H}(z = \lambda/4n_\mathrm{H}) = E_t(z = \lambda/4n_\mathrm{H})$$

$$\Rightarrow iA_1 - iA_2 = A_t e^{i(\pi/2)(n_\mathrm{S}/n_\mathrm{H})}\,, \tag{3}$$

$$\frac{\mathrm{d}}{\mathrm{d}z} E_\mathrm{H}(z = \lambda/4n_\mathrm{H}) = \frac{\mathrm{d}}{\mathrm{d}z} E_t(z = \lambda/4n_\mathrm{H})$$

$$\Rightarrow -n_\mathrm{H}(A_1 + A_2) = in_\mathrm{S} e^{i(\pi/2)(n_\mathrm{S}/n_\mathrm{H})} A_t\,. \tag{4}$$

Die Gleichungen (1)–(4) führen mit der Abkürzung

$$\delta = e^{i\frac{\pi}{2}\frac{n_\mathrm{S}}{n_\mathrm{H}}}$$

auf ein Gleichungssystem

$$\begin{aligned}
-A_r + A_1 + A_2 + 0 &= 1\\
A_r + n_\mathrm{H} A_1 - n_\mathrm{H} A_2 + 0 &= 1\\
0 + A_1 - A_2 + i\delta A_t &= 0\\
0 + n_\mathrm{H} A_1 + n_\mathrm{H} A_2 + in_\mathrm{S}\delta A_t &= 0
\end{aligned} \tag{5}$$

mit der Koeffizientendeterminante

$$|D| = i\delta \begin{vmatrix} -1 & 1 & 1 & 0 \\ 1 & n_H & -n_H & 0 \\ 0 & 1 & -1 & 0 \\ 0 & n_H & n_H & n_S \end{vmatrix} \tag{6}$$

Damit ergibt sich speziell für

$$A_r = \frac{|D_R|}{|D|} = \frac{n_S - n_H^2}{n_S + n_H^2} \tag{7}$$

$$R = A_r^2 = \left(\frac{n_S - n_H^2}{n_S + n_H^2}\right)^2 \quad . \tag{8}$$

Zahlenwerte: $n_S = 1{,}5$, $n_H = 1{,}8 \Rightarrow A_r^2 = 0{,}13$.
Diskussion: Wegen $n_H > n_s$ beträgt der Phasenunterschied zwischen den bei $z = 0$ und $z = \lambda/4n_H$ reflektierten Anteilen π (Reflexion bei $z = 0$) $+\pi(A_1 \leftrightarrow A_2) = 2\pi$, enthält also auch konstruktiv interferierende Anteile. Für $n_H < n_S$ käme noch π bei $z = \lambda/4n_H$ hinzu $\Rightarrow$ die destruktive Interferenz überwiegt. $A_r^2 = 0$ für $n_H^2 - n_0 n_S = 0$ entsprechend (8) mit $n_H = \sqrt{1.5} \approx 1{,}22$ statt 1,8.
c) Skizzieren der analytischen Lösung für den Fall einer (HL)-Wechselschicht (drei Grenzflächen AH, HL, LS):

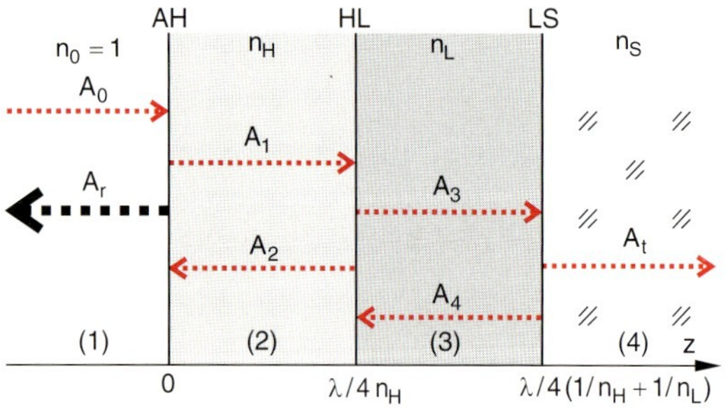

Abb. L.41. Zu Lösung 10.4

Ansatz:

$$\begin{aligned} E_0 &= A_0 e^{ik_0 z} + A_r e^{-ik_0 z} , \\ E_H &= A_1 e^{ik_H z} + A_2 e^{-ik_H z} , \\ E_L &= A_3 e^{ik_L z} + A_4 e^{-ik_L z} , \\ E_S &= A_z e^{-k_S z} . \end{aligned} \tag{9}$$

Die gleichen Grenzbedingungen wie in a) bei den drei Grenzflächen $z = 0$, $\lambda/4n_H$, $\lambda/4$ $(1/n_H + 1/n_S)$ führen auf ein lineares 6×6-Gleichungssystem, dessen Lösung analog (1) erfolgt. Für die reflektierte Amplitude erhält man über Zwischenschritte

$$A_r = -\frac{n_S - \left(\frac{n_L}{n_H}\right)^2}{n_S + \left(\frac{n_L}{n_H}\right)^2} \ . \tag{10}$$

Die Reflexion beträgt

$$A_r^2 = \left(\frac{n_S - \left(\frac{n_L}{n_H}\right)^2}{n_S + \left(\frac{n_L}{n_H}\right)^2}\right)^2 \ . \tag{11}$$

Zahlenwert: $A_r^2 \approx 0{,}23$.

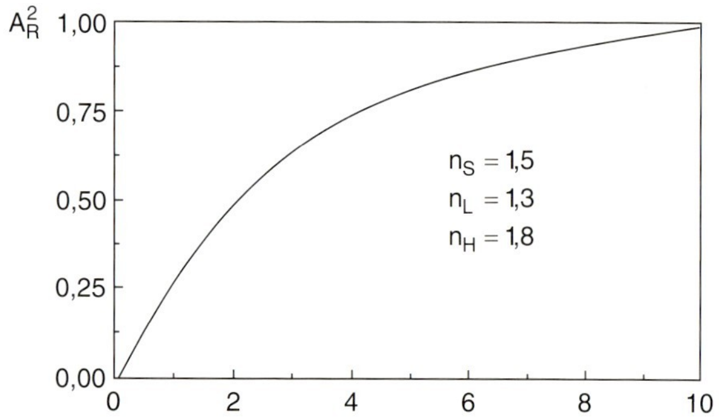

Abb. L.42. Zu Lösung 10.4

Da ein Phasensprung nur bei AH und LS erfolgt, nicht aber bei HL, bewirken die $\lambda/4$-Komponenten ($\Delta\varphi = \pi/2$) eine konstruktive Interferenz. Setzt man mehrere solcher HL-Schichtpaare hintereinander, wird dieser Effekt beträchtlich verstärkt: Aus (11) „erahnt" man (k: Anzahl der (HL)-Paare)

$$A_r^2 = \left(\frac{n_S - \left(\frac{n_L}{n_H}\right)^{2k}}{n_S + \left(\frac{n_L}{n_H}\right)^{2k}}\right)^2 \ . \tag{12}$$

b) Gleichung (10) geht in Gleichung (8) über für $n_L = n_S$ (Verschwinden der dritten (LS)-Grenzfläche $\Rightarrow$ nur eine $H = \lambda/4$-Beschichtung. Aus Gleichung (10) folgt für $n_L = n_H \sim$ Verschwinden der zweiten (HL)-Grenzfläche $\sim 2H = \lambda/2n_H$-Beschichtung

$$A_r = -\frac{n_S - 1}{n_S + 1}, \quad A_r^2 = \left(\frac{n_S - 1}{n_S + 1}\right)^2 \ . \tag{13}$$

Zahlenwert: $A_r^2 \approx 0{,}04$. Eine 2H-Belegung ($\lambda/2$) erzeugt immanent eine 2π-Phasenverschiebung, an der ersten Grenzfläche (AH) interferiert das unmittelbar reflektierte mit dem aus der Schicht stammenden immer destruktiv. Diese erste Grenzfläche (und damit die $\lambda/2$-Schicht) ist somit *optisch passiv*, entscheidend für die Reflexion ist wie im unbeschichteten Fall die Brechzahl des Substrates n_S verantwortlich.

5. Bei senkrechtem Einfall ist der Wegunterschied zwischen zwei Randstrahlen bei einem Beugungswinkel θ

$$\Delta s = b \cdot \sin\theta \, .$$

Bei schrägem Einfall (α_0) ist er

$$\Delta s = b \cdot (\sin\theta - \sin\alpha_0) = \Delta_2 - \Delta_1 \, .$$

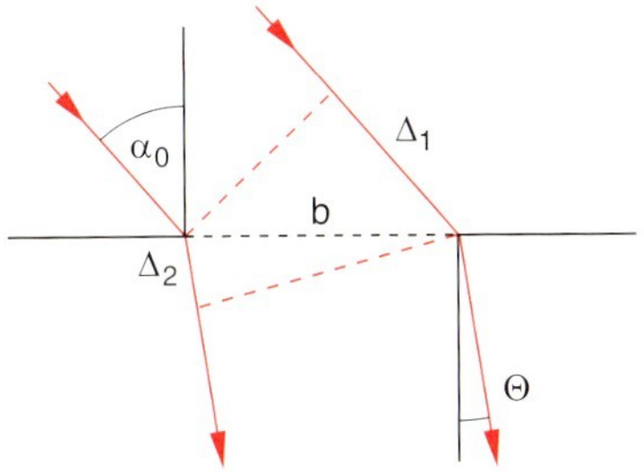

Abb. L.43. Zu Lösung 10.5

Man muss dafür in (10.46) statt $\sin\theta$ den Ausdruck $(\sin\theta - \sin\alpha_0)$ einsetzen. Das zentrale Beugungsmaximum erscheint bei $\theta_0 = \alpha_0$, das ± 1. Beugungsmaximum bei

$$\frac{b}{\lambda}(\sin\theta - \sin\alpha_0) = \pm 1$$

$$\Rightarrow \ \sin\theta_{1,2} = \pm\frac{\lambda}{b} + \sin\alpha_0 \, .$$

Die Winkelbreite der zentralen Beugungsanordnung ist jetzt:

$$\begin{aligned}\Delta\theta &= \theta_1 - \theta_2 \\ &= \arcsin\left(\sin\alpha_0 + \frac{\lambda}{b}\right) \\ &\quad - \arcsin\left(\sin\alpha_0 - \frac{\lambda}{b}\right) \, .\end{aligned}$$

Beispiel: $\alpha = 30°$, $\lambda/b = 0{,}2$

$$\Rightarrow \ \Delta\theta = 44{,}4° - 17{,}6° \approx 26{,}8° \, ,$$

während für $\alpha_0 = 0°$ gilt:

$$\Delta\theta_0 = 25{,}6° \, .$$

6. a) Aus der Gittergleichung (10.51)

$$d \cdot (\sin\alpha + \sin\beta) = m \cdot \lambda$$

folgt für $m = 1$ und $\alpha = 30°$

$$\sin\beta = \frac{\lambda}{d} - \sin\alpha = 0{,}48 - 0{,}5 = -0{,}02$$

$$\Rightarrow \ \beta = -1{,}3° \, .$$

Bezogen auf den Einfallswinkel, liegt der Beugungswinkel auf der anderen Seite der Gitternormalen. Der Winkel des geneigten Strahls gegen den einfallenden Strahl ist

$$\Delta\varphi = \alpha - \beta = 31{,}3° \, .$$

Wegen

$$\sin\beta^{(2)} = 2\frac{\lambda}{d} - \sin\alpha = 0{,}96 - 0{,}5 = 0{,}46$$

gibt es auch eine zweite Ordnung.

b) Der Blazewinkel ist

$$\theta = \frac{\alpha + \beta}{2} = \frac{30 - 1{,}3}{2} = 14{,}35° \, .$$

c) Der Winkelunterschied $\Delta\beta$ berechnet sich aus

$$\sin\beta_1 - \sin\beta_2 = \frac{\lambda_1 - \lambda_2}{d} = \frac{-10^{-9}\,\text{m}}{10^{-6}\,\text{m}}$$

zu $\Delta\beta = 10^{-3}$ rad. Für $\beta_1 = -1{,}3°$ folgt $\beta_2 = -1{,}241°$.

d) Der laterale Abstand der beiden Spaltbildmitten $b(\lambda_1)$ und $b(\lambda_2)$ ist

$$\Delta b = f \cdot \Delta\beta = 1\,\text{mm} \, .$$

Bei einem 10×10 mm Gitter ist die beugungsbedingte Fußpunktsbreite des Spaltbildes:

$$\begin{aligned}\Delta b &= 2 \cdot \frac{\lambda}{d} \cdot f \\ &= 2 \cdot \frac{4.8 \cdot 10^{-7}\,\text{m}}{10^{-2}\,\text{m}} \cdot 1\,\text{m} = 9{,}6 \cdot 10^{-5}\,\text{m} \\ &\approx 0{,}1\,\text{mm} \, .\end{aligned}$$

Die Spaltbreite des Eintrittsspaltes darf daher höchstens 0,9 mm sein.

7. Nach (10.9) ist die Phasendifferenz zwischen an den beiden Grenzschichten Luft-Öl und Öl-Wasser reflektierten Teilwellen wegen des Phasensprunges

$$\Delta\varphi = \frac{2\pi}{\lambda_0}\,\Delta s - \pi\ .$$

Für konstruktive Interferenz muss $\Delta\varphi = 2m\cdot\pi$ sein

$$\Rightarrow\ \Delta s = \frac{2m+1}{2}\,\lambda_0\ .$$

Da $\Delta s = 2d\cdot\sqrt{n^2-\sin^2\alpha}$ (10.8) beträgt, folgt mit $\lambda_0 = 500\,\text{nm}$ (grün)

$$d = \frac{\Delta s}{\sqrt{n^2-\sin^2\alpha}} = \frac{(m+1/2)\,\lambda_0}{\sqrt{n^2-\sin^2\alpha}}\ .$$

Für $m = 0$, d. h. für $\alpha = 45°$, ist

$$d = \frac{2{,}5\cdot 10^{-7}\,\text{m}}{\sqrt{1{,}6^2-0{,}5}} = 1{,}74\cdot 10^{-7}\,\text{m}$$
$$= 0{,}174\,\mu\text{m}\ .$$

8. Der Abstand zwischen den Platten ist bei einem Keilwinkel ε

$$d(x) = x\cdot \text{tg}\,\varepsilon\ .$$

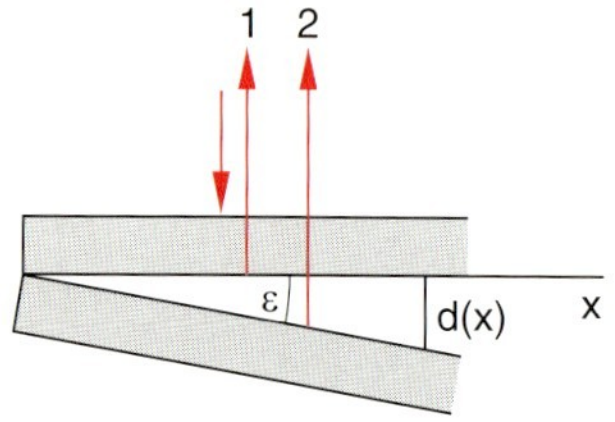

Abb. L.44. Zu Lösung 10.8

Bei genügend kleinem ε kann man den Neigungswinkel 2ε der an der unteren Fläche reflektierten Strahlen vernachlässigen. Die Dicke der Glasplatten soll groß sein gegen die Dicke des Luftkeils und vor allem gegen die Kohärenzlänge des Lichts, sodass man Interferenzen, die durch die planparallelen Oberflächen entstehen, vernachlässigen kann. Man erhält konstruktive Interferenz, wenn

$$\Delta\varphi = \frac{2\pi}{\lambda_0}\,\Delta s - \pi = 2m\cdot\pi$$

ist (Phasensprung!). Mit $\Delta s = 2d(x) = 2x\cdot\text{tg}\,\varepsilon$ folgt

$$2x\cdot\text{tg}\,\varepsilon = \left(m+\frac{1}{2}\right)\lambda\ .$$

Der Abstand der Streifen sei Δx. Für $\Delta m = 1$ ist $2\Delta x\,\text{tg}\,\varepsilon = \lambda$

$$\Rightarrow \text{tg}\,\varepsilon = \frac{\lambda}{2\Delta x} = \frac{5{,}89\cdot 10^{-7}}{2\cdot\frac{1}{12}\cdot 10^{-2}} = 3{,}5\cdot 10^{-4}$$
$$\Rightarrow\ \varepsilon = 0{,}02°\ .$$

9. Sei A_0 die Amplitude des aus dem engeren Spalt kommenden Lichtes, seine Intensität $I_0 = c\cdot\varepsilon_0 A_0^2$, dann ist die Intensität aus dem doppelt so großen Spalt $2I_0$, die Amplitude also $\sqrt{2}A_0$. Die Gesamtintensität in einem Punkt P ist dann:

$$I = c\cdot\varepsilon_0\cdot\left|A_0+\sqrt{2}A_0\cdot e^{i\,\Delta\varphi}\right|^2,$$

wobei

$$\Delta\varphi = \frac{2\pi}{\lambda}\cdot\Delta s = \frac{2\pi}{\lambda}\,d\cdot\sin\theta$$

die Phasendifferenz der beiden Teilwellen in P und d der Abstand der beiden Spalte ist. Es ergibt sich:

$$I = I_0\cdot\left[\left(1+\sqrt{2}e^{i\,\Delta\varphi}\right)\left(1+\sqrt{2}e^{-i\,\Delta\varphi}\right)\right]$$
$$= I_0\cdot\left(3+2\cdot\sqrt{2}\cos\Delta\varphi\right)$$

$$\Rightarrow\ I_{\max} = 5{,}83\,I_0$$
$$I_{\min} = 0{,}172\,I_0\ .$$

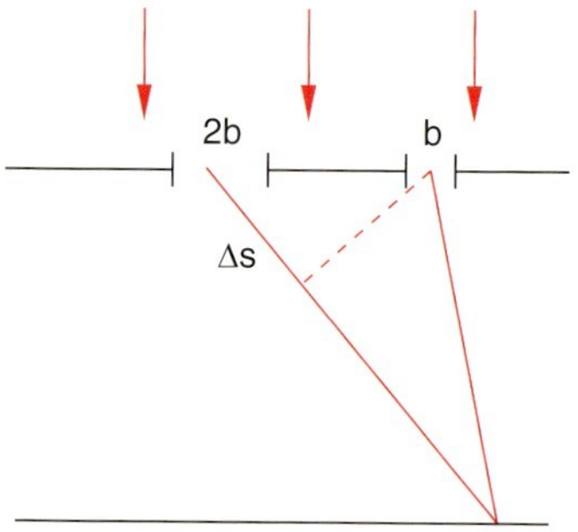

Abb. L.45. Zu Lösung 10.9

10. Die erste Nullstelle der Funktion $\sin^2 x/x^2$ liegt bei $x = \pi$, die zweite Nullstelle bei $x = 2\pi$. Das erste Maximum finden wir durch Nullsetzen der ersten Ableitung

$$0 = \frac{d}{dx}\left(\frac{\sin^2 x}{x^2}\right) = 2\left(\frac{x\cos x}{x^2}-\frac{\sin x}{x^2}\right)$$

$$\Rightarrow\ x\cdot\cos x = \sin x\ \Rightarrow\ x = \text{tg}\,x$$

$$\Rightarrow\ x = 4{,}4934 = 1{,}43\pi\ .$$

Die relative Abweichung von der Mitte $1{,}5\pi$ ist daher

$$\Delta = \frac{1{,}5 - 1{,}43}{1{,}5} = 4{,}67\% \,.$$

11. Die Winkelbreite zwischen den beiden Fußpunkten $\pm\theta_1$ des zentralen Beugungsmaximums ist nach (10.47) und $\sin\theta_1 = \pm 1.2 \cdot \lambda/D$ wegen $\theta_1 \ll 1$:

$$\Delta\theta = 2.4 \cdot \lambda/D \,.$$

a) Die mittlere Entfernung zum Mond ist $r = 3{,}8 \cdot 10^8$ m. Somit ist der Durchmesser des zentralen Beugungsmaximums auf dem Mond

$$d = r \cdot \Delta\theta = 3{,}8 \cdot 10^8 \cdot 2{,}4 \cdot \frac{6 \cdot 10^{-7}}{1}\,\text{m}$$
$$= 5{,}47 \cdot 10^2\,\text{m} \,.$$

b) Auf den Retroreflektor der Fläche A fällt der Bruchteil

$$\varepsilon_1 = \frac{A}{\pi\,(d/2)^2} = \frac{0{,}25}{\pi \cdot 2{,}7^2} \cdot 10^{-4} \approx 10^{-6}$$

der ausgesandten Strahlung. Die vom Reflektor reflektierte Strahlung hat den Beugungswinkel

$$\Delta\theta_2 = \frac{\lambda}{0{,}5\,\text{m}} = 1{,}2 \cdot 10^{-6} \,.$$

Das reflektierte Licht bedeckt auf der Erdoberfläche etwa ein Quadrat der Fläche

$$A_2 = (r \cdot 1{,}2 \cdot 10^{-6})^2 = (3{,}8 \cdot 1{,}2 \cdot 10^2)^2\text{m}^2 \,.$$

Das Teleskop empfängt davon den Bruchteil

$$\varepsilon_2 = \frac{\pi\,(D/2)^2}{A_2} = 3{,}8 \cdot 10^{-6} \,.$$

Insgesamt erhält daher das Teleskop die reflektierte Leistung

$$P_\text{r} = \varepsilon_1 \cdot \varepsilon_2 \cdot P_0 = 3{,}8 \cdot 10^{-12} \cdot P_0$$
$$= 3{,}8 \cdot 10^{-4}\,\text{W} \,.$$

c) Ohne Retroreflektor würden 30% der gesamten auf dem Mond auftreffenden Leistung in den Raumwinkel $\Omega = 2\pi$ zurückgestreut. Davon würde das Teleskop den Bruchteil

$$\varepsilon_3 = \frac{\pi\,(D/2)^2}{2\pi \cdot r} = \frac{D^2}{8r^2} = \frac{1}{8 \cdot 3{,}8^2 \cdot 10^{16}}$$
$$= 8{,}6 \cdot 10^{-19}$$

empfangen können. Der Retroreflektor bringt also eine Steigerung der empfangenen Leistung um den Faktor

$$\frac{\varepsilon_1 \cdot \varepsilon_2}{0{,}3 \cdot \varepsilon_3} = \frac{3{,}8 \cdot 10^{-12}}{0{,}3 \cdot 8{,}6 \cdot 10^{-19}} = 1{,}5 \cdot 10^7 \,!$$

12. a) Der Brechungsindex n_1 der Antireflexschicht kann entweder größer oder kleiner als der Brechungsindex n_2 des Substrats sein. Ist er größer, so erfährt die Welle an der ersten Grenzfläche einen Phasensprung, an der zweiten jedoch nicht. Damit die Strahlen, die von der zweiten Grenzfläche zurückkommen, mit der oben reflektierten Welle destruktiv interferieren, muss die Schichtdicke $d = \lambda_0/(2n_1)$ (oder ein Vielfaches) betragen. (Man mache sich klar, dass für diese Wellen kein Phasensprung auftritt.)
Ist n_1 (Antireflexschicht) kleiner als n_2 (Substrat), so erfahren die am Substrat reflektierten Wellen einen Phasensprung von π. Die Schichtdicke muss für destruktive Interferenz

$$d = \frac{2m+1}{4}\,\frac{\lambda_0}{n_1}$$

betragen. Die Summation der Amplituden ergibt:

$$A = \sqrt{R_1}A_0 - (1-R_1)\sqrt{R_2}A_0 + (1-R_1)$$
$$\cdot R_2\sqrt{R_1}A_0 - (1-R_1)\,R_2^{3/2}R_1A_0 - \cdots$$
$$= A_0\sqrt{R_1} - (1-R_1)\sqrt{R_2}\Big(1 + \sqrt{R_1R_2}$$
$$+ R_1R_2 + (R_1R_2)^{3/2} + \cdots\Big)$$
$$= A_0\left[\sqrt{R_1} - (1-R_1)\sqrt{R_2} \cdot \frac{1}{1-\sqrt{R_1R_2}}\right]$$
$$= A_0\left(\frac{\sqrt{R_1}-\sqrt{R_2}}{1-\sqrt{R_1R_2}}\right) \,.$$

Dies wird minimal für $\sqrt{R_1} = \sqrt{R_2}$ oder

$$\frac{n_1 - n_\text{Luft}}{n_1 + n_\text{Luft}} = \frac{n_2 - n_1}{n_2 + n_1}$$
$$\Rightarrow\; n_1^2 = n_\text{Luft}n_2 \,.$$

Nach unseren oben angestellten Überlegungen muss also $d = \lambda'/4$ sein (zzgl. Vielfache von $\lambda'/2$).

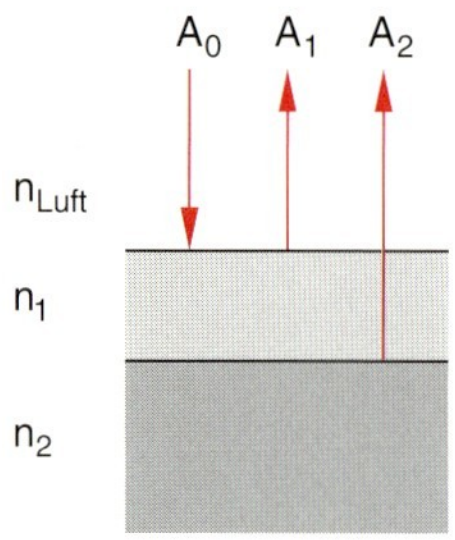

Abb. L.46. Zu Lösung 10.12b

b) Man muss die Gleichung

$$\sqrt{R_1}A_0 - (1-R_1)\sqrt{R_2}A_0 - (1-R_1)\sqrt{R_1}A_0 = 0$$

($\sqrt{R_1}$, $\sqrt{R_2}$ siehe oben) nach n_1 auflösen. Diese Gleichung dritten Grades lässt man am bequemsten vom Computer lösen. Man erhält für $n_{\text{Luft}} = 1$, $n_2 = 1{,}5$:

$$n_1 = 1{,}22473198\ldots\,,$$

ein Wert, der vom tatsächlichen nur um 0,001% abweicht.

13. Ergänzt man das Sechseck in Abb. 10.70b durch ein aufgesetztes Dreieck mit Winkel $\gamma = 60°$, so hat man die Situation im Abschn. 9.4. Dort wird gezeigt, dass gilt

$$\delta = (\alpha_1 - \beta_1) + (\alpha_2 - \beta_2)$$

und für $\delta_{\min}$:

$$\alpha_1 = \alpha_2 = \alpha\,, \quad \beta_1 = \beta_2 = \beta$$
$$\gamma = 2\beta \to \delta_{\min} = 2\alpha - \gamma$$

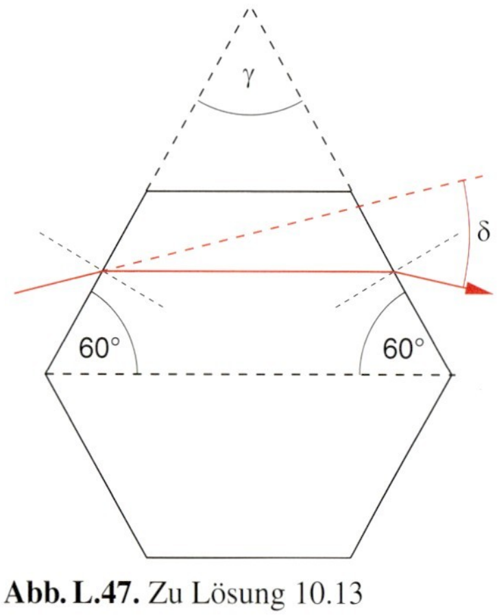

Abb. L.47. Zu Lösung 10.13

Aus $\sin\alpha / \sin\beta = n \Rightarrow$

$$\sin\left(\frac{\delta_{\min} + \gamma}{2}\right) = n \cdot \sin\beta = n \cdot \sin(\gamma/2)$$

$$\Rightarrow \sqrt{3} \cdot \sin\left(\frac{\delta_{\min}}{2}\right) + \cos\left(\frac{\delta_{\min}}{2}\right) = n = 1{,}31$$

$$\Rightarrow \delta_{\min} = 22°\,.$$

14. $\sigma_s = a\,\dfrac{\omega^4}{(\omega_0^2 - \omega^2)^2 + \omega^2\gamma^2}$

$$\frac{\mathrm{d}\sigma}{\mathrm{d}\omega} = 0 = a \cdot \left\{ \frac{4\omega^3\left[\left(\omega_0^2 - \omega^2\right)^2 + \omega^2\gamma^2\right]}{N^2} - \frac{\omega^4\left[-4\omega\,(\omega_0^2 - \omega^2) + 2\gamma^2\omega\right]}{N^2} \right\}$$

$$\Rightarrow \left(\omega_0^2 - \omega^2\right)^2 + \omega^2\gamma^2 + \omega^2\,\left(\omega_0^2 - \omega^2\right) - \frac{1}{2}\gamma^2\omega^2 = 0$$

$$\Rightarrow \omega_{\mathrm{m}} = \frac{\omega_0^2}{\sqrt{\omega_0^2 - \gamma^2/2}} = \frac{\omega_0}{\sqrt{1 - \gamma^2/2\omega_0^2}}\,.$$

Kapitel 11

1. Die Abbildungsgleichung lautet

$$\frac{1}{a} + \frac{1}{b} = \frac{1}{f}\,.$$

Da hier $a \gg b$ ist, folgt $f \approx b = 2\,\text{m}$. Der Durchmesser des Sonnenbildes ist:

$$d = \frac{b}{a} \cdot D = \frac{2}{1{,}5 \cdot 10^{11}} \cdot 1{,}5 \cdot 10^9\,\text{m}$$
$$= 2 \cdot 10^{-2}\,\text{m} = 2\,\text{cm}\,.$$

Mit bloßem Auge erscheint die Sonne unter dem Winkel

$$\varepsilon_0 = \frac{D}{r} = \frac{1{,}5 \cdot 10^9}{1{,}5 \cdot 10^{11}} = 10^{-2}\,\text{rad} \approx 0{,}5°\,.$$

Wird das von der Linse entworfene Sonnenbild in der deutlichen Sehweite $s_0 = 25\,\text{cm}$ betrachtet, so ist der Sehwinkel:

$$\varepsilon = \frac{2}{25} = 8 \cdot 10^{-2}\,\text{rad}\,.$$

Die Winkelvergrößerung ist also 8fach. Die Lateralvergrößerung der Linse (besser sollte man „Verkleinerung“ sagen) ist:

$$V = \frac{b}{a} = \frac{2}{1{,}5 \cdot 10^{11}} = 1{,}3 \cdot 10^{-11} .$$

2. Nach (11.4) gilt für die Sehwinkelvergrößerung:

$$V_\mathrm{L} = \frac{s_0}{f}\left(1 + \frac{f-g}{g}\right) = \frac{25}{2}\left(1 + \frac{0.5}{1.5}\right) = 16{,}7 .$$

Aus

$$\frac{1}{f} = \frac{1}{g} + \frac{1}{b}$$

folgt

$$b = \frac{g \cdot f}{g - f} = -\frac{3}{0{,}5}\,\mathrm{cm} = -6\,\mathrm{cm} .$$

Aus Abb. 11.8 entnimmt man, dass das virtuelle Bild eines Buchstaben G wegen $B/G = -b/g$

$$B = -G \cdot \frac{b}{g} = 0{,}5\frac{6}{1{,}5}\,\mathrm{mm} = 2\,\mathrm{mm}$$

groß ist. Die Lateralvergrößerung ist daher 4fach.

3. Im Unterschied zur Herleitung von (9.26) muss man bei der Herleitung von (11.2) die verschiedenen Brechungsindizes n_1, n_L und n_2 berücksichtigen. Die Gleichung (9.23a) wird dann zu

$$\frac{n_1}{g_1} + \frac{n_\mathrm{L}}{b_1} = \frac{n_\mathrm{L} - n_1}{R_1} ,$$

und (9.23b) wird zu

$$-\frac{n_\mathrm{L}}{b_1 - d} + \frac{n_2}{b_2} = \frac{n_2 - n_\mathrm{L}}{R_2} .$$

Nach einer zu (9.24a) analogen Addition und der Näherung (9.24b) für dünne Linsen erhält man:

$$\frac{n_1}{g} + \frac{n_2}{b} = \frac{n_\mathrm{L} - n_1}{R_1} - \frac{n_\mathrm{L} - n_2}{R_2} \stackrel{\mathrm{def}}{=} X . \qquad (*)$$

Für $g = \infty$ wird $b = f_2$, und es gilt:

$$\frac{n_2}{f_2} = \frac{n_\mathrm{L} - n_1}{R_1} - \frac{n_\mathrm{L} - n_2}{R_2} = X .$$

Ebenso gilt:

$$\frac{n_1}{f_1} = X .$$

Diese beiden Gleichungen formt man um zu

$$n_1 = f_1 \cdot X \quad \text{bzw.} \quad n_2 = f_2 \cdot X .$$

Setzt man dies in $(*)$ ein und kürzt mit X, so erhält man (11.2):

$$\frac{f_1}{g} + \frac{f_2}{b} = 1 .$$

4. Nach (11.8b) gilt:

$$\delta_\mathrm{min} = 1{,}22\,\frac{\lambda}{D} < \varepsilon = 1{,}5'' = 7{,}2 \cdot 10^{-6}\,\mathrm{rad}$$
$$\Rightarrow D > \frac{1{,}22\,\lambda}{\varepsilon} = 0{,}084\,\mathrm{m} = 8{,}4\,\mathrm{cm} .$$

Der Durchmesser der Augenpupille ist nachts etwa 5 mm. Das Auge hat seine größte Empfindlichkeit bei $\lambda = 500\,\mathrm{nm}$.

$$\Rightarrow \varepsilon_\mathrm{min} = \frac{1{,}22 \cdot \lambda}{D} = 1{,}22 \cdot 10^{-4}\,\mathrm{rad} = 25'' .$$

5. Der Durchmesser des Jupiter ist 71 398 km. Der Radius seiner Umlaufbahn ist $r = 5{,}2$ AE. Bei der größten Annäherung an die Erde hat er dann den Abstand

$$\Delta r = (5{,}2 - 1)\,\mathrm{AE} = 4{,}2\,\mathrm{AE} = 6{,}3 \cdot 10^{11}\,\mathrm{m} .$$

Dem bloßen Auge erscheint er dann unter dem Winkel (zwischen seinen Rändern)

$$\varepsilon_0 = \frac{7{,}14 \cdot 10^7}{6{,}3 \cdot 10^{11}} = 1{,}13 \cdot 10^{-4}\,\mathrm{rad} = 23'' .$$

Dieser Sehwinkel ist groß gegen die durch die Luftunruhe bewirkte Schwankung $\Delta\varepsilon \approx 1''$, sodass das Bild des Jupiters durch die Luftunruhe nicht wesentlich „wackelt“, d. h. es „funkelt“ nicht. Gleiches gilt für Mars und Venus.

6. Der Winkel, unter dem der Durchmesser des Tennisballs vom Satelliten aus erscheint, ist

$$\varepsilon = \frac{d}{r} \approx \frac{10^{-1}}{4 \cdot 10^5}\,\mathrm{rad} = 2{,}5 \cdot 10^{-7}\,\mathrm{rad} = 0{,}05'' .$$

Das Teleskop müsste einen Linsen- bzw. Spiegeldurchmesser von

$$D = \frac{1.22 \cdot \lambda}{\varepsilon} = \frac{1{,}22 \cdot 4 \cdot 10^{-7}}{2{,}5 \cdot 10^{-7}} \approx 2\,\mathrm{m}$$

haben. Wegen der Luftunruhe ist (ohne besondere Maßnahmen) der Sehwinkel auf etwa $1''$ begrenzt. Dies würde die kleinste auflösbare Dimension auf der Erde auf 2 m begrenzen. Mit speziellen Techniken der Bildverarbeitung kann man diese Grenze noch etwa um einen Faktor 4 verbessern, sodass man bis auf 50 cm Auflösung bei einem Teleskopdurchmesser von etwa 1 m kommt.

7. $\delta_{\min} = \frac{\Delta x}{r} = \frac{1}{10^4} = 10^{-4}\,\mathrm{rad}$

$$\Rightarrow D = \frac{1{,}22\,\lambda}{\delta_{\min}} = \frac{1{,}22 \cdot 0{,}01}{10^{-4}}\,\mathrm{m}$$
$$= 1{,}22 \cdot 10^2\,\mathrm{m} = 122\,\mathrm{m}\,!$$

Dies wird nicht mit einer einzelnen Antenne realisiert, sondern mit einem System von synchronisierten Antennen im Abstand von einigen 100 m.

8. Die Vergrößerung des Mikroskops muss 50fach sein.

$$\varepsilon_0 = \frac{D_0}{s_0} = \frac{2 \cdot 10^{-5}}{0{,}25} = 8 \cdot 10^{-5}\,.$$

Das Objektiv bringt die Winkelvergrößerung

$$\frac{\varepsilon_1}{\varepsilon_0} = V_1 = 10 \Rightarrow \varepsilon_1 = 8 \cdot 10^{-4}\,.$$

Aus $\varepsilon_1 = D_0/g$ folgt

$$g = \frac{D_0}{\varepsilon_0} = \frac{2 \cdot 10^{-5}}{8 \cdot 10^{-4}}\,\mathrm{m} = 2{,}5 \cdot 10^{-2}\,\mathrm{m} = 2{,}5\,\mathrm{cm}\,.$$

Wir wählen als Brennweite $f_1 = 2\,\mathrm{cm}$

$$\Rightarrow b = \frac{g f_1}{g - f_1} = \frac{2{,}5 \cdot 2}{0{,}5}\,\mathrm{cm} = 10\,\mathrm{cm}\,.$$

Die Gesamtvergrößerung des Mikroskops ist:

$$V_\mathrm{M} = \frac{b \cdot s_0}{g f_2}$$
$$\Rightarrow f_2 = \frac{b \cdot s_0}{g \cdot V_\mathrm{M}} = \frac{10 \cdot 25}{2{,}5 \cdot 50}\,\mathrm{cm} = 2\,\mathrm{cm}\,.$$

9. Wir gehen aus von der Gittergleichung

$$d \cdot (\sin\alpha + \sin\beta) = m \cdot \lambda\,.$$

Für $m = 1$ hat man

$$\sin\beta_1 - \sin\beta_2 = \frac{\lambda_1}{d} - \frac{\lambda_2}{d}\,.$$

Der Abstand der beiden Spaltbilder ist

$$\Delta x_\mathrm{B} = f_2 \cdot \left(\frac{\lambda_1}{d} - \frac{\lambda}{d}\right)$$
$$= \frac{3}{10^{-6}}\,(501 - 500) \cdot 10^{-9}\,\mathrm{m}$$
$$= 3 \cdot 10^{-3}\,\mathrm{m} = 1\,\mathrm{mm}\,.$$

Die Fußpunktbreite des nullten Beugungsmaximums ist

$$\Delta\alpha = \frac{2\lambda}{D} \Rightarrow \Delta x = f_2 \cdot \frac{2\lambda}{D}\,.$$

Mit $D = 10\,\mathrm{cm}$ folgt

$$\Delta x = \frac{2 \cdot 5 \cdot 10^{-7} \cdot 3}{0{,}1} = 3 \cdot 10^{-5}\,\mathrm{m} = 30\,\mu\mathrm{m}\,.$$

Bei einer Breite b des Eintrittsspalts wird die gesamte Breite des Spaltbildes

$$\Delta x_\mathrm{tot} = b + 30\,\mu\mathrm{m} \le 1\,\mathrm{mm}\,.$$

Somit darf b bis zu 0,97 mm breit sein, damit die beiden Linien noch vollständig getrennt werden.

10. Der freie Spektralbereich des FPI ist nach (10.28)

$$\delta\nu = \frac{c}{2nd}\,.$$

Mit $n = 1$ (Luftspalt-FPI) und $d = 1$ cm erhält man

$$\delta\nu = 1{,}5 \cdot 10^{10}\,\mathrm{s}^{-1} = 15\,\mathrm{GHz}\,.$$

Im Wellenlängenmaß gilt wegen $\lambda = c/\nu \Rightarrow \mathrm{d}\lambda = -c/\nu^2\,\mathrm{d}\nu$

$$\delta\lambda = -\frac{\lambda^2}{c}\,\delta\nu = -\frac{\lambda^2}{2nd}\,.$$

Für $\lambda = 500\,\mathrm{nm}$ ist

$$\delta\lambda = -\frac{25 \cdot 10^{-14}}{2 \cdot 10^{-2}} = 12{,}5 \cdot 10^{-12}\,\mathrm{m} = 12{,}5\,\mathrm{pm}\,.$$

Die Finesse ist

$$F^* = \frac{\pi \cdot \sqrt{R}}{1 - R} = \frac{\pi \cdot \sqrt{0{,}98}}{0{,}02} = 155\,.$$

Wenn die FPI-Platten ideal eben und justiert sind, ist das spektrale Auflösungsvermögen

$$\left|\frac{\lambda}{\Delta\lambda}\right| = \left|\frac{\nu}{\Delta\nu}\right| = \frac{\Delta s_\mathrm{m}}{\lambda} = F^* \cdot \frac{2d}{\lambda}$$
$$= 155 \cdot \frac{2 \cdot 10^{-2}}{5 \cdot 10^{-7}} = 6{,}2 \cdot 10^6\,,$$

d. h. zwei Wellenlängen mit einem Abstand

$$\Delta\lambda = \frac{\lambda}{6{,}2 \cdot 10^6} = \frac{5 \cdot 10^{-7}}{6{,}2 \cdot 10^6}\,\text{m}$$
$$= 8 \cdot 10^{-14}\,\text{m} = 0{,}08\,\text{pm}$$

können noch getrennt werden! Im Frequenzmaß ist

$$\Delta\nu = \frac{\nu}{6{,}2 \cdot 10^6} = \frac{6 \cdot 10^{14}}{6{,}2 \cdot 10^6}\,\text{s}^{-1}$$
$$\approx 10^8\,\text{s}^{-1} = 100\,\text{MHz}\,.$$

Anmerkung: Dies ist

$$\Delta\nu = \delta\nu/F^* = \frac{15\,\text{GHz}}{155}\,.$$

b) Der freie Spektralbereich des FPI war

$$\delta\lambda = 12{,}5\,\text{pm}\,.$$

Der Abstand zweier Linien mit dieser Wellenlängendifferenz ist im Spektrographen:

$$\Delta x = f_2 \cdot \frac{\mathrm{d}n}{\mathrm{d}\lambda}\,\delta\lambda > b$$

$$\Rightarrow f > \frac{b}{\mathrm{d}n/\mathrm{d}\lambda \cdot \delta\lambda} = \frac{10^{-5}}{5 \cdot 10^5 \cdot 12{,}5 \cdot 10^{-12}}\,\text{m}$$
$$= 1{,}6\,\text{m}\,.$$

Kapitel 12

1. a) Die Entfernung b zwischen Linse und Fokalebene erhält man aus

$$\frac{1}{a} + \frac{1}{b} = \frac{1}{f} \Rightarrow b = \frac{a \cdot f}{a - f} = \frac{100 \cdot 10}{90}\,\text{mm} = 11{,}1\,\text{mm}.$$

Der Fokusdurchmesser d_2 ist nach der geometrischen Optik:

$$d_2 = \frac{b}{a} \cdot d_1 = \frac{11{,}1}{100} \cdot 0{,}01\,\text{mm} = 1{,}1\,\mu\text{m}\,.$$

Bei Berücksichtigung der Beugung ist der Fußpunktdurchmesser der zentralen Beugungsscheibe bei einem Linsendurchmesser D und parallelem auf die Linse fallenden Licht:

$$d_2 = 2{,}4(\lambda/D) \cdot f = 2{,}4 \cdot (600 \cdot 10^{-6}/5) \cdot 10\,\text{mm}$$
$$= 2{,}88 \cdot 10^{-3}\,\text{mm} = 2{,}88\,\mu\text{m}\,.$$

Bei einer punktförmigen Blende wäre das Beugungsbild also bereits größer als das geometrische Bild bei einem Blendendurchmesser von $10\,\mu$m. Das wahre Bild in der Fokalebene ist die Faltung des geometrischen Bildes mit der Beugungsverteilung.

b) Nach der geometrischen Optik liegt Δz bei einer Entfernung von der Fokalebene, bei der sich der Durchmesser des konvergenten Strahlenbündels um $\sqrt{2}$ vergrößert hat. Nach dem Strahlensatz gilt gemäß Abb. L.48

$$\frac{D/2 - d_2}{b} = \frac{(\sqrt{2} - 1)d_2}{\Delta z}$$

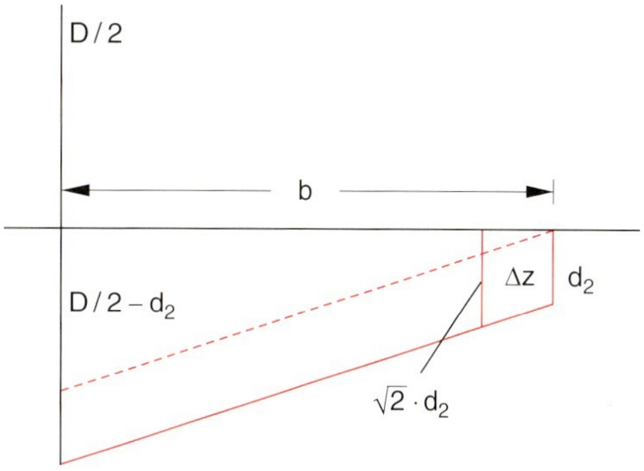

Abb. L.48. Zu Lösung 12.1

$$\Rightarrow \Delta z = \frac{b \cdot d_2(\sqrt{2} - 1)}{D/2 - d_2} \approx \frac{0{,}414 b \cdot d_2}{D/2}$$
$$\approx \frac{0{,}414 \cdot 11{,}1 \cdot 1{,}1 \cdot 10^{-3}}{2{,}5}\,\text{mm} = 2\,\mu\text{m}\,.$$

Die genaue Rechung unter Verwendung von Gaußprofilen für das Lichtbündel ergibt:

$$\Delta z = \pi \cdot d_2^2/\lambda = \pi \cdot 1{,}1^2 \cdot 10^{-6}/6 \cdot 10^{-4}\,\text{mm} = 2\,\mu\text{m}\,,$$

also dasselbe Ergebnis.
Man sieht daraus, dass die Schärfentiefe der konfokalen Mikroskopie und damit das vertikale Auflösungsvermögen etwa bei $1\,\mu$m liegt.

2. a) Der Winkeldurchmesser $2\Delta\vartheta$ des zentralen Beugungsmaximums innerhalb der beiden ersten

Minima ist bei einem Spiegeldurchmesser D:

$$2\Delta\vartheta = 2\cdot 1{,}2\lambda/D = 2{,}4\cdot 5\cdot 10^{-7}/5$$
$$= 2{,}4\cdot 10^{-7}\,\text{rad} \mathrel{\hat{=}} 0{,}051''\,.$$

Der lineare Durchmesser ist bei einer Brennweite f:

$$d = f\cdot 2\Delta\vartheta = 2{,}4\cdot 10^{-7}\cdot 10\,\text{m} \mathrel{\hat{=}} 2{,}4\cdot 10^{-6}\,\text{m}$$
$$= 2{,}4\,\mu\text{m}\,.$$

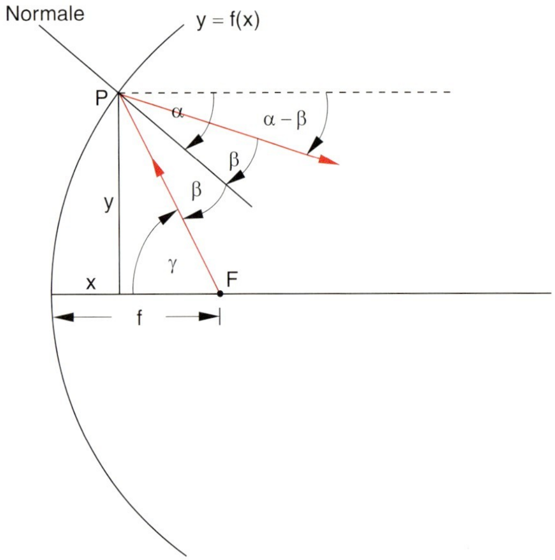

Abb. L.49. Zu Lösung 12.2

b) Wir betrachten Strahlen, die vom Brennpunkt F ausgehen, bei P(x, y) auf den Spiegel treffen und dort reflektiert werden. Beim idealen Parabolspiegel würden alle reflektierten Strahlen horizontal sein. Beim verbogenen Spiegel hängt der Winkel $(\alpha-\beta)$ gegen die Horizontale vom Auftreffpunkt P(x, y) ab. Es gilt:

$$y^2 = 4f\varepsilon x \Rightarrow \frac{\mathrm{d}y}{\mathrm{d}x} = \frac{f\cdot\varepsilon}{\sqrt{f\varepsilon x}} \Rightarrow \frac{\mathrm{d}x}{\mathrm{d}y} = \sqrt{x/f\varepsilon}\,.$$

Die Steigung der Normalen im Punkt P ist:

$$-\tan\alpha = \frac{\mathrm{d}x}{\mathrm{d}y} = \sqrt{x/f\varepsilon} \Rightarrow \tan\alpha = -\frac{y}{2f\varepsilon}\,.$$

Es gilt:

$$\tan\gamma = \frac{y}{f-x}\,.$$

Die Steigung des reflektierten Strahles ist $-\tan(\alpha-\beta)$. Es gilt:

$$\tan(\alpha-\beta) = \frac{\tan\alpha - \tan\beta}{1+\tan\alpha\cdot\tan\beta}\,,$$

$$\gamma = -(\alpha+\beta) \Rightarrow \beta = -(\alpha+\gamma)\,,$$

$$\tan\beta = -\frac{\tan\alpha + \tan\gamma}{1-\tan\alpha\cdot\tan\gamma}$$

$$\Rightarrow \tan(\alpha-\beta) = \frac{2\tan\alpha + \tan\gamma(1-\tan^2\alpha)}{1-2\tan\alpha\cdot\tan\gamma - \tan^2\alpha}\,.$$

Einsetzen von $\tan\alpha$, $\tan\gamma$ liefert:

$$\tan(\alpha-\beta) = \frac{f\cdot y(\varepsilon-1)}{f^2\varepsilon + 3xf\varepsilon - xf + x^2}\,.$$

Für $\varepsilon = 1$ wird $(\alpha-\beta) = 0$, d. h. der reflektierte Strahl ist immer horizontal. Für $\varepsilon > 1$ wird die maximale Abweichung für $y = D/2$ erreicht, d. h. am Spiegelrand. Dort wird

$$x = \frac{y^2}{4f\varepsilon} = \frac{D^2}{16f\cdot\varepsilon}\,.$$

Einsetzen ergibt:

$$\tan(\alpha-\beta)_{\text{max}} = \frac{(f/D)(\varepsilon-1)}{(f/D)^2\varepsilon + \frac{3\varepsilon-1}{16\varepsilon} + \frac{D^2}{16^2 f^2\varepsilon^2}}\,.$$

Für $\varepsilon = 1{,}01$ und $f = 4D \Rightarrow$

$$\tan(\alpha-\beta)_{\text{max}} = \frac{0{,}04}{16{,}16 + \frac{2{,}03}{16{,}16} + \frac{1}{16^3}} \approx 0{,}0025$$

Für $\varepsilon = 1{,}001$ (0,1% Abweichung von Idealparabel)

$$\Rightarrow \tan(\alpha-\beta)_{\text{max}} \approx \frac{0{,}004}{16{,}02} = 2{,}5\cdot 10^{-4}$$

$$\Rightarrow (\alpha-\beta)_{\text{max}} = 53''\,!$$

Eine solche Abweichung würde also die Winkelauflösung um einen Faktor 50 schlechter machen als das „seeing“.

3. Nach Abschn. 9.7 wird die Differenz

$$\varrho = \zeta_w - \zeta_s \approx a(n_0-1)\cdot\tan\zeta$$

zwischen wahrer und scheinbarer Zenitdistanz ζ durch den experimentellen Wert

$$\varrho \approx 58{,}2''\cdot\tan\zeta$$

gegeben. Dann ist die durch die relative Schwankung $\delta n/n$ bewirkte Verschmierung $\delta\varrho$:

$$\delta\varrho = \frac{\delta n}{n} \cdot a \cdot (n_0 - 1)\tan\zeta = \frac{\delta n}{n} \cdot 58{,}2'' \tan\zeta$$
$$= 3 \cdot 10^{-2} \cdot 58{,}2'' \tan\zeta = 3{,}0'' .$$

4. a) Das zentrale Beugungsmaxium bei einer Furchenbreite $b = 2\,\mu\text{m}$ liegt im Winkelbereich:

$$\frac{-\lambda}{b} \le \sin\alpha \le +\frac{\lambda}{b} \Rightarrow |\sin\alpha| \le \frac{\lambda}{b} = 0{,}25$$
$$\Rightarrow |\alpha| \le 14{,}48^\circ .$$

Die Interferenzmaxima liegen nach Gl. (12.33) bei

$$\sin\alpha = \frac{2b}{d}(n-1) - (m_2 - m_1) \cdot \frac{2\lambda}{d} .$$

Mögliche Winkel α_i mit $|\alpha_i| \le 14{,}48^\circ$ sind dann:
1) $m_2 - m_1 = 0$: $\Rightarrow \sin\alpha_0 = 0{,}2 \Rightarrow \alpha_0 = 11{,}5^\circ$
2) $m_2 - m_1 = 1$: $\Rightarrow \sin\alpha_1 = -0{,}05 \Rightarrow \alpha_1 = -2{,}87^\circ$.
Für $m_2 - m_1 = -2$: $\Rightarrow \sin\alpha_2 = -0{,}3 \Rightarrow \alpha_2 = -17{,}4^\circ$. Dies liegt also bereits, wie auch alle weiteren Ordnungen, außerhalb des zentralen Beugungsmaximums und hat deshalb nur sehr geringe Intensität.
b) Bei einem Einfallswinkel $\alpha_e \neq 0$ heißt die Bedingung für die Nullstellen zu beiden Seiten des zentralen Beugungsmaximums bei $\alpha_0 = \alpha_e$:

$$b(\sin\alpha_e - \sin\alpha) = \pm\lambda .$$

Dies ergibt mit $\sin\alpha_e = 0{,}5$:

$$\sin\alpha = 0{,}25 \text{ bzw. } 0{,}75$$
$$\Rightarrow 14{,}48^\circ \le \alpha \le 48{,}6^\circ .$$

Die Bedingung (12.33) heißt dann:

$$(n-1)b - \frac{d}{2}(\sin\alpha - \sin\alpha_e) = (m_2 - m_1)\lambda$$
$$\Rightarrow \sin\alpha = \frac{2b}{d}(n-1) - \frac{2\lambda}{d}(m_2 - m_1) + \sin\alpha_e .$$

Dies ergibt für $m_2 - m_1 = 0$:

$$\sin\alpha_0 = \frac{2}{4} \cdot 0{,}4 + 0{,}5 = 0{,}7 \Rightarrow \alpha_0 = 44{,}4^\circ$$

und für $m_2 - m_1 = +1$

$$\sin\alpha_1 = 0{,}45 \Rightarrow \alpha_1 = 26{,}7^\circ .$$

Alle anderen Interferenzordnungen liegen außerhalb der zentralen Beugungsordnung.

5. a) Für die Tiefe h der Furchen muss für $\lambda = 600\,\text{nm}$ gelten:

$$(n-1) \cdot h = \lambda/2 \Rightarrow h = (0{,}3/0{,}5)\,\mu\text{m} = 0{,}6\,\mu\text{m} .$$

Für die Radien r_m der Ringe gilt:

$$r_m = \sqrt{m \cdot s_0 \cdot \lambda} .$$

Die Brennweite f ist $f = s_0 = r_1^2/\lambda = 10\,\text{mm}$

$$\Rightarrow r_1 = \sqrt{f \cdot \lambda} = 7{,}7 \cdot 10^{-5}\,\text{m} = 77\,\mu\text{m} .$$

Der maximale Radius der äußersten Zone ist $r_m = d/2 = 10^{-2}\,\text{m} = \sqrt{m \cdot f \cdot \lambda} = 77\sqrt{m}\,\mu\text{m}$

$$\Rightarrow m = r_m^2/(f \cdot \lambda) = \frac{10^{-4}}{10^{-2} \cdot 6 \cdot 10^{-7}} = 1667 .$$

b) Die Brennweite einer refraktiven bikonvexen Linse mit Krümmungsradien $R_1 = R_2 = R$ ist:

$$f = \frac{1}{n-1}\frac{R}{2} .$$

Der Durchmesser D wird bei vorgegebenem R maximal für eine Kugellinse, für die $D_{max} = 2R$ wird.

$$\Rightarrow f = \frac{1}{n-1} \cdot \frac{D_{max}}{4} \Rightarrow D_{max} = 4(n-1) \cdot f .$$

Für $n = 1{,}5 \Rightarrow D_{max} = 2f$.
Allerdings sind die Abbildungsfehler einer solchen Linse sehr groß. Für eine plankonvexe Halbkugellinse wird $D_{max} = f$.

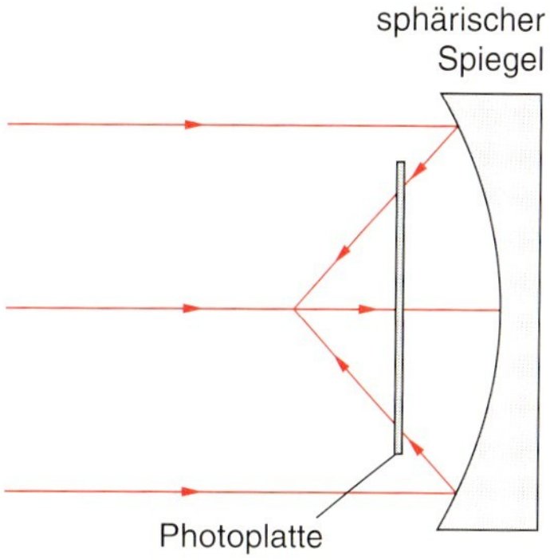

Abb. L.50. Zu Lösung 12.5

c) Man überlagert eine ebene Lichtwelle mit einer Kugelwelle und stellt in der Entfernung s_0 vom Zentrum der Kugelwelle eine Photoplatte auf. Die Interferenzstruktur in der Ebene der Photoplatte entspricht der Fresnelzonenanordnung. Die Photoplatte wird entwickelt und durch Ätzverfahren werden die Kreisringfurchen erzeugt (siehe Abb. L.50).

6. Die beiden ebenen Wellen mögen unter den Winkeln $\pm\alpha$ der beiden Wellenvektoren gegen die Ebenennormale einfallen. Für die Gerade $x = 0$ sei die Wegdifferenz $\Delta s = s_1 - s_2$ zwischen den beiden Wellen null. Dann treten Interferenzmaxima für $\Delta s = m \cdot \lambda$ auf.

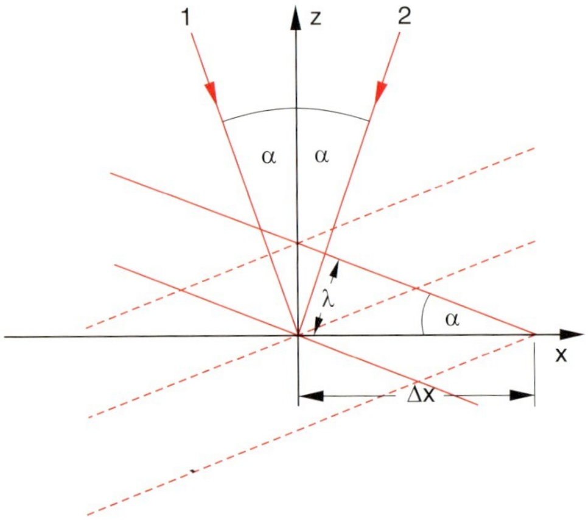

Abb. L.51. Zu Lösung 12.6

Entlang der x-Richtung ändert sich die Wegdifferenz für s_1 um $\Delta s_1 = +\Delta x \cdot \sin\alpha$, für s_2 um $\Delta s_2 = -\Delta x \cdot \sin\alpha \Rightarrow \Delta s = 2\Delta x \sin\alpha$. $\Rightarrow$ benachbarte Interferenzmaxima treten auf für $\Delta s = m \cdot \lambda$. Der Abstand der Linien $x =$ const mit maximaler Interferenzintensität ist daher

$$\Delta x = \frac{\lambda}{2 \cdot \sin\alpha} .$$

Beispiel: Damit für $\lambda = 500\,\text{nm}$ $\Delta x = 1\,\mu\text{m}$ wird, muss $\sin\alpha = 0{,}5/2 = 0{,}25$ sein, $\Rightarrow \alpha = 14{,}5°$.

7. a) Die Feldstärkeverteilung in der Ebene der Lichtquellen ist:

$$\begin{aligned} E(x, y) = E_0 \cdot [&\delta(x)\delta(y) + \delta(x - x_0)\delta(y) \\ &+ \delta(x + x_0)\delta(y) + \delta(x)\delta(y - y_0) \\ &+ \delta(x)\delta(y + y_0)] . \end{aligned}$$

Die Amplitudenverteilung in der Beugungsebene ist:

$$\begin{aligned} E(x', y') &= A \cdot \int\int E(x, y) e^{-2\pi i(\nu_x x + \nu_y y)}\, dx\, dy \\ &= A E_0 \left[1 + e^{-2\pi i \nu_x x_0} + e^{2\pi i \nu_x x_0} + e^{-2\pi i \nu_y y_0} \right. \\ &\qquad \left. + e^{2\pi i \nu_y y_0}\right] \\ &= A E_0 [1 + 2\cos(2\pi\nu_x x_0) + 2\cos(2\pi\nu_y y_0)] \\ &= 2 A E_0 [\cos^2(\pi\nu_x x_0) + \cos^2(\pi\nu_y y_0) - 3/2] . \end{aligned}$$

Dies ergibt ein Amplituden-Kreuzgitter mit Amplitudenmaxima entlang Geraden parallel zur x-Richtung und parallel zur y-Richtung, überlagert von einem konstanten Untergrund (der verschwinden würde, wenn die Amplitude der Quelle bei $(0, 0)$ viermal so groß wäre wie die der anderen Quellen). Die Winkelperiode ist $\nu_x = 2/x_0$; $\nu_y = 2/y_0$. Wegen $\nu_x = \frac{x'}{\lambda f}$, $\nu_y = \frac{y'}{\lambda f}$ wird der räumliche Abstand $\Delta x' = \lambda \cdot f\nu_x = 2\lambda \cdot f/x_0$; $\Delta y' = 2\lambda f/y_0$.

b) Löscht man die Quellen bei $(x_0, 0)$ und $(-x_0, 0)$, so verschwindet der Term $\cos^2(\pi\nu_x x_0)$ und damit die Streifen parallel zur y-Richtung. Es bleibt ein Muster aus Streifen parallel zur x-Richtung.

c) Löscht man die Quelle bei $(0, 0)$, so verschwindet der konstante Untergrund und man erhält ein Streifensystem mit dem halben Abstand $\Delta x' = \lambda f/x_0$, $\Delta y' = \lambda f/y_0$.

8. Das Gitter möge seine Spalte (Breite b, Abstand d) parallel zur y-Achse haben. Die Feldamplitude in der Gitterebene ist dann

$$\begin{aligned} E &= E_0 \quad \text{für} \quad md + b \le x \le (m+1)\,d \\ &= 0 \quad \text{für} \quad md < x < md + b . \end{aligned}$$

Dies lässt sich schreiben als Produkt

$$E(x, y) = E_0 \operatorname{rect}\left(\frac{x}{b}\right) * \sum_{m=1}^{N} \delta(x - m \cdot d) = E_1 * E_2 ,$$

wobei die Rechteckfunktion $\operatorname{rect}(x/b) = 1$ für $0 \le x/b \le 1$ die konstante Amplitude über die Spaltenbreite b beschreibt. Die Amplitude in der Fraunhoferschen Beugungsebene wird durch die Fouriertransformierte von $E(x, y)$ gegeben, die als Faltung der beiden Fouriertransformierten von E_1 und E_2 geschrieben werden kann (siehe Abschn. 10.8). Da die Spalte in y-Richtung unendlich ausgedehnt sein sollen, gibt es keine Beugungsstruktur in y-Richtung. Die Fouriertransformierte der Rechteckfunktion ist in der Fokalebene der Linse mit Brennweite f

$$\mathcal{F}_1(\nu_x) = \frac{\sin(\pi b \nu_x)}{\pi \nu_x} \quad \text{mit} \quad \nu_x = \frac{x'}{\lambda \cdot z} \approx \frac{\alpha}{\lambda}$$

für $z = f$, während die Fouriertransformierte der Deltafunktion

$$\mathcal{F}\big(\delta(x - md)\big) = \mathrm{e}^{-2\pi i m d \nu_x}$$

ist. Insgesamt erhalten wir daher:

$$E(x', y') = E_0 \cdot \delta(\nu_y) \frac{\sin(\pi b \nu_x)}{\pi \nu_x} \sum_{m=1}^{N} \mathrm{e}^{-i2\pi m d \nu_x}$$
$$= E_0 \cdot \delta(\nu_y) b \frac{\sin(\pi b \nu_x)}{\pi b \nu_x} \cdot$$
$$\cdot \mathrm{e}^{-i\pi d \nu_x (N+1)} \frac{\sin(\pi N d \nu_x)}{\sin(\pi d \nu_x)} .$$

Die Intensitätsverteilung des Fraunhoferschen Beugungsbildes ist dann:

$$I(x', y') \propto |E(x', y')|^2 = E_0^2 \cdot \delta(\nu_y) b^2 \cdot$$
$$\cdot \frac{\sin^2(\pi b \nu_x)}{(\pi b \nu_x)^2} \frac{\sin^2(\pi N d \nu_x)}{\sin^2(\pi d \nu_x)} ,$$

wie dies auch schon im Abschn. 10.8 auf andere Weise hergeleitet wurde.
Für $b = d/2$ kann dies wegen $\sin 2x = 2 \sin x \cos x$ umgeschrieben werden in

$$I(x', y') = I_0 \cdot \delta(\nu_y) b^2 \frac{\sin^2(\pi N b \nu_x) \cos^2(\pi N b \nu_y)}{(\pi b \nu_x)^2 \cos^2(\pi b \nu_x)} .$$

Die entsprechende Intensitätsverteilung ist in Abb. 10.42 dargestellt.

9. Die minimale Brechzahldifferenz Δn ist nach (12.49)

$$\Delta n = n_2 - n_1 > \frac{m_s^2 \lambda^2}{4a^2(n_2 + n)}$$
$$\Rightarrow n < \left[n_2^2 - \left(\frac{m_s \lambda}{2a} \right)^2 \right]^{1/2} .$$

a) $m_s = 1: \quad \Rightarrow n < [4 - (\frac{0,6}{4})^2]^{1/2} = 1{,}994 \Rightarrow \Delta n \geq 0{,}006$.
Die Parameter h, p, q werden bestimmt aus:

$$h = \frac{2\pi}{\lambda} \sqrt{n_2^2 - n^2} \geq \frac{2\pi}{0{,}6} \sqrt{4 - 1{,}994^2}\,\mu\mathrm{m}^{-1}$$
$$= 1{,}621\,\mu\mathrm{m}^{-1} .$$

Aus der Relation

$$h = \sqrt{n_2^2 k^2 - \beta^2}$$
$$\Rightarrow \beta = \sqrt{n_2^2 k^2 - h^2} \leq k \cdot n = 20{,}88\,\mu\mathrm{m}^{-1}$$
$$\Rightarrow \cos\vartheta = \frac{\beta}{n_2 k} \geq 0{,}997 \Rightarrow \vartheta \leq 4{,}44^\circ .$$

Diese Mode breitet sich also maximal 4,44° gegen die z-Achse geneigt im Wellenleiter aus. Ihre Eindringtiefe in das Umgebungsmedium mit $n_1 = n_3 = n$ ist aus den Koeffizienten p und q zu bestimmen. Aus Gl. (12.45) erhält man mit $p = q$:

$$p = h^2/d = \frac{1{,}621^2}{2}\,\mu\mathrm{m}^{-1} = 1{,}3\,\mu\mathrm{m}^{-1} .$$

Die Amplitude der geführten Welle ist daher im Außenraum nach etwa $0{,}76\,\mu$m auf $1/e$ abgeklungen.
b) $m_s = 2: \quad \Rightarrow n \leq \left(4 - (\frac{1,2}{4})^2\right)^{1/2} = 1{,}277 \Rightarrow \Delta n \geq 0{,}023$, $h \geq 3{,}17\,\mu\mathrm{m}^{-1} \Rightarrow \vartheta \leq 8{,}7^\circ$, $p \geq \frac{3{,}17^2}{2}\,\mu\mathrm{m}^{-1} = 5{,}02\,\mu\mathrm{m}^{-1}$. Die Eindringtiefe in die Umgebung ist jetzt nur noch $0{,}2\,\mu$m.
c) $m_s = 3: \quad \Rightarrow n \leq \left[4 - (\frac{1,8}{4})^2\right]^{1/2} = 1{,}949 \Rightarrow$

$$\Delta n \geq 0{,}051, \qquad h \geq k \cdot \sqrt{n_2^2 - n^2} \geq 4{,}70\,\mu\mathrm{m}^{-1},$$

$q = p \geq 11{,}0\,\mu\mathrm{m}^{-1}$; $\vartheta \leq 13^\circ$. Eindringtiefe: $0{,}09\,\mu$m.

10. Die Frequenzbreite $\Delta\nu$ des Pulses ist wegen $\Delta\nu \cdot \Delta t = 1 \Rightarrow \Delta\nu = 10^{12}\,\mathrm{s}^{-1}$.
Aus $\lambda = c/\nu \Rightarrow |\Delta\lambda| = c/\nu^2 \Delta\nu = (\lambda^2/c) \cdot \Delta\nu$

$$\Rightarrow \Delta\lambda = 1{,}3^2 \cdot 10^{-12}/(3 \cdot 10^8) \cdot 10^{12}\,\mathrm{m}$$
$$= 5{,}6 \cdot 10^{-9}\,\mathrm{m} = 5{,}6\,\mathrm{nm}\,.$$

$$\Delta t = \frac{L}{c} \cdot \Delta n = \frac{L}{c} \cdot \frac{\mathrm{d}n}{\mathrm{d}\lambda} \cdot \Delta\lambda$$

$$\Rightarrow L = \frac{c \cdot \Delta t}{\frac{\mathrm{d}n}{\mathrm{d}\lambda} \cdot \Delta\lambda} = \frac{3 \cdot 10^8 \cdot 10^{-12}}{2 \cdot 10^{-6} \cdot 5{,}6}\,\mathrm{m} = 26{,}8\,\mathrm{m}\,.$$

Nach 26,8 m hat sich der Puls auf 2 ps verbreitert.

11. Der Lichtweg in der Gradientenfaser ist durch $r(z)$ bestimmt, wenn die z-Achse die Symmetrieachse der Faser ist.
Die Differentiation $\mathrm{d}\boldsymbol{r}/\mathrm{d}s$ in (12.60) geht über in $\mathrm{d}r/\mathrm{d}z$ und $\nabla n = (\mathrm{d}n/\mathrm{d}r) \cdot \hat{\boldsymbol{e}}_\mathrm{r}$ wobei $\hat{\boldsymbol{e}}_\mathrm{r}$ der Einheitsvektor in radialer Richtung ist, da n nicht von z abhängt.

Dann folgt aus (12.60)

$$\frac{\mathrm{d}}{\mathrm{d}s}\left(n \cdot \frac{\mathrm{d}\boldsymbol{r}}{\mathrm{d}s}\right) \to n(r) \cdot \frac{\mathrm{d}^2 r}{\mathrm{d}z^2}\hat{\boldsymbol{e}}_\mathrm{r} \Rightarrow \frac{\mathrm{d}^2 r}{\mathrm{d}z^2} = \frac{1}{n(r)} \cdot \frac{\mathrm{d}n}{\mathrm{d}r}\,.$$

12. Der maximale Winkel α_0 tritt beim Durchgang des Lichtstrahls durch die Symmetrieachse auf.

Aus $r(z) = a \cdot \sin\left(\frac{\sqrt{2\Delta}}{a} \cdot z\right) \Rightarrow$

$$\frac{\mathrm{d}r}{\mathrm{d}z} = \sqrt{2\Delta} \cdot \cos\left(\frac{\sqrt{2\Delta}}{a} \cdot z\right)\,.$$

Für $r = 0$ wird $\frac{\sqrt{2\Delta}a}{a} \cdot z = n \cdot \pi$

$$\Rightarrow z(r=0) = \frac{n \cdot a \cdot \pi}{\sqrt{2\Delta}}$$

$$\Rightarrow \left.\frac{\mathrm{d}r}{\mathrm{d}z}\right|_{r=0} = \sqrt{2\Delta} \cdot \cos(n \cdot \pi) = \sqrt{2\Delta} = \tan\alpha_0\,.$$

Farbtafeln

Tafel 1. Umspannwerk zur Transformation der Hochspannung auf das Mittelspannungsnetz (siehe Abschn. 5.6). Mit freundlicher Genehmigung der Informationszentrale der Elektrizitätswirtschaft e.V., Frankfurt am Main

Tafel 2. Installation einer Hochspannungsleitung. In diesem Beispiel sind für jede Phase der Dreiphasenspannung 4 Leitungen in Quadratform parallel geschaltet (verbunden durch die oben im Bild sichtbaren Querbügel), wobei jede Leitung aus zwei Kabeln besteht (siehe Aufgabe 1.11). Mit freundlicher Genehmigung der Informationszentrale der Elektrizitätswirtschaft e.V., Frankfurt am Main

Tafel 3. Läufer einer Gleichstrommaschine mit Kommutator, Ankerwicklung und Lüfterrad. Mit freundlicher Genehmigung der Siemens AG

Tafel 4. Neue Hochtemperatur-Gasturbine von Siemens zum Antrieb von elektrischen Hochleistungsgeneratoren. Mit freundlicher Genehmigung der Siemens AG

Tafel 5. Einbau des Läufers in einen Drehstrom-Synchron-Generator mit 3000 U/min zur Erzeugung von 50 Hz Drehstrom. Mit freundlicher Genehmigung der Siemens AG

Tafel 6. Photovoltaik-Anlage des RWE am Neurather See bei Köln. Mit freundlicher Genehmigung der Informationszentrale der Elektrizitätswirtschaft e.V., Frankfurt am Main

Tafel 7. Radioteleskop Effelsberg in der Eifel. Der Durchmesser der Paraboloid-Antenne beträgt 100 m. Das ganze System kann um eine vertikale Achse rotieren. Das Paraboloid kann um eine horizontale Achse geneigt werden

Tafel 8. Konvektionsströme in der Umgebung einer Kerzenflamme, beobachtet mit einem Differentialinterferometer (Interferometer mit Polarisation). Aus M. Cagnet, M. Françon, S. Mallick: *Atlas optischer Erscheinungen*, Ergänzungsband (Springer, Berlin, Heidelberg 1971)

Tafel 9. Wasserläufer auf einer Wasseroberfläche, beobachtet mit einem Polarisationsinterferometer. Die Färbungen sind charakteristisch für die Neigung der Wasseroberfläche im betrachteten Punkt. Aus M. Cagnet, M. Françon, S. Mallick: *Atlas optischer Erscheinungen*, Ergänzungsband (Springer, Berlin, Heidelberg 1971)

Tafel 10. Lichtstreuung von Laserstrahlen in der Atmosphäre: Ein roter Strahl eines Kryptonlasers und ein (über einen in diskreten Schritten drehbaren Spiegel) aufgefächerter grüner Strahl eines Argonlasers werden durch das Laborfenster (Reflexe) in den Nachthimmel gestrahlt. Der gelbe Strahl ist eine auf dem Film entstehende Farbmischung aus rot und grün-blau (Dr. H. J. Foth, Kaiserslautern)

Tafel 11. Polarisation im konvergenten Licht: Zwei gleiche Quarzplatten, parallel zur optischen Achse geschnitten, werden gekreuzt zwischen zwei gekreuzte Polarisatoren gestellt und von konvergentem weißem Licht durchstrahlt. Aus M. Cagnet, M. Françon, S. Mallick: *Atlas optischer Erscheinungen*, Ergänzungsband (Springer, Berlin, Heidelberg 1971)

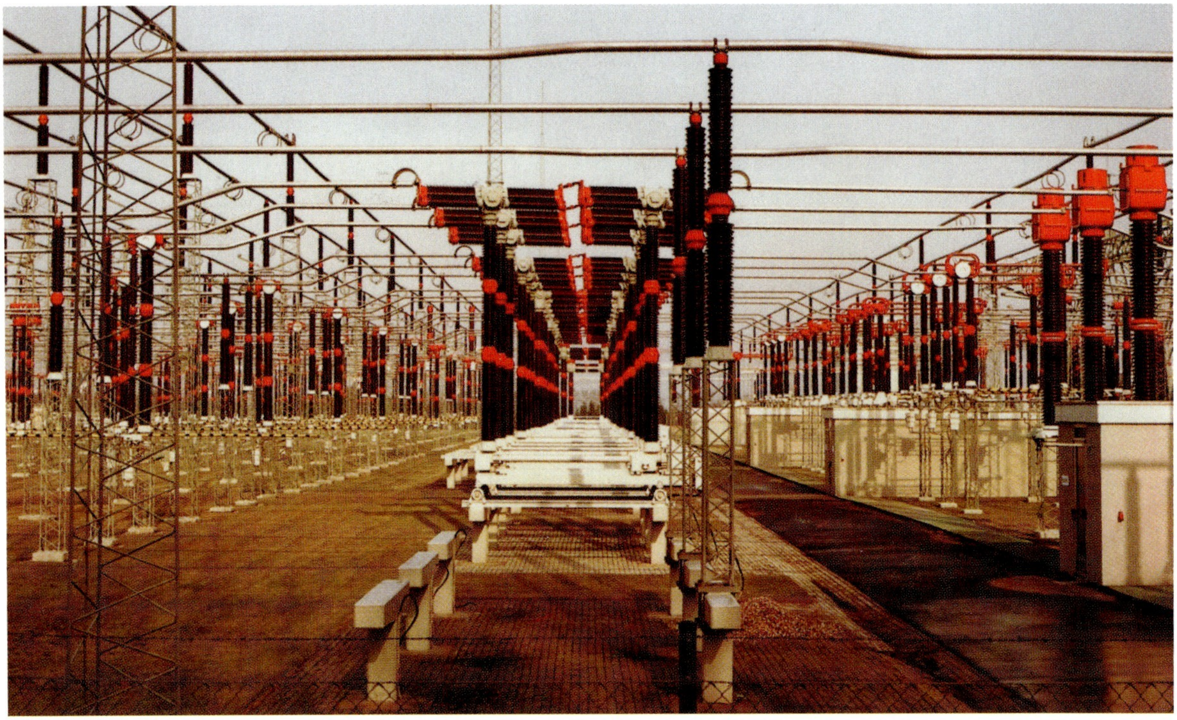

Tafel 1

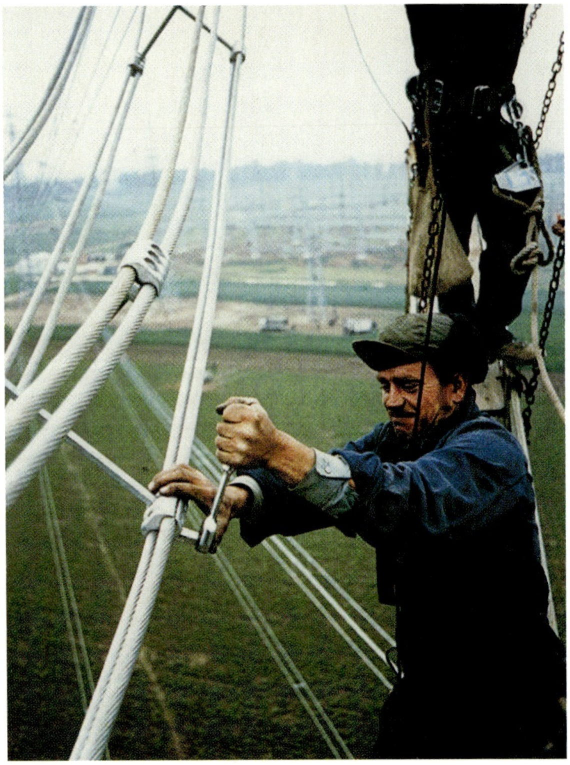

Tafel 2

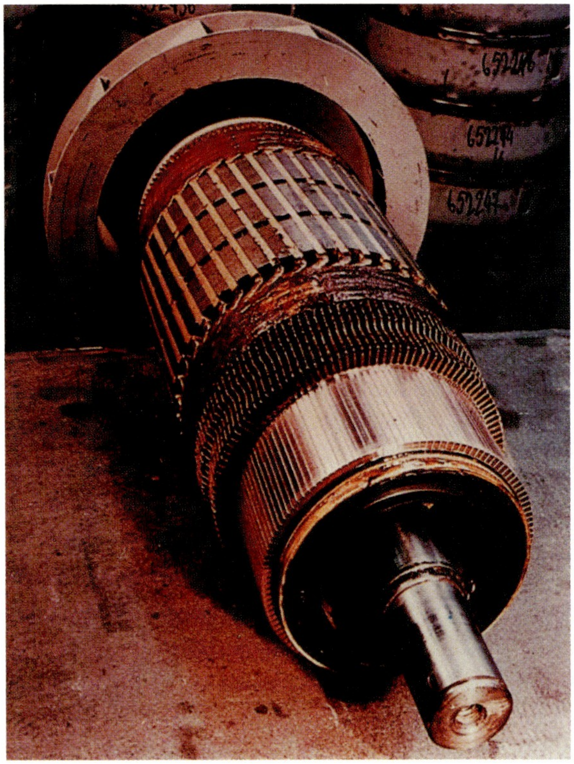

Tafel 3

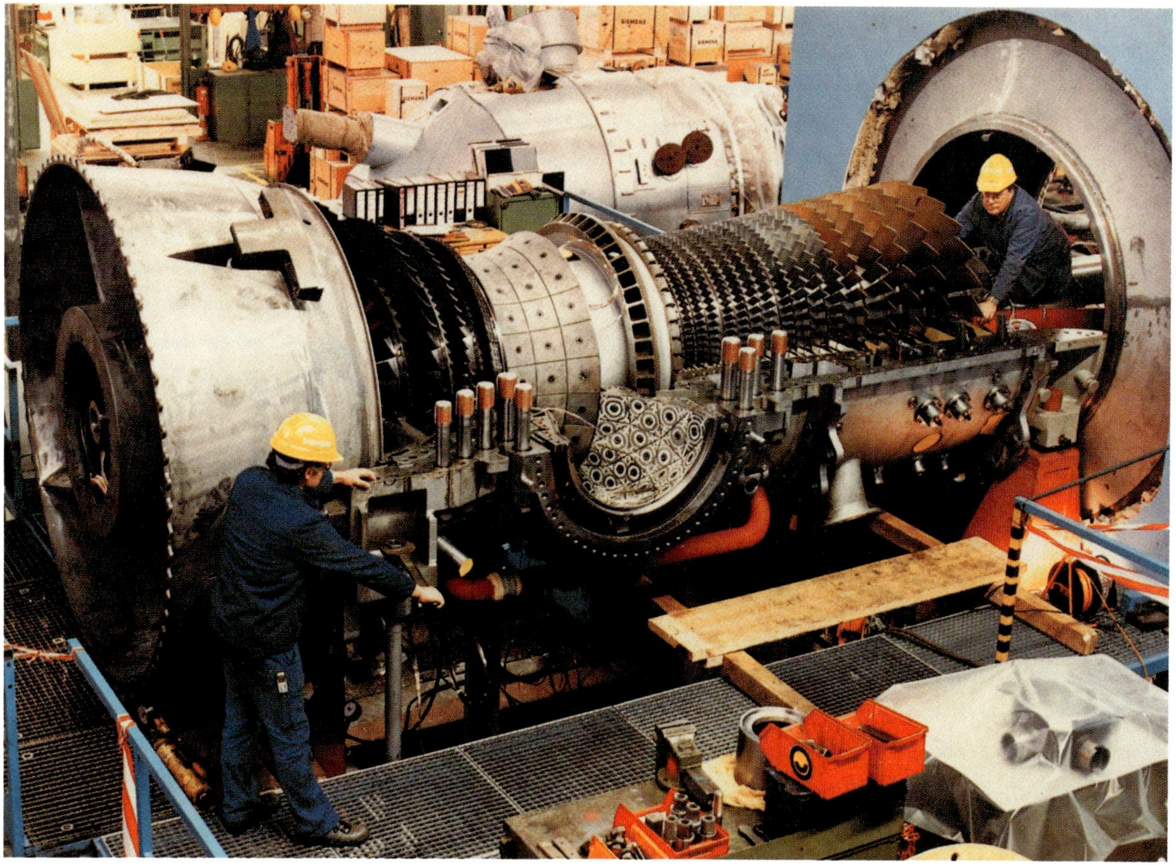

Tafel 4

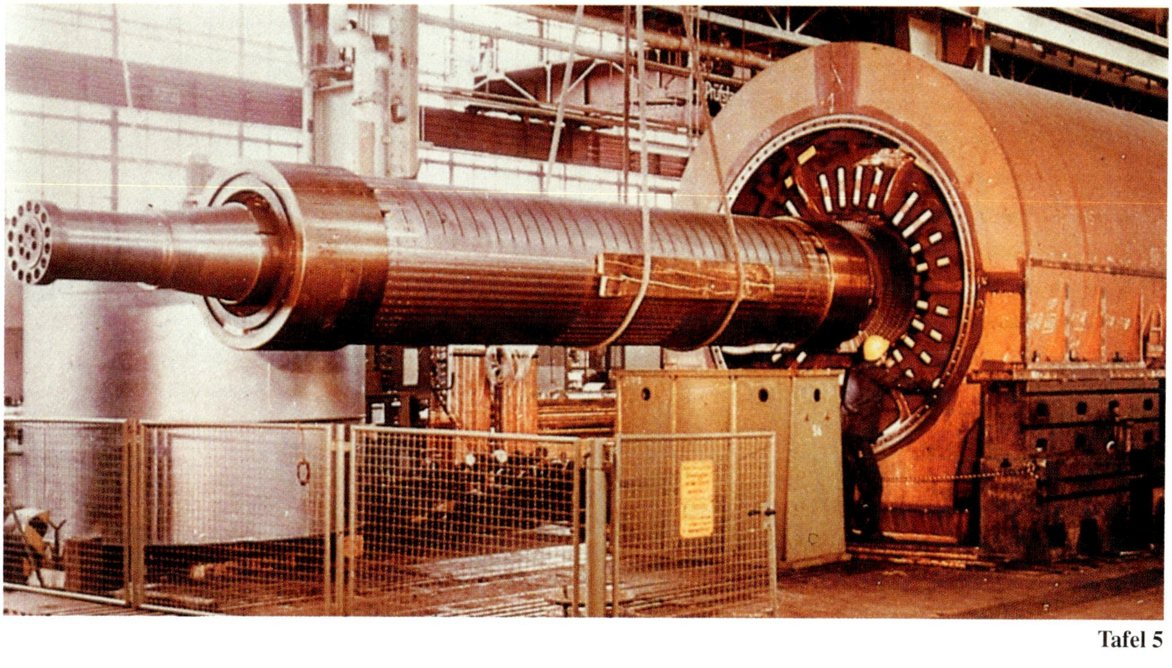

Tafel 5

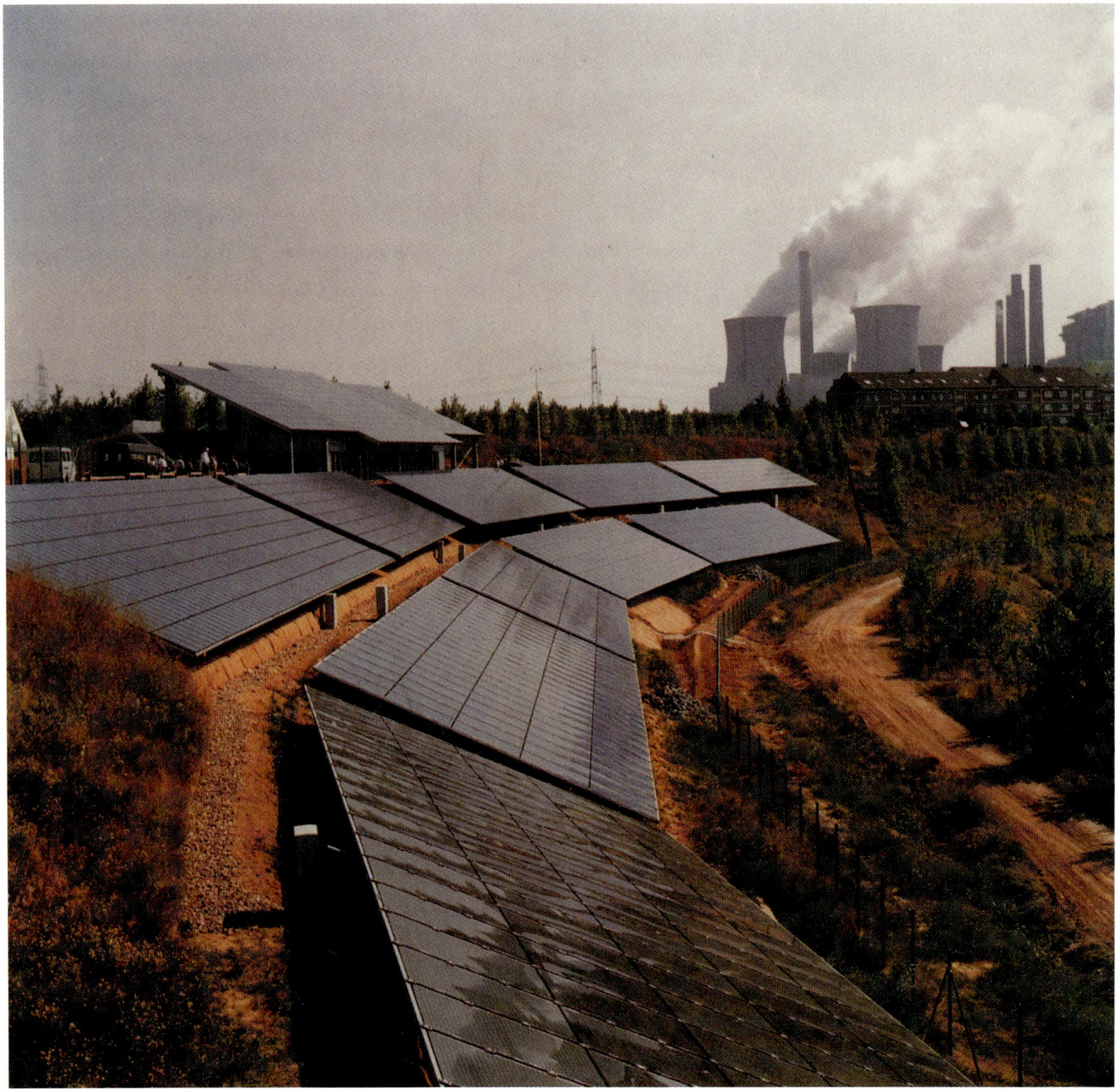

Tafel 6

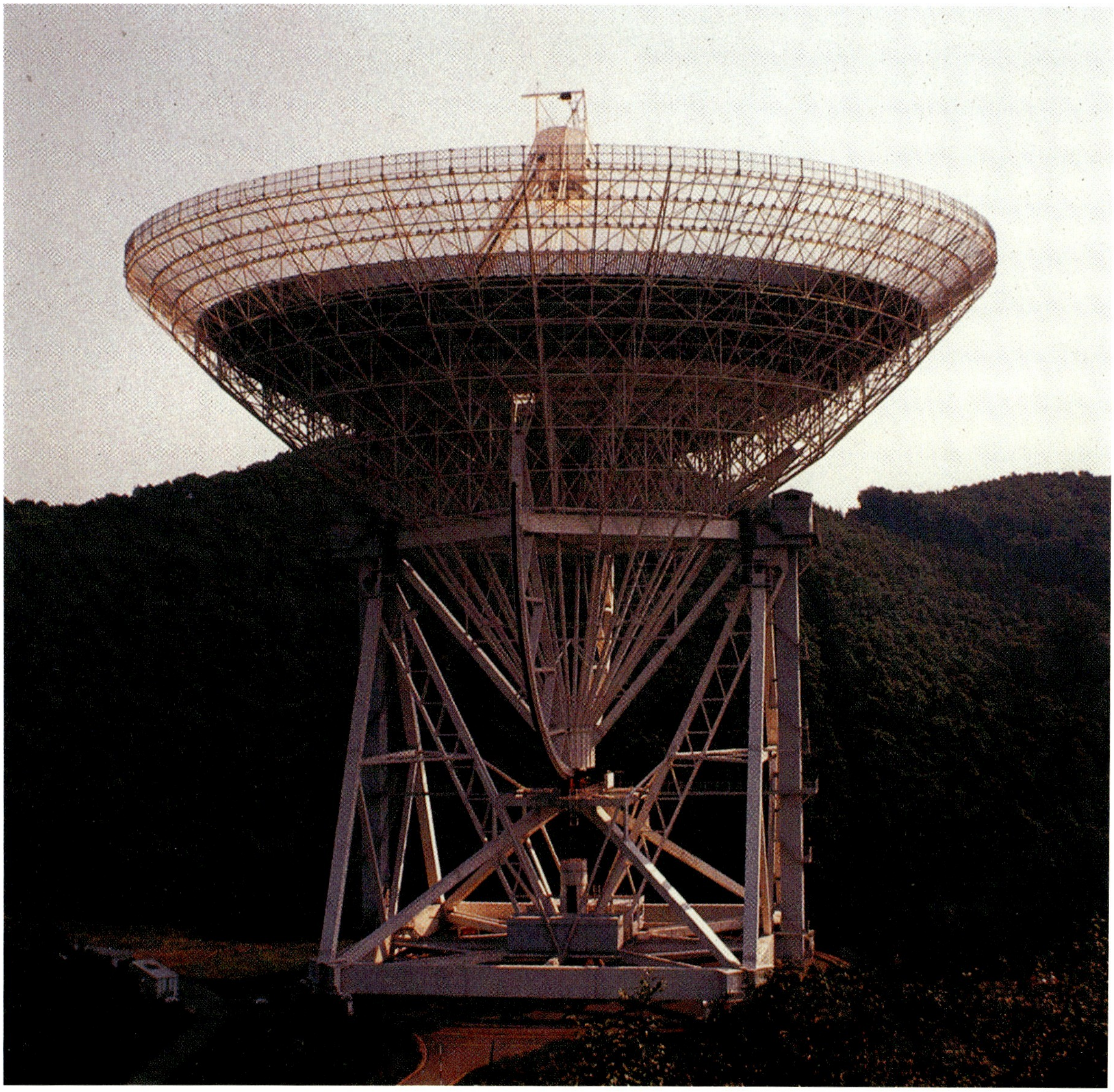

Tafel 7

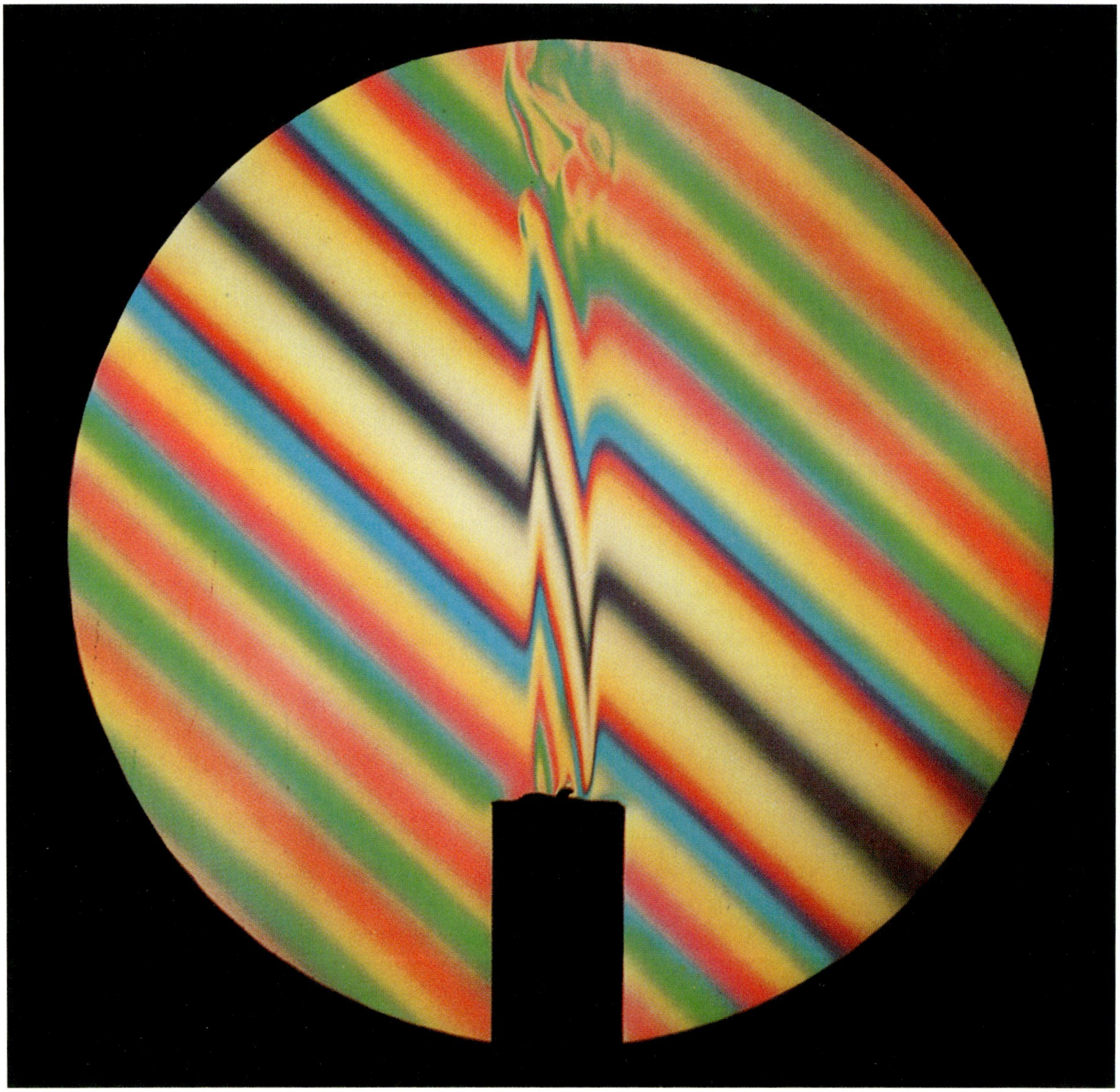

Tafel 8

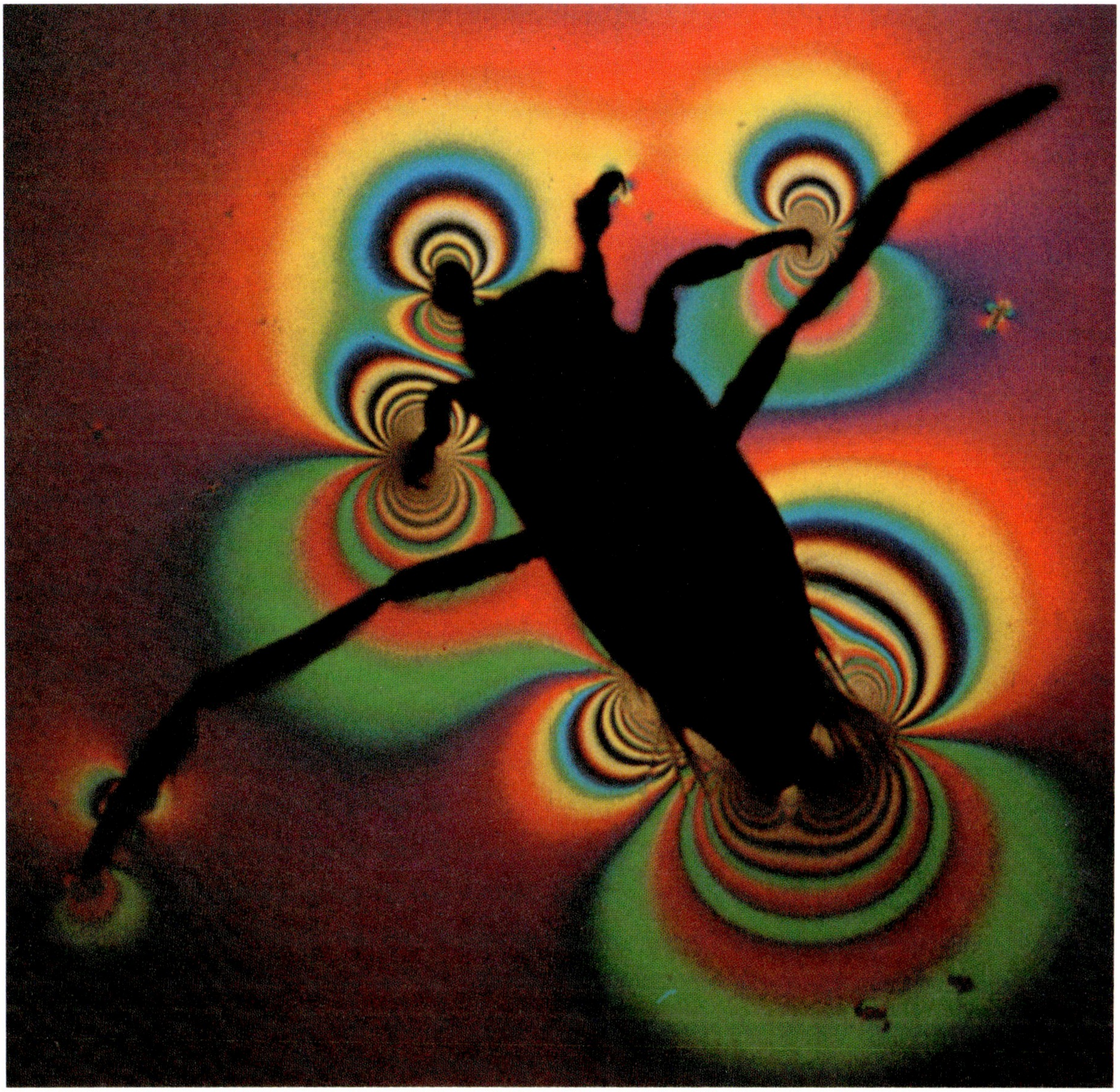

Tafel 9

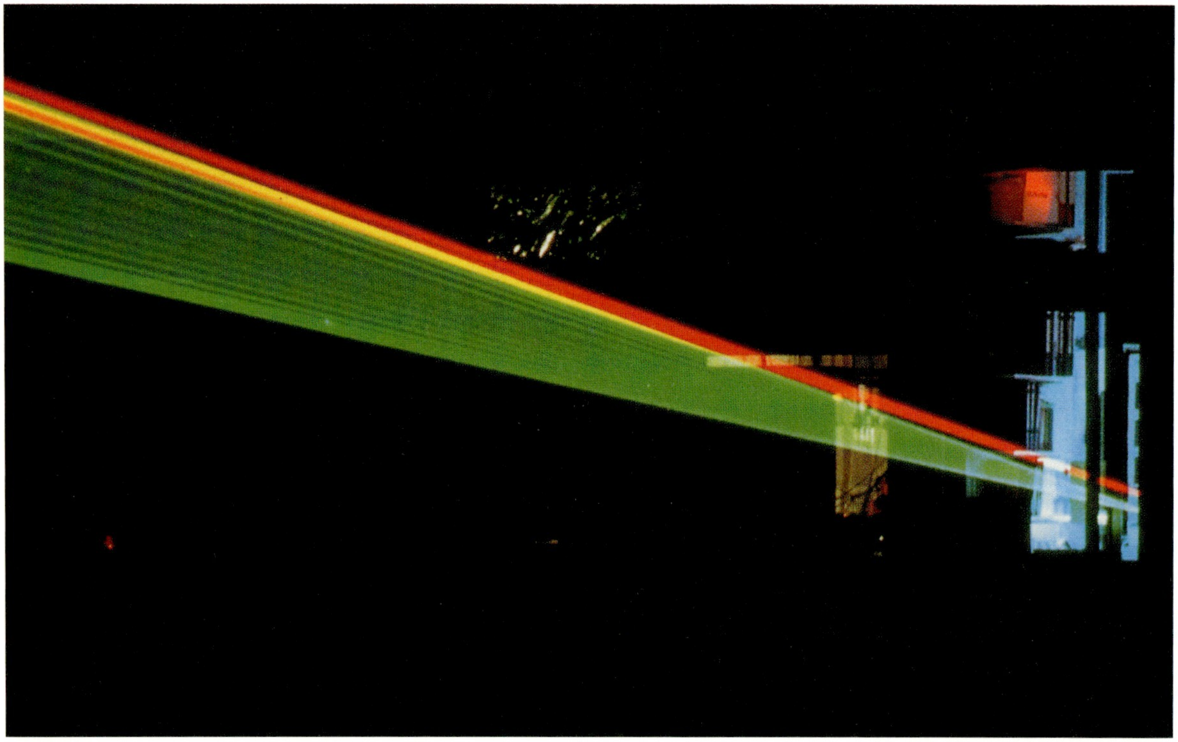

Tafel 10

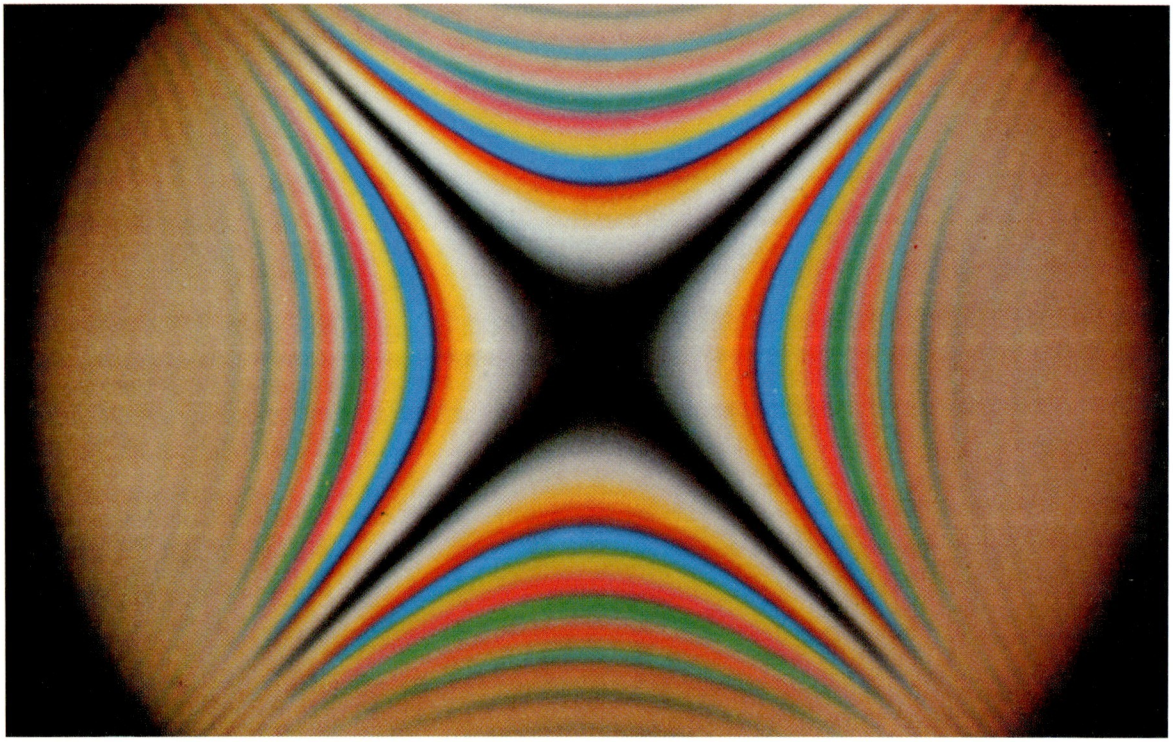

Tafel 11

Literaturverzeichnis

Kapitel 1

1.1. A.B. Arons: *Development of Concepts of Physics* (Addison-Wesley, Reading 1965)

1.2. H. Fischer, H. Kaul: *Mathematik für Physiker* (Teubner, Stuttgart 1990)

1.3. G. Berendt, E. Weimar: *Mathematik für Physiker*, Bd. I u. II (Verlag Chemie, Weinheim 1990)

1.4. R.G. Herb in: *Handbuch der Physik*, Bd. XLIV, (Springer, Berlin, Heidelberg 1959) S. 64–104

1.5. E. Bodenstedt: *Experimente der Kernphysik und ihre Deutung*, Teil 1 (BI Wissenschaftsverlag, Mannheim 1972) S. 21
R.A. Millikan: On the Elementary Electrical Charge and the Avogadro Constant. Phys. Rev. **2**, 109 (1913)

1.6. J.V. Iribarne, H.R. Cho: *Atmospheric Physics* (D. Reidt Publ. Comp., Dordrecht 1980)
R. Wayne: *Chemistry of Atmospheres*, 2nd edn. (Oxford Science Publ. Clarendon Press, Oxford 1991)

1.7. H. Volland: *Atmospheric Electrodynamics* (Springer, Berlin, Heidelberg 1984)
J.V. Iribane, H.R. Cho: *Atmospheric Physics* (D. Reidel, Dordrecht 1980)
R.H. Golde: *Lightning* (Academic Press, New York 1977)
H. Baatz: *Mechanismus der Gewitter*, 2. Aufl. (VDE-Verlag, Berlin 1985)

1.8. J.A. Cross: *Electrostatics: Principles, Problems, and Applications* (Adam Hilger, Bristol 1987)
A.D. Moore: *Electrostatics and its Applications* (John Wiley & Sons, New York 1973)
J.F. Hughes: *Electrostatic Powder Coating*, in: Encyclopedia of Physical Sciences and Technology, 2nd edn., Vol. 5 (Academic Press, New York 1992) p. 839ff

1.9. Vincett: *Photographic Processes and Materials*, in: Encyclopedia of Physical Sciences and Technology, Vol. 10, (Academic Press, New York 1987) p. 485ff
Williams: *The Physics and Technology of Xerographic Processes* (John Wiley & Sons, New York 1984)

1.10. K. Bammel: Organisch kopiert. Physik Journal **5**, 42 (Febr. 2006)

1.11. D. Smith et al.: Science **307**, 1085 (2005)

Kapitel 2

2.1. L. Pearce Williams: André Marie Ampère als Physiker und Philosoph. Spektrum der Wissenschaft, März 1989, S. 114

2.2. W. Buckel: *Supraleitung: Grundlagen und Anwendungen*, 5. Aufl. (Verlag Chemie, Weinheim 1993)
P.F. Dahl: *Superconductivity: Its historical roots and development from mercury to the ceramic oxydes*, (Am. Phys. Institute, New York 1992)

2.3. J.G. Bednorz, K.A. Müller: Possible High T_c Superconductivity in the Ba-La-Cu-O System. Z. Phys. B **64**, 189 (1986)
Nobelvortrag: Oxide mit Perowskitstruktur: Der neue Weg zur Hochtemperatur-Supraleitung. Phys. Blätter **44**, 347 (1988)

2.4. H.E. Hoenig: Sind Hochtemperatur-Supraleiter nützlich? Phys. in uns. Zeit **22**, 20 (1991)
J. Klamut (ed.): *Recent developments of high temperature superconductors*, (Springer, Berlin, Heidelberg 1996)

2.5. H. Ibach, H. Lüth: *Festkörperphysik*, 3. Aufl. (Springer, Berlin, Heidelberg 1990)

2.6. N. Klein: Brauchen wir einen neuen Mechanismus zur Erklärung der Hoch-T_c-Supraleitung? Phys. Blätter **50**, 551 (1994)

2.7. E. Schrüfer: *Elektrische Meßtechnik*, 3. Aufl. (Carl Hanser Verlag, München 1988)

2.8. Kohlrausch: *Praktische Physik*, Bd. 2, 23. Aufl. (Teubner, Stuttgart 1985)

2.9. K. Wiesemann: *Einführung in die Gaselektronik* (Teubner, Stuttgart 1968) F.M. Penning: *Elektrische Gasentladungen* (Philips Technische Bibliothek, Eindhoven 1957)

2.10. G. Derra, E. Fischer, H. Mönch: *UHP-Lampen: Lichtquellen extrem hoher Leuchdichte*, Phys. Blätter **54**, 817 (1998)

2.11. H.A. Kiehne: *Batterien, Grundlagen und Theorie, aktueller technischer Stand*, 3. Aufl. (Expert Verlag, Ehningen 1988)
H. Kahlen: *Batterien* (Vulkan-Verlag, Essen 1992)

2.12. W. Fischer, W. Haar: Die Natrium-Schwefel-Batterie. Phys. in uns. Zeit **9**, 194 (Nov. 1978)

2.13. R. Zeyher: Physik der Superionenleiter. Phys. in uns. Zeit **13**, 183 (Nov. 1982)

2.14. B. O'Hayre et al.: *Fuel cells: Fundamentals* (Wiley, New York 2005)

2.15. K. Kordesch: *Brennstoffbatterien* (Springer, Berlin, Heidelberg 1984)

2.16. J. Jäckle: *Über die Ursache der Thermospannung.* http://www.uni-konstanz.de/FuF/Physik/Jaeckle/papers/thermospannung/index.html
J. Jäckle: J. Phys. Condens. Matter **13**, 2789 (2001)

Kapitel 3

3.1. H.J. Schneider: Grünes Licht für den Ausbau des Hochfeld-Magnetlabors in Grenoble. Phys. Blätter **44**, 176 (Juni 1988)

3.2. Siehe z. B. R.W. Pohl: *Einführung in die Physik*, Bd. 2: *Elektrizitätslehre* (Springer, Berlin, Heidelberg 1983)

3.3. Siehe z. B. W. Weizel: *Lehrbuch der theoretischen Physik*, Bd. 1 (Springer, Berlin, Heidelberg 1949)
J.D. Jackson: *Klassische Elektrodynamik* (de Gruyter, Berlin 1981)
R. Kröger, R. Unbehauen: *Elektrodynamik* (B.G. Teubner, Stuttgart 1993)

3.4. Für weitere Beispiele siehe: J. Grosser: *Einführung in die Teilchenoptik* (Teubner, Stuttgart 1983)

3.5. H. Ewald, H. Hintenberger: *Methoden und Anwendungen der Massenspektroskopie* (Verlag Chemie, Weinheim 1953)

3.6. F. Kohlrausch: *Praktische Physik*, Bd. 2, 23. Auflage, S. 886 (Teubner, Stuttgart 1985)
Chien, Westgate: *The Hall Effect and its Applications*, (Plenum, New York 1980)

3.7. Siehe z. B. A.P. French: *Die spezielle Relativitätstheorie* (Vieweg, Braunschweig 1971)
J.D. Jackson, unter [3.3]

3.8. H. Stöcker: *Taschenbuch der Physik* (Harri Deutsch, Frankfurt 1994)

3.9. Ealing Lehrfilme (Ealing Corporation, South Natik, Mass., U.S.A. In Deutschland: 65929 Frankfurt-Höchst)

3.10. K. Kopitzki: *Einführung in die Festkörperphysik* (Teubner Studienbücher, Stuttgart 1989)

3.11. J. Untiedt: Das Magnetfeld der Erde. Phys. in uns. Zeit **4**, 145 (1973)

3.12. J.A. Ratcliffe: *An Introduction to the Ionosphere and Magnetosphere* (Cambridge University Press, Cambridge 1972)
J.A. van Allen: *Magnetosphären und das interplanetare Medium*, in: J.K. Beatty, B. O'Leary, A. Chaikin (Hrsg.): *Die Sonne und ihre Planeten.* (Physik Verlag, Weinheim 1985)

3.13. H. Berckhemer: *Grundlagen der Geophysik* (Wissensch. Buchgesellschaft, Darmstadt 1990)
H. Murawski (Hrsg.): *Vom Erdkern bis zur Magnetosphäre* (Umschau Verlag, Frankfurt 1968)

3.14. Ch.R. Carrigan, D. Gubbins: Wie entsteht das Magnetfeld der Erde?, in: *Ozeane und Kontinente*, 2. Aufl., S. 230–237 (Spektrum der Wissenschaft, Heidelberg 1984)

3.15. K.A. Hoffman: Umkehr des Erdmagnetfeldes, in: *Aufschluß über den Geodynamo*, S. 84–91 (Spektrum der Wissenschaft, Heidelberg 1988)

3.16. V. Haak, St. Maus, M. Korte, H. Lühr: Das Erdmagnetfeld – Beobachtung und Überwachung. Phys. in uns. Zeit **5**, 218 (2003)

Kapitel 4

4.1. W.F. Weldon: Pulsed power packs a punch. IEEE Spectrum, März 1985
J.V. Parker: Electromagnetic Projectile Acceleration. J. Appl. Phys. **53**, 6711 (1982)

4.2. R. Rüdenberg: *Energie der Wirbelströme in elektrischen Bremsen* (Enke, Stuttgart 1906)
R. Rüdenberg: *Elektrische Schaltvorgänge* (Springer, Berlin, Heidelberg 1974)
H.G. Boy, H. Flachmann, O. Mai: *Elektrische Maschinen und Steuerungstechnik* (Vogel, Würzburg 1990)

4.3. C.H. Sturm: *Vorschaltgeräte und Schaltungen für Niederspannungs-Entladungslampen* (Giradet, Essen 1974)

4.4. W. Weizel: *Lehrbuch der theoretischen Physik*, Bd. 1, S. 382ff. (Springer, Berlin, Heidelberg 1949)
K. Küpfmüller, G. Kohn: *Theoretische Elektrotechnik und Elektronik*, 14. Aufl. (Springer, Berlin, Heidelberg 1993)

Kapitel 5

5.1. E.H. Lämmerhirdt: *Elektrische Maschinen und Antriebe* (Hanser, München 1989)

5.2. R. Busch: *Elektrotechnik und Elektronik* (Teubner, Stuttgart 1994)

5.3. G. Bosse: *Grundlagen der Elektrotechnik*, Bd. IV (Bibliographisches Institut, Mannheim 1973)

5.4. A. Ebinger, V. Adam: *Komplexe Rechnung in der Wechselstromtechnik* (Hüthig, Heidelberg 1986)

5.5. R. Janus: *Transformatoren* (VDE-Verlag, Berlin 1993)
R. Kuechler: *Die Transformatoren*, 2. Aufl. (Springer, Berlin, Heidelberg, 1966)

5.6. E. Baldinger: Kaskadengeneratoren, in: S. Flügge (Hrsg.): *Handbuch der Physik*, Bd. 44, S. 1 (Springer, Berlin, Heidelberg 1959)

5.7. M. Kulp: *Elektronenröhren und ihre Schaltungen*, 4. Aufl. (Vandenhoeck & Ruprecht, Göttingen 1963)

Kapitel 6

6.1. K. Küpfmüller, G. Kohn: *Theoretische Elektrotechnik und Elektronik*, 14. Aufl. (Springer, Berlin, Heidelberg 1993)

6.2. R. Köstner, A. Möschwitzer: *Elektronische Schaltungen* (Hanser, München 1993)
K. Lunze: *Theorie der Wechselstromschaltungen* (Verlag Technik, Berlin 1991)

6.3. R.P. Feynman, R.B. Leighton, M. Sands: *Lectures in Physics*, Vol. 2 (Addison Wesley, Reading 1965)

6.4. J.D. Jackson: *Klassische Elektrodynamik*, 2. Aufl. (de Gruyter, Berlin 1988)
Heilmann: *Antennen* (Bibliographisches Institut, Mannheim 1970)

6.5. K. Wille: *Physik der Teilchenbeschleuniger und Synchrotronstrahlungsquellen* (Teubner, Stuttgart 1992)
E.E. Koch, C. Kunz: *Synchrotronstrahlung bei DESY. Ein Handbuch für Benutzer* (Hamburg, DESY 1974)

Kapitel 7

7.1. P.V. Nickles, Th. Schlegel, W. Sandner: Gigabar-Lichtdruck. Phys. Bätter **50**, 849 (Sept. 1994)

7.2. E. Wischnewski: *Astronomie für die Praxis*, Bd. 2, S. 82ff. (Bibliographisches Institut, Mannheim 1993)
A. Unsöld, B. Baschek: *Der neue Kosmos* (Springer, Berlin, Heidelberg 1991)

7.3. O. Rømer: Philos. Trans. **12**, 893 (June 25, 1677)

7.4. F. Tuinstra: Rømer and the finite speed of light. Phys. Today **57**, (Dez. 2004) S. 16–17

7.5. A. DeMarchi (ed.): *Frequency Standards and Metrology* (Springer, Berlin, Heidelberg 1989)

7.6. F. Bayer-Helms: Neudefinition der Basiseinheit Meter im Jahre 1983. Phys. Blätter **39**, 307 (1983)

7.7. Th. Udem, R. Holzwarth, T.W. Hänsch: Optical Frequency Metrology. Nature **416**, 233 (2002)

7.8. E. Bergstrand: Determination of the Velocity of Light, in: S. Flügge (Hrsg.): *Handbuch der Physik*, Bd. 24 (Springer, Berlin, Heidelberg 1956)

7.9. S. Flügge: *Rechenmethoden der Elektrodynamik* (Springer, Berlin, Heidelberg 1986)

7.10. G. Nimtz: *Einführung in die Theorie und Anwendung von Mikrowellen*, 2. Aufl. (Bibliographisches Institut, Mannheim 1990)

7.11. D.J.E. Ingram: *Hochfrequenz in der Mikrowellenspektroskopie* (Franzis, München 1977)

7.12. W. Heinlein: *Grundlagen der faseroptischen Übertragungstechnik* (Teubner, Stuttgart 1985)

7.13. A.J. Baden Fuller: *Mikrowellen* (Vieweg, Braunschweig 1974)

Kapitel 8

8.1a. H. Friedrich: *Theoretische Atomphysik* (Springer, Berlin, Heidelberg 1994)

8.1b. J.D. Jackson: *Klassische Elektrodynamik* (de Gruyter, Berlin, New York 1983)

8.2. A. Sommerfeld: Ein Einwand gegen die Relativitätstheorie und seine Beseitigung. Phys. Z. **8**, 841 (1908)

8.3. L. Brillouin: Über die Fortpflanzung des Lichtes in dispergierenden Medien. Ann. Phys. **44**, 203–240 (1914)

8.4. S.C. Bloch: Eight velocities of light. Am. J. Phys. **45**, 538 – 549 (1977)

8.5. R.L. Smith: The velocities of light. Am. J. Phys. **38**, 978 – 984 (1970)

8.6. D.C. Meisel, M. Wegener, K. Busch: Phys. Rev. **B70**, 165 105 (2004)

8.7. M.V. Klein, Th.E. Furtak: *Optik* (Springer, Berlin, Heidelberg 1988)

8.8. E. Hecht: *Optik* (Oldenbourg, München 2001)

8.9. L. Bergmann, C.S. Schaefer: *Lehrbuch der Experimentalphysik*, Bd. III: *Optik*, 9. Aufl. (de Gruyter, Berlin 1993)

8.10. St.F. Mason: *Molecular Optical Activity and the Chiral Discrimination* (Cambridge University Press, Cambridge 1982)

8.11. G. Snatzke: Chiroptische Methoden in der Stereochemie. Chemie in unserer Zeit **15**, 78 (1981)

8.12. M. Françon, S. Mallik: *Polarization Interferometers* (Wiley, London 1971)

8.13. G.C. Baldwin: *An Introduction to Nonlinear Optics* (Plenum Press, New York 1969)

8.14. M. Schubert, B. Wilhelmi: *Einführung in die Nichtlineare Optik* (Teubner, Stuttgart 1978)

8.15. O. Svelto: *Principles of Lasers*, 4th edn. (Springer, Heidelberg, New York 2004)

8.16. D.C. Hanna, M.A. Yuratich, D. Cotter: *Nonlinear Optics of Free Atoms and Molecules* (Springer, Berlin, Heidelberg 1979)
R.W. Boyd: *Nonlinear Optics*, 2nd edn. (Academic Press, New York 2002)

8.17. M.M. Feyer, et al.: Quasi-phase matched second harmonic generation. IEEE J. QE-**28**, 2631 (1992)

Kapitel 9

9.1. F.A. Jenkins: *Fundamentals of Optics*, 4th edn. (McGraw-Hill, New York 1976)

9.2. M. Berek: *Grundlagen der praktischen Optik* (de Gruyter, Berlin 1970)

9.3. H. Slevogt: *Technische Optik* (de Gruyter, Berlin 1974) R.S. Longhurst: *Geometrical and Physical Optics*, 3rd edn. (Longman, London 1973)

9.4. M. Born, E. Wolf: *Principles of Optics*, 6th edn. (Pergamon Press, Oxford 1980)

9.5. Naumann, Schröder: *Bauelemente der Optik* (Fachbuch-Verlag, Leipzig 1992)

9.6. G. Schulz in: *Progress in Optics*, Vol. 25, ed. by E. Wolf (North Holland, Amsterdam 1988) p. 351–416

9.7. E. Hecht, A. Zajac: *Optics*, 2nd edn. (Addison Wesley, Reading 1987)

9.8. J. Flügge: *Studienbuch zur technischen Optik* (Vandenhoeck & Ruprecht, Göttingen 1976)

9.9. H. Stewart, R. Hopfield: *Atmospheric Effects*, in: *Applied Optics and Optical Engineering*, ed. by R. Kingslake, Vol. 1 (Academic Press, New York 1965) p. 127–152

9.10. J.M. Pernter, F.M. Exner: *Meteorologische Optik* (W. Braunmüller, Wien 1922)

9.11. M.G. Minnaert: *Light and Colour in the Outdoors* (Springer, Berlin, Heidelberg 1993)

9.12. M. Vollmer: *Gespiegelt in besonderen Düften*, Phys. Blätter **54**, 903 (1998) A. Löw: *Luftspiegelungen* (BI-Taschenbuch, Bibliograph. Institut Mannheim 1990)

9.13. K. Schlegel: *Vom Regenbogen zum Polarlicht (Leuchterscheinungen in der Atmospäre)*, (Spektrum Akad. Verlag, Heidelberg 1995)

Kapitel 10

10.1. W. Lauterborn, T. Kurz, M. Wiesenfeldt: *Kohärente Optik* (Springer, Berlin, Heidelberg 1993) E. Hecht: *Optik* (McGraw Hill, Hamburg 1987) Siehe auch: L. Mandel, E. Wolf: Coherence Properties of Optical Fields. Rev. Modern Physics **37**, 231 (1965)

10.2. R. Castell, W. Demtröder, A. Fischer, R. Kullmer, H. Weickenmeier, K. Wickert: The Accuracy of Laser Wavelength Meters. Appl. Physics B **38**, 1–10 (1985)

10.3. W. Demtröder: *Laserspektroskopie*, 3. Aufl. (Springer, Berlin, Heidelberg 1993)

10.4. A. Michelson: Experimental Determination of the Velocity of Light. Am. J. Science, Series 3, Vol. **18**, 310 (1879)

10.5. B. Jaffe: *Michelson and the Speed of Light* (Greenwood Press, Westport 1979)

10.6. J.M. Vaughan: *The Fabry-Pérot Interferometer* (Hilger, Bristol 1989)

10.7. A. Thelen: *Design of Optical Interference Coatings* (McGraw Hill, New York 1988)

10.8. A. Musset, A. Thelen: *Multilayer Antireflection Coatings*, in: Progress in Optics, Vol. 3 (North Holland, Amsterdam 1970) R.E. Hummel, K.H. Günther (eds.): *Optical Properties Vol. I: Thin Films for Optical Coatings*, (Chem. Rubber Company Press, Cleveland, Ohio 1995)

10.9. W. Osten, E. Novak: *Interferometry: Applications* (SPIE Int. Society for Optical Engineering 2004, ISBN: 0819454702)

10.10. M.V. Klein, Th.E. Furtak: *Optik* (Springer, Berlin, Heidelberg 1988)

10.11. M.C. Hutley: *Diffraction gratings* (Academic Press, New York 1982)

10.12. N. Nishihara, T. Suhara: *Micro Fresnel Lenses*. Progr. Opt., Vol. XXIV, p. 1–37 (North Holland, Amsterdam 1987) G. Schmahl, D. Rudolph (Eds.): *X-Ray Microscopy*. Springer Ser. in Optical Sciences, Vol. 43 (Springer, Berlin, Heidelberg 1984)

10.13. H. Römer: *Theoretische Optik* (Verlag Chemie, Weinheim 1994)

10.14. M. Kerker: *The scattering of light* (Academic Press, New York 1969)

10.15. I.L. Fabelinskii: *Molecular Scattering of Light* (Plenum Press, New York 1968)

10.16. C.F. Bohren, D.R. Huffmann: *Absorption and Scattering of Light by Small Particles* (Wiley, New York 1983)

10.17. V.V. Sobolev, W. Irvine: *Light Scattering in Planetary Atmospheres* (Pergamon Press, Oxford 1975)

10.18. M. Minnaert: *Licht und Farbe in der Natur* (Birkhäuser Verlag, Basel 1992)

10.19. M. Vollmer: Lichtspiele in der Luft. Spektrum, Elsevier Verlag, Heidelberg, Okt. 2005 und: Phys. in uns. Zeit **36**(6), 266 (2005)

Kapitel 11

11.1. W. Hughes: *Aspects of Biophysics* (John Wiley & Sons, New York 1979)

11.2. H. Wolter: *Angewandte Physik und Biophysik in Medizin und Biologie* (Akademische Verlagsgesellschaft, Wiesbaden 1976)

11.3. L. Bergmann, C.S. Schaefer: *Lehrbuch der Experimentalphysik*, Bd. III: *Optik*, 9. Aufl. (de Gruyter, Berlin 1993)

11.4. H.E. Le Grand: *Physiological Optics*, Springer Series in Optical Sciences, Vol. 13 (Springer, Berlin, Heidelberg 1980)

11.5. S. Marx, W. Pfau: *Sternwarten der Welt* (Herder, Freiburg 1979) H. Karttunen, P. Kröger, H. Oja, M. Poutanen: *Astronomie* (Springer, Berlin, Heidelberg 1990)

11.6. M. Haas: Speckle-Interferometrie I und II. Sterne und Weltraum **30** (1990), S. 12 und S. 89
Y.I. Ostrovsky, V.P. Shchepinov: *Correlation Holographic and Speckle Interferometry*, Progr. Opt., Vol. XXX, p. 87 (North Holland, Amsterdam 1992)

Kapitel 12

12.1. J.W. Lichtmann: *Konfokale Mikroskopie*, Spektrum der Wissenschaft, Oktober 1994, S. 78
W. Knebel: *Finessen der Konfokalmikroskopie*, Spektrum der Wissenschaft, Oktober 1994, S. 85

12.2. T. Hellmuth: *Neuere Methoden in der konfokalen Mikroskopie*, Phys. Blätter **49**, 489 (1993)

12.3. J. Engelhardt, W. Knebel: *Konfokale Laser-Scanning-Mikroskopie*, Phys. in uns. Zeit **24**, 70 (März 1993)

12.4. S.W. Hell, E. Stelzer: *Properties of a 4-π-confocal microscope*, J. Opt. Soc. Am. **A9**, 2159 (1992) and J. Microscopy **183**, 189 (1996)

12.5. H. Brückl: *Die Überwindung der Beugungsbegrenzung*, Phys. in uns. Zeit **28**, 67 (1997)
O. Martini, G. Krausch: *Nahfeldoptik mit atomarer Auflösung?*, Phys. Blätter **51**, 493 (1995)

12.6. M. Paesler, P.J. Moyer: *Near Field Optics* (John Wiley & Sons, New York 1996)
D. Courion: *Near Field Microscopy and Near Field Optics* (Imperial College Press, London 2003)

12.7. J.P. Fillard: *Nearfield optics*, (World Scientific, Singapore 1996)

12.8. R. Wilson: *Aktive Optik und das „New Technology Telescope"*, Sterne und Weltraum **31**, 525 (1992)
R. Wilson: *Reflecting telescope optics*, (Springer, Berlin-Heidelberg 1996)

12.9. N. Christlieb, D. Fischer: *Erstes Licht auf Paranal*, Sterne und Weltraum **37**, Okt. 1998, S. 826–833

12.10. J.W. Hardy: *Adaptive Optik*, Spektrum der Wissenschaft August 1994, S. 48

12.11. F. Merkle: *Aktive und adaptive Optik in der Astronomie*, Phys. Blätter **44**, 439 (1988), Phys. in uns. Zeit **22**, 260 (1991)

12.12. J. Gumbel: *Optische Phasenkonjugation*. Physik in uns. Zeit **22**, 103 (Mai 1991)

12.13. A. Glindemann: Das Sterneninterferometer auf dem Paranal. Physik in uns. Zeit **34**(2), 64 (2003)

12.14. W. Knop: *Diffraktive Optik*, Phys. Blätter **47**, 901 (Oktober 1991)

12.15. W.B. Veldkamp, Th.J. McHugh: *Binäre Optik*, Spektrum der Wissenschaft Juli 1992, S. 44

12.16. W.B. Veldkamp: *Binary Optics*, (McGraw Hill, New York 1990)

12.17. M. Miller: *Optische Holographie – Theoretische und experimentelle Grundlagen und Anwendungen*, (Thiemig, München 1978)

12.18. W. Lauterborn, T. Kurz, M. Wiesenfeldt: *Kohärente Optik*, (Springer 1993)

12.19. Y.I. Ostrowski: *Holografie-Grundlagen, Experimente und Anwendungen*, (Teubner, Leipzig 1987)

12.20. Yu.I. Ostrovsky, V.P. Schepinov, V.V. Yakovlev: *Holographic Interferometry in Experimental Mechanics*, (Springer 1991)

12.21. G. Wernicke, W. Osten: *Holographische Interferometrie*, (Physik-Verlag Weinheim 1982)

12.22. Pramod K. Rastogi (ed.):, *Holographic Interferometry*, (Springer, Berlin, Heidelberg 1994)

12.23. Thomas Kreih: *Holografische Interferometrie*, (Akademie-Verlag, Berlin 1996)

12.24. H.M. Smith (ed.): *Holographic Recording Materials*, Springer Topics in Appl. Phys. Vol. **20**, 1977

12.25. S. Stößel: *Fourier-Optik*, (Springer, Berlin, Heidelberg 1993)

12.26. W. Karthe, R. Müller: *Integrierte Optik*, (Akademische Verlagsgesellschaft Leipzig 1991)

12.27. R.G. Hunsperger: *Integrated Optics*, 4. edition, (Springer, Berlin, Heidelberg 1995)

12.28. H. Fouckhardt: *Photonic*, (Teubner Studienbücher, Stuttgart 1994)

12.29. W. Heinlein: *Grundlagen der faseroptischen Übertragungstechnik* (Teubner, Stuttgart 1985)

12.30. Grau, Freude: *Optische Nachrichtentechnik*, 3. Auflage (Springer, Berlin, Heidelberg 1991)

12.31. F. Mitschke: *Solitonen in Glasfasern*. Laser und Optoelektronik **4**, 393 (1987)

12.32. St. Sinzinger, J. Jahns: *Microoptics* (Wiley VCH, Weinheim 1999)

12.33. A. Rogers: *Understanding Optical Fibre Communications* (Artech House, Boston 2001)

Sachwortverzeichnis